FRIEDRICH

TABELLENBUCH METALL- UND MASCHINENTECHNIK

W0193860

- Auf die Neuordnung der Metallberufe abgestimmt
- Für die Berufsausbildung in Schule und Betrieb (Berufsgrundbildung, Berufsschule, Berufsfachschule, Berufsaufbauschule, Fachoberschule, Berufliches Gymnasium)
- Für die Weiterbildung in Schule (Fachschule, Akademie, Fachhochschule) und Betrieb
- Für die Berufspraxis

FRIEDRICHS FACH- UND TABELLENBÜCHER

Begründet von Direktor Wilhelm Friedrich
Herausgegeben von Prof. Dr. Antonius Lipsmeier, Karlsruhe
Mitherausgegeben von Dipl.-Ing. Adolf Teml, Lage

FRIEDRICH
TABELLENBUCH METALL- UND MASCHINENTECHNIK

- **Technologie / Fachkunde / Fachtheorie**
- **Technische Mathematik / Fachrechnen**
- **Technisches Zeichnen / Technische Kommunikation**

Nach der Neuordnung der Metallberufe
völlig neu bearbeitet und erweitert von

Gerhard Homborg, Gerd Neumann, Herbert Rottbacher, Martin Scheurmann, Harry Schmidt, Horst Tietjens

1116. – 1131. Auflage
Gesamtumfang 448 Seiten
Dümmlerbuch 5103

FERD. DÜMMLERS VERLAG · BONN

FRIEDRICH[S] Tabellenbuch METALL- und MASCHINENTECHNIK

- erschien in den Voraufauflagen unter dem Titel
  FRIEDRICH[S] Tabellenbuch für Metalltechnik
  mit der DÜMMLERbuch-Nummer 5102
  und ist weiterhin lieferbar.

- Die 1116.–1131. Auflage von FRIEDRICH[S] Tabellenbuch für Metall- und Maschinentechnik wurde völlig neu gestaltet von

Herausgeber: Dr. Antonius Lipsmeier, Professor für Berufspädagogik, Universität Karlsruhe (TH)

Adolf Teml, Diplom-Ingenieur und Fachschriftsteller, Lage (Mitherausgeber)

Autoren: Dipl.-Ing. Gerhard Homborg, Oberstudienrat, Minden (Kap. 4, 6)

Dipl.-Ing. Gerd Neumann, Studiendirektor, Agathenburg (Beratend Kap. 1, 2, 3, 9, 10)

Dipl.-Ing. Herbert Rottbacher, Studienrat, Neusäß (Kap. 5)

Dipl.-Ing. Martin Scheurmann, Studienrat, Hamburg (Kap. 7)

Dipl.-Ing. Harry Schmidt, Studiendirektor, Cremlingen (Kap. 8)

Dipl.-Ing. Horst Tietjens, Oberstudienrat, Lütjensee (Kap. 1, 2, 3, 9, 10)

DIN-Normen und andere technische Regelwerke

Sofern in diesem Tabellenbuch auf DIN-Normen oder andere technische Regelwerke verwiesen wird, so handelt es sich um die bei Redaktionsschluß vorliegenden Ausgaben. Diese wurden für die Zwecke dieses Buches – mit Erlaubnis des DIN (Deutsches Institut für Normung) – gekürzt und bearbeitet.
Für den Anwender einer Norm ist jedoch nur die Norm selbst in ihrer neuesten Ausgabe maßgebend. DIN-Normen sind zu beziehen beim Beuth-Verlag, Burggrafenstr. 4–10, 1000 Berlin 30.

ISBN 3-427-**51031**-X Dümmlerbuch 5103

Gesamtherstellung: Universitätsdruckerei H. Stürtz AG, Würzburg

Inhalt

Seiten

5 Maschinenelemente 5-1 bis 5-56

6 Technische Kommunikation 6-1 bis 6-48

9 Fertigungsplanung 9-1 bis 9-28

11 Anhang 11-1 bis 11-20

Bildquellenverzeichnis

Folgenden Firmen danken wir für die Überlassung von Bild- bzw. Tabellenunterlagen:

Atlas Copco Tools GmbH, Essen 8-11
Drumag GmbH, Bad Säckingen 8-8
Hartmann und Braun, Frankfurt 8-52
Herion-Informationen 1/1985, S. 34 8-12, 8-21
Intermetall, Halbleiterwerk der Deutsche ITT Industries GmbH, Freiburg i.Br. 3-22
Klöckner-Moeller, Bonn 8-33, 8-37
Mannesmann Rexroth, Lohr 8-13, 8-14, 8-19
Metapipe GmbH, Dortmund 8-9

Vorwort zur 1116.–1131. Auflage

• Diese Auflage des FRIEDRICH wurde vollständig neu bearbeitet

- Äußeres Zeichen der Neubearbeitung ist die Gestaltung der Seiten und zahlreicher Abbildungen durch zweifarbigen Druck. Das erleichtert dem Benutzer die Arbeit mit dem Tabellenbuch durch überschaubaren Seitenaufbau.
- In Aufbau und Inhalt orientiert sich das Tabellenbuch
  - an der Neuordnung der Metallberufe,
  - dem mit den Ausbildungsordnungen abgestimmten Rahmenlehrplan der KMK
  - und den Lehrplänen der Länder, soweit sie bereits vorliegen.
- Aufbau, Gestaltung und Stoffdarbietung des FRIEDRICH fördern in besonderem Maße handlungsorientiertes Lernen, wie dies in allen Vorgaben der Neuordnung der Metallberufe erwartet wird.
- Diese grundlegende Neubearbeitung berücksichtigt nicht nur die neuen Technologien (bes. Mikroelektronik), sondern auch – und hier wurde Neuland betreten – die sich daraus ergebende veränderte Arbeitsorganisation, innerbetriebliche Kommunikation, Aspekte des Umweltschutzes und der Arbeitsicherheit usw.
- Wie in den Neubearbeitungen der Tabellenbücher Elektrotechnik/Elektronik und Bau- und Holztechnik wurde auch in diesem Tabellenbuch darauf verzichtet, nacktes Zahlenmaterial vorzulegen. Die Tabellen sind eingebettet in Texte, die die Zusammenhänge transparent machen und so den Zugang zu den dargestellten Sachverhalten – auch dem Anfänger – erleichtern.
- Der auch künftig zu erwartende rasche Wandel der Produktionsmethoden und Arbeitsstrukturen erfordert eine fundierte Berufsausbildung, die befähigt, sich den wandelnden Bedingungen im Berufsleben anzupassen. FRIEDRICHS Tabellenbuch Metall- und Maschinentechnik trägt diesem Anpruch Rechnung durch eine angemessen breite Darstellung „klassischer" und „moderner" Technologien.
- Durch seine ausführliche und klare Stoffdarbietung ermöglicht FRIEDRICHS Tabellenbuch die Verwendung
  - auf unterschiedlichen Ausbildungsebenen (Facharbeiter, Meister, Techniker, Ingenieur)
  - und unterschiedlichen Schulformen und -stufen (Berufsschule, Berufsfachschule, Höhere Berufsfachschule, Fachschule, Fachoberschule, Fachhochschule).
- So ist ein aktuelles Nachschlagewerk entstanden, das allen Erfordernissen der modernen Aus- und Weiterbildung gerecht wird.

FRIEDRICHS Tabellenbuch Metall- und Maschinentechnik:
Ihr Begleiter bei einer zukunftsorientierten beruflichen Aus- und Weiterbildung und Ihr ständiger Ratgeber in der beruflichen Praxis.

• Dank an Mitarbeiter, Benutzer und Leser

Verfasser, Herausgeber und Verlag würden sich freuen, wenn die zahlreichen Benutzer in der beruflichen Aus- und Weiterbildung auf allen Ebenen sowie in der Praxis wie bisher Vorschläge für die weitere Verbesserung dieses Standardwerkes unterbreiten könnten. Diese Vorschläge sollen bei späteren Auflagen nach Möglichkeit berücksichtigt werden, damit sie möglichst vielen Benutzern zugute kommen.

Agathenburg, Bonn, Cremlingen, Hamburg, Lütjensee, Karlsruhe, Minden, Neusäß

Im Frühjahr 1988 Herausgeber, Verfasser und Verlag

• Zum noch leichteren Gebrauchs des FRIEDRICH

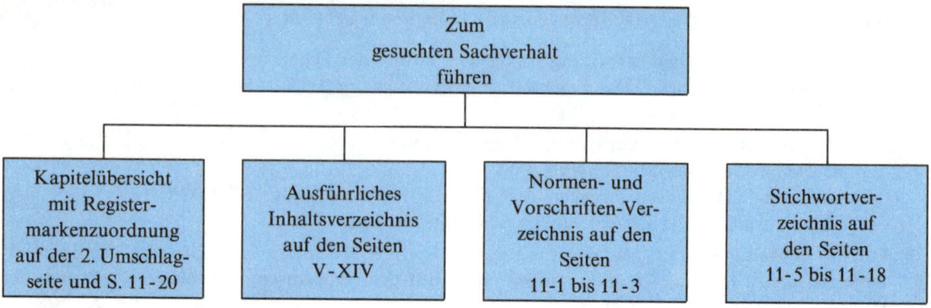

Unterstützende Nachschlagehilfen:

- Erheblich verbesserte Dezimalklassifikation;
- kapitelweise Seitenzählung;
- verbesserte Registermarken für Großkapitel;
- Zweifarbendruck;
- Seitenverweise;
- alle Normen und Bestimmungen mit Ausgabedatum sowie direkte Zuordnung zum Sachzusammenhang.

• FRIEDRICH und Kammer- bzw. PAL-Prüfungen

Bemerkenswert ist die zunehmende Tendenz, den FRIEDRICH auch bei Prüfungen der Industrie- und Handels- bzw. Handwerkskammern, auch nach PAL, zuzulassen. Dem liegt die bei Prüfern (Lehrern und Ausbildern) wachsende Überzeugung zugrunde, daß es nicht alleiniges Ziel der Berufsausbildung sein kann, ein aus vielen Einzelfakten bestehendes, ‚unvernetztes' Detailwissen zu vermitteln.

Vielmehr wird in zunehmendem Maße die Fähigkeit und Motivierung des Auszubildenden, sich allein, also ohne personelle Hilfestellung, in neue Aufgaben schnell einzuarbeiten, als mindestens gleichwertiges Hauptlernziel der Ausbildung betrachtet. Daß gerade etwas umfangreichere Nachschlagewerke hierzu einen besonderen Beitrag leisten können, ist unbestritten; aber nicht nur auf den Umfang kommt es an, sondern vor allem auf eine den neueren Lernzielen in der Berufsausbildung entsprechende Aufarbeitung der Inhalte, und das leistet der FRIEDRICH. Deshalb drängen auch immer mehr Lehrer und Ausbilder darauf, das in der Schule und Praxis verwandte und vertraute Tabellenbuch auch bei den Prüfungen zuzulassen und die kostbare Unterrichtszeit nicht mit der Einübung auf später nicht mehr einsetzbare dürftige Formelsammlungen zu vergeuden.

Die Benutzung ausführlicher Nachschlagewerke in Prüfungen wird neuerdings immer weniger als unzulässige Hilfestellung betrachtet. Denn ein Prüfling, der sich in der Aufregung einer Prüfung z.B. im FRIEDRICH zurechtfindet, beweist strukturierendes Denken/handlungsorientiertes Lernen/ Stoffbeherrschung, also Lernziele, die nach der Neuordnung hochbewertet werden sollen.

Deshalb sehen jüngst (nach der Neuordnung) erlassene Prüfungsordnungen der Kammern sowie Überlegungen des PAL solche generellen Freigaben vor. Denn man ist sich einig: abfragbares Einzelwissen ja, aber auch strukturierendes, einordnendes Globalwissen sowie die Fähigkeit, sich in den vielseitigen Aufgabenbereichen des Berufsfeldes zurechtzufinden, müssen ebenfalls angemessen benotet/bewertet werden.

1 Mathematische Grundlagen

1.1 Zeichen und Begriffe

1.1.1 Mathematische Zeichen nach DIN 1302 (8.80)

π	pi (3,1415926 ...)
e	e (2,7182281 ...)
$+$	Additionszeichen
$-$	Subtraktionszeichen
$\cdot$	Multiplikationszeichen
$-/$	Divisionszeichen
$=$	gleich
$\approx$	ungefähr gleich
$\triangleq$	entspricht
$<$	kleiner als
$>$	größer als
$\leq$	kleiner oder gleich
$\geq$	größer oder gleich
$\ll$	klein gegen
$\gg$	groß gegen
$\sum$	Summe über ... (Grenzbezeichnungen sind über und unter das Zeichen zu setzen)
$\prod$	Produkt über ... (in den angegebenen Grenzen)
∞	unendlich
$\sqrt{\ }$	Wurzel aus
$\perp$	orthogonal zu
$\parallel$	parallel zu
$\uparrow\uparrow$	gleichsinnig parallel

$\uparrow\downarrow$	gegensinnig parallel
$\cong$	kongruent
$\sim$	proportional
$\sphericalangle$	Winkel zwischen
$\overline{AB}$	Strecke AB
$\overset{\frown}{AB}$	Bogen AB
$\triangle$	Dreieck
$\odot$	Kreis
d	Abstand (Distanz)
$f(x)$	Funktion der Variablen x
$\frac{\mathrm{d}f(x)}{\mathrm{d}x}$	Differential der Funktion $f(x)$
f'	Ableitung der Funktion $f(x)$; $f' = \frac{\mathrm{d}f(x)}{\mathrm{d}x}$
$f^{(n)}$	n-te Ableitung der Funktion $f(x)$; $f^{(n)} = \frac{\mathrm{d}^{(n)}f(x)}{\mathrm{d}x^n}$
$\int$	Integral
$\int f(x)\,\mathrm{d}x$	unbestimmtes Integral f von x dx
$\int_a^b f(x)\,\mathrm{d}x$	bestimmtes Integral von a bis b

$\lvert z \rvert$	Betrag von z
z^*	Konjugierte von z
Re z	Realteil von z
Im z	Imaginärteil von z
$n!$	n Fakultät $n! = 1 \cdot 2 \cdots n$
i oder j	imaginäre Einheit $\mathrm{i}^2 = \mathrm{j}^2 = -1$
exp	Exponentialfunktion $\exp x = \mathrm{e}^x$
log	allgemeiner Logarithmus
lg	Zehnerlogarithmus
lb	Zweierlogarithmus
ln	natürlicher Logarithmus
sin	Sinus
cos	Cosinus
tan	Tangens
cot	Cotangens
Arcsin	Arcussinus
Arccos	Arcuscosinus
Arctan	Arcustangens
Arccot	Arcuscotangens
sinh	Hyperbelsinus
cosh	Hyperbelcosinus
tanh	Hyperbeltangens
coth	Hyperbelcotangens

1.1.2 Zeichen und Begriffe der Mengenlehre nach DIN 5473 (6.76)

$\in$	$x \in M$	x ist Element von M
$\notin$	$x \notin M$	x ist nicht Element von M
	$x_1, \ldots, x_n \in A$	$x_1, \ldots, x_n$ sind Elemente von A
$\{\mid\}$	$\{x \mid \varphi\}$	die Menge (Klasse) aller x mit φ
	$\{x \mid x < 6\}_{\mathbb{N}}$	Menge aller x, für die gilt: x ist eine natürliche Zahl und x ist kleiner als 6
$\{,\cdots,\}$	$\{x_1, \cdots, x_n\}$	die Menge mit den Elementen $x_1, \cdots, x_n$
	$\{1, 2, 3, 4\} = A$	Menge A wird gebildet aus den Elementen 1, 2, 3, 4
$\emptyset$		leere Menge (enthält kein Element)
$\subseteq$ oder	$A \subseteq B$ oder	A ist Teilmenge von B
$\subset$	$A \subset B$	A sub B
$\subsetneqq$	$A \subsetneqq B$	A ist echt enthalten in B (also A ist nicht gleich B)
$\cap$	$A \cap B$	A geschnitten mit B (die Elemente, die A und B gemeinsam sind)
$\cup$	$A \cup B$	A vereinigt mit B (die Elemente, die in wenigstens einer der Mengen A, B liegen)
$\setminus$ oder $\complement$ oder $-$	$A \setminus B$ oder $\complement_A B$ oder $A - B$	A ohne B (enthält die nicht in B liegenden Elemente von A) Differenzmenge von A und B relatives Komplement von B bez. A
Δ	$A \Delta B$	symmetrische Differenz von A und B
$\complement$ oder $-$	$\complement A$ oder $-A$	Komplement von A

$\langle,\rangle$ oder $(,)$	$\langle x, y\rangle$ oder (x, y)	Paar von x und y parallel (geordnetes Paar)
$\{,\mid\}$	$\{x, y \mid \varphi\}$	die Relation zwischen x, y mit φ
$\times$	$A \times B$	A Kreuz B (kartesisches Produkt von A und B)
id_A		Identitätsrelation auf A (enthält die Paare $\langle x, y\rangle$ mit $x \in A$
f, g		Variable für Funktionen
D	$D(f)$	Definitionsbereich von f
W	$W(f)$	Wertebereich von f
$\mid$	$f \mid A$	Einschränkung von f auf A
	$f(x)$ oder xf	f von x, Bild von x unter f (Funktionswert an der Stelle x)
$\odot$	$f \odot g$	erst f, dann g
$\circ$	$f \circ g$	f nach g
$:\rightarrow$	$f: A \rightarrow B$	f ist Abbildung von A in B
$:\twoheadrightarrow$	$f: A \twoheadrightarrow B$	f ist Abbildung von A auf B
$:\rightarrowtail$	$f: A \rightarrowtail B$	f ist umkehrbare Abbildung von A in B
$:\twoheadrightarrowtail$	$f: A \twoheadrightarrowtail B$	f ist umkehrbare Abbildung von A auf B
$\mathbb{N}$ oder $\mathbf{N}$		Menge der natürlichen Zahlen
$\mathbb{Z}$ oder $\mathbf{Z}$		Menge der ganzen Zahlen
$\mathbb{Q}$ oder $\mathbf{Q}$		Menge der rationalen Zahlen
$\mathbb{R}$ oder $\mathbf{R}$		Menge der reellen Zahlen
$\mathbb{C}$ oder $\mathbf{C}$		Menge der komplexen Zahlen
$\mathbb{N}^*, \mathbb{Z}^*, \mathbb{Q}^*, \mathbb{R}^*, \mathbb{C}^*$		Menge der von Null verschiedenen Zahlen der Mengen $\mathbb{N}, \mathbb{Z}, \mathbb{Q}, \mathbb{R}, \mathbb{C}$
$\mathbb{Z}_+, \mathbb{Q}_+, \mathbb{R}_+$		Mengen der nicht negativen Zahlen der Mengen $\mathbb{Z}, \mathbb{Q}, \mathbb{R}$
$\mathbb{Z}_+^*, \mathbb{Q}_+^*, \mathbb{R}_+^*$		Menge der positiven Zahlen der Mengen $\mathbb{Z}, \mathbb{Q}, \mathbb{R}$

1

1.1 Zeichen und Begriffe

1.1.3. Zeichen der mathematischen Logik nach DIN 5474 (9.73)

Zeichen	Verwendung	Sprechweise	Benennung
$\neg$ oder $\bar{\ }$	$\neg a$ oder $\bar{a}$	nicht *a*	**Negation**
$\wedge$	$(a \wedge b)$	*a* und *b*	**Konjunktion**
$\vee$	$(a \vee b)$	*a* oder *b*	**Adjunktion** Disjunktion
$\rightarrow$ oder	$(a \rightarrow b)$ oder	*a* Pfeil *b*	**Subjunktion** Implikation
$\Rightarrow$ $\leftrightarrow$ oder $\Leftrightarrow$	$(a \Rightarrow b)$ $(a \leftrightarrow b)$ oder $(a \Leftrightarrow b)$	*a* Doppelpfeil *b*	**Bisubjunktion** Äquijunktion Äquivalenz

Zeichen	Verwendung	Sprechweise	Benennung
$\{\mid\}$	$\{a \mid b\}$	Menge aller *a* mit *b*	**Mengenbildungsoperator**
$\langle\mapsto\rangle$	$\langle a \mapsto t\rangle$	Funktion, die *a* den Wert *t* zuordnet	**Funktionsbildungsoperator**
ι	ιab	Das *a* mit *b*	**Kennzeichnungsoperator**
$\bigwedge$ oder $\forall$	$\bigwedge ab$ oder $\forall ab$	für alle *ab*	**Allquantor**
$\bigvee$ oder $\exists$	$\bigvee ab$ oder $\exists ab$	es gibt ein *a* mit *b*	**Existenzquantor**

1.2 Grundrechnungsarten

1.2.1 Addieren (zusammenzählen)

4 + 19 = 23

1. Summand plus 2. Summand gleich Summenwert

(1. Summand plus 2. Summand: Summe)

1.2.2 Subtrahieren (abziehen)

39 − 14 = 25

Minuend minus Subtrahend gleich Differenzwert

(Minuend minus Subtrahend: Differenz)

1.2.3 Multiplizieren (malnehmen)

7 · 3 = 21

Multiplikator mal Multiplikand gleich Produktwert

1. Faktor mal 2. Faktor gleich Produktwert

(1. Faktor mal 2. Faktor: Produkt)

1.2.4 Dividieren (teilen)

15 : 3 = 5

Dividend durch Divisor gleich Quotientwert

(Zähler) (Nenner)

(Dividend durch Divisor: Quotient (Bruch))

1.2.5 Bruchrechnen

Arten von Brüchen

Echter Bruch	Unechter Bruch	Gemischte Zahl	Gleichnamige Brüche	Ungleichnamige Brüche
$\frac{3}{7}$	$\frac{8}{7}$	$2\frac{3}{7}$	$\frac{1}{7}; \frac{3}{7}; \frac{6}{7}$	$\frac{2}{5}; \frac{3}{7}; \frac{7}{9}$
Zähler kleiner als Nenner	Zähler größer als Nenner	Ganze Zahl und Bruch	Nenner alle gleich	Nenner alle ungleich

Umwandlung einer gemischten Zahl in einen unechten Bruch:

$$2\frac{3}{7} = \frac{2 \cdot 7}{7} + \frac{3}{7} = \frac{14}{7} + \frac{3}{7} = \frac{17}{7}$$

Umwandlung eines echten Bruchs in einen Dezimalbruch:

$$\frac{9}{11} = 9 : 11 = 0{,}818181...$$

Umwandlung eines Dezimalbruchs in einen echten Bruch und kürzen: $0{,}875 = \frac{875}{1000} = \frac{7 \cdot 125}{8 \cdot 125} = \frac{7}{8}$

Erweitern eines Bruchs mit 6:

$$\frac{8}{17} = \frac{8 \cdot 6}{17 \cdot 6} = \frac{48}{102}$$

Addieren und Subtrahieren der Brüche

Ungleichnamige Brüche müssen zunächst gleichnamig gemacht werden (Hauptnenner bilden):

$$\frac{2}{3} + \frac{1}{4} - \frac{1}{2} = \frac{8}{12} + \frac{3}{12} - \frac{6}{12} = \frac{5}{12}$$

Gleichnamige Brüche: Zähler addieren oder subtrahieren

$$\frac{1}{5} + \frac{2}{5} + \frac{3}{5} = \frac{6}{5} = 1\frac{1}{5}$$

$$\frac{7}{8} - \frac{3}{8} - \frac{1}{8} + \frac{2}{8} = \frac{5}{8}$$

Multiplizieren und Dividieren der Brüche

Bruch durch ganze Zahl dividieren:

$$\frac{8}{9} : 4 = \frac{8}{4 \cdot 9} = \frac{8}{36} = \frac{2}{9}$$

Nenner mal ganze Zahl

Bruch durch Bruch dividieren:

$$\frac{3}{8} : \frac{4}{5} = \frac{3}{8} \cdot \frac{5}{4} = \frac{15}{32}$$

Zählerbruch mal Kehrwert des Nennerbruchs

Ganze Zahl mit Bruch multiplizieren:

$$\frac{5}{6} \cdot 3 = \frac{5 \cdot 3}{6} = \frac{15}{6} = 2\frac{1}{2}$$

Zähler mal ganze Zahl

Bruch mit Bruch multiplizieren:

$$\frac{2}{3} \cdot \frac{4}{11} = \frac{2 \cdot 4}{3 \cdot 11} = \frac{8}{33}$$

Zähler mal Zähler, Nenner mal Nenner

1.2.6 Prozentrechnen

„Prozent" (%) heißt „von Hundert". Das Prozentrechnen gibt an, wieviel eine Teilmenge im Verhältnis zur Gesamtmenge ausmacht. Die Gesamtmenge wird dabei immer gleich Hundert gesetzt, so daß die Teilmenge als „Teile von Hundert" (Prozentsatz) erscheint.

$\frac{1}{100}$ des Grundwertes = 1 Prozent = 1%

5 DM sind 2,5% von 200 DM

(5 DM: Prozentwert; 2,5%: Prozentsatz; 200 DM: Grundwert)

$$\text{Prozentsatz} = \frac{100 \cdot \text{Prozentwert}}{\text{Grundwert}}$$

Beispiel: Auf einer Leitung gehen von der Spannung 220 V bis zum Verbraucher 1,5% verloren. Wieviel V sind das?

Lösung: $100\% \mathrel{\hat{=}} 220\ \text{V}$

$$1\% \mathrel{\hat{=}} \frac{220\ \text{V}}{100}$$

$$1{,}5\% \mathrel{\hat{=}} \frac{220\ \text{V} \cdot 1{,}5}{100} = 3{,}3\ \text{V}$$

1.3 Algebra (Arithmetik)

Anstatt mit Zahlengrößen kann mit Buchstaben gerechnet werden. In einer Rechnung hat ein bestimmter Buchstabe immer den gleichen Wert.

Positive Werte: $+1$; $+3$; $+a$; $+3b$; $+2(a+b)$
Werte ohne Vorzeichen sind positiv: 3; $2a$; $4{,}5x$
Negative Werte: -1; $-0{,}5$; $-2{,}3a$; $-3(a+b)$

1.3.1 Addition

Das Rechnungszeichen ist + (gelesen „plus"). In $a + b = c$ sind a und b die Summanden, c ist die Summe. **Die Reihenfolge der Summanden ist beliebig.** Der besseren Übersicht halber ordnet man sie gern alphabetisch.

Beispiel: $a+c+b+d = a+b+c+d$.
Man schreibt statt $a+a+a$ kurz $3a$.

Regel: Gleichbenannte Summanden addiert man, indem man ihre Beizahlen addiert.

$4x+5y+3x+4y = 7x+9y$
$3a+5c+7b+8a+2g+4c+5f+4g+15$
$= 15+3a+8a+7b+5c+4c+5f+2g+4g$
$= 15+11a+7b+9c+5f+6g$

1.3.2 Subtraktion

Das Rechnungszeichen ist — (gelesen „minus").

In $a-b = c$ ist a der Minuend, b der Subtrahend und c die Differenz. Nur gleichbenannte Größen lassen sich subtrahieren.

Regel: Gleichbenannte Größen subtrahiert man, indem man ihre Beizahlen subtrahiert.

Beispiel: $10a-6a = 4a$; $5a-3a-2b = 2a-2b$.
$9a+9b-7a+3c-6b-c = 2a+3b+2c$.

1.3.3 Klammern

Soll mit einer algebraischen Summe eine Rechnung ausgeführt werden, so schließt man sie in runde () Klammern. Wird die in runden Klammern vorhandene Summe mit noch anderen Größen zu einem Ganzen verbunden, so wählt man die eckige [] Klammer. Beim ersten Glied in der Klammer läßt man das Vorzeichen weg, wenn es positiv ist. $3a$ hat also den Wert $+3a$.

Regel: Eine Klammer, vor der das Zeichen + steht, kann man ohne Einfluß auf das Resultat fortlassen. Steht vor einer Klammer das Zeichen —, so löst man sie auf, indem man die Vorzeichen aller Glieder in der Klammer umkehrt.

Beispiele: $a+(b+c) = a+b+c$
$a+(b-c) = a+b-c$
$(3a+5b+6c)+7a = 3a+7a+5b+6c = 10a+5b+6c$
$a-(b+c) = a-b-c$
$a-(b-c) = a-b+c$
$a-(-b-c) = a+b+c$
$12a-5c-(6a+3b-4c)+(12+18c-26b+14)$
$= 12a-5c-6a-3b+4c+12+18c-26b+14$
$= 12+14+12a-6a-3b-26b+4c+18c-5c$
$= 26+6a-29b+17c$.

1.3.4 Multiplikation

Das Rechnungszeichen ist · (gelesen „mal").

In $a \cdot b = c$ ist a der Multiplikator, b der Multiplikand und c das Produkt.

Multiplikand und Multiplikator darf man vertauschen. Es ist z. B. $a \cdot b \cdot c = a \cdot c \cdot b = b \cdot a \cdot c = b \cdot c \cdot a$.

Regel: Multipliziert man algebraische Zahlen, welche gleiches Vorzeichen haben, so ist das Produkt positiv. Das Produkt aus zwei algebraischen Zahlen mit verschiedenen Vorzeichen wird negativ.

Beispiele:
$(+a)\cdot(+b) = +(a\cdot b)$; $(-a)\cdot(-b) = +(a\cdot b)$
$(+a)\cdot(-b) = -(a\cdot b)$; $(-a)\cdot(+b) = -(a\cdot b)$

Regel: Man multipliziert algebraische Summen, indem man jedes Glied der einen Summe mit jedem Glied der anderen Summe multipliziert.

Beispiele: $(a+b)\cdot c = a\cdot c+b\cdot c$
$(a+b)\cdot(-c) = -ac-bc$
$(a+b)\cdot(c+d) = a\cdot c+b\cdot c+a\cdot d+b\cdot d$

Merke: Man kann die Addition oder Subtraktion eines Produktes erst dann durchführen, wenn die Multiplikation ausgeführt ist.

Beispiel: $(a+b+c)\cdot d+a\cdot(b+d)$
$= ad+bd+cd+ab+ad$
$= ab+ad+ad+bd+cd = ab+2ad+bd+cd$

Regel: Produkte werden miteinander multipliziert, indem man die Faktoren in beliebiger Reihenfolge multipliziert.

Beispiele: $(3a)\cdot(4b) = 3\cdot 4\cdot a\cdot b = 12a\cdot b = 12ab$
$4a\cdot(5b-3c)+2a\,(3b+8c)$
$= 5\cdot 4ab-3\cdot 4ac+2\cdot 3ab+2\cdot 8ac$
$= 20ab-12ac+6ab+16ac = 26ab+4ac$.
$[(25-7\cdot(4a+b)+3)]\cdot 2 = 50-14\cdot(4a+b)+6$
$= 50-56a-14b+6 = 56-56a-14b$

1.3.5 Division

Das Rechnungszeichen ist : (Doppelpunkt) oder der Bruchstrich (gelesen „geteilt durch"). Die Division ist die Umkehrung der Multiplikation. $3\cdot 4 = 12$; $12:4 = 3$; $12:3 = 4$.

In der Gleichung $a:b = c$ ist a der Dividend, b der Divisor und c der Quotient.

Regel: Dividiert man algebraische Zahlen, welche gleiches Vorzeichen haben, so ist der Quotient positiv. Der Quotient aus zwei algebraischen Zahlen mit verschiedenen Vorzeichen ist negativ.

Beispiele: $+a:+b = +(a:b)$; $-a:-b = +(a:b)$
$-a:+b = -(a:b)$; $+a:-b = -(a:b)$

Regel: Hat man eine algebraische Summe durch eine Zahl zu teilen, so dividiert man jedes einzelne Glied der Summe durch diese Zahl.

Beispiele: $\frac{a+b}{c} = \frac{a}{c}+\frac{b}{c}$; $\frac{a-b}{c} = \frac{a}{c}-\frac{b}{c}$
$(32ac+16bc+24cd):2b = 32ac:2b+16bc:2b+24cd:2b$

1.3.6 Proportionen

Eine Proportion ist eine Gleichung zwischen zwei Verhältnissen (Verhältnisgleichung).

Satz: In jeder arithmetischen Proportion ist die Summe der äußeren Glieder gleich der Summe der inneren Glieder.

Beispiele: $23-15 = 34-26$;
$23+26 = 15+34$ oder $49 = 49$
$a-b = c-d$; $a+d = b+c$.

Spricht man von Proportionen schlechthin, so meint man die geometrischen Proportionen.

Regel: In jeder Proportion ist das Produkt der äußeren Glieder gleich dem Produkt der inneren Glieder.

Beispiele: $a:b = c:d$;
$a\cdot d = b\cdot c$; $3:6 = 4:8$; $3\cdot 8 = 4\cdot 6$

Die unbekannten Glieder bezeichnet man mit x.

Beispiele: $a:b = c:x$; mithin $a\cdot x = b\cdot c$
$x = (b\cdot c):a$. Ein geometrisches Verhältnis läßt sich natürlich auch als Bruch auffassen. Man kann es daher erweitern und kürzen.

Beispiel: $a:b = a\cdot c:b\cdot c = (a:c):(b:c)$.

Jede Produktengleichung kann in eine Proportion umgewandelt werden. Die Faktoren des einen Produktes werden äußere Glieder, Faktoren des anderen Produktes innere Glieder oder umgekehrt. Daher lassen sich aus einer Produktengleichung acht Proportionen bilden.

Beispiel: $4\cdot 9 = 3\cdot 12$

$4:3 = 12:9$ vertauscht	$3:9 = 4:12$ inn. u. äuß.
$4:12 = 3:9$ inn. Glieder	$3:4 = 9:12$ inn. Glieder
$9:12 = 3:4$ äuß. Glieder	$12:4 = 9:3$ äuß. Glieder
$9:3 = 12:4$ inn. Glieder	$12:9 = 4:3$ inn. Glieder

1

1.3 Algebra

1.3.7 Gleichungen ersten Grades mit einer Unbekannten

Eine Verbindung von zwei gleichen Größen durch ein Gleichheitszeichen nennt man Gleichung. Man unterscheidet identische Gleichungen, z. B.
$a+b = b+a$; $a+5 = 5+a$; $4a+b = b+4a$
und Bestimmungsgleichungen, bei denen die unbekannte Größe x, y oder z zu bestimmen ist. Um die Unbekannte zu bestimmen, muß sie auf einer Seite der Gleichung allein stehen.

Regel: Alles, was auf der einen Seite einer Gleichung mit (+) oder (·) steht, kann man auf die andere Seite mit (—) bzw. (:) bringen und umgekehrt.

Beispiele:
$x+5 = 10$; $x = 10-5$; $x = 5$; $x-8 = 3$; $x = 3+8$; $x = 11$.
$x \cdot 9 = 36$; $x = 36:9$; $x = 4$; $x:6 = 7$; $x = 7 \cdot 6$; $x = 42$.

Oft kommt die Unbekannte mehrmals in einer Gleichung vor. Steht sie in Klammern oder Brüchen, so sind mehrfache Umformungen nötig. Man schafft nacheinander die Brüche fort, löst die Klammern auf, faßt die Glieder mit x auf einer Seite zusammen und trennt schließlich den Faktor von x ab.

Beispiel:

$44:2x = 11$
$44 = 11 \cdot 2x$
$44 = 22x$
$44:22 = x$
$x = 2$

$16 = \frac{12-2x}{0{,}5}$
$16 \cdot 0{,}5 = 12-2x$
$8 = 12-2x$
$2x = 12-8$
$2x = 4$
$x = 2$

$4\,(10-2x) - 6\,(x+5{,}5) = 0$
$40 - 8x - 6x - 33 = 0$
$40 - 33 = 8x+6x$
$7 = 14x$
$7:14 = x$ $\quad x = 0{,}5$

$\frac{1}{3}x + \frac{1}{4}x = 7$
$\frac{x \cdot 12}{3} + \frac{x \cdot 12}{4} = 7 \cdot 12$
$4x + 3x = 84$
$7x = 84$
$x = 84:7$ $\quad x = 12$

1.3.8 Gleichungen ersten Grades mit zwei Unbekannten

Zwei Unbekannte lassen sich nur dann eindeutig bestimmen, wenn zwei verschiedene Gleichungen gegeben sind. Bei der Auflösung stellt man aus ihnen eine dritte Gleichung mit nur einer Unbekannten her. Die zweite Unbekannte wird durch die Einsetzungs-, die Gleichsetzungs- oder die Additionsmethode fortgeschafft.

Die Einsetzungsmethode

I $3x + 2y = 18$
II $4x + y = 19$. Aus dieser Gleichung folgt:
$y = 19-4x$. Diesen Wert von y setzt man in die Gleichung I ein und erhält:
$3x + 2\,(19-4x) = 18$; hieraus errechnet man $x = 4$ und setzt x in Gleichung I oder II ein:
$4 \cdot 4 + y = 19$; $y = 19 - 16$; $y = 3$.

Die Gleichsetzungsmethode

II $3x + 2y = 18$
I $4x + y = 19$

Löst man beide Gleichungen nach y auf, so erhält man zwei neue Gleichungen:
$y = (18 - 3x) : 2$
$y = 19 - 4x$

Sind zwei Größen einer dritten gleich, so sind sie untereinander gleich. Mithin wird:
$(18-3x):2 = 19-4x$ $\qquad 18-3x = (19-4x)\,2$
$18-3x = 38-8x$ $\qquad 8x-3x = 38-18$

Hieraus berechnet sich $x = 4$. Durch Einsetzen finden wir wieder $y = 3$.

Die Additions- bzw. Subtraktionsmethode

I $3x+2y = 18$
II $4x+ y = 19$. Diese Gleichung erweitere ich mit 2 und ziehe von ihr die Gleichung I ab.

$8x + 2y = 38$
$-\;\; 3x + 2y = 18$
$5x \qquad = 20$; $x = 4$. Durch Einsetzen in Gleichung I oder II finden wir wieder $y = 3$.

1.3.9 Gleichungen zweiten Grades (quadratische Gleichungen)

Bei rein-quadratischen Gleichungen kommt die Unbekannte nur in der 2. Potenz (z. B. x^2) vor. Diese Gleichungen haben immer 2 Ergebnisse (positiv und negativ).

Beispiel: $x^2 = 25$; $x = \sqrt{25} = \pm 5$, weil $(+5) \cdot (+5) = 25$ und $(-5) \cdot (-5) = 25$ ist.
$15+3x^2 = x^2+47$; $3x^2-x^2 = 47-15$; $2x^2 = 32$; $x^2 = 32:2$; $x^2 = 16$; $x = \pm\sqrt{16}$; $x_1 = 4$; $x_2 = -4$.

Bei gemischt-quadratischen Gleichungen kommt die Unbekannte in der 1. und 2. Potenz vor (x und x^2).

Beispiel: $x^2+ax = -b$. Man bringt sie auf die Normalform $x^2+ax+b = 0$ und löst sie nach der Formel

$$x = -\frac{a}{2} \pm \sqrt{\left(\frac{a}{2}\right)^2 - b}$$

Für a und b sind die gegebenen Zahlenwerte einzusetzen.

Beispiel: $2x^2+x+13 = x^2-5x+40$;
$2x^2-x^2+x+5x = 40-13$
Normalform: $x^2+6x-27 = 0$ $\quad (a = 6,\ b = -27)$
eingesetzt: $x_1 = -\frac{6}{2} + \sqrt{\left(\frac{6}{2}\right)^2 + 27}$; $x_1 = -3+\sqrt{9+27}$
$x_1 = -3+\sqrt{36} = -3+6 = 3$; $x_1 = 3$
$x_2 = -3-\sqrt{36} = -3-6 = -9$; $x_2 = -9$

Lösung mit Hilfe der quadratischen Ergänzung.

$x^2+6x = 27$
$x^2+6x+3^2 = 27+9$
$(x+3)^2 = 36$
$x+3 = \pm\sqrt{36}$
$x_1 = -3+6 = 3$
$x_2 = -3-6 = -9$

Bekanntes Glied zur rechten Seite. Die quadratische Ergänzung ist das Quadrat des halben Faktors von x, hier 3^2. Sie wird auf beiden Seiten addiert, so daß die Wurzel gezogen werden kann und x nur noch in 1. Potenz steht.

1.3.10 Potenz

Eine Potenz ist die verkürzte Schreibweise einer fortlaufenden Multiplikation gleicher Faktoren.

$a \cdot a = a^2$; $b \cdot b \cdot b = b^3$; $3 \cdot 3 = 3^2$

In der Potenz 5^3 nennt man 5 die Grundzahl (Basis), 3 die Hochzahl (Exponent). — Potenzen mit gleicher Grundzahl werden multipliziert (dividiert), indem man die Hochzahlen addiert (subtrahiert).

$a^2 \cdot a^3 = a^{2+3} = a^5$; $\qquad 3^2 \cdot 3^3 = 3^{2+3} = 3^5 = 243$
$c^5 : c^2 = c^{5-2} = c^3$; $\qquad 2^5 : 2^2 = 2^{5-2} = 2^3 = 8$
$(a+b)^2 = (a+b) \cdot (a+b) = a^2+2ab+b^2$
$(a-b)^2 = (a-b) \cdot (a-b) = a^2-2ab+b^2$

1.3.11 Wurzelrechnung

Die Wurzelrechnung ist eine Umkehrung der Potenzrechnung. Bei ihr ist aus Potenz und Exponent die Basis zu finden.

Ist $a^n = c$, so ist $a = \sqrt[n]{c}$ (lies a gleich n-te Wurzel aus c).

In $a = \sqrt[n]{c}$ ist a die Wurzel, n der Wurzelexponent und c der Radikand.

Regel: Wurzeln kann man nur dann addieren, wenn sie gleichen Wurzelexponenten und gleichen Radikanden haben.

Beispiele: $\sqrt[4]{a} + \sqrt[4]{a} = 2 \cdot \sqrt[4]{a}$

1.4 Winkelfunktionen

1.4.1 Winkeleinheiten nach DIN 1315 (8.82)

1. Radiant (Bogenmaß)

Die Winkeleinheit Radiant (rad, aber in bestimmten Fällen auch ohne Einheit) ergibt sich, wenn die Größe eines Zentriwinkels in einem beliebigen Kreis durch das Verhältnis der zugehörigen Kreisbogenlänge zum Kreisradius angegeben wird. Für einen Vollwinkel gilt:

$$1 \text{ Vollwinkel} = 2\pi \text{ rad}$$

2. Grad (Altgrad)

Der Grad (°) ist der 360ste Teil eines Vollwinkels:

$$1° = \frac{1}{360} \text{ Vollwinkel} = \frac{\pi}{180} \text{ rad}$$

Der Grad wird unterteilt in Minute (′) und Sekunde (″)

$$1° = 60' = 3600''$$

3. Gon (Neugrad)

Das Gon (gon) ist der 400ste Teil eines Vollwinkels:

$$1 \text{ gon} = \frac{1}{400} \text{ Vollwinkel} = \frac{\pi}{200} \text{ rad}$$

Das Gon wird unterteilt durch Vorsätze:

$$1 \text{ cgon} = \frac{1}{100} \text{ gon} = 0{,}01 \text{ gon}$$

$$1 \text{ mgon} = \frac{1}{1000} \text{ gon} = 0{,}001 \text{ gon}$$

Umrechnungstabelle für Winkeleinheiten

	rad	Vollwinkel	gon	mgon	°	′	″
1 rad	1	0,159	63,66	$63{,}66 \cdot 10^3$	57,296	$3{,}438 \cdot 10^3$	$206{,}26 \cdot 10^3$
1 Vollwinkel	6,283	1	400	$400 \cdot 10^3$	360	$21{,}6 \cdot 10^3$	$1{,}296 \cdot 10^6$
1 gon	$15{,}7 \cdot 10^{-3}$	$2{,}5 \cdot 10^{-3}$	1	1000	0,9	54	3240
1°	$17{,}45 \cdot 10^{-3}$	$2{,}778 \cdot 10^{-3}$	1,111	1111,11	1	60	3600
1′	$290{,}89 \cdot 10^{-6}$	$46{,}2 \cdot 10^{-6}$	$18{,}52 \cdot 10^{-3}$	18,52	$16{,}67 \cdot 10^{-3}$	1	60
1″	$4{,}848 \cdot 10^{-6}$	$700 \cdot 10^{-9}$	$308{,}6 \cdot 10^{-6}$	$308{,}6 \cdot 10^{-3}$	$277{,}8 \cdot 10^{-6}$	$16{,}67 \cdot 10^{-3}$	1

1.4.2 Trigonometrische Funktionen

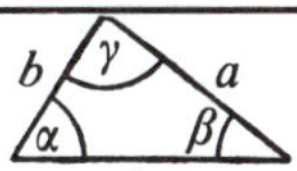

$\gamma = 1 \llcorner = 90°$
c ist die Hypotenuse,
a und b sind die Katheten

Im rechtwinkligen Dreieck ist:

1. **der Sinus eines Winkels** $= \dfrac{\text{Gegenkathete}}{\text{Hypotenuse}}$

$$\sin\alpha = \frac{a}{c}; \quad \sin\beta = \frac{b}{c};$$

2. **der Cosinus eines Winkels** $= \dfrac{\text{Ankathete}}{\text{Hypotenuse}}$

$$\cos\alpha = \frac{b}{c}; \quad \cos\beta = \frac{a}{c};$$

3. **der Tangens eines Winkels** $= \dfrac{\text{Gegenkathete}}{\text{Ankathete}}$

$$\tan\alpha = \frac{a}{b}; \quad \tan\beta = \frac{b}{a};$$

4. **der Cotangens eines Winkels** $= \dfrac{\text{Ankathete}}{\text{Gegenkathete}}$

$$\cot\alpha = \frac{b}{a}; \quad \cot\beta = \frac{a}{b}.$$

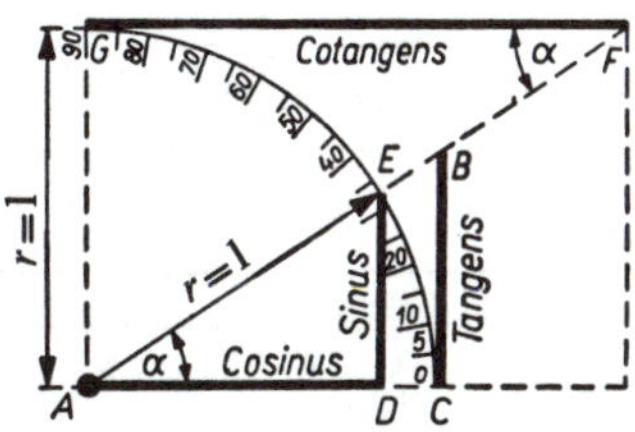

Im Dreieck ADE: $\sin\alpha = \dfrac{DE}{r} = \dfrac{DE}{l} = DE$

$$\cos\alpha = \frac{AD}{r} = \frac{AD}{l} = AD$$

Im Dreieck ACB: $\tan\alpha = \dfrac{BC}{r} = \dfrac{BC}{l} = BC$

Im Dreieck AFG: $\cot\alpha = \dfrac{FG}{r} = \dfrac{FG}{l} = FG$

1.4.3 Vorzeichen der Funktionen in den vier Quadranten

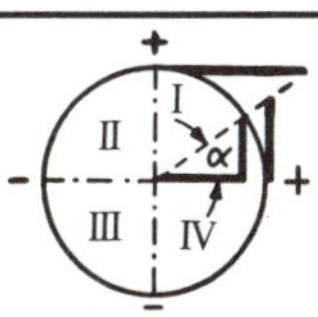

Quadrant	Größe des Winkels	sin	cos	tan	cot
I	von 0° bis 90°	+	+	+	
II	von 90° bis 180°	+	−	−	−
III	von 180° bis 270°	−	−	+	+
IV	von 270° bis 360°	−	+	−	−

1.4 Winkelfunktionen

1.4.4 Funktionskurven und Funktionswerte bestimmter Winkel

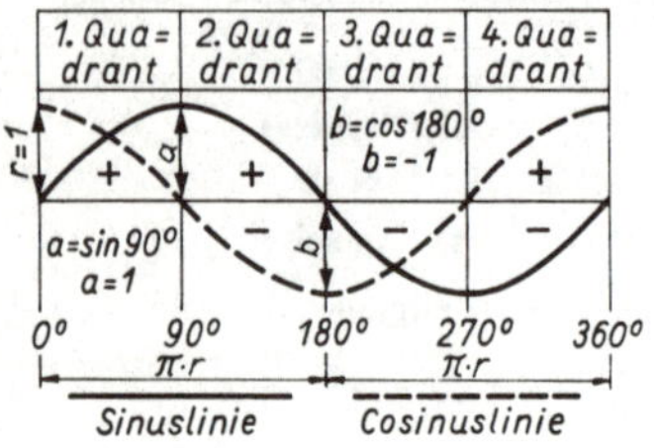

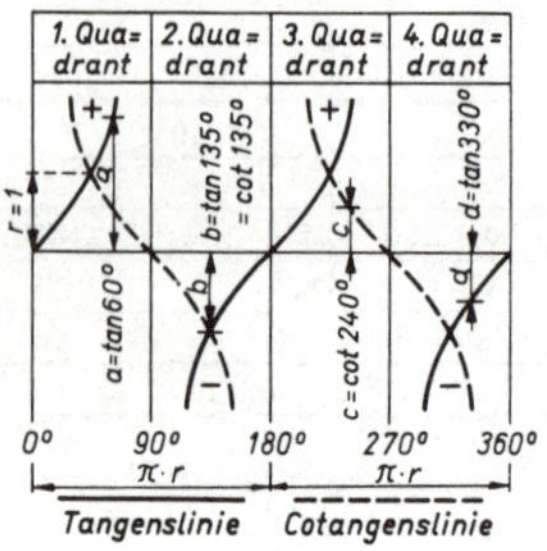

	$-\alpha$	$360° \cdot n + \alpha$	$180° \cdot n + \alpha$
sin	$-\sin\alpha$	$\sin\alpha$	
cos	$\cos\alpha$	$\cos\alpha$	
tan	$-\tan\alpha$		$\tan\alpha$
cot	$-\cot\alpha$		$\cot\alpha$

n = ganzzahlig

Die trigonometrischen Funktionswerte wichtiger Winkelgrößen

	0°	30°	45°	60°	90°	180°	270°	360°
sin	0	½	$\frac{1}{2}\sqrt{2}$	$\frac{1}{2}\sqrt{3}$	1	0	−1	0
cos	1	$\frac{1}{2}\sqrt{3}$	$\frac{1}{2}\sqrt{2}$	½	0	−1	0	1
tan	0	$\frac{1}{3}\sqrt{3}$	1	$\sqrt{3}$	$\pm\infty$	0	$\pm\infty$	0
cot	$\pm\infty$	$\sqrt{3}$	1	$\frac{1}{3}\sqrt{3}$	0	$\pm\infty$	0	$\pm\infty$

Beziehung der Winkelfunktionen in den Quadranten

	$90 \pm \alpha$	$180 \pm \alpha$	$270 \pm \alpha$	$360 \pm \alpha$
sin	$\cos\alpha$	$\mp\sin\alpha$	$-\cos\alpha$	$\pm\sin\alpha$
cos	$\mp\sin\alpha$	$-\cos\alpha$	$\pm\sin\alpha$	$\cos\alpha$
tan	$\mp\cot\alpha$	$\pm\tan\alpha$	$\mp\cot\alpha$	$\pm\tan\alpha$
cot	$\mp\tan\alpha$	$\pm\cot\alpha$	$\mp\tan\alpha$	$\pm\cot\alpha$

1.4.5 Beziehung zwischen den Winkelfunktionen für gleiche Winkel

$\tan\alpha = \frac{\sin\alpha}{\cos\alpha}$; $\cot\alpha = \frac{\cos\alpha}{\sin\alpha}$; $\sin^2\alpha + \cos^2\alpha = 1$; $\tan\alpha \cot\alpha = 1$

	$\sin\alpha$	$\cos\alpha$	$\tan\alpha$	$\cot\alpha$
$\sin\alpha$	–	$\sqrt{1-\cos^2\alpha}$	$\tan\alpha : \sqrt{1+\tan^2\alpha}$	$1 : \sqrt{1+\cot^2\alpha}$
$\cos\alpha$	$\sqrt{1-\sin^2\alpha}$	–	$1 : \sqrt{1+\tan^2\alpha}$	$\cot\alpha : \sqrt{1+\cot^2\alpha}$
$\tan\alpha$	$\sin\alpha : \sqrt{1-\sin^2\alpha}$	$\sqrt{1-\cos^2\alpha} : \cos\alpha$	–	$1 : \cot\alpha$
$\cot\alpha$	$\sqrt{1-\sin^2\alpha} : \sin\alpha$	$\cos\alpha : \sqrt{1-\cos^2\alpha}$	$1 : \tan\alpha$	–

1.4.6 Berechnung rechtwinkliger Dreiecke

Gegeben	Ermittlung der anderen Größen
a, α	$\beta = 90° - \alpha,\ b = a \cdot \cot\alpha,\ c = \frac{a}{\sin\alpha}$
b, α	$\beta = 90° - \alpha,\ a = b \cdot \tan\alpha,\ c = \frac{b}{\cos\alpha}$
c, α	$\beta = 90° - \alpha,\ a = c \cdot \sin\alpha,\ b = c \cdot \cos\alpha$
a, b	$\tan\alpha = \frac{a}{c},\ c = \frac{a}{\sin\alpha},\ \beta = 90° - \alpha$
a, c	$\sin\alpha = \frac{a}{c},\ b = c \cdot \cos\alpha,\ \beta = 90° - \alpha$
b, c	$\cos\alpha = \frac{b}{c},\ a = c \cdot \sin\alpha,\ \beta = 90° - \alpha$

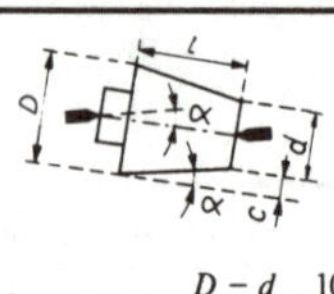

Beispiel:
Ein Kegel mit D = 100 mm, d = 60 mm und l = 90 mm soll gedreht werden. Wie groß ist der Einstellwinkel α zu wählen?

Lösung: $c = \frac{D-d}{2} = \frac{100\text{ mm} - 60\text{ mm}}{2} = 20\text{ mm}$

$\tan\alpha = \frac{c}{l} = \frac{20\text{ mm}}{90\text{ mm}} = 0{,}2222$

Gibt man den Wert 0,2222 in den Taschenrechner und drückt anschließend die Tasten [arc] und [tan], so erhält man den Winkel $\alpha = 12{,}5°$.

1.4 Winkelfunktionen

1.4.7 Formeln für das schiefwinklige Dreieck

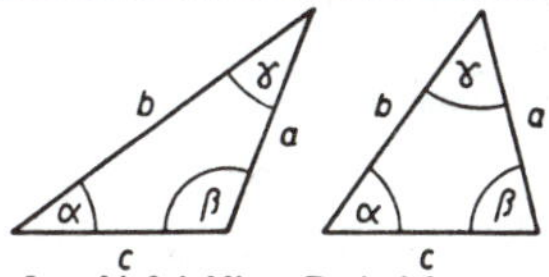

Im schiefwinkligen Dreieck lauten:

1. der Sinussatz:

$$\frac{a}{\sin\alpha} = \frac{b}{\sin\beta} = \frac{c}{\sin\gamma};$$

2. der Cosinussatz:

$$a^2 = b^2 + c^2 - 2\,bc \cdot \cos\alpha,$$
$$b^2 = a^2 + c^2 - 2\,ac \cdot \cos\beta,$$
$$c^2 = a^2 + b^2 - 2\,ab \cdot \cos\gamma;$$

Bei $\alpha > 90°$ Vorzeichen beachten. Siehe S. 1-6

3. der Tangenssatz:

$$\frac{a+b}{a-b} = \frac{\tan \frac{1}{2}(\alpha+\beta)}{\tan \frac{1}{2}(\alpha-\beta)};$$

4. die Mollweideschen Formeln:

$$(a+b) : c = \cos\frac{\alpha-\beta}{2} : \sin\frac{\gamma}{2},$$

$$(a-b) : c = \sin\frac{\alpha-\beta}{2} : \cos\frac{\gamma}{2}.$$

s = halbe Seitensumme $= \frac{a+b+c}{2}$, A = Fläche

$$A = \frac{a \cdot b \cdot \sin\gamma}{2} = \frac{a \cdot c \cdot \sin\beta}{2} = \frac{b \cdot c \cdot \sin\alpha}{2}$$

$$A = \sqrt{s\,(s-a)\,(s-b)\,(s-c)}$$

$$\sin\frac{\alpha}{2} = \sqrt{\frac{(s-b)\,(s-c)}{b\,c}}$$

$$\cos\frac{\alpha}{2} = \sqrt{\frac{s\,(s-a)}{b\,c}}$$

$$\tan\frac{\alpha}{2} = \sqrt{\frac{(s-b)\,(s-c)}{s\,(s-a)}}$$

$$\tan\alpha = \frac{a\sin\beta}{c - a\cos\beta}$$

$$a = b\cos\gamma + c\cos\beta,\ b = c\cos\alpha + a\cos\gamma$$
$$c = a\cos\beta + b\cos\alpha$$

R = Radius des Umkreises

$$R = \frac{a}{2\sin\alpha} = \frac{b}{2\sin\beta} = \frac{c}{2\sin\gamma}$$

ϱ = Radius des Inkreises

$$\varrho = \sqrt{\frac{(s-a)\,(s-b)\,(s-c)}{s}} = s \cdot \tan\frac{\alpha}{2}\tan\frac{\beta}{2}\tan\frac{\gamma}{2}$$

1.4.8 Berechnung schiefwinkliger Dreiecke

Gegeben	Ermittlung der anderen Größen			
3 Seiten a, b, c	$\cos\beta = \frac{a^2+c^2-b^2}{2ac}$ $\sin\alpha = \frac{a\sin\beta}{b}$ $\gamma = 180° - (\alpha+\beta)$ $A = \frac{a\,b\sin\gamma}{2}$	2 Seiten und ein Gegenwinkel b, c, β	$\sin\gamma = \frac{c\sin\beta}{b}$ $\alpha = 180° - (\beta+\gamma)$ $a = \frac{c\sin\alpha}{\sin\gamma}$ $A = \frac{a\,b\sin\gamma}{2}$	a) Wenn $c\sin\beta < b$, ergeben sich zwei Werte für γ. b) Ist $c\sin\beta = b$, so ist $\gamma = 90°$. c) Ist $c\sin\beta > b$, keine Lösung.
2 Seiten und der eingeschlossene Winkel a, c, β $a < c$	$b = \sqrt{a^2+c^2-2ac\cos\beta}$ $\sin\alpha = \frac{a\sin\beta}{b}$ $\gamma = 180° - (\alpha+\beta)$ Wegen $a < c$ ist α spitz $A = \frac{a\,b\sin\gamma}{2}$	1 Seite und zwei Winkel c, α, β	$\gamma = 180° - (\alpha+\beta)$ $a = \frac{c\sin\alpha}{\sin\gamma}$ $b = \frac{c\sin\beta}{\sin\gamma}$ $A = \frac{a\,b\sin\gamma}{2}$	

1.5 Länge, Fläche, Volumen und Masse

1.5.1 Pythagoreischer Lehrsatz

In jedem rechtwinkligen Dreieck ist das Hypotenusenquadrat gleich der Summe der beiden Kathetenquadrate:

$c^2 = a^2 + b^2 \qquad c = \sqrt{a^2 + b^2}$

Beispiel für
$a = 3,\ b = 4,\ c = 5$: $\quad 5^2 = 4^2 + 3^2 \qquad 25 = 16 + 9$

Höhensatz: Höhenquadrat ist gleich dem Rechteck aus den Abschnitten der Hypotenuse:
$h^2 = d \cdot e; \qquad h = \sqrt{d \cdot e}$

Kathetensatz: Kathetenquadrat gleich dem Rechteck aus der Hypotenuse und der Projektion der Kathete auf die Hypotenuse:

$a^2 = c \cdot d \qquad a = \sqrt{c \cdot d}$

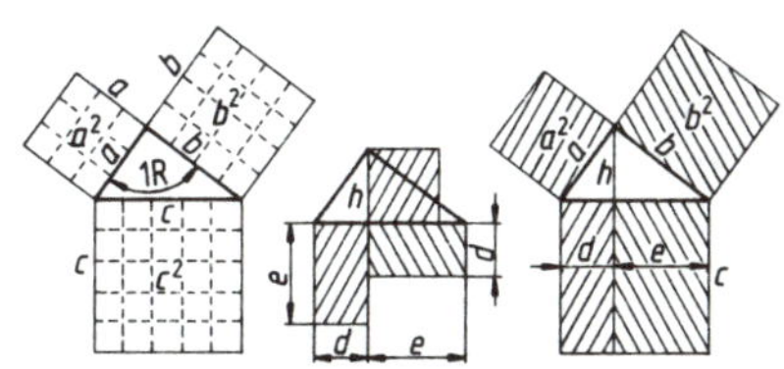

Nutzanwendung:

Mit Hilfe einer geschlossenen Schnur, die in Längen 3:4:5 durch Knoten geteilt ist, kann man einen rechten Winkel bilden.

1.5 Länge, Fläche, Volumen und Masse

Länge

1 Meter (m) = 100 Zentimeter (cm) = 1000 Millimeter (mm) = 1000000 Mikrometer (µm).
1 m = 10 Dezimeter (dm).
1 Kilometer (km) = 1000 m.
1 deutsche Meile (geographische Meile) = 7,420 km (meistens gerechnet = 7,5 km).
1 Seemeile = 10 Kabellängen = 1852 m.
1 englische Meile = 1760 Yards = 1609 m.
1 Yard = 3 engl. Fuß = 36 engl. Zoll (") = 91,44 cm.
1 engl. Zoll = 25,4 mm (genau 25,399956 mm).

Umrechnung englische Zoll in mm

engl. Zoll	$\frac{1}{64}$	$\frac{1}{32}$	$\frac{1}{16}$	$\frac{1}{8}$	$\frac{3}{16}$	$\frac{1}{4}$
mm	0,397	0,794	1,587	3,175	4,762	6,350
engl. Zoll	$\frac{3}{8}$	$\frac{1}{2}$	$\frac{5}{8}$	$\frac{3}{4}$	$\frac{7}{8}$	1"
mm	9,525	12,700	15,875	19,050	22,225	25,400

Fläche

1 Quadratmeter (m^2) = 100 Quadratdezimeter (dm^2) = 10000 Quadratzentimeter (cm^2) = 1000000 Quadratmillimeter (mm^2).
1 Quadratkilometer (km^2) = 100 Hektar (ha) = 10000 Ar (a) = 1000000 Quadratmeter (m^2).

Volumen

1 Kubikmeter (m^3) = 1000 Kubikdezimeter (dm^3).
1 m^3 = 1000000 Kubikzentimeter (cm^3) = 1000000000 Kubikmillimeter (mm^3).
1 dm^3 = 1 Liter (l).
1 Hektoliter (hl) = 100 l.

Masse

1 cm^3 Wasser (von 4 °C) hat eine Masse von 1 Gramm (g).
1 dm^3 = 1 l Wasser hat eine Masse von 1 kg = 1000 g.
1 m^3 Wasser hat eine Masse von 1 Tonne (t) = 1000 kg.
1 engl. Pfund = 0,4536 kg.
1 kg = 2,2046 engl. Pfund.

1.5.2 Formeln für die Flächenberechnung

Quadrat

$A = a \cdot a = a^2$
$D = 1{,}4142 \cdot a$
$a = \sqrt{A}$

Rechteck, Rhombus, Parallelogramm

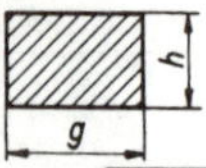

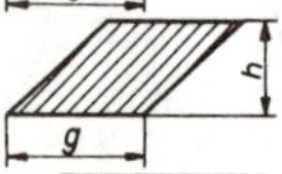

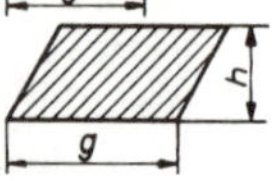

Rechteck, Rhombus, Parallelogramm:

Fläche $A = g \cdot h$

Grundlinie $g = \frac{A}{h}$

Höhe $h = \frac{A}{g}$

Trapez

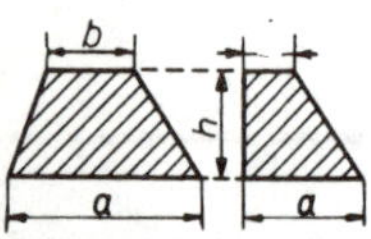

$A = \frac{a + b}{2} \cdot h$

$h = \frac{2A}{a + b}$

$a = \frac{2A}{h} - b$

$b = \frac{2A}{h} - a$

Dreieck

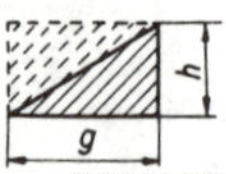

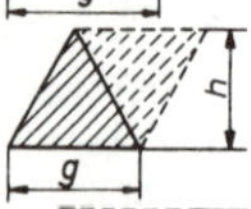

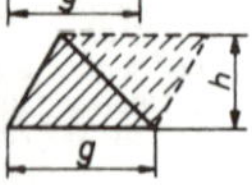

Das Dreieck ist die Hälfte eines Rechtecks, Rhombus, Parallelogramms

$A = \frac{g \cdot h}{2}$

$h = \frac{2A}{g}$

$g = \frac{2A}{h}$

Vieleck

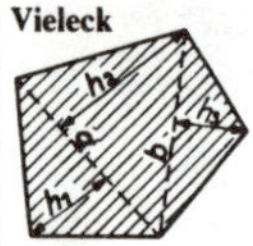

Zerlegung in Dreiecke:

$A = A_1 + A_2 + A_3$

$A = \frac{a \cdot h_1 + a \cdot h_2 + b \cdot h_3}{2}$

Kreis

d = Kreisdurchmesser (Kreis-∅)
r = Radius = Halbmesser
Umfang: $U = \pi \cdot d = \pi \cdot 2r$

$A = \frac{\pi \cdot d^2}{4}$

oder $A = \pi \cdot r^2$
$\pi = 3{,}14159265\ldots \approx 3{,}14$

Kreisring

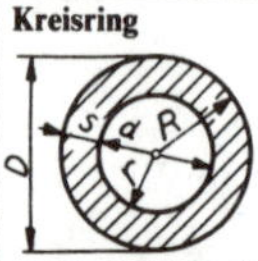

$s = R - r$
$A = \pi(R^2 - r^2)$
oder $A = \pi(d + s) \cdot s$
oder $A = \frac{\pi \cdot D^2}{4} - \frac{\pi \cdot d^2}{4}$

Kreisausschnitt

Bogenlänge $b = \frac{\pi \cdot r \cdot \beta}{180}$ $\quad \beta = \frac{180\,b}{\pi \cdot r}$

$A = \frac{b \cdot r}{2}$

Kreisabschnitt

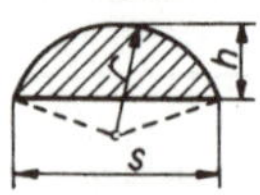

$A = 0{,}5\,b \cdot r - 0{,}5\,s\,(r - h)$

oder $A \approx \frac{h}{6s}\,(3h^2 + 4s^2)$

$r = \frac{h}{s} + \frac{s^2}{8h}$ $\quad s = 2\sqrt{h(2r - h)}$

$h = r - \sqrt{r^2 - 0{,}25\,s^2}$

Ellipse

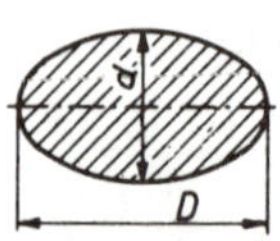

$A = \frac{\pi \cdot d \cdot D}{4}$

$D = \frac{4 \cdot A}{\pi \cdot d}$ $\quad d = \frac{4 \cdot A}{\pi \cdot D}$

$U \approx \pi \cdot \frac{D + d}{2}$

Genauere Formel: $U = \pi \cdot \sqrt{2 \cdot (R^2 + r^2)}$

1.5.3 Formeln für die Körperberechnung

Würfel (Kubus)

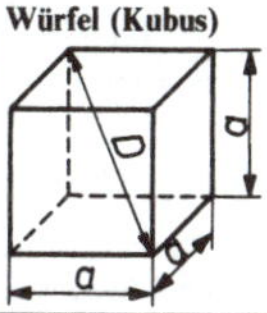

Rauminhalt:
$V = a \cdot a \cdot a = a^3$

Kantenlänge: $a = \sqrt[3]{V}$

Raumdiagonale $D = a\sqrt{3}$

Prisma

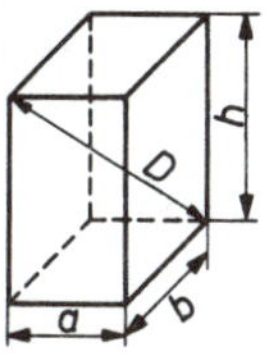

$V =$ Grundfläche × Höhe

$V = a \cdot b \cdot h \quad V = A \cdot h$

$h = \frac{V}{A} \quad a = \frac{V}{b \cdot h} \quad b = \frac{V}{a \cdot h}$

$D = \sqrt{a^2 + b^2 + h^2}$

Pyramide

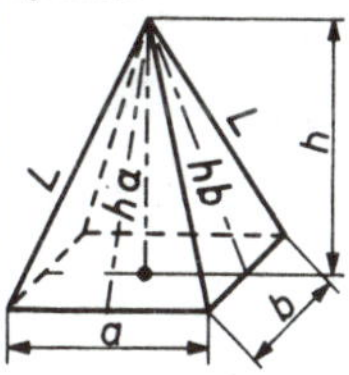

$V = \frac{a \cdot b \cdot h}{3} = \frac{A \cdot h}{3}$

$h_b = \sqrt{h^2 + \frac{a^2}{4}}$

$L = \sqrt{h_b^2 + \frac{b^2}{4}}$

h_a und h_b = Flächenhöhen
L = Kantenlänge

Pyramidenstumpf

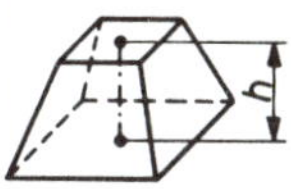

Rauminhalt genau:

$V = \frac{h}{3}(A + A_1 + \sqrt{A \cdot A_1})$

A und A_1 sind die Grundflächen.

In der Praxis gebrauchte (angenäherte) Formel:

$V \approx h\frac{A + A_1}{2}$

Gültig für $A_1 : A = 0{,}35$ oder größer.

Ponton

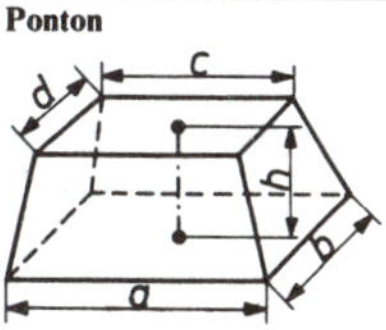

Das Ponton hat im Gegensatz zum Pyramidenstumpf verschieden geneigte Seitenflächen; die Grundflächen sind nicht ähnlich.

$V = \frac{h}{6}(2ab + ad + bc + 2cd)$

Kegel

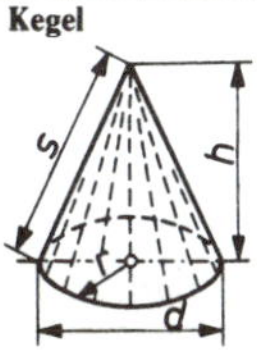

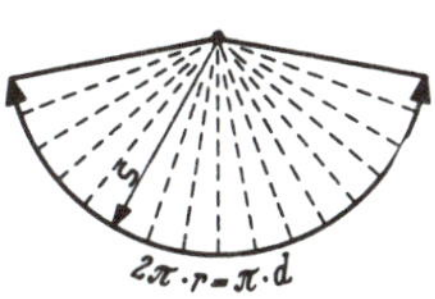

Mantelfäche $A_M = \frac{\pi \cdot d \cdot s}{2}$ $\quad V = \frac{A \cdot h}{3}$

Kegelstumpf

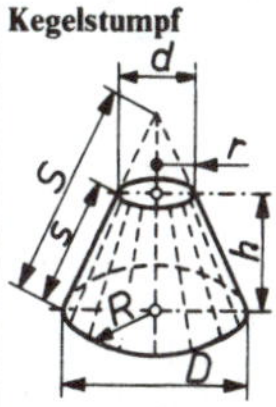

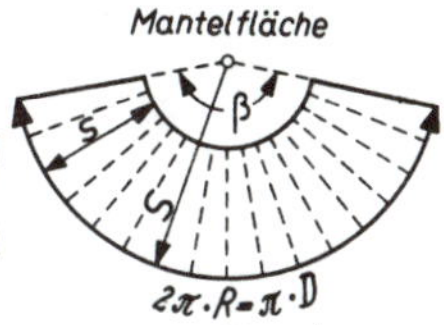

$A_M = \pi \cdot s(R + r)$ oder $A_M = \frac{\pi \cdot s(D + d)}{2}$

$V = \frac{\pi \cdot h}{3}(R \cdot r + R^2 + r^2)$

oder $V = \frac{\pi \cdot h}{12}(D \cdot d + D^2 + d^2)$

D und d sind die Durchmesser der Grundkreise.

$\beta = D \cdot 180 / S$

Zylinder

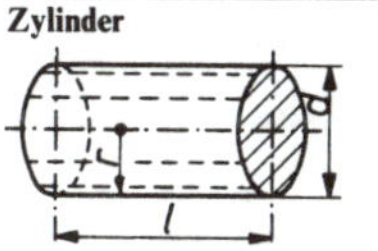

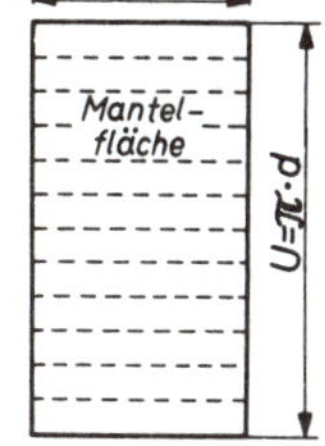

Die Mantelfläche ist ein Rechteck:

$A_M = \pi \cdot d \cdot l$

Rauminhalt:

$V = \pi \cdot r^2 \cdot l$

oder $V = \frac{\pi \cdot d^2}{4} \cdot l$

$= 0{,}785 \cdot d^2 \cdot l$

Hohlzylinder

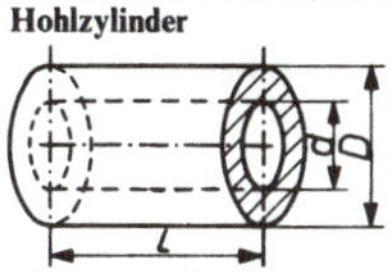

$V = \pi(R^2 - r^2)\,l$

$V = \pi(d + s) \cdot s \cdot l$

$V = \left(\frac{\pi \cdot D^2}{4} - \frac{\pi \cdot d^2}{4}\right) l$

Zylindrischer Ring

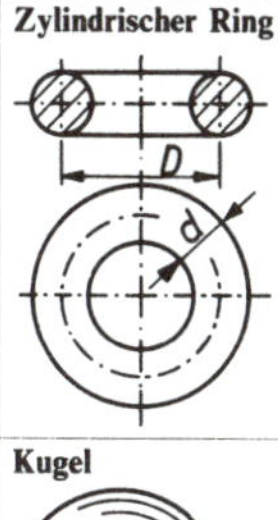

Mantelfläche:

$A_M = \pi \cdot d \cdot \pi \cdot D$

Rauminhalt:

$V = \frac{\pi \cdot d^2}{4}\pi \cdot D$

Kugel

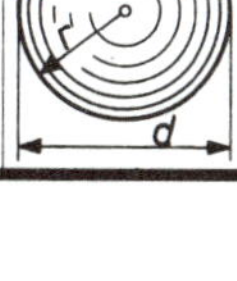

Mantelfläche: $A_M = \pi \cdot d^2$

$V = \frac{4}{3}\pi r^3 = \frac{\pi \cdot d^3}{6}$

$V = 4{,}189\, r^3 = 0{,}5236\, d^3$

1.6 Rechnen mit dem Taschenrechner

1.6.1 Tastatur und Sichtanzeige des Taschenrechners

Taste	Bedeutung
ON, EIN, I	Einschalten
OFF, AUS, 0	Ausschalten
AC	Gesamtlöschtaste
C	Berichtigungslöschtaste
0 – 9, •	Zifferneingabe, Dezimalpunkt
+, −	Addition, Subtraktion
×, ÷	Multiplikation, Division
+/−, ±	Vorzeichenwechsel
=	Ergebnistaste
[(.., (, ..)],)	Klammern
%	Prozenttaste
$a^{b/c}$	Brucheingabe
EXP, EE	Exponententaste
INV	Umkehrung der Tastenfunktion
$1/x$	Kehrwert
x^2, $\sqrt{x}$	Quadrierung, Quadratwurzel
y^x, x^y, $\sqrt[x]{y}$	Potenzieren, Radizieren
ln, e^x, ln x	Natürlicher Logarithmus
log, 10^x, lg x	Dekadischer Logarithmus
CN	Löschen von Exponenten
hyp	Hyperbeltaste

Taste	Bedeutung
sin, cos, tan	Funktionswert aus dem Winkel
$\sin^{-1}$, $\cos^{-1}$, arc, INV	Winkelwert aus der Funktion
P→R, R→P	Umwandlung von rechtwinkligen Koordinaten in Polarkoordinaten und umgekehrt
M, M+, M−, Min	Speichereingabe
MR, RM	Speicherrückruf
Kin	Konstantenspeichereingabe
Kout	Konstantenspeicherabruf
MC, CM	Speicherlöschtaste
X↔Y, EXC, M↔x	Speicheraustausch
MODE	Betriebsarten, z.B.
MODE •	Durchführung von Programmrechnungen
MODE 0 (=LRN)	Programmierung
MODE 4 (=DEG)	Winkelwert in Rechnungen als „Altgrad" eingegeben
MODE 5 (=RAD)	Winkelwert als Bogenmaß
MODE 6 (=GRA)	Winkelwert als „Neugrad"
MODE 0 INV PCL	Programm löschen
RUN, ENT, HLT, RTN, x≤M, x>0	Programmbefehle
P_1, P_2	Programmnummer

Sichtanzeige des Taschenrechners

Die Sichtanzeige des Taschenrechners zeigt Eingabedaten, Zwischenergebnisse und Operationsergebnisse an. Das Mantissenfeld zeigt bis zu 10 Stellen (9 Stellen für negative Zahlen) und das Exponentenfeld bis zu ±99 in der Sichtanzeige an.

1.6.2 Grundrechenarten (Berechnungsbeispiele)

Addition und Subtraktion

1. Beispiel: 4,372 + 2,635 + 12 + 5,623 = ?

Eingabe	Taste	Anzeige
4,372	+	4,372
2,635	+	7,007
12	+	19,007
5,623	=	24,63

Für den Anfänger ist es empfehlenswert, dieses und die folgenden Beispiele mit dem eigenen Rechner nachzurechnen. Bei Rechnern mit Tastendoppelfunktion ist oft die Taste INV zusätzlich zu drücken.

1.6 Rechnen mit dem Taschenrechner

2. Beispiel 220,45 − 34,15 − 12,20 − 16,10 = ?

Eingabe	Taste	Anzeige
220,45	[−]	220,45
34,15	[−]	186,3
12,20	[−]	174,1
16,10	[=]	158,0

3. Beispiel 145,20 − 35,12 − 120,28 = ?

Eingabe	Taste	Anzeige
145,20	[−]	145,2
35,12	[−]	110,08
120,28	[=]	−10,2

Das Vorzeichen links der Mantisse zeigt das negative Ergebnis an.

Die Tasten [+] und [−] schließen die vorausgegangene Rechnung ab. Das Zwischenergebnis steht in der Anzeige. Die Taste [+] zum Beispiel hat hier die gleiche Funktion wie die Tastenkombination [=][+]. Das sieht man am nächsten Beispiel:

4. Beispiel 3 − 7 + 8 = ?

Eingabe	Taste	Anzeige
3	[−]	3
7	[+]	−4

Die [+]-Taste hat die Rechnung 3 − 7 abgeschlossen und das Zwischenergebnis, −4, in die Anzeige gebracht.

Die [=] Taste braucht nicht gedrückt zu werden.

Eingabe	Taste	Anzeige
8	[=]	4

Multiplikation und Division

Die Grundrechenarten Multiplikation und Division werden von den neueren Taschenrechnern entsprechend den Regeln der Algebra vorrangig vor Addition und Subtraktion ausgeführt.

Die Tasten [×] und [÷] veranlassen also nur dann die Ermittlung des Ergebnisses einer vorausgegangenen Rechnung, wenn es sich dabei um Multiplikation oder Division handelt. Geht dem Befehl [×] bzw. [÷] eine Addition oder Subtraktion voraus, so wartet der Rechner mit der Anzeige von Zwischenergebnissen automatisch auf weitere Daten.

1. Beispiel 5,25 · 3,26 · 7,34 = ?

Eingabe	Taste	Anzeige
5,25	[×]	5,25
3,26	[×]	17,115
7,34	[=]	125,6241

2. Beispiel 224,44 : 0,6 = ?

Eingabe	Taste	Anzeige
224,44	[÷]	224,44
,6	[=]	374,06667

Die Null bei 0,6 muß nicht unbedingt eingetastet werden.

3. Beispiel 346,42 · 3,6 : 24,4 = ?

Eingabe	Taste	Anzeige
346,42	[×]	346,42
3,6	[÷]	1247,112

Da ein Multiplikationsbefehl vorausgeht, wird das Zwischenergebnis (1247,112) errechnet und angezeigt. Es ist nicht notwendig, die Taste [=] zu drücken.

Eingabe	Taste	Anzeige
24,4	[=]	51,111148

4. Beispiel 14 + 6 · 4 = ?

Eingabe	Taste	Anzeige
14	[+]	14
6	[×]	6

Wegen Vorranges der Multiplikation darf das Zwischenergebnis noch nicht in der Anzeige erscheinen.

Eingabe	Taste	Anzeige
4	[=]	38

Der Rechner hat also Punktrechnung vor Strichrechnung berücksichtigt.

Achtung! Nicht alle Rechner berücksichtigen diese algebraische Regel!

5. Beispiel 24,4 · (−4) · 3 = ?

Eingabe	Taste	Anzeige
24,4	[×]	24,4
4	[+/−]	− 4
	[×]	− 97,6
3	[=]	−292,8

1.6.3 Speichern einer Zahl und Speicherabruf

Die Notwendigkeit des Speicherns einer Zahl läßt sich an folgender Rechenaufgabe verdeutlichen:

Ein Grundstück von 12136 m^2 soll in Bauplätze von 600–700 m^2 aufgeteilt werden. Wie groß werden die Bauplätze, wenn man das Gesamtgrundstück in 17, 18, 19 oder 20 Einzelbauplätze parzellieren würde?

Rechengang:
12136 : 17 = ? → 713,88 m^2
12136 : 18 = ? → 674,22 m^2
12136 : 19 = ? → 638,74 m^2
12136 : 20 = ? → 606,80 m^2

Um nicht bei der Ausrechnung jedesmal von neuem die Zahl 12136 eintasten zu müssen, kann man diese Zahl speichern und den Rechengang wie folgt durchführen:

Eingabe	Taste	Anzeige	Speicher
12136	[INV][Min]	12136	12136
[÷] 17	[=]	713,88235	12136
	[MR]	12136	12136
[÷] 18	[=]	674,22222	12136
	[MR]	12136	12136
[÷] 19	[=]	638,73684	12136
	[MR]	12136	12136
[÷] 20	[=]	606,8	12136

Eine Zahl wird mit Hilfe der Tasten [INV][Min] gespeichert. Die Taste [INV] ist nur dann notwendig, wenn die Tastatur Doppelfunktion besitzt.

Mit Hilfe der Taste [MR] kann man die Zahl aus dem Speicher (hier 12136) jederzeit wieder in die Anzeige rufen. Die augenblicklich in der Anzeige stehende Zahl wird durch die [MR]-Taste überschrieben und geht damit verloren.

Löschen des Speichers

Man schaltet den Rechner kurz aus oder drückt die Tastenfolge [MR][+/−][M+]

1.6 Rechnen mit dem Taschenrechner

Speicher-Addition und Subtraktion

Drückt man die Tasten [M+] bzw. [M−], so addiert bzw. subtrahiert man die angezeigte Zahl zum Wert im Speicher. Bei Taschenrechnern, die keine [M−] Taste haben, wird die Subtraktion mit Hilfe der Tastenfolge [+/−] [M+] vorgenommen.

Beispiel: $\sqrt{5^2+6^2-3^2}=?$

Eingabe	Anzeige	Speicher
5 [x²] [INV] [Min] →	25 →	25
6 [x²] [M+] →	36 →	61
3 [x²] [M−] od [+/−] [M+]	−9 →	52
[MR] →	52	52
[INV] [√x] →	7,2111026	52

1.6.4 Quadratwurzel

1. Beispiel: $\sqrt{4564{,}26}=?$

Eingabe	Taste	Anzeige
4564,26 →	[INV] [√x] →	67,559307

2. Beispiel: $12+\sqrt{25}\cdot 3=?$

Eingabe	Taste	Anzeige
12 →	[+] →	12
25 →	[INV] [√x] →	5
[×] 3 →	[=] →	27

Diese Rechenart ist jedoch nur mit einem „wissenschaftlichen" Rechner möglich, da er in der Kettenrechnung Punktrechnung vor Strichrechnung berücksichtigt.

Bei einem „einfachen" Taschenrechner (ohne Doppeltastatur) muß die Eingabe wie folgt vorgenommen werden:

Eingabe	Taste	Anzeige
25 →	[√x] →	5
[×] 3 →	[=] →	15
[+] 12 →	[=] →	27

3. Beispiel: $(12+\sqrt{25})\cdot 3=?$

Eingabe	Taste	Anzeige
12 →	[+] →	12
25 →	[√x] →	5
	[=] →	17
[×] 3 →	[=] →	51

„Wissenschaftliche" Taschenrechner besitzen Klammertasten [[(..] [..)]].

Wenn diese am Taschenrechner vorhanden sind, ist die Zahleneingabe zu obigem Beispiel wie folgt vorzunehmen:

Eingabe	Taste	Anzeige
[[(..] 12 →	[+] →	12
25 →	[INV] [√x] →	5
	[..)]] →	17
[×] 3 →	[=] →	51

1.6.5 Trigonometrische Funktionen sin, cos, tan

Bei „wissenschaftlichen" Taschenrechnern ist oft vor der Rechenoperation die Betriebsart des Rechners zu wählen, die abhängig von der Eingabe der Winkeleinheit ist.

Sinus (sin x)

1. Beispiel: $\sin 30° = ?$

Winkeleinheit Grad → Betriebsart „DEG" ([MODE] 4)

Eingabe	Taste	Anzeige
30 →	[sin] →	0,5

2. Beispiel: $\sin(\pi/6 \text{ rad}) = ?$

Winkeleinheit rad → Betriebsart „RAD" ([MODE] 5)

Eingabe	Taste	Anzeige
	[π] [÷] →	3,1415927
6	[=] [sin] →	0,5

Cosinus (cos x)

Beispiel: $\cos 60° = ?$

Winkeleinheit Grad → Betriebsart „DEG" ([MODE] 4)

Eingabe	Taste	Anzeige
60 →	[cos] →	0,5

Tangens (tan x)

Beispiel: $\tan 45{,}32° = ?$

Winkeleinheit Grad → Betriebsart „DEG" ([MODE] 4)

Eingabe	Taste	Anzeige
45,32 →	[tan] →	1,011233

Arcussinus (arcsin x) oder ($\sin^{-1} x$)

Bei „wissenschaftlichen" Rechnern mit Tastendoppelfunktion ist zusätzlich die Funktionsumkehrtaste [INV] zu drücken.

Beispiel: $\arcsin(-0{,}6) = ?$

Winkeleinheit Grad → Betriebsart „DEG" ([MODE] 4)

Eingabe	Taste	Anzeige
0,6	[+/−] [INV] [sin⁻¹]	−36,869897

Arcuscosinus (arccos x) oder ($\cos^{-1} x$),
Arcustangens (arctan x) oder ($\tan^{-1} x$)

Beispiel: $\arccos 0{,}9 \text{ rad} + \arctan 5 \text{ rad} = ?$

Winkeleinheit rad → Betriebsart „RAD" ([MODE] 5)

Eingabe	Taste	Anzeige
0,9 →	[INV] [cos⁻¹] →	0,4510268
	[+]	
5 →	[INV] [tan⁻¹] [=] →	1,8244276

1.6 Rechnen mit dem Taschenrechner

1.6.6 Programmrechnungen

„Wissenschaftliche“ Rechner besitzen teilweise Programmspeicher, in denen mehrere programmierte Rechenvorgänge gespeichert werden können.
Um im Rechner ein Programm zu halten, können normale Rechnungen, also manuell, in der Betriebsart „LRN“ ausgerechnet werden (dabei einmal [MODE] [0] drücken).
Wenn der Rechner das Programm nun aufgezeichnet hat, so können die Daten eingegeben und die [RUN] -Taste gedrückt werden, wobei der Rechner die programmierte Rechenoperation mit den eingegebenen Daten durchführt. Für Wiederholungsrechnungen mit unterschiedlichen Datenreihen erweist es sich als sehr hilfreich.

Aufstellen und Durchführen von Programmen

Beispiel 1:
Es ist die Oberfläche A eines Oktaeders mit den Kantenlängen von $a = 10$, 7 und 15 mm zu berechnen.

Formel: $A = 2 \cdot \sqrt{3} \cdot a^2$

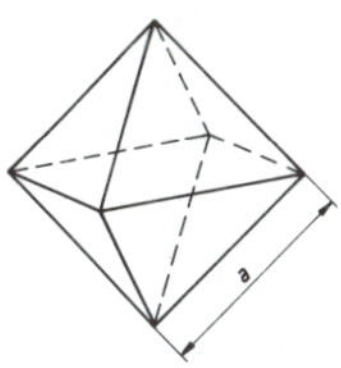

Der in der Formel dargestellte Rechenvorgang wird durch folgende Bedienungsfolge in den Rechner eingegeben:

2 [×] [INV] [√x] [×] 10 [INV] [x²] =

Wert von a (Datenwert)

Die dargestellte Bedienungsfolge ist zur Programmspeicherung in der Betriebsart „LRN“ durchzuführen ([MODE] [0]).
Vor der Dateneingabe ist die Taste [ENT] zu drücken (in diesem Fall ist es der Wert von a).

Bedienung/Taste		Anzeige
Betriebsart „LRN“ wählen	[MODE] [0]	LRN 0 P_1P_2
Programmnummer wählen	[P_1]	LRN 0 P_1
	[2]	LRN 2 P_1
	[×]	LRN 2 P_1
	3	LRN 3 P_1
	[INV] [√x]	LRN 1,7320508 P_1
	[×]	LRN 3,4641016 P_1
	[ENT] 10	LRN 10 ENT P_1
	[INV] [x²]	LRN 100 P_1
	[=]	346,41016 P_1

Ergebnis für $a = 10$ mm: $A = 346{,}41\ \text{mm}^2$
Durchführung des aufgestellten Programms:

(LRN verschwindet)

Betriebsart „RUN“ wählen	[MODE] [•]	346,41016
	[P_1]	3,4641016 ENT P_1
Ergebnis für $a = 7$ mm	7 [RUN]	169,74097
Ergebnis für $a = 15$ mm	[P_1] 15 [RUN]	779,42286

Sprunginstruktionen

Es gibt mehrere Arten von Sprunginstruktionen, von denen in der Folge zwei erläutert werden:

1. **Bedingungsloser Rücklauf zum ersten Schritt des Rechenprogramms: RTN** (return)

Damit ein programmierter Rechenvorgang wiederholt durchgeführt wird, sind am Programmende die Tasten [INV] [RTN] in dieser Reihenfolge zu drücken.

Beispiel: Die bedingungslose Rücklaufinstruktion soll in das Programm aus dem Beispiel 1 eingegeben werden. Zur Verdeutlichung wird die gegebene Formel geändert auf:

$$A = a^2\, 2\sqrt{3}$$

Programmablaufplan

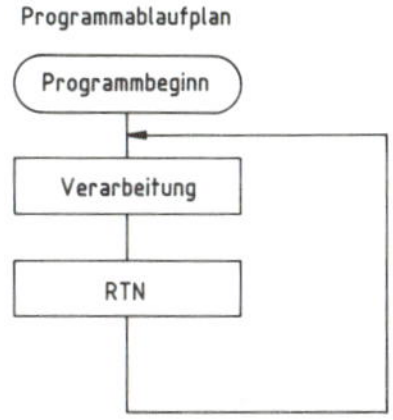

1.6 Rechnen mit dem Taschenrechner

Rechnerbedienung

Anzahl der Schritte	Bedienung/ Taste	Erläuterung
0	MODE 0 P1	(Rechner ist jetzt programmierbar)
1	ENT 10	(Programmvariable)
2	INV x^2	
3	×	
4	2	
5	×	
6	3	
7	INV √x	
8	=	(Ergebnis für $a=10$ mm wird angezeigt)
9	INV RTN	(Rücklaufinstruktion)

Programmdurchführung mit anderen Variablen

10	MODE • P1	(Rechner ist betriebsbereit)
11	7 RUN	(Ergebnis für $a=7$ mm wird angezeigt)
12	15 RUN	(Ergebnis für $a=15$ mm wird angezeigt)

2. Bedingter Rücklauf zum ersten Schritt des Programms in Abhängigkeit vom Inhalt des Arbeitsspeichers (Anzeige): $x>0$, $x \leq M$

x>0 ist eine Programminstruktion, die den Rechner anweist, zum ersten Programmschritt zurückzukehren, wenn der Inhalt des Arbeitsspeichers (Anzeige) größer als Null ist. Andernfalls geht der Rechner zum nächsten Programmschritt über.

x≤M weist den Rechner an, zum ersten Schritt des Programms zurückzugehen, wenn der Inhalt des Arbeitsspeichers (Anzeige) gleich oder kleiner ist als der Inhalt des M-Speichers. Anderenfalls geht er zum nächsten Schritt über.

Beispiel:
Das Maximum der Zahlenreihe 321, 913, 291, 650, 924 und 349 ist zu finden.
Programmablaufplan

Rechnerbedienung

Anzahl der Schritte	Bedienung/ Taste	Erläuterung
0	MODE 0 P1	(Rechner ist jetzt programmierbar)
1	ENT	
2	INV x≤M	Ja
3	INV Min	Nein
4	INV RTN	

Programmdurchführung mit den Variablen

5	MODE • AC INV Min	(Speicher ist gelöscht)
6	P1	(Programm bestimmen, Rechner ist betriebsbereit für die Dateneingabe)
7	321 RUN	
8	913 RUN	
9	291 RUN	
10	650 RUN	
11	924 RUN	
12	349 RUN	
13	MR	(Maximum von 924 wird angezeigt)

Soll das Minimum der Zahlenreihe errechnet werden, ist folgendermaßen zu verfahren: Der Speicher M muß vor der Programmierung des Rechners mit einer beliebigen Zahl, die größer ist als die größte Zahl der Zahlenreihe, belegt werden. Ansonsten kann das Grundprogramm des Beispiels unter Wechsel des Vorzeichens benutzt werden.

Rechnerbedienung

Anzahl der Schritte	Bedienung/ Taste	Erläuterung
	MODE • 10^6 INV Min	(Speicher belegt)
0	MODE 0 P1	
1	ENT +/−	(Programmbeginn)
2	INV x≤M	
3	INV Min	
3	INV RTN	

Wenn das Programm nach Drücken der Tasten MODE • P1 (Speicher ungelöscht) durchgerechnet wird, wird nach MR +/− das Minimum (291) angezeigt.

1.7 Analytische Geometrie

1.7.1 Punkt und Gerade

Die Lage des Punktes P ist durch die Angabe der rechtwinkligen (kartesischen) Koordinaten x und y eindeutig bestimmt. Die positive Richtung der Achsen ist durch einen Pfeil gekennzeichnet. x stellt die Abzisse und y die Ordinate des Punktes P dar.

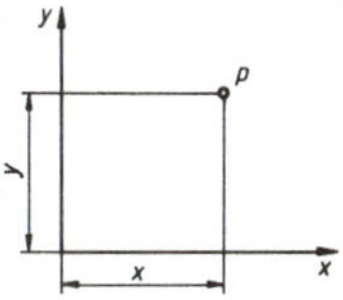

Sind die Koordinaten eines Punktes und ist die Richtung durch den Neigungswinkel α einer Geraden gegen die x-Achse gegeben ($\tan \alpha = m$), so lautet die allgemeine Gleichung einer Geraden, die die y-Achse im Abstand b schneidet:

$y = mx + b$

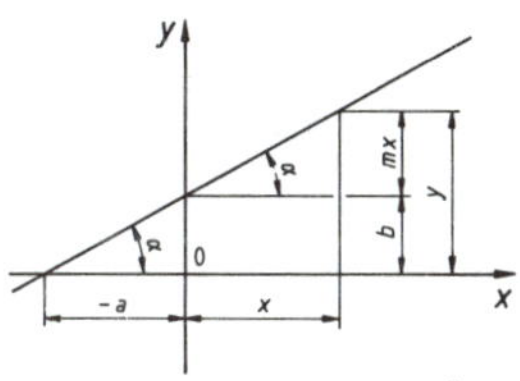

Vorzeichen von a, b und m in den verschiedenen Quadranten des kartesischen Koordinatensystems.

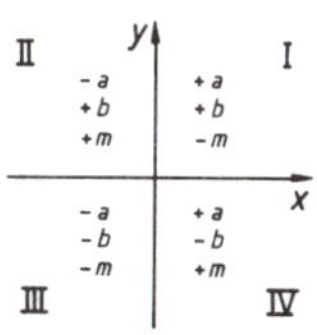

Bei:

$m = 0 \rightarrow y = b$	Gleichung einer Parallelen zur x-Achse;
$b = 0 \rightarrow y = mx$	Gleichung einer Geraden durch den Koordinatenanfangspunkt;
$x = a$	ergibt die Gleichung einer Parallelen zur y-Achse.

1.7.2 Verschiebung des Koordinatensystems

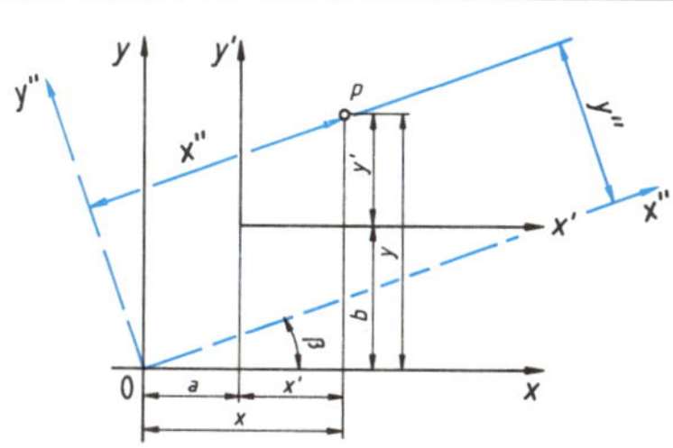

Die Koordinaten eines Punktes sind im alten Achsensystem x und y, in bezug auf das neue Koordinatensystem x' und y' bzw. x'' und y''. Parallele Koordinatentransformation:

$x = a + x'$; $y = b + y'$.

Wird das neue Koordinatensystem unter Beibehaltung des Achsenmittelpunktes gegen das alte um den Winkel β gedreht, ist:

$x = x'' \cos\beta - y' \sin\beta$; $y = x' \sin\beta + y' \cos\beta$

$x'' = x \cos\beta + x \sin\beta$; $y'' = -x \sin\beta + y \cos\beta$.

1.7.3 Kreis

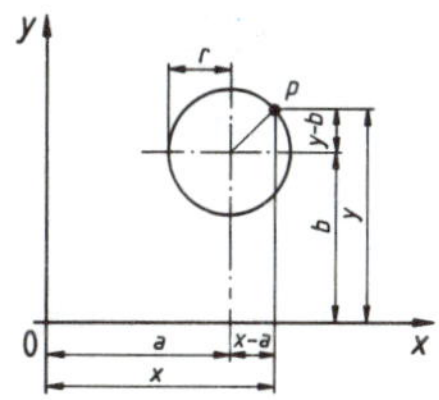

Allgemeine Kreisgleichung:

$(x-a)^2 + (y-b)^2 = r^2$.

Fällt der Kreismittelpunkt mit dem Achsenmittelpunkt zusammen ($a = 0$, $b = 0$):

$x^2 + y^2 = r^2$.

1.7.4 Parabel

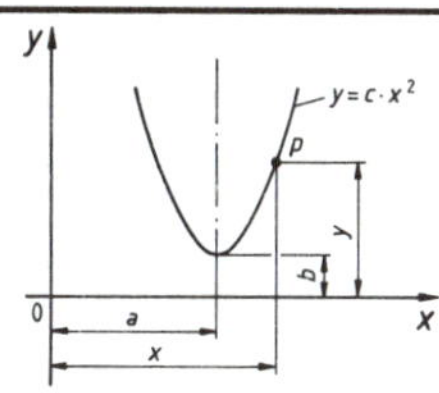

Allgemeine Parabelgleichung:

$y - b = c(x-a)^2$.

Nach Ausmultiplizieren und Ordnen der Potenzen ergibt sich

$y = cx^2 - 2cax + ca^2 + b$.

Mit der neuen Bezeichnung der Konstanten

$c = a_2$; $-2cax = a_1$; $ca^2 + b = a_0$

ergibt sich die Gleichung für eine allgemeine Parabel mit vertikaler Achse. Verläuft der Parabelscheitelpunkt durch den Achsenmittelpunkt ($a = 0$; $b = 0$) und ist sie nach oben geöffnet, so ist

$y = cx^2$.

1

1.7 Analytische Geometrie

Beispiel:

Ein mit Flüssigkeit gefülltes zylindrisches Gefäß dreht sich mit der Winkelgeschwindigkeit ω um die senkrechte Achse. Das Masseteilchen m an der Flüssigkeitsoberfläche steht unter dem Einfluß der Fliehkraft $F_z = m \cdot x \cdot \omega^2$ und der Gewichtskraft $F_G = m \cdot g$. Die resultierende Kraft verläuft in Richtung der Normalen der Kurve.

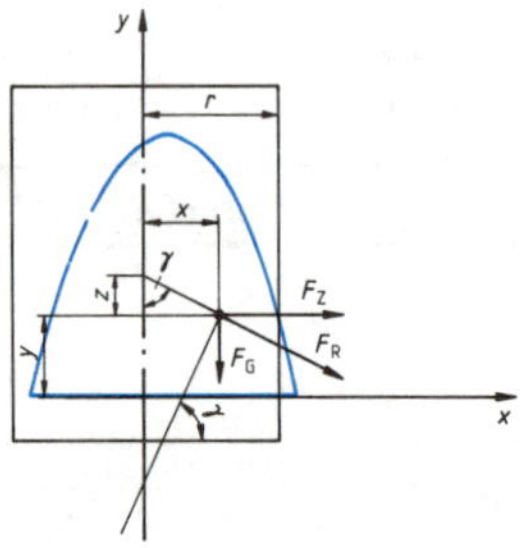

$$\tan \gamma = \frac{m \cdot x \cdot \omega^2}{m \cdot g} = \frac{x}{z}; \quad z = \frac{g}{\omega^2}$$

Die Subnormale z ist ein konstanter Wert; die Kurve ist eine Parabel mit dem Parameter $2z$:

$$y = \frac{x^2}{2z} = \frac{x^2 \cdot \omega^2}{2 \cdot g}$$

1.7.5 Exponentialkurven

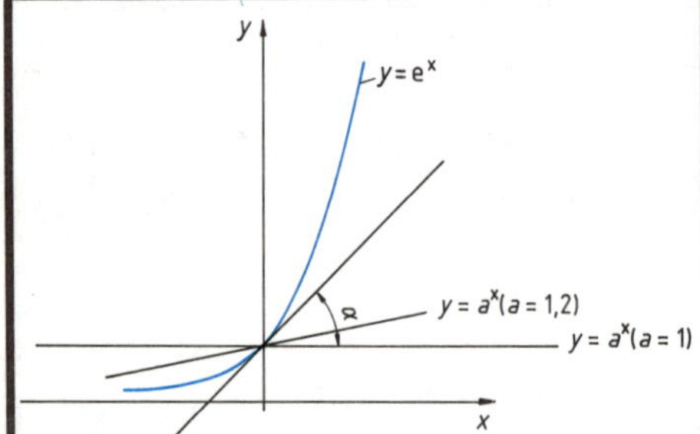

Allgemeine Gleichung:

$y = a^x$

mit der positiven Konstante a.

Sämtliche Exponentialkurven verlaufen durch den Punkt $x=0$, $y=1$.

Die Kurve, in der an diesem Punkt der Steigungswinkel $\gamma = 45°$ ($\tan \gamma = 1$) ist, ergibt in der Ableitung dieselbe Kurve. In diesem Fall wird die Konstante a Eulersche Zahl (e) genannt.

Die Eulersche Zahl ist die Basis des natürlichen Logarithmus.

$e = 2{,}718\,281\,828\ldots$

1.7.6 Sinus- und Cosinuslinie

Die Sinus- und Cosinuslinie wird über dem Bogenmaß dargestellt. Jede Länge auf der Abzisse entspricht der Bogenlänge eines Winkels als Zentriwinkel im Einheitskreis.

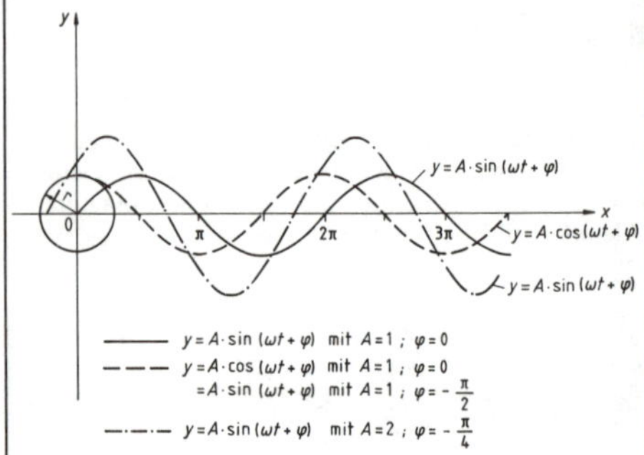

Nach Seite 1-5 ist

$$1° = \frac{\pi}{180} \text{ rad.}$$

Die Länge x wird als Teil oder Vielfaches von π ausgedrückt:

Zentriwinkel in

Grad	30°	60°	90°	180°	360°
Radiant	$\frac{\pi}{6}$	$\frac{\pi}{3}$	$\frac{\pi}{2}$	π	2π

Allgemeine Gleichungen:

Sinuslinie $y = A \sin(\omega t + \varphi)$

Cosinuslinie $y = A \cos(\omega t + \varphi)$

A = Amplitude, ω = Kreisfrequenz, t = Zeit, φ = Phasenverschiebung

Eine Addition oder Subtraktion von Sinus- oder Cosinuslinien derselben Periode mit beliebiger Phasenverschiebung ergibt ebenfalls eine Sinus- bzw. Cosinuslinie mit gleicher Periode.

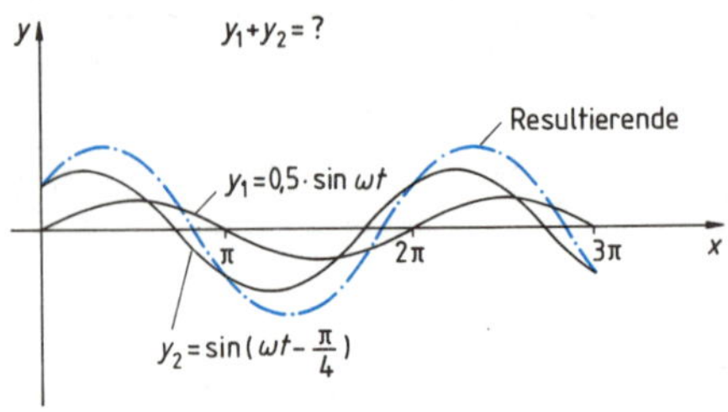

2 Naturwissenschaftliche Grundlagen

2.1 Physikalische Grundlagen

2.1.1 Größen, Einheiten, Zahlenwerte

Die physikalische Größe stellt meßbare Eigenschaften physikalischer Vorgänge, Zustände oder Objekte dar. Darunter sind z.B. Zeit, Länge, Masse, Geschwindigkeit zu verstehen.

Die physikalischen Größen sind zu unterscheiden nach:

Skalare, zu deren eindeutigen Festlegung die Angabe des Zahlenwertes und der Einheit ausreichend ist;

Vektoren, zu deren eindeutigen Festlegung neben Zahlenwert, Einheit auch die Richtung oder der Richtungssinn (Drehsinn) anzugeben ist.

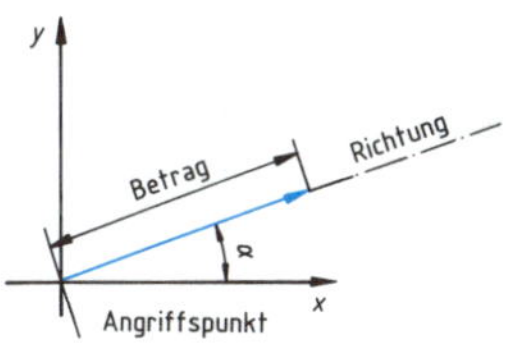

Die Einheit ist eine aus gleichartigen Größen ausgewählte und festgelegte Größe.

Der Zahlenwert einer physikalischen Größe ist das Verhältnis der Größe zur festgelegten Einheit. Das Produkt aus Zahlenwert und Einheit stellt also die Größe (betragsmäßig) dar. Zur vollständigen Festlegung ist u.U. die Richtung hinzuzufügen.

Größe = Zahlenwert · Einheit (Betrag)

Wählt man eine n-mal so große Einheit, so verkleinert sich der Zahlenwert auf den n-ten Teil.

2.1.2 Vorsätze vor Einheiten nach DIN 1301 T 1 (12. 85)

Vielfaches	E	Exa	$=10^{18}$		
	P	Peta	$=10^{15}$		
	T	Tera	$=10^{12}$	= billionenfache	Wert
	G	Giga	$=10^{9}$	= milliardenfacher	Wert
	M	Mega (Meg)	$=10^{6}$	= millionenfacher	Wert
	k	Kilo	$=10^{3}$	= tausendfacher	Wert
	h	Hekto	$=10^{2}$	= hundertfacher	Wert
	da	Deka	$=10^{1}$	= zehnfacher	Wert
Teile	d	Dezi	$=10^{-1}$	= zehnter	Teil
	c	Zenti	$=10^{-2}$	= hundertster	Teil
	m	Milli	$=10^{-3}$	= tausendster	Teil
	u	Mikro	$=10^{-6}$	= millionster	Teil
	n	Nano	$=10^{-9}$	= millionster	Teil
	p	Piko	$=10^{-12}$	= billionster	Teil
	f	Femto	$=10^{-15}$		
	a	Atto	$=10^{-18}$		

Beispiel: 1 mA = 0,001 A; 1 MW = 1 000 000 W

2.1.3 Indizes nach DIN 1304 (2.78)

Index	Bedeutung	Index	Bedeutung
0	Leerlauf fester Bezugswert	max	maximal
		min	minimal
1	primär. Eingang Anfangszustand	N	Nennwert
		par	parallel (‖)
2	sekundär. Ausgang, Endzustand	rel	relativ
		ser	Reihe, Serie
a	außen	t	Augenblickswert Zeitabhängigkeit
eff	effektiv		
el	elektrisch	v	Verlust
h	Haupt-	δ	Luftspalt
k	Kurzschluß	σ	Streuung

2.1.4 Das griechische Alphabet

$A\ \alpha$ Alpha	$B\ \beta$ Beta	$\Gamma\ \gamma$ Gamma	$\Delta\ \delta$ Delta	$E\ \varepsilon$ Epsilon	$Z\ \zeta$ Zeta
$H\ \eta$ Eta	$\Theta\ \vartheta$ Theta	$I\ \iota$ Iota	$K\ \kappa$ Kappa	$\Lambda\ \lambda$ Lambda	$M\ \mu$ My
$N\ \nu$ Ny	$\Xi\ \xi$ Xi	$O\ o$ Omikron	$\Pi\ \pi$ Pi	$P\ \varrho$ Rho	$\Sigma\ \sigma$ Sigma
$T\ \tau$ Tau	$Y\ \upsilon$ Ypsilon	$\Phi\ \varphi$ Phi	$X\ \chi$ Chi	$\Psi\ \psi$ Psi	$\Omega\ \omega$ Omega

2.1.5 Internationales Einheitensystem nach DIN 1301 T 1 (12.85)

Die **SI-Einheiten** (Système International d'Unités) wurden auf der 11. Generalkonferenz für Maß und Gewicht (1960) angenommen. Die **Basiseinheiten** sind definierte Einheiten der voneinander unabhängigen Basisgrößen als Grundlage des SI-Systems.

Basisgröße	Basiseinheit Name	Zeichen
Länge	das Meter	m
Masse	das Kilogramm	kg
Zeit	die Sekunde	s
elektrische Stromstärke	das Ampere	A
Temperatur	das Kelvin	K
Lichtstärke	die Candela	cd
Stoffmenge	das Mol	mol

Definition der Basiseinheiten

1. Meter: 1 m ist die Länge der Strecke, die Licht im Vakuum während des Intervalles von 1/299 792 458 Sekunden durchläuft.
2. Kilogramm: 1 kg ist die Masse des in Paris aufbewahrten Internationalen Kilogrammprototyps (ein Platin-Iridium-Zylinder).
3. Sekunde: 1 s ist das 9 192 631 770fache der Periodendauer der Strahlung des Nuklids Caesium ^{133}Cs.
4. Ampere: 1 A ist die Stärke eines Gleichstromes, der zwei lange gerade und im Abstand von 1 m parallel verlaufende Leiter mit sehr kleinem kreisförmigen Querschnitt durchfließt und zwischen diesen die Kraft $0{,}2 \cdot 10^{-6}$ N je Meter ihrer Länge erzeugt.
5. Kelvin: 1 K ist der 273,16te Teil der Temperaturdifferenz zwischen dem absoluten Nullpunkt und dem Tripelpunkt des Wassers. (Beim Tripelpunkt sind Dampf, Flüssigkeit und fester Stoff im Gleichgewicht.)
6. Candela: 1 cd ist die Lichtstärke, mit der $^1/_6 \cdot 10^{-5}$ m² der Oberfläche eines schwarzen Strahlers bei der Temperatur des erstarrenden Platins (2046,2 K) bei 1,013 bar senkrecht zu seiner Oberfläche leuchtet.
7. Mol: 1 mol ist die Stoffmenge eines Systems bestimmter Zusammensetzung, das aus ebenso vielen Teilchen besteht, wie Atome in $12 \cdot 10^{-3}$ kg des Nuklids Kohlenstoff ^{12}C enthalten sind.

2.1 Physikalische Grundlagen

2.1.5 Einheiten und Formelzeichen

Formelzeichen	Größe, Bedeutung	SI-Einheit, Name
α, β, γ	ebener Winkel	rad (Radiant), 1 rad = 1 m/m
Ω, ω	Raumwinkel	sr (Steradiant), 1 sr = 1 m^2/m^2
φ	Phasenverschiebung	rad
l	Länge	m (Meter)
b	Breite	m
h	Höhe	m
δ	Dicke, Schichtdicke	m
r	Radius	m
d	Durchmesser	m
s	Weg-, Kurvenlänge	m
A, S	Fläche, Oberfläche	m^2 (Quadratmeter)
S, q	Querschnitt	m^2
V, τ	Volumen	m^3 (Kubikmeter)
t	Zeit, Zeitspanne	s (Sekunde)
T	Periodendauer	s
f, ν	Frequenz	Hz (Hertz), 1 Hz = 1 s^{-1}
ω	Kreisfrequenz	s^{-1}
n	Drehzahl	s^{-1}
ω, Ω	Winkelgeschwindigkeit	rad/s
α	Winkelbeschleunigung	rad/s^2
λ	Wellenlänge	m
v, u	Geschwindigkeit	m/s
a	Beschleunigung	m/s^2
g	örtliche Fallbeschleunigung	m/s^2
m	Masse	kg (Kilogramm)
ϱ	Dichte	kg/m^3
J	Trägheitsmoment	kg · m^2
F	Kraft	N (Newton), 1 N = 1 kg · m/s^2
G, F_G	Gewichtskraft	N
M	Drehmoment	N · m
p, I	Impuls	N · s
L	Drehimpuls	kg · m^2/s
p	Druck	N/m^2
σ	Normalspannung (Druck-, Zugspannung)	N/m^2
τ	Schubspannung	N/m^2
ε	Dehnung, relative Längenänderung	1
E	Elastizitätsmodul	N/m^2
μ, f	Reibungszahl	1
W	Widerstandsmoment	m^3
W, A	Arbeit	J (Joule), 1 J = 1 N · m
E, W	Energie	J
P	Leistung	W (Watt), 1 W = 1 J/s
η	Wirkungsgrad	1
Q	elektrische Ladung	C (Coulomb), 1 C = 1 A · s

Formelzeichen	Größe, Bedeutung	SI-Einheit, Name
e	Elementarladung	C
φ	elektrisches Potential	V (Volt), 1 V = 1 W/A
U	elektrische Spannung	V
E	elektrische Feldstärke	V/m
C	elektrische Kapazität	F (Farad), 1 F = 1 C/V
ε	Permittivität	F/m
ε_0	elektrische Feldkonstante	F/m
ε_r	Permittivitätszahl	1
I	elektrische Stromstärke	A (Ampere)
H	magnetische Feldstärke	A/m
Φ	magnetischer Fluß	Wb (Weber), 1 Wb = 1 V · s
B	magnetische Flußdichte, magnetische Induktion	T (Tesla), 1 T = 1 Wb/m^2
L	Induktivität, Selbstinduktivität	H (Henry), 1 H = 1 Wb/A
μ	Permeabilität	H/m
μ_0	magnetische Feldkonstante	H/m
μ_r	Permeabilitätszahl	1
R	elektrischer Widerstand	Ω (Ohm), 1 Ω = 1 V/A
G	elektrischer Leitwert	S (Siemens), 1 S = 1 1/Ω
ϱ	spezifischer elektrischer Widerstand	Ω · m
X	Blindwiderstand	Ω
B	Blindleitwert	S
Z	Impedanz	Ω
$\|Z\|$	Scheinwiderstand	Ω
Y	Admittanz	S
$\|Y\|$	Scheinleitwert, Betrag der Admittanz	S
P	Leistung	W (Watt), 1 W = 1 J/s
P, P_p	Wirkleistung	W
Q, P_q	Blindleistung	W
S, P_s	Scheinleistung	W
N	Windungszahl	1
n	Windungszahlverhältnis	1
T	thermodynamische Temperatur	K (Kelvin)
$\Delta T, \Delta t$	Temperaturdifferenz	K
t, ϑ	Celsius-Temperatur	°C (Grad Celsius), 1 °C = 1 K
α, α_1	Längenausdehnungskoeffizient	1/K
α_V, γ	Volumenausdehnungskoeffizient	1/K
Q	Wärmemenge	J

(Forts. nächste Seite)

2.1 Physikalische Grundlagen

2.1.5 Einheiten und Formelzeichen (Fortsetzung)

Formelzeichen	Größe, Bedeutung	SI-Einheit, Name
Φ, Q	Wärmestrom	W
λ	Wärmeleitfähigkeit	W/K · m
α, h	Wärmeübergangskoeffizient	W/K · m²
C	Wärmekapazität	J/K
c	spezifische Wärmekapazität	J/kg · K
S	Entropie	J/K
H	Enthalpie	J
U	innere Energie	J
H_u	unterer spezifischer Heizwert	J/kg
R_i	spezifische Gaskonstante des Stoffes i	J/kg · K
I, I_v	Lichtstärke	cd (Candela)
Φ, Φ_v	Lichtstrom	lm (Lumen), 1 lm = 1 cd · sr
L_v	Leuchtdichte	cd/m²
E, E_v	Beleuchtungsstärke	lx (Lux), 1 lx = 1 lm/m²
c	Lichtgeschwindigkeit	m/s
f	Brennweite	m
n	Brechzahl	1
D	Brechwert v. Linsen	1/m
Z	Ordnungs-, Protonen-Kernladungszahl	1
N	Neutronenzahl	1
A	Nukleonenzahl, Massenzahl	1
m_a	Atommasse	kg

2.1.6 Einheiten außerhalb des SI nach DIN 1301 T1 (12.85)

Formelzeichen	Größe, Bedeutung	anwendbare Einheit Name
α, β, γ	ebener Winkel	gon (Gon), 1 gon = (π/200) rad; ° (Grad); ′ (Minute); ″ (Sekunde), 1° = 60′ = 3600″
V, τ	Volumen	l, L (Liter), 1 l = 1 dm³
t	Zeit	min (Minute), h (Stunde), d (Tag) 1 d = 24 h = 1 440 min
m	Masse	t (Tonne), g (Gramm), 1 t = 10³ kg, 1 g = 10⁻³ kg
p	Druck	bar (Bar), 1 bar = 10⁵ Pa = 10⁵ N/m²

2.1.7 Konstanten der Physik

Größe und Formelzeichen		Zahlenwert und Einheit
Atomare Einheitsmasse	m_a	$1{,}6605 \cdot 10^{-27}$ kg
Avogadro-Konstante (Loschmidt-Konstante)	N_A	$6{,}0221 \cdot 10^{26} \frac{1}{\text{kmol}}$
Bohrsches Magneton	μ_B	$9{,}274 \cdot 10^{-24} \frac{\text{J}}{\text{T}}$
Bohr-Radius	a_0	$5{,}2917 \cdot 10^{-11}$ m
Boltzmann-Konstante	k	$1{,}38054 \cdot 10^{-23} \frac{\text{J}}{\text{K}}$
Comptonwellenlänge des Elektrons	λ_C	$2{,}4263 \cdot 10^{-12}$ m
des Neutrons	$\lambda_{C,n}$	$1{,}3196 \cdot 10^{-15}$ m
des Protons	$\lambda_{C,p}$	$1{,}3214 \cdot 10^{-15}$ m
Elektrische Feldkonstante	$\varepsilon_0 = \frac{1}{\mu_0 \cdot c_0^2}$	$8{,}8541 \cdot 10^{-12} \frac{\text{F}}{\text{m}}$
Elektronenradius	r_0	$2{,}8179 \cdot 10^{-15}$ m
Elementarladung	e	$1{,}602 \cdot 10^{-19}$ C
Fallbeschleunigung (Normwert)	g_n	$9{,}80665 \frac{\text{m}}{\text{s}^2}$
Faraday-Konstante	F	$9{,}6486 \cdot 10^{7} \frac{\text{C}}{\text{kmol}}$
Gravitationskonstante	f	$6{,}67 \cdot 10^{-11} \frac{\text{m}^3}{\text{kg} \cdot \text{s}^2}$
Kernmagneton	μ_n	$5{,}05 \cdot 10^{-27} \frac{\text{J}}{\text{T}}$
Lichtgeschwindigkeit im Vakuum	c_0	$2{,}99792458 \cdot 10^{8} \frac{\text{m}}{\text{s}}$
Magnetische Feldkonstante	μ_0	$4\pi \cdot 10^{-7} \frac{\text{Vs}}{\text{Am}}$ $1{,}256637 \cdot 10^{-7} \frac{\text{Vs}}{\text{Am}}$
Magnetisches Flußquant	$\Phi_0 = \frac{h}{2e}$	$2{,}0678 \cdot 10^{-15}$ Tm²
Magnetisches Moment des Elektrons	μ_e	$9{,}284 \cdot 10^{-24} \frac{\text{J}}{\text{T}}$
des Protons	μ_p	$1{,}4106 \cdot 10^{-26} \frac{\text{J}}{\text{T}}$
Massenverhältnis Proton/Elektron	$\frac{m_p}{m_e}$	1836,1
Molare Gaskonstante	R_0	$8{,}317 \frac{\text{J}}{\text{mol} \cdot \text{K}}$
Molares Normvolumen des idealen Gases	V_0	$22{,}413 \frac{\text{m}^3}{\text{kmol}}$
Nullpunkt der Kelvin-Temperaturskala		−273,16 °C
Plancksches Wirkungsquantum	h	$6{,}6256 \cdot 10^{-34}$ Js
Ruhemasse des Elektrons	m_e	$9{,}1095 \cdot 10^{-31}$ kg
des Neutrons	m_n	$1{,}6749 \cdot 10^{-27}$ kg
des Protons	m_p	$1{,}6726 \cdot 10^{-27}$ kg
Rydberg-Konstante	R_∞	$1{,}0973 \cdot 10^{7} \frac{1}{\text{m}}$
Sommerfeldsche Feinstrukturkonstante	α	$7{,}2973 \cdot 10^{-3}$
spezifische Elementarladung	$\frac{e}{m_e}$	$1{,}7588 \cdot 10^{11} \frac{\text{C}}{\text{kg}}$
Stefan-Boltzmann-Konstante	σ	$5{,}669 \cdot 10^{-8} \frac{\text{W}}{\text{m}^2 \cdot \text{K}^4}$
1. Strahlungskonstante	$c_1 = 8\pi hc$	$4{,}99257 \cdot 10^{-24}$ mJ
2. Strahlungskonstante	$c_2 = \frac{hc}{k}$	$1{,}4388 \cdot 10^{-2}$ mK
Wellenwiderstand des Vakuums	$\Gamma_0 = \sqrt{\frac{\mu_0}{\varepsilon_0}}$	376,7304 Ω
Zirkulationsquant	$\frac{h}{2 m_e}$	$3{,}6369 \cdot 10^{-4} \frac{\text{Js}}{\text{kg}}$

2.1 Physikalische Grundlagen

2.1.9 Masse und Dichte nach DIN 1306 (6. 84)

Die Dichte ist der Quotient aus der Masse m und dem Körpervolumen V: $\varrho = \frac{m}{V}$.

Die Dichteangabe ist nur dann vollständig, wenn alles genannt wird, was ihren Wert wesentlich beeinflußt, wie z.B. Umgebungsdruck, Temperatur, usw.

Es wird oft unterschieden zwischen der Dichte homogener Körper (z.B ohne porige Einschlüsse) und der Dichte inhomogener Stoffe (z.B. von Sinterkörpern oder Dämmstoffen).

Beispiel: Berechnung der Masse eines Körpers aus Stahl.

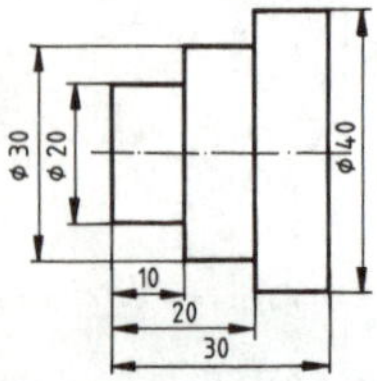

m in	g	kg	kg
ϱ in	g/cm³	kg/cm³	kg/cm³
V in	cm³	dm³	m³

$$m = V \cdot \varrho = (V_1 + V_2 + V_3) \cdot \varrho$$

$$m = \frac{(d_1^2 \cdot l_1 + d_2^2 \cdot l_2 + d_3^2 \cdot l_3) \cdot \pi \cdot \varrho}{4}$$

$$m = \frac{(2^2 \cdot 1 + 3^2 \cdot 1 + 4^2 \cdot 1)\ \text{cm}^3 \cdot \pi \cdot 7{,}85\ \text{g}}{4\ \text{cm}^3}$$

$$m = 227{,}65\ \text{g}$$

Normal-Dichten der wichtigsten Stoffe

feste Elemente (ϱ in kg/dm³)

Aluminium	2,7
Antimon	6,7
Blei	11,34
Chrom	7,2
Cobalt	8,9
Eisen	7,87
Gold	19,3
Iridium	22,4
Kohlenstoff	3,51
Kupfer	8,96
Magnesium	1,74
Mangan	7,43
Molybdän	10,2
Nickel	8,9
Palladium	12,0
Platin	21,5
Quecksilber	13,96
Radium	5,0
Schwefel	2,07
Selen	4,8
Silber	10,5
Silicium	2,35
Titan	4,5
Uran	18,7
Vanadium	6,1
Wolfram	19,3
Zink	7,13
Zinn	7,29

feste Stoffe (ϱ in kg/dm³)

Beton	2,2
Diamant	3,5
Eis bei 0 °C	0,9
Glas	2,5···2,9
Granit	2,8
Grauguß (i. Mittel)	7,25
Gummi (i. Mittel)	1,45
Kies, naß	2,0
Kies, trocken	1,8
Kochsalz	2,15
Kork	8,25···0,35
Marmor (i. Mittel)	2,8
Papier	0,7···1,2
Porzellan	2,45
Sandsteinmauerwerk	2,6
Schamotte	1,9···2,1
Schiefer	2,8
Schnee, naß, lose	bis 0,95
Schnee, trocken, lose	0,125
Stahl (im Mittel)	7,85
C 15	7,85
C 35	7,84
C 60	7,83
41 Cr 4	7,84
X10 Cr 13	7,75
X12 CrNi 18 8	7,0
Stahlbeton	2,4
Ton, naß	2,1
Ton, trocken	1,8
Zementmörtel	1,8···1,3

Flüssigkeiten (ϱ in kg/dm³)

Alkohol	0,79
Aceton	0,79
Benzin	0,66
Benzol	0,88
Ether	0,713
Glyzerin	1,26
Kochsalzlösung, gesättigt (28%)	1,189
Leinöl	0,93
Meerwasser (3,5% Salzgehalt)	1,026
Mineralschmieröl	0,9···0,92
Petroleum	0,81
Schwefelkohlenstoff	1,26
Terpentinöl	0,865
Toluol	0,87
Wasser	0,998

Gase und Dämpfe (ϱ in kg/m³)

Ammoniak	0,771
Argon	1,784
Acetylen	1,174
Ethylen	1,261
Ethan	1,356
Helium	0,187
Kohlenstoffdioxid	1,977
Kohlenstoffoxid	1,250
Luft	1,293
Methan	0,717
Propan	2,019
Sauerstoff	1,429
schweflige Säure	2,926
Stickstoffoxid	1,340
Stickstoff	1,250
Wasserstoff	0,09
Wasserdampf	0,804
Wasserdampf bei	
100 °C	0,578
200 °C	0,452
300 °C	0,372
400 °C	0,316
500 °C	0,275

2.2 Mechanik

2.2.1 Kräfte

2

Die **Kraft** ist die Ursache für eine Form- oder Bewegungsänderung eines Körpers. Die physikalische Größe Kraft kann als das Produkt der Masse m eines Körpers und der Beschleunigung s, die er unter Einwirkung der Kraft F erfahren würde, dargestellt werden.

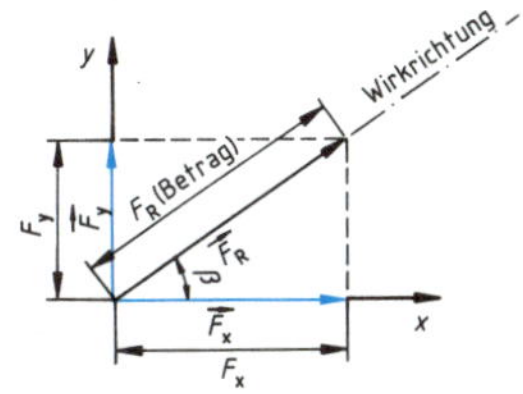

Vektorielle Schreibweise:

$\vec{F}_R = \vec{F}_y + \vec{F}_x$; $\vec{F}_y$ und $\vec{F}_x$ sind die Komponenten der Kraft $\vec{F}_R$ im rechtwinkligen Koordinatensystem. β ist der Winkel zwischen F_R und der Abszisse. Er gibt die Wirkrichtung an.

Algebraische Schreibweise:

$F_x = F_R \cdot \cos\beta$; $F_y = F_R \cdot \sin\beta$; $F_R^2 = F_x^2 + F_y^2$ (Beträge)

Beispiele für Kräfte

Beschleunigungskraft

$F = m \cdot a$

F	Beschleunigungskraft in N
m	Masse in kg
a	Beschleunigung in m/s²

Gewichtskraft

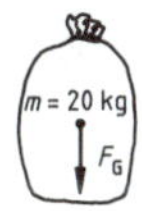

$F_G = m \cdot g$

F_G	Gewichtskraft in N
m	Masse in kg
g	Erdbeschleunigung in m/s²

Federkraft

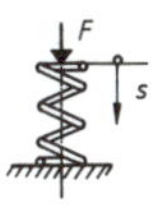

$F = c \cdot s$

F	Federkraft in N
c	Federkonstante in N/mm
s	Federweg in mm

Schnittkraft

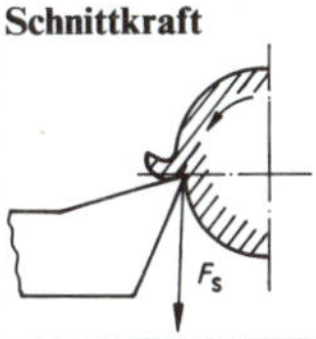

$F_c = k_c \cdot q$

F_c	Schnittkraft in N
k_c	spezifische Schnittkraft in N/mm²
q	Spanungsquerschnitt in mm²

Zusammenwirken von Kräften

Zusammensetzung von Kräften	Winkel zwischen den Kräften	Zeichnerische Darstellung/ Lösung	Rechnerische Lösung
Kräfteaddition	$\alpha_1 = 0°$ $\alpha_2 = 0°$	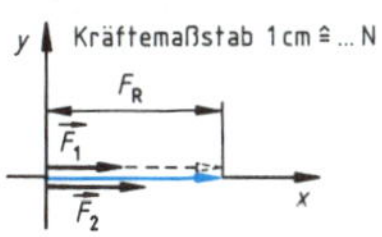	$\vec{F}_1 + \vec{F}_2 = \vec{F}_R$ $F_1 = F_{x1}$, da $\alpha_1 = 0° \rightarrow \cos\alpha_1 = 1$, mit α_1 = Winkel zwischen F_1 und Abszisse. $F_{y1} = 0$, da $\alpha_1 = 0° \rightarrow \sin\alpha_1 = 0$. Da auch $\alpha_2 = 0$ ist $\rightarrow F_2 = F_{x2}$, $F_{y2} = 0$. Somit: $\vec{F}_1 + \vec{F}_2 = F_{x1} + F_{x2} = F_1 + F_2 = F_R$
	Beispiel:	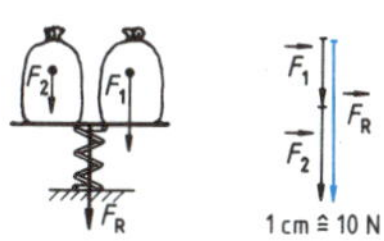	$F_1 = 15$ N $F_2 = 10$ N $\quad F_R = ?$ $F_R = F_1 + F_2 = 15\text{ N} + 10\text{ N} = 25\text{ N}$
Kräftesubtraktion	$\alpha_1 = 0°$ $\alpha_2 = 180°$	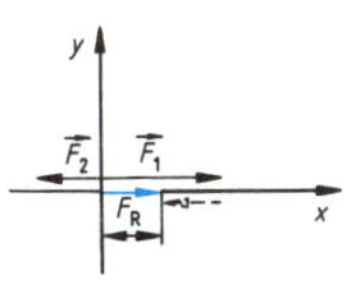	$\vec{F}_1 + \vec{F}_2 = \vec{F}_R$ $F_1 = F_{x1}$, da $\alpha_1 = 0° \rightarrow \cos\alpha_1 = 1$. $F_{y1} = 0$, da $\alpha_1 = 0° \rightarrow \sin\alpha_1 = 0$. $F_2 = -F_{x2}$, da $\alpha_2 = 180° \rightarrow \cos\alpha_2 = -1$. $F_{y2} = 0$, da $\alpha_2 = 180° \rightarrow \sin\alpha_2 = 0$. Somit: $\vec{F}_1 + \vec{F}_2 = F_{x1} - F_{x2} = F_1 - F_2 = F_R$

(Forts. siehe Seite 2-6)

2.2 Mechanik

Zusammenwirken von Kräften (Forts.)

	Winkel zwischen den Kräften	Zeichnerische Darstellung/ Lösung	Rechnerische Lösung
Zusammensetzung von Kräften Zusammensetzung von Kräften unter einem Winkel	$\alpha_1 = 0°$ $\alpha_2 = 90°$	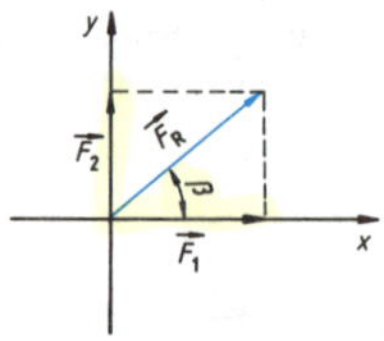	$\vec{F}_1 + \vec{F}_2 = \vec{F}_R$ $F_1 = F_{x1}$; $F_{y1} = 0$ $F_{x2} = 0$, da $\alpha_2 = 90° \rightarrow \cos\alpha_2 = 0$. $F_{y2} = F_2$, da $\alpha_2 = 90° \rightarrow \sin\alpha_2 = 1$. F_{x1} und F_{y2} stehen rechtwinklig aufeinander, es gilt der Satz des Pythagoras: $F_{x1}^2 + F_{y2}^2 = F_R^2 = F_1^2 + F_2^2$ Zur eindeutigen Bestimmung des Vektors $\vec{F}_R$ ist die Bestimmung der Wirkrichtung notwendig: $\tan\beta = \frac{F_2}{F_1}$
	$\alpha_1 = 0°$ $\alpha_2 =$ beliebig	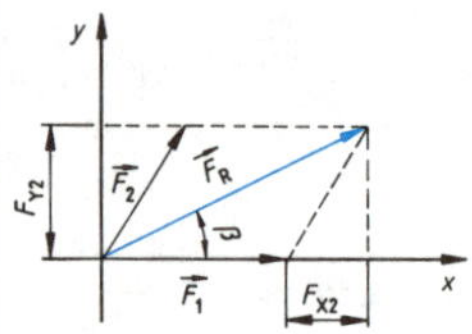	$\vec{F}_1 + \vec{F}_2 = \vec{F}_R$ $F_{x1} = F_1$, da $\alpha_1 = 0° \rightarrow \cos\alpha_1 = 1$ $F_{y1} = 0$, da $\alpha_1 = 0° \rightarrow \sin\alpha_1 = 0$ $F_{x2} = F_2 \cdot \cos\alpha_2$; $F_{y2} = F_2 \cdot \sin\alpha_2$ $F_{xR} = F_{x1} + F_{x2} = F_1 + F_2 \cdot \cos\alpha_2$ $F_{yR} = F_{y1} + F_{y2} = 0 + F_2 \cdot \sin\alpha_2$ $F_R^2 = F_{xR}^2 + F_{yR}^2 = (F_1 + F_2 \cdot \cos\alpha_2)^2 + (F_2 \cdot \sin\alpha_2)^2$
	Beispiel: Wie groß ist die Zugkraft an der Kupplung eines Schleppers, der zwei Kähne schleppt?	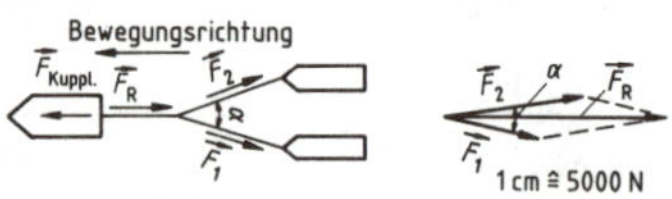	durch Umformen ergibt sich: $F_R = \sqrt{F_1^2 + F_2^2 + 2 \cdot F_1 \cdot F_2 \cdot \cos\alpha_2}$ $\tan\beta = \frac{F_2 \cdot \sin\alpha_2}{F_1 + F_2 \cdot \cos\alpha_2}$
	$F_1 = 5000$ N, $F_2 = 7000$ N, $\alpha = 20°$, $F_R = ?$		$F_R = \sqrt{5000^2\ \text{N}^2 + 7000^2\ \text{N}^2 + 2 \cdot 5000\ \text{N} \cdot 7000\ \text{N} \cdot \cos 20°}$ $F_R = 11\,822$ N
Mehrere zentral angreifende Kräfte	beliebige Winkel	Zur Ermittlung der resultierenden Kraft $\vec{F}_R$ mehrerer zentral angreifender Kräfte werden diese parallel zu ihrer Lage im Lageplan in den Kräfteplan verschoben und dort in beliebiger Reihenfolge aneinandergefügt. Die Verbindungslinie zwischen Anfangs- und Endpunkt des Streckenzuges ergibt Größe und Richtung der Resultierenden. **Beispiel:** An einem Mast treffen sich drei Kabel unter verschiedenen Winkeln. Wie groß ist die Resultierende und ihre Lage? 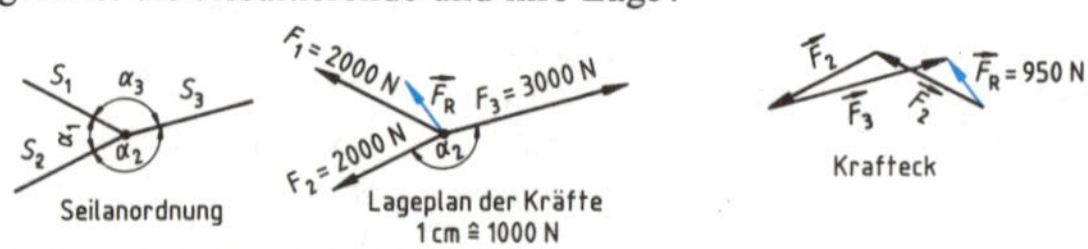	Rechnung nur sinnvoll, wenn die Zahl der angreifenden Kräfte gering ist. Rechnung ist wie im obigen Beispiel durchzuführen.
Kräftezerlegung	$\alpha_1 = 0°$, $\alpha_2 = 90°$ **Beispiel:** Wie groß ist die Hangabtriebskraft eines Körpers der Masse $m = 2$ kg auf einer schiefen Ebene mit einem Winkel von $\gamma = 30°$ (Reibung vernachlässigbar)?	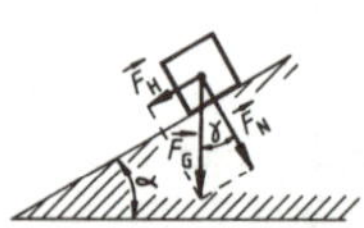	F_G Gewichtskraft in N F_N Normalkraft in N F_H Hangabtriebskraft in N $\vec{F}_G = \vec{F}_N + \vec{F}_H$ $F_H = F_G \cdot \sin\gamma = m \cdot g \cdot \sin\gamma$ $F_H = 2\ \text{kg} \cdot 9{,}81\ \text{m/s}^2 \cdot \sin 30°$ $F_H = 9{,}81$ N

2.2.2 Drehmoment

Zwei in bezug auf einen Punkt im Abstand r wirkende parallele, aber entgegengesetzt wirkende Kräfte sind bestrebt, den Körper um diesen Punkt in eine Drehbewegung zu versetzen. Das Produkt aus der Kraft F und dem Abstand r des Angriffspunktes der Kraft zum Drehpunkt wird das **Drehmoment** genannt. Es ist eine Göße, die erst durch die Angabe ihres Betrages und einer Richtung (nämlich der Achse) vollständig beschrieben wird, also ein Vektor. Der positive Richtungssinn ist dem Drehsinn im Sinne einer Längsbewegung einer Rechtsschraube zugeordnet.

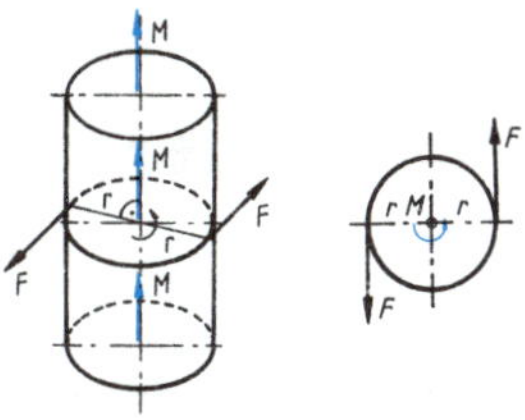

Momentenvektor

am Körper — senkrecht zur Zeichenebene

Vektorielle Schreibweise: $\vec{M} = \vec{r} \cdot \vec{F}$

Algebraische Schreibweise: $M = r \cdot F \cdot \sin \alpha$

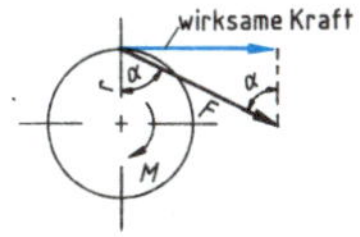

Das bedeutet, daß nur die Komponente der Kraft $\vec{F}$ für die Größe des Momentes wirksam wird, die senkrecht zum Abstand $\vec{r}$ wirkt. Für den Sonderfall, daß $\alpha = 90°$ ist ($\sin \alpha = 1$), wird

$M = r \cdot F$

Befindet sich ein Körper in Ruhe (Gleichgewicht), so ist die Summe der Momente gleich Null.

Beispiel:

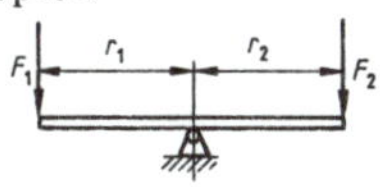

$\Sigma M_{li} = \Sigma M_{re}$ **Hebelgesetz**

ΣM_{li} linksdrehende Momente (üblich auch ΣM↶)

ΣM_{re} rechtsdrehende Momente (auch ΣM↷)

im Beispiel: $F_1 \cdot r_1 = F_2 \cdot r_2$

Anwendung des Hebelgesetzes

Bezeichnung	Zeichnerische Darstellung	Rechnerische Lösung	Bemerkungen
Einarmiger Hebel	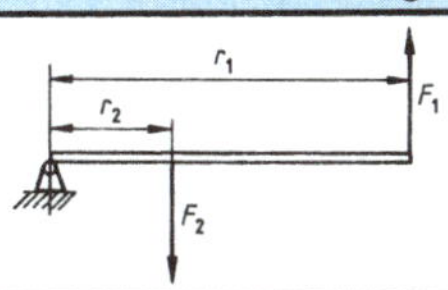	$\Sigma M_{li} = \Sigma M_{re}$ $F_1 \cdot r_1 = F_2 \cdot r_2$	r_1, r_2 sind die Abstände des Lotes vom Drehpunkt auf die Wirkungslinie der Kaft F_1, F_2
Zweiarmiger Hebel	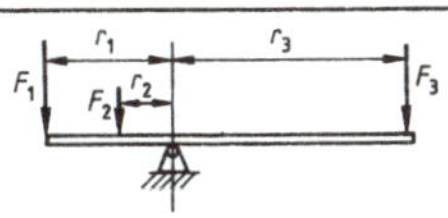	$\Sigma M_{li} = \Sigma M_{re}$ $F_1 \cdot r_1 + F_2 \cdot r_2 = F_3 \cdot r_3$	
Winkelhebel	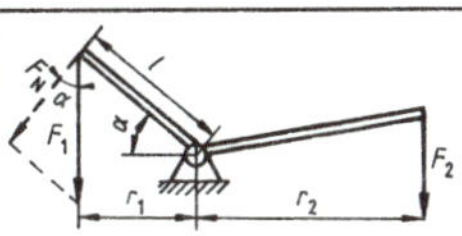	$\Sigma M_{li} = \Sigma M_{re}$ $F_1 \cdot r_1 = F_2 \cdot r_2$	$F_N \cdot l = F \cdot r$, da $F_N = F \cdot \cos \alpha$ und $l = r / \cos \alpha$
Auflagerkräfteberechnung	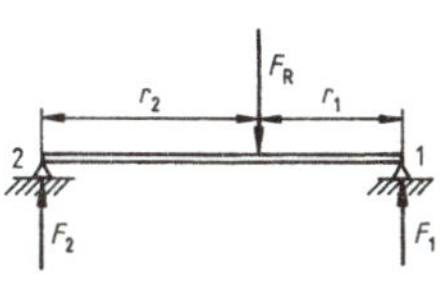	a) $\Sigma M_{li} = \Sigma M_{re}$ um angenommenen Drehpunkt 2: $F_1 \cdot (r_1 + r_2) = F_R \cdot r_2$ $F_1 = F_R \cdot r_2 / (r_1 + r_2)$ b) $F_R = F_1 + F_2 \rightarrow F_1 = F_R - F_2$ durch Gleichsetzen erhält man $F_1 = F_R \left(1 - \frac{r_2}{r_1 + r_2}\right)$; $F_2 = F_R - F_1$	F_1, F_2 Auflagerkräfte (Reaktionskräfte) F_R resultierende Kraft (vergl. Abschnitt 2.2.2)

2.2 Mechanik

2.2.3 Bewegungslehre

Geradlinig gleichförmige Bewegung

$$v=\frac{s}{t}$$

v Geschwindigkeit in $\frac{m}{s}$
s Weg in m
t Zeit in s

Beispiel: Ein Fahrzeug durchfährt 100 m in 6,8 s. Wie groß ist seine Geschwindigkeit?

$$v=\frac{s}{t}=\frac{100\text{ m}}{6{,}8\text{ s}}=14{,}7\text{ m/s}$$

oder in km/h:

$$v=\frac{14{,}7\text{ m}\cdot 3600\text{ s}\cdot\text{km}}{\text{s}\cdot 1000\text{ m}\cdot\text{h}}$$

$$v=14{,}7\cdot 3{,}6\text{ km/h}$$

$$v=52{,}92\text{ km/h}$$

Weg-Zeit-Diagramm

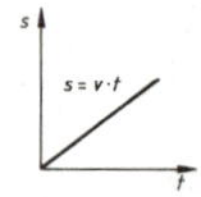

Geschwindigkeit-Zeit-Diagramm

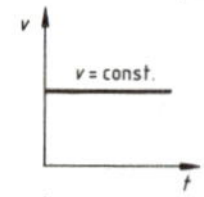

Beschleunigung-Zeit-Diagramm

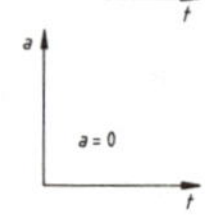

Gleichmäßig beschleunigte Bewegung (ungleichförmige Bewegung)

$$v=a\cdot t$$
$$s=\frac{v\cdot t}{2}$$
$$s=\frac{a\cdot t^2}{2}$$

v Geschwindigkeit in $\frac{m}{s}$
a Beschleunigung in $\frac{m}{s^2}$
t Zeit in s
s Weg in m

Beispiel: Ein Zug erreicht in 2 min eine Geschwindigkeit von 100 km/h. Wie groß ist die durchschnittliche Beschleunigung und der zurückgelegte Weg?

$$a=\frac{v}{t}=\frac{100000\text{ m}}{3600\text{ s}\cdot 120\text{ s}}=0{,}23\ \frac{\text{m}}{\text{s}^2}$$

$$s=\frac{v\cdot t}{2}=\frac{100000\text{ m}\cdot 120\text{ s}}{3600\text{ s}\cdot 2}=1666{,}7\text{ m}$$

Weg-Zeit-Diagramm

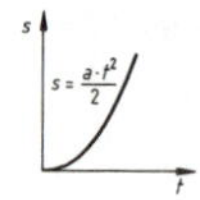

Geschwindigkeit-Zeit-Diagramm

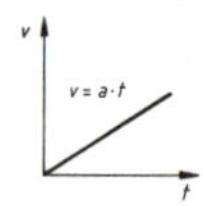

Beschleunigung-Zeit-Diagramm

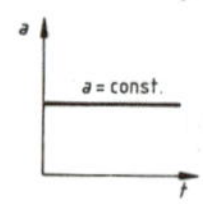

Sonderfall: Freier Fall

$$v=g\cdot t$$
$$s=\frac{g\cdot t^2}{2}$$
$$v=\sqrt{2\cdot g\cdot s}$$

v Geschwindigkeit in $\frac{m}{s}$
g Fallbeschleunigung in $\frac{m}{s^2}$ ($g=9{,}81\text{ m/s}^2$)
t Zeit in s
s Weg in m

Beispiel: In welcher Zeit fällt ein Stein aus 100 m Höhe auf den Erdboden (ohne Luftreibung)?

$$t=\sqrt{\frac{2\cdot s}{g}}=\sqrt{\frac{2\cdot 100\text{ m}\cdot\text{s}^2}{9{,}81\text{ m}}}=4{,}51\text{ s}$$

Sonderfall: Bewegung auf geneigter Ebene

$$v=g\cdot t\cdot\sin\alpha$$
$$s=\frac{g\cdot t^2\cdot\sin\alpha}{2}$$
$$v=\sqrt{2\cdot g\cdot\sin\alpha}$$

v Geschwindigkeit in $\frac{m}{s}$
g Fallbeschleunigung in $\frac{m}{s^2}$
t Zeit in s
s Weg in m

Beispiel: Ein Fahrzeug beginnt auf einer geneigten Ebene mit $\alpha=30°$ zu rollen. Wie groß ist seine Gechwindigkeit nach 20 s?

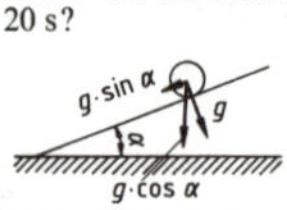

$$v=g\cdot t\cdot\sin\alpha$$
$$v=\frac{9{,}81\text{ m}\cdot 20\text{ s}\cdot 0{,}5}{\text{s}^2}$$
$$v=98{,}1\text{ m/s}$$

Durchschnittliche Geschwindigkeiten

	km/h	m/s		km/h	m/s
Fußgänger	5	1,4	Adler	bis 85	24
Dauerläufer	10	2,8	Orkan	bis 300	83
Radfahrer	20	5,5	Schall in Luft von 0 °C	1195	332
Regentropfen	22	6	Schall im Wasser	5280	1467
Kurzstreckenläufer	36	10	Geschoß	3130	870
Brieftaube	72	20			

Mittlere Beschleunigungen

	m/s^2		m/s^2
Anfahren Personenzug	0,15	Raketenstart	30
Anfahren U-Bahn	0,6	Tennisball bei Aufprall auf Mauer	10^5
Anfahren Kraftwagen	1–3	Geschoß beim Abschuß	$6\cdot 10^5$
Bremsen Kraftwagen	1–6		
Personenaufzug	5		

2.2 Mechanik

Gleichförmige Kreisbewegung

Die Winkelgeschwindigkeit ω ist der Quotient aus dem in der Zeit t von dem Kreisradius überstrichenen Winkel φ (im Bogenmaß) und der Zeit t.

$$\omega=\frac{\varphi}{t}$$

Die Einheit der Winkelgeschwindigkeit ω ist rad/s (Radiant durch Sekunde), zulässig ist aber auch 1/s. 1 rad entspricht 57,296°.

$$v=r\cdot\omega=\frac{d\cdot\omega}{2};\qquad \omega=2\cdot\pi\cdot n$$

$$f=\frac{n}{t};\qquad f=\frac{1}{T}$$

v Umfangsgeschwindigkeit in m/s
d Durchmesser in m; r Radius in m
n Drehzahl in 1/s
ω Winkelgeschwindigkeit in 1/s
f Frequenz in Hz; T Umlaufzeit in s

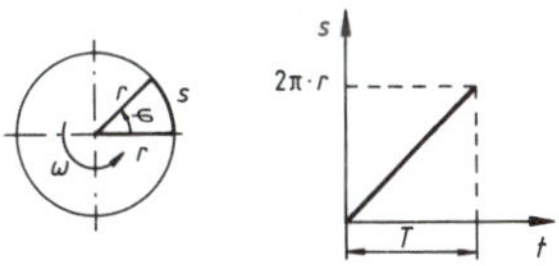

Weg-Zeit-Diagramm

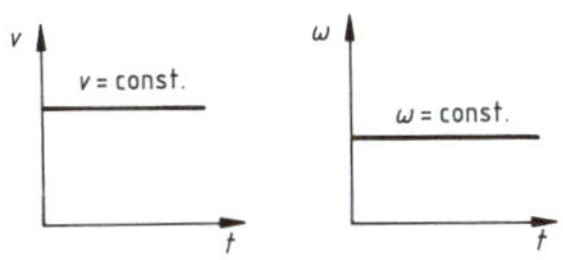

Geschwindigkeit-Zeit-Diagramm

Beispiel:
Eine Schleifscheibe mit dem Durchmesser von 300 mm dreht mit 3000 Umdrehungen je Minute. Wie groß ist die Umfangs- und Winkelgeschwindigkeit?

$$\omega=2\cdot\pi\cdot n=2\cdot\pi\cdot\frac{3000\ \text{min}}{60\ \text{min}\cdot\text{s}}=314\ 1/\text{s}$$

$$v=\frac{d\cdot\omega}{2}=\frac{0{,}3\ \text{m}\cdot 314}{2\cdot\text{s}}=47{,}1\ \text{m/s}$$

Zentrifugalkraft (Fliehkraft)

Eine geradlinige gleichförmige Bewegung eines Massenpunktes erfolgt nur dann, wenn keine Kräfte auf ihn einwirken. Soll er gleichförmig auf einer Kreisbahn umlaufen, so muß eine Kraft quer zur Bewegungsrichtung angreifen. Diese Radialkraft, genannt Zentripedalkraft F_r, wirkt zum Mittelpunkt und zwingt den Körper P in eine Kreisbahn. Ihr entgegen wirkt die gleich große Zentrifugalkraft (Fliehkraft) F_z.

$$F_z=m\cdot r\cdot\omega^2=\frac{m\cdot v^2}{r}$$

F_z Zentrifugalkraft in N; F_r Radialkraft in N
m Körpermasse in kg; r Kreisradius in m
ω Winkelgeschwindigkeit in 1/s
v Umfangsgeschwindigkeit in m/s

Die der Richtungsänderung der Geschwindigkeit zugrunde liegende Beschleunigung wird Radialbeschleunigung a_r genannt.

$$a_r=\frac{v^2}{r}$$ a_r Radialbeschleunigung in m/s²

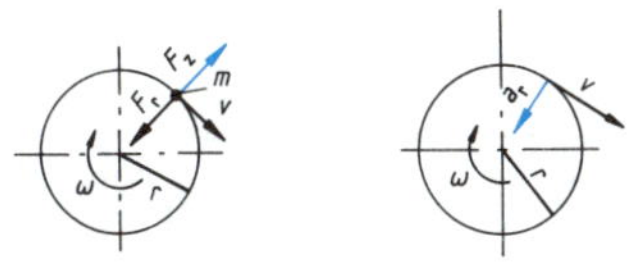

Beispiel:
Ein 0,3 g schweres Schleifkorn wird mit 70 m/s auf einer Kreisbahn bewegt. Wie groß muß mindestens die Bindungskraft sein, wenn der Schleifscheibendurchmesser 0,2 m beträgt?

$$F_z=\frac{m\cdot v^2}{r}=\frac{0{,}0003\ \text{kg}}{0{,}1\ \text{m}}\cdot\frac{70^2\ \text{m}^2}{\text{s}^2}=14{,}7\ \text{N}$$

Beschleunigte Kreisbewegung

Entsprechend der Beschleunigung bei der geradlinigen Bewegung bezeichnet man den Quotienten aus der Änderung der Winkelgeschwindigkeit $\Delta\omega$ und der dafür benötigten Zeit als Winkelbeschleunigung α.

$$\alpha=\frac{\omega}{t}$$

$$v=r\cdot\alpha\cdot t=r\cdot\omega$$

$$\varphi=\frac{\omega\cdot t}{2}=\frac{\alpha\cdot t^2}{2}$$

$$M=J\cdot\alpha$$

$$J=\frac{m\cdot r^2}{2}$$ für den Vollzylinder

$$J=\frac{m\cdot(R^2-r^2)}{2}$$ für den Hohlzylinder

$$J=\frac{2\cdot m\cdot r^2}{5}$$ für die Kugel

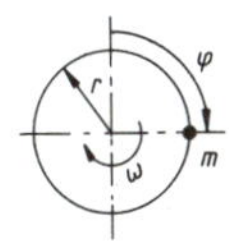

Beschleunigte Drehbewegung einer Kugel

α Winkelbeschleunigung in 1/s
ω Winkelgeschwindigkeit in 1/s
t Zeit in s
φ Drehwinkel im Bogenmaß
r Radius in m
M Beschleunigungsmoment in Nm
J Massenträgheitsmoment in kg · m²
m Masse in kg

2.2 Mechanik

2.2.4 Reibung

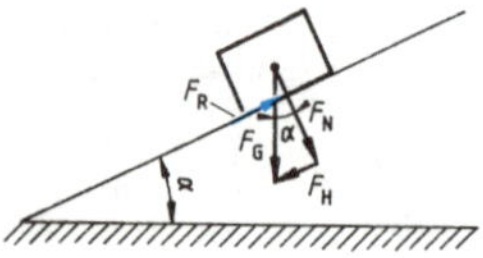

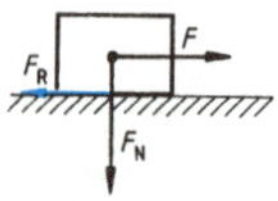

Bei der gleitenden Berührung fester Körper entstehen „Verzahnungen" der Oberflächen. Diese Erscheinung nennt man Reibung. Sie hängt also weitgehend von der Rauhigkeit der Oberflächen ab.

Für den Grenzfall (Körper in Ruhe) gilt:

$F_R = F_H$
$F_R = F_N \cdot \tan\alpha$
$\tan\alpha = \mu = \tan\varrho$
Steigungswinkel = Reibungswinkel

Allgemein gilt:

$F_R = F_N \cdot \mu$

F_R ist unabhängig von der Größe der Berührungsflächen.

F_R	Reibungskraft in N
F_H	Antriebskraft in N
F_N	Normalkraft in N
α	Steigungswinkel
ϱ	Reibungswinkel
μ	Reibungszahl

Haftreibung

Befestigungsgewinde

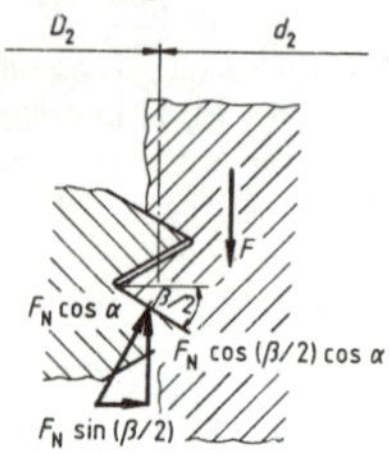

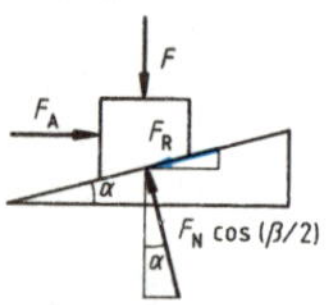

Anziehkraft, Anziehmoment:

$$F_A = \frac{\sin\alpha\cos(\beta/2) + \mu\cos\alpha}{\cos\alpha\cos(\beta/2) - \mu\sin\alpha} \cdot F$$

$$M_A = \frac{D_2}{2} \cdot F \cdot \left(\frac{\mu}{\cos(\beta/2)} + \alpha\right)$$

Lösmoment:

$$M_L = \frac{D_2}{2} \cdot F \cdot \left(\frac{\mu}{\cos(\beta/2)} - \alpha\right)$$

Eine Schraube löst sich von selbst, wenn $\alpha > \varrho$.

α	Steigungswinkel
β	Flankenwinkel
D_2, d_2	Flankendurchmesser
F_A, F_L	Anzieh-, Löskraft in N
F	Schraubenkraft in N

Gleitreibung

Gleitlager

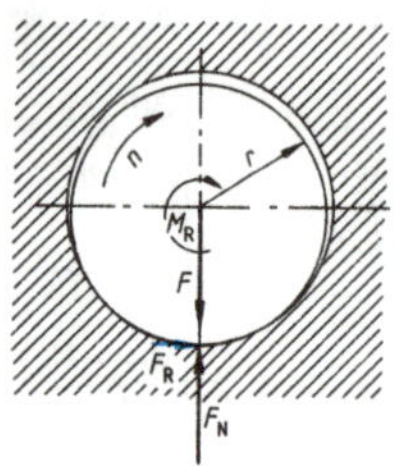

$F_R = F_N \cdot \mu$
$M_R = F_N \cdot \mu \cdot r$

F_R	Reibungskraft in N
M_R	Reibungsmoment in Nm
μ	Gleitreibungszahl
F_N	Normalkraft in N
r	Lagerzapfenradius in m
n	Drehfrequenz in 1/s

Beispiel:
Ein Gleitlager vom Durchmesser $d = 0{,}1$ m ist mit $F_N = 2$ kN belastet. Wie groß ist die zu überwindende Reibungskraft, wenn die Gleitreibungszahl $\mu = 0{,}04$ und die Drehfrequenz $n = 180$ 1/s beträgt?

$F_R = F_N \cdot \mu = 2000\ \text{N} \cdot 0{,}04 = 80\ \text{N}$

Rollreibung

Rollenlager/Rad

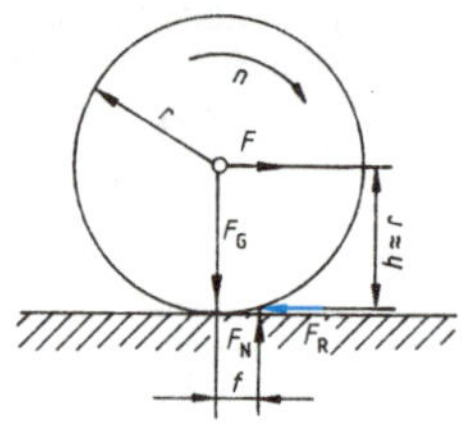

$$F_R = \frac{F_N \cdot f}{r}$$

$M_R = F_N \cdot f$

Wenn f/r kleiner ist als die Haftreibungszahl, rutscht die Rolle bzw. das Rad.

F_R	Reibungskraft in N
F_N	Normalkraft in N
M_R	Reibungsmoment in Nm
f	Abstand (in m) der Wirkungslinien zwischen F_G (Gewichtskraft) und F_N (Rollenreibungszahl genannt)
r	Rollen- bzw. Radradius in m
n	Drehfrequenz in 1/s

Beispiel:
Ein Stahlrad mit $r = 0{,}4$ m auf einer Stahlschiene ist mit 5 kN bei $v = 25$ km/h belastet. Wie groß ist die zu überwindende Reibungskraft bei $f = 2 \cdot 10^{-4}$ m?

$$F_R = \frac{F_N \cdot f}{r} = \frac{5000\ \text{N} \cdot 2 \cdot 10^{-4}\ \text{m}}{0{,}4\ \text{m}} = 2{,}5\ \text{N}$$

Beispiele für Reibungszahlen

Stoffe	Haftreibungszahl	Gleitreibungszahl		Rollreibungszahl (f in m)
		trocken	flüssig	
Stahl/Stahl	0,25	0,15	0,06	$5 \cdot 10^{-5}$ bis $5 \cdot 10^{-4}$
Stahl/CuSn-Legierung	0,25	0,2	0,05	
Stah/Grauguß	0,25	0,2	0,08	

2.2 Mechanik

2.2.5 Mechanik der Flüssigkeiten

Druck

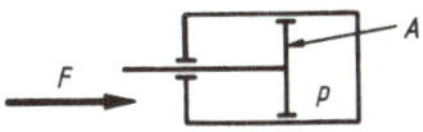

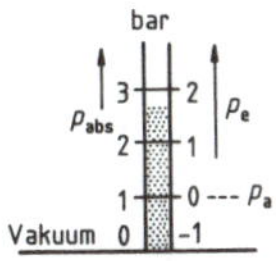

$$p = \frac{F}{A}$$

$$p_e = p_{abs} - p_a$$

p	Druck in N/m^2 (oder bar, Pascal)
F	Kraft in N; A = Fläche in m^2
p_{abs}	absoluter Druck in N/m^2
p_a	atmosphärischer Druck in N/m^2 (Normalluftdruck = 1,013 bar)
p_e	Druckdifferenz in N/m^2

Hydrostatik

Hydrostatischer Druck

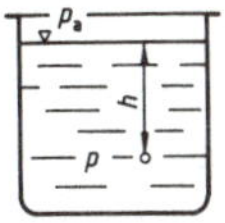

Der hydrostatische Druck ist der im Inneren einer ruhenden Flüssigkeit (durch ihre Gewichtskraft) verursachte Druck; er ist in jeder Richtung gleich groß:

$p = h \cdot \varrho \cdot g$ (Gesetz von Pascal)

Anwendung:

Auftrieb in Flüssigkeiten

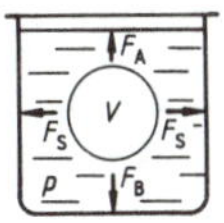

Nach dem Archimedischen Gesetz ist die Auftriebskraft F_A eines getauchten oder schwimmenden Körpers gleich der Gewichtskraft des verdrängten Flüssigkeitsvolumens V.

$$F_A = \varrho \cdot g \cdot V$$

p	Druck in der Tiefe h in N/m^2
g	Fallbeschleunigung in m/s^2
h	Druckhöhe in m
V	Verdrängungsvolumen des Körpers in m^3
p_a	Atmosphärischer Luftdruck in N/m^2 oder bar
F_A	Auftriebskraft in N
ϱ	Flüssigkeitsdichte in kg/m^3

Hydraulische Presse

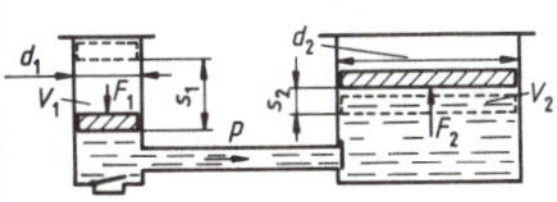

$p_1 = p_2$; $V_1 = V_2$

d_1, d_2	Pumpen-/Preßkolbendurchmesser in m
V_1, V_2	Flüssigkeitsvolumen in m^3
F_1, F_2	Pump- bzw. Preßkraft in N
s_1, s_2	Kolbenwege in m
z	Zahl der Pumpkolbenhübe

Beispiel: Der Pumpenkolben einer hydraulischen Presse hat $d_1 = 3{,}0$ cm und der Preßkolben $d_2 = 45$ cm Durchmesser. Die Kraft am Pumpenkolben beträgt 3800 N. Bei einem Hub legt der Pumpenkolben $s_1 = 50$ mm zurück. Wie groß ist die Preßkraft F_2?

$$F_2 = F_1 \cdot \left(\frac{d_2}{d_1}\right)^2 = 3800\ \text{N} \cdot \left(\frac{45\ \text{cm}}{3\ \text{cm}}\right)^2 = 855000\ \text{N}$$

Hydrodynamik

Stationäre reibungsfreie Strömung

Volumendurchfluß in m^3/s $Q = A \cdot v$

Volumenausfluß in m^3/s $Q_a = A_a \cdot v_a = A_a \cdot \sqrt{2g \cdot H}$

Strömungsgeschwindigkeit in m/s $v = v_a \dfrac{A_a}{A}$

Durchflußgleichung Q = konstant; $A_1 \cdot v_1 = A_2 \cdot v_2$

Statische Druckhöhe $\dfrac{p}{\varrho \cdot g}$; h Ortshöhe

Geschwindigkeitshöhe $\dfrac{v^2}{2g}$

Bernoullische Gleichung

$$\frac{p_1}{\varrho \cdot g} + h_1 + \frac{v_1^2}{2g} = \frac{p_2}{\varrho \cdot g} + h_2 + \frac{v_2^2}{2g}$$

auch Druckgleichung genannt, gilt für reibungslose Beziehung zwischen Staudruck oder dynamischen Druck $(\varrho \cdot v^2):2$, dem Schweredruck $h \cdot \varrho \cdot g$ und dem äußeren (statischen) Druck p dar.

Für die nicht stationäre Bewegung einer inkompressiblen Flüssigkeit gilt:

$$h \cdot \varrho \cdot g + \frac{\varrho \cdot v^2}{2} + p = \text{konstant.}$$

Beispiel:

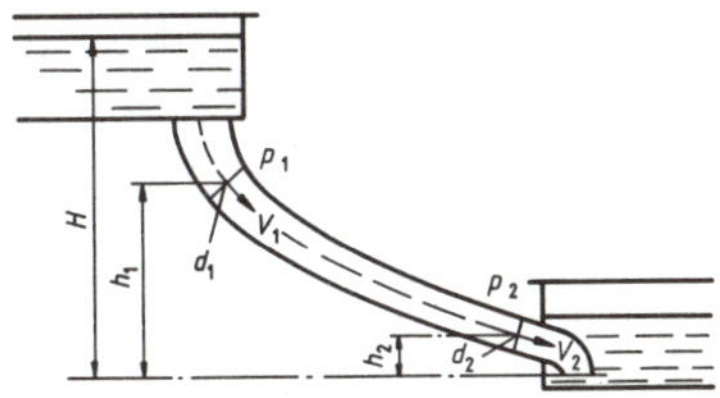

Aus einem Wasserhochbehälter führt eine Rohrleitung in einen tiefer liegenden Abfluß.

Abmessungen: $H = 15$ m, $h_1 = 4{,}5$ m, $h_2 = 1{,}2$ m.

Rohrdurchmesser: $d_1 = 150$ mm, $d_2 = 100$ mm.

Gesucht: 1. Ausflußgeschwindigkeit v_a; 2. Volumenausfluß Q_a.

1. $v_a = \sqrt{2g \cdot H} = \sqrt{2 \cdot 9{,}81\ \text{m/s}^2 \cdot 15\ \text{m}} =$

   $v_a = \sqrt{294{,}3}\ \text{m/s} = 17{,}16$ m/s

2. $Q_a = v_a \cdot \dfrac{d_1^2 \cdot \pi}{4} = 17{,}16\ \text{m/s} \cdot \dfrac{0{,}1 \cdot \pi}{4}\ \text{m}^2 = 0{,}134\ \text{m}^3/\text{s}$

2.2.6 Mechanik der Gase

Boyle-Mariottsches Gesetz

Wird eine geschlossene Gasmenge zusammengepreßt, steigt der Gasdruck. Wird sie entspannt, so nimmt der Druck ab.

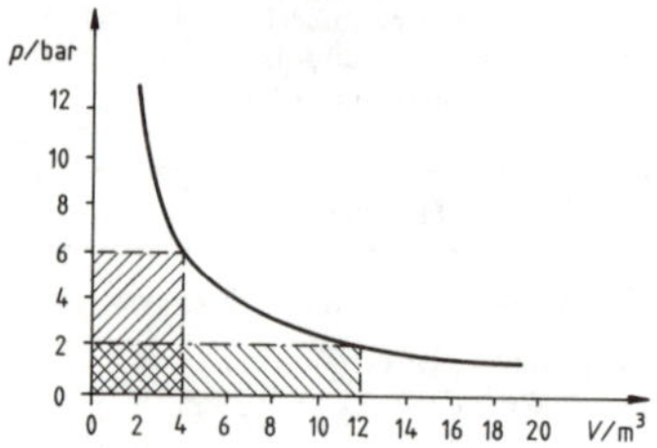

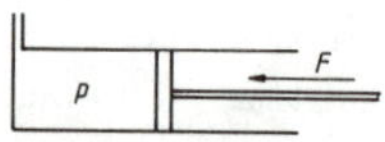

Bei gleichbleibender Temperatur ist das Produkt aus dem Druck und dem Gasvolumen eines eingeschlossenen Gases in allen Zuständen gleich groß.

$\mathbf{p_1 \cdot V_1 = p_2 \cdot V_2; \quad p \cdot V = \text{const.}}$

$\frac{p_1}{\varrho_1} = \frac{p_2}{\varrho_2}; \quad \frac{p}{\varrho} = \text{const.}$

Die Dichte eines Gases ist bei gleichbleibender Temperatur proportional dem Gasdruck [1]).

p_1, p_2 Anfangs- und Enddruck in N/m² oder bar
V_1, V_2 Anfangs- und Endvolumen des Gases in m³
ϱ_1, ϱ_2 Anfangs- und Enddichte des Gases in kg/m³

Beispiel:
Es soll die Masse des Sauerstoffs berechnet werden, der sich in einer Stahlflasche mit dem Volumen von $V_2 = 50$ l (0,05 m³) unter einem Druck von $p_2 = 200$ bar befindet. Wieviel Liter Sauerstoff können der gefüllten Flasche entnommen werden? $\left(\text{Normaldichte } \varrho = 1{,}43\ \frac{\text{kg}}{\text{m}^3}\right)$

$m = V_2 \cdot \varrho_2; \quad \varrho_2 = \frac{p_2 \cdot \varrho_2}{p_1}$

$m = \frac{V_2 \cdot p_2 \cdot \varrho_1}{p_1} = \frac{0{,}05\ \text{m}^3 \cdot 200 \cdot 10^5\ \text{N} \cdot 1{,}43\ \text{kg m}^2}{1 \cdot 10^5\ \text{N m}^2\ \text{m}^3}$

$m = 14{,}3$ kg

$V_1 = \frac{p_2 \cdot V_2}{p_1} = \frac{200 \cdot 10^5\ \text{N} \cdot 0{,}05\ \text{m}^3\ \text{m}^2}{1 \cdot 10^5\ \text{N m}^2}$

$V_1 = 10\ \text{m}^3 = 10000$ l

[1]) Die Angabe einer Gasdichte ist nur dann vollständig, wenn neben Druck auch die Bezugstemperatur vermerkt ist. Die Normal-Dichte ist auf 0 °C und Normalluftdruck (≈1 bar) bezogen.

Auftrieb in Gasen

Das Archimedische Gesetz gilt sinngemäß auch für Gase: Die Auftriebskraft, die ein Körper in einem Gas erfährt, ist gleich der Gewichtskraft der verdrängten Gasmenge.

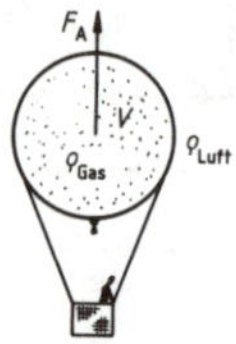

$F_A = V \cdot \varrho \cdot g$

F_A Auftriebskraft in N
V Verdrängungsvolumen in Dichte des Gases in m³
ϱ Dichte des Gases in kg/m
g Fallbeschleunigung in m/s²

Beispiel: Auf einer Waage wird ein Holzkörper $\left(\varrho_1 = 0{,}5\ \frac{\text{g}}{\text{cm}^3}\right)$ mit Messinggewichten gewogen $\left(\varrho_2 = 8{,}6\ \frac{\text{g}}{\text{cm}^3}\right)$. Wie groß ist die wahre Masse des Körpers bei einer Wägung in Luft $\left(\varrho_L = 1{,}25\ \frac{\text{g}}{\text{cm}^3}\right)$, wenn die Waage bei 100,0 g sich im Gleichgewicht befindet?

Auftriebskräfte: $F_{A1} = m_1 \cdot g \cdot \frac{\varrho_L}{\varrho_1}$ (Holz)

$F_{A2} = m_2 \cdot g \cdot \frac{\varrho_L}{\varrho_2}$ (Messinggewicht)

Die Waage steht bei den um die Auftriebskräfte verminderten (scheinbaren) Gewichtskräften im Gleichgewicht:

$m_1 \cdot g - m_1 \cdot g\ \frac{\varrho_L}{\varrho_1} = m_2 \cdot g - m_2 \cdot \frac{\varrho_L}{\varrho_2}$

$m_1 = m_2 \cdot \frac{1 - \varrho_L/\varrho_2}{1 - \varrho_L/\varrho_1} = 100 \cdot \frac{1 - 0{,}000145}{1 - 0{,}0025}$ g

$m_1 = 100{,}236$ g

Boyle-Gay-Lussacsches Gesetz

Ändern sich bei einer Gasmenge Volumen, Druck und Temperatur, so ist der Wert $\frac{p \cdot V}{T}$ stets konstant.

$\frac{p_1 \cdot V_1}{T_1} = \frac{p_2 \cdot V_2}{T_2}$ Allgemeine Zustandsgleichung der Gase

Beispiel:
Eine mit $p_1 = 200$ bar gefüllte Sauertoffflasche mit der Temperatur von $t_1 = 15$ °C erwärmt sich in der Sonne auf $t_2 = 60$ °C. Auf welchen Wert steigt der Flaschendruck?

$\frac{p_1 \cdot V_1}{T_1} = \frac{p_2 \cdot V_2}{T_2}; \quad V_1 = V_2$

$\frac{p_1}{T_1} = \frac{p_2}{T_2}; \quad p_2 = \frac{p_1 \cdot T_2}{T_1}$

$p_2 = \frac{200\ \text{bar} \cdot 323\ \text{K}}{288\ \text{K}} = 231{,}25$ bar

p_1, p_2 Anfangs- und Enddruck in N/m² oder bar
V_1, V_2 Anfangs- und Endvolumen in m³
T_1, T_2 Anfangs- und Endtemperatur in K

(0 °C entspricht 273,15 K)

2.2 Mechanik

2.2.7 Arbeit, Energie, Wirkungsgrad

Arbeit

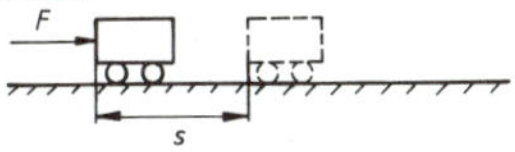

$W = F \cdot s$

W	Arbeit in Nm
F	Kraft in N
s	Weg in m

Eine Arbeit wird verrichtet, wenn längs eines Weges s eine Kraft F wirkt.

Potentielle Energie

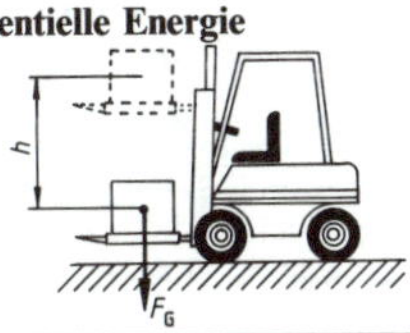

$W_p = F_G \cdot h$
$W_p = m \cdot g \cdot h$

W_p	potentielle Energie in Nm
F_G	Gewichtskraft in N
h	Höhe in m
g	Fallbeschleunigung in m/s^2
m	Masse in kg

Kinetische Energie

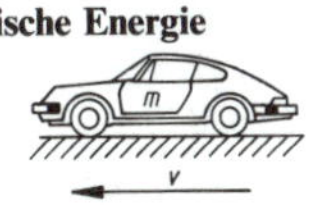

$W_k = \frac{1}{2} \cdot m \cdot v^2$

W_k	kinetische Energie in Nm
m	Masse in kg
v	Geschwindigkeit in m/s

Rotationsenergie

$W_k = W_{rot} = \frac{1}{2} \cdot J \cdot \omega^2$

W_k	kinetische Energie in Nm
W_{rot}	Rotationsenergie in Nm
J	Massenträgheitsmoment in kg m^2
ω	Winkelgeschwindigkeit in 1/s

Energieerhaltungssatz

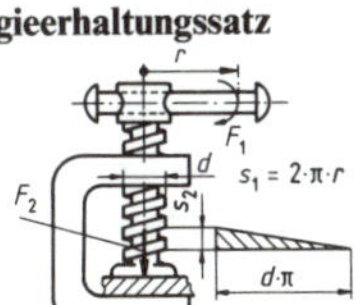

$F_1 \cdot s_1 = F_2 \cdot s_2$
$W_1 = W_2$

F_1, F_2	Kräfte in N
s_1, s_2	Wege in m
W_1, W_2	Energien in Nm

Wirkungsgrad

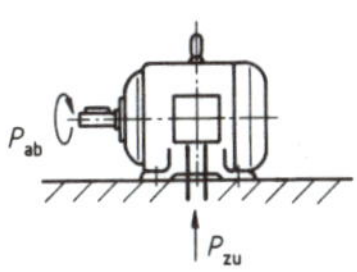

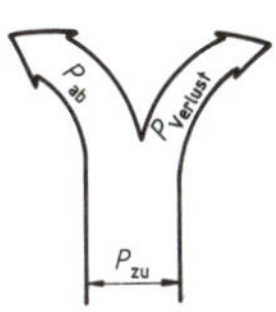

immer: $\eta < 1$

Einzelmaschine

$$\eta = \frac{W_{ab}}{W_{zu}} = \frac{P_{ab}}{P_{zu}}$$

Zusammenschaltung mehrerer Maschinen

$$\eta_{ges} = \eta_1 \cdot \eta_2$$

η	Wirkungsgrad
η_1, η_2	Einzelwirkungsgrade
η_{ges}	Gesamtwirkungsgrad
W_{ab}	abgegebene Arbeit in Nm
W_{zu}	zugeführte Arbeit in Nm
P_{ab}	abgegebene Leistung in Nm/s
P_{zu}	zugeführte Leistung in Nm/s

Beispiel:
Eine Pumpe fördert in einer Sekunde $Q = 0{,}15\ m^3$ Wasser bei einer Förderhöhe von $h = 38$ m, der Wirkungsgrad der Pumpe beträgt $\eta = 0{,}85\%$. Welche Antriebsleistung wird benötigt?

$$P_{zu} = \frac{P_{ab}}{\eta} = \frac{F \cdot h}{t \cdot \eta} = \frac{m \cdot g \cdot h}{t \cdot \eta} = \frac{Q \cdot \varrho \cdot g \cdot h}{\eta}$$

$$P_{zu} = \frac{0{,}15\ m^3 \cdot 1000\ kg \cdot 9{,}81\ m \cdot 38\ m}{1\ s \cdot 0{,}85\ m^3\ s^2}$$

$$P_{zu} = 65\,784\ W = 65{,}8\ kW$$

Beispiele für Wirkungsgrad η in % (Mittelwerte)

Kolbenpumpe	0,85	Elektromotor	0,80	Wasserturbine	0,90
Rotationspumpe	0,70	Dieselmotor	0,33	Transformator	0,98
Zahnradpumpe	0,90	Ottomotor	0,27	Zahnradtrieb	0,95
Kreiselpumpe	0,72	Dampfturbine	0,23	Riementrieb	0,90

2.2 Mechanik

2.2.8 Leistung

Antriebsleistung

Als Leistung bezeichnet man den Quotienten aus der Arbeit W und der Zeit t.

$$P = \frac{W}{t} = F_A \cdot v$$

- P Leistung in Nm/s oder W
- F_A Antriebskraft in N (bei konstanter Geschwindigkeit gleich groß der entgegenwirkenden Reibungskräfte F_R in N)
- v Geschwindigkeit in m/s

Hubleistung

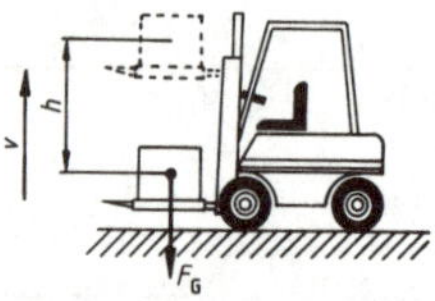

$$P = F_G \cdot v$$

$$P = \frac{m \cdot g \cdot h}{t}$$

- P Leistung in Nm/s oder W
- F_G Gewichtskraft in N
- m Masse in kg
- g Fallbeschleunigung in m/s²
- h Hubhöhe in m
- v Hubgeschwindigkeit in m/s
- t Zeit in s

Zerspanungsleistung

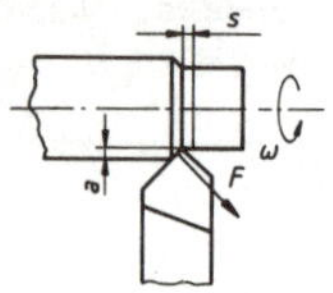

$$P = F \cdot v$$

$$P = A \cdot k_c \cdot v$$

- P Leistung in Nm/s oder W
- F Schnittkraft in N
- A Spanungsquerschnitt in mm²
- k_c spezifische Schnittkraft in N/mm²
- v Schnittgeschwindigkeit in m/s

Leistung bei Rotationsbewegung

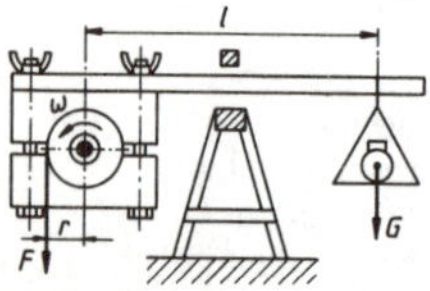

$$P = M \cdot \omega$$

$$P = F \cdot r \cdot \omega$$

- P Leistung in Nm/s oder W
- M Drehmoment in Nm
- F Kraft im Abstand r in N
- r Wellenradius in m
- ω Winkelgeschwindigkeit in 1/s

Förderleistung (einer Pumpe)

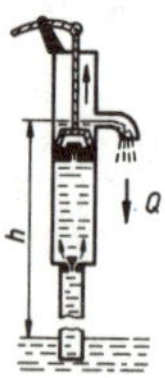

$$P = Q \cdot h \cdot g \cdot \varrho$$

$$P = g \cdot q \cdot h$$

- P Leistung in Nm/s oder W
- Q Volumenstrom in m³/s
- g Fallbeschleunigung in m/s²
- ϱ Dichte in kg/m³
- h Förderhöhe in m
- q Massenstrom in kg/s

Beispiele:

Wie groß muß die Antriebsleistung einer Pumpe sein, wenn diese 100 m³/h Wasser 25 m hoch fördern soll. Der Wirkungsgrad der Pumpe beträgt $\eta = 0{,}8$.

$$P = \frac{Q \cdot h \cdot \varrho \cdot g}{\eta} = \frac{100\ \text{m}^3 \cdot 25\ \text{m} \cdot 1000\ \text{kg} \cdot 9{,}81\ \text{m}}{3600\ \text{s} \cdot 0{,}8 \cdot \text{m}^3 \cdot \text{s}^2}$$

$$P = 8515\ \text{W} = 8{,}5\ \text{kW}$$

Ein Kran hebt in 35 s eine Last von 25 kN auf eine Höhe von 6 m. Welche Leistung muß der Antriebsmotor der Winde entwickeln, wenn 20% Verlustleistung zu berücksichtigen sind?

$$\eta = 1 - 0{,}2 = 0{,}8$$

$$P = \frac{F_G \cdot h}{t \cdot \eta} = \frac{25000\ \text{N} \cdot 6\ \text{m}}{35\ \text{s} \cdot 0{,}8} = 5357\ \text{W} = 5{,}4\ \text{kW}$$

2.2. Mechanik

2

2.2.9 Einfache Maschinen

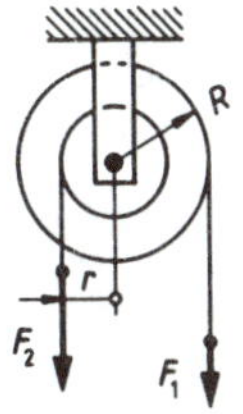

Seil- und Kettentrommel

$$M_{li} = M_{re}$$

$$F_2 \cdot r = F_1 \cdot R$$

$$F_2 = F_1 \cdot \frac{R}{r}$$

M_{li}	Drehmoment (linksdrehend) in Nm
M_{re}	Drehmoment (rechtsdrehend) in Nm
F_1, F_2	Kräfte in N
R, r	Rollenhalbmesser in m

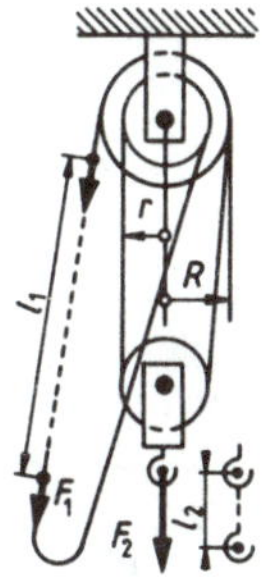

Differentialflaschenzug

$$F_1 = F_2 \cdot \frac{R - r}{2 \cdot R}$$

$$l_2 = l_1 \cdot \frac{R - r}{2 \cdot R}$$

F_1, F_2	Kräfte in N
l_1, l_2	Seilwege in m
R, r	Halbmesser in m

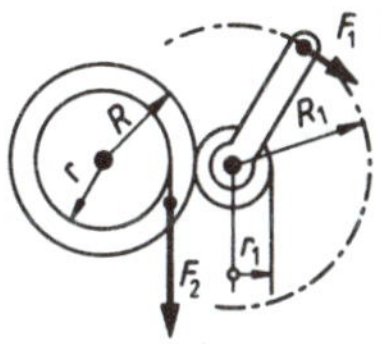

Vorgelege mit Kurbel

$$F_2 = F_1 \cdot \frac{R \cdot R_1}{r \cdot r_1}$$

F_1, F_2	Kräfte in N
R, R_1, r, r_1	Halbmesser in m

Zahnradtrieb
(einfache Übersetzung)

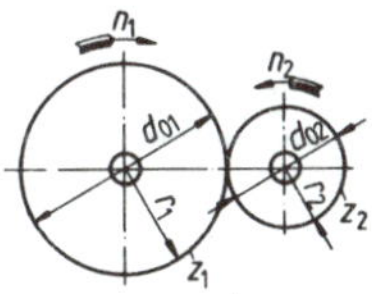

$$i = \frac{d_{02}}{d_{01}} = \frac{\omega_1}{\omega_2} = \frac{n_1}{n_2} = \frac{z_2}{z_1}$$

i	Übersetzungsverhältnis
d_{01}, d_{02}	Teilkreisdurchmesser in mm
ω_1, ω_2	Winkelgeschwindigkeiten in 1/s
n_1, n_2	Drehzahlen (Drehfrequenzen) in 1/s
z_1, z_2	Zähnezahlen

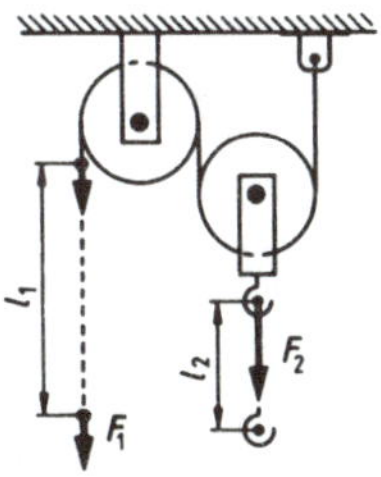

Lose Rolle

$$F_1 \cdot l_1 = F_2 \cdot l_2$$

$$F_2 = 2 \cdot F_1$$

$$l_1 = 2 \cdot l_2$$

F_1, F_2	Kräfte in N
l_1, l_2	Seilwege in m

Riementrieb
(doppelte Übersetzung)

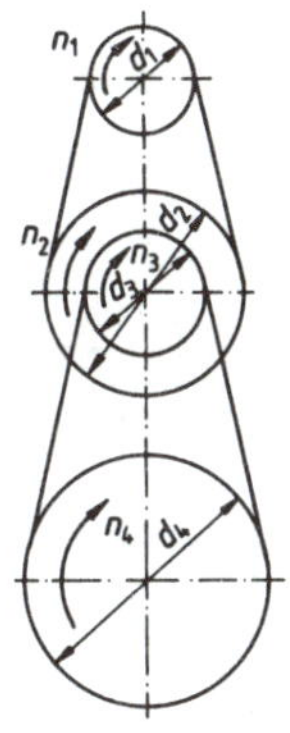

$$n_2 = n_3$$

$$i_1 = \frac{n_1}{n_2} = \frac{d_2}{d_1}$$

$$i_2 = \frac{n_3}{n_4} = \frac{d_4}{d_3}$$

$$i_{ges} = \frac{n_1}{n_4}$$

$$i_{ges} = i_1 \cdot i_2$$

$$i_{ges} = \frac{d_2 \cdot d_4}{d_1 \cdot d_3}$$

n_1, n_2 n_3, n_4	Drehzahlen in 1/s
i_1, i_2	Einzelübersetzungsverhältnisse
i_{ges}	Gesamtübersetzungsverhältnis
d_1, d_2 d_3, d_4	Scheibendurchmesser in m

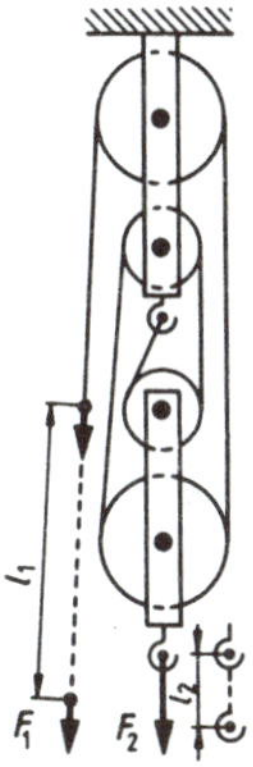

Faktorenflaschenzug

$$F_1 = \frac{F_2}{n}$$

$$l_2 = \frac{l_1}{n}$$

F_1, F_2	Kräfte in N
l_1, l_2	Seilwege in m
n	Rollenzahl

Beispiel: $d_1 = 100$ mm, $d_2 = 300$ mm, $d_3 = 150$ mm, $d_4 = 400$ mm, $i_1 = ?$, $i_2 = ?$, $i_{ges} = ?$

Lösung:

$$i_1 = \frac{d_2}{d_1} = \frac{300\text{ mm}}{100\text{ mm}} = 3$$

$$i_2 = \frac{d_4}{d_3} = \frac{400\text{ mm}}{150\text{ mm}} = 2{,}67$$

$$i_{ges} = i_1 \cdot i_2 = 3 \cdot 2{,}67 = 8$$

$$i_{ges} = \frac{d_2 \cdot d_4}{d_1 \cdot d_3} = \frac{300\text{ mm} \cdot 400\text{ mm}}{100\text{ mm} \cdot 150\text{ mm}} = 8$$

2.3 Festigkeitslehre

2.3.1 Grundbegriffe

Feste Körper verformen sich unter der Einwirkung äußerer Kräfte. Die vom Werkstoff abhängigen Kohäsionskräfte wirken den äußeren Kräften und damit der Verformung entgegen. Übersteigen die aufgegebenen Kräfte die Kohäsionskräfte, so wird der Werkstoff zerstört.

Als Maß für die Beanspruchung des Werkstoffs bzw. eines Bauteils dient die Spannung σ. Sie ist definiert als Quotient aus der wirksamen Kraft F und beanspruchter (Anfangs-) Querschnittsfläche S_0.

$$\sigma = \frac{F}{S_0} \text{ in N/mm}^2$$

Wesentliche Werkstoffkennwerte werden aus dem Zugversuch gewonnen:

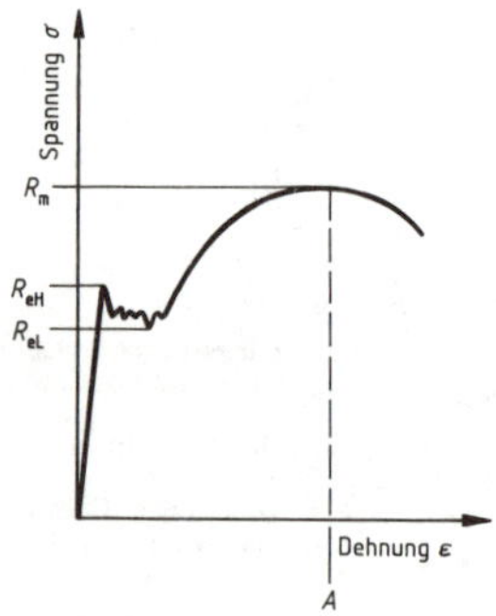

Spannung-Dehnung-Diagramm mit unstetigem Übergang vom elastischen in den plastischen Bereich, z.B. Baustahl St 37

Im elastischen Bereich gilt das Hooksche Gesetz

$$\sigma = E \cdot \varepsilon$$

(E Elastizitätsmodul in N/mm², Werte s. S. 2-23)

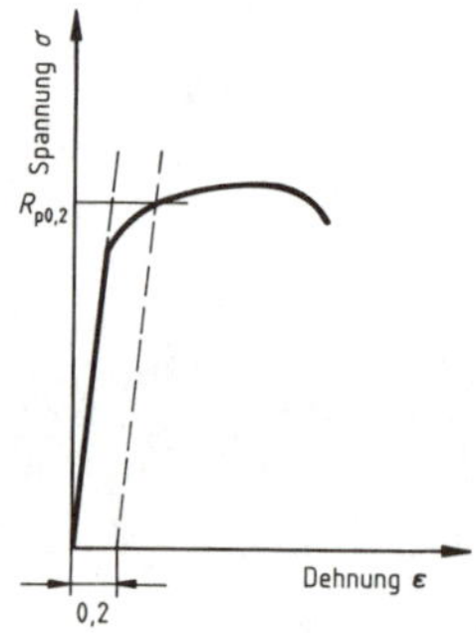

Spannung-Dehnung-Diagramm mit stetigem Übergang vom elastischen in den plastischen Bereich, legierter Vergütungsstahl 32 CrMo 4

Festigkeitsbegriffe

Begriffe	Beanspruchung auf				
	Zug 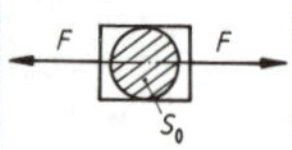	Druck 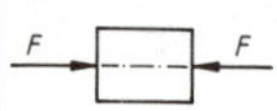	Scherung 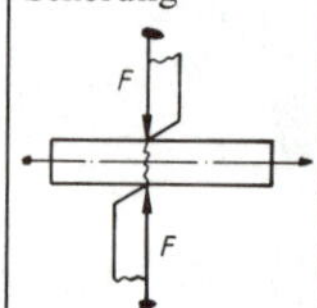	Biegung 	Verdrehung 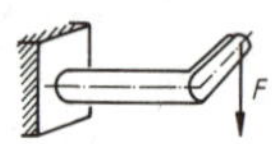
Spannung (Wirkrichtung)	Zugspannung (normal) σ_z	Druckspannung (normal) σ_d	Scherspannung (tangential) τ_a	Biegespannung (normal) σ_b	Torsionsspannung (tangential) τ_t
statische Bruchfestigkeit	Zugfestigkeit R_m	Druckfestigkeit σ_{dB}	Scherfestigkeit τ_{aB}	Biegefestigkeit σ_{bB}	Torsionsfestigkeit τ_{tB}
Fließgrenze	obere, untere Streckgrenze R_{eH}, R_{eL}	Quetschgrenze σ_{dF}	–	Biegegrenze σ_{bF}	Verdrehgrenze τ_{tF}
0,2 – Grenze	$R_{p\,0,2}$	$\sigma_{d\,0,2}$			
Dehnung, Stauchung	Dehnung ε Bruchdehnung A	Stauchung ε_d Bruchstauchung ε_{dB}	–	Durchbiegung f	Verdrehwinkel ϱ

2.3 Festigkeitslehre

2.3.2 Belastungsart und Werkstoffestigkeit

Belastungsarten		
I: statisch	II: schwellend	III: wechselnd

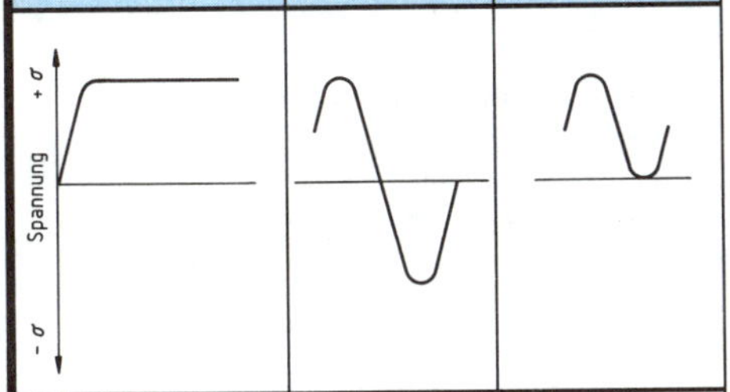

Werkstoffestigkeit bei Schwingbelastung (III)

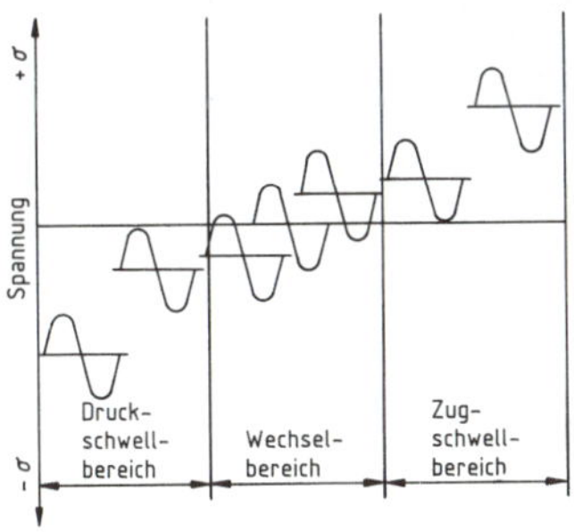

Die Dauerfestigkeit σ_D wird geringer, je weiter sich die Mittelspannung σ_M von Null entfernt. Je weiter die Mittelspannung unterhalb der Fließgrenzen R_e bzw. σ_{dF} bleibt, desto größer ist die zulässige Schwingungsamplitude. Die Abhängigkeit der Dauerfestigkeit von der Mittelspannung wird in Dauerfestigkeitsdiagrammen dargestellt.

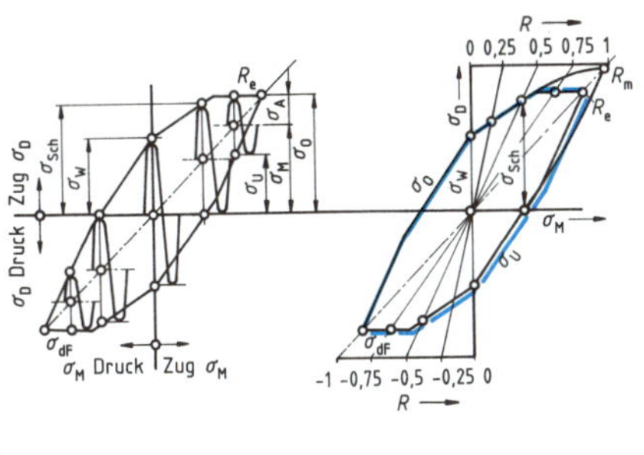

Dauerfestigkeitsschaubild eines zähen Stahls (Entstehung und für praktische Berechnungen)

In der Abbildung bedeuten:

σ_M	Mittelspannung	σ_D	Dauerfestigkeit
σ_A	Ausschlagfestigkeit	σ_O	Oberspannung
σ_U	Unterspannung	σ_W	Wechselfestigkeit
σ_{Sch}	Schwellfestigkeit		

R ist das Spannungsverhältnis der Mittelspannung zur Ober- bzw. Unterspannung:

$$R = \sigma_M/\sigma_O; \qquad R = -\sigma_M/\sigma_U$$

Sicherheit und zulässige Spannung

Die Sicherheit ν wird als Quotient aus Grenzspannung und Nennspannung definiert. Für Werkstoffe mit ausgeprägter Fließgrenze gilt:

$$\nu_F = \frac{\sigma_F}{\sigma} \qquad \sigma_F = R_e \text{ bei Zug}, \quad \sigma_{dF} \text{ bei Druck}$$

Für spröde Werkstoffe wird die Sicherheit über Bruchfestigkeit definiert:

$$\nu_F = \frac{\sigma_B}{\sigma}$$

$\sigma_B = R_m$ bei Zug
σ_{dB} bei Druck

Bei Tangentialbeanspruchung ist für σ jeweils τ einzusetzen.

Zulässige Spannung im Dauerfestigkeitsschaubild ▷

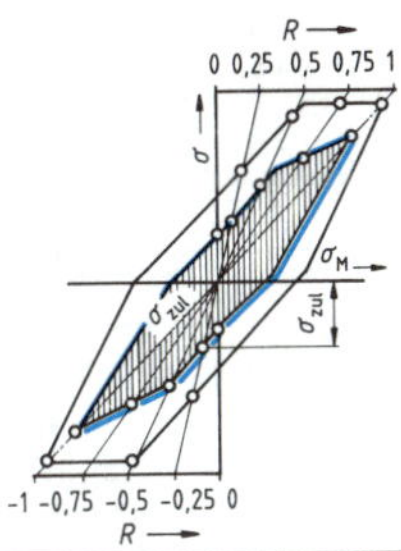

Zulässige Werkstoffbeanspruchung im Maschinenbau
(Mittelwerte in N/mm²)

Werkstoff	Zug I	Zug II	Zug III	Druck I	Druck II	Druck III	Biegung I	Biegung II	Biegung III
St 37	125	80	60	125	80	60	140	85	65
St 50	175	115	80	175	115	80	185	125	85
25 CrMo 4	325	220	150	325	210	140	345	230	155
C 45	125	80	60	140	90	60	140	90	60
GS-45	125	80	60	140	90	60	140	90	60
GG-15	50	30	25	100	70	25	–	–	–
GG-25	70	60	40	190	120	40	–	–	–
G-AlSi 12	40	20	15	50	20	15	45	25	15
AlMg 3	100	70	55	100	70	55	110	75	55
AlCuMg 1	135	60	45	135	60	45	145	60	40

(Beanspruchung auf Zug / Druck / Biegung; Belastungsart I, II, III)

2.3 Festigkeitslehre

2

2.3.3 Zug

Die äußeren Kräfte wirken in der Längsrichtung des Körpers und suchen ihn zu strecken oder zu zerreißen; es treten Zugspannungen auf. Zum Beispiel: Zugstange, Seil, Kette.

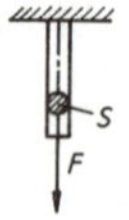

$$\sigma_z = \frac{F}{S}$$

σ_z Zugspannung in N/mm^2
F Kraft in N
S Querschnitt in mm^2

Beispiel:
Die runde Zugstange eines Dachbinders aus Baustahl mit $\sigma_z = 140$ N/mm hat $F = 150$ kN zu übertragen. Welcher Durchmesser d ist erforderlich?

Lösung:

$$S = \frac{F}{\sigma_z} = \frac{150000\ \text{N}}{140\ \text{N/mm}^2} = 1071{,}4\ \text{mm}^2$$

$$d = \sqrt{\frac{4 \cdot S}{\pi}} = \sqrt{\frac{4 \cdot 1071{,}4\ \text{mm}^2}{\pi}} = 36{,}9\ \text{mm}$$

2.3.4 Druck

Druckbeanspruchung nicht ausknickender Körper

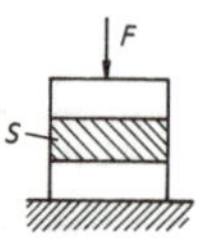

Die äußeren Kräfte wirken in der Längsrichtung des Körpers und suchen ihn zu zerdrücken; es treten Druckspannungen auf (Fundament, Pfeiler, Säule, Pfosten, Tragfüße).

$$\sigma_d = \frac{F}{S}$$

σ_d Druckspannung in N/mm^2
F Kraft in N
S Querschnitt in mm^2

Beispiel 1:
$F = 100$ kN, $\sigma_d = 510$ N/mm^2, $S = ?$ mm^2

Lösung:

$$S = \frac{F}{\sigma_d} = \frac{100000\ \text{N}}{510\ \text{N/mm}^2} = 196\ \text{mm}^2$$

Beispiel 2:
Eine Hohlsäule mit einem Außendurchmesser von $D = 100$ mm und einem Innendurchmesser von $d = 80$ mm trägt $F = 30$ kN. Welche Druckbeanspruchung tritt auf? Wie groß darf die Kraft F werden, wenn die Flächenpressung am Säulenfuß den Wert von $p = 20$ N/mm^2 nicht übersteigen soll.

Lösung:

$$\sigma_d = \frac{F}{S} = \frac{F}{\frac{\pi}{4}(D^2 - d^2)} = \frac{30000\ \text{N}}{\frac{\pi}{4}(100^2 - 80^2)\ \text{mm}^2}$$

$$\sigma_d = 10{,}6\ \text{N/mm}^2$$

$$F_{max} = S \cdot p = \frac{\pi}{4} \cdot (100^2 - 80^2)\ \text{mm}^2 \cdot 20\ \text{N/mm}^2$$

$$F_{max} = 56{,}5\ \text{kN}$$

Druckbeanspruchung ausknickender Körper

Wird ein schlanker Stab auf Druck beansprucht, so weicht er ab einer bestimmten Kraft F_k seitlich aus und biegt sich durch. Ausknickung entsteht dadurch, daß die Stabachse nie vollkommen gerade ist und die Kraft nicht genau im Querschnittsmittelpunkt wirkt.

Knickung im elastischen Bereich (n. Euler)

Um ein Ausknicken zu vermeiden, darf die Knickspannung σ_{kB} nicht überschrittten werden. Sie ist als Stabilitätsgrenze schlanker Druckstäbe zu betrachten.

$$\sigma_{kB} = \frac{\pi^2 \cdot E \cdot I_{min}}{l_k^2 \cdot S}$$

mit dem Schlankheitsgrad $\lambda = \sqrt{\frac{l_k^2 \cdot S}{I_{min}}}$ ist

$$\sigma_{kB} = \pi^2 \cdot E/\lambda^2$$

E Elastizitätsmodul in N/mm^2
I_{min} kleinstes Trägheitsmoment in cm^4
l_k Knicklänge in cm
S Querschnittsfläche in cm^2

Als Knicklänge l_k ist einzusetzen:

Knick-Belastungsfälle nach Euler

I	II	II	IV

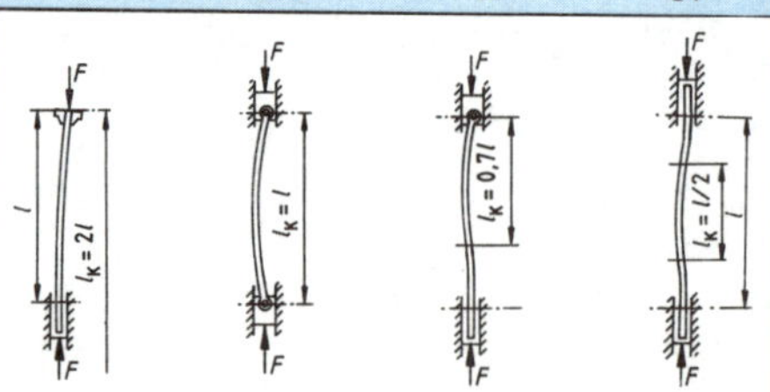

Die Eulersche Knickgleichung darf nur angewendet werden, wenn σ_{kB} die Druck-Proportionalitätsgrenze σ_{dp} nicht überschreitet. Deshalb muß ein Mindestschlankheitsgrad λ_{min} des Bauteils vorhanden sein, damit die Gleichung angewendet werden kann. Mindestschlankheitsgrad $\lambda_{min} = \pi \cdot \sqrt{E/\sigma_{dp}}$

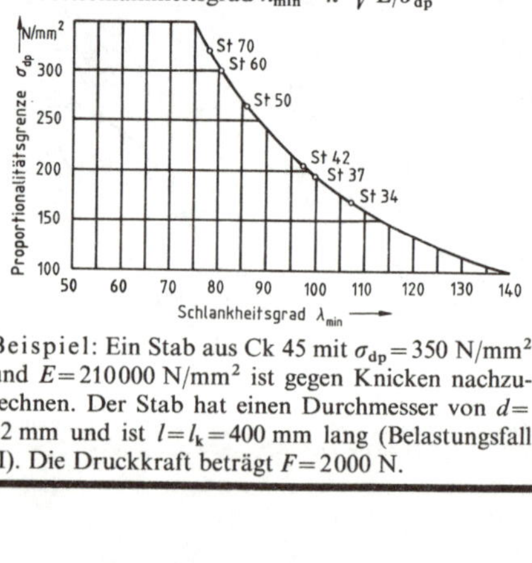

Beispiel: Ein Stab aus Ck 45 mit $\sigma_{dp} = 350$ N/mm^2 und $E = 210000$ N/mm^2 ist gegen Knicken nachzurechnen. Der Stab hat einen Durchmesser von $d = 12$ mm und ist $l = l_k = 400$ mm lang (Belastungsfall II). Die Druckkraft beträgt $F = 2000$ N.

Lösung:

a) Trägheitsmoment I_{min} (s. S. 2-23)

$I_{min}=I=\pi\cdot d^4/64=\pi\cdot 1{,}2^4\ \text{cm}^4/64=0{,}103\ \text{cm}^4$

b) Schlankheitsgrad λ

$$\lambda=\sqrt{\frac{l_k^2\cdot S}{I_{min}}}=\sqrt{\frac{40^2\ \text{cm}^2\cdot 1{,}13\ \text{cm}^2}{0{,}103\ \text{cm}^4}}\approx 132$$

c) Knickbereich

$$\lambda_{min}=\pi\cdot\sqrt{E/\sigma_{dp}}=\pi\cdot\sqrt{\frac{210000\ \text{N}\cdot\text{mm}^2}{350\ \text{N}\cdot\text{mm}^2}}$$

$\lambda_{min}=77<132$, so daß die Eulersche Gleichung anwendbar ist.

d) Knickspannung σ_{kB}

$$\sigma_{kB}=\frac{\pi^2\cdot E}{\lambda^2}=\frac{\pi^2\cdot 210000\ \text{N}}{132^2\ \text{mm}^2}=118\ \text{N/mm}^2$$

e) auftretende Druckspannung

$\sigma_d=F/S=2000\ \text{N}/113\ \text{mm}^2=17{,}7\ \text{N/mm}^2$

f) Sicherheit v gegen Ausknicken

$$v=\frac{\sigma_{kB}}{\sigma_d}=\frac{118\ \text{N}\cdot\text{mm}^2}{17{,}7\ \text{N}\cdot\text{mm}^2}=6{,}7$$

Das Omega-Verfahren

Für den Stahlhochbau, Kran- und Brückenbau werden verschiedene Berechnungsmethoden zu einer einheitlichen, verbindlichen zusammengefaßt und entsprechende Sicherheiten gegen Knicken festgelegt. Wenn bei einer reinen Druckbeanspruchung ($\lambda<20$) eine bestimmte zulässige Spannung vorgeschrieben ist, so muß sie bei schlankeren Stäben ($\lambda\geq 20$) entsprechend kleiner sein.

In einteiligen (nicht zusammengesetzten) Stäben gilt:

$$\sigma_{d\,zul}=\frac{\sigma_{zul}}{\omega}$$

Zulässige Spannungen (σ_{zul}) für Bauteile des Stahlhochbaus, des Kran- und Brückenbaus sind DIN 1073 (7.74) zu entnehmen.

Knickzahlen ω für die allgemeinen Baustähle im Stahlhochbau sind in DIN 4114 (7.52) genormt:

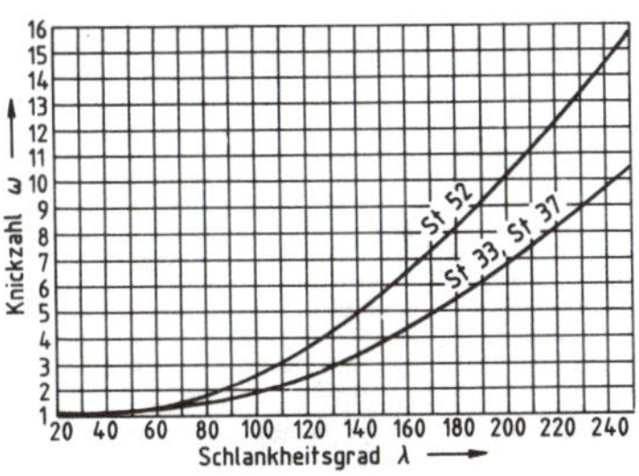

2.3.5 Scherung (Schub)

Die äußeren Kräfte haben das Bestreben, zwei benachbarte Querschnitte eines Körpers gegeneinander zu verschieben. Es treten Schub- oder Scherspannungen auf.

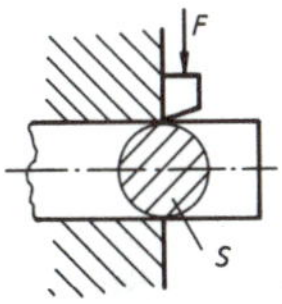

$$\tau_a=\frac{F}{S}$$

τ_a Schub- oder Scherspannung in N/mm²
F Kraft in N
Querschnitt in mm²

Beispiel:
$F=6000$ N, $S=500\ \text{mm}^2$, $\tau_a=?\ \text{N/mm}^2$

Lösung:

$$\tau_a=\frac{F}{S}=\frac{6000\ \text{N}}{500\ \text{mm}^2}=12\ \text{N/mm}^2$$

Niet- und Schraubenverbindungen

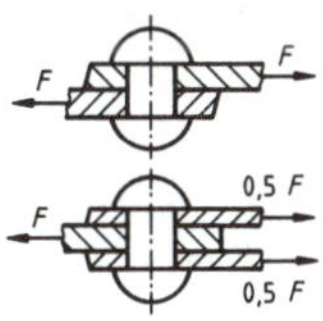

Es gibt ein-, zwei- und mehrschnittige Verbindungen (s. nebenst. Abb.). Einschnittige Verbindungen eignen sich nur für die Übertragung kleinerer Kräfte. Bei der Berechnung ist außer der Abscherung noch der Lochleibungsdruck zu berücksichtigen. Für die Nietanzahl ist der kleinere Wert maßgebend.

Die Tragfähigkeit F_a auf Abscheren und F_l auf Lochleibungsdruck beträgt:

$$F_{a\,1}=\frac{\pi\cdot d^2\cdot\tau_{a\,zul}}{4}\ \text{(einschnittig)},$$

$F_{a\,2}=2\cdot F_{a\,1}$ (zweischnittig)

$F_l=d\cdot\sigma_{1\,zul}$

$F_{a\,1}$, $F_{a\,2}$, F_l Kräfte in N

d Nietdurchmesser in mm
$\tau_{a\,zul}$ zulässige Scherspannung in N/mm²
b Blechdicke in mm
$\sigma_{1\,zul}$ zulässige Normalspannung in N/mm²

Im allgemeinen sind einschnittige Verbindungen auf Abscheren und zweischnittige auf Lochleibungsdruck zu berechnen. Bei Kraftniete mind. 2 Stück vorsehen.

Beispiel: Ein Stück Flachstahl ist durch 4 Niete an ein Blech angeschlossen. Zu übertragende Zugkraft $F=4200$ N. $\tau_a=140\ \text{N/mm}^2$.

Gesucht: Nietdurchmesser d

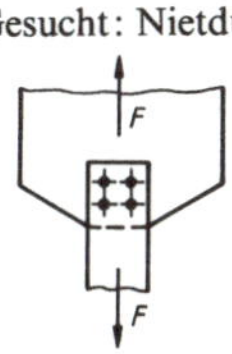

Lösung: $S=\frac{F}{\tau_a}=\frac{4200\ \text{N}}{140\ \text{N/mm}^2}=$ 30 mm² für 4 Niete, demnach für 1 Niet $=30\ \text{mm}^2:4=7{,}5\ \text{mm}^2$. Der erforderliche Nietdurchmesser d ist 10 mm, Nietlochdurchmesser $=11$ mm.

2.3.6 Biegung

Ein mit einer Kraft F belasteter Träger biegt sich. Der Biegewiderstand des Trägerquerschnitts ist um so höher, je größer der Randabstand e von der Biegelinie ist.

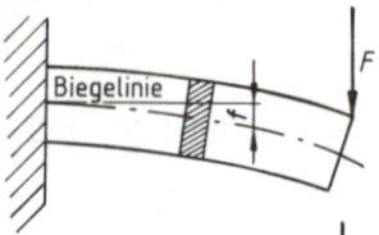

belasteter Träger

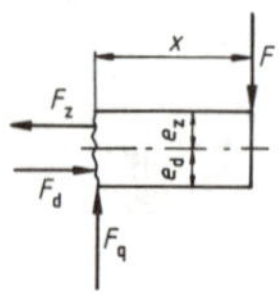

im Abstand x freigeschnittener Träger

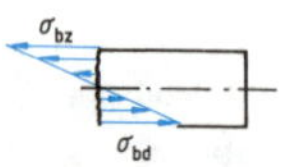

Verteilung der Normalspannungen im Trägerquerschnitt

Die Normalspannungen σ_z und σ_d betragen:

Biegezugspannung $\sigma_{bz} = \frac{M_b}{I} \cdot e_z$

Biegedruckspannung $\sigma_{bd} = \frac{M_b}{I} \cdot e_d$

M_b Biegemoment in Nmm; e_z, e_d Randabstand in mm; I axiales Trägheitsmoment in mm^4.

Dabei wird vorausgesetzt, daß

- die Biegung im elastischen Bereich stattfindet,
- die Elastizitätsmoduln für Zug- und Druckbeanspruchung gleich groß sind,
- die Biegelinie in der Symmetrielinie des Querschnitts liegt und
- Querschnittsveränderungen vernachlässigbar sind.

Das am Ort x wirkende Biegemoment beträgt:

$M_b = F \cdot x$

(Vergl. dazu Momenten- und Auflagerberechnung S. 2-7).

Das Verhältnis I/e wird als axiales Widerstandsmoment W_b bezeichnet.

Mit $W_b = \frac{I}{e}$ ist $\sigma_b = \frac{M_b}{W_b}$.

Berechnung der Auflagerkräfte

Beispiel: Ein auf zwei Stützen ruhender Träger wird durch eine Kraft F ungleichmäßig belastet.

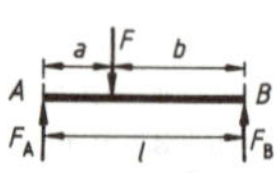

$F = 30$ kN; $a = 2{,}00$ m;
$l = 5{,}00$ m; $b = 3{,}00$ m.

Lösung:

$F_A = \frac{F \cdot b}{l}$ oder $F_B = \frac{F \cdot a}{l}$

$$F_A = \frac{F \cdot b}{l} = \frac{30\text{ kN} \cdot 300\text{ cm}}{500\text{ cm}} = 18\text{ kN}$$

$$F_B = \frac{F \cdot a}{l} = \frac{30\text{ kN} \cdot 2\text{ m}}{5\text{ m}} = 12\text{ kN}$$

Berechnung des größten Biegemoments M_{max}

Das größte Moment befindet sich im Angriffspunkt der Last F.

$M_{max} = F_A \cdot a$. Für F_A wird $\frac{F \cdot b}{l}$ eingesetzt.

$$M_{max} = \frac{F \cdot b \cdot a}{l} = \frac{30\text{ kN} \cdot 3\text{ m} \cdot 2\text{ m}}{5\text{ m}} = 36\text{ kNm}$$

Berechnung des notwendigen Widerstandsmomentes

Gegeben: zulässige Biegebeanspruchung
$\sigma_{b\,zul} = 140\text{ N/mm}^2$ (Baustahl)

Grundformel: $W_b = \frac{M_{max}}{\sigma_{b\,zul}} = \frac{3600\text{ kN cm}}{14\text{ kN/cm}^2}$
$= 257\text{ cm}^3$.

Gewählt wird **I** 220 mit $W_x = 278\text{ cm}^3$.

Bei mehreren Kräften ergeben sich die Auflagerkräfte

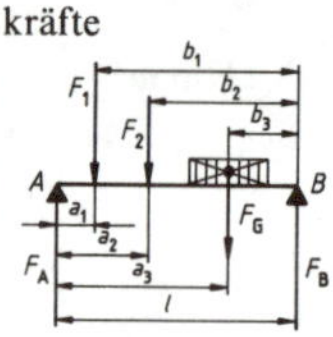

$$F_A = \frac{F_1 \cdot b_1 + F_2 \cdot b_2 + F_G \cdot b_3}{l}$$

$$F_B = \frac{F_1 \cdot a_1 + F_2 \cdot a_2 + F_G \cdot a_3}{l}$$

Zeichnerische Ermittlung von F_A, F_B und der Lage des gefährdeten Querschnitts

Gegeben: $F_1 = 2000$ N; $F_2 = 4650$ N; $F_2 = 2300$ N;
$a_1 = 2$ m; $a_2 = 4{,}50$ m; $a_3 = 8{,}70$ m;
$l = 12$ m.

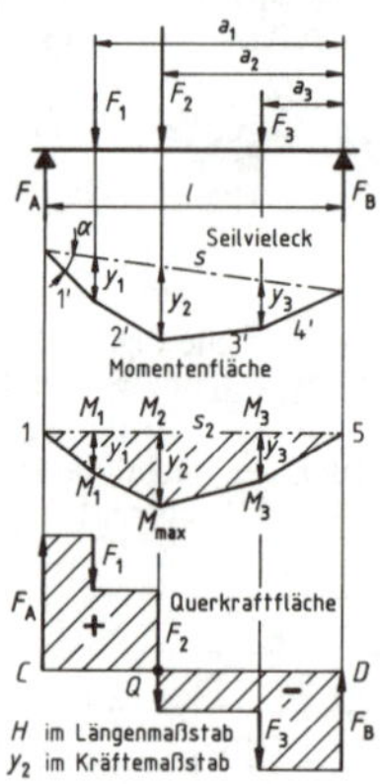

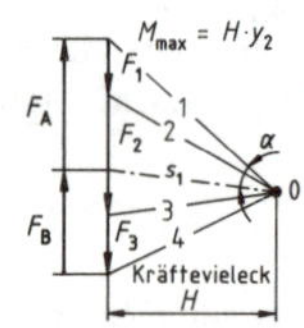

Lösung: Man zeichnet den Träger im Maßstab 1:500, die Kräfte im Kräftemaßstab 1 mm ≙ 500 N. Vom beliebigen Polpunkt 0 zieht man 1, 2, 3, 4 im beliebigen Polabstand H (Kräftevieleck). Durch Parallelverschiebung von 1, 2, 3, 4 in Lage 1′, 2′, 3′, 4′ mit Schlußlinie s erhält man das Seilvieleck. Überträgt man Richtung $s \| s_1$ in das Kräftevieleck, so teilt s_1 die Kraft $F_1 + F_2 + F_3$ in Auflagerkräfte F_A und F_B (je 1 mm ≙ 500 N). Legt man s_3 als Schlußlinie waagerecht, so erhält man die **Momentenfläche**. Die **Querkraftfläche** zeigt die Verteilung aller senkrecht zur Längsachse des Trägers wirkenden Kräfte (Querkräfte). Der gefährdete Querschnitt liegt dort, wo die Querkraft gleich Null ist, bzw. ihr Vorzeichen ändert (Punkt Q).

Rechnerisch: $M_{max} = H \cdot y_2$ (H im Längenmaßstab, y_2 im Kräftemaßstab).

2.3 Festigkeitslehre

Belastungsfälle (Biegung) [1]

Belastungsfall	Auflagerkräfte F_A und F_B Widerstandsmomente W_b Durchbiegung f
1. 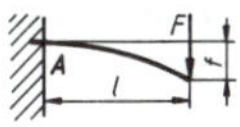	$F_A = F$ | $W_b = \frac{F \cdot l}{\sigma_{b\,zul}}$ $f = \frac{F \cdot l^3}{3E \cdot I}$
2. 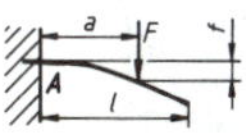	$F_A = F$ | $W_b = \frac{F \cdot a}{\sigma_{b\,zul}}$ $f = \frac{F \cdot a^3}{3E \cdot I}$
3. 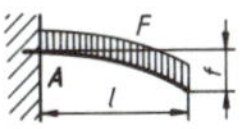	$F_A = F$ | $W_b = \frac{F \cdot l}{2\sigma_{b\,zul}}$ $f = \frac{F \cdot l^3}{8E \cdot I}$
4. 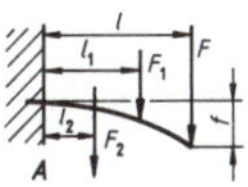	$F_A = F + F_1 + F_2$ $W_b = \frac{F \cdot l + F_1 \cdot l_1 + F_2 \cdot l_2}{\sigma_{b\,zul}}$ $f = \frac{F \cdot l^3 + F_1 \cdot l_1^2 \cdot l + F_2 \cdot l_2^2 \cdot l}{3E \cdot I}$
5. 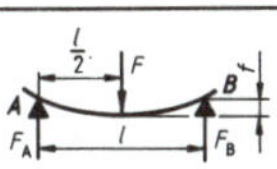	$F_A = F_B = \frac{F}{2}$ | $W_b = \frac{F \cdot l}{4\sigma_{b\,zul}}$ $f = \frac{F \cdot l^3}{48E \cdot I}$
6. 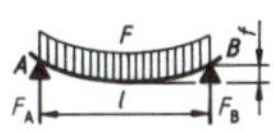	$F_A = F_B = \frac{F}{2}$ | $W_b = \frac{F \cdot l}{8\sigma_{b\,zul}}$ $f = \frac{5F \cdot l^3}{384E \cdot I}$
7. 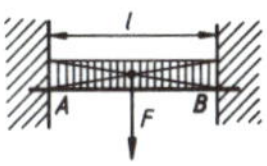	Eingespannter Träger $F_A = F_B = \frac{F}{2}$ | $W_b = \frac{F \cdot l}{12\sigma_{b\,zul}}$ $f = \frac{F \cdot l^3}{384E \cdot I}$
8. 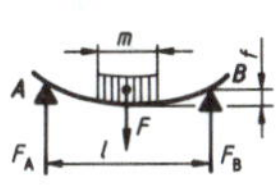	$F_A = F_B = \frac{F}{2}$ $W_b = \frac{F \cdot (2l - m)}{8 \cdot \sigma_{b\,zul}}$ $f = \frac{F \cdot l^3}{\left(48 + \frac{29\,m}{l}\right) \cdot E \cdot I}$
9. 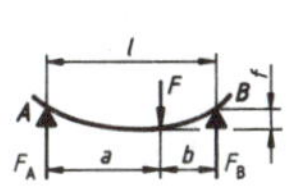	$F_A = \frac{F \cdot b}{l}$; $F_B = \frac{F \cdot a}{l}$ $W_b = \frac{F \cdot a \cdot b}{l \cdot \sigma_{b\,zul}}$ $f = \frac{F \cdot a^2 \cdot b^2}{3E \cdot I \cdot l}$

Belastungsfall	Auflagerkräfte F_A und F_B Widerstandsmomente W_b Durchbiegung f
10. 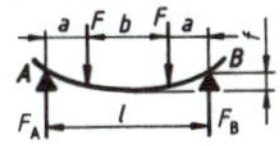	$F = \frac{W \cdot \sigma_{b\,zul}}{a}$ | $W_b = \frac{F \cdot s}{\sigma_{b\,zul}}$ $f = \frac{F \cdot a(8a^2 + 12ab + 3b^2)}{24E \cdot I}$
11. 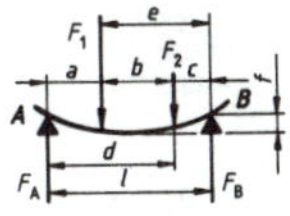 Das größte W ist zu berücksichtigen	$F_A = \frac{F_1 \cdot e + F_2 \cdot c}{l}$ | $W_{b1} = \frac{A \cdot a}{\sigma_{b\,zul}}$ $F_B = \frac{F_1 \cdot a + F_2 \cdot d}{l}$ | $W_{b2} = \frac{B \cdot c}{\sigma_{b\,zul}}$ $f = \frac{(F_1 \cdot a + F_2 \cdot c) \cdot (x)}{48 \cdot E \cdot I}$ $(x) = (8ac + 6ab + 6bc + 3b^2)$
12. 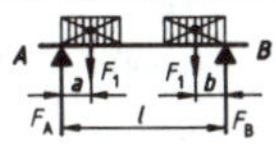	$F_A = F_B = F_1$ $W_b = \frac{F_1 \cdot a}{\sigma_{b\,zul}}$
13. 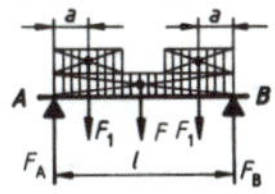	$F_A = F_B = \frac{F}{2} + F_1$ $W_b = \frac{F \cdot l + 8F_1 \cdot a}{8 \cdot \sigma_{b\,zul}}$
14. 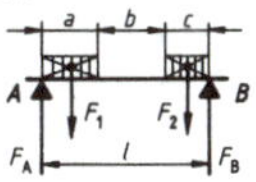	$F_A = \frac{F_1 \cdot (0{,}5a + b + c) + F_2 \cdot 0{,}5c}{l}$ $F_B = \frac{F_1 \cdot 0{,}5a + F_2 \cdot (a + b + 0{,}5c)}{l}$ $W_{b\,1} = \frac{A^2 \cdot a}{2 \cdot F_1 \cdot \sigma_{b\,zul}}$ | $W_{b\,2} = \frac{B^2 \cdot c}{2 \cdot F_2 \cdot \sigma_{b\,zul}}$
15. 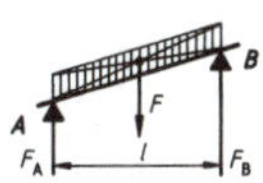	Treppen-Wangenträger $F_A = F_B = \frac{F}{2}$ bis 30° Steigung $W_b = \frac{F \cdot l}{8 \cdot \sigma_{b\,zul}}$ (angenähert)
Krangleisträger a unveränderlich; x veränderlich zwischen 0 u. $\frac{1}{2}\,l$ 16. 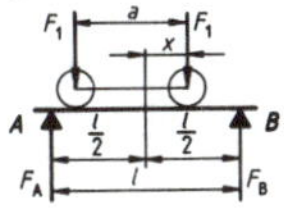	Auflagerkräfte für $x = \frac{a}{4}$ $F_A = F_1 \cdot \frac{2l + a}{2l}$ $F_B = F_1 \cdot \frac{2l - a}{2l}$ $M_{max} = \frac{F_1}{8l} \cdot (2l - a)^2$

f	Durchbiegung in cm
l	Stützweite in cm (bei $l > 7$ m ist f nachzurechnen: gefordert $f < l/500$)
W_b	Widerstandsmoment in cm³ (s. S. 2-23)
$\sigma_{b\,zul}$	zulässige Spannung in N/mm²
M_b	Biegemoment in N cm
F, F_1, F_2	Einzellasten und gleichmäßig verteilte Lasten (Streckenlasten) in N
F_A, F_B	Auflagerkräfte in N
I	Trägheitsmoment in cm⁴ (s. S. 2-23)
E	Elastizitätsmodul in N/mm² (s. S. 2-23)

Beispiel: Ein I-Träger ($\sigma_{b\,zul} = 80$ N/mm²) ist mit $F = 10$ kN belastet als Freiträger mit 3 m Ausladung (Abb. 1).
Gesucht: Profilgröße des I-Stahls und Durchbiegung f.

Lösung: $W_b = \frac{F \cdot l}{\sigma_{b\,zul}} = \frac{10\text{ kN} \cdot 300\text{ cm}}{8\text{ kN/cm}^2} = 375\text{ cm}^3$.

Es wird gewählt I **260** mit $W_x = 442$ cm³.

$$f = \frac{F \cdot l^3}{3 \cdot E \cdot I} = \frac{10\text{ kN} \cdot 300^3\text{ cm}^3}{3 \cdot 21\,000\text{ kN/cm}^2 \cdot 5740\text{ cm}^4}$$

$f = 0{,}747$ cm $\approx 7{,}5$ mm

Trägheitsmoment I und Elastizitätsmodul E siehe Seite 2-23.

[1]) Bei Stahlträgern $l > 7$ m wird der Nachweis der Durchbiegung $f < 0{,}002\,l$ gefordert.

2

2.3.7 Verdrehfestigkeit

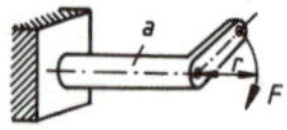

Versucht man einen Stab a um seine Längsachse zu verdrehen, so entsteht in ihm eine Drehbeanspruchung.

Beispiele: Kurbelwelle, Vorgelegewelle, Spindeln usw.

$T = F \cdot r$

$\tau_t = \frac{T}{W_p}$

T Torsionsmoment in N cm
F Kraft in N
r Hebelarmlänge in cm
τ_t Schubspannung (Verdrehspannung) in N/cm^2
W_p polares Widerstandsmoment in cm^3

Beispiel: Welle mit $n = 200$ 1/min, $P = 15$ kW, $\tau_{t\,zul} = 1\,200$ N/cm^2, Wellendurchmesser $d = ?$ cm

Lösung: $T = \frac{P}{\omega} = \frac{P}{2\pi \cdot n} = \frac{15000\ \text{W} \cdot 60\ \text{s}}{2\pi \cdot 200} = 716$ Nm

Nach der Tabelle (s. S.2-23) ist für einen runden Querschnitt

$W_p = \frac{\pi \cdot d^3}{16}$; $T = \tau_t \cdot W_p$

$$d = \sqrt[3]{\frac{16 \cdot T}{\pi \cdot \tau_{zul}}} = \sqrt[3]{\frac{16 \cdot 71\,600\ \text{N cm}}{\pi \cdot 1\,200\ \text{N/cm}^2}} = 6{,}68\ \text{cm}$$

2.3.8 Zusammengesetzte Festigkeit

Durch Addition können nur Normalbeanspruchungen (Zug, Druck, Biegung) oder nur Schubbeanspruchungen (Abscherung, Verdrehung) zusammengesetzt werden. Die zusammengesetzte Spannung σ_i bzw. τ_i ist bei Zug und Biegung $\sigma_i = \sigma_z + \sigma_b$, bei Abscherung und Verdrehung $\tau_i = \tau_a + \tau_t$.

Zur genaueren Ermittlung eines auf Drehung und Biegung beanspruchten Stabquerschnittes dient folgende Formel: Das gesamte Moment M_i ist

$$M_i = 0{,}35\ M_b + 0{,}65 \sqrt{M_b^2 + \left[\frac{\sigma_b}{1{,}3\ \tau_t} \cdot T\right]^2}$$

Ist M_i berechnet, so erhält man das erforderliche Widerstandsmoment $W_b = M_i/\sigma_b$. Aus W_b ist der Querschnitt zu ermitteln. (Werte s. S. 2-23)

2.3.9 Gestaltfestigkeit (Kerbwirkung)

Im glatten Stab aus elastischem Idealwerkstoff verteilen sich Zugspannungen über den gesamten Querschnitt S. Durch Kerben oder Unebenheiten konzentrieren sich Spannungen in der Randzone des Kerbquerschnitts. Die größte Randspannung heißt Kerbspannung σ_k.

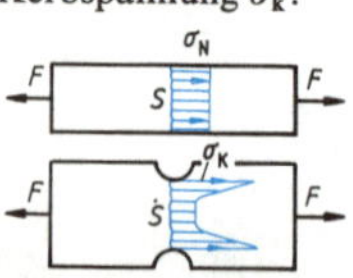

Spannungsverteilung im glatten Stab und im gekerbten Stab (σ_N Nennspannung)

Ruhende Belastung

In ruhender Belastung bricht ein gekerbter Stab erst, wenn die Nennspannung im Kerbquerschnitt die Zugfestigkeit des Werkstoffs überschritten hat. Dann erfolgt ein fast fließloser Trennbruch. Ein vorheriges Fließen des Werkstoffes in der Kerbe wird durch die Stützwirkung des Nachbarquerschnitts verhindert.

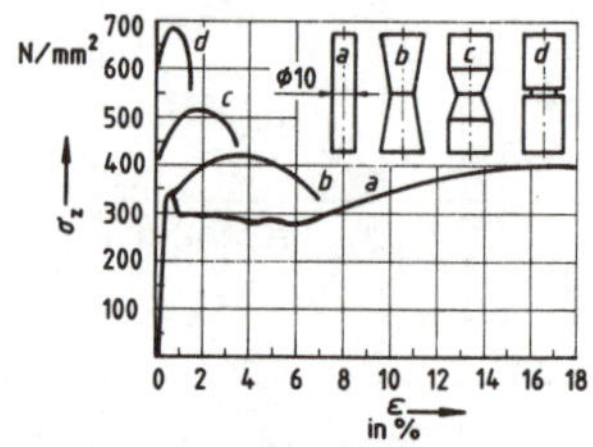

Schwingbelastung

$$\sigma_{zul} = \frac{\sigma_D \cdot b}{\beta_k \cdot \nu}$$

σ_{zul} zulässige Spannung in N/mm^2
σ_D Dauerfestigkeit des ungekerbten Stabes in N/mm^2
b Oberflächenbeiwert; ν Sicherheitszahl
β_k Kerbwirkungszahl für Schwingbelastung

Kerbwirkungszahl β_k für Stahl

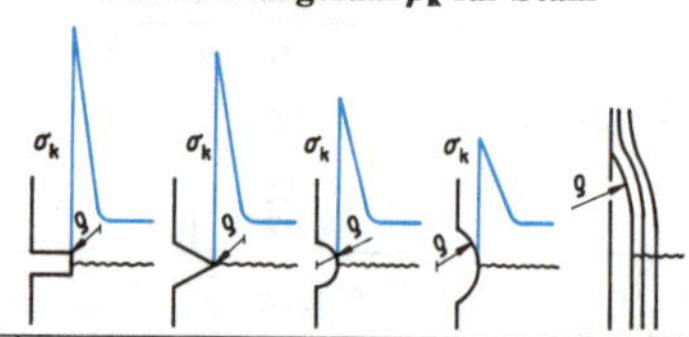

β_k	≈0,65	≈0,75	≈0,85	≈0,95	≈1,0

Aus Sicherheitsgründen wird für praktische Berechnungen meistens $\beta_k = 1$ gesetzt.

Oberflächenzahl b für Metallwerkstoffe

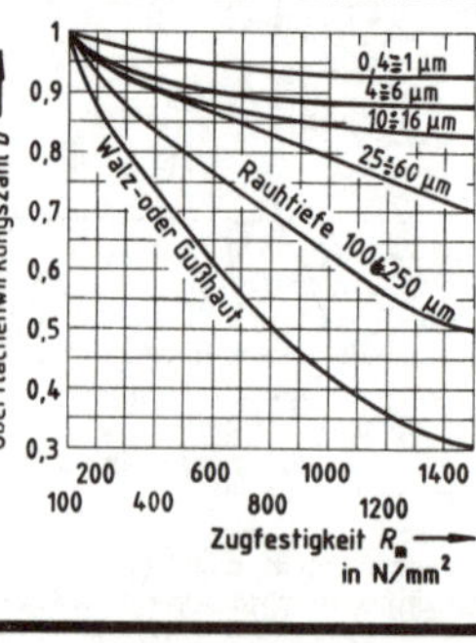

2.3 Festigkeitslehre

2.3.10 Trägheits- und Widerstandsmomente

Trägheits- und Widerstandsmomente ausgewählter Querschnitte

Querschnitt	axiales (Biegelinie $x-x$) Trägheitsmoment I	axiales (Biegelinie $x-x$) Widerstandsmoment W_b	polares Trägheitsmoment I_p	polares Widerstandsmoment W_p
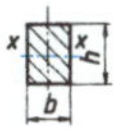	$\frac{b \cdot h^3}{12}$	$\frac{b \cdot h^2}{6}$	–	–
	$\frac{h^4}{12}$	$\frac{b^3}{6}$	$0{,}141 \cdot h^4$	$0{,}208 \cdot h^3$
	$\frac{h^4}{12}$	$0{,}118 \cdot h^3$	$0{,}141 \cdot h^4$	$0{,}208 \cdot h^3$
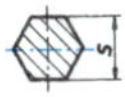	$0{,}059 \cdot s^4$	$0{,}119 \cdot s^3$	$0{,}115 \cdot s^4$	$0{,}188 \cdot s^3$
	$0{,}119 \cdot s^4$	$0{,}238 \cdot s^3$	$0{,}115 \cdot s^4$	$0{,}188 \cdot s^3$
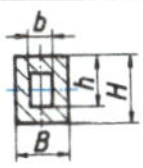	$\frac{B \cdot H^3 - b \cdot h^3}{12}$	$\frac{B \cdot H^3 - b \cdot h^3}{6 \cdot H}$	$\frac{(B-b)(Bb+Hh)(B+b)(H+h)}{2(B+H+b+h)}$	$\frac{(B-b)(B+b)(H+h)}{4}$
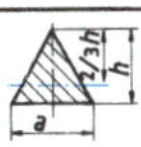	$\frac{a \cdot h^3}{36}$	$\frac{a \cdot h^2}{24}$	$\frac{a^4}{46{,}19} = \frac{h^4}{15 \cdot \sqrt{3}}$	$\frac{a^3}{20} = \frac{h^3}{7{,}5 \cdot \sqrt{3}}$
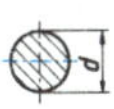	$\frac{\pi \cdot d^4}{64}$	$\frac{\pi \cdot d^3}{32}$	$\frac{\pi \cdot d^4}{32}$	$\frac{\pi \cdot d^3}{16}$
	$\frac{(D^4 - d^4) \cdot \pi}{64}$	$\frac{(D^4 - d^4) \cdot \pi}{32 \cdot D}$	$\frac{(D^4 - d^4) \cdot \pi}{32}$	$\frac{(D^4 - d^4) \cdot \pi}{16 \cdot D}$
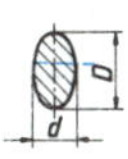	$\frac{\pi \cdot D^3 \cdot d}{64}$	$\frac{\pi \cdot D^2 \cdot d}{32}$	$\frac{\pi \cdot D^3 \cdot d^3}{16 \cdot (D^2 + d^2)}$ $D/d \geq 1$	$\frac{\pi \cdot D \cdot d^2}{16}$ $D/d \geq 1$

2.3.11 Elastizitäts- und Gleitmoduln metallischer Werkstoffe

Werkstoff	Elastizitätsmodul E in N/mm²	Gleitmodul G in N/mm²	Werkstoff	Elastizitätsmodul E in N/mm²	Gleitmodul G in N/mm²
Aluminium	72000	28000	Stahl, -guß	210000	82000
AlCuMg 1	74000	28500	GG 15	100000	40000
Kupfer	125000	46000	GG 30	120000	49000
CuNi 18	142000	55000	Wolfram	360000	130000
Nickel	200000	80000	Zink	100000	40000

2.4 Wärmetechnische Grundlagen

2.4.1 Temperatur

Den Wärmezustand eines Stoffes kennzeichnet die Temperatur (T, t, ϑ). Einheiten der Temperatur sind Kelvin (K) und Grad Celsius (°C), in Ländern mit englischem Maßsystem auch Grad Fahrenheit (°F).

Umrechnungen:

$T = 273 + t_C$

$t_C = \frac{5}{9} \cdot (t_F - 32)$

$t_F = \frac{9}{5} \cdot t_C + 32$

T Temperatur in K
t_C Temperatur in °C
t_F Temperatur in °F

1. Beispiel:

$t_C = 20\,°C \quad T = ?\,K$

$T = 273 + t_C$
$T = 273 + 20\,°C$
$T = 293\,K$

2. Beispiel: $t_F = 77\,°F \quad t_C = ?\,°C$

$t_C = \frac{5}{9} \cdot (t_F - 32)$

$t_C = \frac{5}{9} \cdot (77\,°F - 32)$

$t_C = \frac{5}{9} \cdot 45\,°C$

$t_C = 25\,°C$

Temperaturmessung

Meßgerät bzw. -verfahren	Anwendungsbereich °C	Grundprinzip
Pentanthermometer Alkoholthermometer Quecksilberthermometer	− 190···+ 20 − 110···+ 50 − 30···750	Wärme dehnt Flüssigkeit, deren Stand in einem engen Rohr zeigt Temperatur
Bimetallthermometer Stabausdehnungsthermometer	− 30···400 bis ≈ 1000	Unterschiedliche Längenausdehnung bei Erwärmung verschied. Metalle
Elektrische Widerstandsthermometer	bis 750	ΔT bewirkt ΔR und damit ΔI
Thermoelemente	− 200···1600	Kontaktspanng.
Strahlungspyrometer	− 40···1300	Wärmestrahlung wirkt auf Fotoelemente
Temperaturmeßfarben	− 40···1350	Farbumschlag zeigt Temp. an
Temperaturkennkörper Segerkegel	+ 100···1600 bis 2000	Metall- bzw. Keramikkörper schmelzen bei best. Temp.

Thermoelement-Spannungen in µV bei 0 °C Bezugstemperatur nach DIN IEC 584 T 1 (1.84)

Meßtemperatur °C	Typ R	Typ J	Typ K	Typ T	Typ E
− 100		−4 632	−3 553	−3 378	−5 237
− 50	− 226	−2 431	−1 889	−1 819	−2 787
0	0	0	0	0	0
100	647	5 268	4 095	4 277	6 317
200	1 468	10 777	8 137	9 286	13 419
300	2 400	16 325	12 207	14 860	21 033
400	3 407	21 846	16 395	20 869	28 943
500	4 471	27 388	20 640		36 999
600	5 582	33 096	24 902		45 085
700	6 741	39 130	29 128		53 110
800	7 949	45 498	33 277		61 022
1 000	10 503	57 942	41 269		76 358
1 300	14 624		52 398		
1 600	18 842				

Typ R: Platin-13% Rhodium/Platin; **Typ J:** Eisen/Kupfer-Nickel; **Typ K:** Nickel-Chrom/Nickel; **Typ T:** Kupfer/Kupfer-Nickel; **Typ E:** Nickel-Chrom/Kupfer-Nickel.

2.4.2 Wärmemenge

Ein Maß für die in einem Körper enthaltene Wärme (Energie) ist die **Wärmemenge** Q. Ihre Einheit ist das Joule (J). 4186,8 J ist die Wärmemenge, die 1 Liter Wasser um 1 K erwärmt (genau von 14,5 °C auf 15,5 °C).

Die **spezifische Wärmekapazität** c ist die Wärmemenge, die 1 kg eines Stoffes um 1 K erwärmt. Einheit von c ist J/(kg · K).

Die **spezifische Schmelzwärme** L_f ist die Wärmemenge, die 1 kg eines Stoffes bei Schmelztemperatur vom festen in den flüssigen Zustand überführt; sie wird beim Erstarren des Stoffes wieder frei. Einheit von L_f ist J/kg.

Die **spezifische Verdampfungswärme** L_V ist die Wärmemenge, die 1 kg eines Stoffes bei Verdampfungstemperatur vom flüssigen in den dampfförmigen Zustand überführt; sie wird beim Verflüssigen (Kondensieren) des Stoffes wieder frei. Einheit von L_V ist J/kg.

$Q = m \cdot c \cdot \Delta t$

Beispiel:
$\Delta t = 200\,K$
$m = 50\,kg$
$c = 389{,}3\,J/(kg \cdot K)$
$Q = ?\,J$

Q Wärmemenge in J
m Masse, Stoffmenge in kg
c spezifische Wärmekapazität in J/(kg · K)
Δt Temperaturunterschied in K

$$Q = m \cdot c \cdot \Delta t = 50\,kg \cdot 389{,}3\,\frac{J}{kg \cdot K} \cdot 200\,K$$

$$Q = 3{,}893 \cdot 10^6\,J$$

Mischtemperatur von Flüssigkeiten

$$t = \frac{m_1 \cdot c_1 \cdot t_1 + m_2 \cdot c_2 \cdot t_2}{m_1 \cdot c_1 + m_2 \cdot c_2}$$

Beispiel:
$m_1 = 0{,}5$ kg Alkohol
$t_1 = 10\,°C$
$m_2 = 1$ kg Wasser
$t_2 = 30\,°C$
spezifische Wärmekapazitäten können der Tabelle (S. 2-25) entnommen werden

m_1 Menge Stoff 1 in kg
m_2 Menge Stoff 2 in kg
t_1 Temperatur Stoff 1 vor dem Mischen
t_2 Temperatur Stoff 2 vor dem Mischen
c_1 spezifische Wärmekapazität von Stoff 1
c_2 spezifische Wärmekapazität von Stoff 2
t Temperatur nach dem Mischen

$$t = \frac{0{,}5\,kg \cdot 2{,}428\,\frac{kJ}{kg\,K} \cdot 10\,K + 1\,kg\ 4{,}187\,\frac{kJ}{kg\,K} \cdot 30\,K}{0{,}5\,kg \cdot 2{,}428\,\frac{kJ}{kg\,K} + 1\,kg \cdot 4{,}187\,\frac{kJ}{kg\,K}}$$

$$t = \frac{12{,}14\,kJ + 125{,}6\,kJ}{1{,}214\,\frac{kJ}{K} + 4{,}187\,\frac{kJ}{K}} = \frac{137{,}7\,kJ}{5{,}4\,kJ}\,K$$

$t = 25{,}5\,°C$

Erwärmen eines Stoffes und Überführen vom festen in den dampfförmigen Zustand

$Q = m \cdot c \cdot \Delta t + m \cdot L_f + m \cdot L_V$

Beispiel:
1 kg Eis von 0 °C in Wasserdampf von 100 °C umwandeln (bei 1013 mbar)

Q Wärmemenge in J
m Stoffmasse in kg
c spez. Wärmekapazität
L_f Schmelzwärme
L_V Verdampfungswärme
Δt Temperaturunterschied

$$Q = 1\,kg \cdot 4{,}18\,\frac{kJ}{kg\,K} \cdot 100\,K + 1\,kg \cdot 333{,}7\,\frac{kJ}{kg} + 1\,kg \cdot 2258\,\frac{kJ}{kg}$$

$Q = 418\,kJ + 333{,}7\,kJ + 2258\,kJ$
$Q = 3{,}01 \cdot 10^6\,J$

2.4 Wärmetechnische Grundlagen

Wärmeeigenschaften von Stoffen

(spezifische Wärmekapazität c, Schmelzwärme L_f, Verdampfungswärme L_V bei 1013 mbar)

Stoff	c $\frac{kJ}{kg \cdot K}$	Schmelzpunkt °C	L_f $\frac{kJ}{kg}$	Siedepunkt °C	L_V $\frac{kJ}{kg}$
Aluminium	0,896	658	355,9	2200	11723
Blei	0,130	327	23,86	1700	921,1
Eisen (rein)	0,440	1530	272,1	2800	6364
Gold	0,130	1060	66,99	2700	1758
Graphit	0,712	≈3600	16750	4200	50242
Konstantan	0,410	≈1280			
Kupfer	0,381	1080	209,3	2400	4647
Messing	0,389	≈ 900	167,5		
Nickel	0,452	1450	293,1	3000	6196
Platin	0,134	1770	113,0	3800	2512
Silber	0,234	961	104,7	2000	2177
Silizium	0,741	1410	141,5	2350	14068
Wolfram	0,134	3380	191,8	6000	4815
Zinn	0,230	232	58,62	2300	2596
Alkohol	2,428	-114	104,7	78,3	858
Benzol	1,738	5,5	127,3	80,1	389
Maschinenöl	1,675				
Quecksilber	0,138	- 38,9	11,72	356,7	301
Schwefelsäure	1,382	10,5	108,9	338	511
Wasser	4,187	0,0	333,7	100,0	2258
Ammoniak	2,060	- 77,7	339,1	- 33,4	1369
Kohlenstoffdioxid	0,825	- 56	184,2	- 78,5	574
Luft	1,001			-194	197
Stickstoff	1,043	-210	25,96	-195,8	199
Wasserstoff	14,24	-259,2	58,62	-252,8	461

2.4.3 Ausdehnung durch Wärme

Der **Längen-Ausdehnungskoeffizient** α gibt die Längenzunahme der Längeneinheit eines Körpers bei 1 K Temperaturerhöhung an. Einheit von α ist 1/K.

Der **Volumen-Ausdehnungskoeffizient** γ gibt die Volumenzunahme der Volumeneinheit eines Körpers bei 1 K Temperaturerhöhung an. Einheit von γ ist 1/K.

Längenausdehnung:

$\Delta l = l_0 \cdot \alpha \cdot \Delta t$

- Δl Längenzunahme in m
- l_0 Länge (Kaltzustand) in m
- α Längen-Ausdehnungskoeffizient in 1/K
- Δt Temperaturzunahme in K

Beispiel:
$l_0 = 12$ m; $\Delta t = 50$ K;
$\alpha = 23{,}8 \cdot 10^{-6} \frac{1}{K}$;
$\Delta l = ?$ m

Lösung: $\Delta l = l_0 \cdot \alpha \cdot \Delta t = 12\ \text{m} \cdot 23{,}8 \cdot 10^{-6} \frac{1}{K} \cdot 50\ \text{K}$
$\Delta l = 0{,}01428\ \text{m} = 14{,}28\ \text{mm}$

Volumenausdehnung:

$\Delta V = V_0 \cdot \gamma \cdot \Delta t$

- ΔV Volumenzunahme in m^3
- V_0 Volumen in kaltem Zustand in m^3
- γ Volumen-Ausdehnungskoeffizient in 1/K
- Δt Temperaturzunahme in K

Beispiel:
$V_0 = 0{,}75\ m^3$;
$\Delta t = 90$ K;
$\gamma = 0{,}0011$ 1/K
$\Delta V = ?\ m^3$

Lösung: $\Delta V = V_0 \cdot \gamma \cdot \Delta t = 0{,}75\ m^3 \cdot 0{,}0011 \frac{1}{K} \cdot 90\ \text{K}$
$\Delta V = 0{,}07425\ m^3$

Längen-Ausdehnungskoeffizient α (für 0···100 °C)
Volumen-Ausdehnungskoeffizient γ (bei 18 °C)

Stoff	α in 1/K
Aluminium	$23{,}8 \cdot 10^{-6}$
Blei	$29{,}0 \cdot 10^{-6}$
Bronze	$17{,}5 \cdot 10^{-6}$
Chrom	$8{,}5 \cdot 10^{-6}$
Eisen (rein)	$12{,}3 \cdot 10^{-6}$
Glas (ca.)	$6{,}5 \cdot 10^{-6}$
Gold	$14{,}2 \cdot 10^{-6}$
Graphit	$7{,}9 \cdot 10^{-6}$
Konstantan	$15{,}2 \cdot 10^{-6}$
Kupfer	$16{,}5 \cdot 10^{-6}$
Manganin	$17{,}5 \cdot 10^{-6}$
Messing	$18{,}4 \cdot 10^{-6}$
Neusilber	$18{,}4 \cdot 10^{-6}$
Nickel	$13{,}0 \cdot 10^{-6}$
Silber	$19{,}5 \cdot 10^{-6}$
Silizium	$7{,}6 \cdot 10^{-6}$
Wolfram	$4{,}5 \cdot 10^{-6}$

Stoff	γ in 1/K
Alkohol	$1{,}10 \cdot 10^{-3}$
Benzol	$1{,}06 \cdot 10^{-3}$
Glyzerin	$0{,}50 \cdot 10^{-3}$
Petroleum	$0{,}99 \cdot 10^{-3}$
Quecksilber	$0{,}18 \cdot 10^{-3}$
Schwefelsäure	$0{,}57 \cdot 10^{-3}$
Terpentin	$9{,}70 \cdot 10^{-3}$
Toluol	$1{,}08 \cdot 10^{-3}$
Wasser	$0{,}18 \cdot 10^{-3}$

Für feste Stoffe ist
$\gamma \approx 3 \cdot \alpha$

Für alle Gase ist
$\gamma \approx 1/273$
$\gamma \approx 0{,}00366$

2.4.4 Wärmeübertragung

Wärmestrom Φ heißt die Wärmemenge, die innerhalb einer Zeiteinheit durch eine senkrecht zur Strömungsrichtung liegenden Fläche strömt. Einheit des Wärmestromes ist W.

Wärmeleitung ist die Wanderung des Wärmestromes innerhalb eines Körpers. Die **Wärmeleitfähigkeit** λ gibt den Wärmestrom an, der durch einen Querschnitt von 1 m^2 eines 1 m langen Körpers strömt, wenn der Temperaturunterschied 1 K beträgt.

$\Phi = \frac{Q}{t}$

Wärmeleitung:

$\Phi = \lambda \cdot \frac{S}{\delta} \cdot \Delta t$

- Φ Wärmestrom in J/h
- Q Wärmemenge in J
- t Zeit in h
- λ Wärmeleitfähigkeit in $\frac{J}{m \cdot h \cdot K}$
- S Fläche der Wärmeleitung in m^2
- δ Dicke in m
- Δt Temperaturunterschied in K

Beispiel: $\lambda = 753{,}6$ kJ/m · h · K; $S = 5\ cm^2$;
$\delta = 2{,}5$ cm; $\Delta t = 50$ K; $\Phi = ?$ J/h

Lösung: $\Phi = \lambda \cdot \frac{S}{\delta} \cdot \Delta t = 753{,}6 \frac{kJ}{m \cdot h \cdot K} \cdot \frac{5\ cm^2}{2{,}5\ cm} \cdot 50\ K$

$\Phi = 75\,360 \frac{kJ \cdot cm}{m \cdot h} = 753{,}6\ kJ/h$

Wärmeübergang:

Wärmeübergang ist der Wärmeaustausch zwischen einem festen Körper und einer Flüssigkeit oder Gas. Der **Wärmeübergangskoeffizient** α ist der Wärmestrom, der von einer Fläche von 1 m^2 bei einem Temperaturgefälle von 1 K abgegeben wird.

$\Phi = \alpha \cdot S \cdot \Delta t$

- α Wärmeübergangskoeffizient in J/m^2 · h · K

Die Wärmeübergangszahl α ist nicht in Tabellen angebbar. Sie muß für jeden Fall ermittelt werden.

Wärmedurchgang:

Wärmedurchgang heißt der Wärmeaustausch zweier Flüssigkeiten oder Gase durch eine Trennwand hindurch. **Der Wärmedurchgangskoeffizient** k ist der Wärmestrom, der durch eine Fläche von 1 m^2 bei einem Temperaturgefälle von 1 K hindurchtritt.

$\Phi = k \cdot S \cdot \Delta t$

- k Wärmedurchgangskoeffizient in J/m^2 · h · K

Auch k muß für jeden Fall ermittelt werden.

2.4 Wärmetechnische Grundlagen

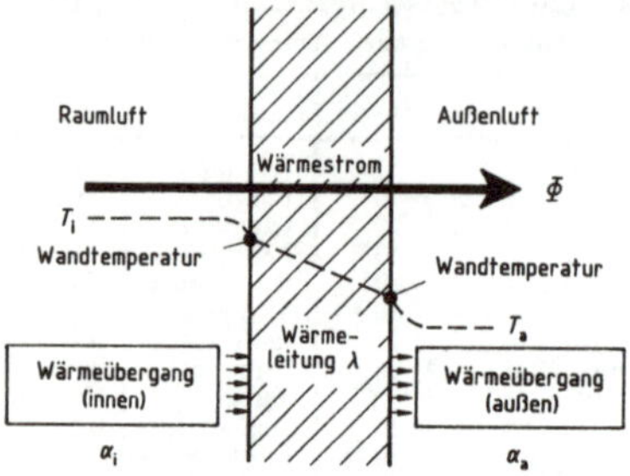

Wärmedurchgang durch eine Wand

T_i, T_a Innen- und Außenwandtemperaturen in K

α_i, α_a Innen- und Außenwandwärmeübergangskoeffizienten in $\frac{J}{m^2 \cdot h \cdot K}$.

Wärmestrahlung

Wärmestrahlung ist die Übertragung von Wärme ohne die Mitwirkung eines Stoffs. Wärmestrahlen sind elektromagnetische Wellen, die von einem erhitzten Körper ausgesendet werden. Welche Strahlungsmenge ein Körper absorbiert oder reflektiert, hängt stark von der Farbe und Oberflächenbeschaffenheit des Körpers ab.

$\Phi = \varepsilon \cdot \sigma \cdot A \cdot T^4$

- Φ Wärmestrom in J/h
- σ Strahlungskonstante (Stefan-Boltzmann-Konstante)
- $\sigma = 5{,}67 \cdot 10^{-8} \frac{W}{m^2\,K^4}$
- A Oberfläche des Strahlers in m²
- T Temperatur in K

ε bezeichnet den Absorptionsgrad des Körpers

$$\varepsilon = \frac{\text{absorbierte Strahlung}}{\text{ankommende Strahlung}}$$

Je größer der Absorptionsgrad eines Körpers, desto größer ist auch sein Emissionsvermögen.

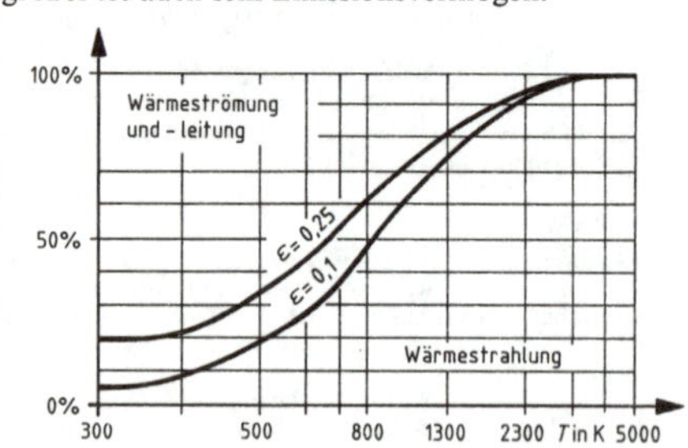

Anteil der Wärmestrahlung am gesamten Wärmeübergang

Wärmeleitfähigkeit λ in $\frac{kJ}{m \cdot h \cdot K}$ (bei Temperatur)

Stoff	λ b. 20 °C	Stoff	λ b. 20 °C
Aluminium	754	Alkohol	0,67
Blei	126	Benzol	0,544
Bronze	92···209	Glyzerin	1,005
Eisen, rein	264	Transfor-	
Gold	1118	matorenöl	0,461
Grauguß	209	Toluol	0,544
Konstantan	81,6		
Kupfer	1382	Bakelit	0,837
Manganin	78,7	Hartgewebe	1,26
Messing	293···419	Hartpapier	1,047
Neusilber	89,6	Kunsthorn	0,628
Nickel	318	Plexiglas	0,628
Platin	255	Polyamide	1,26
Quecksilber	33,5	Preßstoffe, Typ	
Silber	1507	11, 12, 16, 30, 54	1,13
Stahl	126	Typ 74	1,34
Wolfram	603	PVC	0,586
Zink	419		
Zinn	234		λ b. 0 °C
Asphalt	2,51	Ammoniak	0,0783
Eichenholz		Acetylen	0,0737
radial	0,628	Chlor	0,00285
axial	1,34	Kohlenstoffdioxid	0,0515
Fensterglas	4,187	Luft	0,0875
Graphit	502	Wasserstoff	0,443
Porzellan	2,93···6,7		
Putzmörtel	3,35	Glasfaser	0,1172
Ziegelstein	1,67	Steinwolle	0,126

λ hängt bei festen Stoffen wenig, bei Gasen und Flüssigkeiten stark von der Temperatur ab.

2.4.5. Unterer Heizwert

Es erzeugen im Mittel	kJ in 1 kg	kJ in 1 m³
Anthrazit	33 500	–
Braunkohlen, deutsche	14 200	–
Braunkohlenbriketts	20 100	–
Holz, lufttrocken	14 600	–
Holz, völlig trocken	18 600	–
Holzkohlen	33 100	–
Koks	28 500	–
Steinkohlen, Ruhr-	31 400	–
Steinkohlen, Saar-	29 700	–
Steinkohlenbriketts	32 500	–
Torf (lufttrocken)	14 600	–
Alkohol	29 700	–
Benzin	46 000	–
Benzol	41 800	–
Naphthalin	40 600	–
Petroleum	43 900	–
Spiritus 95%	28 200	–
Teeröl	41 600	–
Acetylen	48 700	56 900
Gichtgas	3 220	3 970
Stadtgas	28 200	15 500
Erdgas (trocken)	41 800	29 300
Wasserstoff	119 600	10 760
Kohlenstoff zu Kohlenstoffdioxid	33 800	–
Kohlenst. zu Kohlenstoffmonooxid	10 300	–
Kohlenstoffmonooxid zu Kohlenstoffdioxid	10 100	12 600

2.5 Chemische Grundlagen

2.5.1 Grundbegriffe aus der Chemie

Begriff	Beispiel	Erklärung
Atom	Heliumatom 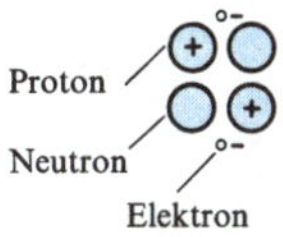	Das Atom ist das kleinste, chemisch nicht weiter zerlegbare Teilchen eines Stoffes. Der Atomkern besteht aus Protonen, Neutronen und ist von negativen Ladungsträgern, den Elektronen, umgeben.
Proton	Wasserstoffatom 	Atombaustein mit positiver Elementarladung. Die Masse eines Protons beträgt $m=1{,}67 \cdot 10^{-27}$ kg, die Elementarladung beträgt $e=1{,}602 \cdot 10^{-19}$ C.
Neutron		Das Neutron ist ein Baustein des Atoms mit etwa der gleichen Masse wie das Proton.
Elektron	Elektronenmasse $m=9{,}107 \cdot 10^{-31}$ kg	Das Elektron ist ein negativer Ladungsträger mit der Elementarladung e und umgibt den Atomkern.
Ion, Ionisation	Kochsalz zerfällt beim Lösen in Wasser $NaCl \rightarrow Na^+ + Cl^-$	Elektrisch geladenes Teilchen, das durch Elektronenaufnahme eine negative oder durch Abgabe eines Elektrons eine positive Überschußladung enthält.
Relative Molekülmasse	$M_{rH_2O}=2 \cdot 1{,}008+15{,}999$ $=18{,}015$	Summe der relativen Atommassen eines Moleküls (M_r).
Relative Atommasse	Relative Atommasse von Wasserstoff $A_{rH}=1{,}008$	Die relative Atommasse ist eine Verhältniszahl, die angibt, in welchem Verhältnis die Masse eines beliebigen Atoms zu der von Kohlenstoff steht. Die relative Atommasse von Kohlenstoff ist auf 12,000 festgesetzt. Relative Atommasse $=A_r$.
Molekül	Wassermolekül H_2O	Kleinste Einheit einer chemischen Verbindung oder Gruppe aus gleichen Atomen.
Element	Schwefel (S)	Stoffe, die sich chemisch nicht zerlegen lassen.
Chemische Verbindung	Wasser (H_2O) ist die chemische Verbindung aus Wasserstoff (H) und Sauerstoff (O)	Ein aus verschiedenen Stoffen oder Elementen aufgebauter Stoff, der andere Eigenschaften als die Grundstoffe besitzt.
Gemenge	Sand, Luft	Mischung von beliebigen Stoffen.
Legierung	AlCuMg 1, NiCr 15 Co	Stabile Mischung von Metallen oder Metallverbindungen.
Lösung	Wasser und Kochsalz ergeben eine Kochsalzlösung	Eine Lösung ist eine Flüssigkeit, in der andere Stoffe (als Ionen oder Moleküle) gelöst sind.
Oxidation	$2Cu + O_2 \rightarrow 2CuO$ $Zn - 2e \rightarrow Zn^{2+}$	Verbindet sich eine Stoff mit Sauerstoff oder gibt ein Atom oder Ion Elektronen ab, so wird das Oxidation genannt.
Reduktion	$CuO + H_2 \rightarrow Cu + H_2O$ $Cu^{2+} + 2e \rightarrow Cu$	Reduktion bedeutet die Aufnahme von Elektronen durch ein Atom oder Ion bzw. die Abgabe von Sauerstoff.

2.5.2 Das Periodensystem der Elemente

Erklärung

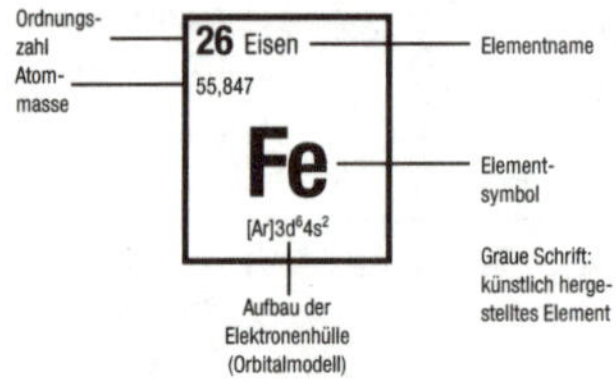

Gruppe → / Periode ↓	Hauptgruppen I	Hauptgruppen II	Nebengruppen							
1.	**1** Wasserstoff 1,00797 **H** $1s^1$									
2.	**3** Lithium 6,639 **Li** $1s^2\ 2s^1$	**4** Beryllium 9,0122 **Be** $1s^2\ 2s^2$								
3.	**11** Natrium 22,9898 **Na** $[Ne]3s^1$	**12** Magnesium 24,312 **Mg** $[Ne]3s^2$								
4.	**19** Kalium 39,102 **K** $[Ar]4s^1$	**20** Calcium 40,08 **Ca** $[Ar]4s^2$	**21** Scandium 44,956 **Sc** $[Ar]3d^1 4s^2$	**22** Titan 47,90 **Ti** $[Ar]3d^2 4s^2$	**23** Vanadium 50,942 **V** $[Ar]3d^3 4s^2$	**24** Chrom 51,996 **Cr** $[Ar]3d^5 4s^1$	**25** Mangan 54,938 **Mn** $[Ar]3d^5 s^2$	**26** Eisen 55,847 **Fe** $[Ar]3d^6 4s^2$	**27** Cobalt 58,933 **Co** $[Ar]3d^7 4s^2$	
5.	**37** Rubidium 85,47 **Rb** $[Kr]5s^1$	**38** Strontium 87,62 **Sr** $[Kr]5s^2$	**39** Yttrium 88,905 **Y** $[Kr]4d^1 5s^2$	**40** Zirkon 91,22 **Zr** $[Kr]4d^2 5s^2$	**41** Niob 92,906 **Nb** $[Kr]4d^4 5s^1$	**42** Molybdän 95,94 **Mo** $[Kr]4d^5 5s^1$	**43** Technetium (98) **Tc** $[Kr]4d^5 5s^2$	**44** Ruthenium 101,07 **Ru** $[Kr]4d^7 5s^1$	**45** Rhodium 102,905 **Rh** $[Kr]4d^8 5s^1$	
6.	**55** Cäsium 132,905 **Cs** $[Xe]6s^1$	**56** Barium 137,34 **Ba** $[Xe]6s^2$	**57** Lanthan 138,91 **La** $[Xe]5d^1 6s^2$	**72** Hafnium 178,49 **Hf** $[Xe]4f^{14} 5d^2 6s^2$	**73** Tantal 180,948 **Ta** $[Xe]4f^{14} 5d^3 6s^2$	**74** Wolfram 183,85 **W** $[Xe]4f^{14} 5d^4 6s^2$	**75** Rhenium 186,2 **Re** $[Xe]4f^{14} 5d^5 6s^2$	**76** Osmium 190,2 **Os** $[Xe]4f^{14} 5d^6 6s^2$	**77** Iridium 192,2 **Ir** $[Xe]4f^{14} 5d^7 6s^2$	
7.	**87** Francium (223) **Fr** $[Rn]7s^1$	**88** Radium (226) **Ra** $[Rn]7s^2$	**89** Actinium (227) **Ac** $[Rn]6d^1 7s^2$	**104** Kurtschatovium (261) **Ku** $[Rn]5f^{14} 6d^2 7s^2$	**105** Hahnium (262) **Ha** $[Rn]5f^{14} 6d^3 7s^2$					

Lanthaniden-Elemente	**58** Cer 140,12 **Ce** $[Xe]4f^2 5d^0 6s^2$	**59** Praseodym 140,907 **Pr** $[Xe]4f^3 5d^0 6s^2$	**60** Neodym 144,24 **Nd** $[Xe]4f^4 5d^0 6s^2$	**61** Promethium (147) **Pm** $[Xe]4f^5 5d^0 6s^2$	**62** Samarium 150,35 **Sm** $[Xe]4d^6 5d^0 6s^2$
Actiniden-Elemente	**90** Thorium 232,04 **Th** $[Rn]5f^0 6d^2 7s^2$	**91** Protactinium (231) **Pa** $[Rn]5f^2 6d^1 7s^2$	**92** Uran 238,03 **U** $[Rn]5f^3 6d^1 7s^2$	**93** Neptunium (237) **Np** $[Rn]5f^4 6d^1 7s^2$	**94** Plutonium (242) **Pu** $[Rn]5f^6 d^0 7s^2$

2.5.2 Das Periodensystem der Elemente (Forts.)

Nebengruppen			Hauptgruppen					
			III	IV	V	VI	VII	VIII
								2 Helium 4,0026 **He** $1s^2$
			5 Bor 10,811 **B** $1s^2 2s^2 2p^1$	**6** Kohlenstoff 12,01115 **C** $1s^2 2s^2 2p^2$	**7** Stickstoff 14,0067 **N** $1s^2 2s^2 2p^3$	**8** Sauerstoff 15,9994 **O** $1s^2 2s^2 2p^4$	**9** Fluor 18,9984 **F** $1s^2 2s^2 2p^5$	**10** Neon 20,183 **Ne** $1s^2 2s^2 2p^6$
			13 Aluminium 26,9815 **Al** $[Ne]3s^2 3p^1$	**14** Silicium 28,086 **Si** $[Ne]3s^2 3p^2$	**15** Phosphor 30,9738 **P** $[Ne]3s^2 3p^3$	**16** Schwefel 32,064 **S** $[Ne]3s^2 3p^4$	**17** Chlor 35,453 **Cl** $[Ne]3s^2 3p^5$	**18** Argon 39,948 **Ar** $[Ne]3s^2 3p^6$
28 Nickel 58,71 **Ni** $[Ar]3d^8 4s^2$	**29** Kupfer 63,54 **Cu** $[Ar]3d^{10} 4s^1$	**30** Zink 65,37 **Zn** $[Ar]3d^{10} 4s^2$	**31** Gallium 69,72 **Ga** $[Ar]3d^{10} 4s^2 4p^1$	**32** Germanium 72,59 **Ge** $[Ar]3d^{10} 4s^2 4p^2$	**33** Arsen 74,922 **As** $[Ar]3d^{10} 4s^2 4p^3$	**34** Selen 78,96 **Se** $[Ar]3d^{10} 4s^2 4p^4$	**35** Brom 79,909 **Br** $[Ar]3d^{10} 4s^2 4p^5$	**36** Krypton 83,80 **Kr** $[Ar]3d^{10} 4s^2 4p^6$
46 Palladium 106,4 **Pd** $[Kr]4d^{10} 5s^0$	**47** Silber 107,87 **Ag** $[Kr]4d^{10} 5s^1$	**48** Cadmium 112,40 **Cd** $[Kr]4d^{10} 5s^2$	**49** Indium 114,82 **In** $[Kr]4d^{10} 5s^2 5p^1$	**50** Zinn 118,69 **Sn** $[Kr]4d^{10} 5s^2 5p^2$	**51** Antimon 121,75 **Sb** $[Kr]4d^{10} 5s^2 5p^3$	**52** Tellur 127,6 **Te** $[Kr]4d^{10} 5s^2 5p^4$	**53** Iod 126,9 **I** $[Kr]4d^{10} 5s^2 5p^5$	**54** Xenon 131,3 **Xe** $[Kr]4d^{10} 5s^2 5p^6$
78 Platin 195,09 **Pt** $[Xe]4f^{14} 5d^9 6s^1$	**79** Gold 196,967 **Au** $[Xe]4f^{14} 5d^{10} 6s^1$	**80** Quecksilber 200,59 **Hg** $[Xe]4f^{14} 5d^{10} 6s^2$	**81** Thallium 204,37 **Tl** $[Xe]4f^{14} 5d^{10} 6s^2 6p^1$	**82** Blei 207,19 **Pb** $[Xe]4f^{14} 5d^{10} 6s^2 6p^2$	**83** Bismut 208,98 **Bi** $[Xe]4f^{14} 5d^{10} 6s^2 6p^3$	**84** Polonium (210) **Po** $[Xe]4s^{14} 5d^{10} 6s^2 6p^4$	**85** Astat (210) **At** $[Xe]4f^{14} 5d^{10} 6s^2 6p^5$	**86** Radon (222) **Rn** $[Xe]4f^{14} 5d^{10} 6s^2 6p^6$
63 Europium 151,96 **Eu** $[Xe]4f^7 5d^0 6s^2$	**64** Gadolinium 157,25 **Gd** $[Xe]4f^7 5d^1 6s^2$	**65** Terbium 158,924 **Tb** $[Xe]4f^9 5d^0 6s^2$	**66** Dysprosium 162,50 **Dy** $[Xe]4f^{10} 5d^0 6s^2$	**67** Holmium 164,93 **Ho** $[Xe]4f^{11} 5d^0 6s^2$	**68** Erbium 167,26 **Er** $[Xe]4f^{12} 5d^0 6s^2$	**69** Thulium 168,93 **Tm** $[Xe]4f^{13} 5d^0 6s^2$	**70** Ytterbium 173,04 **Yb** $[Xe]4f^{14} 5d^0 6s^2$	**71** Lutetium 174,97 **Lu** $[Xe]4f^{14} 5d^1 6s^2$
95 Americium (243) **Am** $[Rn]5f^7 6d^0 7s^2$	**96** Curium (247) **Cm** $[Rn]5f^7 6d^1 7s^2$	**97** Berkelium (247) **Bk** $[Rn]5f^9 6d^0 7s^2$	**98** Californium (249) **Cf** $[Rn]5f^{10} 6d^0 7s^2$	**99** Einsteinium (254) **Es** $[Rn]5f^{11} 6d^0 7s^2$	**100** Fermium – **Fm** $[Rn]5f^{12} 6d^0 7s^2$	**101** Mende-levium – **Md** $[Rn]5f^{13} 6d^0 7s^2$	**102** Nobelium – **No** $[Rn]5f^{14} 6d^0 7s^2$	**103** Lawren-cium – **Lw** $[Rn]5f^{14} 6d^1 7s^2$

2

2.5.3 Trivialnamen und chemische Benennung technisch wichtiger Stoffe

Trivialname	chemische Formel	chemischer Name bzw. Erläuterung
Aceton	C_3H_6O	Propanon
Acetylen	C_2H_2	Ethin
Alkohol	C_2H_5OH	Ethanol
Ätzkali	KOH	Kaliumhydroxid
Ätzkalk, gelöschter Kalk	$Ca(OH)_2$	Calciumhydroxid
Aktivkohle	C	feinteilige, porenreiche Kohle
Aluminiumazetat	$Al(CH_3COO)_3$	Essigsaure Tonerde
Anilin	$C_6H_5NH_2$	Aminobenzol
Antichlor	$Na_2S_2O_3 \cdot 5H_2O$	Natriumthiosulfat
Benzol	C_6H_6	Benzol
Bittersalz	$MgSO_4 \cdot 7H_2O$	Magnesiumsulfat
Blausäure	CHN	Zyanwasserstoff
Bleiglätte	PbO	Blei(II)-oxid
Bleiweiß	$2PbCO_3 \cdot Pb(OH)_2$	basisches Bleicarbonat
Blutlaugensalz, gelbes	$K_4Fe(CN)_6 \cdot 3H_2O$	Kaliumhexacyanoferrat(II)
—, rotes	$K_3Fe(CN)_6$	Kaliumhexacyanoferrat(III)
Borax	$Na_2B_4O_7 \cdot 10H_2O$	Natriumtetraborat
Borsäure	H_3BO_3	Borsäure
Braunstein	MnO_2	Mangandioxid
Carborundum	SiC	Siliciumcarbid
Chilesalpeter	$NaNO_3$	Natriumnitrat
Chlorkalk	$CaCl(OCl)$	Calciumchlorid-hypochlorid
Chloroform	$CHCl_3$	Trichlormethan
Eisenchlorid	$FeCl_2 \cdot 4H_2O$	Eisen(II)-chlorid-tetrahydrat
Eisenrost	$FeO \cdot Fe_2O_3 \cdot 2H_2O$	Eisenoxidhydrat
Eisessig, Essig, Essigsäure	CH_3COOH	Ethansäure
Fixiersalz	$Na_2S_2O_3$	Natriumthiosulfat
Flußsäure	HF	Fluorwasserstoffsäure
Fruchtzucker	$C_6H_{12}O_6$	Lävulose
Gips	$CaSO_4 \cdot 2H_2O$	Calciumsulfatdihydrat
Glaubersalz	$NaSO_4 \cdot 10H_2O$	Natriumsulfatdecahydrat
Glycerin	$C_3H_5(OH)_3$	Propantriol
Grubengas, Sumpfgas	CH_4	Methan
Holzessig	CH_3COOH	Ethansäure
Holzgeist	CH_3OH	Methanol
Kalk, gebrannter	CaO	Calciumoxid
—, gelöschter	$Ca(OH)_2$	Calciumhydroxid
Kalkstein siehe Kreide		
Karbid	CaC_2	Calciumcarbid
Karborund	SiC	Siliciumcarbid
Kochsalz, Steinsalz	$NaCl$	Natriumchlorid

Trivialname	chemische Formel	chemischer Name bzw. Erläuterung
Königswasser		Gemisch aus 3 Teilen konz. HCl und 1 Teil konz. HNO_3
Kohlendioxid	CO_2	Kohlenstoffdioxid
Kohlenoxid	CO	Kohlenstoffmonooxid
Korund, Schmirgel	Al_2O_3	Aluminiumoxid
Kreide, Kalkstein	$CaCO_3$	Calciumcarbonat
Kupfervitriol	$CuSO_4 \cdot 5H_2O$	Kupfer(II)-sulfatpentahydrat
Linolsäure	$C_{18}H_{32}O_2$	Linolsäure
Lötsalz (in Lösung) Lötwasser	$ZnCl_2 + 2NH_4Cl$	Lösung von Zinkchlorid und Ammoniumchlorid
Lachgas	N_2O	Distickstoffoxid
Magnesia	MgO	Magnesiumoxid
Mennige	Pb_3O_4	Blei(II, IV)-oxid
Methylenchlorid	CH_2Cl_2	Dichlormethan
Natron	$NaHCO_3$	Natriumbikarbonat
Nitroglycerin	$C_3H_5(NO_3)_3$	Propantrioltrinitrat
Öl	$C_{57}H_{104}IO_6$	Trioleïn
Oxalsäure	$C_2H_2O_4$	Ethandisäure
Perchloräthylen	$CCl_2 = CCl_2$	Tetrachlorethen
Pottasche	K_2CO_3	Kaliumcarbonat
Ruß	C	Gemenge von feinteiligem Kohlenstoff und öligen Kohlenwasserstoffen (Teeren)
Salmiak	NH_4Cl	Ammoniumchlorid
Salmiakgeist	NH_4OH	Ammoniumhydroxid
Salpetersäure	HNO_3	Salpetersäure
Salzsäure	HCl	Chlorwasserstoffsäure
Schwefelkies	FeS_2	Pyrit
Soda calc.	Na_2CO_3	Natriumkarbonat wasserfrei
Soda krist.	$Na_2CO_3 \cdot 10H_2O$	Natriumcarbonatdecahydrat
Spiritus	C_2H_5OH	Ethanol
Tetra	CCl_4	Tetrachlormethan
Toluol	$C_6H_5CH_3$	Methylbenzol
Tonerde	Al_2O_3	Aluminiumoxid
Traubenzucker	$C_6H_{12}O_6$	Dextrose
Tri	C_2HCl_3	Trichlorethen
Wasserglas		Lösung von Natrium- und Kaliumsilikaten
Weingeist	C_2H_5OH	Ethanol
Zellulose	$C_6H_{10}O_5$	Dextrin
Zitronensäure	$C_6H_8O_7$	Zitronensäure

Beispiele chemischer Vorgänge [1]

1. 1 kg Kohlenstoff (≈ 1,1 kg Steinkohle) verbrennt zu Kohlenstoffdioxid nach Formel $C + 2O - CO_2$ und verbraucht dabei (2 · 16):12 = 2,67 kg Sauerstoff (9 m³ Luft).
2. Nach Formel $CaC_2 + 2H_2O = C_2H_2 + Ca(OH)_2$ entsteht aus Calciumcarbid + 2 Tl. Wasser Acetylen + gelöschter Kalk. Für 1 kg CaC_2 braucht man 2 · (2 · 1 + 16):(40,08 + 2 · 12) = 36:64,08 = 0,562 kg Wasser und erhält (2 · 12 + 2 · 1):(40,08 + 2 · 12) = 26:64,08 = 0,406 kg Acetylengas ≈ 350 l.
3. Wird aus einer Lösung von Kupfervitriol in Wasser durch Elektrolyse (Zersetzung durch el. Strom) 1 g Kupfer abgeschieden, so zerfallen (63,54 + 32,06 + 4 · 16):63,54 = 2,51 g $CuSO_4$, entsprechend (63,54 + 32,06 + 4 · 16 + 5 · 2 · 1 + 5 · 16):63,54 = 3,93 g kristallwasserhaltiges, handelsübliches Salz, $CuSO_4 \cdot 5H_2O$.
4. 100 g einer Blei-Zinn-Legierung bilden nach Zersetzung in Säure und Ausglühen ein Gemenge aus Blei(II)-oxid (PbO) und Zinn(IV)-oxid (SnO_2), das 124,037 g wiegt. Bezeichnet man die Anzahl der Gramm Blei in der Legierung mit X, so gilt die Gleichung:

$$X \cdot \frac{\text{Atomgew. v. O}}{\text{Atomgew. v. Pb}} + (100 - X) \cdot \frac{\text{2 Atomgew. v. O}}{\text{Atomgew. v. Sn}} = (124{,}037 - 100)$$

$$X \cdot \frac{16{,}0}{207{,}19} + (100 - X) \cdot \frac{2 \cdot 16{,}0}{118{,}7} = 24{,}037$$

Daraus ergibt sich X = 15,19, d. h. die Legierung enthält 15,19% Blei.

[1] Es bedeuten: 2 · 16 = 2 Atomgewicht Sauerstoff; 12 = Atomgewicht Kohlenstoff. 2 · 1 + 16 = 2 Atomgewicht Wasserstoff + Atomgewicht Sauerstoff; 40,08 + 2 · 12 = Atomgewicht Calcium + 2 Atomgewicht Kohlenstoff. 5 · 2 · 1 = 5 · 2 Atomgewicht Wasserstoff.

2.5 Chemische Grundlagen

2.5.4 Lösungskonzentrationen

Angabe der Konzentration	Einheit	Beispiel, Bemerkungen
Massegehalt in % g gelöster Stoff pro 100 g Lösung	$\frac{g}{100\ g}$ in %	Eine 20%ige Traubenzuckerlösung erhält man, wenn 20 g $C_6H_{12}O_6$ in 80 g destilliertem Wasser gelöst werden.
Molalität Anzahl der Mole des gelösten Stoffes je kg Lösungsmittel	$\frac{mol}{kg}$	Eine 1-molare Traubenzuckerlösung wird durch Lösen von 1 mol $C_6H_{12}O_6$ (169,27 g) in 1 kg Wasser erzeugt.
Molarität Anzahl der Mole des gelösten Stoffes je dm^3 (l) Lösungsmittel	$\frac{mol}{dm^3}$	1 mol Traubenzucker in 1 Liter Wasser gelöst, ergeben eine 1-molare Lösung.
Volumengehalt in % Anzahl der cm^3 gelöster Flüssigkeit in 100 cm^3 Gesamtflüssigkeit	$\frac{cm^3}{100\ cm^3}$	32 Vol.-%igen Ethanolverschnitt bekommt man, wenn 32 cm^3 100-Vol.-%iges Ethanol mit Wasser bis auf 100 cm^3 aufgefüllt werden.

2.5.5 Gesundheitsschädliche Konzentrationen von Gasen in Atemluft (untere Grenze)

Gas	Konzentration in Vol.-%
Kohlenstoffdioxid	8
Ammoniak	0,5
Chlorwasserstoff	0,1
Schwefelwasserstoff	0,05
Schwefelkohlenstoff	0,03
Stickstoffoxid	0,03
Phosphorwasserstoff	0,03
Schwefeldioxid	0,02
Kohlenstoffmonooxid	0,002
Chlor	0,002
Arsenwasserstoff	0,002

2.5.6 Explosionsgefährdung durch Gasgemische

Gas, Dampf	Untere und obere Konzentration eines explosiven Gas-Luft-Gemisches in Vol.-%
Schwefelkohlenstoff	1 ··· 50
Benzin	1 ··· 8
Petroleum	1 ··· 5
Aceton	2 ··· 15
Methanol	5 ··· 37
Ethanol	4 ··· 17
Wasserstoff	4 ··· 75
Acetylen	1 ··· 80
Propan	2 ··· 10
Methan	5 ··· 15
Kohlenstoffmonooxid	12 ··· 75
Ammoniak	15 ··· 27
Erdgas	5 ··· 14

2.5.7 Bindungsarten der Atome

Metallbindung

Atomrümpfe und frei bewegliche Elektronen bilden Metallkristalle.

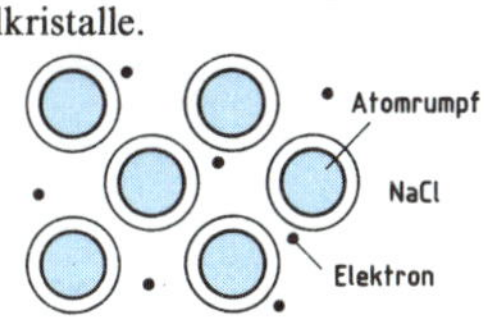

Ionenbindung

Ionen entgegengesetzter Ladung ziehen sich an. Metallionen und Ionen von Nichtmetallen bilden Ionenkristalle.

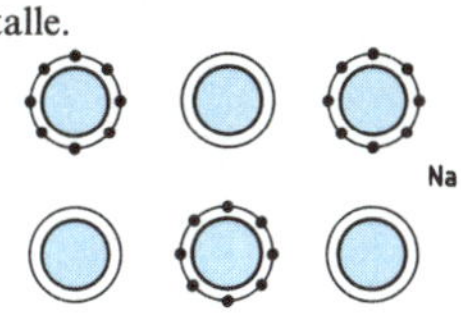

Atombindung (kovalente Bindung)

Benachbarte Atome besitzen gemeinsame Elektronen. Nichtmetallatome bilden zusammen ein Molekül.

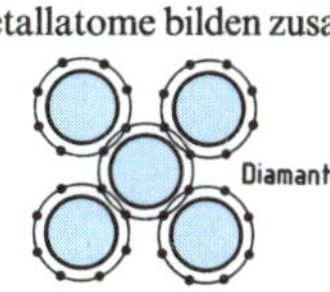

Zwischenmolekulare Bindung (Van-der-Waals-Bindg.)

Bindung erfolgt durch Dipolkräfte.

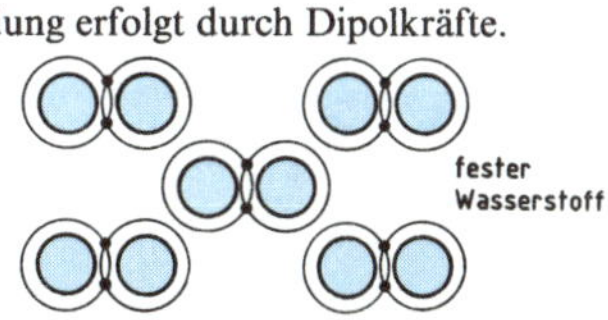

3 Elektrotechnik und Elektronik

3.1 Elektrotechnische Grundlagen

3.1.1 Strom und Spannung

Zu den drei Basiseinheiten Meter, Sekunde und Kilogramm der Mechanik tritt in der Elektrizitätslehre als vierte voneinander unabhängige Einheit das Ampere:

1 Ampere (A) ist die Stärke eines zeitlich unveränderlichen elektrischen Stromes, der durch zwei parallel im Abstand von 1 m im Vakuum angeordnete geradlinige, unendlich lange Leiter mit vernachlässigbar kleinem, kreisförmigen Querschnitt fließend, elektrodynamisch die Kraft $0{,}2 \cdot 10^{-6}$ N je m Leiterlänge zwischen diesen Leitern hervorrufen würde.

Die Einheit **Volt (V)** der elektrischen Spannung wird abgeleitet aus den Basiseinheiten durch die Gleichung: 1 V = 1 J/As.

Nennspannungen unter 100 V nach VDE 0175 und DIN 40001 (4.57)

Als **Nennspannung** einer Anlage oder ihrer Teile gilt die Spannung, die für ein Netz oder für ein Betriebsmittel angegeben ist. Auf sie werden bestimmte Betriebseigenschaften bezogen.

Die Spannung am Stromerzeuger ist stets um den äußeren **Spannungsfall** in den Leitungen und um den Betrag etwaiger Spannungsschwankungen oder gegebenenfalls einer Spannungsregelung größer als die Nennspannung. Beispielsweise ist es üblich, Klingeltransformatoren als Stromerzeuger für 3, 5 und 8 V herzustellen. Diese Spannungen sind um den äußeren Spannungsfall von 1 bis 2 V größer als die genormten Nennspannungen der zugehörigen Stromverbraucher.

Bei **Anlagen für Fernmeldung, Eisenbahnsicherung** und ähnliche Verwendungszwecke, die mit stark veränderlicher Spannung arbeiten, kann im Einzelfall von den genormten Nennspannungen abgewichen werden. Über die Größe der zahlenmäßigen Abweichung lassen sich allgemeine Angaben nicht machen, jedoch soll sie nur in der Größenordnung von Einern bis wenigen Zehnern von Prozenten liegen.

Die Nennspannung von aus **Akkumulatoren** gespeisten Stromverbrauchern ist gleich der Nennspannung des Akkumulators oder der Akkumulatorenbatterie. Als Nennspannung einer Bleiakkumulatorzelle sind 2 V, einer Stahlakkumulatorzelle 1,2 V festgelegt.

Zeitabhängige Ströme (Spannungen) nach DIN 5488 (1.69)

1. Gleichstrom

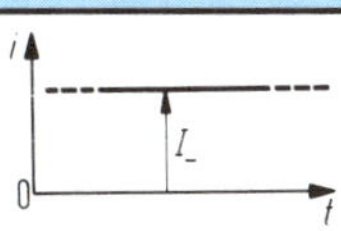

Der Augenblickswert des Stromes ist zeitlich konstant.

2. Wechselstrom

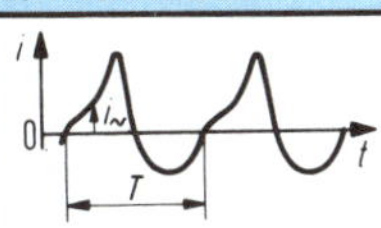

Strom mit periodischem Zeitverlauf und arithmetischem Mittelwert Null.

3. Sinusstrom

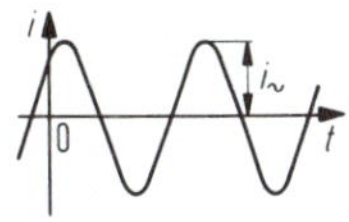

Sinusförmiger Zeitverlauf.

4. Mischstrom

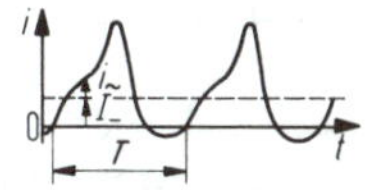

Überlagerung von Gleich- und Wechselstrom.

5. Drehstrom

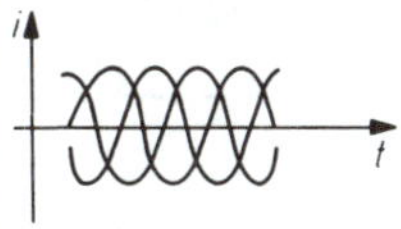

Drei Sinusströme gleicher Frequenz, Amplitude und Betragsunterschiede der Nullphasenwinkel.

6. Amplitudenmoduliert

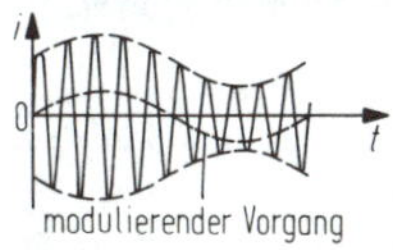

Stromamplitude ändert sich zeitlich mit einem modulierenden Vorgang. Trägerfrequenz ist konstant.

7. Frequenzmoduliert

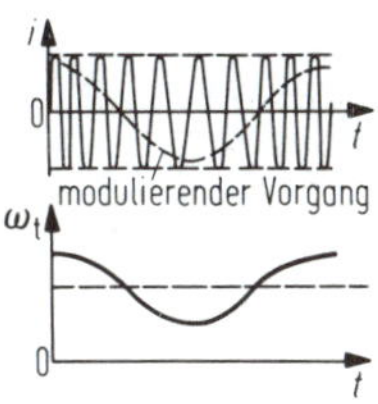

Frequenz ändert sich zeitlich mit dem modulierenden Vorgang. Amplitude ist konstant.

8. Phasenmoduliert

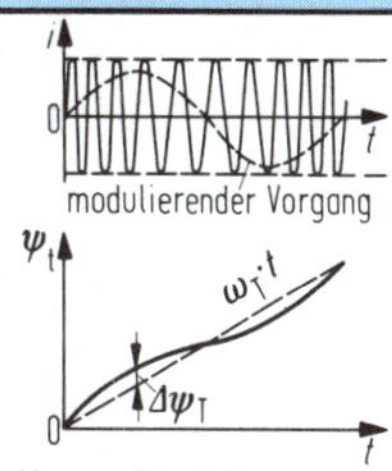

Phasenabweichung des modulierten vom unmodulierten Strom ändert sich mit dem modulierenden Vorgang.

9. Pulsstrom

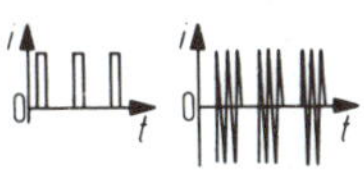

Periodischer Strom aus einer Folge gleicher Impulse

10. Amplitudenmoduliert

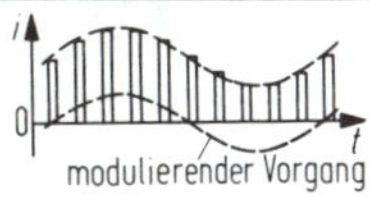

Höchstwert der Stromimpulse ändert sich zeitlich.

11. Frequenzmoduliert

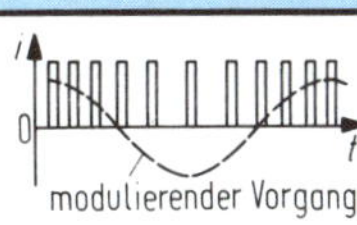

Die Verschiebung der Impulse aus der Ruhelage ändert sich mit dem modulierenden Vorgang.

12. Phasenmoduliert

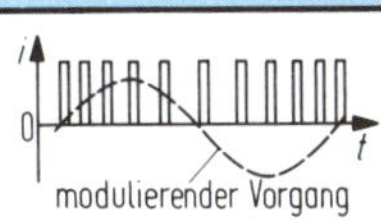

Die Verschiebung der Impulse aus der Ruhelage ändert sich mit dem modulierenden Vorgang.

3.1 Elektrotechnische Grundlagen

3.1.2 Stromdichte

$J = \frac{I}{S}$ bzw. $S = \frac{I}{A}$

J, S Stromdichte in A/mm^2
I Strom in A
S, A Leiterquerschnitt in mm^2

Beispiel: $I = 6\,A$; $S = 1{,}5\,mm^2$; $J = ?\,A/mm^2$

$$J = \frac{I}{S} = \frac{6\,A}{1{,}5\,mm^2} = 4\,A/mm^2$$

3.1.3 Ohmsches Gesetz

$I = \frac{U}{R}$

I Strom in A
U Spannung in V
R Widerstand in Ω

$1\,\Omega = \frac{1\,V}{1\,A}$

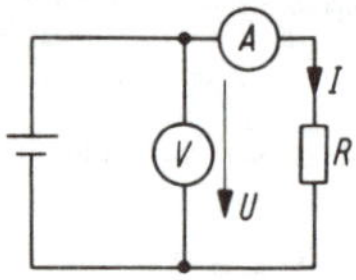

Beispiel: $U = 220\,V$; $R = 50\,\Omega$; $I = ?\,A$

$$I = \frac{U}{R} = \frac{220\,V}{50\,\Omega} = 4{,}4\,A$$

3.1.4 Leitwert und Widerstand

$G = \frac{1}{R}$

G Leitwert in S
R Widerstand in Ω

$1\,S \cdot 1\,\Omega = 1$

Beispiel: $R = 10\,\Omega$; $G = ?\,S$

$$G = \frac{1}{R} = \frac{1}{10\,\Omega} = 0{,}1\,S$$

Leitfähigkeit und spezifischer Widerstand

$\gamma = \frac{1}{\varrho}$

γ Leitfähigkeit in $\frac{m}{\Omega\,mm^2} = \frac{S\,m}{mm^2}$

ϱ spezifischer Widerstand in $\frac{\Omega\,mm^2}{m}$

Folgende Einheiten sind ebenfalls gebräuchlich:

für γ: $1\frac{S\,m}{mm^2} = 10^6\frac{S}{m} = 10^4\frac{S}{cm}$

für ϱ: $1\frac{\Omega\,mm^2}{m} = 10^{-6}\,\Omega\,m = 10^{-4}\,\Omega\,cm$

Beispiel: $\varrho = 0{,}0172\,\frac{\Omega\,mm^2}{m}$; $\gamma = ?\,\frac{S\,m}{mm^2}$

$$\gamma = \frac{1}{\varrho} = \frac{1\,m}{0{,}0172\,\Omega\,mm^2} = 58\,\frac{S\,m}{mm^2}$$

Widerstand eines Leiters

$R = \frac{l}{\gamma \cdot S}$

$R = \frac{\varrho \cdot l}{S}$

R Widerstand in Ω
l Leiterlänge in m
γ Leitfähigkeit in $m/\Omega\,mm^2$
S Leiterquerschnitt in mm^2
ϱ spezif. Widerstand in $\Omega\,mm^2/m$

Beispiel: $l = 84\,m$; $\gamma = 58\,m/\Omega\,mm^2$; $S = 1{,}5\,mm^2$; $R = ?\,\Omega$

$$R = \frac{l}{\gamma \cdot S} = \frac{84\,m}{\frac{58\,m}{\Omega\,mm^2} \cdot 1{,}5\,mm^2} = 0{,}966\,\Omega$$

Widerstand und Temperatur

$\Delta R = \alpha \cdot R_K \cdot \Delta t$

$R_W = R_K(1 + \alpha \cdot \Delta t)$

ΔR Widerstandsänderung in Ω
α Temperaturbeiwert in 1/K
R_K Kaltwiderstand in Ω
R_W Warmwiderstand in Ω
Δt Temperaturänderung in K

Leitfähigkeit γ, spezifischer Widerstand ϱ, Temperaturbeiwert α (bei 20 °C)

Stoff	γ in $\frac{m}{\Omega\,mm^2}$	ϱ in $\frac{\Omega\,mm^2}{m}$	α in $\frac{1}{K}$
a) Metalle			
Aluminium	36	0,0278	0,00403
Bismut	0,83	1,2	0,0042
Blei	4,84	0,2066	0,0039
Cadmium	13	0,0769	0,0039
Eisendraht	6,7···10	0,15···0,1	0,0065
Gold	43,5	0,023	0,0037
Kupfer [1]	58	0,01724	0,00393
Magnesium	22	0,045	0,0039
Nickel	14,5	0,069	0,0060
Platin	9,35	0,107	0,0031
Quecksilber	1,04	0,962	0,0009
Silber	61	0,0164	0,0038
Tantal	7,4	0,135	0,0033
Wolfram	18,2	0,055	0,0044
Zink	16,5	0,061	0,0039
Zinn	8,3	0,12	0,0045
b) Legierungen			
Aldrey	30,0	0,033	0,0036
Bronze I	48	0,02083	0,0040
Bronze II	36	0,02778	0,0040
Bronze III	18	0,05556	0,0040
Konstantan (WM 50)	2,0	0,50	±0,00001
Manganin	2,32	0,43	0,00001
Messing	15,9	0,063	0,0016
Neusilber (WM 30)	3,33	0,30	0,00035
Nickel-Chrom	0,92	1,09	0,00004
Nickelin (WM 43)	2,32	0,43	0,00023
Platinrhodium	5,0	0,20	0,0017
Stahldraht (WM 13)	7,7	0,13	0,0048
Wood-Metall	1,85	0,54	0,0024
c) Sonstige Leiter			
Graphit	0,046	22	−0,0013
Kohlenstifte homog.	0,015	65	
Retortengraphit	0,014	70	−0,0004

d) Flüssigkeiten (Mittelwerte bei 18 °C)

	% [2]	$\gamma\left(\frac{S \cdot cm}{cm^2}\right)$	$\varrho\left(\frac{\Omega \cdot cm^2}{cm}\right)$	$\alpha\left(\frac{1}{K}\right)$
Kalilauge KOH	5	0,24	4,2	−0,02
	10	0,38	2,6	−0,02
	20	0,42	2,4	−0,02
Kochsalzlösung $NaCl$	5	0,067	14,5	−0,02
	10	0,121	8,27	−0,02
	20	0,195	5,12	−0,02
Kupfersulfat $CuSO_4$	5	0,019	52,5	−0,02
	10	0,032	31,3	−0,02
	20	0,046	21,7	−0,02
Natronlauge $NaOH$	5	0,198	5,1	−0,02
	10	0,314	3,19	−0,02
	20	0,337	2,97	−0,02
Salmiak NH_4Cl	5	0,092	10,9	−0,02
	10	0,178	5,61	−0,02
	20	0,335	2,98	−0,02
Salzsäure HCl	5	0,394	2,54	−0,02
	10	0,630	1,59	−0,02
	20	0,762	1,31	−0,02
Schwefelsäure H_2SO_4	5	0,193	5,18	−0,02
	10	0,366	2,74	−0,02
	20	0,601	1,67	−0,02
Zinksulfat $ZnSO_4$	5	0,019	52,5	−0,02
	10	0,032	31,3	−0,02
	20	0,047	21,7	−0,02

[2]) Gehalt der Lösung in Gewichtsprozenten

[1]) Kupfer der Sorte E-Cu 58 mit einer Reinheit von mind. 99,90 %.

3.1 Elektrotechnische Grundlagen

1. Beispiel:
$R_k = 20\,\Omega$; $\alpha = 0{,}0045\ 1/\text{K}$; $\Delta t = 100\ \text{K}$; $R_W = ?\,\Omega$

$$R_W = R_k\,(1 + \alpha \cdot \Delta t)$$
$$R_W = 20\,\Omega\,(1 + 0{,}0045\ \frac{1}{\text{K}} \cdot 100\ \text{K}) = 29\,\Omega$$

2. Beispiel:
$R_k = 20\,\Omega$; $\alpha = -0{,}0045\ 1/\text{K}$; $\Delta t = 100\ \text{K}$; $R_W = ?\,\Omega$

$$R_W = R_k\,(1 + \alpha \cdot \Delta t)$$
$$R_W = 20\,\Omega\,(1 - 0{,}0045\ \frac{1}{\text{K}} \cdot 100\ \text{K}) = 11\,\Omega$$

In den vorstehenden Tabellenangaben ist für die festen Stoffe der Temperaturbeiwert α_{20} für eine Temperatur von 20 °C aufgeführt. Damit kann nur von einer Kalttemperatur t_k = 20 °C ausgegangen werden. Bei anderen Temperaturen können die folgenden Beziehungen verwendet werden:

$$R_W = R_k \cdot \frac{\tau + t_W}{\tau + t_k}$$

$$\tau = \frac{1}{\alpha_{20}} - 20\ \text{K}$$

$$\Delta t = \frac{R_W - R_k}{R_k}(\tau + t_k)$$

R_W Warmwiderstand in Ω
R_k Kaltwiderstand in Ω
τ Temperaturziffer in K
t_W Temperatur der warmen Wicklung in °C
t_k Temperatur der kalten Wicklung in °C
Δt Übertemperatur in °C

Werte der Temperaturziffer: τ_{Kupfer} = 235 K
$\tau_{\text{Alumin.}}$ = 245 K

3.1.5 Reihenschaltung von Widerständen

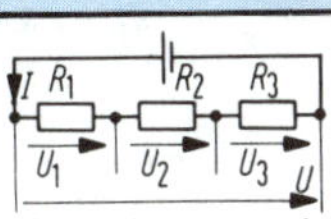

$$U = U_1 + U_2 + U_3 + \ldots$$
$$R = R_1 + R_2 + R_3 + \ldots$$
$$I = \frac{U}{R} = \frac{U_1}{R_1} = \frac{U_2}{R_2} = \frac{U_3}{R_3}$$

U Gesamtspannung in V
U_1, U_2 Teilspannungen in V
R Gesamtwiderstand in Ω
R_1, R_2 Teilwiderstände in Ω

Beispiel: $R_1 = 5\,\Omega$; $R_2 = 15\,\Omega$; $R_3 = 30\,\Omega$;
$U = 100\ \text{V}$; $R = ?\,\Omega$; $U_1 = ?\ \text{V}$

$$R = R_1 + R_2 + R_3 = 5\,\Omega + 15\,\Omega + 30\,\Omega = 50\,\Omega$$
$$\frac{U_1}{R_1} = \frac{U}{R} \rightarrow U_1 = \frac{R_1}{R} \cdot U = \frac{5\,\Omega}{50\,\Omega} \cdot 100\ \text{V}$$
$$U_1 = 10\ \text{V}$$

3.1.6 Spannungsfall

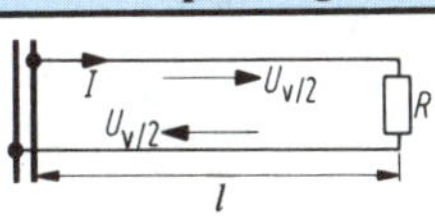

$$U_V = R_{Ltg} \cdot I$$

$$U_V = \frac{2 \cdot l}{\gamma \cdot S} \cdot I$$

$$u_V = \frac{U_V \cdot 100}{U}$$

U_V Spannungsfall in V
R_{Ltg} Leitungswiderstand in Ω
I Strom in A
l einfache Leiterlänge in m
γ Leitfähigkeit des Leitungswerkstoffes in $\frac{\text{S} \cdot \text{m}}{\text{mm}^2}$
S Leitungsquerschnitt in mm²
u_V Spannungsfall in %
U Nennspannung in V

Beispiel: $l = 112\ \text{m}$; $\gamma = 58\ \frac{\text{S} \cdot \text{m}}{\text{mm}^2}$; $I = 12\ \text{A}$;
$S = 6\ \text{mm}^2$; $U_V = ?\ \text{V}$

$$U_V = \frac{2 \cdot l \cdot I}{\gamma \cdot S} = \frac{2 \cdot 112\ \text{m} \cdot 12\ \text{A}}{58\ \frac{\text{S m}}{\text{mm}^2} \cdot 6\ \text{mm}^2} = 7{,}72\ \text{V}$$

3.1.7 Parallelschaltung von Widerständen

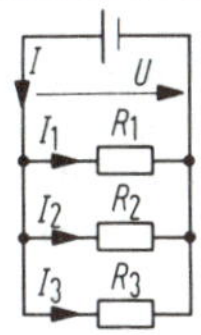

$$I = I_1 + I_2 + I_3 + \ldots$$
$$G = G_1 + G_2 + G_3 + \ldots$$
$$\frac{1}{R} = \frac{1}{R_1} + \frac{1}{R_2} + \frac{1}{R_3} + \ldots$$
$$U = I \cdot R = I_1 \cdot R_1 = I_2 \cdot R_2$$

I Gesamtstrom in A
I_1, I_2 Teilströme in A
R Gesamtwiderstand in Ω
G Gesamtleitwert in S
G_1, G_2 Einzelleitwerte
R_1, R_2 Einzelwiderstände in Ω

Beispiel: $R_1 = 10\,\Omega$; $R_2 = 20\,\Omega$; $R_3 = 25\,\Omega$; $I_1 = 1\ \text{A}$;
$R = ?\,\Omega$; $I_2 = ?\ \text{A}$

$$G = G_1 + G_2 + G_3 = \frac{1}{10}\text{S} + \frac{1}{20}\text{S} + \frac{1}{25}\text{S}$$
$$G = \frac{19}{100}\ \text{S}$$
$$R = \frac{1}{G} = \frac{100}{19}\ \Omega = 5{,}26\ \Omega$$
$$I_1 \cdot R_1 = I_2 \cdot R_2 \rightarrow I_2 = \frac{R_1}{R_2} \cdot I_1 = \frac{10\,\Omega}{20\,\Omega} \cdot 1\ \text{A} = 0{,}5\ \text{A}$$

1. Sonderfall: 2 Widerstände parallel

$$R = \frac{R_1 \cdot R_2}{R_1 + R_2}$$

Beispiel: $R_1 = 15\,\Omega$; $R_2 = 30\,\Omega$

$$R = \frac{R_1 \cdot R_2}{R_1 + R_2} = \frac{15\,\Omega \cdot 30\,\Omega}{45\,\Omega}$$
$$R = 10\,\Omega$$

2. Sonderfall: n gleiche Widerstände R_n parallel

$$R = \frac{R_n}{n}$$

Beispiel: $R_n = 220\,\Omega$; $n = 11$

$$R = \frac{R_n}{n} = \frac{220\,\Omega}{11} = 20\,\Omega$$

3.1.8 Reihen- und Parallelschaltung von Widerständen mit unterschiedlichen Temperaturbeiwerten

Reihenschaltung

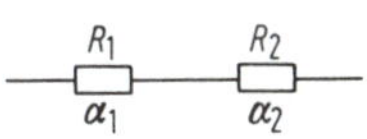

α Gesamttemperaturbeiwert in 1/K
α_1, α_2 Temperaturbeiwerte der Einzelwiderstände in 1/K
R_1, R_2 Einzelwiderstände in Ω
R Gesamtwiderstand in Ω

$$\alpha = \frac{\alpha_1 \cdot R_1 + \alpha_2 \cdot R_2}{R_1 + R_2}$$

$$R = R_1 + R_2$$

Beispiel: $\alpha_1 = 0{,}0043\ \frac{1}{\text{K}}$; $R_1 = 100\,\Omega$

$\alpha_2 = -0{,}0013\ \frac{1}{\text{K}}$; $R_2 = 220\,\Omega$; $\alpha = ?\ \frac{1}{\text{K}}$

$$\alpha = \frac{\alpha_1 \cdot R_1 + \alpha_2 \cdot R_2}{R_1 + R_2} = \frac{0{,}0043\ \frac{1}{\text{K}}\ 100\,\Omega - 0{,}0013\ \frac{1}{\text{K}}\ 220\,\Omega}{100\,\Omega + 220\,\Omega}$$

$$\alpha = \frac{0{,}43 - 0{,}286}{320}\ \frac{1}{\text{K}} = 0{,}00045\ \frac{1}{\text{K}}$$

Die Reihenschaltung aus R_1 und R_2 verhält sich also wie ein Widerstand von 320 Ω mit dem Temperaturbeiwert 0,00045 1/K.

3

3.1 Elektrotechnische Grundlagen

Parallelschaltung

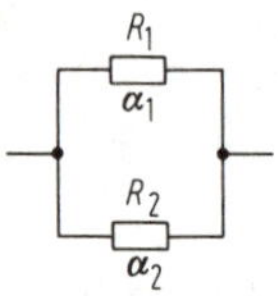

$$\alpha = R\,\frac{\alpha_1 \cdot R_2 + \alpha_2 \cdot R_1}{R_1 \cdot R_2}$$

α Gesamttemperaturbeiwert in $\frac{1}{\text{K}}$
R Gesamtwiderstand in Ω
α_1, α_2 Temperaturbeiwerte der Einzelwiderstände in $\frac{1}{\text{K}}$
R_1, R_2 Einzelwiderstände in Ω

Beispiel: $\alpha_1 = 0{,}004\,\frac{1}{\text{K}}$; $R_1 = 80\ \Omega$; $\alpha_2 = -0{,}001\,\frac{1}{\text{K}}$;

$R_2 = 20\ \Omega$; $\alpha = ?\,\frac{1}{\text{K}}$

$$R = \frac{R_1 \cdot R_2}{R_1 + R_2} = \frac{80\ \Omega \cdot 20\ \Omega}{80\ \Omega + 20\ \Omega} = 16\ \Omega$$

$$\alpha = R\,\frac{\alpha_1 \cdot R_2 + \alpha_2 \cdot R_1}{R_1 \cdot R_2} =$$

$$16\ \Omega\,\frac{0{,}004\,\frac{1}{\text{K}}\,20\ \Omega - 0{,}001\,\frac{1}{\text{K}}\,80\ \Omega}{80\ \Omega \cdot 20\ \Omega}$$

$$\alpha = 16\,\frac{0{,}08 - 0{,}08}{1600}\,\frac{1}{\text{K}} = 0\,\frac{1}{\text{K}}$$

Die Widerstandskombination ist temperaturunabhängig.

3.1.9 I. Kirchhoffscher Satz

In jedem Stromverzweigungspunkt (Knotenpunkt) ist die Summe (Σ) aller zufließenden Ströme gleich der Summe aller abfließenden Ströme.

$$\Sigma I_{\text{zu}} = \Sigma I_{\text{ab}}$$

Beispiel:

$I_1 = 3\ \text{A}$; $I_2 = 6\ \text{A}$;
$I_3 = 2\ \text{A}$; $I_4 = 1{,}5\ \text{A}$;
$I_5 = ?\ \text{A}$

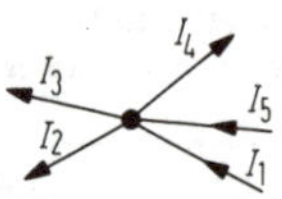

$$I_1 + I_5 = I_2 + I_3 + I_4$$
$$I_5 = I_2 + I_3 + I_4 - I_1$$
$$I_5 = 6\ \text{A} + 2\ \text{A} + 1{,}5\ \text{A} - 3\ \text{A}$$
$$I_5 = 9{,}5\ \text{A} - 3\ \text{A}$$
$$I_5 = 6{,}5\ \text{A}$$

3.1.10 II. Kirchhoffscher Satz

In jedem geschlossenen Stromkreis ist die Summe aller erzeugten Spannungen gleich der Summe aller verbrauchten Spannungen.

$$\Sigma U_{\text{erz}} = \Sigma U_{\text{verb}}$$

Beispiel:

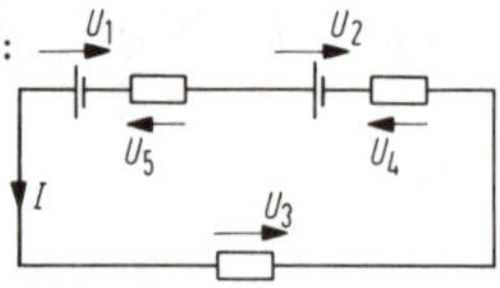

$U_1 = 4{,}5\ \text{V}$
$U_2 = 1{,}5\ \text{V}$
$U_4 = 1\ \text{V}$
$U_5 = 3\ \text{V}$
$U_3 = ?\ \text{V}$

$$U_1 + U_2 = U_3 + U_4 + U_5$$
$$U_3 = U_1 + U_2 - U_4 - U_5 = 4{,}5\ \text{V} + 1{,}5\ \text{V} - 3\ \text{V} - 1\ \text{V}$$
$$U_3 = 2\ \text{V}$$

Im Beispiel ist die erzeugte Spannung $U_1 + U_2$ (Summenreihenschaltung). Wird z. B. U_2 umgepolt (Gegenreihenschaltung), ist die in der Masche erzeugte Spannung $U_1 - U_2$.

3.1.11 Meßbereichserweiterung

Spannungsmesser

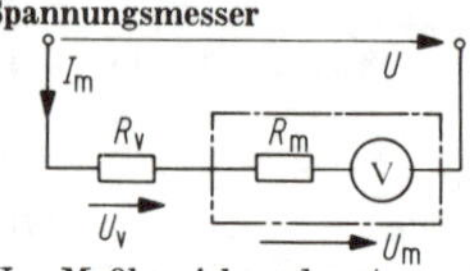

$$R_{\text{v}} = \frac{U - U_{\text{m}}}{I_{\text{m}}}$$
$$n = \frac{U}{U_{\text{m}}}$$
$$R_{\text{v}} = R_{\text{m}} \cdot (n - 1)$$

U_{m} Meßbereichsendwert vor der Erweiterung in V
U Meßbereichsendwert nach der Erweiterung in V
I_{m} Strom für Vollausschlag in A
R_{m} Widerstand des Meßwerkes in Ω
R_{v} Vorwiderstand in Ω
n Meßbereichserweiterungsfaktor

Beispiel: Meßwerk mit Vollausschlag bei 20 mA und 50 Ω Widerstand soll zur Spannungsmessung bis 300 V verwendet werden.

$R_{\text{v}} = ?\ \Omega$

$$U_{\text{m}} = I_{\text{m}} \cdot R_{\text{m}} = 0{,}02\ \text{A} \cdot 50\ \Omega = 1\ \text{V}$$
$$R_{\text{v}} = \frac{U - U_{\text{m}}}{I_{\text{m}}} = \frac{300\ \text{V} - 1\ \text{V}}{0{,}02\ \text{A}} = 14\,950\ \Omega$$

Strommesser

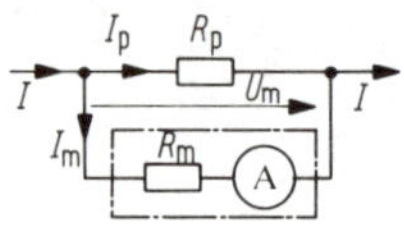

$$R_{\text{p}} = \frac{U_{\text{m}}}{I - I_{\text{m}}}$$
$$R_{\text{p}} = \frac{R_{\text{m}} \cdot I_{\text{m}}}{I - I_{\text{m}}}$$
$$n = \frac{I}{I_{\text{m}}}$$
$$R_{\text{p}} = \frac{R_{\text{m}}}{n - 1}$$

R_{p} Nebenwiderstand (Shunt) in Ω
U_{m} Spannung am Meßwerk bei Vollausschlag in V
I Meßbereichsendwert nach der Erweiterung in A
I_{m} Meßbereichsendwert vor der Erweiterung in A
R_{m} Widerstand des Meßwerkes in Ω
n Meßbereichserweiterungsfaktor

Beispiel: Ein Meßgerät mit $R_{\text{m}} = 50\ \Omega$ und 1 A Meßbereichsendwert soll auf 6 A erweitert werden. $R_{\text{p}} = ?\ \Omega$

$$R_{\text{p}} = \frac{R_{\text{m}} \cdot I_{\text{m}}}{I - I_{\text{m}}} = \frac{50\ \Omega \cdot 1\ \text{A}}{6\ \text{A} - 1\ \text{A}} = 10\ \Omega$$

3.1.12 Spannungsteiler

Unbelasteter Spannungsteiler

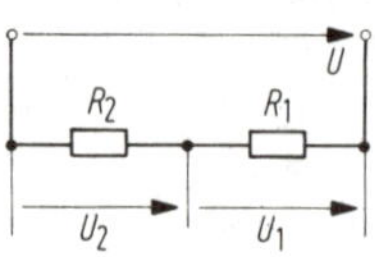

$$\frac{U_1}{R_1} = \frac{U_2}{R_2}$$
$$U_2 = \frac{R_2}{R_1 + R_2} \cdot U$$

U_1, U_2 Teilspannungen in V
R_1, R_2 Teilwiderstände in Ω
U Gesamtspannung in V

Beispiel: $U = 100\ \text{V}$; $R_1 + R_2 = 330\ \Omega$;
$U_2 = 30\ \text{V}$; $R_2 = ?\ \Omega$

$$R_2 = \frac{U_2}{U}\,(R_1 + R_2) = \frac{30\ \text{V}}{100\ \text{V}} \cdot 330\ \Omega = 99\ \Omega$$

3.1 Elektrotechnische Grundlagen

Belasteter Spannungsteiler

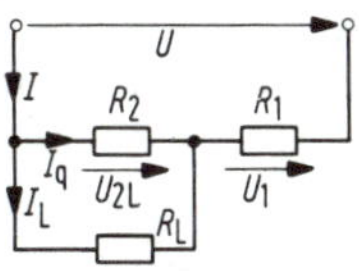

$$U_{2L} = \frac{U}{\frac{R_1 \cdot (R_2 + R_L)}{R_2 \cdot R_L} + 1}$$

$$R_2 = R_L \cdot \frac{U}{U_{2L}} \cdot \frac{U_{20} - U_{2L}}{U - U_{20}}$$

$$R_1 = R_2 \left(\frac{U}{U_{20}} - 1\right)$$

U_{2L}	Teilspannung bei Belastung mit R_L in V
U	Gesamtspannung in V
R_1, R_2	Teilwiderstände in Ω
R_L	Belastungswiderstand in Ω
U_{20}	Teilspannung ohne Belastung (Leerlauf) in V
I_L	Laststrom in A
I_q	Querstrom in A

Beispiel: Spannungsteiler an U = 100 V liegend hat im Leerlauf eine Spannung U_{20} = 30 V. Bei Belastung mit R_L = 70 Ω darf die Spannung auf U_{2L} = 25 V absinken. R_1 = ? Ω; R_2 = ? Ω.

$$R_2 = R_L \cdot \frac{U}{U_{2L}} \cdot \frac{U_{20} - U_{2L}}{U - U_{20}}$$

$$R_2 = 70\,\Omega \cdot \frac{100\text{ V}}{25\text{ V}} \cdot \frac{30\text{ V} - 25\text{ V}}{100\text{ V} - 30\text{ V}} = 20\,\Omega$$

$$R_1 = R_2 \left(\frac{U}{U_{20}} - 1\right) = 20\,\Omega \cdot \left(\frac{100\text{ V}}{30\text{ V}} - 1\right)$$

$$R_1 = 46{,}67\,\Omega$$

Kennlinien eines Spannungsteilers

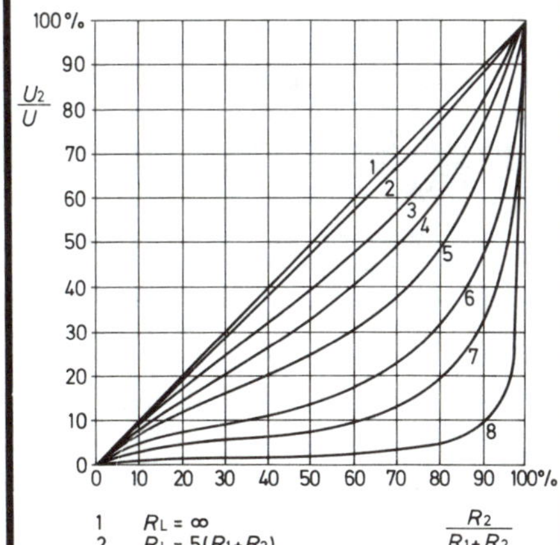

1 $R_L = \infty$
2 $R_L = 5(R_1+R_2)$
3 $R_L = R_1+R_2$
4 $R_L = 0{,}5(R_1+R_2)$
5 $R_L = 0{,}25(R_1+R_2)$
6 $R_L = 0{,}1(R_1+R_2)$
7 $R_L = 0{,}05(R_1+R_2)$
8 $R_L = 0{,}01(R_1+R_2)$

Die Ausgangsspannung weicht weniger von der Leerlaufspannung ab, wenn der Lastwiderstand gegenüber dem Teilerwiderstand groß ist.

3.1.13 Brückenschaltung

Wheatstonesche Brücke

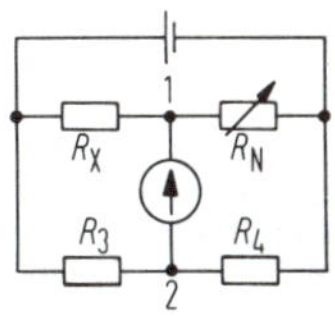

Für den Abgleich ($I_{12} = 0$) gilt:

$$\frac{R_X}{R_N} = \frac{R_3}{R_4}$$

R_X	unbekannter Widerstand in Ω
R_N	Vergleichswiderstand in Ω
R_3, R_4	Brückenwiderstände in Ω

Schleifdrahtbrücke

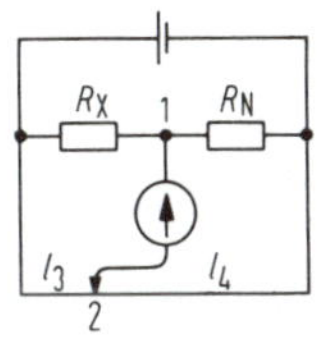

Für den Abgleich ($I_{12} = 0$) gilt:

$$\frac{R_X}{R_N} = \frac{l_3}{l_4}$$

l_3, l_4	Längen des Widerstandsdrahtes bis zum Abgriff in m

Beispiel: R_N = 100 Ω; l_3 = 60 cm; l_4 = 40 cm; R_X = ? Ω

$$R_X = R_N \cdot \frac{l_3}{l_4} = 100\,\Omega \cdot \frac{60\text{ cm}}{40\text{ cm}} = 150\,\Omega$$

3.1.14 Stern-Dreieck-Umwandlung

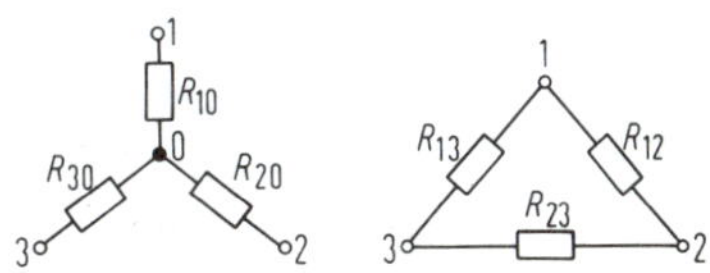

$$R_{10} = \frac{R_{12} \cdot R_{13}}{R_{12} + R_{13} + R_{23}} \qquad R_{12} = \frac{R_{10} \cdot R_{20}}{R_{30}} + R_{10} + R_{20}$$

$$R_{20} = \frac{R_{12} \cdot R_{23}}{R_{12} + R_{13} + R_{23}} \qquad R_{23} = \frac{R_{20} \cdot R_{30}}{R_{10}} + R_{20} + R_{30}$$

$$R_{30} = \frac{R_{13} \cdot R_{23}}{R_{12} + R_{13} + R_{23}} \qquad R_{13} = \frac{R_{10} \cdot R_{30}}{R_{20}} + R_{10} + R_{30}$$

Beispiel:

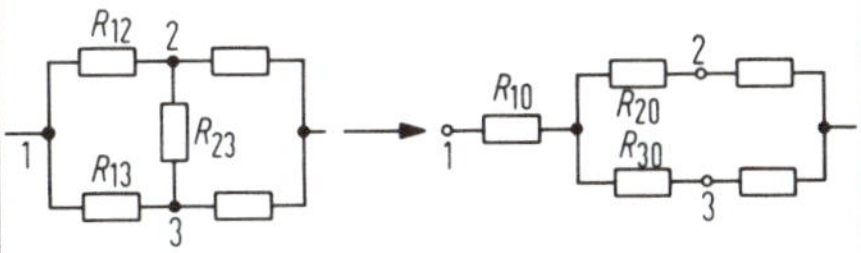

R_{12} = 20 Ω; R_{23} = 30 Ω; R_{13} = 50 Ω

3

3.1 Elektrotechnische Grundlagen

$$R_{10} = \frac{R_{12} \cdot R_{13}}{R_{12} + R_{13} + R_{23}}$$

$$R_{10} = \frac{20\,\Omega \cdot 50\,\Omega}{20\,\Omega + 30\,\Omega + 50\,\Omega} = 10\,\Omega$$

$$R_{20} = \frac{30\,\Omega \cdot 20\,\Omega}{100\,\Omega} = 6\,\Omega$$

$$R_{30} = \frac{30\,\Omega \cdot 50\,\Omega}{100\,\Omega} = 15\,\Omega$$

3.1.15 Spannungserzeuger

Belasteter Spannungserzeuger

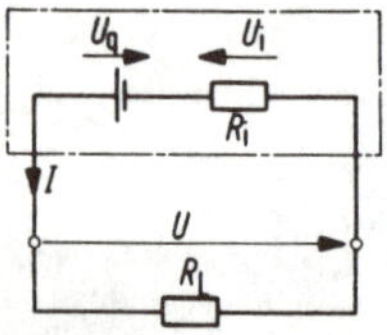

$$U = U_q - I \cdot R_i$$

$$I = \frac{U_q}{R_i + R_L}$$

$$U_0 = U_q$$

$$I_K = \frac{U_q}{R_i}$$

$$R_i = \frac{U_q}{I_K}$$

$$R_i = \frac{\Delta U}{\Delta I}$$

- U Klemmenspannung in V
- U_q Quellenspannung in V
- U_0 Leerlaufspannung in V
- I_K Kurzschlußstrom in A
- ΔI Stromänderung in A
- ΔU durch ΔI verursachte Klemmenspannungsänderung in V
- I Strom in A
- R_i innerer Widerstand in Ω
- R_L Lastwiderstand in Ω

Beispiel: Ein mit 30 A belasteter Spannungserzeuger hat eine Klemmenspannung von 60 V. Bei 20 A ist die Klemmenspannung 62 V.
$R_i = ?\,\Omega$; $U_q = ?\,\mathrm{V}$.

$$R_i = \frac{\Delta U}{\Delta I} = \frac{62\,\mathrm{V} - 60\,\mathrm{V}}{30\,\mathrm{A} - 20\,\mathrm{A}} = \frac{2\,\mathrm{V}}{10\,\mathrm{A}} = 0{,}2\,\Omega$$

$$U_q = U + I \cdot R_i = 60\,\mathrm{V} + 30\,\mathrm{A} \cdot 0{,}2\,\Omega = 66\,\mathrm{V}$$

Die größtmögliche Leistungsentnahme aus einem Spannungserzeuger ergibt sich bei **Leistungsanpassung**. Es muß dabei der Lastwiderstand gleich dem Innenwiderstand sein: $R_L = R_i$

Die maximale Leistung am Lastwiderstand wird dann:

$$P_{max} = \frac{U_0^2}{4 \cdot R_i}$$

Reihenschaltung

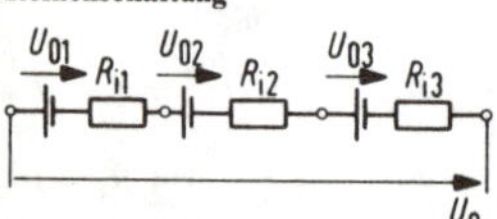

- U_0 Gesamtleerlaufspannung
- U_{01}, U_{02} Einzelleerlaufspannungen
- R_i Gesamtinnenwiderstand
- R_{i1}, R_{i2} Einzelinnenwiderstände

$$U_0 = U_{01} + U_{02} + U_{03} + \cdots$$

$$R_i = R_{i1} + R_{i2} + R_{i3} + \cdots$$

Parallelschaltung

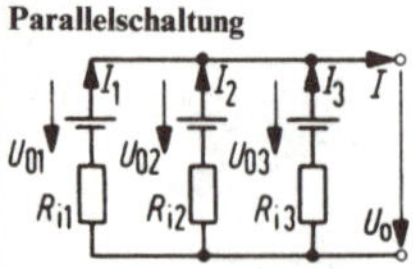

$$I = I_1 + I_2 + I_3 + \cdots$$

$$\frac{1}{R_i} = \frac{1}{R_{i1}} + \frac{1}{R_{i2}} + \frac{1}{R_{i3}} + \cdots$$

- I Gesamtstrom
- R_i Gesamtinnenwiderstand

Bei **unterschiedlichen Leerlaufspannungen** der einzelnen Spannungserzeuger fließen in der Parallelschaltung auch im Leerlauf Ausgleichsströme.

3.1.16 Elektrisches Feld

Elektrische Feldstärke

Die **Richtung der Feldstärke** ist festgelegt durch die Richtung der Kraft auf eine positive Ladung im elektrischen Feld.

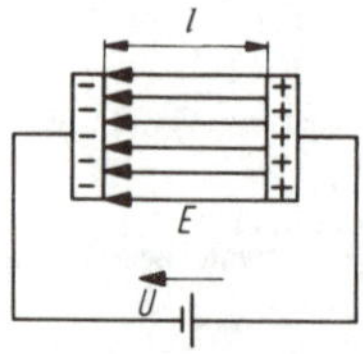

$$E = \frac{F}{Q} = \frac{U}{l}$$

- E elektr. Feldstärke in V/m
- U Spannung zwischen geladenen Körpern in V
- l Abstand der Körper in m
- F Kraft auf einen geladenen Körper in N
- Q Ladung des Körpers in As

Beispiel: Zwei parallele Metallplatten mit dem gegenseitigen Abstand 2 cm liegen an 1000 V. Zwischen den Platten befindet sich eine Ladung von $2 \cdot 10^{-10}$ As.
$E = ?$ V/m; $F = ?$ N

$$E = \frac{U}{l} = \frac{1000\,\mathrm{V}}{0{,}02\,\mathrm{m}} = 5 \cdot 10^4\,\mathrm{V/m}$$

$$F = Q \cdot E = 2 \cdot 10^{-10}\,\mathrm{As} \cdot 5 \cdot 10^4\,\mathrm{V/m} = 10^{-5}\,\mathrm{N}$$

Elektrische Durchschlagfestigkeit

Die elektrische Durchschlagfestigkeit ist die in einem homogenen elektrischen Feld Durchschlag bewirkende Feldstärke in kV/cm oder kV/mm. Zur Berechnung der Feldstärke wird bei einer sinusförmigen Wechselspannung der Effektivwert verwendet.

Elektrische Verschiebung

$$D = \frac{Q}{A} = \varepsilon \cdot E = \varepsilon_0 \cdot \varepsilon_r \cdot E$$

$$\varepsilon_0 = 0{,}885149 \cdot 10^{-11}\,\mathrm{F/m}$$

- D elektrische Verschiebung in As/m²
- Q elektrische Ladung in As
- A Fläche in m²
- ε Dielektrizitätskonstante in As/Vm = F/m
- ε_0 elektrische Feldkonstante in F/m
- ε_r Dielektrizitätszahl (ohne Einheit)

Kapazitäten von Kondensatoren

Plattenkondensator

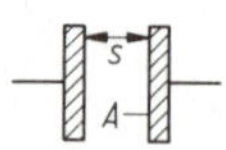

$$C = \varepsilon_0 \cdot \varepsilon_r \cdot \frac{A}{s}$$

- C Kapazität in F
- ε_r Dielektrizitätszahl des Stoffes zwischen den parallelen Platten
- A Fläche einer Platte in m²
- s Abstand der Platten in m

Zylinderkondensator

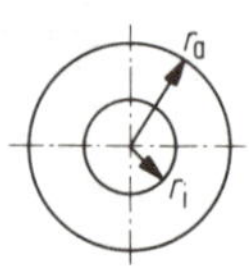

$$C = \varepsilon_0 \cdot \varepsilon_r \cdot \frac{2 \cdot \pi \cdot l}{\ln \frac{r_a}{r_i}}$$

- l Länge der koaxialen Zylinder in m
- r_a Innenradius des äußeren Zylinders in mm
- r_i Außenradius des inneren Zylinders in mm
- ln natürlicher Logarithmus
- ε_r Dielektrizitätszahl des Stoffes zwischen den Zylindern

3.1 Elektrotechnische Grundlagen

Kugelkondensator

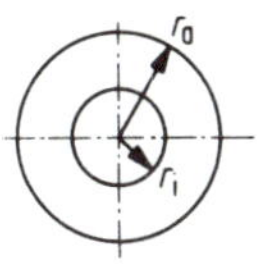

$$C = \varepsilon_0 \cdot \varepsilon_r \cdot 4\,\pi \cdot \frac{r_i \cdot r_a}{r_a - r_i}$$

r_i Außenradius der inneren Kugel in m
r_a Innenradius der äußeren Kugel in m
ε_r Dielektrizitätszahl des Stoffes zwischen den Kugeln

Parallele Zylinder mit gleichen Radien

Für den Fall $d \gg r$:

$$C = \frac{\pi \cdot \varepsilon_0 \cdot \varepsilon_r \cdot l}{\ln \dfrac{d-r}{r}}$$

l Länge der Zylinder in m
d Abstand der Mittellinien der Zylinder in m
r Radius der Zylinder in m
ε_r Dielektrizitätszahl des Stoffes zwischen den Zylindern

Ladung von Kondensatoren

$Q = I \cdot t$

$Q = C \cdot U$

Q Ladung in As
I Strom in A
t Zeit in s
C Kapazität in F ($\mathrm{F} = \frac{\mathrm{As}}{\mathrm{V}}$)
U Spannung in V

Beispiel: Zwei elektrische Leiter mit r = 1 cm, l = 100 m verlaufen mit 0,5 m Abstand durch Luft. Gegenseitige Spannung 200 V. C = ? pF, Q = ? As

$$C = \frac{\pi \cdot \varepsilon_0 \cdot \varepsilon_r \cdot l}{\ln \dfrac{d-r}{r}} = \frac{3{,}14 \cdot 0{,}885 \cdot 10^{-11} \cdot 0{,}5\ \mathrm{F}}{\ln \dfrac{0{,}5 - 0{,}01}{0{,}01}}$$

$$C = \frac{13{,}9 \cdot 10^{-12}\ \mathrm{F}}{3{,}89} = 3{,}57\ \mathrm{pF}$$

$$Q = C \cdot U = 3{,}57 \cdot 10^{-12}\ \mathrm{F} \cdot 200\ \mathrm{V} = 7{,}14 \cdot 10^{-10}\ \mathrm{As}$$

Parallelschaltung von Kondensatoren

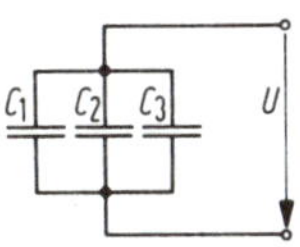

$$Q = Q_1 + Q_2 + Q_3 + \cdots$$
$$C = C_1 + C_2 + C_3 + \cdots$$
$$U = \frac{Q}{C} = \frac{Q_1}{C_1} = \frac{Q_2}{C_2} = \cdots$$

Q Gesamtladung in As
Q_1, Q_2 Einzelladungen in As
C Gesamtkapazität in F
C_1, C_2 Einzelkapazitäten in F
U Spannung in V

Reihenschaltung von Kondensatoren

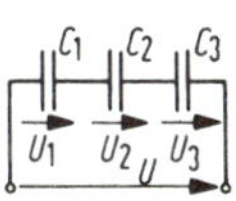

$$U = U_1 + U_2 + U_3 + \cdots$$
$$\frac{1}{C} = \frac{1}{C_1} + \frac{1}{C_2} + \frac{1}{C_3} + \cdots$$
$$Q = C \cdot U = C_1 \cdot U_1 = C_2 \cdot U_2$$

U Gesamtspannung in V
U_1, U_2 Einzelspannungen in V
C Gesamtkapazität in F
C_1, C_2 Einzelkapazitäten in F
Q Ladung in As

Für den speziellen Fall der Reihenschaltung aus zwei Kondensatoren:

$$C = \frac{C_1 \cdot C_2}{C_1 + C_2}$$

Beispiel: C_1 = 2 µF; C_2 = 4 µF; C_3 = 500 nF; C = ? µF

$$C = \frac{1}{\dfrac{1}{C_1} + \dfrac{1}{C_2} + \dfrac{1}{C_3}} = \frac{1}{\dfrac{1}{2} + \dfrac{1}{4} + \dfrac{1}{0{,}5}}\ \mu\mathrm{F}$$

C = 0,364 µF

3.1.17 Magnetisches Feld

Durchflutung

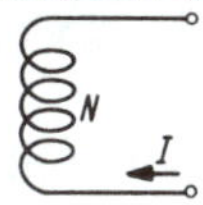

$$\Theta = N \cdot I$$

Θ Durchflutung in A (= magnetische Spannung)
N Windungszahl
I Strom in A

Beispiel: N = 300; I = 2 A; Θ = ? A

$\Theta = N \cdot I = 300 \cdot 2\ \mathrm{A} = 600\ \mathrm{A}$

Magnetische Feldstärke (magnetische Erregung)

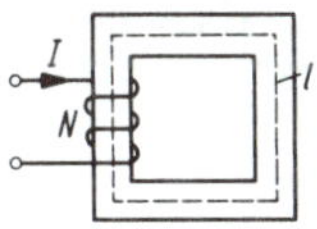

$$H = \frac{N \cdot I}{l}$$

H magnetische Feldstärke in A/m
N Windungszahl
I Strom in A
l mittlere Feldlinienlänge in m

Beispiel: N = 300; I = 2 A; l = 10 cm; H = ? A/m

$$H = \frac{N \cdot I}{l} = \frac{300 \cdot 2\ \mathrm{A}}{0{,}1\ \mathrm{m}} = 6000\ \mathrm{A/m}$$

Magnetischer Fluß und magnetische Flußdichte

Der magnetische Fluß ist die Summe aller gedachten Feldlinien.

Die magnetische Flußdichte ist die Anzahl der Feldlinien, die senkrecht durch eine Flächeneinheit hindurchtreten.

$$B = \frac{\Phi}{S}$$

B magn. Flußdichte in T
1 T = 1 Tesla = 1 Vs/m²
Φ magn. Fluß in Wb
1 Wb = 1 Weber = 1 Vs
S Fläche in m²

Beispiel: $\Phi = 8 \cdot 10^{-4}$ Vs; S = 20 cm²; B = ? Vs/m²

$$B = \frac{\Phi}{S} = \frac{8 \cdot 10^{-4}\ \mathrm{Vs}}{20 \cdot 10^{-4}\ \mathrm{m}^2} = 0{,}4\ \mathrm{Vs/m^2} = 0{,}4\ \mathrm{T}$$

Magnetische Feldstärke, Flußdichte, Permeabilität

$B = \mu \cdot H$
$B = \mu_0 \cdot \mu_r \cdot H$
$\mu = \mu_0 \cdot \mu_r$
$\mu_0 = 1{,}2566 \cdot 10^{-6}\ \frac{\mathrm{Vs}}{\mathrm{Am}}$

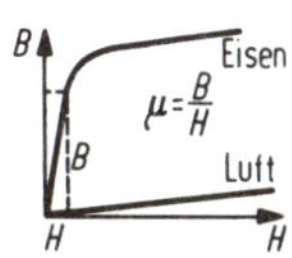

B magnetische Flußdichte in T
H Feldstärke in A/m
μ Permeabilität in $\frac{\mathrm{Vs}}{\mathrm{Am}}$
μ_0 magn. Feldkonstante
μ_r Permeabilitätszahl

in Luft: $B = \mu_0 \cdot H$
μ_0 konstant, $\mu_r \approx 1$.

in Eisen: $B = \mu \cdot H$
μ nicht konstant.

Zusammenhang zwischen magnetischer Feldstärke und Flußdichte wird in Magnetisierungskurven direkt angegeben.

3.1 Elektrotechnische Grundlagen

Hysteresiskurve

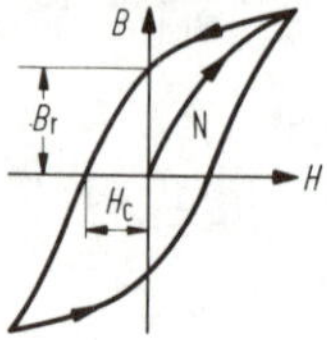

N Neukurve
B_r magn. Remanenz (Restmagnetismus)
H_c Koerzitivfeldstärke

Die von der Hysteresiskurve eingeschlossene Fläche entspricht den Ummagnetisierungsverlusten.

Anforderungen an Magnetwerkstoffe

Für Elektromagnete Werkstoffe mit geringer Remanenz, geringer Koerzitivfeldstärke (kleine Ummagnetisierungsverluste) und großer Permeabilitätszahl.

Für Dauermagnete Werkstoffe mit großer Remanenz und großer Koerzitivfeldstärke.

Entmagnetisieren

Einbringen des magnetischen Gegenstandes in das Magnetfeld einer vom Wechselstrom durchflossenen Spule; dann entweder den Strom verringern oder den Gegenstand langsam aus dem Spulenfeld entfernen.

Magnetischer Widerstand und Leitwert

$$R_m = \frac{\Theta}{\Phi} = \frac{l}{\mu \cdot S}$$

$$\Lambda = \frac{1}{R_m} = \frac{\mu \cdot S}{l}$$

$$\Phi = \Theta \cdot \Lambda$$

R_m magnetischer Widerstand in $\frac{A}{Wb}$
Θ Durchflutung in A
Φ magn. Fluß in Wb
l mittlere Feldlinienlänge in m
μ Permeabilität in $\frac{Wb}{A \cdot m}$
S Fläche in m^2
Λ magnetischer Leitwert in $\frac{Wb}{A}$

Beispiel: Geschlossener Eisenkreis mit $\Theta = 720\,A$;
$l = 20\,cm$; $S = 6\,cm^2$;
$\mu = \mu_0 \cdot \mu_r = 1{,}5 \cdot 10^{-3}\,\frac{Wb}{Am}$;
$\Lambda = ?\,\frac{Wb}{A}$; $\Phi = ?\,Wb$

$$\Lambda = \frac{\mu \cdot S}{l} = \frac{1{,}5 \cdot 10^{-3}\,\frac{Wb}{Am} \cdot 6 \cdot 10^{-4}\,m^2}{0{,}2\,m}$$

$$\Lambda = 4{,}5 \cdot 10^{-6}\,\frac{Wb}{A}$$

$$\Phi = \Theta \cdot \Lambda = 720\,A \cdot 4{,}5 \cdot 10^{-6}\,\frac{Wb}{A}$$

$$\Phi = 3{,}24 \cdot 10^{-3}\,Wb$$

Magnetischer Kreis mit Luftspalt

$$R_{m\,ges} = R_{m\,Fe} + R_{m\,Luft}$$

$$V_{ges} = V_{Fe} + V_{Luft}$$

$$\Theta = H_{Fe} \cdot l_{Fe} + H_{Luft} \cdot l_{Luft}$$

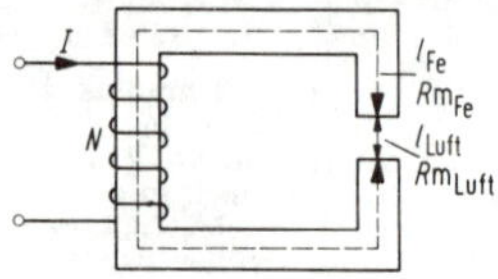

$R_{m\,ges}$ gesamter magn. Widerstand in $\frac{A}{Wb}$
$R_{m\,Fe}$; $R_{m\,Luft}$ magn. Einzelwiderstände in $\frac{A}{Wb}$
V_{ges} magn. Gesamtspannung in A
V_{Fe}; V_{Luft} magn. Teilspannungen in A
Θ Durchflutung (Wicklung) in A
H_{Fe}; H_{Luft} magn. Feldstärken in $\frac{A}{m}$
l_{Fe}; l_{Luft} mittlere Feldlinienlängen in m

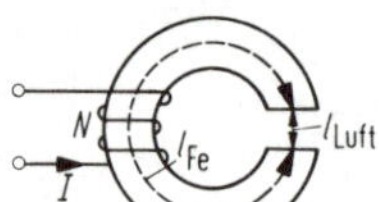

Beispiel:
$l_{Fe} = 20\,cm$
$l_{Luft} = 2\,mm$
$B_{Fe} = B_{Luft} = 0{,}3\,\frac{Wb}{m^2}$
$\mu_{Fe} = 0{,}3 \cdot 10^{-3}\,\frac{Wb}{A \cdot m}$
$I = ?\,A$

$$H_{Luft} = \frac{B}{\mu_0} = \frac{0{,}3\,Wb/m^2}{1{,}256\,Wb/Am} \cdot 10^6$$

$$H_{Luft} = 2{,}39 \cdot 10^5\,\frac{A}{m}$$

$$H_{Fe} = \frac{B}{\mu} = \frac{0{,}3\,Wb/m^2}{0{,}3\,Wb/Am} \cdot 10^3 = 10^3\,\frac{A}{m}$$

$$\Theta = H_{Fe} \cdot l_{Fe} + H_{Luft} \cdot l_{Luft}$$

$$\Theta = 10^3\,\frac{A}{m} \cdot 0{,}2\,m + 2{,}39 \cdot 10^5\,\frac{A}{m} \cdot 2 \cdot 10^{-3}\,m$$

$$\Theta = 200\,A + 478\,A = 678\,A$$

$$I = \frac{\Theta}{N} = \frac{678\,A}{200} = 3{,}39\,A$$

Kraft im Magnetfeld

$$F = \frac{B^2 \cdot S}{2 \cdot \mu_0}$$

F Kraft in N
μ_0 magn. Feldkonstante
B magn. Flußdichte in T
S Fläche in m^2

Beispiel: $B = 1{,}5\,T$; $S = 1\,cm^2$; $F = ?\,N$

$$F = \frac{B^2 \cdot S}{2 \cdot \mu_0} = \frac{1{,}5^2\,\frac{Wb^2}{m^4} \cdot 10^{-4}\,m^2}{2 \cdot 1{,}256 \cdot 10^{-6}\,\frac{Wb}{A \cdot m}}$$

$$F = \frac{225\,Ws}{2{,}512\,m} = 89{,}5\,N$$

3.1 Elektrotechnische Grundlagen

Induktion der Bewegung

$U = B \cdot l \cdot v \cdot z$ wenn $v \perp B$

U Spannung in V
l wirksame Leiterlänge in m
v Geschwindigkeit in $\frac{\text{m}}{\text{s}}$
z Leiterzahl
B magn. Flußdichte in T

Beispiel: $B = 1\,\text{T}$; $l = 10\,\text{cm}$; $v = 1\,\frac{\text{m}}{\text{s}}$; $z = 5$
$U = ?\,\text{V}$

$$U = B \cdot l \cdot v \cdot z = 1\,\frac{\text{Vs}}{\text{m}^2} \cdot 0{,}1\,\text{m} \cdot 1\,\frac{\text{m}}{\text{s}} \cdot 5$$

$$U = 0{,}5\,\text{V}$$

Linke-Hand-Regel (Motorregel)

Hält man die linke Hand so, daß die Feldlinien (vom Nordpol kommend) auf die Handfläche der Hand auftreffen und zeigen die ausgestreckten Finger in Stromrichtung, dann gibt der abgespreizte Daumen die Bewegungsrichtung des Leiters an.

Kraft auf parallele Stromleiter

Parallele Leiter mit gleicher Stromrichtung ziehen sich an; parallele Leiter mit entgegengesetzter Stromrichtung stoßen sich ab.

$$F = \frac{\mu_0}{2\pi} \cdot \frac{l}{b} \cdot I_1 \cdot I_2$$

F Kraft in N
μ_0 magn. Feldkonstante
l Leiterlänge in m
b Leiterabstand in m
I_1; I_2 Leiterstrom in A

Beispiel: $l = 10\,\text{m}$; $b = 1\,\text{cm}$; $I_1 = I_2 = 30\,\text{A}$
$F = ?\,\text{N}$

$$F = \frac{\mu_0}{2\pi} \cdot \frac{l}{b} \cdot I_1 \cdot I_2$$

$$F = \frac{1{,}256 \cdot 10^{-6}\,\frac{\text{Vs}}{\text{Am}}}{2\pi} \cdot \frac{10\,\text{m}}{0{,}01\,\text{m}} \cdot 30^2\,\text{A}^2$$

$$F = 0{,}18\,\text{N}$$

Kraft auf stromdurchflossenen Leiter

$F = B \cdot I \cdot l \cdot z$ wenn $B \perp l$

F Kraft in N
B magn. Flußdichte in T
l wirksame Leiterlänge in m
z Leiterzahl

Beispiel: $B = 1\,\text{T}$; $I = 1\,\text{A}$; $l = 10\,\text{cm}$; $z = 5$
$F = ?\,\text{N}$

$$F = B \cdot I \cdot l \cdot z = 1\,\frac{\text{Vs}}{\text{m}^2} \cdot 1\,\text{A} \cdot 0{,}1\,\text{m} \cdot 5$$

$$F = 0{,}5\,\frac{\text{Ws}}{\text{m}} = 0{,}5\,\text{N}$$

Rechte-Hand-Regel (Generatorregel)

Hält man die rechte Hand so, daß die Feldlinien (vom Nordpol kommend) auf die Innenfläche der Hand auftreffen und zeigt der abgespreizte Daumen in die Bewegungsrichtung, so geben die ausgestreckten Finger die Richtung des Induktionsstromes an.

Induktionsgesetz

$$U = -N\,\frac{\Delta\Phi}{\Delta t}$$

U induzierte Spannung in V
N Windungszahl
$\frac{\Delta\Phi}{\Delta t}$ zeitliche Veränderung des magn. Flusses in $\frac{\text{Wb}}{\text{s}}$

Beispiele: $N = 3000$; $\Phi_1 = 2 \cdot 10^{-4}\,\text{Vs}$; $\Phi_2 = 4 \cdot 10^{-4}\,\text{Vs}$;
$t_1 = 0{,}1\,\text{s}$; $t_2 = 0{,}2\,\text{s}$; $U = ?\,\text{V}$

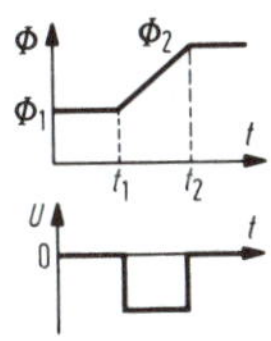

$$U = -N\,\frac{\Delta\Phi}{\Delta t} = -N\,\frac{\Phi_2 - \Phi_1}{t_2 - t_1}$$

$$U = -3000\,\frac{(4 \cdot 10^{-4} - 2 \cdot 10^{-4})\,\text{Vs}}{(0{,}2 - 0{,}1)\,\text{s}}$$

$$U = -3000 \cdot \frac{2 \cdot 10^{-4}}{0{,}1}\,\text{V}$$

$$U = -6\,\text{V}$$

Selbstinduktionsspannung

$$U = -L \cdot \frac{\Delta I}{\Delta t}$$

U Selbstinduktionsspannung in V
L Induktivität in H
$\frac{\Delta I}{\Delta t}$ zeitliche Änderung des Stromes in $\frac{\text{A}}{\text{s}}$

Beispiel: $L = 2\,\text{H}$; $\frac{\Delta I}{\Delta t} = 4\,\frac{\text{A}}{\text{s}}$; $U = ?\,\text{V}$

$$U = -L \cdot \frac{\Delta I}{\Delta t} = -2\,\text{H} \cdot 4\,\frac{\text{A}}{\text{s}} = -8\,\text{V}$$

Selbstinduktivität von Spulen

$$L = N^2 \cdot \frac{\mu_0 \cdot \mu_r \cdot S}{l}$$

$$L = N^2 \cdot \Lambda$$

L Selbstinduktivität in H $\left(1\,\text{H} = \frac{\text{Wb}}{\text{A}}\right)$
N Windungszahl
Λ magn. Leitwert in $\frac{\text{Wb}}{\text{A}}$

Beispiel: $N = 100$; $\mu_r = 2000$; $S = 3\,\text{cm}^2$;
$l = 15\,\text{cm}$; $L = ?\,\text{H}$

$$L = N^2 \cdot \frac{\mu_0 \cdot \mu_r \cdot S}{l}$$

$$= 10^4\,\frac{1{,}256 \cdot 2 \cdot 3 \cdot 10^{-7}\,\text{Vsm}^2}{0{,}15\,\text{m Am}}$$

$$L = 50{,}2 \cdot 10^{-3}\,\frac{\text{Vs}}{\text{A}} = 50{,}2\,\text{mH}$$

3.1 Elektrotechnische Grundlagen

Magnetisch nicht gekoppelte Spulen

Reihenschaltung

$L = L_1 + L_2 + L_3 + \cdots$

L Gesamtinduktivität in H

L_1, L_2, L_3 Einzelinduktivitäten in H

Beispiel: $L_1 = 2\,\text{H}$, $L_2 = 3\,\text{H}$, $L_3 = 5\,\text{H}$, $L = ?\,\text{H}$

$$L = L_1 + L_2 + L_3 = 2\,\text{H} + 3\,\text{H} + 5\,\text{H}$$
$$L = 10\,\text{H}$$

Parallelschaltung

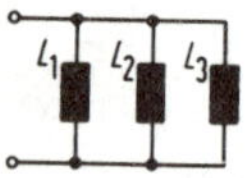

$\frac{1}{L} = \frac{1}{L_1} + \frac{1}{L_2} + \frac{1}{L_3} + \cdots$

L Gesamtinduktivität in H

L_1, L_2, L_3 Einzelinduktivitäten in H

Beispiel: $L_1 = 2\,\text{H}$, $L_2 = 5\,\text{H}$, $L_3 = 10\,\text{H}$, $L = ?\,\text{H}$

$$\frac{1}{L} = \frac{1}{L_1} + \frac{1}{L_2} + \frac{1}{L_3} = \frac{1}{2\,\text{H}} + \frac{1}{5\,\text{H}} + \frac{1}{10\,\text{H}}$$

$$L = \frac{10\,\text{H}}{8} = 1{,}25\,\text{H}$$

Magnetisch gekoppelte Spulen

	gleicher Wicklungssinn	entgegengesetzter Wicklungssinn
Reihenschaltung	$L = L_1 + L_2 + 2M$	$L = L_1 + L_2 - 2M$
Parallelschaltung	$L = \frac{L_1 \cdot L_2 - M^2}{L_1 + L_2 - 2M}$	$L = \frac{L_1 \cdot L_2 - M^2}{L_1 + L_2 + 2M}$

$M = k \cdot \sqrt{L_1 \cdot L_2}$

M Gegeninduktivität in H

k Kopplungsgrad ($0 \cdots 1$ je nach Kopplung)

L_1 Selbstinduktivität der Spule 1

L_2 Selbstinduktivität der Spule 2

3.1.18 Kondensator und Spule im Gleichstromkreis

Kondensator im Gleichstromkreis

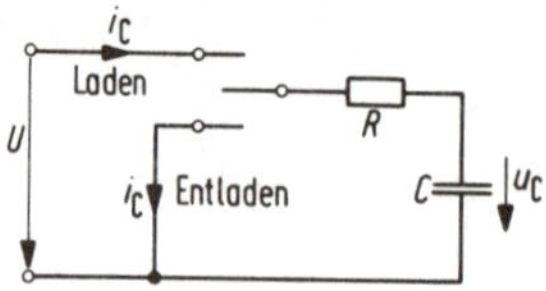

$\tau = R \cdot C$

τ Zeitkonstante in s

R Widerstand in Ω

C Kapazität in F = $\frac{\text{As}}{\text{V}}$

I_0 Strom im Einschaltaugenblick in A

U angelegte Gleichspannung in V

$I_0 = \frac{U}{R}$

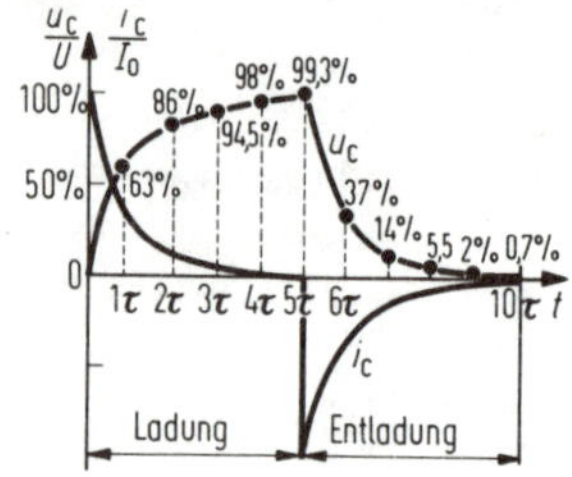

Ladung: $i_C = \frac{U}{R} \cdot e^{-\frac{t}{\tau}}$

$u_C = U \cdot (1 - e^{-\frac{t}{\tau}})$

i_C Strom in A

e natürliche Zahl (2,71828 ...)

Entladung: $i_C = \frac{U}{R} \cdot e^{-\frac{t}{\tau}}$

$u_C = U \cdot e^{-\frac{t}{\tau}}$

u_C Kondensatorspannung in V

t Zeit in s

Spule im Gleichstromkreis

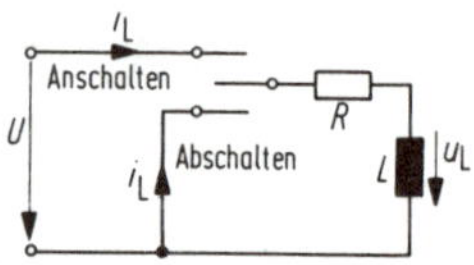

Die Spule wird beim Abschalten von einem Verbraucher zu einer Spannungsquelle, die versucht, den Strom in gleicher Richtung weiter fließen zu lassen. Dabei hat sich die Polung der Spannung an der Spule umgekehrt.

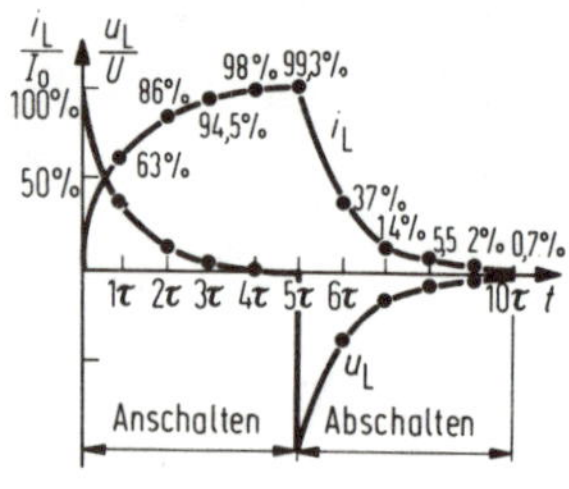

Anschalten: $i_L = \frac{U}{R} \cdot (1 - e^{-\frac{t}{\tau}})$

$u_L = U \cdot e^{-\frac{t}{\tau}}$

i_L Strom in A

u_L Spulenspannung in V

Abschalten: $i_L = \frac{U}{R} \cdot e^{-\frac{t}{\tau}}$

$u_L = U \cdot e^{-\frac{t}{\tau}}$

e natürl. Zahl (2,71828...)

t Zeit in s

3.1 Elektrotechnische Grundlagen

3.1.19 Wechselstrom

Grundbegriffe

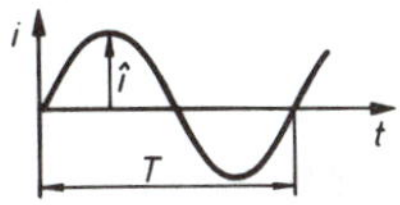

$f = \frac{1}{T}$

f Frequenz in Hz
T Periodendauer in s

Beispiel: $T = 20$ ms; $f = ?$ Hz

$$f = \frac{1}{T} = \frac{1}{20\ \text{ms}} = \frac{10^3}{20} \cdot \frac{1}{\text{s}} = 50\ \text{Hz}$$

Effektivwert: Der Effektivwert I eines Wechselstromes ist der sich aus den Augenblickswerten i ergebende Dauerwert, der in einem ohmschen Widerstand die gleiche Wärmearbeit erzeugt wie ein Gleichstrom der gleichen Höhe.

Gleichrichtwert: Der Gleichrichtwert (arithmetische Mittelwert) $\bar{i}$ eines Wechselstromes ist der gleichbleibende Wert, von dem aus die Summe aller größeren Augenblickswerte gleich der Summe aller kleineren Augenblickswerte ist.

Scheitelfaktor: Der Scheitelfaktor eines Wechselstromes ist das Verhältnis des Scheitelwertes $\hat{i}$ (größter Augenblickswert) zum Effektivwert.

Formfaktor: Der Formfaktor ist das Verhältnis des Effektivwertes zum Gleichrichtwert.

Kurvenform	Scheitelfaktor $\frac{\hat{i}}{I}$	Formfaktor $\frac{I}{\bar{i}}$
Sinus	$\sqrt{2} = 1{,}41$	1,11
Rechteck	1,00	1,00
Dreieck	$\sqrt{3} = 1{,}73$	1,15
Halbkreis	1,22	1,04

Frequenz und Drehzahl

$f = p \cdot n$

f Frequenz in Hz
p Polpaarzahl
n Drehzahl in $\frac{1}{\text{s}}$

Sinusförmige Wechselstromgrößen

Kreisfrequenz

$\omega = 2\pi \cdot f$

ω Kreisfrequenz in $\frac{1}{\text{s}}$
f Frequenz in Hz

Zeigerdarstellung

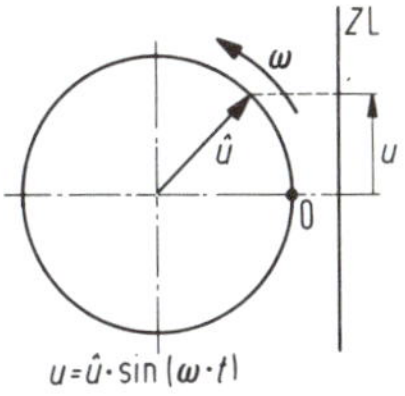

Bestandteile:

1. Zeiger: Die Zeigerlänge entspricht dem Scheitelwert (in symbolischen Darstellungen auch dem Effektivwert).
2. Winkelgeschwindigkeit ω: Der Zeiger rotiert mit der Winkelgeschwindigkeit (Kreisfrequenz) entgegen dem Uhrzeigerdrehsinn.
3. Zeitlinie ZL:

Die Projektion des Zeigers auf die Zeitlinie ergibt den Augenblickswert der Sinusgröße.

Grundsatz: In einem Zeigerdiagramm können nur Zeiger von Größen gleicher Frequenz dargestellt werden.

Zusammenschaltung sinusförmiger Wechselspannungen und -ströme

Sinusförmige Wechselspannungen oder -ströme gleicher Frequenz werden addiert bzw. subtrahiert, indem im Zeigerdiagramm die zugehörigen Zeiger **geometrisch** addiert bzw. subtrahiert werden.

Beispiel: Zwei dem Betrage nach gleiche Spannungen $U = 2$ V mit einem gegenseitigen Phasenverschiebungswinkel von 60° sollen addiert werden.
Gesamtspannung = ? V

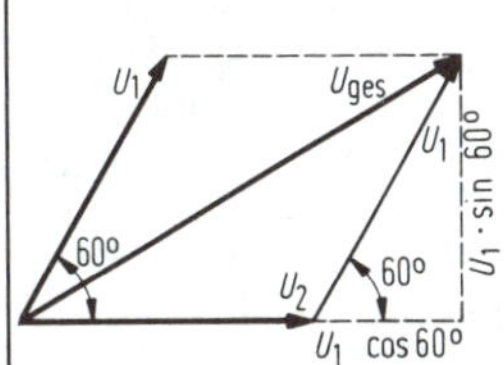

1. Zeichnerisch:
Wahl eines Maßstabes $M = 1\frac{\text{V}}{\text{cm}}$, dann mit einem Winkel von 60° zueinander die beiden Spannungszeiger zeichnen (je 2 cm lang) und diese geometrisch zusammensetzen (Prinzip: Kräfteparallelogramm). Ergebnis: $U_{\text{ges}} = 3{,}45$ V

2. Rechnerisch:

$$U^2_{\text{ges}} = (U_2 + U_1 \cdot \cos 60°)^2 + (U_1 \cdot \sin 60°)^2$$
$$U^2_{\text{ges}} = (2\ \text{V} + 2\ \text{V} \cdot 0{,}5)^2 + (2\ \text{V} \cdot 0{,}866)^2$$
$$U_{\text{ges}} = \sqrt{3^2\ \text{V}^2 + 1{,}73^2\ \text{V}^2} = \sqrt{12\ \text{V}^2} = 3{,}46\ \text{V}$$

3.1.20 Transformator

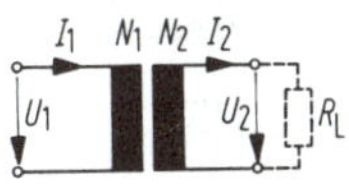

$$\ddot{u} = \frac{N_1}{N_2}$$
$$\frac{U_1}{U_2} \approx \frac{N_1}{N_2}$$
$$\frac{I_1}{I_2} \approx \frac{N_2}{N_1}$$

$\ddot{u}$ Übersetzungsverhältnis
U_1 Eingangsspannung in V
U_2 Ausgangsspannung in V
I_1 Eingangsstrom in A
I_2 Ausgangsstrom in A
N_1 Windungszahl der Eingangswicklung
N_2 Windungszahl der Ausgangswicklung
Z_1 eingangsseitiger Wechselstromwiderstand in Ω
Z_2 ausgangsseitiger Wechselstromwiderstand in Ω

Übertrager:

$$\ddot{u}^2 = \frac{Z_1}{Z_2}$$

Beispiel 1: $U_1 = 220$ V; $N_1 = 2000$; $I_1 = 0{,}5$ A; $N_2 = 100$; $\ddot{u} = ?$; $U_2 = ?$ V; $I_2 = ?$ A

$$\ddot{u} = \frac{N_1}{N_2} = \frac{2000}{100} = \frac{20}{1} = 20:1$$
$$U_2 = \frac{1}{\ddot{u}} \cdot U_1 = \frac{1}{20} \cdot 220\ \text{V} = 11\ \text{V}$$
$$I_2 = \ddot{u} \cdot I_1 = 20 \cdot 0{,}5\ \text{A} = 10\ \text{A}$$

Beispiel 2: Der Ausgangswiderstand einer Verstärkerstufe von 162 Ω ist anzupassen an den Lautsprecherwiderstand von 4,5 Ω. Mit welchem Übersetzungsverhältnis ist der Übertrager auszustatten?

$$\ddot{u} = \sqrt{\frac{Z_1}{Z_2}} = \sqrt{\frac{162\ \Omega}{4{,}5\ \Omega}} = \sqrt{36} = 6:1$$

3.1 Elektrotechnische Grundlagen

Transformatorenhauptgleichung

$U_0 = 4{,}44 \cdot \hat{B} \cdot S \cdot f \cdot N$

U_0 Leerlaufspannung (Effektivwert) in V
$\hat{B}$ magn. Flußdichte (Scheitelwert) in T
S Eisenquerschnitt in m²
f Frequenz in Hz
N Windungszahl

Beispiel: $\hat{B} = 1{,}3$ T; $S = 6$ cm²; $f = 50$ Hz; $N = 1272$; $U_0 = ?$ V

$$U_0 = 4{,}44 \cdot \hat{B} \cdot S \cdot f \cdot N$$

$$U_0 = 4{,}44 \cdot 1{,}3 \frac{\text{Vs}}{\text{m}^2} \cdot 6 \cdot 10^{-4}\,\text{m}^2 \cdot 50 \frac{1}{\text{s}} \cdot 1272$$

$$U_0 = 220 \text{ V}$$

Kurzschlußspannung

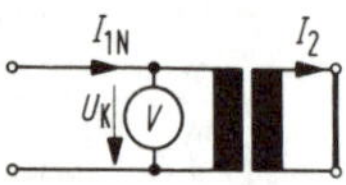

Die Kurzschlußspannung U_K ist die Spannung mit Nennfrequenz, die bei kurzgeschlossener Ausgangswicklung an die Eingangswicklung gelegt werden muß, um in der Eingangswicklung den Nennstrom zu erhalten. Sie wird in Prozenten der Nenn-Eingangsspannung angegeben.

$$u_K = \frac{U_K}{U_N} \cdot 100\%$$

u_K Kurzschlußspannung in %
U_K Kurzschlußspannung in V
U_N Nennspannung in V

Beispiel: $U_N = 220$ V; gemessen $U_K = 19{,}8$ V; $u_K = ?$ %

$$u_K = \frac{U_K}{U_N} \cdot 100\% = \frac{19{,}8 \text{ V}}{220 \text{ V}} \cdot 100\% = 9\%$$

Dauerkurzschlußstrom

$$I_{Kd} = \frac{I_N}{u_K} \cdot 100\%$$

I_{Kd} Dauerkurzschlußstrom in A
I_N Nennstrom in A
u_K Kurzschlußspannung in %

Beispiel: $u_K = 9\%$; $I_N = 10$ A; $I_{Kd} = ?$ A

$$I_{Kd} = \frac{I_N}{u_K} \cdot 100\% = \frac{10 \text{ A}}{9\%} \cdot 100\% = 111 \text{ A}$$

3.1.21 Wechselstromwiderstände

Ohmscher Widerstand (Wirkwiderstand)

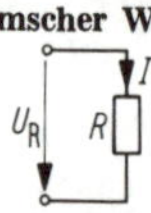

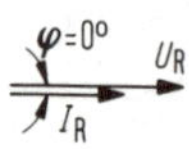

$$R = \frac{U_R}{I_R}$$

R Wirkwiderstand in Ω
U_R Spannung in V
I_R Strom in A

Beispiel: $U_R = 220$ V; $I_R = 0{,}5$ A; $R = ?$ Ω

$$R = \frac{U_R}{I_R} = \frac{220 \text{ V}}{0{,}5 \text{ A}} = 440 \text{ Ω}$$

Induktiver Blindwiderstand

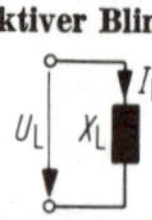

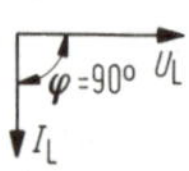

$$X_L = \frac{U_L}{I_L}$$

$$X_L = \omega \cdot L$$

X_L induktiver Blindwiderstand in Ω
U_L Spannung in V
I_L Strom in A
L Induktivität in H $= \frac{\text{Vs}}{\text{A}}$
ω Kreisfrequenz in $\frac{1}{\text{s}}$

Beispiel: $U_L = 220$ V; $f = 50$ Hz; $I_L = 1$ A; $L = ?$ H

$$X_L = \frac{U_L}{I_L} = \frac{220 \text{ V}}{1 \text{ A}} = 220 \text{ Ω}$$

$$L = \frac{X_L}{\omega} = \frac{X_L}{2\pi \cdot f} = \frac{220 \text{ Ω}}{6{,}28 \cdot 50 \frac{1}{\text{s}}} = 0{,}7 \text{ H}$$

Kapazitiver Blindwiderstand

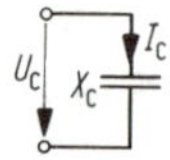

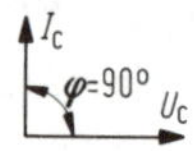

$$X_C = \frac{U_C}{I_C}$$

$$X_C = \frac{1}{\omega \cdot C}$$

X_C kapazitiver Blindwiderstand in Ω
U_C Spannung in V
I_C Strom in A
C Kapazität in F $= \frac{\text{As}}{\text{V}}$
ω Kreisfrequenz in $\frac{1}{\text{s}}$

Beispiel: $U_C = 110$ V; $f = 50$ Hz; $I_C = 1$ A; $C = ?$ F

$$C = \frac{I_C}{U_C \cdot \omega} = \frac{1 \text{ A}}{110 \text{ V} \cdot 2\pi \cdot 50 \frac{1}{\text{s}}} =$$

$$C = 29 \cdot 10^{-6} \text{ F}$$

3.1.22 Verluste in Spulen und Kondensatoren

1. Induktivitäten

Eine Induktivität (Spule) weist folgende Verluste auf:

a) Kupferverluste in der Kupferwicklung, deren Widerstand wegen des Hauteffektes mit der Frequenz ansteigt,

b) Wirbelstrom- und Hystereseverluste im Ferritkern.

Die Folge der Verluste ist, daß der Wechselstromwiderstand einer Spule kein reiner Blindwiderstand ist, sondern aus der Reihenschaltung einer Induktivität und eines Wirkwiderstandes besteht.

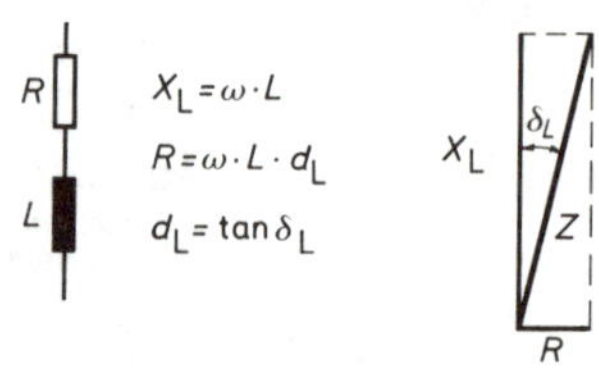

Zwischen X_L und Z entsteht der Verlustwinkel δ_L.

$$\tan \delta_L = \frac{R}{\omega \cdot L}$$

Die Größe $\tan \delta_L$ heißt auch Verlustfaktor d_L.

Bei kleinen Verlusten ist δ_L klein und da der Tangenswert eines kleinen Winkels ungefähr gleich seinem Bogen ist, kann man auch schreiben

$$\tan \delta_L \approx \delta_L \approx d_L = \frac{R}{\omega \cdot L}$$

Damit wird

$$R = \omega \cdot L \cdot d_L$$

Den Kehrwert des Verlustfaktors d_L bezeichnet man als Spulengüte Q_L.

$$Q_L = \frac{1}{d_L}$$

Für Spulen mit bestimmten Kernen sind Kurven des Verlaufs der Güte über der Frequenz angegeben, z. B. im folgenden Schaubild für Siemens-Schalenkerne N 28 ($A_L = 315\,\text{nH}$).

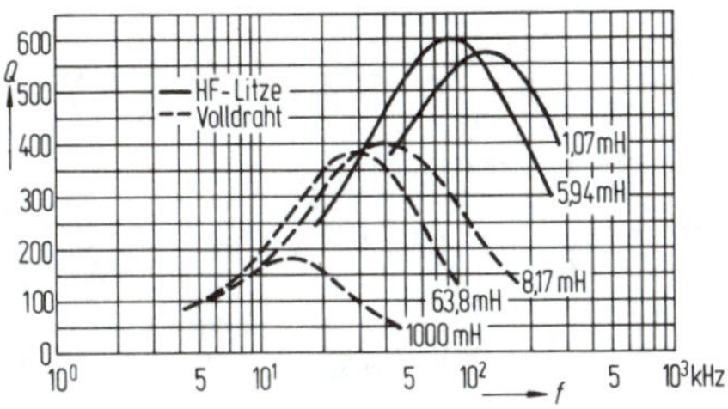

2. Kondensatoren

Im Kondensator treten Verluste auf, weil
a) die Metallfolien und Zuleitungen einen elektrischen Widerstand aufweisen,
b) das Dielektrikum eine gewisse Leitfähigkeit besitzt und
c) durch die Umpolarisation der Molekulardipole im Dielektrikum eine Erwärmung auftritt. Die Folge der Verluste ist, daß auch der Kondensator kein reiner Blindwiderstand ist, sondern aus der Parallelschaltung eines idealen Kondensators und eines Wirkwiderstandes besteht.

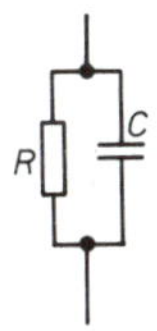

$B_C = \omega \cdot C$

$R = \frac{1}{\omega \cdot C \cdot d_C}$

$d_C = \tan\delta_C$

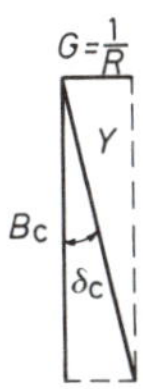

Zwischen X_C und Y entsteht der Verlustwinkel δ_C.

$$\tan\delta_C = \frac{1}{R \cdot \omega \cdot C}$$

Die Größe $\tan\delta_C$ bildet den Verlustfaktor d_C. Bei kleinen Verlusten, also kleinem δ_C, gilt

$$\tan\delta_C \approx \delta_C \approx d_C = \frac{1}{R \cdot \omega \cdot C}$$

Daraus bestimmt sich der Parallelwiderstand zu

$$R = \frac{1}{\omega \cdot C \cdot d_C}$$

Der Kehrwert des Verlustfaktors d_C wird als Güte Q_C bezeichnet.

$$Q_C = \frac{1}{d_C}$$

3. Verlustfaktor bei Reihen- und Parallelschaltungen

Schaltung	Verlustfaktor
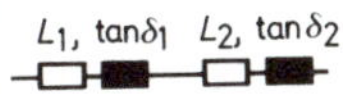	$\tan\delta = \frac{L_1 \cdot \tan\delta_1 + L_2 \cdot \tan\delta_2}{L_1 + L_2}$
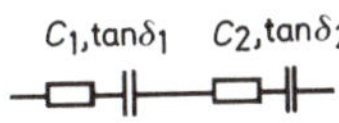	$\tan\delta = \frac{\frac{\tan\delta_1}{C_1} + \frac{\tan\delta_2}{C_2}}{\frac{1}{C_1} + \frac{1}{C_2}}$
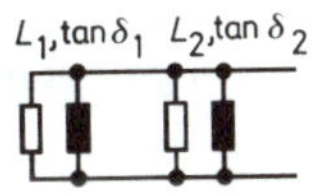	$\tan\delta = \frac{\frac{\tan\delta_1}{L_1} + \frac{\tan\delta_2}{L_2}}{\frac{1}{L_1} + \frac{1}{L_2}}$
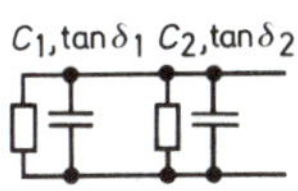	$\tan\delta = \frac{C_1 \cdot \tan\delta_1 + C_2 \cdot \tan\delta_2}{C_1 + C_2}$

Beispiel 1: Bei 100 kHz besitzt eine Spule von 2 mH eine Güte von 200. Wie groß ist der Widerstand R?

$$d_L = \frac{1}{Q_L} = \frac{1}{200} = 0{,}005$$

$$R = \omega \cdot L \cdot d_L = 100 \cdot 10^3\,\text{Hz} \cdot 2 \cdot 10^{-3}\,\text{H} \cdot 0{,}005$$
$$R = 1\,\Omega$$

Beispiel 2: Ein Kondensator von 4700 pF mit $d_1 = 0{,}6 \cdot 10^{-3}$ und ein Kondensator von 270 pF mit $d_2 = 0{,}3 \cdot 10^{-3}$ sind parallel geschaltet. Wie groß sind der Gesamtverlustfaktor und der Parallelverlustwiderstand bei 100 kHz?

$$d = \frac{C_1 \cdot d_1 + C_2 \cdot d_2}{C_1 + C_2}$$

$$d = \frac{4700\,\text{pF} \cdot 0{,}6 \cdot 10^{-3} + 270\,\text{pF} \cdot 0{,}3 \cdot 10^{-3}}{4700\,\text{pF} + 270\,\text{pF}}$$

$$d = \frac{2{,}82 + 0{,}081}{4{,}97 \cdot 10^3} = \frac{2{,}901}{4{,}97} \cdot 10^{-3}$$

$$d = 0{,}584 \cdot 10^{-3}$$

$$R = \frac{1}{\omega \cdot C \cdot d_C} = \frac{10^{-5} \cdot 10^{12} \cdot 10^3}{6{,}28\,\text{Hz} \cdot 4970\,\text{F} \cdot 0{,}584}$$

$$R = \frac{10^7\,\text{V}}{18{,}228\,\text{A}} = 548{,}6\,\text{k}\Omega$$

3

3.1 Elektrotechnische Grundlagen

3.1.23 Reihenschaltung an Wechselspannung

Reihenschaltung von *R* und *L*

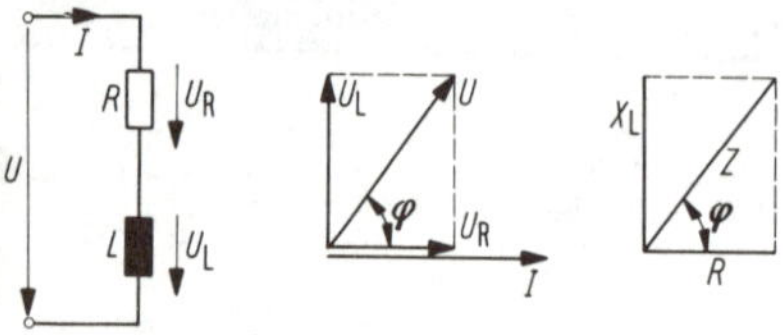

$$U = \sqrt{U_R^2 + U_L^2} = Z \cdot I$$
$$Z = \sqrt{R^2 + X_L^2}$$

Reihenschaltung von *R* und *C*

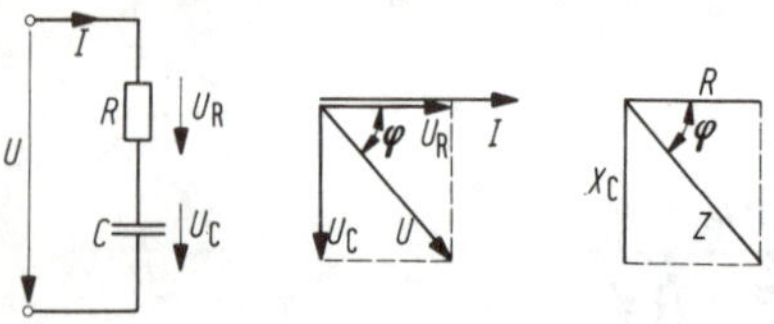

$$U = \sqrt{U_R^2 + U_C^2} = Z \cdot I$$
$$Z = \sqrt{R^2 + X_C^2}$$

Reihenschaltung von *R*, *L* und *C*

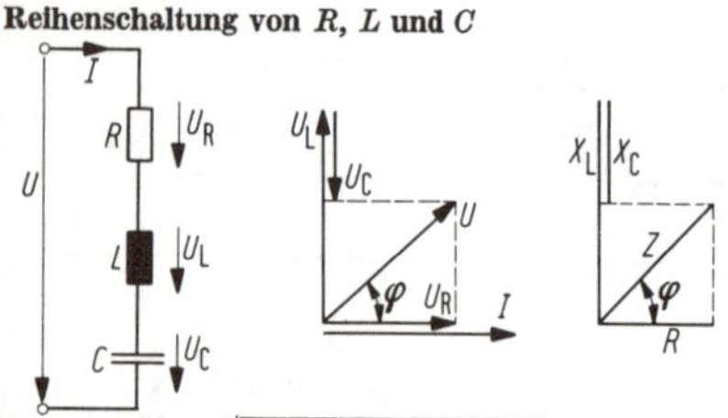

$$U = \sqrt{U_R^2 + (U_L - U_C)^2} = Z \cdot I$$
$$Z = \sqrt{R^2 + (X_L - X_C)^2}$$

U Gesamtspannung in V
U_R; U_L; U_C Einzelspannungen in V
I Strom in A
Z Scheinwiderstand in Ω
R Wirkwiderstand (ohmscher Widerstand) in Ω
X_L induktiver Blindwiderstand in Ω
X_C kapazitiver Blindwiderstand in Ω

Beispiel: $R = 6\,\Omega$; $X_L = 12\,\Omega$; $X_C = 4\,\Omega$; $I = 2$ A;
$Z = ?\,\Omega$; $U = ?$ V; U_R, U_L, $U_C = ?$ V;
$\varphi = ?\,°$

$$Z = \sqrt{R^2 + (X_L - X_C)^2}$$
$$Z = \sqrt{6^2\,\Omega^2 + (12 - 4)^2\,\Omega^2}$$
$$Z = \sqrt{36\,\Omega^2 + 64\,\Omega^2}$$
$$Z = \sqrt{100\,\Omega^2} = 10\,\Omega$$
$$U = Z \cdot I = 10\,\Omega \cdot 2\text{ A} = 20\text{ V}$$
$$U_R = R \cdot I = 6\,\Omega \cdot 2\text{ A} = 12\text{ V}$$
$$U_L = X_L \cdot I = 12\,\Omega \cdot 2\text{ A} = 24\text{ V}$$
$$U_C = X_C \cdot I = 4\,\Omega \cdot 2\text{ A} = 8\text{ V}$$
$$\cos\varphi = \frac{U_R}{U} = \frac{12\text{ V}}{20\text{ V}} = 0{,}6$$
$$\varphi = 53{,}13°$$

3.1.24 Parallelschaltung an Wechselspannung

Parallelschaltung von *R* und *L*

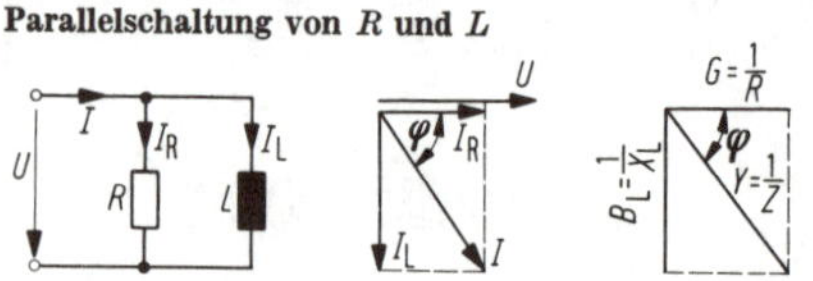

$$I = \sqrt{I_R^2 + I_L^2} \qquad Y = \sqrt{G^2 + B_L^2}$$
$$I = U \cdot Y \qquad Z = \frac{1}{\sqrt{\left(\frac{1}{R}\right)^2 + \left(\frac{1}{X_L}\right)^2}}$$

Parallelschaltung von *R* und *C*

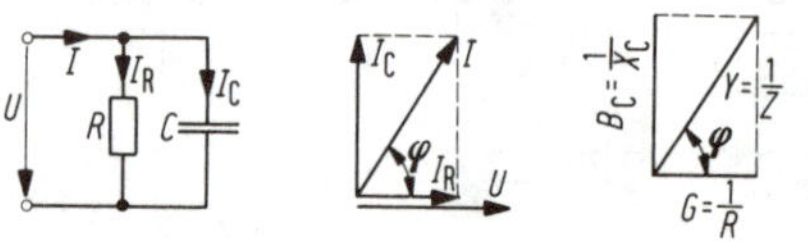

$$I = \sqrt{I_R^2 + I_C^2} \qquad Y = \sqrt{G^2 + B_C^2}$$
$$I = U \cdot Y \qquad Z = \frac{1}{\sqrt{\left(\frac{1}{R}\right)^2 + \left(\frac{1}{X_C}\right)^2}}$$

Parallelschaltung von *R*, *L* und *C*

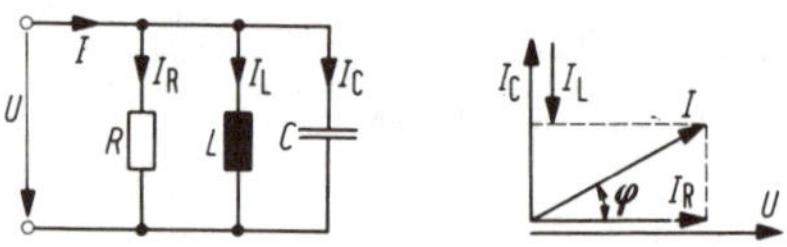

$$I = \sqrt{I_R^2 + (I_C - I_L)^2}$$
$$I = U \cdot Y$$
$$Y = \sqrt{G^2 + (B_C - B_L)^2}$$
$$Z = \frac{1}{\sqrt{\left(\frac{1}{R}\right)^2 + \left(\frac{1}{X_C} - \frac{1}{X_L}\right)^2}}$$

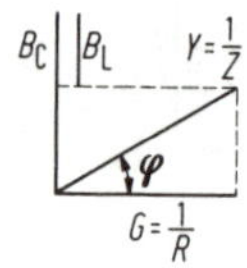

I Gesamtstrom in A
I_R, I_L, I_C Einzelströme in A
U Spannung in V
Y Scheinleitwert in S
G Wirkleitwert in S
B_L, B_C Blindleitwerte in S
Z Scheinwiderstand in Ω
R Wirkwiderstand in Ω
X_L, X_C Blindwiderstände in Ω

Beispiel: $R = 10\,\Omega$; $X_C = 20\,\Omega$; $U = 20$ V;
$I = ?$ A; $Z = ?\,\Omega$

$$I_R = \frac{U}{R} = \frac{20\text{ V}}{10\,\Omega} = 2\text{ A}$$
$$I_C = \frac{U}{X_C} = \frac{20\text{ V}}{20\,\Omega} = 1\text{ A}$$
$$I = \sqrt{I_R^2 + I_C^2} = \sqrt{2^2\text{ A}^2 + 1^2\text{ A}^2}$$
$$I = \sqrt{5\text{ A}^2} = 2{,}24\text{ A}$$
$$Z = \frac{U}{I} = \frac{20\text{ V}}{2{,}24\text{ A}} = 8{,}94\,\Omega$$

3.1 Elektrotechnische Grundlagen

3.1.25 Schwingkreise

Reihenschwingkreis

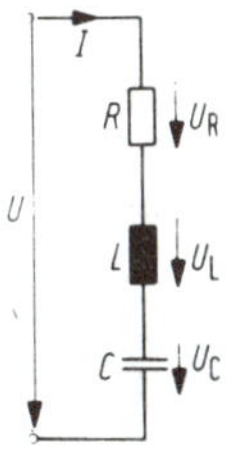

Schaltbild

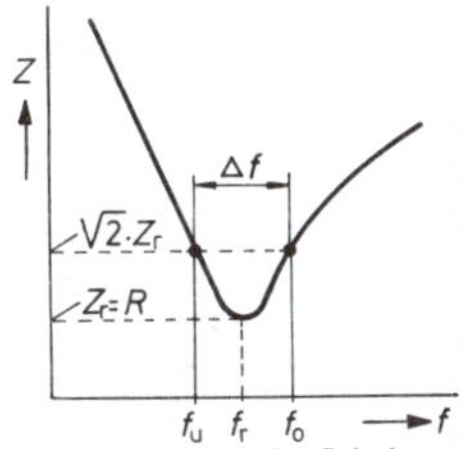

Abhängigkeit des Scheinwiderstands von der Frequenz

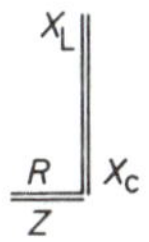

Operatorendiagramm bei Resonanz

Resonanzbedingung

$$X_L = X_C$$

$$\omega \cdot L = \frac{1}{\omega \cdot C}$$

Resonanzkreisfrequenz $\omega_r = \frac{1}{\sqrt{L \cdot C}}$

Resonanzfrequenz $f_r = \frac{1}{2\pi \cdot \sqrt{L \cdot C}}$

Güte des Kreises $Q = \frac{\omega_r \cdot L}{R} = \frac{1}{R} \cdot \sqrt{\frac{L}{C}}$

Spannung an L und C bei Resonanz

$$U_{Lr} = U_{Cr} = Q \cdot U$$

(U = Klemmenspannung am Schwingkreis)

Zusammenhänge

1. Die Güte des Schwingkreises ist um so größer, je größer die Induktivität und je kleiner die Kapazität ist.
2. Die Güte wird kleiner, wenn R größer wird. (In Schaltungen muß auch der Innenwiderstand der Spannungsquelle und der Widerstand der angeschlossenen Belastung mit berücksichtigt werden.)
3. Im Resonanzfall kann an der Induktivität und an der Kapazität ein Vielfaches der angelegten Wechselspannung U auftreten.

Dämpfungsfaktor $d = \frac{1}{Q} = \frac{R}{\omega_r \cdot L}$

Scheinwiderstand bei Resonanz $Z_r = R$

Scheinwiderstand bei beliebiger Frequenz

$$Z = \sqrt{R^2 + (X_L - X_C)^2}$$

Phasenverschiebung zwischen Spannung und Strom

$$\tan \varphi = \frac{\omega \cdot L - \frac{1}{\omega \cdot C}}{R}$$

Bandbreite $\Delta f = f_o - f_u = \frac{f_r}{Q} = f_r \cdot d$

Parallelschwingkreis

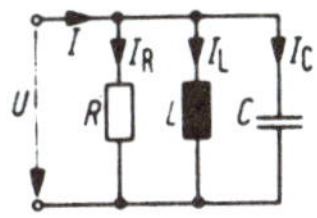

Schaltbild

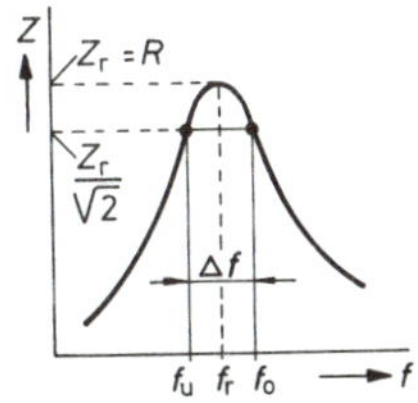

Scheinwiderstandsverlauf

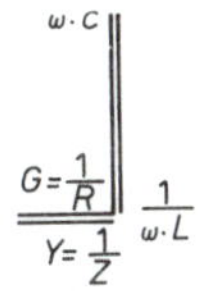

Operatoren-diagramm bei Resonanz

Bei der Berechnung müssen der Wirkwiderstand R_{sp} und die Induktivität L_{sp} der Schwingkreisspule (die in Reihe liegen!) in R und L der Parallelschaltung umgerechnet werden. Es gilt angenähert:

$$L = L_{sp} \qquad R = \frac{L_{sp}}{C \cdot R_{sp}}$$

Resonanzfrequenz $f_r = \frac{1}{2\pi \cdot \sqrt{L \cdot C}}$

Güte des Kreises $Q = \frac{R}{\omega_r \cdot L} = R \cdot \sqrt{\frac{C}{L}}$

Strom in L und C bei Resonanz

$$I_{Lr} = I_{Cr} = Q \cdot I$$

Zusammenhänge

1. Die Güte des Schwingkreises ist um so größer, je kleiner die Induktivität und je größer die Kapazität ist.
2. Die Güte wird kleiner, wenn R kleiner wird.
3. Im Resonanzfall kann in der Induktivität und in der Kapazität ein Vielfaches des dem Kreis zufließenden Stromes auftreten.

Dämpfungsfaktor $d = \frac{1}{Q} = \frac{\omega_r \cdot L}{R}$

Scheinleitwert bei beliebiger Frequenz

$$Y = \sqrt{\frac{1}{R^2} + \left(\frac{1}{X_L} - \frac{1}{X_C}\right)^2}$$

Bandbreite $\Delta f = f_o - f_u = \frac{f_r}{Q} = f_r \cdot d$

Beispiel: Parallelschwingkreis: $R = 2\ \text{M}\Omega$; $C = 10\ \text{pF}$; $L = 50\ \text{mH}$; $f_r, \Delta f = ?\ \text{Hz}$

$$f_r = \frac{1}{2\pi \cdot \sqrt{L \cdot C}}$$

$$f_r = \frac{1}{6{,}28 \cdot \sqrt{50 \cdot 10^{-14}\ \text{s}^2}} = 226\ \text{kHz}$$

$$Q = R \cdot \sqrt{\frac{C}{L}}$$

$$Q = 2 \cdot 10^6\ \Omega \sqrt{\frac{10 \cdot 10^{-12}\ \text{F}}{50 \cdot 10^{-3}\ \text{H}}} = 28{,}28$$

$$\Delta f = \frac{f_r}{Q} = \frac{226\ \text{kHz}}{28{,}28} = 8\ \text{kHz}$$

3

3.1 Elektrotechnische Grundlagen

3.1.26 Elektrische Leistung

1. Für Gleichstrom

$P = U \cdot I$ — P Leistung in W

$P = I^2 \cdot R$ — U Spannung in V

$P = \frac{U^2}{R}$ — I Strom in A; R Widerstand in Ω

Beispiel: An welche Spannung darf ein Widerstand mit der Aufschrift 10 kΩ/2 W noch angeschlossen werden?

$$P = \frac{U^2}{R} \rightarrow U = \sqrt{P \cdot R}$$

$$U = \sqrt{2\ \text{W} \cdot 10\,000\ \Omega} = \sqrt{20\,000\ \text{V}^2} = 141{,}42\ \text{V}$$

2. Für sinusförmigen Wechselstrom

$S = U \cdot I$	S	Scheinleistung in VA[1])
$P = U \cdot I \cdot \cos\varphi = S \cdot \cos\varphi$	P	Wirkleistung in W[2])
$Q = U \cdot I \cdot \sin\varphi = S \cdot \sin\varphi$	Q	Blindleistung in var[3])
$\lambda = \cos\varphi = \frac{P}{S}$	λ, $\cos\varphi$	Leistungsfaktor
$\sin\varphi = \frac{Q}{S}$	$\sin\varphi$	Blindfaktor

Zusammenhang zwischen S, P und Q im

Leistungsdreieck

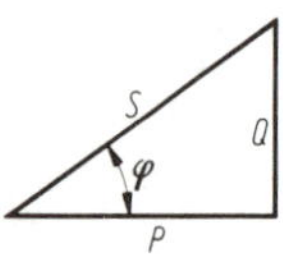

$$S = \sqrt{P^2 + Q^2}$$

$$\cos\varphi = \frac{P}{S}$$

$$\sin\varphi = \frac{Q}{S}$$

$$\tan\varphi = \frac{Q}{P}$$

Beispiel: $U = 220$ V; $I = 22{,}75$ A; $P = 4$ kW;
$S = ?$ VA; $\cos\varphi = ?$; $Q = ?$ var

$$S = U \cdot I = 220\ \text{V} \cdot 22{,}75\ \text{A} = 5\,000\ \text{VA}$$

$$\cos\varphi = \frac{P}{S} = \frac{4\,000\ \text{W}}{5\,000\ \text{VA}} = 0{,}8$$

$$Q = \sqrt{S^2 - P^2} = \sqrt{5^2 - 4^2}\ \text{kvar} = 3\ \text{kvar}$$

3. Für Drehstrom bei symmetrischer Belastung

$S_{St} = U_{St} \cdot I_{St}$	S_{St}	Scheinleistung eines Stranges in VA
$S = 3 \cdot U_{St} \cdot I_{St}$	U_{St}	Strangspannung in V
	I_{St}	Strangstrom in A
$S = 1{,}73 \cdot U \cdot I$	S	Gesamtscheinleistung der drei verketteten Stränge in VA
$P = 1{,}73 \cdot U \cdot I \cdot \cos\varphi$		
$Q = 1{,}73 \cdot U \cdot I \cdot \sin\varphi$	U	Leiterspannung in V
	I	Leiterstrom in A
	P	Wirkleistung in W
$\lambda = \cos\varphi = \frac{P}{S}$	Q	Blindleistung in var
$P_\Delta = 3 \cdot P_Y$	λ, $\cos\varphi$	Leistungsfaktor

Bei gleicher Leiterspannung ist die aufgenommene Leistung P_Δ bei einem Verbraucher in Dreieckschaltung das Dreifache der Leistung P_Y in der Sternschaltung.

3.1.27 Elektrische Arbeit

$W = P \cdot t$ — W elektrische Arbeit in Ws; P elektrische Leistung in W; t Zeit in s

Umrechnungen:

3 600 Ws (Wattsekunden) = 1 Wh (Wattstunde)
1 000 Wh (Wattstunden) = 1 kWh (Kilowattstunde)

Beispiel: $P = 1{,}5$ kW; $t = 14$ h; $W = ?$ kWh

$W = P \cdot t = 1{,}5\ \text{kW} \cdot 14\ \text{h} = 21\ \text{kWh}$

Arbeitskosten: 1 kWh kostet 0,16 DM
21 kWh kosten 0,16 DM · 21 = 3,36 DM

Leistungsmessung mit Uhr und Zähler

$$P = \frac{n}{C_Z \cdot t}$$

n Zählerscheibenumdrehungen
t Umdrehungen entsprechende Zeit
C_Z Zählerkonstante in $\frac{\text{Umdr.}}{\text{kWh}}$ (vom Leistungsschild)

Beispiel: $C_Z = 600\ \frac{\text{Umdr.}}{\text{kWh}}$; $t = 45$ s; $n = 12$;
$P = ?$ kW

$$P = \frac{n}{C_Z \cdot t} = \frac{\text{kWh}\ 12 \cdot 3\,600\ \text{s}}{600 \cdot 45\ \text{s} \cdot 1\ \text{h}} = 1{,}6\ \text{kW}$$

Wirkungsgrad

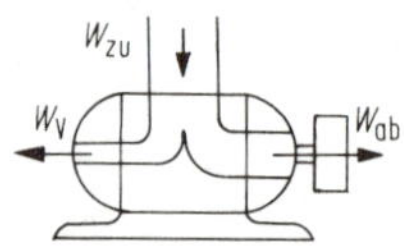

$$\eta = \frac{W_{ab}}{W_{zu}}$$

im stationären Zustand auch:

$$\eta = \frac{P_{ab}}{P_{zu}}$$

η Wirkungsgrad

W_{ab}, W_{zu} abgegebene bzw. zugeführte Arbeit in kWh

P_{ab}, P_{zu} abgegebene bzw. zugeführte Leistung in kW

Beispiel: $P_{zu} = 1{,}5$ kW; $P_{ab} = 1{,}2$ kW; $\eta = ?$

$$\eta = \frac{P_{ab}}{P_{zu}} = \frac{1{,}2\ \text{kW}}{1{,}5\ \text{kW}} = 0{,}8$$

Elektrische Arbeit und Wärme

Einer elektrischen Arbeit von **1 Ws entspricht** eine Wärmearbeit (Stromwärme) von **1 J;** der elektrischen Arbeit von **1 kWh entspricht** die Stromwärme von **3,6 · 10⁶ J.**

Durch die bei der Energieumwandlung in Wärmegeräten entstehenden Verluste ist die Nutzwärme kleiner als die Stromwärme:

$Q_N = Q_S \cdot \eta_W$ — Q_N Nutzwärme in J; Q_S Stromwärme in J; η_W Wärmewirkungsgrad

Beispiel: $Q_N = 100$ kJ; $\eta_W = 0{,}9$; $W = ?$ Wh

$$Q_S = \frac{Q_N}{\eta_W} = \frac{100\ \text{kJ}}{0{,}9} = 111\ \text{kJ}$$

$$W = \frac{1\ \text{kWh}}{3600\ \text{kJ}} \cdot 111\ \text{kJ} = 0{,}0308\ \text{kWh}$$

$$W = 30{,}8\ \text{Wh}$$

[1]) VA = Voltampere [2]) W = Watt [3]) var = Voltampere reaktiv

3.2 Elektronische Bauelemente und Grundschaltungen

3.2.1 Dioden

Aufbau und Wirkungsweise

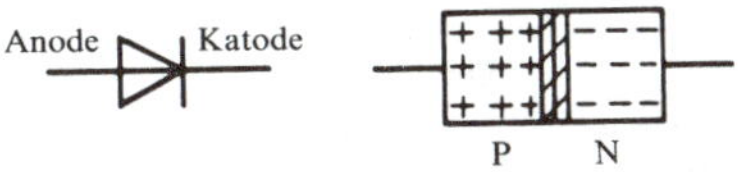

Schaltzeichen und Aufbauschema

Bei direktem Kontakt einer P-Zone und einer N-Zone in einem Einkristall bildet sich infolge Rekombination von Ladungsträgern in der Grenzschicht beider Zonen eine Sperrschicht.

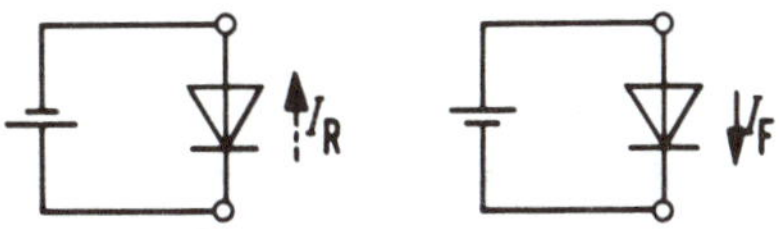

Ventilwirkung der Diode

Wird die Anode gegenüber der Katode negativ gepolt, so verbreitert sich die Sperrschicht (Raumladungszone) und es fließt nur ein geringer Sperrstrom I_R im µA-Bereich bei Germanium – und im nA-Bereich bei Silizium-Dioden. Mit dem Erreichen der Durchbruchspannung $U_{(BR)}$ steigt der Strom I_R jedoch infolge des einsetzenden Lawinendurchbruchs schlagartig an und führt bei einer normalen Diode zur Zerstörung. Bei positiver Polung der Anode gegenüber der Katode verringert sich die Sperrschichtbreite, bis bei Erreichen der Diffusionsspannung, auch Schwellspannung genannt (bei Germanium etwa 0,2 V ... 0,4 V und bei Silizium 0,6 V ... 0,8 V), der Durchlaßstrom I_F einsetzt und bei weiterer Spannungserhöhung exponentiell ansteigt.

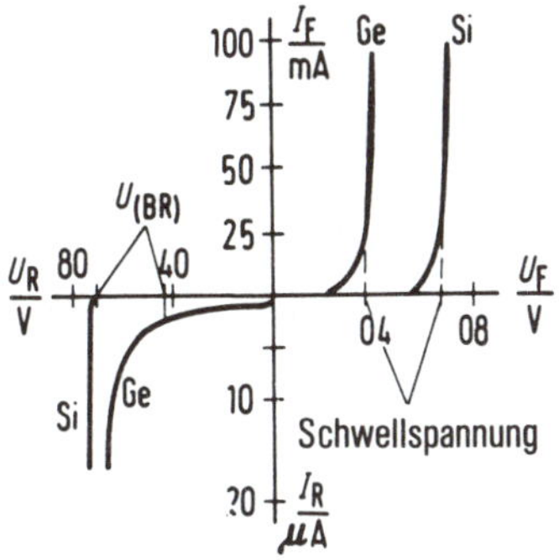

Kennlinienverlauf einer Ge- und Si-Diode

Ein Anstieg der Sperrschichttemperatur führt zu einer Verringerung der Durchlaßspannung U_F und einem Anstieg des Sperrstromes I_R.

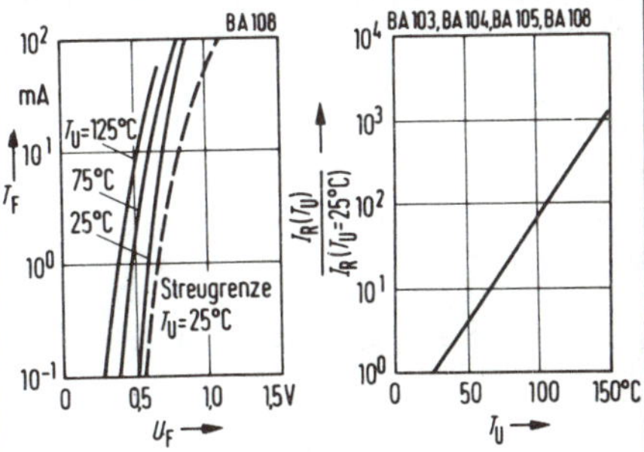

Spitzendioden

Auf ein N-dotiertes Germaniumkristall wird ein zugespitzter Molybdän-, Wolfram-, Bronze- oder Golddraht gesetzt und die Metallspitze mit einem Formierungsstromstoß einlegiert. Die damit erzielten Sperrschichtkapazitäten <1 pF ermöglichen die Gleichrichtung kleiner Wechselströme (I_F <50 mA) bis zum GHz-Bereich. Handelsüblich sind Sperrspannungen <110 V.

Flächendioden

Die Herstellung entsprechend großer Sperrschichtflächen mit dem Legierungs- und Diffusionsverfahren ermöglicht zur Zeit Dauergleichströme bis zu 100 A bei Germanium-Dioden und 500 A bei Silizium-Dioden.

Schottky-Dioden

(Hot carrier Diode oder auch beam-lead-Schottky-diode genannt.)

Ähnlich einer Spitzenkontaktdiode erfolgt die Sperrschichtbildung hier zwischen einem N-dotierten Siliziumkristall und einer Metallelektrode. Kennzeichen des nach dem Planarverfahren hergestellten Metall-Halbleiterüberganges sind eine gegenüber Silizium-Dioden niedrige Schwellspannung (0,3 V ... 0,4 V), ein sehr scharfer Kennlinienknick in Durchlaß- und Sperrichtung, ein streng exponentieller Kennlinienverlauf, niedrige Sperrströme, geringes Rauschen und extrem schnelle Schaltzeiten (Gleichrichtung von Wechselspannungen bis zu 50 GHz). Gegenüber der Spitzenkontaktdiode zeichnet sie sich durch eine größere Impulsbelastbarkeit, geringere Stoßempfindlichkeit und kleinere Fertigungstoleranzen aus.

Lawinen-Gleichrichterdioden

Im Gegensatz zu normalen Dioden darf die Durchbruchspannung $U_{(BR)}$ mit nichtperiodischen Verlustleistungsimpulsen überschritten werden, ohne daß damit die Lawinen-Gleichrichterdiode (Si-Gleichrichterdiode mit kontrolliertem Durchbruchverhalten) zerstört wird.

Selengleichrichter

Die Selengleichrichter (polykristallin) haben im Vergleich zu Siliziumgleichrichtern große Abmessungen (≈15fache Größe) und hohe Durchlaß- und Sperrverluste. Vorteilhaft ist eine höhere Überlastbarkeit und der Überlastungsschutz mit normalen flinken Sicherungen.

Je Gleichrichterplatte werden bis zu 45 V Sperrspannung und 150 mA/cm² Stromdichte erreicht.

3.2 Elektronische Bauelemente und Grundschaltungen

Spannungsvervielfacher

Spannungsvervielfacher werden zur Erzeugung hoher Gleichspannungen für geringe Belastungen (großer R_L) eingesetzt.

Spannungsverdopplung nach Delon (auch Greinacher-Schaltung genannt)

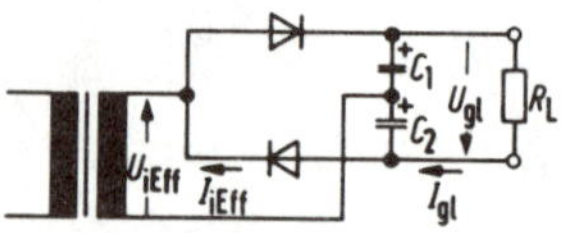

Leerlaufausgangsspannung: $U_{gl} = 2,82\, U_{iEFF}$

Mit $C_1 = C_2 = \dfrac{0,4\, I_{gl}}{U_{Br} \cdot f_{Br}}$ erhält man:

$U_{gl} = 2,5\, U_{iEFF}$
$U_{Br} = 0,05\, U_{gl}$
$f_{Br} = 2\, f_1$
$U_{RRM} > 3,12\, U_{iEFF}$
$I_{iEFF} = 0,71\, I_{gl}$

Spannungsvervielfachung nach Villard (auch Kaskaden- oder Siemens-Schaltung genannt)

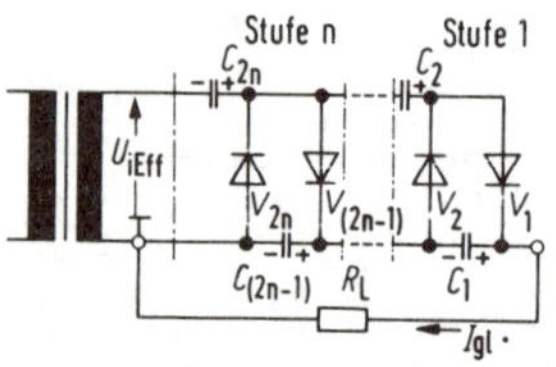

Leerlaufausgangsspannung: $U_{gl} = n \cdot 2,82\, U_{iEFF}$

$$U_{Br} = \frac{I_{gl}}{f} \left(\frac{1}{C_2} + \frac{1}{C_4} + \dots + \frac{1}{C_{2n}} \right)$$

$U_{RRM} > 3,12\, U_{iEFF}$

Diodenstrom: Stufe 1: $I_{FAV} = I_{gl}$
Stufe 2: $I_{FAV} = 2 \cdot I_{gl}$
Stufe n: $I_{FAV} = n \cdot I_{gl}$

Reihenschaltung von Dioden

Reicht die zulässige Spitzensperrspannung vorhandener oder handelsüblicher Dioden nicht aus, so können mehrere Dioden in Reihe geschaltet werden. Exemplarstreuungen der Sperrströme und Sperrschichtkapazitäten sowie unterschiedliche Sperrschichttemperaturen führen dabei zu einer unterschiedlichen Sperrspannungsaufteilung.

Deshalb muß entsprechend den Herstellerangaben zu jeder Diode ein Widerstand ($U_{RM}/I_R > R > U_F/I_F$) parallelgeschaltet und die zulässige Sperrspannung reduziert werden ($\approx 10\,\%$). Größere Dioden ($I_{FAV} > 2$ A) müssen zusätzlich mit induktivitätsarmen Kondensatoren gegen Überspannungen, verursacht durch den TSE-Effekt, geschützt werden.

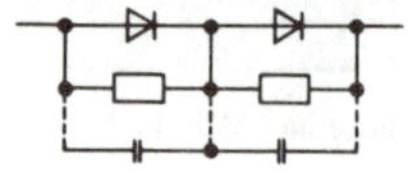

Parallelschaltung von Dioden

Werden mehrere Dioden parallel geschaltet, so führen die Exemplarstreuungen zu unterschiedlichen Durchlaßströmen. Deshalb sind die zulässigen Durchlaßströme entsprechend den Herstellerangaben zu reduzieren ($\approx 20\,\%$).

3.2.2 Transistor

Aufbau und Wirkungsweise

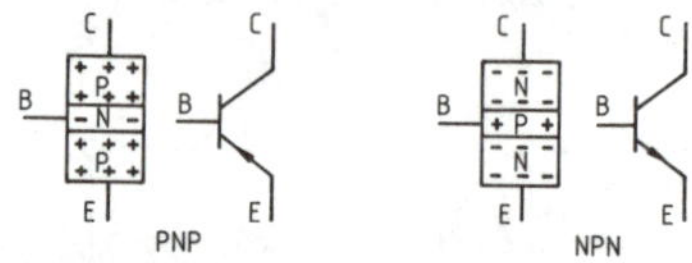

Aufbau und Schaltzeichen

Der bipolare Transistor, meist nur Transistor genannt, ist ein einkristallines Germanium- oder Silizium-Halbleiterbauelement mit drei aufeinanderfolgenden Zonen wechselnden Leitungstyps. Entsprechend dieser Folge gibt es NPN- und PNP-Typen. Die mittlere Zone bzw. Elektrode wird als Basis (B), die beiden äußeren werden als Emitter (E) und Kollektor (C) bezeichnet.

Vergleicht man den Aufbau mit zwei gegeneinandergeschalteten Dioden, so wird normalerweise die Emitter-Basis-Diode in Durchlaßrichtung (der Emitterpfeil kennzeichnet die technische Stromrichtung) und die Basis-Kollektor-Diode in Sperrichtung betrieben.

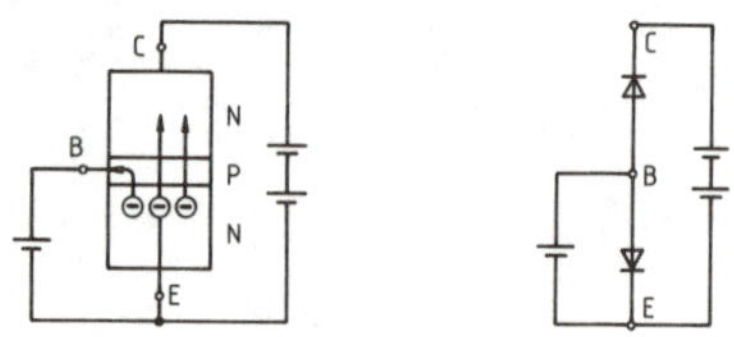

Liegt nur die Spannung U_{CE} an, so ist die Kollektor-Basis-Diode in Sperrichtung gepolt und es fließt nur ein geringer Reststrom.

Liegt zusätzlich die Spannung U_{BE} an, so fließen vom Emitter (emittere = aussenden) Elektronen in die Basiszone. Weil diese äußerst dünn (wenige µm) und nur schwach dotiert ist, können nur wenige Elektronen (0,2 % ··· 5 %) rekombinieren; der übrige Teil driftet in die Kollektorzone (collecta = Sammlung) und wird von der Kollektorspannung abgesaugt.

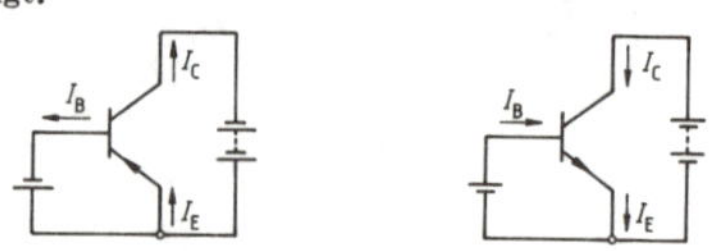

Beim PNP-Transistor müssen die Spannungen lediglich umgepolt werden. An die Stelle der Elektronen treten Löcher.

Das Hauptmerkmal eines Transistors ist die Steuerung des Kollektorstromes mit einem relativ kleinen Basisstrom. Das Stromverhältnis I_C zu I_B wird deshalb als statische Stromverstärkung bezeichnet

$$B = \frac{I_C}{I_B}$$

Sie beträgt bei Leistungstransistoren ($I_C > 1$ A) etwa 10 ··· 40, bei Transistoren mit $I_C < 1$ A ungefähr 50 ··· 800.

Zählrichtungen und Bezeichnungen für Ströme und Spannungen

Unabhängig vom Transistortyp und der tatsächlichen Stromrichtung weisen die Zählpfeile in Richtung auf das Bauelement. Weil dieses mit einem Knotenpunkt vergleichbar ist, muß die Summe aller Ströme Null sein. Der Zahlenwert ist positiv (ohne zusätzliches Vorzeichen), wenn die Bewegungsrichtung positiver Ladungsträger (konventionelle oder technische Stromrichtung) mit der willkürlich festgelegten Zählpfeilrichtung übereinstimmt oder negative Ladungsträger dazu entgegengesetzt fließen; andernfalls erhält der Zahlenwert des Stromes ein Minuszeichen. Gleichwertig dazu kann auch das Formelzeichen für diese Größe mit einem Minuszeichen versehen werden.

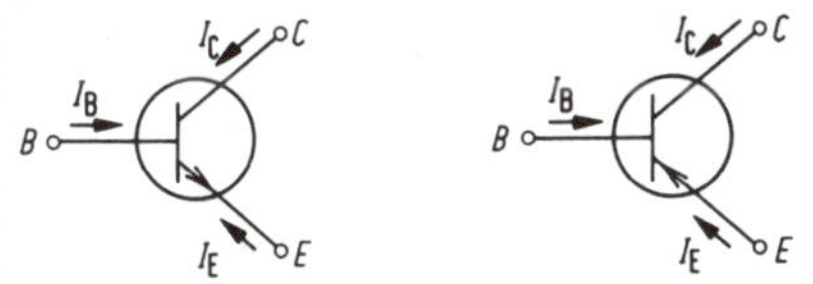

$-I_E$		I_E
I_B	$I_E + I_B + I_C = 0$	$-I_B$
I_C		$-I_C$

Die Zählrichtung von Spannungen wird mit einem Zählpfeil oder einem Doppelindex angegeben. Der Zahlenwert ist positiv bzw. ohne Vorzeichen, wenn das Potential am Zählpfeilschaft bzw. dem mit dem ersten Indexzeichen bezeichneten Meßpunkt positiver (höher) ist als das Potential an der Pfeilspitze bzw. dem mit dem zweiten Indexzeichen bezeichneten Bezugspunkt. Andernfalls wird der Zahlenwert oder das Formelzeichen für diese Spannung mit einem Minuszeichen versehen.

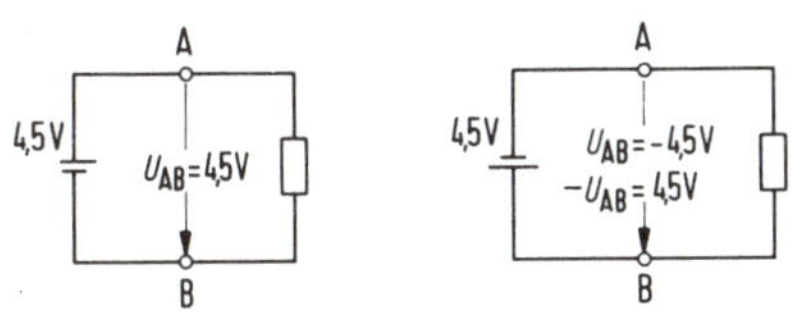

Die Spannungen am Transistor sind wie folgt festgelegt:

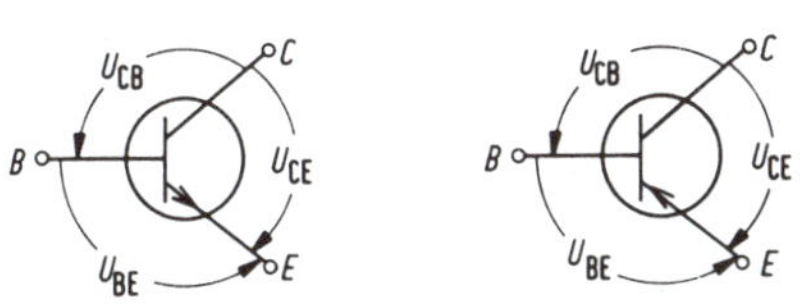

U_{CB}		$-U_{CB}$
U_{BE}	$U_{CB} + U_{BE} - U_{CE} = 0$	$-U_{BE}$
U_{CE}		$-U_{CE}$

Arbeitspunkteinstellung

Der Arbeitspunkt A wird durch Wahl des Kollektorruhestromes (kein Eingangssignal) und der Kollektor-Emitterspannung U_{CE} bestimmt. Können die Blindwiderstände innerhalb des zu übertragenden Frequenzbandes vernachlässigt werden, so liegt der Arbeitspunkt auf einer Geraden, deren Lage durch den Kollektor- und Emitterwiderstand bestimmt ist. Diese Arbeitsgerade schneidet die Spannungsachse ($I_C = 0$) bei $U_{CE} = U_S$ und die Stromachse ($U_{CE} = 0$) bei $I_C = U_S / (R_C + R_E)$.

Aus der Lage des Arbeitspunktes A lassen sich der Basisstrom I_B und über die Stromsteuerkennlinie ($I_C = f[I_B]$) und die Eingangskennlinie ($I_B = f[U_{BE}]$) die zugehörige Basis-Emitterspannung ermitteln.

Aus der maximal zulässigen Transistorverlustleistung P_{tot} läßt sich für verschiedene Kollektor-Emitter-Spannungen der maximal zulässige Kollektorstrom $I_C = P_{tot} / U_{CE}$ berechnen und als Grenzlinie, auch Verlustleistungshyperbel genannt, in das Ausgangskennlinienfeld einzeichnen.

Damit sich der Arbeitspunkt bei Änderungen der Sperrschichttemperatur auf der Arbeitsgeraden nicht verschiebt, müssen Stabilisierungsmaßnahmen getroffen werden.

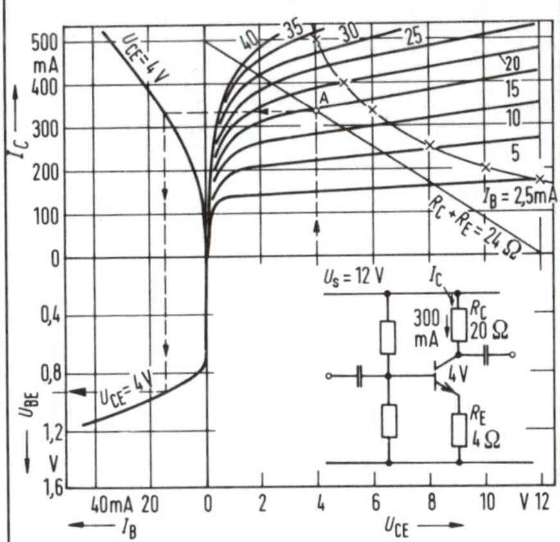

Großsignalverstärkung

Sind die Eingangs- und Ausgangssignalspannungen und -ströme nicht mehr klein gegenüber den verfügbaren Arbeitsspannungs- und Arbeitsstrombereichen, so sind die Verstärkung und die abgegebene Wechselstromleistung anhand der Transistorkennlinien zu ermitteln.

Bei voller Aussteuerung wird das Ausgangssignal nach unten durch den Sperrbereich ($I_B = 0$) und nach oben durch den Sättigungsbereich ($U_{CB} = 0$) begrenzt. Um zu große Verzerrungen infolge des gekrümmten Anfangsbereiches der Eingangskennlinie zu vermeiden, darf der Transistor nicht bis zum Sperrbereich ausgesteuert werden. Bei Leistungstransistoren lassen sich mittels Spannungssteuerung ($R_{Gen.} \ll R_i$) die durch Krümmung der Stromsteuerkennlinie entstehenden Verzerrungen durch die Krümmung der Eingangskennlinie weitgehend kompensieren.

Bei **A-Betrieb** wird der Arbeitspunkt so eingestellt, daß der Transistor symmetrisch nach beiden Seiten

voll ausgesteuert werden kann. Wird der Arbeitspunkt so verschoben, daß gerade noch ein Kollektorruhestrom fließt, so liegt B-Betrieb vor; hierbei kann immer nur eine Halbwelle verstärkt werden. Wegen des stark gekrümmten Anfangsbereiches der Eingangskennlinie wird der Kollektorruhestrom meist etwas höher eingestellt, so daß AB-Betrieb vorliegt.

$$z_i = \frac{\hat{u}_{BE}}{\hat{i}_B}; \qquad A_u = \frac{\hat{u}_{CE}}{\hat{u}_{BE}}$$

$$G = A_u \cdot A_i; \quad P_0 = \frac{\hat{u}_{CE}}{\sqrt{2}} \cdot \frac{\hat{i}_C}{\sqrt{2}} = \frac{\hat{u}_{CE} \cdot \hat{i}_C}{2}$$

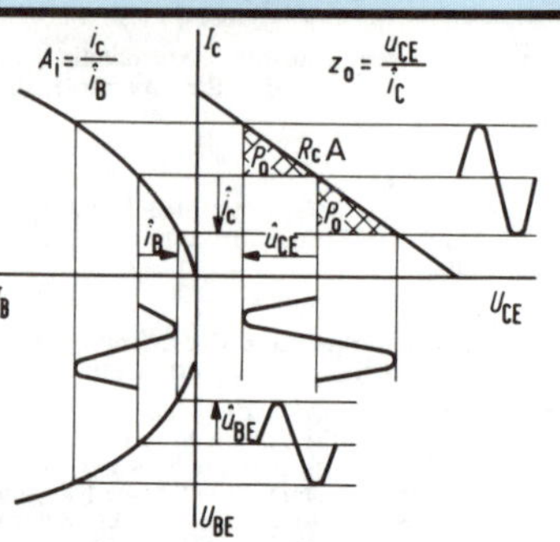

Transistor-Grundschaltungen

(in Klammern typische Werte)

Bezeichnung	Emitterschaltung	Kollektorschaltung	Basisschaltung
Schaltung Anm.: $r_{BE} = h_{11}$ $\frac{1}{r_{CE}} = h_{22}$ $\beta = h_{21}$	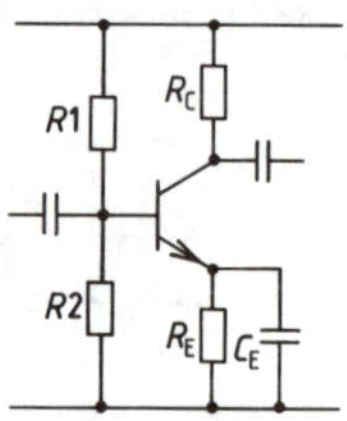	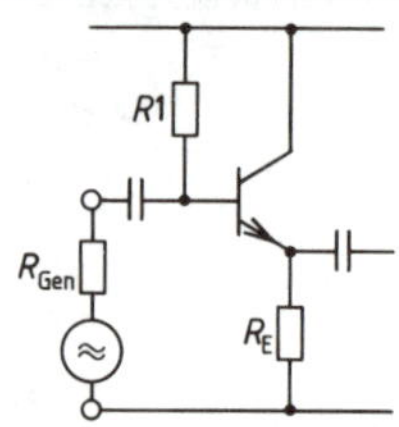	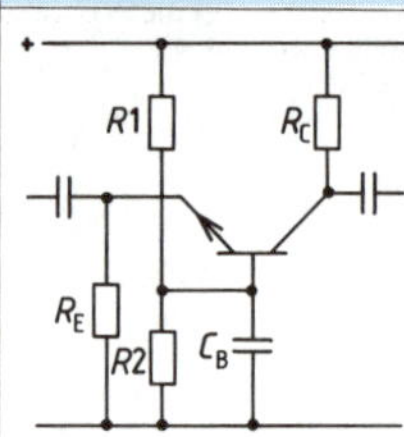
Spannungsverstärkung	$A_u = \beta \frac{R_c // r_{CE}}{r_{BE}}$ (100 ⋯ 10000)	$A_u = 1 - \frac{r_{BE}}{\beta(R_E // r_{CE}) + r_{BE}}$ (< 1)	$A_u = \beta \frac{R_c // r_{CE}}{r_{BE}}$ (100 ⋯ 10000)
Stromverstärkung ohne Berücksichtigung von R_1 und R_2	$A_i = \beta \frac{r_{CE}}{r_{CE} + R_c}$ (10 ⋯ 500)	$A_i = \beta \frac{r_{CE}}{R_E + r_{CE}}$ (10 ⋯ 500)	$A_i = \frac{\beta}{1 + \beta}$ (< 1)
Leistungsverstärkung	$G = A_u \cdot A_I$ (1000 ⋯ 100000)	$G = A_u \cdot A_I$ (10 ⋯ 500)	$G = A_u \cdot A_I$ (100 ⋯ 10000)
Eingangswiderstand	$r_1 = r_{BE} // (R_1 // R_2)$ (10 Ω ⋯ 5 kΩ)	$r_1 = (r_{BE} + \beta R_E) // R_1$ (500 Ω ⋯ 5 MΩ)	$r_1 = \frac{r_{BE}}{\beta} // R_E$ (< 1 Ω ⋯ 1 kΩ)
Ausgangswiderstand	$r_2 = R_c // r_{CE}$ (10 Ω ⋯ 500 kΩ)	$r_2 = R_E // \frac{r_{BE} + R_{Gen}}{\beta}$ (10 Ω ⋯ 1 kΩ)	$r_2 = R_c // r_{CE}$ (100 kΩ ⋯ 10 MΩ)
Phasenlage von u_1 u. u_2	180°	0°	0°

Die Bezeichnung der drei Transistor-Grundschaltungen entspricht jeweils dem an konstantem Potential liegenden Transistoranschluß.

Die Emitterschaltung hat bei gleichem Lastwiderstand die höchste Leistungsverstärkung. Der Eingangswiderstand liegt zwischen dem der Basis- und dem der Kollektorschaltung. Der Ausgangswiderstand nimmt mit zunehmendem Generatorwiderstand ab, während er bei der Basis- und Kollektorschaltung ansteigt.

Die Basisschaltung zeigt die kleinste Rückwirkung des Ausgangs auf den Eingang. Gegenüber der Emitterschaltung sind die Einflüsse der Exemplarstreuungen, Alterung, Temperatur- und Versorgungsspannungsschwankungen auf die Verstärkung sehr viel kleiner. Die um den Faktor β höhere Grenzfrequenz zeichnet die Basisschaltung für HF-Anwendungen aus.

Die Kollektorschaltung findet wegen des hohen Eingangswiderstandes und niedrigen Ausgangswiderstandes vorwiegend als Impedanzwandler Anwendung.

Transistor als Schalter

Während im Verstärkerbetrieb eine lineare Abhängigkeit der Ausgangsspannung von der Eingangsspannung angestrebt wird und die Ausgangsspannung deshalb die Aussteuerungsgrenzen nicht erreichen darf, sind diese für den Schalterbetrieb bedeutsam.

Punkt X: Fließt kein Basisstrom, so wird der Arbeitswiderstand R_C nur noch von dem Reststrom (je nach Transistortyp, Sperrschichttemperatur und Kollektor-Emitter-Spannung 10 nA bis 1 mA) durchflossen; der Transistor ist gesperrt.

Punkt Y: Die Erhöhung des Basisstromes über $I_B = 0$ hinaus hat eine B-fache Zunahme des Kollektorstromes zur Folge, bis im Punkt Y eine Sättigung eintritt; der Transistor ist durchgesteuert ($U_{CEsat} = U_{BE}$). Eine weitere Erhöhung des Basisstromes bewirkt eine Abnahme der Restspannung U_{CEsat} und der Gleichstromverstärkung B, ohne daß der Kollektorstrom noch wesentlich zunimmt; der Transistor ist übersteuert.

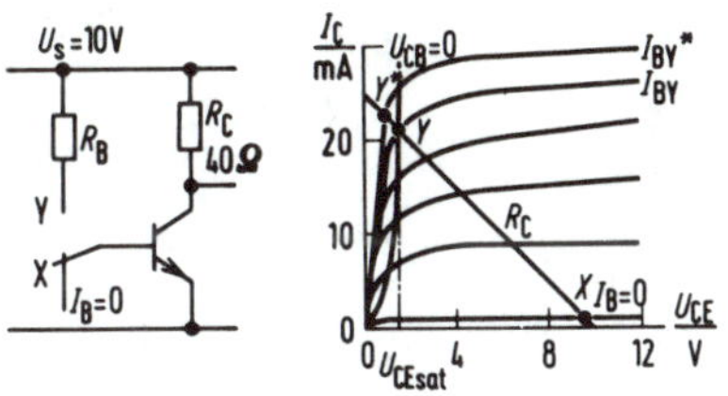

Schaltzeiten

Ein großer Übersteuerungsfaktor (das Verhältnis zwischen dem Basisstrom I_{BY}* im übersteuerten Zustand und dem Basisstrom I_{BY}, der erforderlich ist, um den Transistor bis zur Übersteuerungsgrenze $U_{CB} = 0$ = durchzusteuern) $\ddot{u} = I_{BY}^*/I_{BY}$ gewährleistet ein sicheres Durchsteuern des Transistors und verringert die Restspannung U_{CEsat} und die Einschaltzeit t_{ein}, erhöht aber die Ausschaltzeit t_{aus}. Ein großer Ausräumfaktor (das Verhältnis zwischen dem Ausräumstrom I_{BY}* und dem Basisstrom I_{BY}, der den Transistor gerade bis zur Übersteuerungsgrenze $U_{CB} = 0$ durchsteuert) $a = I_{BX}^*/I_{BY}$ verringert die Ausschaltzeit.

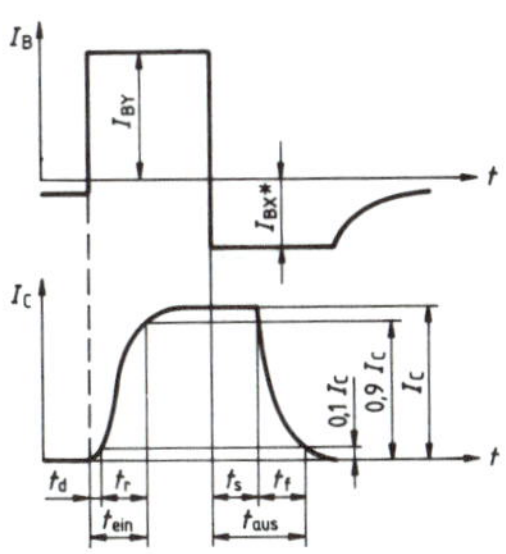

t_d	delay time Verzögerungszeit	t_s	storage time Speicherzeit
t_r	rise time Anstiegszeit	t_f	fall time Abfallzeit

Die Schaltzeiten hängen von der Einschaltzeitkonstanten τ und der Speicherzeitkonstanten τ_s des Transistortyps und der Beschaltung ab.

Die hohe Übersteuerung zur Erzielung kurzer Einschaltzeiten läßt sich durch Überbrücken des Basiswiderstandes mit einem Kondensator von einigen hundert pF auf den Einschaltvorgang begrenzen. Beim Abschalten sorgt die Entladung des Kondensators für ein schnelles Ausräumen der Basisladung, so daß auch der Ausschaltvorgang beschleunigt wird.

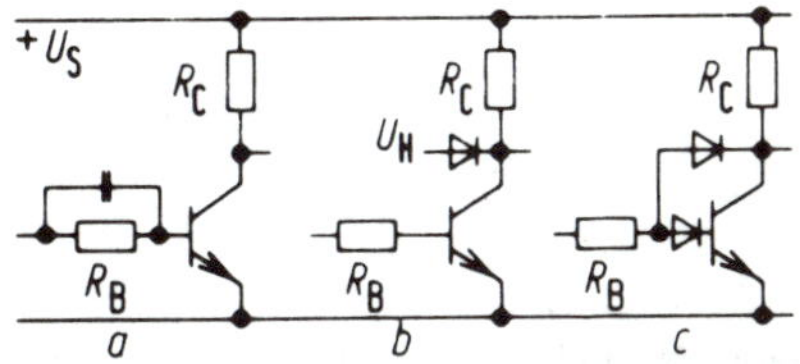

Soll unabhängig vom Stromverstärkungsfaktor B und ohne R_B-Abgleich eine Übersteuerung des Transistors verhindert werden, so muß mit einer Abfangdiode der Kollektor-Emitter-Spannungshub begrenzt werden, um eine Polaritätsänderung der Spannung U_{CB} auszuschließen.

Eine zusätzliche Hilfsspannung U_H läßt sich z.B. mit einer zweiten Diode einsparen. Häufig reicht auch eine Begrenzung der Übersteuerung durch Parallelschalten einer Diode zur Kollektor-Basis-Diode des Transistors aus.

Verlustleistung

Bei Schalterbetrieb darf die zulässige statische Verlustleistung des Transistors kurzzeitig um ein Vielfaches überschritten werden, wenn die während des Umschaltvorgangs entstehende Wärmemenge von den Wärmekapazitäten aufgenommen werden kann, ohne daß dabei die zulässige Sperrschichttemperatur überschritten wird.

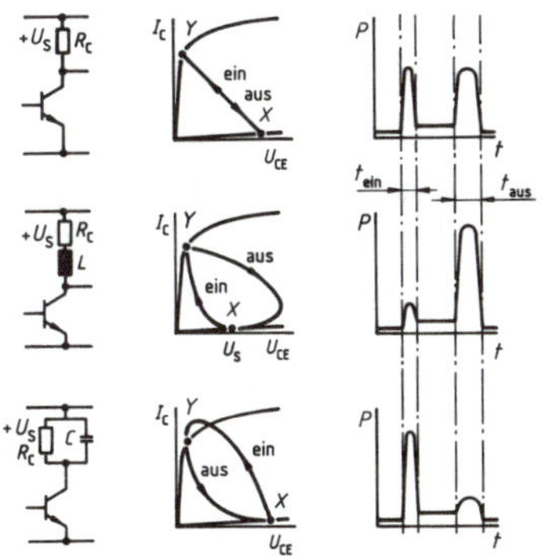

Hohe Impulsbelastungen des Transistors entstehen beim Ein- und Ausschalten von Wirkwiderständen, durch den Ladestrom beim Einschalten von Kapazitäten und durch die Induktionsspannung beim Ausschalten von Induktivitäten.

Die beim Abschalten von Induktivitäten auftretende Kollektor-Emitter-Spannung kann die Speisespannung U_S um ein Vielfaches überschreiten. Damit die Durchbruchspannung des Transistors nicht überschritten wird, muß die Induktionsspannung durch Parallelschalten eines RC-Gliedes, einer Freilaufdiode oder anderer Bauelemente zur Spule auf zulässige Spannungswerte begrenzt werden.

3.2 Elektronische Bauelemente und Grundschaltungen

3.2.3 Wärmeableitung bei Halbleiterbauelementen

Überschlägige Berechnungen der zulässigen Verlustleistung sind anhand der Wärme-Ersatzschaltung möglich.

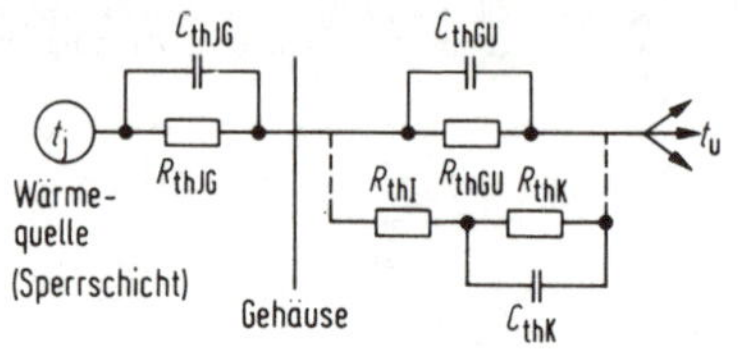

Wärme-Ersatzschaltung

Nach DIN 41785 T 2 (9.71) bedeuten:

t_j ($t_{(VJ)}$; $t_{(vj)}$; $\vartheta_{(VJ)}$; $\vartheta_{(vj)}$)	Ersatzsperrschichttemperatur
t_U (t_{amb}; ϑ_U)	Umgebungstemperatur
R_{thJG} (R_{thJC}; R_{thG})	Wärmewiderstand zwischen Sperrschicht und Gehäuse (innerer Wärmewiderstand)
R_{thGU} (R_{thCA})	Wärmewiderstand zwischen Bauelementgehäuse und Umgebung (äußerer Wärmewiderstand)
R_{thJU} (R_{thJA}; R_{thU})	Wärmewiderstand zwischen Sperrschicht und Umgebung ($R_{thJU} = R_{thJG} + R_{thGU}$)
R_{thK} (R_{thKA}; R_{thKU})	Wärmewiderstand des Kühlkörpers
R_{thGK} (nicht DIN)	Wärmeübergangswiderstand vom Gehäuse zum Kühlkörper (z. B. Isolierscheibe)
C_{th}	Wärmekapazität
P_{tot}	Gesamtverlustleistung

Ändert sich die Verlustleistung nicht oder nur langsam, bzw. kann mit einer mittleren Verlustleistung gerechnet werden, so bleiben die Wärmekapazitäten unberücksichtigt.

$$P_{tot} = \frac{t_j - t_U}{R_{thJU}}$$

Der Wärmewiderstand zwischen Bauelementgehäuse und Umgebung kann mittels Kühlblech oder Kühlkörper erheblich verringert werden.

$$R_{thJU} = R_{thJG} + R_{thGK} + R_{thK}$$

Bei impulsweise auftretender Verlustleistung wirken sich die Wärmekapazitäten aus. Für $T \ll \tau_{thJ}$ ($\tau_{thJ} = R_{thJG} \cdot C_{thJG}$ innere Wärmezeitkonstante) kann näherungsweise mit einem Verlustleistungs-Mittelwert und einer mittleren Sperrschichttemperatur $t_{J\,mittel}$ gerechnet werden.

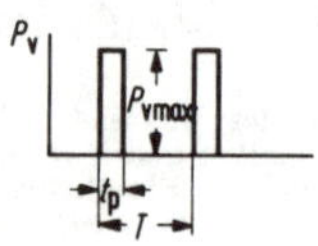

$$\frac{t_{J\,mittel} - t_U}{P_{V\,max}} = \frac{t_P}{T}(R_{thJG} + R_{thK})$$

Die Wärmewiderstandswerte für Kühlbleche aus Cu, Al und Fe können den folgenden Diagrammen entnommen werden. Diese gelten für senkrecht stehende, annähernd quadratische Kühlbleche aus blankem Blech mit in der Mitte montiertem Bauelement in ruhender Luft und ohne zusätzliche Wärmeeinstrahlung. Die ermittelte Kantenlänge S kann bei Schwärzung der Oberfläche mit dem Faktor 0,85 und muß bei waagerechter Anordnung mit dem Faktor 1,15 multipliziert werden.

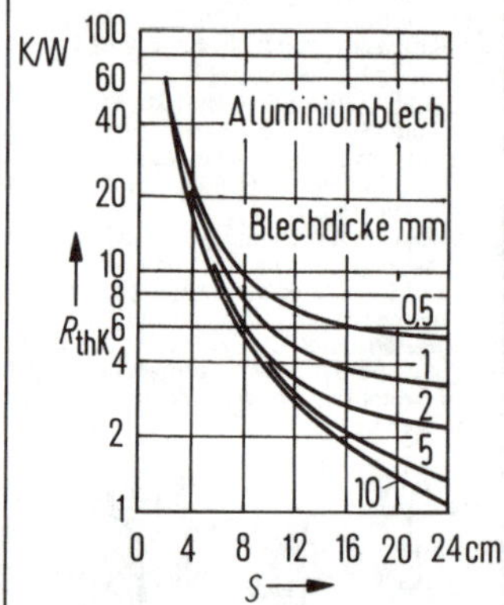

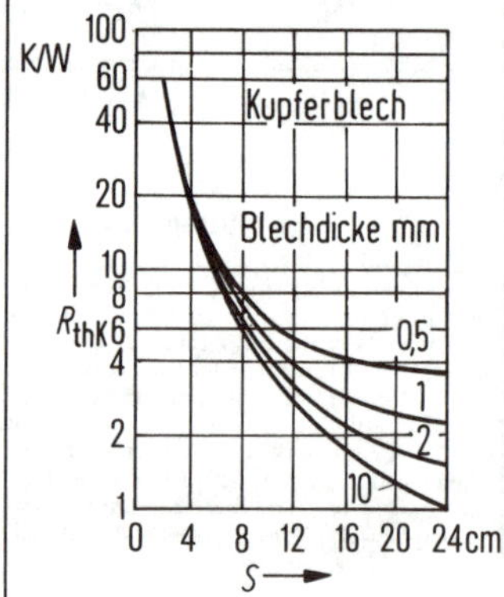

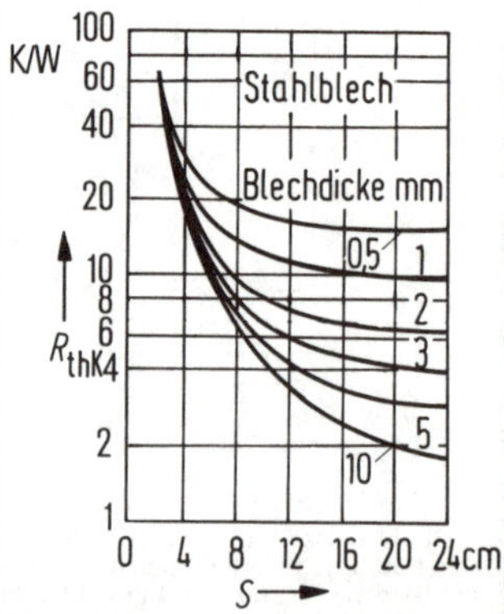

3.2 Elektronische Bauelemente und Grundschaltungen

3.2.4 Elektronenröhren

Wird einem Metall durch Wärme, Bestrahlung mit Licht oder Radioaktivität, Ionenbeschuß oder einem elektrischen Feld genügend Energie – Austrittsarbeit genannt – zugeführt, so verlassen Elektronen das Metall und bilden an der Metalloberfläche eine Elektronenwolke. Bei direkter Heizung wird das Elektronen emittierende Metall, Katode genannt, direkt vom Heizstrom durchflossen; bei indirekter Heizung sind Heizwendel und Katode gegeneinander elektrisch isoliert.

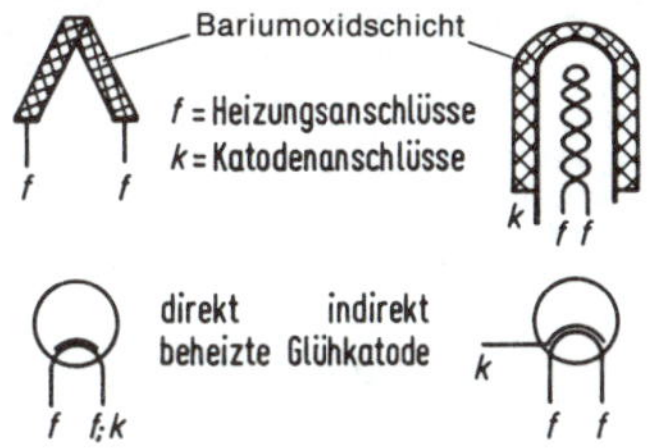

3.2.5 Gasgefüllte Röhren

mit dem Punkt wird auf die Gasfüllung hingewiesen

Der $I = f(U)$-Kennlinienverlauf gasgefüllter Dioden hängt ab von der Art und dem Druck des Gases, dem Material, der Form, dem Abstand und den Abmessungen der Elektroden und der Art und Intensität von außen einwirkender Ionisation.

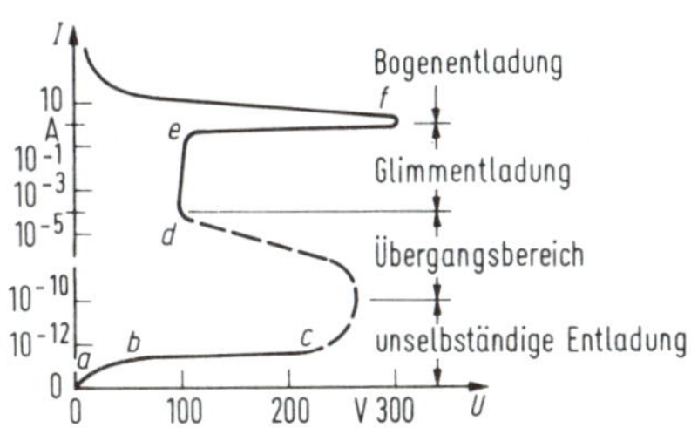

Der typische Verlauf der Strom-Spannungs-Kennlinie zeigt zunächst bis zum Punkt a ein Ansteigen des Stromes mit der Spannung, hervorgerufen von der z. B. durch Wärme, Licht oder radioaktive Strahlung verursachten Ionisation. Bei einem weiteren Spannungsanstieg bleibt der Strom bis zum Punkt b nahezu konstant, weil alle freien Elektronen zur Anode bzw. alle Ionen zur Katode gelangen. Eine größere Änderung des Stromes in diesem Bereich ergibt sich nur in Abhängigkeit von der von außen hervorgerufenen Ionisation. Erst bei einem Anstieg der Spannung über b hinaus steigt der Strom wieder stärker an. Die durch die äußere Ionisation frei gewordenen Elektronen sind nun so energiereich, daß sie beim Zusammenstoß mit neutralen Gasatomen diese ionisieren.

Erst eine Erhöhung der Spannung über c hinaus macht die Entladung unabhängig von einer weiteren äußeren Ionisation. Der Strom steigt bei gleichzeitigem Spannungsrückgang schlagartig an und muß durch einen Widerstand begrenzt werden. Ursache dafür ist die einsetzende Sekundäremission. Die Energie der Ionen reicht nun aus, um Elektronen aus der Katode herauszuschlagen, die wiederum neutrale Gasatome ionisieren oder diese anregen. Bei einem angeregten Atom reicht die Energie des auftreffenden Elektrons nicht aus, um ein Elektron aus der äußeren Schale herauszulösen. Das angeregte Elektron fällt in die alte Bahn zurück und gibt die aufgenommene Stoßenergie in Form eines Lichtblitzes frei. Infolge des sehr viel größeren Potentialgefälles entsteht in der Nähe der Katode eine Glimmschicht, deren Querschnitt proportional mit dem Strom zunimmt, bis die ganze Katodenoberfläche bedeckt ist. Wird der Strom darüberhinaus erhöht, so steigt die Spannung an, bis die Katode schließlich so heiß wird, daß die thermische Emission einsetzt und ein Lichtbogen mit sehr hoher Leitfähigkeit (Plasma) entsteht; die Spannung geht auf wenige Volt zurück. Ohne Begrenzung des Stromes wird die Röhre thermisch zerstört.

Die unselbständige Entladung findet z. B. Anwendung bei der Ionisationskammer (Detektor zur Messung radioaktiver Strahlen) und der Fotozelle, die Glimmentladung bei Glimmstabilisatoren und Ziffernanzeigeröhren und die Bogenentladung, meist Röhren mit Glühkatode, beim Thyratron und Ignitron.

3.2.6 Optoelektronik

Charakteristische Daten

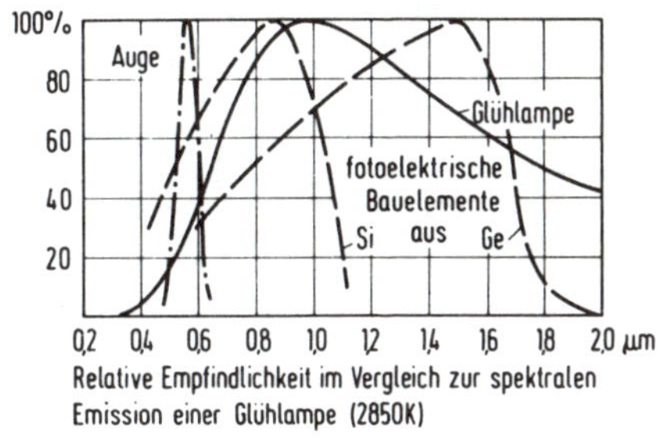

Relative Empfindlichkeit im Vergleich zur spektralen Emission einer Glühlampe (2850K)

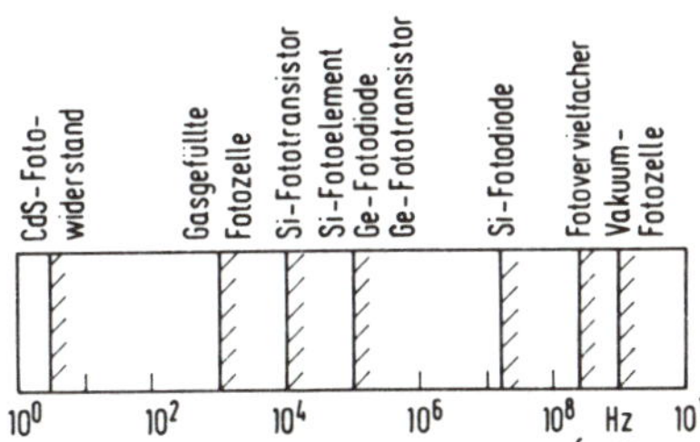

Obere Frequenzgrenzen

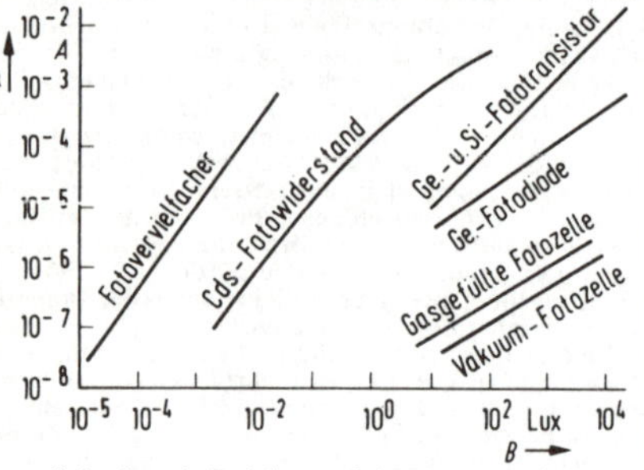

Hellströme als Funktion der Beleuchtungsstärke

Fotowiderstände

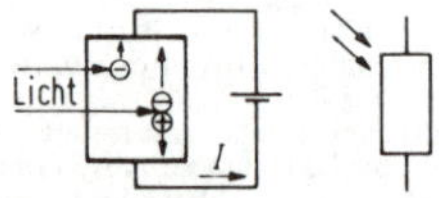

Fotowiderstände bestehen aus Mischkristallen; sie haben keine Sperrschicht und können im Gleich- und Wechselstromkreis eingesetzt werden. Je nach Basismaterial, meist polykristallines Silizium, und Dotierung reicht die Fotoempfindlichkeit vom Ultravioletten bis zum Infrarotbereich.

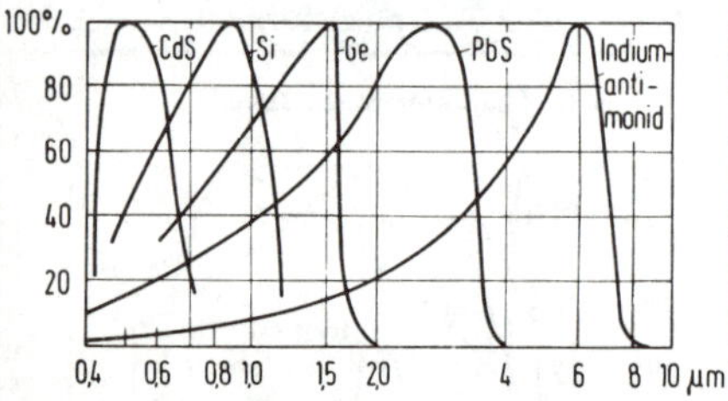

Fotowiderstände zeichnen sich durch die höchste Lichtempfindlichkeit unter den fotoelektronischen Halbleiterbauelementen aus. Ihre Widerstandsänderung in Abhängigkeit von der Beleuchtungsstärke reicht von etwa $10^2\ \Omega$ bis zu $10^8\ \Omega$.

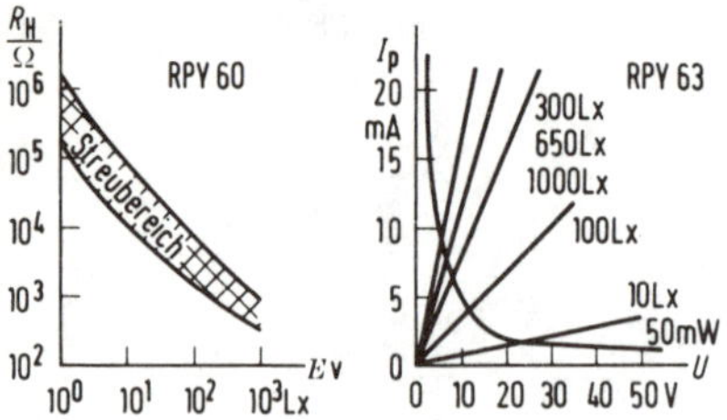

Der Temperaturkoeffizient ist mit $< 1\%/K$ gering. Nachteilig ist die relativ große Trägheit gegenüber Helligkeitsänderungen mit Zeitkonstanten bis zu 1 ms. Das Ansteigen des Hellwiderstandes und Verringern des Dunkelwiderstandes mit zunehmendem Alter kann durch künstliche Alterung verringert werden.

Fotoelemente und Fotodiode

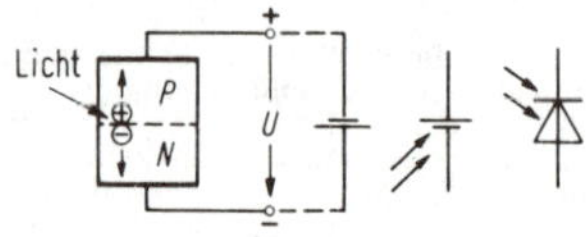

Der Aufbau entspricht einer Diode, deren Sperrschicht dicht unter der Oberfläche im Bereich der Eindringtiefe der Lichtstrahlung liegt. Die in der Nähe des PN-Überganges durch Lichteinwirkung entstehenden freien Elektronen werden in der N-leitenden Zone und die Defektelektronen in der P-leitenden Zone angesammelt. Es entsteht eine von außen durch Lichteinwirkung hervorgerufene Potentialdifferenz, auch Fotospannung U_L (Leerlaufspannung) genannt. Wird der PN-Übergang dagegen in Sperrichtung vorgespannt, so erhöhen die durch Lichteinwirkung entstehenden Ladungsträger den Sperrstrom.

Fototransistoren

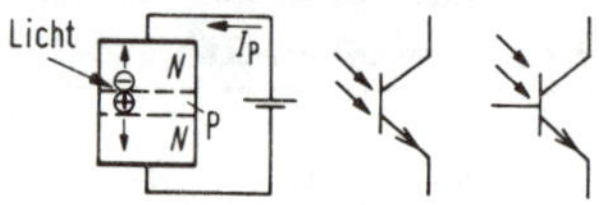

Der Fototransistor enthält zwei Sperrschichten, von denen die Kollektorsperrschicht strahlungsempfindlich ist. Die Wirkungsweise entspricht einem Fotoelement, deren Fotoempfindlichkeit um den Verstärkungsfaktor (ca. 100 bis 1000) vergrößert wird. Das Kennlinienfeld entspricht dem $I_c = f(U_{CE})$ Kennlinienfeld normaler Transistoren, mit dem Unterschied, daß an die Stelle des Basisstroms die Beleuchtungsstärke als Parameter tritt.

Ist der Basisanschluß nicht herausgeführt, so ist auch die Bezeichnung Foto-Duodiode üblich. Symmetrisch aufgebaute Foto-Duodioden können beliebig gepolt werden. Ist der Basisanschluß herausgeführt, so kann durch dessen Beschaltung der Arbeitspunkt eingestellt werden. Dies führt zu einer Herabsetzung der Fotoempfindlichkeit und einer Erhöhung der Ansprechgeschwindigkeit.

Die Schaltgeschwindigkeit von Fototransistoren ist kleiner als die von Fotodioden und Fotoelementen. Sie ist um so niedriger, je kleiner der Lastwiderstand und je größer die Amplitude des Lichtimpulses ist. Erreicht werden Ansprechzeiten von 2 µs bis 100 µs.

Lumineszensdioden

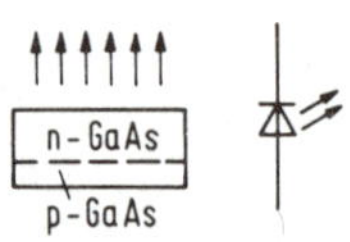

Lumineszensdioden, auch Leuchtdioden oder engl. Light Emitting Diode bzw. LED genannt, sind Gallium-Arsenid-Phosphid (GaAsP-)Halbleiter, die bei Betrieb in Durchlaßrichtung je nach Dotierung und Technologie Licht im Infrarotbereich oder im sichtbaren Bereich in den Farben Rot, Orange oder Grün abgeben.

Die Intensität des abgestrahlten Lichtes ist proportional dem Durchlaßstrom. Die Flußspannung liegt zwischen 1,2 V bis 1,6 V, der Flußstrom je nach angestrebter Lichtintensität zwischen 10 mA und 40 mA, die zulässige Sperrspannung bei etwa 3 V bis 5 V und der Wirkungsgrad bei etwa 1%.

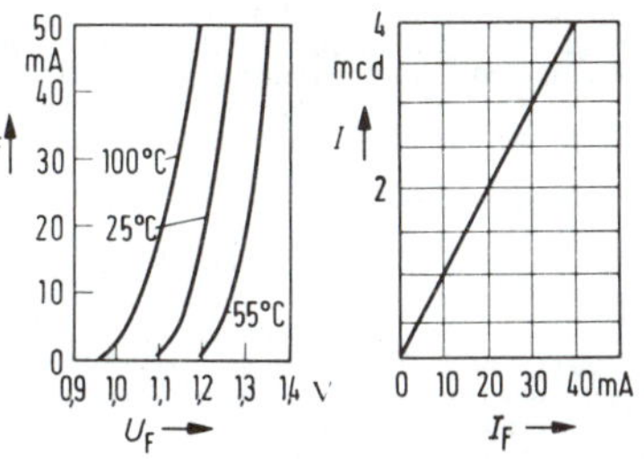

Um die starke Abnahme der Strahlungsintensität mit wachsender Sperrschichttemperatur zu verringern, kann dem bei $U_S > U_F$ meist ohnehin erforderlichen Serienwiderstand ein Parallelwiderstand hinzugefügt werden.

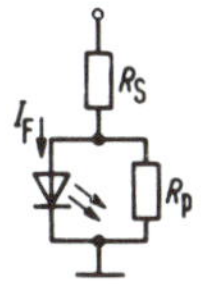

$$R_p = \cfrac{1}{\cfrac{1}{[I_L(\Delta U_F/\Delta\vartheta_u)I_F(\Delta I_L/\Delta\vartheta_u)] - R_d} - \cfrac{1}{R_S}}$$

mit I_L Strahlungsstärke
R_d diff. Widerstand der LED

Die Vorteile der Lumineszensdioden gegenüber Signallampen sind die Vermeidung des hohen Einschaltstromes, hohe Lebensdauer, geringe Stoßempfindlichkeit, kleine Abmessungen, niedrige Betriebsspannung, gute Modulierbarkeit und Lichtwechselfrequenzen bis in den MHz-Bereich.

Optoelektronische Koppler

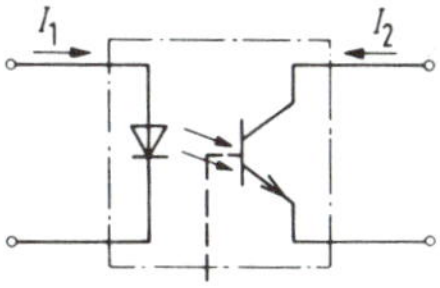

Optoelektronische Koppler übertragen elektrische Signale durch Umwandlung des elektrischen Signals in ein optisches Signal, das dann ohne galvanische Verbindung in einem zweiten fotoelektrischen Bauelement wieder in ein elektrisches Signal umgewandelt wird. Als Emitter (Sender) kommen nahezu ausschließlich Lumineszensdioden zum Einsatz, als Detektor (Empfänger) eine Fotodiode, ein Fototransistor oder ein Fotothyristor.

Flüssigkristallzellen

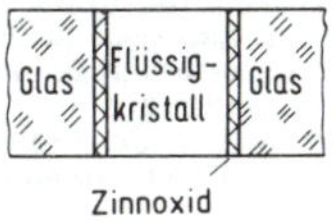

Eine Flüssigkristallzelle ist mit einem Kondensator vergleichbar, dessen Dielektrikum aus Flüssigkristallen besteht. Die Innenflächen der durchsichtigen Platten mit einem Abstand von 5µm — 20µm tragen einen elektrisch leitenden, ebenfalls durchsichtigen Überzug. Liegt keine Spannung an den Elektroden, so ist die Flüssigkristallsubstanz lichtdurchlässig. Wird eine Spannung angelegt, die einen Mindestwert (Schwellwert, ca. 4 V...10 V) nicht unterschreiten darf, so wird die Flüssigkeit turbulent, streut das Licht und erscheint lichtundurchlässig. Entfernt man das Feld, wird die Flüssigkeit wieder durchsichtig. Diese optoelektrische Schaltereigenschaft wird als „dynamische Schaltereigenschaft" bezeichnet.

Transmissionszellen werden zwischen Betrachter und Lichtquelle angeordnet; Reflexionszellen mit reflektierender Rückelektrode werfen das von der Seite des Betrachters kommende Licht zurück. Zur Erzielung einer großen Lebensdauer werden Flüssigkristallzellen mit sinus- oder rechteckförmigen Wechselspannungen mit Frequenzen zwischen 20 Hz und 200 Hz betrieben.

Flüssigkristallzellen zeichnen sich durch die niedrige Betriebsspannung (z.B. 24 V), den geringen Leistungsbedarf (50 µW/cm²...1 mW/cm² und 5 var/cm²...10 var/cm² bei 50 Hz je nach Substanz) und die preiswerte Herstellung großflächiger, elektrisch steuerbarer Anzeigen aus. Von Nachteil sind noch die relativ langen Ansprechzeiten mit einigen ms und die starke Temperaturabhängigkeit der Ansprechzeit.

Zu erwarten sind Flüssigkristallzellen mit guter Speichereigenschaft, ohne dabei ständig Leistung aufzunehmen und einer elektrisch steuerbaren Farbänderung.

Fotozellen

Trifft ein Lichtquant mit genügend großer Energie auf die meist mit Caesium bedampfte Katode, so wird ein freies Elektron erzeugt, das von der gegenüberliegenden, positiv vorgespannten Anode aufge-

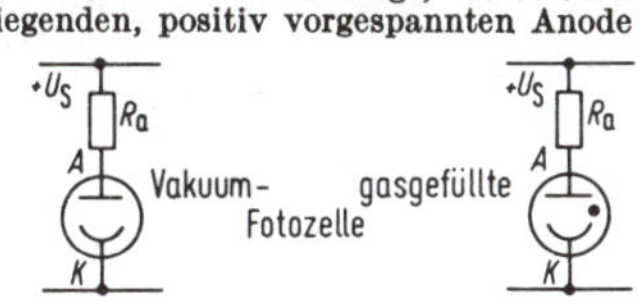

fangen wird (äußerer Fotoeffekt). Bei der Vakuum-Fotozelle besteht oberhalb der Sättigungsspannung strenge Proportionalität zwischen Fotostrom und Lichtstrom.

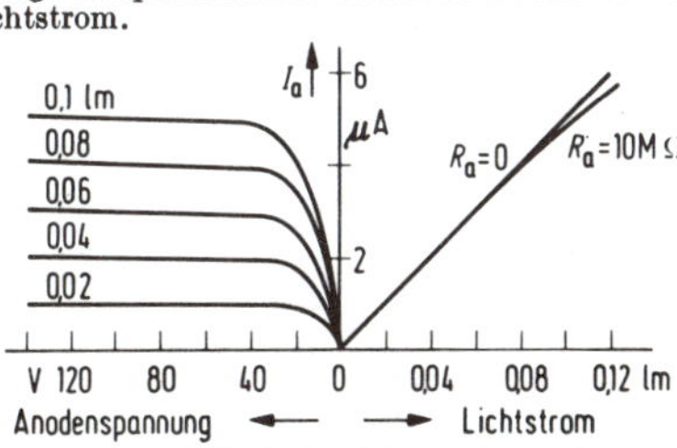

Bei der gasgefüllten Fotozelle treffen die vom Licht aus der Katode ausgelösten Elektronen auf dem Wege zur Anode auf Gasmoleküle und vermehren durch die ausgelöste Ionisation die Zahl der Ladungsträger. Die ungefähr dreifache Empfindlichkeit ist mit dem Verlust der Proportionalität und der Abhängigkeit von der Anodenspannung verbunden.

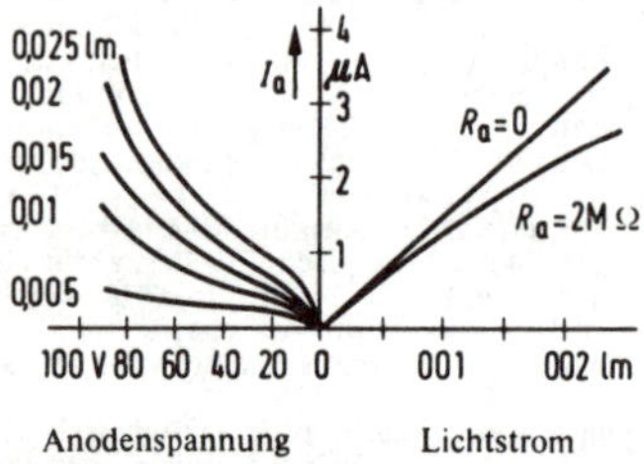

Um eine schnelle Ermüdung und Alterung der Vakuum-Fotozelle zu vermeiden, sollten hohe Stromdichten und hohe Beleuchtungsstärken ohne anliegende Anodenspannung vermieden werden. Gasgefüllte Fotozellen altern erheblich schneller, insbesondere bei hohen Anodenspannungen.

Fotovervielfacher

In einem Fotovervielfacher sind eine Vakuum-Fotozelle und ein Sekundärelektronen-Vervielfacher kombiniert. Die vom Licht aus der Katode ausgelösten und vom elektrischen Feld beschleunigten Elektronen lösen beim Auftreffen auf die folgende Elektrode ein Vielfaches an Sekundärelektronen aus, die ebenfalls beschleunigt werden und wiederum ein Vielfaches an Sekundärelektronen aus der nächsten Elektrode auslösen. Dieser Vorgang wiederholt sich entsprechend der Anzahl der Elektroden, Dynoden genannt, zwischen Anode und Katode, so daß eine Verstärkung um mehrere Zehnerpotenzen erreicht wird.

Empfindlichkeit und Dunkelstrom sind von der Speisespannung abhängig. Soll die Verstärkungsschwankung eines zehnstufigen Fotovervielfachers kleiner als 1% sein, so ist eine Spannungsstabilisierung von 1% erforderlich. Der Querstrom des Spannungsteilers soll etwa 100mal größer als der Anodengleichstrom sein.

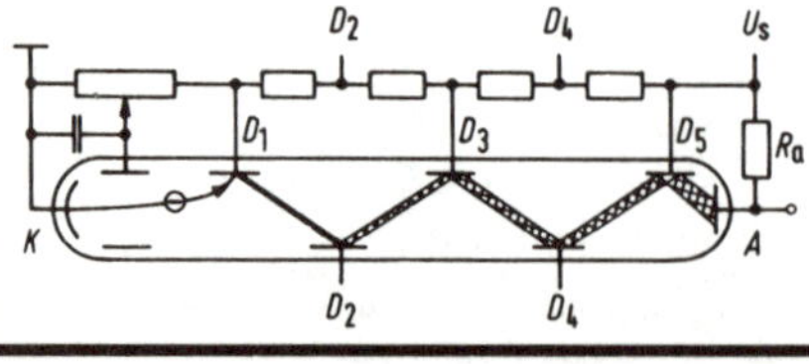

3.2.7 Magnetfeldabhängige Bauelemente

Hall-Generatoren

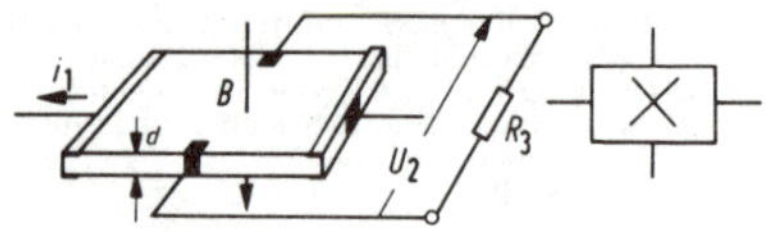

Wird ein langgestrecktes Plättchen aus geeignetem Material in Längsrichtung von einem Strom durchflossen und gleichzeitig senkrecht zur Fläche von einem Magnetfeld durchsetzt, so entsteht zwischen den seitlichen Anschlüssen eine Leerlaufhallspannung.

$$U_{20} = \frac{R_h}{d} \cdot i \cdot B$$

R_h ist eine Materialkonstante.

Typisch sind Leerlaufhallspannungen von 85 mV (In As; I_{1n} = 100 mA) bis 1000 mV (InSb; I_{1n} = 15 mA) bei B = 1 T. Der Nennsteuerstrom I_{1n} ist so festgelegt, daß beim Betrieb des Hallgenerators in ruhender Luft die Halbleiterschicht eine Übertemperatur von 10 °C bis 15 °C annimmt; üblich sind Werte zwischen 10 mA und 150 mA.

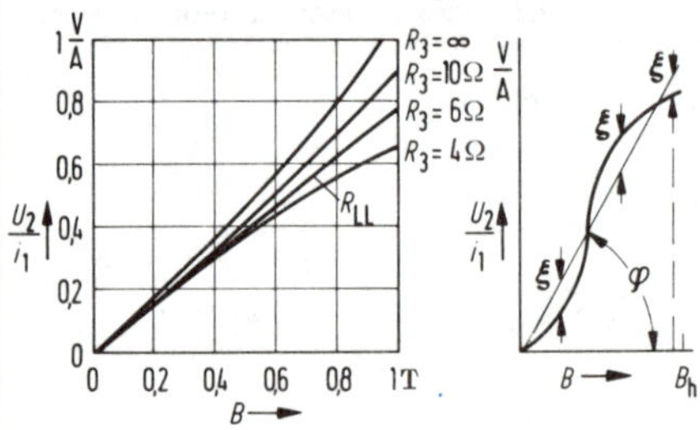

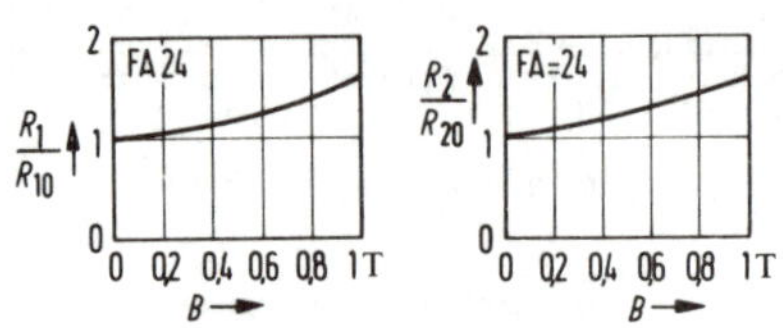

Die Linearität zwischen der auf die Steuerstromeinheit bezogenen Hallspannung und dem Steuerfeld hängt vom Lastwiderstand ab. Der Abschlußwiderstand R_{LL} für die optimale Linearität muß für jedes Exemplar experimentell ermittelt werden. Die maximale Abweichung der auf die Steuerstromeinheit bezogenen Hallspannung von der Geraden mit dem Anstieg K_{lin} auf den Meßbereichsendwert wird als Linearisierungsfehler bezeichnet, wobei

$$F_{lin} = \frac{\xi_{max}}{K_{lin} \cdot B_h} \text{ und } K_{lin} = \tan\varphi \text{ ist.}$$

Der steuerseitige Innenwiderstand R_1 und der hallseitige Innenwiderstand R_2 hängen vom Steuerfeld B ab ($R_1 = R_{10}$ und $R_2 = R_{20}$ bei $B = 0$ und T_U = 25 °C). Der mittlere Temperaturkoeffizient von u_{20} beträgt je nach Material etwa – 0,04%/K bis 0,1%/K; der von R_{10} und R_{20} etwa 0,2%/K.

Feldplatten

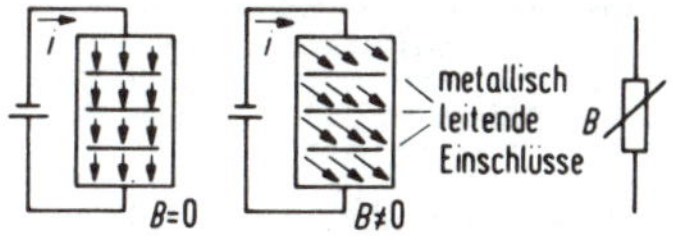

Feldplatten sind magnetisch steuerbare Halbleiterwiderstände aus Indiumantimonid, deren Strombahnen unter dem Einfluß eines Magnetfeldes um den Hallwinkel gedreht werden. Die folgenden Diagramme zeigen den relativen Feldplattenwiderstand verschiedener Halbleitermaterialien in Abhängigkeit von der magnetischen Induktion B und der Temperatur.

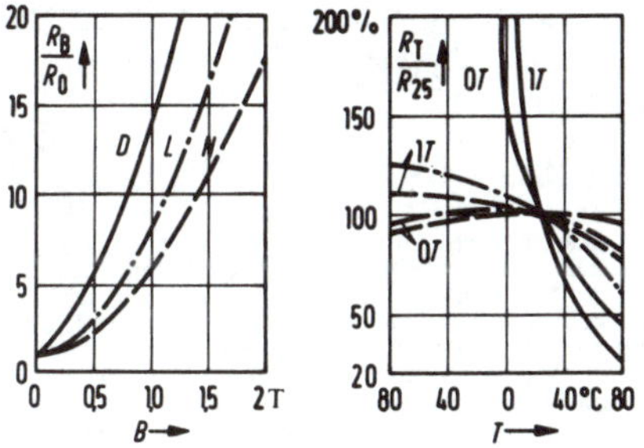

Typisch sind Grundwiderstände R_0 (bei 25 °C und B = O) zwischen 10 Ω und 500 Ω.

Neben der Brückenschaltung mit Feldplattenpaaren läßt sich auch durch Kombination von Feldplatten mit L-Material und gesteuertem Si-Transistor oder Feldplatten mit D-Material und gesteuertem Ge-Transistor die Temperaturabhängigkeit weitgehend kompensieren.

Magnetdioden

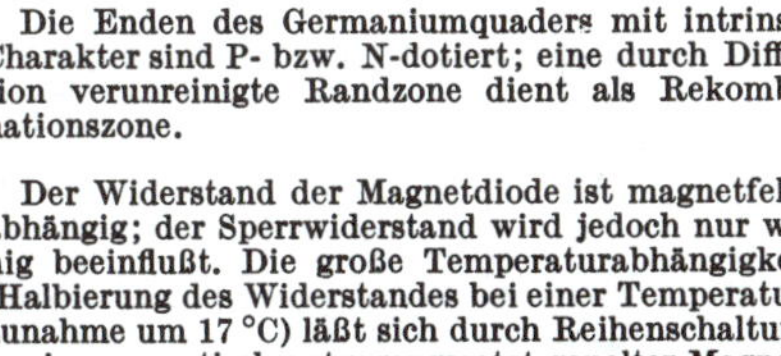

Die Enden des Germaniumquaders mit intrinsic Charakter sind P- bzw. N-dotiert; eine durch Diffusion verunreinigte Randzone dient als Rekombinationszone.

Der Widerstand der Magnetdiode ist magnetfeldabhängig; der Sperrwiderstand wird jedoch nur wenig beeinflußt. Die große Temperaturabhängigkeit (Halbierung des Widerstandes bei einer Temperaturzunahme um 17 °C) läßt sich durch Reihenschaltung zweier magnetisch entgegengesetzt gepolter Magnetdioden kompensieren. Dabei ändern sich die Ströme I_1 und I_2 in gleichem Maße, so daß die Mittelpunktspannung U_M nahezu unabhängig von der Temperatur ist. Magnetdioden werden deshalb als Doppeldioden hergestellt.

3.2.8 Thyristor

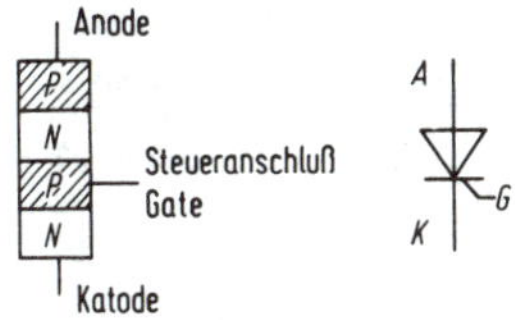

Thyristoren sind Si-Einkristall-Halbleiter-Bauelemente mit drei Sperrschichten und drei stabilen Betriebszuständen.

Wird an die beiden Hauptanschlüsse eine Spannung in Rückwärtsrichtung (Anode negativ und Katode positiv) angelegt, so verhält sich der Thyristor ähnlich einem gesperrten Siliziumgleichrichter.

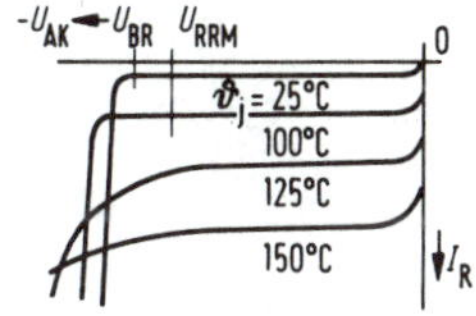

Werden bei offenem Steueranschluß die Hauptanschlüsse in Vorwärtsrichtung gepolt, so ist die mittlere Sperrschicht in Sperrichtung gepolt; die Strom-Spannungs-Kennlinie verläuft ähnlich wie die eines in Sperrichtung betriebenen Gleichrichters.

Der sehr geringe, nahezu spannungsunabhängige Sperrstrom steigt exponentiell mit der Temperatur an, die Durchbruchspannung wird geringfügig größer und der Kennlinienknick verläuft etwas abgerundeter als im kalten Zustand. Das Erreichen der Durchbruchspannung führt zur Zerstörung des Thyristors.

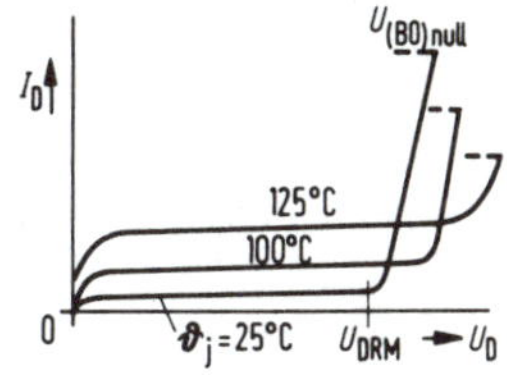

Wird die positive Spitzensperrspannung überschritten, so steigt der Sperrstrom bei weiterer Spannungserhöhung lawinenartig an, bis mit Erreichen der Nullkippspannung (Steuerstrom Null) der Thyristor zündet und leitend wird. Bei diesem sogenannten Überkopfzünden wird der mittlere PN-Übergang zunächst an einer punktförmigen Stelle leitend, über die der ganze Strom fließt. Ist die Stromanstiegsgeschwindigkeit größer als ungefähr $^1/_{10}$ des bei normaler Zündung zulässigen Wertes, so kann der Thyristor thermisch zerstört werden.

Ein gezündeter Thyristor verbleibt solange im Durchlaßzustand, auch wenn kein Steuerstrom mehr fließt, bis der Durchlaßstrom den Haltestrom unterschreitet. Die Durchlaßkennlinie verläuft ähnlich wie bei einer Si-Diode.

3.2 Elektronische Bauelemente und Grundschaltungen

Der Thyristor im Wechselstromkreis

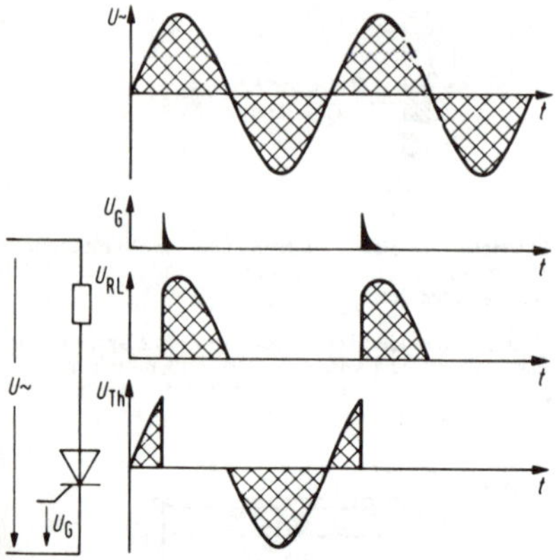

Thyristoren in Sonderausführung

Der **rückwärtsleitende Thyristor** enthält zusätzlich eine monolitisch integrierte antiparallelgeschaltete Diode auf derselben Siliciumscheibe.

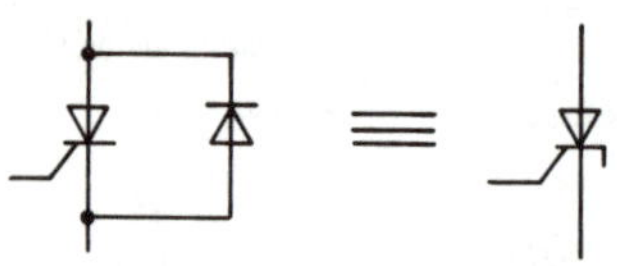

Der **abschaltbare Thyristor** (GTO: gate-turn-off) ist neben den allgemeinen Thyristoreigenschaften über das Gate ausschaltbar. Zur Abschaltung wird ein negativer Gatespitzenstrom von etwa 20% bis 60% des Durchlaßstromes I_D benötigt. Die gesamte Ausschaltzeit, bestehend aus Verzögerungszeit, Abfallzeit und Erholzeit beträgt ca. 25µs. Ein negativer Gatestrom kann ohne ein zusätzliches Netzteil erzeugt werden, wenn die Last in der Katodenzuleitung betrieben wird und das Gate niederohmig an Masse geschaltet wird.

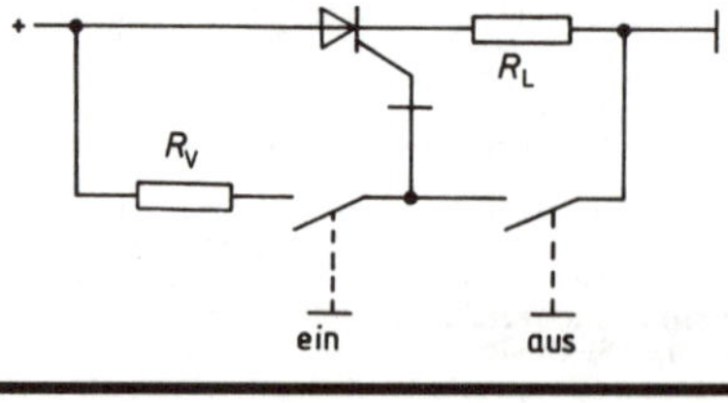

3.2.9 Triac

Seinem Aufbau nach ist der Triac eine in einem Si-Kristall integrierte Antiparallelschaltung zweier Thyristoren mit gemeinsamem Steueranschluß. Die beiden Hauptanschlüsse werden als Anode 1 und Anode 2 bezeichnet.

Der Triac kann unabhängig von der Polung der Hauptanschlüsse mit positiven und negativen Impulsen zwischen der Anode 2 und dem Steueranschluß gezündet werden.

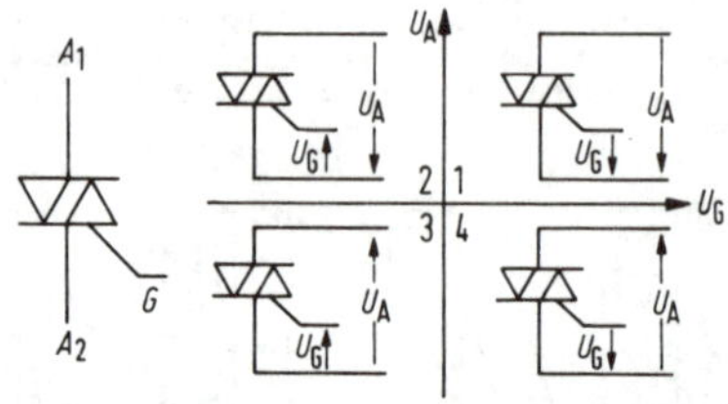

Die Zündwerte in den vier Quadranten können geringfügig voneinander abweichen. Meist ist die Empfindlichkeit im 1. und 3. Quadranten am größten und ungefähr gleich groß. Am höchsten sind die erforderlichen Zündwerte im 4. Quadranten, so daß der Betrieb in diesem Quadranten vermieden werden soll, insbesondere wenn es auf eine hohe zulässige Stromsteilheit d*i*/d*t* ankommt. Der gezündete Triac erlischt, wenn der Durchlaßstrom mindestens über die Freiwerdezeit t_q unter den Haltestrom abgesunken ist.

Hinsichtlich der zulässigen Strom- und Spannungssteilheiten und den dafür erforderlichen Schaltungsmaßnahmen gelten die gleichen Überlegungen wie beim Thyristor.

Schaltungsbeispiel (Dimmer)

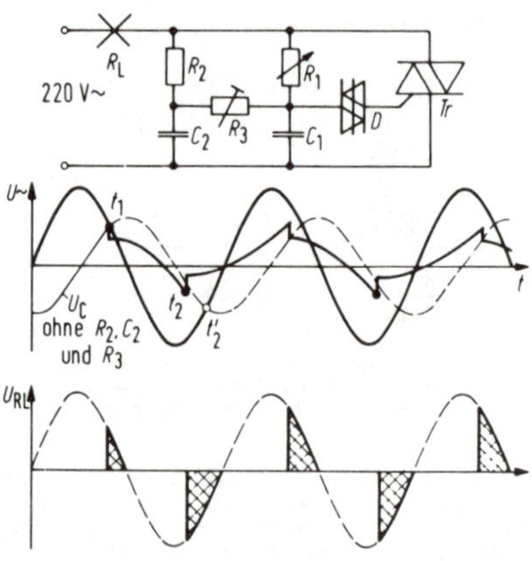

Erreicht U_{C1} die Durchbruchspannung des Diac, so entlädt sich C_1 über die Steuerstrecke des Triac und zündet diesen; C_1 wird teilweise entladen, so daß der zweite Zündeinsatz früher folgt. Die Einengung des Steuerbereiches (Hysterese) wird durch Hinzufügen von R_2, C_2 und R_3 verringert.

4 Werkstofftechnik

4.1 Werkstoffeigenschaften

4.1.1 Werkstoffe und Anforderungsprofil

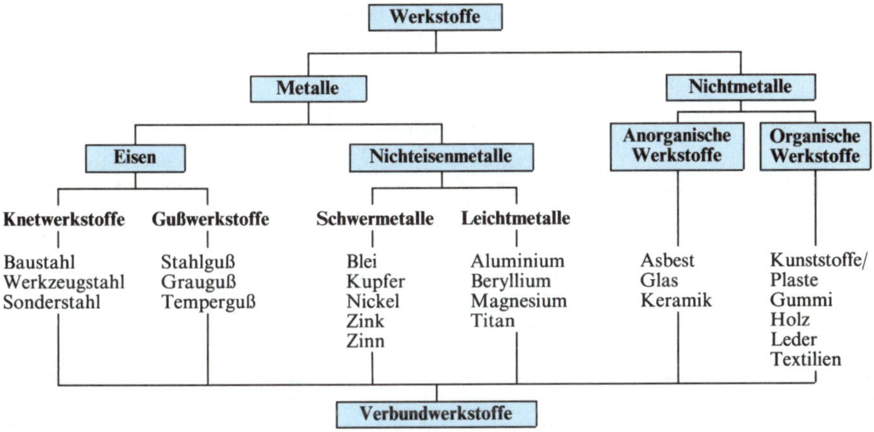

Das Anforderungsprofil des Werkstücks bedingt die physikalischen und chemischen Gebrauchseigenschaften, die zusammen mit den technologischen und Umwelteigenschaften ein wirtschaftliches Optimum ergeben sollten. Werkstoffe für niedrig beanspruchte Werkstücke und Massenteile sind vor allem nach Material- und Verarbeitungskosten, Werkstoffe für hochbeanspruchte Teile nach den geforderten Gebrauchseigenschaften auszuwählen.

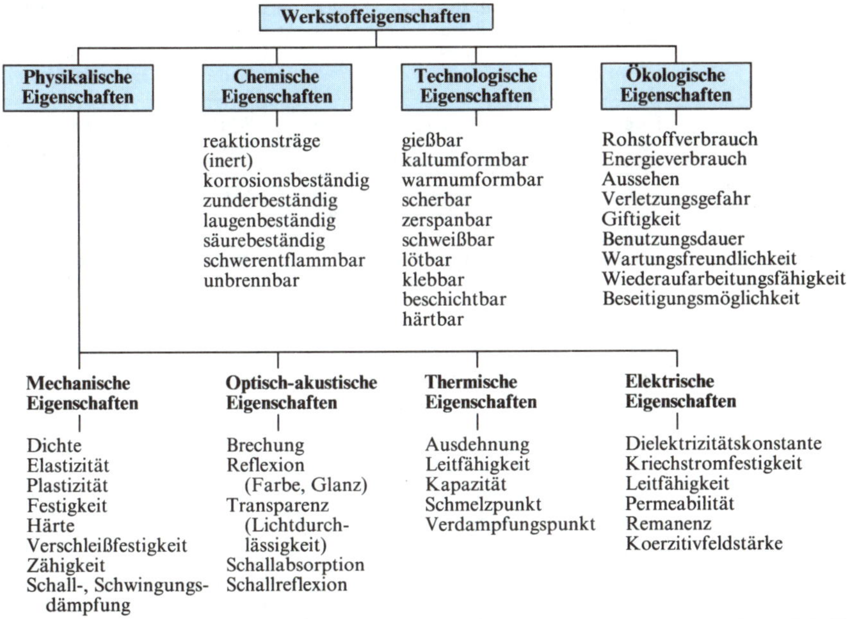

4.1 Werkstoffeigenschaften

4.1.2 Aufbau der Werkstoffe

Alle Elemente streben einen stabilen Atombau mit geringster freier Energie an (Edelgaskonfiguration, 8 Elektronen auf der Außenschale). Je nach Stellung im Periodensystem der Elemente (s.S. 2-28f) geschieht die erforderliche Ladungsumverteilung als Primärbindung durch Ionen-, Atom- oder Metallbindung bzw. Mischformen. Übrigbleibende Restbindungsfähigkeiten (Sekundärbindungen) als zwischenmolekulare (van-der-Waalsche) Bindungen sind um mehrere Größenordnungen kleiner. Sie entstehen durch ungleiche Ladungsverteilung (elektrische bzw. magnetische Dipole).

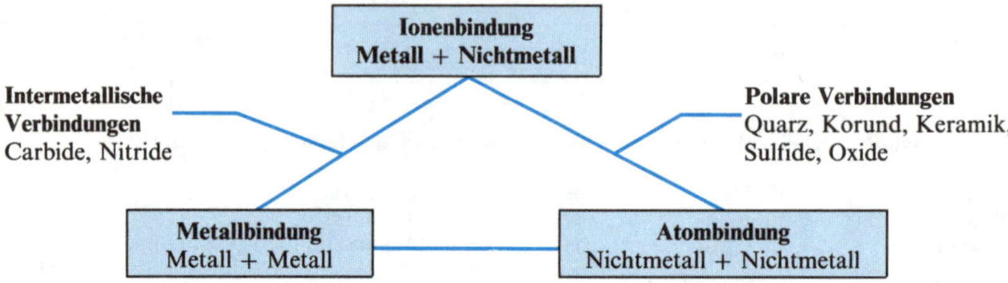

Feinstruktur	Erklärung	Eigenschaften
Ionenbindung 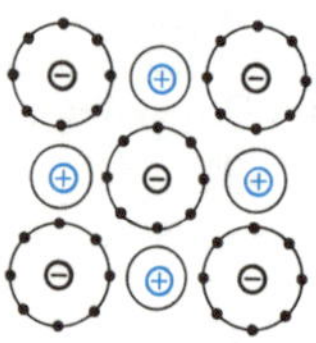	Das Metall mit wenigen Außenelektronen gibt diese ab und wird elektrisch positiv (Kation). Der nichtmetallische Bindungspartner nimmt diese Elektronen auf und wird elektrisch negativ (Anion). Bei regelmäßiger Anordnung zu einem Kristallgitter sind die anziehenden und abstoßenden Kräfte im Gleichgewicht. Die Wärmebewegung bewirkt eine Schwingung um diese Ruhelage.	Große Bindungskräfte mit hoher Festigkeit und Härte. Keine plastische Umformung möglich, da bei Verschiebung der Atome um einen Gitterabstand abstoßende Kräfte überwiegen (spaltbar). Hohe Schmelz- und Siedepunkte, Transparenz, elektrische Leiter 2. Klasse (Elektrolyte). Hydroxide, Oxide, Salze.
Atombindung 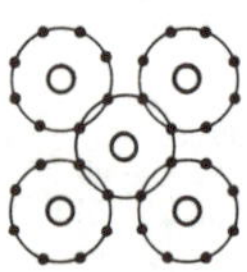	Den beiden nichtmetallischen Bindungspartnern fehlen jeweils nur wenige Elektronen auf der Außenschale. Der Ausgleich geschieht durch Überlagerung der Ladungswolken (gemeinsame Elektronen). Bei vier Valenzelektronen (C, Si, Ge) können sich tetraedrische Gitter bilden.	Sehr große Bindungskräfte, keine plastische Umformbarkeit, niedrige Schmelz- und Siedepunkte, geringe Dichte, elektrische Nichtleiter, schlechte Wärmeleiter, Transparenz, geringe Korrosion (Primärbindungen bei Kunststoffen). Bei Gitterbildung hohe Härte, Wärmebeständigkeit (Diamant).
Metallbindung 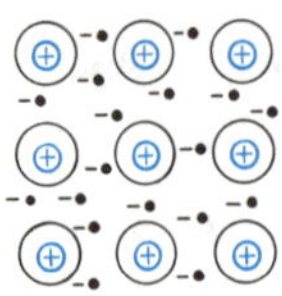	Die Metallatome geben die wenigen Außenelektronen ab und werden zu positiven Atomrümpfen mit Zusammenhalt durch das frei bewegliche Elektronengas. Im Kristallgitter schwingen die Atomrümpfe durch die Wärmebewegung um ihre Ruhelage. Das Kristallsystem ist von der Größe der Atome und den Bindungskräften abhängig. Da diese sich mit der Wärmebewegung ändern, wechseln einzelne Stoffe temperaturabhängig das Kristallsystem (Polymorphie).	Bei mittleren bis großen Bindungskräften ist eine plastische Umformung durch Verschiebung um Gittereinheiten möglich. Hohe Siedepunkte, elektrische Leiter 1. Klasse, gute Wärmeleitung, Undurchsichtigkeit, Glanz, korrosionsempfindlich, Beeinflussung der Feinstruktur möglich durch Legieren oder bei Polymorphie durch Wärmebehandlung.

4.2 Metalle

4.2.1 Gefüge der Metalle

Elementarzellen	kubisch-flächen-zentriert	kubisch-raumzentriert	hexagonal
	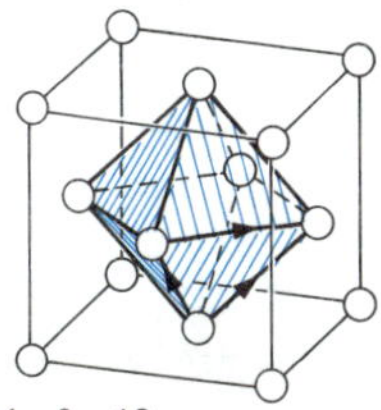	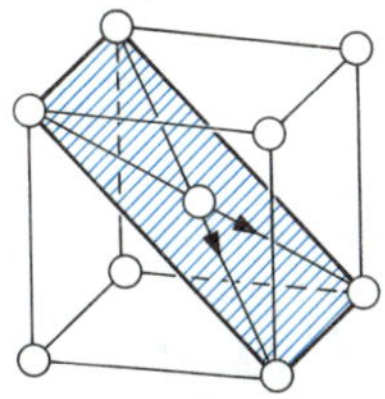	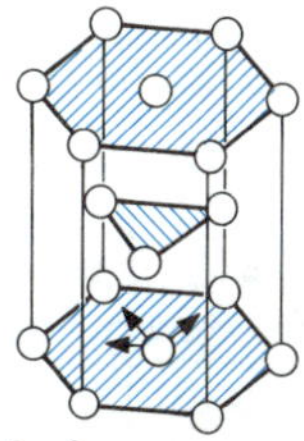
Gleitebenen × -richtungen = Gleitmöglichkeiten	4 × 3 = 12	4 × 2 = 8	1 × 3 = 3
Metalle	Ag, Al, Au, Cu, Ni, Pb, Pt, γ-Fe, β-Co	Cr, Mo, Nb, Ta, V, W, α-Fe, β-Ti	Be, Cd, Co, Mg, Zn, α-Ti

Gitterfehler	Erklärung	Eigenschaften
punktförmig 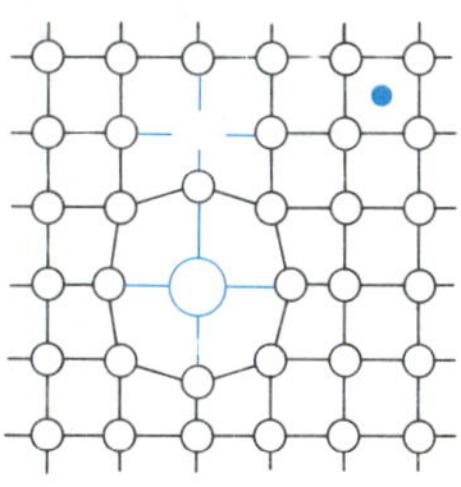	Leerstellen im Gitter entstehen durch Kristallisation, Abschrecken, Umformen oder Bestrahlung (z.B. Neutronen). Mischkristalle sind eine feste Lösung von Fremdatomen im Gitter. Bei ähnlichem Atom- und Gitterbau liegen sie als Substitutions- (Ersatz-), bei kleineren Atomabmessungen als Einlagerungsmischkristall vor. Bei großen Unterschieden der Fremdatome werden Kristallgemische gebildet (zwei oder mehr Phasen).	Leerstellen fördern die Diffusion (Wandern von Atomen im Gitter) und bei der plastischen Umformung die Translation (Gleitung) von Atomschichten. Es verringert sich die Festigkeit bei Zunahme der Zähigkeit. Fremdatome verspannen das Gitter und blockieren die Gleitebenen. Sie steigern daher die Festigkeit unter Abnahme der Zähigkeit des Werkstoffs.
linienförmig 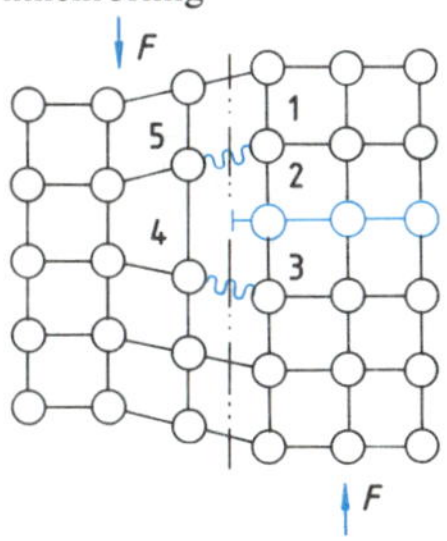	Durch die bei einer Versetzung fehlenden Atome entstehen zwischen 1 und 3 Druck-, zwischen 4 und 5 Zugspannungen. Die Bindungskräfte 1–5 und 3–4 sind daher labiler. Schon bei geringer äußerer Kraft erfolgt die Wanderung der Versetzung entlang der Gleitebene zur neuen Bindung 2–4 oder 2–5.	Versetzungen sind mit einer Gesamtlänge von $10^6 \cdots 10^{12}$ cm/cm³ im Kristall enthalten und ermöglichen die plastische Umformung der Metalle bei geringen Kräften und tiefen Temperaturen.
flächenförmig 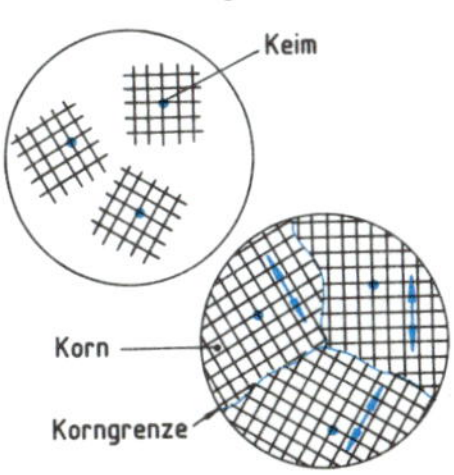	Flächenförmige Gitterfehler sind Korn-, Phasen- und Zwillingsgrenzen. Die Kristallisation beginnt gleichzeitig an vielen Keimen (z.B. Fremdatomen) mit unterschiedlichen Gitterrichtungen. Das metallische Gefüge besteht aus vielen Kristalliten oder Körnern. Der Werkstoff verhält sich daher quasiisotrop (richtungsunabhängig) trotz Isotropie der Einzelkristalle. Zwillingskristalle bilden sich beim Umformen durch Umklappen des Gitters.	Korngrenzenfehler verringern die Festigkeit, behindern aber bei der Umformung die Gleitung, bewirken die Kaltverfestigung. Feines Korn (Durchmesser um 0,015 mm): große Festigkeit, Härte, Kerbschlagarbeit, Quasiisotropie. Grobes Korn (Durchmesser um 0,25 mm): günstigere Zerspanung, Trafoblech durch Anisotropie.

4.2 Metalle

4.2.2 Zustandsschaubild Eisen-Kohlenstoff

Die Gleichgewichtszustände für die Legierungen Eisen-Kohlenstoff bei unendlich langsamer Abkühlung (bzw. Erwärmung) werden im Zustandsschaubild dargestellt. Für schnelle Abkühlung und die damit erzwungenen Zustände und Gefüge geben die ZTU-Schaubilder Aufschluß.

——— Metastabiles System Fe-Fe_3C ---- Stabiles System Fe-C

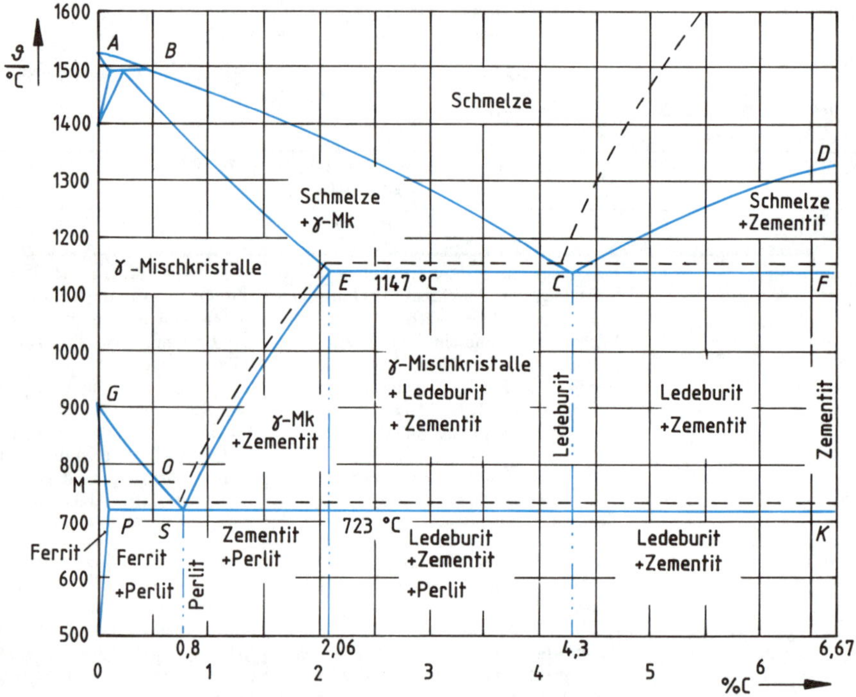

Gefüge	Merkmale
α-Mischkristall (Ferrit)	Gitter kubisch-raumzentriert, weicher Gefügebestandteil (105 HV), sehr geringe Löslichkeit für Kohlenstoff (max. 0,02% C bei 723 °C), magnetisierbar nur unter der Linie *MO* (768 °C).
γ-Mischkristall (Austenit)	Gitter kubisch-flächenzentriert, gute Löslichkeit für Kohlenstoff (max. 2,06% C bei 1147 °C), untereutektoider Stahl (C < 0,8%) scheidet entlang der Linie *GOS* Ferrit, übereutektoider Stahl (0,8 ··· 2,06% C) entlang *SE* Zementit aus, bis 0,8% Kohlenstoff bei 723 °C vorliegt.
Zementit (Fe_3C)	Eisencarbid mit kompliziertem rhomboedrischem Gitter, sehr hart (1100 HV).
Ledeburit	Eutektikum des metastabilen Systems, bei 1147 °C aus γ-Mischkristallen und Zementit bestehend, gute Gießbarkeit (niedrige Temperatur, dünnflüssig).
Perlit	Eutektoid durch Zerfall der γ-Mischkristalle bei 723 °C, Diffusion des Kohlenstoffs, Lamellen mit Fe_3C und Ferrit, Gitterumwandlung (kfz-krz).
Graphit	Gitter hexagonal, Graphit bzw. Graphiteutektikum im stabilen System statt Zementit bzw. Ledeburit.

4.2 Metalle

4.2.3 Normbezeichnung und Einteilung der Eisenwerkstoffe

Werkstoffnummern nach DIN 17007 T1 bis 3 (4.59; 9.61; 1.71)

Das Nummernsystem für Werkstoffe aller Art ist besonders für die Datenverarbeitung geeignet. Die Punkte zwischen den Stellen sind wichtiger Bestandteil der Werkstoffnummer.

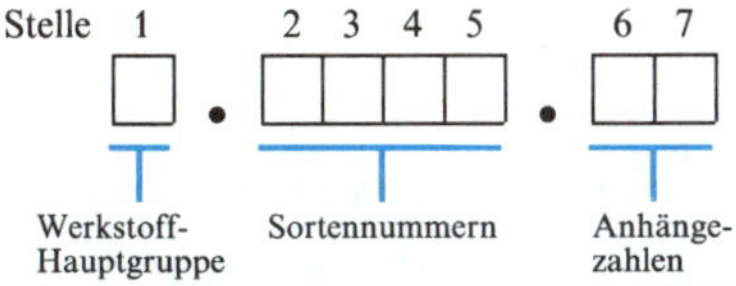

Stelle 1	Werkstoff-Hauptgruppen
0	Roheisen, Ferrolegierungen
1	Stahl
2	Nichteisen-Schwermetalle
3	Leichtmetalle
4···8	Nichtmetallische Werkstoffe
9	frei für interne Benutzung

Sortennummer Stelle 2, 3	Sortenklasse Werkstoff-Hauptgruppe 0
00···09	Roheisen für Stahlerzeugung
10···19	Roheisen für Gußerzeugung
20···29	Sonderroheisen
30···49	Vorlegierungen
50···59	Reserve
60···61	Gußeisen, unlegiert, Lamellengraphit
62···69	Gußeisen, legiert, Lamellengraphit
70···71	Gußeisen, unlegiert, Kugelgraphit
72···79	Gußeisen, legiert, Kugelgraphit
80···81	Temperguß, unlegiert
82	Temperguß, legiert
83···89	Temperguß, Reserve
90···91	Sondergußeisen, unlegiert
92···99	Sondergußeisen, legiert

Sortennummer Stelle 2, 3	Sortenklasse Werkstoff-Hauptgruppe 1
	Massen- und Qualitätsstahl
00	Handels- und Grundgüte
01···02	Allgemeiner Baustahl
03···07	Qualitätsstahl, unlegiert
08···09	Qualitätsstahl, legiert
90···99	Sondersorten
	Unlegierter Edelstahl
10	Stahl mit besonderer physikalischer Eigenschaft
11···12	Baustahl
15···18	Werkzeugstahl (W1, W2, W3, WS)

Sortennummer Stelle 2, 3	Sortenklasse Werkstoff-Hauptgruppe 1
	Legierter Edelstahl
20···28	Werkzeugstahl
32···33	Schnellarbeitsstahl
34	verschleißfester Stahl
35	Wälzlagerstahl
36···39	Eisenwerkstoff mit besonderer physikalischer Eigenschaft
40···45	Nichtrostender Stahl
47···48	Hitzebeständiger Stahl
49	Hochtemperaturwerkstoffe
50···84	Baustahl
85	Nitrierstahl
88	Hartlegierung

Anhängezahlen

Stelle 6	Stahlgewinnungsverfahren
0	unbestimmt oder ohne Bedeutung
1	unberuhigter Thomasstahl
2	beruhigter Thomasstahl
3	unberuhigte sonstige Erschmelzung
4	beruhigte sonstige Erschmelzung
5	unberuhigter Siemens-Martin-Stahl
6	beruhigter Siemens-Martin-Stahl
7	unberuhigter Sauerstoffaufblas-Stahl
8	beruhigter Sauerstoffaufblas-Stahl
9	Elektrostahl

Stelle 7	Behandlungszustand
0	keine oder beliebige Behandlung
1	normalgeglüht
2	weichgeglüht
3	auf gute Zerspanbarkeit wärmebeh.
4	zähvergütet
5	vergütet
6	hartvergütet
7	kaltverformt
8	federhart kaltverformt
9	nach besonderen Angaben behandelt

4.2 Metalle

Kurznamen der Eisenwerkstoffe nach DIN-Normenheft 3 (5.83)

Stahl mit Angabe der Gebrauchseigenschaft	Stahl mit Angabe der Zusammensetzung

Stahl mit Angabe der Gebrauchseigenschaft

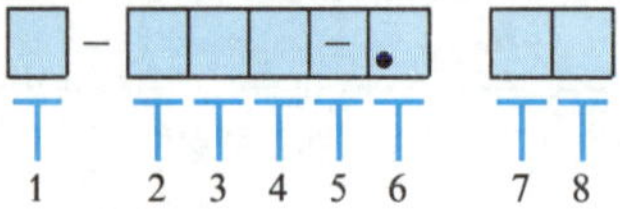

1 Gußzeichen
2 Erschmelzung
3 Bes. Eigenschaften aus Erschmelzung
4 Gebrauchseigenschaften
5 Gütegruppen
6 Gewährleistung
7 Behandlung
8 Bes. Eigenschaften aus Behandlung

Stahl mit Angabe der Zusammensetzung

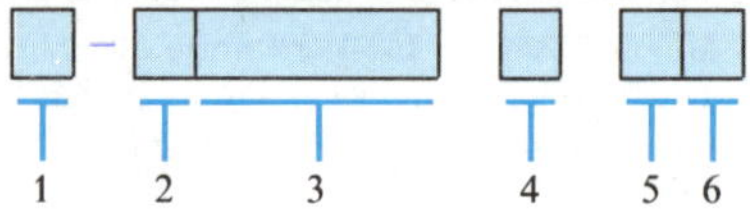

1 Gußzeichen
2 Kennzeichen für hochleg. Stahl
3 chemische Zusammensetzung
4 Gütegruppe Werkzeugstahl
5 Behandlung
6 Bes. Eigenschaften aus Behandlung

Gußwerkstoffe		Erschmelzungsart		Besondere Eigenschaften	
G-...	Gußwerkstoff	Angabe bei Prüfbescheinigungen		A	alterungsbeständig
GG-...	Gußeisen mit Lamellengraphit	E...	Elektrostahl	K	walzprofilierbar
GGG-...	Gußeisen mit Kugelgraphit	M...	Siemens-Martin-Stahl	L	laugenrißbeständig
GH-...	Hartguß	Y...	Sauerstoffblas-Stahl	P	gesenkschmiedbar
GS-...	Stahlguß			Q, q	kaltumformbar
GTS-...	Temperguß schwarz			R	beruhigt, halbberuhigt
GTW-...	Temperguß weiß			RR	besonders beruhigt
...K	Kokillenguß (angehängt)			Ro	für Rohrherstellung
...Z	Schleuderguß (angehängt)			T, TT	kaltzäh
				U	unberuhigt
				W	warmfest
				WT	wetterfest
				Z	blankziehbar

Gebrauchseigenschaften		Zusammensetzung	
St...	Allgemeiner Baustahl mit 10. Teil der Mindestzugfestigkeit in N/mm^2	C...	Unlegierter Stahl mit Kohlenstoffkennzahl (immer in 1/100%)
...-2, -3	Gütegruppen (angehängt)	D...	Unlegierter Stahl für Walzdraht mit Kohlenstoffkennzahl
StE...	Baustahl mit Mindeststreckgrenze alte Werkstoffe mit 10. Teil von N/mm^2, neue Werkstoffe in N/mm^2	Kohlenstoffkennzahl u. Legierungselemente ...	Niedrig legierter Stahl mit Kohlenstoffkennzahl ohne Symbol C, Legierungselemente nach fallendem Gewichtsanteil und deren Kennzahlen (Produkt aus Prozentgehalt und Multiplikator)
BSt../..	Betonstahl mit 10. Teil von Streckgrenze/Zugfestigkeit in N/mm^2	X...	Hochlegierter Stahl (Gehalt an einem Legierungselement über 5%) mit Kohlenstoffkennzahl und Prozentangaben der Legierungselemente (Multiplikator 1)
St0...30	Blech, Band aus unlegiertem Stahl mit Sortenbezeichnung	S...	Schnellarbeitsstahl, Reihenfolge der Prozentgehalte ohne Symbole für W, Mo, V, Co
HI...IV	Druckbehälterblech aus unlegiertem Stahl mit Festigkeitsstufen		
T...	Feinst-, Weißblech		
...E	Elektrolytisch verzinnt		
...H	Feuerverzinnt		

Multiplikator 4		Multiplikator 10				Multiplikator 100		Multiplikator 1000	
Chrom	Cr	Aluminium	Al	Niob	Nb	Cer	Ce	Bor	B
Cobalt	Co	Beryllium	Be	Tantal	Ta	Phosphor	P		
Mangan	Mn	Blei	Pb	Titan	Ti	Schwefel	S		
Nickel	Ni	Kupfer	Cu	Vanadium	V	Stickstoff	N		
Silicium	Si	Molybdän	Mo	Zirconium	Zr				
Wolfram	W								

4.2 Metalle

Gewährleistungsumfang										Behandlung			
Kennziffer	.1	.2	.3	.4	.5	.6	.7	.8	.9	B	beste Bearbeitbarkeit	TM	thermomechanisch
Streckgrenze	○			○		○	○			BF	best. Festigkeit	U	unbehandelt
Falt- oder Stauchversuch		○		○	○		○			C	Scherbarkeit	V	vergütet
Kerbschlagarbeit			○		○	○	○			G	weichgeglüht	m	matt
Warm- oder Dauerfestigkeit								○		GKZ	kugelige Carbide	N	normalgeglüht
Elektr. oder magnetische Eigenschaften									○	g	glatt	r	rauh
										K	kaltgezogen	S	spannungsarm

Besonderheiten

f	Flamm- oder Induktionshärtung	m	Größt- und Kleinstwert S-Gehalt	W1	Werkzeugstahl 1. Güte
k	kleiner P- und S-Gehalt	W	Werkzeugstahl	W2	Werkzeugstahl 2. Güte
				W3	Werkzeugstahl 3. Güte
				WS	Werkzeugstahl Sonderzwecke

Die Erläuterungen der Kurznamen nach DIN-Normenheft 3 stellen eine Übergangslösung von der (bis auf Teil 4) zurückgezogenen DIN 17006 bis zur internationalen Normung dar.

Einteilung der Stahlsorten nach EURONORM 20–74 (9.74)

Wärmebehandlung	Unlegierte Stähle		
	Grundstähle	Qualitätsstähle	Edelstähle
nein	Gütemerkmale: Mindestzugfestigkeit $R_m \leq 690$ N/mm², Mindeststreckgrenze $R_e \leq 360$ N/mm², Mindestbruchdehnung $A \leq 26\%$, Höchstzulässige Härte ≤ 60 HRB, Höchstzulässiger C-Gehalt ≤ 0,10%	Besondere Anforderungen: Baustähle: Abkanten, Kaltprofilieren, Schweißbarkeit, Sprödbruch-, Alterungsunempfindlichkeit Stabstähle und Walzdrähte: Ziehen, Feinziehen, Kaltstauchen, Kaltfließpressen, Gesenkschmieden Bleche und Bänder: Tiefziehen, magnetische Eigenschaften	Anforderungen: Walzdraht zum Patentieren, Reifenkorddraht, Draht für Schweißzusatzwerkstoffe
ja		Automatenstähle, Stähle zur Vergütung und Oberflächenhärtung	Stähle zur Vergütung und Oberflächenhärtung mit Anforderungen an: Kerbschlagarbeit, Einhärtungs-, Aufkohlungstiefe, Oberflächenbeschaffenheit

Wärmebehandlung	Legierte Stähle	
	Qualitätsstähle	Edelstähle
nein	Schweißbare Feinkornbaustähle mit einer Mindeststreckgrenze $R_e \leq 420$ N/mm², Silicium-Mangan-Stähle für Federn und Verschleißteile, Schienenstähle, Automatenstähle, gegen atmosphärische Korrosion beständige Stähle	Feinkornbaustähle mit einer Mindeststreckgrenze $R_e \geq 420$ N/mm²
ja		Alle Edelstähle

4.2 Metalle

Kurznamen der Stahlsorten nach EURONORM 27–74 (9.74)

Mechanische Eigenschaften		Verwendungszweck	
Fe...	Mindestzugfestigkeit in N/mm^2, stranggegossener, gewalzter, geschmiedeter oder gezogener Stahl	FeB	Verwendung in Stahlbeton
FeG...	Mindestzugfestigkeit in N/mm^2, Stahlformguß	FeD	Eignung zum Kaltumformen
FeE...	Mindeststreckgrenze in N/mm^2	FeH	Eignung zum Kaltwalzen
...-1, ...-2, ...-3	Ansteigender Gewährleistungsumfang	FeM	besondere magnetische Eigenschaften für kornorientiertes Blech und Band
...	(angehängt) chemische Elemente zur Erzielung bestimmter Eigenschaften	FeP	Eignung zum Tiefziehen
		FeR	Eignung zum Herstellen geschweißter Rohre oder zum Kaltprofilieren
		FeV	besondere magnetische Eigenschaften für nicht kornorientiertes Blech und Band

Zusammensetzung (Multiplikatoren wie im DIN-Normenheft 3)

C	unlegierter Stahl	X...	hochlegierter Stahl (Gehalt von mindestens einem Element > 5%)
GC	unlegierter Stahlformguß	1...(2, 3)	Gütegrad von unlegiertem Stahl
G	legierter Stahlformguß	A...(B, C, D)	Gütegrad von legiertem Stahl
CB	Stahl für Schrauben		
CD	Stahl für Draht		

Besondere Gütegrade (Buchstaben angehängt)

F	**Desoxidationsart**	KP	Kaltprofilierung	**R**	**Oberflächenausführung**
FU	unberuhigt	KQ	Bördeln	RM	matt
FN	nicht unberuhigt	KR	geschweißte Rohre	RR	rauh
FF	besonders beruhigt	KT	niedrige Temperaturen	RL	glatt
G	**Oberflächenüberzüge und -behandlung** (z.B. verzinkt)	KU	Werkzeugherstellung	RN	glänzend
		KW	hohe Temperaturen	**S**	**Eignung zum Schweißen**
		KZ	Ziehen		
H	**Verformungsart**	**M**	**Oberflächenart**	**T**	**Wärmebehandlungszustand**
HC	warmgewalzt, kastengeglüht	MA	kleine Fehler	TA	spannungsarmgeglüht
HK	kaltverformt	MB	praktisch fehlerfrei	TB	weichgeglüht
HW	warmverformt	MG	gebeizt	TC	geglüht
K	**Besondere Eigenschaften, Verwendungszweck**	MF	festhaftende Oxidschicht	TD	normalgeglüht
KD	Kaltverformung	**N**	**Oberflächenform** (z.B. gerieft, gerippt)	TE	normalgeglüht, entspannt
				TF	vergütet
				TG	austenitisiert

Beispiele für Bezeichnungen vergleichbarer Werkstoffe

Kurzname (DIN)	Werkstoff-nummer	EURONORM	Erläuterung
USt 37-2	1.0036	Fe 360-BFU	Baustahl, unberuhigt, 2. Gütegruppe
Ck 60	1.1221	2 C 60	Vergütungsstahl, 0,60% C, kleiner P- u. S-Gehalt
25 CrMo 4	1.7218	A 25 CrMo 4	Vergütungsstahl, 0,25% C, 1% Cr, geringe Mengen Mo
10 S 20	1.0721	10 S 20	Automatenstahl, 0,10% C, 0,2% S
50 CrV 4	1.8159	50 CrV 4	Federstahl, niedrig legiert, 0,5% C, 1% Cr, geringe Mengen V
X 30 WCrV 5 3	1.2567	X 20 WCrV 5 3	Werkzeugstahl, hochlegiert, 0,30% C, 5% W, 3% Cr, geringe Mengen V

4.2 Metalle

4.2.4 Eisenwerkstoffe

Allgemeine Baustähle nach DIN 17100 (1.80)

Werkstoff- Kurzname	Werkstoff- Nummer	Zugfestigkeit R_m in N/mm²	Streckgrenze R_{eH}	Bruchdehnung A_5 in %	Faltversuch Dorn-∅	C %	Verwendung
St 33	1.0035	290	185	18	3*a*	–	untergeordnete Zwecke, Bauschlosserei: Gitter
USt 37-2 St 37-2 RSt 37-2 St 37-3	1.0036 1.0037 1.0038 1.0116	340 ··· 470	235	26	1*a*	0,17	niedrige Beanspruchung, Stahl-, Maschinenbau: Schmiedeteile, Niet-, Schweißkonstruktionen, Bolzen, Hebel
St 44-2 St 44-3	1.0044 1.0144	410 ··· 540	275	22	2,5*a*	0,21 0,20	mittlere Beanspruchung, Maschinenteile, Stahlhoch-, Kranbau, Achsen, Wellen
St 52-3 St 50-2 St 60-2 St 70-2	1.0570 1.0050 1.0060 1.0070	490 ··· 630 470 ··· 610 570 ··· 710 670 ··· 830	355 295 335 365	22 20 16 11	2,5*a* – – –	0,20 0,30 0,40 0,50	hohe Beanspruchung, kleine Teile, Paßfedern, Stifte, große Teile, härtbar, vergütbar

Die Festigkeitswerte gelten für die folgenden Dicken: Zugfestigkeit 3 bis 100 mm, Streckgrenze unter 16 mm, Bruchdehnung 3 bis 40 mm, Faltprobe bei $a = 3$ bis 63 mm Probendicke und 180°, Kohlenstoffgehalt unter 16 mm.

Kesselbleche nach DIN 17155 (10.83)

Werkstoff- Kurzname	Werkstoff- Nummer	Zugfestigkeit R_m in N/mm²	Streckgrenze R_e in N/mm² bei Temperatur von 20 °C	200 °C	300 °C	400 °C	500 °C	Bruchdehnung A_5 in %
H I H II H III H IV	1.0345 1.0425 1.0435 1.0445	340 ··· 440 400 ··· 490 430 ··· 520 460 ··· 550	205 235 255 265	175 205 225 235	135 155 175 185	100 120 135 145	– – – –	$A_5 = \frac{10000}{R_m}$
17 Mn 4 19 Mn 5 15 Mo 3 13 CrMo 4 4	1.0844 1.0845 1.5415 1.7335	460 ··· 550 510 ··· 610 430 ··· 520 430 ··· 550	275 315 265 295	245 265 245 275	205 225 195 253	155 175 165 205	– – 135 175	

Runder Federstahldraht nach DIN 17223 (12.84)

Kurzzeichen	Zugfestigkeit R_m in N/mm² (Mittelwerte) für Durchmesser *d* in mm: 0,2	0,5	1,0	1,5	2,0	3,0	4,0	5,0	6,0	8,0	10,0	12,0	14,0	16,0	18,0
A	–	–	1845	1720	1635	1515	1420	1355	1300	1210	1145	–	–	–	–
B	–	2335	2100	1965	1865	1730	1630	1555	1490	1395	1320	1260	1205	1160	1120
C	–	–	–	–	2090	1940	1835	1750	1680	1575	1490	1425	1365	1315	1270
D	2950	2610	2350	2200	2090	1940	1835	1750	1680	1575	1490	1425	1365	1315	1270

Verwendung	
A Zug-, Druck-, Dreh-, Formfedern, geringe statische, selten dynamische Last	C Zug-, Druck-, Dreh-, Formfedern, hohe statische, geringe dynamische Last
B Zug-, Druck-, Dreh-, Formfedern, mittlere statische, geringe dynamische Last	D Zug-, Druckfedern, hohe statische, mittlere dynamische Last, Dreh-, Formfedern, hohe statische und hohe dynamische Last

4

4.2 Metalle

Kaltgewalztes Band und Blech nach DIN 1623 (2.83)

Werkstoff- Kurzname	Werkstoff- Nummer	Zugfestigkeit R_m in N/mm²	Bruchdehnung A in %	Tiefung in mm bei Dicke 0,5	1	1,5	2	Verwendung
St 12	1.0330	270 ··· 410	28	8,8	9,8	10,5	11,5	Ziehgüte
St 13	1.0333	270 ··· 370	32	9,5	10,5	11,2	11,8	Tiefziehgüte
St 14	1.0338	270 ··· 350	36	9,8	10,8	11,5	12,1	Sondertiefziehgüte

Oberflächenart: Kennzeichen	Merkmale	Oberflächenausführung: Kennzeichen	Merkmale
02	nicht entzundert, Anlauffarben	b	besonders glatt $R_a \leq 0,4$ µm
03	zunderfrei, kleine Narben, Poren	g	glatt $R_a \leq 0,9$ µm
04	verbesserte Oberfläche, geringe Kratzer	m	matt $R_a \leq 1,9$ µm
05	beste Oberfläche für Spritzlackierung	r	rauh $R_a \geq 1,6$ µm

Weißblech und Feinstblech nach DIN 1616 (3.81)

Feinstblech: kaltgewalztes Flacherzeugnis (Dicke 0,15 ··· 0,49 mm) aus weichem, unlegiertem Stahl
Weißblech: Feinstblech mit beidseitiger Zinnauflage

Kurzname		T 50	T 52	T 57	T 61	T 65	T 70
Werkstoff-nummer	Feinstblech	1.0371	1.0372	1.0375	1.0377	1.0378	1.0379
	Weißblech	1.0381	1.0382	1.0385	1.0387	1.0388	1.0389
Härtebereich (HR 30 Tm)		··· 52	48 ··· 56	54 ··· 61	57 ··· 65	61 ··· 69	66 ··· 73

Weißblech	feuerverzinnt	elektrolytisch verzinnt
Kurzname mit Zinnauflage in g/m² je Seite	H 12/12 H 15/15	E 2,8/2,8 E 5,6/5,6 E 8,4/8,4 E 11,2/11,2
	elektrolytisch differenzverzinnt: D 5,8/2,8 D 8,4/8,4 D 8,4/5,6 D 11,2/2,8 D 11,2/5,6 D 15,1/5,6	

Feuerverzinktes Band und Blech nach DIN 17162 T1 (9.77)

Werkstoff- Kurzname	Werkstoff- Nummer	Zugfestigkeit R_m in N/mm²	Bruchdehnung A in %	Zinkauflage g/m²	Verwendung
St 01 Z	1.0022	–	–	≤ 600	Grundgüte: Falzungen bis 0,8 mm Dicke
St 02 Z	1.0226	270 ··· 500	–	≤ 350	Maschinenfalzgüte bis 1,5 mm Dicke
St 03 Z	1.0350	270 ··· 420	24	≤ 275	Ziehgüte: Ziehen, Profilieren, Prägen
St 04 Z	1.0355	270 ··· 380	30		Tiefziehgüte: größere Dicken
St 05 Z	1.0358	270 ··· 380	30		Sondertiefziehgüte

Oberflächenausführung	N übliche Zinkblume	M kleine Zinkblume	S nachgewalzt
Oberflächenart	A Pickel, Streifen	B kleine Riefen, Eindrücke	C fast fehlerfrei

4.2 Metalle

Werkstoff- Kurzname	Werkstoff- Nummer	Zugfestigkeit R_m in N/mm²	Streckgrenze R_e	Bruchdehnung A_5 in %	Verwendung
Einsatzstähle nach DIN 17210 (9.86)					
C 10 C 15	1.0301 1.0401	500 ··· 650 600 ··· 800	300 350	16 14	niedrige Beanspruchung, kleine Teile: Bolzen, Hebel
Ck 10 Ck 15 Cm 15	1.1121 1.1141 1.1140	500 ··· 650 600 ··· 800 600 ··· 800	300 350 350	16 14 14	mittlere Beanspruchung, hohe Zähigkeit, mittlere Teile: Gelenke, Werkzeuge
17 Cr 3 16 MnCr 5 20 MnCr 5 20 MoCr 4	1.7016 1.7131 1.7147 1.7321	750 ··· 1050 800 ··· 1100 1000 ··· 1300 800 ··· 1100	450 600 680 600	11 10 8 10	höhere Beanspruchung, größere Teile: Prüfmittel, Nockenwellen, Zahnräder, Wellen, Kolbenbolzen, Kupplungsteile
15 CrNi 6 17 CrNiMo 6	1.5919 1.6587	900 ··· 1200 1050 ··· 1350	630 780	9 8	sehr hohe Beanspruchung, große Teile: Wellen, Getriebe, Zahnräder
Die Festigkeitswerte gelten für gehärtete Querschnitte von 30 mm Durchmesser.					
Nitrierstähle nach DIN 17211 (4.87)					
31 CrMo 12	1.8515	1000 ··· 1200	800	11	Prüfmittel, Ventilspindel[1])
39 CrMo 13 9	1.8523	1270 ··· 1470	1080	8	hochbeanspruchte Teile[2])
34 CrAlMo 5 41 CrAlMo 7	1.8507 1.8509	800 ··· 1000 930 ··· 1130	600 735	14 12	warmfeste Teile: Kolbenbolzen[2]), Zylinder, Armaturen, Kurbelwellen[1])
34 CrAlS 5	1.8506	640 ··· 790	440	12	Automatenstahl, Nockenwellen[3])
34 CrAlNi 7	1.8550	850 ··· 1050	650	12	große verschleißfeste Teile[1])
Die Festigkeitswerte gelten für den vergüteten Zustand.					
Automatenstähle nach DIN 1651 (4.70)					
9 S 20 9 SMn 28 9 SMnPb 28 9 SMn 36 9 SMnPb 36	1.0711 1.0715 1.0718 1.0736 1.0737	360 380 380 380 380	220 230 230 230 230	25 23 23 23 23	Nicht für eine Wärmebehandlung bestimmt: niedrige Beanspruchung, kleine Teile, Griffe, Füße, Scheiben, Stifte Bolzen
10 S 20 10 SPb 20	1.0721 1.0722	360 360	230 210	25 25	Automaten-Einsatzstähle: höhere Flächenpressung, Bolzen, Stifte
35 S 20 45 S 20 60 S 20	1.0726 1.0727 1.0728	490 ··· 610 590 ··· 710 660 ··· 790	290 330 360	18 14 9	Automaten-Vergütungsstähle: hohe Beanspruchung, Wellen, Spindeln, Stifte
Die Festigkeitswerte gelten für den kaltgezogenen und normalgeglühten Zustand bei einer Dicke von 16 bis 40 mm. Die Zugfestigkeit für unbehandeltes Material ist etwas, die für kaltgezogenes wesentlich höher.					

[1]) ≤100 mm
[2]) ≤700 mm
[3]) bis 60 mm

4.2 Metalle

Vergütungsstähle nach DIN 17200 (3.87)

Werkstoff- Kurzname	Werkstoff- Nummer	Zugfestigkeit R_m in N/mm²	Dehngrenze $R_{p\,0,2}$	Bruchdehnung A_5 in %	Verwendung
C 22	1.0402	500 ··· 650	300	22	Normale Beanspruchung, kleine Querschnitte, allgemeiner Maschinenbau: Zahnräder, Wellen, Zapfen, Nockenwellen
C 35	1.0501	600 ··· 750	370	19	
C 45	1.0503	650 ··· 800	430	16	
C 55	1.0535	750 ··· 900	500	14	
C 60	1.0601	800 ··· 950	520	13	
28 Mn 6	1.1170	690 ··· 840	490	15	Mittlere Beanspruchung, große Querschnitte, Motoren- und Fahrzeugbau: Keil-, Kurbelwellen, Lenkhebel, Achsschenkel, Kipphebel, Turbinenteile
38 Cr 2	1.7003	700 ··· 850	450	15	
46 Cr 2	1.7006	800 ··· 950	550	14	
37 Cr 4	1.7034	850 ··· 1000	630	13	
25 CrMo 4	1.7218	800 ··· 950	600	14	
50 CrMo 4	1.7228	1000 ··· 1200	780	10	Hohe Beanspruchung, sehr große Querschnitte, Schwermaschinenbau: Generatorwellen, Kurbelwellen, Pleuel, Kugelbolzen
36 CrNiMo 4	1.6511	1000 ··· 1200	800	11	
30 CrNiMo 8	1.6580	1250 ··· 1450	1050	9	
50 CrV 4	1.8159	1000 ··· 1200	800	10	
30 CrMoV 9	1.7707	1250 ··· 1450	1020	9	

Die Qualitätsstähle werden auch als Edelstähle (Ck...), einige Edelstähle auch mit gewährleisteter Schwefelspanne hergestellt.

Die Festigkeitswerte gelten für den vergüteten Zustand bei Querschnitten von 16 bis 40 mm Durchmesser. Die Werte unter 16 mm liegen ≈10% höher, zwischen 40 und 100 mm ≈10% niedriger.

Nichtrostende Stähle nach DIN 17440 (6.85)

Werkstoff- Kurzname	Werkstoff- Nummer	Zugfestigkeit R_m in N/mm²	Dehngrenze $R_{p\,0,2}$	Verwendung
X 6 Cr 13	1.4000	400 ··· 600	250	Ferritische Stähle: begrenzt korrosionsbeständig: Bauwesen, (innen), Haushaltsgeräte, Ventile, Wasser-, Dampfturbinen, schlecht schweißbar (interkrist. Korrosion) und zerspanbar
X 6 Cr 17	1.4016	450 ··· 600	270	
X 6 CrTi 17	1.4510	450 ··· 600	270	
X 4 CrMoS 18	1.4105	450 ··· 650	270	
X 20 Cr 13	1.4021	650 ··· 800*	450*	Martensitische Stähle: große Härte, härtbar, schlecht kaltumformbar, gut zerspanbar, schlecht schweißbar, Zierleisten, Radkappen
X 30 Cr 13	1.4028	800 ··· 1000*	600*	
X 45 CrMoV 15	1.4116	≤900	–	
X 12 CrMoS 17	1.4104	600 ··· 840*	450*	
X 5 CrNi 18 10	1.4301	500 ··· 700	195	Austenitische Stähle: sehr korrosionsbeständig (außer reduzier. Säuren, chlorhaltige Stoffe), weich, gut umformbar und schweißbar, chemische Industrie, Medizin, Nahrungsmittel, Bauwesen (innen und außen)
X 6 CrNiTi 18 10	1.4541	500 ··· 730	200	
X 5 CrNiMo 17 12 2	1.4401	510 ··· 710	205	
X 6 CrNiMoTi 17 12 2	1.4571	500 ··· 730	210	
X 6 CrNiMoNb 17 12 2	1.4580	510 ··· 740	215	
X 2 CrNiMo 18 14 3	1.4435	490 ··· 690	190	

Die Festigkeitswerte gelten für Flacherzeugnisse unter 12 mm Dicke und Stabstahl unter 25 mm Durchmesser, Wärmebehandlung geglüht (* = vergütet).

4.2 Metalle

Werkzeugstähle nach DIN 17350 (10.80)

Werkstoff- Kurzname	Werkstoff- Nummer	Verwendung
Unlegierte Kaltarbeitsstähle		
C 45 W C 60 W	1.1730 1.1740	Handwerkzeuge, landw. Werkzeuge, Zangen, Schäfte von HSS- bzw. Hartmetallwerkzeugen, Aufbauteile für Werkzeuge, Warmsägeblätter
C 70 W 2 C 80 W 1	1.1620 1.1525	Handmeißel, Handsägen, Körner, Messer, Drucklufteinsteckwerkzeuge für Straßen- und Bergbau, Gesenke für flache Gravuren, Kaltschlagmatrizen
C 85 W 1	1.1830	Mähmaschinenmesser, Holzbearbeitungswerkzeuge: Kreis-, Band-, Gattersägen
C 105 W 1	1.1545	Endmaße, Gewindeschneid-, Präge-, Gesteinswerkzeuge, Kaltschlagmatrizen
Legierte Kaltarbeitsstähle		
21 MnCr 5	1.2162	einsatzgehärtete Kunststoffbearbeitungswerkzeuge (spanend bearbeitet)
51 CrV 4	1.2241	Schraubwerkzeuge
60 WCrV 7 90 MnCrV 8	1.2550 1.2842	Schnitte für Blech, Stempel zum Lochen, Auswerfer, Schneidwerkzeuge, Tiefziehwerkzeuge, Meßzeuge, Zähne für Kettensägen, Prägewerkzeuge
60 MnSiCr 4	1.2826	Spannzeuge
100 Cr 6 105 WCr 6	1.2067 1.2419	Meßwerkzeuge, Lehren, Dorne, Kaltwalzen, Schnittplatten, Stempel, Ziehdorne, Fäser, Reibahlen, Bohrer, Gewindeschneidwerkzeuge, Scherenmesser, Holzbearbeitungswerkzeuge
115 CrV 3	1.2210	Senker, Gewindebohrer, Auswerfer, Stemmeisen, Stempel, (Silberstahlausführung)
145 V33	1.2838	Gesenke mit hohem Verschleißwiderstand, Kaltschlagwerkzeuge
X 19 NiCrMo 4 X 36 CrMo 17 X 40 CrMnMoS 8 6	1.2764 1.2316 1.2312	Einsatzstahl (lufthärtend) für Kunststofformen Werkzeuge für chemisch agressive Kunststoffe Werkzeuge für Kunststoffverarbeitung, Formrahmen
X 45 NiCrMo 4	1.2767	höchstbeanspruchte Kaltverformungswerkzeuge, Scherenmesser für größte Dicken, Massivprägewerkzeuge höchster Zähigkeit, Besteckstanzen, Bijouteriegesenke
X 155 CrV Mo 12 1	1.2379	Maßbeständiger Hochleistungsschnittstahl, Metallsägen, Scherenmesser bis 6 mm Stahlblech, Biege-, hochbeanspruchte Holzbearbeitungs-, Fließpreß-, Gewindewalzwerkzeuge
X 210 CrW 12	1.2436	Räumnadeln, Schnitt-, Tiefzieh-, Preßwerkzeuge, Ziehringe, Scherenmesser bis 3 mm Stahlblech, Gewindewalzwerkzeuge, Sandstrahldüsen
Warmarbeitsstähle		
55 NiCrMoV 6	1.2713	Hammergesenke bis zu mittleren Abmessungen
X 32 CrMoV 3 3 X 38 CrMoV 5 1 X 40 CrMoV 5 1	1.2365 1.2343 1.2344	Gesenke und Gesenkeinsätze, Druckgußformen für Leichtmetalle und Kupferlegierungen, hochbeanspruchte Strangpreßwerkzeuge für Leichtmetalle und Kupferlegierungen, Werkzeuge für Schmiedemaschinen, Schrauben- und Nietenherstellung
Schnellarbeitsstähle		
S 6-5-2 S 6-5-2-5	1.3343 1.3243	Kreissägen, Räumwerkzeuge, Bohrer, Reibahlen, Fräser, Senker, Gewindebohrer, Hobel-, Schneid-, Umformwerkzeuge
S 10-4-3-10 S 12-1-4-5 S 18-1-2-5	1.3207 1.3202 1.3255	Drehmeißel, Formstähle Drehmeißel, Formstähle Fräser, Dreh-, Hobelmeißel

4

4.2 Metalle

Gußeisen mit Lamellengraphit nach DIN 1691 (5.85)

Werkstoff-Kurzname	Werkstoff-Nummer	Zugfestigkeit R_m in N/mm²	Härte HB	Eigenschaften	Verwendung
GG-10 GG-15 GG-20 GG-25	0.6010 0.6015 0.6020 0.6025	98 145 195 245	100···150 140···190 170···210 180···240	gut gießbar, korrosionsbeständig, kerbunempfindlich, dämpfungsfähig, verschleißfest, gut bearbeitbar, gute Laufeigenschaft	Gehäuse, Werkzeugmaschinen, Zylinderdeckel
GG-30 GG-35 GG-40	0.6030 0.6035 0.6040	295 345 390	200···260 220···280 230···300		Zylinder, Kurbelgehäuse, Pressenständer

Gußeisen mit Kugelgraphit nach DIN 1693 T1 (10.73)

Werkstoff-Kurzname	Werkstoff-Nummer	Zugfestigkeit R_m in N/mm²	Dehngrenze $R_{p0,2}$	Bruchdehnung A_5 in %	Eigenschaften	Verwendung
GGG-35.3 GGG-40.3 GGG-40	0.7033 0.7043 0.7040	350 400 400	220 250 250	22 18 15	vorwiegend ferritisch, gut bearbeitbar, wenig verschleißfest, geringe Härtbarkeit	gewährleistete Kerbschlagarbeit bei tiefen Temperaturen für stoßbeanspruchte Teile: tragende Maschinengehäuse, Kurbel-, Nockenwellen, Zahnräder
GGG-50 GGG-60	0.7050 0.7060	500 600	320 380	7 3	ferritisch/perlitisch, gut bearbeitbar, verschleißfest	
GGG-70 GGG-80	0.7070 0.7080	700 800	440 500	2 2	vorwiegend perlitisch, sehr verschleißfest, sehr gut härtbar	

Stahlguß für allgemeine Verwendung nach DIN 1681 (6.85)

Werkstoff-Kurzname	Werkstoff-Nummer	Zugfestigkeit R_m in N/mm²	Dehngrenze $R_{p0,2}$	Bruchdehnung A_5 in %	Eigenschaften / Verwendung
GS-38 GS-45 GS-52 GS-60 GS-62 GS-70	1.0416 1.0443 1.0551 1.0553 1.0555 1.0554	375 440 510 590 610 685	185 225 255 295 345 410	25 22 18 15 15 12	hochbeanspruchte Gußteile, zäh und schweißbar: Hydraulikzylinder, Kettenräder, -sterne, Laufrollen, Radnaben, ungeeignet bei dünnwandigen, komplizierten Teilen

Warmfester Stahlguß nach DIN 17245 (12.87)

Werkstoff-Kurzname	Werkstoff-Nummer	Zugfestigkeit R_m in N/mm²	Dehngrenze $R_{p0,2}$ in N/mm² bei einer Temperatur von 20 °C	200 °C	300 °C	400 °C	500 °C	Verwendung
GS-C 25	1.0619	440···590	245	175	145	130	–	Gehäuse für Dampfturbinen, Pumpen, Heißdampfarmaturen
GS-22 Mo 4	1.5419	440···590	245	190	165	150	135	
GS-17 CrMo 5 5	1.7357	490···640	315	255	230	205	180	
GS-18 CrMo 9 10	1.7379	590···740	400	355	345	315	280	
GS-17 CrMoV 5 11	1.7706	590···780	440	385	365	335	300	
G-X 8 CrNi 12	1.4107	540···690	355	275	265	255	–	
G-X 22 CrMoV 12 1	1.4931	690···880	590	500	470	445	365	

4.2 Metalle

Nichtrostender Stahlguß nach DIN 17445 (11.84)

Werkstoff- Kurzname	Nummer	Zugfestigkeit R_m in N/mm²	Dehngrenze $R_{p\,0,2}$	Verwendung
G-X 8 CrNi 13 G-X 20 Cr 14 G-X 22 CrNi 17 G-X 5 CrNi 13 4	1.4008 1.4027 1.4059 1.4313	590 ··· 790 590 ··· 790 780 ··· 980 900 ··· 1100	440 440 590 830	Gefüge ferritisch (martensitisch) und vergütet: schweißbar, korrosionsbeständig, Nahrungsmittelindustrie
G-X 6 CrNi 18 9 G-X 5 CrNiNb 18 9 G-X 6 CrNiMo 18 10 G-X 5 CrNiMoNb 18 10 G-X 3 CrNiMoN 17 13 5	1.4308 1.4552 1.4408 1.4581 1.4439	440 ··· 640 440 ··· 640 440 ··· 640 440 ··· 640 490 ··· 690	175 175 185 185 210	Gefüge austenitisch, abgeschreckt: schweißbar, sehr korrosionsbeständig, säurefest: chemische und Nahrungsmittelindustrie, Hochdruckpumpen

Austenitisches Gußeisen nach DIN 1694 (9.81)

Werkstoff- Kurzname	Nummer	Zugfestigkeit R_m in N/mm²	Eigenschaften	Verwendung
GGL-NiMn 13 7 GGG-NiMn 13 7	0.6652 0.7652	135 ··· 215 390 ··· 460	nicht magnetisierbar	Gehäuse für Generatoren, Schaltanlagen, Klemmen
GGL-NiCuCr 15 6 3 GGL-NiCr 20 2	0.6656 0.6660	175 ··· 235 145 ··· 205	korrosionsbeständig (Alkalien, Säuren)	Pumpen, Ventile, Laufbuchsen
GGL-NiCr 30 3 GGG-NiCr 30 3	0.6676 0.7676	165 ··· 235 370 ··· 470	bis 800 °C hitzebeständig korr.-, erosionsbeständig	Pumpen, Ventile, Filter Turboladergehäuse
GGL-Ni 35 GGG-Ni 35	0.6683 0.7683	135 ··· 175 370 ··· 440	wärmeschockbeständig geringe Wärmedehnung	maßbest. Teile, Wzg.-maschinen, Glaspreßformen

Temperguß, entkohlend geglüht nach DIN 1692 (1.82)

Werkstoff- Kurzname	Nummer	Zugfestigkeit R_m in N/mm²	Dehngrenze $R_{p\,0,2}$	Härte HB	Eigenschaften und Verwendung
GTW-35-04 GTW-40-05 GTW-45-07	0.8035 0.8040 0.8045	350 400 450	– 220 260	230 220 220	dünnwandige, komplizierte, stoßfeste Gußstücke, gut spanend bearbeitbar: Fittings, Kettenglieder, Schlüssel, Schraubzwingen, Bremstrommeln
GTW-S-38-12	0.8038	380	200	200	ohne Wärmebehandlung schweißbar (S)

Zugfestigkeit und Dehngrenze gelten für 12 mm Probendurchmesser. Die Anhängezahl am Kurznamen gibt die Bruchdehnung A_3 ($L_0 = 3d$) in % an.

Temperguß, nicht entkohlend geglüht nach DIN 1692 (1.82)

Werkstoff- Kurzname	Nummer	Zugfestigkeit R_m in N/mm²	Dehngrenze $R_{p\,0,2}$	Härte HB	Eigenschaften und Verwendung
GTS-35-10 GTS-45-06 GTS-55-04 GTS-65-02 GTS-70-02	0.8135 0.8145 0.8155 0.8165 0.8170	350 450 550 650 700	200 270 340 430 530	··· 150 160 ··· 200 180 ··· 230 210 ··· 260 240 ··· 290	höhere Dehnung bei größeren Wanddicken: Getriebe-, Hinterachsgehäuse, Schaltgabeln, Kipphebel, Kurbelwellen, Bremstrommeln

4.2 Metalle

4.2.5 Normbezeichnung der Nichteisenmetalle

Werkstoffnummern nach DIN 17007 T4 (7.63)

(s. auch S. 4-5)

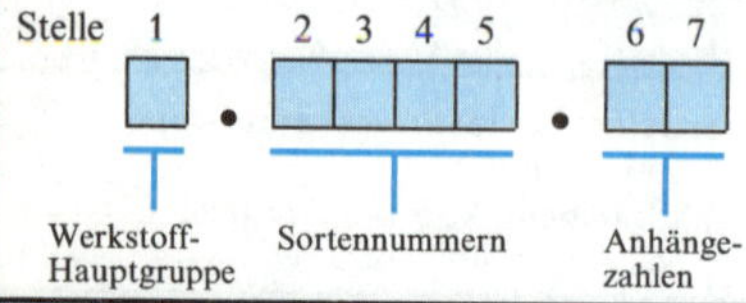

Stelle 1	Werkstoff-Hauptgruppen
2	Nichteisenschwermetalle
3	Leichtmetalle

Sortennummer	Grundmetalle
2.0000 ··· 2.1799	Kupfer
2.2000 ··· 2.2499	Zink, Cadmium
2.3000 ··· 2.3499	Blei
2.3500 ··· 2.3999	Zinn
2.4000 ··· 2.4999	Nickel, Cobalt
2.5000 ··· 2.5999	Edelmetalle
2.6000 ··· 2.6999	Hochschmelzende Metalle
3.0000 ··· 3.4999	Aluminium
3.5000 ··· 3.5999	Magnesium
3.7000 ··· 3.7999	Titan

Stelle 6	Zustandsgruppe
0	unbehandelt
1	weich
2	kaltverfestigt (Zwischenhärten)
3	kaltverfestigt („hart" und darüber)
4	lösungsgeglüht, ohne mechan. Nacharbeit
5	lösungsgeglüht, kaltnachbearbeitet
6	warmausgehärtet, ohne mechan. Nacharbeit
7	warmausgehärtet, kaltnachbearbeitet
8	entspannt, ohne vorherige Kaltverfestigung
9	Sonderbehandlungen (z.B. Stabilisierungsglühen)

Werkstoffkurzzeichen für Nichteisenmetalle nach DIN 1700 (7.54)

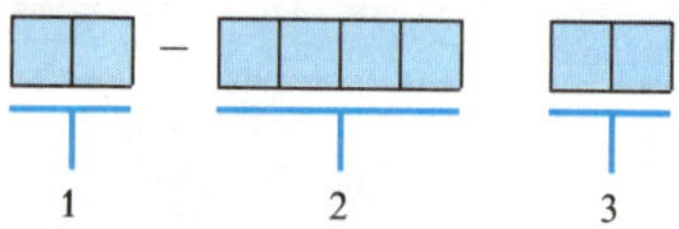

1. Herstellung und Verwendung
2. Zusammensetzung: chemische Symbole für Grundwerkstoff und Legierungselemente, falls erforderlich auch Kennzahlen in Prozent (meist nur für Legierungselemente).
3. Besondere Eigenschaften

Herstellung und Verwendung	
E	elektr. Leitlegierung
G-	Sand- und Formguß
GC-	Strangguß
GD-	Druckguß
GK-	Kokillenguß
GZ-	Schleuderguß
GL	Gleitmetall
L	Lot
S	Schweißzusatzlegierung
V	Vor- und Verschnittlegierung

Besondere Eigenschaften			
F	Mindestzugfestigkeit als 10. Teil in N/mm^2	H R	Hüttenwerkstoff Reinstwerkstoff
Leichtmetalle:			
a	ausgehärtet	pl	plattiert
g	geglüht und abgeschreckt	ta	teilausgehärtet
h	hart	w	weich
hh	halbhart	wa	warmausgehärtet
ho	homogenisiert	wh	walzhart
ka	kaltausgehärtet	zh	ziehhart
p	gepreßt		

4.2.6 Aluminium und Aluminiumlegierungen

Reinst- und Hüttenaluminium nach DIN 1712 T1, T3 (12.76)

Werkstoff- Kurzname	Werkstoff- Nummer	Zugfestigkeit R_m in N/mm^2	Bruchdehnung A_5 in %	Verwendung
Al 99,98 R	3.0385	40 ··· 100	25 ··· 4	Werkstoff zur Weiterverarbeitung
Al 99,8 Al 99,7 Al 99	3.0285 3.0275 3.0205	60 ··· 160 60 ··· 160 75 ··· 180	40 ··· 4 40 ··· 4 40 ··· -	Bleche und Bänder, Stangen und Rohre, Strangpreßprofile
E Al	3.0257	70 ··· 180	25 ··· -	Werkstoff für die Elektrotechnik

4.2 Metalle

Aluminium-Knetlegierungen nach DIN 1725 T1 (2.83)

Werkstoff-Kurzname/ Nummer	Festigkeit $R_m/R_{p\,0,2}$ in N/mm²	Bruchdehn. A_5 in %/ Härte HB	Eigenschaften: umformen bzw. gießen/ spanen	Eigenschaften: schweißen/ aushärtend	Eigenschaften: eloxieren/ witterungsbeständig	Verwendung
AlMn1 3.0515	90···205 35···185	24···3 28···60	sehr gut bedingt	sehr gut nicht a	gut gut	Apparate, Bauwesen, Nahrungsmittelindustrie
AlMg1 3.3315	105···205 35···190	24···3 32···60	sehr gut bedingt	sehr gut nicht a	sehr gut sehr gut	Apparate, Bauwesen, Fahrzeug-, Schiffbau, Niete, Metallwaren, Verpackung, Reflektoren, Drehteile
AlMg3 3.3535	190···305 80···250	20···6 50···85	gut ausreich.	gut nicht a	sehr gut sehr gut	
AlMg5 3.3555	240···320 110···240	4···17 70···105	befriedig. gut	gut nicht a	gut gut	
AlMgSi1 3.2315	150···315 85···205	18···8 35···95	gut befriedig.	sehr gut ka, wa	gut sehr gut	Elektrotechnik, Fahrzeug-, Berg-, Schiffbau, Nahrungsmittelindustrie, Schilder
AlMgSiPb 3.0615	200···270 100···150	12···8 50···105	befriedig. sehr gut	sehr gut ka, wa	gut sehr gut	Drehteile, Reflektoren
AlCuMg1 3.1325	215···395 140···245	13···12 50···100	sehr gut befriedig.	befriedig. ka	befriedig. mangelhaft	Maschinen-, Ingenieur-, Fahrzeugbau, Niete
AlZn4,5Mg1 3.4335	···350 ···275	9···10 105	gut bedingt	sehr gut ka, wa	sehr gut gut	Apparate, Bauwesen, Fahrzeug-, Ingenieur-, Maschinenbau

Aluminium-Gußlegierungen nach DIN 1725 T2 (2.86)

Werkstoff-Kurzname/ Nummer	Festigkeit $R_m/R_{p\,0,2}$ in N/mm²	Bruchdehn. A_5 in %/ Härte HB	Eigenschaften: umformen bzw. gießen/ spanen	Eigenschaften: schweißen/ aushärtend	Eigenschaften: eloxieren/ witterungsbeständig	Verwendung
G-AlSi12 3.2581	160···280 70···180	5···12 45···80	sehr gut gut	sehr gut nicht angew.	nicht angew. gut	Getrieb-, Motorengehäuse, verwickelt, dünnwandig, stoß-, schwingungsfest, druckdicht
G-AlSi10Mg 3.2381	170···320 80···280	2···6 50···115	sehr gut gut	sehr gut wa	nicht angew. gut	
G-AlSi6Cu4 3.2151	160···240 100···180	1···3 60···100	sehr gut sehr gut	gut nicht a	nicht angew. bedingt	nicht chem. beanspruchte, warmfeste Gußteile
G-AlMg3 3.3541	140···200 70···100	3···12 50···60	ausreich. sehr gut	ausreich. nicht a	sehr gut sehr gut	Apparate, Armaturen, Bauwesen, chem. Industrie, Schiffbau
G-AlMg3Si 3.3241	140···300 80···180	2···10 –	gut sehr gut	ausreich. wa	sehr gut sehr gut	Bauwesen, Nahrungsmittel-, chem. Industrie, warmfest, Zylinderköpfe
G-AlMg5Si 3.3261	160···240 110···150	2···5 60···85	ausreich. sehr gut	gut nicht a	sehr gut sehr gut	
GD-AlMg9 3.3292.05	200···300 140···220	1···5 70···100	gut sehr gut	nicht angew. nicht a	ausreich. sehr gut	Büro-, Haushaltgeräte, optische Instrumente
G-AlSi9Mg 3.2373	250···340 200···280	2···7 75···115	sehr gut sehr gut	sehr gut wa	nicht angew. sehr gut	Flugzeugbau, verwickelt, dünnwandig, stoßfest
G-AlCu4Ti 3.1841	280···400 180···270	3···12 85···110	ausreich. sehr gut	bedingt ta, wa	nicht angew. bedingt	Fahr-, Flugzeugbau, einfache Gußstücke, schwingungs-, warmfest
G-AlCu4TiMg 3.1371	300···440 220···380	3···18 90···130	ausreich. sehr gut	bedingt ka, wa	nicht angew. bedingt	

4.2 Metalle

4.2.7 Magnesium- und Titanlegierungen

Magnesium-Knetlegierungen nach DIN 1729 T1 (8.82)

Werkstoff- Kurzname	Werkstoff- Nummer	Zugfestigkeit R_m in N/mm²	Dehngrenze $R_{p\,0,2}$ in N/mm²	Bruchdehnung A_5 in %	Eigenschaften	Verwendung
MgMn2	3.5200	200 ··· 230	100 ··· 170	3 ··· 1,5	korrosionsbest., gut schweißbar	Bleche, Profile, Kraftstoffbehälter, Armaturen, Preßteile, Fahrzeug-, Maschinen-, Flugzeugbau
MgAl3Zn	3.5312	240 ··· 270	130 ··· 200	6 ··· 3	schweißbar	
MgAl6Zn	3.5612	260 ··· 280	180 ··· 200	10 ··· 6	kaum schweißb.	
MgAl8Zn	3.5812	280 ··· 300	200 ··· 210	10 ··· 6	nicht schweißb., warmaushärtbar	

Alle Magnesium-Knetlegierungen sind sehr gut zerspanbar und je nach Festigkeit umformbar.

Magnesium-Gußlegierungen nach DIN 1729 T2 (7.73)

Werkstoff- Kurzname	Werkstoff- Nummer	Zugfestigkeit R_m in N/mm²	Dehngrenze $R_{p\,0,2}$ in N/mm²	Bruchdehnung A_5 in %	Eigenschaften	Verwendung
G-MgAl8Zn1 GK-MgAl8Zn1 GD-MgAl8Zn1	3.5812.01 3.5812.02 3.5812.05	160 ··· 220 160 ··· 220 200 ··· 240	90 ··· 110 90 ··· 110 140 ··· 160	2 ··· 6 2 ··· 6 1 ··· 3	höchstdauerfest, sehr gut gießbar, stoßbeanspruchbar	Motorenbau, Kurbel- Getriebegehäuse
G-MgAl9Zn1 GK-MgAl9Zn1 GD-MgAl9Zn1	3.5912.01 3.5912.02 3.5912.05	160 ··· 200 160 ··· 220 200 ··· 250	90 ··· 120 110 ··· 130 150 ··· 170	2 ··· 5 2 ··· 5 0,5 ··· 0,3	schweißbar Gleiteigensch., druckfest	Fahr-, Flugzeugbau, Armaturen, tragbare Gerätegehäuse
G-MgAl6	3.5662.01	180 ··· 240	80 ··· 110	8 ··· 12	dauerfest, stoßbeanspruchbar, warmfest	Radfelgen,
GD-MgAl6 GD-MgAl6Zn1 GD-MgAl4Si1	3.5662.05 3.5612.05 3.5470.05	190 ··· 230 200 ··· 240 200 ··· 250	120 ··· 150 130 ··· 160 120 ··· 150	4 ··· 8 3 ··· 6 3 ··· 6		Getriebe-, Motorengehäuse

Titan nach DIN 7080 (3.70) und Titanlegierungen nach DIN 17851 (12.73)

Werkstoff- Kurzname/ Nummer	Festigkeit $R_m/R_{p\,0,2}$ in N/mm²	Bruchdehnung A_5 in %/ Härte HB 30	Eigenschaften	Verwendung
–[1] 3.7025	300 ··· 420 180	30 120	Alle Titanwerkstoffe sind gut schweißbar, kalt- und warmumformbar, zerspanbar, dauerfest und korrosionsbeständig. Nachteilig sind die Kerbempfindlichkeit und die schlechte Gleitfähigkeit.	Chemische Industrie, Meerestechnik, Fahr-, Flugzeugbau: Druckbehälter, Auskleidungen, Wärmetauscher, Rohrleitungen
–[1] 3.7035	400 ··· 550 250	22 150		
–[1] 3.7055	470 ··· 600 330	18 170		
–[1] 3.7065	550 ··· 750 400	16 200		
TiAl5Sn2 3.7115	840 ··· 990 810	10 280	α-Legierung mit sehr guten Kälteeigenschaften	Flugzeug-, Raketen-, Raumfahrttechnik: Treibstoffbehälter, Triebwerke, Brennkammern, Beplankung, Fahrwerks-, Getriebeteile, Niete, Schrauben
TiAl6V4 3.7165	910 ··· 1100 840	10 285	α-β-Legierung für Wärmebehandlung geeignet	

[1]) Kurznamen für Titanwerkstoffe sind noch nicht festgelegt

Kurzname	Zugfestigkeit R_m in N/mm² bei Temperatur ϑ					Lieferformen für Titanwerkstoffe
	−200 °C	20 °C	100 °C	300 °C	500 °C	
Ti TiAl5Sn2 TiAl6V4	1300 – 1350	300 ··· 750 840 ··· 990 910 ··· 1100	300 ··· 550 820 800	170 ··· 280 620 920	120 ··· 250 530 750	Bänder, Bleche, Drähte, Gußstücke, Platten, Profile, Ringe, Rohre, Schmiedestücke, Stangen

4.2.8 Kupferlegierungen

Kupfer-Zinn- und Kupfer-Zinn-Zink-Gußlegierungen nach DIN 1705 (11.81)

(Guß-Zinnbronze, Rotguß)

Werkstoff-Kurzname/ Nummer	Festigkeit $R_m/R_{p\,0,2}$ in N/mm²	Bruchdehnung A_5 in %/ Härte HB 10	Eigenschaften	Verwendung
G-CuSn12 2.1052.01	260 140	12 80	verschleißfest, korrosions-meerwasserbeständig, Notlaufeigenschaften	Kuppelsteine, -stücke, Spindelmuttern, Stell-, Gleitleisten, Schnecken-, Schraubenräder, ring-, rohrförmige Konstruktionsteile
GZ-CuSn12 2.1052.03	280 150	5 95		
GC-CuSn12 2.1052.04	280 140	8 90		
G-CuSn12Ni 2.1060.01	280 160	14 90	sehr verschleißfest, korrosions-, meerwasserbeständig, kavitationsfest, dauerbelastbar je nach Gleitgeschwindigkeit 150 ··· 1250 N/cm², kurzzeitig ··· 4500 N/cm²	Kuppelsteine, -stücke, Spindelmuttern, Schnecken-, Schraubenräder, Armaturen, Pumpengehäuse, Wasserturbinenleit-, -laufschaufeln
GZ-CuSn12Ni 2.1060.03	300 180	8 100		
GC-CuSn12Ni 2.1060.04	300 170	10 90		
G-CuSn12Pb 2.1061.01	260 140	10 80	Lagerwerkstoff, gute Notlaufeigenschaft, verschleißfest, korrosions-, meerwasserbeständig, Lastspitzen ··· 12000 N/cm²	Gleitlager, Gleitplatten, -leisten, Kolbenbolzenbuchsen, Spindelmuttern, Laufradbuchsen, Kurbel-, Kniehebellager
GZ-CuSn12Pb 2.1061.03	280 150	5 90		
GC-CuSn12Pb 2.1061.04	280 140	7 85		
G-CuSn10 2.1050.01	270 130	18 70	zäh, korrosions-, meerwasserbeständig	Armaturen, Pumpengehäuse, Leit-, Laufschaufeln
G-CuSn10Zn 2.1086.01	260 130	15 75	hart, Gleiteigenschaften, meerwasserbeständig	Gleitlager, Kuppelstücke, Schneckenräder, Stevenrohre
G-CuSn7ZnPb 2.1090.01	240 120	15 65	mittelhart, gute Notlaufeigenschaften, verschleißfest, meerwasserbeständig, Lastspitzen ··· 4000 N/cm²	Gleitlager-, Achslagerschalen, Gleitlager-, Kolbenbolzenbuchsen, Gleitplatten, -leisten, Kurbel-, Kniehebellager, Zylindereinsatzbuchsen, Schiffswellenbezüge
GZ-CuSn7ZnPb 2.1090.03	270 130	13 75		
GC-CuSn7ZnPb 2.1090.04	270 120	16 70		
G-CuSn6ZnNi 2.1093.01	270 140	15 75	zäh, gut gießbar, meerwasserbeständig	Armaturen, Pumpengehäuse, druckdichte Gußteile
G-CuSn5ZnPb 2.1096.01	220 90	16 60	gut gießbar, weich lötbar, bedingt hartlötbar, meerwasserbeständig	dünnwandige, verwickelte Wasser-, Dampfarmaturen, bis 225 °C einsetzbar
G-CuSn2ZnPb 2.1098.01	210 90	18 60	gut gießbar, brauchwasserbeständig bis 225 °C	dünnwandige (bis 12 mm) Armaturen

4.2 Metalle

Werkstoff-Kurzname/ Nummer	Festigkeit $R_m/R_{p\,0,2}$ in N/mm²	Bruchdehnung A_5 in %/ Härte HB 10	Eigenschaften	Verwendung
Kupfer-Zink-Gußlegierungen nach DIN 1709 (11.81) (Guß-Messing)				
G-CuZn15 2.0241.01	170 70	25 45	sehr gut weich-, hartlötbar, meerwasserbeständig	Elektrotechnik, Feinmechanik, Maschinen-, Schiffbau, Optik
G-CuZn33Pb 2.0290.01	180 70	12 45	brauchwasserbeständig bis 90 °C	Elektrotechnik, Feinmechanik, Maschinenbau, Optik
GD-CuZn37Pb 2.0340.05	280 120	4 75	gut zerspanbarer Konstruktionswerkstoff	Gas-, Wasserarmaturengehäuse, Beschläge
GK-CuZn38Al 2.0591.02	380 130	20 75	gut gießbar, kaltzäh, korrosionsbeständig	verwickelte Gußteile, Elektrotechnik, Maschinenbau
G-CuZn40Fe 2.0590.01	300 130	15 75	kaltzäh, gut weich-, hartlötbar, hochdruckdicht	Gas-, Wasserarmaturengehäuse, Tieftemperaturtechnik
G-CuZn35Al1 2.0592.01	450 170	20 110	Konstruktionswerkstoff, mäßige Gleiteigenschaft	Druckmuttern für Walzwerke, Spindelpressen, Grund-, Stopfbuchsen, Schiffsschrauben
GZ-CuZn35Al1 2.0592.03	500 200	18 120		
G-CuZn34Al2 2.0596.01	600 250	15 140	Konstruktionswerkstoff, hohe statische Festigkeit	Ventile, Steuerungsteile, Sitze, Kegel
GZ-CuZn25Al5 2.0598.01	750 450	8 180	Konstruktionswerkstoff, sehr hohe statische Belastbarkeit	Lager bei hoher Last und geringer Drehzahl, langsam laufende Schneckenräder, Innenteile Hochdruckarmaturen
GZ-CuZn25Al5 2.0598.03	750 480	5 190		
G-CuZn15Si4 2.0492.01	400 230	10 100	Konstruktionswerkstoff, gut korrosions-, meerwasserbeständig, sehr gut gießbar	dünnwandige, verwickelte Gußteile, Elektrotechnik, Feinmechanik, Maschinen-, Schiffbau
GD-CuZn15Si4 2.0492.05	550 300	8 125		
Kupfer-Blei-Zinn-Gußlegierungen nach DIN 1716 (11.81) (Guß-Zinn-Blei-Bronze)				
G-CuPb5Sn 2.1170.01	240 130	15 70	beständig gegen verdünnte Schwefel-, Salz-, Fettsäure	Armaturen
C-CuPb10Sn 2.1176.01	180 80	8 65	Lagerwerkstoff, gute Gleiteigenschaften, verschleißfest, korrosionsbeständig, verbundgußgeeignet, Lastspitzen ··· 10000 N/cm²	Gleitlager mit Kantenpressung, Walzen-, Fahrzeuglager, Kolbenbolzenbuchsen-, Getriebebuchsen, Anlaufscheiben
GZ-CuPb10Sn 2.1176.03	220 110	8 70		
GC-CuPb10Sn 2.1176.04	230 110	12 70		
G-CuPb15Sn 2.1182.01	180 90	8 60	Lagerwerkstoff, gute Gleit-, Notlaufeigenschaft, verbundgußgeeignet, schwefelsäurebeständig, Lastspitzen ··· 7000 N/cm²	Gleitlager mit hohen Kantenpressungen, Kaltwalzwerke, Müllereimaschinen, Kolbenbolzenbuchsen, säurebeständige Armaturen
GZ-CuPb15Sn 2.1182.03	220 110	7 65		
GC-CuPb15Sn 2.1182.04	220 110	8 65		
G-CuPb22Sn 2.1166.09	– –	– 30	besonders gute Gleit- und Notlaufeigenschaften, Lastspitzen ··· 7000 N/cm²	Hochbeanspruchte Verbundlager, Kurbelwellen-, Pleuel-, Nockenwellenlager

4.2 Metalle

Kupfer-Aluminium-Gußlegierungen nach DIN 1714 (11.81) (Guß-Aluminiumbronze)

Werkstoff-Kurzname/ Nummer	Festigkeit $R_m/R_{p\,0,2}$ in N/mm^2	Bruchdehnung A_5 in %/ Härte HB 10	Eigenschaften	Verwendung
G-CuAl10Fe 2.0940.01	500 180	15 115	Konstruktionswerkstoff, Einsatz −200 °C ··· +200 °C	Beschläge, Buchsen, Gehäuse, Hebel, Kohlehalterungen, Zahnräder, Schaltgabeln
GK-CuAl10Fe 2.0940.02	550 200	25 115		
G-CuAl10Ni 2.0975.01	600 270	12 140	Konstruktionswerkstoff, beständig in heißem und kaltem Meerwasser, dauerschwingfest, schweißbar	Apparate, Heißdampfarmaturen, Laufräder, Pumpengehäuse, Schiffspropeller, Stevenrohre, chem. Industrie, Schiffbau, Nahrungsmittelmaschinen
GK-CuAl10Ni 2,0975.02	600 300	14 150		
GZ-CuAl10Ni 2.0975.03	700 300	13 160		
G-CuAl11Ni 2.0980.01	680 320	5 170	Konstruktionswerkstoff wie G-CuAl10Ni, kavitationsbeständig, verschleißfest, Lastspitzen ··· 2500 N/cm^2	Innenteile Höchstdruckarmaturen, Hydraulik, Gleitlager, Druckmuttern, Schnecken-, Schraubenräder, Pumpen-, Turbinenleitlaufschaufeln
GK-CuAl11Ni 2.0980.02	680 400	5 200		
GZ-CuAl11Ni 2.0980.03	750 400	5 185		
G-CuAl8Mn 2.0962	440 180	18 105	niedrige Permeabilität, Leitfähigkeit, meerwasserbeständig	Propellerteile, Stevenrohre, Wärmetauscher, Kühler

Kupfer-Zinn-Knetlegierungen nach DIN 17662 (12.83) (Zinnbronze)

Werkstoff-Kurzname/ Nummer	Festigkeit $R_m/R_{p\,0,2}$ in N/mm^2	Bruchdehnung A_5 in %/ Härte HB 2,5/62,5	Eigenschaften	Verwendung
CuSn4 2.1016	330 ··· 590 190 ··· 570	50 ··· 7 65 ··· 180	gut kaltumformbar, korrosionsbeständig, verschleißfest, gut löt-, schweißbar, gute Gleiteigenschaften	Stecker, stromleitende Federn
CuSn6 2.1020	340 ··· 740 250 ··· 690	55 ··· 5 85 ··· 220		Federn, Stecker, Schlauch-, Federrohre, Gewebe, Siebe, dünnwandige Gleitelemente, Holländermesser, Dämpferstäbe, Verschleißteile, Membranen
CuSn8 2.1030	370 ··· 690 290 ··· 640	60 ··· 5 90 ··· 205		
CuSn6Zn6 2.1080	610 ··· 760 570 ··· 690	15 ··· 3 195 ··· 225		

Kupfer-Knetlegierungen, niedriglegiert nach DIN 17666 (12.83)

Werkstoff-Kurzname/ Nummer	Festigkeit $R_m/R_{p\,0,2}$ in N/mm^2	Bruchdehnung A_5 in %/ Härte	Eigenschaften	Verwendung
CuAg0,1 2.1203	210 ··· 360 150 ··· 320	30 ··· 7 –	sehr gut elektr. leitfähig, anlaßbeständig	Kommutatorlamellen, Kollektorringe, Kontakte
CuSP 2.1498	220 ··· 260 50 ··· 200	35 ··· 7 60 ··· 85	sehr gut elektr. leitfähig, sehr gut zerspanbar, gut kalt-, warmstauchbar, hartlöt-, schweißbar	Automaten-Drehteile, Bolzen, Schrauben, Muttern
CuTeP 2.1546	220 ··· 260 50 ··· 200	35 ··· 7 60 ··· 85		
CuBe1,7 2.1245	390 ··· 1380 600 ··· 1300	35 ··· 0,5 80 ··· 410 [1])	verschleißfest, warmfest, mittl. elektr. Leitfähigkeit	Federn, Membranen, nicht funkende Werkzeuge

[1]) Härte HV 30

4.2 Metalle

Werkstoff-Kurzname/ Nummer	Festigkeit $R_m/R_{p0,2}$ in N/mm^2	Bruchdehnung A_5 in %/ Härte HB 2,5/62,5	Eigenschaften	Verwendung
Kupfer-Zink-Knetlegierungen nach DIN 17660 (12.83) (Messing)				
CuZn5 2.0220	220 ··· 320 130 ··· 190	40 ··· 19 60 ··· 85	sehr gut kaltumformbar, Drücken, Hämmern, Prägen, Treiben, korrosionsbeständig	Emaillierqualität, Kunstgewerbe, Installationsteile für Elektrotechnik, Dämpferstäbe, Schlauchrohre, Hülsen
CuZn15 2.0240	250 ··· 460 140 ··· 410	44 ··· – 65 ··· 150		
CuZn30 2.0265	270 ··· 520 160 ··· 470	50 ··· – 70 ··· 160	sehr gut kaltumformbar, Biegen, Bördeln, Drükken, Nieten, Prägen, Stauchen, gut löt-, schweißbar	Kühlerbänder, Musikinstrumente, Blattfedern, Steckverbinder, Hohlwaren, Metall-, Holzschrauben, Reißverschlüsse
CuZn37 2.0321	290 ··· 610 200 ··· 580	28 ··· – 110 ··· 180		
CuZn40 2.0360	340 ··· 470 240 ··· 390	43 ··· 12 80 ··· 140	gut warm-, kaltumformbar, Biegen, Bördeln, Nieten	Schmiedemessing, Münzmetall, Beschlag-, Schloßteile
CuZn39Pb2 2.0380	360 ··· 660 270 ··· 630	20 ··· – 85 ··· 180	sehr gut zerspanbar, (Automatenlegierung), gut warmumformbar	Bohr-, Dreh-, Fräsqualität, Uhrenmessing für Räder und Platinen, genau gezogene Strangpreßprofile
CuZn40Pb2 2.0402	380 ··· 610 300 ··· 570	35 ··· – 95 ··· 170		
CuZn31Si1 2.0490	370 ··· 590 290 ··· 530	35 ··· 6 95 ··· 165	gute Gleiteigenschaften, hochbelastbar	Gleitelemente, Führungen, Lagerbuchsen
CuZn40Al2 2.0550	550 ··· 640 240 ··· 310	18 ··· 10 150 ··· 170	sehr gute Gleiteigenschaft, witterungsbeständig	Konstruktionswerkstoff, Gleitelemente
Kupfer-Nickel-Zink-Knetlegierungen nach DIN 17663 (12.83) (Neusilber)				
CuNi12Zn24 2.0730	340 ··· 610 290 ··· 390	45 ··· 12 85 ··· 150	gut kaltumformbar, Biegen, Drücken, Prägen, Tiefziehen, gut zerspanbar, gut löt-, schweißbar, korrosions-, anlaufbeständig	Kunstgewerbe, Tafelgerät, Federn, Bauwesen
CuNi12Zn30Pb1 2.0780	490 ··· 590	12 ··· 5		Feinmechanik, Optik, Schlüssel
CuNi18Zn19Pb1 2.0790	430 ··· 530 290 ··· 420	25 ··· 6 135 ··· 160		
Kupfer-Nickel-Knetlegierungen nach DIN 17664 (12.83)				
CuNi25 2.0830	300 100	40 85	ausgezeichneter Widerstand gegen Erosion, Kavitation, Korrosion (besonders Meerwasser), gut schweißbar	Münzlegierung, Werkstoff zum Plattieren
CuNi10Fe1Mn 2.0872	290 90	30 70		Rohre, Platten, Böden für Meerwasser, Wärmetauscher, Kondensatoren, Klimaanlagen, Ölkühler, Trinkwassererzeuger
CuNi30Mn1Fe 2.0882	360 ··· 490 120 ··· 340	30 ··· 12 100 ··· 170		
Kupfer-Aluminium-Knetlegierungen nach DIN 17665 (12.83) (Aluminiumbronze)				
CuAl8Fe3 2.0932	470 ··· 590 200 ··· 270	25 ··· 10 110 ··· 150	warm-, verschleißfest, dauerwechselfest, beständig gegen Verzundern, Erosion, Kavitation, Korrosion (saure, neutrale Medien, Meerwasser)	chemischer Apparatebau, Wellen, Lager, Schrauben, Getriebeteile, Verschleiß-, Keilleisten, Ventilsitze, Ventile, Hydraulikteile
CuAl10Fe3Mn2 2.0936	590 ··· 690 250 ··· 340	12 ··· 7 150 ··· 180		
CuAl9Mn2 2.0960	490 ··· 590 200 ··· 250	25 ··· 15 110 ··· 150		
CuAl10Ni5Fe4 2.0966	640 ··· 740 270 ··· 390	15 ··· 10 180 ··· 195		

4.2.9 Nickel und Nickellegierungen

Hüttennickel nach DIN 1701 (5.80)

Werkstoff-Kurzname	Werkstoff-Nummer	Werkstoff-Kurzname	Werkstoff-Nummer	Verwendung
H-Ni99,6 H-Ni99,95 H-Ni99,92	2.4011 2.4017 2.4019	H-Ni99,90 H-Ni99,5 H-Ni99	2.4021 2.4022 2.4025	Legierung handelsüblicher Stähle, Herstellung von Halbzeug, Hochtemperaturwerkstoffe, Kerntechnik

Nickel in Halbzeug nach DIN 17740 (2.83)

Werkstoff-Kurzname	Werkstoff-Nummer	Festigkeit $R_m/R_{p\,0,2}$ in N/mm^2	Bruchdehng. A_5 in %/ Härte HB 2,5/6,25	Eigenschaften und Verwendung	
Ni99,7Mg	2.4052			Einbauteile für Elektronenröhren	
Ni99,6	2.4060	370 ··· 590 100 ··· 490	40 ··· 2 110 ··· 200	korrosionsbeständige Bauteile	Halbzeugarten: Bänder, Bleche, Drähte, Rohre, Schmiedestücke, Stangen
LC-Ni99,6	2.4061	340 ··· 430 80 ··· 150	40 ··· 20 110 ··· 130	Einbauteile für Glühlampen und Elektronenröhren	
Ni99,2	2.4068	340 ··· 540 80 ··· 430	40 ··· 8 110 ··· 180		

Niedriglegierte Nickel-Knetlegierungen nach DIN 17741 (2.83)

Werkstoff-Kurzname	Werkstoff-Nummer	Festigkeit $R_m/R_{p\,0,2}$ in N/mm^2	Bruchdehng. A_5 in %/ Härte HB 2,5/6,25	Eigenschaften und Verwendung
NiMn1	2.4206	370 ··· 490 120 ··· 290	40 ··· 20 120 ··· 140	elektroakustische Bauteile
NiMn2	2.4110	400 ··· 740 140 ··· 600	40 ··· 2 130 ··· 220	Einbauteile Elektronenröhren, Glühlampen, Zündkerzen
NiMn3Al	2.4122			Thermoelemente
NiMn5	2.4116	500	30	Bauteile für hohe Temperaturbelastung

Nickel-Knetlegierungen mit Chrom nach DIN 17742 (2.83)

Werkstoff-Kurzname	Werkstoff-Nummer	Festigkeit $R_m/R_{p\,0,2}$ in N/mm^2	Bruchdehng. A_5 in %/ Härte HB 2,5/6,25	Eigenschaften und Verwendung
NiCr8020 NiCr6015 NiCr20AlSi	2.4869 2.4867 2.4872			warmfest, zunderbeständig bis 1250 °C, Heizleiter, Ofenbauteile, Widerstände
NiCr15Fe	2.4816	500 ··· 550 180 ··· 200	35 ··· 30 185 ··· 195	hitze-, korrosionsbeständige Teile, Zündkerzen, Ventilsitze
NiCr20Ti	2.4951	650 240	25 230	Brennkammern für Strahltriebwerke, Gasturbinen, Retorten, Glührohre, Kokillen, Preßmatrizen

Nickel-Knetlegierungen mit Kupfer nach DIN 17743 (2.83)

Werkstoff-Kurzname	Werkstoff-Nummer	Festigkeit $R_m/R_{p\,0,2}$ in N/mm^2	Bruchdehng. A_5 in %/ Härte HB 2,5/6,25	Eigenschaften und Verwendung
NiCu30Fe	2.4360	450 ··· 700 175 ··· 650	30 ··· 2 150 ··· 210	warmfeste, kaltzähe, korrosionsbeständige Teile, Handelsnamen Monel, Corronil
NiCu30Al	2.4375	620 ··· 900 270 ··· 590	25 ··· 15 180 ··· 260	korrosionsbeständige, aushärtbare Teile, Nahrungsmittel-, Farb-, Lackindustrie

Nickel-Knetlegierungen mit Molybdän und Chrom nach DIN 17744 (2.83)

Werkstoff-Kurzname	Werkstoff-Nummer	Festigkeit $R_m/R_{p\,0,2}$ in N/mm^2	Bruchdehng. A_5 in %/ Härte HB 2,5/6,25	Eigenschaften und Verwendung
NiMo16Cr16Ti	2.4610	700 305 ··· 280	35 240	beständig unter oxidierenden und reduzierenden Bedingungen, kein Lochfraß in oxidierenden Cu- und Fe-Salzlösungen, Handelsnamen Bergit, Hastelloy, Remanit, Nimonic
NiCr22Mo6Cu	2.4618	620 ··· 590 240 ··· 210	35 ··· 30 240	
NiMo16Cr15W	2.4819	750 ··· 700 310 ··· 280	30 ··· 25 240	

4.2 Metalle

Knetlegierungen aus Nickel und Eisen nach DIN 17745 (1.73)

Werkstoff		Verwendung	Werkstoff		Verwendung
NiFe15Mo NiFe44	2.4540 2.4420	weichmagnetische Werkstoffe, Magnetverstärker, Relais, Drosseln, Übertrager, Meßgeräte	NiFe46	2.4475	Einschmelzungen in Weichgläser
			NiCo2918	1.3982	Einschmelzungen in Hartgläser

4.2.10 Zinn, Zink, Blei und -legierungen

Zinn nach DIN 1704 (6.73)

Werkstoff		Werkstoff		Lieferform und Verwendung
Sn99,95 Sn99,90 Sn99,75	2.3500 2.3501 2.3502	Sn99,50 Sn99,00	2.3503 2.3505	Blöcke, Platten, Stangen, Pellets, Granalien, Legierungswerkstoff, elektrolytische Verzinnung (Weißblech)

Zink nach DIN 1706 (3.74)

Werkstoff		Verwendung	Werkstoff		Verwendung
Zn99,995 Zn99,99 Zn99,95	2.2045 2.2040 2.2035	Feinzinklegierungen für lösliche Anoden, Verzinkung, Ätzplatten, Tiefziehlegierung	Zn99,5 Zn98,5 Zn97,5	2.2095 2.2085 2.7075	Hüttenzink für Verzinkung, Zinkbleche-, -bänder, Legierungswerkstoff

Blei nach DIN 1719 (1.86)

Werkstoff		Verwendung	Werkstoff		Verwendung
Feinblei Pb99,9 Pb99,985	 2.3010 2.3020	Akkumulatorenplatten, Bleimennige, chemische Anlagen, optische Gläser	Kupferfeinblei Pb99,99Cu	 2.3021	schwefelsäurefeste Geräte
Hüttenblei Pb99,94	 2.3030	chem. Anlagen, Hartblei	Umschmelzblei Pb99,75 Pb98,5	 2.3075 2.3085	Legierungswerkstoff

Blei-Gußlegierungen nach DIN 1741 (5.74)

Werkstoff-Kurzname	Werkstoff-Nummer	Zugfestigkeit R_m in N/mm²	Bruchdehnung A_5 in %	Härte HB 2,5/31,25	Eigenschaften	Verwendung
GD-Pb95Sb	2.3350	50	15	10	hart, korrosionsbeständig	Armaturen, chem. Industrie
GD-Pb87Sb	2.3351	60	10	14	sehr gut gießbar	Feuerverbleiung
GD-Pb85SbSn GD-Pb80SbSn	2.3352 2.3353	70 74	8 8	18 18	dauerschwingfest	Ausgleichsgewichte, Pendel, Anoden

Zinn-Gußlegierungen nach DIN 1742 (7.71)

Werkstoff-Kurzname	Werkstoff-Nummer	Zugfestigkeit R_m in N/mm²	Bruchdehnung A_5 in %	Härte HB	Eigenschaften	Verwendung
GD-Sn60Sb2Pb GD-Sn50SbPb GD-Sn80Sb	2.3722 2.3732 2.3752	90 80 115	1,7 1,9 2,5	28[1] 26[1] 30[1] [1]) HB 10/500	sehr maßgenau, geringe Festigkeit, korrosionsbeständig	kleine, dünnwandige feinmechanische Gehäuse, Getriebe, Zählwerke

Feinzink-Gußlegierungen nach DIN 1743 T1 (9.78), T2 (4.78)

Werkstoff-Kurzname	Werkstoff-Nummer	Zugfestigkeit R_m in N/mm²	Bruchdehnung A_5 in %	Härte HB	Eigenschaften	Verwendung
GD-ZnAl4 GD-ZnAl4Cu1 G-ZnAl4Cu3 G-ZnAl6Cu1	2.2140.05 2.2141.05 2.2143.01 2.2161.01	250 ⋯ 300 280 ⋯ 350 220 ⋯ 260 180 ⋯ 230	3 ⋯ 6 2 ⋯ 5 0,5 ⋯ 2 1 ⋯ 3	70 ⋯ 90 85 ⋯ 105 90 ⋯ 100 80 ⋯ 90	sehr maßgenau, geringe Festigkeit, Einsatz 0 °C ⋯ 80 °C	Gußstücke aller Art, Lager, Hausgeräte, Spritzgußformen für Kunststoffe

4.3 Kunststoffe – Plaste

4.3.1 Feinbau und Gefüge der Kunststoffe – Plaste

Feinstruktur	Erklärung	Eigenschaften
Fadenmoleküle 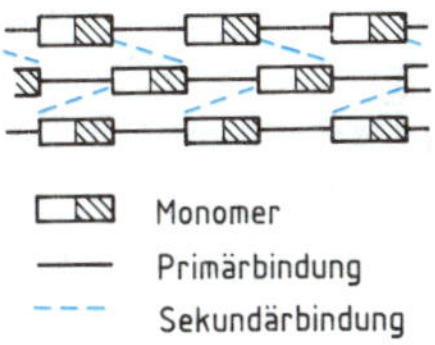 Raumnetzmoleküle 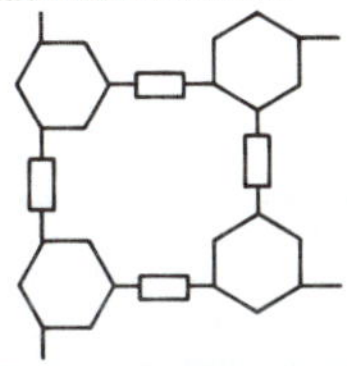	Aus Einzelmolekülen der Nichtmetalle C, H, N, O, S entstehen Makromoleküle (Polymere) durch Polymerisation, Polykondensation oder Polyaddition. Die Glieder dieser Ketten sind mit starker Atombindung verknüpft. Die in sich dreh- und schwenkbaren Ketten verknäueln sich durch ungleiche Ladungsverteilung. Bei zwei reaktionsfähigen Stellen (Valenzen) des Monomer bilden sich Fadenmoleküle, bei drei Valenzen verzweigte oder Raumnetzmoleküle. Füllstoffe, Verbundwerkstoffe und Mischungen von Polymeren können die Eigenschaften in weiten Bereichen verändern. Mit zunehmender Kettenlänge (Molekülmasse) vermehren sich zwischen den Makromolekülen schwache physikalische Sekundärbindungen.	Die Ausgangsstoffe bewirken die geringe Dichte der Plaste, die Struktur große Wärmedehnung, chemische Beständigkeit, sehr geringe Wärmeleitfähigkeit und den Einsatz als elektrische Isolatoren. Durch die Faden- oder Raumnetzmoleküle sind Werkstoffveränderungen von weich elastisch bis hart und spröde möglich. Durch mehr Berührungspunkte steigt die Zugfestigkeit bis die Primärbindungen reißen, dabei Zunahme von Dichte, Härte- und Schmelztemperatur.

Gefüge	Eigenschaften	Zustandsschaubild
Thermoplaste (amorph) Plastomere 	Die verfilzten Fadenmoleküle sind unterhalb der Glas- oder Einfriertemperatur T_G in einem festen Aggregatzustand, der Werkstoff ist hart und spröde. Durch zunehmende Wärmebewegung zwischen den Sekundärbindungen wird der Werkstoff bei steigender Temperatur thermoelastisch zäh. Im thermoplastischen Bereich oberhalb der Fließtemperatur T_F nehmen die Sekundärbindungen durch die Wärmebewegung ab, die Ketten können gegeneinander verschoben werden. Der Werkstoff ist teigig, viskos, schweißbar und bei sehr geringen Kräften umformbar. Bei der Zersetzungstemperatur T_Z werden die Primärbindungen und damit der Werkstoff zerstört.	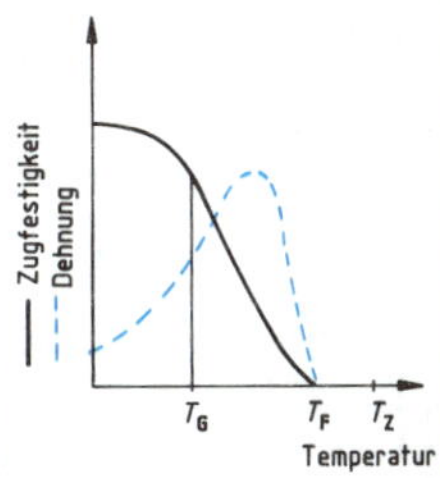
Thermoplaste teilkristallin 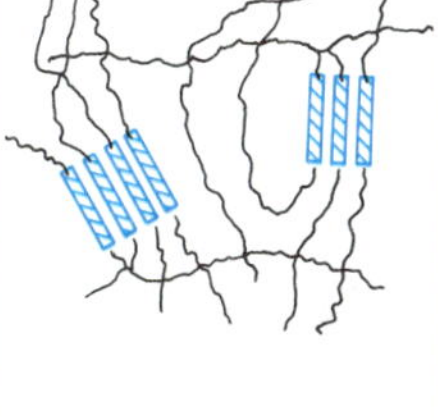	Bei unverzweigten gleichartigen Ketten ist eine Teilkristallisation als dichte Packung zwischen amorphen Bereichen möglich. Dies wird gefördert durch langsame Abkühlung oder starke Dehnung (Recken). Dabei nehmen die Sekundärbindungen zu und es erhöhen sich chemische Beständigkeit, Elastizitätsmodul, Härte und Zugfestigkeit bei Abnahme von Dämpfung, Dehnung und Transparenz. Oberhalb der Glastemperatur kann sich das Polymer in den amorphen Bereichen stärker als in den kristallinen bewegen, es ergeben sich zäh harte und elastische Gefüge. Die Kristallisationstemperatur T_K und die Fließtemperatur T_F liegen dichter an der Zersetzungstemperatur T_Z als bei amorphen Thermoplasten.	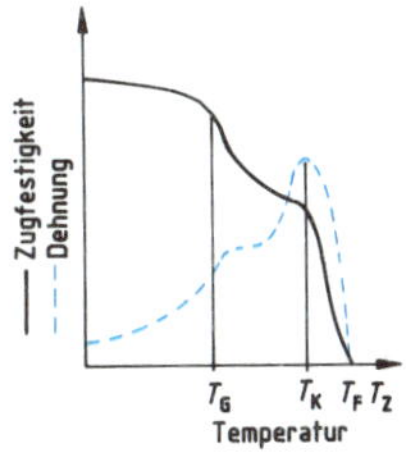

4

4

4.3 Kunststoffe – Plaste

Gefüge	Eigenschaften	Zustandsschaubild
Duroplaste (amorph) (Duromere) und Elaste (Elastomere) 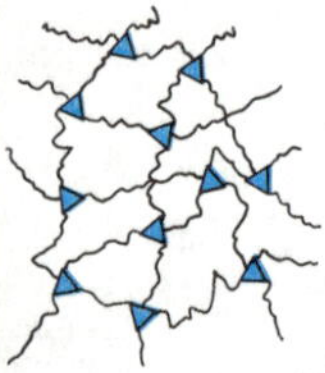	Raumnetzmoleküle ergeben bei starker chemischer Verknüpfung Duroplaste. Die Makromoleküle sind nur zwischen den Festpunkten bei hohen Rückstellkräften verschiebbar. Die Zugfestigkeit nimmt erst nach Erreichen der Zersetzungstemperatur T_Z stark ab. Der Werkstoff ist hart und unlöslich, nicht schmelz- und schweißbar. Die Elaste sind weitmaschiger, schwächer vernetzt, ihre Makromoleküle stärker geknäuelt und daher dehnbarer. Die Betriebstemperatur liegt in einem sehr großen thermoelastischen Bereich oberhalb der Glastemperatur T_G.	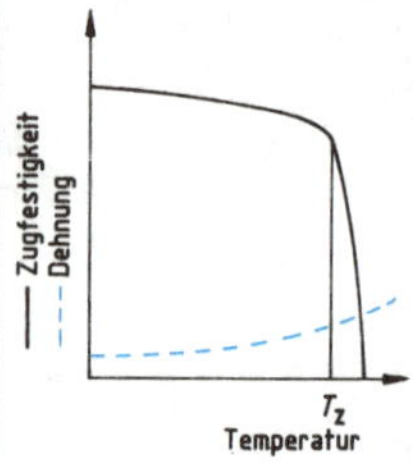

4.3.2 Kurzzeichen für Kunststoffe nach DIN 7728 T1 (4.78)

ABS	Acrylnitril-Butadien-Styrol (-Polymer)
AMMA	Acrylnitril-Methylmethacrylat (-Polymer)
ASA	Acrylnitril-Styrol-Acrylester (-Polymer)
CA	Celluloseacetat
CAB	Celluloseacetobutyrat
CF	Kresol-Formaldehyd
CMC	Carboxymethylcellulose, Celluloseglykolsäure
CN	Cellulosenitrat
CP	Cellulosepropionat
CS	Casein (-Kunststoff)
CTA	Cellulosetriacetat
DAP	Diallylphthallat (-Harz)
EC	Ethylcellulose
EEA	Ethylen-Ethylacrylat
EP	Epoxid (-Harz)
EPE	Epoxidharzester
EPS	Expandierbares Polystyrol
EVA	Ethylen-Vinylacetat
EVAL	Ethylen-Vinylalkohol
ETFE	Ethylen-Tetrafluorethylen
FEP	Tetrafluorethylen-Hexafluorpropylen
HDPE	Polyethylen hoher Dichte (Hart-PE)
LDPE	Polyethylen niedriger Dichte (Weich-PE)
MBS	Methylmethacrylat-Butadien-Styrol (-Polymer)
MC	Methylcellulose
MDPE	Polyethylen mittlerer Dichte
MF	Melamin-Formaldehyd
MPF	Melamin-Phenol-Formaldehyd (-Harz)
PA	Polyamid
PA 6	Polymeres aus ε-Caprolactam
PA 66	Polykondensat aus Hexamethylendiamin u. Adipinsäure
PA 610	Polykondensat aus Hexamethylendiamin und Sebacinsäure
PA 612	Polykondensat aus Hexamethylendiamin und Dodecandisäure
PA 11	Polykondensat aus 11-Aminoundecansäure
PA 12	Polymeres aus 12-Laurinlactam
PA 6/12	Copolymeres aus den Komponenten PA 6, PA 12
PAN	Polyacrylnitril
PB	Polybuten-1
PBTP	Polybuthylenterephthalat
PC	Polycarbonat
PCTFE	Polychlortrifluorethylen
PDAP	Polydiallylphthalat
PE	Polyethylen
PEC	Chloriertes PE
PEP	Ethylen-Propylen
PEOX	Polyethylenoxid
PETP	Polyethylenterephthalat
PF	Phenol-Formaldehyd
PJ	Polyimid
PIB	Polyisobutylen
PIR	Polyisocyanurat
PMI	Polymethacrylimid
PMMA	Polymethylmethacrylat
PMP	Poly-4-methylpenten-1
POM	Polyoxymethylen, Polyformaldehyd, Polyacetal
PP	Polypropylen
PPC	Chloriertes PP
PPO	Polyphenylenoxid
PPOX	Polypropyloxid
PPS	Polyphenylensulfid
PPSU	Polyphenylensulfon
PS	Polystyrol
PSU	Polysulfon
PTFE	Polytetrafluorethylen
PUR	Polyurethan
PVAC	Polyvinylacetat
PVAL	Polyvinylalkohol
PVB	Polyvinylbutyral
PVC	Polyvinylchlorid
PVCC	Chloriertes PVC
PVDC	Polyvinylidenchlorid
PVDF	Polyvinylidenfluorid
PVF	Polyvinylfluorid
PVFM	Polyvinylformal
PVK	Polyvinylcarbazol
PVP	Polyvinylpyrrolidon
RF	Resorcin-Formaldehyd
SAN	Styrol-Acrylnitril
SB	Polystyrol mit Elastomer auf Basis Butadien modifiziert
SI	Silicon (-Polymer)
SMS	Styrol-α-Methylstyrol
SP	Gesättigter Polyester
UF	Harnstoff-Formaldehyd (-Harz)
UHMWPE	Polyethylen mit ultrahoher molarer Masse
UP	Ungesättigter Polyester
VCE	Vinylchlorid-Ethylen
VCEMA	Vinylchlorid-Ethylen-Methylacrylat (-Polymer)
VCEVA	Vinylchlorid-Ethylen-Vinylacetat (-Polymer)
VCMA	Vinylchlorid-Methylacrylat (Polymer)
VCMMA	Vinylchlorid-Methylmethacrylat (-Polymer)
VCOA	Vinylchlorid-Octylacrylat (-Polymer)
VCVAC	Vinylchlorid-Vinylacetat (-Polymer)
VCVDC	Vinylchlorid-Vinylidenchlorid (Polymer)
VPE	Vernetztes Polyethylen

4.3 Kunststoffe – Plaste

4.3.3 Thermoplaste (Plastomere)

Werkstoff nach DIN 7728 T1 (4.78)	Handelsname	Chemische Beständigkeit	Eigenschaften	Verwendung
CA Celluloseacetat CAB, CP	Cellidor, Cellit, Cellan, Trolit	Benzin, Benzol, Trichlorethylen	hart, zäh, glasklar, einfärbbar, hohe Wasseraufnahme, geruch-, geschmackfrei, schalldämmend	bis 80 °C, Brillengestelle, Folien, Gerätegehäuse, Werkzeuggriffe
PA Polyamide	Durethan, Rilsan, Ultramid, Vestamid, Nylon, Perlon	Alkohol, Kraftstoffe, Öle, schwache Laugen, Säuren, Salze	hart, sehr zäh, teilkristallin, abriebfest, gleitfähig, schall-, schwingungsdämpfend, maßbeständig	bis 100 °C formbest., kurzzeitig bis 150 °C, Druckschläuche, Feinwerktechnik, Lager, Fasern, Zahnräder
PC Polycarbonat	Makrolon, Makrofol, Lexan	Alkohol, Benzin, Öl, schwache Säuren	hart, steif, schlagfest, formstabil, glasklar, glänzend, elektr. Isolierung	bis 135 °C, schlagzäh bis –100 °C, Gehäuse, Schalter, Stekker, Filme, Lacke
PE Polyethylen	Hostalen, Lupolen, Vestolen, Trolen	Laugen, Lösungsmittel, Säuren, keine Wasseraufnahme, witterungsbeständig	weich, flexibel (LDPE) bis steif, unzerbrechlich (HDPE), teilkristallin, durchscheinend bis milchig, geruchfrei	bis 80 °C (LDPE), bis 100 °C (HDPE), Behälter, Dichtungen, Hohlkörper, Folien, Isoliermaterial, Rohre
PJ Polyimide	Kapton, Vespel	fast alle Lösungsmittel (außer Laugen)	abriebfest, formbeständig, sehr gute Gleit- und elektrische Eigenschaften, geringste Gasdurchlässigkeit, strahlenbeständig	bis 280 °C dauernd, bis 480 °C kurzzeitig, bis –240 °C kältebeständig, Formgebung durch Sintern, Dichtungen, Lager
PMMA Polymethylmethacrylat	Degulan, Plexiglas, Resarit	schwache Laugen, Säuren, Benzin, witterungsbeständig	hart, spröde, splittert nicht, alterungsbeständig, transparent	bis 90 °C, Modelle, Leuchten, Sicherheitsverglasungen, Zeichengeräte
POM Polyoxymethylen	Delrin, Hostaform, Ultraform	fast alle Lösungsmittel	hart, zäh, teilkristallin, maßbeständig, geringe Wasseraufnahme	bis 150 °C, Armaturen, Beschläge, Lager, Zahnräder
PP Polypropylen	Hostalen PP, Luparen, Novolen, Vestolen P	ähnlich PE	hart, unzerbrechlich, formstabil, teilkristallin, geruch-, geschmackfrei	bis 130 °C, versprödet unter 0 °C, Batteriekästen, Geräteteile, Waschmaschinenteile
PS Polystyrol	Hostyron, Trolitul, Vestyron,	Alkohol, Laugen, Öl, Säuren, Wasser	hart, spröde, steif, glasklar, glänzend, einfärbbar, geruch- und geschmackfrei	bis 80 °C, Isolierfolien, Spielwaren, Verpackungen, Zeichengeräte
SB Styrol-Butadien (PS schlagfest)	Hostyren, Polystyrol 400, Vestyron 500	wie PS	schlagfest, schwer zerbrechlich, Versprödung durch Licht, Wärme, sonst wie PS	bis 70 °C, Behälter, Elektroinstallation, Geräte- und Tiefzieh-Teile
SAN Styrol-Acrylnitril	Luran, Vestoran	ätherische Öle, sonst wie PS	sehr schlagzäh, steif, stabil, temperatur-, wechselbeständig	bis 95 °C, Batteriekästen, Gerätegehäuse, Spielwaren

4.3 Kunststoffe – Plaste

Werkstoff nach DIN 7728 T1 (4.78)	Handelsname	Chemische Beständigkeit	Eigenschaften	Verwendung
ABS Acrylnitril-Butadien-Styrol	Novodur, Terluran, Vestodur	besser als PS	alterungsbeständig, sonst wie SAN	bis 95 °C, Armaturen, Batteriekästen, Schutzhelme
EPS Expandierbares PS	Styropor, Vestypor	wie SB	geringe Dichte, gute Schall-, Wärmedämmung	Platten für Wärme-, Schallschutz, Schwimmkörper, Verpackungen
PVC hart Polyvinylchlorid	Hostalit, Trosiplast, Vestolit, Vinnol, Vinoflex	Alkohol, Laugen, Säuren, Mineralöl	abriebfest, hornartig zäh	bis 60 °C, Rohre, Fittings, Folien, Hohlkörper, Batteriekästen
PVC weich Polyvinylchlorid	Acella, Mipolam, Skay, Vestolit	etwas geringer als PVC hart	abriebfest, gummi- bis lederartig, keine Wasseraufnahme	bis 80 °C, Bekleidung, Bodenbelag, Folien, el. Isolierung
PTFE Polytetrafluorethylen	Hostaflon, Teflon	beste Beständigkeit	hart, zäh, teilkristallin, keine Wasseraufnahme, sehr gute Gleit- und elektrische Eigenschaften, nicht benetzbar	bis 250 °C, kältebeständig bis –90 °C, Formgebung durch Sintern, Beschichtungen, Dichtungen, Isolierfolien, Lager
4.3.4 Duroplaste (Duromere)				
EP Epoxyd (-Harz)	Araldit, Epikote, Epoxin, Lekutherm, Uhu-plus	Alkohol, schwache Laugen, Säuren, Lösungsmittel, geringe Wasseraufnahme, witterungsbest.	hart, zäh, schwer zerbrechlich, glasklar bis gelblich, gute Haft- und elektrische Eigenschaften, geruch- und geschmackfrei	bis 130 °C, Gieß-, Laminier-, Kleb- und Lackharz, elektrische Isolierungen, Schalter, Geräte
PF Phenol-Formaldehyd	Alberite, Bakelite, Corephan, Luphen, Supraplast	schwache Laugen, Säuren, Lösungsmittel, Wasser	hart, spröde, gelbbraun, einfärbbar gute elektrische Isolierung	bis 100 °C, Schalter, Gehäuse, Kupplungs-, Bremsbeläge, Lager, Hartpapier, Schichtpreßholz, Gieß-, Kleb-, Laminierharz
PUR Polyurethan	Bayflex, Contilan, Desmocoll, Lycra, Moltopren, Ultramid, Vulkollan	schwache Laugen, Säuren, Lösungsmittel, Öl, Treibstoffe	hart, zäh (Duroplast) bis weich, elastisch (Elastomer), abriebfest, gelblich, gute Haftfähigkeit, alterungsbeständig	Kupplungsbeläge, Lager, Laufrollen, Riemen, Zahnräder, Lack- und Klebharz, Schaumformteile
UF Harnstoff-Form. (-Harz) MF Melamin-Form.	Hornitex, Kaurit, Pollopas, Resamin, Resopal, Urecoll	Lösungsmittel, Öl	hart, schlagfest, glasklar, lichtecht, geruch- und geschmackfrei	MF bis 130 °C, UF bis 90 °C, Holzleim, Haushalts-, Küchengeräte, Möbelschichtstoffe
UP Ungesättigter Polyester	Aldenol, Laminac, Leguval, Palatal, Vestopal, Diolen, Trevira	schwache Laugen, Säuren, Lösungsmittel, witterungsbeständig	je nach Füllstoff hart, zäh bis weich elastisch, glasklar, glänzend, einfärbbar, gute Haft- und elektrische Eigenschaften	bis 120 °C, Fasern, Textilien, Gieß-, Laminier-, Kleb- und Lackharz, Kunstharzbeton

4.4 Verbundwerkstoffe

4.4.1 Gefüge der Verbundwerkstoffe

Teilchenverbund	Faserverbund	Schichtverbund	Eigenschaften und Verwendung
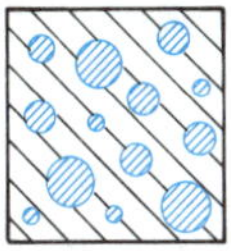	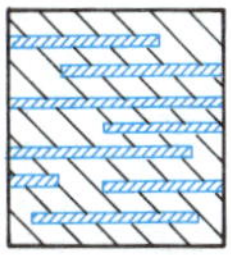		Verbundwerkstoffe ermöglichen die Nutzung der vorteilhaften Eigenschaften ihrer Komponenten bei gleichzeitiger Überdeckung der Schwächen. Der Matrixwerkstoff (Bettungsmasse) aus Metall, Kunststoff oder Keramik wird optimiert durch: Metalle: Zugfestigkeit, Dehnbarkeit, Zeitstandfestigkeit Kunststoffe: niedrige Dichte, Zähigkeit, chemische Beständigkeit Keramik: niedrige Dichte, Härte, Warmfestigkeit, chem. Beständigkeit. Einsatzbeispiele: Luftfahrttechnik, Turbinenschaufeln, freitragende Großantennen, Sportgeräte (Skier, Tennisschläger, Segelboote, Masten)
Hartmetalle, Oxidkeramik, Kunststoffpreßmassen, Schleifscheiben, Tränkwerkstoffe	Metall-, Keramik- (Glas-)faserverstärker Kunststoff, Stahlbeton, Drahtglas, Reifen, Kohle-, Hartfaserverstärktes Aluminium	Bimetalle, Hartpapier, Kunstharzpreßholz, Sicherheitsglas Sperrholz, Korrosions-, Verschleißschutzschichten	

4.4.2 Verstärkungskomponenten

Eigenschaften von Fasern

Werkstoff	Dichte ϱ in kg/dm³	Faserdurchmesser in µm	Schmelz- bzw. Erweichungstemperatur ϑ in °C	Zugfestigkeit R_m in N/mm²	Elastizitätsmodul E in N/mm²	Faserherstellung
Bor	2,3	10	2300	10000	550000	Ausgangsstoffe: 1. Legierungen hoher Festigkeit: martensitischer Stahl, Wolfram 2. Keramik: Kohle-, Bor-, Glasfasern 3. Makromoleküle: Aromatische Polyamide (Aramid, Kevlar), Zellulose im Holz Die angegebenen maximalen Festigkeitswerte sinken mit Zunahme des Faserdurchmessers stark ab (Oberflächenfehler).
Beryllium	1,8	10	1285	1800	450000	
Graphit (HM)	2,0	7 ··· 12	3800	1800	400000	
Graphit (HT)	2,0	7 ··· 12	3800	2800	280000	
Glas (Soda)	2,5	1 ··· 10	500	4500	98000	
Glas (Kiesel)	2,5	1 ··· 10	1600	10000	105000	
Kevlar	1,45	10	180	3500	135000	
Molybdän	9,0	25	2620	2200	360000	
Nylon	2,6	15	130	1300	6500	
Stahl	7,9	100	1460	3000	210000	
Wolfram	19,3	10	3380	5000	450000	

Eigenschaften von Whiskern

Werkstoff	Dichte kg/dm³	Schmelztemperatur in °C	Zugfestigkeit R_m in N/mm²	Elastizitätsmodul E in N/mm²	Aufbau
Aluminiumoxid	4,0	2050	16000	580000	Whisker (Haarkristalle) werden durch Ausscheidung aus der Gasphase, Elektrolyse oder wenig unterkühlten Schmelzen gewonnen. Bei Dicken von 1 ··· 5 µm und Längen bis 10 mm sind diese Einkristalle frei von Korngrenzen und Gleitversetzungen.
Eisen	7,9	1536	13000	200000	
Germanium	5,3	938	12000	210000	
Graphit	2,0	3800	20000	700000	
Kupfer	8,9	1083	3000	120000	
Nickel	8,9	1452	4000	220000	
Siliciumcarbid	2,4	2600	20000	700000	
Siliciumnitrid	3,2	2170	5000	720000	

4.4 Verbundwerkstoffe

4.4.3 Verbundwerkstoffe mit Kunststoffmatrix

Verstärkte Kunststoffe nach DIN 7728 Teil 2 (3.80)

GFK	Glasfaserverstärkter Kunststoff	CFK	Kohlenstoffaser-verstärkter Kunststoff	MWK	Metallwhiskerver-stärkter Kunststoff
AFK	Asbestfaserverstärkter Kunststoff	MFK	Metallfaserverstärkter Kunststoff	Beispiele für genaue Faserangabe:	
BFK	Borfaserverstärkter Kunststoff	SFK	Synthesefaser-verstärkter Kunststoff	CU-MFK	Kupferfaserverstärkter Kunststoff
				PA-SFK	Polyamidfaserverstärk-ter Kunststoff

Falls erforderlich, ist die Kunststoffangabe nach DIN 7728 T1 vorzunehmen. An das Kurzzeichen für die Verstärkungsart kann der Massegehalt angehängt werden.
Beispiel: UP-GF 30 ungesättigter Polyester als Matrix mit 30% Glasfasern verstärkt.

Faserverstärkte Kunststoffe

	Stränge (unidirektional)		Gewebe (bidirektional)	Matten (multidirektional)		
Faserlage und Zugfestigkeit (Polar-diagramm)	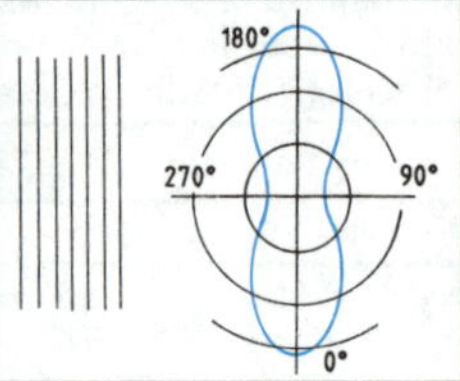		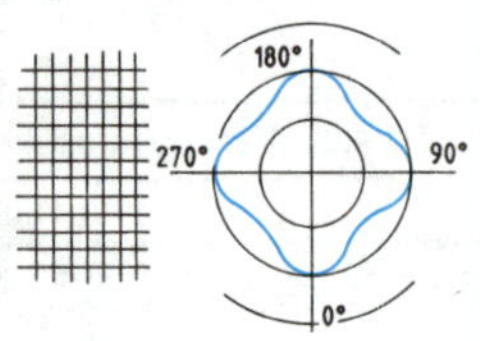	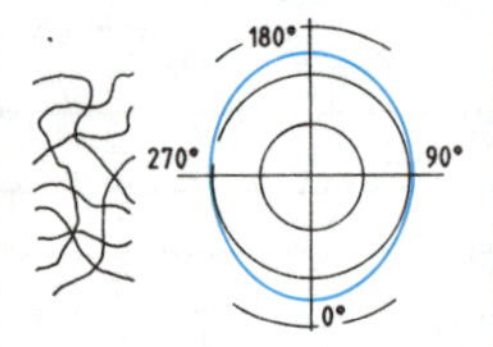		
UP-Harze	unverstärkt	70% GF	50% ··· 70% GF	35%	45%	55% GF
Dichte g/cm³	1,22	2,00	1,85	1,50	1,60	1,70
Zugfestig-keit N/mm²	60	650	320	120	160	180
Druckfestig-keit N/mm²	160	250	290	150	160	170
Elastizitäts-modul N/mm²	4800	33000	27000	11000	12000	16000
Bruchdeh-nung %	2,0	2,7	3,4	3,5	3,3	2,4

Mechanische Eigenschaften von Verbundwerkstoffen

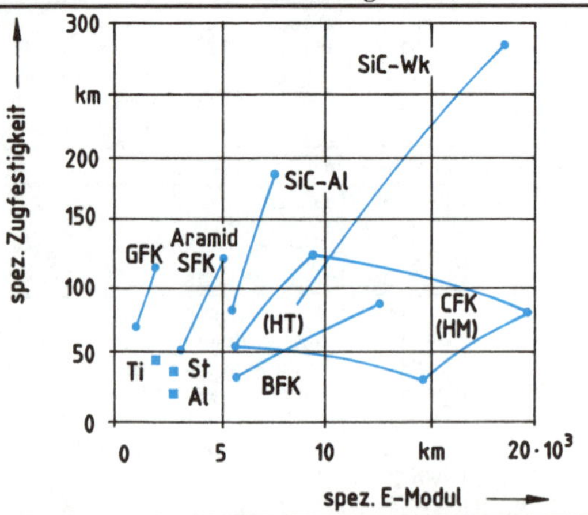

Die Optimierung der Werkstoffauswahl (Steigerung der Festigkeit, Steifigkeit und Gewichtsminderung) ist sehr gut möglich mit den auf die Dichte bezogenen Kennwerten:

spezifische Zugfestigkeit (Reißlänge)
$= R_m / \varrho \cdot g$ in km und

spezifischer Elastizitätsmodul
$= E / \varrho \cdot g$ in km

4.4 Verbundwerkstoffe

Schichtpreßstoffe nach DIN 7735 (9.75)
Mindestwerte für Hartpapier (Hp), Hartgewebe (Hgw) und Hartmatte (Hm)

Typ	Harz	Füllstoff	Dichte ϱ in kg/dm³	Grenztemp. ϑ in °C	Zugfestigkeit R_m in N/mm²	Druckfestigkeit σ_D in N/mm²	Biegefestigkeit σ_{bB} in N/mm²	Prüfspannung U in kV[1]) ∥	⊥
Hp 2061	PF	Papier	1,3	120	120	150	150	15	15
Hp 2061.5				120	100	150	130	40	40
Hp 2062.8			…	120	70	120	80	25	30
Hp 2063				120	70	–	80	20	25
Hp 2064			1,4	120	100	100	130	–	–
Hp 2262	MF			90	80	150	100	25	20
Hp 2361	EP			110	70	120	120	20	20
Hgw 2031	PF	Asbestgewebe	1,8	130	40	120	65	–	–
Hgw 2072		Glasfilamentgewebe	1,7	130	100	150	200	20	25
Hgw 2081		Baumwoll-Grobgewebe	1,3	110	50	170	100	8	5
Hgw 2082		Baumwoll-Feingewebe	1,3	110	80	170	130	8	5
Hgw 2083		Baumwoll-Feinstgew.	1,3	110	100	170	150	8	5
Hgw 2272	MF	Glasfilamentgewebe	1,9	130	120	180	270	20	25
Hgw 2282		Baumwoll-Feingewebe	1,3	95	70	200	100	8	5
Hgw 2372	EP	Glasfilamentgewebe	1,8	130	220	200	350	40	40
Hgw 2572	SI		1,6	180	90	50	125	25	20
Hm 2471	UP		1,5	130	60	140	125	30	25
Hm 2472			1,7	130	100	150	200	30	25

Lieferform: Tafeln

[1]) Prüfspannung: 1-min-Prüfspannung parallel bzw. senkrecht zur Schichtung mit 25 mm bzw. 3 mm Elektrodenabstand.

Kunststoff-Formmassen nach DIN 7708 T2, 3 (10.75)

Typ	Harz	Füllstoff	Biegefestigkeit N/mm²	Schlagzähigkeit kJ/m²	Kerbschlagzähigk. kJ/m²	Formbeständigkeit °C	Wasseraufnahme mg	Oberflächenwiderstand Vergl.-Zahl
11.5		Gesteinsmehl	50	3,5	1,3	150	45	7
12		Asbestfaser	50	3,5	2	150	60	8
13		Glimmer	50	3	2	150	20	10
31	PF	Holzmehl	70	6	1,5	125	150	8
51		Zellstoff	60	5	2,5	125	300	7
71		Baumwollfaser	60	6	6	125	250	7
74		Baumwollgewebeschnitzel	60	12	12	125	300	7
75		Kunstseidenstränge	60	14	14	125	300	8
131	UF	Zellstoff, kurzfaserig	80	6,5	1,5	100	300	10
150	MF	Holzmehl	70	6	1,5	120	250	10
152		Zellstoff, kurzfaserig	80	7	1,5	120	200	10
153		Baumwollfaser	60	5	3,5	125	300	9
155		Gesteinsmehl	40	2,5	1	130	200	8
156		Asbestfaser	50	3,5	2	140	200	8
180	PF +	Holzmehl	80	6	1,5	120	180	10
181	MF	Zellstoff, kurzfaserig	80	7	1,5	120	150	10

4.4.4 Verbundgleitlager

Blei- und Zinn-Gußlegierungen für Verbundgleitlager nach DIN ISO 4381 (10.82)

Werkstoff-Kurzname/Nummer	Härte HB 10/250/180 20 °C / 50 °C	120 °C / 150 °C	Eigenschaften	Verwendung
PbSb15SnAs 2.3390	18 15	14 10	gut einbettfähig, geringe bis mittlere Belastung und Gleitgeschwindigkeit, für harte und weiche Wellen	Zweistofflager bis 3 mm Wanddicke, Pleuel-, Hauptlager, Getriebebuchsen, Kreuzköpfe, Gleitscheiben, Verdichter
PbSb15Sn10 2.3391	21 16	14 10		
PbSb14Sn9CuAs 2.3392	22 22	16 10	sehr warmfest, hohe Belastung und Gleitgeschwindigkeit	Elektromaschinen, Gleitlager, Getriebe, Pleuel, Walzen
PbSb10Sn6 2.3393	16 16	14 8	gut einbettfähig, geringe Belastung, mittlere Geschwindigkeit	Buchsen, Gleitscheiben, Haupt-, Pleuellager
SnSb12Cu6Pb 2.3790	20 25	12 8	mittlere Belastung, hohe Gleitgeschwindigkeit, stoßfest	Gleitlager, Elektromaschinen, Turbinen, Verdichter
SnSb8Cu4 2.3791	22 17	11 8	gut einbettfähig, hohe Belastung und Gleitgeschwindigkeit, sehr stoßbeanspruchbar, biegewechselfest	Zweistofflager bis 3 mm Wanddicke, Gleitscheiben, Haupt-, Pleuel-, Kreuzkopf-, Walzwerkslager
SnSb8Cu4Cd 2.3792	28 25	19 13		

Die Werkstoffe 2.3390, 2.3391, 2.3393 und 2.3791 werden nach DIN ISO 4383 (10.82) als Lagermetallbeschichtung auf Stahlstützkörper gegossen, gesintert oder walzplattiert. Gegebenenfalls wird hierauf eine Gleitschicht galvanisch aufgebracht (Overlay aus PbSn10Cu2, PbSn10 oder PbIn7).

Gerollte Buchsen für Gleitlager nach DIN 1494 T4 (12.83) Mehrschichtwerkstoffe

Werkstoff- Schlüssel/Benennung	Kurzname	Nummer	Härte Stahl HB 1/30/10 Lager	Eigenschaften und Verwendung
T1 Stahl/Blei	St3 PbSb15SnAs	1.0333 2.3390	130 16 ··· 20 HV	sehr gute Notlaufeigenschaften, mäßige Belastung, Pumpen, Getriebe, Nockenwellen
T2 Stahl/Zinn	St3 SnSb8Cu4	1.0333 2.3793	130 17 ··· 24 HV	sehr gute Notlaufeigenschaften, mäßige Belastung, Kältetechnik, korrosionsbeständig
S1 Stahl/Kupfer	St3 G-CuPb24Sn	1.0333 2.1825	125 55 ··· 80 HB	hohe Belastung, gehärtete Zapfen, Getriebe, Pumpen, Lenkungen, Nockenwellen
S5 Stahl/Kupfer	St3 C-CuPb10Sn10	1.0333 2.1821	125 70 ··· 130 HB	sehr hohe Belastung, gehärtete Zapfen, Kolbenbolzen, Kipphebel, Getriebe, Pumpen
R1 Stahl/Aluminium	St3 AlSn6Cu	1.0333 3.0691	170 35 ··· 45 HB	hohe Belastung, gehärtete Zapfen, Getriebe, Hydraulikpumpen, Kompressoren
P1 Stahl/Kunststoff	St3 PTFE	1.0333 –	140 –	geringe Reibung, Einsatz −200 °C ··· +200 °C, Trockengleitlager, Federbeine, Hebel, Pumpen, Hubmagnete
P2 Stahl/Kunststoff	St3 Thermoplast	1.0333 –	140 –	bei Anlaufschmierung hohe Belastung, Einsatz ··· 90 °C, Aufzüge, Krane, Landmaschinen, Getriebe

4.4 Verbundwerkstoffe

4.4.5 **Sinterwerkstoffe** nach Werkstoffleistungsblättern Fachverband Pulvermetallurgie

Sint – □ □□

1 2 3 4

1 Kennzeichen Sinterwerkstoff
2 Kennbuchstabe Raumerfüllung
3 Kennziffer Zusammensetzung
4 Zählziffer ohne Systematik

Kenn-buch-stabe	Raum-erfüllung R_x in %	Verwendung und Eigenschaften
AF	<73	Filter für Gase, Flüssigkeiten, Flammensperre, warmfest
A	75±2,5	Gleitlager, gute Gleit- und Notlaufeigenschaften
B	80±2,5	ölgetränkte Gleitlager und Formteile, sehr gute Notlaufeigenschaften
C	85±2,5	Gleitlager, Formteile, Pumpenzahnräder, Näh-, Büromaschinenteile
D	90±2,5	Formteile, Reibwerkstoffe, Maschinenteile, schweißbar, härtbar
E	94±1,5	Formteile, Büromaschinen-, Relaisteile, Polschuhe
F	>95,5	warmgepreßte Formteile, verschleiß-, dauerwechselfest, Zahnräder, Kupplungen
G	>92	infiltrierte Formteile (z.B. mit Cu), öl-, wasserdicht, Pumpenteile
S	>90	warmgepreßte Gleitlager und Gleitelemente

1. Kennziffer	Chemische Zusammensetzung
0	Sintereisen, Sinterstahl, unlegiert, 0 ··· 1% Cu, mit oder ohne C
1	Sinterstahl, 1 ··· 5% Cu, mit oder ohne C
2	Sinterstahl, mehr als 5% Cu, mit oder ohne C
3	Sinterstahl, mit oder ohne C und Cu, weniger als 5,5% andere Legierungselemente
4	Sinterstahl, mit oder ohne C und Cu, mehr als 5,5% andere Legierungselemente
5	Sinterlegierungen mit mehr als 60% Cu (Bronze, Messing, Neusilber)
6	Sinterlegierungen aus Buntmetallen, die nicht in der Gruppe 5 enthalten sind
7, 8, 9	Reserve

Kurzname	Festigkeit R_m in N/mm^2	Zusammensetzung	Kurzname	Festigkeit R_m in N/mm^2	Zusammensetzung
Sint-AF 40	10 ··· 150	Sinterstahl (CrNi)	Sint-C 31	>180	Sinterstahl mit
Sint-AF 50	10 ··· 80	Sinter-CuSn (Bronze)	Sint-D 31	>280	C, Cu und Pb
Sint-AF 90		Sinter-Polyethylen	Sint-A 34	>120	Sinterstahl mit
Sint-A 00	>60	Sintereisen	Sint-B 34	>170	Cu und Sn
Sint-B 00	>80	Sintereisen	Sint-C 34	>220	
Sint-C 02	>120	Sintereisen,	Sint-C 35	>230	Sinterstahl,
Sint-D 02	>190	weichmagnetisch	Sint-D 35	>300	phosphorhaltig
Sint-A 10	>120	Sinterstahl,	Sint-S 41	>85	Sinterstahl mit C, Cu, Ni
Sint-B 10	>150	kupferhaltig	Sint-A 50	>70	Sinter-CuSn (Bronze)
Sint-D 10	>300		Sint-B 50	>90	
Sint-E 10	>350		Sint-C 50	>140	
Sint-A 11	>200	Sinterstahl,	Sint-D 50	>220	
Sint-B 11	>250	kohlenstoff- und	Sint-S 51	>40	Sinter-CuSn, graphith.
Sint-C 11	>400	kupferhaltig	Sint-C 52	>90	Sinter-CuZn
Sint-D 11	>500		Sint-D 52	>100	(Messing)
Sint-S 11	>45	mit MoS_2	Sint-S 53	>45	Sinter-CuSn, C+Pb-haltig
Sint-A 20	>150		Sint-C 54	>100	Sinter-CuNiZn
Sint-B 20	>170	über 5% kupferhaltig	Sint-C 54	>130	(Neusilber)
Sint-B 21	>250	Sinterstahl, kohlenstoff-	Sint-S 61	>80	Sinter-CuNiFe, graphith.
Sint-C 21	>350	haltig, über 5% Cu	Sint-D 71	>90	Sinteraluminium
Sint-G 22	>75	Sinterstahl, Cu infiltriert	Sint-E 71	>100	(AlMgCu)
Sint-C 30	>260	Sinterstahl,	Sint-D 73	>120	Sinteraluminium
Sint-D 30	>550	Cu- und Ni-haltig	Sint-E 73	>140	(AlCuMg)

4.5 Form- und Maßnormen

4.5.1 Stahl

Blanker Flachstahl nach DIN 174 (6.69)

Breite in mm	Längenbezogene Masse *m'* in kg/m Dicke in mm: 2	2,5	3	4	5	6	8	10	12	16	20	25	32
5	0,079	0,098	0,118	–	–	–	–	–	–	–	–	–	–
6	0,094	0,118	0,141	0,188	–	–	–	–	–	–	–	–	–
8	0,126	0,157	0,188	0,251	0,314	0,377	–	–	–	–	–	–	–
10	0,157	0,196	0,236	0,314	0,393	0,471	–	–	–	–	–	–	–
12	0,188	0,236	0,283	0,377	0,471	0,565	0,754	–	–	–	–	–	–
14	0,220	0,275	0,330	0,440	0,550	0,659	0,879	(1,10)	–	–	–	–	–
16	0,251	0,314	0,377	0,502	0,628	0,754	1,00	1,26	–	–	–	–	–
18	0,283	0,354	0,424	0,565	0,707	0,848	1,13	1,41	1,70	–	–	–	–
20	0,314	0,393	0,471	0,628	0,785	0,942	1,26	1,57	1,88	2,51	–	–	–
22	0,345	–	0,518	0,691	0,864	1,04	1,38	1,73	2,07	–	–	–	–
25	0,393	0,491	0,589	0,785	0,981	1,18	1,57	1,96	2,36	3,14	3,93	–	–
28	0,440	–	0,659	0,879	1,10	1,32	1,76	2,20	2,64	3,52	4,40	–	–
32	0,502	0,628	0,754	1,00	1,26	1,51	2,01	2,51	(3,01)	4,02	5,02	6,28	–
36	0,565	0,707	0,848	1,13	1,41	1,70	(2,26)	2,83	3,39	(4,52)	5,56	–	–
40	0,628	–	0,942	1,26	1,57	1,88	2,51	3,14	3,77	5,02	6,28	7,85	10,0
45	0,707	–	1,06	1,41	1,77	2,12	2,83	3,53	(4,24)	5,56	7,07	8,83	11,3
50	0,785	–	1,18	1,57	1,96	2,36	3,14	3,93	4,71	6,28	7,85	9,81	12,6
63	–	–	1,48	1,98	2,47	2,97	3,96	4,95	5,93	(7,91)	9,89	(12,4)	15,8
70	–	–	–	2,20	2,75	3,30	(4,40)	5,50	6,59	8,79	11,0	13,7	–
80	–	–	–	–	3,14	3,77	(5,02)	6,28	7,54	10,0	12,6	15,7	–
90	–	–	–	–	3,53	4,24	(5,65)	7,07	8,48	11,3	14,1	17,7	–
100	–	–	–	–	3,93	4,71	(6,28)	7,85	9,42	12,6	15,7	19,6	–

Blanker Rundstahl nach DIN 668 (10.81), **Blanker Vierkantstahl nach DIN 178** (6.69) **Blanker Sechskantstahl nach DIN 176** (2.72)

Längenbezogene Masse *m'* in kg/m

d, *a*, *s*	○ *d*	□ *a*	⬡ *s*	*d*, *a*, *s*	○ *d*	□ *a*	⬡ *s*	*d*, *a*, *s*	⬡ *s*	□ *a*	○ *d*
2	0,025	0,031	0,027	10	0,617	0,785	0,680	36	7,99	10,2	8,81
2,5	0,039	–	0,043	11	0,746	0,950	0,823	38	8,90	–	9,82
3	0,056	0,071	0,061	12	0,888	1,13	0,979	40	9,68	12,6	–
3,5	0,076	0,096	0,083	14	1,21	1,54	1,33	45	12,5	15,9	–
4	0,099	0,126	0,109	16	1,58	2,01	1,74	50	14,4	19,6	17,0
4,5	0,125	0,159	0,138	17	(1,78)	(2,27)	1,96	55	18,7	(23,7)	20,6
5	0,154	0,196	0,170	18	2,00	2,54	–	60	22,2	(28,3)	24,5
5,5	(0,187)	0,237	0,206	20	2,47	3,14	–	65	(26,0)	(33,2)	28,7
6	0,222	0,283	0,245	22	2,98	3,80	3,29	70	(30,2)	(38,5)	33,3
7	0,302	0,385	0,333	25	3,85	4,91	–	80	39,5	50,2	43,5
8	0,395	0,502	0,435	30	5,55	(7,07)	6,12	90	49,9	–	55,1
9	0,499	0,636	0,551	32	6,31	8,04	6,96	100	61,7	78,5	68,0

4.5 Form- und Maßnormen

Nahtlose Präzisionsstahlrohre nach DIN 2391 T1 (7.81)

Durchmesser *d* in mm und längenbezogene Masse *m'* in kg/m

	Wandstärke in mm												
d	0,5	1	1,5	2	2,5	3	4	5	6	7	8	9	10
5	0,056	0,099	–	–	–	–	–	–	–	–	–	–	–
6	0,068	0,123	0,167	0,198	–	–	–	–	–	–	–	–	–
8	0,093	0,173	0,241	0,296	0,339	–	–	–	–	–	–	–	–
10	0,117	0,222	0,315	0,395	0,463	0,519	–	–	–	–	–	–	–
12	0,142	0,272	0,389	0,494	0,596	0,667	0,79	–	–	–	–	–	–
15	0,179	0,346	0,537	0,642	0,772	0,889	1,09	–	–	–	–	–	–
20	0,241	0,469	0,685	0,889	1,08	1,26	1,58	1,85	2,07	–	–	–	–
25	0,302	0,593	0,870	1,14	1,39	1,63	2,07	2,47	2,81	3,11	3,36	–	–
30	0,364	0,716	1,06	1,38	1,69	2,00	2,57	3,09	3,56	3,98	4,35	–	–
35	0,426	0,839	1,24	1,63	2,00	2,37	3,06	3,70	4,57	4,84	5,33	5,78	6,17
40	0,488	0,963	1,43	1,88	2,31	2,74	3,56	4,32	5,04	5,70	6,32	6,89	7,41
50	–	1.21	1,79	2,37	2,93	3,48	4,54	5,56	6,52	7,43	8,29	9,11	9,88
60	–	1,46	2,17	2,86	3,55	4,22	5,53	6,79	8,00	9,16	10,3	11,3	12,3
70	–	1,70	2,54	3,36	4,17	4,96	6,52	8,03	9,48	10,9	12,2	13,6	14,8
80	–	1,95	2,91	3,85	4,78	5,70	7,51	9,26	10,9	12,6	14,2	15,8	17,3
90	–	–	–	4,35	5,40	6,44	8,49	10,5	12,4	14,3	16,2	18,0	19,8
100	–	–	–	4,84	6,02	7,19	9,48	11,7	13,9	16,1	18,2	20,2	22,2
120	–	–	–	5,83	7,25	8,67	11,5	14,2	16,9	19,5	22,1	24,7	27,2

Kaltgezogener Stahldraht nach DIN 177 (3.71)

Durchmesser *d* in mm und längenbezogene Masse *m'* in kg/m

d	*m'*	*d*	*m'*	*d*	*m'*	*d*	*m'*	*d*	*m'*	*d*	*m'*
0,1	0,062	0,25	0,385	0,63	2,45	1,6	15,8	4,0	98,9	10	616
0,11	0,075	0,28	0,484	0,71	3,11	1,8	19,9	4,5	125	11,2	773
0,12	0,089	0,32	0,631	0,8	3,95	2,0	24,6	5	154	12,5	966
0,14	0,121	0,36	0,798	0,9	4,99	2,24	30,9	5,6	193	14	1210
0,16	0,158	0,4	0,989	1,0	6,16	2,5	38,5	6,3	245	16	1580
0,18	0,199	0,45	1,25	1,12	7,69	2,8	48,4	7,1	311	18	1990
0,2	0,246	0,5	1,54	1,25	9,66	3,15	61,2	8	395	20	2460
0,22	0,298	0,56	1,93	1,4	12,1	3,55	77,7	9	499	–	–

Kaltgewalztes Breitband und Blech nach DIN 1541 (8.75)

Blechdicke *s* in mm und flächenbezogene Masse *m''* in kg/m^2

s	0,35	0,40	0,50	0,60	0,70	0,80	0,90	1,00	1,20	1,50	2,00	2,50
m''	2,75	3,14	3,93	4,71	5,49	6,28	7,07	7,85	9,42	11,78	15,70	19,63

Mittel- und Grobbleche nach DIN 1543 (11.81)

s	3,00	3,50	4,0	4,5	4,75	5,00	8,00	10,00	15,00
m''	23,55	27,48	31,40	35,33	37,29	39,25	62,80	78,50	117,75

4

4.5 Form- und Maßnormen

Gleichschenkliger Winkelstahl, warmgewalzt, rundkantig **nach DIN 1028** (10.76)

Abmessungen

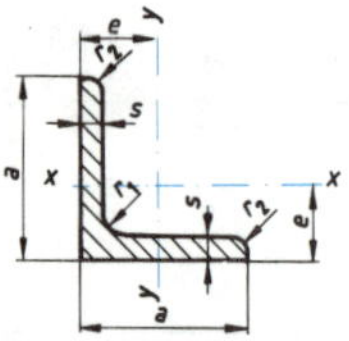

Anreißmaße nach DIN 997 (10.70)

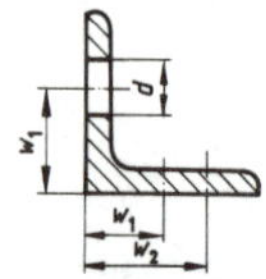

Kurzbezeichnung:
L 50 × 5 DIN 1028-USt 37-2

Benennungen:

a Schenkelbreite
s Schenkeldicke
e Achsabstand
S Querschnitt
m' längenbezogene Masse
w Wurzel-(Anreiß-)maße
d maximaler Bohrungsdurchmesser
I Trägheitsmoment
W Widerstandsmoment
i Trägheitshalbmesser

Kurzzeichen L	*a* mm	*s* mm	r_1 mm	r_2 mm	w_1 mm	w_2 mm	*d* mm	*S* cm^2	*m'* kg/m	*e* cm	*I* cm^4	*W* cm^3	*i* cm
20 × 3	20	3	3,5	2	12	–	4,3	1,12	0,88	0,60	0,39	0,28	0,59
25 × 3	25	3	3,5	2	15	–	6,4	1,42	1,12	0,73	0,79	0,45	0,75
25 × 4	25	4	3,5	2	15	–	6,4	1,85	1,45	0,76	1,01	0,58	0,74
25 × 5	25	5	3,5	2	15	–	6,4	2,26	1,77	0,80	1,18	0,69	0,72
30 × 3	30	3	5	2,5	17	–	8,4	1,74	1,36	0,84	1,41	0,65	0,90
30 × 4	30	4	5	2,5	17	–	8,4	2,27	1,78	0,89	1,81	0,86	0,89
30 × 5	30	5	5	2,5	17	–	8,4	2,78	2,18	0,92	2,16	1,04	0,88
35 × 4	35	4	5	2,5	18	–	11	2,67	2,10	1,00	2,96	1,18	1,05
35 × 5	35	5	5	2,5	18	–	11	3,28	2,57	1,04	3,56	1,45	1,04
35 × 6	35	6	5	2,5	18	–	11	3,87	3,04	1,08	4,14	1,71	1,04
40 × 4	40	4	6	3	22	–	11	3,08	2,42	1,12	4,48	1,56	1,21
40 × 5	40	5	6	3	22	–	11	3,79	2,97	1,16	5,43	1,91	1,20
40 × 6	40	6	6	3	22	–	11	4,48	3,52	1,20	6,33	2,26	1,19
45 × 5	45	5	7	3,5	25	–	13	4,30	3,38	1,28	7,83	2,43	1,35
50 × 5	50	5	7	3,5	30	–	13	4,80	3,77	1,40	11,0	3,05	1,51
50 × 6	50	6	7	3,5	30	–	13	5,69	4,47	1,45	12,8	3,61	1,50
50 × 7	50	7	7	3,5	30	–	13	6,56	5,15	1,49	14,6	4,15	1,49
60 × 6	60	6	8	4	35	–	17	6,91	5,42	1,69	22,8	5,29	1,82
60 × 8	60	8	8	4	35	–	17	9,03	7,09	1,77	29,1	6,88	1,80
60 × 10	60	10	8	4	35	–	17	11,1	8,69	1,85	34,9	8,41	1,78
70 × 7	70	7	9	4,5	40	–	21	9,4	7,38	1,97	42,4	8,43	2,12
70 × 9	70	9	9	4,5	40	–	21	11,9	9,34	2,05	52,6	10,6	2,10
70 × 11	70	11	9	4,5	40	–	21	14,3	11,2	2,13	61,8	12,7	2,08
80 × 8	80	8	10	5	45	–	23	12,3	9,66	2,26	72,3	12,6	2,42
80 × 10	80	10	10	5	45	–	23	15,1	11,9	2,34	87,5	15,5	2,41
80 × 12	80	12	10	5	45	–	23	17,9	14,1	2,41	102	18,2	2,39
90 × 9	90	9	11	5,5	50	–	25	15,5	12,2	2,54	116	18,0	2,74
90 × 11	90	11	11	5,5	50	–	25	18,7	14,7	2,62	138	21,6	2,72
90 × 13	90	13	11	5,5	50	–	25	21,8	17,1	2,70	158	25,1	2,69
100 × 10	100	10	12	6	55	–	25	19,2	15,1	2,82	177	24,7	3,04
100 × 12	100	12	12	6	55	–	25	22,7	17,8	2,90	207	29,2	3,02
100 × 14	100	14	12	6	55	–	25	26,2	20,6	2,98	235	33,5	3,00
120 × 11	120	11	13	6,5	50	80	25	25,4	19,9	3,36	341	39,5	3,66
120 × 13	120	13	13	6,5	50	80	25	29,7	23,3	3,44	394	46,0	3,64
120 × 15	120	15	13	6,5	50	80	25	33,9	26,6	3,51	446	52,5	3,63
150 × 14	150	14	16	8	60	105	28	40,3	31,6	4,21	845	78,2	4,58

4.5 Form- und Maßnormen

Ungleichschenkliger Winkelstahl, warmgewalzt, rundkantig **nach DIN 1029** (7.78)

Abmessungen

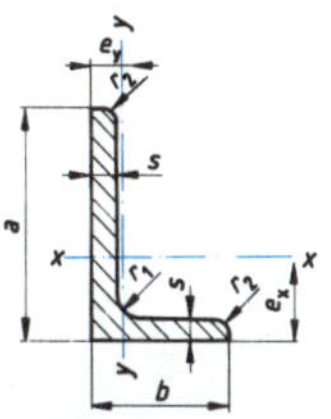

Anreißmaße nach DIN 997 (10.70)

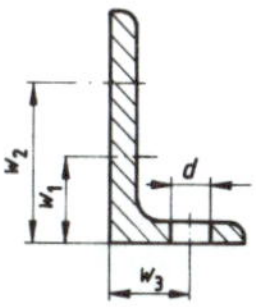

Kurzbezeichnung:
L 50 × 40 × 5 DIN 1029-USt 37-2

Benennungen:

a, b	Schenkelbreite	*w*	Wurzel-(Anreiß-)maße
s	Schenkeldicke	*d*	max. Durchmesser
S	Querschnitt	*e*	Achsabstand
m'	längenbezogene Masse	*I*	Trägheitsmoment
		W	Widerstandsmoment
		i	Trägheitshalbmesser

Kurzz. L $a \times b \times s$ mm mm mm	w_1 mm	w_2 mm	w_3 mm	d_1 mm	d_2 mm	S cm²	m' kg/m	e_x cm	e_y cm	I_x cm⁴	W_x cm³	i_x cm	W_y cm⁴	I_y cm³	i_y cm
30 × 20 × 3	17	–	12	8,4	4,3	1,42	1,11	0,99	0,50	1,25	0,62	0,94	0,44	0,29	0,56
30 × 20 × 4	17	–	12	8,4	4,3	1,85	1,45	1,03	0,54	1,59	0,81	0,93	0,55	0,38	0,55
40 × 20 × 4	22	–	12	11	4,3	2,25	1,77	1,47	0,48	3,59	1,42	1,26	0,60	0,39	0,52
45 × 30 × 4	25	–	17	13	8,4	2,87	2,25	1,48	0,75	5,78	1,91	1,42	2,05	0,91	0,85
45 × 30 × 5	25	–	17	13	8,4	3,53	2,77	1,52	0,78	6,99	2,35	1,41	2,47	1,11	0,84
50 × 30 × 4	30	–	17	13	8,4	3,07	2,41	1,68	0,70	7,71	2,33	1,59	2,09	0,91	0,82
50 × 30 × 5	30	–	17	13	8,4	3,78	2,96	1,73	0,74	9,41	2,88	1,58	2,54	1,12	0,82
50 × 40 × 5	30	–	22	13	11	4,27	3,35	1,56	1,07	10,4	3,02	1,56	5,89	2,01	1,18
60 × 30 × 5	35	–	17	17	8,4	4,29	3,37	2,15	0,68	15,6	4,04	1,90	2,60	1,12	0,78
60 × 40 × 5	35	–	22	17	11	4,79	3,76	1,96	0,97	17,2	4,25	1,89	6,11	2,02	1,13
60 × 40 × 6	35	–	22	17	11	5,68	4,46	2,00	1,01	20,1	5,03	1,88	7,12	2,38	1,12
75 × 55 × 5	40	–	30	23	17	6,30	4,95	2,31	1,33	35,5	6,48	2,37	16,2	3,89	1,60
75 × 55 × 7	40	–	30	23	17	8,66	6,80	2,40	1,41	47,9	9,39	2,35	21,8	5,32	1,59
80 × 40 × 6	45	–	22	23	11	6,89	5,41	2,85	0,88	44,9	8,73	2,55	7,69	2,44	1,05
80 × 40 × 8	45	–	22	23	11	9,01	7,07	2,94	0,95	57,6	11,4	2,53	9,68	3,18	1,04
80 × 65 × 8	45	–	35	23	21	11,0	8,66	2,47	1,73	68,1	12,3	2,49	40,1	8,41	1,91
90 × 60 × 6	50	–	30	25	17	8,69	6,82	2,89	1,41	71,7	11,7	2,87	25,8	5,61	1,72
90 × 60 × 8	50	–	30	25	17	11,4	8,96	2,97	1,49	92,5	15,4	2,85	33,0	7,31	1,70
100 × 50 × 6	55	–	30	25	13	8,73	6,85	3,49	1,04	89,7	13,8	3,20	15,3	3,86	1,32
100 × 50 × 8	55	–	30	25	13	11,5	8,99	3,59	1,13	116	18,0	3,18	19,5	5,04	1,31
100 × 65 × 7	55	–	35	25	21	11,2	8,77	3,23	1,51	113	16,6	3,17	37,6	7,54	1,84
100 × 65 × 9	55	–	35	25	21	14,2	11,1	3,32	1,59	141	21,0	3,15	46,7	9,52	1,82
100 × 75 × 9	55	–	40	25	23	15,1	11,8	3,15	1,91	148	21,5	3,13	71,0	12,7	2,17
120 × 80 × 8	50	80	45	25	23	15,5	12,2	3,83	1,87	226	27,6	3,82	80,8	13,2	2,29
120 × 80 × 10	50	80	45	25	23	19,1	15,0	3,92	1,95	276	34,1	3,80	98,1	16,2	2,27
120 × 80 × 12	50	80	45	25	23	22,7	17,8	4,00	2,03	323	40,4	3,77	114	19,1	2,25
130 × 65 × 8	50	90	35	25	21	15,1	11,9	4,56	1,37	263	31,1	4,17	44,8	8,72	1,72
130 × 65 × 10	50	90	35	25	21	18,6	14,6	4,65	1,45	321	38,4	4,15	54,2	10,7	1,71
150 × 75 × 9	60	105	40	28	23	19,5	15,3	5,28	1,57	445	46,8	4,83	78,3	13,2	2,00
150 × 75 × 11	60	105	40	28	23	23,6	18,6	5,37	1,65	545	56,6	4,80	93,0	15,9	1,98
150 × 100 × 10	60	105	55	28	25	24,2	19,0	4,80	2,34	552	54,1	4,78	198	25,8	2,86
150 × 100 × 12	60	105	55	28	25	28,7	22,6	4,89	2,42	650	64,2	4,76	232	30,6	2,84
180 × 90 × 10	60	135	50	28	25	26,2	20,6	6,28	1,85	880	75,1	5,80	152	21,2	2,40
200 × 100 × 12	65	150	55	28	25	34,8	27,3	7,03	2,10	1440	111	6,43	247	31,3	2,67
200 × 100 × 14	65	150	55	28	25	40,3	31,6	7,12	2,18	1650	128	6,41	282	36,1	2,65

4.5 Form- und Maßnormen

U-Stahl, warmgewalzt, rundkantig nach DIN 1026 (10.63)

Abmessungen

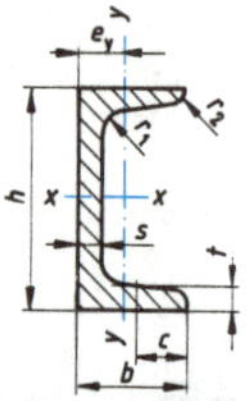

Anreißmaße nach DIN 997 (10.70)

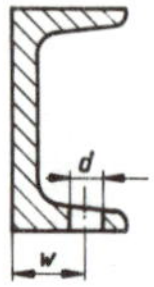

Kurzbezeichnung:
U 100 DIN 1026-St 37-2

Benennungen:

- *h* Steghöhe
- *b* Flanschbreite
- *s, t* Dicke
- *S* Querschnitt
- *m′* längenbezogene Masse
- *w* Wurzel-(Anreiß-)maße
- *d* max. Durchmesser
- *e* Achsabstand
- *I* Trägheitsmoment
- *W* Widerstandsmoment
- *i* Trägheitsradius

$r_1 = t, \quad r_2 = t/2$

$c = b/2$ für $h \leq 300$, $\quad c = (b-s)/2$ für $h > 300$

Kurzz. U	h mm	b mm	s mm	t mm	w mm	d mm	S cm²	m' kg/m	e_y cm	I_x cm⁴	W_x cm³	i_x cm	I_y cm⁴	W_y cm³	i_y cm
30 × 15	30	15	4	4,5	10	4,3	2,21	1,74	0,52	2,53	1,69	1,07	0,38	0,39	0,42
30	30	33	5	7	20	8,4	5,44	4,27	1,31	6,39	4,26	1,08	5,33	2,68	0,99
40 × 20	40	20	5	5,5	11	6,4	3,66	2,87	0,67	7,58	3,79	1,44	1,14	0,86	0,56
40	40	35	5	7	20	11	6,21	4,87	1,33	14,1	7,05	1,50	6,68	3,08	1,04
50 × 25	50	25	5	6	16	8,4	4,92	3,86	0,81	16,8	6,73	1,85	2,49	1,48	0,71
50	50	38	5	7	20	11	7,12	5,59	1,37	26,4	10,6	1,92	9,12	3,75	1,13
60	60	30	6	6	18	8,4	6,46	5,07	0,91	31,6	10,5	2,21	4,51	2,16	0,84
65	65	42	5,5	7,5	25	11	9,03	7,09	1,42	57,5	17,7	2,52	14,1	5,07	1,25
80	80	45	6	8	25	13	11,0	8,64	1,5	106	26,5	3,10	19,4	6,36	1,33
100	100	50	6	8,5	30	13	13,5	10,6	1,55	206	41,2	3,91	29,3	8,49	1,47
120	120	55	7	9	30	17	17,0	13,4	1,60	364	60,7	4,62	43,2	11,1	1,59
140	140	60	7	10	35	17	20,4	16,0	1,75	605	86,4	5,45	62,7	14,8	1,75
160	160	65	7,5	10,5	35	21	24,0	18,8	1,84	925	116	6,21	85,3	18,3	1,89
180	180	70	8	11	40	21	28,0	22,0	1,92	1350	150	6,95	114	22,4	2,02
200	200	75	8,5	11,5	40	23	32,2	25,3	2,01	1910	191	7,70	148	27,0	2,14
220	220	80	9	12,5	45	23	37,4	29,4	2,14	2690	245	8,48	197	33,6	2,30
240	240	85	9,5	13	45	25	42,3	32,2	2,23	3600	300	9,22	248	39,6	2,42
260	260	90	10	14	50	25	48,3	37,9	2,36	4820	371	9,99	317	47,7	2,56
280	280	95	10	15	50	25	53,3	41,8	2,53	6280	448	10,9	399	57,2	2,74
300	300	100	10	16	55	28	58,8	46,2	2,70	8030	535	11,7	495	67,8	2,90
350	350	100	14	16	55	28	77,3	60,6	2,40	12840	734	12,9	570	75,0	2,72
400	400	110	14	18	60	28	91,5	71,8	2,65	20350	1020	14,9	846	102	3,04

Z-Stahl, warmgewalzt, rundkantig nach DIN 1027 (10.63)

Abmessungen

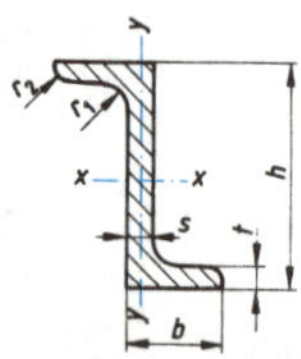

Anreißmaße nach DIN 997 (10.70)

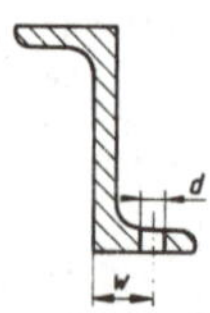

Kurzbezeichnung:
Z 100 DIN 1027-USt 37-2

Benennungen:

- *h* Steghöhe
- *b* Flanschbreite
- *s, t* Dicke
- *S* Querschnitt
- *m′* längenbezogene Masse
- *w* Wurzel-(Anreiß-)maße
- *d* max. Durchmesser
- *I* Trägheitsmoment
- *W* Widerstandsmoment
- *i* Trägheitsradius

(Fortsetzung rechte Seite)

4.5 Form- und Maßnormen

(Fortsetzung von linker Seite)

Kurzz.	h mm	b mm	s mm	$r_1=t$ mm	r_2 mm	w mm	d mm	S cm^2	m' kg/m	I_x cm^4	W_x cm^3	i_x cm	I_y cm^4	W_y cm^3	i_y cm
30	30	38	4	4,5	2,5	20	11	4,32	3,39	5,96	3,97	1,17	13,7	3,80	1,78
40	40	40	4,5	5	2,5	22	11	5,43	4,26	13,5	6,75	1,58	17,6	4,66	1,80
50	50	43	5	5,5	3	25	11	6,77	5,31	26,3	10,5	1,97	23,8	5,88	1,88
60	60	45	5	6	3	25	13	7,91	6,21	44,7	14,9	2,38	30,1	7,09	1,95
80	80	50	6	7	3,5	30	13	11,1	8,71	109	27,3	3,13	47,4	10,1	2,07
100	100	55	6,5	8	4	30	17	14,5	11,4	222	44,4	3,91	72,5	14,0	2,24
120	120	60	7	9	4,5	35	17	18,2	14,3	402	67,0	4,70	106	18,8	2,42
140	140	65	8	10	5	35	17	22,9	18,0	676	96,6	5,43	148	24,3	2,54
160	160	70	8,5	11	5,5	35	21	27,5	21,6	1060	132	6,20	204	31,0	2,72
180	180	75	9,5	12	6	40	23	33,3	26,1	1600	178	6,92	270	38,4	2,84
200	200	80	10	13	6,5	45	23	38,7	30,4	2300	230	7,71	357	47,6	3,04

T-Stahl, warmgewalzt, rundkantig nach DIN 1024 (3.82)

Abmessungen

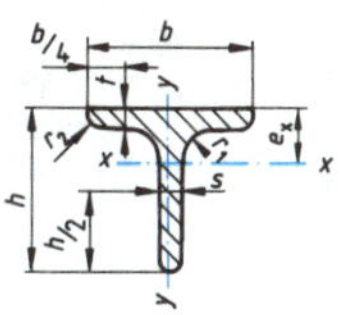

Anreißmaße nach DIN 997 (10.70)

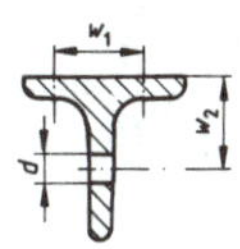

Kurzbezeichnung:
T100 DIN 1024-St 37-2

Benennungen:

- b Fußbreite
- h Steghöhe
- s, t Dicke
- S Querschnitt
- m' längenbezogene Masse
- w Wurzel-(Anreiß-)maße
- d max. Durchmesser
- e Achsabstand
- I Trägheitsmoment
- W Widerstandsmoment
- i Trägheitsradius

$r_1 = s$ $r_2 = s/2$

Steg-, Fußneigung 2%

Kurzz. T	b mm	h mm	$s=t$ mm	w_1 mm	w_2 mm	d mm	S cm^2	m' kg/m	e_x cm	I_x cm^4	W_x cm^3	i_x cm	I_y cm^4	W_y cm^3	i_y cm
20	20	20	3	–	–	3,2	1,12	0,88	0,58	0,38	0,27	0,58	0,20	0,20	0,42
20	20	20	3,5	15	14	3,2	1,64	1,29	0,73	0,87	0,49	0,73	0,43	0,34	0,51
30	30	30	4	17	17	4,3	2,26	1,77	0,85	1,72	0,80	0,87	0,87	0,58	0,62
35	35	35	4,5	19	19	4,3	2,97	2,33	0,99	3,10	1,23	1,04	1,57	0,90	0,73
40	40	40	5	21	22	6,4	3,77	2,96	1,12	5,28	1,84	1,18	2,58	1,29	0,83
45	45	45	5,5	24	25	6,4	4,67	3,67	1,26	8,13	2,51	1,32	4,01	1,78	0,93
50	50	50	6	30	30	6,4	5,66	4,44	1,39	12,1	3,36	1,46	6,06	2,42	1,03
60	60	60	7	34	35	8,4	7,94	6,23	1,66	23,8	5,48	1,73	12,2	4,07	1,24
70	70	70	8	38	40	11	10,6	8,32	1,94	44,5	8,79	2,05	22,1	6,32	1,44
80	80	80	9	45	45	11	13,6	10,7	2,22	73,7	12,8	2,33	37,0	9,25	1,65
90	90	90	10	50	50	13	17,1	13,4	2,48	119	18,2	2,64	58,5	13,0	1,85
100	100	100	11	60	60	13	20,9	16,4	2,74	179	24,6	2,92	88,3	17,7	2,05
120	120	120	13	70	70	17	29,6	23,2	3,28	366	42,0	3,51	178	29,7	2,45
140	140	140	15	80	75	21	39,9	31,3	3,80	660	64,7	4,07	330	47,2	2,88
TB	**Breitfüßiger T-Stahl,** rundkantig														
30	60	30	5,5	34	–	8,4	4,64	3,64	0,67	2,58	1,11	0,75	8,62	2,87	1,36
35	70	35	6	37	–	11	5,94	4,66	0,77	4,49	1,65	0,87	15,1	4,31	1,59
40	80	40	7	45	–	11	7,91	6,21	0,88	7,81	2,50	0,99	28,5	7,13	1,90
50	100	50	8,5	55	–	13	12,0	9,42	1,09	18,7	4,78	1,25	67,7	13,5	2,38
60	120	60	10	65	–	17	17,0	13,4	1,30	38,0	8,09	1,49	137	22,8	2,84

4.5 Form- und Maßnormen

Schmale I-Träger, warmgewalzt **nach DIN 1025 T1** (10.63)

Abmessungen

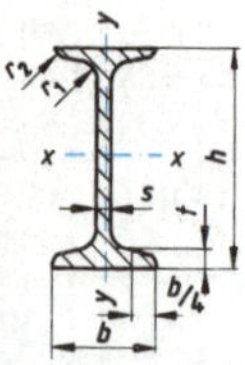

Anreißmaße nach DIN 997 (10.70)

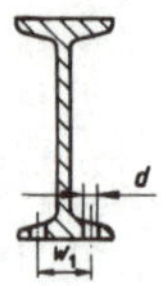

Kurzbezeichnung:
I PB 200 DIN 1025-St 37-2

Benennungen:

- *h* Steghöhe
- *b* Flanschbreite
- *s*, *t* Dicke
- *S* Querschnitt
- *m'* längenbezogene Masse
- *w* Wurzel-(Anreiß-)maße
- *d* max. Durchmesser
- *I* Trägheitsmoment
- *W* Widerstandsmoment
- *i* Trägheitsradius

Neigung der inneren Flanschflächen 14%

I	h mm	b mm	$s=r_1$ mm	t mm	r_2 mm	w mm	d mm	S cm²	m' kg/m	I_x cm⁴	W_x cm³	i_x cm	I_y cm⁴	W_y cm³	i_y cm
80	80	42	3,9	5,9	2,3	22	6,4	7,57	5,94	77,8	19,5	3,20	6,29	3,00	0,91
100	100	50	4,5	6,3	2,7	28	6,4	10,6	8,34	171	34,2	4,01	12,2	4,88	1,07
120	120	58	5,1	7,7	3,1	32	8,4	14,2	11,1	328	54,7	4,81	21,5	7,41	1,23
140	140	66	5,7	8,6	3,4	34	11	18,2	14,3	573	81,9	5,61	35,2	10,7	1,40
160	160	74	6,3	9,5	3,8	40	11	22,8	17,9	935	117	6,40	54,7	14,8	1,55
180	180	82	6,9	10,4	4,1	44	13	27,9	21,9	1450	161	7,20	81,3	19,8	1,71
200	200	90	7,5	11,3	4,5	48	13	33,4	26,2	2140	214	8,00	117	26,0	1,87
220	220	98	8,1	12,2	4,9	52	13	39,5	31,1	3060	278	8,80	162	33,1	2,02
240	240	106	8,7	13,1	5,2	56	17	46,1	36,2	4250	354	9,59	221	41,7	2,20
260	260	113	9,4	14,1	5,6	60	17	53,3	41,9	5740	442	10,4	288	51,0	2,32
280	280	119	10,1	15,2	6,1	60	17	61,0	47,9	7590	542	11,1	364	61,2	2,45
300	300	125	10,8	16,2	6,5	64	21	69,0	54,2	9800	653	11,9	451	72,2	2,56
320	320	131	11,5	17,3	6,9	70	21	77,7	61,0	12510	782	12,7	555	84,7	2,67
340	340	137	12,2	18,3	7,3	74	21	86,7	68,0	15700	923	13,5	674	98,4	2,80
360	360	143	13,0	19,5	7,8	76	23	97,0	76,1	19610	1090	14,2	818	114	2,90
380	380	149	13,7	20,5	8,2	82	23	107	84,0	24010	1260	15,0	975	131	3,02
400	400	155	14,4	21,6	8,6	86	23	118	92,4	29210	1460	15,7	1160	149	3,13
425	425	163	15,3	23,0	9,2	88	25	132	104	36970	1740	16,7	1440	176	3,30
450	450	170	16,2	24,3	9,7	94	25	147	115	45580	2040	17,7	1730	203	3,43
475	475	178	17,1	25,6	10,3	96	28	163	128	56480	2380	18,6	2090	235	3,60
500	500	185	18,0	27,0	10,8	100	28	179	141	68740	2750	19,6	2480	268	3,72
550	550	200	19,0	30,0	11,9	110	28	212	166	99180	3610	21,6	3490	349	4,02
600	600	215	21,6	32,4	13,0	120	28	254	199	139000	4630	23,4	4670	434	4,30

Breite I-Träger mit parallelen Flanschflächen, warmgewalzt **nach DIN 1025 T2** (10.63)

Abmessungen

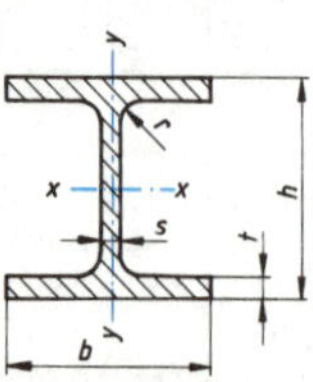

Anreißmaße nach DIN 997 (10.70)

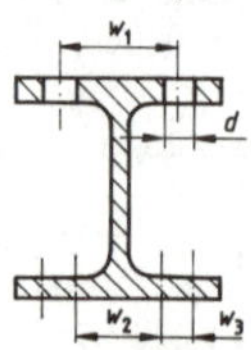

Kurzbezeichnung:
I PB 200 DIN 1025-St 37-2

Benennungen:

- *h* Steghöhe
- *b* Flanschbreite
- *s*, *t* Dicke
- *S* Querschnitt
- *m'* längenbezogene Masse
- *w* Wurzel-(Anreiß-)maße
- *d* max. Durchmesser
- *I* Trägheitsmoment
- *W* Widerstandsmoment
- *i* Trägheitsradius

(Fortsetzung rechte Seite)

4.5 Form- und Maßnormen

(Fortsetzung von linker Seite)

IPB	h mm	b mm	s mm	t mm	r mm	$w_{1,2}$ mm	w_3 mm	d mm	S cm²	m' kg/m	I_x cm⁴	W_x cm³	i_x cm	I_y cm⁴	W_y cm³	i_y cm
100	100	100	6	10	12	56	–	13	26,0	20,4	450	89,9	4,16	167	33,5	2,53
120	120	120	6,5	11	12	66	–	17	34,0	26,7	864	144	5,04	318	52,9	3,06
140	140	140	7	12	12	76	–	21	43,0	33,7	1510	216	5,93	550	78,5	3,58
160	160	160	8	13	15	86	–	23	54,3	42,6	2490	311	6,78	889	111	4,05
180	180	180	8,5	14	15	100	–	25	65,3	51,2	3830	426	7,66	1360	151	4,57
200	200	200	9	15	18	110	–	25	78,1	61,3	5700	570	8,54	2000	200	5,07
220	220	220	9,5	16	18	120	–	25	91,0	71,5	8090	736	9,43	2840	258	5,59
240	240	240	10	17	21	96	35	25	106	83,2	11260	938	10,3	3920	327	6,08
260	260	260	10	17,5	24	106	40	25	118	93,0	14920	1150	11,2	5130	395	6,58
280	280	280	10,5	18	24	110	45	25	131	103	19270	1380	12,1	6590	471	7,09
300	300	300	11	19	27	120	45	28	149	117	25170	1680	13,0	8560	571	7,58
320	320	300	11,5	20,5	27	120	45	28	161	127	30820	1930	13,8	9240	616	7,57
340	340	300	12	21,5	27	120	45	28	171	134	36660	2160	14,6	9690	646	7,53
360	360	300	12,5	22,5	27	120	45	28	181	142	43190	2400	15,5	10140	676	7,49
400	400	300	13,5	24	27	120	45	28	198	155	57680	2880	17,1	10820	721	7,40
450	450	300	14	26	27	120	45	28	218	171	79890	3550	19,1	11720	781	7,33
500	500	300	14,5	28	27	120	45	28	239	187	107200	4290	21,2	12620	842	7,27

Mittelbreiter I-Träger mit parallelen Flanschflächen (EURONORM) **nach DIN 1025 T5** (3.65)

Abmessungen

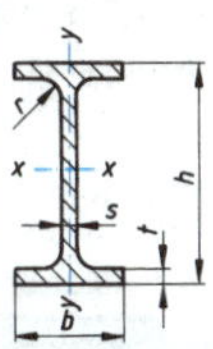

Anreißmaße nach DIN 997 (10.70)

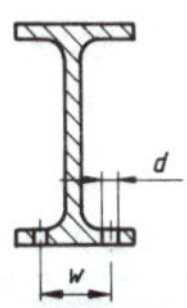

Kurzbezeichnung:
I PE 200 DIN 1025-St 37-2

Benennungen:

- h Steghöhe
- b Flanschbreite
- s, t Dicke
- S Querschnitt
- m' längenbezogene Masse
- w Wurzel-(Anreiß-)maße
- d max. Durchmesser
- I Trägheitsmoment
- W Widerstandsmoment
- i Trägheitsradius

IPE	h mm	b mm	s mm	t mm	r mm	w mm	d mm	S cm²	m' kg/m	I_x cm⁴	W_x cm³	i_x cm	I_y cm⁴	W_y cm³	i_y cm
80	80	46	3,8	5,2	5	25	6,4	7,64	6,0	80,1	20,0	3,24	8,49	3,69	1,05
100	100	55	4,1	5,7	7	30	8,4	10,3	8,1	171	34,2	4,07	15,9	5,79	1,24
120	120	64	4,4	6,3	7	35	8,4	13,2	10,4	318	53,0	4,90	27,7	8,65	1,45
140	140	73	4,7	6,9	7	40	11	16,4	12,9	541	77,3	5,74	44,9	12,3	1,65
160	160	82	5,0	7,4	9	44	13	20,1	15,8	869	109	6,58	68,3	16,7	1,84
180	180	91	5,3	8,0	9	48	13	23,9	18,8	1320	146	7,42	101	22,2	2,05
200	200	100	5,6	8,5	12	52	13	28,5	22,4	1940	194	8,26	142	28,5	2,24
220	220	110	5,9	9,2	12	58	17	33,4	26,2	2770	252	9,11	205	37,3	2,48
240	240	120	6,2	9,8	15	65	17	39,1	30,7	3890	324	9,97	284	47,3	2,69
270	270	135	6,6	10,2	15	72	21	45,9	36,1	5790	429	11,2	420	62,2	3,02
300	300	150	7,1	10,7	15	80	23	53,8	42,2	8360	557	12,5	604	80,5	3,35
330	330	160	7,5	11,5	18	85	25	62,6	49,1	11770	713	13,7	788	98,5	3,55
360	360	170	8,0	12,7	18	90	25	72,7	57,1	16270	904	15,0	1040	123	3,79
400	400	180	8,6	13,5	21	95	28	84,5	66,3	23130	1160	16,5	1320	146	3,95
450	450	190	9,4	14,6	21	100	28	98,8	77,6	33740	1500	18,5	1680	176	4,12
500	500	200	10,2	16,0	21	110	28	116	90,7	48200	1930	20,4	2140	214	4,31

4.5 Form- und Maßnormen

4.5.2 Aluminium und Magnesium

Rund-, Vierkant- und Sechskantstangen aus Aluminium und Aluminiumknetlegierungen, gezogen **nach DIN 1798** (9.86), **DIN 1796** (9.86) und **DIN 1797** (9.86)

Längenbezogene Masse m' in kg/m (bei Dichte $\varrho = 2{,}70$ kg/dm³)

d, *a*, *s*	Rund *d*	Vierkant *a*	Sechskant *s*	*d*, *a*, *s*	Rund *d*	Vierkant *a*	Sechskant *s*	*d*, *a*, *s*	Rund *d*	Vierkant *a*	Sechskant *s*
3	0,019	0,024	0,021	15	–	–	0,526	32	–	2,76	2,39
4	0,034	0,043	0,037	16	0,543	0,691	–	36	–	–	3,03
5	0,053	0,068	0,059	17	–	–	0,676	38	–	3,90	–
6	0,076	0,097	0,084	18	0,687	0,875	–	40	3,39	4,32	–
7	0,104	0,132	0,115	19	–	–	0,844	45	4,29	5,47	–
8	0,136	0,173	0,150	20	1,848	1,08	–	50	5,30	6,75	5,85
9	0,172	0,219	0,189	22	1,03	1,31	1,13	55	6,41	8,17	7,07
10	0,212	0,270	0,234	24	–	–	1,35	60	7,63	9,72	8,42
11	–	0,327	0,283	25	1,33	1,69	–	70	10,4	13,2	11,5
12	0,305	0,389	0,337	27	–	–	1,70	80	13,6	17,3	15,0
13	–	–	0,395	28	1,66	2,12	–	90	17,7	–	–
14	0,416	0,529	0,458	30	1,91	2,43	2,10	100	21,2	–	–

Bänder und Bleche aus Aluminium und Aluminium-Knetlegierungen, kaltgewalzt **nach DIN 1783** (4.81)

Blechdicke *s* in mm	0,4	0,5	0,6	0,8	1,0	1,2	1,5	2,0	2,5	3,0	4,0
flächenbez. Masse m'' in kg/m²	1,08	1,35	1,62	2,16	2,70	3,24	4,05	5,40	6,75	8,10	10,8
Blechdicke *s* in mm	5	6	8	10	12	15	20	25	30	40	50
flächenbez. Masse m'' in kg/m²	13,5	16,2	21,6	27	32,4	40,5	54	67,5	81	108	135

Rundrohre aus Aluminium und Aluminium-Knetlegierungen, gezogen **nach DIN 1795** (2.87)

Außendurchmesser *d* in mm	Längenbezogene Masse m' in kg/m (bei Dichte $\varrho = 2{,}70$ kg/m³) Wanddicke *s* in mm												
	0,5	0,75	1,0	1,5	2,0	2,5	3,0	3,5	4	5	6	8	10
3	0,011	0,014	0,017	–	–	–	–	–	–	–	–	–	–
4	0,015	0,021	0,025	–	–	–	–	–	–	–	–	–	–
5	0,019	0,027	0,034	–	–	–	–	–	–	–	–	–	–
6	0,023	0,034	0,042	–	–	–	–	–	–	–	–	–	–
8	0,032	0,046	0,060	0,083	0,102	–	–	–	–	–	–	–	–
10	0,040	0,059	0,076	0,107	0,136	0,159	0,178	–	–	–	–	–	–
12	0,049	0,072	0,093	0,133	0,170	0,202	0,229	0,252	0,270	–	–	–	–
14	0,057	0,084	0,110	0,158	0,204	0,244	0,280	0,312	0,359	–	–	–	–
15	0,062	0,091	0,119	0,171	0,221	0,265	0,306	0,342	0,373	–	–	–	–
16	–	0,097	0,127	0,184	0,238	0,286	0,331	0,371	0,407	–	–	–	–
20	–	0,123	0,161	0,235	0,306	–	0,433	–	0,543	0,636	0,710	–	–
25	–	–	0,204	0,298	0,390	0,477	0,560	–	0,713	0,848	0,966	–	–
30	–	–	0,246	0,362	0,475	0,583	0,687	–	0,882	1,06	1,22	1,49	–
35	–	–	0,288	0,427	0,560	0,689	0,814	–	1,05	1,27	1,48	1,83	–
40	–	–	0,331	0,489	0,645	–	0,942	–	1,22	1,48	1,73	2,18	2,54

4.5 Form- und Maßnormen

Rechteckstangen aus Aluminium und Aluminium-Knetlegierungen, gepreßt **nach DIN 1770** (1.87)

Breite b in mm	Längenbezogene Masse m' in kg/m (bei Dichte $\varrho = 2{,}70$ kg/dm³) Dicke a in mm												
	2	3	4	5	6	8	10	12	15	20	25	30	40
10	0,05	0,08	0,11	0,14	–	0,22	–	–	–	–	–	–	–
15	0,08	0,12	0,16	0,20	0,24	0,32	0,40	–	–	–	–	–	–
20	0,11	0,16	0,22	0,27	0,32	0,43	0,54	–	0,81	–	–	–	–
30	0,16	0,24	0,32	0,41	0,49	0,65	0,81	0,97	1,11	1,62	–	–	–
40	–	0,32	0,43	0,54	0,65	0,86	1,08	1,30	1,62	2,16	–	–	–
50	–	0,41	0,54	0,68	0,81	1,08	1,35	1,62	2,03	2,70	3,37	–	–
60	–	0,49	0,65	0,81	0,97	1,30	1,62	1,94	2,43	3,24	4,10	4,90	–
80	–	0,65	0,86	1,08	1,30	1,73	2,16	2,57	3,24	4,32	5,40	6,40	8,65
100	–	–	–	1,35	1,62	2,16	2,70	3,24	4,10	5,40	6,75	8,10	10,8
120	–	–	–	1,62	1,94	2,57	3,24	3,88	4,90	6,40	8,10	9,78	13,0
160	–	–	–	–	2,57	3,45	4,32	5,18	6,40	8,64	10,8	13,0	17,3
200	–	–	–	–	–	–	5,40	6,40	8,10	10,8	13,5	16,2	21,6

Winkelprofile aus Aluminium und Aluminium-Knetlegierungen nach DIN 1771 (9.81)

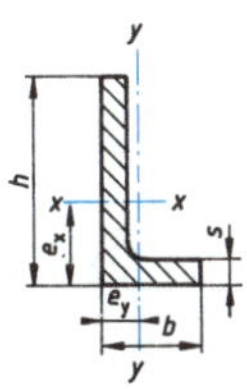

Profilmaße $h \times b \times s$	S cm²	m' kg/m	e_x cm	e_y cm	I_x cm⁴	W_x cm³	i_x cm	I_y cm⁴	W_y cm³	i_y cm
10 × 10 × 1,5	0,283	0,076	0,305	0,305	0,025	0,082	0,301	0,025	0,082	0,301
10 × 10 × 2	0,366	0,099	0,322	0,322	0,031	0,098	0,296	0,031	0,098	0,296
20 × 10 × 1,5	0,433	0,166	0,724	0,224	0,177	0,244	0,643	0,031	0,137	0,268
20 × 10 × 2	0,566	0,153	0,743	0,243	0,226	0,305	0,636	0,038	0,158	0,262
20 × 20 × 2	0,766	0,207	0,574	0,574	0,288	0,502	0,616	0,288	0,502	0,616
20 × 20 × 2,5	0,953	0,257	0,592	0,592	0,348	0,587	0,608	0,348	0,587	0,608
30 × 15 × 2	0,866	0,234	1,08	0,327	0,806	0,749	0,967	0,141	0,430	0,404
30 × 15 × 2,5	1,06	0,292	1,10	0,346	0,981	0,896	0,966	0,169	0,488	0,398
30 × 20 × 2,5	1,20	0,324	0,993	0,493	1,09	1,09	0,957	0,392	0,794	0,574
30 × 20 × 3	1,42	0,383	1,01	0,512	1,27	1,26	0,950	0,455	0,889	0,568
30 × 30 × 2,5	1,45	0,392	0,842	0,842	1,24	1,47	0,929	1,24	1,47	0,929
30 × 30 × 3	1,72	0,464	0,861	0,861	1,46	1,69	0,922	1,46	1,69	0,922
40 × 20 × 3	1,72	0,464	1,45	0,448	2,83	1,95	1,28	0,490	1,09	0,535
40 × 20 × 4	2,25	0,608	1,49	0,486	3,62	2,44	1,27	0,615	1,27	0,524
40 × 40 × 4	3,05	0,824	1,15	1,15	4,61	4,01	1,22	4,61	4,01	1,22
40 × 40 × 5	3,78	1,02	1,18	1,18	5,56	4,70	1,21	5,56	4,70	1,21
50 × 25 × 3	2,17	0,586	1,78	0,532	5,69	3,20	1,61	0,994	1,86	0,677
50 × 25 × 4	2,85	0,770	1,82	0,570	7,30	4,00	1,59	1,26	2,21	0,665
50 × 50 × 4	3,85	1,04	1,40	1,40	9,26	6,63	1,55	9,26	6,63	1,55
50 × 50 × 5	4,78	1,29	1,43	1,43	11,2	7,84	1,54	11,2	7,84	1,54
60 × 30 × 3	4,28	1,16	2,19	0,691	15,7	7,16	1,91	2,70	3,90	0,795
60 × 60 × 5	5,78	1,56	1,68	1,68	19,9	11,8	1,86	19,9	11,8	1,86
80 × 40 × 5	5,78	1,56	2,86	0,856	38,4	13,4	2,58	6,74	7,85	1,08
80 × 80 × 8	12,24	3,30	2,29	2,29	73,7	32,1	2,46	73,7	32,1	2,46

h Höhe
b Breite
s Dicke
S Querschnitt
m' längenbezogene Masse ($\varrho = 2{,}70$ kg/dm³)
e Achsabstand
I Trägheitsmoment
W Widerstandsmoment
i Trägheitsradius

4

4.5 Form- und Maßnormen

T-Profile aus Aluminium und Aluknetlegierungen **nach DIN 9714** (9.81)

h Höhe
b Breite
s Dicke
S Querschnitt
m' längenbezogene Masse ($\varrho = 2{,}70$ kg/dm³)
e Achsabstand
I Trägheitsmoment
W Widerstandsmoment
i Trägheitsradius

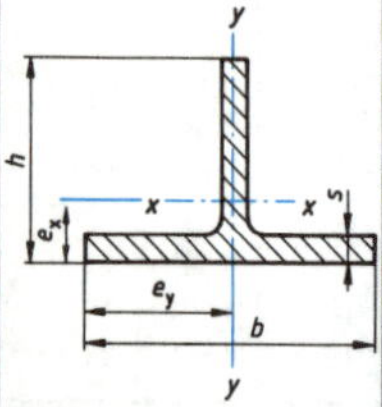

Profilmaße $h \times b \times s \times t$	S cm²	m' kg/m	e_x cm	e_x cm	I_x cm⁴	W_x cm³	i_x cm	I_y cm⁴	W_y cm³	i_y cm
20 × 20 × 2	0,775	0,208	0,574	1,00	0,290	0,505	0,612	0,134	0,134	0,416
20 × 30 × 2	0,969	0,262	0,475	1,50	0,323	0,681	0,568	0,461	0,308	0,680
20 × 30 × 3	1,44	0,389	0,512	1,50	0,451	0,881	0,560	0,678	0,452	0,686
25 × 40 × 2	1,27	0,343	0,557	2,00	0,685	1,18	0,720	1,07	0,504	0,918
25 × 40 × 3	1,89	0,510	0,594	2,00	0,931	1,57	0,712	1,60	0,800	0,920
30 × 30 × 2	1,17	0,316	0,824	1,50	1,01	1,25	0,929	0,450	0,300	0,620
30 × 30 × 3	1,74	0,470	0,861	1,5	1,44	1,67	0,910	0,680	0,452	0,626
30 × 45 × 4	2,87	0,775	0,750	2,25	2,08	2,78	0,850	3,05	1,35	1,03
30 × 60 × 3	2,64	0,713	0,613	3,00	1,76	2,90	0,818	5,41	1,80	1,43
30 × 60 × 5	4,32	1,17	0,689	3,00	2,70	3,91	0,790	9,03	3,01	1,44
35 × 35 × 4	2,67	0,721	1,02	1,75	3,00	2,94	1,06	1,47	0,841	0,742
35 × 50 × 3	4,07	1,10	0,906	2,50	4,01	4,42	0,992	5,23	2,09	1,13
40 × 40 × 4	3,07	0,829	1,15	2,00	4,58	3,98	1,22	2,15	1,08	0,837
40 × 40 × 5	3,82	1,03	1,17	2,00	5,55	4,73	1,20	2,70	1,35	0,841
40 × 60 × 5	4,82	1,30	0,987	3,00	6,21	6,28	1,13	9,02	3,01	1,37
40 × 80 × 5	5,82	1,57	0,856	4,00	6,74	7,88	1,07	21,4	5,34	1,91

Doppel-T-Profile aus Aluminium und **Magnesium,** gepreßt **nach DIN 9712** (8.69)

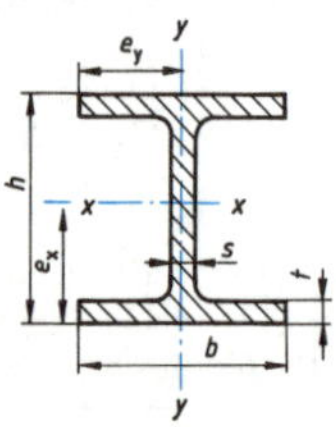

40 × 40 × 3 × 3	3,47	0,937	2,00	2,00	9,39	4,68	1,65	3,20	1,60	0,960
40 × 40 × 4 × 4	4,53	1,22	2,00	2,00	11,6	5,80	1,60	4,28	2,14	0,972
45 × 45 × 3 × 3	3,92	1,06	2,25	2,25	13,6	6,04	1,86	4,56	2,02	1,08
45 × 45 × 4 × 4	5,13	1,39	2,25	2,25	17,1	7,60	1,82	6,09	2,70	1,09
45 × 45 × 4 × 5	5,95	1,61	2,25	2,25	19,8	8,81	1,82	7,62	3,39	1,13
50 × 50 × 3 × 3	4,37	1,18	2,50	2,50	19,0	7,60	2,09	6,26	2,52	1,20
50 × 50 × 4 × 4	5,73	1,55	2,50	2,50	27,5	11,0	2,19	8,55	3,42	1,22
50 × 50 × 4 × 6	7,66	2,01	2,50	2,50	31,7	12,7	2,03	12,5	5,00	1,28
60 × 50 × 3 × 3	4,67	1,26	3,00	2,50	28,7	9,57	2,48	6,26	2,52	1,16
60 × 50 × 4 × 4	6,13	1,66	3,00	2,50	36,5	12,2	2,44	8,61	3,45	1,18
60 × 60 × 4 × 4	6,93	1,87	3,00	3,00	42,7	14,2	2,48	14,4	4,80	1,44
60 × 60 × 4 × 6	9,26	2,50	3,00	3,00	57,4	19,1	2,40	21,6	7,20	1,53
80 × 42 × 4 × 6	7,90	2,13	4,00	2,10	81,6	20,4	3,22	7,44	3,54	1,61
80 × 60 × 5 × 6	10,7	2,90	4,00	3,00	113,8	23,5	3,26	21,7	7,23	1,42

U-Profile aus Aluminium und Aluknetlegierungen **nach DIN 9713** (9.81)

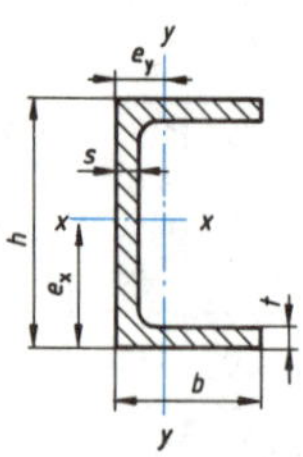

20 × 20 × 3 × 3	1,62	0,437	1,00	0,780	0,945	0,945	0,763	0,628	0,805	0,623
35 × 20 × 2 × 2	1,42	0,383	1,75	0,607	2,68	1,53	1,37	0,552	0,909	0,623
40 × 20 × 2 × 2	1,53	0,413	2,0	0,574	3,70	1,85	1,55	0,570	0,995	0,612
40 × 20 × 3 × 3	2,25	0,608	2,0	0,610	5,17	2,59	1,52	0,795	1,30	0,594
40 × 40 × 4 × 4	4,51	1,22	2,0	1,49	11,6	5,80	1,60	7,12	4,80	1,26
40 × 40 × 5 × 5	5,57	1,50	2,0	1,52	13,6	6,80	1,56	8,59	5,64	1,24
50 × 30 × 3 × 3	3,15	0,851	2,5	0,929	12,2	4,88	1,97	2,70	2,91	0,925
50 × 30 × 4 × 4	4,11	1,11	2,5	0,965	15,5	6,20	1,94	3,66	3,80	0,944
60 × 30 × 4 × 4	4,51	1,22	3,0	0,896	23,7	7,90	2,29	3,69	4,12	0,904
60 × 30 × 5 × 5	5,57	1,50	3,0	0,932	28,4	9,47	2,26	4,38	4,70	0,888
60 × 40 × 4 × 4	5,31	1,43	3,0	1,29	30,3	10,1	2,39	8,20	6,35	1,24
60 × 40 × 5 × 5	6,57	1,77	3,0	1,33	36,0	12,0	2,34	9,94	7,47	1,23
80 × 40 × 6 × 6	8,95	2,42	4,0	1,22	82,4	20,6	3,03	12,9	10,6	1,20
80 × 45 × 6 × 8	11,2	3,02	4,0	1,57	108	27,1	3,11	21,8	13,9	1,39

4.5 Form- und Maßnormen

4.5.3 Kunststoffe

Zulässiger Überdruck PN in bar bei Durchflußmedium Wasser, Betriebstemperatur max. 20 °C, Betriebsdauer 50 Jahre, Wanddicke *s* und längenbezogener Masse *m'*.

Rohre aus Polyethylen weich (PE weich) nach DIN 8072 (7.72) (mittlere Dichte $\varrho = 0{,}92$ g/cm³)

Außendurchmesser *d* in mm	Reihe 1 PN 2,5 *s* mm	*m'* kg/m	Reihe 2 PN 6 *s* mm	*m'* kg/m	Reihe 3 PN 10 *s* mm	*m'* kg/m	Außendurchmesser *d* in mm	Reihe 1 PN 2,5 *s* mm	*m'* kg/m	Reihe 2 PN 6 *s* mm	*m'* kg/m	Reihe 3 PN 10 *s* mm	*m'* kg/m
10	–	–	–	–	2,0	0,05	40	2,0	0,24	4,3	0,48	6,7	0,68
12	–	–	–	–	2,0	0,06	50	2,4	0,36	5,4	0,74	8,4	1,06
16	–	–	2,0	0,09	2,7	0,11	63	3,0	0,56	6,8	1,17	10,5	1,67
20	–	–	2,2	0,12	3,4	0,17	75	3,6	0,80	8,1	1,66	12,5	2,36
25	2,0	0,15	2,7	0,19	4,2	0,27	110	5,3	1,72	11,8	3,52	18,4	5,09
32	2,0	0,19	3,5	0,31	5,4	0,44	160	7,7	3,60	–	–	–	–

Rohre aus Polyethylen hoher Dichte (PE-HD) nach DIN E 8074 (6.85) (Dichte $\varrho = 0{,}945$ g/cm³)

Außendurchmesser *d* in mm	Reihe 1 PN 2,5 *s* mm	*m'* kg/m	Reihe 2 PN 3,2 *s* mm	*m'* kg/m	Reihe 3 PN 4 *s* mm	*m'* kg/m	Reihe 4 PN 6 *s* mm	*m'* kg/m	Reihe 5 PN 10 *s* mm	*m'* kg/m	Reihe 6 PN 16 *s* mm	*m'* kg/m
10	–	–	–	–	–	–	–	–	–	–	1,8	0,05
12	–	–	–	–	–	–	–	–	–	–	1,8	0,06
16	–	–	–	–	–	–	–	–	1,8	0,08	2,3	0,10
20	–	–	–	–	–	–	1,8	0,12	1,9	0,11	2,8	0,15
25	–	–	–	–	–	–	1,8	0,14	2,3	0,17	3,5	0,24
32	–	–	–	–	1,8	0,18	1,9	0,19	3,0	0,28	4,5	0,39
40	–	–	–	–	1,8	0,23	2,3	0,28	3,7	0,43	5,6	0,61
50	–	–	1,8	0,29	2,0	0,32	2,9	0,44	4,6	0,66	6,9	0,93
75	1,9	0,45	2,4	0,57	2,9	0,67	4,3	0,97	6,9	1,48	10,4	2,1
110	2,7	0,94	3,5	1,20	4,3	1,45	6,3	2,07	10,0	3,13	15,2	4,49
160	3,9	1,94	5,0	2,46	6,2	3,03	9,1	4,33	14,6	6,63	22,1	9,47
200	4,9	3,04	6,2	3,82	7,7	4,67	11,4	6,75	18,2	10,3	27,6	14,8

Rohre aus weichmacherfreiem Polyvinylchlorid (PVC hart) nach DIN 8062 (2.74) **und DIN E 8062** (6.85) (mittlere Dichte $\varrho = 1{,}4$ g/cm³)

Außendurchmesser *d* in mm	Reihe 1 PN 1,6 *s* mm	*m'* kg/m	Reihe 2 PN 4 *s* mm	*m'* kg/m	Reihe 3 PN 6 *s* mm	*m'* kg/m	Reihe 4 PN 10 *s* mm	*m'* kg/m	Reihe 5 PN 16 *s* mm	*m'* kg/m	Reihe 6 PN 25 *s* mm	*m'* kg/m
10	–	–	–	–	–	–	–	1,0	0,	05	1,2	0,05
20	–	–	–	–	–	–	–	–	1,5	0,14	2,3	0,2
40	–	–	–	–	1,8	0,33	1,9	0,35	3,0	0,53	4,5	0,75
50	–	–	–	–	1,8	0,42	2,4	0,55	3,7	0,81	5,6	1,16
75	–	–	1,8	0,64	2,2	0,78	3,6	1,22	5,6	1,82	8,4	2,6
110	1,8	0,95	2,2	1,16	3,2	1,64	5,3	2,61	8,2	3,9	12,3	5,57
160	1,8	1,39	3,2	2,41	4,7	3,44	7,7	5,47	11,9	8,17	17,8	11,7
200	1,8	1,74	4,0	3,7	5,9	5,37	9,6	8,51	14,9	12,8	22,3	18,3

4.6 Werkstoffprüfung

4.6.1 Werkstattprüfverfahren

Werkstoff: Oberfläche Form	Material verzundert, rauh, Kanten gerundet, Formschrägen, größere Toleranzen beim Fertigen durch Gießen, Walzen, Schmieden. Material blank und glatt, scharfkantig und maßgenau beim Kaltumformen, Strangpressen. Beurteilung der Farbe des Werkstoffs, der Glüh- und Anlaßfarben.
Feilprobe	Schätzen der Härte durch Anfeilen der Probe und eventuell einer Vergleichsprobe bekannter Härte.
Klangprobe	Durch Anschlagen Eigenschwingung der Probe. Beurteilung von Klangdauer und Klangbild: bei fehlerfreiem, harten Werkstoff klar, hell und lang, bei weichem Werkstoff, Fehlern, Rissen, Poren, Lunkern dumpf, kurz, Klirren und Scheppern. Anwendung für Guß- und Schmiedestücke, Eisenbahnradreifen, Schraubenbolzen und Schleifscheiben.
Funkenprobe	Probe und eventuell Vergleichsstab werden an mittelharter, mittelkörniger Schleifscheibe bei etwa 20 m/s Schnittgeschwindigkeit geschliffen. Im abgedunkelten Raum kann aus Form und Farbe der Funken eine grobe Einordnung der Stahlsorte vorgenommen werden (weich, hart, hoch-, niedrig-, unlegiert).
Tüpfelprobe	Auf eine kleine, metallisch blanke Stelle des Stahls werden verschiedene Lösungsmittel gebracht (verdünnte Salzsäure, Salpetersäure, Wasserstoffsuperoxid) und die Reaktion beobachtet: Gas- und Schaumentwicklung, Färbung und Löslichkeit. Durch Vergleichsproben ist eine Einordnung des Werkstoffs möglich.
Baumann-Abzug	Zur Feststellung von Schwefelseigerungen wird in der Dunkelkammer Fotopapier mit 5%iger Schwefelsäure getränkt und auf die Stirnseite eines Stahlprofils gedrückt. Die schwefelhaltigen Stellen färben das Papier dunkel. Anschließend wird fixiert und gewässert.
Bruchbeurteilung: **Trennbruch** 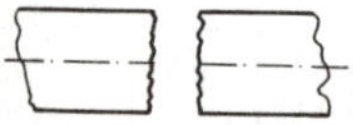	Bruchfläche glänzend, körnig, rauh und eben: Bruch durch statische Beanspruchung bei sprödem Werkstoff oder heterogenem Gefüge mit einer spröden Kristallart (Grauguß mit Lamellengraphit) oder kompliziertem Gitter mit wenig Gleitmöglichkeiten (gehärteter Stahl). Bruch auch durch schlagartige Beanspruchung bei zähem Werkstoff.
Verformungsbruch 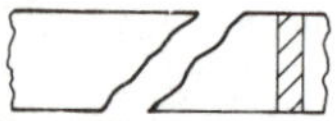	Bruchfläche matt, samtartig, uneben und eventuell durch Scheren geglättet (Scherbruch) mit Einschnürung unter 45° (Schubspannungen): Bruch durch statische Beanspruchung bei zähem Werkstoff und vielen Gleitmöglichkeiten im Gitter.
Mischbruch 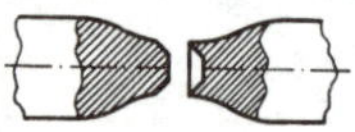	Bruchfläche außen als Verformungs-, innen als Trennbruch mit Einschnürung, Krater und glatter Trennfläche (Zugversuch): Einige Gleitmöglichkeiten des Werkstoffs, danach Kaltverfestigung, Einschnürung mit mehrachsigem Spannungszustand, Behinderung weiterer plastischer Verformung und folgendem Trennbruch (Baustahl).
Dauerbruch 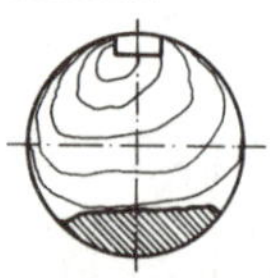	Dauerbruchfläche glatt, eben, muschelig, Rastlinien durch Stillstandszeiten der Rißausbreitung: Bruch durch dynamische Belastung mit Ausgang von Kerben, Absätzen, Nuten, Bohrungen, Kratzer, Riefen, Schweißnähten, Auf-, Entkohlung, Korrosion, Blasen, Lunker, Schlackenteilchen. Gewaltbruchfläche mit Trennbruch bei einmaliger Überlastung des Restquerschnitts, bei Torsionsbelastung häufig schraubenartig.

4.6 Werkstoffprüfung

4.6.2 Technologische Prüfverfahren

Biege- und Faltversuch nach DIN 50111 (11.77) DIN 17121 (1.78)	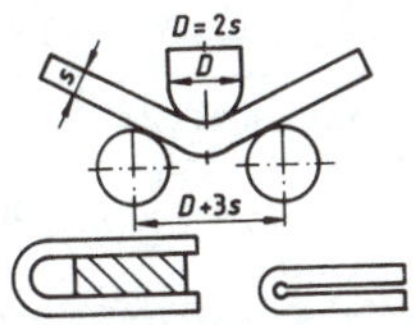	Bleche, Stäbe, Stangen, Gewinde, Schweißnähte. Im kalten (warmen) Zustand bis zum Anriß biegen bzw. mit oder ohne Zwischenlage falten. Probenbreite 20 bis 30 mm, Probenlänge 250 bis 300 mm. Mindestbiegung für Stahl bis zum rechten Winkel.
Hin- und Herbiegeversuch nach DIN 50153 (8.79) DIN 51211 (9.78)	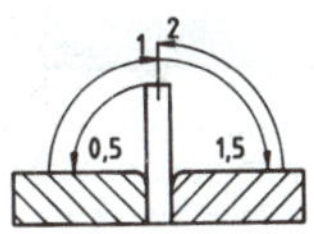	Feinbleche, Blattfedern, Drähte, Drahtseile. Dauerbiegefähigkeit mit Biegezahl N_b und Rückfederung. Für Drähte zusätzlich Verwindeversuch (DIN 51212 (9.78)), Wickelversuch (Prüfung von Beschichtungen (DIN 51215 (9.75)) und Knoten-Zugversuch (DIN 51214 (2.77)).
Winkel- und Keilprobe nach DIN 50127 (8.76)	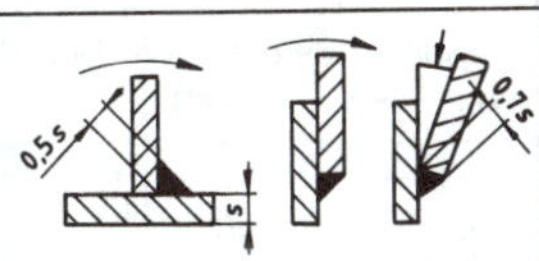	Schweißnähte bei schlagartiger Beanspruchung bis zum Bruch belasten. Biegewinkel als Maß für die Güte.
Ausbreitprobe	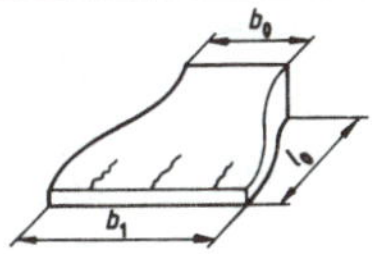	Schmiedewerkstoffe ausbreiten bis zum Randrißbeginn. Gütegrad Breitung $B=(b_1-b_0)/b_0$ oder Längung $L=(l_1-l_0)/l_0$. Für Stahl $B=2\cdots 3$.
Stauchversuch nach DIN 1613 (9.43)	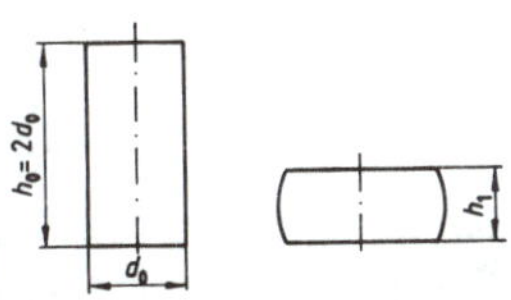	Stauchung für Niete, Schrauben, Muttern kalt oder warm (Rotbruchprobe 700 °C bis 1000 °C) durch Druck oder Schläge bis zum Anriß. Gütegrad Stauchung $\delta=(h_0-h_1)/h_0$. Risse in Stauchrichtung sind normal, andere Richtungen deuten auf Oberflächenfehler oder Einschlüsse. Stauchung $\delta=0{,}67$ Stahl, für Niete $h_1=d_0/5$.
Aufweitversuch nach DIN 50135 (8.65) **Bördelversuch** nach DIN 50139 (11.65)	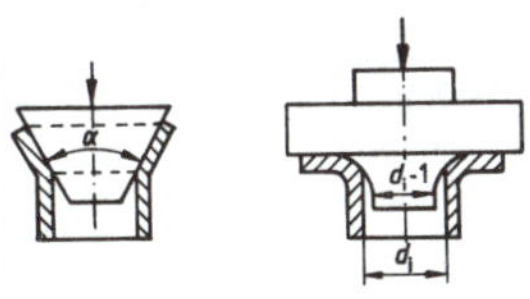	Aufweiten von Rohren mit gefettetem, kegeligen Dorn bis zum Anriß. Kegelwinkel α für Stahl 30°, 45° oder 60°, für Aluminium und Kupfer 45°. Aufweitungsgrad $\delta=(d_1-d_0)/d_0$. Bördeln als stärkere Beanspruchung: Vorbördeln mit kegeligem Dorn, Fertigbördeln auf Winkel von 90°.
Ringfaltversuch nach DIN 50136 (6.79)	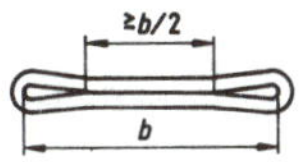	Das Rohr wird senkrecht zur Längsachse bis zum Abstand *H* (entsprechend Lieferbedingungen) oder verschärft dichtgefaltet.
Tiefungsversuch nach Erichsen nach DIN 50101 (9.79)	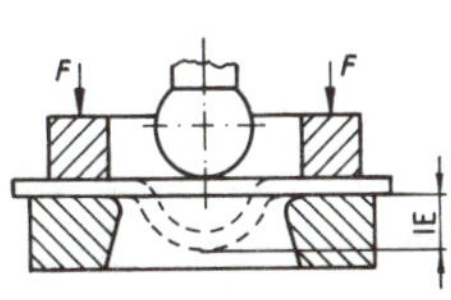	Tiefziehen von Feinblech durch Eindrücken eines Stempels (∅ 20 mm) bis zum Anriß. Das Blech wird mit 10 kN festgehalten und mit Graphit geschmiert. Angabe der Tiefung in mm als Erichsen-Tiefung IE mit Beurteilung der Oberfläche: Fließfiguren, Walztextur, glatt (feines Korn), Apfelsinenhaut (grobes Korn).

4.6 Werkstoffprüfung

4.6.3 Mechanisch-technologische Prüfverfahren

Zugversuch nach DIN 50145 (5.75) und 50125 (3.86)

Der Zugversuch ermittelt das Werkstoffverhalten bei einachsiger, gleichmäßig über den Querschnitt verteilter Zugbeanspruchung. Um vergleichbare Werte zu liefern, werden die Proben als kurzer ($L_0 = 5d_0$) oder langer ($L_0 = 10d_0$) Proportionalstab ausgeführt. Beim stetigen, stoßfreien Dehnen bis zum Bruch werden Zugkraft und Verlängerung gemessen und Kennwerte berechnet.

Proportionalstab

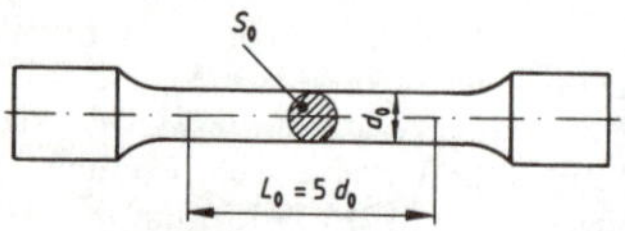

Spannung-Dehnung-Diagramm (z.B. St 37-2)

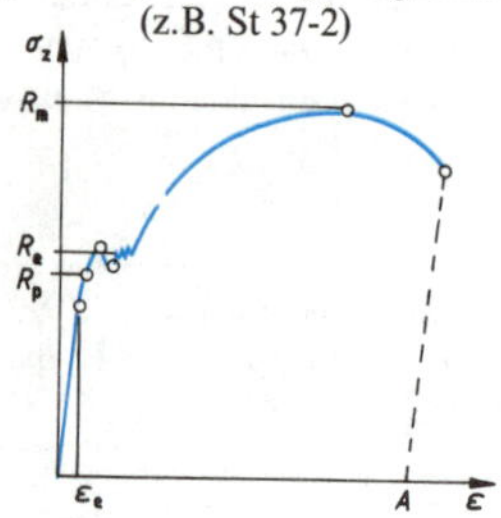

Spannung-Dehnung-Diagramm

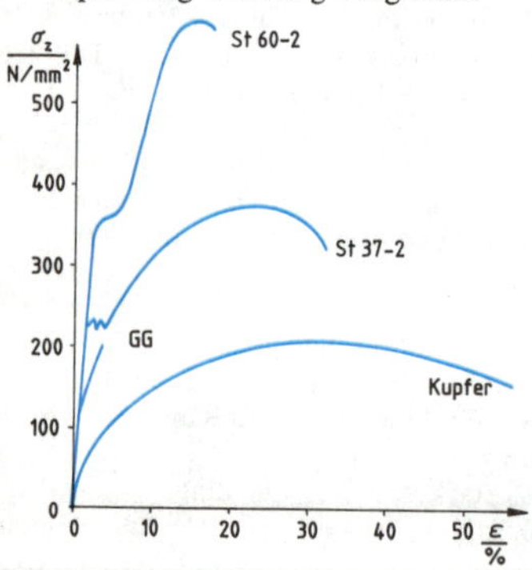

Kurzzeichen	Kennwert	Einheit	Berechnung
A A_5/A_{10}	Bruchdehnung $L_0 = 5d_0/L_0 = 10d_0$	% %	$A = \frac{L_u - L_0}{L_0} \cdot 100\%$
d_0	Anfangsdurchmesser	mm	
E	Elastizitätsmodul (Hookesches Gesetz)	N/mm^2	$E = \frac{\sigma_z}{\varepsilon_e/100\%}$
F F_m $F_e/F_{0,2}$	Zugkraft maximale Zugkraft Kraft bei R_e bzw. R_p	N N N	
L L_0 L_u ΔL	Meßlänge Anfangsmeßlänge Bruchmeßlänge Verlängerung	mm mm mm mm	$\Delta L = L - L_0$
R_e $R_{el/eh}$ R_p R_{px} R_m	Streckgrenze untere/obere Streckg. Dehngrenze $\varepsilon_r = x = 0{,}01/0{,}2/1$ Zugfestigkeit	N/mm^2 N/mm^2 N/mm^2 N/mm^2 N/mm^2	$R_e = F_e/S_0$ R_e nicht erkennbar $R_p = F_{0,2}/S_0$ $R_m = F_m/S_0$
S_0 S_u	Anfangsquerschnitt Bruchquerschnitt	mm^2 mm^2	$S_0 = \frac{\pi}{4} d_0^2$
Z	Brucheinschnürung	%	$Z = \frac{S_0 - S_u}{S_0} \cdot 100\%$
ε ε_e ε_r	Dehnung elastische Dehnung bleibende Dehnung	% % %	$\varepsilon = \Delta L/L_0$ dicht unter R_e, R_p nach Entlastung
σ_z	Nennspannung	N/mm^2	$\sigma_z = F/S_0$

Zeitstandversuch nach DIN 50118 (1.82)

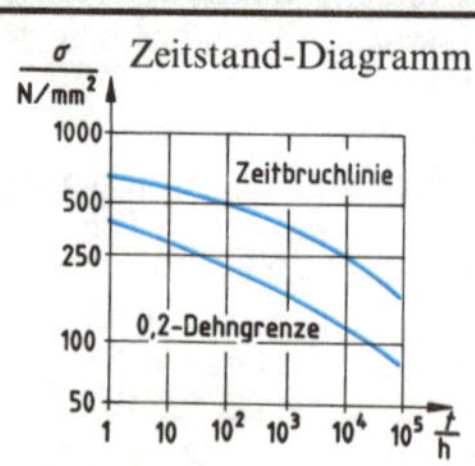

Der Zeitstandversuch ergibt Kennwerte über das Verhalten des Werkstoffs bei konstanter Temperatur ϑ und Belastung F. Die Probe entspricht dem Zugversuch. Durch langsames Weiterdehnen unter Belastung (Kriechen) erreicht der Werkstoff nach der Beanspruchungsdauer t zunächst die 0,2-Dehngrenze, dann die Zeitbruchlinie. Die Ergebnisse werden im Zeitstandschaubild mit logarithmischer Teilung dargestellt. Kennwert ist die Zeitstandfestigkeit $R_{mt/\vartheta} = F_{t/\vartheta}/S_0$.

4.6 Werkstoffprüfung

Druckversuch nach DIN 50106 (12.78)

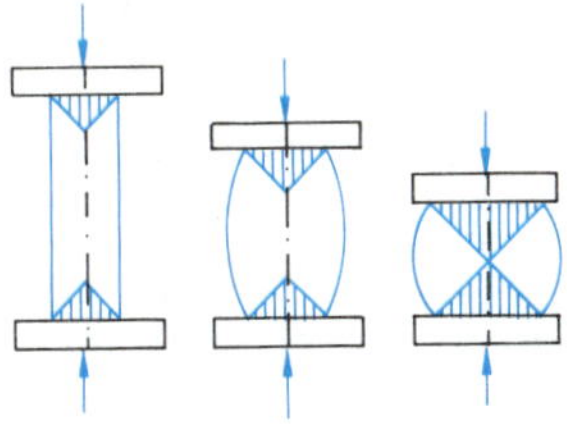

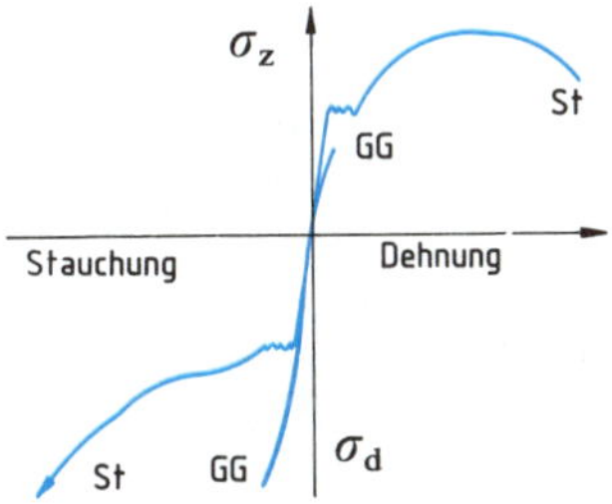

Der Druckversuch wird vor allem in der Baustoffprüfung durchgeführt (Steine, Beton, Holz). Bei Metallen werden spröde (Grauguß) bzw. auf Druck beanspruchte Werkstoffe (Lagermetalle) untersucht. An den Enden der Prüfkörper bilden sich Druckkegel unter 45°. Berühren sich diese und stützen sich gegenseitig ab (zäher Werkstoff), hat das Spannung-Stauchung-Diagramm einen steileren Verlauf. Höhere Proben haben daher eine geringere Druckfestigkeit.

Kurzzeichen	Kennwert	Einheit	Berechnung
d_0	Anfangsdurchmesser	mm	St, GG $d_0 = 10 \cdots 30$ mm Lagermetall $d_0 = 20$ mm
L_0	Anfangsmeßlänge	mm	St, GG $L_0 = 1{,}5\,d_0$ Lagermetall $L_0 = d_0$
σ_{dF}	Quetschgrenze	N/mm²	$\sigma_{dF} = F_F/S_0$
σ_{dB}	Druckfestigkeit Anriß oder Bruch	N/mm²	$\sigma_{dB} = F_B/S_0$
ε_{dB}	Bruchstauchung	%	$\varepsilon_{DB} = \frac{L_0 - L}{L_0}\,100\%$

Scherversuch nach DIN 50141 (1.82)

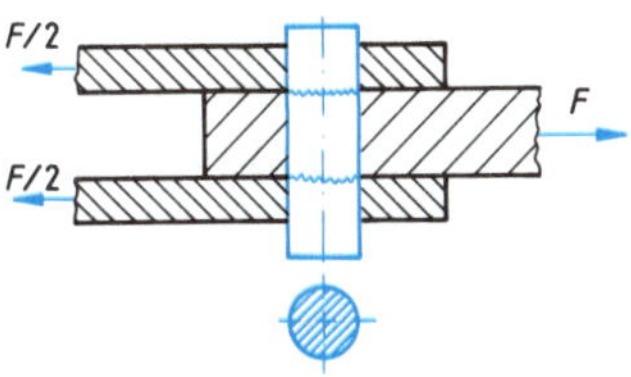

Der Widerstand einer zylindrischen Probe ($d_0 = 2 \cdots 25$ mm) gegen Abscheren in einer genormten Vorrichtung wird Scherfestigkeit τ_{aB} genannt. Anwendung des Versuchs für Drähte, Stangen, Stifte, Niete. Das Trennen erfolgt gleichzeitig in zwei Querschnitten. Durch die unvermeidbare Biegung der Probe (elastische Verformungen) tritt keine reine, gleichmäßig über den Querschnitt verteilte Scherspannung auf. Der Kennwert Scherfestigkeit wird vereinfacht berechnet:

$$\tau_{aB} = F_m/2\,S_0 \text{ mit } S_0 = \frac{\pi}{4}\,d_0^2.$$

Das Verhältnis τ_{aB}/R_m beträgt für Stahl $0{,}7 \cdots 0{,}8$, Grauguß $1{,}0 \cdots 1{,}1$, Al-Knetlegierungen $0{,}6 \cdots 0{,}7$.

Biegeversuch nach DIN 50110 (2.62)

Biegeprobe

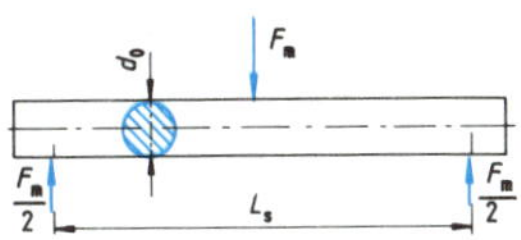

Biegespannung im Querschnitt

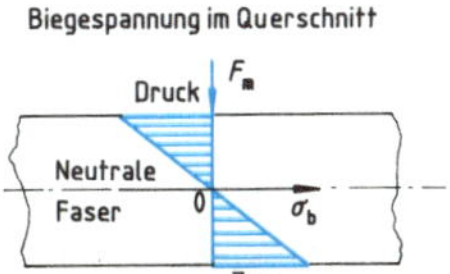

Der Biegeversuch wird für spröde Werkstoffe (Grauguß) angewendet, weil diese wegen der geringen Verformung im Zugversuch keine genauen Kennwerte ergeben. Der runde Probestab wird durch eine mittige Kraft bis zum Bruch belastet, Durchbiegung und Kraft gemessen, Kennwerte berechnet.

Kurzzeichen	Kennwert	Einheit	Berechnung
d_0	Probendurchmesser	mm	meist 30 mm
L_S	Stützweite	mm	$L_S = 20\,d_0$
M_b	Biegemoment	Nmm	$M_b = F_m \cdot L_S/4$
W_b	Widerstandsmoment	mm²	$W_b = \frac{\pi}{32}\,d_0^3$
σ_{bB}	Biegefestigkeit	N/mm²	$\sigma_{bB} = M_b/W_b$

4.6 Werkstoffprüfung

Härteprüfverfahren nach DIN 51 200 (10.85)

Brinell
nach DIN 50 351 (2.85)

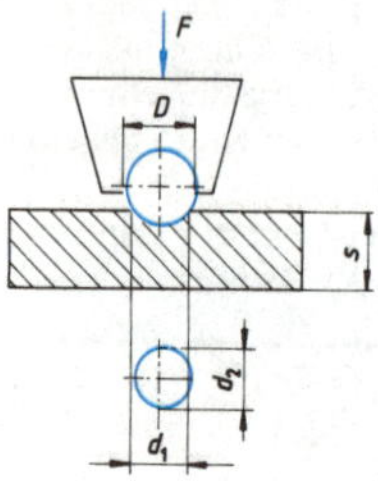

Prüfkörper	Kugel aus gehärtetem Stahl oder Hartmetall, Durchmesser D abhängig von der Probendicke s. Für genaue Messungen Eindringbereich von $d=0{,}2\,D$ bis $d=0{,}7\,D$
Prüfkraft	Vergleichbare Ergebnisse für gleichen Belastungsgrad $C=0{,}102\,F/D^2$ mit F in N und D in mm. Der Faktor 0,102 ergibt trotz Umstellung der Krafteinheit von Kilopond auf Newton unveränderte Werte für Belastungsgrade und Härte
Einwirkzeit	$t=10\cdots15$ s (andere Zeiten im Kurzzeichen angeben)
Meßwert	Mittlerer Eindruckdurchmesser $d=(d_1+d_2)/2$ in mm
Berechnung	Brinellhärte $\mathrm{HB}=0{,}102\,F/A$ Eindruckoberfläche $A=\frac{\pi}{2}D(D-\sqrt{D^2-d^2})$
Anwendung	Für rauhe Betriebsbedingungen, weiche bis mittelharte Werkstoffe (bis HB 450). Ermittlung von Durchschnittswerten bei groben und uneinheitlichen Gefügen. Angenäherte Errechnung der Zugfestigkeit $R_m=\mu\,\mathrm{HB}$
Kurzzeichen	150 HB 5/250/30 Brinellhärte 150 (ohne Einheit), bei $D=5$ mm, $F=250/0{,}102=2450$ N, Einwirkzeit $t=30$ s

D	s in mm	Werkstoffe	C	Werkstoffe	μ
1	0,6 ··· 1,5	Weichmetalle, Pb, Sn	1,25	Stahl	3,5
2,5	1,5 ··· 3	Lagermetalle	2,5	Grauguß	1,0
5	3 ··· 6	Rein-Al, Mg, Zn	5	Al-Knetlegierung	3,5
10	über 6	NE-Legierungen	10	Al-Gußlegierung	2,6
		Stahl, GS, GG, GT	30	Cu weich	4,0
				Cu hart	5,5

Vickers
nach DIN 50 133 (2.85)

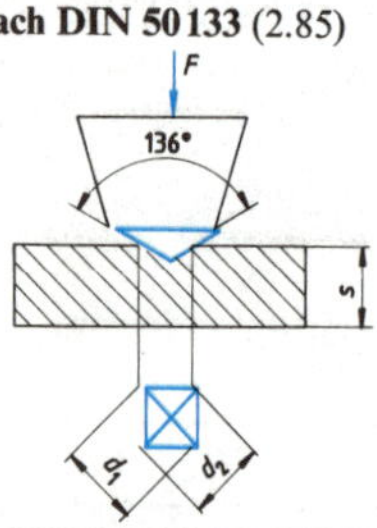

Prüfkörper	Quadratische Diamantpyramide, Probendicke $s>1{,}5\,d$
Prüfkraft	Beliebig 49 ··· 980 N (Kleinlast 1,96 ··· 49 N)
Einwirkzeit	$t=10\cdots15$ s (andere Zeiten im Kurzzeichen angeben)
Meßwert	Eindruckdiagonalen $d=(d_1+d_2)/2$ in mm
Berechnung	Vickershärte $\mathrm{HV}=0{,}102\,F/A$ Eindruckoberfläche $A=d^2/1{,}854$
Anwendung	Weiche bis sehr harte, aber homogene Werkstoffe (kein GG), dünnen Schichten (einsatzgehärtet), mit Mikroskop auch einzelne Gefügebestandteile
Kurzzeichen	180 HV 20/30 Vickershärte 180 (ohne Einheit) bei Prüfkraft 20/0,102 = 196 N und 30 s Einwirkdauer

Rockwell
nach DIN 50 103 T1 (3.84)

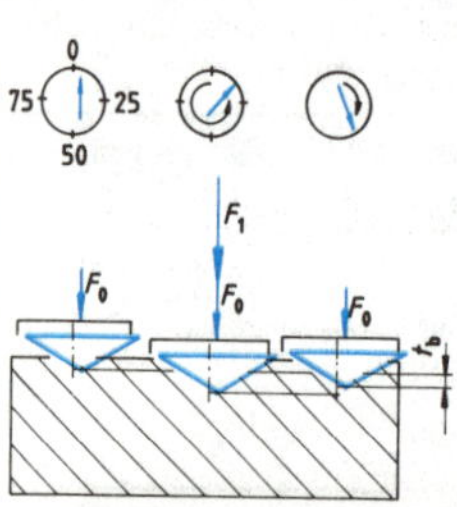

Prüfkörper	HRC Diamantkegel (cone 120°, Radius $R=0{,}2$ mm), HRB gehärtete Stahlkugel (ball, Durchmesser 1/16 inch), Mindestprobendicke $s=20\,t_b$
Prüfkraft	Vorlast $F_0=98$ N (Ausgleich für Spiel und Unebenheit), Hauptlast $F_1=1\,373$ N HRC, $F_3=883$ N HRB. Gesamtprüfkraft $F=F_0+F_1$
Einwirkzeit	Stillstand der Meßuhr abwarten (2 s)
Meßwert	Bleibende Eindringtiefe t_b unter Vorlast nach Wegnahme der Hauptlast
Berechnung	Meist direkte Anzeige der Rockwellhärte auf der Meßuhr, sonst $\mathrm{HRC}=100-500\,t_b$, $\mathrm{HRB}=130-500\,t_b$
Anwendung	Harte Werkstoffe (bis HRC 70), schnelle Härtemessung
Kurzzeichen	65 HRC Rockwellhärte 65 (ohne Einheit)

4.6 Werkstoffprüfung

Eindruckversuch für Kunststoffe nach DIN 53456 (1.73)

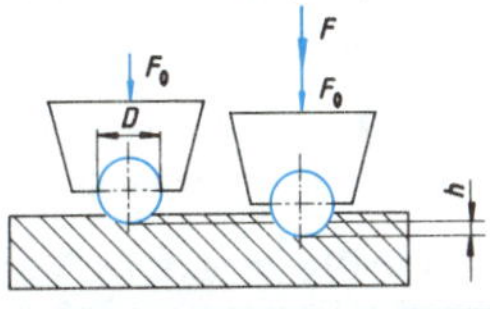

Prüfkörper	Kugel aus gehärtetem Stahl mit Durchmesser $D = 5$ mm
Prüfkraft	Vorlast $F_0 = 9{,}81$ N (Ausgleich für Spiel u. Unebenheit). Hauptlast $F = 49/132/358/961$ N, so auswählen, daß die Eindringtiefe h 0,15 ··· 0,35 mm beträgt
Einwirkzeit	$t = 30$ s
Meßwert	Eindringtiefe h unter der Gesamtlast $F_0 + F$
Berechnung	Kugeldruckhärte $H = \frac{0{,}21}{0{,}21 - h_r + h} \cdot \frac{F}{5\pi h_r}$ in N/mm², reduzierte Eindringtiefe $h_r = 0{,}25$ mm

Prüfkraft F in N	Kugeldruckhärte H in N/mm² für Eindringtiefe h in mm																
	0,16	0,17	0,18	0,19	0,20	0,21	0,22	0,23	0,24	0,25	0,26	0,27	0,28	0,29	0,30	0,31	0,32
49	21,8	29,2	18,7	17,5	16,4	15,4	14,6	13,8	13,1	12,5	11,9	11,4	10,9	10,5	10,1	9,7	9,4
132	59	54	51	47	44	42	39	37	35	34	32	31	30	28	27	26	25
358	160	147	137	128	120	113	106	101	96	91	87	83	80	77	74	71	68
961	428	395	367	343	321	302	286	271	257	245	234	223	214	206	198	190	184

Vergleich Zugfestigkeit und Härte für Stahl nach DIN 50150 (12.76)

Zugfestigkeit R_m in N/mm²	Brinellhärte HB für $C = 30$	Vickershärte HV $F \geq 98$ N	Rockwellhärte HRB	Rockwellhärte HRC	Zugfestigkeit R_m in N/mm²	Brinellhärte HB für $C = 30$	Vickershärte HV $F \geq 98$ N	Rockwellhärte HRC
255	76	80	–	–	1030	304	320	32,2
285	85,5	90	48	–	1095	323	340	34,4
320	95	100	56,2	–	1155	342	360	36,6
350	105	110	62,3	–	1220	361	380	38,8
385	114	120	66,7	–	1290	380	400	40,8
415	124	130	71,2	–	1350	399	420	42,7
450	133	140	75	–	1420	418	440	44,5
480	143	150	78,7	–	1485	437	460	46,1
510	152	160	81,7	–	1555	(456)	480	47,7
545	162	170	85	–	1630	(475)	500	49,1
575	171	180	87,1	–	1700	(494)	520	50,5
610	181	190	89,5	–	1775	(513)	540	51,7
640	190	200	91,5	–	1845	(532)	560	53,0
675	199	210	93,5	–	1920	(551)	580	54,1
705	209	220	95,0	–	1995	(570)	600	55,2
740	219	230	96,7	–	2070	(589)	620	56,3
770	228	240	98,1	20,3	2180	(618)	650	57,8
800	238	250	99,5	22,2	–	–	670	58,8
835	247	260	(101)	24	–	–	690	59,7
865	257	270	(102)	25,6	–	–	720	61,0
900	266	280	(104)	27,1	–	–	760	62,5
930	276	290	(105)	28,5	–	–	800	64,0
965	285	300	–	29,5	–	–	840	65,3

Schlaghärteprüfung nach Poldi

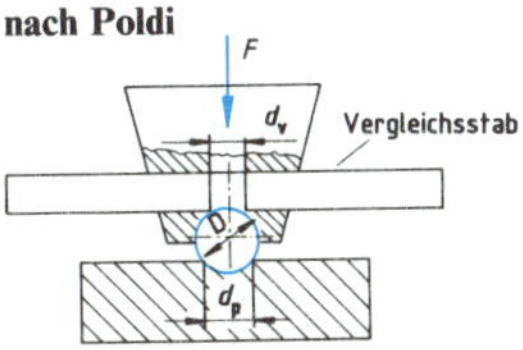

Prüfkörper	Kugel aus gehärtetem Stahl mit Durchmesser $D = 10$ mm
Prüfkraft	Hammerschlag
Meßwert	Eindruckdurchmesser d_d in der Probe und d_v im Vergleichsstab bekannter Härte (HB_v)
Berechnung	$HB_p = HB_v \cdot \frac{D - \sqrt{D^2 - d_v^2}}{D - \sqrt{D^2 - d_p^2}}$
Anwendung	Große Guß- und Schmiedestücke, nicht direkt mit der statischen Härteprüfung vergleichbar

4

4.6 Werkstoffprüfung

Kerbschlagbiegeversuch nach DIN 50115 (2.75)

Pendelschlagwerk

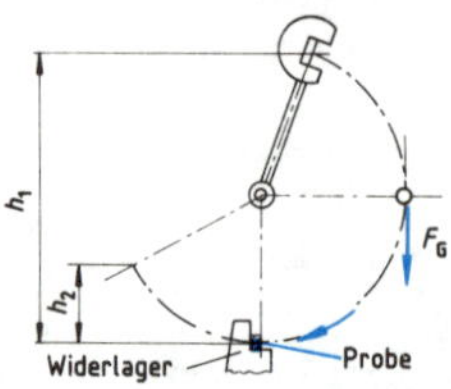

Kerbschlag-Temperatur-Diagramm

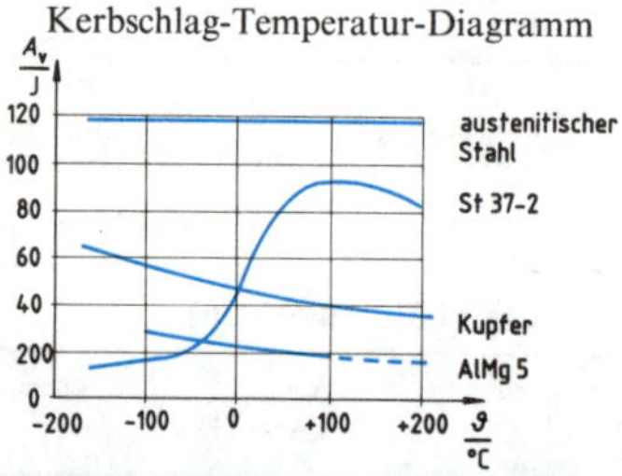

Der Kerbschlagbiegeversuch dient zur Beurteilung der Zähigkeit eines Werkstoffs durch Messung der zum Zerbrechen notwendigen Arbeit und Bewerten der Bruchfläche. Die Zähigkeit ist abhängig von:

1. Gefüge: Gitter, Gleitmöglichkeiten, Fremdatome, Korngröße, Kaltverformung, Wärmebehandlung, Alterung.
2. Krafteinwirkung: schlagartig auf Biegung, kurze Verformungszeit führt im Kristall zu Trennungen statt zu Gleitvorgängen.
3. Probenform: Kerben, Absätze bewirken eine Kraftumlenkung. Der Kerbrand nimmt nicht an der Kraftübertragung teil und behindert dadurch die Querzusammenziehung. Der entstehende dreiachsige Spannungszustand stört das Fließen eines sonst zähen Werkstoffs.
4. Temperatur: Werkstoffe mit kubischraumzentrierten Gittern (un- und niedriglegierte Stähle) haben bei höheren Temperaturen gute Zähigkeit. Mit sinkender Temperatur wächst der Gleitwiderstand stärker als die Trennfestigkeit, und es kommt zur Kaltversprödung.

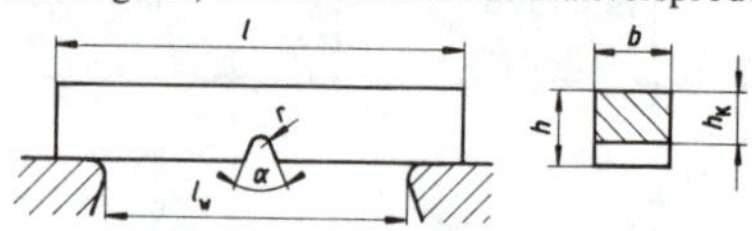

Kerbschlagproben

Maße	ISO-V	ISO-U	DVM	DVMF	DVMK
	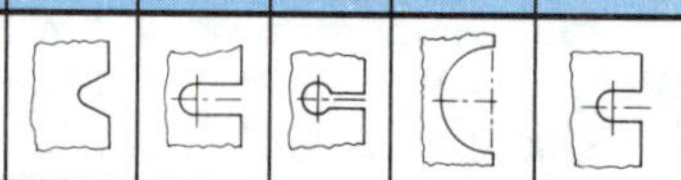				
l l_w	55 40	55 40	55 40	55 40	44 30
b h h_k	10 10 8	10 10 5	10 10 7	8 10 6	6 6 4
r α	0,25 45°	1,0 –	1,0 –	4,0 –	0,75 –

Kurzzeichen	Kennwert	Einheit	Berechnung
a_K	Kerbschlagzähigkeit (A_v bevorzugen)	J/mm²	$a_K = \frac{F_G \cdot (h_1 - h_2)}{b \cdot h_k}$
A_v	Kerbschlagarbeit	J	$A_v = F_G \cdot (h_1 - h_2)$
F	Stützkraft Hammer	N	(waagerecht gem.)
$h_{1/2}$	Pendelhöhe vor/nach dem Versuch	m	

Dauerschwingversuch nach DIN 50100 (2.78)

Wöhler-Kurve (St 37-2, $\sigma_m = +20\ \text{N/mm}^2$)

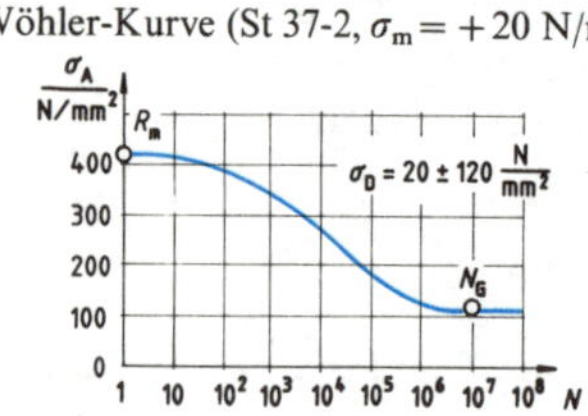

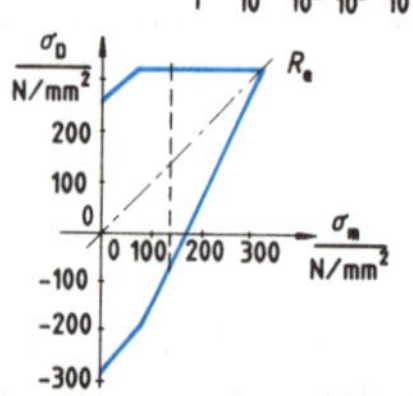

Dauerfestigkeits-Diagramm (St 60-2)

Bsp:
$\sigma_m = 140\ \text{N/mm}^2$
$\sigma_A = \pm 200\ \text{N/mm}^2$

Im elastischen Bereich des Werkstoffs (unter R_p) kann ein Dauerbruch (Ermüdung) eintreten. Die Ursachen liegen in der ungleichmäßigen Spannungsverteilung bei Biegebelastung und Spannungsspitzen mit plastischer Verformung an Kerben. Beim Dauerschwingversuch werden der Werkstoff (glatte, polierte Proben), die Gestaltfestigkeit von Werkstücken und Baugruppen geprüft.

Die bei einer bestimmten Mittelspannung σ_m (Zug oder Druck) und verschiedenen Spannungsausschlägen σ_a ertragenen Lastspielzahlen N ergeben die Wöhlerkurve. Bis zur Grenzlastspielzahl N_G liegt Zeitfestigkeit, darüber Dauerfestigkeit σ_D vor. Im Dauerfestigkeits-Diagramm (Smith-Diagramm) werden zu verschiedenen Mittelspannungen zulässige Werte von Ober- und Unterspannungen bis zur Fließgrenze aufgetragen.

4.6 Werkstoffprüfung

4.6.4 Zerstörungsfreie Prüfverfahren

Eindringprüfung nach DIN 54152 T1 (3.79)

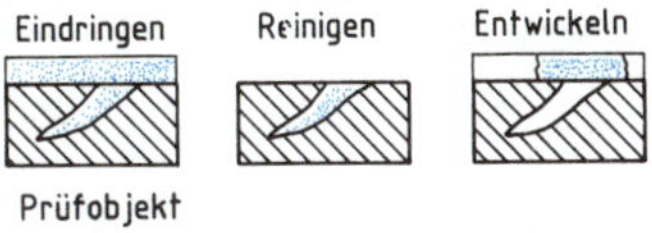

Nach der Vorreinigung des Prüfobjekts (Rost, Zunder, Öl) dringt durch die Kapillarwirkung von Oberflächenrissen eine benetzende (farbige) Flüssigkeit ein. Anschließend wird die Oberfläche gereinigt und ein Entwickler (Flüssigkeit oder Pulver) saugt die Prüfflüssigkeit heraus.
Anwendung: Oberflächen-Haarrißprüfung für alle Werkstoffe, Risse über 0,25 µm, Überlappungen, Falten, Poren.

Magnetpulverprüfung nach DIN 54130 (4.74)

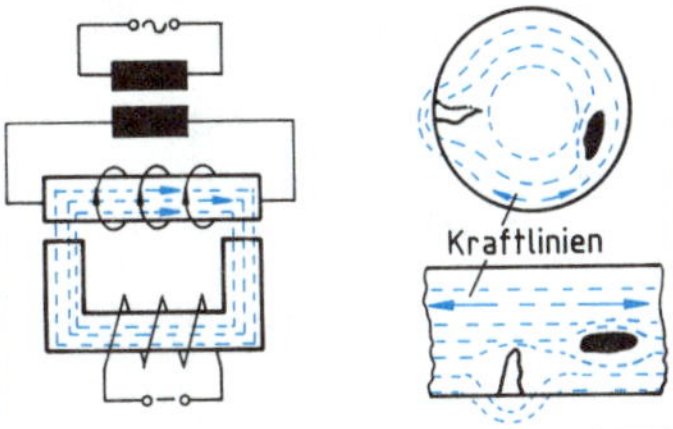

Magnetisierbare Teilchen werden trocken oder in Suspensionen farbig oder fluoreszierend auf das Prüfobjekt gebracht. Das homogene Magnetfeld wird an Schadstellen nach außen abgelenkt und es kommt zu Pulveranhäufungen. Bei der Jochmagnetisierung (Kraftfeldlinien längs) werden Querrisse, bei der Stromdurchflutung (Kraftfeldlinien konzentrisch) Längsrisse sichtbar.
Anwendung: Materialfehler über 1 µm an der Oberfläche und bis zu 3 mm Tiefe bei ferromagnetischen Werkstoffen.

Wirbelstromprüfung nach DIN 54140 T1 (4.76)

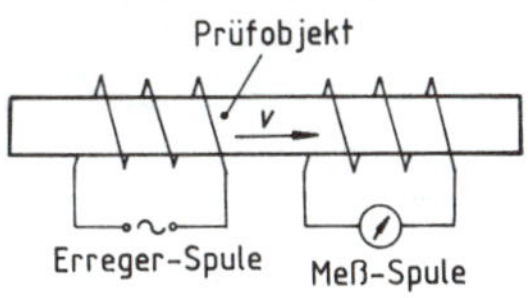

Durch Induktion entstehen im Prüfobjekt Wirbelströme, deren magnetisches Feld rückwirkend die Spule beeinflußt. Die Höhe der Wirbelströme ist vom Widerstand des Prüfobjekts und damit von seinem Aufbau abhängig.
Anwendung: Gleichmäßigkeitsprüfung aller metallischen Werkstoffe, Durchlaufprüfung von Halbzeugen (60 m/min), Erkennen von Härte-, Zusammensetzungsunterschieden, Dickenmessungen von Schichten (auch nichtmetallischen).

Ultraschallprüfung nach DIN 54119 (8.81)

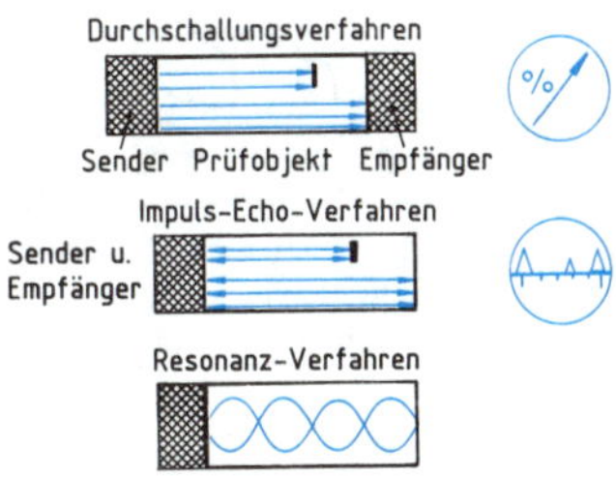

Ultraschall von 16 kHz bis 100 MHz wird mit piezoelektrischen Quarzen erzeugt bzw. aufgenommen. Die geradlinige Fortpflanzung der Wellen wird beim Übergang auf ein anderes Medium (z.B. Fehler) gestört, der Schall reflektiert. Nur quer zur Schallrichtung liegende Fehler werden erkannt.
Anwendung: Für beliebige Werkstoffe bei großer Tiefenwirkung zum Erkennen von Haarrissen, breiten Rissen, Lunker, Gasblasen, Bindefehlern an Guß-, Schmiedeteilen, Achsen, Wellen, Schienen (40 km/h), Gasflaschen, Dickenmessung im Behälter- und Schiffbau (Resonanz).

Röntgen- und Gammastrahlenprüfung nach DIN 54111 T1 (3.77)

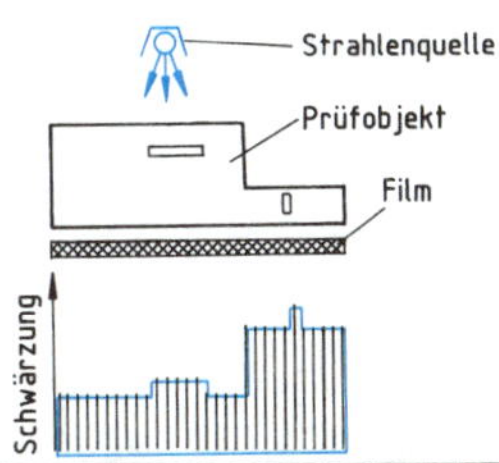

Röntgen- und Gammastrahlen dringen in beliebige Werkstoffe ein, pflanzen sich geradlinig fort und werden entsprechend ihrer Energie und der Dichte des Werkstoffs abgeschwächt. Fehlstellen bremsen die Strahlen weniger und schwärzen den untergelegten Film dort stärker. Die Durchstrahlungsdicken betragen für Stahl: Röntgen-/Gammastrahlen/Betatron 100 mm/200 mm/500 mm. Die Belichtungszeit liegt zwischen Minuten bis Stunden.
Anwendung: Risse, Poren, Lunker, Bindefehler im Brücken-, Leitungs-, Kessel-, Flugzeugbau. Oberflächenrisse sind nicht erkennbar. Vorteil der Filmdokumentation, Nachteil des Strahlenschutzes.

4

4.7 Korrosion

4.7.1 Elektrochemische Spannungsreihe und Normalpotentiale

Die Metalle, mit Ausnahme der Edelmetalle, streben durch Korrosion nach ihrem natürlichen, ionisch gebundenen, thermodynamisch stabilen Zustand (karbonatisch, oxidisch, sulfidisch). Das in der Spannungsreihe weiter links stehende Metall ist unedler und bildet bei der Korrosion die sich auflösende Anode. Die Korrosionsgeschwindigkeit richtet sich nach der Art des Elektrolyten und der Spannungsdifferenz. Das tatsächliche Korrosionsverhalten (die praktische Spannungsreihe in verschiedenen Elektrolyten) ist in starkem Maße von der Passivierung der Oberfläche abhängig.

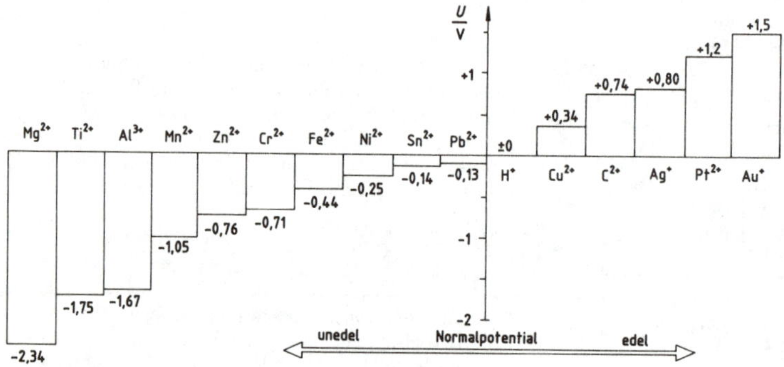

4.7.2 Erscheinungsformen der Korrosion

Korrosionsarten

Flächenkorrosion	Lochfraß	Interkristalline Korrosion	Transkristalline Korrosion
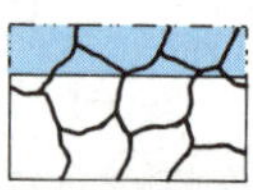	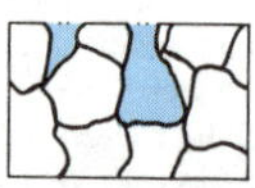	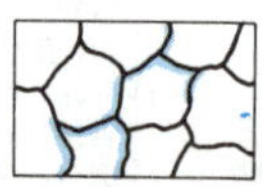	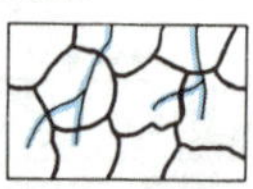
Gleichmäßige Abtragung bei nicht passivierbaren Metallen	Kraterförmige Vertiefungen mit Spannungsspitzen durch Fehlstellen in der passiven Schutzschicht	Auflösung der unedleren Korngrenzen, kein sichtbares Korrosionsprodukt, folgender Spannungsriß	Korrosionsermüdung mit Schwingungsriß quer durch die Kristallite

Elektrochemische Korrosionselemente

Kontaktkorrosion

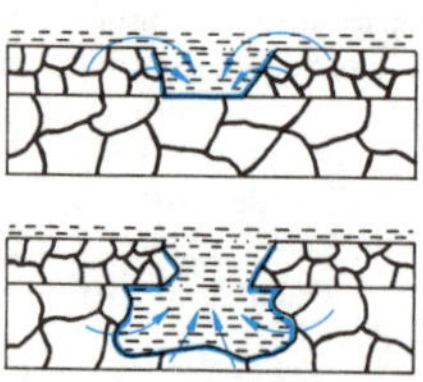

Bei leitender Verbindung verschiedener Metalle und Anwesenheit eines Elektrolyten (feuchte Luft, Regen, Kondenswasser, Schweiß) geht das unedlere Metall in Lösung. Verbindungselemente (Schrauben, Niete) sollen daher aus demselben Material wie der Grundwerkstoff bestehen. Lassen sich Kombinationen nicht vermeiden, muß für elektrische Isolierung gesorgt werden. Anwendung verschiedener Werkstoffe beim passiven Korrosionsschutz durch Metallbeschichtungen: Eisen mit Zink ist auch bei Beschädigung geschützt, Eisen mit Zinn wird dagegen verstärkt angegriffen.

4.7 Korrosion

Lokalkorrosion 	Verschiedene Gefügebestandteile sind durch einen Elektrolyten verbunden. Heterogene Kristallgemische sind anfälliger als homogene Mischkristalle oder reine Metalle. Korrodiert werden: Seigerungen, Korngrenzen, Schweiß- und Lötnähte, Zunder (edler) auf Stahl, Kaltverformungen mit Bereichen höherer Energie, Verunreinigungen durch Fertigung und Lagerung (Späne, Kühlmittel, Schlacken, Metallspritzer, Kohlenstoff, Staub).
Konzentrationskorrosion 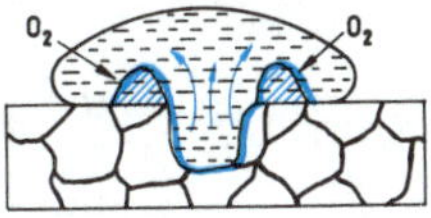	Der Elektrolyt hat durch Belüftung oder Temperatur eine unterschiedliche Konzentration. Aufgelöst wird der sauerstoffarme Bereich (Lochfraß). Als Belüftungs- oder Spaltkorrosion bei punktgeschweißten Blechen, unter Niet- und Schraubenköpfen, Unterlegscheiben, Dichtungen, Verpackungsfolien, bei mangelnder Oberflächenqualität mit Kratzern und Rauhigkeit.

4.7.3 Korrosionsverhalten wichtiger Metalle

Werkstoffe	Deckschicht	Beständigkeit	Unbeständigkeit
Aluminium	dichtes Oxid elektr. isol.	Luft, schwache Säuren, mit Magnesium seewasserfest	Laugen, Salze
Blei	dichtes Karbonat	Luft, hartes Wasser, Schwefel-, Fluß-, verdünnte Salzsäure	Kalk, Zement, organische Säuren, Salpetersäure, Natronlauge
Chrom	dichtes Oxid	Luft, Wasser, Salpetersäure, hohe Temperaturen	Laugen, Salz- und Schwefelsäure
Eisen	poröse Oxide	hartes Wasser, Laugen	feuchte Luft, Salz-, Schwefelsäure
Kupfer	dicht. Sulfat Karbonat	feuchte Luft, Wasser, Dampf, Salze, Laugen	Schwefel, Salz-, Schwefel-, Salpetersäure
Magnesium	dünnes Oxid	trockene Luft, Laugen, Fette, Öle, Treibstoffe, Flußsäure	Feuchtigkeit, Säure, Salze, Leitungswasser, Meerwasser
Nickel	dünn. Hydrox. Sulfat	Luft, Wasser, Meerwasser, Salze, Nahrungsmittel, Laugen	starke Säuren, Schwefel, Chlor Acetylen
Titan	dichtes Oxid	Luft, Wasser, Meerwasser, organische Säuren, Salpetersäure	Salz-, Schwefelsäure, Natronlauge
Zink	dichte Oxide Karbonate	feuchte Luft, hartes Wasser, schwache Laugen	Heißwasser, Dampf, Säuren, Salze
Zinn	dünnes Oxid	Luft, Wasser, Meerwasser, Dampf, organ. Säuren unter Luftabschluß, Nahrungsmittel, Öle, Treibstoff	starke Säuren, Laugen, Schwefeldioxid

4.7.4 Aktiver Korrosionsschutz

Passivierung: Einige Werkstoffe bilden unter bestimmten Bedingungen dichte, undurchlässige Oxidschichten, die eine weitere Korrosion verhindern (durch Ändern des Potentials oder elektrische Isolation wie Aluminium und Kupfer an der Luft). Unbeständige Metalle können mit leicht passivierbaren Metallen geschützt werden (Chrom und Nickel für Stahl, Silicium und Aluminium für Gußeisen).

Katodischer Schutz: Für Rohre, Kabel, Tanks und Schiffe werden entweder unedlere Metalle (Magnesium, Zink) mit dem zu schützenden Bauteil als Opferanode leitend verbunden oder das Werkstück mit einer Gleichstromquelle als Katode geschaltet. Die Anode wird dann von einer Graphitelektrode gebildet.

Passiver Korrosionsschutz siehe Beschichten S. 7–54ff

5 Maschinenelemente

5.1 Übersicht

			Seite
Toleranzen und Passungen			5-2ff.
Verbindungselemente			
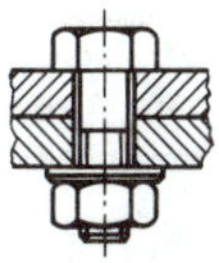	**Schrauben-verbindungen**	Gewinde	5-10ff.
		Schrauben	5-14ff.
		Muttern	5-22f.
		Sicherungen	5-24
		Senkungen	5-25
		Keile und Federn	5-26ff.
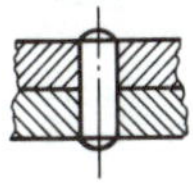	**Stift-verbindungen**	Zylinderstifte	5-29
		Kegelstifte	5-29
		Kerbstifte	5-30
		Kerbnägel	5-30
		Bolzen	5-31
	**Nietverbindungen**	Niete	5-32f.
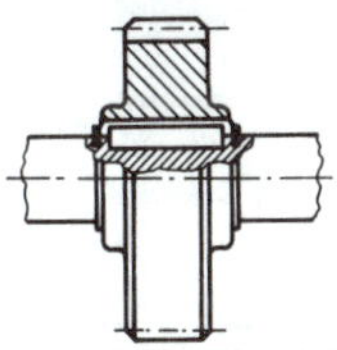	**Wellen-/Naben-Verbindungen**	Keile	5-26
		Paßfedern	5-27
		Scheibenfedern	5-27
		Keilwellen-Verbindungen	5-28
		Kerbzahn-Verbindungen	5-28
		Sicherungsringe	5-34
		Sicherungsscheiben	5-34
Speicherelemente			
	**Federn**	Tellerfedern	5-35
		Schraubenfedern	5-36
Stützelemente			
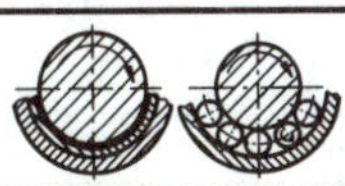	**Lager**	Gleitlager	5-37f.
		Wälzlager	5-39ff.
		Dichtringe	5-42
Übertragungselemente			
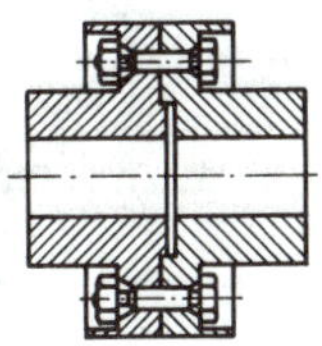 	**Kupplungen**	Wellenkupplungen	5-43
		Scheibenkupplungen	5-44
		Schalenkupplungen	5-44
	Zahnradgetriebe	Stirnräder	5-45
		Kegelräder	5-46
		Schneckentrieb	5-46
	Riemengetriebe	Keilriemen und -scheiben	5-47
		Synchronriemen und -scheiben	5-48
Elemente des Geräteaufbaus			
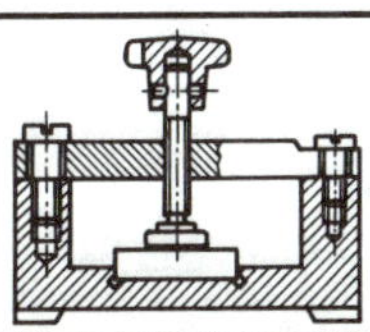	**Normteile** für Vorrichtungen und Werkzeuge	Bohrbuchsen u.a.	5-49f.
		Kreuzgriffe u.a	5-51
		Einspannzapfen u.a.	5-52f.
		Säulengestelle u.a	5-54
	Werkzeugkegel	Metrische Kegel, Morsekegel	5-55
		Steilkegelschäfte	5-55

5

5.2 Toleranzen und Passungen

5.2.1 Allgemeintoleranzen nach DIN 7168 T1 (5.81)[1]

Reicht für die Funktion eines Werkstücks die werkstattübliche Genauigkeit aus, kann in der Zeichnung bei der Angabe der Nennmaße auf Abmaße oder Toleranzkurzzeichen verzichtet werden (Maße ohne Toleranzangabe, Freimaße). Im Schriftfeld ist die Verwendung dieser Allgemeintoleranzen nach DIN 7168 mit dem Kurzzeichen des gewählten Genauigkeitsgrades einzutragen.

Genauigkeitsgrad	**Nennmaßbereiche** von ··· bis und **Abmaße für Längenmaße** in mm								
	0,5 ···3	3 ···6	6 ···30	30 ···120	120 ···400	400 ···1000	1000 ···2000	2000 ···4000	4000 ···8000
f (fein)	±0,05	±0,05	±0,1	±0,15	±0,2	±0,3	±0,5	±0,8	
m (mittel)	±0,1	±0,1	±0,2	±0,3	±0,5	±0,8	±1,2	±2	±3
g (grob)	±0,15	±0,2	±0,5	±0,8	±1,2	±2	±3	±4	±5
sg (sehr grob)		±0,5	±1	±1,5	±2	±3	±4	±6	±8

Genauigkeitsgrad	**Rundungshalbmesser, Fasenhöhen** Abmaße in mm Nennmaßbereiche von ··· bis in mm					**Winkelmaße** Abmaße in Grad und Minuten Nennmaßbereiche für kürzeren Schenkel				
	0,5 ···3	3 ···6	6 ···30	30 ···120	120 ···400	bis 10	10 ···50	50 ···120	120 ···400	über 400
f (fein) **m** (mittel)	±0,2	±0,5	±1	±2	±4	±1°	±30′	±20′	±10′	±5′
g (grob) **sg** (sehr grob)	±0,2	±1	±2	±4	±8	±1°30′ ±3°	±50′ ±2°	±25′ ±1°	±15′ ±30′	±10′ ±20′

5.2.2 Passungen

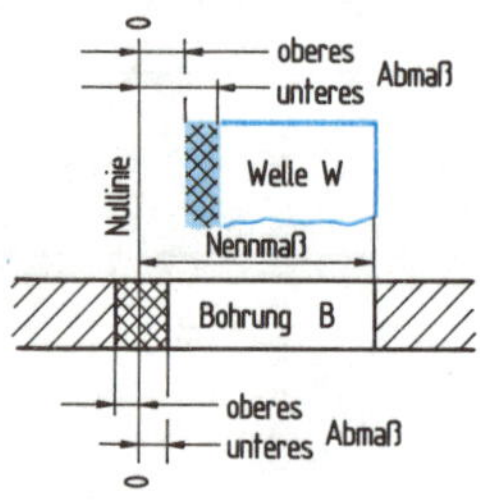

Wird die Funktion eines Werkstücks durch die Anwendung der Allgemeintoleranzen bei einem bestimmten Nennmaß nicht erreicht, ist ein Paßmaß erforderlich. Das Nennmaß legt die Nullinie als Bezugslinie für die Abmaße fest. Das Größtmaß G weicht um das obere Abmaß, das Kleinstmaß K um das untere Abmaß vom Nennmaß ab. Die Maßtoleranz ist die Differenz zwischen Größt- und Kleinstmaß ($G_W - K_W$, $G_B - K_B$). Die Paßtoleranz T_P ist die mögliche Schwankung des Spiels bzw. Übermaßes der zu paarenden Teile.

Toleranzfeldlagen

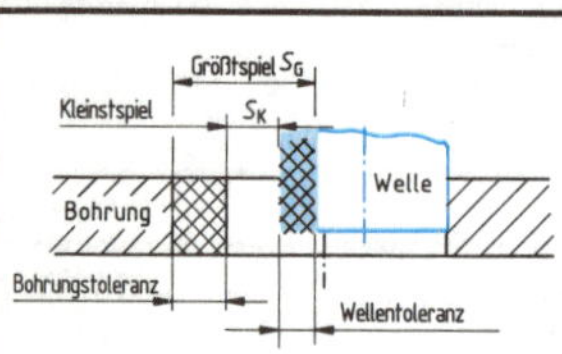

Spielpassung

$S_G = G_B - K_W$ $S_K = K_B - G_W$
$T_P = S_G - S_K$

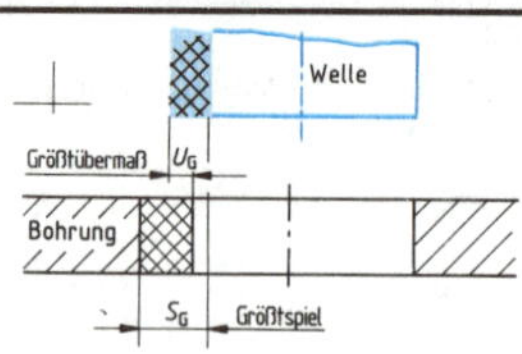

Übergangspassung

$S_G = G_B - K_W$ $U_G = G_W - K_B$
$T_P = S_G + U_G$

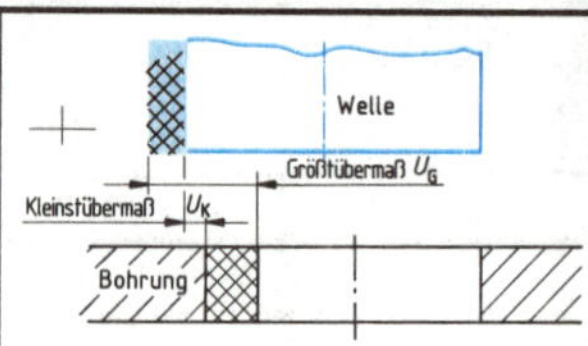

Preßpassung

$U_K = K_W - G_B$ $U_G = G_W - K_B$
$T_P = U_G - U_K$

[1]) Neue Begriffe nach DIN 7182 (5.86) s.S. 5-3

5.2 Toleranzen und Passungen

5.2.3 ISO-Paßsysteme nach DIN 7154 (8.66), DIN 7155 (8.66) und DIN 7157 (1.66)

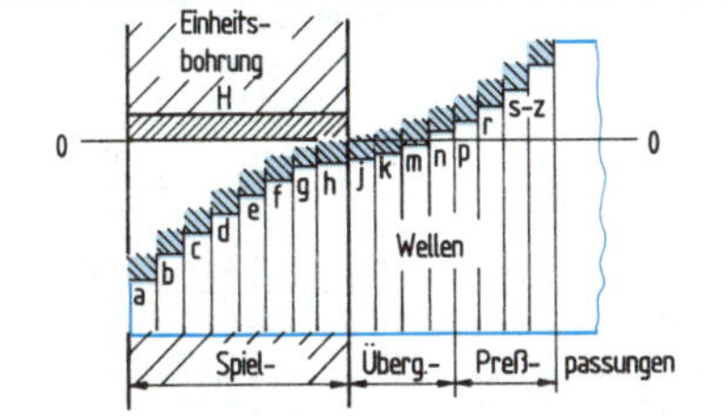

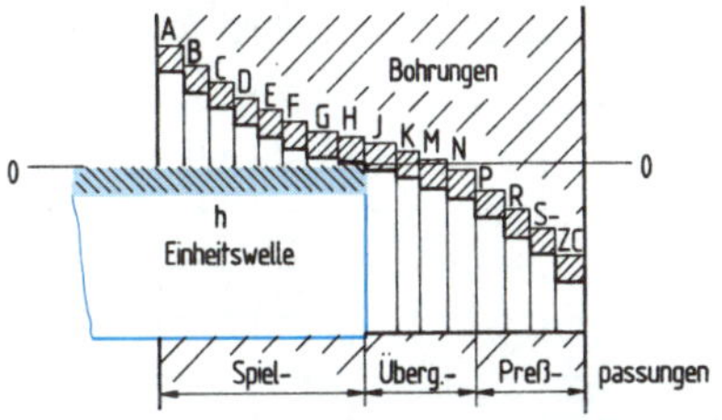

Begriffe nach DIN 7182 T1 bisher (10.71)	neu (5.86)
oberes Abmaß A_o	oberes Grenzabmaß A_o
unteres Abmaß A_u	unteres Grenzabmaß A_u
Genauigkeitsgrad	Toleranzklasse
Größtmaß G	Höchstmaß G_o
Kleinstmaß K	Mindestmaß G_u
Größtspiel S_G oder Kleinstübermaß U_K	Höchstpassung P_o
Kleinstspiel S_K oder Größtübermaß U_G	Mindestpassung P_u
Paßtoleranz T_p	Paßtoleranz P_T
Preßpassung	Übermaßtoleranzfeld
Spielpassung	Spieltoleranzfeld
Übergangspassung	Übergangstoleranzfeld

1. Um in Konstruktion und Fertigung die Funktion der Passung kostengünstig (geringe Zahl von Werkzeugen und Prüfmitteln) zu erreichen, wurden planmäßige Reihen von Abmaßen aufgebaut: die Paßsysteme
   Einheitsbohrung (DIN 7154),
   Einheitswelle (DIN 7155) sowie ein noch engeres, überwiegend anzuwendendes Auswahlsystem (DIN 7157).
2. Die ISO-Toleranzen gelten nicht für Absatzmaße und Lochmittenabstände.
3. Die Toleranzfeldlage zur Nullinie wird zur Angabe im Kurzzeichen durch Buchstaben festgelegt. Um Verwechslungen mit anderen Zeichen zu vermeiden, scheiden die Groß- und Kleinbuchstaben i, l, o, q und w aus. Zusätzlich werden die Kombinationen cd, ef, fg, js, za, zb und zc verwendet.
4. Die Größe des Toleranzfeldes bestimmt sich aus dem Nennmaß und der Qualität der Passung. Die Angabe im Kurzzeichen erfolgt durch eine Ziffer.
5. Im System Einheitsbohrung erhält die Bohrung für alle Passungen desselben Nennmaßes einheitlich das H-Toleranzfeld (Kleinstmaß = Nennmaß). Die Art der Passung wird durch entsprechende Wahl der Wellentoleranz erreicht.
6. Im System Einheitswelle wird die Welle für alle Passungen desselben Nennmaßes einheitlich mit dem h-Toleranzfeld (Größtmaß = Nennmaß) gefertigt. Die Art der Passung wird durch die Bohrungstoleranz erzielt.

ISO-Grundtoleranzen nach DIN 7151 (11.64) (in μm)

Nennmaß-bereich über … bis in mm	**Qualitäten** Lehren							allgem. Maschinenbau						Walz-, Preß-, Schmiedeerzeugnisse						
	01	0	1	2	3	4	5	6	7	8	9	10	11	12	13	14	15	16	17	18
1 … 3	0,3	0,5	0,8	1,2	2	3	4	6	10	14	25	40	60	100	140	250	400	600		
3 … 6	0,4	0,6	1	1,5	2,5	4	5	8	12	18	30	48	75	120	180	300	480	750		
6 … 10	0,4	0,6	1	1,5	2,5	4	6	9	15	22	36	58	90	150	220	360	580	900	1500	
10 … 18	0,5	0,8	1,2	2	3	5	8	11	18	27	43	70	110	180	270	430	700	1100	1800	2700
18 … 30	0,6	1	1,5	2,5	4	6	9	13	21	33	52	84	130	210	330	520	840	1300	2100	3300
30 … 50	0,6	1	1,5	2,5	4	7	11	16	25	39	62	100	160	250	390	620	1000	1600	2500	3900
50 … 80	0,8	1,2	2	3	5	8	13	19	30	46	74	120	190	300	460	740	1200	1900	3000	4600
80 … 120	1	1,5	2,5	4	6	10	15	22	35	54	87	140	220	350	540	870	1400	2200	3500	5400
120 … 180	1,2	2	3,5	5	8	12	18	25	40	63	100	160	250	400	630	1000	1600	2500	4000	6300
180 … 250	2	3	4,5	7	10	14	20	29	46	72	115	185	290	460	720	1150	1850	2900	4600	7200
250 … 315	2,5	4	6	8	12	16	23	32	52	81	130	210	320	520	810	1300	2100	3200	5200	8100
315 … 400	3	5	7	9	13	18	26	36	57	89	140	230	360	570	890	1400	2300	3600	5700	8900
400 … 500	4	6	8	10	15	20	27	40	63	97	155	250	400	630	970	1550	2500	4000	6300	9700

5.2 Toleranzen und Passungen

System Einheitsbohrung nach DIN 7154 T1 (8.66) (Abmaße in µm)

Nennmaßbereich über … bis in mm	Spielpassung		Übergangspassung			Preßpassung	Spielpassung				Übergangspassung			Preßpassung	
	H6	h5	j6	k6	n5	r5	H7	f7	g6	h6	k6	m6	n6	r6	s6
1…3	+6 0	0 −4	+4 −2	+6 0	+8 +4	+14 +10	+10 0	−6 −16	−2 −8	0 −6	+6 0	+8 +2	+10 +4	+16 +10	+20 +14
3…6	+8 0	0 −5	+6 −2	+9 +1	+13 +8	+20 +15	+12 0	−10 −22	−4 −12	0 −8	+9 +1	+12 +4	+16 +8	+23 +15	+27 +19
6…10	+9 0	0 −6	+7 −2	+10 +1	+16 +10	+25 +19	+15 0	−13 −28	−5 −14	0 −9	+10 +1	+15 +6	+19 +10	+28 +19	+33 +23
10…14 14…18	+11 0	0 −8	+8 −3	+12 +1	+20 +12	+31 +23	+18 0	−16 −34	−6 −17	0 −11	+12 +1	+18 +7	+23 +12	+34 +23	+39 +28
18…24 24…30	+13 0	0 −9	+9 −4	+15 +2	+24 +15	+37 +28	+21 0	−20 −41	−7 −20	0 −13	+15 +2	+21 +8	+28 +15	+41 +28	+48 +35
30…40 40…50	+16 0	0 −11	+11 −5	+18 +2	+28 +17	+45 +34	+25 0	−25 −50	−9 −25	0 −16	+18 +2	+25 +9	+33 +17	+50 +34	+59 +43
50…65 65…80	+19 0	0 −13	+12 −7	+21 +2	+33 +20	+54 +41 +56 +43	+30 0	−30 −60	−10 −29	0 −19	+21 +2	+30 +11	+39 +20	+60 +41 +62 +43	+72 +53 +78 +59
80…100 100…120	+22 0	0 −15	+13 −9	+25 +3	+38 +23	+66 +51 +69 +54	+35 0	−36 −71	−12 −34	0 −22	+25 +3	+35 +13	+45 +23	+73 +51 +76 +54	+93 +71 +101 +79
120…140 140…160 160…180	+25 0	0 −18	+14 −11	+28 +3	+45 +27	+81 +63 +83 +65 +86 +68	+40 0	−43 −83	−14 −39	0 −25	+28 +3	+40 +5	+52 +27	+88 +63 +90 +65 +93 +68	+117 +92 +125 +100 +133 +108
180…200 200…225 225…250	+29 0	0 −20	+16 −13	+33 +4	+51 +31	+97 +77 +100 +80 +104 +84	+46 0	−50 −96	−15 −44	0 −29	+33 +4	+46 +17	+60 +31	+106 +77 +109 +80 +113 +84	+151 +122 +159 +130 +169 +140
250…280 280…315	+32 0	0 −23	+16 −16	+36 +4	+57 +34	+117 +94 +121 +98	+52 0	−56 −108	−17 −49	0 −32	+36 +4	+52 +20	+66 +34	+126 +94 +130 +98	+190 +158 +202 +170
315…355 355…400	+36 0	0 −25	+18 −18	+40 +4	+62 +37	+133 +108 +139 +114	+57 0	−62 −119	−18 −54	0 −36	+40 +4	+57 +21	+73 +37	+144 +108 +150 +114	+226 +190 +244 +208
400…450 450…500	+40 0	0 −27	+20 −20	+45 +5	+67 +40	+153 +126 +159 +132	+63 0	−68 −131	−20 −60	0 −40	+45 +5	+63 +23	+80 +40	+166 +126 +172 +132	+272 +232 +292 +252

5.2 Toleranzen und Passungen

System Einheitsbohrung nach DIN 7154 T1 (8.66) (Abmaße in µm)

Nennmaß-bereich über … bis in mm	Spielpassung					Preßpassung			Spielpassung					Preß-pas-sung
	H8	d9	e8	f8	h9	s8	u8	x8	H11	a11	c11	d9	h11	x11
1 … 3	+14 0	−20 −45	−14 −28	−6 −20	0 −25	+28 +14		+34 +20	+60 0	−270 −330	−60 −120	−20 −45	0 −60	
3 … 6	+18 0	−30 −60	−20 −38	−10 −28	0 −30	+37 +19		+46 +28	+75 0	−270 −345	−70 −145	−30 −60	0 −75	
6 … 10	+22 0	−40 −76	−25 −47	−13 −35	0 −36	+45 +23		+56 +34	+90 0	−280 −370	−80 −170	−40 −76	0 −90	
10 … 14	+27	−50	−32	−16	0	+55		+67 +40	+110	−290	−95	−50	0	
14 … 18	0	−93	−59	−43	−43	+28		+72 +45	0	−400	−205	−93	−110	
18 … 24	+33	−65	−40	−20	0	+68		+87 +54	+130	−300	−110	−65	0	
24 … 30	0	−117	−73	−53	−52	+35	+81 +48	+97 +64	0	−430	−240	−117	−130	
30 … 40	+39	−80	−50	−25	0	+82	+99 +60	+119 +80	+160	−310 −470	−120 −280	−80	0	
40 … 50	0	−142	−89	−64	−62	+43	+109 +70	+136 +97	0	−320 −480	−130 −290	−142	−160	
50 … 65	+46	−100	−60	−30	0	+99 +53	+133 +87	+168 +122	+190	−340 −530	−140 −330	−100	0 0	+312 +122
65 … 80	0	−174	−106	−76	−74	+105 +59	+148 +102	+192 +146	0	−360 −550	−150 −340	−174	−190	+336 +146
80 … 100	+54	−120	−72	−36	0	+125 +71	+178 +124	+232 +178	+220	−380 −600	−170 −390	−120	0	+398 +178
100 … 120	0	−207	−126	−90	−87	+133 +79	+198 +144	+264 +210	0	−410 −630	−180 −400	−207	−220	+430 +210
120 … 140						+155 +92	+233 +170	+311 +248		−460 −710	−200 −450			+498 +248
140 … 160	+63 0	−145 −245	−85 −148	−43 −106	0 −100	+163 +100	+253 +190	+343 +280	+250 0	−520 −770	−210 −460	−145 −245	0 −250	+530 +280
160 … 180						+171 +108	+273 +210	+373 +310		−580 −830	−230 −480			+560 +310
180 … 200						+194 +122	+308 +236	+422 +350		−660 −950	−240 −530			+640 +350
200 … 225	+72 0	−170 −285	−100 −172	−50 −122	0 −115	+202 +130	+330 +258	+457 +385	+290 0	−740 −1030	−260 −550	−170 −285	0 −290	+675 +385
225 … 250						+212 +140	+356 +284	+497 +425		−820 −1110	−280 −570			+715 +425
250 … 280	+81	−190	−110	−56	0	+239 +158	+396 +315	+556 +475	+320	−920 −1240	−300 −620	−190	0	+795 +475
280 … 315	0	−320	−191	−137	−130	+251 +170	+431 +350	+606 +525	0	−1050 −1370	−330 −650	−320	−320	+845 +525
315 … 355	+89	−210	−125	−62	0	+279 +190	+479 +390	+679 +590	+360	−1200 −1560	−360 −720	−210	0	+950 +590
355 … 400	0	−350	−214	−151	−140	+297 +208	+524 +435		0	−1350 −1710	−400 −760	−350	−360	+1020 +660
400 … 450	+97	−230	−135	−68	0	+329 +232	+587 +490		+400	−1500 −1900	−440 −840	−230	0	+1140 +740
450 … 500	0	−385	−232	−165	−155	+349 +252	+637 +540		0	−1650 −2050	−480 −880	−385	−400	+1220 +820

5.2 Toleranzen und Passungen

System Einheitswelle nach DIN 7155 T1 (8.66) (Abmaße in µm)

Nennmaßbereich über ··· bis in mm	Spielpassung		Übergangspassung			Preßpassung	Spielpassung			Übergangspassung				Preßpassung	
	h5	**G6**	**J6**	**M6**	**N6**	**P6**	**h6**	**F7**	**G7**	**J7**	**K7**	**M7**	**N7**	**R7**	**S7**
1 ··· 3	0 − 4	+ 8 + 2	+ 2 − 4	− 2 − 8	− 4 −10	− 6 −12	0 − 6	+ 16 + 6	+12 + 2	+ 4 − 6	0 −10	− 2 −12	− 4 −14	− 10 − 20	− 14 − 24
3 ··· 6	0 − 5	+12 + 4	+ 5 − 3	− 1 − 9	− 5 −13	− 9 −17	0 − 8	+ 22 + 10	+16 + 4	+ 6 − 6	+ 3 − 9	0 −12	− 4 −16	− 11 − 23	− 15 − 27
6 ··· 10	0 − 6	+14 + 4	+ 5 − 4	− 3 −12	− 7 −16	−12 −21	0 − 9	+ 28 + 13	+20 + 5	+ 8 − 7	+ 5 −10	0 −15	− 4 −19	− 13 − 28	− 17 − 32
10 ··· 14	0 − 8	+17 + 6	+ 6 − 5	− 4 −15	− 9 −20	−15 −26	0 −11	+ 34 + 16	+24 + 6	+10 + 8	+ 6 −12	0 −18	− 5 −23	− 16 − 34	− 21 − 39
14 ··· 18															
18 ··· 24	0 − 9	+20 + 7	+ 8 − 5	− 4 −17	−11 −24	−18 −31	0 −13	+ 41 + 20	+28 + 7	+12 − 9	+ 6 −15	0 −21	− 7 −28	− 20 − 41	− 27 − 48
24 ··· 30															
30 ··· 40	0 −11	+25 + 9	+10 − 6	− 4 −20	−12 −28	−21 −37	0 −16	+ 50 + 25	+34 + 9	+14 −11	+ 7 −18	0 −25	− 8 −33	− 25 − 50	− 34 − 59
40 ··· 50															
50 ··· 65	0 −13	+29 +10	+13 − 6	− 5 −24	−14 −33	−26 −45	0 −19	+ 60 + 30	+40 +10	+18 −12	+ 9 −21	0 −30	−9 −39	− 30 − 60	− 42 − 72
65 ··· 80														− 32 − 62	− 48 − 78
80 ··· 100	0 −15	+34 +12	+16 − 6	− 6 −28	−16 −38	−30 −52	0 −22	+ 71 + 36	+47 +12	+22 −13	+10 −25	0 −35	−10 −45	− 38 − 73	− 58 − 93
100 ··· 120														− 41 − 76	− 66 −101
120 ··· 140														− 48 − 88	− 77 −117
140 ··· 160	0 −18	+39 +14	+18 − 7	− 8 −33	−20 −45	−36 −61	0 −25	+ 83 + 43	+54 +14	+26 −14	+12 −28	0 −40	−12 −52	− 50 − 90	− 85 −125
160 ··· 180														− 53 − 93	− 93 −133
180 ··· 200														− 60 −106	−205 −151
200 ··· 225	0 −20	+44 +15	+22 − 7	− 8 −37	−22 −51	−41 −70	0 −29	+ 96 + 50	+61 +15	+30 −16	+13 −33	0 −46	−14 −60	− 63 −109	−113 −159
225 ··· 250														− 67 −113	−123 −169
250 ··· 280	0 −23	+49 +17	+25 − 7	− 9 −41	−25 −57	−47 −79	0 −32	+108 + 56	+69 +17	+36 −16	+16 −36	0 −52	−14 −66	− 74 −126	−138 −190
280 ··· 315														− 78 −130	−150 −202
315 ··· 355	0 −25	+54 +18	+29 − 7	−10 −46	−26 −62	−51 −87	0 −36	+119 + 62	+75 +18	+39 −18	+17 −40	0 −57	−16 −73	− 87 −144	−169 −226
355 ··· 400														− 93 −150	−187 −244
400 ··· 450	0 −27	+60 +20	+33 − 7	−10 −50	−27 −67	−55 −95	0 −40	+131 + 68	+83 +20	+43 −20	+18 −45	0 −63	−17 −80	−103 −166	−209 −209
450 ··· 500														−109 −172	−229 −292

5.2 Toleranzen und Passungen

System Einheitswelle nach DIN 7155 T1 (8.66) (Abmaße in µm)

Nennmaß-bereich über … bis in mm	Spielpassung							Preß-pas-sung	Spielpassung				Preß-pas-sung
	h9	C11	D10	E9	F8	H8	h11	X9	h11	A11	C11	D10	X11
1 … 3	0 − 25	+120 + 60	+ 60 + 20	+ 39 + 14	+ 20 + 6	+14 0	+ 60 0	− 20 − 45	0 − 60	+ 330 + 270	+120 + 60	+ 60 + 20	
3 … 6	0 − 30	+145 + 70	+ 78 + 30	+ 50 + 20	+ 28 + 10	+18 0	+ 75 0	− 28 − 58	0 − 75	+ 345 + 270	+145 + 70	+ 78 + 30	
6 … 10	0 − 36	+170 + 80	+ 98 + 40	+ 61 + 25	+ 35 + 13	+22 0	+ 90 0	− 34 − 70	0 − 90	+ 370 + 280	+170 + 80	+ 98 + 40	
10 … 14	0	+205	+120	+ 75	+ 43	+27	+110	− 40 − 83	0	+ 400	+205	+120	
14 … 18	− 43	+ 95	+ 50	+ 32	+ 16	0	0	− 45 − 88	−110	+ 290	+ 95	+ 50	
18 … 24	0	+240	+149	+ 92	+ 53	+33	+130	− 54 −106	0	+ 430	+240	+149	
24 … 30	− 52	+110	+ 65	+ 40	+ 20	0	0	− 64 −116	−130	+ 300	+110	+ 65	
30 … 40	0	+280 +120	+180	+112	+ 64	+39	+160	− 80 −142	0	+ 470 + 310	+280 +120	+180	
40 … 50	− 62	+290 +130	+ 80	+ 50	+ 25	0	0	− 97 −159	−160	+ 480 + 320	+290 +130	+ 80	
50 … 65	0	+330 +140	+220	+134	+ 76	+46	+190	−122 −196	0	+ 530 + 340	+330 +140	+220	− 122 − 312
65 … 80	− 74	+340 +150	+100	+ 60	+ 30	0	0	−146 −220	−190	+ 550 + 360	+340 +150	+100	− 146 − 336
80 … 100	0	+390 +170	+260	+159	+ 90	+54	+220	−178 −265	0	+ 600 + 380	+390 +170	+260	− 178 − 398
100 … 120	− 87	+400 +180	+120	+ 72	+ 36	0	0	−210 −297	−220	+ 630 + 410	+400 +180	+120	− 210 − 430
120 … 140		+450 +200						−248 −348		+ 710 + 460	+450 +200		− 248 − 498
140 … 160	0 −100	+460 +210	+305 +145	+185 + 85	+106 + 43	+63 0	+250 0	−280 −380	0 −250	+ 770 + 520	+460 +210	+305 +145	− 280 − 530
160 … 180		+480 +230						−310 −410		+ 830 + 580	+480 +230		− 310 − 560
180 … 200		+530 +240						−350 −465		+ 950 + 660	+530 +240		− 350 − 640
200 … 225	0 −115	+550 +260	+355 +170	+215 +100	+122 + 50	+72 0	+290 0	−385 −500	0 −290	+1030 + 740	+550 +260	+355 +170	− 385 − 675
225 … 250		+570 +280						−425 −540		+1110 + 820	+570 +280		− 425 − 715
250 … 280	0	+620 +300	+400	+240	+137	+81	+320	−475 −605	0	+1240 + 920	+620 +300	+400	− 475 − 795
280 … 315	−130	+650 +330	+190	+110	+ 56	0	0	−525 −655	−320	+1370 +1050	+650 +330	+190	− 525 − 845
315 … 355	0	+720 +360	+440	+265	+151	+89	+360	−590 −730	0	+1560 +1200	+720 +360	+440	− 590 − 950
355 … 400	−140	+760 +400	+210	+125	+ 62	0	0	−660 −800	−360	+1710 +1350	+760 +400	+210	− 660 −1020
400 … 450	0	+840 +440	+480	+290	+165	+97	+400	−740 −895	0	+1900 +1500	+840 +440	+480	− 740 −1140
450 … 500	−155	+880 +480	+230	+135	+ 68	0	0	−820 −975	−400	+2050 +1650	+880 +480	+230	− 820 −1220

5.2 Toleranzen und Passungen

Passungsauswahl nach DIN 7157 (1.66)

Einheits-bohrung	Einheits-welle	Merkmale	Anwendungen (hervorgehobene Passungen bevorzugen)
		Preßpassungen	
H8/x8 bis **u8** H7/s6 **H7/r6**		Großes bis geringes Übermaß (Preßsitz). Fügen unter hohem Druck oder durch Schrumpfen möglich. Zusätzliche Sicherung gegen Verdrehen nicht erforderlich	Zapfen, Bunde, Räder auf Achsen, Rad-, Zahnkränze, Buchsen in Radnaben
		Übergangspassungen	
H7/n6	N7/h6	Spiel kleiner als Übermaß (Festsitz). Fügen mit mittlerem Druck oder durch Schrumpfen möglich. Sicherung gegen Verdrehen erforderlich	Zahn-, Schneckenräder auf Achsen, Buchsen im Gehäuse
H7/m6	M7/h6	Spiel und Übermaß ungefähr gleich (Treibsitz). Fügen mit geringem Druck (Handhammer) möglich. Sicherung gegen Verdrehen erforderlich	Ohne Beschädigung auszutauschende Teile: Zahnräder, Kupplungen, Riemenscheiben, Kolbenbolzen, Zylinderstifte, Paßschrauben, Handräder, Lagerbuchsen
H7/k6	K7/h6	Spiel und Übermaß ungefähr gleich (Haftsitz). Fügen mit geringer Kraft möglich. Sicherung gegen Verdrehen erforderlich	Selten auszutauschende Teile
H7/j6	J7/h6	Spiel größer als Übermaß (Schiebesitz). Fügen bei guter Schmierung von Hand möglich	Häufig auszubauende Teile
		Spielpassungen	
H7/h6 **H8/h9**	H7/h6 H8/h9	Gerade gleitfähig (Gleitsitz). Bei guter Schmierung noch von Hand verschiebbar. Leicht verschiebbar (Schlichtgleitsitz)	Fräser auf Dorn, Pinolen, Säulenführungen, Distanzringe, Räder, Kupplungen, Stellringe
H7/g6	G7/h6	Bewegung ohne merkliches Spiel (Enger Laufsitz)	Schieberäder, Gleitlager für Schleifmaschinen
H7/f7 H8/f8	F7/h6 **F8/h9**	Bewegung mit merklichem Spiel für gute Schmierung (Laufsitz) Leichtes Verschieben. Bewegung mit merklichem bis reichlichem Spiel (Schlichtlaufsitz)	Gleitlager, Gleitführungen (Kurbel-, Nockenwellen-, Spindellager, Kulissensteine, Schieberäder), mehrfach gelagerte Wellen
H8/e8	E8/h8	Bewegung mit reichlichem Spiel (Leichter Laufsitz)	Lange Wellen, bei denen einwandfreies Ausrichten nicht gewährleistet ist
H8/d9 H9/d10	D9/h8 **D10/h9**	Bewegung mit sehr reichlichem Spiel (Weiter Laufsitz). (Weiter Schlichtlaufsitz)	Schnell laufende Maschinen, Lager an Bau- und Landmaschinen, Förderanlagen, Hydraulikkolben

5.2 Toleranzen und Passungen

Passungsauswahl nach DIN 7157 (1.66)

Einheits-bohrung	Einheits-welle	Merkmale	Anwendungen
Spielpassungen			
H11/h11	**H11/h11**	Bewegung mit geringem Spiel bei großen Toleranzen (Grobsitz 1)	Wellen aus blankem Rundstahl, Griffe, Hebel, Kurbeln, Teile, die durch Stiften, Schrauben oder Schweißen gefügt werden
H11/d11	D11/h11	Bewegung mit bestimmtem Kleinstspiel bei großen Toleranzen (Grobsitz 2)	Lager an Bau- und Landmaschinen, Förderanlagen, Rollen
H11/c11	**C11/h11**	Bewegung mit großem Spiel bei großen Toleranzen (Grobsitz 3)	Haushaltsmaschinen, Grobmaschinenbau, Lager für starke Erwärmung, Steckbolzen, Lager bei Verschmutzungsgefahr und mangelhafter Schmierung, Bagger, Bremsgestänge, Gelenke, Türangeln
H11/a11	**A11/h11**	Bewegung mit sehr großem Spiel bei großen Toleranzen (Grobsitz 4)	

Wälzlagerpassungen (vgl. auch DIN 5425)

Betriebsbedingungen		Gehäuse Toleranz	Welle ∅ mm	Welle Toler.	Beispiele
Radiallager					
Punktlast	Loslager, leicht verschiebbar, Wärmezufuhr durch die Welle	G7 H7	alle	g6 h6	Große elektrische Maschinen, Achslager, Schienenfahrzeuge, Rollen, Werkzeugmaschinen
	Loslager, höhere Genauigkeit	H6 J7		h5 j6	
Umfangslast	Geringe Belastung	K7	bis 100	j6 k6	Allgemeiner Maschinenbau, Turbinen, Pumpen, Gebläse, Verbrennungsmotoren, Zahnradgetriebe, Seilrollen, Pleuellager, Achslager, Schienenfahrzeuge
	Normale Belastung, leichte Stöße	M7	bis 200	k6 m6	
	Hohe Belastung, mittlere Stöße	N7	bis 300	m6 n6	
	Sehr hohe Belastung, starke Stöße, dünnwandige Gehäuse	P7	bis 500	p6 r6	
Axiallager					
Punktlast	Reine Axialbelastung	H7	alle	j6	
Umfangslast	Axial- und Radialbelastungen, Normale Belastung Hohe Belastung	K7	bis 200 bis 400 über 400	k6 m6 n6	

5.3 Gewinde, Schrauben und Muttern; Scheiben, Federringe

5.3.1 Gewinde

Übersicht über Gewindearten

Gewindeprofil	Abkürzung	Gewindebenennung	DIN-Nummer
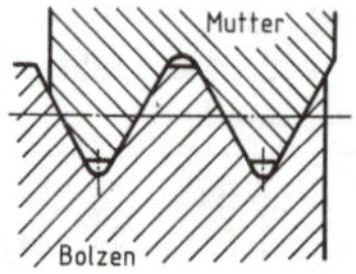	**M**	Metrisches ISO-Gewinde	DIN 14 T2 DIN 13 T1 DIN 13 T1···11
		Metrisches Gewinde mit großem Spiel	DIN 2510 T2
		Metrisches zylindrisches Innengewinde	DIN 158
		Metrisches kegeliges Außengewinde	DIN 158
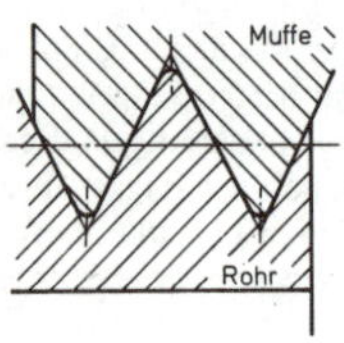	**R**	Whitworth-Rohrgewinde, zylindrisch	DIN 259 T1
		Whitworth-Rohrgewinde, zylindrisches Innengewinde	DIN 2999 DIN 3858
		Whitworth-Rohrgewinde, kegeliges Außengewinde	DIN 2999 T1 DIN 3858
	G	Whitworth-Rohrgewinde	DIN ISO 228
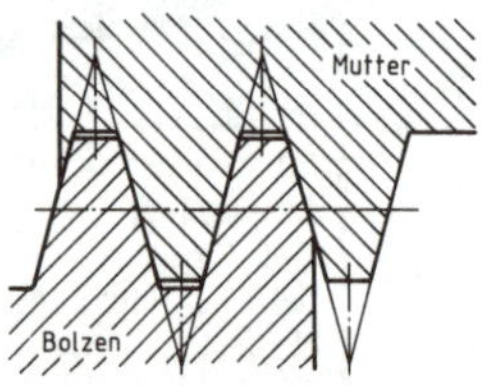	**Tr**	Metrisches ISO-Trapezgewinde	DIN 103 T2
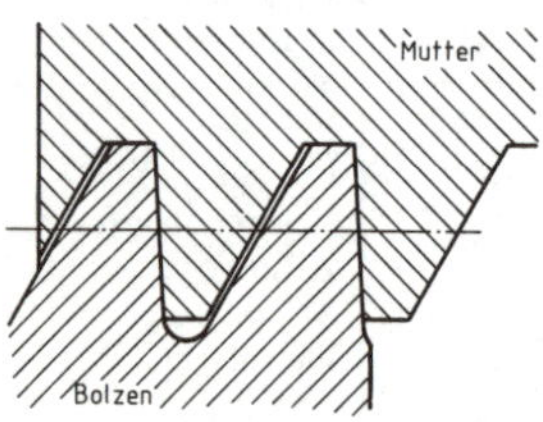	**S**	Sägengewinde	DIN 513 T2
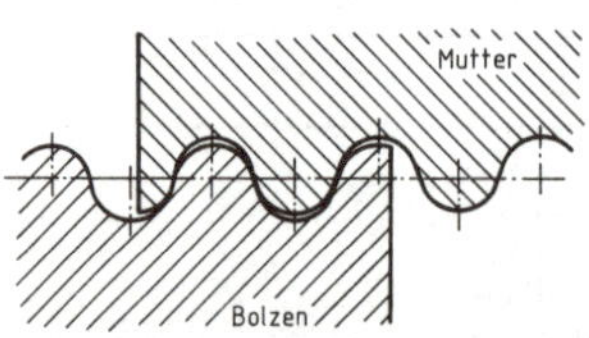	**Rd**	Rundgewinde	DIN 405 DIN 20400 DIN 7273 T1

5.3 Gewinde, Schrauben und Muttern; Scheiben, Federringe

Metrisches ISO-Gewinde Regelgewinde nach DIN 13 T1 (12.86) (Maße in mm)

Gewinde-Nenn-Ø $d=D$	Steigung P	Flanken-Ø $d_2=D_2$	Kern-Ø Bolzen d_3	Kern-Ø Mutter D_1	Gewindetiefe Bolzen h_3	Gewindetiefe Mutter H_1	Rundung R	Kernloch-Ø	Spannungsquerschnitt A_s in mm²
M 1	0,25	0,838	0,693	0,729	0,153	0,135	0,036	0,75	
M 1,2	0,25	1,038	0,893	0,929	0,153	0,135	0,036	0,95	
M 1,6	0,35	1,373	1,170	1,221	0,215	0,189	0,051	1,25	
M 2	0,4	1,740	1,509	1,567	0,245	0,217	0,058	1,6	
M 2,5	0,45	2,208	1,948	2,013	0,276	0,244	0,065	2,05	
M 3	0,5	2,675	2,387	2,459	0,307	0,271	0,072	2,5	5,03
M 4	0,7	3,545	3,141	3,242	0,429	0,379	0,101	3,3	8,73
M 5	0,8	4,480	4,019	4,134	0,491	0,433	0,115	4,2	14,2
M 6	1	5,350	4,773	4,917	0,613	0,541	0,144	5	20,1
M 8	1,25	7,188	6,466	6,647	0,767	0,677	0,180	6,8	36,6
M 10	1,5	9,026	8,160	8,376	0,920	0,812	0,217	8,5	58,0
M 12	1,75	10,863	9,853	10,106	1,074	0,947	0,253	10,2	84,3
M 16	2	14,701	13,546	13,835	1,227	1,083	0,289	14	157
M 20	2,5	18,376	16,933	17,294	1,534	1,353	0,361	17,5	245
M 24	3	22,051	20,319	20,752	1,840	1,624	0,433	21	353
M 30	3,5	27,727	25,706	26,211	2,147	2,894	0,505	26,5	561
M 36	4	33,402	31,093	31,670	2,454	2,165	0,577	32	817
M 42	4,5	39,077	36,479	37,129	2,760	2,436	0,650	37,5	1120
M 48	5	44,752	41,866	42,587	3,067	2,706	0,722	43	1470
M 56	5,5	52,428	49,252	50,046	3,374	2,977	0,794	50,5	2030
M 64	6	60,103	56,639	57,505	3,681	3,248	0,866	58	2680

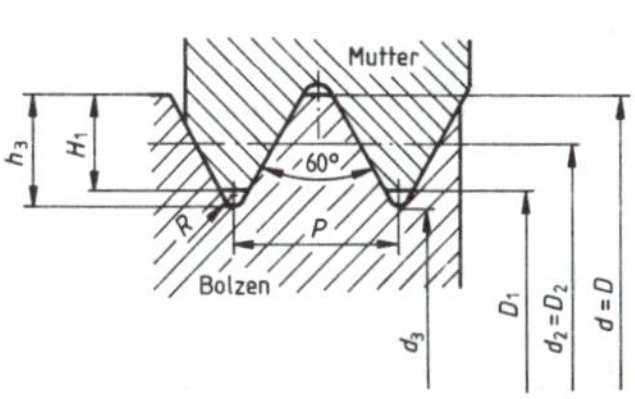

Nenndurchmesser	$d=D$
Steigung	P
Flankenwinkel	60°
Flankendurchmesser	$d_2=D_2=d-0{,}6495\cdot P$
Kerndurchmesser: Bolzen	$d_3=d-1{,}2269\cdot P$
Mutter	$D_1=d-1{,}0825\cdot P$
Gewindetiefe: Bolzen	$h_3=0{,}6134\cdot P$
Mutter	$H_1=0{,}5413\cdot P$
Rundung	$R=0{,}1443\cdot P$
Kernlochdurchmesser	$=d-P$
Spannungsquerschnitt	$A_s=\frac{\pi}{4}\cdot\left(\frac{d_2+d_3}{2}\right)^2$

Feingewinde DIN 13 T2 bis 10 (12.86) (Maße in mm)

Gewindebezeichnung $d\times P$	Flanken-Ø $d_2=D_2$	Kern-Ø Bolzen d_3	Kern-Ø Mutter D_1	Gewindebezeichnung $d\times P$	Flanken-Ø $d_2=D_2$	Kern-Ø Bolzen d_3	Kern-Ø Mutter D_1	Gewindebezeichnung $d\times P$	Flanken-Ø $d_2=D_2$	Kern-Ø Bolzen d_3	Kern-Ø Mutter D_1
M 2 × 0,2	1,870	1,755	1,783	M 16 × 1,5	15,026	14,160	14,376	M 56 × 1,5	55,026	54,160	54,376
M 2,5 × 0,25	2,338	2,193	2,229	M 20 × 1	19,350	18,773	18,917	M 56 × 2	54,701	53,546	53,835
M 3 × 0,35	2,773	2,571	2,621	M 20 × 1,5	19,026	18,160	18,376	M 64 × 2	62,701	61,546	61,835
M 4 × 0,5	3,675	3,387	3,459	M 24 × 1,5	23,026	22,160	22,376	M 72 × 3	70,051	68,319	68,752
M 5 × 0,5	4,675	4,387	4,459	M 24 × 2	22,701	21,546	21,835	M 80 × 3	78,051	76,319	76,752
M 6 × 0,75	5,513	5,080	5,188	M 30 × 1,5	29,026	28,160	28,376	M 90 × 4	87,402	85,093	85,670
M 8 × 0,75	7,513	7,080	7,188	M 30 × 2	28,701	27,546	27,835	M 100 × 4	97,402	95,093	95,670
M 8 × 1	7,350	6,773	6,917	M 36 × 1,5	35,026	34,160	34,376	M 125 × 4	122,402	120,093	120,670
M 10 × 0,75	9,513	9,080	9,188	M 36 × 2	34,701	33,546	33,835	M 140 × 5	136,103	132,639	133,505
M 10 × 1	9,350	8,773	8,917	M 42 × 1,5	41,026	40,160	40,376	M 160 × 6	156,103	152,639	153,505
M 12 × 1	11,350	10,773	10,917	M 42 × 2	40,701	39,546	39,835	M 180 × 6	176,10	172,64	173,51
M 12 × 1,25	11,188	10,466	10,647	M 48 × 1,5	47,026	46,160	46,376	M 200 × 6	196,10	192,64	193,51
M 16 × 1	15,350	14,773	14,917	M 48 × 2	46,701	45,546	45,835				

5.3 Gewinde, Schrauben und Muttern; Scheiben, Federringe

Whitworth-Rohrgewinde nach DIN ISO 228 (4.85) (Maße in mm)

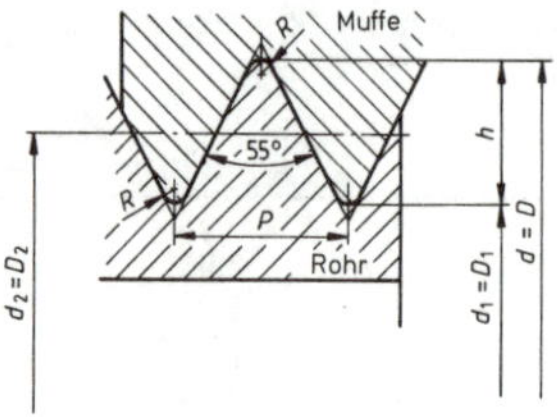

Flanken-Ø	$d_2=D_2=d-h$
Flankenwinkel	55°
Kern-Ø	$d_1=D_1=d-2\cdot h$
Steigung	$P=\dfrac{25{,}4\text{ mm}}{Z}$
Gewindetiefe	$h=0{,}64033\cdot P$
Rundung	$R=0{,}13733\cdot P$

Bezeichnung	Außen-Ø $d=D$	Flanken-Ø $d_2=D_2$	Kern-Ø $d_1=D_1$	Steigung P	Gangzahl auf 25,4 mm Z
G 1/8	9,728	9,147	8,566	0,907	28
G 1/4	13,157	12,301	11,445	1,337	19
G 3/8	16,662	15,806	14,950	1,337	19
G 1/2	20,955	19,793	18,631	1,814	14
G 3/4	26,441	25,279	24,117	1,814	14
G 1	33,249	31,770	30,291	2,309	11
G 1 1/4	41,910	40,431	38,952	2,309	11
G 1 1/2	47,803	46,324	44,845	2,309	11
G 2	59,614	58,135	56,656	2,309	11
G 2 1/2	75,184	73,705	72,226	2,309	11
G 3	87,884	86,405	84,926	2,309	11
G 3 1/2	100,33	98,851	97,372	2,309	11
G 4	113,03	111,55	110,07	2,309	11
G 5	138,43	136,95	135,47	2,309	11
G 6	163,83	162,35	160,87	2,309	11

Metrisches ISO-Trapezgewinde nach DIN 103 (4.77) (Maße in mm)

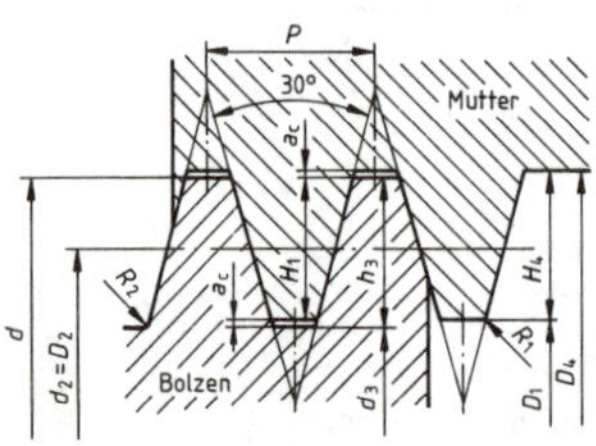

Flanken-Ø	$d_2=D_2=d-0{,}5\cdot P$
Flankenwinkel	30°
Kern-Ø: Bolzen	$d_3=d-(P+2\cdot a_c)$
Mutter	$D_1=d-P$
Außen-Ø der Mutter	$D_4=d+2\cdot a_c$
Gewindetiefe	$h_3=H_4=0{,}5\cdot P+a_c$
Tragtiefe	$H_1=0{,}5\cdot P$
Spitzenspiel	a_c
Rundungen	R_1, R_2
Gangzahl	n
Steigung eingängig	P
Steigung mehrgängig	$P_h=n\cdot P$

Bezeichnung	Flanken-Ø	Kern-Ø		Außen-Ø Mutter
		Bolzen	Mutter	
$d\times P$	$d_2=D_2$	d_3	D_1	D_4
Tr 8 × 1,5	7,250	6,20	6,50	8,30
Tr 10 × 2	9,0	7,50	8,0	10,50
Tr 12 × 3	10,50	8,50	9,0	12,50
Tr 14 × 3	12,50	10,50	11,0	14,50
Tr 16 × 4	14,0	11,50	12,0	16,50
Tr 18 × 4	16,0	13,50	14,0	18,50
Tr 20 × 4	18,0	15,50	16,0	20,50
Tr 24 × 5	21,50	18,50	19,0	24,50
Tr 28 × 5	25,50	22,50	23,0	28,50
Tr 32 × 6	29,0	25,0	26,0	33,0
Tr 36 × 6	33,0	29,0	30,0	37,0
Tr 40 × 7	36,5	32,0	33,0	41,0
Tr 44 × 7	40,5	36,0	37,0	45,0
Tr 48 × 8	44,0	39,0	40,0	49,0
Tr 52 × 8	48,0	43,0	44,0	53,0
Tr 60 × 9	55,5	50,0	51,0	61,0
Tr 70 × 10	65,0	59,5	60,0	71,0
Tr 80 × 10	75,0	69,0	70,0	81,0
Tr 90 × 12	84,0	77,0	78,0	91,0
Tr 100 × 12	94,0	87,0	88,0	101,0

Steigung P	1,5	2···5	6···12	14···44
Spitzenspiel a_c	0,15	0,25	0,5	1
Rundung R_1	0,075	0,125	0,25	0,5
Rundung R_2	0,15	0,25	0,5	1

5.3 Gewinde, Schrauben und Muttern; Scheiben, Federringe

Sägengewinde nach DIN 513 (4.85)

(Maße in mm)

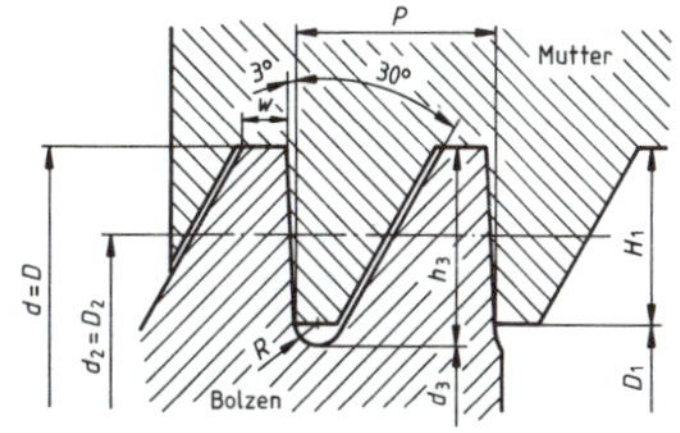

Kern-∅: Mutter $D_1 = d - 1{,}5 \cdot P$

Bolzen $d_3 = d - 1{,}736 \cdot P$

Flanken-∅ $d_2 = D_2 = d - 0{,}75 \cdot P + 3{,}1758 \cdot a$

Flankenwinkel 33° (30° + 3°)

Gewindetiefe: Mutter $H_1 = 0{,}75 \cdot P$

Bolzen $h_3 = 0{,}868 \cdot P$

Steigung eingängig P

Gangzahl n

Steigung mehrgängig $P_h = n \cdot P$

Rundung $R = 0{,}124 \cdot P$

Profilbreite am Bolzen $w = 0{,}264 \cdot P$

Axialspiel $a = 0{,}1\sqrt{P}$

Gewindebezeichnung $d \times P$	Mutter Kern-∅ D_1	Mutter Gewindetiefe H_1	Flanken-∅ $d_2 = D_2$	Bolzen Kern-∅ d_3	Bolzen Gewindetiefe h_3
S 10 × 2	7,0	1,50	8,50	6,528	1,736
S 12 × 2	9,0	1,50	10,50	8,528	1,736
S 16 × 2	13,0	1,50	14,50	12,528	1,736
S 20 × 2	17,0	1,50	18,50	16,528	1,736
S 24 × 3	19,50	2,25	21,75	18,794	2,603
S 24 × 5	16,50	3,75	20,25	15,322	4,339
S 30 × 3	25,0	2,25	27,75	24,794	2,603
S 30 × 6	21,0	4,50	25,50	19,586	5,207
S 36 × 3	31,50	2,25	33,75	30,794	2,603
S 36 × 6	27,0	4,50	31,50	25,586	5,207
S 40 × 3	35,50	2,25	37,75	34,794	2,603
S 40 × 7	29,50	5,25	34,75	27,852	6,074
S 48 × 3	43,50	2,25	45,75	42,794	2,603
S 48 × 8	36,0	6,0	42,0	34,116	6,942
S 55 × 9	41,50	6,75	48,25	39,380	7,810
S 60 × 3	55,50	2,25	57,75	54,794	2,603
S 60 × 9	46,50	6,75	53,25	44,380	7,810
S 70 × 10	55,0	7,50	62,50	52,644	8,678
S 80 × 4	74,0	3,0	77,0	73,058	3,471
S 80 × 10	65,0	7,50	72,50	62,644	8,678
S 90 × 12	72,0	9,0	81,0	69,174	10,413
S 100 × 4	94,0	3,0	97,0	93,058	3,471
S 100 × 12	82,0	9,0	91,0	79,174	10,413
S 120 × 14	99,0	10,50	109,50	95,702	12,149

Rundgewinde nach DIN 405 (11.75)

(Maße in mm)

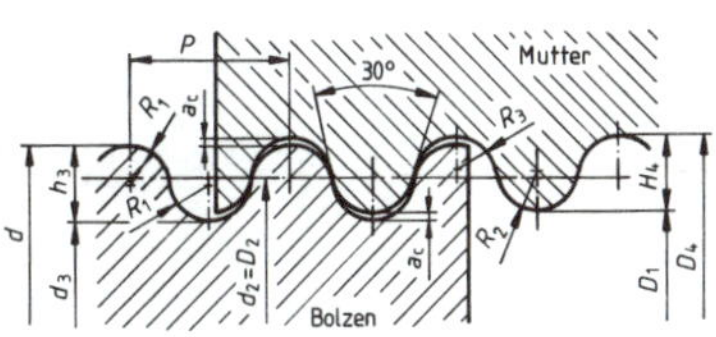

Flankenwinkel 30°

Flanken-∅ $d_2 = D_2 = d - 0{,}5 \cdot P$

Kern-∅: Mutter $D_1 = d - 0{,}9 \cdot P$

Bolzen $d_3 = d - P$

Außen-∅ der Mutter $D_4 = d + 0{,}1 \cdot P$

Steigung eingängig P

Steigung mehrgängig P_h

Gangzahl $n = \frac{P_h}{P}$

Spitzenspiel $a_c = 0{,}05 \cdot P$

Gewindetiefe $h_3 = H_4 = 0{,}5 \cdot P$

Rundungen R_1, R_2, R_3

Gewindebezeichnung $d \times P$ × 25,4 mm	Flanken-∅ $d_2 = D_2$	Mutter Kern-∅ D_1	Mutter Außen-∅ D_4	Bolzen-Kern-∅ d_3	Gangzahl pro 25,4 mm
Rd 8 × 1/10	6,730	5,714	8,254	5,460	10
Rd 10 × 1/10	8,730	7,714	10,254	7,460	10
Rd 12 × 1/10	10,730	9,714	12,254	9,460	10
Rd 16 × 1/8	14,412	13,142	16,318	12,825	8
Rd 20 × 1/8	18,412	17,142	20,318	16,825	8
Rd 24 × 1/8	22,412	21,142	24,318	20,825	8
Rd 30 × 1/8	28,412	27,142	30,318	26,825	8
Rd 36 × 1/8	34,412	33,142	36,318	32,825	8
Rd 40 × 1/6	37,883	36,190	40,423	35,767	6
Rd 48 × 1/6	45,883	44,190	48,423	43,767	6
Rd 60 × 1/6	57,883	56,190	60,423	55,767	6
Rd 80 × 1/6	77,883	76,190	80,423	75,767	6
Rd 100 × 1/6	97,883	96,190	100,423	95,767	6
Rd 120 × 1/4	116,825	114,285	120,635	113,650	4

Gangzahl pro 25,4 mm Z	Steigung P	Rundung R_1	Rundung R_2	Rundung R_3	Spitzenspiel a_c	Gewindetiefe $h_3 = H_4$
10	2,540	0,606	0,650	0,561	0,127	1,270
8	3,175	0,757	0,813	0,702	0,159	1,588
6	4,233	1,010	1,084	0,936	0,212	2,117
4	6,350	1,515	1,625	1,404	0,318	3,175

5.3 Gewinde, Schrauben und Muttern; Scheiben und Federringe

5.3.2 Schrauben

Übersicht über Schraubenarten

Bild	Benennung	DIN	Bild	Benennung	DIN
	Sechskant-schraube	931 933 960 961		Stiftschraube	835 938 939
	Sechskant-Paßschraube	609	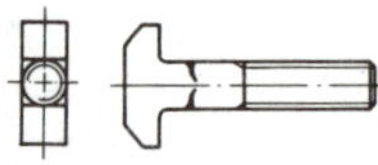	Hammerschraube mit Vierkant	186
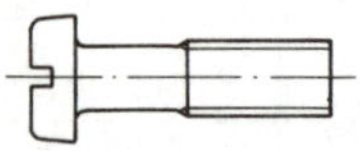	Zylinder-schraube mit Schlitz	84	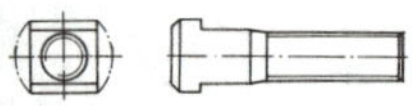	T-Nutenschraube	787
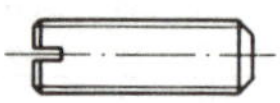	Gewindestift	417 438 551 553 913 914 915 916	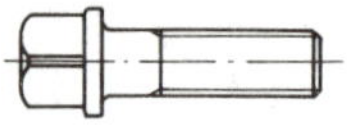	Vierkantschraube	478 479 480
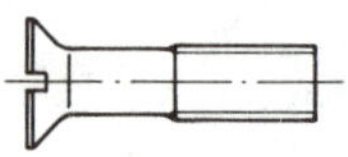	Senkschraube mit Schlitz	963	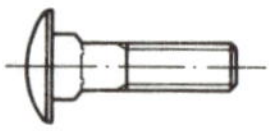	Flachrund-schraube mit Vierkant	603
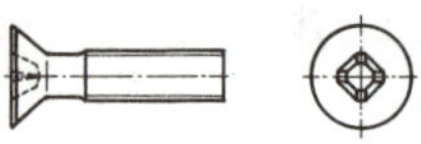	Senkschraube mit Kreuzschlitz	965	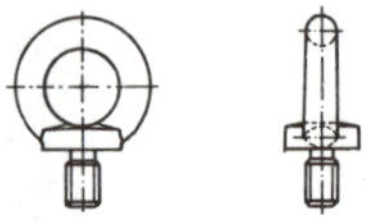	Ringschraube	580
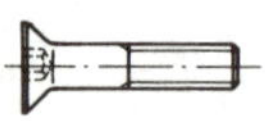	Senkschraube mit Innen-sechskant	7991		Blechschraube	7971 7972 7973 7981 7982 7983
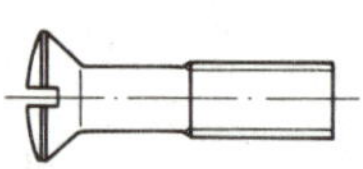	Linsensenk-schraube mit Schlitz	964			
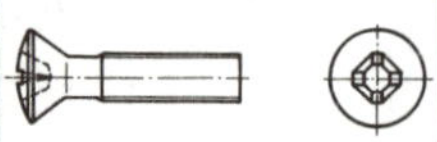	Linsensenk-schraube mit Kreuzschlitz	966		Zylinderschraube mit Innen-sechskant	912 7984

5.3 Gewinde, Schrauben und Muttern; Scheiben, Federringe

Mechanische Eigenschaften von Schrauben nach DIN ISO 898 Teil 1 (4.79)

Festigkeitsklassen

Das Kennzeichen zur Bezeichnung der Festigkeitsklassen für Schrauben besteht aus zwei durch einen Punkt getrennte Zahlen (z.B. 3.6). Die erste Zahl entspricht 1/100 der Nennzugfestigkeit R_m in N/mm²; die zweite Zahl ist das 10fache des Verhältnisses der Nennstreckgrenze R_{eL} bzw. $R_{p0.2}$ zur Nennzugfestigkeit R_m. Multipliziert man beide Zahlen, so erhält man die Nennstreckgrenze R_{eL} bzw. $R_{p0.2}$ in N/mm².

Eigenschaft		Festigkeitsklasse										
		3.6	4.6	4.8	5.6	5.8	6.8	8.8 ≤M16	8.8 >M16[1]	9.8[2]	10.9	12.9
Zugfestigkeit R_m N/mm²	Nennwert	300	400		500		600	800		900	1000	1200
	min.	330	400	420	500	520	600	800	830	900	1040	1220
Streckgrenze R_{eL} N/mm²	Nennwert	180	240	320	300	400	480	–	–	–	–	–
	min.	190	240	340	300	420	480	–	–	–	–	–
0,2%-Dehngrenze $R_{p0.2}$ N/mm²	Nennwert	–	–	–	–	–	–	640	640	720	900	1080
	min.	–	–	–	–	–	–	640	660	720	940	1100
Bruchdehnung A_5 %	min.	25	22	14	20	10	8	12	12	10	9	8
Mindest-Kerbschlagarbeit J		–	–	–	25	–	–	30	30	25	20	15

[1]) Für Stahlbauschrauben ab M12 [2]) Nur für Größen bis 16 mm Gewindedurchmesser

Sechskantschrauben nach DIN 931 (7.82), DIN 933 (12.70), 960, 961 (12.83)

Maße in mm

DIN 931, 960

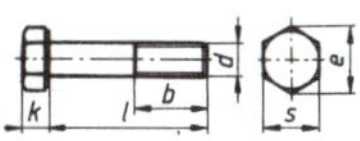

DIN 933, 961

		M3	M4	M5	M6	M8	M10	M12	M14	M16	M20	M24
	d	–	–	–	–	8×1	10×1,25	12×1,5	14×1,5	16×1,5	20×2	24×2
	e	6,1	7,7	8,9	11	14,4	18,9	21,1	24,5	26,8	33,5	40
	s	5,5	7	8	10	13	17/16[1])	19/18[1])	22	24	30	36
	k	2	2,8	3,5	4	5,5	7	8	9	10	13	15
DIN 931 960	*b*	12	14	16	18	22	26	30	34	38	46	54
	l von	20	22	30	30	35	40	45	50	55	65	75
	bis	30	65	80	90	110	150	180	200	200	220	220
DIN 933 961	*b*	Gewinde annähernd bis Kopf										
	l von	4	5	6	6	8	8	10	10	12	16	16
	bis	25	70	80	80	110	150	150	150	150	200	200

[1]) Nach ISO 272

Normale Längen *l*: 4, 5, 6, 8, 10, 12, 16, 20, 25, 30 usw. bis 80 mm je 5 mm gestuft, von 80 bis 220 mm je 10 mm gestuft.

Festigkeitsklassen: 5.6, 8.8, 10.9.

Bezeichnungsbeispiel für Sechskantschraube nach DIN 931 mit Gewinde M8, Länge *l* = 40 mm und Festigkeitsklasse 8.8.

Sechskantschraube DIN 931 – M8 × 40 – 8.8

Sechskant-Paßschrauben mit langem Gewindezapfen nach DIN 609 (7.84)

Maße in mm

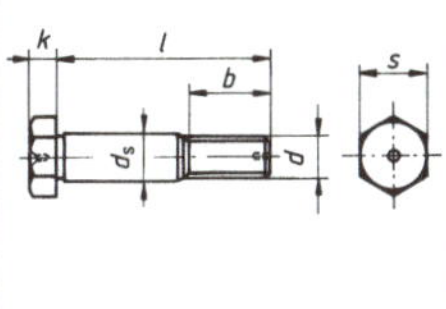

d		M8	M10	M12	M16	M20 M20×1,5 M20×2	M24 M24×1,5 M24×2	M30 M30×2	M36 M36×3
d_s k6		9	11	13	17	21	25	32	38
s		13	17/16[1])	19/18[1])	24	30	36	46	55
k		5,5	7	8	10	13	15	19	23
b	*l* < 50	14,5	17,5	20,5	25	28,5	–	–	–
	l > 50 < 150	16,5	19,5	22,5	27	30,5	36,5	43	49
	l > 150	21,5	24,5	27,5	32	35,5	41,5	48	54

[1]) Nach ISO 272

Normale Längen *l*: 4, 5, 6, 8, 10, 12, 16, 20, 25, 30 usw. bis 150 mm je 5 mm gestuft, von 150 bis 200 mm je 10 mm gestuft.

Festigkeitsklasse: 8.8

Bezeichnungsbeispiel für Sechskant-Paßschraube nach DIN 609 mit Gewinde M24 × 1,5, Länge *l* = 75 mm und Festigkeitsklasse 8.8

Sechskant-Paßschraube DIN 609 – M24 × 1,5 × 75 – 8.8

5.3 Gewinde, Schrauben und Muttern; Scheiben, Federringe

Zylinderschrauben mit Innensechskant nach DIN 912 (12.83), 7984 (5.85)

Maße in mm

DIN 912

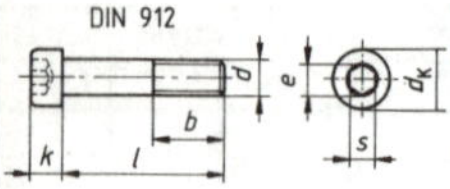

	d	M3	M4	M5	M6	M8 8×1	M10 10×1,25	M12 12×1,25	M14 14×1,5	M16 16×1,5	M20 20×1,5	M24 24×2
	d_K	5,5	7	8,5	10	13	16	18	21	24	30	36
DIN 912	s k	2,5 3	3 4	4 5	5 6	6 8	8 10	10 12	12 14	14 16	17 20	19 24
DIN 912	b	18	20	22	24	28	32	36	40	44	52	60
DIN 912	l von bis	25 30	30 40	30 50	35 60	40 80	45 100	55 120	65 140	65 160	80 200	90 200
DIN 912	b	Gewinde annähernd bis Kopf										
DIN 912	l von bis	5 20	6 25	8 25	10 30	12 35	16 40	20 50	20 50	25 60	30 70	40 80
DIN 7984	s k		2,5 2,8	3 3,5	4 4	5 5	7 6	8 7	10 8	12 9	14 11	17 13
DIN 7984	b	12	14	16	18	22	26	30	34	38	46	54
DIN 7984	l von bis	5 20	5 25	10 30	10 40	16 60	16 70	20 80	30 80	30 80	40 100	50 100

DIN 7984

mit niedrigem Kopf
nicht mit Feingewinde

Normale Längen l: 4, 5, 6, 8, 10, 12, 16, 20, 25, 30 usw. bis 80 mm je 5 mm gestuft, von 80 bis 120 mm je 10 mm gestuft.
Festigkeitsklassen: 8.8, 10.9, 12.9

Bezeichnungsbeispiel für Zylinderschraube mit Innensechskant nach DIN 912 mit Gewinde M12, Länge l = 55 mm und Festigkeitsklasse 10.9

Zylinderschraube DIN 912 – M12 × 55 – 10.9

Bezeichnungsbeispiel für Zylinderschraube mit Innensechskant nach DIN 7984 (mit niedrigem Kopf) mit Gewinde M16, Länge l = 65 mm und Festigkeitsklasse 8.8

Zylinderschraube DIN 7984 – M16 × 65 – 8.8

Bezeichnungsbeispiel für Zylinderschraube mit Innensechskant nach DIN 912 mit Feingewinde M10 × 1,25, Länge l = 25 mm und Festigkeitsklasse 12.9

Zylinderschraube DIN 912 – M10 × 1,25 × 25 – 12.9

Zylinderschrauben mit Schlitz nach DIN 84 (10.70)

Maße in mm

DIN 84

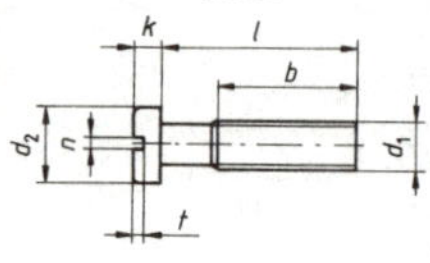

d_1	M2	M2,5	M3	M4	M5	M6	M8	M10
d_2	3,8	4,5	5,5	7	8,5	10	13	16
b	Gewinde bis zum Kopf							
l von bis	3 16	3 20	3 20	4 25	6 25	8 35	10 40	12 45
b	16	18	19	22	25	28	35	40
l von bis	20 20	25 30	25 40	30 50	30 50	40 50	45 55	50 60
k n t	1,3 0,5 0,6	1,6 0,6 0,7	2 0,8 0,9	2,6 1 1,2	3,3 1,2 1,5	3,9 1,6 1,8	5 2 2,2	6 2,5 2,5

Normale Längen l: 3, 4, 5, 6, 8, 10, 12, 16, 20, 25, 30, 35, 40, 45, 50, 55, 60, 70, 80, 90 und 100 mm
Festigkeitsklassen: 4.8 und 5.8

Bezeichnungsbeispiel für Zylinderschraube mit Schlitz mit Gewinde M6, Länge l = 30 mm und Festigkeitsklasse 5.8

Zylinderschraube DIN 84 – M6 × 30 – 5.8

5.3 Gewinde, Schrauben und Muttern; Scheiben, Federringe

Gewindestifte nach DIN 417, 438, 551, 553 (9.86), **913, 914, 915, 916** (12.80) Maße in mm

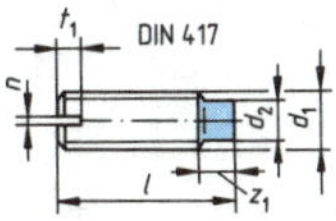

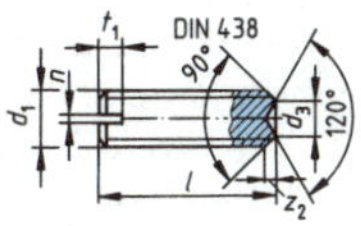

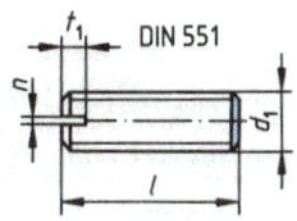

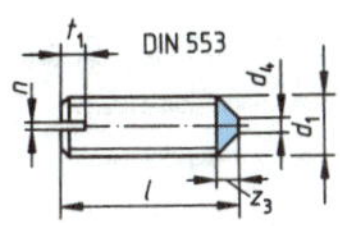

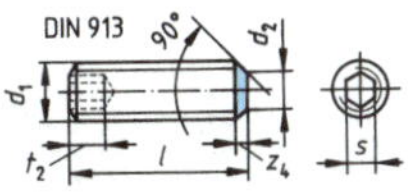

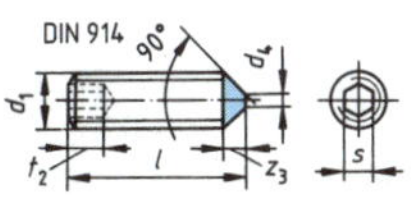

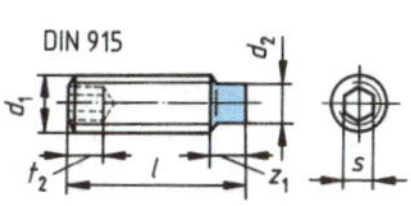

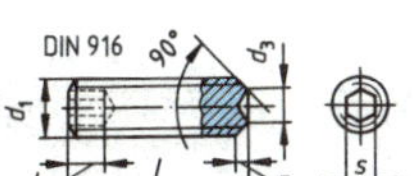

	d_1	M 3	M 4	M 5	M 6	M 8	M 10	M 12	M 16	M 20
	d_2	–	–	–	1	2	2	2	4	6
	d_3	2	2,5	3,5	4	5,5	7	8,5	12	15
	d_4	1,4	2	2,5	3	5	6	8	10	14
	z_1	1,5	2	2,5	2,5	3	4	5	6	7
	z_2	2,5	3	3	3,5	5	5,5	7	9	9
	z_3	0,8	1	1,2	1,5	1,5	2	2	3	3
	z_4	0,5	0,75	0,75	1	1,25	1,5	1,75	2	2,5
	n	0,4	0,6	0,8	1	1,2	1,6	–	–	–
	t_1	0,8	1,12	1,28	1,6	2	2,4	–	–	–
	t_2	2	2,5	3	3,5	5	6	8	10	12
	s	1,5	2	2,5	3	4	5	6	8	10
DIN 417	l von	5	6	8	8	10	12	–	–	–
	bis	12	16	20	30	40	50	–	–	–
DIN 438	l von	3	4	5	6	8	10	–	–	–
	bis	10	12	16	20	25	30	–	–	–
DIN 551	l von	3	4	4	5	6	10	–	–	–
	bis	10	12	16	20	25	30	–	–	–
DIN 553	l von	4	6	8	8	10	12	–	–	–
	bis	12	16	20	20	20	35	–	–	–
DIN 913	l von	4	5	6	8	10	12	16	20	25
	bis	20	20	25	35	40	40	40	40	50
DIN 914	l von	3	4	6	8	8	10	16	20	20
	bis	20	20	25	35	40	40	40	40	50
DIN 915	l von	5	6	8	8	10	12	16	20	25
	bis	20	20	25	35	40	40	40	40	50
DIN 916	l von	4	6	6	8	10	12	16	20	25
	bis	20	20	25	35	40	40	40	40	50

Nennlängen l: 3, 4, 5, 6, 8, 10, 12, 16, 20, 25, 30, 35, 40, 45 und 50 mm

Festigkeitsklassen:
DIN 417, 551, 553: 14 H u. 22 H (≙ 140 HV bzw. 220 HV)
DIN 438: 14 H u. 22 H (≙ 140 HV bzw. 220 HV)
DIN 913, 914, 915, 916: 45 H (Vergütungsstahl mit min. 45 HRC)

Bezeichnungsbeispiel für einen Gewindestift M 4 mit Schlitz und Zapfen, Länge l = 12 mm, Festigkeitsklasse 14 H

Gewindestift DIN 417 – M 4 × 12 – 14 H

Bezeichnungsbeispiel für einen Gewindestift M 6 mit Schlitz und Ringschneide, Länge l = 20 mm, Festigkeitsklasse 22 H

Gewindestift DIN 438 – M 6 × 20 – 22 H

Bezeichnungsbeispiel für einen Gewindestift M 3 mit Schlitz und Spitze, Länge l = 8 mm, Festigkeitsklasse 22 H

Gewindestift DIN 553 – M 3 × 8 – 22 H

Bezeichnungsbeispiel für einen Gewindestift M 8 mit Innensechskant und Kegelkuppe, Länge l = 35 mm, Festigkeitsklasse 45 H

Gewindestift DIN 913 – M 8 × 35 – 45 H

Bezeichnungsbeispiel für einen Gewindestift M 10 mit Innensechskant und Ringschneide, Länge l = 35 mm, Festigkeitsklasse 45 H

Gewindestift DIN 916 – M 10 × 35 – 45 H

Senkschrauben mit Schlitz nach DIN 963 (4.85)

Maße in mm

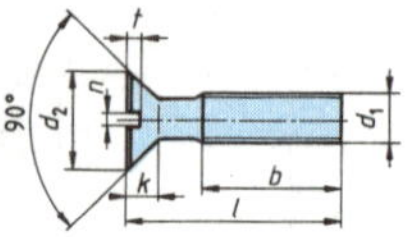

d_1	M3	M4	M5	M6	M8	M10	M12	M16	M20
d_2	5,6	7,5	9,2	11	14,5	18	22	29	36
b	Gewinde bis zum Kopf								
l von	3	4	6	8	10	12	20	25	30
bis	20	25	25	35	40	45	60	70	80
b	19	22	25	28	35	40	46	58	70
l von	25	30	30	40	45	50	70	80	90
bis	40	50	50	50	55	60	80	100	100
k	1,65	2,2	2,5	3	4	5	6	8	10
n	0,8	1	1,2	1,6	2	2,5	3	4	5
t	0,9	1,2	1,5	1,8	2,2	2,5	3	4	5

Normale Längen l: 3, 4, 5, 6, 8, 10, 12, 16, 20, 25, 30, 35, 40, 45, 50, 55, 60, 70, 80, 90 und 100 mm

Festigkeitsklassen: 4.8 und 5.8

Bezeichnungsbeispiel für Senkschraube mit Schlitz mit Gewinde M8, Länge l = 45 mm und Festigkeitsklasse 4.8

Senkschraube DIN 963 – M8 × 45 – 4.8

Senkschrauben mit Kreuzschlitz nach DIN 965 (12.84)

Maße in mm

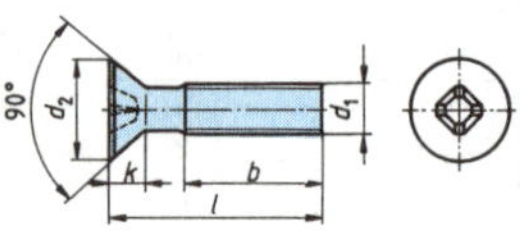

d_1	M2	M2,5	M3	M4	M5	M6	M8	M10
d_2	3,8	4,7	5,6	7,5	9,2	11	14,5	18
b	Gewinde bis zum Kopf							
l von	3	3	3	4	6	8	10	12
bis	16	20	20	25	25	35	40	45
b	16	18	19	22	25	28	35	40
l von	20	25	25	30	30	40	45	50
bis	20	30	40	50	50	50	55	60
Kreuzschlitzgröße	1	1	1	2	2	3	4	4

Normale Längen l: 3, 4, 5, 6, 8, 10, 12, 16, 20, 25, 30, 35, 40, 45, 50, 55, 60, 70, 80, 90 und 100 mm

Festigkeitsklasse: 4.8

Bezeichnungsbeispiel für Senkschraube mit Kreuzschlitz mit Gewinde M5, Länge l = 20 mm und Festigkeitsklasse 4.8

Senkschraube DIN 965 – M5 × 20 – 4.8

Linsensenkschrauben mit Schlitz nach DIN 964 (5.85) und Kreuzschlitz nach DIN 966 (12.84)

Maße in mm

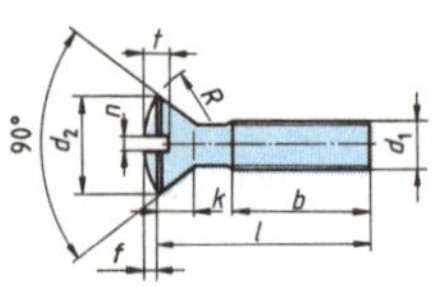

d_1	M2	M2,5	M3	M4	M5	M6	M8	M10
d_2	3,8	4,7	5,6	7,5	9,2	11	14,5	18
b	Gewinde bis zum Kopf							
l von	3	3	3	4	6	8	10	12
bis	16	20	20	25	25	35	40	45
b	16	18	19	22	25	28	35	40
l von	20	25	25	30	30	40	45	50
bis	20	30	40	50	50	50	55	60
f	0,5	0,6	0,75	1	1,25	1,5	2	2,5
R	4	5	6	8	10	12	16	20

Normale Längen l: 3, 4, 5, 6, 8, 10, 12, 16, 20, 25, 30, 35, 40, 45, 50, 55, 60, 70, 80, 90 und 100 mm

Festigkeitsklassen für DIN 964: 4.8, 5.8
für DIN 966: 4.8

Bezeichnungsbeispiel für Linsensenkschraube mit Schlitz mit Gewinde M4, Länge l = 12 mm und Festigkeitsklasse 5.8

Senkschraube DIN 964 – M4 × 12 – 5.8

5.3 Gewinde, Schrauben und Muttern; Scheiben, Federringe

Stiftschrauben nach DIN 835 (12.72), 938 (12.72), 939 (12.72)

Maße in mm

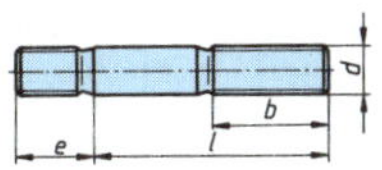

Anmerkung:
DIN 835 Einschrauben in Al-Leg. $e \approx 2d$

DIN 938 Einschrauben in St $e \approx d$

DIN 939 Einschrauben in Gußeisen $e \approx 1{,}25\,d$

d		M 5	M 6	M 8 M 8 ×1	M 10 M 10 ×1,25	M 12 M 12 ×1,25	M 16 M 16 ×1,5	M 20 M 20 ×1,5	M 24 M 24 ×2
b	für *l* bis 125 mm	16	18	22	26	30	38	46	54
	für *l* = 125 ··· 200 mm	22	24	28	32	36	44	52	60
l	von	22	25	30	35	40	50	60	70
	bis	50	60	80	100	120	160	200	200
e	für DIN 835	10	12	16	20	24	32	40	48
	für DIN 938	5	6	8	10	12	16	20	24
	für DIN 939	6,5	7,5	10	12	15	20	25	30

Nennlänge *l*: 20, 25, 30, 35 usw. bis 80 mm je 5 mm gestuft, darüber bis 200 mm je 10 mm.
Festigkeitsklassen: 5.6, 8.8, 10.9

Bezeichnungsbeispiel einer Stiftschraube mit Gewinde M 16, Länge $l = 90$ mm zum Einschrauben in Stahl, Festigkeitsklasse 8.8

Stiftschraube DIN 938 – M 16 × 90 – 8.8

Hammerschrauben mit Vierkant nach DIN 186 (1.87)

Maße in mm

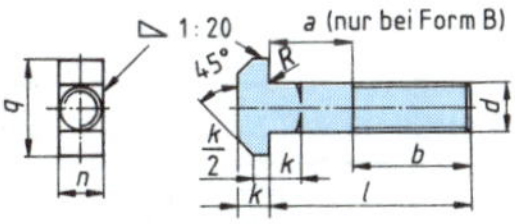

Form A mit Schaft (Gewindelänge *b*)

Form B mit langem Gewinde (bis Maß *a*)

d	M 6	M 8	M 10	M 12	M 16	M 20	M 24
b	18	22	26	30	38	46	54
l von	30	30	30	40	50	60	70
bis	60	80	100	120	160	200	200
a	–	13	16	19	25	31	37
k	4,5	5,5	7	8	10,5	13	15
n	6	8	10	12	16	20	24
q	16	18	21	26	30	36	43
R	0,5	0,5	0,5	1	1	1	1,6

Normale Längen *l*: 30, 40, 50, 60, 70, 80, 90, 100, 120, 140, 160, 180 und 200 mm.
Festigkeitsklassen: 3.6, 4.6

Bezeichnungsbeispiel einer Hammerschraube mit Gewinde M 12, Länge $l = 70$ mm, Form A und Festigkeitsklasse 4.6

Hammerschraube DIN 186 – A M 12 × 70 – 4.6

T-Nutenschrauben nach DIN 787 (8.77)

Maße in mm

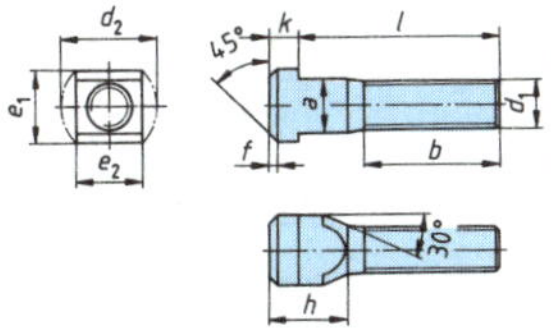

Kopfform nach Wahl des Herstellers

$e_2 \geq e_1$ oder d_2

a	6	8	10	12	14	18	22
Abmaße		−0,3 −0,5			−0,3 −0,6		
d_1	M 6	M 8	M 10	M 12	M 12	M 16	M 20
$d_2 \approx$	12	16	20	25	28	36	45
b	15 28 40 –	22 35 50 –	30 45 60 –	35 55 75 120	35 55 75 120	45 65 100 150	55 85 125 190
$e_1 - 0{,}5$	10	13	15	18	22	28	35
f	1,6	1,6	1,6	2,5	2,5	2,5	2,5
h	8	12	14	16	20	24	32
$k - 0{,}5$	4	6	6	7	8	10	14

Normale Längen *l* und zugeordnete Gewindelängen *b*:

l	25	32	40	50	65	80	100	125	160	200
b	15	22	28/30	35	40/45	50/55	60/65	75/85	100	120/125

Festigkeitsklasse 8.8

Bezeichnungsbeispiel einer T-Nutenschraube mit Breite $a = 14$ mm, Länge $l = 125$ mm und Festigkeitsklasse 8.8

T-Nutenschraube DIN 787 – 14 × 125 – 8.8

5.3 Gewinde, Schrauben und Muttern; Scheiben, Federringe

Vierkantschrauben nach DIN 478, 479 (7.68), 480 (3.68)

Maße in mm

DIN 478 mit Bund

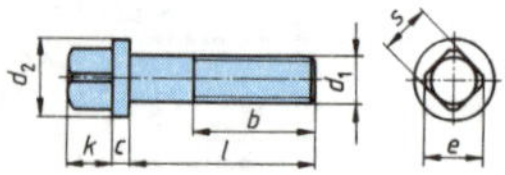

DIN 479 mit Kernansatz

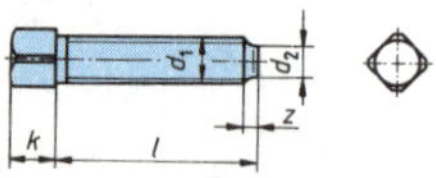

DIN 480 mit Ansatzkuppe

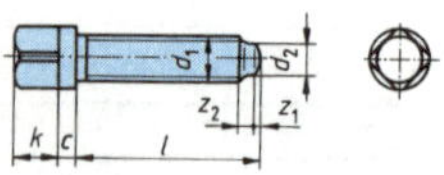

	d_1	M 5	M 6	M 8	M 10	M 12	M 16	M 20	M 24
DIN 478	d_2	9,5	10,5	13,5	16,5	20,5	25	31	36
	b	16	18	22	26	30	38	46	54
DIN 479	d_2	3,5	4	5,5	7	8,5	12	15	18
	z	1,2	1,5	1,8	2	2,5	3	4	5
DIN 480	d_2	–	–	5,5	7	8,5	12	15	18
	z_1	–	–	1	1	1,25	1,75	2	2,5
	z_2	–	–	2,5	3	3,5	4,5	4,5	5,5
	l von	10	10	16	20	25	40	60	60
	bis	30	40	45	60	60	80	120	140
	k	5	6	8	10	12	16	20	22
	c	2	2	3	3	4	4	5	6
	s	5	6	8	10	13	17	22	24
	e	6,5	8	10	13	17	22	28	32

Normale Längen l: 10, 12, 16, 20, 25 bis 80 mm je 5 mm gestuft, darüber je 10 mm.
Festigkeitsklassen: 5.6, 5.8, 8.8

Bezeichnungsbeispiel einer Vierkantschraube mit Gewinde M 12, Länge 45 mm, mit Bund und Festigkeitsklasse 5.8

Vierkantschraube DIN 478 – M 12 × 45 – 5.8

Flachrundschrauben mit Vierkantansatz nach DIN 603 (10.81)

Maße in mm

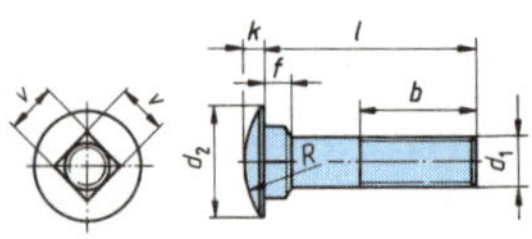

d_1	M 5	M 6	M 8	M 10	M 12	M 16	M 20
d_2	13	16	20	24	30	38	46
b	16	18	22	26	30	38	46
l von	16	16	20	20	30	50	60
bis	80	150	150	200	200	200	200
f	3,5	4	5	6	8	12	15
k	3	3,5	4,5	5	6,5	8,5	10,5
R	10,7	12,6	16	19,2	24,1	29,3	33,9
v	5	6	8	10	12	16	20

Nennlängen l: 16, 20, 25 usw. bis 80 mm je 5 mm gestuft,
von 80 mm bis 200 mm je 10 mm gestuft.
Festigkeitsklassen: 3.6, 4.6

Bezeichnungsbeispiel einer Flachrundschraube Gewinde M 8,
Länge $l = 60$ mm und Festigkeitsklasse 4.6

Flachrundschraube DIN 603 – M 8 × 60 – 4.6

Ringschrauben nach DIN 580 (3.72)

Maße in mm

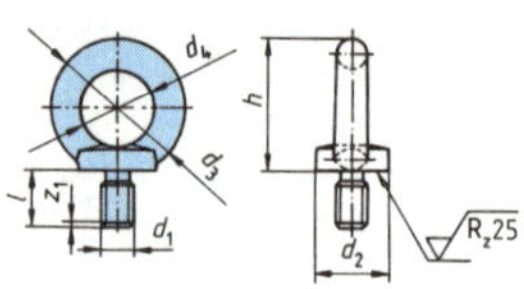

d_1	M 8	M 10	M 12	M 16	M 20 M 20 × 2	M 24 M 24 × 2	M 30 M 30 × 2	M 36 M 36 × 3	M 42 M 42 × 3
d_2	20	25	30	35	40	55	65	75	85
d_3	36	45	54	63	72	90	108	126	144
d_4	20	25	30	35	40	50	60	70	80
h	36	45	53	62	71	90	109	128	147
l	13	17	20,5	27	30	36	45	54	63
	Zulässige Masse durch das anzuhängende Stück in kg								
m	140	230	340	700	1200	1800	3600	5100	7000

Werkstoff: C 15

Bezeichnungsbeispiel einer Ringschraube mit $d_1 = $ M 24 × 2

Ringschraube DIN 580 – M 24 × 2

5.3 Gewinde, Schrauben und Muttern; Scheiben, Federringe

Blechschrauben nach DIN E 7971 (11.84), E 7972 (11.84), E 7973 (11.84), nach DIN 7981 (12.84), 7982 (12.84), 7983 (12.84)

Maße in mm

DIN 7971

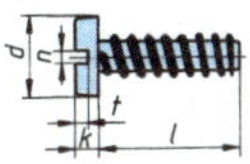

DIN 7972

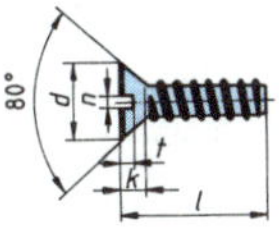

DIN 7973

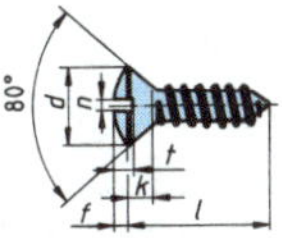

DIN 7981

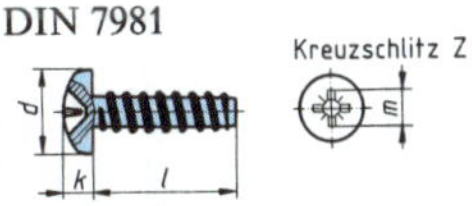

DIN 7982

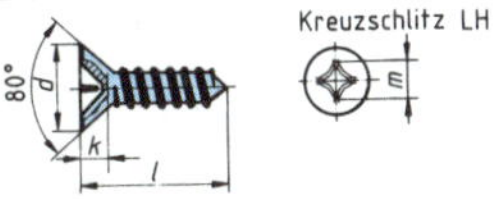

DIN 7983

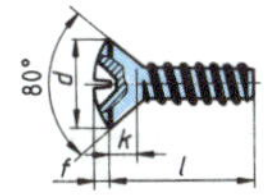

Gewindegröße ST	2,2	2,9	3,5	4,2	4,8	6,3
d	4,3	5,5	6,8	8,1	9,5	12,4
f	0,7	0,9	1,2	1,4	1,5	2
k	1,3	1,7	2,1	2,5	3	3,8
n	0,6	0,8	1	1,2	1,2	1,6
$t \approx$	0,5	0,7	1,0	1,1	1,3	1,7
Kreuzschlitzgröße	1		2			3

Nennlängen *l*: 4,5, 6,5, 9,5, 13, 16, 19, 22, 25, 32, 38, 45 und 50 mm
Form C mit Spitze
Form F mit Zapfen

Bezeichnungsbeispiel einer Zylinder-Blechschraube mit Schlitz und Zapfen, Gewindegröße ST4,2 und einer Länge von 25 mm
Blechschraube DIN 7971 – ST 4,2 × 25 – F

Bezeichnungsbeispiel einer Senk-Blechschraube mit Schlitz und Zapfen, Gewindegröße ST4,8 und Länge 32 mm
Blechschraube DIN 7972 – ST 4,8 × 32 – F

Bezeichnungsbeispiel einer Linsensenk-Blechschraube mit Schlitz und Spitze, Gewindegröße ST2,9 und Länge 9,5 mm
Blechschraube DIN 7973 – ST 2,9 × 9,5 – C

Bezeichnungsbeispiel einer Linsen-Blechschraube mit Kreuzschlitz Z und Zapfen, Gewindegröße ST2,2 und Länge 6,5 mm
Blechschraube DIN 7981 – ST 2,2 × 6,5 – F – Z

Bezeichnungsbeispiel einer Senk-Blechschraube mit Kreuzschlitz H mit Spitze, Gewindegröße ST3,5 und Länge 13 mm
Blechschraube DIN 7982 – ST 3,5 × 13 – C – H

Senkschrauben mit Innensechskant nach DIN 7991 (1.70)

Maße in mm

DIN 7991

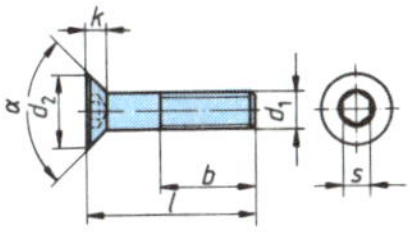

d_1	M 3	M 4	M 5	M 6	M 8 M 8 × 1	M 10 M 10 × 1,25	M 12 M 12 × 1,5	M 16 M 16 × 1,5	M 20 M 20 × 2
b	12	14	16	18	22	26	30	38	46
l von	8	8	8	8	10	12	20	30	35
bis	30	40	50	50	50	70	70	90	100
d_2	6	8	10	12	16	20	24	30	36
k	1,7	2,3	2,8	3,3	4,4	5,5	6,5	7,5	8,5
s	2	2,5	3	4	5	6	8	10	12
α	90°								

Nennlängen *l*: 8, 10, 12, 16, 20, 25, 30, 35, 40 bis 100 mm je 10 mm gestuft
Festigkeitsklasse: 8.8

Bezeichnungsbeispiel für Senkschraube mit Innensechskant mit Gewinde M 10, Länge *l* = 50 mm und Festigkeitsklasse 8.8
Senkschraube DIN 7991 – M 10 × 50 – 8.8

5.3 Gewinde, Schrauben und Muttern; Scheiben und Federringe

5.3.3 Muttern

Übersicht über Mutternarten

Bild	Benennung	DIN
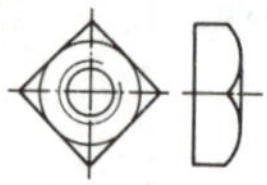	Vierkantmutter, Ausführung g	557
	Flache Rändelmutter (Hohe Rändelmutter)	467 466
DIN 928 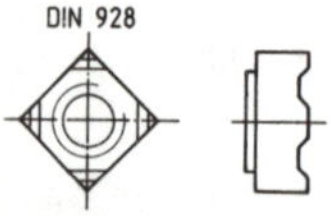 DIN 929 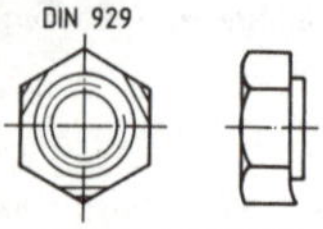	Schweißmutter	928 929
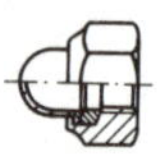	Hutmutter, selbstsichernd (Hutmutter, hohe Form)	986 1587
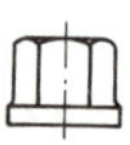	Sechskant-mutter 1,5 *d* hoch mit Bund	6331

Bild	Benennung	DIN
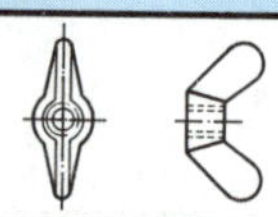	Flügelmutter	315
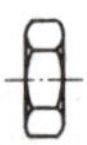	Sechskantmutter	439 934 970 980
	Sechskantmutter selbstsichernd	985
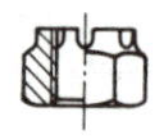	Kronenmutter	935 979
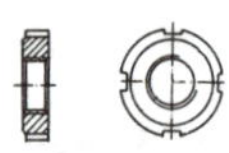	Nutmutter	1804
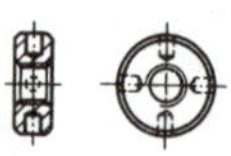	Kreuzlochmutter	1816

Festigkeitsklassen von Muttern nach DIN ISO 898 T2 (3.81)

Muttern mit Nennhöhen $\geq 0{,}5\, d_1 < 0{,}8\, d_1$

Festigkeits-klasse	Nennprüfspannung N/mm²	zugehörige Schraube nach Festigkeitsklasse	Größe
04 05	400 500	nicht festgelegt	alle

Muttern mit Nennhöhen $\geq 0{,}8\, d_1$

Festigkeits-klasse	Nennprüfspannung N/mm²	zugehörige Schraube nach Festigkeitsklasse	Größe
4	400	3.6, 4.6, 4.8	> M 16
5	500	3.6, 4.6, 4.8, 5.6, 5.8	≤ M 16 alle
6	600	6.8	alle
8	800	8.8	alle
9	900	8.8	> M 16 ≤ M 39
		9.8	≤ M 16
10	1000	10.8	alle
12	1200	12.9	≤ M 39

5.3 Gewinde, Schrauben und Muttern; Scheiben, Federringe

Sechskantmuttern nach DIN 439 (12.83), DIN 934 (7.82), DIN 970 (7.82), DIN 985 (9.77)

Maße in mm

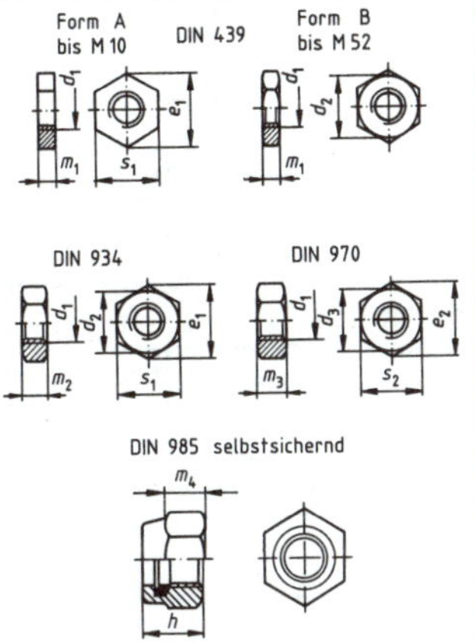

d_1	M 3	M 4	M 5	M 6	M 8	M 10	M 12	M 16	M 20	M 24
d_2 min	4,5	5,8	6,8	8,8	11,3	15,3	17,2	22,2	28,2	33,2
d_3 min	4,6	5,9	6,9	8,9	11,6	14,6	16,6	22,5	27,7	33,2
e_1	6,0	7,7	8,8	11,1	14,4	18,9	21,1	26,8	33,0	39,6
e_2	6,0	7,7	8,8	11,1	14,4	17,8	20,0	26,8	33,0	39,6
s_1	5,5	7	8	10	13	17	19	24	30	36
s_2	5,5	7	8	10	13	16	18	24	30	36
m_1	1,8	2,2	2,7	3,2	4	5	6	8	10	12
m_2 min	2,2	2,9	3,7	4,7	6,1	7,6	9,6	12,3	14,9	19
m_3 min	2,2	2,9	4,4	4,9	6,4	8,0	10,4	14,1	16,9	20,2
m_4	2,7	3,2	3,5	4,5	6	7	9	11	15	16
h	4	5	5	6	8	10	12	16	20	24

Festigkeitsklassen: DIN 439: (110 HV) 11 H
DIN 934: 5; 6; 8; 10; 12
DIN 970: 4; 5; 6; 8; 9; 10; 12
DIN 985: 5; 6; 8; 10

Bezeichnungsbeispiel einer Sechskantmutter mit Gewinde M 10, Festigkeitsklasse 10 und Ausführung nach DIN 934

Sechskantmutter DIN 934 – M 10 – 10

Kronenmuttern nach DIN 935 (10.87), DIN 979 (10.87)

Maße in mm

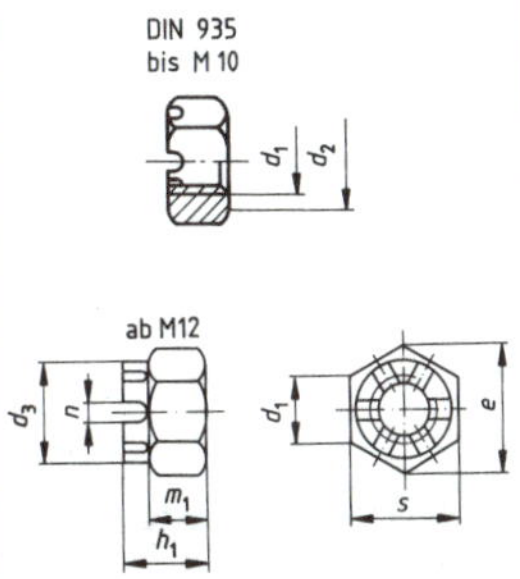

DIN 979: niedrigere Form mit m_2 und h_2

d_1	M 4	M 5	M 6	M 8	M 10	M 12	M 16	M 20	M 24	M 30	M 36
d_2 min	5,8	6,8	8,8	11,3	14,3	16,2	22,2	27,7	33,2	42,7	51,1
d_3	–	–	–	–	–	17	22	28	34	42	50
DIN 935 h_1	5	6	7,5	9,5	12	15	19	22	27	33	38
DIN 979 h_2	–	–	5	6,5	8	10	13	16	19	24	29
n	1,2	1,4	2	2,5	2,8	3,5	4,5	4,5	5,5	7	7
Splint DIN 94 (9.83)			1,6 × 14	2 × 16	2,5 × 20	3,2 × 22	4 × 28	4 × 36	5 × 40	6,3 × 50	6,3 × 63
s	siehe DIN 934										
e	siehe DIN 934										

Festigkeitsklassen: DIN 935: 5; 6; 8; 10
DIN 979: 04; 06 bis M 39

Bezeichnungsbeispiel einer Kronenmutter mit Gewinde M 12, Festigkeitsklasse 6, Ausführung nach DIN 935

Kronenmutter DIN 935 – M 12 – 6

Nutmuttern nach DIN 1804 (3.71), Kreuzlochmutter DIN 1816 (3.71)

Maße in mm

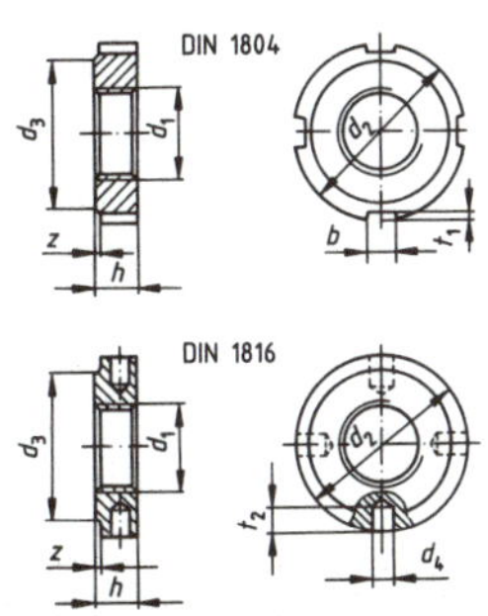

d_1	M 12 × 1,5	M 16 × 1,5	M 20 × 1,5	M 24 × 1,5	M 30 × 1,5	M 35 × 1,5	M 40 × 1,5	M 45 × 1,5	M 50 × 1,5	M 55 × 1,5	M 60 × 1,5	M 65 × 1,5
d_2	28	32	36	42	50	55	62	68	75	80	90	95
d_3	23	27	30	36	43	48	54	60	67	70	80	85
d_4	3	4	4	4	5	5	6	6	6	6	6	8
h	6	7	8	9	10	11	12	12	13	13	13	14
b	5	5	6	6	7	7	8	8	8	10	10	10
t_1	2	2	2,5	2,5	3	3	3,5	3,5	3,5	4	4	4
t_2	5	6	6	6	7	7	8	8	10	10	10	12

Ausführung: w ungehärtet und ungeschliffen
h gehärtet und plangeschliffen

Bezeichnungsbeispiel einer Nutmutter mit Gewinde M 35 × 1,5, ungehärtet und ungeschliffen

Nutmutter DIN 1804 – M 35 × 1,5 – w

Kreuzlochmutter mit Gewinde M 55 × 1,5, gehärtet und geschliffen

Kreuzlochmutter DIN 1816 – M 55 × 1,5 – h

5.3 Gewinde, Schrauben und Muttern; Scheiben, Federringe

5.3.4 Scheiben nach DIN 125 (5.68)

Maße in mm

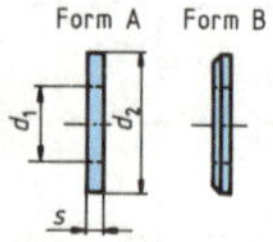

d_1	2,7	3,2	4,3	5,3	6,4	8,4	10,5	13	17	21	25	31	37
d_2	6,5	7	9	10	12,5	17	21	24	30	37	44	56	66
s	0,5	0,5	0,8	1	1,6	1,6	2	2,5	3	3	4	4	5
	Für Schrauben												
	M2,5	M3	M4	M5	M6	M8	M10	M12	M16	M20	M24	M30	M36

Bezeichnungsbeispiel einer Scheibe mit Fase und Innendurchmesser $d_1 = 10{,}5$ mm aus Stahl
Scheibe DIN 125 – B 10,5 – St

5.3.5 Federringe nach DIN 127 (12.70), DIN 7980 (12.72)

Maße in mm

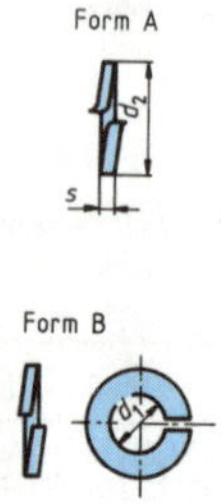

DIN 7980
für Zylinderschrauben
mit Innensechskant

Größe[1]	3	4	5	6	8	10	12	14	16	20	24
d_1	3,1	4,1	5,1	6,1	8,1	10,2	12,2	14,2	16,2	20,2	24,5
d_2	6,2	7,6	9,2	11,8	14,8	18,1	21,1	24,1	27,4	33,6	40
s	0,8	0,9	1,2	1,6	2	2,2	2,5	3	3,5	4	5
Form A max. h	2,1	2,5	3,2	4,2	5,4	5,9	6,8	8	9,2	10,4	13
Form B max. h	1,9	2,1	2,8	3,8	4,7	5,2	5,9	7,1	8,3	9,4	11,8
DIN 7980 d_2	5,6	7	8,8	9,9	12,7	16	18	24,4	30,6	35,9	44,1
DIN 7980 s	1	1,2	1,6	1,6	2	2,5	2,5	3	3,5	4,5	5

[1]) ≙ Gewindedurchmesser

Bezeichnungsbeispiel eines Federringes, aufgebogen (Form A) mit Innendurchmesser 14,2 mm
Federring DIN 127 – A 14

Bezeichnungsbeispiel eines Federringes, glatt (Form B) für eine Zylinderschraube M12 mit Innensechskant
Federring DIN 7980 – B 12

Zahnscheiben nach DIN 6797 (8.71), Fächerscheiben nach DIN 6798 (8.71)

Maße in mm

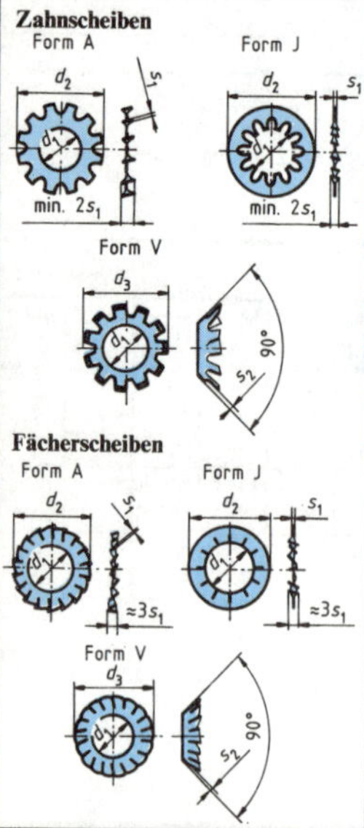

Für Gew.-⌀	d_1	d_2	d_3	s_1	s_2	Für Gew.-⌀	d_1	d_2	d_3	s_1	s_2
	H13	h14					H13	h14			
3	3,2	6	6	0,4	0,2	8	8,4	15	15,3	0,8	0,4
4	4,3	8	8	0,5	0,25	10	10,5	18	19	0,9	0,5
5	5,1	9	–	0,5	–	12	12,5	20,5	23	1	0,5
5	5,3	10	9,8	0,6	0,3	16	16,5	26	30,2	1,2	0,6
6	6,4	11	11,8	0,7	0,4	20	21	33	–	1,4	–
8	8,2[1])	14	–	0,8	–	24	25	38	–	1,5	–

[1]) Nur für Sechskantschrauben

Werkstoff: Federstahl

Bezeichnungsbeispiel einer Zahnscheibe außengezahnt (Form A) mit 6,4 mm Innendurchmesser, phosphat-rostgeschützt

Zahnscheibe DIN 6797 – A 6,4 – phr

Bezeichnungsbeispiel einer Fächerscheibe, innengezahnt (Form J) und phosphat-rostgeschützt für eine Sechskantschraube M 8

Fächerscheibe DIN 6798 – J 8,2 – phr

5.3.6 Senkungen für Schrauben und Muttern nach DIN 74 T 1 und 2 (12.80), T 3 (12.72)

Maße in mm

Form A, B
Ausführung mittel (m)

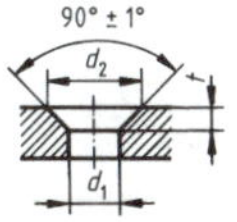

Ausführung fein (f)

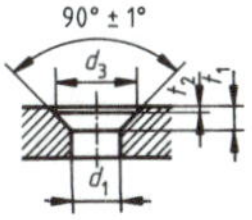

Form A für Senkschrauben DIN 963 und DIN 965, Linsensenkschrauben DIN 964 und DIN 966, Gewindeschneidschrauben DIN 7513 und 7516
Form B für Senkschrauben mit Innensechskant DIN 7991

Gewinde-durch-messer	3	3,5	4	5	6	8	10	12	14	16	18	20
d_1 mittel	3,4	3,9	4,5	5,5	6,6	9	11	13,5	15,5	17,5	20	22
d_1 fein	3,2	3,7	4,3	5,3	6,4	8,4	10,5	13	15	17	19	21
d_2	6,5	7,6	8,6	10,4	12,4	16,4	20,4	24,4	27,4	32,4	36,4	40,4
d_3	6	7	8	10	11,5	15	19	23	26	30	34	37
t_1 mittel	1,6	1,9	2,1	2,5	2,9	3,7	4,7	5,2	5,7	7,2	8,2	9,2
t_1 fein	1,7	2	2,2	2,6	3	4	5	5,7	6,2	7,7	8,7	9,7
t_2 fein	0,25	0,3	0,3	0,2	0,45	0,7	0,7	0,7	0,7	1,2	1,2	1,7

Form H, J, K

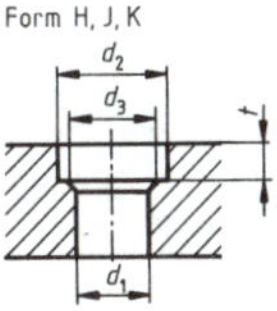

Form H für Zylinderschrauben DIN 84 und DIN 7984, Gewindeschneidschrauben DIN 7513 (Form B)
Form J für Zylinderschrauben mit Innensechskant DIN 6912
Form K für Zylinderschrauben mit Innensechskant DIN 912

Gewinde-durch-messer	3	3,5	4	5	6	8	10	12	14	16	18	20
d_1 mittel	3,4	3,9	4,5	5,5	6,6	9	11	13,5	15,5	17,5	20	22
d_1 fein	3,2	3,7	4,3	5,3	6,4	8,4	10,5	13	15	17	19	21
d_2	6	6,5	8	10	11	15	18	20	24	26	30	33
t Form H	2,4	2,9	3,2	4	4,7	6	7	8	9	10,5	11,5	12,5
t Form J				4,2	4,8	6	7,5	8,5	9,5	11,5		13,5
t Form K	3,4	–	4,6	5,7	6,8	9	11	13	15	17,5	19,5	21,5

Form R

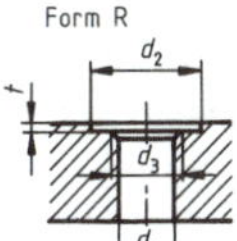

Form R für Sechskantschrauben und Sechskantmuttern mit normalen Schlüsselweiten

Gewinde-durch-messer	3	3,5	4	5	6	8	10	12	14	16	18	20
d_1 mittel	3,4	3,9	4,5	5,5	6,6	9	11	13,5	15,5	17,5	20	22
d_1 fein	3,2	3,7	4,3	5,3	6,4	8,4	10,5	13	15	17	19	21
d_2	9	9	10	11	13	18	22	26	30	33	36	40
d_3	nur entgratet							16	18	20	22	24
t	Angesenkt bis vollständige Kreisringfläche entstanden ist											

Bezeichnungsbeispiel einer Senkung Form A, Ausführung mittel (m) für Senkschraube DIN 963 – M 6

Senkung DIN 74 – A m 6

Die Formen H, J, K werden mit Zusatzzahlen versehen, wenn andere Senktiefen t und Durchmesser d_2 erforderlich sind.

Zusatzzahl 1 bedeutet: Mit Federring DIN 127, DIN 128, DIN 6905 oder Federscheibe A DIN 137…
Zusatzzahl 2 bedeutet: Mit Scheibe DIN 125 oder Federscheibe B nach DIN 137…
Zusatzzahl 3 bedeutet: Mit Federring DIN 7980

Bezeichnungsbeispiel einer Senkung Form H mit Durchgangsloch mittel (m) für Gewindedurchmesser 18 mm

Senkung DIN 74 – H 1 m 18

Bezeichnungsbeispiel einer Senkung Form K, Ausführung fein (f) für eine Zylinderschraube mit Innensechskant DIN 912 – M 12

Senkung DIN 74 – K f 12

5.4 Keile und Federn

5.4.1 Einlegekeile, Treibkeile nach DIN 6886 (12.67), Nasenkeile nach DIN 6887 (4.68), Hohlkeile nach DIN 6881 (2.56) und Flachkeile nach DIN 6883 (2.56)

Maße in mm

Form A Einlegekeil

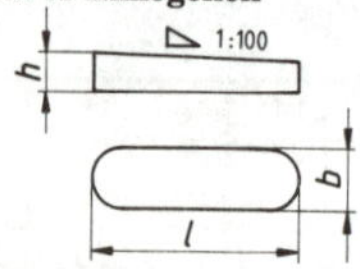

Form B Treibkeil

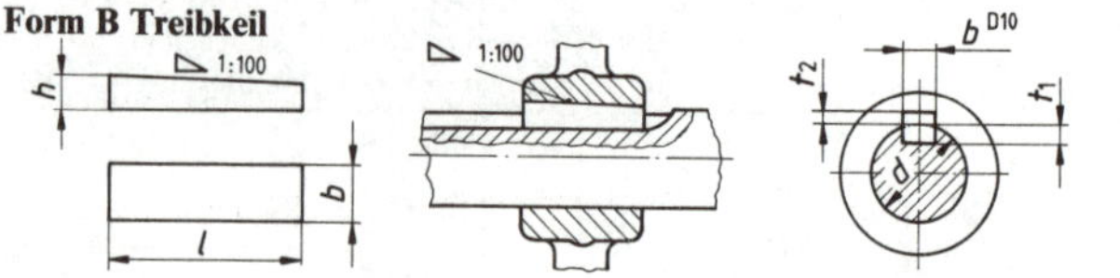

Nasenkeil

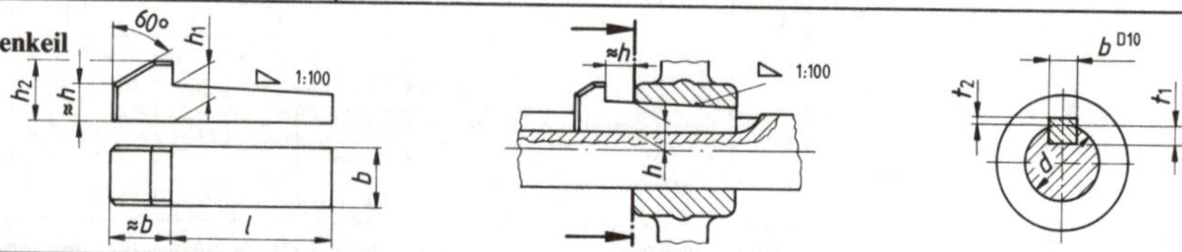

Hohlkeil

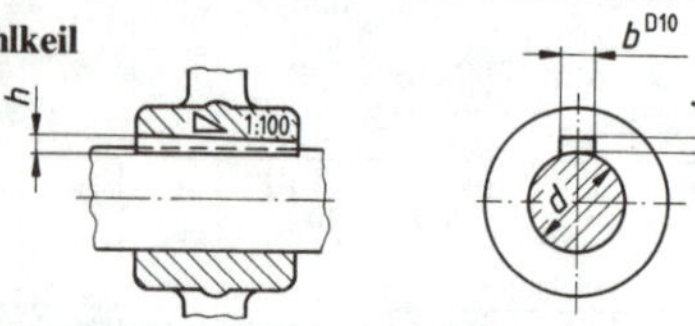

Flachkeil

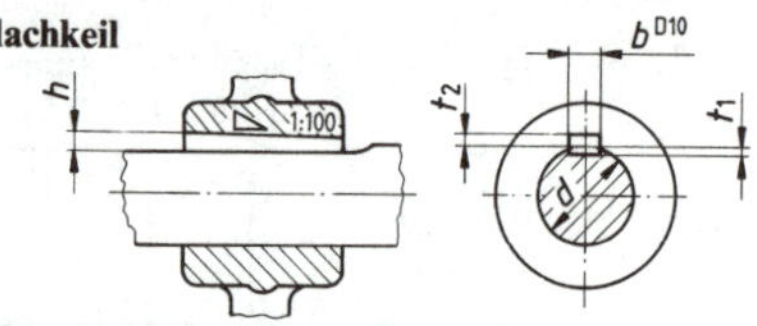

Wellendurchmesser über ··· bis	Einlege-, Treib- und Nasenkeile				Hohlkeile			Flachkeile			
	b	h	t_1	t_2	b	h	t_2	b	h	t_1	t_2
6 ··· 8	2	2	1,2	0,5	–	–	–	–	–	–	–
8 ··· 10	3	3	1,8	0,9	–	–	–	–	–	–	–
10 ··· 12	4	4	2,5	1,2	–	–	–	–	–	–	–
12 ··· 17	5	5	3	1,7	–	–	–	–	–	–	–
17 ··· 22	6	6	3,5	2,2	–	–	–	–	–	–	–
22 ··· 30	8	7	4	2,4	8	3,5	3,2	8	5	1,3	3,2
30 ··· 38	10	8	5	2,4	10	4	3,7	10	6	1,8	3,7
38 ··· 44	12	8	5	2,4	12	4	3,7	12	6	1,8	3,7
44 ··· 50	14	9	5,5	2,9	14	4,5	4	14	6	1,8	4
50 ··· 58	16	10	6	3,4	16	5	4,5	16	7	1,9	4,5
58 ··· 65	18	11	7	3,4	18	5	4,5	18	7	1,9	4,5
65 ··· 75	20	12	7,5	3,9	20	6	5,5	20	8	1,9	5,5
75 ··· 85	22	14	9	4,4	22	7	6,5	22	9	1,8	6,5
85 ··· 95	25	14	9	4,4	25	7	6,4	25	9	1,9	6,4
95 ··· 110	–	–	–	–	28	7,5	6,9	28	10	2,4	6,9
110 ··· 130	–	–	–	–	32	8,5	7,9	32	11	2,3	7,9
130 ··· 150	–	–	–	–	36	9	8,4	36	12	2,8	8,4
150 ··· 170	–	–	–	–	–	–	–	40	14	4	9,1
170 ··· 200	–	–	–	–	–	–	–	45	16	4,7	10,4

Normale Längen: 6, 8, 10, 12, 14, 16, 18, 20, 22, 25, 28, 32, 36, 40, 45, 50, 56, 63, 70, 80, 90, 100, 110, 125, 140, 160, 180, 200, 220, 250, 280, 320 mm

Bezeichnungsbeispiel für Keile von Breite $b = 14$ mm, Höhe $h = 9$ mm und Länge $l = 110$ mm
Keil DIN 6886 – B 14 × 9 × 110, Nasenkeil DIN 6887 14 × 9 × 110

Bezeichnungsbeispiel für **Hohlkeil DIN 6881 20 × 6 × 56** (bei $b = 20$ mm, $n = 6$ mm u. $l = 56$ mm)
Flachkeil DIN 6883 32 × 11 × 125 (bei $b = 32$ mm, $n = 11$ mm u. $l = 125$ mm)

5.4 Keile und Federn

5.4.2 Paßfedern nach DIN 6885 T 1 (8.68)

Maße in mm

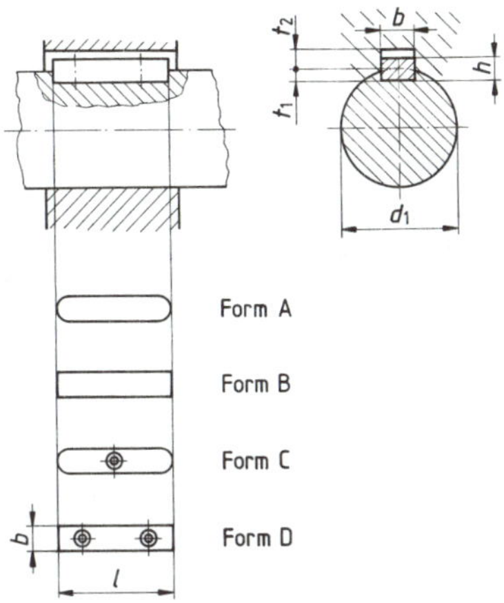

Wellen-durchmesser d_1 über ··· bis	Paßfeder-querschnitt DIN 6880 b	h	$t_{2R} = t_2$ m. Rückenspiel, $t_{2Ü} = t_2$ mit Übermaß t_1	t_{2R}	$t_{2Ü}$	l von	bis
6 ··· 8	2	2	1,2	1	0,5	6	20
8 ··· 10	3	3	1,8	1,4	0,9	6	36
10 ··· 12	4	4	2,5	1,8	1,2	8	45
12 ··· 17	5	5	3	2,3	1,7	10	56
17 ··· 22	6	6	3,5	2,8	2,2	14	70
22 ··· 30	8	7	4	3,3	2,4	18	90
30 ··· 38	10	8	5	3,3	2,4	20	110
38 ··· 44	12	8	5	3,3	2,4	28	140
44 ··· 50	14	9	5,5	3,8	2,9	36	160
50 ··· 58	16	10	6	4,3	3,4	45	180
58 ··· 65	18	11	7	4,4	3,4	50	200
65 ··· 75	20	12	7,5	4,9	3,9	56	220
75 ··· 85	22	14	9	5,4	4,4	63	250
85 ··· 95	25	14	9	5,4	4,4	70	280
95 ··· 110	28	16	10	6,4	5,4	80	320
110 ··· 130	32	18	11	7,4	6,4	90	360

		Toleranz
Wellennutbreite b	fester Sitz leichter Sitz	P9 N9
Nabennutbreite b	fester Sitz leichter Sitz	P9 Paßfeder JS9 Scheibenfeder J9
Wellennuttiefe t_1	zul. Abweichung	$+0{,}1 \cdots 0{,}2$
Nabennuttiefe t_2	zul. Abweichung	$+0{,}1 \cdots 0{,}2$
Federlänge l	ungefähr	0,97 d

Bezeichnungsbeispiel einer Paßfeder Form A von Breite $b = 6$ mm, Höhe $h = 6$ mm und Länge $l = 45$ mm

Paßfeder DIN 6885 – A 6 × 6 × 45

5.4.3 Scheibenfedern nach DIN 6888 (8.56)

Maße in mm

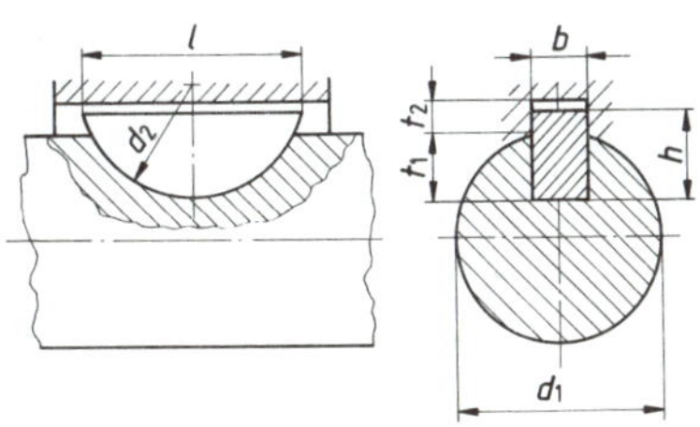

Wellen-durchmesser d_1 über ··· bis	Querschnitt Halbrund-stahl DIN 6882 b	h	t_1	t_2	d_2
3 ··· 4	1	1,4	1	0,6	4
4 ··· 6	1,5	2,6	2	0,8	7
6 ··· 8	2	2,6	1,8	1	7
	2	3,7	2,9	1	10
8 ··· 10	2,5	3,7	2,9	1	10
	3	6,5	5,3	1,4	16
10 ··· 12	4	5	3,5	1,7	13
	4	7,5	6	1,7	19
12 ··· 17	5	6,5	4,5	2,2	16
	5	9	7	2,2	22
17 ··· 22	6	7,5	5,1	2,6	19
	6	11	8,6	2,6	28
22 ··· 30	8	9	6,2	3	22
	8	13	10	3	32
30 ··· 38	10	11	7,8	3,4	28
	10	16	13	3,4	45

Toleranzen siehe Paßfedern-Tabelle!

Bezeichnungsbeispiel einer Scheibenfeder von Breite $b = 4$ mm und Höhe $h = 5$ mm

Scheibenfeder DIN 6888 – 4 × 5

5.4 Keile und Federn

5.4.4 Keilwellen-Verbindungen mit geraden Flanken

Maße in mm

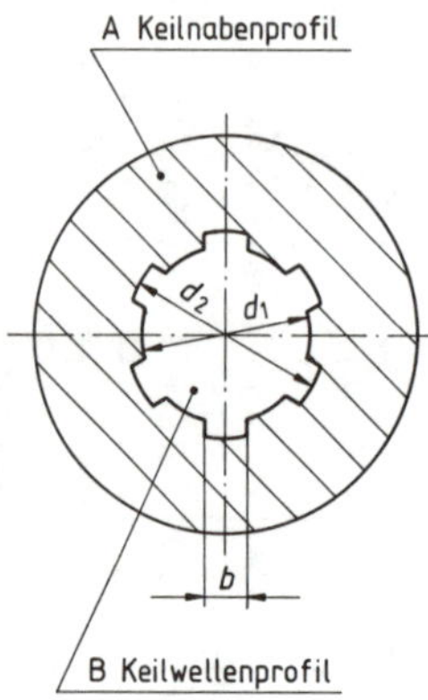

	Leichte Reihe DIN 5462 (9.55)[1]			Mittlere Reihe DIN 5463 (9.55)[1]			Schwere Reihe DIN 5464 (9.65)		
d_1	d_2	b	z	d_2	b	z	d_2	b	z
11	–	–	–	14	3	6	–	–	–
13	–	–	–	16	3,5	6	–	–	–
16	–	–	–	20	4	6	20	2,5	10
18	–	–	–	22	5	6	23	3	10
21	–	–	–	25	5	6	26	3	10
23	26	6	6	28	6	6	29	4	10
26	30	6	6	32	6	6	32	4	10
28	32	7	6	34	7	6	35	4	10
32	36	6	8	38	6	8	40	5	10
36	40	7	8	42	7	8	45	5	10
42	46	8	8	48	8	8	52	6	10
46	50	9	8	54	9	8	56	7	10
52	58	10	8	60	10	8	60	5	16
56	62	10	8	65	10	8	65	5	16
62	68	12	8	72	12	8	72	6	16
72	78	12	10	82	12	10	82	7	16
82	88	12	10	92	12	10	92	6	20
92	98	14	10	102	14	10	102	7	20
102	108	16	10	112	16	10	115	8	20
112	120	18	10	125	18	10	125	9	20

			Toleranz			
Welle	Innen-zentrierung	Welle beweglich Welle fest	h8 p6	e8 h6	f7 j6	a11 a11
	Flanken-zentrierung	Welle beweglich Welle fest	h8 u6	e8 k6	– –	a11 a11
Nabe	Innen- und Flankenzentrierung		D9	F10	H7	H11

Bezeichnungsbeispiel eines Keilwellenprofils mit $z = 8$ Keilen, $d_1 = 56$ mm, $d_2 = 65$ mm
Keilwellenprofil DIN 5463 – B 8 × 56 × 65

5.4.5 Kerbzahnnaben- und Kerbzahnwellen-Profile nach DIN 5481 (1.52)

Maße in mm

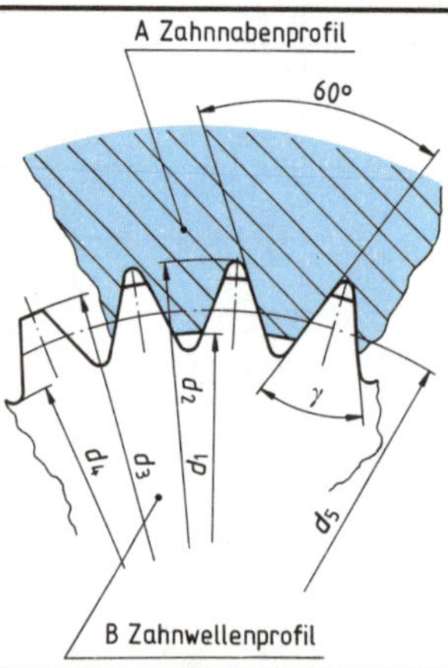

Nenndurchmesser $d_1 \times d_3$	d_1 A11	d_2	d_3 a11	d_4	d_5	γ	Zähnezahl z
8 × 10	8,1	9,9	10,1	8,26	9	47° 8′ 35″	28
10 × 12	10,1	12	12	10,2	11	48°	30
12 × 14	12	14,18	14,2	12,6	13	48° 23′ 14″	31
15 × 17	14,9	17,28	17,2	14,91	16	48° 45′	32
17 × 20	17,3	20	20	17,37	18,5	49° 5′ 27″	33
21 × 24	20,8	23,76	23,9	20,76	22	49° 24′ 42″	34
26 × 30	26,5	30,06	30	26,40	28	49° 42′ 52″	35
30 × 34	30,5	34,17	34	30,38	32	50°	36
36 × 40	36	40,16	39,9	35,95	38	50° 16′ 13″	37
40 × 44	40	44,42	44	39,72	42	50° 31′ 35″	38

Bezeichnungsbeispiel für eine Kerbverzahnung bei Nenndurchmesser 17 × 20 mm:
Kerbverzahnung DIN 5481 – 17 × 20

[1]) Ersetzt durch DIN ISO 14

5.5 Stifte, Bolzen, Splinte

5.5.1 Stifte nach DIN 7, DIN 6325, DIN 1481, DIN 1, DIN 7978, DIN 258

Maße in mm

Zylinderstifte nach DIN 7 (9.81)

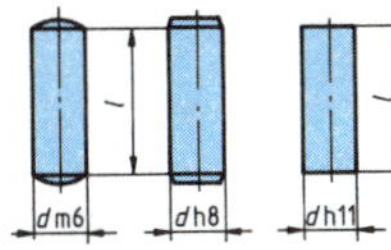

d	1	1,2	1,5	2	2,5	3	4	5	6	8	10	12	14	16	20	25
l von	3	3	3	4	4	4	5	5	6	7	10	10	14	16	20	24
l bis	12	14	16	20	24	32	40	50	60	80	100	120	160	180	200	200

Werkstoff: 9 S 20 K, St 50 K
Bezeichnungsbeispiel mit Durchmesser $d = 6$ mm, Toleranzfeld h8 und Länge $l = 24$ mm und Werkstoff St 50 K:
Zylinderstift DIN 7 – 6 h8 × 24 – St 50 K

Zylinderstifte, gehärtet nach DIN 6325 (10.71)

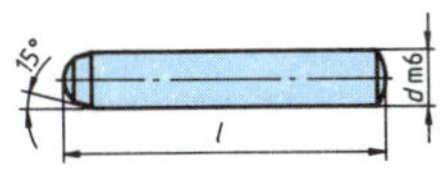

d	1	1,5	2	2,5	3	4	5	6	8	10	12	14	16	20
l von	4	4	6	6	8	10	12	14	18	24	28	36	40	50
l bis	10	16	20	24	32	40	50	60	80	100	100	120	120	120

Werkstoff: Werkstoff: Stahl mit einer Mindestzugfestigkeit $R_m \geq 600$ N/mm²
Bezeichnungsbeispiel mit Durchmesser $d = 10$ mm, Toleranzfeld m6 und Länge $l = 40$ mm:
Zylinderstift DIN 6325 – 10 m6 × 40

Spannstifte (Spannhülsen) nach DIN 1481 (11.78)

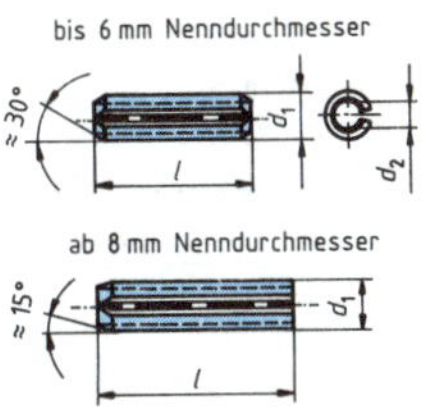

Nenndurchmesser d	4	6	8	10	12	16	18	21	25	28
d_1 min.	4,4	6,4	8,5	10,5	12,5	16,5	18,5	21,5	25,5	28,5
d_1 max.	4,6	6,7	8,8	10,8	12,8	16,8	18,9	21,9	25,9	28,9
d_2	2,8	3,9	5,5	6,5	7,5	10,5	11,5	13,5	15,5	17,5
l von	4	10	10	10	10	10	10	14	14	14
l bis	50	100	120	160	180	200	200	200	200	200
Für Schraube	–	M 3	M 4	M 5	M 6	M 8	M 10	M 12	M 14	M 16

Der Nenndurchmesser d ist zugleich der Nenndurchmesser der Aufnahmebohrung (H12). Werkstoff: Federstahl 55 Si 7, vergütet auf 422 ··· 560 HV 5
Bezeichnungsbeispiel: Spannstift mit $d = 12$ mm, $l = 60$ mm:
Spannstift DIN 1481 – 12 × 60

Kegelstifte nach DIN 1 (9.81)

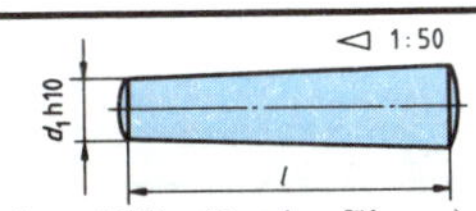

A geschliffen (Regelausführung)
B gedreht

d_1	1	1,5	2	3	4	5	6	8	10	12	14	16	20	25	30	40
l von	8	10	12	14	16	20	24	28	32	36	36	40	50	55	60	70
l bis	18	26	36	50	60	70	100	120	140	165	165	230	230	260	260	260

Werkstoff: 9 SMnPb 28 K, St 50 K
Bezeichnungsbeispiel mit Nenndurchmesser $d = 4$ mm und Länge $l = 18$ mm, gedreht:
Kegelstift DIN 1 – B 4 × 18 – St

Kegelstifte mit Innengewinde nach DIN 7978 (2.77)

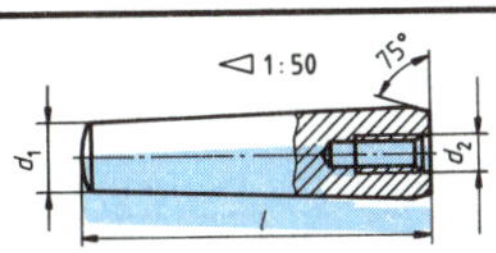

A geschliffen
B gedreht

d_1	6	8	10	12	14	16	20	25	30	40	50
l von	16	20	24	28	28	32	36	45	55	90	110
l bis	55	90	110	130	140	180	260	260	260	260	260
d_2	M 4	M 5	M 6	M 8	M 8	M 10	M 12	M 16	M 20	M 20	M 24

Werkstoff: 9 SMnPb 28 K, St 50 K
Bezeichnungsbeispiel mit Nenndurchmesser $d = 25$ mm, Länge $l = 120$ mm, Innengewinde M 12, geschliffene Ausführung:
Stift DIN 7978 – A 25 × 120 – St

Kegelstifte mit Gewindezapfen und konstanten Kegellängen nach DIN 258 (2.77)

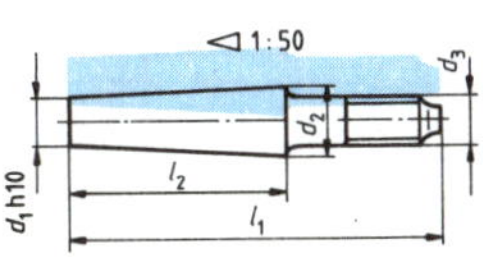

d_1	5	6	8	10	12	14	16	20	25	30	40	50
l_2	25	30	40	45	55	65	72	85	100	110	130	150
l_1 von	40	45	55	65	85	85	100	120	140	160	190	220
l_1 bis	50	60	75	100	140	140	160	190	250	280	320	360
d_3	M 5	M 6	M 8	M 10	M 12	M 12	M 16	M 16	M 20	M 24	M 30	M 36

Werkstoff: 9 SMnPb 28 K, St 50 K
Bezeichnungsbeispiel mit Nenndurchmesser $d = 10$ mm, Länge $l_1 = 55$ mm, Werkstoff 9 SMnPb 28 K (St):
Stift DIN 258 – 10 × 55 – St

5.5 Stifte, Bolzen, Splinte

Kegelkerbstifte nach DIN 1471 (11.78)

Maße in mm

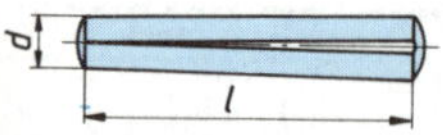

d	1,5	2	2,5	3	4	5	6	8	10	12	14	16	20	25
l von	4	5	6	6	8	8	10	12	16	16	20	25	30	30
bis	20	30	30	40	60	60	80	100	120	120	120	120	120	120

Werkstoff: 9 SMnPb 28K
Bezeichnungsbeispiel mit Durchmesser *d*=6 mm und Länge *l*=25 mm, aus 9 SMnPb 28K (St)
Kerbstift DIN 1471 – 6 × 25 – St

Paßkerbstifte nach DIN 1472 (11.78)

Maße in mm

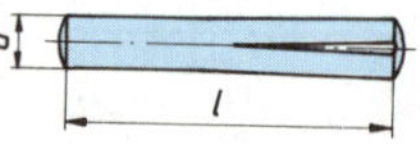

d	1,5	2	2,5	3	4	5	6	8	10	12	14	16	20	25
l von	6	6	6	6	10	10	10	12	16	20	25	30	30	30
bis	20	30	30	40	60	60	80	100	160	180	180	180	180	180

Werkstoff: 9 SMnPb 28K
Bezeichnungsbeispiel mit Durchmesser *d*=12 mm und Länge *l*=60 mm, aus 9 SMnPb 28K
Kerbstift DIN 1472 – 12 × 60 – St

Zylinderkerbstifte nach DIN 1473 (11.78)

Maße in mm

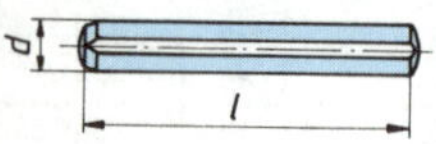

d	1,5	2	2,5	3	4	5	6	8	10	12	14	16	20	25
l von	4	4	6	6	6	8	10	12	16	16	20	25	30	30
bis	20	30	30	40	60	60	80	100	100	120	120	120	120	120

Werkstoff: 9 SMnPb 28K
Bezeichnungsbeispiel mit Durchmesser *d*=8 mm und Länge *l*=45 mm, aus 9 SMnPb 28K (St)
Kerbstift DIN 1473 – 8 × 45 – St

Steckkerbstifte nach DIN 1474 (11.78)

Maße in mm

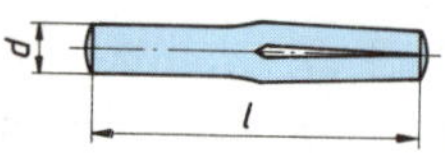

d	1,5	2	2,5	3	4	5	6	8	10	12	14	16	20	25
l von	6	6	8	8	10	10	12	16	20	30	30	30	30	30
bis	20	30	30	40	60	60	80	100	160	180	180	180	180	180

Werkstoff: 9 SMnPb 28K
Bezeichnungsbeispiel mit Durchmesser *d*=4 mm und Länge *l*=16 mm, aus 9 SMnPb 28K (St)
Kerbstift DIN 1474 – 4 × 16 – St

Knebelkerbstifte nach DIN 1475 (11.78)

Maße in mm

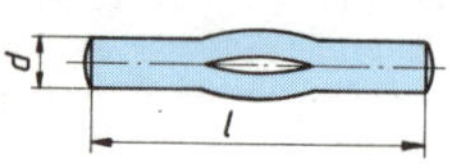

d	1,5	2	2,5	3	4	5	6	8	10	12	14	16	20	25
l von	8	12	12	12	20	20	25	25	35	40	45	45	45	45
bis	20	30	30	40	60	60	80	100	160	180	180	180	180	180

Werkstoff: 9 SMnPb 28K
Bezeichnungsbeispiel mit Durchmesser *d*=12 mm und Länge *l*=60 mm, aus 9 SMnPb 28K (St)
Kerbstift DIN 1475 – 12 × 60 – St

Halbrundkerbnägel nach DIN 1476 (11.78)

Maße in mm

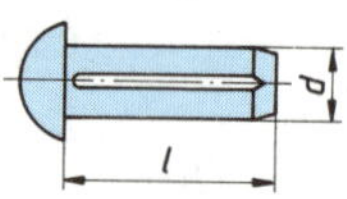

d	1,4	1,6	2	2,5	3	4	5	6	8	10	12	16	20
l von	3	3	3	3	4	6	8	8	10	12	16	20	25
bis	6	6	10	10	16	20	25	35	40	40	40	40	40

Werkstoff: USt 36-2 oder UQSt 36-2
Bezeichnungsbeispiel mit Nenndurchmesser *d*=3 mm und Länge *l*=8 mm, aus USt 36-2
Kerbnagel DIN 1476 – 3 × 8 – St

Senkkerbnägel nach DIN 1477 (11.78)

Maße in mm

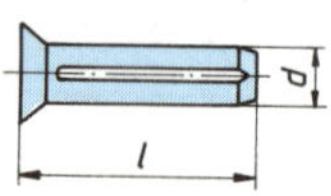

d	1,4	1,6	2	2,5	3	4	5	6	8	10	12	16	20
l von	3	3	4	4	5	6	8	8	10	12	16	20	25
bis	6	6	10	10	16	20	25	35	40	40	40	40	40

Werkstoff: USt 36-2 oder UQSt 36-2
Bezeichnungsbeispiel mit Nenndurchmesser *d*=5 mm und Länge *l*=16 mm, aus St
Kerbnagel DIN 1477 – 5 × 16 – St

5.5 Stifte, Bolzen, Splinte

5.5.2 Bolzen nach DIN 1443, 1444 (3.74), 1445 (2.77)

Maße in mm

Bolzen ohne Kopf (DIN 1443)

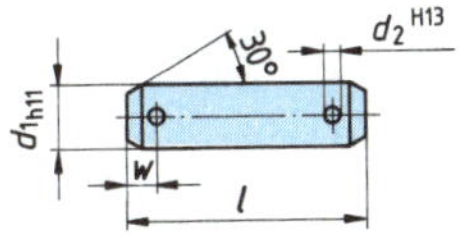

d_1	4	5	6	8	10	12	14	16	18	20	22	24	30	40
d_2	1	1,2	1,6	2	3,2	3,2	4	4	5	5	5	6,3	8	8
d_3	6	8	10	14	18	20	22	25	28	30	33	36	44	55
w	2,2	2,9	3,2	3,5	4,5	5,5	6	6	7	8	8	9	10	10
l von	8	10	12	16	20	25	30	35	40	40	45	50	60	80
bis	40	50	60	80	100	100	100	100	100	100	100	100	200	200
k	1	1,6	2	3	4	4	4	4,5	5	5	5,5	6	8	8

Bolzen mit Kopf (DIN 1444)

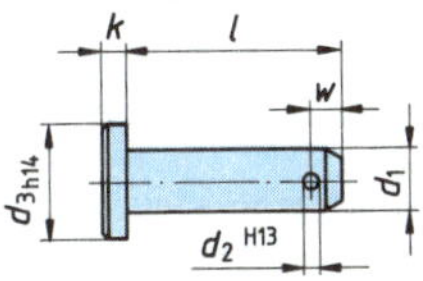

Form A ohne Splintlöcher
Form B mit Splintlöcher

Normale Längen l: 8, 10, 12, 16, 20, 25 bis 80 mm je 5 mm gestuft, von 80 bis 200 mm je 10 mm gestuft
Werkstoff: 9 SMnPb 28 K (St)

Bezeichnungsbeispiel für einen Bolzen ohne Kopf (Form B) mit $d_1 = 16$ mm, Toleranzfeld h11, Länge 55 mm, Werkstoff 9 SMnPb 28 K

Bolzen DIN 1443 – B 16h11 × 55 – St

Bezeichnungsbeispiel für einen Bolzen mit Kopf (Form A) mit $d_1 = 8$ mm, Toleranzfeld h11, Länge 40 mm, Werkstoff 9 SMnPb 28 K

Bolzen DIN 1444 – A 8h11 × 40 – St

Bolzen mit Kopf und Gewindezapfen (DIN 1445)

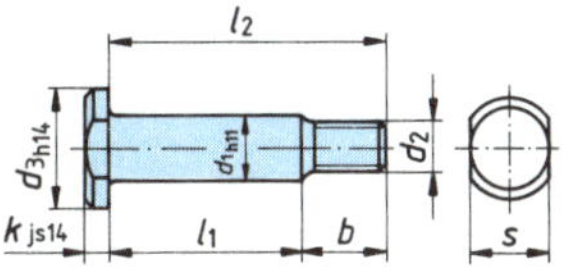

l_1 = Klemmlänge
l_2 = Klemmlänge l_1 + Zapfenlänge b

d_1	8	10	12	14	16	18	20	24	27	30	40	50
d_2	M 6	M 8	M 10	M 12	M 12	M 12	M 16	M 20	M 20	M 24	M 30	M 36
d_3	14	18	20	22	25	28	30	36	40	44	55	66
b min	11	14	17	20	20	20	25	29	29	36	42	49
k	3	4	4	4	4,5	5	5	6	6	8	8	9
s	11	13	17	19	22	24	27	32	36	36	50	60

Normale Längen l_2: 16, 20, 25 bis 90 mm je 5 mm gestuft, von 90 bis 200 mm je 10 mm gestuft
Werkstoff: 9 SMnPb 28 K (St)

Bezeichnungsbeispiel eines Bolzens mit Kopf und Gewindezapfen mit $d_1 = 24$ mm, Toleranzfeld h11, Klemmlänge $l_1 = 60$ mm und Länge $l_2 = 95$ mm, Werkstoff 9 SMnPb 28 K

Bolzen DIN 1445 – 24h11 × 60 × 95 – St

5.5.3 Splinte nach DIN 94 (9.83)

Maße in mm

Schraube **Bolzen**

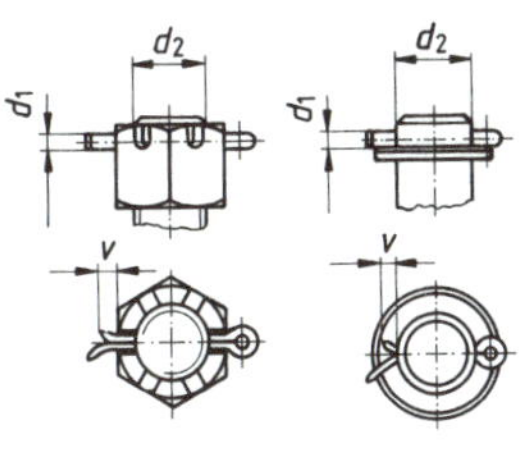

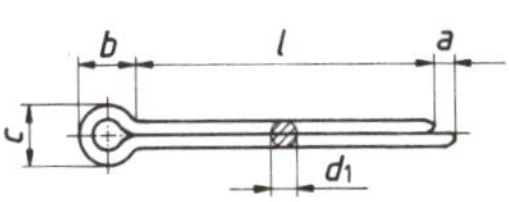

d_1	1	1,2	1,6	2	2,5	3,2	4	5	6,3	8	10	13
l von	6	8	8	10	12	14	18	22	32	40	56	90
bis	20	25	32	40	50	63	80	100	125	160	200	250
a_{max}	1,6	2,5	2,5	2,5	2,5	3,2	4	4	4	4	6,3	6,3
b	3	3	3,2	4	5	6,4	8	10	12,6	16	20	26
c	1,7	1,9	2,6	3,4	4,3	5,6	6	8,6	11,2	14	18	23,5
v_{min}	4	5	5	6	6	8	8	10	12	14	16	20
Bolzen d_2 über	3	4	5	6	8	9	12	17	23	29	44	69
bis	4	5	6	8	9	12	17	23	29	44	69	110
Schraube d_2 über	3,5	4,5	5,5	7	9	11	14	20	27	39	56	80
bis	4,5	5,5	7	9	11	14	20	27	39	56	80	120

Normale Längen l: 6, 8, 10, 12, 14, 16, 18, 20, 22, 25, 28, 32, 36, 40, 45, 50, 56, 63, 71, 80, 90, 100, 112, 125, 140, 160, 180, 200, 224, 250
Werkstoff: St 37

Bezeichnungsbeispiel eines Splintes mit Nenndurchmesser $d_1 = 4$ mm, Länge 36 mm, Werkstoff St 37

Splint DIN 94 – 4 × 36 – St

5.6 Niete

5.6.1 Halbrundniete – Nenndurchmesser 1 bis 8 mm nach DIN 660 (7.77)

Maße in mm

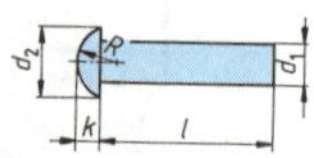

d_1	1	1,2	1,6	2	2,5	3	4	5	6	8
d_2	1,8	2,1	2,8	3,5	4,4	5,2	7	8,8	10,5	14
R	1	1,2	1,6	1,9	2,4	2,8	3,8	4,6	5,7	7,5
k	0,6	0,7	1	1,2	1,5	1,8	2,4	3	3,6	4,8
l von	2	2	2	2	3	3	4	5	6	8
bis	6	8	12	20	25	30	40	40	40	40
d H12	1,05	1,25	1,65	2,1	2,6	3,1	4,2	5,2	6,3	8,4

d H12 = Nietlochdurchmesser

Nennlängen l: 2, 3, 4, 5, 6, 8, 10, 12, 14, 16, 18, 20, 22, 25, 28, 30, 32, 35, 38, 40 mm

Bezeichnungsbeispiel eines Halbrundnietes mit Nenndurchmesser $d_1 = 3$ mm und Länge $l = 18$ mm, aus Al 99,5

Niet DIN 660 – 3 × 18 – Al

Werkstoff: USt 36-2 (St)
SF-Cu
CuZn 37
(CuZn)
Al 99,5 (Al)

5.6.2 Halbrundniete – Nenndurchmesser 10 bis 36 mm nach DIN 124 (7.77)

Maße in mm

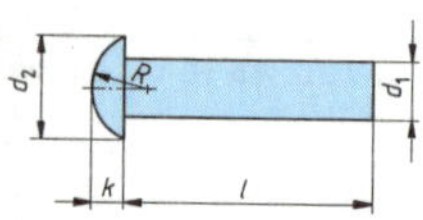

d_1	10	12	16	20	24	30	36
d_2	16	19	25	32	40	48	58
R	8	9,5	13	16,5	20,5	24,5	30
k	6,5	7,5	10	13	16	19	23
l von	10	18	24	30	38	50	62
bis	50	60	80	100	120	150	160
d H12	10,5	13	17	21	25	31	37

d H12 = Nietlochdurchmesser

Nennlängen l: 10, 12, 14, 16, 18, 20, 22, 24, 26, 28, 30, 32, 34, 36, 38, 40, 42, 45, 48, 50, 52, 55, 58, 60, 62, 65, 68, 70, 72, 75, 78, 80 bis 160 mm um je 5 mm gestuft.

Bezeichnungsbeispiel eines Halbrundnietes mit Nenndurchmesser $d_1 = 16$ mm und Länge $l = 62$ mm aus USt 36-2

Niet DIN 124 – 16 × 62-St

Werkstoff: USt 36-2 (St)

5.6.3 Senkniete – Nenndurchmesser 1 bis 8 mm nach DIN 661 (7.77)

Maße in mm

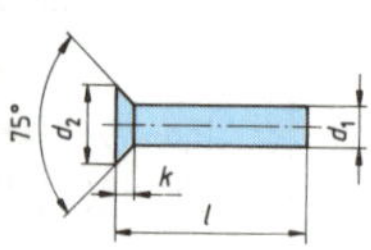

d_1	1	1,2	1,6	2	2,5	3	4	5	6	8
d_2	1,8	2,1	2,8	3,5	4,4	5,2	7	8,8	10,5	14
k	0,5	0,6	0,8	1	1,2	1,4	2	2,5	3	4
l von	2	2	2	3	4	5	6	8	10	12
bis	5	6	8	10	12	16	20	25	30	40
d H12	1,05	1,25	1,65	2,1	2,6	3,1	4,3	5,2	6,3	8,4

d H12 = Nietlochdurchmesser

Nennlängen l: 2, 3, 4, 5, 6, 8, 10, 12, 14, 16, 18, 20, 22, 25, 28, 30, 32, 35, 38, 40 mm

Bezeichnungsbeispiel eines Senknietes mit Nenndurchmesser $d_1 = 2$ mm und Länge $l = 6$ mm, aus CuZn 37

Niet DIN 661 – 2 × 6 – CuZn

Werkstoff: USt 36-2 (St)
SF – Cu
CuZn 37
(CuZn)
Al 99,5 (Al)

5.6 Niete

5.6.4 Senkniete – Nenndurchmesser 10 bis 36 mm nach DIN 302 (7.77) Maße in mm

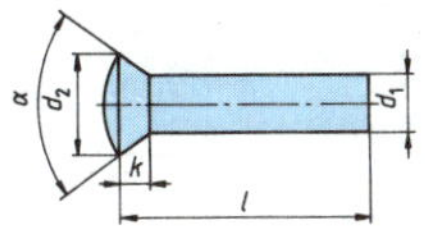

d_1	10	12	16	20	24	30	36
d_2	14,5	18	26	31,5	38	42,5	51
R	32	45	85	120	85	120	170
k	3	4	6,5	10	12	15	18
α	75°	75°	75°	60°	60°	45°	45°
l von	10	14	24	30	36	45	55
bis	52	60	80	100	120	150	160
dH12	10,5	13	17	21	25	31	37

dH12 = Nietlochdurchmesser
Nennlängen l: 10, 12, 14, 16, 18, 20, 22, 24, 26, 28, 30, 32, 34, 36, 38, 40, 42, 45, 48, 50, 52, 55, 58, 60, 62, 65, 68, 70, 72, 75, 78, 80 bis 160 mm um je 5 mm gestuft.
Bezeichnungsbeispiel eines Halbrundnietes mit Nenndurchmesser $d_1 = 20$ mm und Länge $l = 60$ mm aus USt 36-2
Niet DIN 302 – 20 × 60 – St

Werkstoff: USt 36-2 (St)

5.6.5 Halbhohlniete mit Senkkopf nach DIN 6792 (7.77) Maße in mm

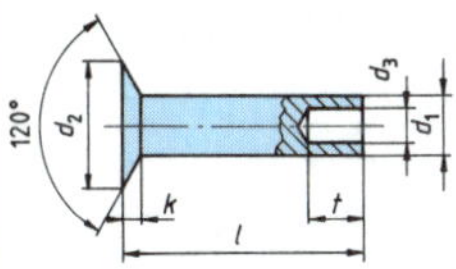

d_1	1,6	2	2,5	3	4	5	6	8	10
d_2	3,2	4	5	6	8	10	12	16	20
d_3	0,9	1,2	1,7	1,9	2,7	3,5	4,2	6	7,6
t	1,5	2,5	2,5	3	4	5	6,5	8	10
k	0,45	0,6	0,7	0,9	1,2	1,4	1,7	2,3	3
l von	3	4	5	6	8	10	12	14	20
bis	8	10	12	16	20	25	30	40	50
dH12	1,65	2,1	2,6	3,1	4,2	5,2	6,3	8,4	10,5

dH12 = Nietlochdurchmesser
Nennlängen l: 3, 4, 5, 6, 8, 10, 12, 14, 16, 20, 25, 30, 35, 40, 45, 50 mm
Bezeichnungsbeispiel eines Halbhohlnietes mit Nenndurchmesser $d_1 = 5$ mm und Länge $l = 20$ mm aus CuZn 37
Halbhohlniet DIN 6792 – 5 × 20 – CuZn

Werkstoff: USt 36-2 (St)
SF – Cu
CuZn 37 (CuZn)
Al 99,5 (Al)

5.6.6 Nietverbindungen

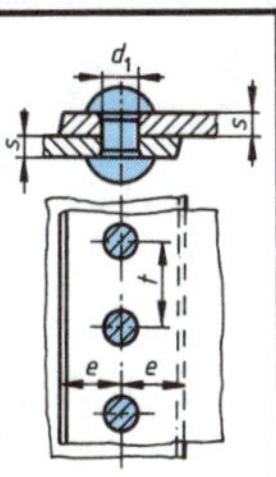

Einreihige Überlappungsnietung
$e = 1{,}5\,d_1$
$t = 2\,d_1 + 8$ mm

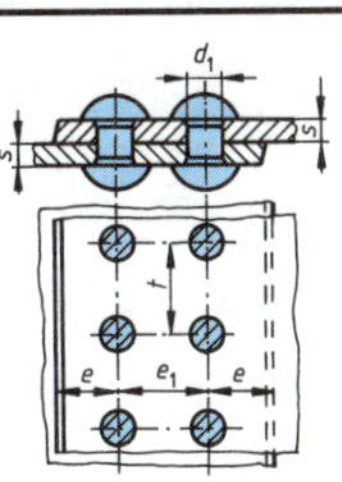

Zweireihige Parallel-Überlappungsnietung
$e = 1{,}5\,d_1$; $e_1 = 0{,}8\,t$
$t = 2{,}6\,d_1 + 10$ mm

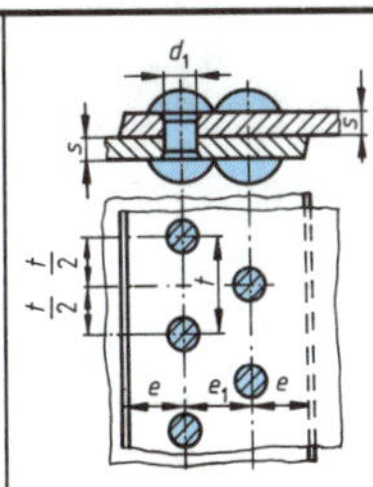

Zweireihige Zickzack-Überlappungsnietung
$e = 1{,}5\,d_1$; $e_1 = 0{,}6\,t$
$t = 2{,}6\,d_1 + 15$ mm

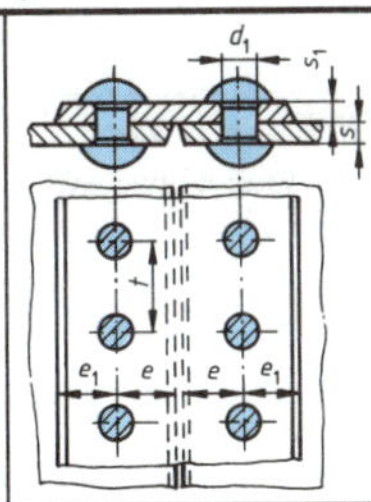

Einreihige Laschennietung
$e = 1{,}5\,d_1$; $e_1 = 0{,}9\,e$
$t = 2{,}6\,d_1 + 8$ mm
$s_1 = (0{,}63 \cdots 0{,}67)\,s$

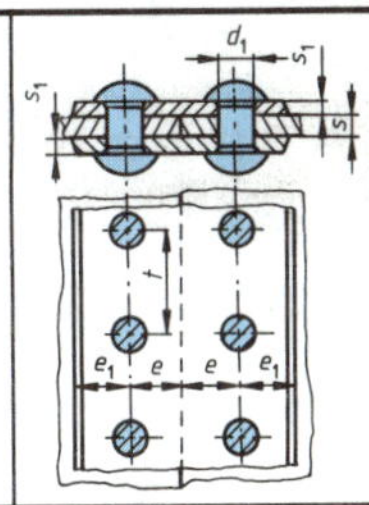

Einreihige Doppellaschennietung
$e = 1{,}5\,d_1$; $e_1 = 0{,}9\,e$
$t = 2{,}6\,d_1 + 10$ mm
$s_1 = (0{,}63 \cdots 0{,}67)\,s$

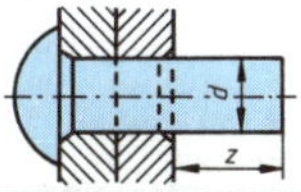

Nietlängenzugabe z für den Schließkopft (gilt nur als Richtlinie):
Halbrundkopf bei d unter 20 mm ··· $1{,}5\,d$; über 20 mm ··· $1{,}7\,d$
Senkkopf ··· $0{,}5\,d$

In der Praxis hat rationelles Verbinden dünnwandiger Teile aus Metall, Kunststoff usw. nach „POP"-Blindnietungsverfahren, Nieten nur von einer Seite mittels Hohlniet und Dorn, Einführung gefunden.

5.7 Sicherungsringe und -scheiben

5.7.1 Sicherungsringe nach DIN 471, DIN 472 (9.81)

für Wellen nach DIN 471 (9.81)

Maße in mm

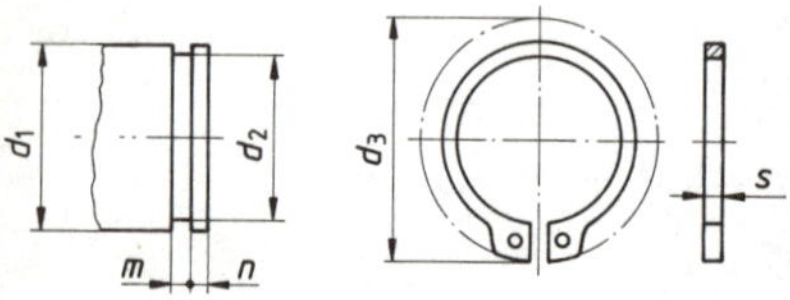

d_1	Sicherungsring s	d_3	d_4 [1]	Wellennut d_2	m	n
8	0,8	7,4	14,7	7,6	0,9	0,6
10	1	9,3	17	9,6	1,1	0,6
12	1	11	19	11,5	1,1	0,8
14	1	12,9	21,4	13,4	1,1	0,9
16	1	14,7	23,8	15,2	1,1	1,2
18	1,2	16,5	26,2	17	1,3	1,5
20	1,2	18,5	28,4	19	1,3	1,5
22	1,2	20,5	30,8	21	1,3	1,5
25	1,2	23,2	34,2	23,9	1,3	1,7
28	1,5	25,9	37,9	26,6	1,6	2,1
32	1,5	29,6	43	30,3	1,6	2,6
36	1,75	33,2	47,8	34	1,85	3
40	1,75	36,5	52,6	37,5	1,85	3,8
45	1,75	41,5	59,1	42,5	1,85	3,8
50	2	45,8	64,5	47	2,15	4,5
56	2	51,8	71,6	53	2,15	4,5
63	2	58,8	79	60	2,15	4,5
70	2,5	65,5	87	67	2,65	4,5
80	2,5	74,5	98,1	76,5	2,65	5,3
90	3	84,5	108,5	86,5	3,15	5,3
100	3	94,5	120,2	96,5	3,15	5,3

Bezeichnungsbeispiel eines Sicherungsringes bei $d_1 = 32$ mm und $s = 1,5$ mm:
Sicherungsring DIN 471 – 32 × 1,5

für Bohrungen nach DIN 472 (9.81)

Maße in mm

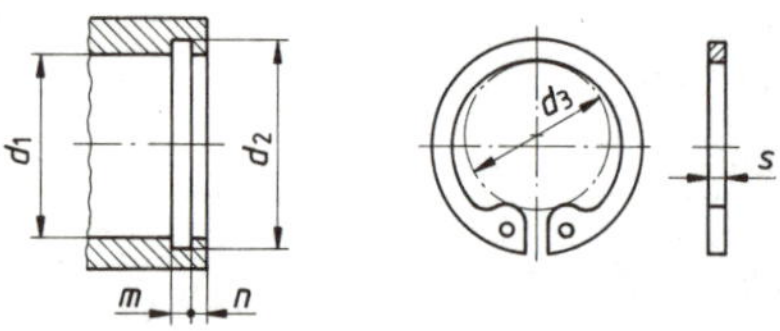

d_1	Sicherungsring s	d_3	d_4 [1]	Bohrungsnut d_2	m	n
8	0,8	8,7	3	8,4	0,9	0,6
10	1	10,8	3,3	10,4	1,1	0,6
12	1	13	4,9	12,5	1,1	0,8
14	1	15,1	6,2	14,6	1,1	0,9
16	1	17,3	8	16,8	1,1	1,2
18	1	19,5	9,4	19	1,1	1,5
20	1	21,5	11,2	21	1,1	1,5
22	1	23,5	13,2	23	1,1	1,5
25	1,2	26,9	15,5	26,2	1,3	1,8
28	1,2	30,1	17,9	29,4	1,3	2,1
32	1,2	34,4	20,6	33,7	1,3	2,6
36	1,5	38,8	24,6	38	1,6	3
40	1,75	43,5	27,0	42,5	1,85	3,8
45	1,75	48,5	32	47,5	1,85	3,8
50	2	54,2	36,3	53	2,15	4,5
56	2	60,2	41,7	63	2,15	4,5
63	2	67,2	47,7	66	2,15	4,5
70	2,5	74,5	53,6	73	2,65	4,5
80	2,5	85,5	62,1	83,5	2,65	5,3
90	3	95,5	71,9	93,5	3,15	5,3
100	3	105,5	80,6	103,5	3,15	5,3

Bezeichnungsbeispiel eines Sicherungsringes bei $d_1 = 45$ mm und $s = 1,75$ mm:
Sicherungsring DIN 472 – 45 × 1,75

5.7.2 Sicherungsscheiben nach DIN 6799 (9.81)

Maße in mm

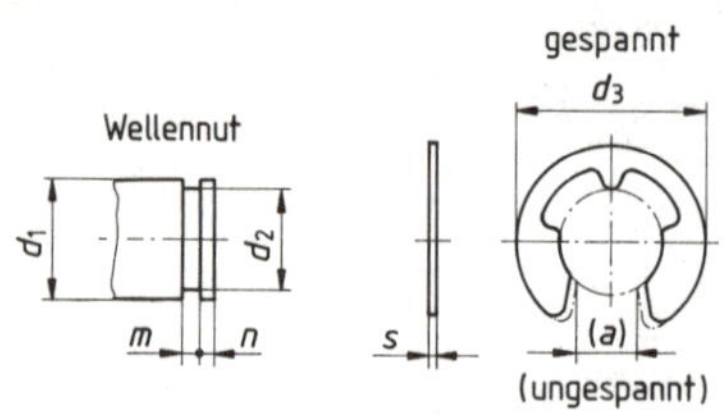

d_2	Sicherungsscheibe s	a	d_3	Wellennut m	n	d_1 von	bis
4	0,7	3,34	9,3	0,74	1,2	5	7
5	0,7	4,11	11,3	0,74	1,2	6	8
6	0,7	5,26	12,3	0,74	1,2	7	9
7	0,9	5,84	14,3	0,94	1,5	8	11
8	1	6,52	16,3	1,05	1,8	9	12
9	1,1	7,63	18,8	1,15	2	10	14
10	1,2	8,32	20,4	1,25	2	11	15
12	1,3	10,45	23,4	1,35	2,5	13	18
15	1,5	12,61	29,4	1,55	3	16	24
19	1,75	15,92	37,6	1,80	3,5	20	31
24	2	21,88	44,6	2,05	4	25	38
30	2,5	25,80	52,6	2,55	4,5	32	42

Bezeichnungsbeispiel bei $d_2 = 12$ mm
Sicherungsscheibe DIN 6799 – 12

[1] d_4 bezeichnet den Einbauraum

5.8 Federn

5.8.1 Tellerfedern nach DIN 2093 (4.78)

Maße in mm

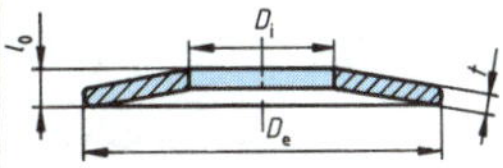

D_e Außendurchmesser
D_i Innendurchmesser
t Dicke des Einzeltellers
l_0 Bauhöhe des Einzeltellers unbelastet
F Federkraft des Einzeltellers in N
s Federweg des Einzeltellers

Werkstoff:
Edelstahl nach DIN 17221 u. DIN 17222 mit Elastizitätsmodul E = 206000 N/mm²

		Reihe A $D_e : t \approx 18$				Reihe B $D_e : t \approx 28$				Reihe C $D_e : t \approx 40$			
D_e	D_i	t	l_0	F	s	t	l_0	F	s	t	l_0	F	s
8	4,2	0,4	0,6	210	0,15	0,3	0,55	118	0,19	0,2	0,45	39	0,19
10	5,2	0,5	0,75	325	0,19	0,4	0,7	209	0,23	0,25	0,55	58	0,23
12,5	6,2	0,7	1,0	660	0,23	0,5	0,85	293	0,26	0,35	0,8	151	0,34
14	7,2	0,8	1,1	797	0,23	0,5	0,9	279	0,3	0,35	0,8	123	0,34
16	8,2	0,9	1,25	1010	0,26	0,6	1,05	410	0,34	0,4	0,9	154	0,38
18	9,2	1,0	1,4	1250	0,3	0,7	1,2	566	0,38	0,45	1,05	214	0,45
20	10,2	1,1	1,55	1520	0,34	0,8	1,35	748	0,41	0,5	1,15	254	0,49
22,5	11,2	1,25	1,75	1930	0,38	0,8	1,45	707	0,49	0,6	1,4	425	0,6
25	12,2	1,5	2,05	2930	0,41	0,9	1,6	862	0,53	0,7	1,6	599	0,68
28	14,2	1,5	2,15	2840	0,49	1,0	1,8	1110	0,6	0,8	1,8	801	0,75
31,5	16,3	1,75	2,45	3870	0,53	1,25	2,15	1910	0,68	0,81	1,85	687	0,79
35,5	18,3	2	2,8	5190	0,6	1,25	2,25	1700	0,75	0,9	2,05	832	0,86
40	20,4	2,25	3,15	6500	0,68	1,5	2,65	2620	0,86	1,0	2,3	1020	0,98
45	22,4	2,5	3,5	7720	0,75	1,75	3,05	3650	0,98	1,25	2,85	1890	1,2
50	25,4	3	4,1	12000	0,83	2	3,4	4760	1,05	1,25	2,85	1550	1,2
56	28,5	3	4,3	11400	0,98	2	3,6	4440	1,2	1,5	3,45	2620	1,46
63	31	3,5	4,9	15000	1,05	2,5	4,25	7190	1,31	1,8	4,15	4240	1,76
71	36	4	5,6	20500	1,2	2,5	4,5	6730	1,5	2	4,6	5140	1,95
80	41	5	6,7	33600	1,28	3	5,3	10500	1,73	2,25	5,2	6610	2,21
90	46	5	7	31400	1,5	3,5	6	14200	1,88	2,5	5,7	7680	2,63
100	51	6	8,2	48000	1,65	3,5	6,3	13100	2,1	2,7	6,2	8610	2,63

Bezeichnungsbeispiel einer Tellerfeder der Reihe A mit Außendurchmesser $D_e = 50$ mm
Tellerfeder DIN 2093 – A 50

Federpaket:

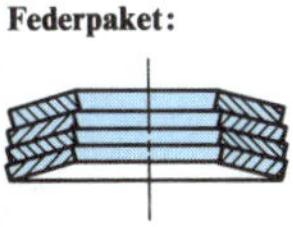

$n = 4$
$s_{ges} = s$
$F_{ges} = 4F$

Beim **Federpaket** sind n (= Anzahl)-Einzelteller **gleichsinnig** geschichtet.

① **Gesamtfederweg** $s_{ges} = s$

Gesamtfederkraft $F_{ges} = n \cdot F$

Gegeben: $D_e = 50$ mm, 4 Tellerfedern aus Reihe A
Gesucht: Gesamtfederweg S_{ges}
Gesamtfederkraft F_{ges}
Lösung: $S_{ges} = s = 0{,}83$ mm (aus Tabelle)
$F_{ges} = n \cdot F \cdot 4 \cdot 12000$ N (aus Tabelle) = 48000 N

Federsäule:

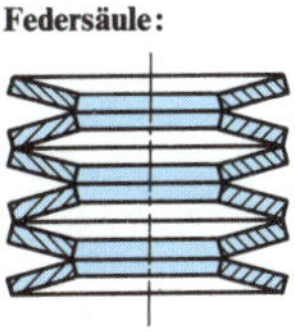

$n = 6$
$s_{ges} = 6s$
$F_{ges} = F$

Bei der **Federsäule** sind n (= Anzahl)-Einzelteller **wechselsinnig** geschichtet.

② **Gesamtfederweg** $s_{ges} = n \cdot s$

Gesamtfederkraft $F_{ges} = F$

Gegeben: $D_e = 50$ mm, 6 Tellerfedern aus Reihe A – wechselsinnig geschichtet
Gesucht: Gesamtfederweg S_{ges}
Gesamtfederkraft F_{ges}
Lösung: $S_{ges} = n \cdot s = 6 \cdot 0{,}83$ mm (aus Tabelle) = 4,98 mm
$F_{ges} = F = 12000$ N (aus Tabelle)

Federsäule aus Federpaketen:

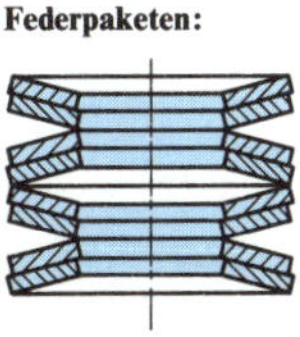

$i = 4$
$n = 2$
$s_{ges} = 4s$
$F_{ges} = 2F$

Hier werden i (= Anzahl)-**Federpakete** zu einer **Federsäule** geschichtet.

Gesamtfederweg und **Gesamtfederkraft** bestimmen sich aus ① u. ②

$s_{ges} = i \cdot s$
$F_{ges} = n \cdot F$
(n = Anzahl der Einzelteller in einem Paket)

Gegeben: $D_e = 50$ mm, 8 Tellerfedern aus Reihe A – zweifach wechselsinnig geschichtet
Gesucht: Gesamtfederweg S_{ges}
Gesamtfederkraft F_{ges}
Lösung: $S_{ges} = i \cdot s = 4 \cdot 0{,}83$ mm = 3,32 mm
$F_{ges} = n \cdot F = 4 \cdot 12000$ N (aus Tabelle) = 24000 N

5

5.8 Federn

5.8.2 Zylindrische Schraubenfedern nach DIN 2098 T1 (10.68), T2 (8.70) aus runden Drähten

Baugrößen für kaltgeformte Druckfedern

Maße in mm

d Drahtdurchmesser
D_m mittlerer Windungsdurchmesser
D_d Dorndurchmesser
D_h Hülsendurchmesser
F größte zul. Federkraft
i Anzahl der federnden Windungen
L_0 Länge der unbelasteten Feder
f größter zulässiger Federweg

Werkstoff:
$d < 0{,}5$ mm
Federstahldraht nach DIN 17224
X 12 CrNi 17 7 K

$d \geq 0{,}5$ mm
Federstahldraht nach DIN 17223

Bezeichnungsbeispiel einer Druckfeder mit $d = 5$ mm, $D_m = 40$ mm und $L_0 = 64$ mm

Druckfeder DIN 2098 − 5 × 40 × 64

d	D_m	D_d max.	D_h min.	F in N	$i=3{,}5$ L_0	f	$i=5{,}5$ L_0	f	$i=8{,}5$ L_0	f	$i=12{,}5$ L_0	f
0,1	1,2	0,8	1,6	0,27	2,6	1,8	3,8	2,8	5,8	4,3	8,4	6,3
	1	0,7	1,4	0,31	2	1,2	2,9	1,9	4,4	2,9	6,3	4,3
	0,8	0,5	1,1	0,38	1,5	0,8	2,2	1,2	3,2	1,8	4,6	2,7
0,5	6,3	5,3	7,5	6,7	13,5	9,2	20	14,0	30	21,3	44	31,8
	5	4,0	6,2	8,2	9,4	5,5	14	8,6	20,5	12,9	30	19,4
	4	3,1	5,0	9,5	7	3,3	10	4,9	15	7,9	21,5	11,7
	3,2	2,4	4,1	10,2	5,5	1,8	7,9	2,8	11,5	4,4	16	6,2
	2,5	1,7	3,4	10,6	4,4	0,9	6,1	1,4	8,7	2,2	12	3,0
1	12,5	10,8	14,4	22,4	24	14,6	36,5	23,1	55,5	36,1	80,5	53,1
	10	8,4	11,8	27,9	17,5	9,5	26	14,8	39	23,0	56	33,6
	8	6,5	9,6	33,8	13	5,7	19	8,9	28,5	14,2	40,5	20,6
	6,3	4,9	7,8	34,8	10	2,7	14,5	4,4	21,5	7,2	30,5	10,6
2	25	22	28	130	58	43	88,5	67,1	135	104	195	151
	20	17,1	22,9	162	41	27,4	62	42,8	94	66,4	135	96,2
	16	13,4	18,6	202	30	17,5	45	27,3	68	42,5	98	62,1
	12,5	9,9	15,1	259	22,5	10,8	33	16,6	49,5	26	71	38
	10	7,5	12,5	324	18	6,8	26,5	10,9	38,5	16,5	55	24,4
3,2	40	35,6	44,6	294	82	60,8	125	95,3	190	148	275	216
	32	27,6	36,5	368	58,5	38,7	88,5	61,1	135	96,2	190	136
	25	21,1	28,9	470	42,5	23,4	63,5	37,2	94,5	57,4	135	83,4
	20	16,1	23,9	588	33,5	15,0	49,5	23,6	74	36,9	105	53,4
4	50	44	56	435	99	71,6	150	111	230	175	335	257
	40	34,8	45,2	543	71	45,8	105	61,9	160	110	235	165
	32	27	37	679	53,5	29,5	79,5	45,2	120	72,8	170	104
	25	20,3	29,7	869	41	18,1	60,5	28,3	89,5	43,5	130	65,5

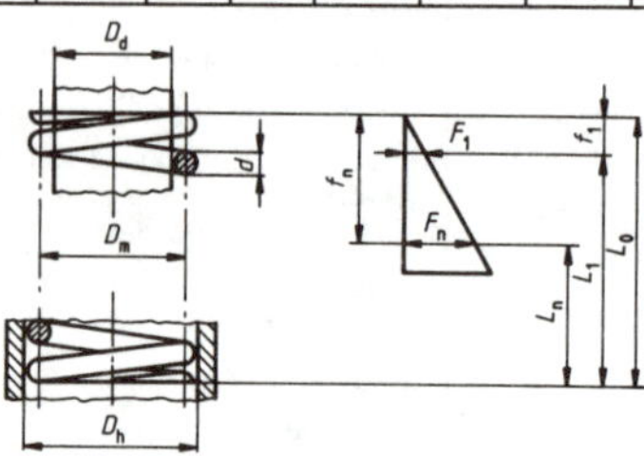

Zur **Berechnung** von Schraubenfedern

$$\tau_{s\,zul} = \frac{8\,D_m}{\pi \cdot d^3} \cdot F$$

Ablesebeispiel:
$F = 300$ N, $D_m = 10$ mm
$\tau_{s\,zul} = 1000$ N/mm²

Lösung:
① Gerade von $F = 300$ N nach $D_m = 10$ mm
② Gerade von $\tau_{s\,zul} = 1000$ N/mm² durch Schnittpunkt s

Ablesewert: $d \approx 2$ mm

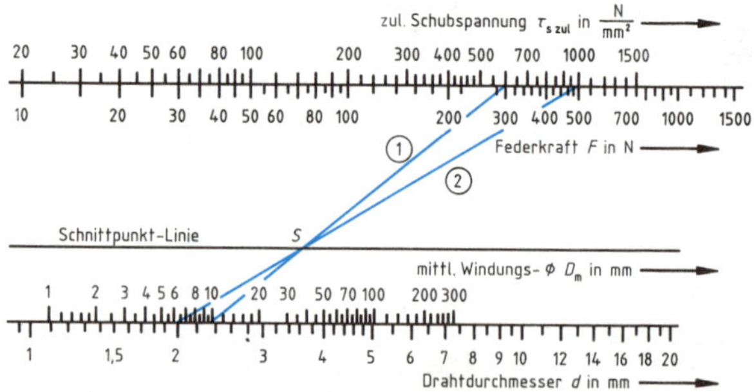

5.9 Lager

5.9.1 Buchsen für Gleitlager

Buchsen für Gleitlager aus Kupferlegierungen nach DIN 1850 T1 (10.76) Maße in mm

Form G

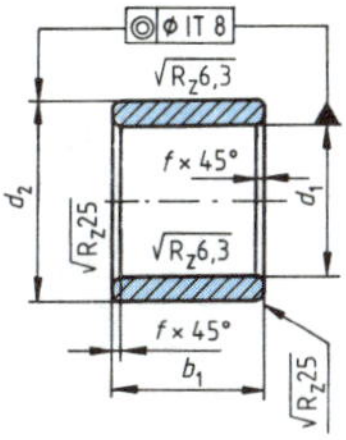

Form U

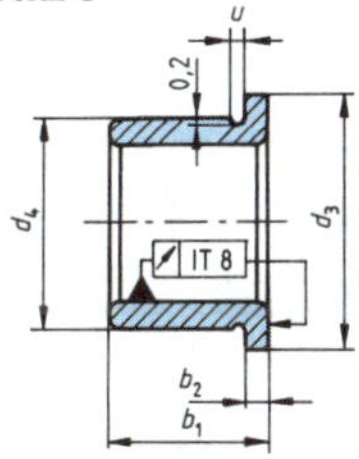

Fehlende Maße siehe Form G

Werkstoff: Kupfer-Gußlegierungen nach DIN 1705 Kupfer-Knetlegierungen nach DIN 17662

d_1 E6	d_2 s6			b_1 h13			d_3 d11	d_4 s6	b_2	f	u
10	12	14	16	–	10	–	20	16	3	0,3	1
15	17	19	21	10	15	20	27	21	3	0,5	1
20	23	24	26	15	20	30	32	26	3	0,5	1,5
25	28	30	32	20	30	40	38	32	4	0,5	1,5
30	34	36	38	20	30	40	44	38	4	0,5	2
35	39	41	45	30	40	50	50	45	5	0,8	2
40	44	48	50	30	40	60	58	50	5	0,8	2
45	50	53	55	30	40	60	63	55	5	0,8	2
50	55	58	60	40	50	60	68	60	5	0,8	2
55	60	63	65	40	50	70	73	65	5	0,8	2
60	65	70	75	40	60	80	83	75	7,5	0,8	2
65	70	75	80	50	60	80	88	80	7,5	1	2
70	75	80	85	50	70	90	95	85	7,5	1	2
75	80	85	90	50	70	90	100	90	7,5	1	3
80	85	90	95	60	80	100	105	95	7,5	1	3
90	100	105	110	60	80	120	120	110	10	1	3
100	110	115	120	80	100	120	130	120	10	1	3

Bei f von 15°: Y als Zusatz bei der Bezeichnung

Bezeichnungsbeispiel einer Buchse Form G mit $d_1 = 25$ mm, $d_2 = 30$ mm, $b_1 =$ 30 mm, f von 15° und Werkstoff-Knetlegierung CuSn 8

Buchse DIN 1850 – G 25 × 30 × 30 Y – CuSn 8

Bei Form U ist statt d_2 der Durchmesser d_4 in der Bezeichnung angegeben

Buchsen für Gleitlager aus Sintermetall nach DIN 1850 T3 (4.76) Maße in mm

Form J

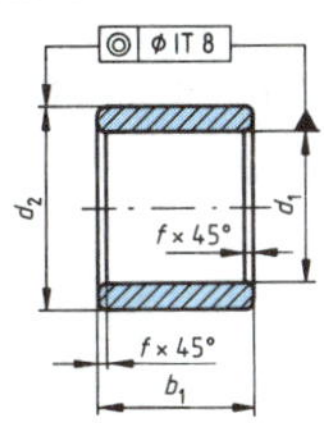

Form V

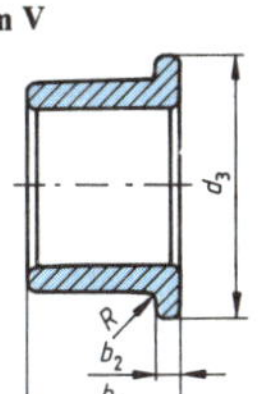

Fehlende Maße siehe Form J

Werkstoff: Sintermetall

Tränkung: Viskosität des Schmierstoffs bei 50 °C

d_1 G7 [1])	d_2 r6	b_1 js13			d_3 js13	b_2 js13	f	R
5	9	4	5	8	13	2	0,3	0,3
10	16	8	10	16	22	3	0,4	0,6
14	20	10	14	20	26	3	0,4	0,6
16	22	12	16	25	28	3	0,4	0,6
20	26	15	20	25	32	3	0,4	0,6
25	32	20	25	30	39	3,5	0,6	0,8
30	38	20	25	30	46	4	0,6	0,8
35	45	25	35	40	55	5	0,7	0,8
40	50	30	40	50	60	5	0,7	0,8
nur Form J								
42	52	30	40	50	–	–	0,7	–
45	55	35	45	55	–	–	0,7	–
48	58	35	50	70	–	–	0,7	–
50	60	35	50	70	–	–	0,7	–
55	65	40	55	70	–	–	0,7	–
60	72	50	60	70	–	–	0,8	–

[1]) Ergibt nach dem Einpressen H7; Spiel in Welle legen.

Bezeichnungsbeispiel einer Buchse Form V mit $d_1 = 16$ mm, $d_2 = 22$ mm, $b_1 =$ 12 mm und Werkstoff Sinterbronze Sint-B 50, getränkt

Buchse DIN 1850 – V 16 × 22 × 12 – Sint – B 50

5.9 Lager

Buchsen für Gleitlager aus Duroplasten und Thermoplasten nach DIN 1850 T5 (8.75), T6 (2.79)

Maße in mm

Duroplaste:
Form P

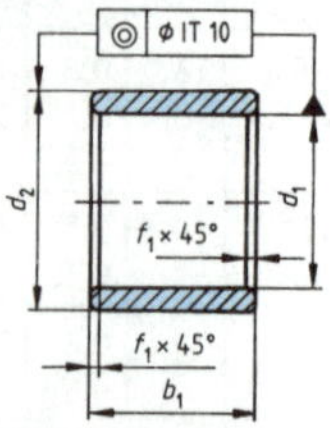

Gehäusebohrung: H7
Welle: h7

Form R

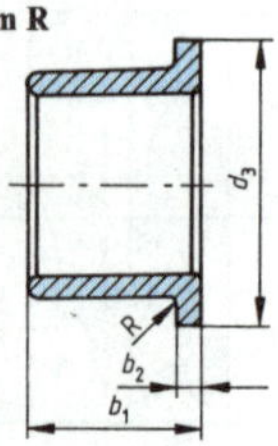

Fehlende Maße siehe Form P

Thermoplaste:
Form S

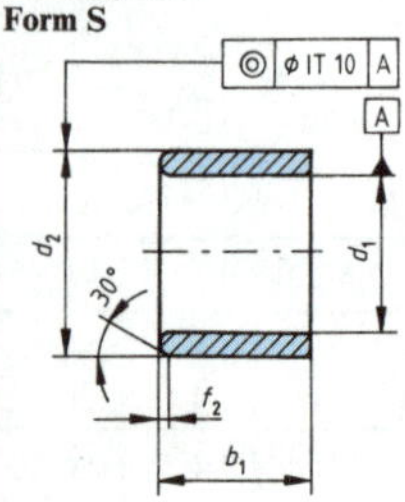

Gehäusebohrung: H7
Welle: h9

Form T

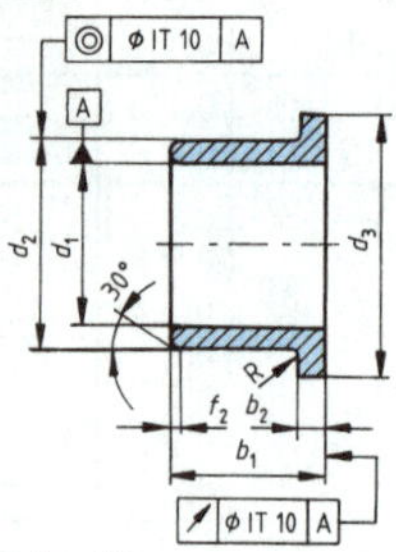

Werkstoffe:
Duroplaste: FS 74, HgW 208
Thermoplaste: PA 6, PA 66, PA 6G, PA 11, PE, POM

d_1	b_1			d_2	d_3	b_2	f_1	f_2	R
6	6	10	–	10[1])	14	2	0,3	0,5	0,3
8	6	10	–	12[2])	16	2	0,3	0,5	0,3
10	6	10	–	16	20	3	0,3	0,5	0,3
12	10	15	20	18	22	3	0,5	0,8	0,5
14	10	15	20	20	25	3	0,5	0,8	0,5
15	10	15	20	21	27	3	0,5	0,8	0,5
16	12	15	20	22	28	3	0,5	0,8	0,5
18	12	20	30	24	30	3	0,5	0,8	0,5
20	15	20	30	26	32	3	0,5	0,8	0,5
22	15	20	30	28	34	3	0,5	0,8	0,5
25	20	30	40	32	38	4	0,5	0,8	0,5
30	20	30	40	38	44	4	0,5	0,8	0,5
35	30	40	50	45	50	5	0,8	1,2	0,8
40	30	40	60	50	58	5	0,8	1,2	0,8
45	30	40	60	55	63	5	0,8	1,2	0,8
50	40	50	60	60	68	5	0,8	1,2	0,8
55	40	50	70	65	73	5	0,8	1,2	0,8
60	40	60	80	75	83	7,5	0,8	1,2	0,8
65	50	60	80	80	88	7,5	1	1,5	1
70	50	70	90	85	95	7,5	1	1,5	1
75	50	70	90	90	100	7,5	1	1,5	1
80	60	80	100	95	105	7,5	1	1,5	1
90	60	80	120	110	120	10	1	1,5	1
100	80	100	120	120	130	10	1	1,5	1

[1]) $d_2 = 12$ [2]) $d_2 = 14$ für die Formen S und T

Bei Duroplasten:						**Bei Thermoplasten:**		
d_1 über	bis	Abmaße	d_2 über	bis	Abmaße	d_1 bei eingebauter Buchse: Toleranzfeld D12		
–	6	+0,09 +0,07	–	10	+0,06 +0,03	d_2		Abmaße
6	10	+0,13 +0,1	10	16	+0,08 +0,05	über	bis	
10	14	+0,17 +0,14	16	20	+0,11 +0,07	–	8	+0,21 +0,07
14	18	+0,22 +0,18	20	24	+0,14 +0,09	8	14	+0,27 +0,09
18	24	+0,27 +0,22	24	30	+0,17 +0,11	14	18	+0,33 +0,11
24	30	+0,34 +0,28	30	38	+0,21 +0,14	18	25	+0,45 +0,15
30	40	+0,42 +0,35	38	50	+0,26 +0,18	25	33	+0,6 +0,2
40	50	+0,5 +0,42	50	60	+0,31 +0,22	33	40	+0,69 +0,23
50	65	+0,6 +0,51	60	80	+0,37 +0,27	40	55	+0,9 +0,3
65	80	+0,73 +0,63	80	95	+0,45 +0,34	über 55		nach Verein-barung
80	100	+0,89 +0,78	95	120	+0,56 +0,44			

Für Formen P u. R:
Wendelnuten am Außen ∅ d_2: Bezeichnung w
Einpreßfase f von 15°: Bezeichnung y
Freistich statt Radius R: Bezeichnung z
Bezeichnungsbeispiel einer Buchse Form P mit $d_1 = 200$ mm, $b_1 = 15$ mm, Wendelnuten, Einpreßfase f von 15° u. Werkstoff FS 74
Buchse DIN 1850 – P 20 × 15 wy – FS 74

5

5.9 Lager

5.9.2 Übersicht der Wälzlager

Wälzlager

- **Radiallager**
  - **Kugellager**
    - Rillenkugellager DIN 625
    - Schrägkugellager DIN 628
    - Pendelkugellager DIN 630
    - Schulterkugellager DIN 615
  - **Rollenlager**
    - Zylinderrollenlager DIN 5412
    - Kegelrollenlager DIN 720
    - Pendelrollenlager DIN 635
    - Nadellager DIN 617
    - Tonnenlager DIN 635
- **Axiallager**
  - **Kugellager**
    - Axial-Rillenkugellager einseitig wirkend DIN 711
    - Axial-Rillenkugellager zweiseitig wirkend DIN 715
  - **Rollenlager**
    - Axial-Pendelrollenlager DIN 728
    - Axial-Zylinderrollenlager DIN 722

Rillenkugellager nach DIN 625 T1 (9.59) Maße in mm

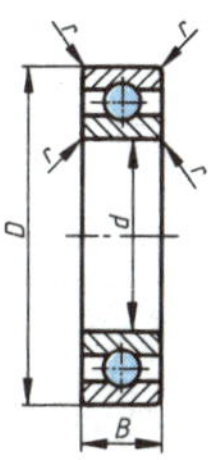

Kurzzeichen	Reihe 62 *d*	*D*	*B*	*r*	Kurzzeichen	Reihe 63 *d*	*D*	*B*	*r*
6200	10	30	9	1	6300	10	35	11	2
6202	15	35	11	1	6302	15	42	13	2
6204	20	47	14	1,5	6304	20	52	15	2
6205	25	52	15	1,5	6305	25	62	17	2
6206	30	62	16	1,5	6306	30	72	19	2
6207	35	72	17	2	6307	35	80	21	2,5
6208	40	80	18	2	6308	40	90	23	2,5
6209	45	85	19	2	6309	45	100	25	2,5
6210	50	90	20	2	6310	50	110	27	3
6211	55	100	21	2,5	6311	55	120	29	3
6212	60	110	22	2,5	6312	60	130	31	3,5
6213	65	120	23	2,5	6313	65	140	33	3,5
6214	70	125	24	2,5	6314	70	150	35	3,5
6220	100	180	34	3,5	6320	100	215	47	3,5

Axial-Rillenkugellager nach DIN 711 (9.59) Maße in mm

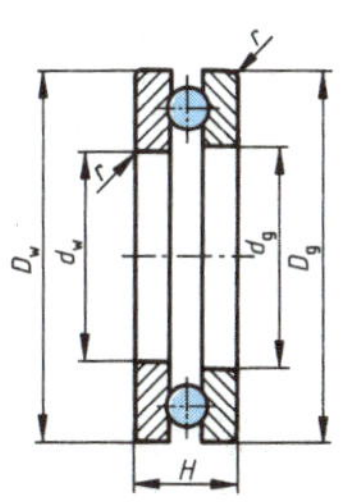

Kurzzeichen	d_w	d_g	*D*	*H*	*r*
512 04	20	22	40	14	1
512 05	25	27	47	15	1
512 06	30	32	52	16	1
512 07	35	37	62	18	1,5
512 08	40	42	68	19	1,5
512 09	45	47	73	20	1,5
512 10	50	52	78	22	1,5
512 11	55	57	90	25	1,5
512 12	60	62	95	26	1,5
512 13	65	67	100	27	1,5
512 14	70	72	105	27	1,5

5.9 Lager

Schrägkugellager nach DIN 628 (3.73)

Maße in mm

Reihe 72 Reihe 32

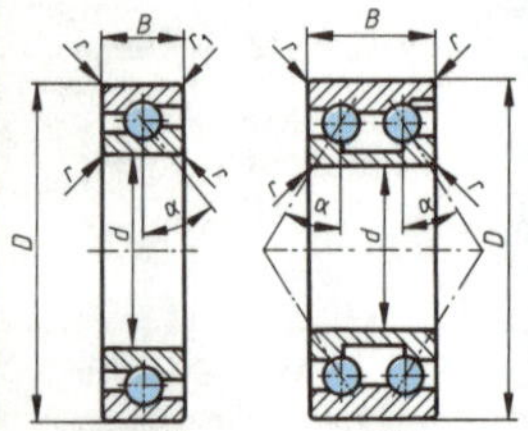

α = 40° α = 32°

Kurzzeichen	Reihe 72 (einreihig) d	D	B	r	r_1	Kurzzeichen	Reihe 32 (zweireihig) d	D	B	r
7200 B	10	30	9	1	0,5	3200	10	30	14	1
7201 B	12	32	10	1	0,5	3201	12	32	15,9	1
7202 B	15	35	11	1	0,5	3202	15	35	15,9	1
7203 B	17	40	12	1	0,8	3203	17	40	17,5	1
7204 B	20	47	14	1,5	0,8	3204	20	47	20,6	1,5
7205 B	25	52	15	1,5	0,8	3205	25	52	20,6	1,5
7206 B	30	62	16	1,5	0,8	3206	30	62	23,8	1,5
7207 B	35	72	17	2	1	3207	35	72	27,0	2
7208 B	40	80	18	2	1	3208	40	80	30,2	2
7209 B	45	85	19	2	1	3209	45	85	30,2	2
7210 B	50	90	20	2	1	3210	50	90	30,2	2
7211 B	55	100	21	2,5	1,2	3211	55	100	33,3	2,5
7212 B	60	110	22	2,5	1,2	3212	60	110	36,5	2,5
7213 B	65	120	23	2,5	1,2	3213	65	120	38,1	2,5
7214 B	70	125	24	2,5	1,2	3214	70	125	39,7	2,5

Pendelkugellager nach DIN 630 T1 (5.60)

Maße in mm

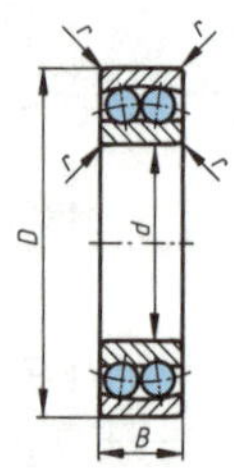

Kurzzeichen	Reihe 12 d	D	B	r	Kurzzeichen	Reihe 13 d	D	B	r
1204	20	47	14	1,5	1304	20	52	15	2
1205	25	52	15	1,5	1305	25	62	17	2
1206	30	62	16	1,5	1306	30	72	19	2
1207	35	72	17	2	1307	35	80	21	2,5
1208	40	80	18	2	1308	40	90	23	2,5
1209	45	85	19	2	1309	45	100	25	2,5
1210	50	90	20	2	1310	50	110	27	3
1211	55	100	21	2,5	1311	55	120	29	3
1212	60	110	22	2,5	1312	60	130	31	3,5
1213	65	120	23	2,5	1313	65	140	32	3,5
1214	70	125	24	2,5	1314	70	150	35	3,5

Zylinderrollenlager nach DIN 5412 T1 (6.82)

Maße in mm

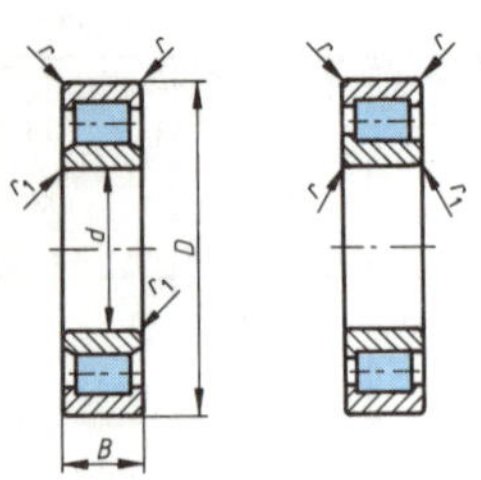

NU NJ

Kurzzeichen	d	D	B	r	r_1
204	20	47	14	1,5	1
205	25	52	15	1,5	1
206	30	62	16	1,5	1
207	35	72	17	2	1
NU 208	40	80	18	2	2
oder 209	45	85	19	2	2
NJ 210	50	90	20	2	2
oder 211	55	100	21	2,5	2
NUP 212	60	110	22	2,5	2
oder 213	65	120	23	2,5	2,5
N 214	70	125	24	2,5	2,5
215	75	130	25	2,5	2,5
216	80	140	26	3	3

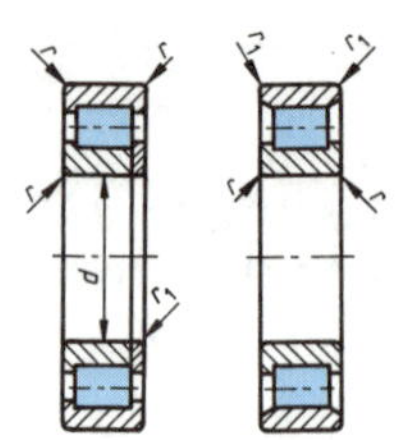

NUP N

5.9 Lager

Kegelrollenlager nach DIN 720 (2.79)

Maße in mm

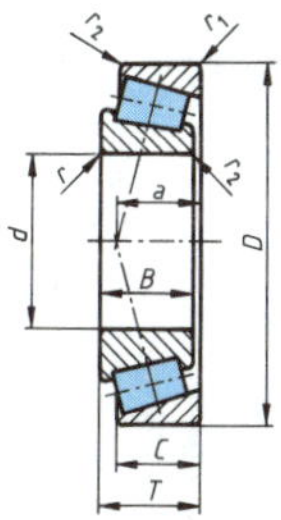

r_2 nicht festgelegt

	Reihe 302							
Kurzzeichen	*d*	*D*	*B*	*C*	*T*	*r*	r_1	*a*
302 04	20	47	14	12	15,25	1	1	11
302 05	25	52	15	13	16,25	1	1	13
302 06	30	62	16	14	17,25	1	1	14
302 07	35	72	17	15	18,25	1,5	1,5	15
302 08	40	80	18	16	19,75	1,5	1,5	17
302 09	45	85	19	17	20,75	1,5	1,5	18
302 10	50	90	20	18	21,75	1,5	1,5	20
302 11	55	100	21	19	22,75	2	1,5	21
302 12	60	110	22	20	23,75	2	1,5	22
302 13	65	120	23	21	24,75	2	1,5	23
302 14	70	125	24	22	26,25	2	1,5	25
302 15	75	130	25	23	27,25	2	1,5	27
302 16	80	140	26	24	28,25	2,5	2	28

Tonnenlager nach DIN 635 T 1 (8.87)

Maße in mm

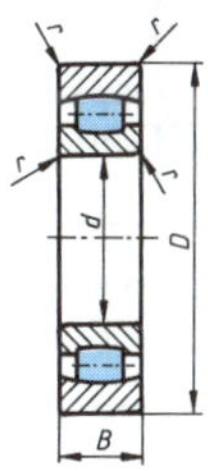

[1]) Bei kegeliger Bohrung 1:12 wird die Nummer mit K ergänzt.

	Reihe 202					Reihe 203			
Kurzzeichen [1])	*d*	*D*	*B*	*r*	Kurzzeichen [1])	*d*	*D*	*B*	*r*
202 04	20	47	14	1,5	203 04	20	52	15	2
202 05	25	52	15	1,5	203 05	25	62	17	2
202 06	30	62	16	1,5	203 06	30	72	19	2
202 07	35	72	17	2	203 07	35	80	21	2,5
202 08	40	80	18	2	203 08	40	90	23	2,5
202 09	45	85	19	2	203 09	45	100	25	2,5
202 10	50	90	20	2	203 10	50	110	27	3
202 11	55	100	21	2,5	203 11	55	120	29	3
202 12	60	110	22	2,5	203 12	60	130	31	3,5
202 13	65	120	23	2,5	203 13	65	140	33	3,5
202 14	70	125	24	2,5	203 14	70	150	35	3,5
202 15	75	130	25	2,5	203 15	75	160	37	3,5
202 16	80	140	26	3	203 16	80	170	39	4

Pendelrollenlager, zweireihig nach DIN 635 T 2 (11.84)

Maße in mm

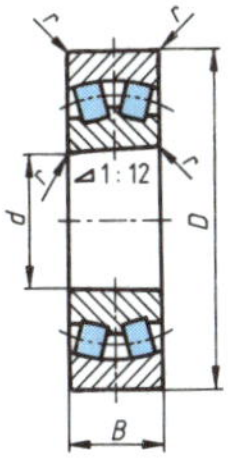

Kurzzeichen		Reihe 213			
zyl. Bohrung	kegl. Bohrung	*d*	*D*	*B*	*r*
213 04	213 04 k	20	52	15	2
213 05	213 05 k	25	62	17	2
213 06	213 06 k	30	72	19	2
213 07	213 07 k	35	80	21	2,5
213 08	213 08 k	40	90	23	2,5
213 09	213 09 k	45	100	25	2,5
213 10	213 10 k	50	110	27	3
213 11	213 11 k	55	120	29	3
213 12	213 12 k	60	130	31	3,5
213 13	213 13 k	65	140	33	3,5
213 14	213 14 k	70	150	35	3,5
213 15	213 15 k	75	160	37	3,5
213 16	213 16 k	80	170	39	3,5
213 17	213 17 k	85	180	41	4
213 18	213 18 k	90	190	43	4
213 19	213 19 k	95	200	45	4
213 20	213 20 k	100	215	47	4

5.10 Dichtringe

5.10.1 Radialwellendichtringe nach DIN 3760 (4.72)

Maße in mm

Form A

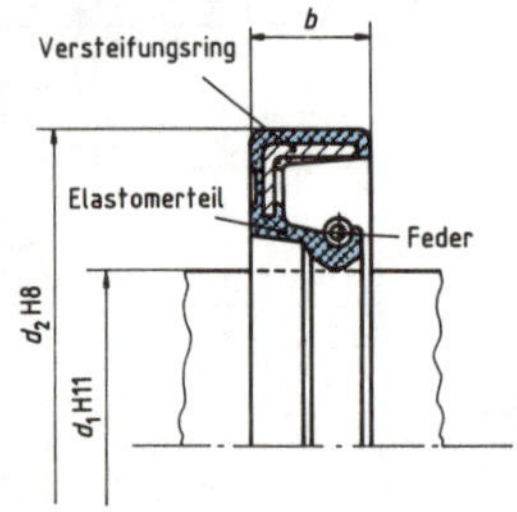

Der Außenmantel aus Elastomer ergibt einen dichten und festen Sitz in der Aufnahmebohrung auch bei Gehäusewerkstoffen mit größerer Wärmedehnung als Stahl.

Form AS

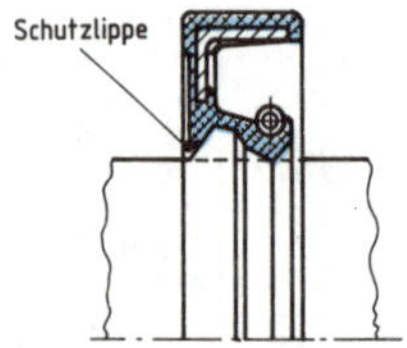

Die Schutzlippe bei Form AS hält Verschmutzung von der eigentlichen Dichtstelle fern.

d_1	d_2	b ±0,2	d_1	d_2	b ±0,2	d_1	d_2	b ±0,2
16	28 30 32 35	7	28	40 47 52	7	56	70 72 80 85	8
18	30 32 35 40	7	32	45 47 52		63	85 90	10
20	30 32 35 40 47	7	36	47 50 52 62	7	70	90 100	10
22	32 35 40 47	7	40	52 55 62 72	7	80	100 110	10
25	35 40 42 47 52	7	45	60 62 65 72	8	90	110 120	12
			50	65 68 72 80	8	100	120 125 130	12
						110	130 140	12
						120	150 160	12
						130	160 170	12

Werkstoff für Elastomerteil

Kennbuchstaben	Basis-Elastomer
NB	Nitril-Butadien-Kautschuk
AC	Acrylat-Kautschuk
SI	Silikon-Kautschuk
FP	Fluor-Kautschuk

Bezeichnungsbeispiel eines Wellendichtringes (WDR) der Form A für Wellendurchmesser $d_1 = 45$ mm, Außendurchmesser $d_2 = 65$ mm und Breite $b = 8$ mm, Elastomerteil aus Nitril-Butadien-Kautschuk (NB)

WDR DIN 3760 – A 45 × 65 × 8 – NB

5.10.2 Runddichtringe nach DIN 3770 (5.86)

Maße in mm

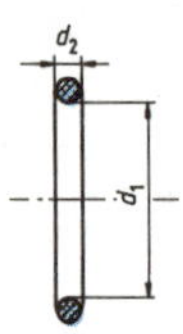

Werkstoff:
NB Nitril-Butadien-Kautschuk
Shore-A-Härte ± 5:
60/70/80/90
Sortenmerkmale:
A, B und C

$d_1 \times d_2$	$d_1 \times d_2$	$d_1 \times d_2$	$d_1 \times d_2$
2 × 1,6	8 × 2	63 × 5	200 × 10
2,5 × 1,6	9 × 2	71 × 5	250 × 10
3 × 1,6	10 × 2	80 × 6,3	300 × 10
3,55 × 1,6	12,5 × 2,5	90 × 6,3	355 × 10
4 × 2	16 × 2,5	100 × 6,3	375 × 10
4,5 × 2	20 × 3,15	112 × 6,3	400 × 10
5 × 2	25 × 3,15	125 × 8	425 × 10
5,6 × 2	31,5 × 4	140 × 8	450 × 10
6 × 2	35,5 × 4	160 × 8	475 × 10
7,1 × 2	50 × 4	180 × 8	500 × 10

Bezeichnungsbeispiel eines Runddichtringes (RDR) mit Innendurchmesser $d_1 = 50$ mm, Ringdicke $d_2 = 4$ mm, Sortenmerkmal C, Werkstoff Nitril-Butadien-Kautschuk (NB) mit Shore-A-Härte 80

RDR DIN 3770 – 50 × 4 C – NB 80

5.11 Kupplungen

5.11.1 Systematische Einteilungen der Wellenkupplungen nach ihren Eigenschaften nach VDI 2240 (6.71)

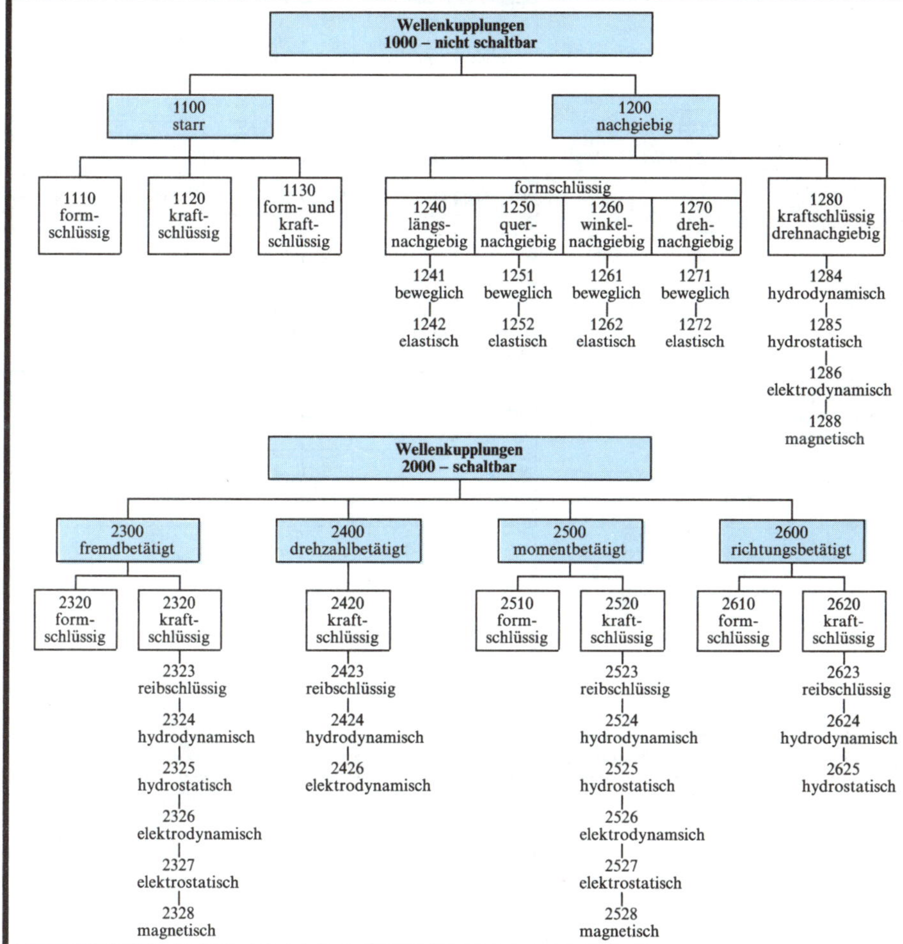

Kennziffernschlüssel

1. Stelle

1 nicht schaltbar
2 schaltbar (Kupplungen und Bremsen)

2. Stelle

1 starr
2 nachgiebig (Ausgleichskupplungen)
3 fremdbetätigt (Schaltkupplungen)
4 drehzahlbetätigt (Fliehkraftkupplungen)
5 momentbetätigt (Sicherheitskupplungen)
6 richtungsbetätigt (Freilaufkupplungen)

3. Stelle

1 formschlüssig
2 kraftschlüssig
3 form- und kraftschlüssig
4 formschlüssig-längsnachgiebig
5 formschlüssig-quernachgiebig
6 formschlüssig-winkelnachgiebig
7 formschlüssig-drehnachgiebig
8 kraftschlüssig-drehnachgiebig (schlupfende Kupplungen)

4. Stelle

1 beweglich (getriebebewegliche Kupplungen)
2 elastisch (federelastische Kupplungen)
3 reibschlüssig
4 hydrodynamisch (Strömungskupplungen)
5 hydrostatisch
6 elektrodynamisch (Elektro- oder Dauermagnet)
7 elektrostatisch (elektrisches Feld)
8 magnetisch (Elektro- oder Dauermagnet, nicht reibschlüssig)

Nullen in den letzten Stellen bedeuten, daß keine weiteren Aussagen über Merkmale gemacht werden.

5.11 Kupplungen

5.11.2 Scheibenkupplungen nach DIN 116 (12.71)

Maße in mm

Form A mit Zentrieransatz

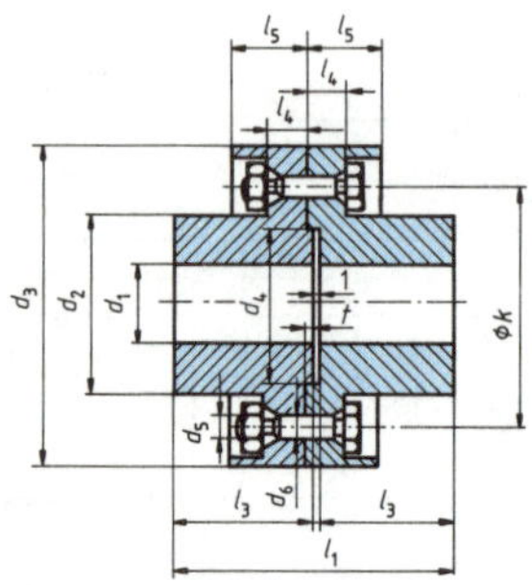

Form B mit zweiteiliger Scheibe

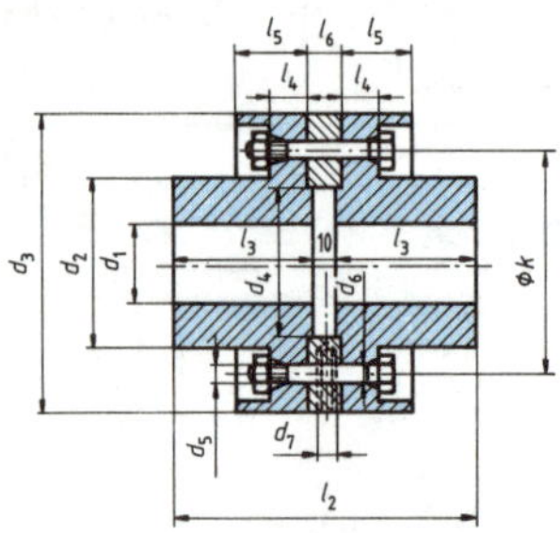

d_1 N7	30	40	50	55	60	70	80	90	100
d_2	58	72	95	110	110	130	145	164	180
d_3	125	140	160	180	180	200	224	250	280
d_4H7/h8	50	65	75	90	90	100	115	135	150
d_6H7	11	11	11	13	13	13	13	17	17
d_7	M 10	M 10	M 10	M 10	M 10	M 10	M 10	M 10	M 10
k	90	100	125	140	140	160	180	200	224
l_1	101	121	141	171	171	201	221	241	261
l_2	110	130	150	180	180	210	230	250	270
l_3	50	60	70	85	85	100	110	120	130
l_4	16	16	18	18	18	23	23	30	30
l_5	31	31	34	37	37	41	41	54	54
l_6	16	16	16	16	16	18	18	18	18
t	3	3	3	3	3	4	4	4	4
d_5	M 10	M 10	M 10	M 12	M 12	M 12	M 12	M 16	M 16
Anzahl	3	3	3	4	4	5	8	8	8
Drehmoment in Nm	87,5	236	515	730	795	1700	2650	4150	5800
max. Drehzahl in min^{-1}	2120	2000	1900	1800	1800	1700	1600	1500	1400

Werkstoff: GG-20, andere nach Vereinbarung

Bezeichnungsbeispiel einer Scheibenkupplung, Form A, mit $d_1 = 60$ mm für beide Wellenenden, Werkstoff GG-20

Scheibenkupplung DIN 116 – A60 – GG-20

Bezeichnungsbeispiel bei unterschiedlichen Wellenenden, $d_1 = 60$ mm und $d'_1 = 50$ mm, Form B mit zweiteiliger Scheibe, Werkstoff GG-20

Scheibenkupplung DIN 116 – B60 – 50 – GG-20

5.11.3 Schalenkupplungen nach DIN 115 T1, T2 (9.73)

Maße in mm

Form A – gleiche Wellendurchmesser

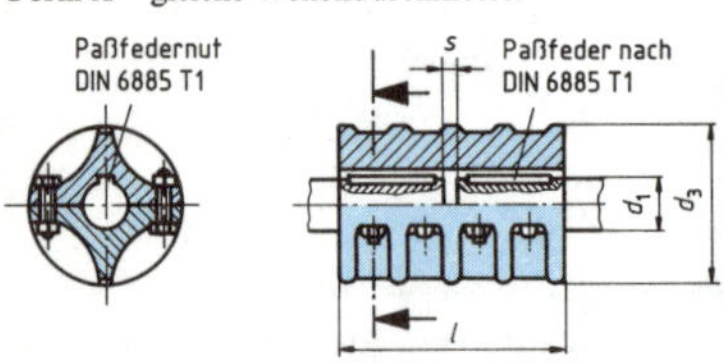

Form B – ungleiche Wellendurchmesser

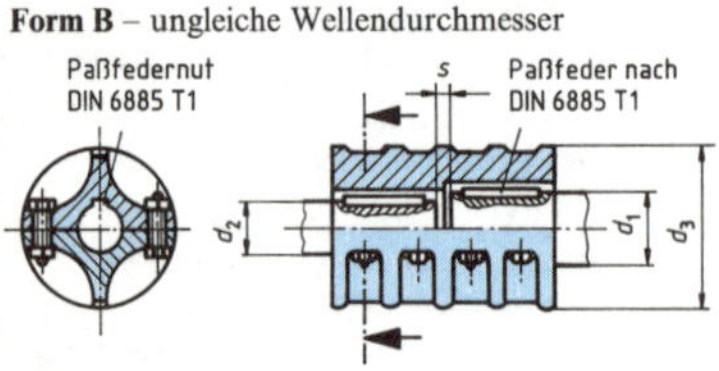

Formen AS und BS wie A u. B, jedoch mit Stahlblechmantel

d_1	30	40	50	55	60	70	80	90	100
d_2	je nach Anwendung in der Bezeichnung angeben								
d_3	100	110	130	150	150	170	190	215	250
l	130	160	190	220	220	250	280	310	350
s	4	4	4	4	4	4	4	4	4
M in Nm	60	100	150	500	850	1700	2500	3800	5400
n max. in min^{-1}	1500	1420	1300	1200	1200	1120	1060	1000	920

Werkstoff: GG-20, andere nach Vereinbarung

Bezeichnungsbeispiel einer Schalenkupplung Form A mit $d_1 = 55$ mm, Werkstoff GG-20

Schalenkupplung DIN 115 – A55 – GG-20

Bezeichnungsbeispiel einer Schalenkupplung Form BS (= Form B mit Stahlblechmantel) mit $d_1 = 70$ mm, $d_2 = 85$ mm, Werkstoff GG-20

Schalenkupplung DIN 115 – BS 50 × 85 – GG-20

5.12 Zahnräder

5.12.1 Stirnräder – geradverzahnt

Maße in mm

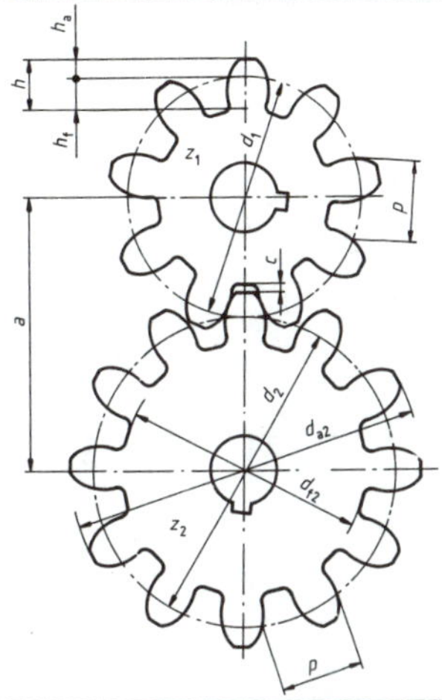

Bezeichnung	Berechnung	
Modul m	$m=\dfrac{p}{\pi}=\dfrac{d}{z}$	
Teilung p	$p=m\cdot\pi$	
Kopfspiel c	$c=0{,}1\ \mathrm{m}\cdots0{,}3\ \mathrm{m}$ Maschinenbau 0,167 m	
Zahnfußhöhe h_f	$h_f=m+c$	
Zahnkopfhöhe h_a	$h_a=m$	
Zahnhöhe h	$h=2m+c$	
Teilkreis-∅ d	$d=m\cdot z$	
Fußkreis-durchmesser d_f	außenverzahnt $d_f=d-2(m+c)$	innenverzahnt $d_f=d+2(m+c)$
Kopfkreis-durchmesser d_a	$d_a=d+2m$ $d_a=m(z+2)$	$d_a=d-2m$ $d_a=m(z-2)$
Achsabstand a	$a=\dfrac{d_1+d_2}{2}$	$a=\dfrac{d_2-d_1}{2}$
Zähnezahl z	$z=\dfrac{d}{m}=\dfrac{d_a-2m}{m}$	

5.12.2 Stirnräder – schrägverzahnt

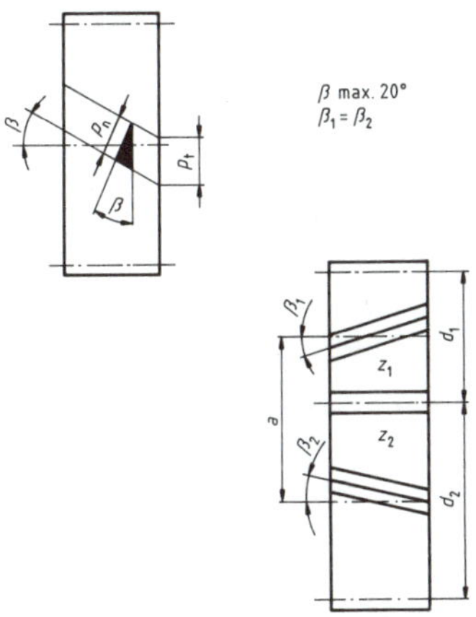

Bezeichnung	Berechnung
Normalmodul m_n	$m_n=\dfrac{p_n}{\pi}=m_t\cdot\cos\beta$
Stirnmodul m_t	$m_t=\dfrac{m_n}{\cos\beta}=\dfrac{p_t}{\pi}$
Normalteilung p_n	$p_n=\pi\cdot m_n=p_t\cdot\cos\beta$
Stirnteilung p_t	$p_t=\dfrac{p_n}{\cos\beta}=\dfrac{\pi\cdot m_n}{\cos\beta}$
Kopfspiel, Zahnhöhen	wie geradverzahnt
Teilkreisdurchmesser d	$d=m_t\cdot z=\dfrac{z\cdot m_n}{\cos\beta}$
Fußkreisdurchmesser d_f	$d_f=d-2{,}4\cdot m_n$
Kopfkreisdurchmesser d_a	$d_a=d+2m_n$
Zähnezahl z	$z=\dfrac{d}{m_t}=\dfrac{\pi\cdot d}{p_t}$
ideelle Zähnezahl z_i	$z_i=\dfrac{z}{\cos^3\beta}$
Achsabstand a	$a=\dfrac{d_1+d_2}{2}$

5.12.3 Modulreihe nach DIN 780 T1 und T2 (5.77)

Modul Reihe I	0,2	0,25	0,3	0,4	0,5	0,6	0,7	0,8	0,9	1,0	1,25
Teilung	0,628	0,785	0,943	1,257	1,571	1,885	2,199	2,513	2,827	3,142	3,927
Modul Reihe I	1,5	2,0	2,5	3,0	4,0	5,0	6,0	8,0	10,0	12,0	16,0
Teilung	4,712	6,283	7,854	9,425	12,566	15,708	18,850	25,132	31,416	37,699	50,265

Einteilung des Satzes von 8 Modul-Scheibenfräsern (bis zu $m=9$ mm)

Fräser-Nr.	1	2	3	4	5	6	7	8
Zähnezahl	12 ··· 13	14 ··· 16	17 ··· 20	21 ··· 25	26 ··· 34	35 ··· 54	55 ··· 134	135 ··· Zahnstange

Für Zahnräder mit $m>9$ mm wird ein Satz mit 15 Modul-Scheibenfräsern verwendet.

5.12 Zahnräder

5.12.4 Kegelräder – geradverzahnt

Maße in mm

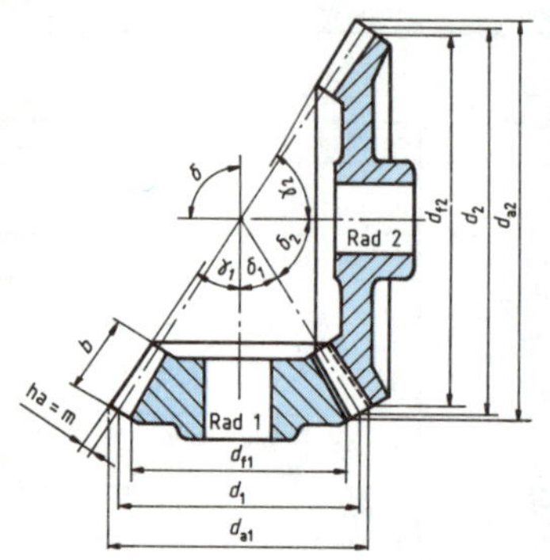

Kegelräder werden paarweise aufeinander abgestimmt. Der Teilkreiswinkel ändert sich mit der Zähnezahl. Modul m nach Modulreihe DIN 780

Bezeichnung	Berechnung
Teilkreisdurchmesser d	$d = M \cdot z$
Fußkreisdurchmesser d_f	$d_f = d - 2(m+c) \cdot \cos\delta$
Kopfkreisdurchmesser d_a	$d_a = d + 2m \cdot \cos\delta$
Teilkreiswinkel δ_1	$\tan\delta_1 = \frac{d_1}{d_2} = \frac{z_1}{z_2}$
	$\tan\delta_2 = \frac{d_2}{d_1} = \frac{z_2}{z_1}$
Achsenwinkel δ	$\delta = \delta_1 + \delta_2 =$ meist 90°
Kegelwinkel γ	$\tan\gamma_1 = \frac{z_1 + 2 \cdot \cos\delta_1}{z_2 - 2 \cdot \sin\delta_1}$
	$\tan\gamma_2 = \frac{z_2 + 2\cos\delta_2}{z_1 - 2\cos\delta_1}$
Zahnbreite b	$b \leq 10m$
Kopfspiel, Zahnhöhen, Modul wie bei Stirnrädern	

5.12.5 Schneckentrieb

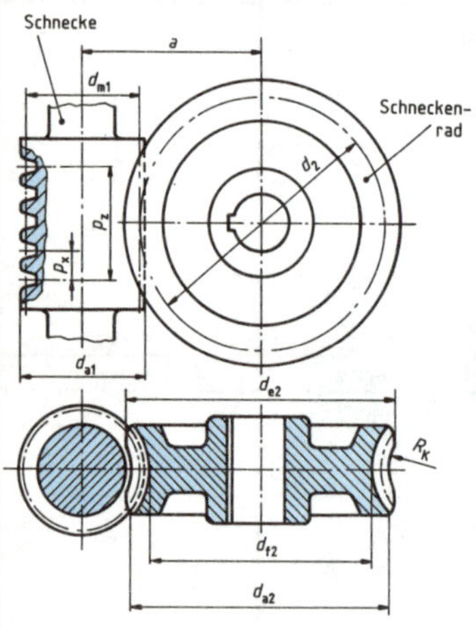

γ_m = mittl. Steigungswinkel der Schnecke

Modul m nach Modulreihe DIN 780: 0,1 ··· 20

Bezeichnung	Berechnung
Schnecke	
Zähnezahl z_1	entspricht Gangzahl g
Mittenkreisdurchmesser d_{m1}	$d_{m1} = \frac{z_1 \cdot m}{\tan\gamma_m}$
Fußkreisdurchmesser d_{f1}	$d_{f1} = d_{m1} - 2(m+c)$
Kopfkreisdurchmesser d_{a1}	$d_{a1} = d_{m1} + 2m$
Steigungshöhe p_{z1}	$p_{z1} = p_x \cdot z_1$
Schneckenrad	
Zähnezahl z_2	$z_2 = \frac{d_2}{m}$
Teilkreisdurchmesser d_2	$d_2 = m \cdot z_2$
Fußkreisdurchmesser d_{f2}	$d_{f2} = d_2 - 2 \cdot (m+c)$
Kopfkreisdurchmesser d_{a2}	$d_{a2} = d_2 + 2m$
Kopfradius R_K	$R_K = \frac{d_{m1}}{2} - m$
Außendurchmesser d_{e2}	$d_{e2} \approx d_{a2} + m$
Schneckentrieb	
Axialteilung p_x	$p_x = m \cdot \pi$
Normalteilung p_n	$p_n = p_x \cdot \cos\gamma_m$
Kopfspiel, Zahnhöhen	wie bei Stirnrädern
Achsabstand	$a = \frac{d_{m1} + d_2}{2}$

5.13 Riemen

5.13.1 Keilriemen und Keilriemenscheiben

Maße in mm

Keilriemen		Endlose Keilriemen nach DIN 2215 (3.75)								Endlose Schmalkeilriemen nach DIN 7753 Teil 1 (10.77)		
Riemenprofil ISO-Kurzzeichen		Y	Z	A	B	C	D	E	SPZ	SPA	SPB	SPC
Riemenprofil Kurzzeichen		6	10	13	17	22	32	40	–	–	–	–
Obere Riemenbreite	b_0	6	10	13	17	22	32	40	9,7	12,7	16,3	22
Wirkbreite	b_w	5,3	8,5	11	14	19	27	32	8,5	11	14	19
Riemenhöhe	h	4	6	8	11	14	20	25	8	10	13	18
Abstand	h_w	1,6	2,5	3,3	4,2	5,7	8,1	12	2	2,8	3,5	4,8

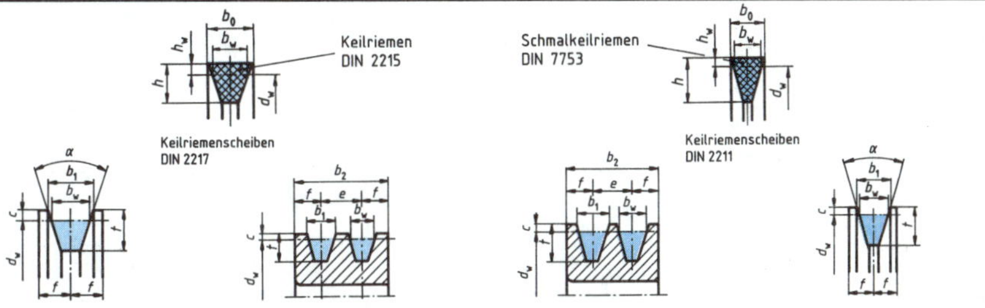

Keilriemenscheiben		nach DIN 2217 Teil 1 (2.73)								nach DIN 2211 Teil 1 (3.84)		
Wirkdurchmesser	d_w	28	50	71	112	160	355	500	63	90	140	224
Wirkbreite	b_w	5,3	8,5	11	14	19	27	32	8,5	11	14	19
obere Rillenbreite	b_1	6,3	9,7	12,7	16,3	25	32	40	9,7	12,7	16,3	22
Außen-$\varnothing - d_w = 2c$	c	1,6	2	2,8	3,5	4,8	–	–	2	2,8	3,5	4,8
Rillentiefe	t	7	11	14	18	24	33	38	11	14	18	24
Rillenabstand	e	8	12	15	19	25,5	37	44,5	12	15	19	25,5
Rillenabstand v. Rand	f	6	8	10	12,5	17	24	29	8	10	12,5	17
Rillenwinkel α 32° für Wirk-∅ d_w	bis	63	–	–	–	–	–	–	–	–	–	–
Rillenwinkel α 34° für Wirk-∅ d_w	bis	–	80	118	190	315	–	–	80	118	190	315
Rillenwinkel α 36° für Wirk-∅ d_w	über	63	–	–	–	–	500	630	–	–	–	–
Rillenwinkel α 38° für Wirk-∅ d_w	über	–	80	118	190	315	500	630	80	118	190	315

Leistungswerte für endlose Keilriemen nach DIN 2218 (4.76)

Riemenprofil	6			10		13		17		20	
Wirkdurchmesser der kleinen Scheibe in mm	28	45	63	80	112	100	180	180	280	250	355
Drehzahl der kleinen Scheibe in 1/min	Nennleistung P_N je Riemen in kW (Übersetzung $i=1$)										
400	0,027	0,053	0,08	0,25	0,39	0,47	1,09	1,59	2,89	3,30	5,24
800	0,047	0,10	0,15	0,44	0,71	0,83	1,97	2,81	5,13	5,79	9,18
1200	0,065	0,14	0,21	0,62	1,0	1,14	2,74	3,85	6,90	7,79	11,85
1600	0,08	0,18	0,27	0,78	1,26	1,42	3,40	4,68	8,13	9,12	12,94
2000	0,10	0,21	0,33	0,93	1,51	1,66	3,93	5,30	8,60	9,70	12,04
2800	0,13	0,28	0,44	1,20	1,91	2,05	4,54	5,76	6,80	8,06	2,46
3200	0,14	0,32	0,49	1,31	2,06	2,19	4,58	5,52	4,26	5,49	–

Schmalkeilriemen nach DIN 2211 T3 (1.86) Zuordnung für elektrische Maschinen

ISO-Kurzzeichen		SPZ								SPA				SPB				
Motorscheiben-∅ d_w		63	71	90	112	125	140	140	160	160	180	200	250	250	280	315	315	450
Anzahl d. Riemen z		1	1	2	2	2	3	4	5	4	4	5	2	3	2	2	3	2
Motordrehzahl n in 1/min für Drehstrommotoren n. DIN 42673 T1		Leistung P_M in kW																
	750	–	–	1,1–	1,5	2,2	3	5,5	–	–	11	18,5	7,5	–	–	11	–	22
	1000	0,55	0,75	1,5	2,2	3	4	7,5	–	–	15	–	11	–	–	15	–	30
	1500	0,75	1,1	3	4	5,5	7,5	11	18,5	–	22	37	15	–	–	22	–	45
	3000	1,1	–	4	5,5	–	–	–	–	37	–	–	–	30	45	–	55	–

5

5.13 Riemen

5.13.2 Synchronriemen (Zahnriemen) nach DIN 7721 T1 (9.79)

Maße in mm

Einfachverzahnung

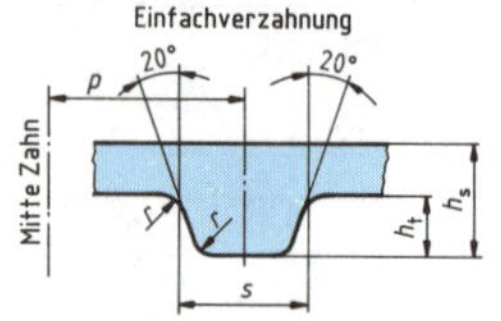

Doppelverzahnung

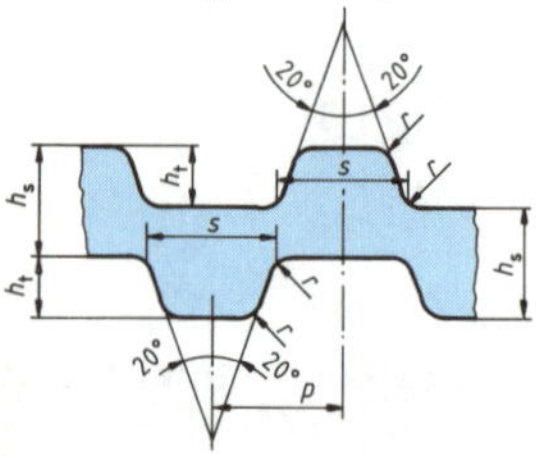

Bezeichnungsbeispiel bei Einfachverzahnung, Zahnteilungskurzzeichen T5 und Wirklänge 420 mm, Breite 16 mm

Riemen DIN 7721 – 16T5 × 420

Bei Doppelverzahnung

Riemen DIN 7721 – 16T5 × 420D

Wirklänge	Zähnezahl für T2,5	Zähnezahl für T5	Wirklänge	Zähnezahl für T5	Zähnezahl für T10	Wirklänge	Zähnezahl für T10	Zähnezahl für T20
120	48	–	530	–	53	1010	101	–
150	–	30	560	112	56	1080	108	54
160	64	–	610	122	61	1150	115	–
200	80	40	630	126	63	1210	121	–
245	98	49	660	–	66	1250	125	–
270	–	54	700	–	70	1320	132	66
285	114	–	720	144	72	1390	139	–
305	–	61	780	156	78	1460	146	73
330	132	66	840	168	84	1560	156	–
390	–	78	880	–	88	1610	161	–
420	168	84	900	180	–	1780	178	89
455	–	91	920	–	92	1880	188	94
480	192	–	960	–	96	1960	196	–
500	200	100	990	198	–	2250	225	–

Zahnteilungskurzzeichen		T2,5	T5	T10	T20
Zahnteilung	p	2,5	5	10	20
Maße der Zähne	s	1,5	2,65	5,3	10,15
	h_t	0,7	1,2	2,5	5,0
	r	0,2	0,4	0,6	0,8
Nenndicke	h_s	1,3	2,2	4,5	8,0
Synchronriemenbreite	b	–	6	16	32
		4	10	25	50
		6	16	32	75
		10	25	50	100

Synchronriemenscheiben nach DIN 7721 T2 (9.79)

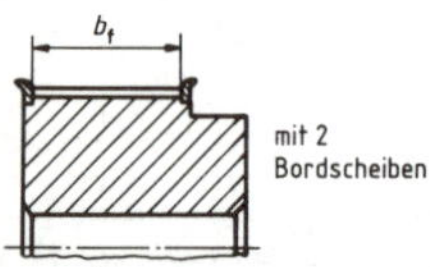

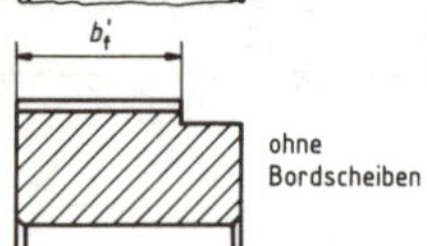

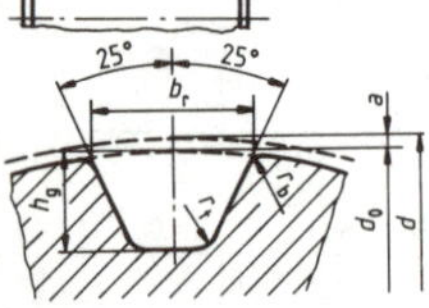

Bezeichnungsbeispiel eines Zahnlückenprofils für eine Synchronscheibe ohne Bord und Breite 30, Zahnteilungs-Kurzz. T10, Zahnlückenzahl 36, Zahnlückenform SE

Zahnlückenprofil DIN 7721 – 30T10 – SE

mit 1 Bordscheibe … × SE1
mit 2 Bordscheiben … × SE2

Zahnlücken	Außen-∅ der Scheibe d_0 T2,5	T5	T10	T20	Zahnlücken	Außen-∅ der Scheibe d_0 T2,5	T5	T10	T20
10	7,45	15,05	–	–	25	19,35	39,00	77,70	156,30
12	9,00	18,25	36,35	–	28	21,75	43,75	87,25	175,40
14	10,60	21,45	42,70	–	32	24,95	50,10	100,00	200,85
15	11,40	23,05	45,90	92,65	36	28,10	56,45	112,75	226,35
16	12,20	24,60	49,05	99,00	40	31,30	62,86	125,45	251,80
18	13,80	27,80	55,45	111,75	48	37,70	75,55	150,95	302,70
19	14,60	29,40	58,60	118,10	60	47,25	94,65	189,10	379,10
20	15,40	31,00	61,80	124,50	71	56,80	113,75	227,30	455,50
22	17,00	34,25	68,15	137,20	84	–	132,85	265,50	531,90

	Riemenbreite b	Scheibenbreite m. Bord $b_{f_{min}}$	Scheibenbreite o. Bord $b'_{f_{min}}$	Zahnlückenmaße Form SE b_r	Form SE h_g	Form N b_r	Form N h_g	Formen SE u. N $r_{b_{max}}$	r_t	$2a$
T2,5	4	5,5	8							
	6	7,7	10	1,75	0,75	1,83	1	0,2	0,3	0,6
	10	11,5	14							
T5	10	11,5	14							
	16	17,5	20	2,96	1,25	3,32	1,95	0,4	0,6	1
	25	26,5	29							
T10	25	27	30	6,02	2,6	6,57	3,4	0,6	0,8	2
	32	34	37	6,03	2,6	6,57	3,4	0,6	0,8	2
	50	52	55							
T20	50	52	56							
	75	77	81	11,65	5,2	12,6	6	0,8	1,2	3
	100	102	106							

5.14 Normteile

5.14.1 Bohrbuchsen

Bohrbuchsen nach DIN 179 (6.79)

Form A

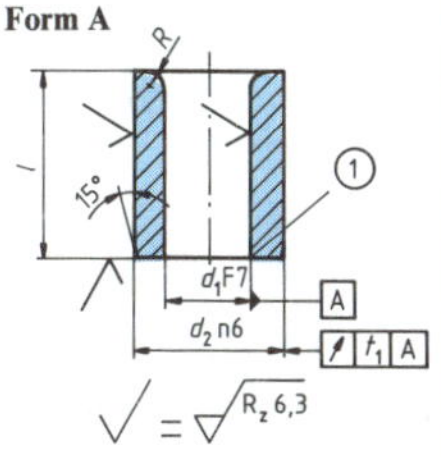

① Form B mit Radius R

d_1 über	1	1,8	2,6	3,3	4	5	6	8	10	12	15	18	22	26	30
d_1 bis	1,8	2,6	3,3	4	5	6	8	10	12	15	18	22	26	30	35
l kurz	6		8			10		12		16		20		25	25
l mittel	9		12			16		20		28		36		45	45
l lang	–		16			20		25		36		45		56	56
d_2	4	5	6	7	8	10	12	15	18	22	26	30	35	42	48
R	1		1			1,5		2				3			
t_1	0,01					0,02									

Werkstoff: Einsatzstahl gehärtet, Härte 780 ± 40 HV 10

Bezeichnungsbeispiel einer Bohrbuchse Form B mit Bohrung $d_1 = 15$ mm und Länge $l = 28$ mm **Bohrbuchse DIN 179 – B 15 × 28**

Bundbohrbuchsen nach DIN 172 (6.79)

Form A

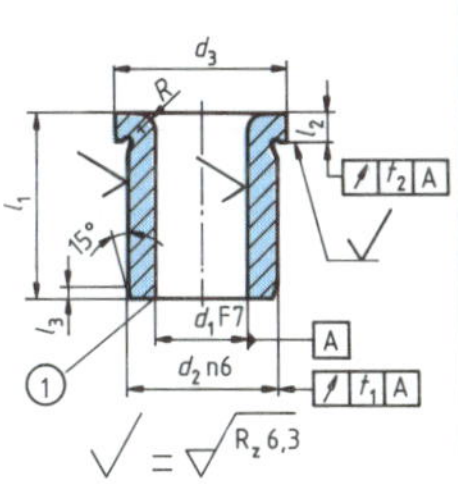

① Form B mit Radius R

d_1 über	1	1,8	2,6	3,3	4	5	6	8	10	12	15	18	22	26	30
d_1 bis	1,8	2,6	3,3	4	5	6	8	10	12	15	18	22	26	30	35
l_1 kurz	6		8			10		12		16		20		25	25
l_1 mittel	9		12			16		20		28		36		45	45
l_1 lang	–		16			20		25		36		45		56	56
d_2	4	5	6	7	8	10	12	15	18	22	26	30	35	42	48
d_3	7	8	9	10	11	13	15	18	22	26	30	34	39	46	52
l_2	2		2,5			3			4			5			
l_3	1					1,25		1,5				2,5			
R	1		1			1,5		2				3			
t_1	0,01					0,02									0,04
t_2	0,03												0,05		

Werkstoff: Einsatzstahl gehärtet, Härte 780 ± 40 HV 10

Bezeichnungsbeispiel einer Bundbohrbuchse Form A mit Bohrung $d_1 = 20$ mm und Länge $l_1 = 45$ mm **Bohrbuchse DIN 172 – A 20 × 45**

Steckbohrbuchsen nach DIN 173 T1 (6.79)

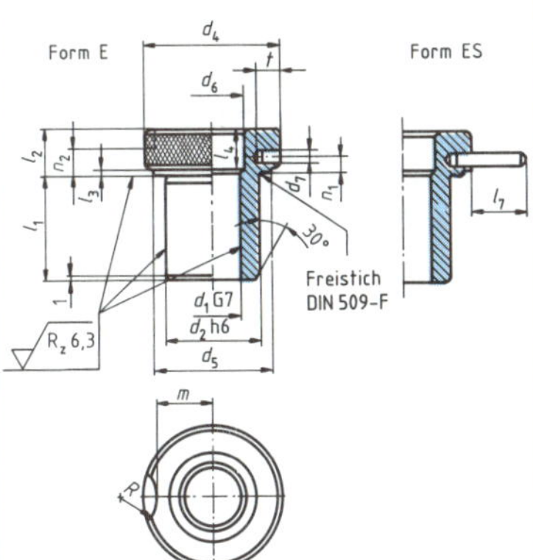

d_1 bis	2,65	4,75	8,5	14	19	25	33,5	45
d_2	8	10	15	22	28	35	46	58
l_1 kurz	8	10	12,5	16	20	20	25	25
l_1 mittel	12,5	16	20	25	32	32	40	40
l_1 lang	–	25	32	40	50	50	63	63
d_4	15	18	24	32	40	50	60	74
d_5	12	15	20	28	36	46	56	70
d_6 [1]	3	5	9	14,5	20	26	35	47
d_7	2,5	2,5	3	3	4	4	5	5
l_2	8	8	10	10	12	12	16	16
l_3	1	1	1	1	1,5	1,5	2	2
l_4 mittel (für l_1)	4,5	6	8	9	12	12	15	15
l_4 lang (für l_1)	–	15	20	24	30	30	38	38
l_7	9	9	12	12	13	13	15	15
m	5	6,5	9	13	17	22	26	33
n_1	3	3	3,5	3,5	4,5	4,5	6	6
n_2	4,5	4,5	5,5	5,5	7	7	9,5	9,5
R	7	7	9	9	9	9	11,5	11,5
t	5	5	6	6	7	7	9	9

Werkstoff: Einsatzstahl gehärtet, Härte 780 ± 40 HV 10

[1]) Nur für l_1 mittel und lang

Bezeichnungsbeispiel einer Steckbohrbuchse Form ES mit $d_1 = 22$ mm, $d_2 = 35$ mm und $l_1 = 20$ mm

Bohrbuchse DIN 173 – ES 22 – 35 × 20

5.14 Normteile

5.14.2 Spannriegel nach DIN 6376 (9.72)

Maße in mm

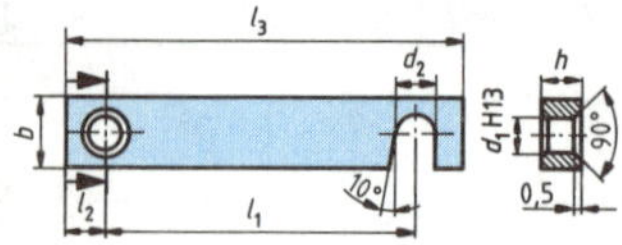

b	h	d_1	d_2	l_1	l_2	l_3	passende [1]) Linsenschraube
12	6	7,4	8	50	7	65	DIN 923 – M 5
16	8	8,4	9	75	9	95	DIN 923 – M 6
20	10 12	10,5	11	100 125	11	125 150	DIN 923 – M 8
25	16	14	14	160	13	190	DIN 923 – M 10

Werkstoff: St 37 K

Bezeichnungsbeispiel für einen Spannriegel mit $b = 20$ mm und $h = 12$ mm **Spannriegel DIN 6376 – 20 × 12**

[1]) **Linsenschraube DIN 923**

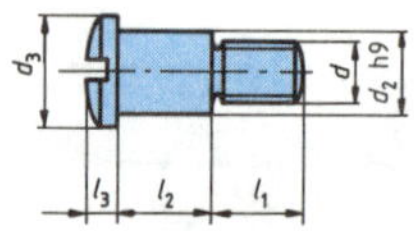

d	d_2	d_3	l_1	l_2 von ··· bis	l_3
M 5	7	11	7	2,5 ··· 16	2,7
M 6	8	13	9	3 ··· 20	3,1
M 8	10	16	11	4 ··· 25	3,8
M 10	13	20	13,5	5 ··· 32	4,6

5.14.3 Schnapper (mit Druckfeder) nach DIN 6310 (11.69)

Maße in mm

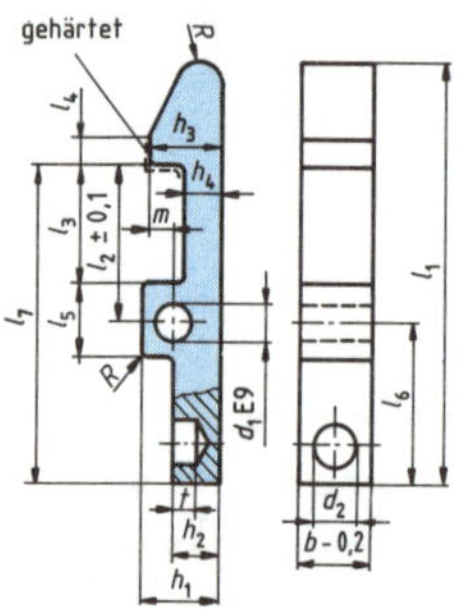

l_1	b	d_1	d_2	h_1	h_2	h_3	h_4	l_2	l_3	l_4	l_5	l_6	l_7
45	8	4	5	9,5	5,5	8	4	15	10	2	9	11	30
60	10	5	6,3	12	7	10	5	20	14	3	11	15	40
80	14	6	8	15	9	14	7	30	22	5	14	23	60

l_1	m	t	R	passende Druckfeder
45	2,5	1,5	1,6	DIN 2098 – 0,63 × 4 × 14
60	3	3	2,5	DIN 2098 – 0,8 × 5 × 17,5
80	5	5	4	DIN 2098 – 1 × 6,3 × 21,5

Werkstoff: Stahl

Bezeichnungsbeispiel für einen Schnapper (mit Druckfeder) mit der Länge $l_1 = 45$ mm

Schnapper DIN 6310 – 45

5.14.4 Aufnahmebolzen und Auflagebolzen nach DIN 6321 (12.73)

Maße in mm

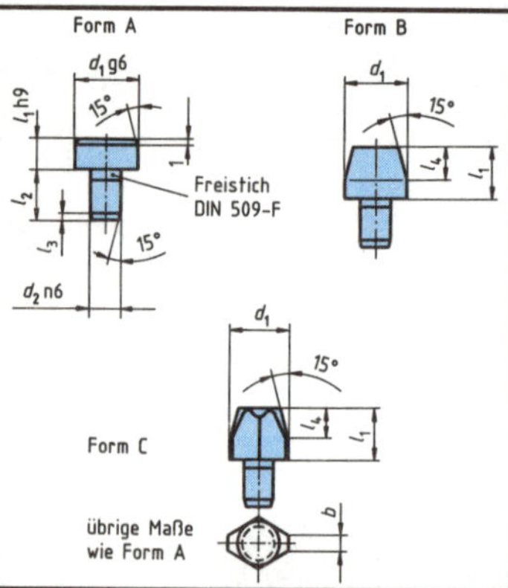

d_1	l_1 Form A	l_1 Form B kurz	l_1 Form C lang	l_2	l_3	l_4	d_2	b
6	5	7	12	6	1,2	4	4	1
8	–	10	16	9	1,6	6	6	1,6
10	6	10	18	9	1,6	6	6	2,5
12	–	10	18	9	1,6	6	6	2,5
16	8	13	22	12	2	8	8	3,5
20	–	15	25	18	2,5	9	12	5
25	10	15	25	18	2,5	9	12	5

Werkstoff: Werkzeugstahl

Bezeichnungsbeispiel für einen Aufnahme- und Auflagebolzen Form B mit $d_1 = 12$ mm und $l_1 = 18$ mm

Bolzen DIN 6321 – B 12 × 18

5.14.5 Kreuzgriffe nach DIN 6335 (5.68)

Maße in mm

Ausführungen in GG, GTW, ST und Leichtmetall

Form A
Rohteil

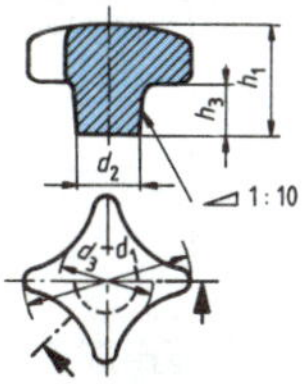

Form B
mit Bohrung

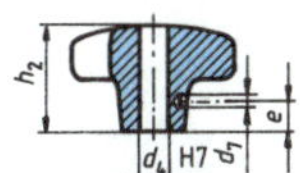

Form C
mit Sackloch
Übrige Maße und Angaben wie Form B

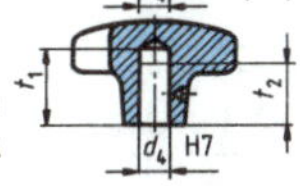

Form D
mit Gewinde
Übrige Maße und Angaben wie Form B

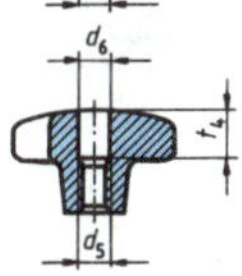

Ausführungen in Kunststoff FS31
Grundabmessungen

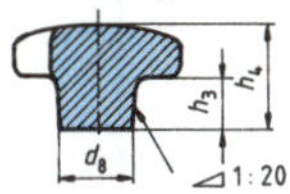

Form G mit Sackloch

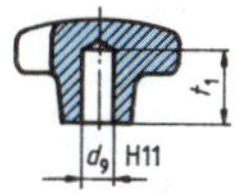

Form H mit Buchse

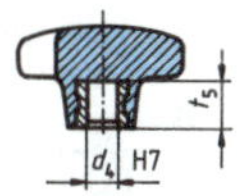

Form K mit Gewindebuchse

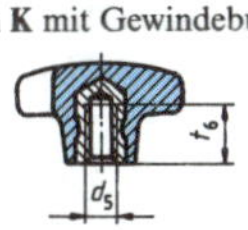

d_1	d_2	d_3	d_4	d_5	d_6	d_7	d_8	d_9	e
20	8	11,5	4	M 4	4,3	1,4	10	4	4
25	10	15	5	M 5	5,3	1,8	12	5	5
32	12	18	6	M 6	6,4	2,3	14	6	6
40	14	21	8	M 8	8,4	2,8	18	8	7
50	18	25	10	M 10	10,5	2,8	22	10	8
63	20	32	12	M 12	13,0	2,8	26	12	10
80	25	40	16	M 16	17,0	3,8	35	16	12

d_1	h_1	h_2	h_3	h_4	t_1	$t_{2\,min}$	t_4	t_5	t_6
20	14	13	6	13	10	7	6	6	7,5
25	17	16	8	16	12	9	8	7,5	9,5
32	21	20	10	20	15	12	10	9	12
40	26	25	14	25	18	15	12	12	14
50	34	32	20	32	21	18	16	15	18
63	42	40	25	40	25	22	20	18	22
80	52	50	30	50	32	28	30	26	30

Werkstoffe: GG, GTW, St, Leichtmetall und Kunststoff FS 31

Bezeichnungsbeispiel eines Kreuzgriffes Form H mit Buchse, $d_1 = 40$ mm aus Kunststoff FS 31

Kreuzgriff DIN 6335 – H 40

5.14.6 Gewindestifte mit Druckzapfen nach DIN 6332 (1.81)

Form S (geeignet für Druckstück Form S DIN 6311)

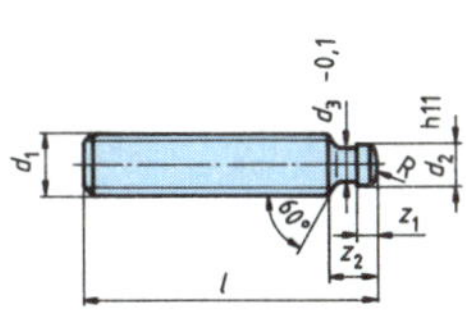

d_1		M 6	M 8	M 10	M 12	M 16	M 20
l	von	30	40	60	60	80	100
	bis	50	60	80	100	125	150
d_2		4,5	6	8	8	12	15,5
d_3		4	5,4	7,2	7,2	11	14,4
z_1		2,5	3	4,5	4,5	5	5,5
z_2		6	7,5	9	10	12	14
R		3	5	6	6	9	13

Werkstoff: Stahl, Festigkeitsklasse 5.8

Bezeichnungsbeispiel eines Gewindestiftes Form S mit $d_1 = \text{M}\,12$, $l = 60$ mm

Gewindestift DIN 6332 – SM 12 × 60

5.14.7 Druckstücke nach DIN 6311 (5.68)

Form S (mit Sprengring)

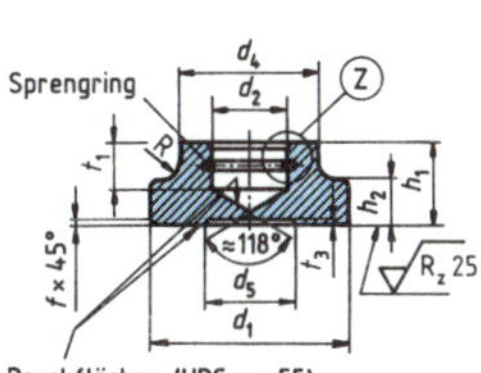

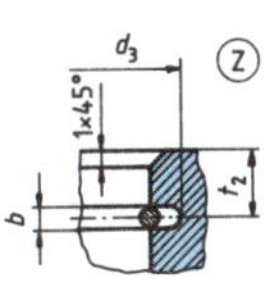

Werkstoff: Stahl

Bezeichnungsbeispiel eines Druckstückes Form S mit $d_1 = 25$ mm

Druckstück DIN 6311 – S 25

d_1	12	16	20	25	32	40
d_2	4,6	6,1	8,1	8,1	12,1	15,6
d_3	5,6	7,7	9,7	9,7	14,2	19,8
d_4	10	12	15	18	22	28
d_5	5	7	8	10	14	18
h_1	7	9	11	13	15	16
h_2	2,5	4	5	6	7	9
t_1	4	5	6	7	7,5	8
t_2	1,8	2	2	3	3,5	3,5
t_3	0,5	0,5	0,5	0,5	0,5	1
b	0,7	1	1	1	1,2	1,8
f	0,6	0,6	0,6	1	1	1
R	1,5	2	2	2	3	3
Sprengring DIN 9045	4	6	8	8	12	16
Gewindestift DIN 6332	M 6	M 8	M 10	M 12	M 16	M 20

5.14 Normteile

5.14.8 Einspannzapfen mit Gewindeschaft nach DIN 9859 T3 (7.62)

Form C

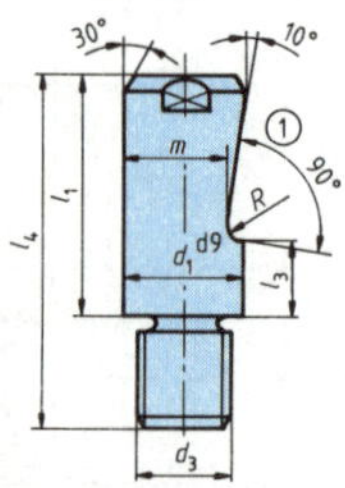

Form CE

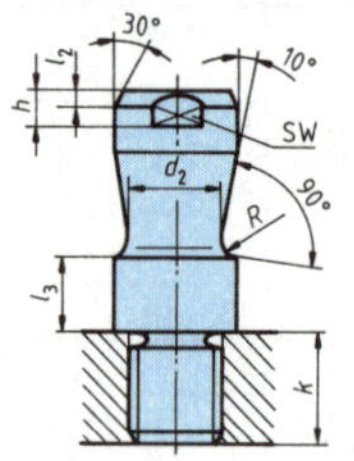

① Die Einkerbung wird nach dem Einbau des Werkzeuges angebracht.

d_1	20	25	32	40	50	65
d_2	15	20	25	32	42	53
d_3	M 16 × 1,5	M 16 × 1,5 M 20 × 1,5	M 20 × 1,5 M 24 × 1,5	M 24 × 1,5 M 30 × 2	M 30 × 2	M 42 × 3
l_1	40	45	56	70	80	100
l_2	3	4	4	5	6	8
l_3	12	16	16	26	26	26
l_4	58	68	79	93	108	128
h	6	6	8	10	10	12
m	17,5	22,5	28,5	36	46	59
k	18	23	23	23	28	28
R	2,5	2,5	2,5	4	4	4
SW	17	22	27	32	41	55

Werkstoff: St 50

Bezeichnungsbeispiel eines Einspannzapfens Form CE mit $d_1 = 40$ mm und $d_3 = \text{M}\,24 \times 1{,}5$

Einspannzapfen DIN 9859 – CE 40 – M 24 × 1,5

5.14.9 Einspannzapfen mit Hals und Bund nach DIN 9859 T4 (1.69)[1]

Maße in mm

Form D

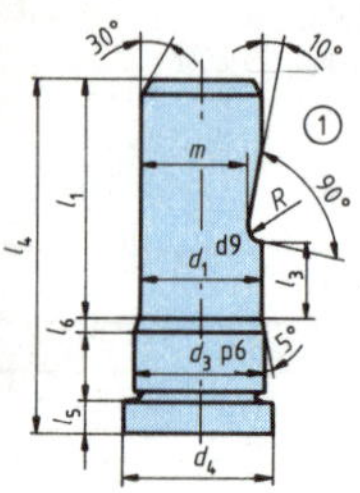

Form DE

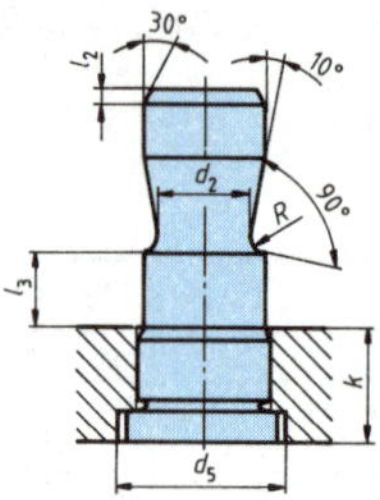

① wie Form C

d_1	20	25	32	40	50	65
d_2	15	20	25	32	42	53
d_3	22	26	34	42	52	68
d_4	25	32	40	50	60	78
d_5	25,5	32,5	40,5	50,5	60,5	78,5
l_1	40,5	45,5	56,5	70,5	80,5	100,5
l_2	3	4	4	5	6	8
l_3	12,5	16,5	16,5	26,5	26,5	26,5
l_4	58	63	74	88	103	–
l_5	5	5	6	6	8	8
k	18	18	18	18	23	–
m	17,5	22,5	28,5	36	46	59
R	2,5	2,5	2,5	4	4	4

Werkstoff: St 50

Bezeichnungsbeispiel eines Einspannzapfens Form D mit $d_1 = 32$ mm und $l_4 = 74$ mm

Einspannzapfen DIN 9859 – D 32 × 74

5.14.10 Stempelköpfe rund nach DIN 9866 T1 (9.57)[1]

Maße in mm

Form A

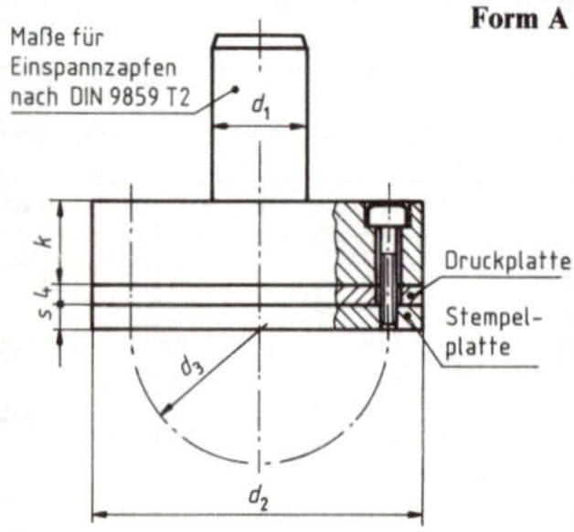

Form A: ohne Druckplatte, Einspannzapfen glatt
Form AE: ohne Druckplatte, Einspannzapfen mit Eindrehung
Form AD: mit Druckplatte, Einspannzapfen glatt
Form ADE: mit Druckplatte, Einspannzapfen mit Eindrehung

Nenngröße	50	63	80	100	125	160	200
d_1	20	20 25	20 25	25 32 40	32 40	32 40	32 40
d_2	50	63	80	97	122	157	196
d_3	36	45	63	80	105	140	175
k	14	18	18	23	23	23	23
s	10	10	10	12	12	12	18
	Zylinderschraube DIN 912						
Anzahl	3	3	3	4	4	6	6
A, AE AD, ADE	M 6 × 18 M 6 × 20	M 8 × 20 M 8 × 25	M 8 × 20 M 8 × 25	M 8 × 25 M 8 × 30	M 8 × 25 M 8 × 30	M 8 × 25 M 8 × 30	M 10 × 30 M 10 × 35

Falls die Flächenpressung am Kopf des Stempels mehr als 250 N/mm² beträgt, ist eine gehärtete Druckplatte einzubauen.

Bezeichnungsbeispiel eines Stempelkopfes Form AD mit Nenngröße 125 und $d_1 = 40$ mm

Stempelkopf DIN 9866 – AD 125 × 40

[1]) Ersatzlos zurückgezogen

5.14.11 Stempelköpfe eckig nach DIN 9866 T2 (9.57) [1]

Maße in mm

Form B

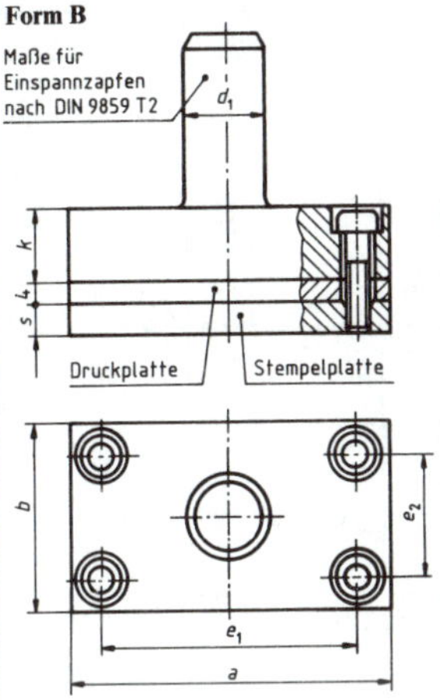

Druckplatte, wenn Flächenpressung am Kopf des Stempels >250 N/mm²

Form B ohne Druckplatte, Einspannzapfen glatt

Form BE ohne Druckplatte, Einspannzapfen mit Eindrehung

Form BD mit Druckplatte, Einspannzapfen glatt

Form BDE mit Druckplatte, Einspannzapfen mit Eindrehung

Nenngröße	d_1	a	b	e_1	e_2	k	s	Zylinderschraube DIN 912 Anzahl	für Form B, BE	für Form BD, BDE
50 × 50	20	50	48	37	35	18	10	4	M 6 × 20	M 6 × 25
50 × 63	20	63		50						
50 × 80	25	80		67						
50 × 100	25	100		87						
63 × 63	25	63	63	46	46	18	10	4	M 8 × 20	M 8 × 25
63 × 80	25	80		63						
63 × 80	32	80		63						
63 × 100	32	100		83						
80 × 80	25	80	77	63	60	18	12	4	M 8 × 20	M 8 × 25
80 × 100	25	100		83						
80 × 125	32	125		108						
80 × 160	32	160		143				6		
100 × 100	32	100	97	83	80	23	12	4	M 8 × 25	M 8 × 30
100 × 125	32	125		108						
100 × 160	40	160		143				6		
100 × 200	40	200		183						
125 × 125	32	125	127	108	110	23	12	6	M 8 × 25	M 8 × 30
125 × 160	40	160		143						
125 × 200	40	200		183						
160 × 160	32	160	156	140	136	23	16	8	M 10 × 25	M 10 × 30
160 × 160	40	160		140						
160 × 200	32	200		180						
160 × 200	40	200		180						
200 × 200	32	200	196	180	175	23	18	8	M 10 × 30	M 10 × 30
200 × 200	40	200		180						

Bezeichnungsbeispiel eines Stempelkopfes Form BE mit Nenngröße 125 × 160 und $d_1 = 40$ mm

Stempelkopf DIN 9866 – BE 125 × 160 × 40

5.14.12 Schneidwerkzeuge mit Plattenführung nach DIN 9867 T2 (4.54) [1]

Maße in mm

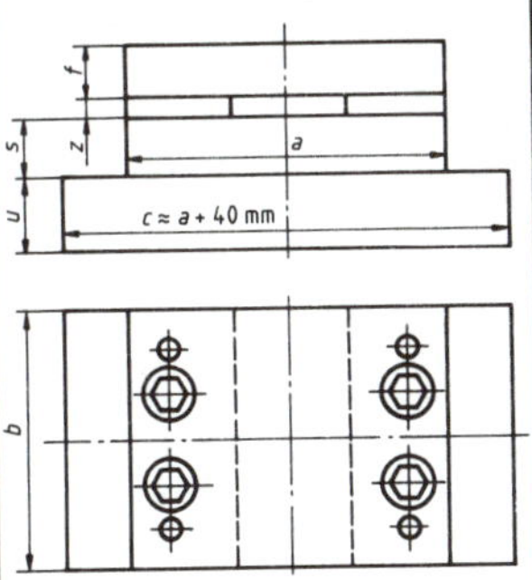

Bezeichnungsbeispiel eines Schneidwerkzeuges mit Plattenführung Form A mit Nenngröße 160 × 250

Schneidwerkzeug mit Plattenführung DIN 9867 – A160 × 250

Form	Nenngröße	a	b	f	z	s	u	Zylinderschraube DIN 912 Anz.	Zylinderschraube DIN 912	Zylinder-Stift	Zylinder-Stift Anz.
A	80 × 100	100	77	18	6	23	23	2	M 8 × 50	6 × 60	4
	80 × 125	125									
	80 × 160	160									
	100 × 125	125	97	18	6	23	23	4	M 8 × 50	8 × 60	4
	100 × 160	160									
	100 × 200	200									
	125 × 125	125	127	23	8	28	28	4	M 10 × 60	8 × 80	4
	125 × 160	160									
	125 × 200	200									
	160 × 160	160	156	23	8	32	28	4	M 10 × 70	8 × 80	4
	160 × 200	200									
	160 × 250	250									
	200 × 200	200	196	28	8	37	37	4	M 10 × 70	8 × 80	4
	200 × 250	250									
B	80 × 100	100	77	18	6	23	23	2	M 8 × 50	6 × 60	4
	100 × 125	125	97					4		8 × 60	
	125 × 160	160	127	23	8	28	28	4	M 10 × 60	8 × 80	4
	125 × 200	200									
	160 × 200	200	156	23	8	32	28	4	M 10 × 70	8 × 80	4
	160 × 250	250									

[1]) DIN 9866 T2 und 9867 T2 wurden ersatzlos zurückgezogen.

5.14 Normteile

5.14.13 Säulengestelle mit rechteckiger Arbeitsfläche nach DIN 9812 (7.62)

Maße in mm

Form C

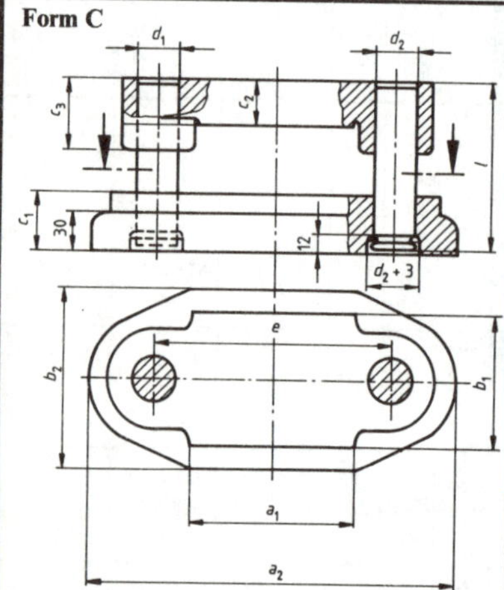

$a_1 \times b_1$	a_2	b_2	c_1	c_2	c_3	l	e	d_1	d_2
100 × 80 125 × 80 160 × 80	275 300 335	120	50	30	80	160	155 180 215	24	25
125 × 100 160 × 100	300 335	140	50	40	90	170	180 215	24	25
200 × 100 250 × 100	395 445		56			180	265 315	30	32
160 × 125 200 × 125 250 × 125	355 395 445	165	56	40	90	180	25 265 315	30	32
200 × 160 250 × 160	395 445	200	56	50	100	200	265 315	30	32
250 × 200 315 × 200	490 555	250	63			220	330 395	38	40

Bezeichnungsbeispiel eines Säulengestelles Form C mit Arbeitsfläche $a_1 \times b_1 = 200 \times 125$

Säulengestell DIN 9812 – C 200 × 125

5.14.14 Säulengestelle mit übereckstehenden Führungssäulen nach DIN 9819 (12.81)

Maße in mm

Form C

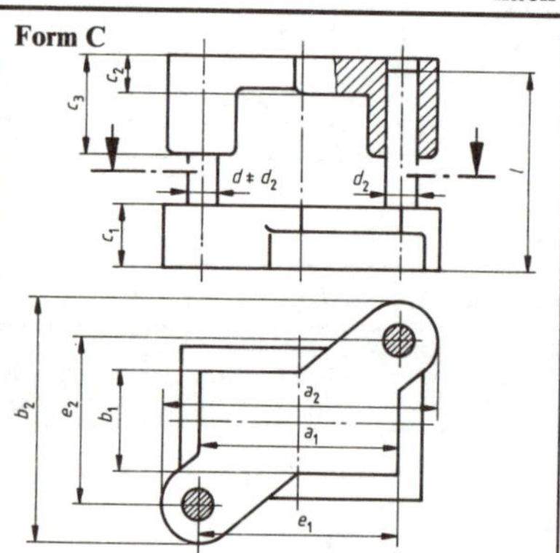

$a_1 \times b_1$	a_2 max.	b_2 max.	c_1	c_2	c_3 max.	d_2	e_1 min.	e_2 min.
200 × 100 250 × 100	275 325	255	56	40	90	32	195 245	158
160 × 125 200 × 125 250 × 125	235 275 325	280	56	40	90	32	155 195 245	183
250 × 160	325	315		50	100		245	218

Bezeichnungsbeispiel eines Säulengestelles Form C mit Arbeitsfläche $a_1 \times b_1 = 160 \times 125$

Säulengestell DIN 9819 – C 160 × 125

5.14.15 Säulengestelle mit mittigstehenden Führungssäulen und dicker Säulenführungsplatte nach DIN 9819 (12.81)

Maße in mm

Form DF

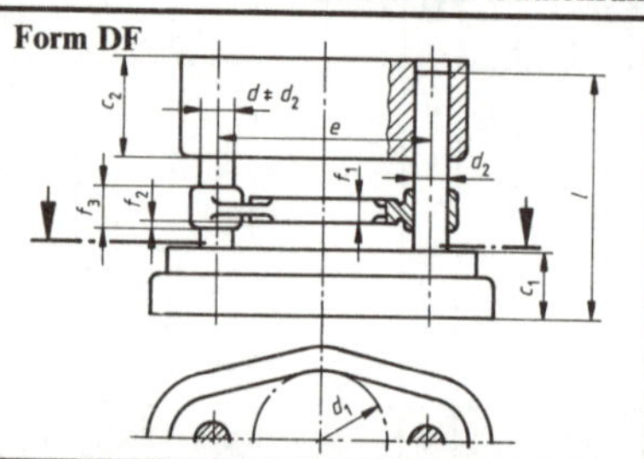

d_1	d_2	c_1	c_2 max.	e min.	f_1	f_2	f_3	l
80	20	50	80	125	16	10	36	170
100 125	25	50	85 90	155 180	18	11	40	180 190
160 200	32	56	100 110	225 265	23	11	45	220 240

Bezeichnungsbeispiel eines Säulengestelles Form DF mit $d_1 = 160$ mm, Werkstoff Gußeisen

Säulengestell DIN 9819 – DF 160 GG

5.15 Werkzeugkegel

5.15.1 Metrische Kegel und Morsekegel nach DIN 228 T1, T2 (7.82)

Maße in mm

Form A Kegelschaft mit Anzugsgewinde

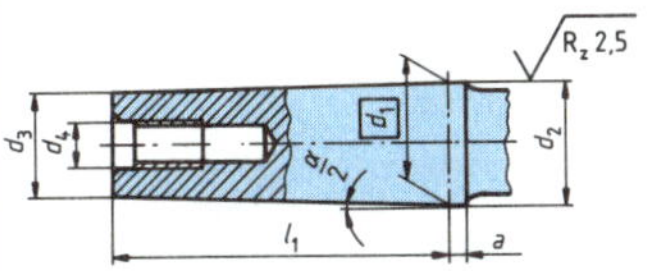

Form B Kegelschaft mit Austreiblappen

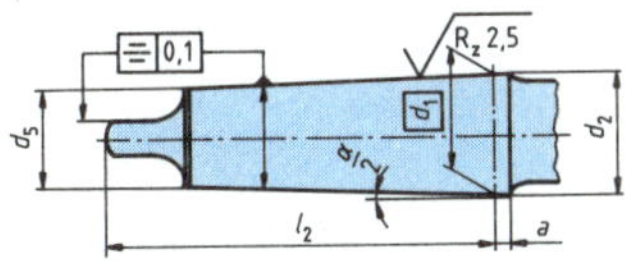

Form C Kegelhülse für Kegelschäfte mit Anzugsgewinde

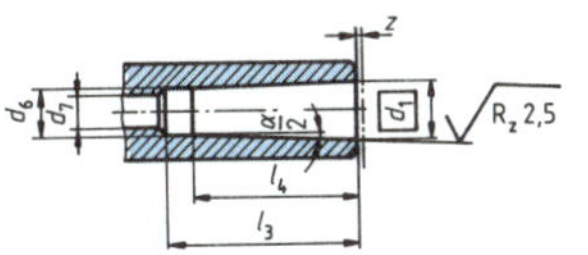

Form D Kegelhülse für Kegelschäfte mit Austreiblappen

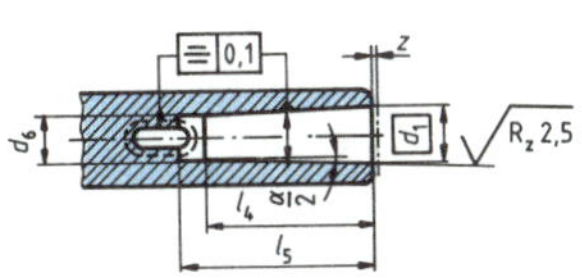

	Größe	Kegelschaft d_1	a	d_2	d_3	d_4	d_5	l_1	l_2
Metr. Kegel (ME)	4	4	2	4,1	2,9	–	–	23	–
	6	6	3	6,2	4,4	–	–	32	–
Morse-Kegel (MK)	0	9,045	3	9,2	6,4	–	6,1	50	56,5
	1	12,065	3,5	12,2	9,4	M 6	9	53,5	62
	2	17,780	5	18	14,6	M 10	14	64	75
	3	23,825	5	24,1	19,8	M 12	19,1	81	94
	4	31,267	6,5	31,6	25,9	M 16	25,2	102,5	117,5
	5	44,399	6,5	44,7	37,6	M 20	36,5	129,5	194,5
	6	63,348	8	63,8	53,9	M 24	52,4	182	210
Metr. Kegel (ME)	80	80	8	80,4	70,2	M 30	69	196	220
	100	100	10	100,5	88,4	M 36	87	232	260
	120	120	12	120,6	106,6	M 36	105	268	300
	160	160	16	160,8	143	M 48	141	340	380
	200	200	20	201	179,4	M 48	177	412	460

	Größe	Kegelhülse d_6	z	d_7	l_3	l_4	Verjüng.	α/2
Metr. Kegel (ME)	4	3	0,5	–	25	20	1:20=0,05	1°25′56″
	6	4,6	0,5	–	34	28		
Morse-Kegel (MK)	0	6,7	1	–	52	45	1:19,212	1°29′27″
	1	9,7	1	7	56	47	1:20,047	1°25′43″
	2	14,9	1	11,5	67	58	1:20,020	1°25′50″
	3	20,2	1	14	84	72	1:19,922	1°26′16″
	4	26,5	1	18	107	92	1:19,254	1°29′15″
	5	38,2	1	23	135	118	1:19,002	1°30′26″
	6	54,8	1	27	188	164	1:19,180	1°29′36″
Metr. Kegel (ME)	80	71,5	1,5	33	202	170	1:20=0,05	1°25′56″
	100	90	1,5	39	240	200		
	120	108,5	1,5	39	276	230		
	160	145,5	2	52	350	290		
	200	182,5	2	52	424	350		

Bezeichnungsbeispiel eines Morsekegelschaftes (MK), Form B der Größe 2 und Kegelwinkel-Toleranzqualität AT6

Kegelschaft DIN 228 – MK – B2 AT6

Metrische Kegelhülse (ME), Form C der Größe 100 und Kegelwinkel-Toleranzqualität AT6

Kegelhülse DIN 228 – ME – C100 AT6

5.15.2 Steilkegelschäfte für Werkzeuge und Spannzeuge DIN 2080 T1 (12.78)

Maße in mm

Form A

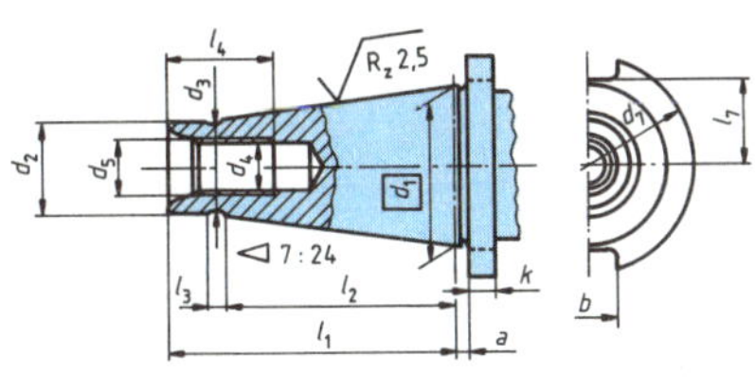

Kegel-Nr.	d_1	$a \pm 0{,}2$	d_2	d_3	d_4	d_5	d_7
30	31,75	1,6	17,4	16,5	M 12	13	50
40	44,45	1,6	25,3	24	M 16	17	63
45	57,15	3,2	32,4	30	M 20	21	80
50	69,85	3,2	39,6	38	M 24	26	97,5
60	107,95	3,2	60,2	58	M 30	32	156
70	165,1	4	92	90	M 36	38	230

Kegel-Nr.	b	k	l_1	l_2	l_3	l_4	l_7
30	16,1	8	68,4	48,4	3	24	16,2
40	16,1	10	93,4	65,4	5	32	22,5
45	19,3	12	106,8	82,8	6	40	29
50	25,7	12	126,8	101,8	8	47	35,5
60	25,7	16	206,8	161,8	10	59	60
70	32,4	20	296	252	14	70	86

Bezeichnungsbeispiel eines Steilkegelschaftes der Form A Nummer 45 mit Kegelwinkel-Toleranzqualität AT4

Steilkegelschaft DIN 2080 – A45 AT4

6 Technische Kommunikation

6.1 Zeichentechnische Grundlagen

6.1.1 Normzahlen nach DIN 323 T1 (8.74)

Grundreihen R 5	R 10	R 20	R 40	Rundwerte R 5	R 10	R 20	R 40
1,00	1,00	1,00	1,00				
			1,06				1,05
		1,12	1,12			1,1	1,1
			1,18				1,2
	1,25	1,25	1,25		(1,2)	(1,2)	
			1,32				1,3
		1,40	1,40				
			1,50				
1,60	1,60	1,60	1,60	(1,5)	(1,5)		
			1,70				
		1,80	1,80				
			1,90				
	2,00	2,00	2,00				
			2,12				2,1
		2,24	2,24			2,2	2,2
			2,36				2,4
2,50	2,50	2,50	2,50				
			2,65				2,6
		2,80	2,80				
			3,00				
	3,15	3,15	3,15		3,2	3,2	3,2
			3,35				3,4
		3,55	3,55			3,6	3,6
			3,75				3,8
4,00	4,00	4,00	4,00				
			4,25				4,2
		4,50	4,50				
			4,75				4,8
	5,00	5,00	5,00				
			5,30				
		5,60	5,60			(5,5)	
			6,00				
6,30	6,30	6,30	6,30	(6,0)	(6,0)	(6,0)	
			6,70				
		7,10	7,10			(7,0)	
			7,50				
	8,00	8,00	8,00				
			8,50				
		9,00	9,00				
			9,50				
10,00	10,00	10,00	10,00				

Merkmale

Die Normzahlen dienen zur Vereinheitlichung von Größen aller Art (Abmessungen, Kräfte, Drehzahlen usw.). Damit steigt die Wirtschaftlichkeit von Konstruktion, Fertigung, Zusammen- und Austauschbau.

Die Grundreihen sind gerundete Glieder dezimalgeometrischer Reihen. Das jeweils nächste Glied ergibt sich durch Multiplikation des vorangehenden mit dem Stufensprung φ.

R 5: $\varphi = \sqrt[5]{10} = 1{,}6$

R 10: $\varphi = \sqrt[10]{10} = 1{,}25$

R 20: $\varphi = \sqrt[20]{10} = 1{,}12$

R 40: $\varphi = \sqrt[40]{10} = 1{,}06$

Die Wahl jedes n-ten Wertes ergibt eine abgeleitete Reihe:
R 10/3: 1 2 4 8 oder
1,25 2,5 5,0 10 mit
dem Stufensprung $\varphi = 2$.

Die Reihen mit den gröbsten Stufensprüngen sind zu bevorzugen. Die Rundwerte sollen nur ausnahmsweise (Übernahme handelsüblicher Größen) zugelassen werden.

6.1.2 Rundungshalbmesser nach DIN 250 (7.72) (Vorzugsreihe: hervorgehobene Zahlen)

0,2		0,3	**0,4**	0,5	**0,6**	0,8	**1**	1,2	**1,6**	
2	**2,5**	3	**4**	5	**6**	8	**10**	12	**16** 18	
20	20 **25** 28	**32** 36	**40** 45	**50** 56	**63** 70	80 90	**100** 110	**125** 140	**160** 180	**200**

6.1 Zeichentechnische Grundlagen

6.1.3 Linien nach DIN 15 (6.84)

Linienarten	**Liniengruppen** Nennmaße *d* in mm 0,35	0,5	0,7	1,0	**Anwendung** Die Liniengruppe ist nach Art und Größe der Zeichnung auszuwählen
A **Vollinie (breit)**	0,35	0,5	0,7	1,0	Sichtbare Kanten und Umrisse, nutzbare Gewindelänge, Systemlinien (Stahlbau), Hauptdarstellungen in Diagrammen.
B **Vollinie (schmal)**	0,18	0,25	0,35	0,5	Lichtkanten, Maß-, Maßhilfslinien, Maßlinienbegrenzungen, Hinweislinien, Schraffur, Gewindegrund, Diagonalkreuz, Biegelinien, Umrisse eingeklappter Querschnitte, Umrahmungen (Prüfmaße, Einzelheiten), Richtungen (Fasern, Schichtungen), Projektionslinien, Rasterlinien.
C **Freihandlinie (schmal)**					Begrenzung abgebrochener oder unterbrochener Ansichten und Schnitte, wenn die Begrenzung keine Mittellinie ist.
D **Zickzacklinie (schmal)**					Ausführung: Gesamthöhe 20 *d*, Winkel 30°.
E **Strichlinie (breit)**	0,35	0,5	0,7	1,0	Bereich zulässiger Oberflächenbehandlung. Ausführung: Strich 10 *d*, Lücke 2,5 *d*.
F **Strichlinie (schmal)**	0,18	0,25	0,35	0,5	Verdeckte Kanten und Umrisse. Ausführung: Strich 20 *d*, Lücke 5 *d*.
G **Strichpunktlinie (schmal)**					Mittellinien, Symmetrielinien, Teil-, Lochkreise, Teilungsebenen, Trajektorien (Übertragungslinien). Ausführung: Strich 40 *d*, Punkt/Abstand 2,5 *d*.
H **Strichpunktlinie (schmal/breit)**	0,18 0,35	0,25 0,5	0,35 0,7	0,5 1,0	Schnittebene (Linienart J bevorzugen). Ausführung: wie Linienarten G und J.
J **Strichpunktlinie (breit)**	0,35	0,5	0,7	1,0	Schnittebene, Bereich geforderter Behandlungen. Ausführung: Strich 20 *d*, Pkt./Abstd. 2,5 *d*.
K **Strich-Zweipunktlinie**	0,18	0,25	0,35	0,5	Umrisse vor Umformung, Umrisse angrenzender Teile, Fertigformen in Rohteilen, Umrisse wahlweiser Ausführungen, Grenzstellungen, Teile vor der Schnittebene, Umrahmungen besonderer Bereiche, Schwerlinien (Stahlbau). Ausführung: Strich 40 *d*, Pkt./Abstd. 5 *d*.

Rangfolge beim Überdecken von Linien:
1. sichtbare Kanten (A) 2. verdeckte Kanten (F) 3. Schnittebenen (J)
4. Mittellinien (G) 5. Schwerlinien (K) 6. Maßhilfslinien (B)

6.1 Zeichentechnische Grundlagen

6.1.4 Beschriftung, Schriftzeichen nach ISO 3098 (1974) und DIN 6776 (4.76)

Die Schriftform B (Mittelschrift) ist nach DIN 406 T2 (8.81) zu bevorzugen. Die Schriftform A (Engschrift) eignet sich besonders bei Platzmangel und zur Mikroverfilmung. Beide Normschriften können vertikal (überwiegend üblich, besonders bei Schablonenbeschriftung) oder kursiv (Freihandbeschriftung) ausgeführt werden.

In Deutschland sind die Zeichen a und 7 zu bevorzugen.

Schriftform A (kursiv)	Schriftform B (vertikal)
äabcdefghijklmn	äabcdefghijklmn
öpqrstüvwxyzß	öpqrstüvwxyzß
ÄBCDEFGHIJKLMN	ÄBCDEFGHIJKLMN
ÖPQRSTÜVWXYZ	ÖPQRSTÜVWXYZ
12345677890IV	12345677890 IV
[(!?:;"-=+±×:√%&⌀)]	[(!?:;"-=+±×:√%&□⌀)]

Maße für Schriften

Merkmal	Schriftform A	Schriftform B	
Höhe:			Die Mindesthöhe der in einer Zeichnung verwendeten kleinsten Schriftzeichen soll 2,5 mm betragen.
Großbuchstaben *h*	14 *d*	10 *d*	
Kleinbuchstaben	10/14 *h*	7/10 *h*	
Ober- oder Unterlängen	4/14 *h*	3/10 *h*	
Abstand:			
Schriftzeichen	1/14– 2/14 *h*	1/10– 2/10 *h*	
Wörter	6/14 *h*	6/10 *h*	
Grundlinien	20/14–22/14 *h*	14/10–16/10 *h*	

Linienbreiten:	Liniengruppe der Zeichnung				Anwendung
	0,35	0,5	0,7	1,0	
d klein	(0,18)	0,25	0,35	0,5	Toleranzen, Indizes, Exponenten
d mittel	0,25	0,35	0,5	0,7	Maße, Beschriftung, Symbole
d groß	0,35	0,5	0,7	1,0	Schnittkennzeichnung, Positionsnummern

6.1.5 Maßstäbe nach DIN 5455 (12.69)

Verkleinerungsmaßstäbe	1:100 1:10	1:50 1:5	1:20 1:2	Natürlicher Maßstab 1:1
Vergrößerungsmaßstäbe	10:1 100:1	2:1 20:1	5:1 50:1	Weitere Maßstäbe durch Vervielfachung mit 10. Hauptmaßstab im Schriftfeld, alle anderen in der Nähe der Einzelheit.

6.1 Zeichentechnische Grundlagen

6.1.6 Zeichenblattgrößen DIN 476 (12.76) und 823 (5.80)

DIN-Format	A 0	A 1	A 2	A 3	A 4	A 5	A 6
Fertigblatt	841 × 1189	594 × 841	420 × 594	297 × 420	210 × 297	148 × 210	105 × 148
Rohblatt	880 × 1230	625 × 880	450 × 625	330 × 450	240 × 330	165 × 240	120 × 165

6.1.7 Faltung auf Format A 4 nach DIN 824 (3.81)

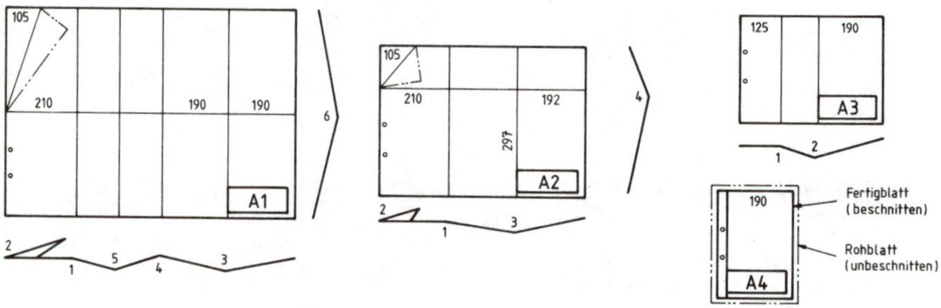

Schriftfeldabstand für alle Formate 5 mm, Heftrand ca. 20 mm.

6.1.8 Schriftfeld für Zeichnungen nach DIN 6771 T1 (12.70)

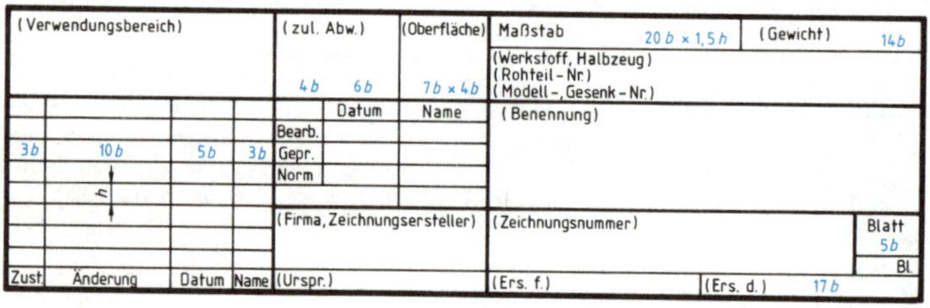

Maße in mm
Höhe *h* 4,25
Breite *b* 2,6

6.1.9 Stückliste Form A nach DIN 6771 T2 (9.75)

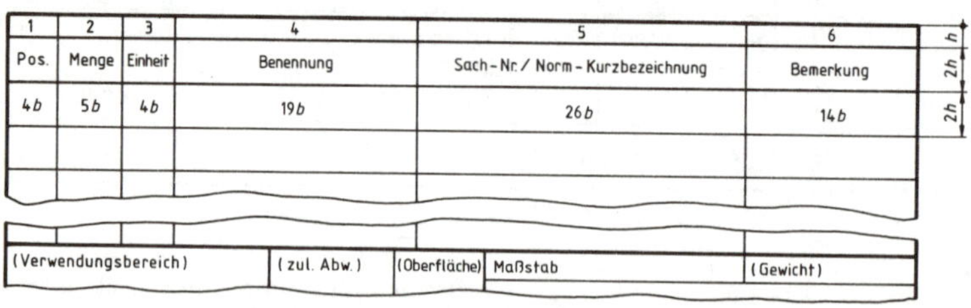

Maße in mm
Höhe *h* 4,25
Breite *b* 2,6

6.1 Zeichentechnische Grundlagen

6.1.10 Begriffe im Zeichnungswesen nach DIN 199 (5.84) T1 und T2 (12.77)

Anordnungs-Plan	Technische Zeichnung (häufig unmaßstäblich), mit der räumlichen Anordnung von Gegenständen zueinander (auch Lageplan).
Diagramm	Zeichnung zur Veranschaulichung funktioneller Zusammenhänge in Koordinatensystemen.
Einzelteilzeichnung	Technische Zeichnung (auch Teilzeichnung) ohne die räumliche Anordnung zu anderen Teilen (Darstellung nur eines Teils).
Entwurf	Zeichnung der vorläufigen Ausführung eines Gegenstandes.
Fertigungs-Zeichnung	Technische Zeichnung (früher Werkstatt-Zeichnung) mit allen für die Herstellung erforderlichen Angaben.
Gesamt-Zeichnung	Zeichnung des zusammengebauten Zustandes oder Explosions-Zeichnung einer Anlage, Maschine oder eines Bauwerkes oder Gerätes.
Gruppen-Zeichnung	Technische Zeichnung mit maßstäblicher, räumlicher Anordnung von Gegenständen zueinander.
Konstruktions-Zeichnung	Zeichnung des geplanten Endzustandes eines Objektes.
Maßbild	Zeichnung (meist vereinfacht) mit Einzelmaßen für besondere Zwecke (z.B. Anschluß-, Einbaumaße, Gewichte für Angebote, Kataloge).
Original-Zeichnung	Zeichnung mit verbindlichem Informationsgehalt zum dauerhaften Speichern.
Patent-Zeichnung	Technische Zeichnung mit Aufbau und Ausführung nach den Vorschriften über die Anmeldung von Patenten.
Plan	Zeichnung bestehend aus Symbolen (z.B. Funktionsplan, Schaltplan).
Schema	Zeichnung mit weitgehenden Vereinfachungen, Verwendung von Symbolen.
Skizze	Zeichnung, überwiegend freihändig erstellt, häufig unmaßstäblich, Grundlage zu einer vollständigen technischen Zeichnung.
Stückliste	Unterlage, vollständig nach formalen Regeln gestaltet mit Angabe der Gegenstände (z.B. Positionsnummer, Menge, Einheit, Benennung, Sachnummer).
Technische Zeichnung	Zeichnung nach Formen und Regeln für technische Zwecke angefertigt (z.B. Darstellung, Bemaßung, Oberflächenangaben, Hinweise).
Unterlage	Datenträger (z.B. technische Zeichnungen), direkt bzw. mit optischen Hilfsmitteln zu lesen, als Beweisstück (ungeeignet z.B. Disketten, Lochstreifen).
Varianten-Zeichnung	Zeichnung für Gegenstände, die in Funktion und/oder Maßen ähnlich sind.
Zeichnung	Bildliche Darstellung mit Linien, verschiedene Träger (z.B. Papier, Folien, Bildschirm).
Zeichnungswesen	Betriebliche Organisation zur Erstellung und Verwaltung von Unterlagen.
Zusammenbau-Zeichnung	Technische Zeichnung mit den zum Zusammenbau erforderlichen Informationen (früher Montage-Zeichnung).

6.1 Zeichentechnische Grundlagen

6.1.11 Graphische Darstellungen nach DIN 461 (3.73)

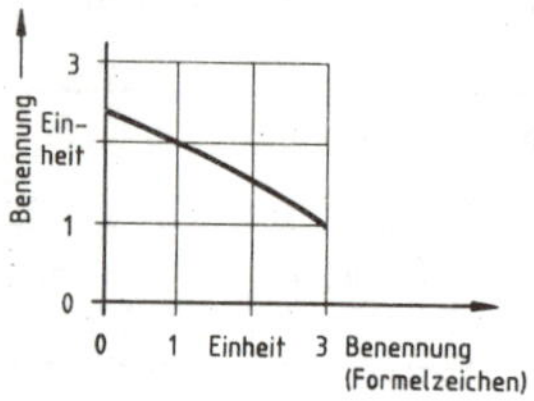

Die graphische Darstellung ist die Veranschaulichung und zeichnerische Lösung funktioneller Zusammenhänge. Die Linienbreiten werden nach DIN 15 (6.84) etwa im Verhältnis Netz zu Achsen zu Kurven von 1 zu 2 zu 4 gewählt.

Zur Beschriftung dient vertikale Normschrift mit Ausnahme der Formelzeichen und Hinweisziffern, die kursiv auszuführen sind. Die Beschriftung soll von unten, nur ausnahmsweise (z.B. lange Ausdrücke an der Ordinate) von rechts lesbar sein.

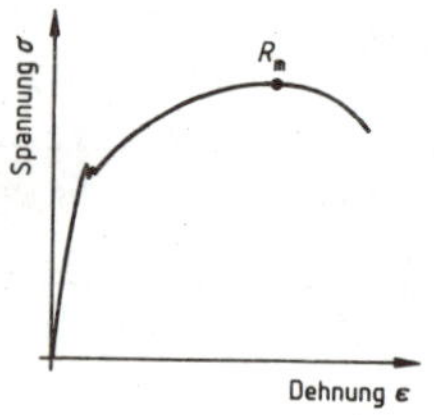

Diagramme (Schaubilder) **im kartesischen Koordinatensystem**

Die waagerechte Achse (Abszisse) für die unabhängige Veränderliche und die senkrechte Achse (Ordinate) für die abhängige Veränderliche schneiden sich im Nullpunkt. Zunehmende Werte werden nach rechts und oben, abnehmende nach links und unten abgetragen. Die positiven Achsrichtungen werden mit einer Pfeilspitze versehen. Formelzeichen oder Benennungen stehen unter der waagerechten und links neben der senkrechten Pfeilspitze. Die Pfeile können auch parallel zu den Achsen mit den Formelzeichen an der Wurzel der Pfeile angebracht werden.

Bei der qualitativen Darstellung (Übersichtsdiagramm) besitzt das Koordinatensystem keine Teilung. Koordinaten wichtiger Punkte können durch Kreise und Formelzeichen oder Ziffern markiert werden. Auf nichtlineare Teilung ist hinzuweisen (z.B. $\log y$, z^2, $1/x$).

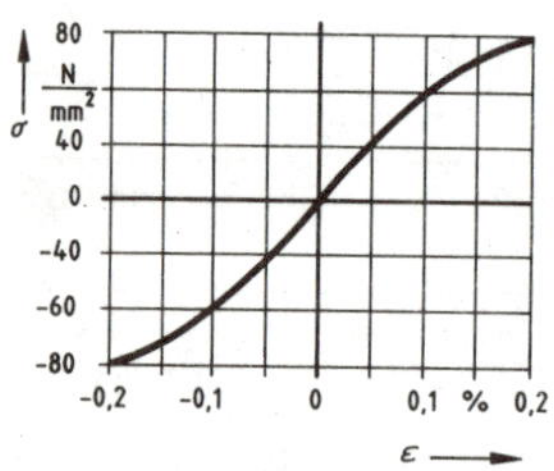

Zur quantitativen Darstellung erhalten die Achsen eine bezifferte Teilung (Skale) in Schritten von $1 \cdot 10^n$, $2 \cdot 10^n$ oder $5 \cdot 10^n$ mit $n=0$, ± 1, $\pm 2 \ldots$ Bei positiven Zahlenwerten kann auf das Pluszeichen (+) verzichtet werden. Jeder negative Wert ist mit dem Minuszeichen (−), die Nullpunkte beider Achsen mit einer Null (0) zu versehen. Der Anfangsbereich einer Kurve (einschließlich Nullpunkt) kann auch unterdrückt werden. Von den Teilstrichen müssen mindestens die ersten und letzten beziffert sein. Bei sehr großen oder sehr kleinen Zahlenwerten wird die Zehnerpotenz nur einmal zwischen die beiden letzten Zahlenwerte gesetzt. Bei größeren Zahlenbereichen erzeugt eine logarithmische Teilung eine gleichbleibende Ablesegenauigkeit.

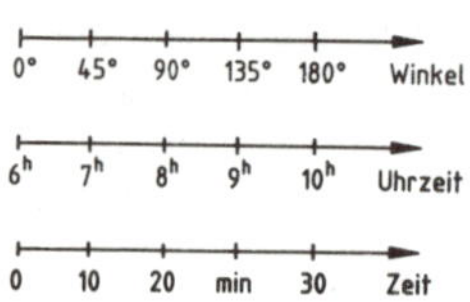

Zum Ablesen kann ein Koordinatennetz mit Beschriftung außerhalb der Diagrammfläche bis zu den Randlinien ergänzt werden. Die Einheitenzeichen stehen am rechten Ende der Abszisse bzw. am oberen Ende der Ordinate zwischen den beiden letzten Ziffern (bei Platzmangel vor- und drittletzte Ziffer auslassen). Die Einheit darf nicht in Klammern gesetzt werden. Winkelangaben erhalten an jedem Zahlenwert die Angabe Grad (°) bzw. Minuten (′) oder Sekunden (″), ebenso Zeitpunkte mit hochgestellten Einheiten für Stunden (^{h}) bzw. Minuten (^{min}) oder Sekunden (^{s}). Die Einheit der Zeitspanne wird nur einmal angegeben (z.B. s, min, h). Zahlenwertangaben sind auch möglich in Bruchform $\left(\text{z.B. } s/\text{mm oder } \frac{s}{\text{mm}}\right)$ oder mit dem Wort „in“ (z.B. U in V).

6.1 Zeichentechnische Grundlagen

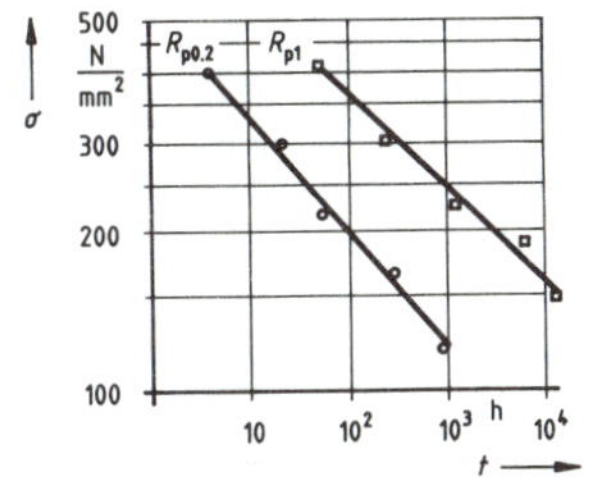

Bei mehreren Kurven der gleichen Veränderlichen in einem Koordinatensystem werden an jede Kennlinie der Parameter oder Hinweisziffern oder -buchstaben mit Erläuterungen in der Bildunterschrift verwendet.

Verschiedene abhängige Veränderliche in einem Diagramm können in gleicher oder unterschiedlicher Linienart, farbig und mit ihren Formelzeichen verdeutlicht werden.

Die Kurven sind die zügig ausgleichende Verbindung der errechneten oder gemessenen Werte. Meßpunkte können mit diesen Zeichen eingetragen werden:

○ ● □ ■ △ ▲ + x

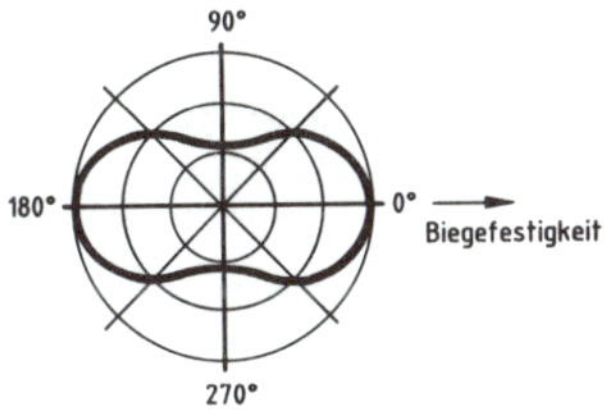

Diagramme im Polarkoordinatensystem

Im Polarkoordinatensystem wird der vom Nullpunkt (Pol) nach rechts gehenden, waagerechten Achse meist der Winkel Null zugeordnet. Der Winkel wird positiv entgegen dem Uhrzeigersinn bzw. negativ im Uhrzeigersinn abgetragen. Der Radius nimmt vom Nullpunkt nach außen hin zu. Zur Erzeugung eines Koordinatennetzes wird die Teilung des Radius mit konzentrischen Kreisen, die des Winkels mit Strahlen eingetragen.

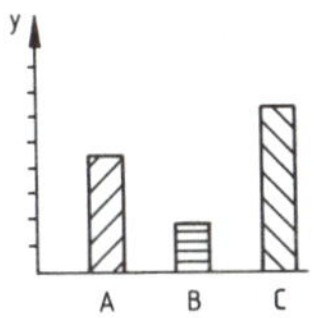

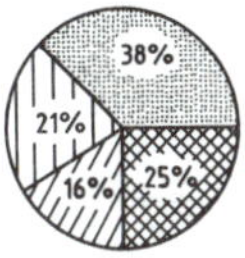

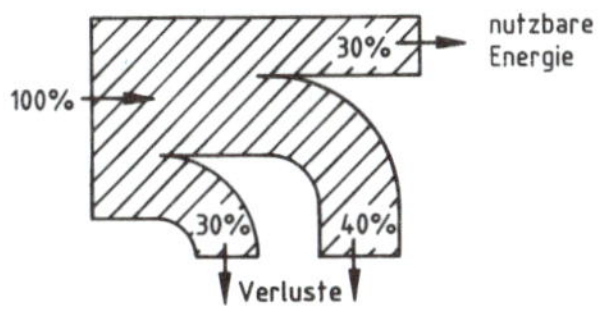

Flächendiagramme

Säulendiagramm: Die zu vergleichenden Größen werden als senkrechte oder waagerechte Balken mit der gleichen Breite und gegebenenfalls verschiedener Schraffur oder Farbe dargestellt.

Kreisflächendiagramm: Prozentwerte werden als Kreisausschnitte (Sektoren) verdeutlicht. Der Umfang der Kreisfläche entspricht 100%. Der Mittelpunktswinkel α des Ausschnitts von x Prozent ist $\alpha = x\% \cdot 360°/100\%$.

Sankey-Diagramm: Aufteilung von Energieströmen durch Abzweigungen bandförmiger Flächenstreifen. Die Breite der Streifen entspricht den zu- bzw. abgeführten Energien. Der in ursprünglicher Richtung verlaufende Reststreifen ist die nutzbare Energie.

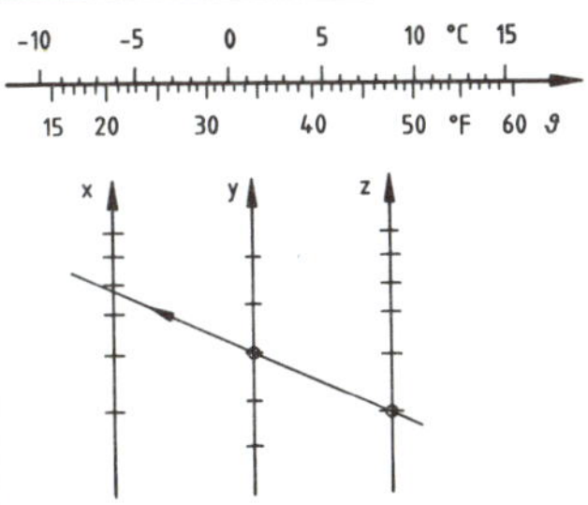

Nomogramme

Zahlenleiter: Auf einer Geraden werden zwei veränderliche Größen dargestellt.

Leitertafeln (Fluchtlinientafeln): Eine unbekannte Größe (x) wird aus zwei oder mehreren bekannten Veränderlichen (y, z) bestimmt. An dem Schnittpunkt der Verbindungslinie (bzw. deren Verlängerung) der bekannten Größen mit der Leiter der unbekannten ist das Ergebnis abzulesen.

6.2 Geometrische Grundkonstruktionen

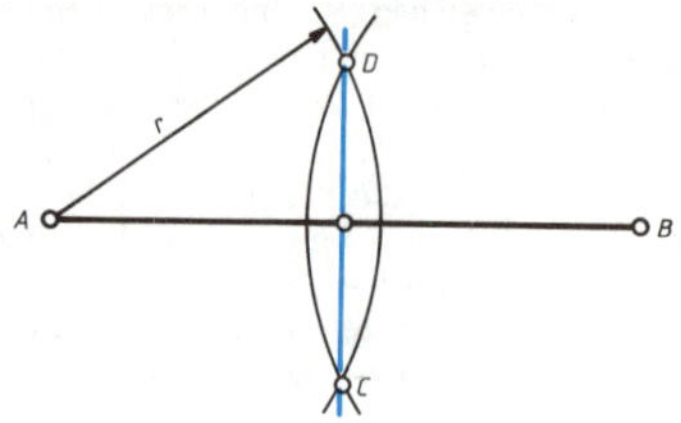

Mittelsenkrechte auf Strecke $\overline{AB}$

1. Kreisbogen mit Radius r um Punkte A und B (Schnittpunkte C und D, $r > 1/2\ \overline{AB}$).
2. Gerade CD ist Mittelsenkrechte der Strecke $\overline{AB}$.

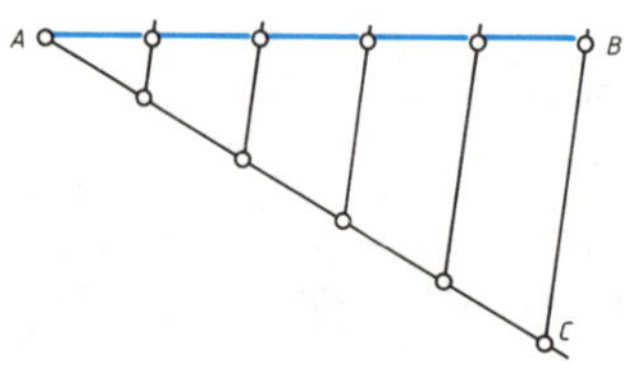

Teilung einer Strecke $\overline{AB}$

1. Strahl von Punkt A (Winkel $\approx 30°$).
2. Teilzahl in geschätzter Größe auf Strahl (Endpunkt C).
3. Parallelen zur Linie BC durch die Teilpunkte des Strahls (Teilung Strecke $\overline{AB}$).

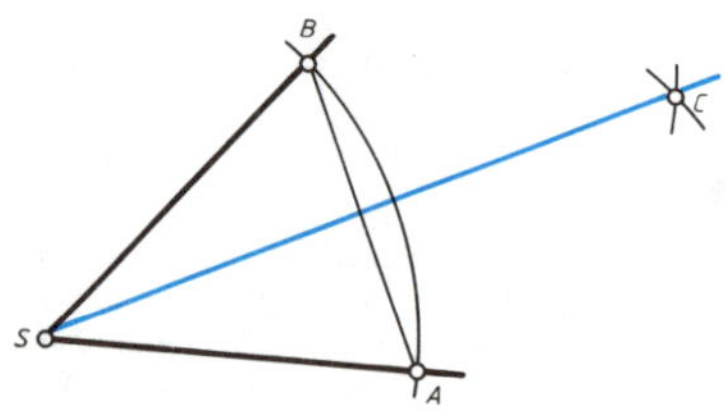

Winkel halbieren

1. Kreisbogen mit beliebigem Radius r um Scheitelpunkt S (Schnittpunkt A und B).
2. Kreisbogen mit Radius r um die Punkte A und B (Schnittpunkt C, $r > 1/2\ \overline{AB}$).
3. Gerade CS ist Winkelhalbierende von $\sphericalangle ASB$ und Mittelsenkrechte zur Strecke $\overline{AB}$.

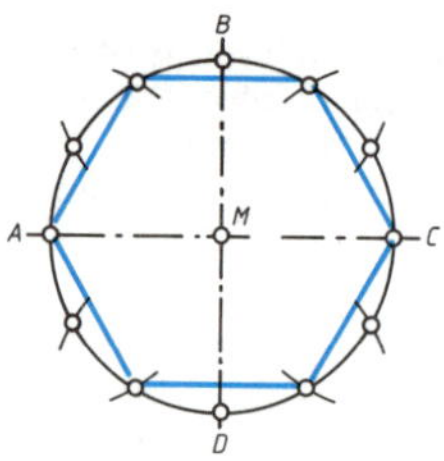

Dreieck, Sechseck, Zwölfeck

1. Kreis mit Radius $r = \overline{MA}$ um Mittelpunkt M (Schnittpunkte mit Mittellinien A, B, C, D).
2. Kreisbogen mit Radius r um A und C (Kreisschnittpunkte: Sechseck, Dreieck).
3. Kreisbogen mit Radius r um B und D (Zwölfeck).

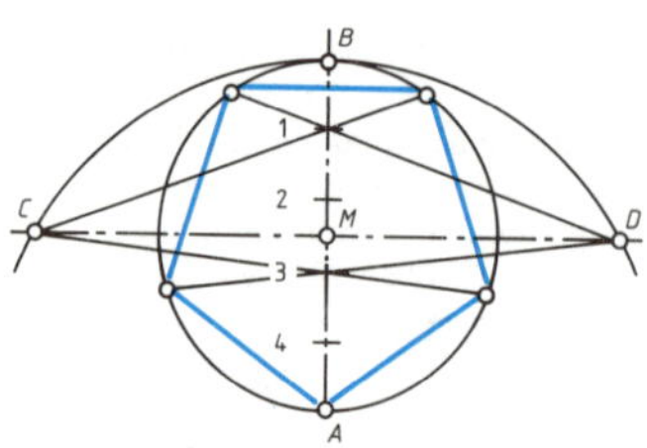

Regelmäßige Vielecke im Umkreis

1. Kreis mit Radius $\overline{MA}$ um Mittelpunkt M (Schnittpunkte A und B mit Mittellinien).
2. Kreisbogen mit Radius $\overline{AB}$ um Punkt A (Schnittpunkte C und D mit Mittellinien).
3. Eckenzahl bestimmt Teilung Strecke $\overline{AB}$.
4. Ungerade (gerade) Eckenzahl: C und D über entsprechende ungerade (gerade) Teilpunkte zum Kreis.

6.2 Geometrische Grundkonstruktionen

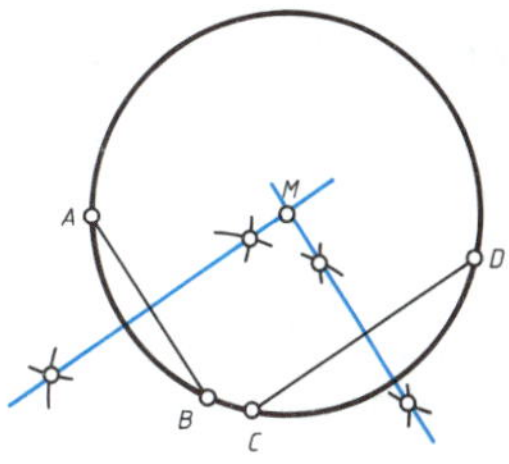

Kreismittelpunkt

1. Mittelsenkrechte auf der Sehne $\overline{AB}$.
2. Mittelsenkrechte auf der Sehne $\overline{CD}$ (Mittelpunkt M).

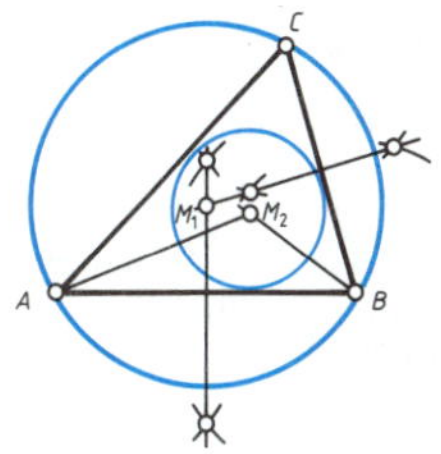

Umkreis zum Dreieck

Mittelpunkt M_1 ist Schnittpunkt der Mittelsenkrechten zweier beliebiger Dreieckseiten.

Inkreis im Dreieck

Mittelpunkt M_2 ist der Schnittpunkt zweier beliebiger Winkelhalbierenden.

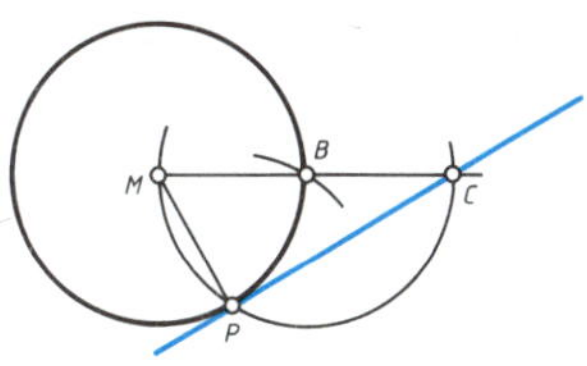

Tangente durch Kreispunkt *P*

1. Kreisbogen mit Radius $\overline{PM}$ um P (Schnittpunkt B).
2. Gerade MB, Thaleskreis mit Radius $\overline{PM}$ um B (Schnittpunkt C, CP ist Tangente an Kreis).

Tangente vom Punkt *C*

1. Verbindungslinie MC (Schnittpunkt B).
2. Thaleskreis um B (Berührungspunkt P).

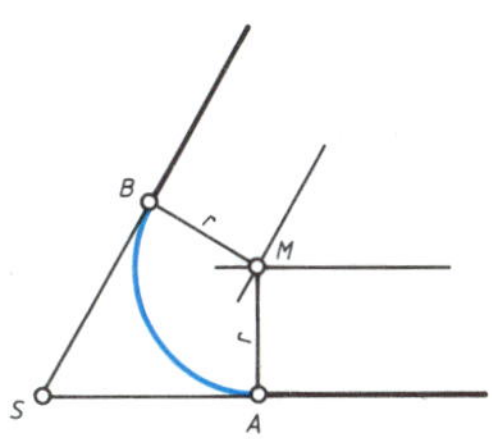

Kreisanschluß an Winkel

1. Parallelen zu den Schenkeln im Abstand des Radius r (Mittelpunkt M).
2. Senkrechte von M auf die Schenkel (Übergangspunkte A und B).
3. Kreisbogen mit Radius r um Mittelpunkt M.

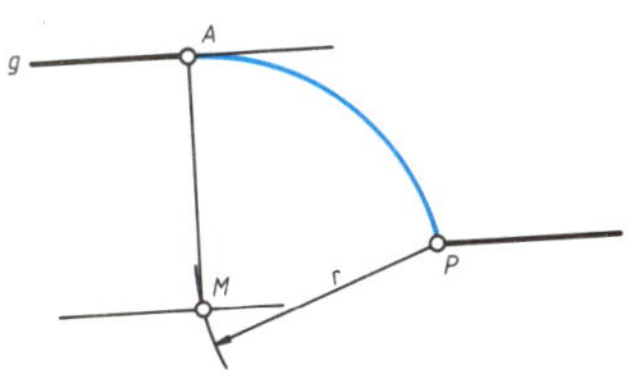

Kreisanschluß Endpunkt *P* mit Gerade *g*

1. Kreisbogen mit Radius r um Punkt P.
2. Parallele zur Geraden g im Abstand des Radius r (Mittelpunkt M).
3. Senkrechte vom Punkt M auf Gerade g (Übergangspunkt A).
4. Kreisanschluß mit Radius r um Mittelpunkt M.

6.2 Geometrische Grundkonstruktionen

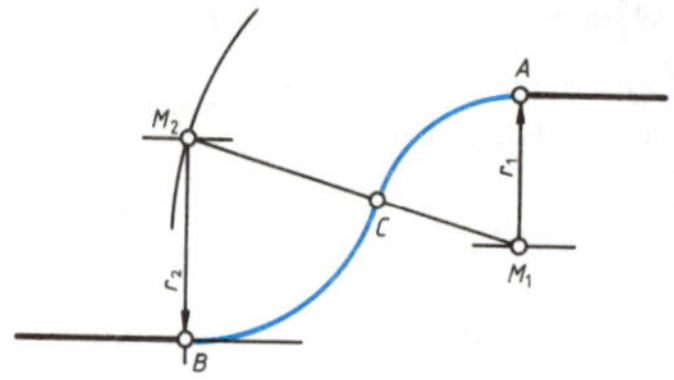

Doppelter Kreisanschluß an zwei Geraden

1. Parallelen im Abstand der Radien r_1 bzw. r_2.
2. Senkrechte vom Punkt A (Mittelpunkt M_1).
3. Kreisbogen mit Radius $r_1 + r_2$ um M_1 (Mittelpunkt M_2).
4. Senkrechte von M_2 (Übergangspunkt B).
5. Verbindungslinie $M_1 M_2$ (Wendepunkt C).
6. Kreisbogen mit r_1 um M_1 und r_2 um M_2.

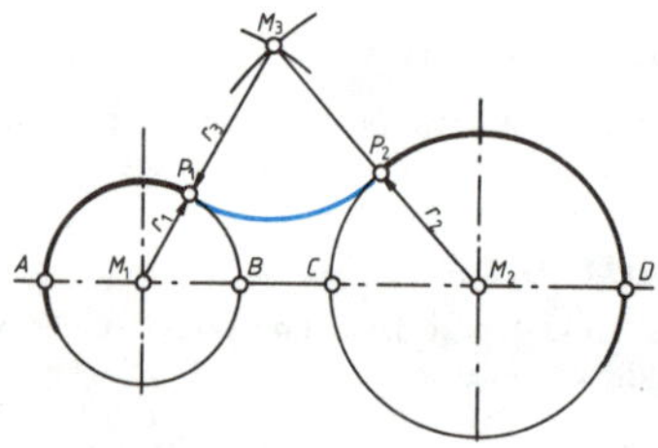

Kreisanschluß an Kreise ($r_3 \geq \overline{BC}/2$)

1. Kreisbogen mit Radius $r_1 + r_3$ um Mittelpunkt M_1.
2. Kreisbogen mit Radius $r_2 + r_3$ um Mittelpunkt M_2 (Mittelpunkt M_3).
3. Verbindungslinien $M_1 M_3$ und $M_2 M_3$ (Übergangspunkt P_1 und P_2).
4. Kreisbogen mit Radius r_3 um Mittelpunkt M_3.

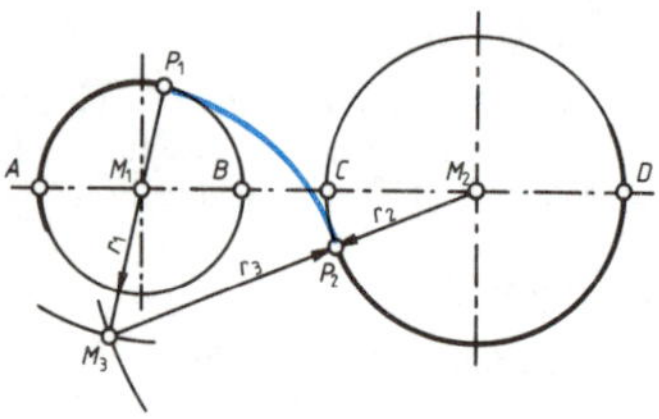

Kreisanschluß an Kreise ($r_3 \geq \overline{AC}/2$ oder $\overline{BD}/2$)

1. Kreisbogen mit Radius $r_3 - r_1$ um Mittelpunkt M_1.
2. Kreisbogen mit Radius $r_2 + r_3$ um Mittelpunkt M_2 (Mittelpunkt M_3).
3. Verbindungslinien $M_1 M_3$ und $M_2 M_3$ (Übergangspunkte P_1 und P_2).
4. Kreisbogen mit Radius r_3 um Mittelpunkt M_3.

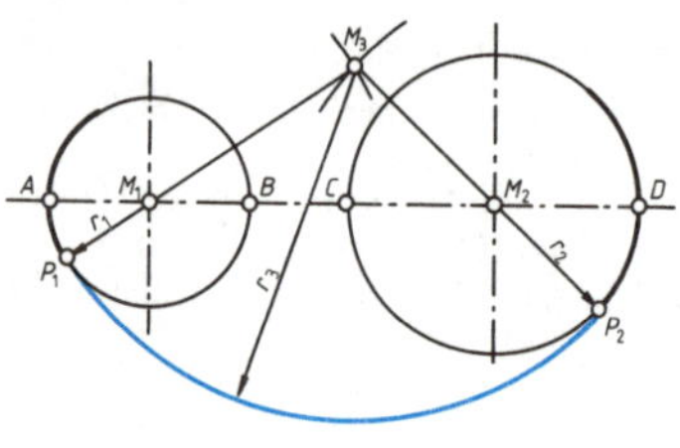

Kreisanschluß an Kreise ($r_3 \geq \overline{AD}/2$)

1. Kreisbogen mit Radius $r_3 - r_1$ um Mittelpunkt M_1.
2. Kreisbogen mit Radius $r_3 - r_2$ um Mittelpunkt M_2 (Mittelpunkt M_3).
3. Verbindungslinien $M_1 M_3$ und $M_2 M_3$ (Übergangspunkte P_1 und P_2).
4. Kreisbogen mit Radius r_3 um Mittelpunkt M_3.

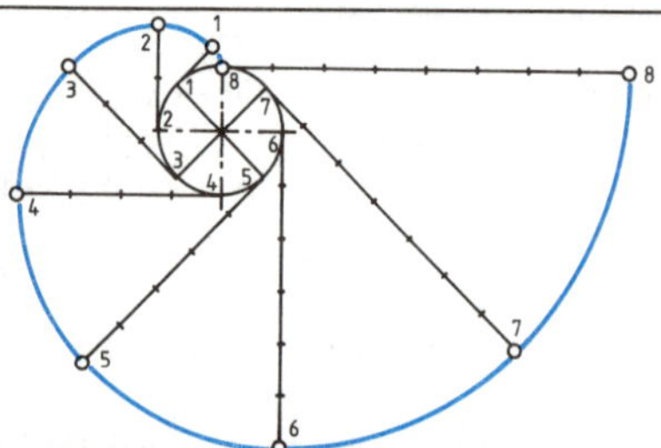

Evolvente (Abwicklungslinie)

1. Kreis in gleiche Teile (hier 8).
2. Tangenten an Teilpunkte, Länge dem abgewickelten Teilumfang entsprechend.
3. Kurve durch die Endpunkte 1 ··· 8 ist Evolvente.

6.2 Geometrische Grundkonstruktionen

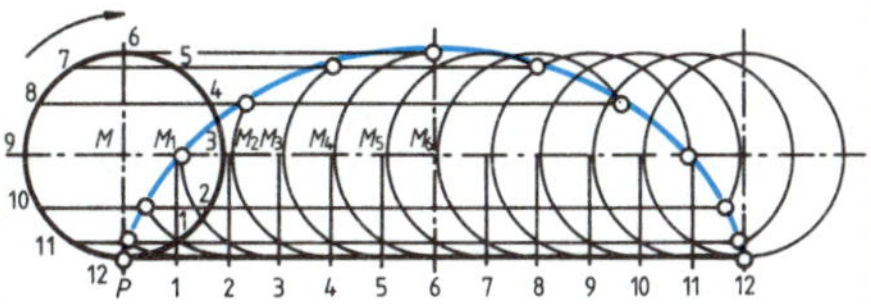

Orthozykloide (gemeine Radlinie)

1. Rollkreis und Leitlinie in gleiche Teile.
2. Parallelen zur Leitlinie durch Kreisteilpunkte.
3. Senkrechte auf Leitlinienteilpunkten.
4. Rollkreisbogen um Mittelpunkte $M_1 \cdots M_{12}$ (Kurve auf Schnittpunkten mit Leitlinienparallelen).

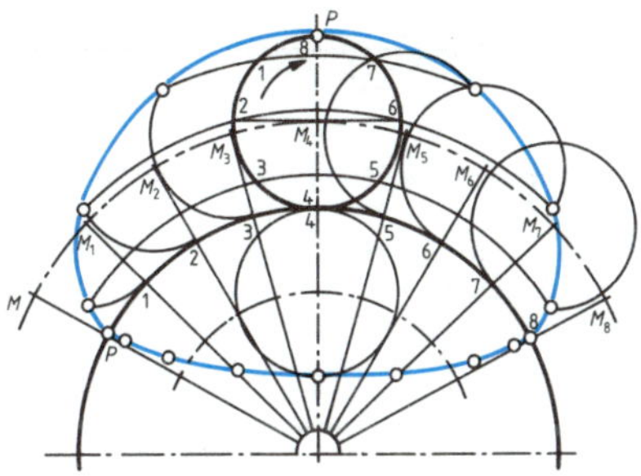

Epizykloide (Aufradlinie)

1. Konstruktion wie Orthozykloide.
2. Sonderfall für Rollkreisdurchmesser = Leitkreisdurchmesser: Kurve als Kardioide (Herzkurve)

Hypozykloide (Innenradlinie)

1. Sonderfall für Rollkreisdurchmesser = 1/3 bzw. 1/4 Leitkreisdurchmesser: Kurve als Astroide (Sternkurve) mit
2. Sonderfall Rollkreisdurchmesser = 1/2 Leitkreisdurchmesser: Rollkurve als Gerade.

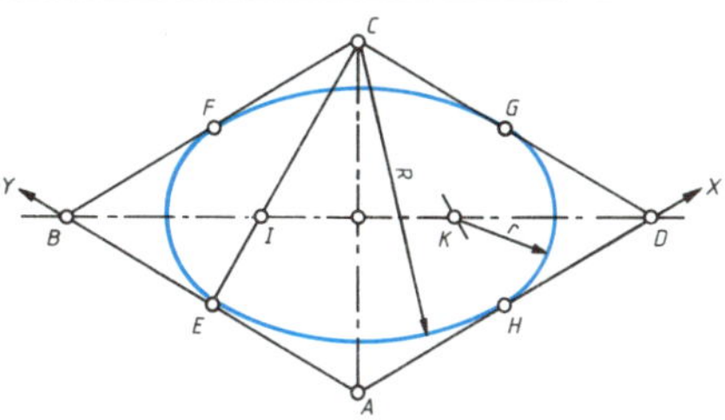

Oval (vereinfachte Ellipse) in Rhombus *ABCD*

1. Übergangspunkte *E*, *F*, *G* und *H* in der Mitte der Seite.
2. Kreisbogen mit Radius $R = \overline{CE}$ um *C* und *A*.
3. Verbindung *CE* und *CH* (Mittelpunkte *I* und *K*).
4. Kreisbogen mit Radius $r = \overline{IE}$ um *I* und *K*.

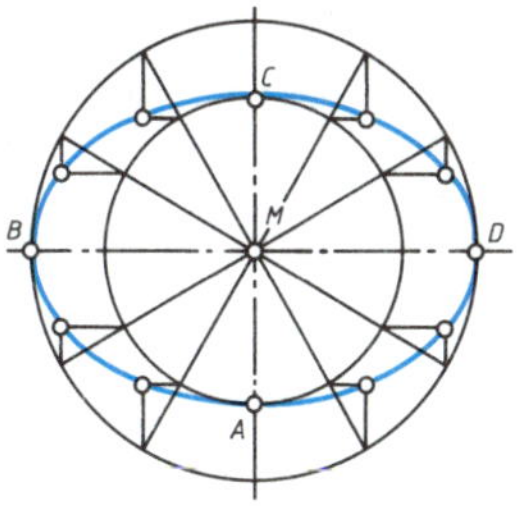

Ellipse durch Kreisflächenprojektion

1. Kreise um Mittelpunkt *M* mit Radien $\overline{MA}$ und $\overline{MB}$.
2. Umfangsteilung beider Kreise.
3. Parallelen zur Achse *AC* (*BD*) durch die äußeren (inneren) Teilpunkte.

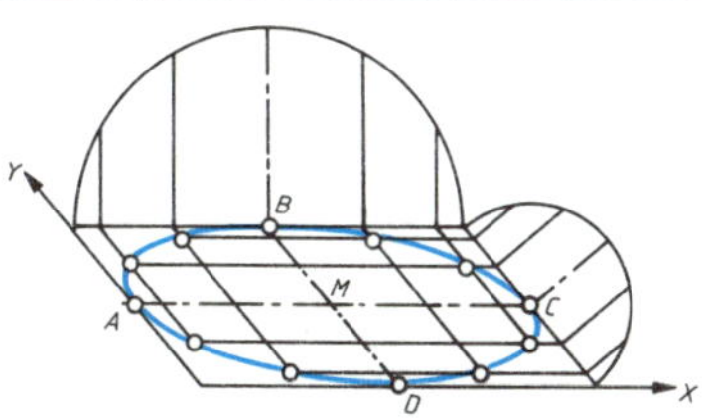

Ellipse durch axonometrische Punkte *A*, *B*, *C* und *D*

1. Halbkreise mit Radien $\overline{MA}$ und $\overline{MB}$ um *B* und *C*.
2. Halbkreisteilpunkte auf die Parallelogrammseiten.
3. Ellipsenpunkte auf entsprechenden Parallelenschnittpunkten.

6.2 Geometrische Grundkonstruktionen

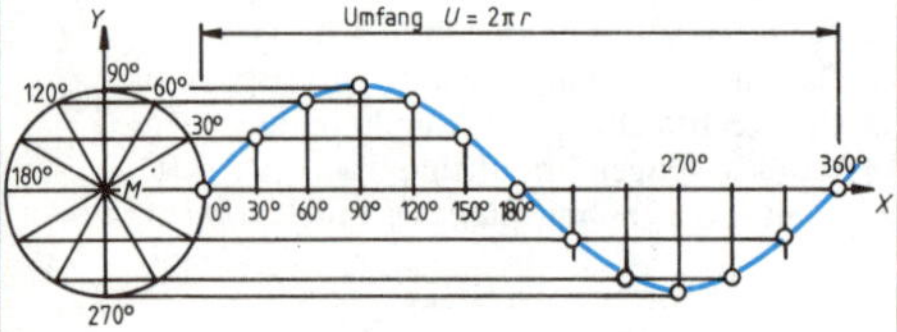

Sinuskurve

1. Kreis in gleiche Teile (hier zwölf).
2. Umfang des Kreises mit Teilung in x-Richtung abtragen.
3. Teilpunkte des Kreises parallel zur x-Achse.
4. Senkrechte durch Teilpunkte auf x-Achse (Kurvenpunkte).

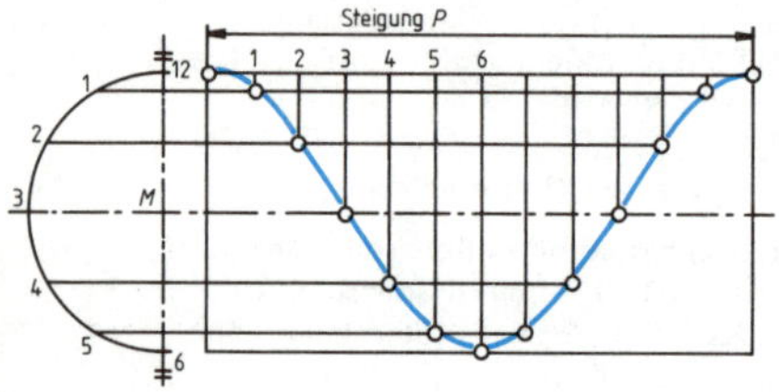

Schraubenlinie (rechtssteigend)

1. Kreisumfang und Steigung in gleiche Anzahl Teile (hier zwölf).
2. Waagerechte Linien von Kreisteilpunkten.
3. Senkrechte Linien von Steigungsteilpunkten (Kurvenpunkte).

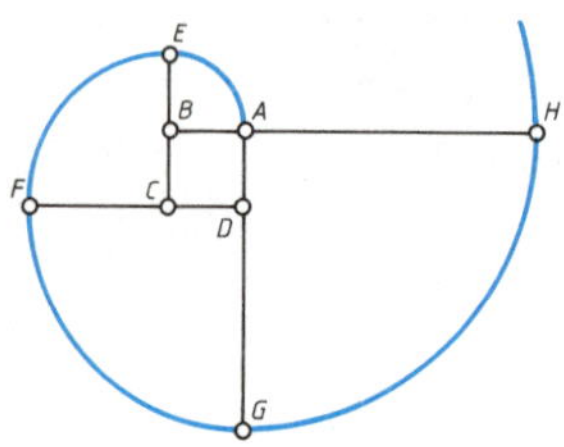

Spirale (Näherungskonstruktion)

1. Steigung $P = \overline{AH}$, Quadrat $ABCD$ mit Seitenkante $\overline{AB} = 1/4\ \overline{AH}$.
2. Viertelkreis mit Radius $\overline{BA}$ um Punkt B (Schnittpunkt E auf Gerade CB).
3. Weitere Radien und Mittelpunkte: $\overline{CE}$ um C, $\overline{DF}$ um D, $\overline{AG}$ um A.
4. Kurvenpunkte: A, E, F, G, H.

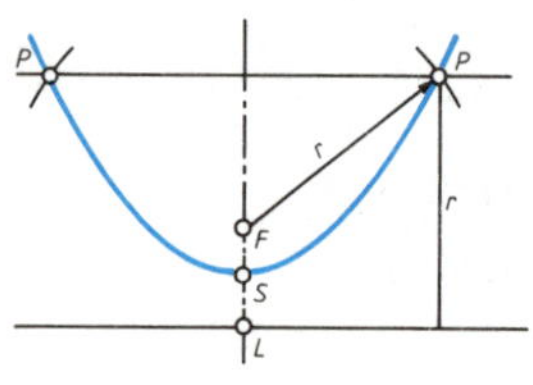

Parabel

1. Brennpunkt F, Leitlinie durch Punkt L, Scheitelpunkt S bei $\overline{FL}/2$.
2. Parallele zur Leitlinie im beliebigen Abstand r.
3. Kreisbogen mit Radius r um Brennpunkt F (Parabelpunkte P).

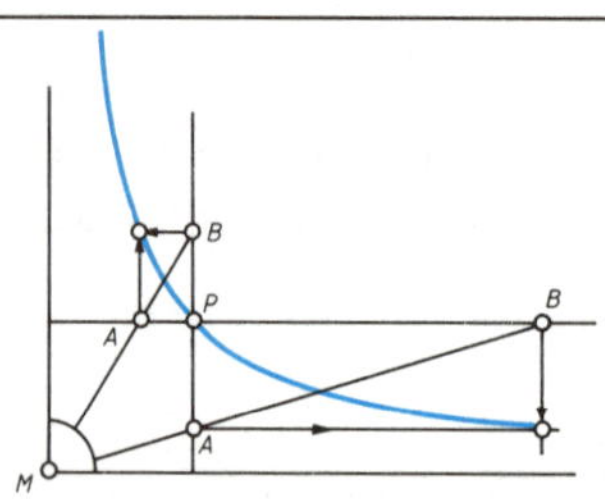

Hyperbel

1. Rechtwinklige Asymptoten durch Punkt M.
2. Parallelen zu Asymptoten durch Hyperbelpunkt P.
3. Strahlen von M auf die Parallelen (Schnittpunkte A und B).
4. Senkrechte in Punkten A und B (Hyperbelpunkt).

6.3 Projektionsverfahren nach DIN 5 T10 (12.86)

6.3.1 Übersicht

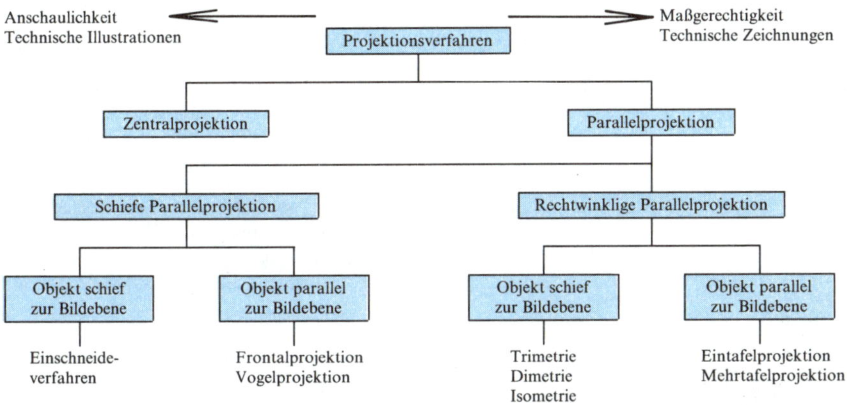

6.3.2 Zentralprojektion

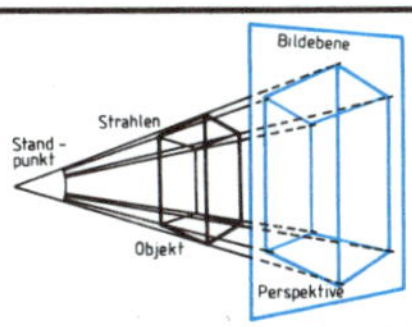

Das Projektionszentrum (Standpunkt) liegt im Endlichen. Das Objekt wird durch Strahlen vom zentralen Standpunkt auf die Bildebene projiziert (einäugiger Sehvorgang). Alle in Wirklichkeit parallelen Linien schneiden sich in den Fluchtpunkten. Entsprechend ändert sich die Größe der Abbildung je nach Lage von Standpunkt, Objekt und Bildebene zueinander.

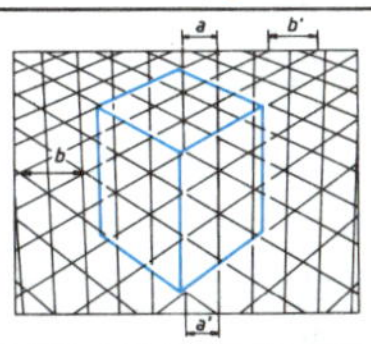

Drei Objektachsen schief zur Bildebene:

Es entstehen drei Fluchtpunkte. Für die möglichst verzerrungsfreie Darstellung kleinerer Objekte bietet sich die Benutzung von Rasterpapieren an. Auf iso-, di- oder trimetrischen Rastern werden die Achsen um einen geringen Betrag verschoben ($a-a'$, $b-b'$),

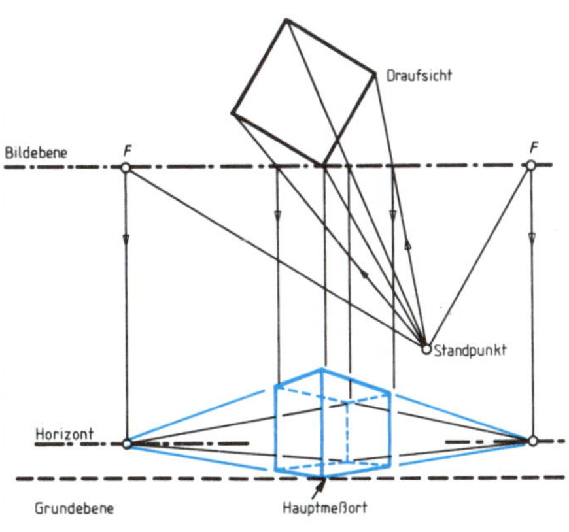

Eine Objektachse parallel zur Bildebene:

1. Draufsicht (Eckansicht).
2. Bildebene durch vordere Körperkante Hauptmeßort, hier Höhenmaßstab 1:1.
3. Standpunkt wählen.
4. Fluchtpunkte *F* konstruieren (Linien vom Standpunkt zur Bildebene, parallel zu den vorderen Körperkanten.
5. Grundebene und Horizont festlegen.
6. Fluchtpunkte auf Horizont projizieren.
7. Sehstrahlen vom Standpunkt zur Draufsicht.
8. Durchstoßpunkte der Sehstrahlen mit der Bildebene auf die Grundebene projizieren.
9. Höhen auf der Grundebene am Hauptmeßort.
10. Höhen zu den Fluchtpunkten verbinden.

Zwei Objektachsen parallel zur Bildebene:

Wird das Objekt in Frontansicht dargestellt, ergibt sich die Konstruktion für einen Fluchtpunkt. Dieser liegt auf dem Horizont senkrecht unter dem Standpunkt.

6.3 Projektionsverfahren nach DIN 5 T10 (12.86)

6.3.3 Schiefe Parallelprojektion (Allgemeine oder schiefwinklige Axonometrie)

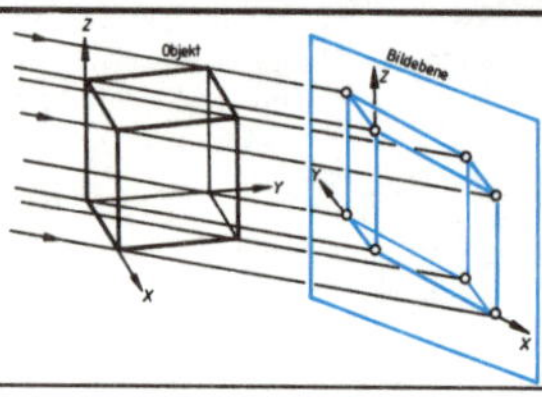

Das Projektionszentrum liegt unendlich weit entfernt. Die parallelen Projektionsstrahlen treffen schief auf das Objekt und die Bildebene. Alle in Wirklichkeit parallelen Linien werden parallel abgebildet. Es darf nur in Achsrichtung gemessen werden. Eine Vielzahl von Raumbildern (Schrägbilder) sind möglich.

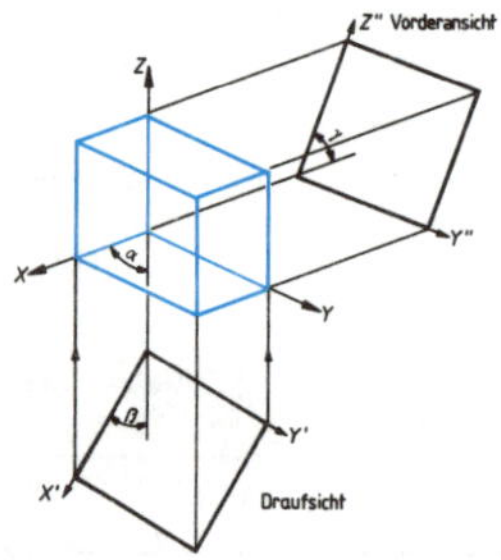

Drei Objektachsen schief zur Bildebene (Einschneideverfahren)

1. X- und Z-Achse festlegen (Winkel α).
2. Draufsicht und Vorderansicht zeichnen (Winkel β und γ).
3. Strahlen von den Ansichten parallel zur X- und Z-Achse.

Übersicht Raumbilder

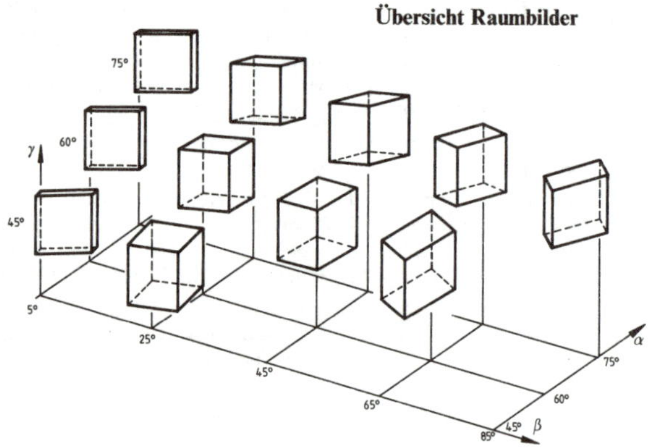

Winkel	Wirklichkeitstreue Bilder
α β γ	50° bis 85° 5° bis α α bis $\alpha - 10°$
Isometrie	**Dimetrie**
$\alpha = 60°$ $\beta = 45°$ $\gamma = 45°$	$\alpha = 48{,}6°$ $\beta = 20{,}7$ $\gamma = 45°$

Zwei Objektachsen parallel zur Bildebene

Sind zwei Objektachsen parallel zur Bildebene, so wird die hiermit aufgespannte Fläche unverändert abgebildet. Der Verkürzungsfaktor k für die in den Raum verlaufende Koordinate wird unabhängig vom Achsenwinkel α gewählt.

Frontalprojektion (Kabinettprojektion)

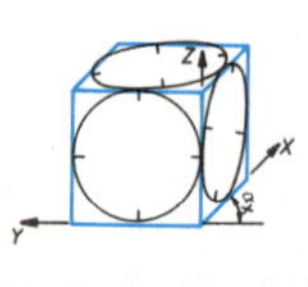

α_x α_y	30° 0°	45° 0°	45° 0°	60° 0°
k_x	0,33	0,5	0,7	0,67
$k_y = k_z = 1$				
Hauptansicht parallel zur Bildebene				

Vogelprojektion (Planometrische Projektion)

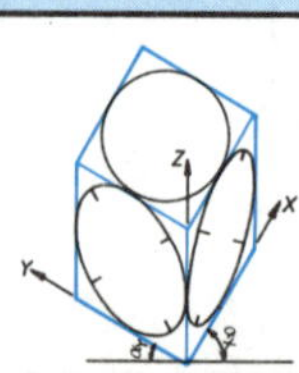

α_x α_y	30° 60°	45° 45°	60° 30°
$k_x = k_y = k_z = 1$			
Grundriß parallel zur Bildebene			

6.3 Projektionsverfahren nach DIN 5 T10 (12.86)

6.3.4 Rechtwinklige Parallelprojektion (Orthogonale Axonometrie)
(Drei Objektachsen schief zur Bildebene)

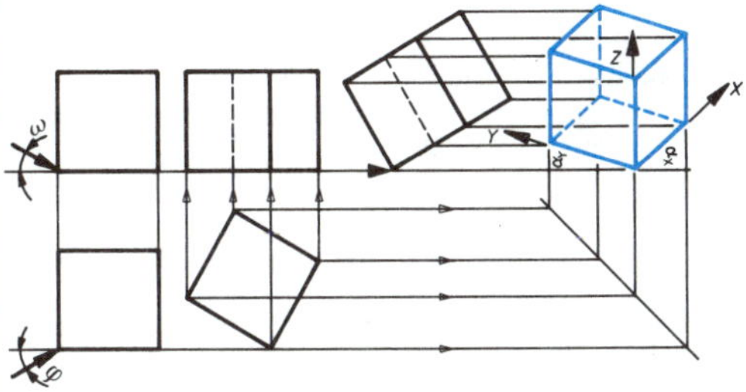

Das Projektionszentrum liegt unendlich weit entfernt. Die parallelen Projektionsstrahlen treffen schief auf das Objekt und rechtwinklig auf die Bildebene. Es entsteht ein trimetrisches Raumbild.

Blickrichtung:
ω = Kippwinkel der Vorderansicht,
φ = Drehwinkel der Draufsicht,

Achsenwinkel:

$$\tan \alpha_x = \frac{\sin \omega}{\tan \varphi}, \quad \tan \alpha_y = \sin \omega \cdot \tan \varphi$$

Verkürzungsfaktoren:

$$k_x = \frac{\sin \varphi}{\cos \alpha_x} = \sqrt{\sin^2 \omega \cdot \cos^2 \varphi + \sin^2 \varphi}$$

$$k_y = \frac{\cos \varphi}{\cos \alpha_y} = \sqrt{\sin^2 \omega \cdot \sin^2 \varphi + \cos^2 \varphi}$$

$$k_z = \cos \omega$$

Übersicht Raumbilder

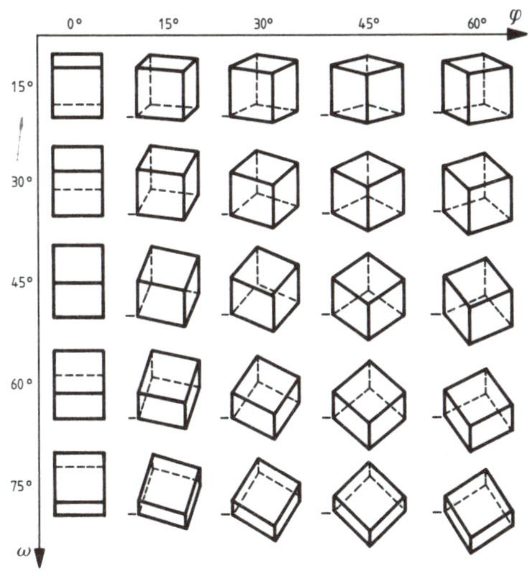

Besonderheiten

Isometrische Projektion:
Alle Achsen haben die gleiche Neigung gegen die Bildebene.

$\omega = 35{,}27°$ $\quad \varphi = 45°$

$k_x = k_y = k_z = 0{,}82$

$\alpha_x = \alpha_y = 30°$

Dimetrische Projektion:
Zwei Achsen haben die gleiche Neigung gegen die Bildebene.

ω beliebig $\quad \varphi = 45°$

Mehrtafelprojektionen:

Vorderansicht:	$\omega = 0°$	$\varphi = 0°$
Draufsicht:	$\omega = 90°$	$\varphi = 0°$
Seitenansicht:	$\omega = 0°$	$\varphi = 90°$

Ellipsendarstellung

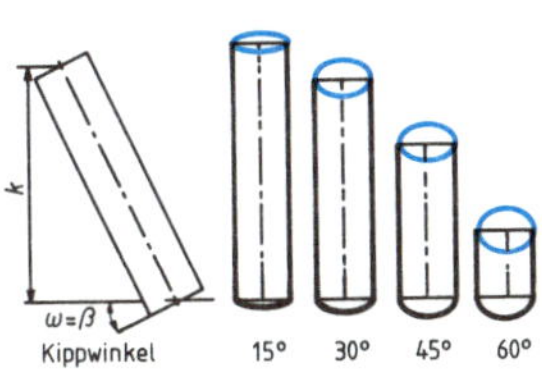

Bei den Raumbildern werden aus Kreisen Ellipsen, bei denen der große Durchmesser gleich bleibt, während der kleine sich mit dem Kippwinkel ω des Zylinders zur Bildebene ändert. Der Kippwinkel ω entspricht dem Öffnungswinkel β der Ellipsen auf Schablonen. Der Verkürzungsfaktor der Zylinder ist $k = \cos \omega$, das Verhältnis der Ellipsenachsen $D/d = \sin \omega$. Die Längsachse des Zylinders muß immer parallel zu einer Hauptachse verlaufen (Axonometrie); entsprechend ist eine Tri- oder Di- oder Isometrie auszuwählen. Die kleine Achse der Ellipse (Schublinie beim Bohren) liegt auf der Längsachse des Zylinders und steht immer senkrecht zur großen Ellipsenachse.

6

6.3 Projektionsverfahren nach DIN 5 T10 (12.86)

Trimetrie, Ellipsenöffnungswinkel, Achsenwinkel (Standardwerte für Schablonen)

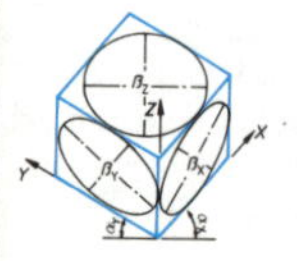

β_x β_y β_z	60° 15° 20°	55° 40° 15°	55° 30° 15°	55° 25° 20°	55° 20° 25°	50° 40° 20°	50° 25° 25°	45° 40° 40°	45° 30° 30°	45° 25° 25°	40° 30° 30°	35° 25° 25°
α_x α_y	5° 50°	10° 15°	10° 25°	10° 35°	10° 45°	15° 20°	15° 40°	20° 25°	20° 35°	20° 45°	25° 40°	30° 40°

Dimetrie, Ellipsenöffnungswinkel, Achsenwinkel (Standardwerte für Schablonen)

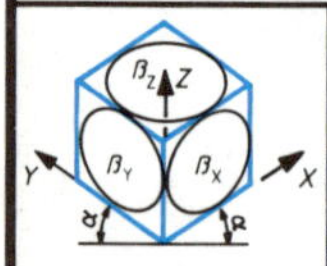

$\beta_x = \beta_y$ β_z	20° 60°	25° 55°	30° 50°	30° 45°	35° 40°	40° 50°	40° 25°	40° 20°	45° 15°
$\alpha_x = \alpha_y$	42°	44°	39°	35°	33°	25°	23°	20°	15°

Variationen: Drehung des Raumbildes in der Zeichenebene

Isometrie nach DIN 5 T1 (12.70)

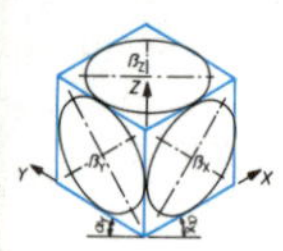

$\alpha_x = \alpha_y = 30°$	Besonderheiten Drei Ansichten des Körpers werden gleichwertig abgebildet; einfacher Verkürzungsfaktor; leichte Unanschaulichkeit durch Symmetrie der Kanten; Körper größer als in Wirklichkeit (großer Ellipsendurchmesser größer als der erzeugende Kreis).
$k_x = k_y = k_z = 1$	
$\beta_x = \beta_y = \beta_z = 35{,}27°$	

Dimetrie nach DIN 5 T2 (12.70)

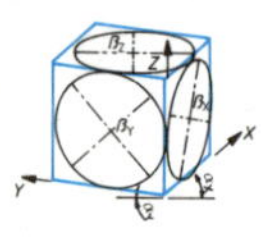

$\alpha_x = 42°$ $\alpha_y = 7°$	Besonderheiten Eine Ansicht des Körpers wird bevorzugt; einfache Verkürzungsfaktoren; Körper größer als in Wirklichkeit (großer Ellipsendurchmesser größer als der erzeugende Kreis).
$k_x = 0{,}5$ $k_y = k_z = 1$	
$\beta_x = \beta_z = 19{,}47°$	
$\beta_y = 61{,}87°$	

6.3.5 Rechtwinklige Parallelprojektion (Orthogonale Axonometrie) (Zwei Objektachsen parallel zur Bildebene)

Eintafelprojektion

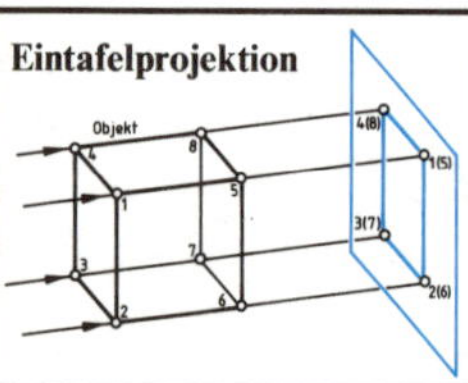

Das Projektionszentrum liegt unendlich weit entfernt. Die parallelen Projektionsstrahlen treffen rechtwinklig auf das Objekt und die Bildebene. Bei dieser Eintafelprojektion werden parallel zur Bildebene liegende Strecken und Winkel unverändert, senkrechte Strecken oder Flächen als Punkte bzw. Linien abgebildet.

Mehrtafelprojektion

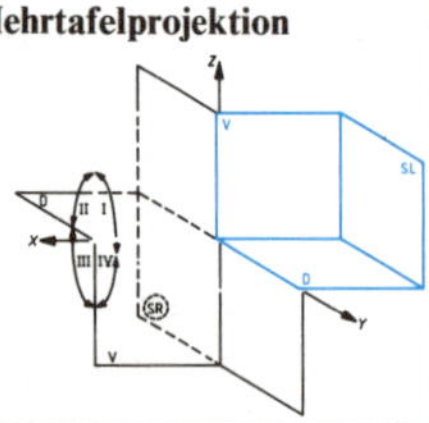

Damit der Betrachter sich ein vollständiges Bild über die geometrische Form machen kann, wird das Objekt auf weitere, zueinander senkrechte Bildebenen projiziert:

1. Projektion im I. Quadranten (Projektionsmethode 1)
   Das Objekt befindet sich in Betrachtungsrichtung vor der Bildebene.
2. Projektion im III. Quadranten (Projektionsmethode 3)
   Das Objekt befindet sich in Betrachtungsrichtung hinter der Bildebene.

Siehe auch Seite 6-21.

6.4 Darstellende Geometrie

6.4.1 Gerade und Fläche im Raum

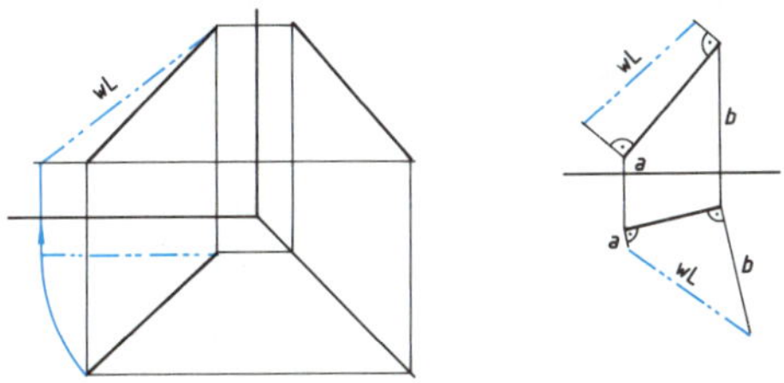

Wahre Längen von Strecken (wL)

Liegt eine Strecke parallel zu einer Projektionsebene, erscheint sie in wahrer Länge (unverkürzt). Strecken in allgemeiner Raumlage können daher zur Ermittlung der wahren Länge (z.B. für Abwicklungen) in eine parallele Lage zu einer Projektionsebene gedreht werden, oder das Projektionstrapez wird in die Zeichenebene geklappt.

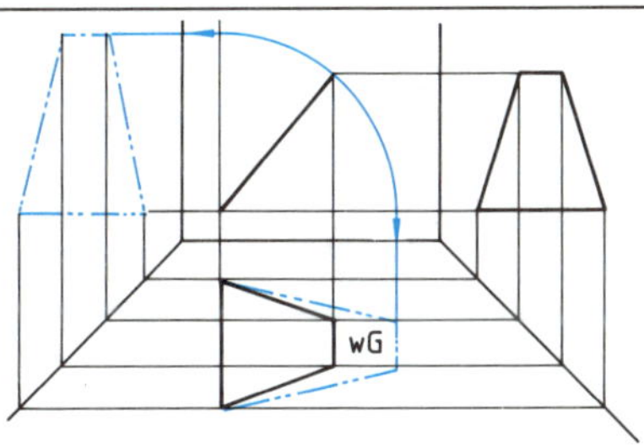

Wahre Größen von ebenen Flächen (wG)

Die Konstruktion kann durch Drehen der Fläche parallel zu einer vorhandenen oder neuen Projektionsebene ausgeführt werden. Bei allgemeiner Raumlage kann die in Dreiecke aufgeteilte Fläche mit Hilfe der wahren Längen der Kanten gezeichnet werden.

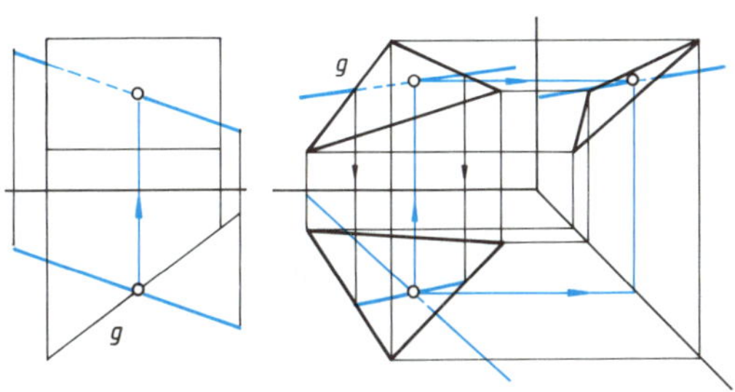

Durchstoßpunkt Gerade mit Fläche

Steht die Fläche senkrecht zu einer Projektionsebene, so ist von dort der Durchstoßpunkt der Geraden *g* in die anderen Ansichten zu projizieren. Bei allgemeiner Lage der Fläche wird durch die Gerade *g* eine senkrecht zu einer Projektionsebene stehende Hilfsebene gelegt (Vorderansicht). Die Hilfsebene zerschneidet die Fläche längs der Geraden *g*. Die dabei entstehende Schnittgerade wird in die Draufsicht projiziert. Dort ergibt sich der Durchstoßpunkt als Schnittpunkt von Schnittgerade und Gerade *g* und wird in die anderen Ansichten übertragen.

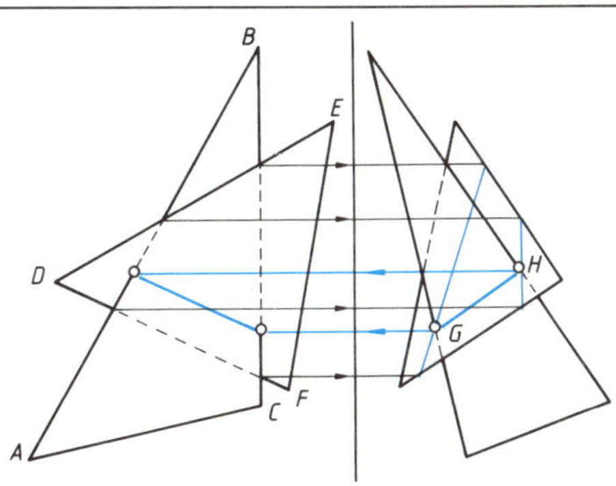

Durchdringung ebener Flächen

Bei allgemeiner Lage der Flächen ist die Konstruktion der Durchdringungslinie auf die Aufgabe Durchstoßpunkt von Geraden (*AB* und *CB*) mit einer Fläche (*DEF*) zurückzuführen. Die senkrecht zur Vorderansicht stehenden Hilfsebenen durch *AB* und *CB* ergeben in der Seitenansicht die Durchstoßpunkte *G* und *H*. Deren Verbindung ist die Durchdringungslinie und kann in die Vorderansicht projiziert werden.

6.4 Darstellende Geometrie

6.4.2 Schnitte an Grundkörpern

Grundkörper	Schnittverlauf Vorderansicht		Schnittfläche Seitenansicht	Schnittfläche Draufsicht
Zylinder 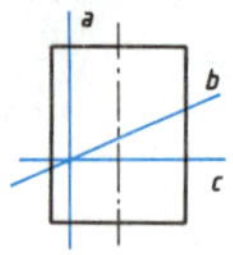	*a*	parallel zur Achse	Rechteck	Gerade
	b	schräg zur Achse für $\alpha=45°$	Ellipse Kreis	Kreis Kreis
	c	rechtwinklig zur Achse	Gerade	Kreis
Kegel 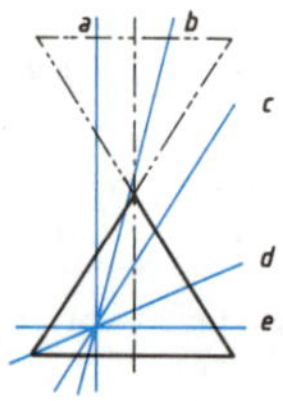	*a*	parallel zu zwei Mantellinien durch Kegel und Scheitelkegel	Hyberbel	Gerade
	b	parallel zu zwei Mantellinien durch die Kegelspitze	Dreieck	Dreieck
	c	parallel zu einer Mantellinie, Scheitelkegel nicht geschnitten	Parabel	Parabel
	d	schräg zur Achse durch alle Mantellinien	Ellipse	Ellipse
	e	rechtw. z. Achse durch alle Mantellinien	Gerade	Kreis
Kugel 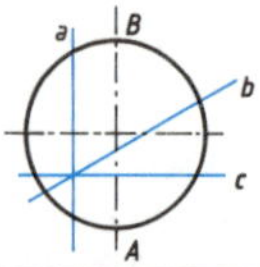	*a*	parallel zur Achse *AB*	Kreis	Gerade
	b	schräg zur Achse *AB*	Ellipse	Ellipse
	c	rechtwinklig zur Achse *AB*	Gerade	Kreis

6.4.3 Abwicklungen

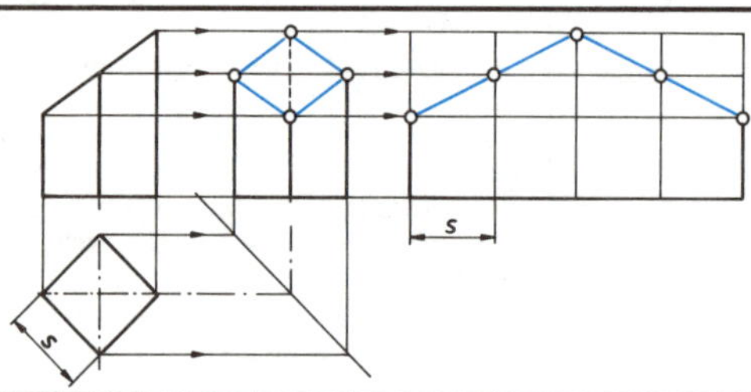

Prisma

1. Seitenansicht mit Höhen aus Vorderansicht und Breiten aus Draufsicht.
2. Abwicklung des vollständigen Prismas mit Höhen aus Vorderansicht und Seitenkanten *s* aus der Draufsicht.
3. Die Durchstoßpunkte der Körperkanten mit der Schnittebene der Vorderansicht als Höhen auf die entsprechenden Kanten der Abwicklung übertragen.

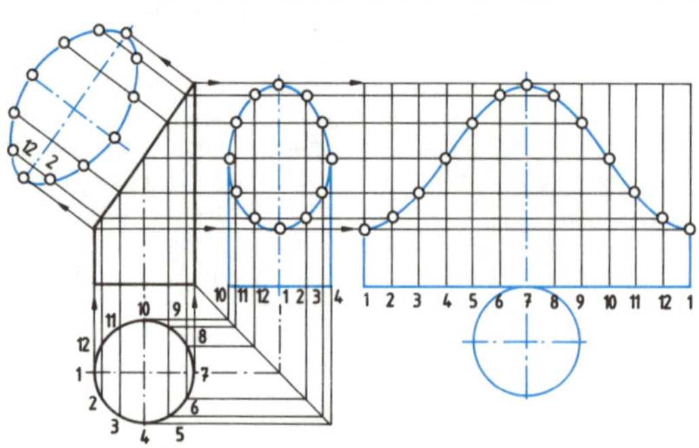

Zylinder

1. Grundkreis gleichmäßig teilen.
2. Mantellinien in allen Ansichten projizieren.
3. Abwicklung des vollständigen Zylinders mit Mantellinien (Höhe aus der Vorderansicht, Teilung als Sehne aus Draufsicht oder mit $\pi d/12$).
4. Die Durchstoßpunkte der Mantellinien mit der Schnittebene der Vorderansicht als Höhen auf die entsprechenden Mantellinien der Seitenansicht und Abwicklung übertragen.
5. Grund- und Deckfläche (Breiten aus Draufsicht) zeichnen.

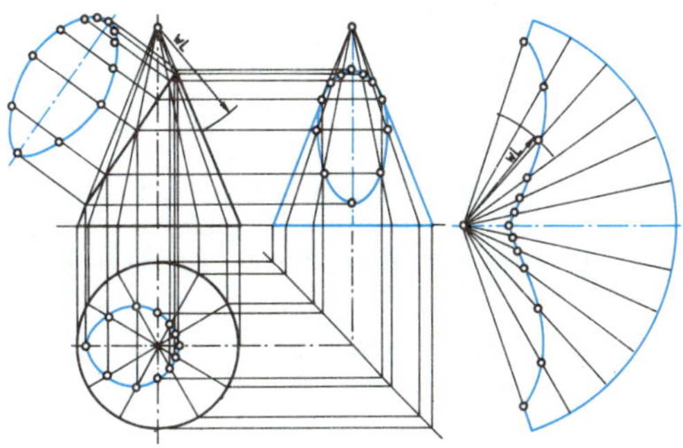

Kegelabwicklung

1. Grundkreis gleichmäßig teilen.
2. In den Ansichten Mantellinien vom Grundkreis zur Spitze einzeichnen.
3. Abwicklung des vollständigen Kegels mit Mantellinien (Radius = Kegelseitenkanten, Teilung als Sehne aus Draufsicht oder mit $\pi \cdot d/12$).
4. Die Durchstoßpunkte der Mantellinien mit der Schnittebene der Vorderansicht ergeben in der Seitenansicht und Draufsicht die Ellipsen.
5. Durch Drehen in der Zeichenebene (Seitenmantellinie) werden die wahren Längen der Restmantellinien ermittelt und in die Abwicklung übertragen.
6. Die Längen der Deckfläche ergeben sich aus der Vorderansicht und die Breiten aus der Draufsicht (Seitenansicht).

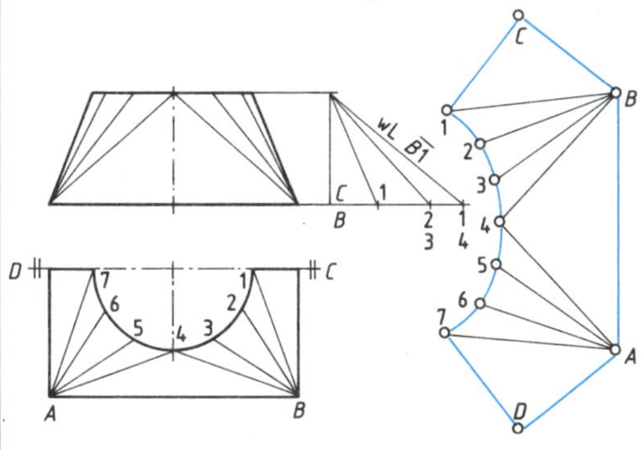

Abwicklung Übergangskörper

1. Kreise gleichmäßig teilen.
2. Gerade Kanten bleiben immer ungeteilt und ergeben die Grundseiten der großen Dreiecke. An ihren Ecken liegen die Spitzen der kleinen Dreiecke.
3. Wahre Längen aus Hilfskonstruktion als Hypotenuse im Dreieck aus Höhe (Vorderansicht) und Grundseite (Draufsicht z.B. $\overline{B1}$).
4. Kreisbogen mit $\overline{B4}$ um Endpunkte A, B ergibt Dreieck $\overline{AB4}$. Kreisbogen um Punkt 4 mit Radius $\overline{12}$ schneidet Kreisbogen mit wL $\overline{B3}$ in Punkt 3.
5. Verbinden der konstruierten Punkte.

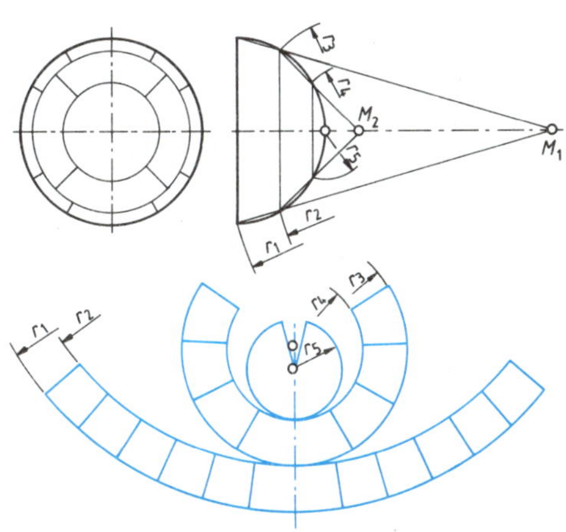

Kugel

1. Die Kugel als allseitig gekrümmter Körper läßt sich nur näherungsweise abwickeln.
2. Halbkugel in parallele Scheiben aufteilen und diese abwickeln.
3. Kegelstumpf mit Spitze M_1 und Radien r_1 und r_2.
4. Kegelstumpf mit Spitze M_2 und Radien r_3 und r_4.
5. Kegel mit Radius r_5.
6. Die Teilungen für die Abwicklung aus der Vorderansicht entnehmen.

6.4 Darstellende Geometrie

6.4.4 Durchdringungen

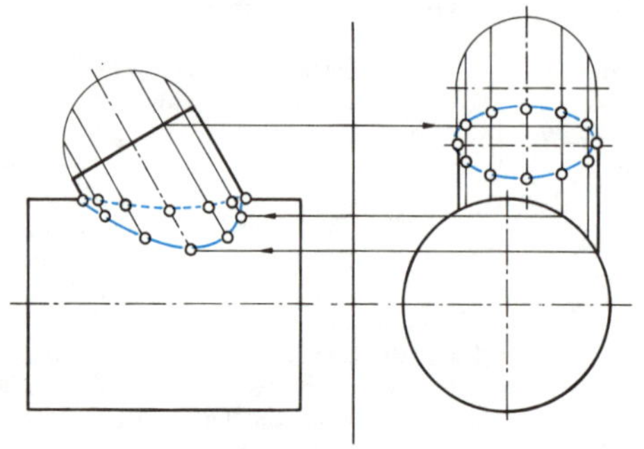

Mantellinienverfahren

1. Wird ein schräg eindringender Zylinder in keiner Ansicht als Kreis abgebildet, ist zur Konstruktion der Mantellinien (oder Hilfsschnitte) ein Halbkreis in die Zeichenebene zu klappen.
2. Projektion der Durchstoßpunkte der Mantellinien in die Vorderansicht.
3. Punkte zur Durchdringungslinie verbinden.
4. Punkte der Deckfläche des kleinen Zylinders aus der Vorder- in die Seitenansicht übertragen.

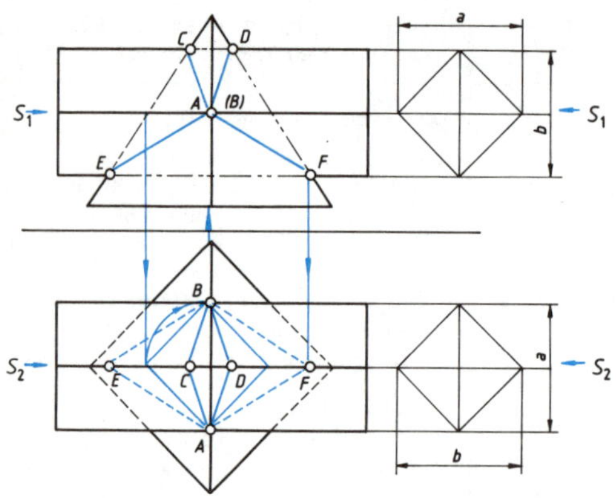

Hilfsschnittverfahren

1. Durchstoßpunkte der Kanten werden mit Hilfsschnitten ermittelt.
2. Hilfsschnittebene S_1 (senkrecht auf der Vorderansicht) ergibt zwei Schnittflächen in der Draufsicht: ein Quadrat für die Pyramide und ein Rechteck mit der Breite *a* für das Prisma.
3. Durchdringungspunkte sind gemeinsame Punkte beider Flächen (hier Berührungspunkte *A* und *B*).
4. Durchdringungspunkte in die Vorderansicht auf die Schnittebene projizieren.
5. Schnitt S_2 (senkrecht auf der Draufsicht) ergibt entsprechend die Punkte *C*, *D*, *E* und *F*.

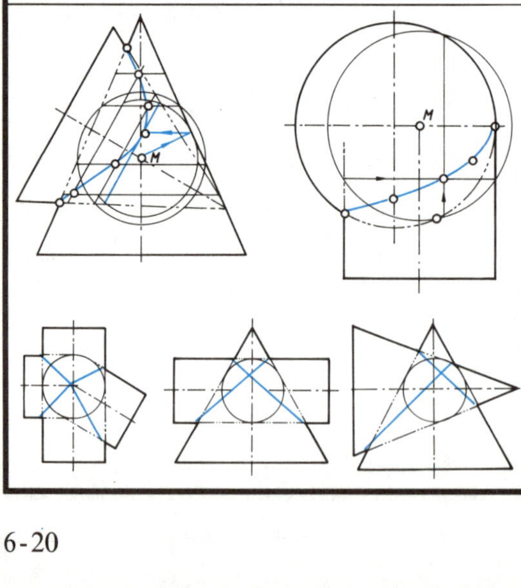

Hilfskugelverfahren

1. Anwendung für rotationssymmetrische Körper mit sich schneidenden Achsen.
2. Die Konstruktion ist meist in einer Ansicht möglich.
3. Hilfskugeln um den Schnittpunkt *M* der Körperachsen werden als Kreise abgebildet.
4. Schnitt- und Berührungspunkte der Kugelkreise mit den Umrißlinien beider Körper ergeben senkrecht zur Zeichenebene und zur Körperachse stehende Kreise (als Geraden abgebildet).
5. Schnittpunkte der zu einem Kugelkreis gehörenden Geraden sind Punkte der Durchdringungslinie.
6. Berühren alle Umrißlinien einen gemeinsamen Kugelkreis, entstehen als Durchdringungslinien Geraden.

6.5 Technische Darstellungen

6.5.1 Normalprojektionen nach DIN 6 (12.86)

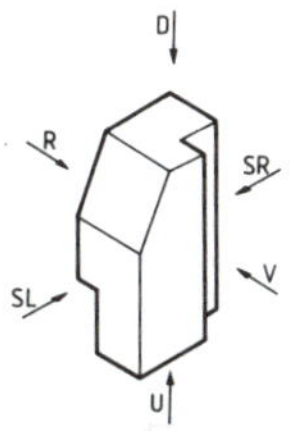

V = Vorderansicht
D = Draufsicht
SL = Seitenansicht von links
U = Untersicht
R = Rückansicht
SR = Seitenansicht von rechts

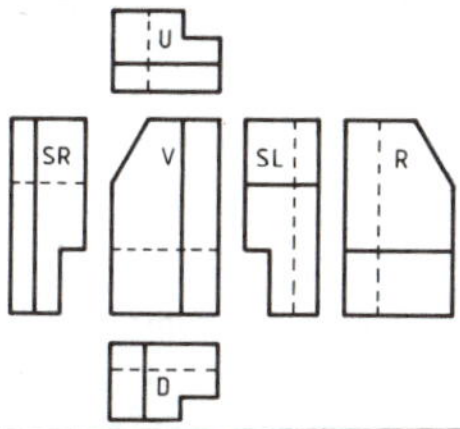

Projektionsmethode 1 (früher Methode E)

Anwendung im deutschsprachigen Raum (die Rückansicht darf rechts oder links liegen), Symbol im Schriftfeld oder in Schriftfeldnähe:

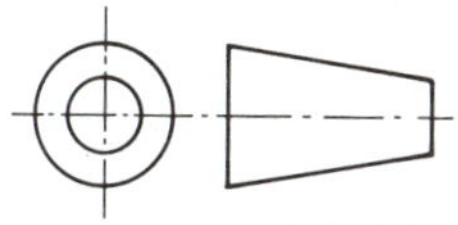

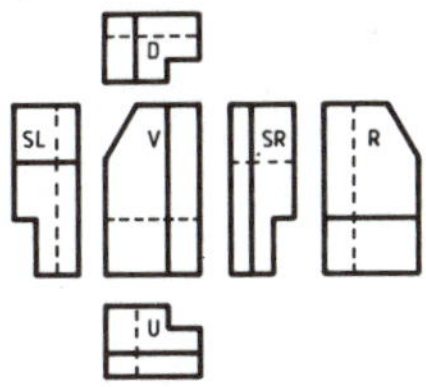

Projektionsmethode 3 (früher Methode A)

Anwendung: Großbritannien, Amerika, Stahlbau (die Rückansicht darf rechts oder links liegen). Symbol im Schriftfeld oder Schriftfeldnähe:

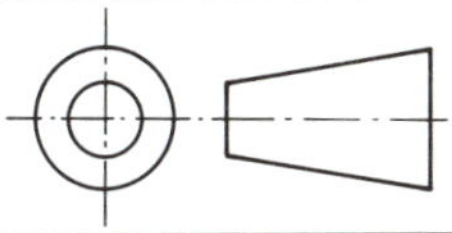

Die Vorderansicht als Hauptansicht des Objektes soll die wichtigsten Merkmale gut erkennen lassen. Weitere Ansichten werden nur gezeichnet, wenn dies für die eindeutige Darstellung und Bemaßung erforderlich ist. Die Lage der Vorderansicht wird durch den Verwendungszweck bestimmt: Werkstücke bei Gruppen- und Gesamtzeichnungen in Gebrauchslage; sonst so, daß sich möglichst wenig verdeckte Kanten in den Ansichten ergeben. Verdeckte Kanten werden nur zur Verdeutlichung oder zum Einsparen weiterer Ansichten oder Schnitte gezeichnet.

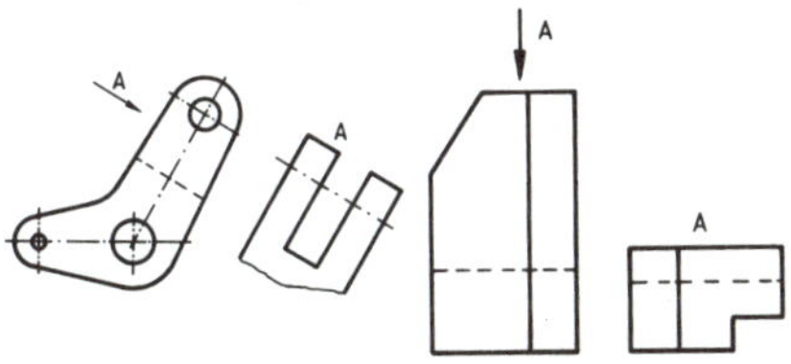

Pfeilmethode

Beliebige Anordnung der Ansichten.

Anwendung: Um Verkürzungen zu vermeiden, aus Platzmangel, beim nachträglichen Hinzufügen einer Ansicht, um Besonderheiten außerhalb der normalen Ansichten darzustellen.

Symbol: Pfeil in Projektionsrichtung (1,5fache Maßpfeilgröße) mit beliebigem Großbuchstaben rechts oder oberhalb, bei der Ansicht unmittelbar oberhalb eingetragen.

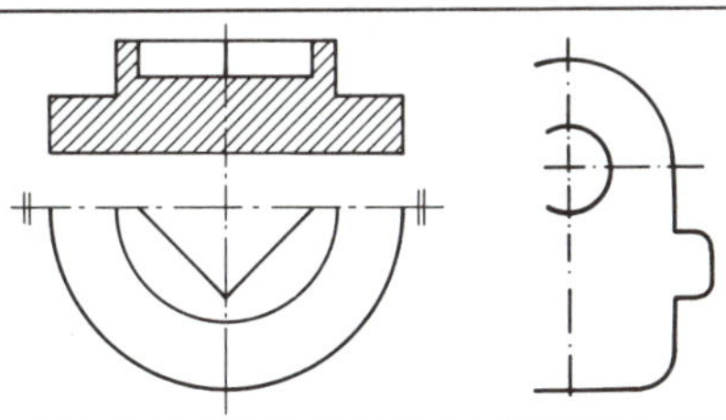

Teilansichten

Symmetrische Werkstücke können vereinfacht mit halber oder Viertelansicht dargestellt werden, wenn sie dann noch eindeutig zu erkennen sind (abgebrochen, ohne Begrenzung). Die innenliegende Hälfte einer Ansicht oder eines Schnittes kann entfallen.

Ist die Mittellinie die Begrenzung, erhält sie zwei Paar kurze, parallele schmale Vollinien.

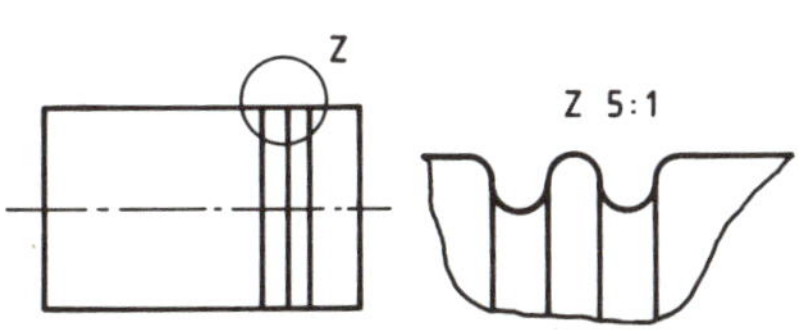

Einzelheit

Läßt sich eine Einzelheit nicht deutlich darstellen oder bemaßen, wird der Bereich mit schmaler Vollinie eingerahmt (Kreisform, Ellipse oder Rechteck). Die Einzelheit wird mit Großbuchstaben (möglichst Z, Y, X...) gekennzeichet und mit Maßangabe dargestellt. Bruchlinien, umlaufende Kanten und Schraffuren dürfen auch entfallen.

6

6.5 Technische Darstellungen

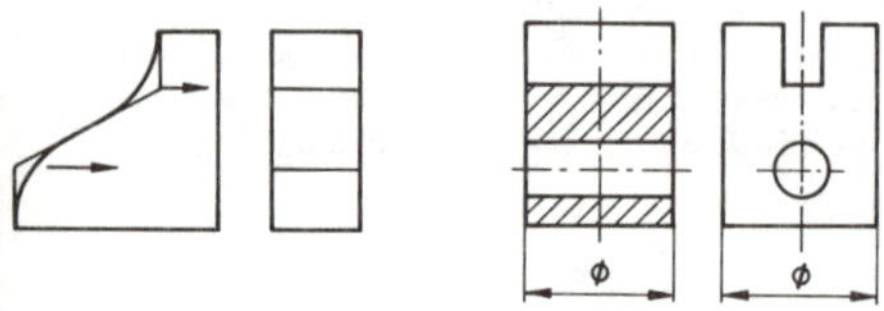	**Lichtkanten** Gerundete Übergänge können mit Lichtkanten gekennzeichnet werden (schmale Vollinie). Die Lage ergibt sich aus den verlängerten Körperkanten. Die Lichtkanten enden vor den Umrißlinien. **Durchdringungen** Sehr flache Durchdringungskurven und gering versetzte Schnittlinien können weggelassen oder als gerade Linien gezeichnet werden.
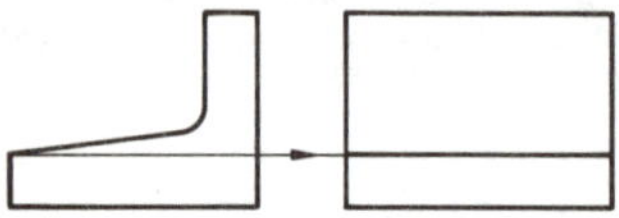	**Geringe Neigungen** Durch das Fertigungsverfahren bedingte geringe Neigungen an Form-, Guß- oder Schmiedeteilen brauchen nicht dargestellt zu werden. Die zu zeichnende Kante entspricht der Projektion des kleineren Maßes.
	**Biegelinien, gestreckte Längen** Biegelinien auf Zuschnitten werden mit schmaler Vollinie dargestellt. Bei einfachen Biegeteilen wird die gestreckte Länge mit schmaler Strich-Zweipunktlinie dargestellt.
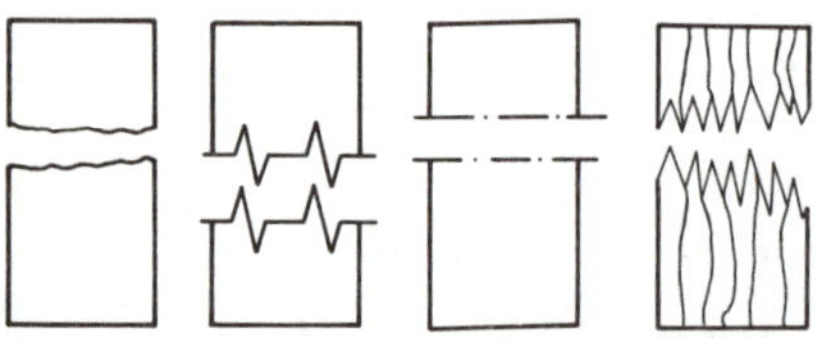	**Bruchlinien** 1. Flache Körper Bruch mit Freihand- oder Zickzacklinie, im Stahlbau mit schmaler Strichpunktlinie, für Holz mit Zackenlinie.
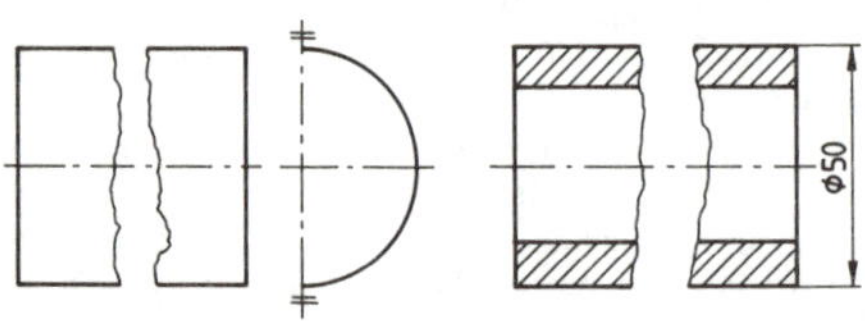	2. Volle und hohle Rundkörper Bruch mit Freihand- oder Zickzacklinie
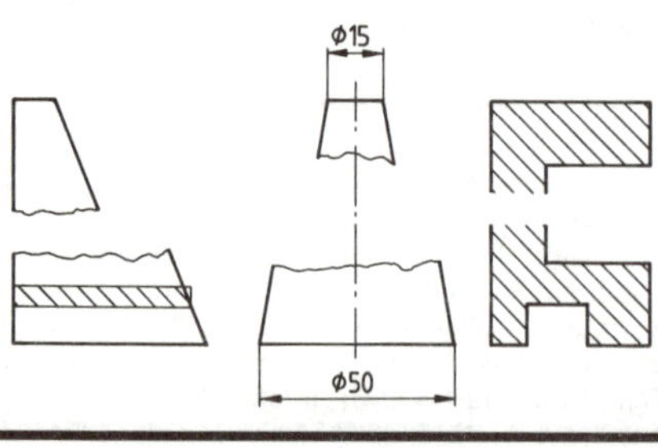	3. Geneigte, pyramidenförmige, kegelige Körper Werkstück zusammengeschoben, mit wirklicher Neigung gezeichnet. Bruch wie bei entsprechendem Körper. 4. Profilschnitte Bruchlinien dürfen entfallen.

6.5.2 Schnittdarstellungen nach DIN 6 T2 (12.86)

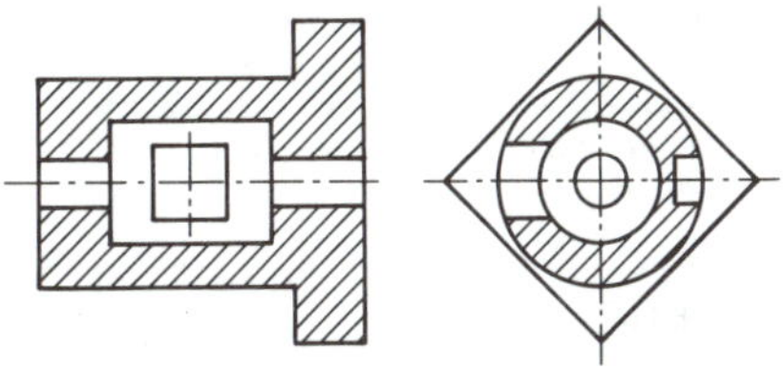	**1. Schnittarten** Vollschnitt Zur Verdeutlichung der Innenform und von Profilen wird das Werkstück geschnitten. Gezeichnet wird der Bereich hinter der schraffierten Schnittfläche. Verdeckte Kanten werden im Schnitt nur gezeichnet, wenn sie zum Verständnis unbedingt erforderlich sind. Sie können auch in anderen Ansichten entfallen.
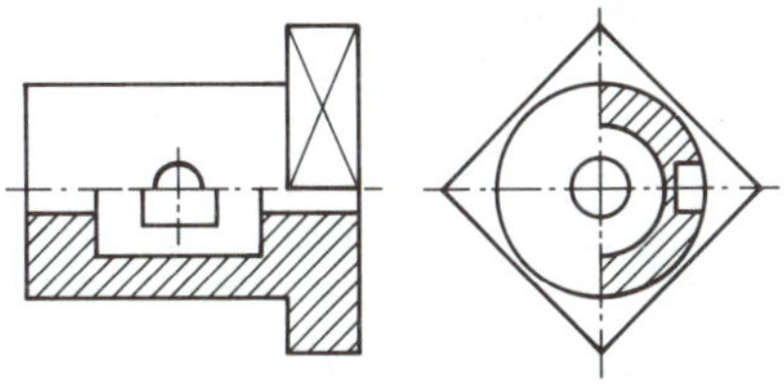	Halbschnitt Um zusätzliche Ansichten zu sparen, können symmetrische Werkstücke je zur Hälfte geschnitten und in Ansicht abgebildet werden. Der Schnitt liegt bevorzugt unter bzw. rechts von der Mittellinie. Körperkanten auf der Mittellinie sind darzustellen.
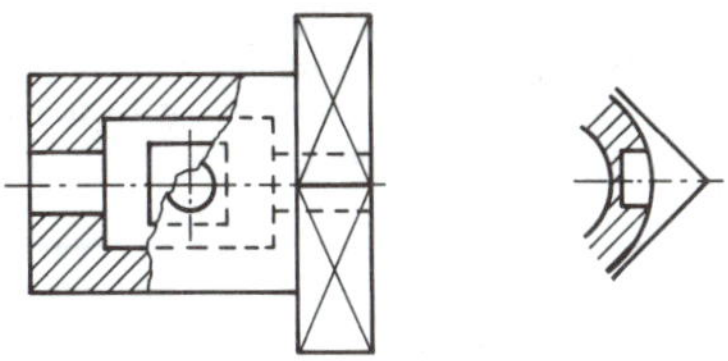	Teilschnitt Ausbruch: Nur ein Teilbereich der Ansicht wird geschnitten. Die Begrenzungslinie darf nicht mit anderen Linien zusammenfallen. Teilausschnitt: Um eine umfangreiche Ansicht zu sparen, wird nur ein Teilbereich ohne die übrige Ansicht geschnitten dargestellt. Die Schraffur endet ohne Begrenzungslinie.
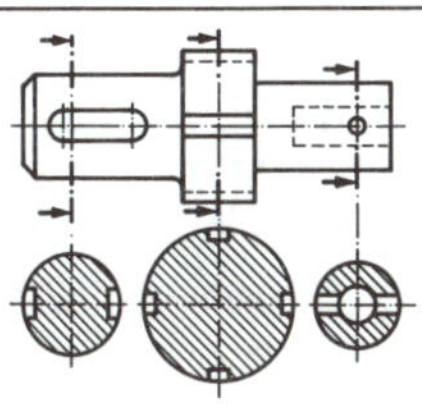	Profilschnitt Dargestellt wird nur die Schnittebene ohne die übrigen Umrisse, wenn diese für die Anschaulichkeit unbedeutend sind. Profilschnitte können mit Schnittverlaufskennzeichnung neben der Ansicht oder bei mehreren Schnitten auch direkt unter der Schnittebene (mit Mittellinien verbunden) angeordnet werden.
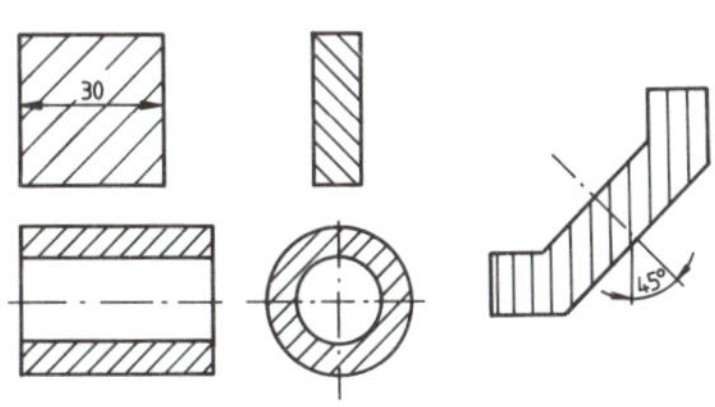	**2. Schnittflächen** (Schraffur) Kennzeichnung mit Schraffur aus parallelen, schmalen Vollinien, rechts- oder linkssteigend, unter 45° zu den Hauptachsen oder -umrissen. Alle Schnittflächen eines Teils werden in allen Ansichten gleichartig schraffiert (Richtung und Abstand). Für Maßzahlen und andere Beschriftungen ist die Schraffur zu unterbrechen.
	Abstand: Der Schraffurabstand ist der Schnittflächengröße anzupassen. Bei sehr großen Teilen genügt die Schraffur der Randzone. Schmale Schnittflächen (Bleche, Profile) können voll geschwärzt werden. Benachbarte, geschwärzte Flächen sind durch eine Lichtfuge getrennt (mindestens 0,5 mm).

6.5 Technische Darstellungen

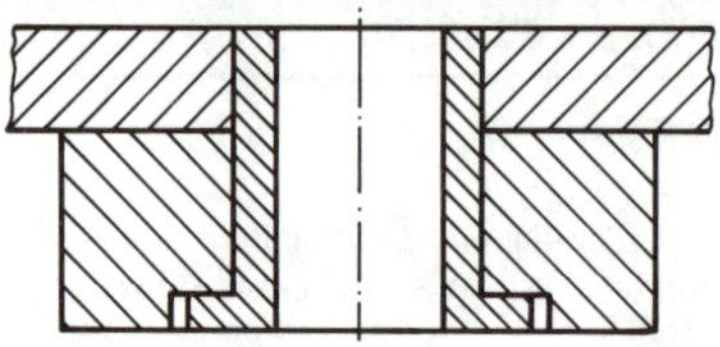

Gefügte Werkstücke

Benachbarte Schnittflächen sollen in unterschiedlicher Richtung und/oder mit verschiedenen Abständen schraffiert werden. An der Berührungslinie ist die Schraffur zu versetzen.

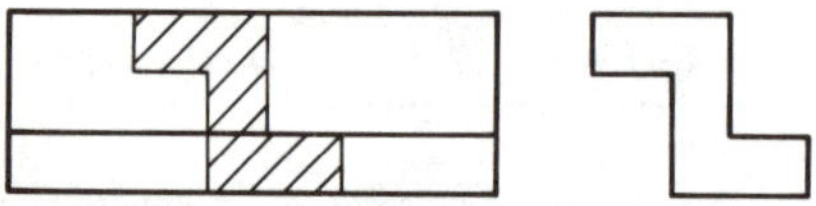

Profilschnitte

Die Umrisse sind mit schmaler Vollinie und projektionsgerecht in die zugehörige Ansicht geklappt zu zeichnen.

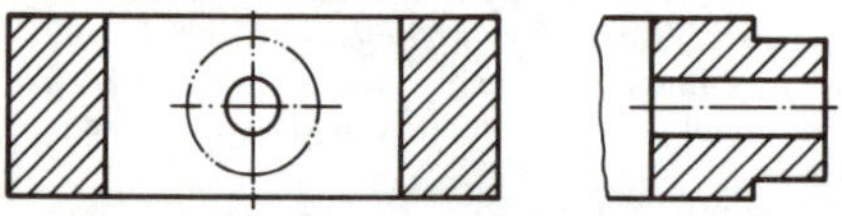

Einzelheiten vor der Schnittebene

Darstellung mit Strich-Zweipunktlinie, wenn bei Eindeutigkeit damit Zeichenaufwand geringer wird.

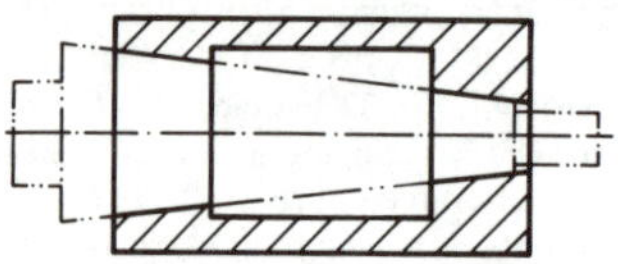

Benachbarte Teile

Die Umrisse werden mit Strich-Zweipunktlinie dargestellt. Alle Linien des Hauptteils haben Vorrang. Geschnittene benachbarte Teile werden nicht schraffiert.

Besondere Schraffur nach DIN 201 (2.53)

Sollte eine Kennzeichnung der Werkstoffe zusätzlich zu Schriftfeld und Stückliste erforderlich sein, sind folgende Schraffuren oder Farben, oder Farben mit Schraffuren (m.S.) zu benutzen.

Werkstoff	Schraffur	Farbe	Werkstoff	Schraffur	Farbe	Werkstoff	Schraffur	Farbe
Grauguß		grau	Sn, Pb, Zn, Weißmetalle		hellgrün	Weichgummi	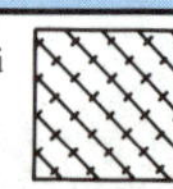	braun m.S.
Temperguß		blau	Leichtmetalle	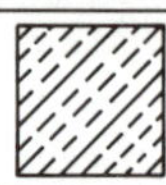	grün	Schleifscheiben	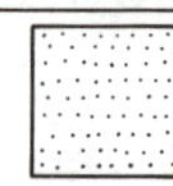	dunkelgelb m.S.
Stahl, Stahlguß		lila	Nickel	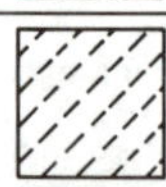	helllila	Hirn-/ Langholz	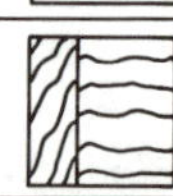	orange m.S.
Kupfer		rot	Dicht-, Isolierstoffe		braun	Glas		hellgrün
Cu-, Sn-Legierungen		orange	Schichtpreßstoffe	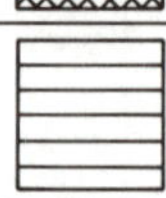	braun m.S.	Beton	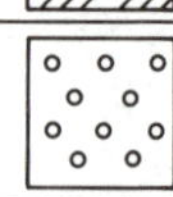	grau m.S.
Cu-, Zn-Legierungen	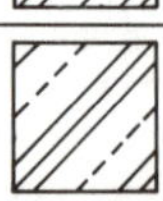	gelb	Hartgummi	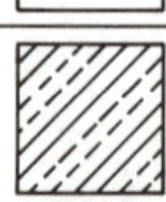	braun m.S.	Flüssigkeiten	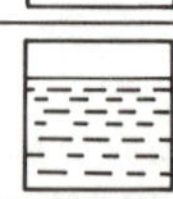	hellblau

6.5 Technische Darstellungen

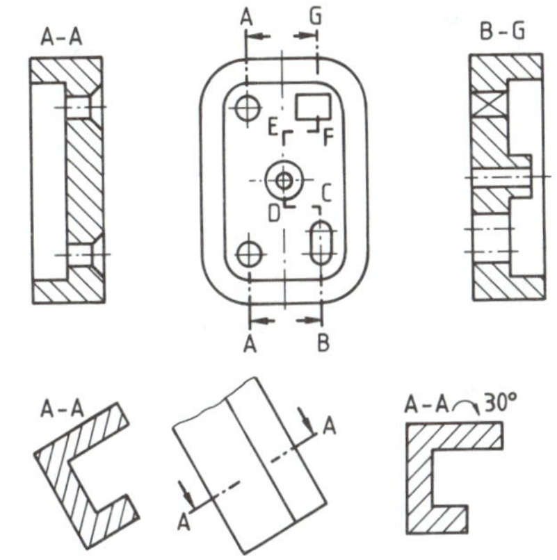

3. Schnittverlauf

Ist der Schnittverlauf nicht erkennbar, wird er am Anfang, Ende und gegebenenfalls an den Knickstellen mit einer breiten Strichpunktlinie hervorgehoben. An den Knickstellen werden keine neuen Körperkanten gezeichnet. Die Blickrichtung wird mit Pfeilen angegeben (1,5fache Maßpfeilgröße). Eine zusätzliche Kennzeichnung mit Großbuchstaben ist möglich. Die Buchstaben werden in allgemeiner Leserichtung der Zeichnung mittig in Verlängerung der Strichpunktlinien und über dem Schnitt eingetragen.

Neben der durch die Blickrichtungspfeile festgelegten Anordnung können Schnitte auch an anderer Stelle projektionsgerecht oder in gedrehter Lage angeordnet werden.

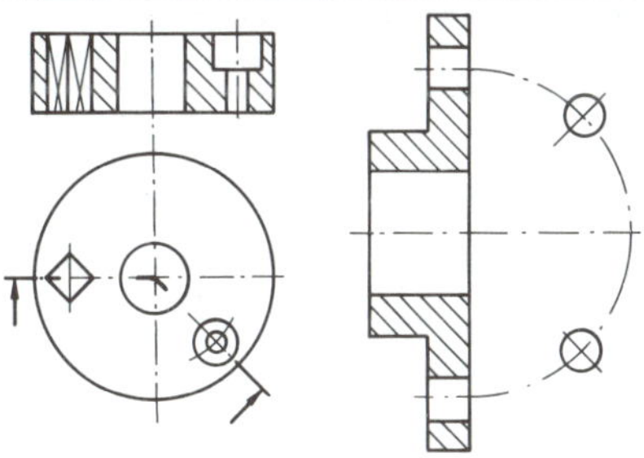

Schnittflächen im Winkel

Die Schnittflächen werden in eine Ebene gedreht; dadurch wird die Verkürzung des Schnittes vermieden. Bei Bohrungen, Durchbrüchen und Gewinden auf Loch- und Teilkreisen ist der Schnittverlauf nicht anzugeben. Die in die Zeichenebene geklappten Lochkreise von Flanschen geben die wirkliche Lage der Bohrungen an (hier 4 × 90°).

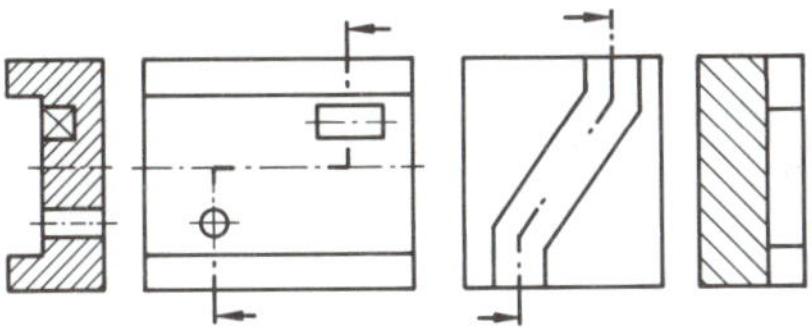

Schnittflächen versetzt

Beim parallel rechtwinkligen Schnitt darf bei Berührung an einer gemeinsamen Mittellinie die Schraffur versetzt werden. Parallel und schräg versetzte Schnittebenen werden verkürzt (als Projektion) dargestellt.

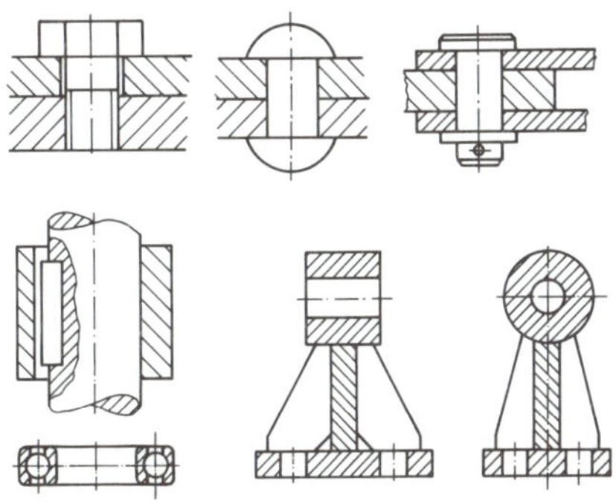

4. Teile ohne Längsschnitt

Zur übersichtlichen Gestaltung von Gesamtzeichnungen werden nicht im Längsschnitt ausgeführt (Ausbruch möglich):

Volle Teile ohne durchgehende Hohlräume wie Achsen, Wellen, Zapfen, Bolzen, Griffe, Stangen, Stifte, Niete, Schrauben, Scheiben, Muttern, Splinte, Paßfedern, Keile, Wälzkörper, Kettenglieder. Volle Teile, die sich von der wesentlichen Form des Werkstücks abheben sollen wie Rippen, Stege, Speichen, Arme.

6.6 Maßeintragung

6.6.1 Formale Regeln nach DIN 406 T2 (8.81)

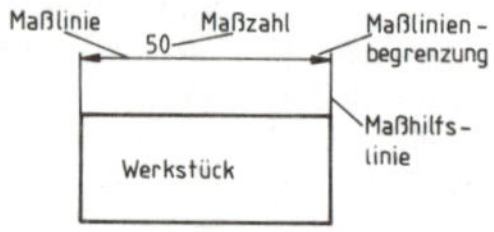

Bemaßungselemente

Das Nennmaß ist das in der Zeichnung eingetragene Maß. Hierauf werden die zulässigen Maßabweichungen bezogen. Das Istmaß ist das bei der Fertigung erreichte Maß. Das Istabmaß ist die Differenz zwischen dem Ist- und Nennmaß.

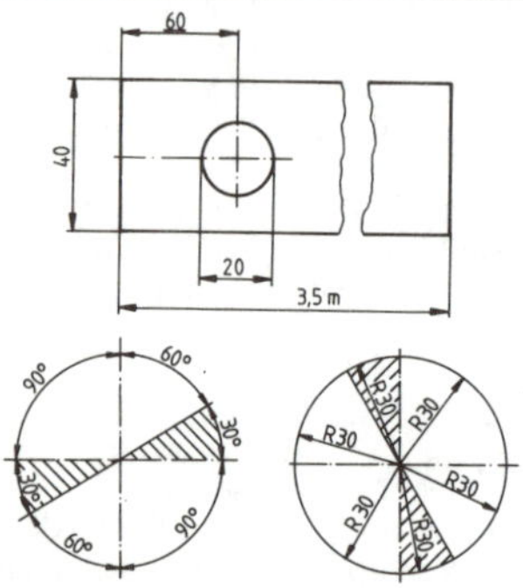

Einheiten, Anordnung

Alle Maße einer Zeichnung sind in derselben Einheit anzugeben. Die bevorzugte Einheit mm wird nicht eingetragen (20, 40, 60). Abweichende Einheiten (z.B. cm, °) müssen angegeben werden. Nicht maßstäblich gezeichnete Maße sind zu unterstreichen (60). Diese Kennzeichnung entfällt bei gebrochen oder unterbrochen dargestellten Werkstücken. Wird das Schriftfeld und damit die Zeichnung in Leserichtung (Gebrauchslage) gehalten, so sollen alle Maße von unten bzw. rechts lesbar über der durchgezogenen Maßlinie stehen. Läßt sich im schraffierten Bereich von 30° die Bemaßung nicht vermeiden, sind die Maße von links lesbar einzutragen. Um Verwechslungen vorzubeugen, erhalten Zahlen wie 6, 9 einen Punkt.

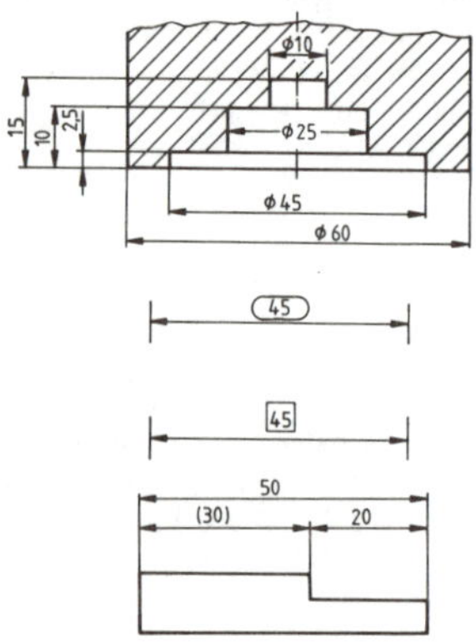

Besonderheiten

Schraffuren, Mittellinien und Maßhilfslinien sind für die Maßzahl zu unterbrechen (∅10). Bei Platzmangel kann die Zahl rechts über der Maßlinie (2,5) oder in eine Maßlinienlücke (∅25) geschrieben werden. Bei dicht parallelen Maßlinien sind die Maßzahlen seitlich zu versetzen (∅45).

Einrahmung besonders zu beachtender Prüfmaße. Notwendige Erläuterungen stehen in Schriftfeldnähe.

Einrahmung zur Angabe der geometrisch idealen Lage einer Toleranzzone.

Hilfsmaße für Fertigung oder Kontrolle, die das Werkstück geometrisch überbestimmen, sind einzuklammern. Es gelten für diese Maße nicht die Allgemeintoleranzen (nach DIN 406 T1).

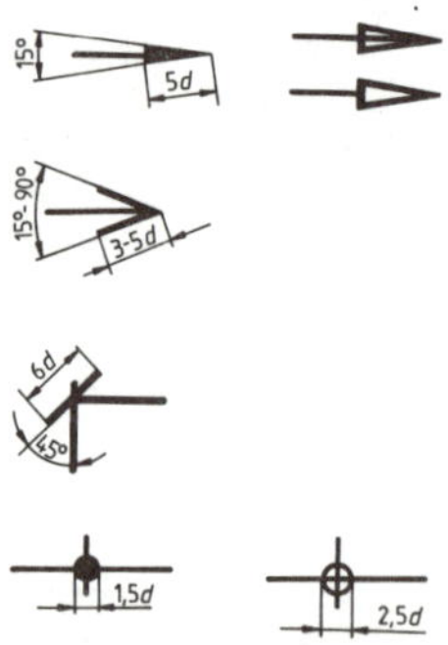

Maßlinienbegrenzungen

Für eine Zeichnung ist nur eine Art der Begrenzung anzuwenden. Bei Bemaßungen am Kreisbogen ist nur der Maßpfeil zugelassen.

1. Maßpfeile, ausgefüllt, nicht ausgefüllt, offen (Maschinenbau, maschinell erstellte Zeichnungen).

2. Schrägstriche, in Leserichtung der Maßlinien von links unten nach rechts oben (Stahlbau, Bauwesen, Skizzen, maschinell erstellte Zeichnungen).

3. Punkte, bei Platzmangel statt entsprechendem Maßpfeil.

6.6 Maßeintragung

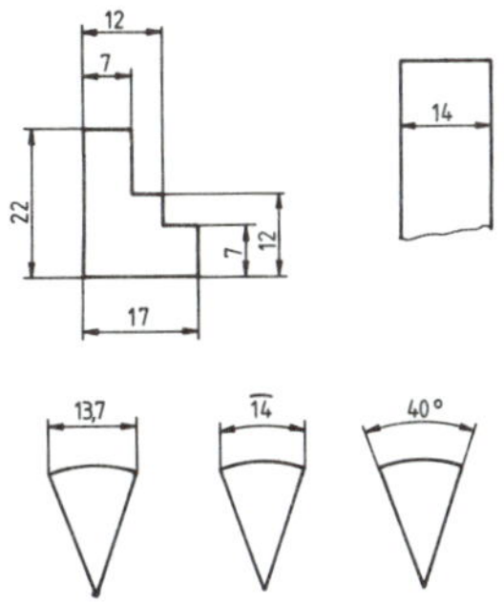

Maßlinien

Maßlinien werden als schmale Vollinie möglichst außerhalb des Werkstücks eingetragen und dabei zwischen zwei Maßhilfslinien (bei Platzmangel Körperkanten) durchgezogen. Ein Mindestabstand von 10 mm zu den Körperkanten und 7 mm zwischen parallelen Maßlinien ist einzuhalten.

Maßlinien stehen meist rechtwinklig zu den bezeichneten Kanten, sonst parallel zu dem betreffendem Maß (Bogen 14 und Sehne 13,7) oder als Bogen zwischen den Schenkeln eines Winkels (40°).

Körperkanten und Mittellinien sind nicht als Maßlinien zu verwenden. Maßlinien sollen sich möglichst nicht untereinander und mit anderen Linien schneiden.

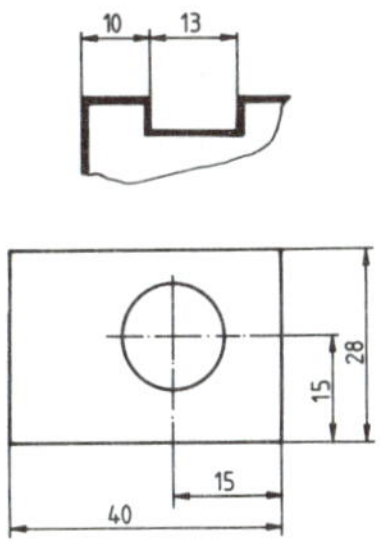

Maßhilfslinien

Maßhilfslinien werden als schmale Vollinien ausgeführt und beginnen für Außenmaße (10) an der äußeren, für Innenmaße (13) an der inneren Begrenzung sichtbarer Körperkanten.

Maßhilfslinien stehen parallel zueinander, meist rechtwinklig zur Maßlinie und gehen ein bis zwei Millimeter darüber hinaus. Maßhilfslinien an Winkeln stehen wie die Schenkel des Winkels.

Werden Mittellinien als Maßhilfslinien verwendet, sind sie außerhalb des Werkstücks als schmale Vollinien fortzusetzen. Maßhilfslinien dürfen nicht zwei Ansichten miteinander verbinden.

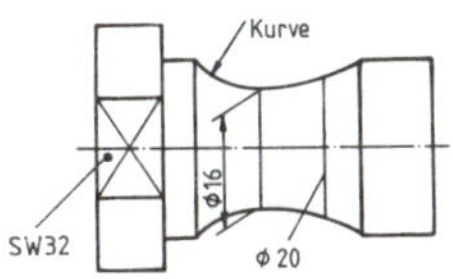

Hinweislinien

Hinweislinien sind als schmale Vollinien möglichst schräg herauszuziehen. Sie können auch als Bezugslinien für Maße verwendet werden. Begrenzung der Hinweislinien: mit einem Pfeil an einer Körperkante (Kurve), mit einem Punkt auf einer Fläche (SW 32) und ohne Begrenzung auf anderen Linien (⌀ 20).

6.6.2 Technologische Regeln nach DIN 406 T1 (4.77) und T2 (8.81)

Form und Maße eines Werkstücks sollen sich gegenseitig ergänzen und den Endzustand geometrisch verbindlich festlegen. Jedes Maß wird nur einmal eingetragen und zwar in der Ansicht, die die Form am deutlichsten zeigt. Die Bemaßung verdeckter Kanten ist zu vermeiden.

Zusammengehörige Maße sind in einer Ansicht einzutragen (z.B. Bohrungsdurchmesser und -lage).

Maße an Durchdringungen und Bearbeitungsformen, die sich von selbst ergeben, sind nicht zu bezeichnen.

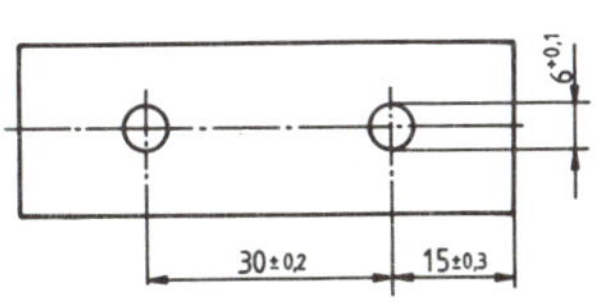

1. Funktionsgerechte Bemaßung

Das Ziel der Fertigung ist die Funktion des Werkstücks. Aus wirtschaftlichen Gründen wird den Maßen die größtmögliche Toleranz zugeordnet.

Beispiel: Zur Aufnahme eines Steckers ist der Bohrungsabstand mit $30 \pm 0{,}2$ und der Randabstand mit $15 \pm 0{,}3$ zu tolerieren.

6.6 Maßeintragung

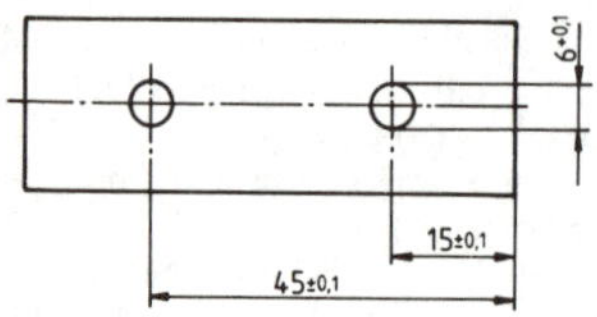

2. Fertigungsgerechte Bemaßung

Entsprechend dem gewählten Fertigungsverfahren können die Maße direkt benutzt werden. Falls funktions- und fertigungsgerechte Bemaßung nicht übereinstimmen, sind bei letzterer die Toleranzen kleiner.

Beispiel: Um die gleiche Funktion zu gewährleisten, ist die halbe Toleranz des genaueren Abstandes für beide Nennmaße anzusetzen. Trotz Überschreitung der Grenzmaße wäre das Werkstück bei bestimmten Istmaßkombinationen brauchbar (z.B. bei 15,3 und 45,5 oder 14,7 und 44,5).

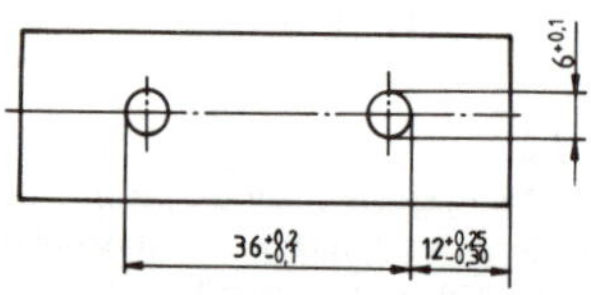

3. Prüfgerechte Bemaßung

Dem gewählten Prüfverfahren entsprechend können die Maße ohne Rechnung benutzt werden. Falls die Bemaßungsarten nicht übereinstimmen, sind bei der Prüfbemaßung die Toleranzen kleiner.

Beispiel: Um die gleiche Funktion zu gewährleisten, ist die Toleranz der Nennmaße um den Anteil der Schwankung des Bohrungsdurchmessers kleiner. Trotz Überschreitung der Grenzmaße wäre das Werkstück bei bestimmten Istmaßkombinationen brauchbar (z.B. bei 6,1 und 36,3 und 12,3 oder 6,0 und 35,8 und 12,3).

6.6.3 Form- und Lagemaße

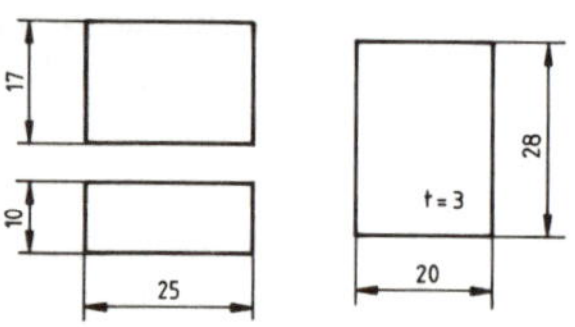

Flachmaterial

Grundmaße sind Länge, Breite und Dicke. Um Ansichten zu sparen, kann die Dicke mit dem Buchstaben *t* (engl. thick) oder die Länge mit *l* in oder neben der Zeichnung angegeben werden.

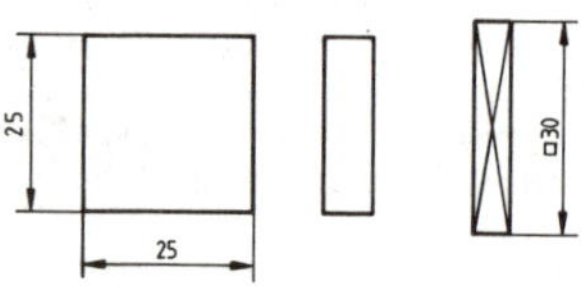

Quadrat, Diagonalkreuz

Ist die Quadratform erkennbar, sind zwei Seiten zu bemaßen (25). Das Quadratzeichen vor der Maßzahl wird verwendet, wenn bei nur einer Ansicht die Quadratform nicht ersichtlich ist. Das Diagonalkreuz (schmale Vollinie) hebt eine ebene Fläche hervor und kann dadurch weitere Ansichten sparen (zulässig auch bei mehreren Ansichten).

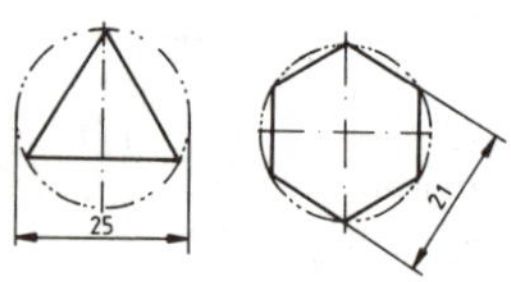

Stabmaterial

Grundmaße sind Profilmaße und Länge. Der Umkreisdurchmesser entspricht dem Eckenmaß und kann mit Strich-Zweipunktlinie angegeben werden. Bei gerader Eckenzahl liegen sich parallele Flächen gegenüber. Ihr Abstand wird als Schlüsselweite bezeichnet.

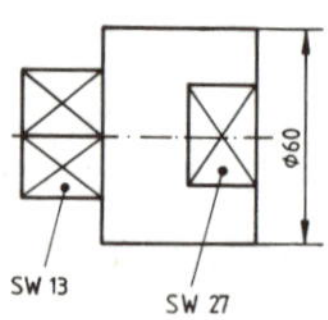

Schlüsselweite

Das Kurzzeichen SW für die Schlüsselweite wird eingetragen
- bei genormten Vier- oder Sechskanten, deren Form aus der Darstellung oder Benennung erkennbar ist (SW 13),
- wenn nur eine von zwei parallelen Schlüsselflächen sichtbar ist (SW 27).

6.6 Maßeintragung

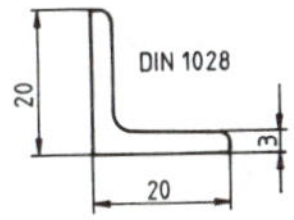

Formmaterial

Grundmaße sind Profilmaße und Länge. Im Profil wird die DIN-Nummer eingetragen, entweder mit den Hauptmaßen oder vereinfacht mit Symbol und Zahlenangaben.

Benennungen für Halbzeuge siehe DIN 1353 T2 (4.71).

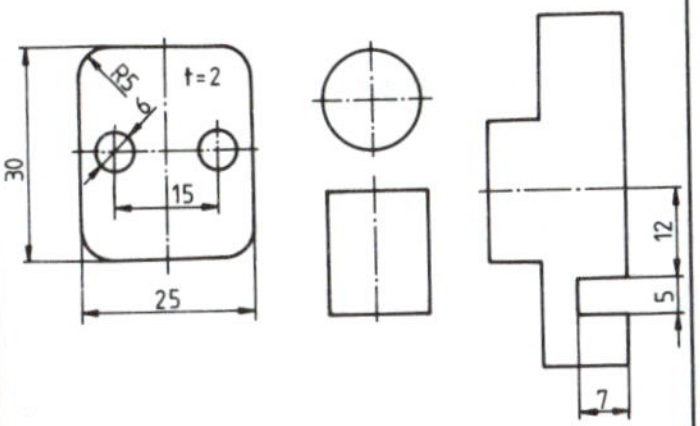

Bearbeitungsformen

Symmetrische Bearbeitungsformen werden durch eine Mittellinie (schmale Strichpunktlinie) gekennzeichnet. Die Lage der etwas über die Form hinausgehenden Mittellinie wird nicht bemaßt. Unbearbeitete flache Grundformen brauchen keine Mittellinie zu erhalten, Rundmaterial dagegen in allen Ansichten.

Bei Elementen mit gleichen Maßen (z.B. Nuten, Radien) wird jeweils nur eine Bearbeitungsform bemaßt. Die Lage wird im allgemeinen auf die Mittellinie bezogen.

Die Mittellinie wird auch dann gezeichnet, wenn die symmetrische Grundform einseitig verändert wurde.

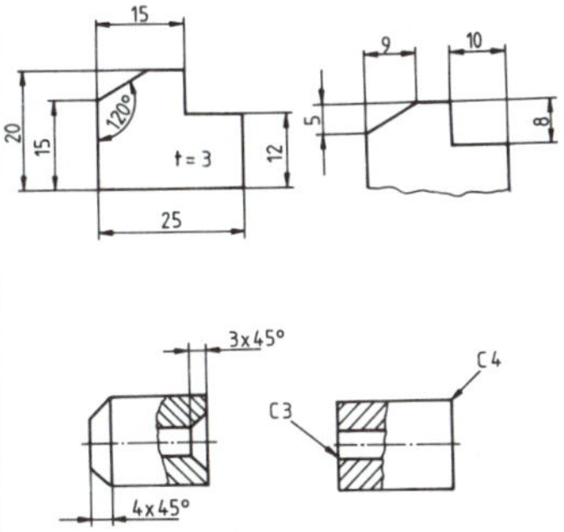

Ausklinkungen, Abschrägungen, Fasen

Es sind zwei Formmaße erforderlich. Dabei kann das abzuschneidende Teil oder das Werkstück bemaßt werden. Abschrägungen werden bevorzugt über ihre Koordinaten (Katheten) festgelegt. Für Winkel von 30°, 45°, 60° usw. (starre Anschlagwinkel) werden die Abschrägungen auch mit dem Winkel und einer Kathete bestimmt.

Für Fasen von 45° und Senkungen von 90° ist die vereinfachte Bemaßung mit der Angabe „Breite × 45°“ möglich.

Nach DIN 30 T1 E (4.82) brauchen Fasen mit 45° nicht gezeichnet zu werden. Zur Festlegung wird das Kurzzeichen C (engl. chamfer = Fase) mit der Maßzahl eingetragen. Nach DIN 6 T2 (12.86) brauchen Fasen, Senkungen, Freistiche nur in die Ansicht gezeichnet zu werden, in der sie erkennbar und zu bemaßen sind.

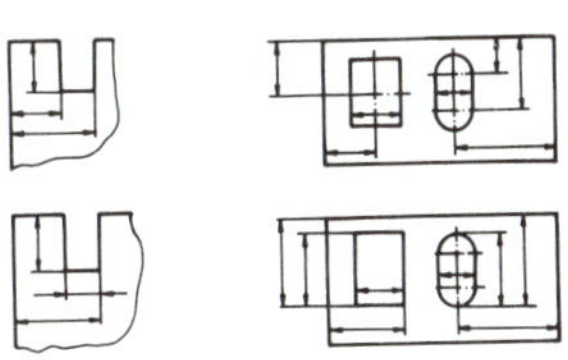

Nuten, Durchbrüche, Langlöcher

Jede Nut hat ein Lage- und zwei Formmaße. Bei Herstellung durch Anreißen wird von einer Bezugskante ausgegangen, beim Fräsen die entferntere Kante und die Breite der Nut angegeben.

Durchbrüche haben zwei Form- und zwei Lagemaße, die sich entsprechend auf die Kanten oder die Mitte beziehen können.

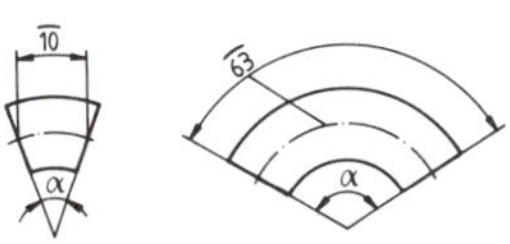

Bogenlängen

Symbol für die Bogenlänge ist die Bogenlinie über der Maßzahl. Bei einem Zentriwinkel von $\alpha < 90°$ stehen die Maßhilfslinien parallel zur Winkelhalbierenden, für $\alpha > 90°$ zeigen die Maßhilfslinien zum Mittelpunkt und machen damit eine Hinweislinie für die Maßanordnung notwendig.

6.6 Maßeintragung

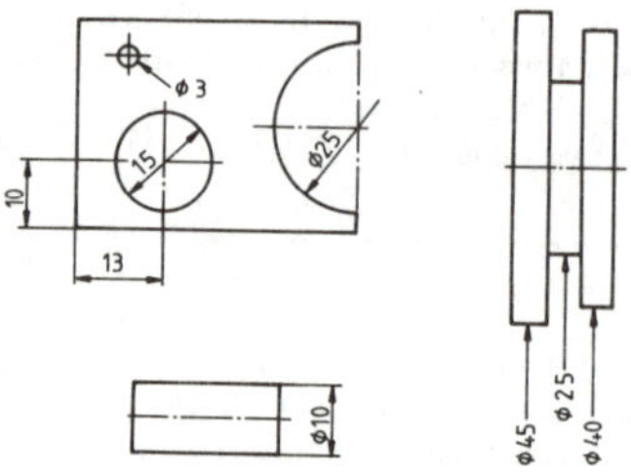

Bohrungen, Durchmesser

Alle Bohrungen haben zwei Lagemaße und als Durchgangsloch ein Formmaß, als Grundloch zwei Formmaße. Die nutzbare Tiefe wird eingetragen.

Die Maßlinie des Durchmessers geht durch den Mittelpunkt des betreffenden Kreises. Das Durchmesserzeichen ist vor der Maßzahl und in gleicher Höhe anzuordnen. Es wird nur eingetragen, wenn
- aus der Ansicht die Kreisform nicht ersichtlich ist,
- die Maßlinie nur einen Pfeil besitzt,
- das Maß mit einer Bezugslinie eingetragen ist.

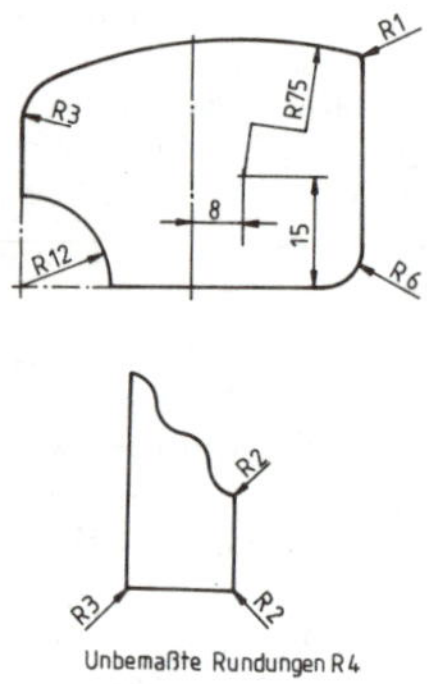

Radien, Halbmesser, Rundungen

Jede Abrundung hat ein Form- und zwei Lagemaße. In eindeutigen Fällen (tangentialer Anschluß) darf die Kennzeichnung des Mittelpunktes entfallen.

Die Maßlinie des Radius zeigt auf den Mittelpunkt des Kreises und hat außen oder innen einen Pfeil am Kreisbogen. Der Mittelpunkt kann durch Mittellinien angegeben werden. Das Radiuszeichen wird stets eingetragen. Muß bei sehr großen Radien der Mittelpunkt bemaßt werden, verkürzt man die Maßlinie durch rechtwinkliges Abknicken.

Sind mehrere Abrundungen gleich, wird statt der Einzelbemaßung der Hinweis „unbemaßte Rundungen R . .“ eingetragen. Nach DIN 30 T1 E (4.82) brauchen Rundungen nicht dargestellt zu werden (R 2, R 3).

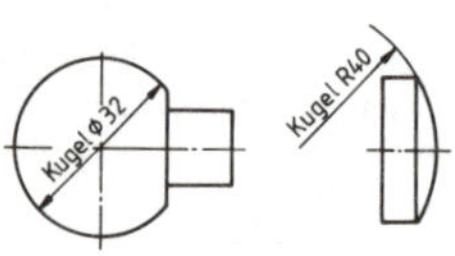

Kugel

Da die Kugelform aus keiner Ansicht erkennbar ist, wird immer das Wort „Kugel“ zusammen mit dem Durchmesser- oder Radiuszeichen der Maßzahl vorangestellt. Ist der Kugelmittelpunkt nicht angegeben, wird der Radius eingetragen.

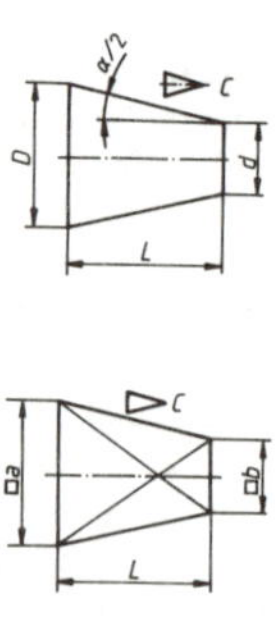

Verjüngung, Kegel, Pyramiden

Zur geometrischen Festlegung von Kegeln oder pyramidenförmigen Werkstücken sind je nach Fertigungs- oder Prüfverfahren verschiedene Maßkombinationen üblich, die mit Hilfsmaßen ergänzt werden können
- einfache kegelige Übergänge (Schmieden, Gießen, Drehen) L, D, d ($\alpha/2$),
- genaue Außenkegel L, D, C (oder α), (d), ($\alpha/2$).
- genaue Innenkegel L, d, C (oder α), (D), ($\alpha/2$).

  Verjüngung $C=(D-d)/L=(a-b)/L=2\tan\alpha/2$

Die Verjüngung kann als Verhältniszahl $1:x$ oder $x:1$ oder in % angegeben werden. Das Symbol für die Verjüngung (mit oder ohne Mittellinie) wird über der Kegelmantellinie und parallel zur Kegelachse angeordnet.

6.6 Maßeintragung

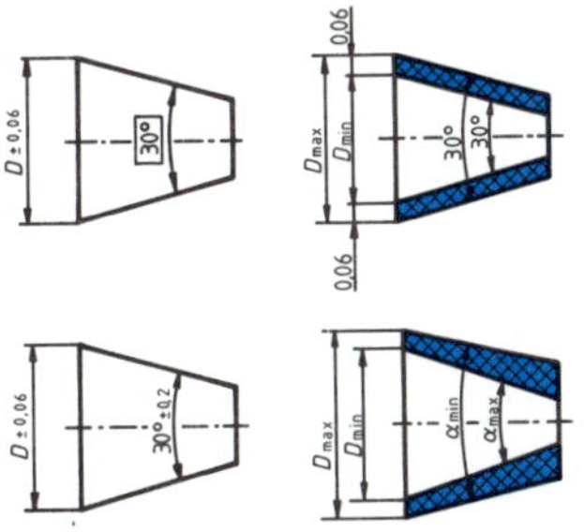

Toleranzangaben bei Kegeln nach DIN ISO 3040 (4.78)

Entsprechend den Funktionsanforderungen gibt es zwei Möglichkeiten, die Abweichungen von der geometrisch idealen Kegelform festzulegen

- Einheitskegel-Methode: geometrisch idealer Kegelwinkel (α oder $\alpha/2$ oder C oder %) und ein tolerierter Durchmesser (D oder d),

- Methode des tolerierten Kegelwinkels: angegebene Maßtoleranz gilt nur für den bemaßten Querschnitt.

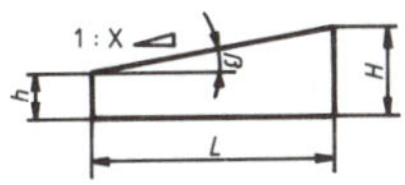

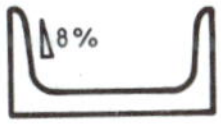

Neigung

Die Lage einer Schrägfläche kann bestimmt werden durch
- die Neigung $\tan \beta = (H-h)/L$
- den Neigungswinkel (meist als Hilfsmaß) in Grad oder Radiant.

Die Neigung kann als Verhältniszahl $1{:}x$ oder $x{:}1$ oder in % angegeben werden. Das Symbol für die Neigungsrichtung wird über der Seitenlinie angeordnet.

6.6.4 Maßeintragung mit Maßbuchstaben nach DIN 406 T2 (8.81)

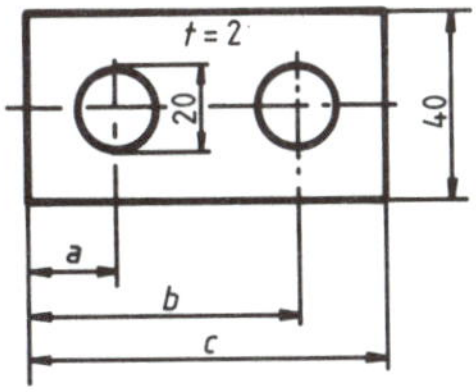

Für die Variantenkonstruktion mit einer geringen Anzahl veränderlicher Abmessungen können anstelle von Maßzahlen Maßbuchstaben angewendet werden. Möglich sind Kleinbuchstaben in der Größe der Maßzahlen, wenn sie noch nicht mit anderer Bedeutung belegt sind (z.B. m = Modul). Dabei werden die Maße in einer Tabelle zusammengefaßt, und jede Variante erhält eine eigene Positionsnummer.

Pos. Nr.	*a*	*b*	*c*
1	15	55	70
2	15	110	140
3	30	110	140

6.6.5 Koordinatenbemaßung nach DIN 406 T3 (7.75) und Teilungen

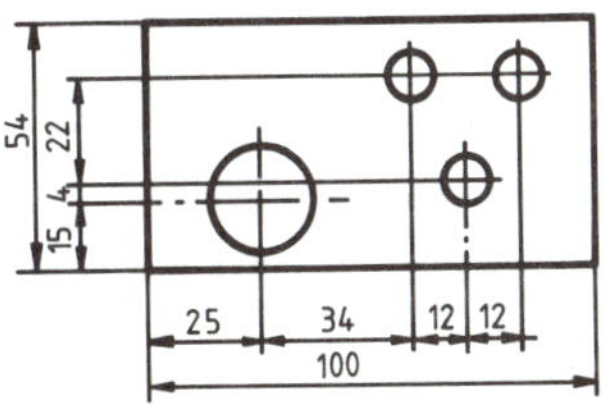

Zuwachsbemaßung
(relative, inkrementale oder Kettenbemaßung)

Beim Aneinanderreihen von Maßen wird der Maßzuwachs auf den Endpunkt des jeweils vorangehenden Maßes bezogen. Dabei können sich die Toleranzen ungünstig summieren.

(Ausnahme: Teilungen mit theoretischen Maßen nach DIN 7184 (5.72)). Sind geschlossene Maßketten unumgänglich, so bleibt zur Aufnahme des bei der Fertigung entstehenden Summenfehlers eine geeignete Abmessung unbemaßt oder wird mit einem Hilfsmaß versehen.

6.6 Maßeintragung

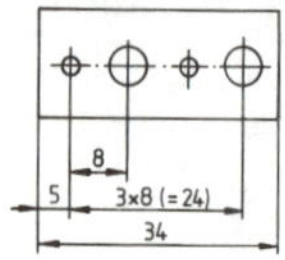

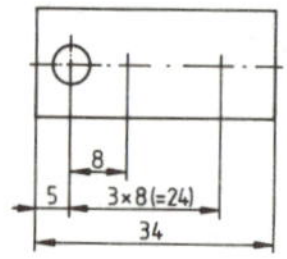

Teilungen

Bei einer Maßkette mit gleicher Teilung und verschiedenen Formen reicht eine gemeinsame Angabe für Anzahl, Größe und Summe der Abstände. Die Summe ist als Hilfsmaß einzuklammern.

Bei einer Maßkette mit gleicher Teilung und gleichen Formen braucht vereinfacht nur das erste, zweite und letzte Element gezeichnet und in Form und Lage bemaßt zu werden. Bei Bohrungen reicht die Darstellung des ersten Kreises.

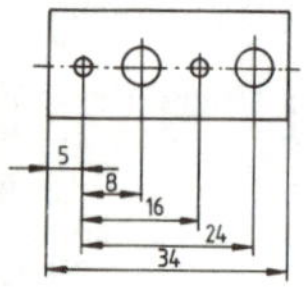

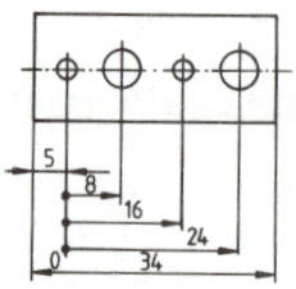

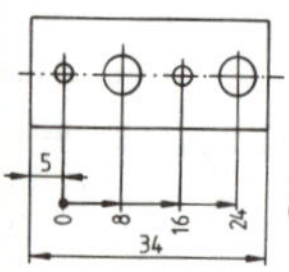

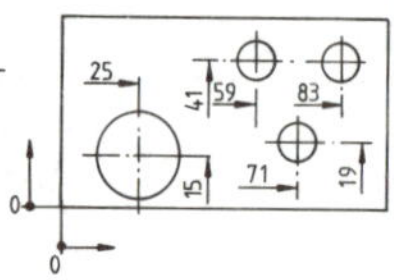

Bezugsbemaßung

(absolute Bemaßung)

Gehen alle Maße von einer Bezugsfläche oder einem Bezugspunkt aus, können Toleranzsummenfehler vermieden werden.

Bei der Koordinatenbemaßung wird der Nullpunkt besonders gekennzeichnet (0). Der gemeinsame Anfang aller Maße erhält einen Kreis, das Ende einen Pfeil als Maßlinienbegrenzung. Die Maßlinien können auch verkürzt werden. Diese Darstellung kann als steigende Bemaßung auf einer gemeinsamen Maßlinie vom Nullpunkt aus vereinfacht werden. Die Maßzahlen stehen dann in Verlängerung der zugehörigen Maßhilfslinie.

Sowohl Zuwachs- als auch Bezugsbemaßung sind sinngemäß für Kreisteilungen anwendbar.

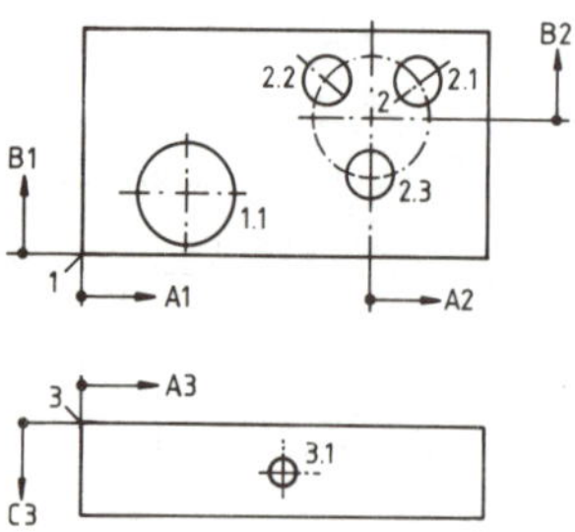

Bemaßung mit Tabellen

Zur Festlegung der Maße werden kartesische oder polare Koordinaten (s. S. 6-6f.) mit Hauptsystemen (A1, B1 und A3, C3) und Nebensystemen (A2, B2) benutzt:

Die Teilungen werden in einer Tabelle angegeben und mit Hilfe von Positionsnummern der Zeichnung zugeordnet (z.B. 2.3, 2 = Nummer Koordinatensystem, 3 = Zählnummer).

Null-punkt	Pos. Nr.	Koordinaten					Bohrungs-	
		A	B	C	R	φ	∅	tiefe
1	1	0	0					
1	1.1	25	25				25	10
2	2	70	33					
2	2.1				30	30°	12	durch
2	2.2				30	150°	12	durch
2	2.3				30	270°	12	durch
3		0	0					
3	3.1	45		10			8	20

6.7 Toleranzen und Passungen in Zeichnungen

6.7.1 Abmaße und ISO-Toleranzfeldkurzzeichen nach DIN 406 T2 (8.81)

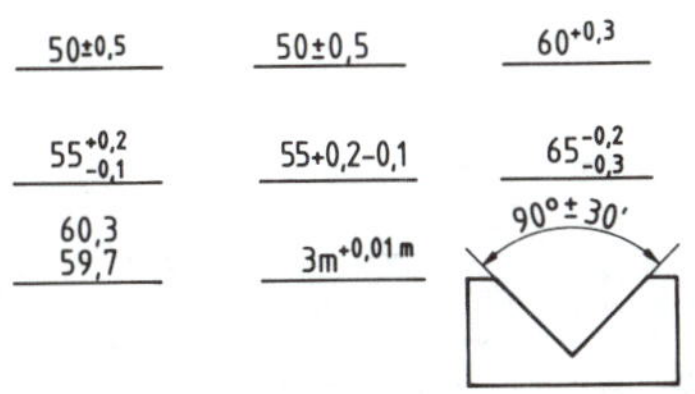

1. Abmaße werden hinter dem Nennmaß mit dem Vorzeichen angegeben (+ oder − oder ±).
2. Das Abmaß 0 (Null) wird nur dann eingetragen, wenn es unbedingt nötig ist.
3. Die Schrifthöhe darf kleiner oder gleich groß wie die der Maßzahl gewählt werden.
4. Ohne Rücksicht auf das Vorzeichen wird das obere Abmaß höher bzw. zuerst, das untere Abmaß tiefer bzw. zuletzt eingetragen.
5. Einheiten werden direkt hinter Nennmaß und Abmaß angegeben.

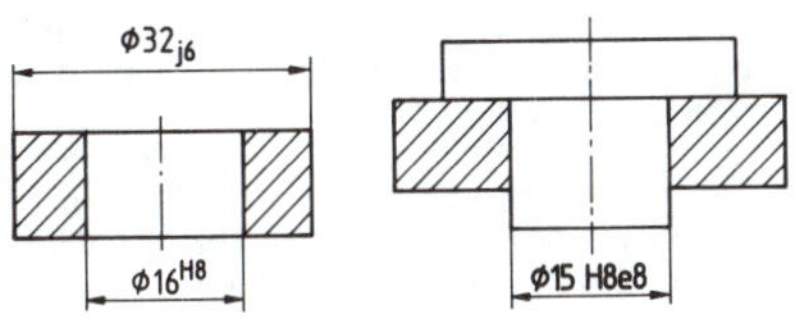

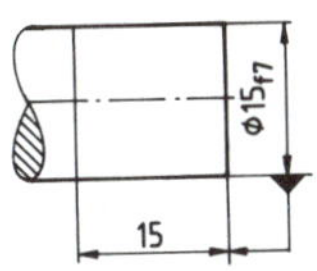

Paß-maß	Höchst-maß	Mindest-maß
15 f7	14,984	14,966

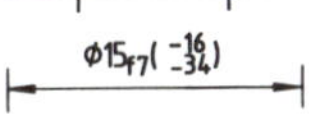

1. ISO-Toleranzfeldkurzzeichen werden hinter das Nennmaß geschrieben.
2. Die Schrifthöhe darf kleiner oder gleich groß wie die der Maßzahl gewählt werden.
3. Die Kurzzeichen für Bohrungen (Außenteile) werden höher bzw. zuerst, die für Wellen (Innenteile) tiefer bzw. zuletzt angeordnet.
4. Der Geltungsbereich der Toleranzen kann mit Maßangabe, Bezugsdreieck und -linie begrenzt werden.
5. Gefügte Paßteile haben eine gemeinsame Maßlinie und Maßzahl.
6. Sollen neben dem Kurzzeichen auch die Abmaße angegeben werden, kann dies hinter dem Kurzzeichen oder in einer Tabelle geschehen.

6.7.2 Werkstückkanten nach DIN 6784 (2.82)

Ist eine bestimmte Kantenform erforderlich, muß nach DIN 406 T2 bemaßt werden. Für unbestimmte Kantenformen (die sich z.B. aus dem Fertigungsverfahren ergeben) werden die Toleranzen nach DIN 6784 festgelegt. Die Symboleintragung ist wie bei den Oberflächenzeichen vorzunehmen.

Form	Beispiel	Erklärung
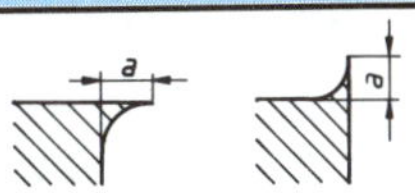	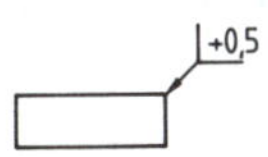	Außenkante gratig (+), $a<0{,}5$ mm Gratrichtung beliebig
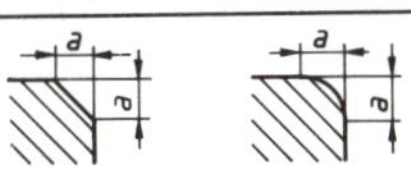	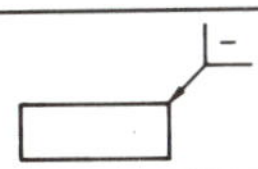	Außenkante gratfrei (−) Größe des Abtrags a beliebig
	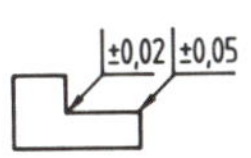	Wahlweise gratig oder gratfrei (±) Außenkante $a \leq 0{,}05$ mm Innenkante $a \leq 0{,}02$ mm (für $a \leq 0{,}05$ mm scharfkantig)
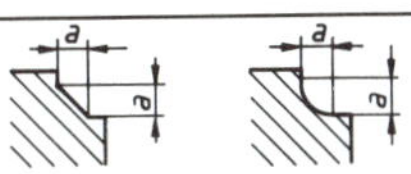	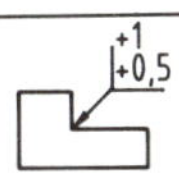	Innenkante mit Übergang (+) 0,5 mm $\leq a \leq$ 1 mm
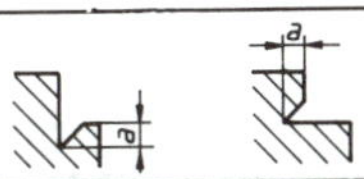	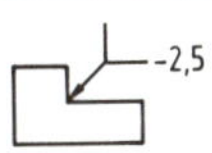	Innenkante mit Abtragung (−) Richtung bestimmt nach Eintragung am jeweiligen Schenkel des Grundsymbols

6.7 Toleranzen und Passungen in Zeichnungen

6.7.3 Form- und Lagetoleranzen nach DIN ISO 1101 (3.85)

Form- und Lagetoleranzen sind nur dann erforderlich, wenn die festgelegten Maßtoleranzen allein die Funktion nicht gewährleisten können. Dies trifft vor allem zu bei Koaxialitäts-, Symmetrie- und Laufabweichungen.

Symbol und tolerierte Eigenschaft	**Formtoleranzen**	Beispiele	
	Zeichnungsangabe		Erklärung
Geradheit ⏤	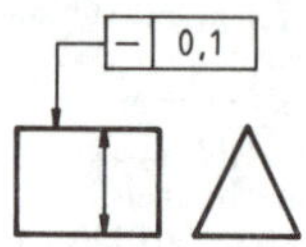	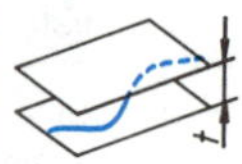	Die Ist-Kante des Prismas muß zwischen zwei parallelen Ebenen vom Abstand $t=0{,}1$ mm liegen. Wird eine Fläche oder Linie toleriert, soll der Mindestabstand zwischen Hinweispfeil bzw. Bezugsdreieck und der Maßlinie 4 mm nicht unterschreiten.
	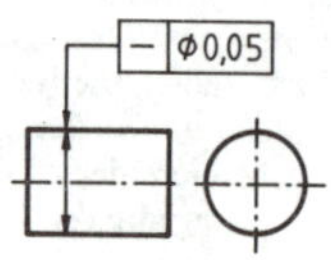	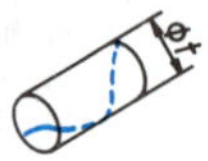	Die Ist-Achse des Zylinders muß innerhalb eines Zylinders vom Durchmesser $t=0{,}05$ mm liegen. Bei der Tolerierung einer Achse oder Mittelebene liegt der Hinweispfeil bzw. das Bezugsdreieck in Verlängerung der Maßlinie.
Ebenheit ⏥	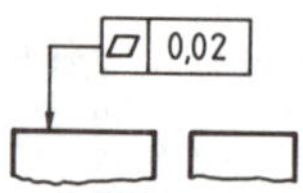	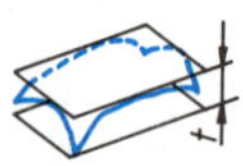	Die Ist-Fläche muß zwischen zwei parallelen Ebenen vom Abstand $t=0{,}02$ mm liegen.
Rundheit (Kreisform) ○	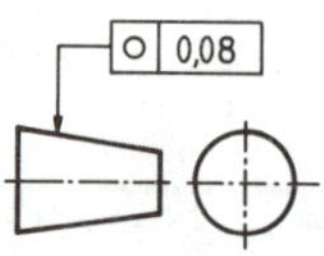		Der Ist-Umfang jedes Querschnittes muß zwischen zwei konzentrischen Kreisen vom Abstand $t=0{,}08$ mm liegen.
Zylinderform ⌭	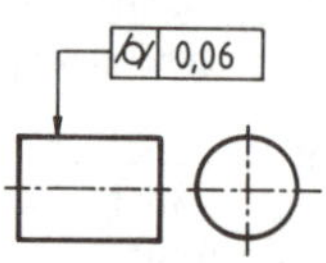	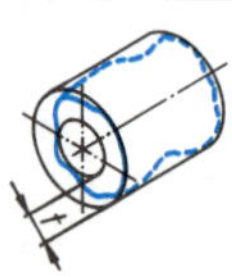	Die Ist-Fläche des Zylinders muß zwischen zwei koaxialen Zylindern liegen, die einen Abstand von $t=0{,}06$ mm haben. Die Zylinderform ist die Summentoleranz aus Rundheit und Parallelität.
Linienform ⌒	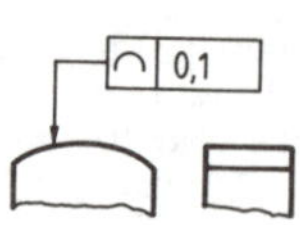	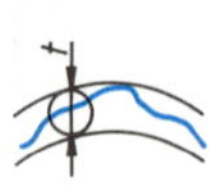	Die Ist-Linie muß zwischen zwei Hüll-Linien an Kreisen mit dem Durchmesser $t=0{,}1$ mm liegen.
Flächenform ⌓	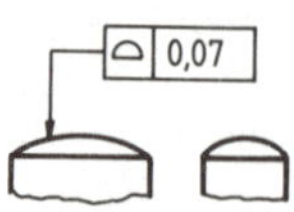		Die Ist-Fläche muß zwischen zwei Hüll-Flächen an Kugeln mit dem Durchmesser $t=0{,}07$ mm liegen.

6.7 Toleranzen und Passungen in Zeichnungen

Symbol und tolerierte Eigenschaft		Lagetoleranzen – Beispiele: Zeichnungsangabe	Erklärung	
Richtungstoleranzen	**Parallelität** //	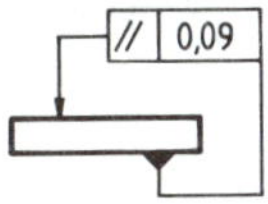	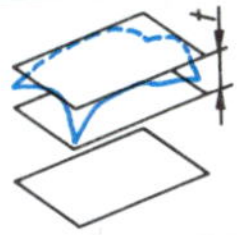	Die Ist-Fläche muß zwischen zwei zur Bezugsfläche parallelen Ebenen im Abstand $t = 0{,}09$ mm liegen.
Richtungstoleranzen	**Rechtwinklichkeit** ⊥	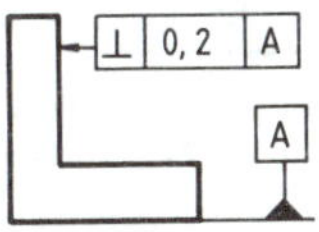	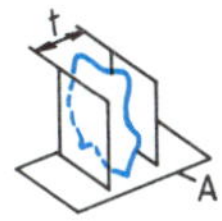	Die Ist-Fläche muß zwischen zwei parallelen und zur Bezugsfläche A senkrechten Ebenen vom Abstand $t = 0{,}2$ mm liegen.
Richtungstoleranzen	**Neigung** ∠	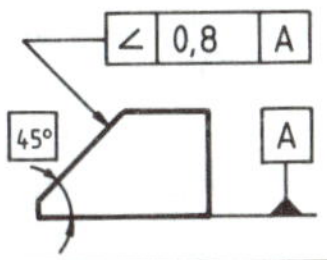	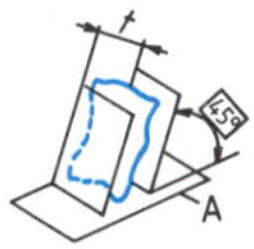	Die Ist-Fläche muß zwischen zwei parallelen und zur Bezugsfläche A im geometrisch idealen Winkel von 45° geneigten Ebenen vom Abstand $t = 0{,}8$ mm liegen.
Ortstoleranzen	**Position** ⌖	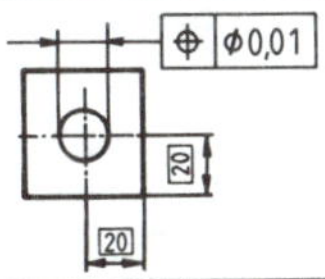	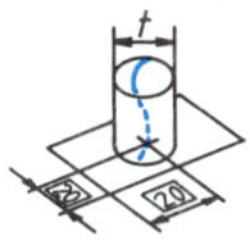	Die Ist-Achse der Bohrung muß innerhalb eines Zylinders vom Durchmesser $t = 0{,}01$ mm liegen, dessen Achsen sich am geometrisch idealen Ort befinden.
Ortstoleranzen	**Koaxialität** **Konzentrizität** ◎	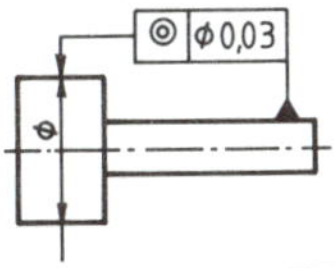	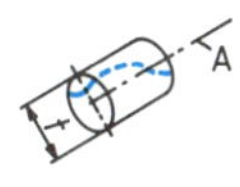	Die Ist-Achse des großen Durchmessers muß in einem zur Bezugsachse A koaxialem Zylinder vom Durchmesser $t = 0{,}03$ mm liegen.
Ortstoleranzen	**Symmetrie** ⌯	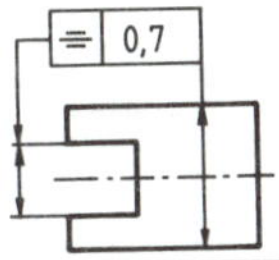	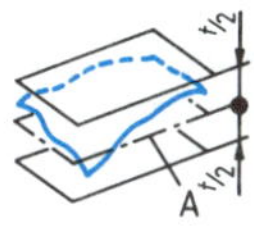	Die Ist-Mittelebene der Nut muß zwischen zwei parallelen Ebenen vom Abstand $t = 0{,}7$ mm liegen, die symmetrisch zur Mittelebene der Bezugsfläche A angeordnet sind.
Lauftoleranzen	**Rundlauf** ↗	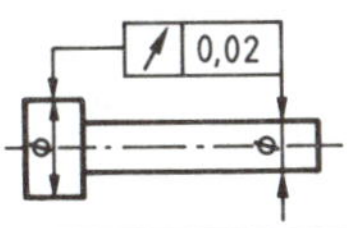	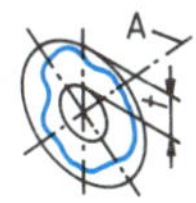	Bei Drehung um die Bezugsachse A darf die Rundlaufabweichung $t = 0{,}02$ mm nicht überschreiten. Diese Toleranz ist die Summe aus Rundheits- und Koaxialitätstoleranz.
Lauftoleranzen	**Planlauf** ↗	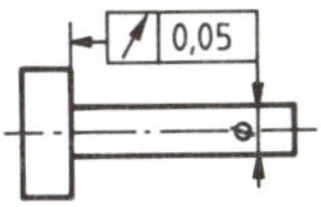	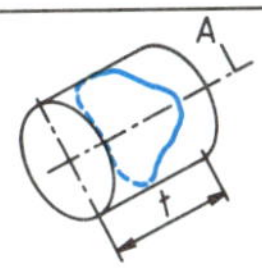	Bei Drehung um die Bezugsachse A darf die Planlaufabweichung die Toleranz $t = 0{,}05$ mm nicht überschreiten.
Lauftoleranzen	**Gesamtlauf** ⌰	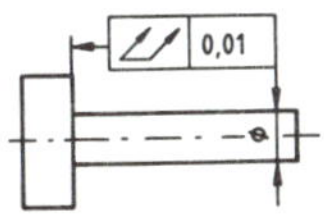	Bei mehrmaliger Drehung um die Bezugsachse und axialer Verschiebung zwischen Werkstück und Meßgerät müssen alle Meßpunkte innerhalb der Gesamtrundlauftoleranz von $t = 0{,}01$ mm liegen.	

6

6.8 Konstruktives Zeichnen

6.8.1 Oberflächenangaben nach DIN ISO 1302 (6.80)

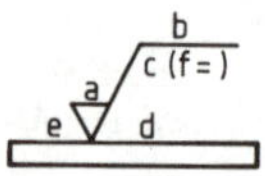

a = Mittenrauhwert R_a in µm oder Rauheitsklasse N
b = Fertigungsverfahren, Behandlung, Sonstiges
c = Bezugsstrecke, Grenzwellenlänge in µm
d = Rillenrichtung
e = Bearbeitungszugabe in mm
f = Andere Rauheitsmeßgrößen (mit oder ohne Klammern und Gleichheitszeichen)

Grundsymbole mit Bedeutung	Beispiele	
Grundsymbol, nur mit besonderer Erklärung aussagefähig 	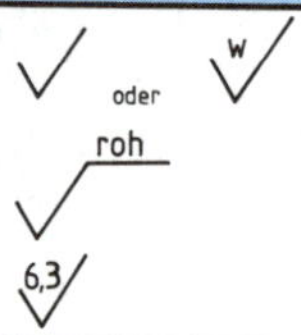	Oberflächenzeichen aus Platzgründen an anderer Zeichnungsstelle erklärt Unbearbeitete Fläche im Rohzustand Beliebig hergestellte Fläche ($R_a \leq 6{,}3$ µm)
Materialabtrennende Verfahren vorgeschrieben (z.B. Spanen, Zerteilen, Abtragen) 	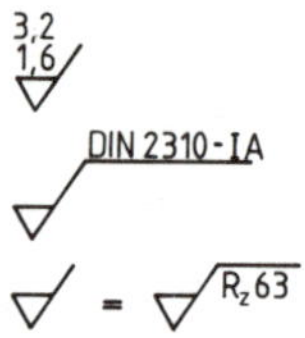	Spanend hergestellte Oberfläche ($R_a = 1{,}6$ bis $3{,}2$ µm) Brenngeschnittene Oberfläche, Güte I Genauigkeitsgrad A, DIN 2310 Oberflächenzeichen aus Platzgründen an anderer Zeichnungsstelle erklärt
Ohne Zusatzangaben: Oberfläche bleibt im Anlieferungszustand  Mit Zusatzangaben: Herstellung ohne materialabtrennende Bearbeitung (z.B. durch Umformen, Urformen, Beschichten)	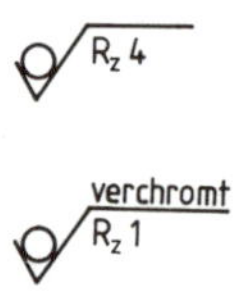	Spanlos hergestellte Oberfläche ($R_z = 4$ mm) Die beschichtete Oberfläche mit $R_z = 1$ µm darf nicht spanend bearbeitet werden.

Kennzeichnung der Rillenrichtung

Symbol	Zeichnungseintragung	Erklärung und Anwendung	
=	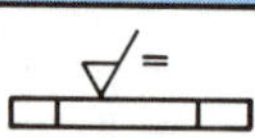		Parallel zur Projektionsebene der gekennzeichneten Ansicht (z.B. für Gleit- und Wälzflächen).
⊥	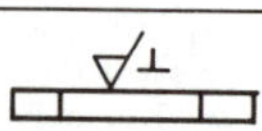		Senkrecht zur Projektionsebene der gekennzeichneten Ansicht (z.B. für Dichtflächen senkrecht zur Leckrichtung).
X	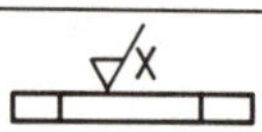	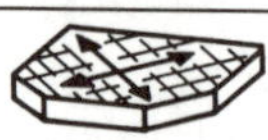	Gekreuzt in zwei schrägen Richtungen zur Projektionsebene der gekennzeichneten Ansicht (z.B. für Zylinderlaufflächen).
M	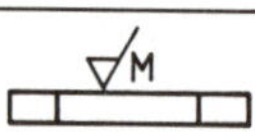		Viele Richtungen zur Projektionsebene der gekennzeichneten Ansicht (z.B. Feinbearbeitung durch Läppen).
C	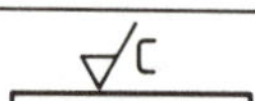	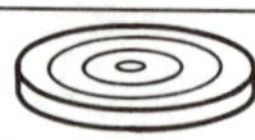	Annähernd zentrisch zum Mittelpunkt der gekennzeichneten Ansicht (z.B. Dichtflächen von Flanschen und Ventilen).
R	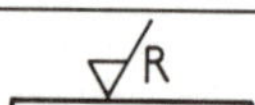	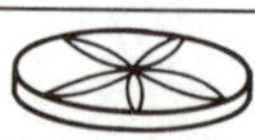	Annähernd radial zum Mittelpunkt der gekennzeichneten Ansicht (z.B. Bearbeitung durch Stirnschleifen).

6.8 Konstruktives Zeichnen

Wird die für die Funktion erforderliche Oberfläche durch die üblichen Verfahren nach DIN 4766 (3.81) nicht gewährleistet, sind Rauheit, Fertigungsverfahren und Bearbeitungszugaben vorzuschreiben. Die Eintragung erfolgt nur einmal, möglichst zusammen mit der Bemaßung.

Vergleich der Oberflächenangaben

DIN 140 (zurückgezogen), DIN 3141 (3.60)

			Gemittelte Rauhtiefe R_z in µm, Reihe 1	2	3	4	Mittenrauhwert R_a in µm, Reihe 1	2	3	4
Keine besonderen Anforderungen	ohne Zeichen	Oberfläche ohne bestimmte Anforderungen, R_t beliebig								
Größere Gleichmäßigkeit durch sauberes Gießen, Schmieden, Trennen		Oberfläche mit größerer Gleichmäßigkeit und besserem Aussehen, R_t beliebig								
Geschruppt Riefen fühlbar, mit bloßem Auge sichtbar	▽	Oberflächen mit einer Rauheit, die die größte zulässige Rauheit R_t nicht überschreitet. Die Zahlenwerte für R_t entsprechen in der Praxis (Ausreißer unterdrückt) den Werten für R_z. Eine genaue Umwandlung von R_a- in R_z-Werte ist nicht möglich.	160	100	63	25	25	12,5	6,3	3,2
Geschlichtet Riefen mit bloßem Auge noch sichtbar	▽▽		40	25	16	10	6,3	3,2	1,6	0,8
Feingeschlichtet Riefen mit bloßem Auge nicht mehr sichtbar	▽▽▽		16	6,3	4	2,5	1,6	0,8	0,4	0,2
Feinstgeschlichtet	▽▽▽▽			1	1	0,4		0,1	0,1	0,025

DIN ISO 1302 (Beiblatt 2, 10.80)

ohne Zeichen	Oberfläche ohne bestimmte Anforderungen
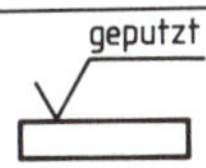	Oberfläche frei von groben Unebenheiten, gegebenenfalls geglättet
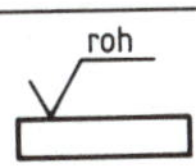	Oberfläche roh, Spanabnahme nur zur Maßeinhaltung zulässig
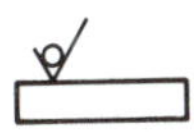	Oberfläche nicht materialabtrennend bearbeitet, bzw. im Anlieferungszustand
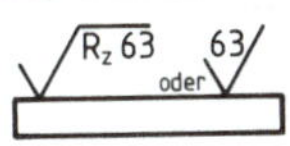	Saubere Oberfläche bei höheren Anforderungen

Rauheitsklasse	N 1	N 2	N 3	N 4	N 5	N 6	N 7	N 8	N 9	N 10	N 11	N 12
Mittenrauhwert R_a in µm	0,025	0,05	0,1	0,2	0,4	0,8	1,6	3,2	6,3	12,5	25	50

6

6.8.2 Gewinde nach DIN ISO 6410 (8.82), Vereinfachung nach DIN 27 (3.67)

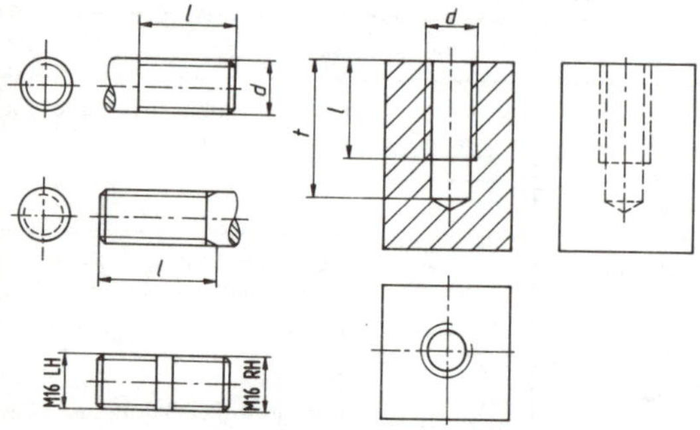

Gewindedarstellung und Bemaßung

1. Gewindespitzen und -begrenzung als breite, Gewindegrund und 3/4-Kreis als schmale Vollinie.
2. Verdeckte Kanten werden als Strichlinien ausgeführt.
3. Die Schraffur geht bis zu den Gewindespitzen.
4. Bemaßung mit genormtem Kurzzeichen, Größe und nutzbarer Länge, möglichst in einer Ansicht.
5. Linksgewinde mit Zusatz LH (left hand), bei Werkstücken mit Links- und Rechtsgewinden auch RH (right hand).
6. Gewindeauslauf nur bei entsprechender Funktion (Stiftschraube).
7. Normale Fasen (Senkungen) werden nicht bemaßt und in Achsrichtung nicht dargestellt.

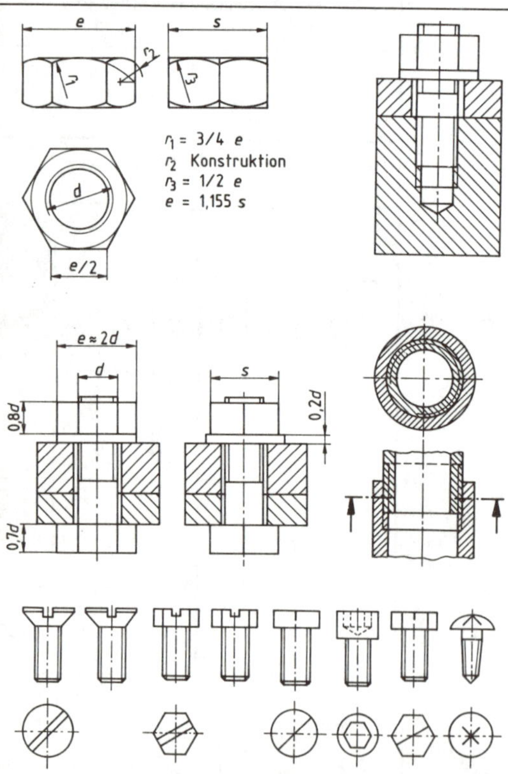

Schraubenverbindungen

1. Schraubenköpfe und Muttern werden entweder nach Normabmessungen mit Fasenkanten als Kreisbögen oder nach DIN 27 mit vereinfachten Maßen und Kanten gezeichnet.
2. Innengewinde erscheinen nur dort, wo sie von Außengewinden nicht verdeckt sind.
3. In Muttern und Scheiben werden verdeckte Kanten nicht dargestellt.
4. Die Gewindebegrenzung der vereinfachten Stiftschraube liegt auf der Trennlinie der Bauteile.
5. Bei Schlitzschrauben ist in zwei Ansichten die Nutform und in der dritten der Schlitz zu sehen – unter 45° bei Senk- und Zylinderschrauben, unter 30°/60° bei Sechskantschrauben.
6. Der vereinfachte Schlitz wird mit breiter Vollinie ausgeführt.

6.8 Konstruktives Zeichnen

6.8.3 Vereinfachte Darstellungen (Kleindarstellungen) nach DIN 30 (12.70)

<table>
<tr><th colspan="2">Bemaßung vereinfacht</th><th colspan="2">Bemaßung und Darstellung vereinfacht</th></tr>
<tr>
<td>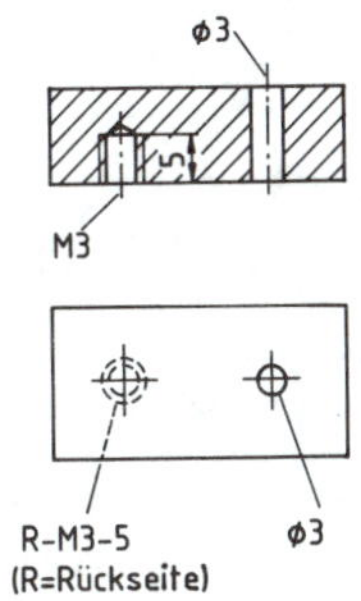
</td>
<td>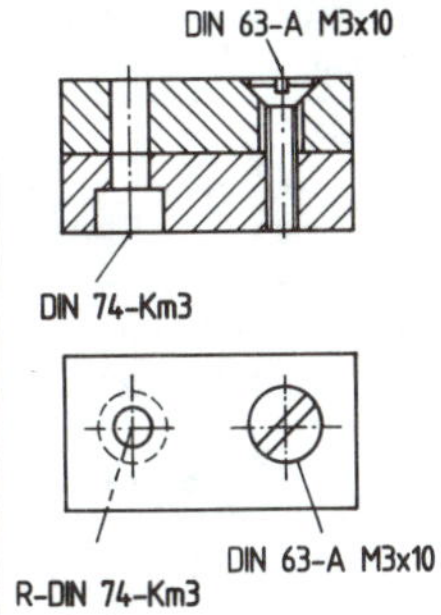
</td>
<td>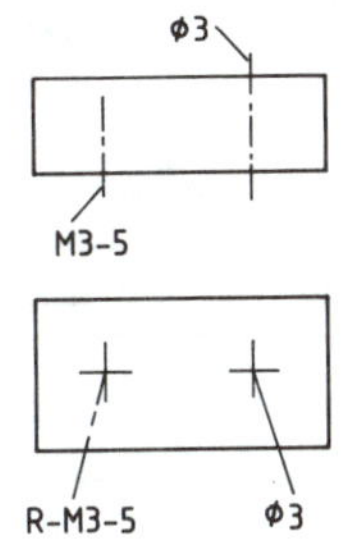
</td>
<td>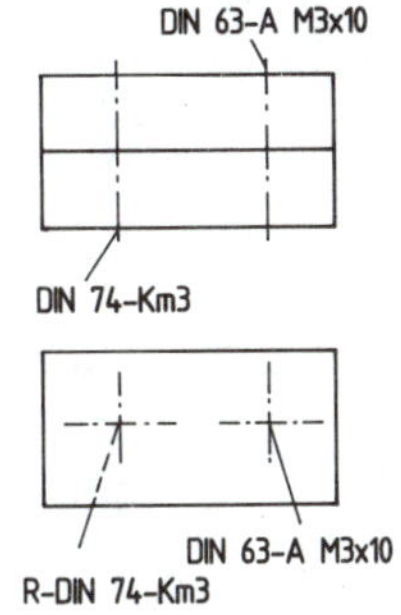
</td>
</tr>
</table>

6.8.4 Härteangaben nach DIN 6773 T2, 4, 5 (5.77), T3 (11.76)

Der Endzustand der wärmebehandelten Teile ist anzugeben. Dabei wird aus Funktionsgründen den Härtewerten die größtmögliche Plustoleranz zugeordnet. Falls erforderlich, ist die Meßstelle mit dem Symbol ⌖ zu kennzeichnen. Bei komplizierten Zeichnungen können die Härteangaben in ein Wärmebehandlungsbild (vereinfacht, verkleinert) in Schriftfeldnähe eingetragen werden.

<table>
<tr><th rowspan="2">Endzustand</th><th colspan="3">Wärmebehandlung</th></tr>
<tr><th>ganzes Werkstück gleich</th><th>Werkstück unterschiedlich</th><th>örtlich begrenzt</th></tr>
<tr>
<td>gehärtet
oder
gehärtet und
angelassen
oder
vergütet</td>
<td>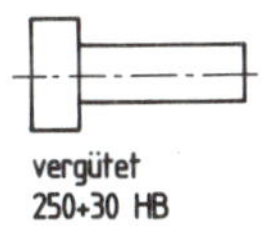
</td>
<td>
</td>
<td>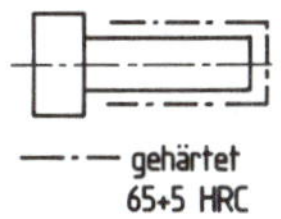
</td>
</tr>
<tr>
<td>randschicht-
gehärtet
oder
randschicht-
gehärtet und
angelassen</td>
<td>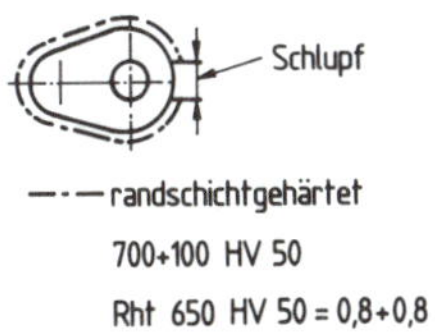

Rht: Einhärtungstiefe in mm mit Grenzhärte</td>
<td>Ganzzahnhärtung
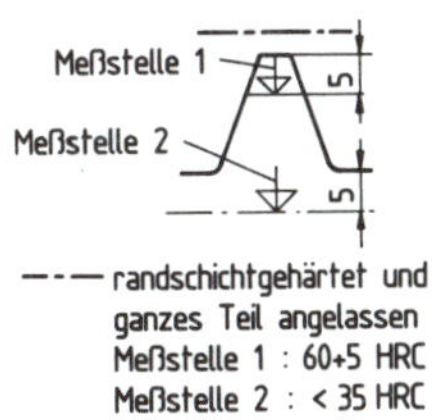
</td>
<td>Zahnflankenhärtung
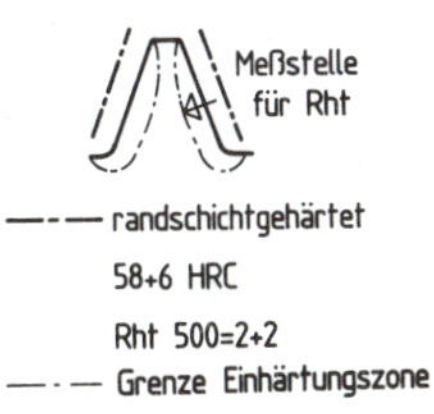
</td>
</tr>
<tr>
<td>einsatzgehärtet
oder
einsatzgehärtet
und angelassen</td>
<td rowspan="2">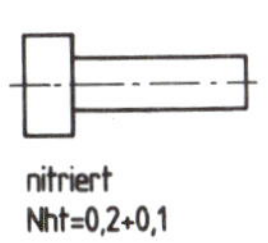

Nht: Nitrierhärtetiefe</td>
<td rowspan="2">Örtlich begrenzte oder unterschiedliche Wärmebehandlung erfordert meist erheblichen Mehraufwand.
Bereich ohne Kennzeichng.: ohne Wärmebehandlung.
Bereich Strichlinie: kann behandelt werden.</td>
<td rowspan="2">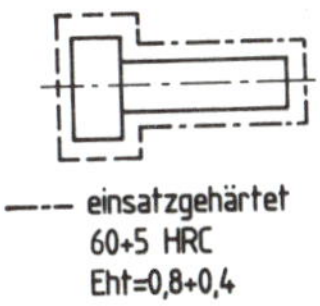

Eht: Einsatzhärtungstiefe</td>
</tr>
<tr><td>nitriert</td></tr>
</table>

6

6.8 Konstruktives Zeichnen

6.8.5 Schweiß- und Lötverbindungen

Stoßarten nach DIN 1912 T1 (6.76)

Stumpfstoß	Parallelstoß	Überlappstoß	T-Stoß	Doppel-T-stoß	Kreuzungsstoß	Schrägstoß	Eckstoß	Mehrfachstoß

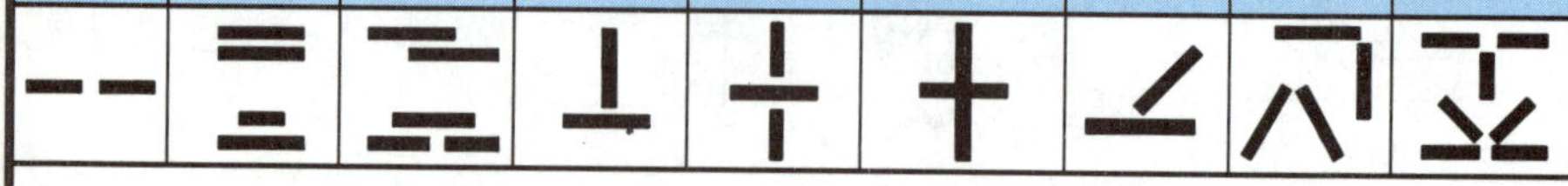

Schweiß- und Lötsymbole nach DIN 1912 T5 (2.79) – Grundsymbole

Symbol Name	zeichnerische Darstellung erläuternd / symbolhaft	Symbol Name	zeichnerische Darstellung erläuternd / symbolhaft
Bördelnaht	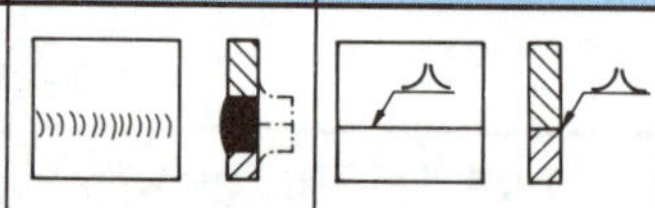	Lochnaht	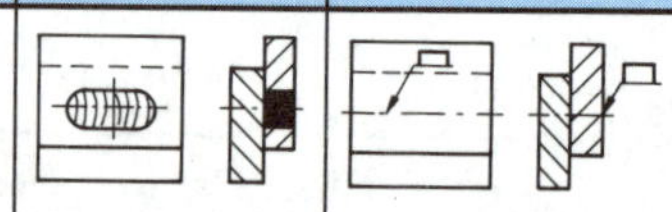
I-Naht	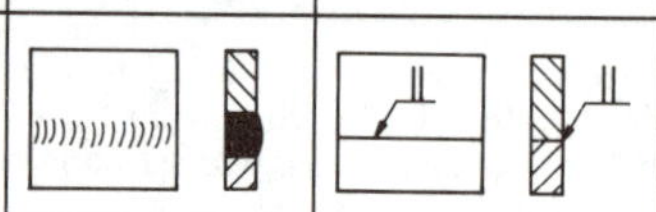	Punktnaht	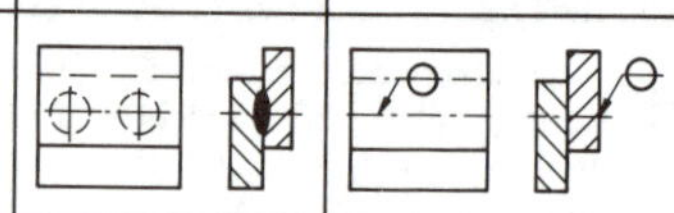
V-Naht	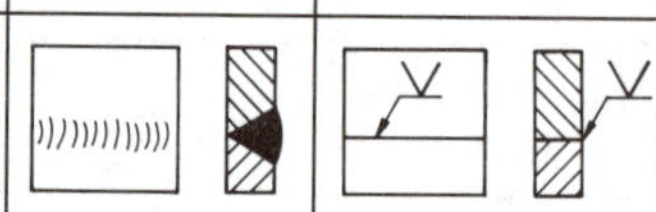	Liniennaht	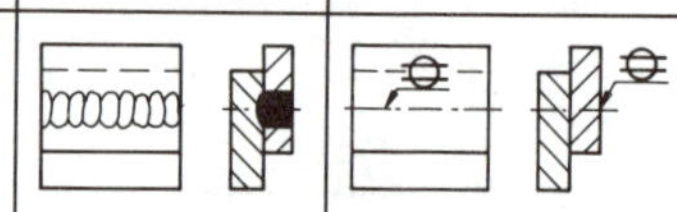
HV-Naht	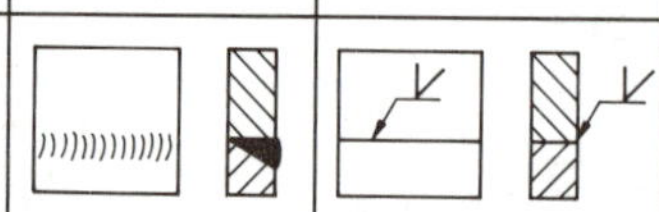	Steilflankennaht	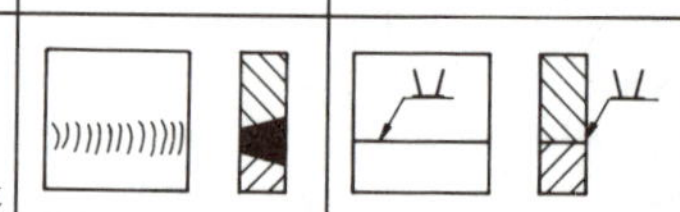
Y-Naht	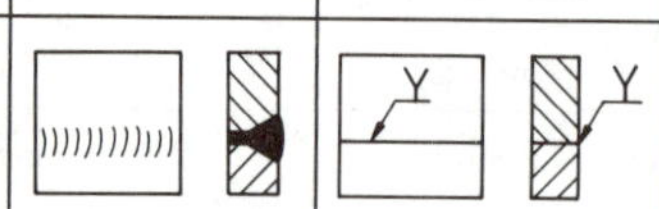	Halb-Steilflankennaht	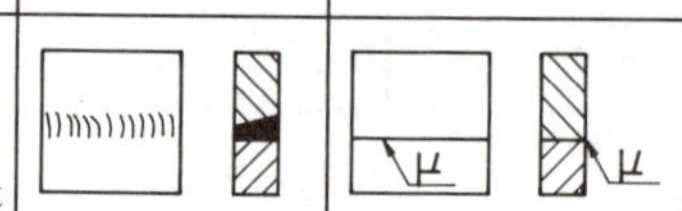
HY-Naht	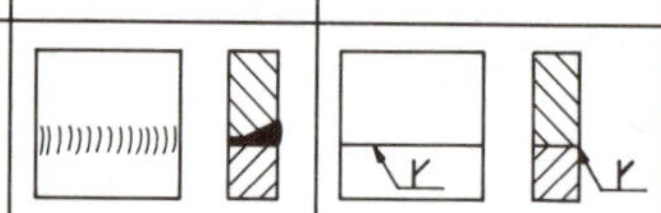	Stirnflachnaht	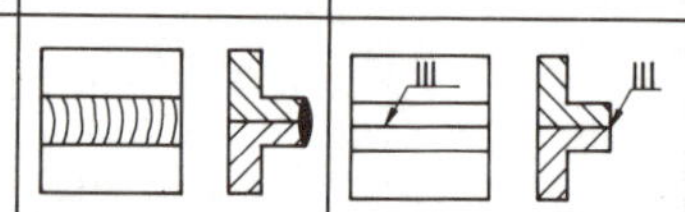
U-Naht	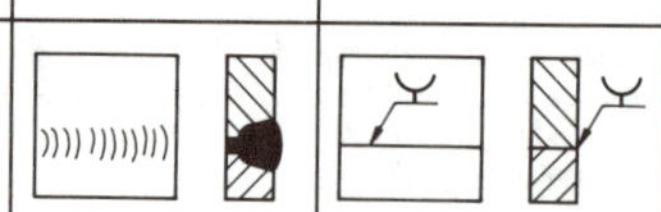	Flächennaht	
HU-Naht	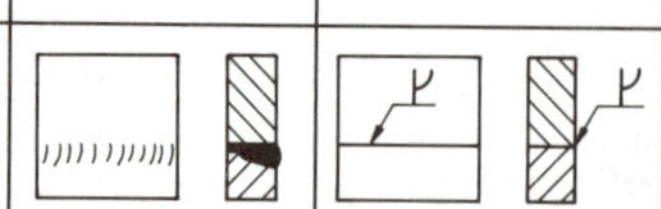	Schrägnaht	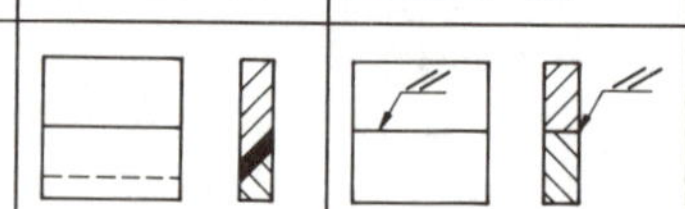
Kehlnaht	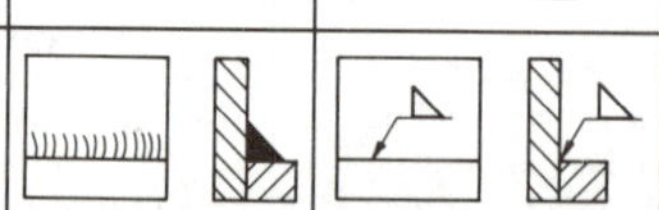	Falznaht	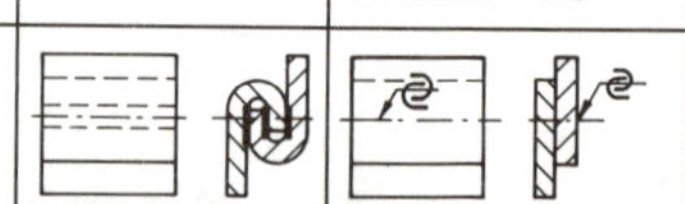

6.8 Konstruktives Zeichnen

Schweiß- und Lötsymbole nach DIN 1912 T5 (2.79)
Kombinationen von Grund-, Zusatz- und Ergänzungssymbolen, Beispiele

Benennung	zeichnerische Darstellung erläuternd	zeichnerische Darstellung symbolhaft	Benennung	zeichnerische Darstellung erläuternd	zeichnerische Darstellung symbolhaft
Doppel-I-Naht von beiden Seiten geschweißt	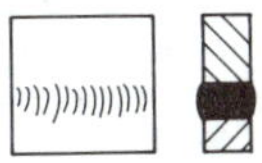	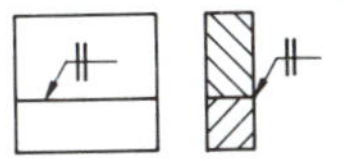	Doppel-U-Naht Montage-naht	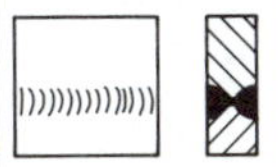	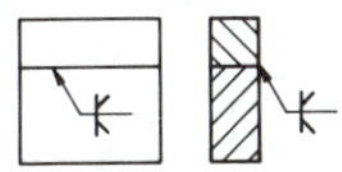
Doppel-V-Naht (X-Naht)	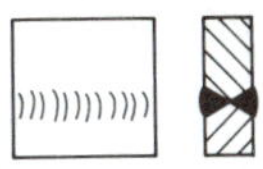	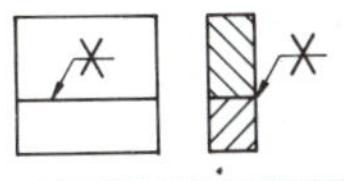	Doppel-HU-Naht (Doppel-Jot-Naht)	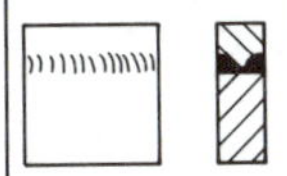	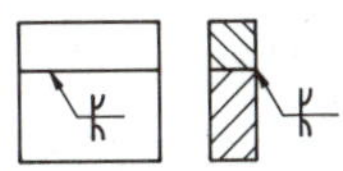
Doppel-HV-Naht (K-Naht)	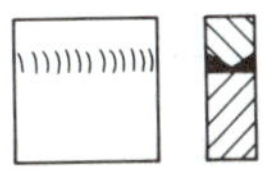	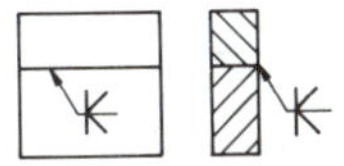	V-Naht mit Gegenlage, ebene Ober-flächen	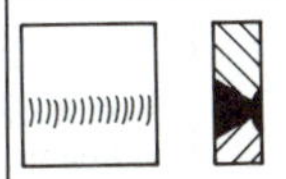	
Doppel-Y-Naht	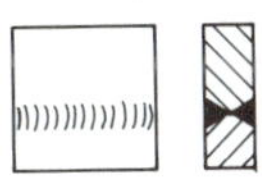	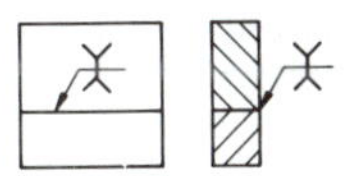	Kehlnaht mit hohler bzw. gewölbter Oberfläche	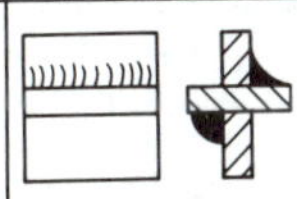	
Doppel-HY-Naht (K-Stegnaht)	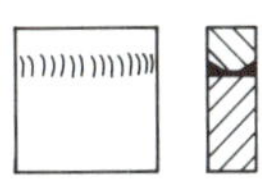	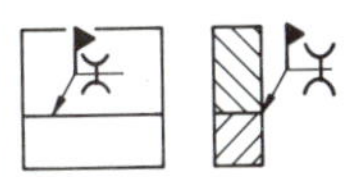	Doppel-kehlnaht, Kehlnaht ringsum ver-laufend	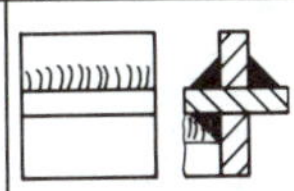	

Erscheint eine Schweißnaht in einer Zeichnung im Querschnitt, ist die bildliche Darstellung meist zweckmäßiger. Bei Schweißnähten, die in Längsrichtung zu sehen sind, ist die symbolhafte Bezeichnung häufig einfacher und übersichtlicher als die bildliche Schuppung.

Bemaßung von Schweiß- und Lötverbindungen nach DIN 1912 T6 (2.79)

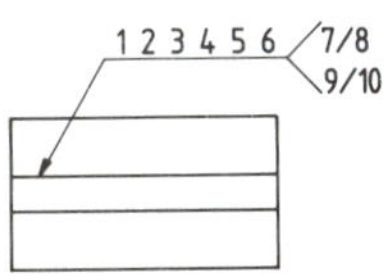

1. Ergänzungssymbol (Montagenaht, Naht ringsum laufend),
2. Stumpfnaht: Nahtdicke *s* (nur falls nicht durchgeschweißt), Kehlnaht: Nahtdicke *a*,
3. Schweißnahtsymbol,
4. Anzahl *n* der Nähte × Nahtlänge *l* (bei unterbrochenen Nähten),
5. Zeichen Z (für unterbrochene und versetzte Nähte),
6. Zwischenräume (*e*) (bei unterbrochenen Nähten),
7. Verfahren (Kennzahl nach ISO 4063 – 1978),
8. Bewertungsgruppe (z.B. DIN 8563 T2 (10.78)),
9. Schweißposition (DIN 1912 T2 (9.77)),
10. Zusatzwerkstoff (z.B. DIN 1732 T1 (4.75), DIN 1913 T1 (1.76), DIN 8556 T1 (3.76)).

I-Naht, nicht durchgeschweißt	Durchgehende Kehlnaht	Unterbrochene Doppelkehlnaht gegenüberliegend	Unterbrochene Doppelkehlnaht Vormaß *v*, versetzt
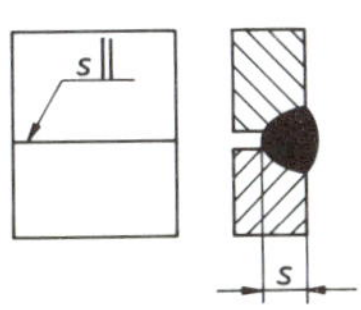	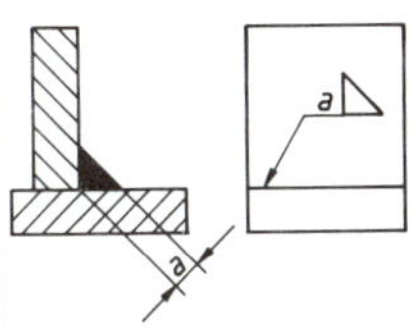	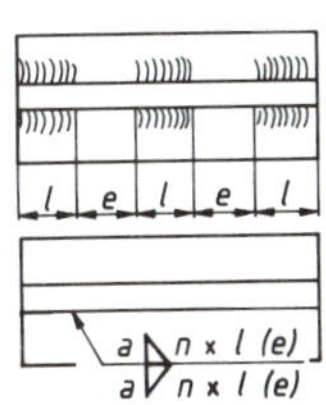	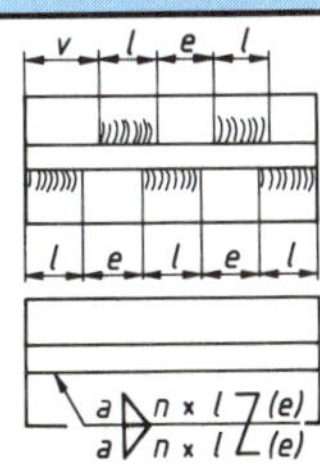

6.9 Leittexte zur Konstruktion, Teilzeichnung, Gesamtzeichnung

Informationsfluß

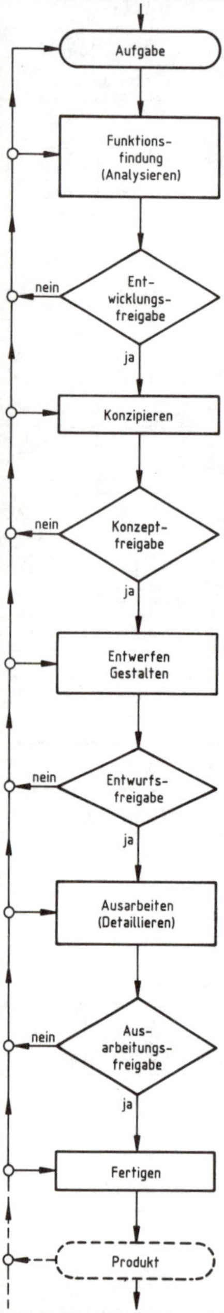

Konstruktion	Teilzeichnung
Orientierungsdaten nach VDI 2222: Pflichtenheft mit Forderungen, Wünschen 1. Planungsdaten Zweck, Eigenschaften des Produkts, Zeitplan, Kapazität, Kosten (Herstellung, Betrieb), Rechtsfragen 2. Anforderungsdaten physikalisch-technische Funktion, Technologie (Herstellung), Wirtschaftlichkeit, Mensch-Produkt-Umwelt-Beziehungen Informationen beschaffen: Auftraggeber, Kunden, Fachliteratur, Vorschriften, Normen, Patentliteratur, Konkurrenz	Zweck (z.B. Fertigung), Funktion, Wirkzusammenhänge, Bewegungsablauf, Beanspruchungen, Energie-, Informationsfluß, Schnittstellen, Element-System-Beziehungen Darstellungsregeln (Projektionsverfahren)
Gesamtfunktion abstrahieren: Maschine, Baugruppen, Einzelteile, Lösungsprinzipien, technisch-wirtschaftliche Bewertung, Konzepte als Skizzen, Schemata, Berechnungen von Konstruktionen, Simulation, Laborversuche (Kennlinien, Tabellen)	Notwendige Ansichten, Schnitte, Fertigungs-, Gebrauchslage, Maßstab, Liniengruppe, Zeichenblattgröße, Anordnung, Beschriftung, Skizze
Lösungsprinzipien kombinieren (Varianten), Auswahl von Gestaltungsbereichen, maßstäblicher Entwurf, Berechnung von Konstruktion, Einzelteilen, technisch-wirtschaftliche Bewertung, Bau von Funktionsmustern	Zeichenflächenaufteilung, Mittellinien, Rohteil, Bearbeitungsformen, Schnittarten, -verlauf, vereinfachte Darstellungen
Einzelteile gestalten und optimieren, Fertigungsunterlagen erstellen: Gesamt-, Teil-, Explosionszeichnungen, technische Texte: Stücklisten, Montage-, Demontage-, Einstell-, Prüf-, Funktions-, Wartungs-, Instandhaltungs-, Reparaturanweisungen	Genormte Werkstückdetails Bemaßung, Schraffur, Abmaße, Toleranzen, Form-, Lagetoleranzen, Werkstückkanten, Oberflächen-, Härteangaben, Schweiß-, Lötsymbole, Sonderangaben, Schriftfeld, Stückliste
Prototyping Produktionsplanung Produktionssteuerung Qualitätssicherung	Zeichnungsausführung

6.9 Leittexte zur Konstruktion, Teilzeichnung, Gesamtzeichnung

Gesamtzeichnung

- **Graphische Darstellungen**
- **Alphanumerische Darstellungen**
  - **Schriftfeld**
  - **Stückliste**

Graphische Darstellungen

- **Anordnung** in Gebrauchslage
- **Darstellung** häufig im Schnitt, um Innenformen zu zeigen, verdeckte Kanten nur, wenn zum Verständnis unbedingt notwendig
- **Nachbarbauteile** haben bei gleichem Nennmaß eine Berührungslinie, sonst zwei Linien, Schnittstelle, Element-System-Beziehungen, Wirkzusammenhänge (z.B. Kraft-, Form-, Stoffschluß, Führung, Lager)
- **Angrenzende Teile,** Umrisse mit Strichzweipunktlinie (z.B. Werkstück in Vorrichtung)
- **Grundform,** Rohteil, Hüllform
- **Bearbeitungsform,** teilweise vereinfacht (z.B. ohne unbedeutende Radien, Fasen)
- **Bemaßung,** nur wichtige Funktions-, Anschluß- und Montagemaße
- **Normteile,** gleichbleibende, bekannte Funktion, Form, Nachbarbauteile nach Tabelle, häufig vereinfachte Darstellung
- **Einzelteile,** Schraffur desselben Teils in allen Ansichten gleichartig, identische Teile erhalten nur eine Positionsnummer, die nur einmal einzutragen ist
- **Baugruppen** aus Einzelteilen werden innerhalb einer Gesamtzeichnung wie ein Teil behandelt (eine Positionsnummer, alle Einzelteile mit gleichartiger Schraffur)
- **Positionsnummer** für jedes Teil in doppelter Maßzahlgröße, eventuell eingekreist, Anordnung außerhalb des Umrisses in horizontalen und vertikalen Reihen mit Hinweislinien, Reihenfolge mit System (z.B. Montage, Baugruppe, Uhrzeigersinn), zusammengehörige Teile an einer Hinweislinie eintragen
- **Funktion,** Analyse, ähnliche, bekannte Geräte, Baugruppen, Teile, Bewegungsablauf (geradlinig, drehend, schwingend, Umformen, Führen, Lagern, Positionieren, Spannen)

Schriftfeld

- **Benennung,** Form, Funktion, Verwendung
- **Maßstab, Gewicht,** natürliche Größe
- **Werkstoff, Halbzeug, Rohteil-, Modell-, Gesenk-Nummer,** Form, Funktion, Behandlung, Fertigung
- **Zeichnungsnummer,** Sachnummern zum Identifizieren, Klassifizieren
- **Blatt,** Anzahl zusammengehöriger Zeichnungen
- **Firma, Zeichnungsersteller**
- **Verwendungsbereich, Änderungszustand**
- **Ursprung,** Nutzungsrechte
- **Bearbeiter, Datum, Erstellung**
- **Allgemeintoleranzen, Oberfläche**
- **ISO-Passungen,** Abmaße

Stückliste

- **Positionsnummer** (Pos., Pos.-Nr.), jede Position der Gesamtzeichnung
- **Menge, Einheit,** Stückzahl (Stck.), Gewicht (kg)
- **Benennung** nach Form, Funktion, immer in der Einzahl
- **Sachnummer,** Zeichnungsnummer zum Identifizieren, Klassifizieren
- **Norm-Kurzbezeichnung,** Normteile mit DIN-Nummer und Normabmessungen oder Halbzeuge mit Normabmessungen und Werkstoffnummer bzw. -kurzbezeichnung, Form, Funktion, Größe, Nachbarbauteil
- **Bemerkung,** Hinweise für Fertigung, Prüfung

6.10 Rechnergestütztes Zeichnen und Konstruieren – CAD

Technische Kommunikation – Datenfluß konventionell und computerunterstützt

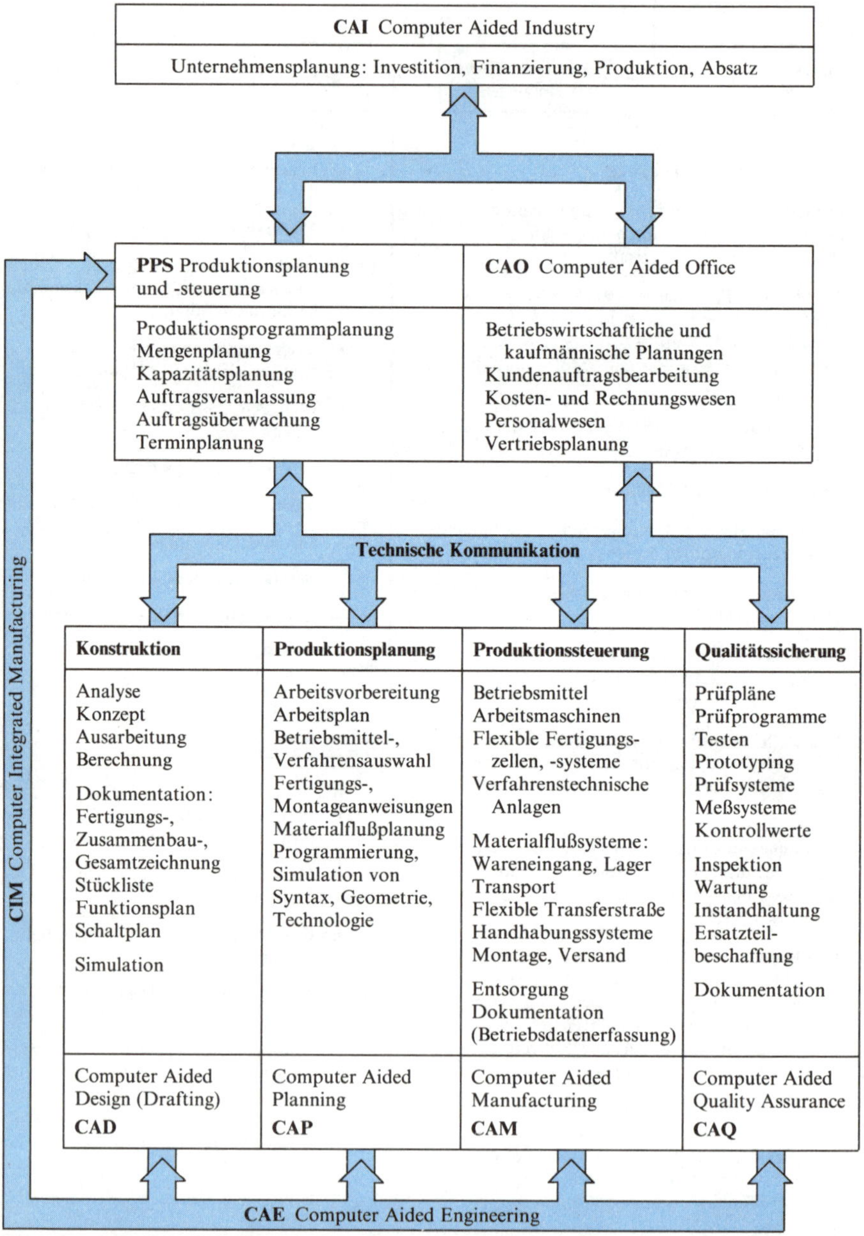

6.10 Rechnergestütztes Zeichnen und Konstruieren – CAD

CAD-Arbeitsplatz

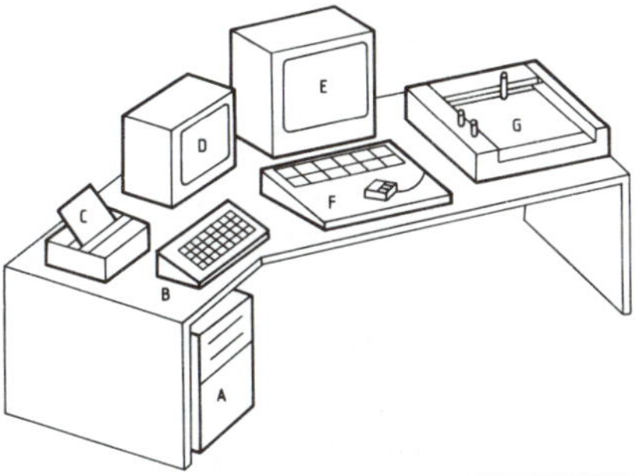

A **Rechner, Speicher**

B **Tastatur** für alphanumerische Daten, Befehle

C **Drucker** zur Textausgabe und Hardcopy

D **Alphanumerischer Bildschirm**

E **Graphischer Bildschirm**

F **Eingabetablett** mit Menüfeldern und Stift oder Lupe zur Bildschirmsteuerung

G **Plotter** zur Ausgabe von Zeichnungen

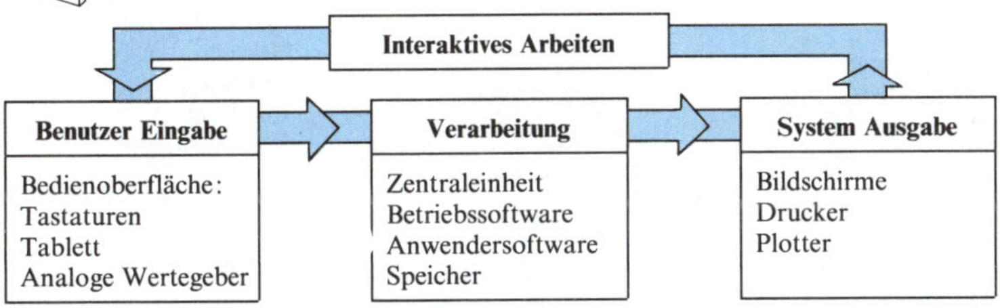

Rechnerinternes Modell	Darstellung	Merkmale
2-D-Kantenmodell 14 Konturelemente 13 Punktelemente	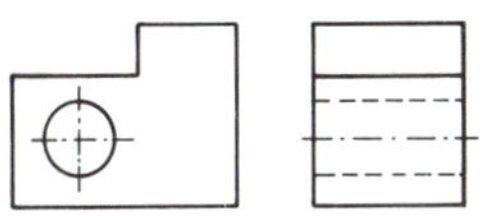	Keine rechnerinterne Verbindung zwischen den Ansichten. Erzeugung der Ansichten, Schnitte und verdeckten Kanten durch herkömmliche Projektion. Änderungen einzeln übertragen.
3-D-Kantenmodell 22 Konturelemente 18 Punktelemente	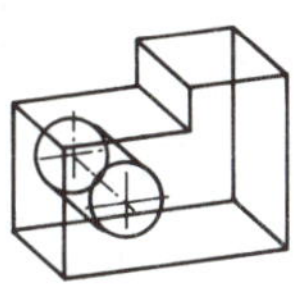	Keine rechnerinterne Information über Bauteilegeometrie zwischen den Kanten. Drehen des Körpers in beliebige Lage bzw. Änderung des Standpunktes möglich. Erzeugung beliebiger Ansichten, Perspektiven, Bewegungsanalysen von Bauteilen. Kein Ausblenden verdeckter Kanten und keine Schnitte.
3-D-Flächenmodell 9 Flächenelemente 19 Konturelemente 14 Punktelemente	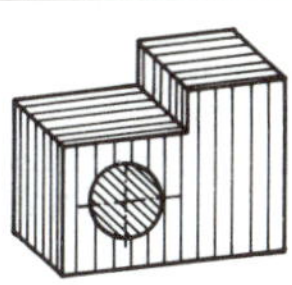	Keine rechnerinterne Information über Bauteilegeometrie zwischen den Flächen. Zusätzlich zum Kantenmodell ist möglich: Verdeckte Kanten ausblenden, Schnitterzeugung (ohne Schraffur), Durchdringungskurven und Flächenabwicklung.
3-D-Volumenmodell 3 Volumenelemente 9 Flächenelemente 19 Konturelemente 14 Punktelemente	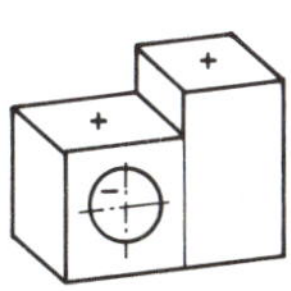	Vollständige rechnerinterne Information über Bauteilegeometrie. Zusätzlich zum Flächenmodell ist möglich: Automatische Zusammenstellung von Gesamtzeichnungen, Explosionsdarstellungen zur Montage und Wartung, Schattierungen und Lichtreflexe.

6.10 Rechnergestütztes Zeichnen und Konstruieren – CAD

CAD-Eingabesprache

Operatoren

- **Grundfunktionen**
  - Erzeugen
  - Ändern
  - Löschen
  - Ein-/Ausblenden
- **Ein-/Ausgabe**
  - Bildschirm
  - Bausteine laden
  - Daten verwalten
  - Plotten Hardcopy
- **Manipulation**
  - Verschieben
  - Drehen
  - Spiegeln
  - Kopieren
  - Skalieren
  - Dehnen
- **Hilfsfunktionen**
  - Zoomen
  - Trimmen
  - Berechnen
  - Systemparameter

- **Dateneingabe**
  - Zahlen Texte
- **Positionieren**
  - Neues Element plazieren: Koordinaten Fadenkreuz
- **Identifizieren**
  - Vorhandene Elemente auswählen: Fadenkreuz Namen

Operanden

- **Geometrische Grundelemente**
  - Punkt Strecke
  - Kreis Kreisbogen
  - Freihandkurve (Splines)
  - Äquidistante
- **Geometrische Grundkonstruktionen**
  - Lot Mittelsenkrechte
  - Strecken- Winkelteilung
  - Parallele Tangente
  - Rundung Fase
  - Bogenübergang
- **Zeichnungstechnische Elemente**
  - Bemaßungsarten
  - Schraffur
  - Toleranzen
  - Oberflächenangaben
  - Text Hinweise

Ebenentechnik

Die Zeichnungskomponenten werden auf verschiedene Ebenen (durchsichtige Folien) verteilt, die übereinandergelegt das Gesamtbild ergeben. Jede Ebene ist einzeln ein- oder auszublenden. Die Aufteilung ist zweckmäßig nach Geometrie, Bemaßung, Schraffur, Schriftfeld, Zeichnungsrahmen und Text. Vorteile ergeben sich beim Ändern, Zusammenstellen von Gesamtzeichnungen, CNC-Steuerinformationen (Konturteile entsprechenden Werkzeugen und Ebenen zuordnen).

Variantentechnik

Einkopieren von dynamischen Bildelementen zur Darstellung von Teilefamilien mit Maß- oder Gestaltsvarianten. Grundlage ist ein Programm zur Berechnung der abhängigen Größen. Gegenüber dem herkömmlichen Bemaßen mit Tabellen sind die maßstäbliche Ausgabe von Zeichnungen und Angebotszeichnungen im Baukastensystem möglich. Die Erstellung von Normteilkatalogen läßt sich gegenüber der Makrotechnik beschleunigen.

Makrotechnik

1. Befehlsmakros

Verwendung zur Eingabevereinfachung durch Zusammenfassen von häufig in gleicher Reihenfolge auftretenden Einzelbefehlen (z.B. Einstellen von Systemparametern wie Linienart, -breite, -farbe). Auswahl mit dem Menütablett.

2. Zeichenmakros

Einkopieren von statischen (in der Gestalt gleichen) Bildelementen in beliebige Position. Außer Skalieren besteht keine Änderungsmöglichkeit. Anwendung auf Wiederhol- und Normteile, betriebsspezifische Baugruppen (z.B. Gewinde, Schrauben, Wälzlager, Schaltplansymbole).

Dreidimensionale Darstellung

Eine neue Beschreibungstechnik im Raumkoordinatensystem ist erforderlich. Der Bildschirm wird in mehrere Bereiche (windows) für die einzelnen Ansichten unterteilt. Diese sind aber durch das rechnerinterne Abbildungsmodell miteinander verbunden. Ein Körper kann auf zwei Arten erfaßt werden:

1. Mathematisch exakt (analytische Geometrie) für Werkstücke, die spanend bearbeitet werden,
2. näherungsweise (approximierend) für Guß-, Schmiede- und Tiefziehteile mit Flächen höheren Grades.

6.10 Rechnergestütztes Zeichnen und Konstruieren – CAD

CAD-Handhabungstechnik

Zeichnungsausgabe	Manuelles Zeichnen	CAD – Eingabe
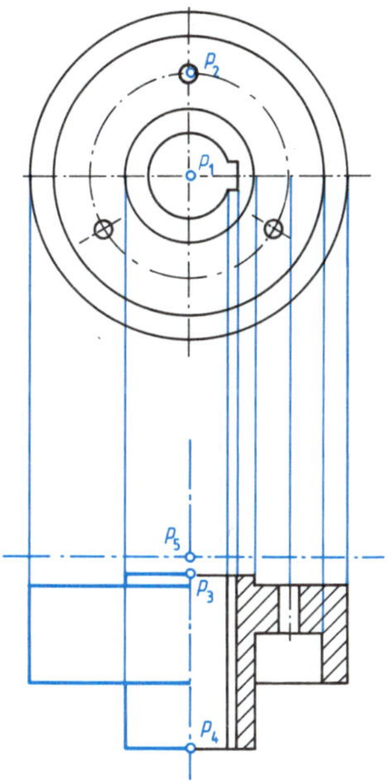	1. Seitenansicht Strichpkt.-Linie schmal Mittelpunkt P_1 Symmetrielinien Teilkreis	**Ebene 1** Systemparameter Linientyp Erzeugen, Punkt, Positionieren Erzeugen, Strecke durch P_1 (Identifizieren), Koordinaten Erzeugen, Kreis um P_1 (Identifizieren), Durchmesser
	Vollinie breit Kreise Bohrungen auf Teilkreis Paßfedernut	Systemparameter Linientyp Erzeugen, Kreis um P_1 (Identifizieren), Durchmesser Erzeugen, Kreis um P_2, Drehen um P_1, Winkel 120°, 2 Kopien Erzeugen, Parallele (Symmetrielinien Identifizieren), Trimmen (teilweise löschen, Kreisbogen)
	2. Vorderansicht Projektionslinien Strichpunktlinien Vollinie breit Außenkontur Umlaufende Kanten Innenkonturen	**Ebene 2** Hilfsfunktion Raster oder Parallelen Systemparameter Linie, Erzeugen, Strecke Systemparameter Linie Erzeugen, Elementkette von P_3 bis P_4 Spiegeln an Mittellinie $(\overline{P_3 P_4})$ Trimmen (teilweise verlängern) Erzeugen, Strecke, Hilfsfunktion Rasternetz ausblenden
	Vollinie schmal Schraffur, Winkel Abstand	**Ebene 3** Systemparameter Linie Schraffur, Winkel, Abstand, Flächen Identifizieren
	Bemaßung Maßhilfs-, Maßlinien, Maßzahlen, Maßpfeile,	**Ebene 4** Schriftgröße, Maßlinienbegrenzung, Maßanfangs-, -endpkt. Identifizieren Maßabstand Positionieren
		Baustein speichern
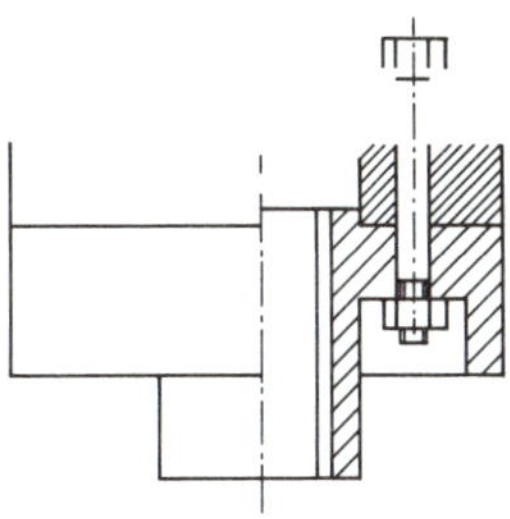	**3. Gesamtzeichnung** Neue Zeichnung	(Entwicklung vereinfacht) Baustein laden
	Linienarten rechte Kupplungshälfte, Schraffur Zentrierring Verschraubung	**Ebene 1** Erzeugen, Punkt P_5, Spiegelachse durch P_5, Positionieren, Spiegeln Trimmen der Strecken Zoomen (Bereich vergrößert darst.) Makro (Bildelement) laden, Skalieren (Maßstab), Positionieren, Dehnen (Länge anpassen)
	Hinweislinien Positionsnummern	**Ebene 2** Schriftgröße, Text Positionieren
		Baustein speichern
	Schriftfeld	Schriftfeld laden, Text
		Plotten

6

7 Fertigungsverfahren

Alle maschinellen und manuellen Vorgänge, die zur Herstellung von geometrisch bestimmten festen Körpern (Rohteil, Halbfertigteil oder Fertigteil) dienen, werden als Fertigungsverfahren bezeichnet. Hierzu gehören auch jene Vorgänge, die zur Veränderung der Stoffeigenschaften führen und Vorgänge, die zur Gewinnung fester Formen aus dem formlosen Zustand dienen.

Die DIN 8580 (6.75) ordnet alle Fertigungsverfahren systematisch unter drei Gesichtspunkten:

Verfahren dienen zur ...

Schaffung der Form eines Körpers	Veränderung der Form eines Körpers	Veränderung der Stoffeigenschaften eines Körpers
z. B. durch Gießen	z. B. durch Walzen	z. B. durch Flammvorschubhärten

Diese drei Verfahren werden unter dem Gesichtspunkt des „Einflusses des Bearbeitungsvorganges auf den Stoffzusammenhalt[1]) des Körpers" (schaffen, beibehalten, vermindern und vermehren) teilweise noch weiter untergliedert, so daß nach DIN 8580 die gesamten Fertigungsverfahren in **6 Hauptgruppen** eingeteilt werden:

Urformen	Umformen	Trennen	Fügen	Beschichten	Stoffeigenschaftsändern
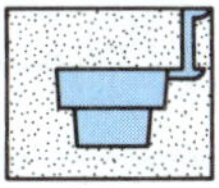 Gießen	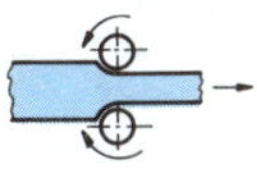 Walzen	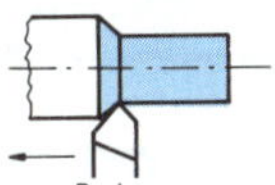 Drehen	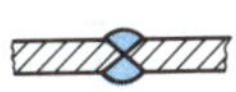 Schweißen	 Verzinken	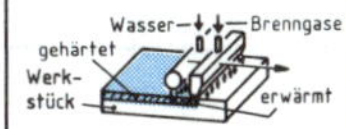 Flamm-Vorschubhärten

Diese 6 **Hauptgruppen** der Fertigungsverfahren untergliedern sich weiter in **Gruppen**[2]) und **Untergruppen**[2]), so daß sich die gesamten Verfahren genau unterscheiden und zuordnen lassen sowie die Art und Wirkungsweise der Werkzeuge erklärt und sachrichtig bezeichnet werden kann.

7.1 Urformen durch Gießen

Die Unterteilung der Urformverfahren nach DIN 8580 (6.75) erfolgt nach dem Ausgangszustand des zu formenden Werkstoffes, der in eine geometrisch bestimmte Form gebracht werden soll.

Urformen aus dem ...

gas- oder dampfförmigen Zustand	flüssigen, breiigen oder pastenförmigen Zustand	ionisierten Zustand	festen (körnigen oder pulverigen) Zustand
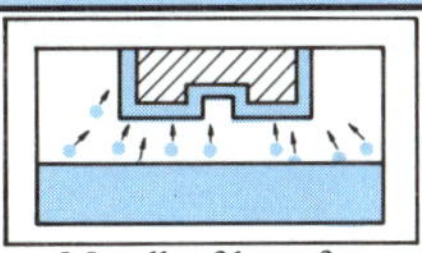 Metallaufdampfen	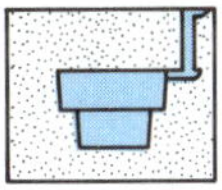 Gießen	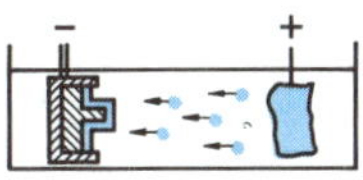 Galvanoplastik	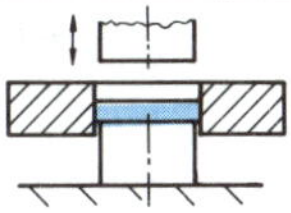 Sintern

Die z.Z. gültigen Normen beinhalten für diesen Bereich noch keine Unterteilung in **Untergruppen.** Beim Urformen ordnen sich die Teilchen (Atome, Atomrümpfe, Moleküle oder Sinterpulver) unter dem Einfluß von Temperaturunterschieden, Spannungsunterschieden oder mechanischen Kräften und nehmen entsprechend den Randbedingungen (z.B. Gießform) die gewünschte Form an.

[1]) Dieser Begriff bezieht sich sowohl auf Teilchen (Atome, Atomrümpfe und Moleküle) eines festen Körpers als auch auf Bestandteile eines zusammengesetzten Körpers (z.B. zwei Werkstücke, die durch eine Schraubverbindung zusammengehalten werden).

[2]) Die Gruppen und Untergruppen werden bei den einzelnen Verfahren benannt.

7.1 Urformen durch Gießen

7.1.1 Grundlagen zur Bestimmung der Gußrohteilnennmaße und Modellnennmaße

Beispiel: Aus der Fertigteilzeichnung oder Werkstattzeichnung (siehe Abb. 1) ergeben sich die Gußfertigteilnennmaße (d_{F1}, d_{F2}, h_{F1} und h_{F2}), der Genauigkeitsgrad dieser Gußfertigteilnennmaße (Toleranz DIN 1683 GTB 18), die erforderliche Oberflächenbeschaffenheit (zwei Flächen sollen nach dem Gießen spanend bearbeitet werden) und der Gußwerkstoff (Stahlguß).

1. Schritt:
Feststellung der Bearbeitungszugaben nach der Tabelle Bearbeitungszugaben für Stahlguß DIN 1683 S. 7-4 (siehe Wertetabelle Spalte 2). Die Bearbeitungszugabe wird nur nach dem größten Außennennmaß, im Beispiel d_{F1}, ermittelt.

2. Schritt:
Feststellung der Abmaße nach der Tabelle Gußallgemeintoleranzen (GT) für Stahlguß DIN 1683, S. 7-4 und Ermittlung der Gußrohteilnennmaße (siehe Wertetabelle Spalte 3, 6 und 7).

3. Schritt:
Feststellung des Schwindmaßes für Stahlguß nach der Tabelle Schwindrichtmaße DIN 1511, S. 7-5 und Ermittlung der Modellnennmaße (siehe Wertetabelle Spalte 4 und 8).

Modellnennmaß: $d_M = d_R + \frac{d_R \cdot S}{100\%}$

$$h_M = h_R + \frac{h_R \cdot S}{100\%}$$

d_R, h_R Gußrohteilnenndurchmesser bzw. -höhe
d_M, h_M Modellnenndurchmesser bzw. -höhe
S Schwindung

4. Schritt:
Feststellung der Formschräge (FS) nach DIN 1511, S. 7-4 und gegebenenfalls Ermittlung der Formschrägenbreite (b_{FS}) (siehe Wertetabelle Spalte 5). Die Formschräge ist eine erforderliche Gestaltsänderung, um Modell und Gießform unbeschadet voneinander trennen zu können.

Formschrägenbreite: $b_{FS} = \tan \alpha_{FS} \cdot h_M$

$\tan \alpha_{FS}$ Winkel der Formschräge
h_M Modellnennhöhe
b_{FS} Formschrägenbreite

Wertetabelle

Spalte	1	2	3	4	5	6	7	8
Maßbuchstabe	Fertignennmaß (F) in mm	Bearb.-zugabe (BZ) in mm	Abmaß (GT) in mm	Schwindmaß (S) in %	Formschräge (α_{FS}) in °	Formel für Gußrohteilnennmaß	Gußrohteilnennmaß (R) in mm	Modellnennmaß (M) in mm
d_1	200	–	±4,4	2	–	$d_{R1} = d_{F1} + \frac{GT}{2}$	204,4	208,5
d_2	100	4	±3,7	2	–	$d_{R2} = d_{F2} + 2 \times BZ + \frac{GT}{2}$	111,7	113,9
h_1	95	–	±3,7	2	0,5	$h_{R1} = d_{F1} + \frac{GT}{2}$	98,7	100,7
h_1	45	4	±3,2	2	1	$h_{R2} = h_{F2} + 1 \times BZ + \frac{GT}{2}$	52,2	53,2

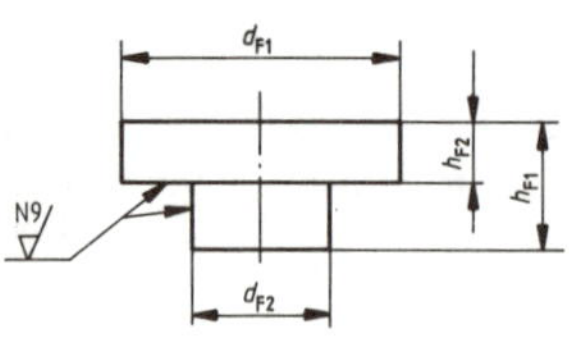

Gußfertigteilnennmaße

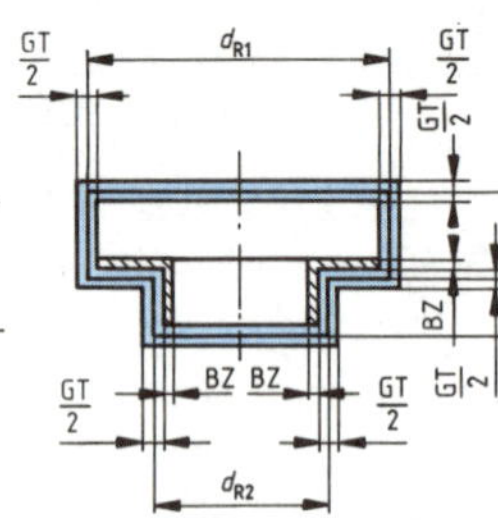

Gußrohteilnennmaße

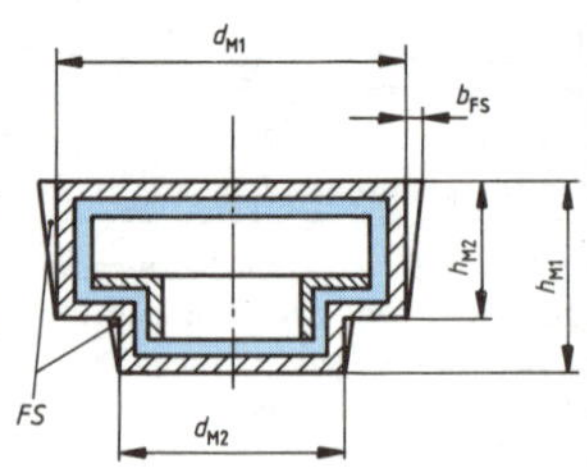

Modellnennmaße

7.1 Urformen durch Gießen

7.1.1.1 Gestaltungswerte für Gußrohteile aus Gußeisen mit Kugelgraphit und Lamellengraphit

Gußallgemeintoleranzen [1]) (GT) für GGG und GGL nach DIN 1885 und DIN 1686 (10.80)

Dickennennmaßbereich in mm über ··· bis 10 ··· 18	6 ··· 10	··· 6	Genauigkeitsgrad	Längennennmaßbereich in mm über ··· bis ··· 18	18 ··· 30	30 ··· 50	50 ··· 80	80 ··· 120	120 ··· 180	180 ··· 250	250 ··· 315	315 ··· 400	400 ··· 500
–	–	–	GTB 20	±4,5	±7,5	±8	±8,5	±9	±10	±11	±11	±12	±13
±4,5	–	–	GTB 19	±4,5	±4,7	±5	±5,5	±6	±6,5	±7	±7,5	±8	±8,5
±4,5	±2,5	–	GTB 18	±2,9	±3	±3,2	±3,4	±3,7	±4,1	±4,4	±4,7	±5	±5,5
±2,9	±2,5	±1,5	GTB 17	±1,8	±1,9	±2	±2,1	±2,3	±2,5	±2,7	±2,9	±3,1	±3,3
±1,8	±1,8	±1,5	GTB 16	±1,1	±1,2	±1,3	±1,4	±1,5	±1,6	±1,8	±1,9	±2	±2,1
±1,1	±1	±0,95	GTB 15	±0,85	±0,95	±1	±1,1	±1,2	±1,3	±1,4	±1,5	±1,6	±1,7

Die Istabweichung darf in keinem Fall mehr als ±25% des Nennmaßes betragen, darauf ist im **fett**umrandeten Bereich zu achten.

Bearbeitungszugaben (BZ) für Gußeisen mit Kugelgraphit nach DIN 1685 (10.85)

Bearbeitungszugaben		BZ für Gußstücke bis 1000 kg und 50 mm Wanddicke				eingeschränkte BZ, z.B. für Serienfertigung			
Nennmaßbereich in mm bezogen auf das größte Außennennmaß des Gußrohteiles		über ··· bis ··· 50	50 ··· 120	120 ··· 250	250 ··· 500	über ··· bis ··· 50	50 ··· 120	120 ··· 250	250 ··· 500
Bearbeitungszugabe in mm je nach Lage der Fläche in der Gießform	unten, seitlich	2	2,5	3	3,5	1	1	1,5	1,5
	oben	2,5	3	4	5	1,5	1,5	1,5	2

Bearbeitungszugaben (BZ) für Gußeisen mit Lamellengraphit nach DIN 1686 (10.80)

Bearbeitungszugabenbereich		BZ für Gußstücke bis 1000 kg und 50 mm Wanddicke				eingeschränkte BZ, z.B. für Serienfertigung			
Nennmaßbereich in mm bezogen auf das größte Außennennmaß des Gußrohteiles		über ··· bis ··· 50	50 ··· 120	120 ··· 250	250 ··· 500	über ··· bis ··· 50	50 ··· 120	120 ··· 250	250 ··· 500
Bearbeitungszugabe in mm je nach Lage der Fläche in der Gießform	unten, seitlich	2	2	2,5	2,5	1	1	1,5	1,5
	oben	2,5	2,5	3	3	1,5	1,5	1,5	1,5

Bezeichnungsbeispiel:
Toleranz und Zugabe DIN 1685 – GTB 18 – BZ 3/4
(① unter DIN 1685, ② unter GTB 18, ③ unter BZ 3/4)

①: Gußstück aus GGG, für das die Gußallgemeintoleranzen und Bearbeitungszugaben nach DIN 1685 gelten. ②: Gewählter Genauigkeitsgrad GTB 18 der Gußallgemeintoleranzen. ③: Die Bearbeitungszugabe für seitlich und unten liegende Flächen in der Gießform beträgt 3 mm und für oben liegende 4 mm.

[1]) Abmaße für Dicken und Längen (Längen, Breiten, Mittenabstände, Durchmesser, Rundungen) in mm

7.1 Urformen durch Gießen

7.1.1.2 Gestaltungswerte für Gußrohteile aus Stahlguß nach DIN 1683 (10.80)

Gußallgemeintoleranzen[1]) (GT)

Dickennennmaßbereich in mm über … bis			Genauigkeitsgrad	Längennennmaßbereich in mm über … bis									
30 … 50	18 … 30	… 18		… 30	30 … 50	50 … 80	80 … 120	120 … 180	180 … 250	250 … 315	315 … 400	400 … 500	500 … 630
±11	±7,5	±4,5	GTB 20	±7,5	±8	±8,5	±9	±10	±11	±11	±12	±13	±14
±9,5	±7,5	±4,5	GTB 19/5	±6	±6,5	±7	±7,5	±8	±9	±9,5	±10	±11	±11
±8	±7,5	±4,5	GTB 19	±4,7	±5	±5,5	±6	±6,5	±7	±7,5	±8	±8,5	±9,5
±6,5	±6	±4,5	GTB 18/5	±3,7	±3,9	±4,2	±4,5	±5	±5,5	±6	±6,5	±7	±7,5
±5	±4,7	±4,5	GTB 18	±3	±3,2	±3,4	±3,7	±4,1	±4,4	±4,7	±5	±5,5	±6
±3,9	±3,7	±3,6	GTB 17/5	±2,4	±2,5	±2,7	±2,9	±3,2	±3,5	±3,7	±4	±4,3	±4,6
±3,2	±3	±2,9	GTB 17	±1,9	±2	±2,1	±2,3	±2,5	±2,7	±2,9	±3,1	±3,3	–
±2,5	±2,4	±2,3	GTB 16/5	±1,5	±1,6	±1,7	±1,8	±2	±2,2	–	–	–	–

Die Istmaßabweichung darf in keinem Fall mehr als ±25% des Nennmaßes betragen, darauf ist im **fett**umrandeten Bereich zu achten.

Bearbeitungszugaben (BZ)

Bearbeitungszugabenbereich	Allgemeine Bearbeitungszugaben					Eingeschränkte BZ, z.B. für Serienfertigung				
Nennmaßbereich in mm bezogen auf das größte Außennennmaß des Gußrohteiles (über … bis)	… 50	50 … 120	120 … 250	250 … 400	400 … 500	… 50	50 … 120	120 … 250	250 … 400	400 … 500
Bearbeitungszugabe in mm	2	3	4	5	6	1	1,5	2	2,5	3

Mindestwerte für Innenrundungen (r_{min})

Wanddicke (s) in mm (über … bis)	… 10	10 … 30	30 …
r_{min} in mm	6	10	0,33 × s

Anmerkung: Die Mindestwerte für Innenrundungen sind zur Minderung der Rißgefahr erforderlich. Deshalb wird bei Innen- und Außenrundungen das ermittelte Toleranzfeld so gewählt, daß das untere Abmaß stets Null ergibt.
Beispiel: Statt $r = 20^{+1,5}_{-1,5}$, bei einem Genauigkeitsgrad GTB 16/5, gilt $r = 20^{+3}_{-0}$. Damit ergibt das untere Abmaß 0 mm und das obere Abmaß 3 mm.

7.1.1.3 Formschrägen (FS) nach DIN 1511 (4.78)

FS für Kernmarken		Lage der Formschräge	Formschrägen für äußere und innere Flächen an Modellen (über … bis)									
über 70	bis 70	Höhe der Fläche am Modell in mm	… 10	10 … 18	18 … 30	30 … 50	50 … 80	80 … 180	180 … 250	250 … 315	315 … 400	400 … 500
5	3	FS α in °	3	2	1,5	1	0,75	0,5				
		FS b_{FS} in mm							1,5	2	2,5	3

[1]) Abmaße für Dicken und Längen (Längen, Breiten, Mittenabstände, Durchmesser, Rundungen) in mm

7.1 Urformen durch Gießen

Bestimmung der Formschrägenbreite b_{FS} und Modellnennhöhe h_M:

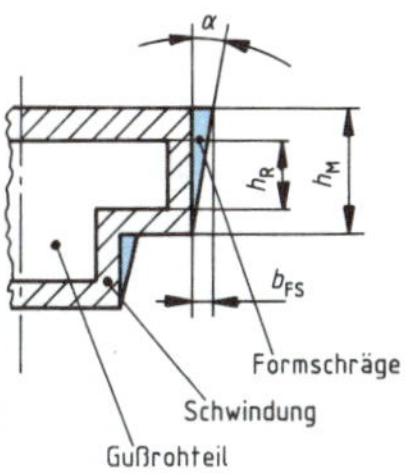

$b_{FS} = \tan\alpha \cdot h_M$

$\tan\alpha$ Winkel der Formschräge

$h_M = h_R + \frac{h_R \cdot S}{100\%}$

h_R Gußrohteilnennhöhe

S Schwindung in %

7.1.1.4 Schwindrichtmaße (S) nach DIN 1511 (4.78)

Gußwerkstoff	S in %	Gußwerkstoff	S in %
GG	1,0	G-Al-Legierungen	1,2
GGG, ungeglüht	1,2	G-Mg-Legierungen	1,2
GGG, geglüht	0,5	G-Zn-Legierungen	1,3
GS	2,0	G-CuSn-Legierungen	1,5
GTS	0,5	G-CuSnZn-Legierungen	1,3
GTW	1,6	G-CuZn-Legierungen	1,2

7.1.2 Gestaltungswerte für Modelle

7.1.2.1 Anstrich von Modellen nach DIN 1511 (4.78)

Fläche oder Flächenteil	GS	GGG	GG	GTW GTS	Leicht-metallguß	Schwer-metallguß
Farbe für unbearbeitet bleibende Flächen; Ziehkanten	blau	lila	rot	grau	grün	gelb
Am Gußteil zu bearbeitende Flächen (kleine Flächen ganzflächig streichen)	gelbe Striche					rote Striche
Sitzstellen loser Modellteile, allgemein	schwarz umrandet					
Stellen für Abdeckpl.; Marken für einzulegende Dorne	rot	rot	blau	rot	blau	blau
(1) Kernmarken, Lage des Kerns, (2) Hohlkehlen	(1) schwarz; (2) schwarz gestrichelt angedeutet mit Angabe des Halbmessers					
Verlorene Köpfe oder Aufgüsse	schwarze Streifen und entspr. Beschriftung					

7.1.2.2 Zusätzliche Maßabweichungen für Modelle nach DIN 1511 (4.78)

Nennmaßbereich in mm über	bis	Maßabweichungen in mm der verschiedenen Güteklassen (die in Klammern gesetzten Zahlen sind ein Anhaltswert für die Anzahl der Abformungen bei günstigen Kleinmodellformen) Güteklassen – Holzmodelle H1a; H1 (1000); (500)	H2; H3 (50); (5)	Güteklassen – Metallmodelle M1 (1000)	M2 (1000)	Güteklassen – Kunststoffmodelle K1 (1000)	K2 (50)
	30	±0,2	±0,4	±0,10	±0,15	±0,15	±0,25
30	50	±0,3	±0,5	±0,15	±0,20	±0,20	±0,30
50	80	±0,3	±0,6	±0,15	±0,25	±0,25	±0,35
80	120	±0,4	±0,7	±0,20	±0,30	±0,30	±0,45
120	180	±0,5	±0,8	±0,20	±0,30	±0,30	±0,50
180	250	±0,6	±0,9	±0,25	±0,35	±0,35	±0,60
250	315	±0,6	±1	±0,25	±0,40	±0,40	±0,65
315	400	±0,7	±1,1	±0,30	±0,45	±0,45	±0,70
400	500	±0,8	±1,2	±0,30	±0,50	±0,50	±0,80

7.1 Urformen durch Gießen

7.1.3 Gießkräfte

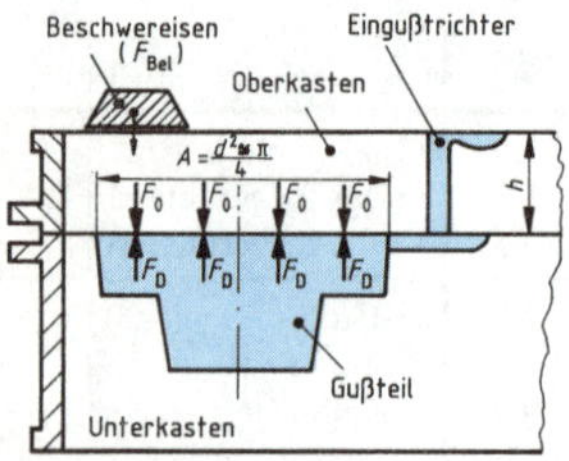

Kraft des Gießmetalls gegen die Decke des Oberkastens F_D

$$F_D = A \cdot h \cdot g \cdot \varrho_{Fl}$$

- A Fläche des Gußstückes in der Formteilung
- h Höhe des Oberkastens, bzw. Abstand des Schwerpunkts der Fläche zur Oberkante des Eingusses
- ϱ_{Fl} Dichte des Gießmetalles

Kraft des Oberkastens auf das Gußstück F_O

$$F_O = V_O \cdot g \cdot \varrho_{Fs}$$

- g Erdbeschleunigung (9,81 m/s^2)
- V_O Volumen des Oberkastens
- ϱ_{Fs} Dichte des Formsandes im Oberkasten

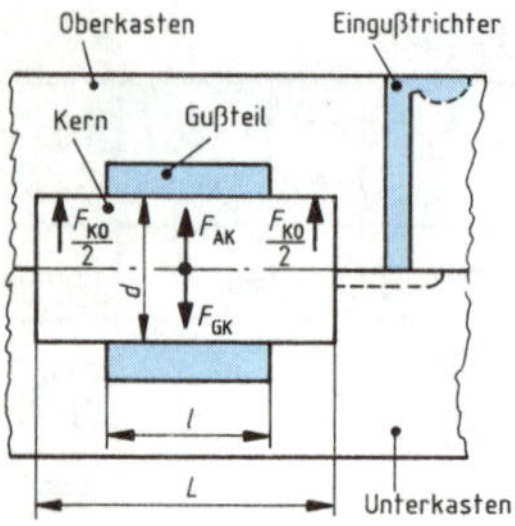

$$V_{FL} = \frac{d^2 \cdot \pi}{4} \cdot l$$

$$V_K = \frac{d^2 \cdot \pi}{4} \cdot L$$

Kraft des Kernes gegen den Oberkasten F_{KO}

$$F_{KO} = F_{AK} - F_{GK}$$

$$F_{AK} = V_{Fl} \cdot g \cdot \varrho_{Fl} \qquad F_{GK} = V_K \cdot g \cdot \varrho_K$$

- F_{AK} Auftriebskraft des Kerns
- F_{GK} Gewichtskraft des Kerns
- V_{Fl} Volumen des Gießmetalls, das durch den Kern verdrängt wird
- V_K Volumen des gesamten Kerns
- ϱ_K Dichte des Kernmaterials

Erforderliche Oberkastenbelastungskraft F_{Bel}

$$F_{Bel} = (F_D + F_{KO} - F_O) \cdot k$$

(Bei kernlosen Gußstücken entfällt F_{KO})

- k Sicherheitsfaktor 1,1 bis 1,5

7.1.4 Stoffwerte der Gießereitechnik (Mittelwerte)

Dichten von Roh- und Hilfsstoffen in kg/dm³				Dichten von luftgetrockneten Hölzern bei 12% Feuchtigkeit in kg/dm³			
Betonit	0,9	Schamotte	2,0	Ahorn	0,61	Kirschbaum	0,66
Chromerzsand	4,5	Steinkohlenstaub	0,6	Birnbaum	0,69	Linde	0,53
Modellgips	1,8	Ton	2,2	Erle	0,49	Nußbaum	0,64
Olivinsand	3,3	Wachs	0,96	Fichte	0,42	Tanne	0,41
Quarzsand	2,65	Zirkonsand	4,6	Kiefer	0,58	Ulme	0,67

Dichten flüssiger Gußwerkstoffe in kg/dm³			
Gußeisen	6,5	Al-Zn-Legierungen	2,7
Stahlguß	6,9	Cu-Pb-Sn-Legierungen	8,7
Temperguß	6,7	Cu-Sn-Legierungen	8,0
Aluminiumlegierungen	2,3	Cu-Zn-Legierungen	7,7
Magnesiumlegierungen	1,6	Cu-Sn-Zn-Legierungen	7,8

7.2 Umformen

Die Umformverfahren werden nach DIN 8580 (6.75) und DIN 8582 (4.71) unter dem Gesichtspunkt der wirksamen Spannung in der Umformzone unterschieden:

Druckumformen	Zugdruckumformen	Zugumformen	Biegeumformen	Schubumformen

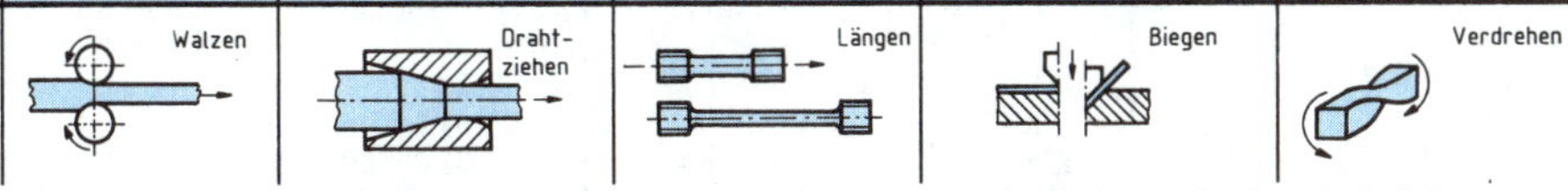

Die weitere Unterteilung der Verfahren in **Untergruppen** erfolgt nach den Kriterien: Relativbewegung zwischen Werkzeug und Werkstück, Werkzeuggeometrie und Werkstückgeometrie:

Druckumformen	Zugdruckumformen	Zugumformen	Biegeumformen	Schubumformen
Walzen	Durchziehen		Biegen mit geradliniger Werkzeugbewegung	
Freiformen	Tiefziehen			
Gesenkformen	Kragenziehen	Längen		
Eindrücken	Drücken	Weiten	Biegen mit drehender Werkzeugbewegung	Verschieben
Durchdrücken	Knickbauchen	Tiefen		Verdrehen

In der Umformzone werden die Körner (Kristallite) plastisch verformt (d.h. Gitterbereiche von Elementarzellen im Korn verschieben sich gegeneinander), während das Volumen gleich bleibt.

Körner in der Umformzone vor dem Umformen:

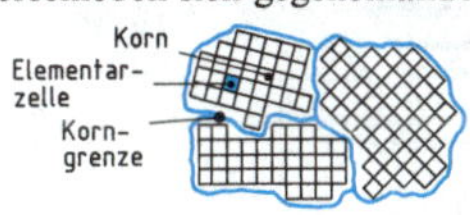

Körner in der Umformzone nach dem Umformen:

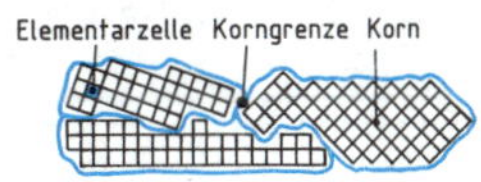

7.2.1 Umformen durch Tiefziehen

7.2.1.1 Ziehverhältnis (β)

Das Ziehverhältnis β kennzeichnet die Größe der Umformung. Beim Überschreiten des Ziehverhältnisses treten am Übergang vom Napfboden zur Zarge sogenannte Bodenreißer auf.

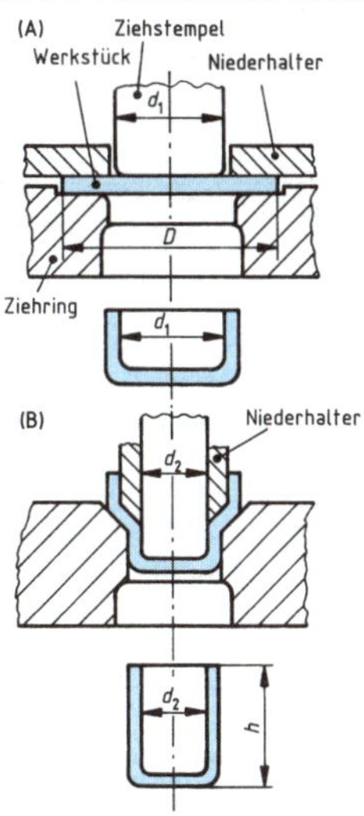

Tiefziehen; (A) Erstzug mit Napfzwischenform, (B) Weiterzug mit Napfendform

$$\beta_1 = \frac{D}{d_1}$$

$$\beta_2 = \frac{d_1}{d_2}$$

β_1 Ziehverhältnis im Erstzug
D Zuschnittdurchmesser (Ronde)
d_1 Stempeldurchmesser beim Erstzug (Fertigteildurchmesser bei Teilen, die im Erstzug hergestellt werden)
β_2 Ziehverhältnis im Weiterzug (Zweitzug)
d_2 Stempeldurchmesser beim Weiterzug

Beispiel: Es soll ein Napf ohne Rand aus St14 und ohne Zwischenglühen mit $d_2 = 56$ mm und $h = 73{,}5$ mm hergestellt werden.

Gesucht: $D = ?$, $d_1 = ?$, $d_2 = ?$, $\beta_1 = ?$, $\beta_2 = ?$

1. Schritt: Formel für Zuschnittdurchmesser aus Tabelle S. 7-8 entnehmen und D ermitteln;

$$D = \sqrt{d^2 + 4 \cdot d \cdot h} = \sqrt{(56\ \text{mm})^2 + 4 \cdot 56\ \text{mm} \cdot 73{,}5\ \text{mm}} = 140\ \text{mm}$$

2. Schritt: Ziehverhältnis β_1 und β_2 für St14 aus Tabelle S. 7-8 entnehmen; $\beta_1 = 2{,}0$, $\beta_2 = 1{,}3$

3. Schritt: Ermittlung des kleinsten Stempeldurchmessers d_1 und d_2 für den Erst- und Weiterzug;

$$d_1 = \frac{D}{\beta_1} = \frac{140\ \text{mm}}{2} = 70\ \text{mm};\quad d_2 = \frac{70\ \text{mm}}{1{,}3} = 53{,}8\ \text{mm}$$

Lösung: Da der errechnete Stempeldurchmesser ($d_2 = 53{,}8$ mm) kleiner ist als der gewünschte Stempeldurchmesser ($d_2 = 56$ mm), kann der Napf ohne Schwierigkeiten (Bodenreißer) mit $d_2 = 56$ mm gezogen werden.

7.2 Umformen

Faktoren für maximale Ziehverhältnisse (β)

Werkstoff	Ziehverhältnis β_1	β_2	β_{2z} [1])	Werkstoff	Ziehverhältnis β_1	β_2	β_{2z} [1])	Werkstoff	Ziehverhältnis β_1	β_2	β_{2z} [1])
St10	1,7	1,2	1,5	Cu (O_2-frei)	2,1	1,3	1,9	Al99,5w	2,1	1,6	2,0
St12	1,8	1,2	1,6	CuZn37w	2,1	1,4	2,0	AlMg1w	1,85	1,3	1,75
St13	1,9	1,25	1,65	CuZn37h	1,9	1,2	1,7	AlCuMg1plw	2,0	1,5	1,8
St14	2,0	1,3	1,7	CuZn10F24	2,1	1,3	1,9	AlCuMg1plka	1,8	1,3	1,5

Die angegebenen Werte wurden für $d_1 = 100$ mm und $s = 1$ mm ermittelt und gelten bis $d_1 : s = 300$

[1]) Ziehverhältnis (β_{2z}) beim Weiterzug mit Zwischenglühen

7.2.1.2 Formeln zur Berechnung der Zuschnittdurchmesser (D)

Die Oberfläche des Zuschnitts ist gleich der Oberfläche des fertigen Ziehteils

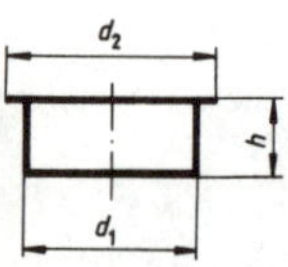

ohne Rand

$D=\sqrt{d_1^2+4\cdot d_1\cdot h}$

mit Rand

$D=\sqrt{d_2^2+4\cdot d_1\cdot h}$

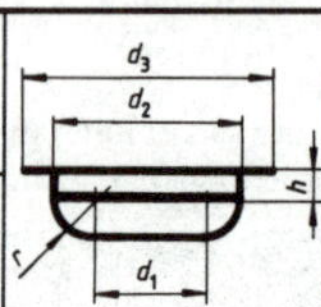

ohne Rand

$D=\sqrt{d_1^2+4\cdot(\frac{\pi}{2}\cdot r\cdot d_1+2\cdot r^2+h\cdot d_2)}$

mit Rand

$D=\sqrt{d_1^2+\pi\cdot r\cdot d_1+8\cdot r^2+4\cdot d_2\cdot h+d_3^2-d_2^2}$

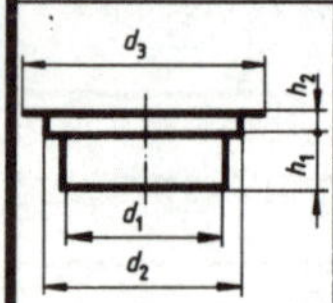

ohne Rand

$D=\sqrt{d_2^2+4\cdot(d_1\cdot h_1+d_2\cdot h_2)}$

mit Rand

$D=\sqrt{d_3^2+4\cdot(d_1\cdot h_1+d_2\cdot h_2)}$

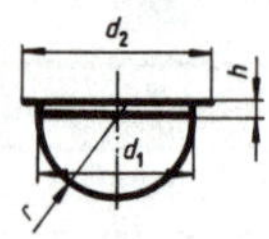

ohne Rand

$D=\sqrt{2\cdot d_1^2+4\cdot d_1\cdot h}$

mit Rand

$D=\sqrt{2\cdot d_1^2+4\cdot d_1\cdot h+(d_2^2-d_1^2)}$

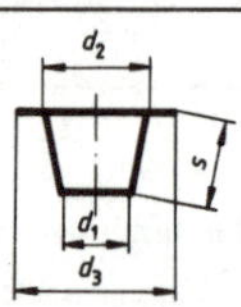

ohne Rand

$D=\sqrt{d_1^2+2\cdot s\cdot(d_1+d_2)}$

mit Rand

$D=\sqrt{d_1^2+2\cdot s\cdot(d_1+d_2)+d_3^2-d_2^2}$

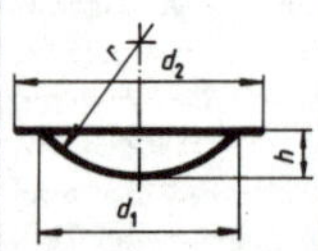

ohne Rand

$D=\sqrt{d_1^2+4\cdot h^2}$

mit Rand

$D=\sqrt{d_2^2+4\cdot h^2}$

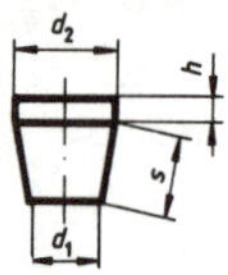

$D=\sqrt{d_1^2+2[s(d_1+d_2)+2\cdot d_2\cdot h]}$

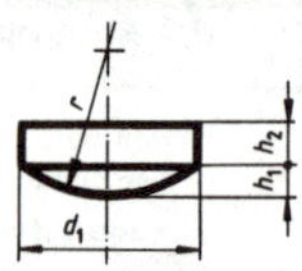

$D=\sqrt{d_1^2+4\cdot h_1^2+4\cdot d_1\cdot h_2}$

7.2.1.3 Schmierstoffe beim Tiefziehen

Werkstoffe	Schmierstoffe
unleg. Stähle	in Wasser emulgierbare Öle; für gebonderte Bleche genügt eine Kalkmischung bzw. Seifenwasser mit Graphit
Al und Al-Leg.	Petroleum mit Zusatz von kornfreiem Graphit; Rübölersatz; mineralische Fette
Cu und CuZn-Leg.	starke Seifenlauge mit Öl vermischt; Rüböl
hochleg. Stähle	Wasser-Graphit-Brei; dicke Mischung aus Leinöl-Bleiweiß mit 10% Schwefel

7.2 Umformen

7.2.1.4 Radien und Ziehspalt am Tiefziehwerkzeug

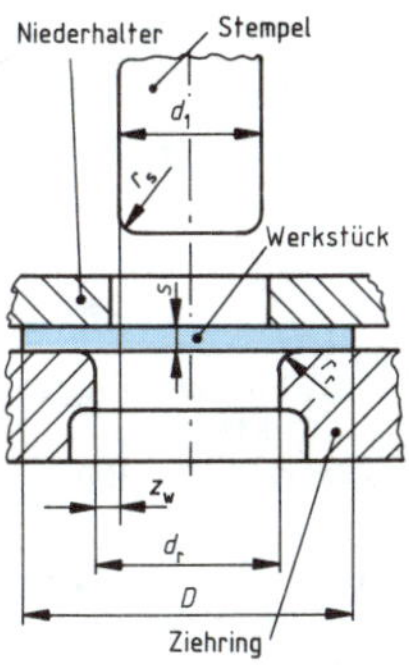

Radien am Tiefziehwerkzeug (r_r; r_s)

$$\mathbf{r_r = 0{,}05 \cdot [50 + (D - d_r)] \cdot \sqrt{s}}$$

$$d_r = d_1 + 2z_w$$

$$\mathbf{r_s = (0{,}1 \cdots 0{,}25)\,d_1}$$

$$\mathbf{r_{s\,min} = 5 \cdot s}$$

Ziehspalt (z_w)

$$\mathbf{z_w = s + a\sqrt{10 \cdot s}}$$

a	Werkstoffaktor
D	Zuschnittdurchmesser
d_r	Ziehringdurchmesser
d_1	Stempeldurchmesser
r_r	Radius am Ziehring
r_s	Radius am Stempel
$r_{s\,min}$	Mindestradius am Stempel
s	Blechstärke

Werte für den Werkstoffaktor (a)

Stahl	0,07	Sonstige NE-Metalle	0,04
Aluminium	0,02		

Beispiel: Es soll ein Napf ohne Rand aus St14 mit $D = 140$ mm, $d_1 = 70$ mm und $s = 1{,}5$ mm hergestellt werden.

Gesucht: $z_w = ?$, $r = ?$, $d_r = ?$ und $r_s = ?$

Lösung: $z_w = s + a\sqrt{10s}$

$= 1{,}5\text{ mm} + 0{,}07\sqrt{10 \cdot 1{,}55\text{ mm}}$

$z_w = 1{,}8$ mm

$d_r = d_1 + 2z_w = 70\text{ mm} + 2 \cdot 1{,}8\text{ mm} = 73{,}6\text{ mm}$

$r_r = 0{,}05 \cdot [50 + (D - d_r)] \cdot \sqrt{s}$

$r_r = 0{,}05 \cdot [50 + (140\text{ mm} - 73{,}6\text{ mm})] \cdot \sqrt{1{,}5\text{ mm}}$

$r_r = 7{,}1$ mm

$r_s = 0{,}1 \cdot d_1 = 0{,}1 \cdot 70\text{ mm} = 7\text{ mm}$

Kontrolle: $r_{s\,min} = 5s = 5 \cdot 1{,}5\text{ mm} = 7{,}5\text{ mm}$

Gewählt: $r_s = 7{,}5$ mm

7.2.1.5 Kräfte beim Tiefziehen

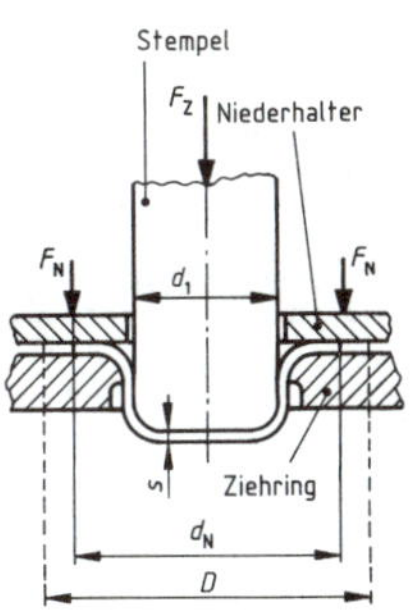

Bodenreißkraft (F_B)

$$\mathbf{F_B = A_B \cdot R_m}$$

$$\mathbf{A_B = \pi(d_1 + s) \cdot s}$$

Tiefziehkraft (F_z)

$$\mathbf{F_z = A_B \cdot R_m \cdot 1{,}2 \cdot \frac{\beta - 1}{\beta_{max} - 1}}$$

Niederhalterkraft (F_N)

$$\mathbf{F_N = \pi/4 - (D^2 - d_N^2) \cdot p}$$

Gesamtziehkraft (F)

$$\mathbf{F = F_z + F_N}$$

A_B	Bruchquerschnittsfläche
D	Zuschnittdurchmesser
d_1	Stempeldurchmesser
d_N	Auflagendurchmesser des Niederhalters auf dem Werkstück (dieser wird während des Ziehens kleiner)
p	Niederhalterdruck
R_m	Zugfestigkeit des Werkstückes
s	Blechstärke
β	beim Tiefziehen verwendetes Ziehverhältnis
β_{max}	max. Ziehverhältnis lt. Tab. S. 7-8

Werte für den Niederhalterdruck (p)

Stahl	25 bar	Al und Al-Leg.	12 ··· 15 bar
Cu und Cu-Leg.	20 ··· 24 bar		

Beispiel: Es soll ein Napf ohne Rand aus St14 mit $D = 140$ mm, $d_1 = 70$ mm, $s = 1{,}5$ mm und $\beta_1 = \beta_{1\,max}$ im Erstzug hergestellt werden.

Gesucht: F_B, F_z, p, F_N für $d_N = 90$ mm und F

Lösung: $F_B = A_B \cdot R_m = \pi(d_1 + s) \cdot s \cdot R_m$

$F_B = 3{,}14\,(70\text{ mm} + 1{,}5\text{ mm}) \cdot 1{,}5\text{ mm} \cdot 270\text{ N/mm}^2$

$F_B = 90{,}9$ kN (R_m aus Tab. S. 4-10)

$$F_z = A_B \cdot R_m \cdot 1{,}2 \cdot \frac{\beta_1 - 1}{\beta_{1\,max} - 1}$$

$$F_z = 90{,}9\text{ kN} \cdot 1{,}2 \cdot \frac{2-2}{2-1} = 109\text{ kN}$$

$p = 25$ bar (aus Tabelle) Umrechnungsfaktor für p: 1 bar = 10 N/cm²

$$p = 25\text{ bar} \cdot \frac{10\text{ N}}{\text{cm}^2 \cdot 1\text{ bar}} \cdot \frac{1\text{ cm}^2}{100\text{ mm}^2} = 2{,}5\text{ N/mm}^2$$

$$F_N = \frac{\pi}{4}\,(D^2 - d_N^2) \cdot p$$

$$F_N = \frac{3{,}14}{4}\,(140^2\text{ mm}^2 - 90^2\text{ mm}^2) \cdot 2{,}5\text{ N/mm}^2$$

$F_N = 22{,}6$ kN

$F = F_z + F_N = 109\text{ kN} + 22{,}6\text{ kN} = 131{,}6\text{ kN}$ (bei $d_N = 90$ mm)

7.2 Umformen

7.2.2 Umformen durch Biegen

7.2.2.1 Kleinster zulässiger Biegeradius (r_{zul}) nach DIN 6935 (10.75)

Werkstückstärke s in mm von	bis	r_{zul} in mm bei $\alpha \leq 120°$ für Stahl R_m in N/mm² bis 390	390 bis 490	490 bis 640
	1	1	1,2	1,6
1	1,5	1,6	2	2,5
1,5	2,5	2,5	3	4
2,5	3	3	4	5
3	4	5	5	6
4	5	6	8	8
5	6	8	10	10
6	7	10	12	12
7	8	12	16	16
8	10	16	20	20
10	12	20	25	25

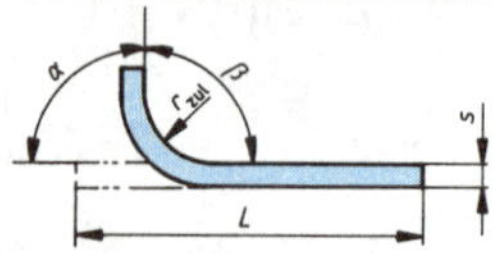

L gestreckte Länge
r_{zul} kleinster zulässiger Biegeradius
s Werkstückstärke[1])
α Biegewinkel
β Öffnungswinkel

Die angegebenen Werte in der Tabelle gelten für $\alpha \leq 120°$ und Biegungen quer zur Walzrichtung.
Erfolgt die Biegung längs zur Walzrichtung, so ist der nächsthöhere Tabellenwert zu verwenden.

Beispiel: Ein Blech mit $s = 3{,}5$ mm aus St 37 soll um $\alpha = 110°$ gebogen werden. Aus der Tabelle ergibt sich $r_{zul} = 5$ mm quer zur Walzrichtung, und längs zur Walzrichtung muß der nächsthöhere Wert angewendet werden, also $r_{zul} = 6$ mm.

Bei größeren Biegewinkeln ($\alpha \geq 120°$) ist ebenfalls der nächsthöhere Tabellenwert zu verwenden.
Im Beispiel müßte bei $\alpha = 140°$, $r_{zul} = 6$ mm bei einer Biegung quer zur Walzrichtung und $r_{zul} = 8$ mm bei einer Biegung längs zur Walzrichtung betragen.

7.2.2.2 Zuschnittsermittlung für unterschiedliche Biegewinkel

Gestreckte Länge (L) für Biegewinkel $\alpha = 90°$

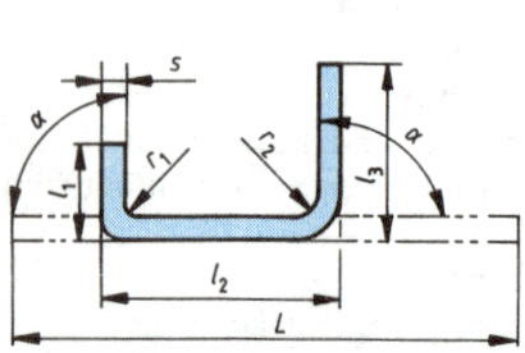

$$\boldsymbol{L = l_1 + l_2 + l_3 - (a_1 + a_2)}$$

a_1 Ausgleichswert für r_1
a_2 Ausgleichswert für r_2
l Schenkellänge
r Biegeradius ($r \geq r_{zul}$)
s Werkstückstärke

Beispiel: Ein Blech mit $s = 3{,}5$ mm aus St37 soll längs zur Walzrichtung wie dargestellt mit $l_1 = 50$ mm, $l_2 = 120$ mm, $l_3 = 80$ mm, $r_1 = r_{zul} = 6$ mm und $r_2 = 10$ mm ($r_2 > r_{zul}$) hergestellt werden.

Lösung: $L = l_1 + l_2 + l_3 - (a_1 + a_2) = 50\text{ mm} + 120\text{ mm} + 80\text{ mm} - (7{,}5\text{ mm} + 8{,}9\text{ mm}) = 233{,}6$ mm. Da nach DIN 6935 die ermittelte L auf volle mm aufzurunden ist, beträgt $L = 234$ mm.

Ausgleichswerte (a) für Biegewinkel $\alpha = 90°$ nach DIN 6935 (2.83)

Stärke s in mm / Ausgleichswert (a) in mm für Biegeradius r in mm	1	1,5	2	2,5	3	3,5	4	4,5	5	6	8	10
1	1,9	–	–	–	–	–	–	–	–	–	–	–
1,6	2,1	2,9	–	–	–	–	–	–	–	–	–	–
2,5	2,4	3,2	4,0	4,8	–	–	–	–	–	–	–	–
4	3,0	3,7	4,5	5,2	6,0	6,9	–	–	–	–	–	–
6	3,8	4,5	5,2	5,9	6,7	7,5	8,3	9,0	9,9	–	–	–
10	5,5	6,1	6,7	7,4	8,1	8,9	9,6	10,4	11,4	12,7	–	–
16	8,1	8,7	9,3	9,9	10,5	11,2	11,9	12,6	13,3	14,8	17,8	21,0
20	9,8	10,4	11,0	11,6	12,2	12,8	13,4	14,1	14,9	16,3	19,3	22,3
25	11,9	12,6	13,2	13,8	14,6	15,0	15,6	16,2	16,8	18,2	21,1	24,1
32	15,0	15,6	16,2	16,8	17,4	18,0	18,6	19,2	19,8	21,0	23,8	26,7
40	18,4	19,0	19,6	20,2	20,8	21,4	22,0	22,6	23,2	24,5	26,9	29,7
50	22,7	23,3	23,9	24,5	25,1	25,7	26,3	26,9	27,5	28,8	31,2	33,6
63	28,3	28,9	29,5	30,1	30,7	31,3	31,9	32,5	33,1	34,3	36,8	39,2
80	35,6	36,2	36,8	37,4	38,0	38,6	39,2	39,8	40,4	41,6	44,1	46,5
100	44,2	44,7	45,4	46,0	46,6	47,2	47,8	48,4	49,0	50,2	52,6	55,1

[1]) Wird in der Rundung bis etwa 20% geringer

7.2 Umformen

Gestreckte Länge (L) für beliebige Öffnungswinkel (β)

x-Diagramm

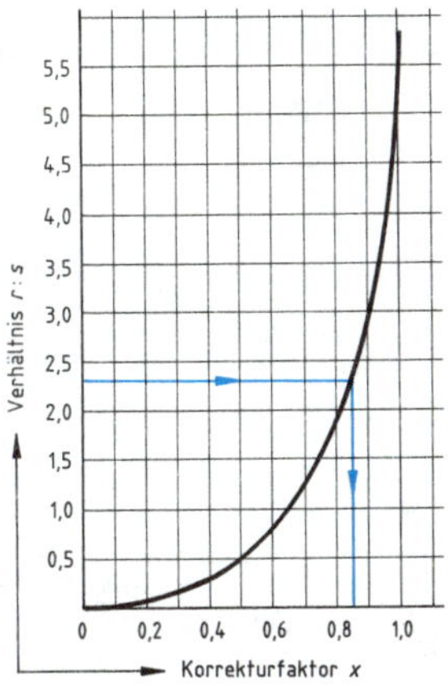

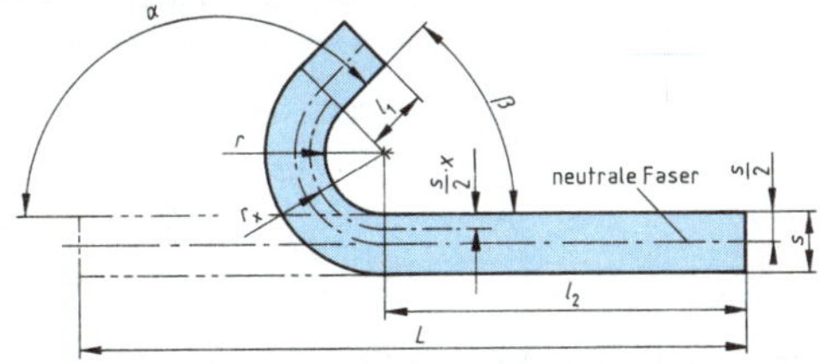

$$L = l_1 + l_2 + \frac{\pi \cdot \alpha \cdot r_x}{180°}$$

$$r_x = r + \frac{s}{2} \cdot x$$

$$\alpha = 180° - \beta$$

x Korrekturfaktor zur Berücksichtigung der Verschiebung der neutralen Faser

- L gestreckte Länge
- l gerade Schenkellänge
- r Biegeradius ($r \geq r_{zul}$)
- r_{zul} kleinster zulässiger Biegeradius nach Tab. S. 7-10
- r_x Biegeradius unter Berücksichtigung der Verschiebung der neutralen Faser
- s Werkstückstärke
- α Biegewinkel
- β Öffnungswinkel

Beispiel: Ein Blech mit $s = 3{,}5$ mm aus St37 soll längs zur Walzrichtung mit $l_1 = 70$ mm, $l_2 = 200$ mm, $r = 8$ mm und $\beta = 50°$ hergestellt werden.

Gesucht: $\alpha = ?$, $r_{zul} = ?$, $x = ?$ und $L = ?$

Lösung: $\alpha = 180° - \beta = 180° - 50° = 130°$

r_{zul} ergibt sich aus Tabelle S. 7-10:
$r_{zul} = 8$ mm. Da $r = r_{zul} = 8$ mm, darf das Blech mit $r = 8$ mm gebogen werden.

Der Korrekturfaktor x aus dem obigen Diagramm:

Für $\frac{r}{s} = \frac{8\text{ mm}}{3{,}5\text{ mm}} = 2{,}3$ beträgt $x = 0{,}84$.

Damit kann L errechnet werden:

$$L = l_1 + l_2 + \frac{\pi \cdot \alpha}{180°} \cdot \left(r + \frac{s}{2} \cdot x\right)$$

$$L = 70\text{ mm} + 200\text{ mm} + \frac{3{,}14 \cdot 130°}{180°} \cdot \left(8\text{ mm} + \frac{3{,}5\text{ mm}}{2} \cdot 0{,}84\right) = 291{,}4\text{ mm}$$

Da L auf volle mm aufzurunden ist, beträgt $L = 292$ mm.

7.2.2.3 Mindestbiegeradien (r) für Rohre nach DIN E 5508 (2.86)

Rohre aus Stahl (St35, USt37-2, RSt37-2			Rohre aus Aluminium-Knetlegierungen [1]			Rohre aus Kupfer			Erklärungen
d in mm	s_{min} in mm	r in mm	d in mm	s_{min} in mm	r in mm	d in mm	s_{min} in mm	r in mm	
6	1	16	10	1	35	6	1	25	Die angegebenen Biegeradien gelten für das Kaltbiegen der Rohre von Hand (bis $d \approx 20$ mm) oder mit Biegevorrichtung. Rohre mit geringeren Wandstärken erfordern größere Biegeradien.
>6–8	1	20	>10–14	1,5	40	>6–8	1	35	
>8–10,2	1	25	>14–18	1,5	60	>8–12	1	40	
>10,2–13,5	1	30	>18–20,4	1,5	80	>12–18	1	80	
>13,5–16	1	40	>20,4–22	1,5	90	>18–22	1	125	
>16–18,6	1	45	>22–25	1,5	100	>22–30	1	160	
>18,6–21,3	1,2	50	>25–32	2	125	>30–35	1	200	
>21,3–25	1,3	60	>32–35	2,5	140	>35–44,5	1,5	250	
>25–31,8	2	80	>35–42	2,5	160	>44,5–54	1,5	350	
>31,8–38	2	90	>42–55	3	250	>54–70	2	400	
>38–42,4	2	110	>55–70	4	315	>70–89	4	400	
>42,4–48	2,5	125	>70–76	4	400				
>48–60,3	2,9	160							
>60,3–76,1	4	200							
>76,1–90	4	250							
>90–108	5	315							
>108–120	5	350							

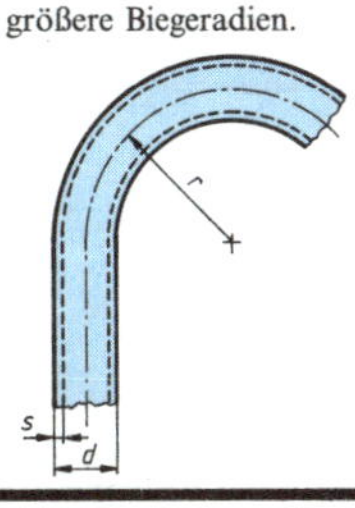

s_{min} Mindestwandstärke

[1]) Im weichgeglühten Zustand können dieselben Biegeradien wie bei Stahlrohren erzielt werden.

7

7.3 Trennen

Die Unterteilung der Trennverfahren nach DIN 8580 (6.75) und DIN 8588 (6.85) erfolgt nach der Art und Weise, wie bei einem festen Körper der Stoffzusammenhalt örtlich aufgehoben werden kann:

Zerteilen	Spanen [1]	Spanen [2]	Abtragen	Zerlegen (Z.)	Reinigen

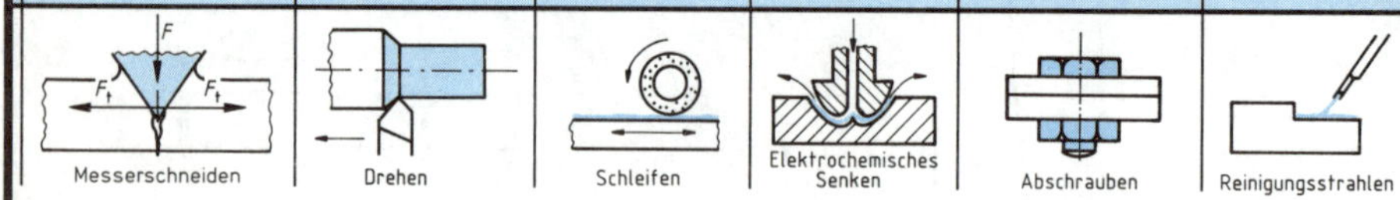

Die weitere Unterteilung der Verfahren in **Untergruppen** erfolgt nach unterschiedlichen werkzeug- und werkstückbezogenen Verfahrensmerkmalen:

Zerteilen	Spanen [1]	Spanen [2]	Abtragen	Zerlegen (Z.)	Reinigen
Scherschneiden Messerschneiden Beißschneiden Spalten Reißen Brechen	Drehen Bohren, Senken, Reiben Fräsen Hobeln, Stoßen Räumen Sägen Feilen, Raspeln Bürstspanen Schaben Meißeln	Schleifen mit rotierendem Werkzeug Bandschleifen Hubschleifen Honen Läppen Strahlspanen Gleitspanen	Thermisches Abtragen Chemisches Abtragen Elektrochemisches Abtragen	Auseinandernehmen Entleeren Lösen kraftschl. Verbindungen Z. von durch Urfomen gefügten Teilen Z. von durch Umfomen gefügten Teilen Ablöten Lösen v. Klebeverbindungen Z. textiler Verbindungen	Reinigungsstrahlen Mechanisches Reinigen Strömungstechnisches-Reinigen Lösungsmittelreinigen Chemisches Reinigen Thermisches Reinigen

In der Trennzone werden die Kräfte, die den Stoffzusammenhalt bewirken (Kohäsions-, Adhäsions- oder äußere mechanische Kräfte), örtlich auf mechanischem (z.B. Schneidkeil), thermischem, chemischem oder elektrochemischem Wege aufgehoben.

Beim Zerteilen z.B. hebt das Trennwerkzeug den Werkstoffzusammenhalt auf. Die dabei wirkenden Kräfte (F_t) pro mm² übersteigen die Zugfestigkeit (R_m) des Werkstückes, es reißt.

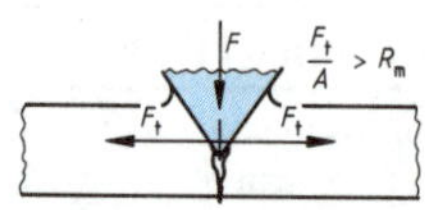

Vorgänge am Schneidkeil beim Zerteilen

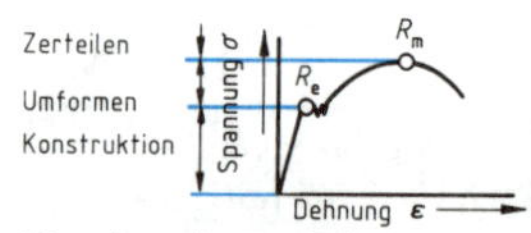

Vorgänge im σ-ε-Diagramm beim Zerteilen

7.3.1 Trennen durch Zerteilen

7.3.1.1 Scherschneiden

Formeln zur Berechnung der Schneidplattendurchbruch- (*Sch*) und Stempelabmessung (*St*) nach VDI 3368 (5.82)

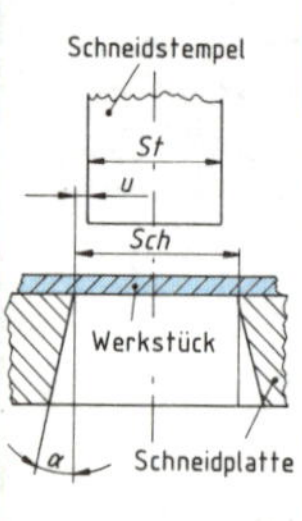

Art des Schneidens	Formel für $T \leq 0{,}05$ mm	Formel für $T > 0{,}05$ mm
Ausschneiden (Werkstück)	$\boldsymbol{Sch = K}$ $\boldsymbol{St = K - 2u_2}$	$\boldsymbol{Sch = K + 0{,}2 \cdot T}$ $\boldsymbol{St = K + 0{,}2 \cdot T - 2u}$
Lochen (Werkstück, L)	$\boldsymbol{St = G}$ $\boldsymbol{Sch = G + 2u_2}$	$\boldsymbol{St = G - 0{,}2 \cdot T}$ $\boldsymbol{Sch = G - 0{,}2\,T + 2u}$
Lochabstand (*L*)	$\boldsymbol{L = G - 0{,}5}$	
Abschneiden	$\boldsymbol{St = K + 0{,}2\,T - u;\ Sch = K + 0{,}2\,T}$	

G Größtmaß
K Kleinstmaß
T Werkstücktoleranz
u Schneidspalt bei „*Sch*" mit und ohne Freiwinkel α
u_1 Schneidspalt bei „*Sch*" mit Freiwinkel α
u_2 Schneidspalt bei „*Sch*" ohne Freiwinkel α

[1]) mit geometrisch bestimmten Schneiden
[2]) mit geometrisch unbestimmten Schneiden

7.3 Trennen

Richtwerte Schneidspalt (u) in Abhängigkeit von der Scherfestigkeit (τ_B) nach VDI 3368 (5.82)

Blechstärke s in mm	Schneidspalt u_1 in mm für $\alpha > 0°$ Scherfestigkeit τ_B in N/mm²				Schneidspalt u_2 in mm für $\alpha = 0°$ Scherfestigkeit τ_B in N/mm²			
	bis 250	251–400	401–600	über 600	bis 250	251–400	401–600	über 600
0,1	0,002	0,003	0,004	0,005	0,003	0,004	0,005	0,006
0,2	0,003	0,005	0,007	0,010	0,006	0,008	0,010	0,012
0,3	0,005	0,008	0,011	0,015	0,009	0,012	0,015	0,018
0,4–0,6	0,01	0,015	0,02	0,025	0,015	0,02	0,025	0,03
0,7–0,8	0,015	0,02	0,03	0,04	0,025	0,03	0,04	0,05
0,9–1,0	0,02	0,03	0,04	0,05	0,03	0,04	0,05	0,06
1,5–2,0	0,03	0,04–0,05	0,05–0,07	0,07–0,09	0,05	0,06–0,08	0,08–0,10	0,09–0,12
2,5–3,0	0,04	0,06–0,07	0,09–0,10	0,11–0,13	0,08	0,10–0,12	0,13–0,15	0,15–0,18
3,5–4,0	0,05–0,06	0,08–0,09	0,11–0,13	0,15–0,17	0,10–0,12	0,14–0,16	0,18–0,20	0,21–0,24

Beispiel: Es soll ein Werkstück aus Blech (Blechstärke 1 mm, Werkstoff St12) mit $D = 40$ mm und $d = 20^{+0{,}05}$ mm hergestellt werden.

Gesucht: $\alpha = ?$, $u_1 = ?$ für D, $u_2 = ?$ für d, $\tau_B = ?$
$St_d = ?$, $Sch_d = ?$, $St_D = ?$ und $Sch_D = ?$

Lösung: $\alpha = 18'$ aus Tabelle; $\tau_B \approx 0{,}8 \cdot R_m$ (R_m aus Tabelle S. 4-10) $R_m = 270 \cdots 410$ N/mm²

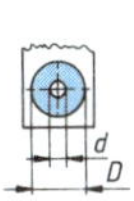

$\tau_B \approx 0{,}8 \cdot 410$ N/mm²
$\tau_B \approx 328$ N/mm² > 250 N/mm².

Damit kann u_1 und u_2 nach Tabelle ermittelt werden $u_1 = 0{,}03$ mm, $u_2 = 0{,}04$ mm;
Ermittlung von St und Sch (S. 7-12):
$St_d = G_d = 20{,}05$ mm;

$Sch_d = G_d + 2u_2 = 20{,}05$ mm $+ 2 \cdot 0{,}04$ mm
$Sch_d = 20{,}13$ mm; Toleranz (T) nach DIN 7168 aus Tabelle S. 5-2, $T_D = \pm 0{,}3$ mm; $Sch_D = K + 0{,}2 \cdot T_D$
$Sch_D = 39{,}7$ mm $+ 0{,}2 \cdot 0{,}6$ mm $= 39{,}82$ mm;
$St_D = K + 0{,}2\,T_D - 2u_1$
$St_D = 39{,}7$ mm $+ 0{,}2 \cdot 0{,}6$ mm $- 2 \cdot 0{,}03$ mm $= 39{,}76$ mm

Richtwerte für die Größe des Freiwinkels α

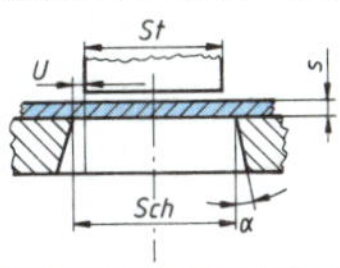

s	α
bis 1 mm	12′ ··· 18′
über 1 mm	30′ ··· 35′

7.3.1.2 Grundlagen für das Ausschneiden metallischer Werkstücke aus Streifen oder Bändern.

Ermittlung der Werkstückanzahl (n) aus einem Streifen oder Band

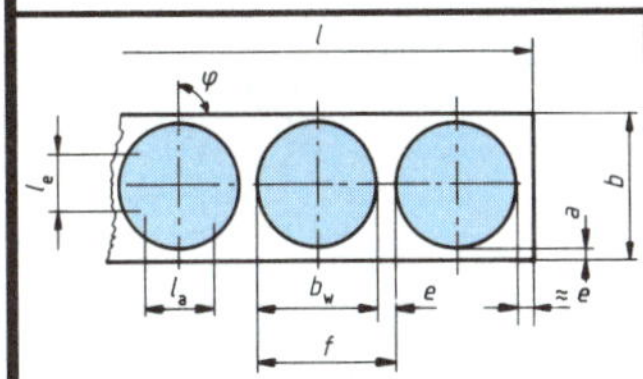

Werkstücke senkrecht zur Vorschubrichtung angeordnet

$$f = b_w + e$$

$$n = \frac{l - e}{f}$$

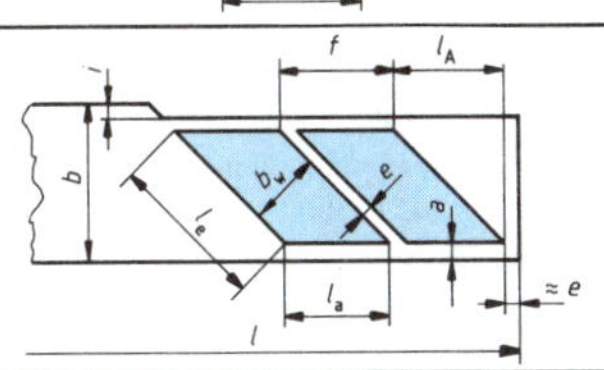

Werkstücke schräg zur Vorschubrichtung angeordnet

$$l_A = l_e \cdot \cos\varphi$$

$$f = \frac{b_w + e}{\sin\varphi} \qquad n = \frac{l - (e + l_A)}{f}$$

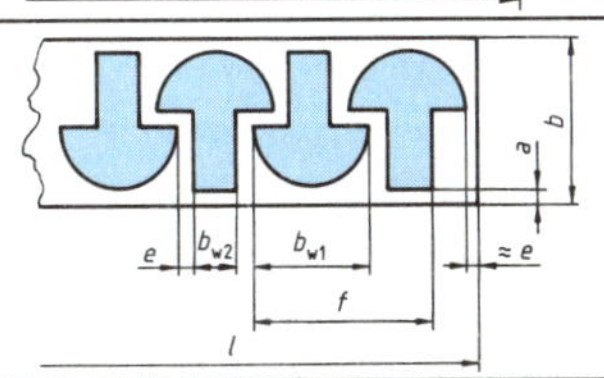

Werkstücke versetzt angeordnet

$$f = b_{w1} + b_{w2} + 2e$$

$$n = \frac{2 \cdot (l - e)}{f} - 1$$

- a Randbreite
- b Streifenbreite
- b_w Werkstücksbreite
- e Stegbreite
- f Vorschub
- i Seitenschneiderabfall
- l Streifenlänge
- l_A Anschnittslängenverlust
- l_a Randlänge
- l_e Steglänge
- n Anzahl der Werkstücke je Streifen oder Band
- φ Lage des Werkstückes zur Vorschubrichtung

7.3 Trennen

Mindestwerte für Stegbreiten-, Randbreiten- und Seitenschneiderabfälle (i) nach VDI 3367[1])

Streifenbreite in mm	Steglänge l_e, Randlänge l_a in mm	Stegbreitenabfall[3]) e und Randbreitenabfall[3]) a in mm — Werkstoffstärke s in mm: 0,1	0,3	0,5	0,75	1,0	1,25	1,5	1,75	2,0	2,5	3,0	e; a
bis 100	bis 10[2])	0,8	0,8	0,8	0,9	1,0	1,2	1,3	1,5	1,6	1,9	2,1	e
		1,0	0,9	0,9	0,9	1,0	1,2	1,3	1,5	1,6	1,9	2,1	a
	11 ··· 50	1,6	1,2	0,9	1,0	1,1	1,4	1,4	1,6	1,7	2,0	2,3	e
		1,9	1,5	1,0	1,0	1,1	1,4	1,4	1,6	1,7	2,0	2,3	a
	51 ··· 100	1,8	1,4	1,0	1,2	1,3	1,6	1,6	1,8	1,9	2,2	2,5	e
		2,2	1,7	1,2	1,2	1,3	1,6	1,6	1,8	1,9	2,2	2,5	a
	über 100	2,0	1,6	1,2	1,4	1,5	1,8	1,8	2,0	2,1	2,4	2,7	e
		2,4	1,9	1,5	1,4	1,5	1,8	1,8	2,0	2,1	2,4	2,7	a
Seitenschneiderabfall		1,5	1,5	1,5	1,5	1,5	1,8	2,2	2,5	3,0	3,5	4,5	
bis 200	bis 10[2])	0,9	1,0	1,0	1,0	1,1	1,3	1,4	1,6	1,7	2,0	2,3	e
		1,2	1,1	1,1	1,0	1,1	1,3	1,4	1,6	1,7	2,0	2,3	a
	11 ··· 50	1,8	1,4	1,0	1,2	1,3	1,6	1,6	1,8	1,9	2,2	2,5	e
		2,2	1,7	1,2	1,2	1,3	1,6	1,6	1,8	1,9	2,2	2,5	a
	51 ··· 100	2,0	1,6	1,2	1,4	1,5	1,8	1,8	2,0	2,1	2,4	2,7	e
		2,4	1,9	1,5	1,4	1,5	1,8	1,8	2,0	2,1	2,4	2,7	a
	über 100	2,2	1,8	1,4	1,6	1,7	2,0	2,0	2,2	2,3	2,6	2,9	e
		2,7	2,2	1,7	1,6	1,7	2,0	2,0	2,2	2,3	2,6	2,9	a
Seitenschneiderabfall		1,5	1,5	1,5	1,5	1,8	2,0	2,5	3,0	3,5	4,0	5,0	

Werkstoffausnutzungsgrad η je Streifen oder Band

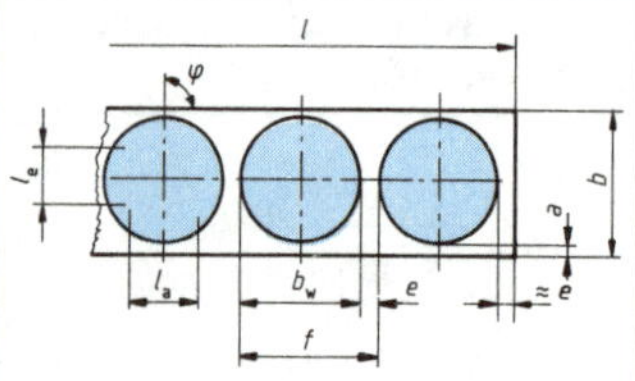

$$\eta = \frac{n \cdot A}{l \cdot b}$$

- A Fläche eines Werkstückes
- b Streifenbreite
- f Vorschub
- l Streifenlänge
- n Anzahl der Werkstücke je Streifen oder Band
- a, e, b_w siehe S. 7-13

Beispiel: Es sollen aus einer Blechtafel (2000 mm × 1000 mm × 1,5 mm) Werkstücke mit D = 140 mm, $A = \frac{d^2 \cdot \pi}{4} = 15386\ \text{mm}^2$ (Ronden zum Tiefziehen) gefertigt werden. Der Tafelanschnittsverlust (l_A = 5 mm ··· 10 mm) beträgt l_A = 5 mm und der Tafelreststreifenverlust (l_y), bedingt durch den Abstand y des Blechhalters vom Tafelmesser (je nach Bauart der Tafelschere bis 60 mm), l_y = 40 mm.

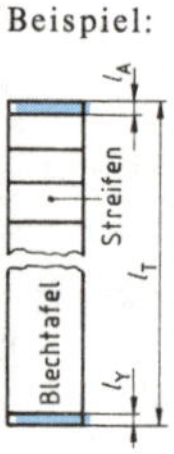

Gesucht: n = ? (Anzahl Werkstücke pro Streifen), $n_{S/T}$ = ? (Anzahl Streifen pro Tafel), n_T = ? (Anzahl Werkstücke pro Tafel), η = ? (Ausnutzungsgrad pro Streifen), η_T = ? (Ausnutzungsgrad pro Tafel).

Lösung: $f = b_W + e$, ($b_W = d$ = 140 mm; e aus Tabelle oben e = 1,3 mm), f = 140 mm + 1,3 mm = 141,3 mm

$$n = \frac{l - e}{f} = \frac{1000\ \text{mm} - 1{,}3\ \text{mm}}{141{,}3\ \text{mm}} = 7\ \text{Werkstücke}$$

$b = l_W + 2 \cdot a$ (a aus Tabelle oben a = 1,3 mm),

b = 140 mm + 2 · 1,3 mm = 142,6 mm

$$n_{S/T} = \frac{l_T - (l_A + l_y)}{b} = \frac{2000\ \text{mm} - (5\ \text{mm} + 40\ \text{mm})}{142{,}6\ \text{mm}} = 13\ \text{Str.}$$

$n_T = n_{S/T} \cdot n = 13 \cdot 7 = 91$ Werkstücke pro Tafel

$$\eta = \frac{n \cdot A}{l \cdot b} \cdot 100\% = \frac{7 \cdot 15386\ \text{mm}^2}{1000\ \text{mm} \cdot 142{,}6\ \text{mm}} \cdot 100\%$$

η = 75% Werkstoffausnutzungsgrad pro Streifen.

$$\eta_T = \frac{n_T \cdot A}{l_T \cdot b_T} = \frac{91 \cdot 15386\ \text{mm}^2}{2000\ \text{mm} \cdot 1000\ \text{mm}} \cdot 100\%$$

η_T = 70% Werkstoffausnutzungsgrad pro Tafel.

1) Ausgabedatum 7.70
2) Für abgerundete oder runde Werkstücke ist der Stegbreiten- bzw. Randbreitenabfall für die Steg- bzw. Randlänge „bis 10 mm" zu wählen.
3) Bei spröden Werkstoffen müssen die Werte um etwa 50% größer und möglichst nicht unter 2 mm gewählt werden.

7.3 Trennen

7.3.1.3 Lagenbestimmung (*x*, *y*) des Einspannzapfens bei Schneidwerkzeugen

Einspannzapfenlage (*x*, *y*) bei Stempelformen mit bekannten Flächenschwerpunkten

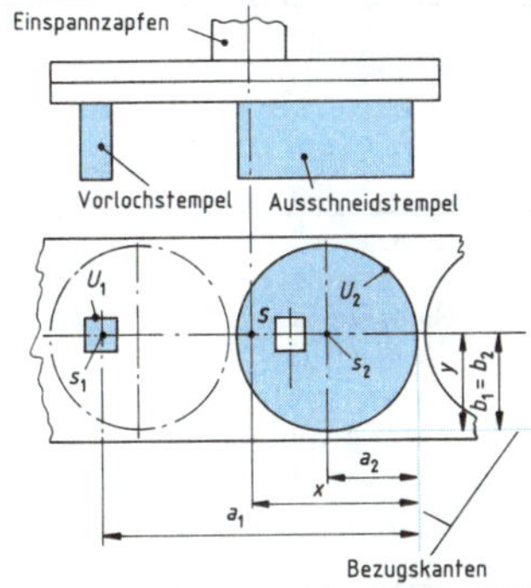

$$x = \frac{U_1 \cdot a_1 + U_2 \cdot a_2 + \cdots}{U_1 + U_2 + \cdots}$$

$$y = \frac{U_1 \cdot b_1 + U_2 \cdot b_2 + \cdots}{U_1 + U_2 + \cdots}$$

a_1, a_2	Abstand von der Bezugskante in x-Richtung bis Stempelflächenschwerpunkt
b_1, b_2	Abstand von der Bezugskante in y-Richtung bis Stempelflächenschwerpunkt
S	Sollage des Einspannzapfens
S_1, S_2	Flächenschwerpunkt des jeweiligen Stempels
U_1, U_2	Umfang der einzelnen Stempelform
x, y	Abstand von der frei gewählten Bezugskante bis Sollage des Einspannzapfens

Einspannzapfenlage (*x*, *y*) bei beliebigen Stempelformen

a_1, a_2	Abstand in x-Richtung von der Bezugskante bis Linienschwerpunkt der Teilschnittlinie
b_1, b_2	Abstand in y-Richtung von der Bezugskante bis Linienschwerpunkt der Teilschnittlinie
l_1, l_2	Teilschnittlinienlänge mit bekanntem Linienschwerpunkt

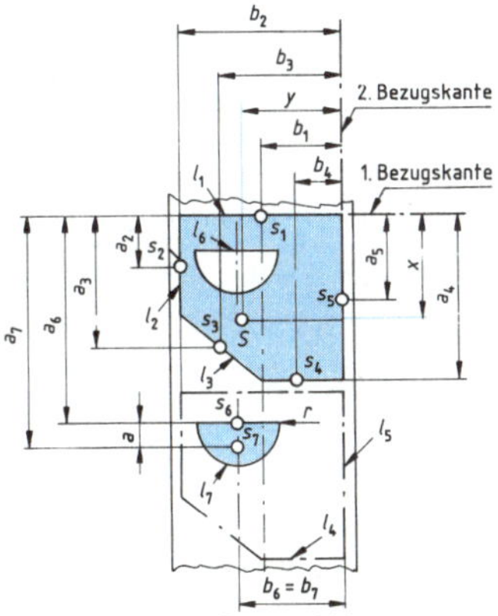

$s_1, s_2, \ldots$ Schwerpunkt der einzelnen Linien

$$x = \frac{l_1 \cdot a_1 + l_2 \cdot a_2 + \cdots}{l_1 + l_2 + \cdots} \qquad y = \frac{l_1 \cdot b_1 + l_2 \cdot b_2 + \cdots}{l_1 + l_2 + \cdots}$$

Beispiel: Es soll für ein Werkzeug die Lage des Einspannzapfens zur Herstellung des gezeichneten Werkstückes bestimmt werden.

Gegeben: $l_1 = 50$ mm, $l_2 = 18$ mm, $l_3 = 20$ mm, $l_4 = 15$ mm, $l_5 = 30$ mm, $l_6 = 14$ mm, $r = 7$ mm, $a_6 = 38$ mm und $b_6 = b_7 = 19$ mm

Gesucht: $x = ?$, $y = ?$

Lösung: 1. Schritt: 1. und 2. Bezugskante festlegen;

2. Schritt: a_1 bis a_7 und l_7 bestimmen;

$a_1 = 0$ mm; $a_2 = \frac{l_2}{2}$; $a_2 = \frac{18\ \text{mm}}{2} = 9$ mm;

$a_3 = \frac{l_5 - l_2}{2} + l_2 = \frac{(30-18)\ \text{mm}}{2} + 18\ \text{mm} = 24$ mm;

$a_4 = l_5 = 30$ mm; $a_5 = \frac{l_5}{2} = \frac{30\ \text{mm}}{2} = 15$ mm;

$a_6 = 38$ mm; $a_7 = a_6 + a$

(a aus Tabelle unten, Linienschwerpunkt eines Halbkreisbogens)

$a = 0{,}673 \cdot r = 0{,}673 \cdot 7\ \text{mm} = 4{,}7$ mm, $a_7 = (38 + 4{,}7)$ mm

$a_7 = 42{,}7$ mm; $l_7 = \frac{2 \cdot r \cdot \pi}{2} = \frac{2 \cdot 7\ \text{mm} \cdot 3{,}14}{2} = 22$ mm

3. Schritt: $x = \frac{l_1 \cdot a_1 + l_2 \cdot a_2 + l_3 \cdot a_3 + l_4 \cdot a_4 + l_5 \cdot a_5 + l_6 \cdot a_6 + l_7 \cdot a_7}{l_1 + l_2 + l_3 + l_4 + l_5 + l_6 + l_7}$

$x = 17{,}83$ mm

Zur Bestimmung von y entsprechend verfahren: $y = 21{,}28$ mm

Lage (*a*) des Schwerpunktes (*S*) bei Linien

Kreisbogen

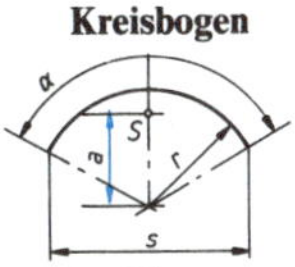

$$a = \frac{s \cdot 57{,}3°}{\alpha}$$

bei $\alpha = 90°$: $a = 0{,}673 \cdot r$

Rechter Winkel

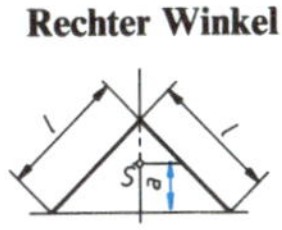

$$a = \frac{\sqrt{2}}{4} \cdot l$$

Beliebiger Winkel

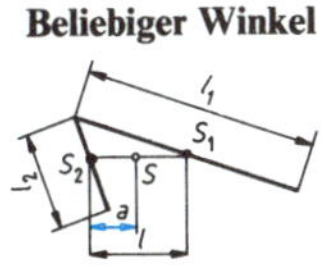

$$a = \frac{l_1 \cdot l}{l_1 + l_2}$$

Strecke

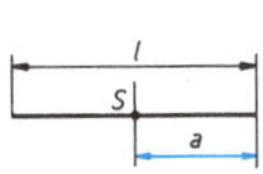

$$a = \frac{l}{2}$$

7

7.3 Trennen

7.3.2 Trennen durch Spanen

7.3.2.1 Hartmetalle für das Spanen: Bezeichnung nach DIN E 4990 (8.84)

Kennbuchstabe und -farbe	Eigenschaftsänderung der Hartmetalle	Bearbeitbare Werkstoffe	Bezeichnung der Anwendungsgruppe	Bearbeitungsverfahren und Zerspanungsbedingungen	Richtwerteänderung beim Zerspanen
P blau	↑ zunehmende Verschleißfestigkeit / abnehmende Zähigkeit	unleg. und niedrigleg. Stähle wie Automaten-, Einsatz-, allgemeine Bau- und gehärtete Werkzeugstähle bis 45 HRC; hochleg. Stähle wie nichtrostende-, hitzebeständige-, hochwarmfeste und nichtmagnetisierbare Stähle	P01	Feindrehen (außen und innen), hohe Maßgenauigkeit und Oberflächengüte, schwingungsfreie Arbeiten (z.B. Drehen bis $a_p \cdot f = 3 \cdot 0{,}4$)	↑ zunehmende Schnittgeschwindigkeit / abnehmender Vorschub
			P10	Fertig- und Einstechdrehen, Gewindeschneiden, Tieflochbohren, Fertigfräsen, Schälen (z.B. Drehen bis $a_p \cdot f = 6 \cdot 1{,}0$)	
			P20	Drehen, Fräsen, Gewindeschneiden Einstechdrehen, Schälen (z.B. Drehen bis $a_p \cdot f = 9 \cdot 1{,}0$)	
			P30	Fräsen, Drehen, Abstechen, Sägen (z.B. Drehen bis $a_p \cdot f = 12 \cdot 1{,}0$)	
			P40	Drehen, Abstechen, Fräsen, Hobeln, Schlitz- und Nutenfräsen, ungünstige Arbeitsbedingungen (z.B. Drehen bis $a_p \cdot f = 16 \cdot 1{,}6$)	
M gelb	↑ zuneh. Verschleißfestigkeit / abnehmende Zähigkeit	hochleg. Stahlguß, austenitische Stähle, Manganhartstähle, Hochtemperatur-Legierungen, leg. Gußeisen	M10	Drehen (bis $a_p \cdot f = 8 \cdot 1{,}0$)	↑ zuneh. Schnittgeschwindigkeit / abnehmender Vorschub
			M20	Drehen, Fräsen (z.B. Drehen bis $a_p \cdot f = 10 \cdot 1{,}6$)	
K rot	↑ zunehmende Verschleißfestigkeit / abnehmende Zähigkeit	austenitische Stähle, gehärtete Stähle über 45 HRC, Hartguß und Grauguß, Nichteisenmetalle und Hochtemperatur-Legierungen, nichtmetallische Werkstoffe	K01	Fertigdrehen, Fräsen, Einstechdrehen, Reiben, Senken, Räumen, Sägen (z.B. Drehen bis $a_p \cdot f = 4 \cdot 0{,}4$)	↑ zunehmende Schnittgeschwindigkeit / abnehmender Vorschub
			K10	Drehen, Fräsen, Tieflochbohren, Reiben, Senken, Räumen, Gewindeschneiden, Bohren, Hobeln, Schälen, Schlitz- und Nutenfräsen (z.B. Drehen bis $a_p \cdot f = 8 \cdot 1{,}0$)	
			K20	Drehen, Fräsen, Tieflochbohren, Gewindeschneiden, Reiben (z.B. Drehen bis $a_p \cdot f = 16 \cdot 1{,}6$)	
			K30	Drehen, Fräsen, Schlitz- und Nutenfräsen, besonders ungünstige Bedingungen	

a_p Schnittiefe in mm f Vorschub in mm

Beschichtete Hartmetalle werden gekennzeichnet durch den zusätzlichen Buchstaben „C" (z.B. **P20C**) und **Mehrbereich-Hartmetalle** durch die Angabe der ersten und, nach dem Schrägstrich, der letzten Anwendungsgruppe (z.B. **P20/40**).

7.3 Trennen

7.3.2.2 Wendeschneidplatten für das Spanen: Bezeichnung nach DIN 4987 (3.81)

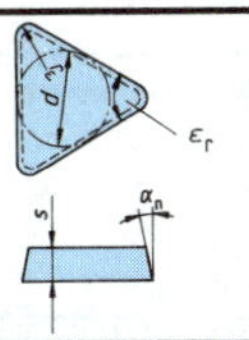

Die zur Bezeichnung verwendeten Symbole gelten für Wendeschneidplatten (W) aus Hartmetall (HM), Schneidkeramik (SK) und andere Schneidwerkstoffe der Zerspanung.

Beispiel: Schneidplatte – DIN 4968 – T P G N 16 03 04 E N – P20

Symbol: ① ② ③ ④ ⑤ ⑥ ⑦ ⑧ ⑨ ⑩ ⑪

Symbol	Erklärung
① Norm-Nr. (nur bei genormten W)	DIN 4967 W-HM mit Senkbohrung, Eckenrundungen und Normal-Freiwinkel 7° bzw. 11°; DIN 4968 W-HM mit Eckenrundungen ohne Bohrung; DIN 4969 W-SK mit Eckenrundungen; DIN 4988 W-HM mit zylindrischer Bohrung und Eckenrundungen; DIN 6590 W-HM mit Planschneiden ohne Bohrung

② Grundform (ε_r)

H	O	P	S	T	C	D	E	M	V	W	L	A	B	K	R
120°	135°	106°	90°	60°	80°	55°	75°	86°	35°	80°	90°	85°	82°	55°	–

③ Freiwinkel (α_n)

A	B	C	D	E	F	G	N	P	O
3°	5°	7°	15°	20°	25°	30°	0°	11°	für Freiwinkel, die eine besondere Beschreibung erfordern

④ Toleranzklasse

Grenzabw.[1])	A, F	C, H	E	G	J	K	L	M	U
Prüfmaß *m*	±0,005	±0,013	±0,025	±0,025	±0,005	±0,013	±0,025	von ±0,08 bis ±0,38	
Plattend. *s*	±0,025			±0,13	±0,025			±0,13	
Durchmesser *d*	für A, C, E, G ±0,025; für F, H ±0,013; für J, K, L, M, U von ±0,05 bis ±0,25								

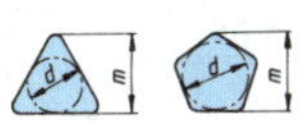

W mit ungerader Seitenzahl

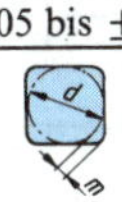

W mit gerader Seitenzahl

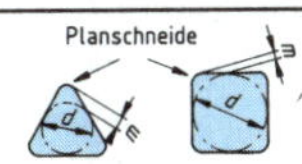

W mit Planschneiden

⑤ Spanformer (S) u. Befestigungsmerkmale (B)

N	A	R	M	F	G	X
ohne S,B	mit B	mit S	mit S, B	mit S	mit S, B	für Besonderheiten nach Zeichnung

Symbol	Erklärung
⑥ Größe	Kennzahl gibt größte Seitenlänge in mm an und bei runden Schneidplatten den Durchmesser, z.B. 16 = 16 mm Seitenlänge (Ziffern hinter Komma bleiben unberücksichtigt)
⑦ Dicke	Die Kennzahl gibt die Plattendicke *s* in ganzen Millimetern an, z.B. 03 = 3 mm Plattendicke

⑧ Ausführung der Schneidenecke

a) Die Kennzahl gibt den Eckenradius r_ε in 1/10 mm an, z.B. 04 = 0,4 mm Eckenradius oder
b) 2. Kennbuchstabe gibt den Normal-Freiwinkel α_n an der Planschneide an (Buchstaben- u. Winkelzuordnung wie bei ③) und der 1. Buchstabe den Einstellwinkel κ_r der Hauptschneide (ZZ = bes. Ausf.)

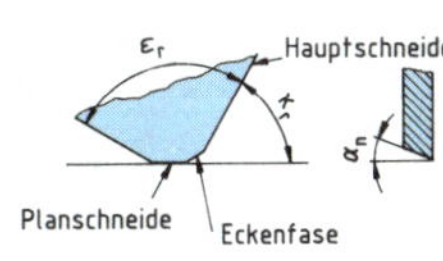

A	D	E	F	P	ZZ
45°	60°	75°	85°	90°	–

⑨ Ausführung der Schneide

F	E	T	S
scharfkantig	gerundet	gefast	gerundet und gefast

⑩ Schneidrichtung

R	L	N
nur rechtsschneidend	nur linksschneidend	rechts- und linksschneidend

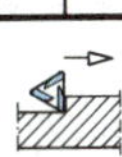
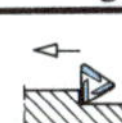
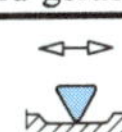

Symbol	Erklärung
⑪ Werkstoff	Schneidwerkstoff siehe Tabelle S. 7-16

[1]) Grenzabweichung in mm für

7

7.3 Trennen

7.3.2.3 Richtwerte für die Rauheit von Oberflächen bei den Fertigungsverfahren nach DIN 4766 T1 und T2 (3.81)

Fertigungsverfahren		Gemittelte Rauhtiefe R_z in µm in Abhängigkeit von den Fertigungsbedingungen			Mittenrauhwert R_a in µm in Abhängigkeit von den Fertigungsbedingungen		
Hauptgruppe	Bezeichnung	fein ≥	normal von–bis	grob ≤	fein ≥	normal von–bis	grob ≤
Urformen	Sandformgießen	25	63–250	1000	–	12,5–125	–
	Kokillengießen	10	25–160	250	–	3,2–50	–
	Druckgießen	4,0	10–100	160	–	0,8–33	–
	Feingießen	4,0	6,3–25	40	0,8	1,6–4,3	6,3
Umformen	Gesenkschmieden	10	63–400	1000	0,8	2,7–12,5	25
	Glattwalzen	0,1	1,0–4,0	10	0,012	0,05–0,4	0,8
	Tiefziehen von Blechen	0,4	4,0–10	16	0,2	1,1–3,2	6,3
	Fließ-, Strangpressen	4,0	25–100	400	0,8	3,2–12,5	25
	Prägen	1,6	10–16	25	0,2	1,6–3,2	6,3
	Walzen von Formteilen	1,0	10–40	100	0,13	1,6–8,3	25
Trennen	Schneiden	–	10–63	–	–	1,6–12,5	–
	Längsdrehen	1,0	4,0–63	250	0,2	0,8–12,5	50
	Plandrehen	2,5	10–63	250	0,4	1,6–12,5	50
	Einstechdrehen	4,0	10–63	160	2,1	4,2–12,5	25
	Hobeln	1,0	6,3–100	250	0,2	1,3–25	50
	Stoßen	2,5	10–40	100	0,4	1,6–8,35	25
	Schaben	1,6	6,3–25	40	0,2	1,6–6,3	12,5
	Bohren	16	40–160	250	1,6	6,3–12,5	25
	Aufbohren	0,1	2,5–25	40	0,05	0,4–3,2	12,5
	Senken	6,3	10–25	40	0,8	1,6–6,3	12,5
	Reiben	0,4	4,0–10	25	0,2	0,8–2,1	6,3
	Umfangs-, Stirnfräsen	1,6	10–63	160	0,4	1,6–12,5	25
	Räumen	0,63	2,5–10	25	0,4	1,6–10,35	25
	Feilen	2,5	6,3–40	100	0,4	1,1–6,3	25
	Rund-Längsschleifen	0,1	1,6–4,0	25	0,012	0,2–0,8	6,3
	Rund-Planschleifen	–	1,6–10	–	–	0,2–1,6	–
	Rund-Einstechschleifen	0,63	1,6–4,0	10	0,1	0,2–0,8	1,6
	Flach-Umfangsschleifen	1,0	2,5–6,3	25	0,13	0,4–1,6	6,3
	Flach-Stirnschleifen	1,0	2,5–6,3	25	0,13	0,4–1,6	6,3
	Polierschleifen	0,06	0,4–1,0	2,5	0,012	0,05–0,1	0,4
	Langhubhonen	0,04	1,0–11	15	0.006	0,13–0,65	0,16
	Kurzhubhonen	0,04	0,1–1,0	2,5	0,006	0,02–0,17	0,34
	Rundläppen	0,04	0,16–1,6	10	0,006	0,025–0,2	0,21
	Flachläppen	0,04	0,25–1,6	10	0,006	0,025–0,2	0,21
	Schwingläppen	–	0,16–2,5	–	–	0,025–0,26	–
	Polierläppen	–	0,04–0,25	0,4	–	0,006–0,033	0,05
	Stahlen	10	16–63	400	2,1	3,2–12,5	50
	Trommeln	–	0,25–1,0	–	–	0,025–0,13	–
	Brennschneiden	16	40–100	1000	3,2	8,3–16,6	50

Erklärung der Begriffe gemittelte Rauhtiefe R_z und Mittenrauhwert R_a auf S. 10-12

7.3.2.4 Kühlschmierstoffe für das Spanen

Begriffe und verwendete Abkürzungen

Begriffe für Kühlschmierstoffe nach DIN 51385 (11.81)	Veraltete Begriffe	Verwendete Abkürzungen in der Tabelle	Erklärungen
nichtwassermischbarer Kühlschmierstoff (N)	Schneidöl, Schleiföl, bzw. Kühlmittelöl	N N1 N2 N3 N4 N5	Kühlschmierstoffe, die nicht mit Wasser gemischt werden N, mit Fettstoffzusätzen N, mit mild wirkenden EP-Zusätzen N, mit Fettstoff und mild wirkenden EP-Zusätzen N, mit aktiv wirkenden EP-Zusätzen N, mit Fettstoff und aktiv wirkenden EP-Zusätzen
wassergemischter Kühlschmierstoff (E) (Kühlschmier-Emulsion)	Bohröle, Bohrwasser bzw. Bohremulsion	E E-EP ···1–2%	mit Wasser gemischter emulgierbarer Kühlschmierstoff (Öl-in-Wasser) E, mit EP-Zusätzen E bzw. E-EP, mit Prozentangabe des Ölgehaltes z.B. E 1–2%: E, mit 1% bis 2% emulgierbarem Öl

Hinweise für die Auswahl und Zusammensetzung von Kühlschmierstoffen

Fertigungsverfahren	Stahl normal spanbar	Stahl schwer spanbar	Gußeisen Temperguß	Kupfer und Kupfer-Legierungen	Leichtmetalle
Drehen	E 2–5%	E-EP 10%, N4, N5	trocken, E 2–5%	N1, N2, N3, E 2–5%	N1, N2, N3, E 2–5% [1])
Bohren	E 2–5%	E-EP 10%, N4, N5	trocken, E 2–5%	N1, N2, N3, E 2–5%	N1, N2, N3, E 2–5% [1])
Tieflochbohren	N3	N5	N3	N3	N3
Reiben	N2, N3, E 10%	N3, N4, N5	trocken, N1	N1, N2, N3	N1, N2, N3
Fräsen	E 5–10%, N2, N3	N4, N5, E-EP 10%	trocken, E 2–5%	N1, N2, N3, E 2–5%	N1, N2, N3, E 2–5% [1])
Gewindeschneiden	N3	N5	N3, E 5–10%	N3	N3
Hobeln	trocken, E 2–5%	trocken, E 10%, N1	trocken	–	–
Räumen	N2, N3, E-EP 10%	N4, N5	E 2–5%	N1, N2, N3	N1, N2, N3
Sägen	E 2–5%	E-EP 10%, E 2–5%	trocken, E 2–5%	N1, N2, N3, E 2–5%	N1, N2, N3, E 2–5% [1])
Schleifen	E 1–2%	E 1–2%	E 1–2%	E 1–2%	E 1–2% [1])
Honen/Läppen	N2, N3	N4, N5	N2	–	–
Zahnradhobeln/Fräsen	N3	N5	E 5–10% N2	N2, N3	N2, N3

EP Extreme Pressure (hochdruckfest), erhöht die Druckaufnahmefähigkeit des Kühlschmierstoffes.

[1]) Nicht für Mg- und Mg-Legierungen; hierbei entweder trocken spanen oder N verwenden.

7.3 Trennen

Richtwerte für Kühlschmierstoffmengen (*Q*) nach VDI E 3035 (4.86)

Fertigungsverfahren	Zerspanungsgröße	Q[1] in l/min
Drehen	je Zerspanwerkzeug	10–20
Bohren	Bohrerdurchmesser	[1][2]
	bis 5 mm	5
	5 mm bis 10 mm	5–8
	10 mm bis 20 mm	8–12
	20 mm bis 30 mm	12–20
	30 mm bis 100 mm	20–50
Fräsen	Fräserdurchmesser	
	bis 100 mm	20–30
	100 mm bis 200 mm	30–50
	200 mm bis 300 mm	50–75
mit Messerkopf	ca. 50% größere Mengen	

Fertigungsverfahren	Zerspanungsgröße	Q[1] in l/min
Gewindeschneiden	Größe des Gewindebohrers	[1][2]
	bis M 10	3
	M 10 bis M 20	5
	M 20 bis M 40	8
Außenschleifen	pro mm Scheibenbreite in Abhängigkeit von der Schnittgeschwindigkeit	
	bis 30 m/s	1
	30 m/s bis 45 m/s	1,5
	45 m/s bis 60 m/s	2
Innenschleifen	pro mm Scheibenbreite	2
Flachschleifen	je kW Antriebsleistung	10

[1]) Die angegebenen Werte gelten für wassergemischte Kühlschmierstoffe (E, E-EP in der Tab. S. 7-19), bei nichtwassermischbaren Kühlschmierstoffen ist der 1,5fache Wert zu nehmen (N 1 bis N 5 in der Tabelle S. 7-19).
[2]) Bei Aluminium und Gußeisen die Mengen um 20% vergrößern.

7.3.2.5 Drehzahldiagramme für Werkzeugmaschinen

Die Drehzahl an Werkzeugmaschinen kann rechnerisch oder graphisch ermittelt werden:

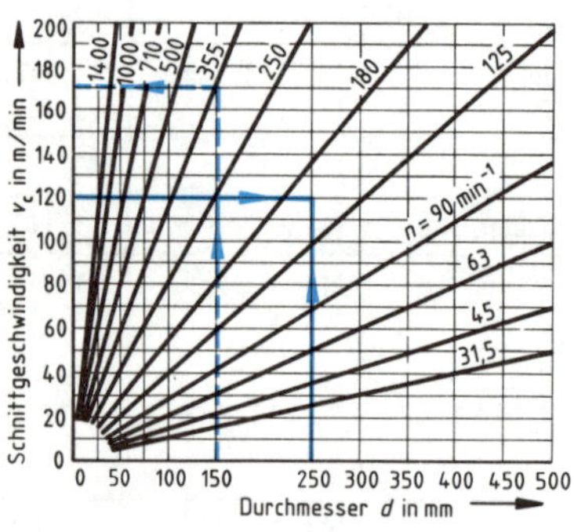

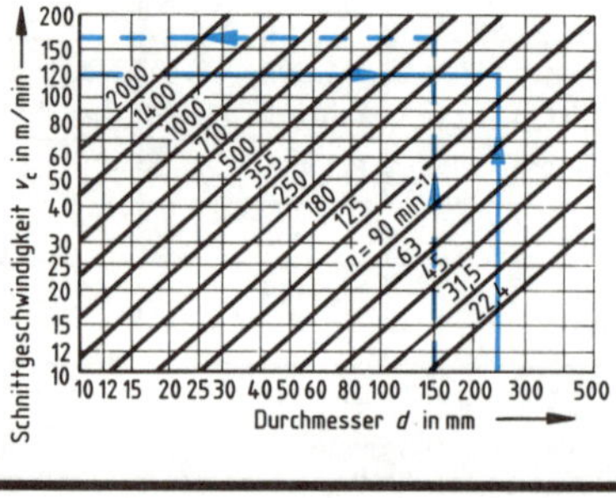

a) Drehzahldiagramm mit linearer Achsenteilung

Beispiel: $d = 250$ mm, $v_c = 120$ m/min

Gesucht: $n = ?$

Ablesung: $180 \frac{1}{\text{min}} \geq n \geq 125 \frac{1}{\text{min}}$

(in beiden Diagrammen gekennzeichnet mit blauer Vollinie)

Lösung: An der Werkzeugmaschine wird im allgemeinen die niedrigere Drehzahl, hier $n = 125 \frac{1}{\text{min}}$, gewählt.

b) Drehzahldiagramm mit logarithmischer Achsenteilung

Beispiel: $d = 150$ mm, $n = 355 \frac{1}{\text{min}}$

Gesucht: $v_c = ?$

Ablesung: $v_c = 170$ m/min

(in beiden Diagrammen gekennzeichnet mit blauer Strichlinie).

Rechnerische Lösung: $v_c = \pi \cdot d \cdot n$

$$v_c = 3{,}14 \cdot 150 \text{ mm} \cdot \frac{1 \text{ m}}{1000 \text{ mm}} \cdot 355 \frac{1}{\text{min}}$$

$$v_c = 167{,}2 \text{ m/min}$$

(Gerechnete und aus Diagrammen abgelesene Werte stimmen in den seltesten Fällen genau überein)

7.3 Trennen

7.3.2.6 Drehen

Ebenen, Winkel, Schneiden und Flächen am Drehmeißel

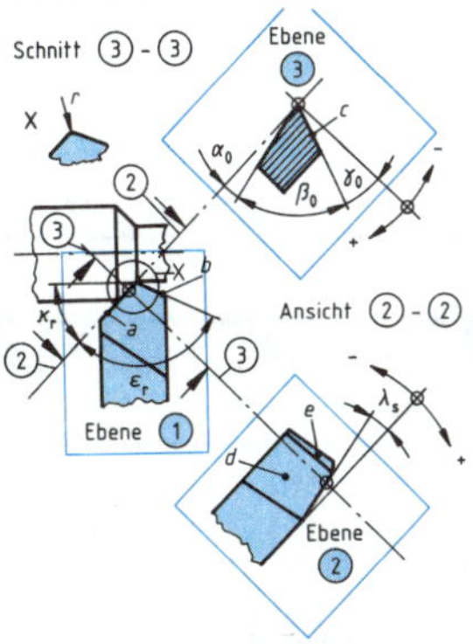

Ebene am Schneidkeil	Winkel am Schneidkeil
① Bezugsebene (Referenzebene) ② Schneidenebene ③ Keilmeßebene (Orthogonalebene) $\alpha_o + \beta_o + \gamma_o = 90°$	κ_r Einstellwinkel ε_r Eckenwinkel λ_s Neigungswinkel α_o Freiwinkel β_o Keilwinkel γ_o Spanwinkel

Die Winkel am Schneidwerkzeug werden in Ebenen gemessen, die senkrecht aufeinander stehen.

Schneiden, Flächen und Radiusbezeichnung am Schneidkeil

a	Hauptschneide	d	Freifläche der Hauptschneide
b	Nebenschneide	e	Freifläche der Nebenschneide
c	Spanfläche	r	Eckenradius

Schnittkraft (F_c) und Korrekturfaktoren (K) für die Schnittkraft

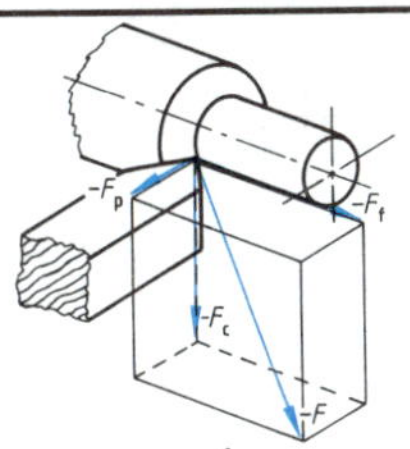

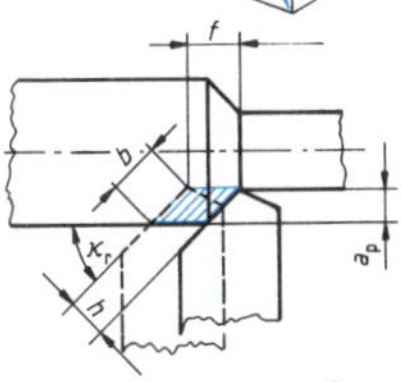

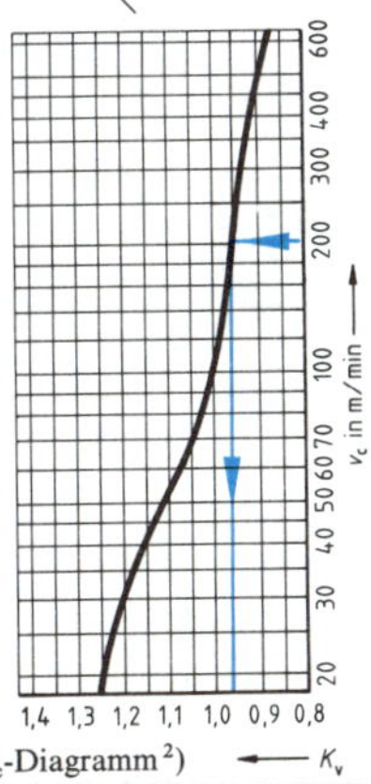

K_v-v_c-Diagramm[2]

Schnittkraft (F_c):

$$F_c = b \cdot h \cdot k_c = a_p \cdot f \cdot k_c$$

$$A = a_p \cdot f = b \cdot h$$

$$b = \frac{a_p}{\sin \kappa_r} \qquad h = f \cdot \sin \kappa_r$$

$$k_c = \frac{k_{c1\cdot1}}{h^{m_c}} \text{ (in N/mm}^2\text{)}$$

Schnittkraft (F_c), bei Berücksichtigung der Korrekturfaktoren[1]:

$$F_c = b \cdot h \cdot k_c \cdot K_{\gamma o} \cdot K_{sch} \cdot K_{ver} \cdot K_v$$

Spanwinkeländerungsfaktor ($K_{\gamma o}$):

$$K_{\gamma o} = 1 - \frac{\gamma_o - \gamma_{ok}}{66{,}7}$$

Schneidwerkstoffänderungsfaktor von Hartmetall auf Schneidkeramik (K_{sch}):

$K_{sch} = 0{,}95 \cdots 0{,}9$

Schneidenverschleißfaktor (K_{ver}): Die k_c-Werte in der Tabelle S. 7-22 gelten nur für „arbeitsscharfe Werkzeuge".

$K_{ver} = 1{,}3 \cdots 1{,}5$

Schnittgeschwindigkeitsänderungsfaktor (K_v):
Die k_c-Werte in der Tabelle S. 7-22 gelten nur für $v_c = (90 \cdots 125)$ m/min.
Die K_v-Werte müssen dem nebenstehenden Diagramm entnommen werden.

A	Spanungsquerschnitt
a_p	Schnittiefe
b	Spanungsbreite
F	Zerspankraft
F_f	Vorschubkraft
F_p	Passivkraft
f	Vorschub
G	Spanungsverhältnis $G = a_p/f$
h	Spanungsdicke
k_c	auf den Spanungsquerschnitt $b \cdot h$ bezogene spezifische Schnittkraft (aus Tabelle S. 7-22 oder nach nebenstehender Formel)
$k_{c1\cdot1}$	auf den Spanungsquerschnitt $b \cdot h = 1$ mm · 1 mm = 1 mm² bezogene spezifische Schnittkraft (aus Tabelle S. 7-22)
m_c	Spanungsdickenexponent (aus Tabelle S. 7-22)
v_c	Schnittgeschwindigkeit
κ_r	Einstellwinkel
γ_o	gewünschter Spanwinkel
γ_{ok}	Spanwinkel bei der Ermittlung der k_c-Werte

[1]) Die Formel hat Gültigkeit für ein Spanungsverhältnis $G \geq 4$.
[2]) Die K_v-Werte haben Gültigkeit für $f = (0{,}2 \cdots 1{,}5)$ mm, $\gamma_o = -5° \cdots 10°$ und $\kappa_r = 60° \cdots 90°$

7.3 Trennen

Die Schnittkraft ist besonders wichtig für die kräftemäßige Auslegung der Werkzeugmaschine und die Leistungsberechnung. Vom Werkstückspan aus betrachtet, muß die Schnittkraft sowohl über das Schneidwerkzeug als auch über das Werkstück von der Drehmaschine aufgenommen werden. Die Schnittkraft wird durch so viele Einflußgrößen verändert, daß sie sich nicht durch eine Formel exakt ermitteln läßt.

Die angegebenen Formeln zur Berechnung der Schnittkraft basieren auf in Versuchen ermittelten werkstoff- und werkzeugabhängigen spezifischen Schnittkräften (k_c, $k_{c1\cdot1}$).

Spezifische Schnittkraftwerte (k_c)

Werkstoff	m_c	$k_{c1\cdot1}$	spezifische Schnittkraft k_c in N/mm² bei Spandicke h in mm										
			0,05	0,08	0,1	0,16	0,2	0,315	0,5	0,8	1,0	1,6	2,5
St 37-2, St 42-2	0,17	1780	2930	2730	2630	2430	2340	2170	2000	1850	1780	1640	1520
St 50-2	0,26	1990	4340	3840	3620	3210	3020	2690	2380	2110	1990	1760	1570
St 60-2	0,17	2110	3510	3240	3120	2880	2770	2570	2370	2190	2110	1950	1810
St 70-2	0,30	2260	5550	4820	4510	3920	3660	3200	2780	2420	2260	1980	1720
C 15	0,22	1820	3520	3170	3020	2720	2590	2350	2120	1910	1820	1640	1490
C 35	0,20	1860	3390	3080	2950	2680	2570	2340	2140	1950	1860	1690	1550
Ck 45	0,14	2220	3380	3160	3070	2870	2780	2610	2450	2290	2220	2080	1950
Ck 60	0,18	2130	3650	3360	3220	2960	2850	2620	2410	2220	2130	1960	1810
15 CrMo 5	0,17	2290	3810	3520	3390	3130	3010	2790	2580	2380	2290	2110	1960
16 MnCr 5	0,26	2100	4580	4050	3820	3380	3190	2840	2510	2230	2100	1860	1660
18 CrNi 6	0,3	2260	5550	4820	4510	3920	3660	3200	2780	2420	2260	1960	1720
20 MnCr 5	0,25	2140	4530	4020	3810	3380	3200	2860	2550	2260	2140	1900	1800
25 CrMo 4	0,25	2070	4380	3890	3680	3270	3100	2760	2460	2190	2070	1840	1650
30 CrNiMo 8	0,2	2600	4730	4310	4120	3750	3590	3280	2990	2720	2600	2370	2170
34 CrMo 4	0,21	2240	4200	3810	3630	3290	3140	2860	2590	2350	2240	2030	1850
37 MnV 7	0,26	1810	3940	3490	3290	2920	2750	2440	2170	1920	1810	1600	1430
37 MnSi 5	0,20	2260	4120	3750	3580	3260	3120	2850	2600	2360	2260	2060	1880
42 CrMo 4	0,26	2500	5450	4820	4550	4030	3800	3380	2990	2650	2500	2210	1970
50 CrV 4	0,26	2220	4840	4280	4040	3580	3370	3000	2660	2350	2220	1970	1750
55 NiCrMoV 6 N	0,24	1740	3570	3190	3020	2700	2560	2300	2050	1840	1740	1560	1400
GG 15	0,21	950	1780	1610	1540	1400	1330	1210	1100	1000	950	860	780
GG 20	0,25	1020	2160	1920	1810	1610	1530	1360	1210	1080	1020	910	810
GG 25	0,26	1160	2530	2240	2110	1870	1760	1570	1390	1230	1160	1030	910
GS 45	0,17	1600	2660	2460	2370	2110	2104	1950	1800	1660	1600	1480	1370
GS 52	0,17	1780	2960	2730	2630	2430	2340	2170	2000	1850	1780	1640	1520

Die aufgeführten Werte gelten für folgende Bedingungen: arbeitsscharfe Hartmetallschneide mit $\gamma_o = 6°$ für langspanende und $\gamma_o = 2°$ für kurzspanende Werkstoffe; $\alpha_o = 5°$; $v_c = (90 \cdots 125)$ m/min.

Schnittleistung (P_c), Abgabeleistung des Antriebsmotors (P_{ab}) und Spanungsrate (V_t)

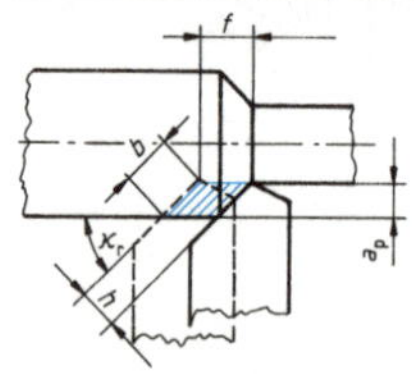

$$P_c = F_c \cdot v_c$$

$$P_{ab} = \frac{P_c}{\eta}$$

$$V_t = A \cdot v_c$$

A Spanungsquerschnitt ($A = a_p \cdot f = b \cdot h$, siehe S. 7-21)
F_c Schnittkraft
v_c Schnittgeschwindigkeit
η Maschinenwirkungsgrad ($\eta = 0{,}7 \cdots 0{,}85$)

(Berechnungsbeispiel siehe nächste Seite)

(Fortsetzung von S. 7-22)

Beispiel: Eine 205 mm lange Welle aus C15 soll in einem Arbeitsgang von $d_1 = 50$ mm auf $d_2 = 46$ mm abgedreht werden mit einem Hartmetalldrehmeißel bei $\gamma_o = 12°$, $\kappa_r = 60°$, $f = 0{,}25$ mm und $v_c = 200$ m/min.

Gegeben: $l = 205$ mm, $a_p = 3$ mm, $f = 0{,}25$ mm, $v_c = 200$ m/min, $\gamma_o = 12°$, $\kappa_r = 60°$ und $\eta = 0{,}8$

Gesucht:
1. Schnittkraft $F_c = ?$
2. Schnittleistung $P_c = ?$
3. Abgabeleistung des Antriebsmotors $P_{ab} = ?$
4. Spanungsrate $V_t = ?$

Lösung: 1. $F_c = b \cdot h \cdot k_c \cdot K_{\gamma o} \cdot K_v$ ($K_{\gamma o}$ und K_v sind erforderlich, weil γ_o und v_c von den Versuchsbedingungen für k_c, m_c bzw. $k_{c1\cdot1}$ in Tabelle S. 7-22 abweichen); $h = f \cdot \sin \kappa_r = 0{,}25$ mm $\cdot \sin 60°$

$h = 0{,}25$ mm $\cdot\, 0{,}866 = 0{,}217$ mm

(da in der Tabelle S. 7-22 kein k_c-Wert für diese Spandicke angegeben ist, wird k_c berechnet)

$$k_c = \frac{k_{c1\cdot1}}{h^{m_c}} = \frac{1820}{0{,}217^{0{,}20}} = \frac{1820}{0{,}74} = 2460 \text{ N/mm}^2$$

($m_c = 0{,}20$ und $k_{c1\cdot1} = 1820$ aus Tabelle S. 7-22 für C15),

$A = b \cdot h = f \cdot a_p = 0{,}25 \text{ mm} \cdot 3 \text{ mm} = 0{,}75 \text{ mm}^2$,

$$K_{\gamma o} = 1 - \frac{\gamma_o - \gamma_{ok}}{66{,}7} = 1 - \frac{12° - 6°}{66{,}7} = 0{,}91,$$

$K_v = 0{,}95$ (aus Diagramm S. 7-21),

$F_c = b \cdot h \cdot k_c \cdot K_{\gamma o} \cdot K_v$
$= 0{,}75 \text{ mm}^2 \cdot 2460 \text{ N/mm}^2 \cdot 0{,}91 \cdot 0{,}95$

$F_c = 1595$ N.

2. $$P_c = F_c \cdot v_c = 1595 \text{ N} \cdot 200 \frac{\text{m}}{\text{min}} \cdot \frac{1 \text{ min}}{60 \text{ s}} = 5316{,}7 \frac{\text{Nm}}{\text{s}}$$

$P_c = 5316{,}7 \text{ W} = 5{,}3 \text{ kW}$.

3. $$P_{ab} = \frac{P_c}{\eta} = \frac{5316{,}7 \text{ W}}{0{,}8} = 6645{,}9 \text{ W} = 6{,}7 \text{ kW}$$

4. $$V_t = A \cdot v_c = 0{,}75 \text{ mm}^2 \cdot \frac{1 \text{ cm}^2}{100 \text{ mm}^2} \cdot 200 \frac{\text{m}}{\text{min}} \cdot \frac{100 \text{ cm}}{1 \text{ m}}$$

$V_t = 150 \text{ cm}^3/\text{min}$ (es ist üblich V_t in cm^3/min anzugeben).

Richtwerte für das Drehen mit Schnellarbeitsstahl nach VDI 3206 (6.65)

Werkstoff	Zugfestigkeit R_m bzw. Härte HB	Schneidstoffsorte	a_p in mm	f in mm	v_c in m/min	α_o in °	γ_o in °	λ_s in °	T in min
Allgemeine Baustähle, Einsatzstähle, Vergütungsstähle, Werkzeugstähle	bis 500 N/mm²	S10-4-3-10 S10-4-3-10 S18-1-2-10	0,5 3 6	0,1 0,5 1,0	75–60 65–50 50–35	8	18	0–4 –4 –4	60
	(500–700) N/mm²	S10-4-3-10 S10-4-3-10 S18-1-2-10	0,5 3 6	0,1 0,5 1,0	70–50 50–30 35–25	8	14	0–4 0 –	60
Automatenstähle	bis 700 N/mm²	S10-4-3-10 und S18-1-2-10	0,5 3 6	0,1 0,5 1,0	90–60 75–50 55–35	8	bis 20	0–4	240
Gußeisen	bis 250 HB	S12-1-4-5	0,5 3 6	0,1 0,5 1,0	40–32 32–23 23–15	8	10	0 – –	60
Temperguß, schwarz	ferritisch bis 150 HB	S12-1-4-5	0,5 3 6	0,1 0,5 1,0	100–80 80–60 60–45	8	14–18	0 –4 –4	60
Temperguß, weiß	bis 240 HB	S12-1-4-5	0,5 3 6	0,1 0,5 1,0	60–40 50–35 35–20	8	10	0 –4 –4	60
Kupfer und Kupferlegierungen		S10-4-3-10	3 6	0,3 0,6	150–100 120–80	10	18–30	+4	120
Al u. -legierungen	bis 90 HB	S10-4-3-10	6	0,6	180–120	10	25–35	+4	240

a_p Schnittiefe, f Vorschub, T Standzeit, v_c Schnittgeschwindigkeit, α_o Freiwinkel, γ_o Spanwinkel, λ_s Neigungswinkel.

7.3 Trennen

Richtwerte für das Drehen mit Hartmetallen (Standzeit 15 min)

Werkstoff Zerspanungsgruppe	HM-Sorte $v_{c\,max}$	a_p in mm	f in mm	v_c in m/min NS	v_c in m/min US
Stahl und Stahlguß unlegiert und legiert					
Gruppe 1: $R_m \leq 500$ N/mm² C 10 (v_c + 10%) C 15 (v_c + 10%) Ck 15 (v_c + 10%) C 22 9 SMn 28 9 SMnPb 28	P 10 $v_{c\,max}$ = 420 m/min	1	0,1	420	295
			0,25	350	245
			0,5	305	210
		3	0,1	370	260
			0,25	310	215
			0,5	270	190
		5	0,1	350	245
			0,25	290	200
			0,5	255	175
		8	0,1	335	235
			0,25	280	195
			0,5	240	165
Gruppe 2: $R_m \sim 500-590$ N/mm² USt 37-3 RSt 37-2 GS 40 C 35 (R_m = 540 N/mm²) Ck 35 (R_m = 540 N/mm²)	P 10 $v_{c\,max}$ = 390 m/min	1	0,1	385	270
			0,25	310	215
			0,5	265	185
		3	0,1	340	235
			0,25	280	195
			0,5	235	165
		5	0,1	325	225
			0,25	260	180
			0,5	220	155
		8	0,1	310	215
			0,25	250	175
			0,5	210	145
Gruppe 3: $R_m \sim 560-660$ N/mm² USt 42-2 USt 42-1 GS 45 C 35 (R_m = 640 N/mm²) Ck 35 (R_m = 640 N/mm²) 15 CrNi 6 (170 HB) 16 MnCr 5 (160 HB) 20 MnCr 5 (160 HB) 24 CrMo 5 (180 HB)	P 10 $v_{c\,max}$ = 360 m/min	1	0,1	360	250
			0,25	280	195
			0,5	235	165
		3	0,1	320	225
			0,25	250	175
			0,5	210	145
		5	0,1	300	210
			0,25	235	165
			0,5	200	140
		8	0,1	285	200
			0,25	225	155
			0,5	190	130
Gruppe 4: $R_m \sim 600-700$ N/mm² St 50-2 C 35, Ck 35 (R_m = 740 N/mm²) C 45, Ck 45 (R_m = 640 N/mm²) C 45 W (R_m = 640 N/mm²) 100 Cr 6 (200 HB) 10 CrMo 9 10 (160 HB) 13 CrMo 4 (170 HB) 14 NiCr 10 (170 HB) 34 Cr 4 (200 HB) 34 CrMo 4 (200 HB)	P 10 $v_{c\,max}$ = 335 m/min	1	0,1	335	235
			0,25	255	175
			0,5	210	145
		3	0,1	300	210
			0,25	230	160
			0,5	185	130
		5	0,1	280	195
			0,25	215	150
			0,5	175	120
		8	0,1	270	190
			0,25	205	140
			0,5	165	115

Werkstoff Zerspanungsgruppe	HM-Sorte $v_{c\,max}$	a_p in mm	f in mm	v_c in m/min NS	v_c in m/min US
Gruppe 5: $R_m \sim 670-820$ N/mm² St 60-2 C 45, Ck 45 (R_m = 840 N/mm²) C 55 (R_m = 740 N/mm²) GS 60 C 60, Ck 60 (R_m = 740 N/mm²) 34 CrAlS 5 (250 HB) 41 Cr 4 (230 HB) 41 CrAlMo 7 (250 HB) 42 CrMo 4 (210 HB) 50 CrMo 4 (210 HB)	P 10 $v_{c\,max}$ = 300 m/min	1	0,1	300	210
			0,25	220	155
			0,5	280	125
		3	0,1	260	180
			0,25	195	135
			0,5	155	105
		5	0,1	240	165
			0,25	180	125
			0,5	145	100
		8	0,1	230	160
			0,25	175	120
			0,5	140	95
Gruppe 6: $R_m \sim 720-920$ N/mm² St 70-2; X 6 CrMo 4 C 55 (R_m = 840 N/mm²) C 60, Ck 60 (R_m = 880 N/mm²) 32 CrMo 12 (270 HB) 34 CrNiMo 6 (250 HB) 36 CrNiMo 4 (250 HB) 50 CrV 4 (220 HB) 50 NiCr 13 (220 HB) 51 CrV 4 (220 HB) X 40 CrMoV 51	P 10 $v_{c\,max}$ = 250 m/min	1	0,1	250	175
			0,25	200	140
			0,5	155	105
		3	0,1	245	170
			0,25	175	120
			0,5	135	95
		5	0,1	225	155
			0,25	165	115
			0,5	125	85
		8	0,1	215	150
			0,25	155	105
			0,5	120	85
Gruppe 7: $R_m \sim 790-1030$ N/mm² C 60, Ck 60 (R_m = 1000 N/mm²) 36 Mn 5; 100 Cr 6, 115 CrV 3 (200 HB); 60 WCrV 7, 90 MnCrV 8 (220 HB); X 210 Cr 12 (240 HB)	P 10 $v_{c\,max}$ = 200 m/min	1	0,25	185	130
			0,5	140	95
		3	0,25	160	110
			0,5	125	85
		5	0,25	150	105
			0,5	115	80
		8	0,25	140	95
			0,5	105	70
Gruppe 8: $R_m \sim 920-1180$ N/mm² C 60 W (R_m = 1000 N/mm²) 34 CrAlNi 7 (310 HB) 50 NiCr 13 (300 HB)	P 10 $v_{c\,max}$ = 165 m/min	1	0,25	165	115
			0,5	125	85
		3	0,25	145	100
			0,5	105	70
		5	0,25	135	95
			0,5	100	70
Stahl und Stahlguß hochlegiert und nicht rostend					
Gruppe 9: $R_m \sim 500-720$ N/mm² X 7 Cr 13 (v_c + 10%) X 8 Cr 17 X 12 CrMoS 17 (v_c + 10%) X 20 CrMo 13 X 5 CrNi 18 9	P 25 $v_{c\,max}$ = 190 m/min	1	0,25	175	120
			0,5	145	100
		3	0,25	150	105
			0,5	125	85
		5	0,25	140	95
			0,5	120	85

Erklärung der Abkürzungen auf S. 7-25; NS Nichtunterbrochener Schnitt, US Unterbrochener Schnitt
Kühlschmierstoffe siehe S. 7-19

7

7.3 Trennen

Richtwerte für das Drehen mit Hartmetallen (Standzeit 15 min), Fortsetzung

Werkstoff Zerspanungsgruppe	HM-Sorte $v_{c\,max}$	a_p in mm	f in mm	v_c in m/min NS	v_c in m/min US
Stahl und Stahlguß hochlegiert und nicht rostend					
Gruppe 10: $R_m \sim 660–850$ N/mm² G-X 7 CrNiNb 18 9 G-X 10 CrNi 18 8 G-X 20 Cr 14 X 8 CrNb 17 X 10 CrNiMoTi 18 10 X 20 Cr 14	P25 $v_{c\,max}$ = 160 m/min	1	0,25 0,5	150 125	105 85
		3	0,25 0,5	130 110	90 75
		5	0,25 0,5	120 100	85 70
		8	0,25 0,5	115 95	80 65
Gruppe 11: $R_m \sim 790–980$ N/mm² X 2 CrNi 18 9 X 20 CrNi 17 X 40 Cr 13	P25 $v_{c\,max}$ = 115 m/min	1	0,25 0,5	110 95	75 65
		3	0,25 0,5	100 80	70 55
		5	0,25 0,5	90 75	60 50
Gruppe 12: $R_m \sim 900–1100$ N/mm² G-X 6 CrNiMo 17 13 G-X 10 CrNiMo 18 9 X 2 CrNiMo 18 10 X 5 NiCrMoCuTi 20 18	P25 $v_{c\,max}$ = 115 m/min	1	0,25 0,5	95 80	65 55
		3	0,25 0,5	85 70	60 50
		5	0,25 0,5	80 65	55 45
Gußeisenwerkstoffe (GG, GGG, GTS)					
Gruppe 13: GG 15 bis GG 40 (140 HB) GGG 40 bis GGG 70 (180 HB) GTS 45 bis GTS 70 (180 HB)	K 10 $v_{c\,max}$ = 210 m/min	1	0,1 0,25 0,5	210 175 150	165 140 120
		3	0,1 0,25 0,5	185 150 130	145 120 100
		5	0,1 0,25 0,5	170 140 120	135 110 95
Gruppe 14: GG 15 – GG 45 (170 HB) GGG 40 – GGG 70 (210 HB) GTS 45 – GTS 70 (210 HB)	K 10 $v_{c\,max}$ = 170 m/min	1	0,25 0,5	130 110	100 90
		3	0,25 0,5	115 100	90 80
		5	0,25 0,5	110 90	90 70
Gruppe 15: GG 15 – GG 45 (210 HB) GGG 40 – GGG 70 (250 HB) GTS 45 – GTS 70 (250 HB)	K 10 $v_{c\,max}$ = 130 m/min	1	0,25 0,5	110 90	90 70
		3	0,25 0,5	95 80	75 65
		5	0,25 0,5	90 75	70 60

Werkstoff Zerspanungsgruppe	HM-Sorte $v_{c\,max}$	a_p in mm	f in mm	v_c in m/min NS	v_c in m/min US
Gruppe 16: GG 15 – GG 45 (250 HB) GGG 40 – GGG 70 (290 HB) GTS 45 – GTS 70 (290 HB)	K 10 $v_{c\,max}$ = 100 m/min	1	0,25 0,5	90 70	70 55
		3	0,25 0,5	75 60	60 45
		5	0,25 0,5	70 55	55 45
NE-Metalle (Standzeit ~30 min)					
Aluminiumlegierungen bis 80 HB	K 10, K 20	< 1 1–4 > 4	< 0,1 0,1–0,3 0,3–0,6	1700–1200 1400–900 1100–700	
Aluminiumlegierungen 80 HB bis 120 HB	K 10, K 20	< 1 1–4 > 4	< 0,1 0,1–0,3 0,3–0,6	850–600 650–450 500–350	
Aluminiumlegierungen > 10% Si > 100 HB	K 10	< 1 1–4 > 4	< 0,1 0,1–0,3 0,3–0,6	500–330 400–250 300–160	
Magnesiumlegierungen	K 10	< 1 1–4 > 4	< 0,1 0,1–0,3 0,3–0,6	2200–1400 1700–1000 1200–700	
Kupfer bis 110 HB	K 10 K 20	< 1 1–4 > 4	< 0,1 0,1–0,3 0,3–0,6	650–500 550–400 450–300	
Kupferlegierungen bis 110 HB	K 10 K 20	< 1 1–4 > 4	< 0,1 0,1–0,3 0,3–0,6	600–350 500–300 400–200	
Titanlegierungen $R_m = 800–1000$ N/mm²	K 10 K 20	< 1 1–4 > 4	< 0,1 0,1–0,3 0,3–0,6	100–65 75–50 55–35	

a_p Schnittiefe
f Vorschub
v_c Schnittgeschwindigkeit
$v_{c\,max}$ maximale Schnittgeschwindigkeit
NS Nichtunterbrochener Schnitt
US Unterbrochener Schnitt
HB Brinellhärte
R_m Zugfestigkeit

Die Schnittgeschwindigkeitswerte (v_c-NS-Werte) müssen beim Innendrehen um 10% und beim Drehen unter schwierigen Bedingungen (Schmiede-, Walz- oder Gußhaut) um 20% reduziert werden. Kühlschmierstoffe siehe S. 7-19.

7.3 Trennen

Werkzeugwinkel beim Drehen mit gelöteten Hartmetallschneidplatten

Werkstoff	Festigkeit R_m in N/mm² bzw. Härte HB	α_o in °	γ_o in °	λ_s in °
Bau-, Einsatzstahl	≤ 500	6–8	12–18	−4
Bau-, Einsatz- und Vergütungsstahl	500–900	6–8	12	−4
Vergütungsstahl	850–1000	6–8	8–12	−4
	> 1000	6–8	6	−4
Stahlguß	≤ 700	6–8	6–12	−4
Gußeisen	< 200 HB	6–8	6–12	−4
	> 200 HB	6–8	6	−4

Werkstoff	Festigkeit R_m in N/mm² bzw. Härte HB	α_o in °	γ_o in °	λ_s in °
Aluminiumlegierungen	≤ 80 HB	10	20–30	0
	(80–120) HB	8–10	12–20	0
Al-Leg., > 10% Si	> 100 HB	8–10	6–12	0
Magnesium-Leg.		10	15–25	0
Kupfer	≤ 110 HB	10	15–25	0–(−)4
Kupferlegierungen	≤ 110 HB	8–10	8–12	0
Titanlegierungen	800–1000	8	12–16	0

Bestimmung der Rauhtiefe (R_t) beim Drehen

Die Rauhtiefe ist überwiegend abhängig vom Vorschub und dem Eckenradius des Drehmeißels bzw. der Schneidplatte. Über die angegebene Formel (gültig für $f > 0{,}1$ mm) oder das gezeichnete Diagramm kann die Rauhtiefe ermittelt werden.

$$R_t = \frac{f^2}{8 \cdot r}$$

f Vorschub
r Eckenradius

Beispiel: $r_t = ?$ wenn $f = 0{,}4$ mm und $r = 2{,}0$ mm beträgt

Lösung: $R_t = \frac{(0{,}4\ \text{mm})^2}{8 \cdot 2{,}0\ \text{mm}} = 0{,}01$ mm

$R_t = 0{,}01\ \text{mm} \cdot \frac{1000\ \mu\text{m}}{1\ \text{mm}} = 10\ \mu\text{m}$

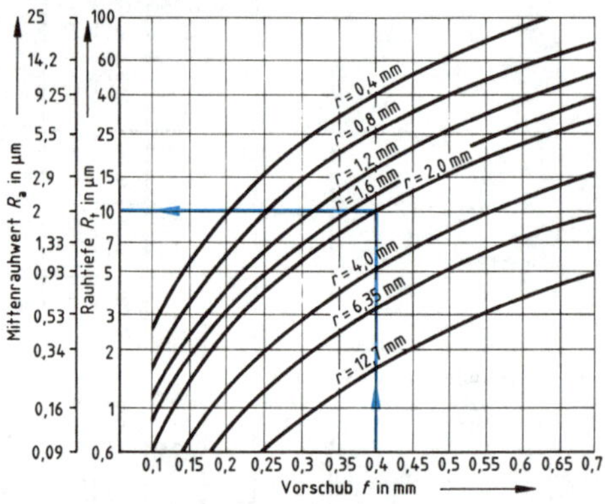

Fehler und Fehlerbeseitigung an der Hartmetallschneidplatte

Fehler	Fehlerbeseitigung durch Verändern der Schnittbedingungen	Schneidstoffe	Werkzeugausführung
Plastische Deformation der Schneide	Schnittgeschwindigkeit verringern; kleinerer Vorschub	härteres und verschleißfesteres Hartmetall wählen	größeren Eckenradius wählen
Kolkverschleiß	wie oben	wie oben	positiveren Spanwinkel benutzen
Freiflächenverschleiß	Schnittgeschwindigkeit verringern; Vorschub erhöhen	härteres, verschleißfesteres Hartmetall wählen	Freiwinkel und Eckenradius vergrößern
Ausbrechen bzw. mechanischer Bruch der Schneide	Schnittgeschwindigkeit erhöhen, Vorschub und Schnitttiefe verringern	zäheres Hartmetall verwenden	kleineren, negativen Spanwinkel wählen; Schneidkante fasen; stärkeren Halter benutzen

7.3 Trennen

Drehmeißel mit gelöteten Hartmetallschneidplatten nach DIN 4982 (10.80)

Benennung mit DIN- und ISO-Nummer	Anwendungsbeispiel	Benennung mit DIN- und ISO-Nummer	Anwendungsbeispiel	Bezeichnungsbeispiel und Kennzeichen am Drehmeißel
Gerader Drehmeißel **DIN 4971** ISO 1	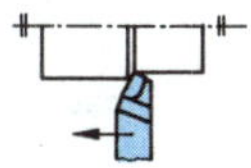	Breiter Drehmeißel **DIN 4976** ISO 4	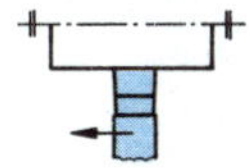	**Drehmeißel DIN 4972 – R 2020 - P 10** ① ②③④ ⑤ ① Benennung mit DIN-Nummer: Gebogener Drehmeißel ② Rechter gebogener Drehmeißel ③ Schafthöhe: 20 mm ④ Schaftbreite: 20 mm ⑤ Schneidplatte aus Hartmetall der Zerspanungs-Anwendungsgruppe P 10 (Kennfarbe: blau, am hinteren Schaftteil) 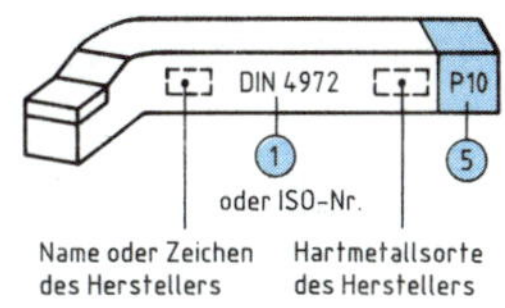
Gebogener Drehmeißel **DIN 4972** ISO 2	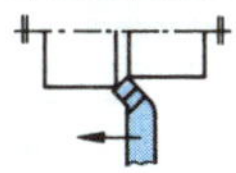	Abgesetzter Drehmeißel **DIN 4977** ISO 5	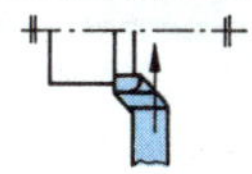	
Innendrehmeißel **DIN 4973** ISO 8	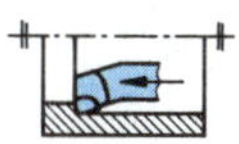	Abgesetzter Eckdrehmeißel **DIN 4978** ISO 3	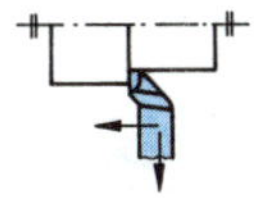	
Inneneckdrehmeißel **DIN 4974** ISO 9	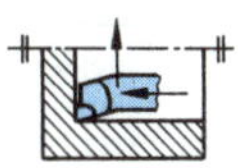	Abgesetzter Seitendrehmeißel **DIN 4980** ISO 6	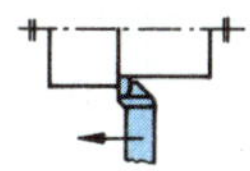	
Spitzer Drehmeißel **DIN 4975** –	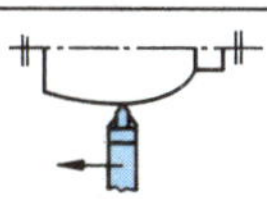	Stechdrehmeißel **DIN 4981** ISO 7	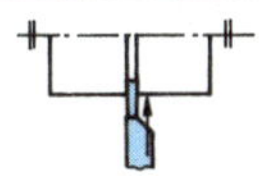	

Kegeldrehen durch Oberschlittenverstellung:

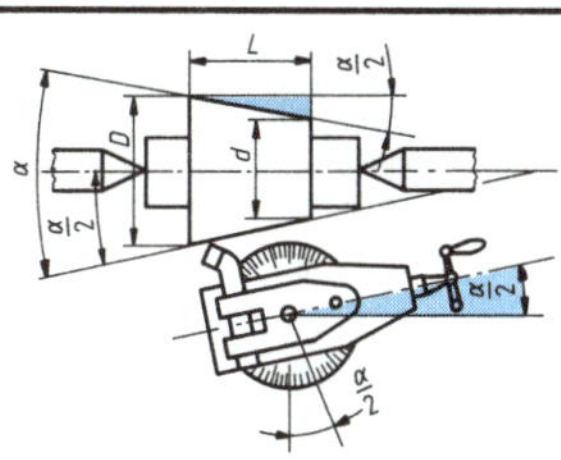

Einstellwinkel $\left(\frac{\alpha}{2}\right)$

$$\tan\frac{\alpha}{2}=\frac{C}{2}, \quad \tan\frac{\alpha}{2}=\frac{D-d}{2\cdot L}$$

Kegelverjüngung (C)

$$C=\frac{D-d}{L}$$

D großer Kegeldurchmesser
d kleiner Kegeldurchmesser
L Kegellänge (zwischen D und d)
α Kegelwinkel

Beispiel: Für einen Kegel $C=1:10$ wird der Einstellwinkel $\frac{\alpha}{2}$ gesucht.

Lösung: $\tan\frac{\alpha}{2}=\frac{C}{2}=\frac{1}{2\cdot 10}=0{,}05$; $\frac{\alpha}{2}=5{,}717°=5°43'$

Kegeldrehen durch Reitstockverstellung:

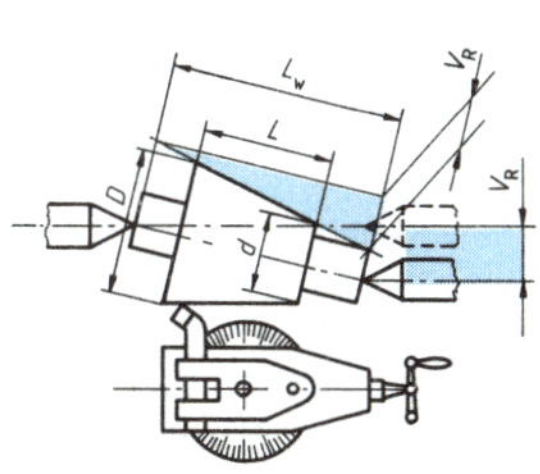

Reitstockverstellung (V_R)

$$V_R=\frac{C}{2}\cdot L_w, \quad V_R=\frac{D-d}{2\cdot L}\cdot L_w$$

max. Reitstockverstellung $(V_{R\,max})$

$$V_{R\,max}=\frac{1}{50}\cdot L_w$$

C Kegelverjüngung
D großer Kegeldurchmesser
d kleiner Kegeldurchmesser
L Kegellänge
L_w Werkstücklänge

Anmerkung: Zur Führung des Werkstückes ist entweder eine Zentrierung mit gewölbter Lauffläche oder ein Kugelkörner zweckmäßig.

Beispiel: Für einen Kegel mit $D=30$ mm, $d=20$ mm, $L=100$ mm und $L_w=450$ mm soll die Reitstockverstellung (V_R) und die max. Reitstockverstellung ($V_{R\,max}$) bestimmt werden.

Lösung: $V_R=\frac{D-d}{2\cdot L}\cdot L_w=\frac{(30-20)\text{ mm}}{2\cdot 100\text{ mm}}\cdot 450\text{ mm}=7{,}5\text{ mm}$; $V_{R\,max}=\frac{1}{50}\cdot 450\text{ mm}=9\text{ mm}$

7

7.3.2.7 Bohren nach DIN 6581 (10.85) und DIN 1412 (10.66)

Ebenen, Winkel, Schneiden und Flächen am Bohrer

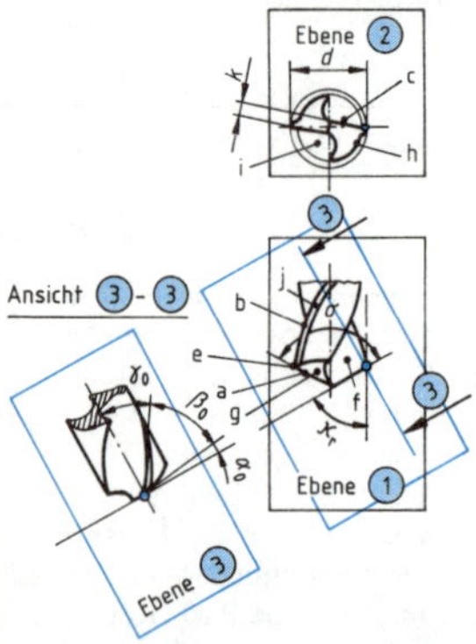

Ebenen am Bohrer	Winkel am Bohrer
① Bezugsebene (Referenzebene)	κ_r Einstellwinkel
② Rückebene	σ Spitzenwinkel
③ Keilmeßebene (Orthogonalebene)	ψ Querschneidenwinkel
$\alpha_o + \beta_o + \gamma_o = 90°$	α_o Freiwinkel
	β_o Keilwinkel
	γ_o Spanwinkel

Flächen, Schneiden und sonstige Bezeichnungen am Bohrer

a	Hauptschneide	g	Freifläche der Hauptschneide
b	Nebenschneide	h	Freifläche der Nebenschneide
c	Querschneide	i	Spannut
d	Bohrerdurchmesser	j	Fase
e	Schneidenecke	k	Kerndicke
f	Spanfläche		

Schnittkraft (F_c) und Korrekturfaktoren (K) für die Schnittkraft

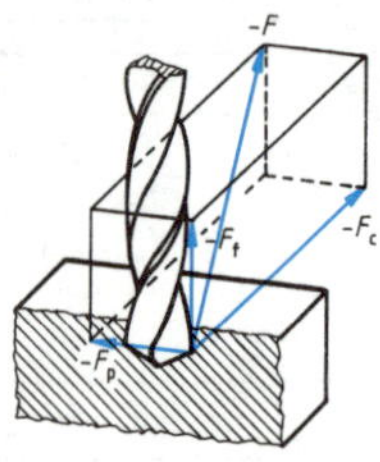

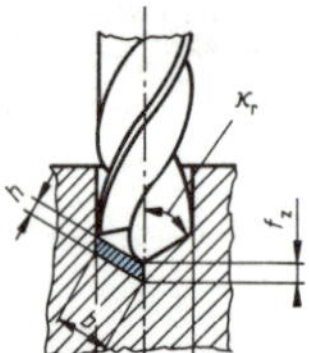

Schnittkraft (F_c):

$$F_c = z \cdot F_{cz} = \frac{d \cdot f}{2} \cdot k_c$$

$$F_{cz} = b \cdot h \cdot k_c = \frac{d \cdot f}{2 \cdot z} \cdot k_c$$

$$A = b \cdot h = \frac{d \cdot f}{2 \cdot z}$$

$$b = \frac{d}{2 \cdot \sin \kappa_r}, \quad h = \frac{f}{z} \cdot \sin \kappa_r$$

$$k_c = \frac{k_{c1 \cdot 1}}{h^{m_c}} \quad \text{in N/mm}^2$$

Schnittkraft (F_c) bei Berücksichtigung der Korrekturfaktoren:

$$F_c = \frac{d \cdot f}{2} \cdot k_c \cdot K_{ver} \cdot K_{st} \cdot K_{sch}$$

Schneidenverschleißfaktor (K_{ver}):
$K_{ver} = 1{,}25 \cdots 1{,}4$

Spanstauchungsfaktor (K_{st}):
$K_{st} = 1{,}2$

Schneidstoffänderungsfaktor (K_{sch}):
$K_{sch} = 1{,}0$ für Hartmetall (HM)
$K_{sch} = 1{,}15$ für Schnellarbeitsstahl (SS)

A	Spanungsquerschnitt
b	Spanungsbreite
d	Bohrerdurchmesser
F	Zerspankraft
f	Vorschub
F_{cz}	Schnittkraft an einer Schneide
F_f	Vorschubkraft
F_p	Passivkraft
h	Spanungsdicke
k_c	spezifische Schnittkraft aus Tabelle S. 7-22 oder nach Formel berechnen
$k_{c1 \cdot 1}$	auf den Spanungsquerschnitt $b \cdot h = 1$ mm · 1 mm bezogene spezifische Schnittkraft aus Tabelle S. 7-22
m_c	Spanungsdickenexponent
κ_r	Einstellwinkel $\kappa_r = \frac{\sigma}{2}$
z	Anzahl der Schneiden

Drehmoment (M_c) Schnittleistung (P_c), Abgabeleistung des Antriebsmotors (P_{ab}) und Spanungsrate (V_t)

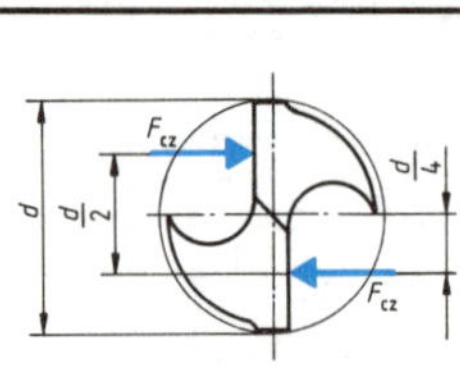

$$M_c = z \cdot F_{ce} \cdot \frac{d}{4} = F_c \cdot \frac{d}{4}$$

$$P_c = F_c \cdot v_c$$

$$P_{ab} = \frac{P_c}{\eta}$$

$$V_t = A \cdot v_c = \frac{d}{2 \cdot z} \cdot f \cdot v_c$$

A	Spanungsquerschnitt
d	Bohrerdurchmesser
F_c	Schnittkraft
F_{cz}	Schnittkraft an einer Schneide
v_c	Schnittgeschwindigkeit
z	Anzahl der Schneiden
η	Maschinenwirkungsgrad ($\eta = 0{,}7 \cdots 0{,}85$)

(Berechnungsbeispiel s.S. 7-29)

7.3 Trennen

(Fortsetzung von Seite 7-28)

Beispiel: In ein Werkstück aus C15 ist ein Durchgangsloch $d = 5$ mm mit einem SS-Bohrer $\sigma = 118°$ zu bohren.

Gegeben: $d = 5$ mm, $\sigma = 118°$, $\kappa_r = \sigma/2 = 59°$, Werkstoff des Werkstücks: C15, Werkstoff des Bohrers: SS, Schnittdaten: $v_c = 33$ m/min, $f = 0{,}1$ mm (aus Tab. unten), $\eta = 0{,}8$ (S. 7-28)

Gesucht: 1. Schnittkraft $F_c = ?$, 2. Drehmoment $M_c = ?$, 3. Schnittleistung $P_c = ?$, 4. Abgabeleistung des Antriebsmotors $P_{ab} = ?$ und 5. Spanungsrate $V_t = ?$

Lösung: 1. $F_c = \frac{d}{2} \cdot f \cdot k_c \cdot K_{ver} \cdot K_{st} \cdot K_{sch}$

$h = \frac{f}{2} \cdot \sin \kappa_r = \frac{0{,}1 \text{ mm}}{2} \cdot \sin 59°$

$h = 0{,}05 \text{ mm} \cdot 0{,}8572$

$h = 0{,}043$ mm

(da in der Tabelle S. 7-22 kein k_c-Wert für diese Spandicke angegeben ist, wird k_c berechnet)

$$k_c = \frac{k_{c1 \cdot 1}}{h^{m_c}} = \frac{1820}{0{,}043^{0{,}20}} = \frac{1820}{0{,}53} = 3434 \text{ N/mm}^2$$

(m_c und $k_{c1 \cdot 1}$ aus der Tabelle S. 7-22 für C15), $K_{ver} = 1{,}3$ gewählt, $K_{st} = 1{,}2$, $K_{sch} = 1{,}15$ (siehe S. 7-28)

$$F_c = \frac{5 \text{ mm}}{2} \cdot 0{,}1 \text{ mm} \cdot 3434 \text{ N/mm}^2 \cdot 1{,}3 \cdot 1{,}2 \cdot 1{,}15 = 1540 \text{ N}$$

2. $M_c = F_c \cdot \frac{d}{4} = 1540 \text{ N} \cdot \frac{5 \text{ mm}}{4} \cdot \frac{1 \text{ m}}{1000 \text{ mm}} = 1{,}9 \text{ Nm}$

3. $P_c = F_c \cdot v_c = 1540 \text{ N} \cdot 33 \frac{\text{m}}{\text{min}} \cdot \frac{1 \text{ min}}{60 \text{ s}}$

$P_c = 847 \frac{\text{Nm}}{\text{s}} = 847 \text{ W} = 0{,}8 \text{ kW}$

4. $P_{ab} = \frac{P_c}{\eta} = \frac{0{,}8 \text{ kW}}{0{,}8} = 1 \text{ kW}$

5. $V_t = \frac{d}{2 \cdot z} \cdot f \cdot v_c =$

$V_t = \frac{5 \text{ mm}}{2 \cdot 2} \cdot 0{,}1 \text{ mm} \cdot \frac{1 \text{ cm}^2}{100 \text{ mm}^2} \cdot 33 \frac{\text{m}}{\text{min}} \cdot \frac{100 \text{ cm}}{1 \text{ m}}$

$V_t = 4{,}1 \text{ cm}^3/\text{min}$

(Es ist üblich, V_t in cm^3/min anzugeben).

Bohrertypen und Einsatzbereiche

Bohrertyp; Drallwinkel	Werkstoff	Spitzenwinkel
H 10°–20°	austenitischer Stahl, Magnesiumlegierungen	140°
	weiche CuZn-Legierungen	118°
	Duroplaste, Hartgummi, Marmor, Schiefer Schichtpreßstoffe	80°
N 16°–30°	unleg. Stahl und Stahlguß bis 700 N/mm² bis 1200 N/mm²	 118° 130°
N 16°–30°	Gußeisen, Temperguß, CuZn-Legierungen	118°
	nichtrostender Stahl, kurzspanende Al-Legierungen, Kupfer $d > 30$ mm	140°
W 30°–40°	Kupfer $d \leq 30$ mm, langspanende Al-Legierungen	140°
	Zink-Legierungen	118°
	Thermoplaste	80°

Richtwerte für Schnittgeschwindigkeiten (v_c) und Vorschübe (f) beim Bohren

Werkstoff	mit Schnellarbeitsstahl (SS)									mit Hartmetallschneiden (HM)						
	v_c in m/min	Vorschub f in mm, bei Bohrer-∅ d in mm ∅2,5	∅5,0	∅10	∅16	∅25	∅40	∅63	∅100	v_c in m/min	f in mm, bei Bohrer-∅ d in mm ∅2,5	∅5,0	∅10	∅16	∅25	∅40
Stahl bis 500 N/mm²	30–40	0,05	0,10	0,20	0,28	0,32	0,45	0,56	0,75	50–75	0,03	0,06	0,12	0,15	0,18	0,22
700 N/mm²	25–35	0,05	0,08	0,16	0,24	0,28	0,40	0,50	0,70	40–60	0,025	0,05	0,10	0,12	0,15	0,18
900 N/mm²	20–28	0,04	0,07	0,12	0,20	0,25	0,36	0,45	0,65	40–60	0,02	0,04	0,08	0,10	0,12	0,16
über 900 N/mm²	10–15	0,03	0,05	0,10	0,14	0,20	0,25	0,32	0,50	35–50	0,02	0,04	0,08	0,10	0,12	0,16
Stahlguß bis 700 N/mm²	18–25	0,035	0,07	0,12	0,20	0,25	0,32	0,40	0,63	30–45	0,025	0,05	0,08	0,10	0,12	0,15
nichtrostende Stähle	6–10	0,025	0,05	0,10	0,14	0,20	0,25	0,30	0,40	20–30	0,015	0,03	0,06	0,10	0,12	0,15
hochwarmfeste Stähle	6–10	0,02	0,035	0,06	0,10	0,14	0,18	0,22	0,36	–[1])	–	–	–	–	–	–

[1]) Für diese Werkstoffe ist ein HM-Spiralbohrer wegen ungünstiger Schneidengeometrie nicht zu empfehlen.

Fortsetzung auf der nächsten Seite

Richtwerte für Schnittgeschwindigkeiten (v_c) und Vorschübe (f) beim Bohren (Fortsetzung)

Werkstoff	mit Schnellarbeitsstahl (SS)									mit Hartmetallschneiden (HM)						
	v_c m/min	Vorschub f in mm, bei Bohrer-Ø d in mm								v_c in m/min	f in mm, bei Bohrer-Ø d in mm					
		Ø 2,5	Ø 5,0	Ø 10	Ø 16	Ø 25	Ø 40	Ø 63	Ø 100		Ø 2,5	Ø 5,0	Ø 10	Ø 16	Ø 25	Ø 40
Gußeisen																
bis HB 200	20–32	0,08	0,14	0,25	0,32	0,40	0,50	0,63	0,90	60–80	0,05	0,08	0,12	0,20	0,25	0,30
über HB 200	12–20	0,06	0,10	0,20	0,25	0,32	0,40	0,50	0,80	40–60	0,025	0,04	0,06	0,12	0,16	0,20
Temperguß																
bis HB 200	18–25	0,08	0,14	0,25	0,32	0,40	0,50	0,63	0,90	50–70	0,05	0,08	0,12	0,20	0,25	0,30
Kupfer																
bis HB 50	32–60	0,06	0,12	0,20						–[1]	–	–	–	–	–	–
KE-Kupfer	20–32	0,05	0,10	0,18	0,25	0,32	0,40	0,50	0,63	–[1]	–	–	–	–	–	–
CuSn-Leg.	18–25	0,05	0,08	0,16						80–100	0,06	0,08	0,12	0,20	0,25	0,32
CuZn-Leg.	30–50	0,05	0,08	0,18						–[1]	–	–	–	–	–	–
Al-Legierung																
langspanend	80–120	0,08	0,16	0,28	0,40	0,50	0,60	0,70	1,0	200–300	0,10	0,16	0,22	0,28	0,36	0,45
kurzspanend	32–60	0,06	0,12	0,20	0,28	0,36	0,45	0,55	0,75	150–250	0,035	0,06	0,12	0,16	0,20	0,24
Mg/Mg-Leg.	80–160	0,10	0,18	0,28	0,36	0,45	0,56	0,70	0,90	125–250	0,03	0,06	0,10	0,16	0,22	0,32
Ti/Ti-Leg.	6–10	0,025	0,05	0,10	0,14	0,20	0,24	0,28	0,35	–[1]	–	–	–	–	–	–
Thermoplaste	28–40	0,03	0,05	0,10	0,16	0,25	0,35	0,50	0,70	80–150	0,025	0,04	0,08	0,12	0,18	0,24
Duroplaste[2]	15–25	0,04	0,08	0,16	0,25	0,32	0,40	0,60	0,80	60–100	0,035	0,08	0,14	0,22	0,30	0,40

Kühlschmierstoffe zum Bohren siehe S. 7-19 und S. 7-20.
HB = Brinellhärte

[1]) Für diese Werkstoffe sind HM-Spiralbohrer wegen ungünstiger Schneidengeometrie nicht zu empfehlen.
[2]) Spanende Formung der Kunststoffe siehe S. 7-40.

7.3.2.8 Richtwerte für Schnittgeschwindigkeiten (v_c) und Vorschübe (f) beim Senken

Für Senker aus SS gilt: $v_{c\,Senken} = v_{c\,Bohren}$ und $f_{Senken} = f_{Bohren} \cdot 1{,}12$ bis $1{,}25$

7.3.2.9 Richtwerte für Schnittgeschwindigkeiten (v_c), Vorschübe (f) und Bearbeitungszugabe (BZ) beim Reiben

Werkstoff und Bearbeitungszugabe (BZ)	mit Schnellarbeitsstahl (SS)							mit Hartmetallschneiden (HM)					
	v_c in m/min	f in mm, bei d[1]) in m						v_c in m/min	f in mm, bei d[1]) in mm				
		Ø 2,5	Ø 5,0	Ø 10	Ø 16	Ø 25	Ø 40		Ø 5,0	Ø 10	Ø 16	Ø 25	Ø 40
Stahl u. -guß bis 900 N/mm²	8–28	0,05	0,14	0,20	0,28	0,32	0,40	8–20	0,08	0,12	0,16	0,20	0,25
Stahl über 900 N/mm²	4–8	0,04	0,07	0,12	0,16	0,25	0,36	6–10	0,08	0,12	0,16	0,20	0,25
Hochwarmfeste Stähle	2–6	0,45	0,09	0,18	0,22	0,28	0,36	–[2]	–	–	–	–	–
Gußeisen/Temperguß bis HB 200	15–25	0,10	0,18	0,28	0,36	0,45	0,56	8–16	0,15	0,20	0,25	0,30	0,40
Gußeisen über HB 200	6–12	0,08	0,12	0,18	0,22	0,25	0,33	10–12	0,15	0,20	0,25	0,30	0,40
Kupfer und Kupfer-Leg.	15–36	0,08	0,22	0,32	0,40	0,45	0,56	15–35	0,10	0,16	0,28	0,36	0,50
Al-Legierungen	15–50	0,08	0,15	0,25	0,32	0,36	0,45	10–30	0,12	0,20	0,28	0,32	0,40
Titan u. Titanlegierungen	4–8	0,04	0,08	0,16	0,20	0,25	0,32	–[2]	–	–	–	–	–
Thermo- u. Duroplaste	4–12	0,01	0,20	0,25	0,32	0,40	0,50	15–40	0,30	0,36	0,45	0,60	1,0
Bearbeitungszugabe (BZ) in mm		0,1–0,25			0,25–0,4				0,1–0,25		0,25–0,35		

Kühlschmiermittel zum Reiben siehe S. 7-19.
HB = Brinellhärte

[1]) Reibahlendurchmesser
[2]) Für diese Werkstoffe sind Reibahlen mit Hartmetallschneiden wegen ungünstiger Schneidengeometrie nicht zu empfehlen.

7.3 Trennen

7.3.2.10 Fräsen

Ebenen, Winkel und Schneiden am Fräser

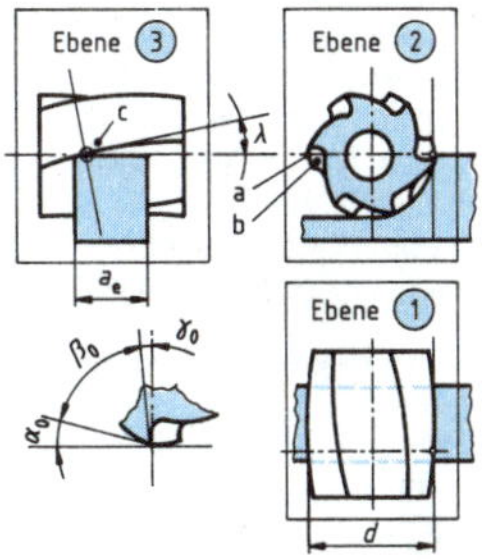

Ebenen am Fräser	Winkel am Fräser
① Bezugsebene (Referenzebene) ② Keilmeßebene (Orthogonalebene) $\alpha_o+\beta_o+\gamma_o=90°$ ③ Schneidenebene	α_o Freiwinkel β_o Keilwinkel γ_o Spanwinkel λ Drallwinkel

Schneiden, Flächen und sonstige Bezeichnungen am Fräser

a	Schneide	d	Fräserdurchmesser
b	Spanfläche der Schneide	a_e	Fräsbreite
c	Freifläche der Schneide		

Schnittkraft (F_c), Vorschubgeschwindigkeit (v_f) und Korrekturfaktoren (K) für die Schnittkraft

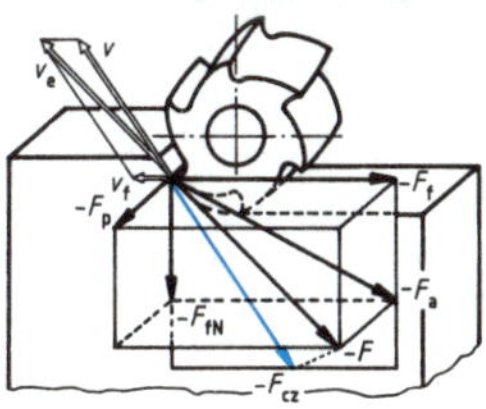

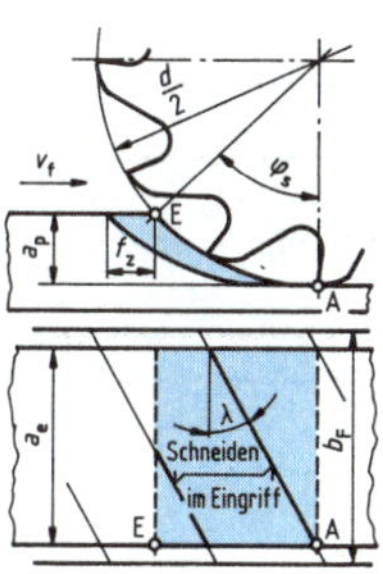

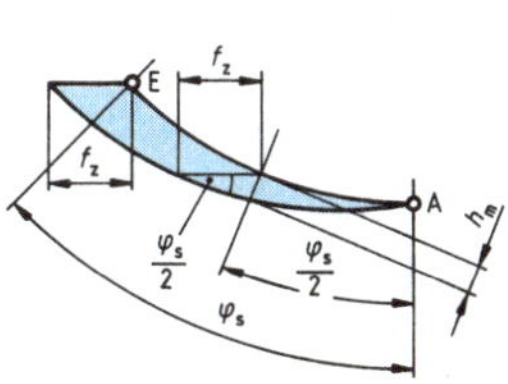

Schnittkraft (F_c):

$$F_c = F_{cz} \cdot z_e$$

$$z_e = \frac{z \cdot \varphi_s}{360°}, \qquad \cos\varphi_s = 1 - \frac{2 \cdot a_p}{d}$$

$$F_{cz} = b \cdot h_m \cdot k_c$$

$b = a_e$ bei geradverzahnten Fräsern

$b = \dfrac{a_e}{\cos\lambda}$ bei Fräsern mit Drallwinkel

$$h_m = \frac{360° \cdot a_p}{\pi \cdot \varphi_s \cdot d} \cdot f_z \cdot \sin\kappa$$

$\sin\kappa = 1$ bei geradverzahnten Fräsern

$\kappa = 90° - \lambda$ bei Fräsern mit Drallwinkel

$k_c = \dfrac{k_{c\,1\cdot1}}{h_m^{m_c}}$ in N/mm²

Vorschubgeschwindigkeit des Fräsmaschinentisches (v_f):

$$v_f = f_z \cdot z \cdot \frac{v_c}{d \cdot \pi}$$

Schnittkraft (F_c) bei Berücksichtigung der Korrekturfaktoren:

$$F_c = z_e \cdot b \cdot h_m \cdot k_c \cdot K_{\gamma_0} \cdot K_{ver} \cdot K_v$$

Spanwinkeländerungsfaktor (K_{γ_0}):

$$K_{\gamma_0} = 1 - \frac{\gamma_o - \gamma_{ok}}{66{,}7}$$

Schneidenverschleißfaktor (K_{ver}):

$$K_{ver} = 1{,}2 \cdots 1{,}4$$

Schnittgeschwindigkeitsänderungsfaktor (K_v):

Die K_v-Werte müssen dem Diagramm auf S. 7-21 entnommen werden.

a_e	Fräsbreite
a_p	Schnittiefe
b	Spanungsbreite
b_F	Fräserbreite
d	Fräserdurchmesser
F	Zerspankraft
F_a	Aktivkraft
F_{cz}	mittlere Schnittkraft pro Schneide
F_f	Vorschubkraft
F_{fN}	Vorschubnormalkraft (Stützkraft)
F_P	Passivkraft
f_z	Vorschub pro Schneide (aus Tabelle S. 7-33)
h_m	mittlere Spandicke
k_c	spezifische Schnittkraft
$k_{c\,1\cdot1}$	auf den Spanungsquerschnitt $b \cdot h_m = 1$ mm · 1 mm bezogene spezifische Schnittkraft aus Tabelle S. 7-22
m_c	Spanungsdickenexponent aus Tabelle S. 7-22
v_c	Schnittgeschwindigkeit aus Tabelle S. 7-33
v_f	Vorschubgeschwindigkeit
z	Anzahl der Fräserschneiden
z_e	Anzahl der im Eingriff befindlichen Schneiden
γ_o	am Fräser vorhandener Spanwinkel
γ_{ok}	Spanwinkel bei der Ermittlung der k_c-Werte in Tabelle S. 7-22
κ	Einstellwinkel der Schneide
φ_s	Eingriffswinkel

7.3 Trennen

Schnittleistung (P_c), Abgabeleistung des Antriebsmotors (P_{ab}) und Spanungsrate (V_t)

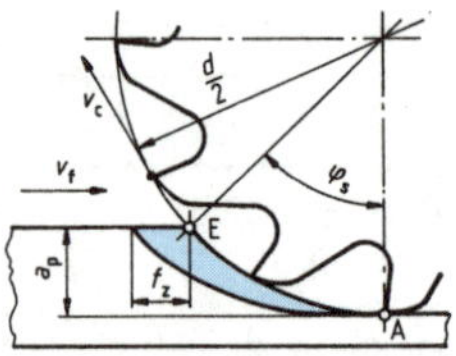

$$P_c = F_{cz} \cdot v_c \cdot \frac{z \cdot \varphi_s}{360°}$$

$$P_{ab} = \frac{P_c}{\eta}$$

$$V_t = a_p \cdot a_e \cdot v_f$$

a_e	Fräsbreite
a_p	Schnittiefe
F_{cz}	mittlere Schnittkraft pro Schneide
v_c	Schnittgeschwindigkeit
v_f	Vorschubgeschwindigkeit
z	Anzahl der Fräserschneiden
η	Maschinenwirkungsgrad
φ_s	Eingriffswinkel

Beispiel: Es soll ein Werkstück aus St 50 mit einer Länge $l = 500$ mm und einer Breite $a = a_e = 90$ mm von 46 mm auf 40 mm Dicke ($a_p = 6$ mm) gefräst werden. Fräswerkzeug: Walzenfräser aus SS mit $d = b_F = 100$ mm, $\gamma_o = 12°$, $\lambda = 40°$ und $z = 8$ (aus Tabelle unten). Der Maschinenwirkungsgrad beträgt 0,75.

Gesucht:
1. Schnittdaten (v_c, f_z, v_f),
2. Schnittkraft (F_{cz}),
3. Schnittleistung (P_c),
4. Abgabeleistung des Antriebsmotors (P_{ab}),
5. Spanungsrate (V_t).

Lösung:

1. Schnittdaten aus Tabelle S. 7-33; $v_c = 22$ m/min und $f_z = 0{,}18$ mm.

$$v_f = \frac{v_c}{d \cdot \pi} \cdot f_z \cdot z, \quad v_f = 100{,}9\,\frac{\text{mm}}{\text{min}} \text{ (berechnet)}$$

2. $F_{cz} = b \cdot h_m \cdot k_c \cdot K_{\gamma_o} \cdot K_{ver} \cdot K_v$

$$b = \frac{a_e}{\cos\lambda} = \frac{90\text{ mm}}{\cos 40°} = \frac{90\text{ mm}}{0{,}766} = 117{,}5\text{ mm};$$

$$h_m = \frac{360° \cdot a_p}{\pi \cdot \varphi_s \cdot d} \cdot f_z \cdot \sin\kappa$$

$$\cos\varphi_s = 1 - \frac{2 \cdot a_p}{d} = 1 - \frac{2 \cdot 6\text{ mm}}{100\text{ mm}} = 0{,}88;\ \varphi_s = 28{,}3°$$

$$\kappa = 90° - \lambda = 90° - 40° = 50°;$$

$$\sin\kappa = \sin 50° = 0{,}766;$$

$$h_m = \frac{360° \cdot 6\text{ mm}}{3{,}14 \cdot 28{,}3° \cdot 100\text{ mm}} \cdot 0{,}18\text{ mm} \cdot 0{,}766 = 0{,}0335\text{ mm};$$

(da in der Tabelle S. 7-22 kein k_c-Wert für diese Spandicke angegeben ist, wird k_c berechnet)

$$k_c = \frac{k_{c1\cdot1}}{h_m^{m_c}} = \frac{1990}{0{,}0335^{0{,}26}} = \frac{1990}{0{,}414} = 4807\text{ N/mm}^2$$

($k_{c1\cdot1}$ und m_c aus Tabelle S. 7-22 für St 50); Festlegung der Korrekturfaktoren:

$$K_{\gamma_o} = 1 - \frac{\gamma_o - \gamma_{ok}}{66.7} = 1 - \frac{12° - 6°}{66{,}7} = 1 - 0{,}09 = 0{,}91$$

$K_{ver} = 1{,}3$ gewählt; $K_v = 1{,}24$ aus Diagramm S. 7-21;

$F_{cz} = 117{,}5\text{ mm} \cdot 0{,}0335\text{ mm} \cdot 4807\text{ N/mm}^2 \cdot 0{,}91 \cdot 1{,}3 \cdot 1{,}24$

$F_{cz} = 27756$ N

3. $P_c = F_{cz} \cdot v_c \cdot \dfrac{z \cdot \varphi_s}{360°}$

$$P_c = 27756\text{ N} \cdot 22\,\frac{\text{m}}{\text{min}} \cdot \frac{1\text{ min}}{60\text{ s}} \cdot \frac{8 \cdot 28{,}3°}{360°}$$

$$P_c = 6400\,\frac{\text{Nm}}{\text{s}} = 6400\text{ W} = 6{,}4\text{ kW}$$

4. $P_{ab} = \dfrac{P_c}{\eta} = \dfrac{6400\text{ W}}{0{,}75} = 8533\text{ W} = 8{,}5\text{ kW}$

5. $V_t = a_p \cdot a_e \cdot v_f$

$$V_t = 6\text{ mm} \cdot 90\text{ mm} \cdot \frac{1\text{ cm}}{100\text{ mm}^2} \cdot 100{,}9\,\frac{\text{mm}}{\text{min}} \cdot \frac{1\text{ cm}}{10\text{ mm}}$$

$$V_t = 54{,}5\text{ cm}^3\text{/min}$$

Winkel und Zähnezahl an Fräsern aus Schnellarbeitsstahl (SS)

Winkel in Grad am Fräser in Abhängigkeit von Werkstoff und Fräserart						Fräserart	Typ	Zähnezahl in Abhängigkeit von Fräserart, Fräsertyp und Fräserdurchmesser in mm										
V	IV	III	II	I	Winkel			10	20	30	40	50	63	80	100	125	160	200
8	6	6	5	6	α	Walzenfräser	N				4	4	5	7	8	10	12	
25	15	12	12	12	γ		H				10	10	10	12	14	16	20	
50	45	40	40	40	λ		W				3	4	4	4	5	6	8	
8	6	6	5	6	α	Walzenstirnfräser	N				6	6	7	8	10	12	14	
25	15	12	12	12	γ		H				12	12	12	14	16	18	20	
50	45	40	40	40	λ		W				3	4	5	6	6	6	8	
8	6	6	5	6	α	Scheibenfräser	N					12	14	14	14	16	18	20
25	15	12	10	12	γ		H					16	18	20	24	28	28	36
30	20	15	20	15	λ		W					6	6	6	8	8	10	12
10	6	7	6	7	α	Schaftfräser	N	4	4	6	6	8	10					
25	12	12	10	10	γ		H	6	8	10	12	12	14					
40	35	30	30	20	λ		W	3	3	4	4							

I Stahl bis $R_m = 850$ N/mm²
II Stahlguß
III Gußeisen
IV Kupferlegierungen
V Aluminium-Legierungen

7.3 Trennen

Richtwerte für Vorschübe pro Schneide (f_z) in mm und Schnittgeschwindigkeiten (v_c) in m/min für Fräser aus Schnellarbeitsstahl (SS) und Hartmetallschneiden (HM)

Werkstoff		Walzenfräser f_z	Walzenfräser v_c für $a_p=8$	Walzenfräser v_c für $a_p=1$	Walzenstirnfräser f_z	Walzenstirnfräser v_c für $a_p=8$	Walzenstirnfräser v_c für $a_p=1$	Scheibenfräser f_z	Scheibenfräser v_c für $b_F<20$	Schaftfräser f_z	Schaftfräser v_c für $d \leq 20$	Schaftfräser v_c für $d>20$	Werkzeugwerkstoff
Stahl	bis 500 N/mm²	0,22	24 120	33 200	0,22	20 120	30 200	0,12	16 180	0,1	28 200	24 180	SS HM
	500–800 N/mm²	0,18	20 80	33 200	0,18	18 70	30 180	0,12	14 120	0,08	24 160	20 150	SS HM
	750–900 N/mm²	0,12	15 70	28 150	0,12	14 65	25 140	0,09	12 100	0,06	22 140	18 120	SS HM
leg. Stahl	850–1000 N/mm²	0,12	10 50	25 100	0,12	9 45	18 90	0,08	16 100	0,08	20 80	16 70	SS HM
	1000–1400 N/mm²	0,09	8 20	13 60	0,09	7 20	12 60	0,07	10 80	0,06	24 60	20 50	SS HM
Stahlguß	450–520 N/mm²	0,18	12 40	16 85	0,12	10 35	14 80	0,09	12 100	0,08	20 90	18 70	SS HM
Gußeisen	140–180 HB	0,22	15 60	25 100	0,22	13 55	22 90	0,12	14 120	0,08	20 90	18 70	SS HM
	180–220 HB	0,22	10 40	18 80	0,18	9 35	16 75	0,09	12 100	0,07	18 80	14 60	SS HM
Kupfer-Legierungen 80–120 HB		0,22	35 80	75 200	0,18	32 75	70 180	0,08	40 150	0,08	60 110	50 100	SS HM
Aluminium-Legierungen 9–13% Si		0,12	80 100	200 300	0,12	70 90	180 280	0,09	180 250	0,06	240 300	200 250	SS HM

Die angegebenen f_z-Werte gelten für das Schruppen; für das Schlichten sind diese Werte um 40–50% zu verringern. Die v_c-Werte bei Scheiben- und Schaftfräsern gelten für das Schruppen; für das Schlichten sind diese Werte um 20% zu erhöhen. a_p Schnittiefe in mm; b_F Fräserbreite in mm; d Fräserdurchmesser in mm
Kühlschmiermittel zum Fräsen siehe S. 7-19 und 7-20.

Richtwerte für Vorschübe pro Schneide (f_z) in mm bzw. Vorschubgeschwindigkeiten (v_f) in mm/min und Schnittgeschwindigkeiten (v_c) in m/min für Wendeplatten-Fräsköpfe und SS-Kreissägen

Werkstoff		Wendeplatten-Fräskopf Schruppen f_z	Schruppen v_c	Schlichten f_z	Schlichten v_c	HM-Sorte	Schnellarbeitsstahl-Kreissäge v_c	v_f für $a_p<5$	v_f für $a_p=5$–10	v_f für $a_p=10$–15
Stahl	bis 500 N/mm²	0,2–0,8	100–180	0,1–0,3	150–200		63	100–250	80–315	50–80
	500–850 N/mm²	0,2–0,7	70–150	0,1–0,3	100–150	P10	40	63–80	50–160	25–35
leg. Stahl	bis 800 N/mm²	0,2–0,7	70–110	0,1–0,3	100–130	bis	40	63–100	40–80	32–63
	800–1000 N/mm²	0,2–0,6	60–90	0,1–0,3	90–110	P40	31,5	45–80	32–63	25–50
	1000–1500 N/mm²	0,2–0,5	40–70	0,1–0,3	50–90		10	20–40	12–25	8–16
Stahlguß	bis 700 N/mm²	0,2–0,8	50–150	0,1–0,3	80–160		31,5	100–125	80–100	63–80
Gußeisen	bis 200 HB	0,3–1,2	50–90	0,1–0,3	70–120		45	200–400	125–400	80–120
	200–250 HB	0,2–1,0	50–90	0,1–0,3	50–100	K10	25	80–100	80–160	50–63
Kupfer-Legierungen		0,2–0,5	80–150	0,1–0,3	100–250		160	100–800	320–800	80–400
Aluminium-Legierungen		0,2–0,5	300–750	0,1–0,3	450–1000		250	250–2500	80–1600	80–1200

a_p Schnittiefe in mm; SS Schnellarbeitsstahl
Kühlschmiermittel zum Fräsen siehe S. 7-19 und S. 7-20

7.3 Trennen

Teilen mit dem Teilkopf

1. Direktes Teilen: Die Teilscheibe ist auf der Teilkopfspindel befestigt und wird um die gewünschte Teilzahl weitergedreht.

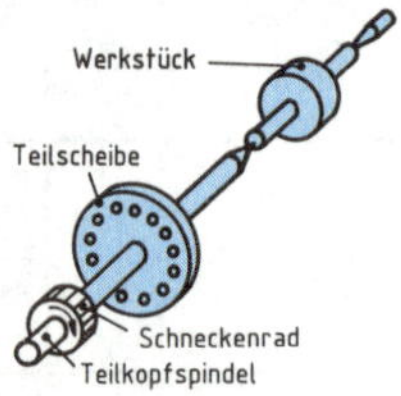

$$n_x = \frac{n_L}{T}; \quad n_x = \frac{\alpha \cdot n_L}{360°}$$

n_L Anzahl der Löcher bzw. Lochabstände auf der Teilscheibe
n_x Anzahl der Löcher bzw. Lochabstände je Teilschritt
T Teilzahl des Werkstückes
α Teilungswinkel des Werkstückes

Beispiel: Auf eine Welle soll ein Sechskant ($T = 6$) gefräst werden. Die Teilscheibe hat 24 Löcher.

Gesucht: $n_x = ?$

Lösung: $n_x = \frac{n_L}{T} = \frac{24}{6} = 4$

Die Teilkopfspindel muß je Teilschritt um 4 Lochabstände weiter gedreht werden.

2. Indirektes Teilen: Die Teilscheibe auf der Schneckenspindel ist festgestellt. Das Werkstück wird über die Teilkurbel und das Schneckengetriebe weitergedreht.

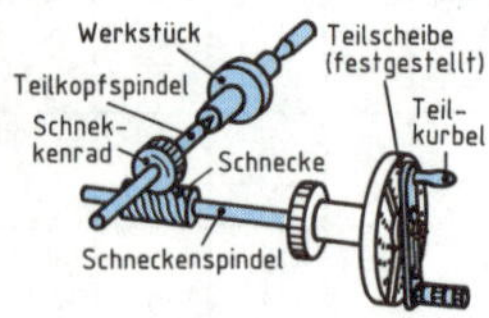

$$n_k = \frac{i}{T}; \quad n_k = \frac{i \cdot \alpha}{360°}$$

n_k Anzahl der Teilkurbelumdrehungen pro Teilschritt
i Übersetzungsverhältnis des Schneckengetriebes (in der Regel 40:1)
T Teilzahl des Werkstückes
α Teilungswinkel des Werkstückes

Lochkreise von Teilscheiben sind beim Ausgleichsteilen angegeben.

Beispiel: Es soll ein Zahnrad mit 54 Zähnen ($T = 54$) gefräst werden. Übersetzungsverhältnis $i = 40:1$.

Gesucht: $n_k = ?$

Lösung: $n_k = \frac{i}{T} = \frac{40}{1 \cdot 54} = \frac{20 \rightarrow (LA)}{27 \rightarrow (LK)}$

Die Teilkurbel muß je Teilschritt um 20 Lochabstände (LA) auf dem 27-Lochkreis (LK) weitergedreht werden.

3. Ausgleichsteilen: Die Teilscheibe auf der Schneckenspindel ist nicht festgestellt, sondern wird durch Wechselräder von der Teilkopfspindel aus angetrieben und führt eine ganz bestimmte Korrekturbewegung aus. Das Werkstück wird über die Teilkurbel und das Schneckengetriebe weitergedreht.

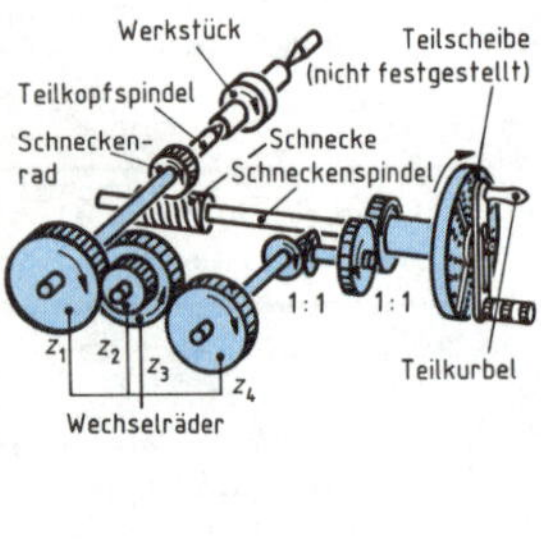

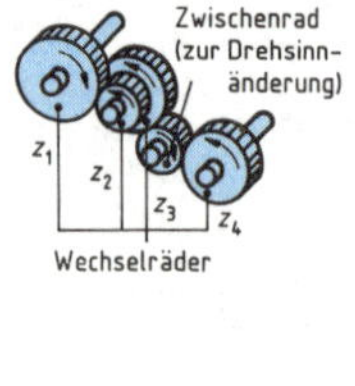

$$n_k = \frac{i}{T_e}; \quad \frac{z_t}{z_g} = \frac{i}{T_e} \cdot (T_e - T)$$

n_k Anzahl der Teilkurbelumdrehungen pro Teilschritt
i Übersetzungsverhältnis des Schneckengetriebes (in der Regel 40:1)
T Teilzahl des Werkstückes
T_e gewählte Ersatzteilzahl
$T_e > T$ Teilkurbel und Teilscheibe müssen gleichen Drehsinn haben
$T_e < T$ Teilkurbel und Teilscheibe müssen entgegengesetzten Drehsinn haben
z_t Zähnezahl der treibenden Wechselräder (z_1, z_3)
z_g Zähnezahl der getriebenen Wechselräder (z_2, z_4)

Lochkreise von Teilscheiben:

Größe ①:	15	16	17	18	19	20
Größe ②:	21	23	27	29	31	33
Größe ③:	37	39	41	43	47	49

Beispiel: Es soll ein Zahnrad mit 73 Zähnen ($T = 73$) gefräst werden. Das Übersetzungsverhältnis beträgt 40:1.

Gesucht: $n_k = ?$, $z_t = ?$, $z_g = ?$

Lösung: $T_e = 70$ (gewählt)

$$n_k = \frac{i}{T_g} = \frac{40}{1 \cdot 70} = \frac{4}{7} = \frac{12 \rightarrow (LA)}{21 \rightarrow (LK)}$$

Die Teilkurbel muß pro Teilung des Werkstückes um 12 Lochabstände (LA) auf dem 21-Lochkreis (LK) weitergedreht werden. Da $T_e < T$, ist eine gegenläufige Bewegung (durch ein Zwischenrad) von Teilkurbel und Teilscheibe erforderlich.

$$\frac{z_t}{z_g} = \frac{i}{T_e} \cdot (T_e - T) = \frac{40}{1 \cdot 70} \cdot (70 - 73)$$

$$\frac{z_t}{z_g} = \frac{4}{7} \cdot (-3) = -\frac{12}{7} = -\frac{48}{28}$$

Die Ausgleichsbewegung erfolgt durch zwei Wechselräder mit $z_t = z_1 = 48$ und $z_g = z_4 = 28$ Zähnen.

7.3 Trennen

7.3.2.11 Hobeln und Stoßen

Winkel und Ebenen am Meißel

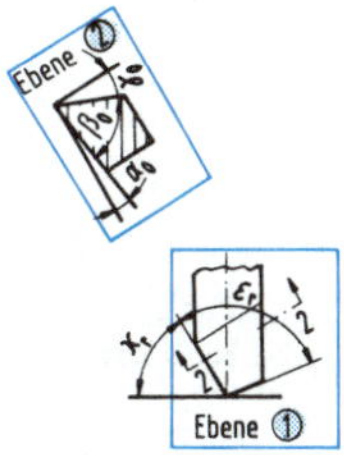

Ebenen am Meißel	Winkel am Meißel
① Bezugsebene (Referenzebene) ② Keilmeßebene (Orthogonalebene) $\alpha_o + \beta_o + \gamma_o = 90°$	κ_r Einstellwinkel ε_r Eckenwinkel α_o Freiwinkel β_o Keilwinkel γ_o Spanwinkel

Schnittkraft (F_c) und Korrekturfaktoren (K) für die Schnittkraft

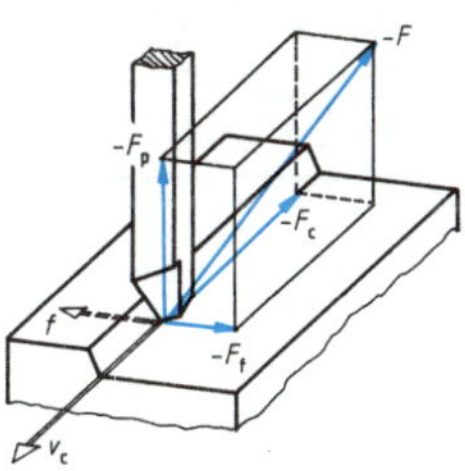

Schnittkraft (F_c):

$F_c = b \cdot h \cdot k_c = a_p \cdot f \cdot k_c$

$A = b \cdot h = a_p \cdot f$

Schnittkraft (F_c) bei Berücksichtigung der Korrekturfaktoren:

$F_c = b \cdot h \cdot k_c \cdot K_{\gamma o} \cdot K_{ver} \cdot K_v$

F Zerspankraft
F_f Vorschubkraft
F_p Passivkraft

A Spanungsquerschnitt
a_p Schnittiefe
b Spanungsbreite (siehe S. 7-21)
f Vorschub
h Spanungsdicke (siehe S. 7-21)
k_c spezifische Schnittkraft (siehe S. 7-21/22)
($K_{\gamma o}$ Spanwinkeländerungsfaktor (siehe S. 7-21)
K_{ver} Schneidenverschleißfaktor (siehe S. 7-21)
K_v Schnittgeschwindigkeitsänderungsfaktor (siehe S. 7-21)

Schnittleistung (P_c), Abgabeleistung des Antriebsmotors (P_{ab}) und Spanungsrate (V_t)

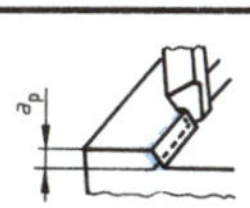

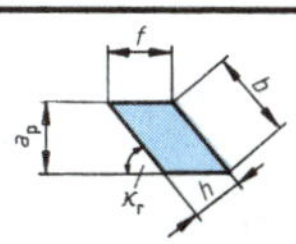

$P_c = F_c \cdot v_c$

$P_{ab} = \frac{P_c}{\eta}$

$V_t = A \cdot v_c$

A Spanungsquerschnitt
F_c Schnittkraft
v_c Schnittgeschwindigkeit
η Maschinenwirkungsgrad ($\eta = 0{,}6 \cdots 0{,}7$)

Richtwerte für Schnittgeschwindigkeiten (v_c) und Winkel am Meißel

Werkstoff		HM-Sorte	v_c für HM			v_c für SS			Werkzeugwinkel in Grad					
			Vorschub f			Vorschub f			für HM		für SS		für HM, SS	
			0,5	1,0	1,6	0,5	1,0	1,6	α_o	γ_o	α_o	γ_o	λ_s	κ_r
Stahl	bis 500 N/mm²	P40	60	48	40	28	23	20	8	15–20	8	12	−10 bis −15	45 bis 70
	500–750 N/mm²	P40	55	45	38	21	17	15	8	12–15	8	8–10		
	750–900 N/mm²	P40	40	35	30	14	11	10	8	10–20	8			
Stahlguß	bis 520 N/mm²	P40	45	35	30	15	12	10	8	10–15	8	8		
Gußeisen	bis 190 HB	K20	50	40	30	25	18	14	8	15–20	8	4		
	190–240 HB	K20	55	45	35	32	26	24	8	10–15	8	4		

f Vorschub in mm je Doppelhub
HM Hartmetall
v_c Schnittgeschwindigkeit in m/min
SS Schnellarbeitsstahl

Kühlschmiermittel siehe S. 7-19

7

7.3 Trennen

7.3.2.12 Schleifen

Schnittgrößen beim Schleifen

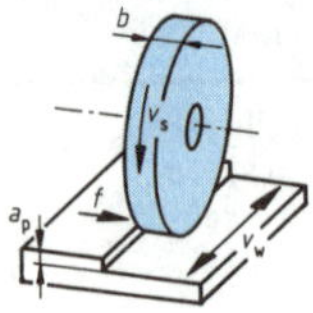

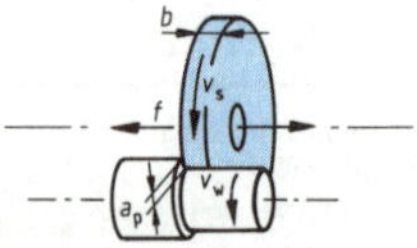

Höchstzulässige Drehzahl der Schleifscheibe ($n_{s\,max}$):

$$n_{s\,max} = \frac{v_{s\,max}}{d_1 \cdot \pi}$$

Drehzahl der Schleifscheibe (n_s):

$$n_s = \frac{v_s}{d_1 \cdot \pi}$$

Drehzahl des Werkstückes (n_w) beim Rundschleifen:

$$n_w = \frac{v_w}{d_w \cdot \pi}$$

Hubzahl des Werkstückes (n) beim Flachschleifen:

$$n = \frac{v_w}{L}$$

a_p	Schnittiefe
d_1	Schleifscheiben-∅
d_w	Werkstückdurchmesser
f	seitlicher Vorschub je Hub beim Flachschleifen bzw. Vorschub in Längsrichtung je Werkstückumdrehung beim Rundschleifen
L	Schleiflänge beim Flachschleifen
v_s	Umfangsgeschwindigkeit der Schleifscheibe
$v_{s\,max}$	Arbeitshöchstumfangsgeschwindigkeit der Schleifscheibe
v_w	Werkstückgeschwindigkeit

Geschwindigkeitsverhältnis (q):

$$q = \frac{v_s}{v_w}; \quad q = \frac{d_1 \cdot n_s}{d_w \cdot n_w}$$

Bezeichnung der Schleifkörper nach DIN 69100 (6.72)

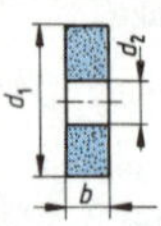

Beispiel: Schleifscheibe 350 × 40 × 32 DIN 69120 – A 36 0 5 V – 35

350 = d_1; 40 = b; 32 = d_2 (Abmessungen in mm); DIN 69120 = ①; A = ②; 36 = ③; 0 = ④; 5 = ⑤; V = ⑥; 35 = ⑦

Symbol	Erklärung						
DIN-Norm ①	DIN 69120 gerade Schleifscheibe (GS) ohne Aussparung; DIN 69125 GS mit Aussparung auf einer Seite; DIN 69126 GS mit Aussparung auf beiden Seiten; DIN 69139 und DIN 69148 Topf- und Tellerschleifscheiben; DIN 69140 Schleifsegmente; DIN 69143 gekröpfte Schleifscheiben; DIN 69161 Trennscheiben; DIN 69170 Schleifstifte; u.a.						
Schleifmittel ②	A Korund (Al_2O_3) C Siliziumkarbid (SiC)		D Diamant B Bornitrid	die Bezeichnung der Schleifkörper für diese Schleifmittel erfolgt nach DIN 69800			
Körnung ③	grob 6, 8, 10, 12, **14**, **16**, 20, **24**		mittel **30**, 36, **46**, 54, **60**		fein 70, **80**, 100, 120, 150, 180		sehr fein 220 bis 1200
Härtegrad ④	äußerst weich A, B, C, D	sehr weich E, F, **G**	weich **H**, **I**, **Jot**, **K**	mittel L, **M**, N, **O**	hart **P**, **Q**, **R**, S	sehr hart T, U, V, W	äußerst hart X, Y, Z
Gefüge ⑤	sehr dicht 1, 2	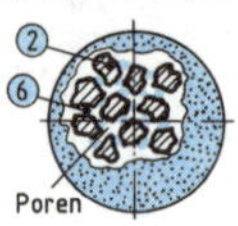	dicht 3, 4	mittel **5, 6, 7, 8**	offen 9, 10, 11	sehr offen 12, 13, 14	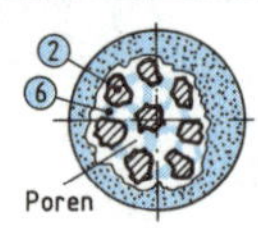
Bindung ⑥	B Kunstharzbindung BF Kunstharzbindung faserstoffverstärkt		E Schellackbindung Mg Magnesitbindung R Gummibindung		RF Gummibindung faserstoffverstärkt V keramische Bindung		
$v_{s\,max}$ ⑦	Angabe der zulässigen Arbeitshöchstumfangsgeschwindigkeit des Schleifkörpers in m/s						

Die **fett**gedruckten Körnungen, Härtegrade und Gefüge sind am gebräuchlichsten.

7.3 Trennen

Arbeitshöchstumfangsgeschwindigkeiten ($v_{s\,max}$) für Schleifkörper nach DSA 101 T3 (3.83)											
Maschinenart	Anwendungsweise	Schleifart	Allgemeine Höchstumfangsgeschwindigkeiten ohne DSA-Zulassung in m/s für Bindung				Erhöhte Umfangsgeschwindigkeiten mit DSA-Zulassung in m/s für Bindung				
			V	B, BF	R, RF, E	Mg	V	B	BF	R	RF
Ortsfeste Schleifmaschinen	zwangsweise Führung 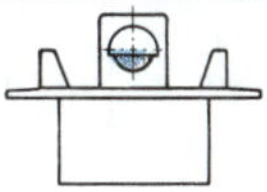	Us	35	35[1], 50[2]	35	25[3], 15[4]	80	80	80	80	80
		Ss	30	35	30	20[3]	63	80	–	63	–
	handgeführtes Schleifen 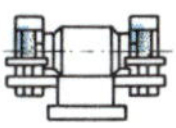	Us	30	30[1], 45[2]	30	20[3], 15[4]	–	63	80	–	–
		Ss	25	30	25	15[3]	–	50	–	–	–
Handschleifmaschinen	Freihandschleifen 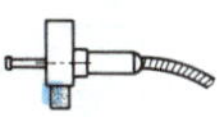	Us	30	45	30	–	50	63	80	50	80
		Ss	25	30	25	–	–	50	80	–	–
Trennschleifmaschinen	zwangsweise Führung	Us	–	35[1], 50[2]	35	–	–	80	100	80	100
	handgeführtes Trennschleifen	Us	–	30[1], 45[2]	30	–	–	80	100	80	100
	Freihandtrennschleifen	Us	–	45	30	–	–	–	100	–	–

DSA Deutscher Schleifscheibenausschuß; Us Umfangsschleifen; Ss Seitenschleifen

[1]) Für $d_1 > 500$ mm oder $b > 75$ mm [2]) Für $d_1 \leq 500$ mm und $b \leq 75$ mm [3]) Für $d_1 \leq 1000$ mm [4]) Für $d_1 > 1000$ mm.

Farbliche Kennzeichnung der Schleifkörper für erhöhte Umfangsgeschwindigkeiten nach DSA 103 (10.80) (die Mindestbreite je Farbstreifen beträgt 5 mm)

Arbeitshöchstumfangsgeschwindigkeit in m/s	45	60	80	100	125	140	160
Farbstreifen	blau	gelb	rot	grün	grün + blau	grün + gelb	grün + rot

Kennzeichen für Verwendungseinschränkungen (VE) der Schleifkörper nach DSA 101 (3.83)

VE1	Nicht zulässig für Freihand- und handgeführtes Schleifen	VE4	Zulässig nur für geschlossenen Arbeitsbereich (besondere Schutzeinrichtung)
VE2	Nicht zulässig für Freihandtrennen	VE5	Nicht zulässig ohne besondere Absaugung
VE3	Nicht zulässig für Naßschleifen	VE6	Nicht zulässig für Schruppschleifen

Richtwerte für Vorschübe (f) und Schnittiefen (a_p)

Werkstoff	Art der Bearbeitung	Flachschleifen		Rundschleifen		
		Schnittiefe a_p in mm	seitlicher Vorschub f in mm/Hub	außen Schnittiefe a_p in mm	innen Schnittiefe a_p in mm	Vorschub f in Längsrichtung in mm/U
Stahl Gußeisen	Schruppen Schruppen	0,03–0,1 0,06–0,2	$\frac{2}{3}b$ bis $\frac{4}{5}\cdot b$	0,02–0,04 0,04–0,08	0,01–0,03 0,02–0,06	$\frac{2}{3}\cdot b$ bis $\frac{3}{4}\cdot b$
Stahl Gußeisen	Schlichten Schlichten	0,002–0,01 0,004–0,02	$\frac{1}{2}\cdot b$ bis $\frac{2}{3}\cdot b$	0,002–0,01 0,004–0,02	0,002–0,005 0,004–0,01	$\frac{1}{4}\cdot b$ bis $\frac{1}{2}\cdot b$

7.3 Trennen

Richtwerte für Umfangsgeschwindigkeit (v_s) in m/s der Schleifscheibe, Werkstückgeschwindigkeit (v_w) in m/s und Geschwindigkeitsverhältnis (q)

Werkstoff	Flachschleifen						Trennschleifen	Rundschleifen					
	Umfangsschleifen			Stirnschleifen				außen			innen		
	v_s	v_w	q	v_s	v_w	q	v_s	v_s	v_w	q	v_s	v_w	q
Stahl, ungehärtet	30	0,16 bis 0,58	180 bis 50	25	0,1 bis 0,42	250 bis 60	45 bis 80	30	0,22	130	25	0,32	80
Stahl, gehärtet	30			25				35	0,27	130	25	0,38	65
Gußeisen	30			25	0,1 bis 0,5	250 bis 50		25	0,22	115	25	0,38	65
Cu-Legierungen	25	0,25 bis 0,67	40 bis 100	–	–	–		30	0,32	95	25	0,40	60
Al-Legierungen	20			20	0,33 bis 0,75	60 bis 27	–	20	0,58	35	20	0,58	35
Hartmetall	8	0,07	115	25	0,07	115	45	8	0,08	100	8	0,13	60

Richtwerte für die Wahl von Schleifmittel, Körnung und Härte für keramisch gebundene Schleifkörper

Werkstoff	Schleifmittel	Körnung und Härte beim Flachschleifen			Körnung und Härte beim Rundschleifen	
		gerade Schleifscheibe bei $d_1 \leq 200$ mm	Topfscheibe bei d_1 [1]) in mm ≤ 200 bis ≤ 350	Schleifsegmente	außen bei d_1 [1]) in mm ≤ 350 bis ≤ 600	innen bei d_1 [1]) in mm ≤ 16 bis ≤ 125
Stahl, ungehärtet	A	46 K	46 K – 36 K	24 K	60 M – 46 M	80 M – 46 Jot
Stahl, vergütet	A	46 I	46 I – 36 I	24 Jot	60 L – 46 L	80 L – 46 I
Stahl gehärtet HRC < 63	A	46 Jot	36 Jot – 30 Jot	30 Jot	60 L – 46 L	80 L – 46 I
Stahl gehärtet HRC > 63	A	46 I	36 I – 30 I	30 I	60 K – 46 K	80 K – 46 H
Hartmetall	C	60 G	60 G – 54 G	54 H	80 H – 60 H	80 M – 46 K
Gußeisen	C, A	46 I	46 I – 36 Jot	30 Jot	60 I – 46 Jot	80 K [2]) – 36 H [2])

[1]) Durchmesser der Schleifscheibe   [2]) Nur Schleifmittel C (Siliziumkarbid)

Veränderung einzelner Einflußgrößen beim Schleifen und deren Auswirkung

Einflußgröße		
Körnung gröber	Auswirkung:	größere Zerspanleistung; größere Rauhtiefe am Werkstück; Schleifkörper wirkt weicher; größere Formfehler
	Anwendung:	Vor- und Schruppschleifen
Härte härter	Auswirkung:	kleinere Zerspanleistung; kleinere Rauhtiefe am Werkstück; Schleifkorn bricht später aus; größere Erwärmung des Werkstükkes (Schleifrisse); kleinere Formfehler
	Anwendung:	für weiche Werkstoffe; kleine Berührungszone
Gefüge dichter	Auswirkung:	kleinere Rauhtiefe am Werkstück; kleinere Formfehler; Schleifkörper wirkt härter
	Anwendung:	spröde Werkstoffe; Feinschleifen; Formschleifen; (offener: bei schleifrißempfindlichen Stählen und dünnwandigen Werkstücken)
a) v_s b) v_w größer	Auswirkung	bei a): Schleifkörper wirkt härter; kleinere Rauhtiefe am Werkstück; bei b): Schleifkörper wirkt weicher (v_s Umfangsgeschwindigkeit der Schleifscheibe; v_w Werkstückgeschwindigkeit)

7.3.2.13 Honen

Schnittgrößen beim Honen

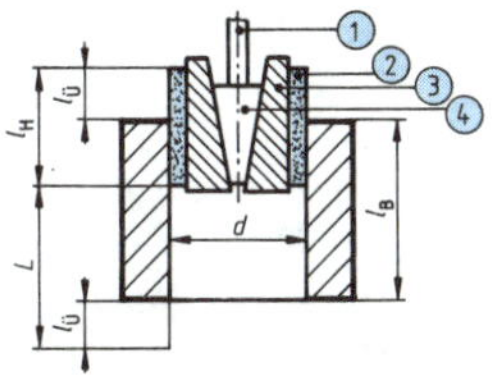

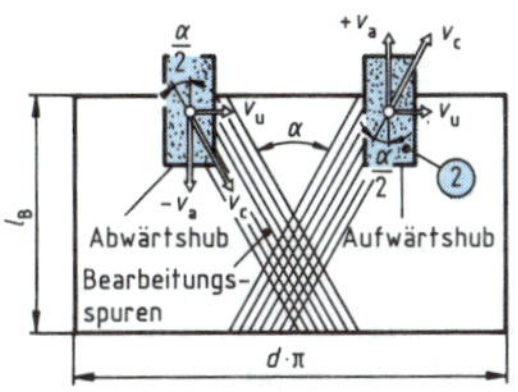

Schnittgeschwindigkeit (v_c):

$$v_c = \sqrt{v_u^2 + v_a^2}$$

$$\tan \frac{\alpha}{2} = \frac{v_u}{v_a}$$

Hublänge (L):

$$L = l_B - \frac{l_H}{3}$$

Über- bzw. Anlauf ($l_ü$):

$$l_ü = \tfrac{1}{3} \cdot l_H$$

Drehzahl der Honspindel (n_H):

$$n_H = \frac{v_u}{d \cdot \pi}$$

Hubzahl der Honspindel (n):

$$n = \frac{v_a}{2 \cdot L}$$

d Bohrungsdurchmesser
l_B Bohrungslänge
l_H Honsteinlänge
v_a Hubgeschwindigkeit
v_u Umfangsgeschwindigkeit
α Überschneidungswinkel der Bearbeitungsspuren
① Kolbenstange und Zustelleinrichtung
② Honsteine
③ Honsteinhalter
④ Expansionskonus

Richtwerte für den Anpreßdruck (p_H) der Honsteine bzw. Honleisten

Honwerkzeug	p_H in N/cm² beim Vorhonen	p_H in N/cm² beim Fertighonen
keramischgebundene Honsteine	150 bis 250	80 bis 120
kunststoffgebundene Honsteine	250 bis 500	100 bis 150
Diamant-Honleisten	300 bis 800	150 bis 300
Bornitrid-Honleisten	200 bis 400	100 bis 200

Richtwerte für die Geschwindigkeiten (v_c, v_a, v_u) und Bearbeitungszugaben (BZ)

Werkstoff	v_c in m/min		v_a in m/min		v_u in m/min		BZ in mm
	vorhonen	fertighonen	vorhonen	fertighonen	vorhonen	fertighonen	
Stahl ungehärtet	20–25	bis 28	9–11	12	18–22	25	0,06–0,15
Stahl gehärtet	15–22	bis 30	5–8	10	14–21	28	0,03–0,08
Stahl legiert	25–30	bis 33	10–12	12	23–28	31	0,02–0,2
Gußeisen GGL	25–30	bis 35	10–12	13,5	23–28	32	0,06–0,15
Gußeisen GGG	22–25	bis 30	9–10	12	20–23	27	0,06–0,15
Aluminium	15–22	bis 30	5–8	10	14–21	28	0,05–0,1
Kupfer	25–30	bis 40	12–15	15	21–26	38	0,04–0,08
CuSn-Legierungen	15–30	35	12–26	17,5	21–26	30	0,04–0,08
CuZn-Legierungen	18–30	50	9–13	13	15–26	48	0,04–0,08
Hartchrom	–	15–22	–	4–6	–	14–21	0,03–0,08

Die angegebenen Werte für die Bearbeitungszugabe gelten für Einzelfertigung, bei Serienfertigung ca. die Hälfte der angegebenen Werte.

Kühlschmierstoffe zum Honen siehe S. 7-19.

7

7.3.2.14 Richtwerte für die spanende Bearbeitung von Kunststoffen nach VDI 2003 (2.76)

Werkstoff			Schneid-werk-stoff	Drehen		Bohren	Fräsen	Sägen
	Bezeichnung	Kurz-zei-chen		α_o in ° γ_o in ° κ_r in °	v_c in m/min f in mm a_p in mm	σ in ° v_c in m/min f in mm	α_o in ° γ_o in ° v_c in m/min	α_o in ° γ_o in ° v_c in m/min
Duroplaste	Schicht- und Preßstoffe mit organischen Füllstoffen (wie z.B. Fasern, Schnitzel und Bahnen aus Holz, Papier und Textilien)	PF, UF, MF EP, (Hp, Hgw)	SS	5–10 15–25 45–60	bis 80 0,05–0,5 bis 10	100–120 30–40 0,04–0,6	bis 15 15–25 bis 80	30–40 5–8 bis 3000
			HM	5–10 10–15 45–60	bis 400 0,05–0,5 bis 10	100–120 100–120 0,04–0,6	bis 10 5–15 bis 1000	10–15 3–6 bis 5000
	Schicht- und Preßstoffe mit anorganischen Füllstoffen (z.B. Glasfaser, Gesteinsmehl)	Pf, MF UP (Hgw, Hm)	HM	5–11 0–12 45–60	bis 40 0,05–0,5 bis 10	80–100 20–40 0,04–0,6	bis 10 5–15 bis 1000	– – –
Thermoplaste	Polymethylmethacrylat und Copolymere	PMMA, AMMA	SS	5–10 4–(–)4 ca. 15	200–300 0,1–0,2 bis 6	60–90 20–60 0,1–0,5	2–10 1–5 bis 2000	30–40 0–5 –
	Polystyrol und Styrol-Acrylnitril-Copolymere, Acrylnitril-Butadien-Styrol-Copolymere, Styrol-Butadien-Copolymere	PS SAN ABS SB	SS	5–10 0–2 ca. 15	50–60 0,1–0,2 bis 2	60–90 20–80 0,1–0,5	2–10 1–5 bis 2000	30–40 5–8 –
	Polyoxymethylen, Polyacetal	POM	SS	5–10 0–5 45–60	200–500 0,1–0,5 bis 6	60–90 50–100 0,1–0,5	5–10 bis 10 bis 400	30–40 5–8 –
	Polycarbonat	PC	SS	5–10 0–5 45–60	200–300 0,1–0,5 bis 6	60–90 50–120 0,2–0,5	5–10 bis 10 bis 1000	30–40 5–8 –
	Polytetrafluorethylen	PTFE	SS	10–15 15–20 9–11	100–300 0,05–0,25 bis 6	130 100–300 0,1–0,3	5–10 bis 10 bis 1000	30–40 5–8 –
	Polyvinylchlorid hart, VC-Copolymere, Celluloseester	PVC PCVA CAB	SS	5–10 0–5 45–60	200–500 0,1–0,2 bis 6	80–110 30–80 9,1–0,5	5–10 bis 15 bis 1000	30–40 5–8 –
	Polyethylen, Polypropylen, Polyamide	PE PP PA	SS	5–15 0–10 45–60	200–500 0,1–0,5 bis 6	60–90 50–100 0,2–0,5	5–15 bis 15 bis 1000	30–40 5–8 –

a_p Schnittiefe f Vorschub v_c Schnittgeschwindigkeit
α_o Freiwinkel γ_o Spanwinkel κ_r Einstellwinkel σ Spitzenwinkel

Drehen: Die Spanabnahme erfolgt möglichst in einem Arbeitsgang, dabei sind große Vorschübe und Spanungsquerschnitte anzustreben (um die Zerspanungswärme abzuführen).

Bohren: Drallwinkel siehe S. 7-29. Bei dünnwandigen Werkstücken empfiehlt sich der Einsatz von Hohlbohrern (bei Duroplasten mit Diamantkrone).

Fräsen: Möglichst große Spanungsquerschnitte durch großen Vorschub und Schnittiefe anstreben (um die Zerspanungswärme abzuführen). Für die Bearbeitung von Thermoplasten sollten die Werkzeuge nicht mehr als zwei Schneiden haben, bei Duroplasten dagegen mehrschneidige Werkzeuge verwenden.

7.4 Fügen

Die Unterteilung der Fügeverfahren erfolgt nach DIN 8580 (6.75) und DIN 8593 (9.85) unter dem Gesichtspunkt, wie der Zusammenhalt von zwei oder mehreren Werkstücken hergestellt werden kann:

Zusammensetzen	Füllen	An-/Einpressen	Urformen	Umformen	Schweißen	Löten	Kleben
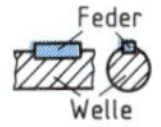		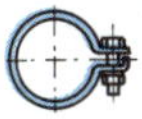	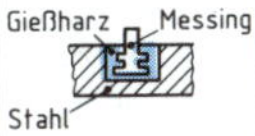		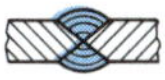	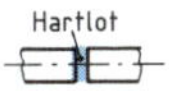	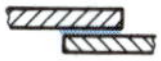
Einlegen	Einfüllen	Klemmen	Umgießen	Falzen	Schweißen	Löten	Kleben

Die Verfahren werden nach unterschiedlichen werkstück- und prozeßbezogenen Merkmalen in **Untergruppen** unterteilt:

Auflegen, Aufsetzen, Schichten Einlegen, Einsetzen Ineinanderschieben Einhängen Einrenken federnd Einspreizen	Einfüllen Tränken, Imprägnieren	Schrauben Klemmen Klammern Preßverbinden (durch Einpressen, Schrumpfen, Dehnen) Nageln, Einschlagen Verkeilen Verspannen	Ausgießen Einbetten (Umspritzen, Eingießen, Umgießen, Einvulkanisieren) Eingalvanisieren Ummanteln Kitten	drahtförmiger Körper (Drahtflechten, Knoten, Spleißen u.a.) bei Blech-, Rohr- und Profilteilen (Falzen, Verlappen, u.a.) Nietverfahren (Nieten, Hohlnieten, Zapfnieten, u.a.)	Preß-Verbindungsschweißen (Feuer-Reib- Lichtbogenpreßschweißen u.a.) Schmelz-Verbindungsschweißen (Gas-, Lichtbogen-, Widerstandsschmelzschweißen, u.a.)	Verbindungs-Weichlöten Verbindungs-Hartlöten Verbindungs-Hochtemperaturlöten	mit physikalisch abbindenden Klebstoffen (Naßkleben, Kontaktkleben, Haftkleben, Aktivierkleben) mit chemisch abbindenden Klebstoffen

In der Fügezone erfolgt der zu schaffende Zusammenhalt zwischen den Werkstücken durch **Formschluß** (die Werkstücke besitzen ineinanderpassende Formen, z.B. beim **Einlegen**), **Kraftschluß** (zwischen den Werkstücken wird eine genügend große Reibung verursacht, z.B. beim **Klemmen**) oder **Stoffschluß** (zwischen den Werkstücken wirken Kohäsions- und/oder Adhäsionskräfte, z.B. beim **Löten**). Bei geeigneter Wahl des Fügeverfahrens überträgt die Fügezone die von außen auf das Werkstück wirkenden Kräfte, ohne sich dabei unerwünscht zu verändern oder zerstört zu werden.

7.4.1 Fügen durch Schweißen

7.4.1.1 Gasschmelzschweißen

Nutzbares Gasvolumen und Gasverbrauch bei Gasflaschen

Nutzbares Gasvolumen (V_{amb}) und Gasverbrauch (ΔV_{amb}) bei ungelösten Gasen wie Sauerstoff und Propan:

$$V_{amb} = \frac{V_e \cdot p_e}{p_{amb}}$$

$$\Delta V_{amb} = \frac{V_e \cdot (p_{e1} - p_{e2})}{p_{amb}}$$

Nutzbares Gasvolumen (V_{amb}) und Gasverbrauch (ΔV_{amb}) bei gelöstem Gas wie Acetylen (Ac) in Azeton (Az):

$$V_{amb} = L_{Ac/Az} \cdot V_{Az} \cdot p_e$$

$$\Delta V_{amb} = L_{Ac/Az} \cdot V_{Az}(p_{e1} - p_{e2})$$

$L_{Ac/Az}$ Lösungsmenge von Acetylen je bar Flaschendruck und Liter Azeton

$$L_{Ac/Az} = \frac{25\ \text{l Acetylen}}{1\ \text{bar} \cdot 1\ \text{l Azeton}}$$

p_{amb} Gasdruck bei Luftdruck ($p_{amb} \approx 1$ bar)
p_e Gasflaschenüberdruck
p_{e1} p_e bei Arbeitsbeginn
p_{e2} p_e bei Arbeitsende
V_{amb} Gasvolumen bei Luftdruck
V_{Az} Azetonvolumen in der Acetylenflasche ($V_{Az} = 13$ l in der 40-l-Gasflasche)
V_e Gasvolumen bei Überdruck p_e (Flaschenvolumen)

Beispiel: Sauerstoffflasche mit $V = V_e = 40$ l, $p_{e1} = 150$ bar, $p_{e2} = 80$ bar und $p_{amb} = 1$ bar

Gesucht: Gasverbrauch $\Delta V_{amb} = ?$

Lösung: $$\Delta V_{amb} = \frac{V_e \cdot (p_{e1} - p_{e2})}{p_{amb}}$$

$$\Delta V_{amb} = \frac{40\ \text{l} \cdot (150 - 80)\ \text{bar}}{1\ \text{bar}} = 2800\ \text{l}$$

Beispiel: Acetylenflasche mit $V = 40$ l, $p_{e1} = 18$ bar, $p_{e2} = 9{,}8$ bar und $V_{Az} = 13$ l

Gesucht: Acetylenverbrauch $\Delta V_{amb} = ?$

Lösung: $\Delta V_{amb} = L_{Ac/Az} \cdot V_{Az} \cdot (p_{e1} - p_{e2})$

$$\Delta V_{amb} = 25 \frac{1}{\text{bar}} \cdot 13\ \text{l} \cdot (18 - 9{,}8)\ \text{bar}$$

$$\Delta V_{amb} = 2697{,}5\ \text{l}$$

7

7.4 Fügen

Der Schweißbereich in der Flamme und Richtwerte für den Gasverbrauch beim Stahlschweißen

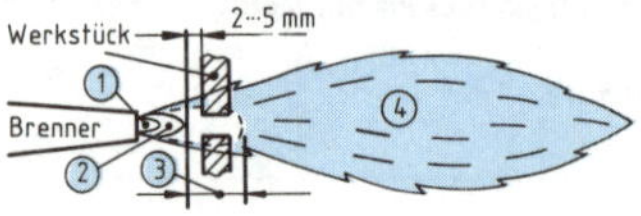

Normale Flamme: Mischungsverhältnis Acetylen-Sauerstoff 1:1 bis 1:1,1

① Dunkler Flammenkern max. 400 °C
② Hell leuchtender Flammenkegel 1500–2500 °C: Kommt das Schmelzbad hiermit in Berührung, dann nimmt es Kohlen-, Wasser- und/oder Sauerstoff auf und die Schweißnaht wird spröde.
③ Schweißbereich 3000–3250 °C: I. Verbrennungsstufe; die hier enthaltenen Gase CO und H_2 wirken reduzierend (d.h. dem Schweißbad und der Umgebung werden O_2 und O_2-Verbindungen entzogen).
④ Streuflamme 2500–3200 °C: II. Verbrennungsstufe.

Werkstücksdicken in mm	Schweißeinsatz-Größe A–	Sauerstoffverbrauch ≈ Acetylenverbrauch in l/h	in l/m	Zeitbedarf in min/m	Schweißgeschwindigkeit in mm/min
0,5–1	1	90	15	10	100
1–2	2	170	30	12	80
2–4	3	280	70	15	65
4–6	4	500	165	20	50
6–9	5	700	280	25	40
9–14	6	1100	550	30	35

Anmerkung: Die Acetylenentnahme soll im Dauerbetrieb 600 l/h und im Kurzzeitbetrieb 1000 l/h nicht überschreiten (Azeton wird sonst mitgerissen).

Kenngrößen der Schweißgase

Kenngröße	Sauerstoff O_2	Acetylen C_2H_2	Propan C_3H_8
Kennfarbe, Druckflasche	blau	gelb	rot
Farbe der Schläuche	blau	rot	rot
Flaschenanschluß	R 3/4″	Spannbügel	W 21,80 × 1/14″ LH¹)
Schlauchanschluß	A 6 × R 1/4″	A 9 × R 3/8″ LH	
Flaschenvolumen in l	10, 40, 50	10, 40, 50	10, 50
Fülldruck in bar	150, 200	18, 19	8,3
Dichte in kg/m³	1,34	1,17	2,0
Unterer Heizwert in kJ Explosionsgrenzen in Luft in Vol.-%		48720 2,4–80	46370 2,0–9,5
Zündtemperatur in Luft in °C Flammentemperatur mit O_2 in °C		335 3250	510 2850
Flammenleistung mit O_2 in kW/cm² Flammengeschwindigkeit mit O_2 in cm/s		43 1350	10,3 370

Zu verschweißende Grundwerkstoffe und dafür geeignete Schweißstäbe (unterteilt in Klassen GI bis GVII) nach DIN 8554 T1 (5.86)

Grundwerkstoffe: Stahlart	Stahlsorte	Klasse G I	II	III	IV
Allgemeine Baustähle nach DIN 17100	St37-2, USt37-2, RSt37-2, St44-2		×	×	×
	St37-3, St44-3, St52-3			×	×
Geschweißte Rohre nach DIN 1626	St37.0, St37.0, St44.0, St52.0	×	×	×	×
Nahtlose Rohre nach DIN 1629	St37.0, St44.0, St53.0	×	×	×	×
Rohre nach DIN 17175	St35.8			×	×
	St45.8				×
Warmfeste Bleche nach DIN 17155	HI, HII			×	×
Warmfeste Bleche, nahtlose Rohre nach DIN (17155, 17175)	17Mn4, 15Mo3				×
	13 CrMo 4 4 nur GV 10 CrMo 9 10 nur GVI } bei Mehrlagenschweißung				

Kennzeichnung, Abmessungen und Normung der Schweißstäbe nach DIN 8554 T1 (5.86)

Schweißstabklasse	GI	GII	GIII	GIV	GV	GVI	GVII
Farbkennzeichnung	–	grau	gold	rot	gelb	grün	silber
Einprägkennzeichnung	I	II	III	IV	V	VI	VII

Normung: z.B. **Schweißstab DIN 8554-GI-2**

Schweißstabklasse (GI)

Nenndurchmesser in mm: 1,6; 2; 2,5; 3; 4; 5

Regellänge in mm: 1000 ± 5

¹) Linksgewinde (Left-Hand)

7.4.1.2 Lichtbogenschmelzschweißen – Metallichtbogenschweißen (E-Schweißen)

Stabelektroden für das Lichtbogenschmelzschweißen: Bezeichnung und Verwendung nach DIN 1913 T1

Bezeichnungsbeispiel: Stabelektrode DIN 1913 – E43 – 3 2 AR 7

- DIN 1913: Norm-Nummer für Stabelektroden
- E: Kurzzeichen für Lichtbogenhandschweißen
- **Symbol:** ① = 43, ② = 3, ③ = 2, ④ = AR, ⑤ = 7

Anmerkung: Folgt nach Symbol ⑤ noch eine Zahl, so gibt diese die Ausbringung in % an; z.B. 120 = 120 ± 5% Ausbringung

Symbol ①: Kennzahl für Zugfestigkeit, Streckgrenze und Dehnung des reinen Schweißgutes bei ≈20 °C

Kennzahl	Zugfestigkeit in N/mm²	Streckgrenze in N/mm²	Mindestdehnung in % ($L_0 = 5 \cdot d_0$)
43	430 bis 550	365	22
51	510 bis 650	380	22

Symbol ② und ③: Kennziffern für die Mindest-Kerbschlagarbeit des reinen Schweißgutes in Abhängigkeit von der Werkstoffprobentemperatur (*t*) in °C, mit ISO-Spitzkerbprobe

Symbol ②		Symbol ③	
Kennziffer	Kerbschlagarbeit 28 J bei *t* in °C	Kennziffer	Kerbschlagarbeit 47 J bei *t* in °C
0	keine Angabe	0	keine Angabe
1	+20	1	+20
2	0	2	0
3	−20	3	−20
4	−30	4	−30
5	−40	5	−40

Symbol ④: Kurzzeichen für die Umhüllung

A	sauerumhüllt
R	rutilumhüllt (dünn oder mitteldick)
RR	rutilumhüllt (dick)
AR	rutilsauer-umhüllt (Mischtyp)
C	zelluloseumhüllt
R(C)	rutilzellulose-umhüllt (mitteldick)
RR(C)	rutilzellulose-umhüllt (dick)
B	basischumhüllt
B(R)	basischumhüllt mit nicht-basischen Anteilen
RR(B)	rutilbasisch-umhüllt (dick)

Symbol ⑤: Kennziffer für die Klasse der Stabelektrode und Verwendungshinweise

Kennziffer für die Klasse	Stabelektrodentyp	Geeignet für Schweißposition[1])	Kennziffer für Stromeignung[2])	Umhüllung und Ausbringung (A)	Umhüllungsdicke in %[3])
2	A 2 R 2	w, h, hü, s, f, q, ü w, h, hü, s, f, q, ü	5 5	dünn sauerumhüllt dünn rutilumhüllt	≤120
3	R 3 R(C) 3	w, h, hü, s, f[5]), q, ü w, h, hü, s, f, q, ü	2 2	mitteldick rutilumhüllt mitteldick rutilzellulose-umhüllt	>120 ≤155
4	C 4	w, h, hü, s, f[4]), q, ü	0⁺, (6)[6])	mitteldick zelluloseumhüllt	>120 ≤155
5	RR 5 RR(C) 5	w, h, hü, s, q, ü w, h, hü, s, f, q, ü	2 2	dick rutilumhüllt dick rutilzellulose-umhüllt	>155 ≤165
6	RR 6 RR(C) 6	w, h, hü, s, q, ü w, h, hü, s, f, q, ü	2 2	dick rutilumhüllt dick rutilzellulose-umhüllt	>165
7	A 7 AR 7 RR(B) 8	w, h, hü, s, q, ü w, h, hü, s, q, ü w, h, hü, s, q, ü	5 5 5	dick sauerumhüllt dick rutilsauer-umhüllt dick rutilbasisch-umhüllt	>155

Fortsetzung der Tabelle und Erklärung der Fußnoten auf der nächsten Seite.

7.4 Fügen

Symbol ⑤: Kennziffer für die Klasse der Stabelektrode und Verwendungshinweise (Fortsetzung)

Kennziffer für die Klasse	Stabelektrodentyp	Geeignet für Schweißposition [1])	Kennziffer für Stromeignung [2])	Umhüllung und Ausbringung (A)	Umhüllungsdicke in % [3])
8	RR8 RR(B)8	w, h, hü, s, q, ü w, h, hü, s, q, ü	2 5	dick rutilumhüllt dick rutilbasisch-umhüllt	>155
9 [8])	B9 B(R)9	w, h, hü, s, f [4]), q, ü w, h, hü, s, f [4]), q, ü	0, (6) [6]) 6	dick basischumhüllt dick basisch- mit nichtbasischen Anteilen -umhüllt	>155
10 [8])	B10 B(R)10	w, h, hü, s, q, ü w, h, hü, s, q, ü	0, (6) [6]) 6	dick basischumhüllt dick basisch- mit nichtbasischen Anteilen -umhüllt	>155
11	RR11 AR11	w (Stumpf- und Kehlnaht) [7])	5 5	dick rutilumhüllt; A ≤ 105% dick rutilsauer -umhüllt; A ≥ 105%	>155
12 [8])	B12 B(R)12	w (Stumpf- und Kehlnaht) [7])	0, (6) [6]) 0, (6) [6])	dick basischumhüllt; A ≥ 120% dick basisch- mit nichtbasischen Anteilen -umhüllt; A ≥ 120	>155

[1]) Siehe Tabelle Kurzzeichen für Schweißpositionen S. 7-44. [2]) Siehe Tabelle für Stromeignung S. 7-44.
[3]) Bezogen auf den Kernstab-Nenndurchmesser. [4]) Bevorzugt für Fallposition.
[5]) Anwendbar für kleine Kernstabdurchmesser und/oder niedriges Ausbringen. [6]) Hierfür nur bedingte Eignung.
[7]) Auch anwendbar für Kehlnaht in Horizontalposition bei kleinem Kernstabdurchmesser und/oder niedriger Ausbringung.
[8]) Basischumhüllte Stabelektroden müssen vor dem Einsatz rückgetrocknet werden (mindestens 2 Stunden bei 250 °C), da sonst das Schweißgut einen zu hohen Wasserstoffgehalt aufweist.

Kennzeichen für die Schweißposition: DIN 1912

Kurzzeichen	Erklärung
f	fallende Position
h	horizontale Position
hü	Horizontal-Überkopf-Position
q	Quer-Position an senkrechter Wand
s	steigende Position
ü	Überkopf-Position
w	waagrechte (Wannen-) Position

Kennziffern für die Stromeignung

Polung der Stabelektrode	Kennziffer für			
	nur Gleichstrom	Gleich- oder Wechselstrom		
		Leerlaufspannung bei Wechselstrom		
		50 V	70 V	80 V
jede	0	1	4	7
negativ	0^-	2	5	8
positiv	0^+	3	6	9

Zu verschweißende Grundwerkstoffe und dafür erforderliche mechanische Gütewerte der Stabelektrode nach DIN 1913 T1 (7.84)

Grundwerkstoff: Stahlart	Grundwerkstoff: Stahlsorte	mech. Gütewerte Stabelektrode (Symbol ①, ②, ③)	Grundwerkstoff: Stahlart	Grundwerkstoff: Stahlsorte	mech. Gütewerte Stabelektrode (Symbol ①, ②, ③)
Allgemeine Baustähle nach DIN 17100	St37-2, USt37-2 RSt37-2, St44-2 St37-3 St44-3, St52-3 St50-2 [1]), St60-2 [1]) St70-2 [1])	43 – 10 43 – 10 43 – 30 51 – 30 51 – 30 51 – 30	Rohrstähle DIN (1626, 1629)	USt37.0, St37.0 St44.0, St52.0	43 – 00 51 – 00
			Stähle nach DIN (17155, 17175 und 17177)	HI, HII St37.8, St42.8 17Mn4, 19Mn6	43 – 22 43 – 00 51 – 22

Bedeutungen der Abkürzungen siehe Symbol ①, ② und ③, S. 7-43;

[1]) Diese Werkstoffe dürfen nur unter besonderen Bedingungen (z.B. Vorwärmen) mit basischumhüllten Stabelektroden geschweißt werden.

7.4.1.3 Lichtbogenschmelzschweißen – Schutzgasschweißen

Einteilung und Verfahrenskurzzeichen nach DIN 1910 T4 (8.79)

Schutzgasschweißverfahren

- **Metall-Schutzgasschweißen (MSG)**
  - Schutzgas-Engspaltschweißen (MSGE)
  - Elektronengasschweißen (MSGG)
  - Plasma-Metall-Schutzgasschweißen (MSGP)
  - Metall-Inertgasschweißen (MIG)
  - Metall-Aktivgasschweißen (MAG)
    - CO_2-Schweißen (MAGC)
    - Mischgasschweißen (MAGM)
- **Wolfram-Schutzgasschweißen (WSG)**
  - Wolfram-Inertgasschweißen (WIG)
  - (Wolfram-) Plasmaschweißen (WP)
    - Plasmastrahlschweißen (WPS)
    - Plasmalichtbogenschweißen (WPL)
    - Plasmastrahl-Plasma-Lichtbogenschweißen (WPSL)
  - Wolfram-Wasserstoffschweißen (WHG)

Kurzzeichen und Benennung der Schutzgasschweißverfahren nach Art des Lichtbogens nach DIN 1910 T4 (8.79)

Kurzzeichen	Benennung	Werkstoffübergang; Anwendung
s	Sprühlichtbogen	feinsttropfig, kurzschlußfrei; bei Wannenlage
l	Langlichtbogen	grobtropfig, nicht kurzschlußfrei; bei Stahl mit tiefem, schmalen Einbrand
k	Kurzlichtbogen	feintropfig, im Kurzschluß; bei Dünnblechen sowie Zwangslage
p	Impulslichtbogen	beim MSG Tropfengröße und -frequenz einstellbar, kurzschlußfrei; bei Al, Cu und CrNi-Stählen

Beispiel: **MIGs** = MIG mit Sprühlichtbogen

Einteilung, Zusammensetzung, Anwendung und Wirkung der Schutzgase nach DIN 32526 (8.78)

Gruppe	Kennzahl	Zusammensetzung: Komponenten in Volumen-Prozenten: oxidierend CO_2	oxidierend O_2	inert Ar	inert He	reduzierend H_2	reaktionsträge N_2	Anwendung	Wirkung/ Bemerkung
R	1	–	–	–	–	–	100	WHG	reduzierend
	2	–	–	Rest	–	1 bis 15	–	WIG, WP	reduzierend
I	1	–	–	100	–	–	–	WIG, WP, MIG, Wurzelschutz	inert
	2	–	–	–	100	–	–		
	3	–	–	Rest	25 bis 75	–	–		
M1	1	–	1 bis 3	Rest	–	–	–	MAGM	schwach oxidierend
	2	2 bis 5	–	Rest	–	–	–		
	3	6 bis 14	–	Rest	–	–	–		↓
M2	1	15 bis 25	–	Rest	–	–	–		
	2	5 bis 15	1 bis 3	Rest	–	–	–		
	3	–	4 bis 8	Rest	–	–	–		
M3	1	26 bis 40	–	Rest	–	–	–		
	2	5 bis 20	4 bis 6	Rest	–	–	–		
	3	–	9 bis 12	Rest	–	–	–		stärker oxidierend
C	1	100	–	–	–	–	–	MAGC	
F	1	–	–	Rest	–	1 bis 30	–	Wurzelschutz	reduzierend; bei mehr als 10% H_2 abfackeln
	2	–	–	–	–	1 bis 30	Rest		

Außer bei I3 darf Argon (Ar) durch Helium (He) ersetzt werden.
CO_2 Kohlenstoffdioxid; O_2 Sauerstoff; H_2 Wasserstoff; N_2 Stickstoff
Bezeichnung für Mischgas der Gruppe M1 mit 2% bis 5% CO_2, Rest Ar: **Schutzgas DIN 32536 – M12**

7

7.4 Fügen

Kenngrößen der Schutzgase zum Schweißen

Kenngröße	Mischgase	Argon Ar	Helium He	Kohlenstoffdioxid CO_2	Sauerstoff O_2	Stickstoff N_2	Wasserstoff H_2
Kennfarbe der Gasflasche Anschlußgewinde	grau W 21,80 × 1/14″	grau W 21,80 × 1/14″	grau W 21,80 × 1/14″	grau W 21,80 × 1/14″	blau R 3/4″	grün W 24,32 × 1/14″	rot W 21,80 × 1/14″ LH
Flaschenvolumen in l Fülldruck in bar	10, 20, 50 200	10, 50 200	10, 50 200	10, 50 58	10, 40, 50 150, 200	10, 40, 50 150, 200	10, 50 200
Dichte bei 15 °C und 1 bar Siedetemperatur in °C bei 1,013 bar		1,669 −185,9	0,167 −268,9	1,849 −78,5 [1])	1,337 −183,0	1,170 −195,8	0,085 −252,9
Reinheit in Volumen-Prozent Taupunkt in °C bei 1 bar		99,9 −50	99,99 −50	99,7 −35	99,5 −35	99,5 −50	99,5 −50

[1]) Sublimationstemperatur

Schweißgut beim Schutzgasschweißen: Bezeichnung nach DIN 8559 T1 (7.84)

Bezeichnungsbeispiel: **Schweißgut DIN 8559 – SG 2 – M2 Y 46 5 4**

Norm-Nr. für Schweißzusätze beim Schutzgasschweißen (DIN 8559)

Symbol: SG 2 = ①, M2 = ②, Y 46 = ③, 5 = ④, 4 = ⑤

Symbol ①: Kurzzeichen für die chemische Zusammensetzung I. der Massiv-Stäbe, -Drähte, und -Drahtelektroden und II. des Schweißgutes von Fülldrahtelektroden

Kurzzeichen	Chemische Zusammensetzung C in %	Si in %	Mn in %	Anmerkung
SG 1 [1])	0,06–0,12	0,5–0,7	1,0–1,3	I. S, P ≤ 9,925%
SG 2 [1])	0,06–0,13	>0,7–1,0	>1,3–1,6	I.
SG 3	0,06–0,13	0,8–1,2	>1,6–1,9	I. Cu ≤ 0,30%
SG R 1	0,05–0,12	0,2 –0,6	0,8–1,4	II. Cu ≤ 0,3%
SG R 1	0,05–0,12	0,15–0,45	0,8–1,6	II. Ni ≤ 0,7% S, P ≤ 0,03%

[1]) Werden diese Drähte in Stabform beim WIG-Schweißen angewendet, so erhalten sie die Kurzzeichen WSG 1 bzw. WSG 2.

Symbol ②: Kurzzeichen für die Schutzgase

C Kohlenstoffdioxid
F Formiergas
I Inertgas
R Reduktionsgas
M 1, M 2 und M 3 Mischgase

Symbol ③: Kennzeichen für die Mindest-Streckgrenze und Dehnung bei 20 °C (R_m, ist nicht Bestandteil der Kennzeichnung)

Kennzeichen	Streckgrenze R_e in N/mm²	Zugfestigkeit R_m in N/mm²	Dehnung in % ($L_0 = 5 \cdot d_0$)
Y 42	420	500 bis 640	22
Y 46	460	530 bis 680	22
Y 50	500	560 bis 720	22

Symbol ④ und ⑤: Kennziffern für die Mindest-Kerbschlagarbeit in Abhängigkeit von der Werkstoffprobentemperatur (t) in °C mit ISO-Spitzkerbproben

Symbol ④ Kennziffer	Kerbschlagarbeit 28 J bei t in °C	Symbol ⑤ Kennziffer	Kerbschlagarbeit 47 J bei t in °C
0	keine Angabe	0	keine Angabe
1	+20	1	+20
2	0	2	0
3	−20	3	−20
4	−30	4	−30
5	−40	5	−40

7.4 Fügen

Grundlagen für die geeignete Wahl der Draht-Gas-Kombination beim Schutzgas-Stahlschweißen nach DIN 8559 T1 (7.84)

Die geeignete Wahl der Draht-Gas-Kombination ist u.a. abhängig von den **mechanischen Gütewerten** (Streckgrenze, Kerbschlagarbeit mit 28 J und 47 J)

1. des **zu verschweißenden Grundwerkstoffes** und den daraus folgenden Anforderungen an das reine Schweißgut (siehe Tabelle II),
2. des **reinen Schweißgutes,** die durch unterschiedliche Draht-Gas-Kombinationen erreicht werden können (Tabelle I).

Beispiel: Zwei Teile eines Werkstückes aus St 37-3 sollen durch Schutzgasschweißen verbunden werden. Da im Einsatz des Werkstückes alle mechanischen Gütewerte des Grundwerkstoffes in Anspruch genommen werden, ergeben sich nach Tabelle II an die mechanischen Gütewerte des reinen Schweißgutes folgende Mindestanforderungen: Y 42 30

Mindeststreckgrenze 420 N/mm^2 (42)
Mindestkerbschlagarbeit 28 J bei −20 °C (3)
keine Angabe für die Kerbschlagarbeit 47 J (0)

Lösung: Nach diesen Mindestanforderungen an das reine Schweißgut wird die geeignete Draht-Gas-Kombination nach Tabelle I und den betrieblichen Gegebenheiten ausgewählt: WSG 1-I, SG B 1-M 2 oder SG B 1-C

Tabelle I: Zuordnung von Draht-Gas-Kombinationen zu den damit erreichbaren mechanischen Gütewerten des reinen Schweißgutes

Draht-Gas-Kombination (Symbol ①, ②)	Mechanische Gütewerte des Schweißgutes (Symbol ③, ④, ⑤)
WSG 1-I	Y 42 54
WSG 2-I SG 2-M 2 SG 2-M 3 SG 2-C	Y 46 54 Y 46 54 Y 46 43 Y 46 43
SG 3-M 2 SG 3-M 3 SG 3-C	Y 50 54 Y 46 43 Y 46 43
SG R 1-C	Y 42 21
SG B 1-C SG B 1-M 2	Y 42 54 Y 42 54

Tabelle II: Zuordnung von Grundwerkstoffen zu den Mindestanforderungen an die mechanischen Gütewerte des Schweißgutes beim Schutzgasschweißen

Grundwerkstoffe: Stahlart	Grundwerkstoffe: Stahlsorte	Mechanische Gütewerte des Schweißgutes (Symbol ③, ④, ⑤)
Allgemeine Baustähle nach DIN 17100	St 37-2, USt 37-2, RSt 37-2, St 44-2	Y 42 10
	St 37-3, St 44-3, St 52-3, St 50-2[1]), St 60-2[1]), St 70-2[1])	Y 42 30
Rohrstähle nach DIN 1626, DIN 1629	USt 37.0, St 37.0, St 44.0, St 52.0	Y 42 00
DIN 1628, DIN 1630	St 37.4, St 44.4, St 52.4	Y 42 11
Stähle nach DIN 17177	St 37.8, St 42.8	Y 42 00
DIN 17155	UH I	Y 43 00
DIN 17155 DIN 17175	H I, H II, 17 Mn 4, St 45.8, St 35.8	Y 42 22
DIN 17155	19 Mn 6	Y 46 22
Rohrstähle nach DIN 17172	StE 210.7, StE 290.7, StE 320.7, StE 360.7, StE 385.7, StE 415.7	Y 42 22
	StE 445.7 TM, StE 480.7 TM	Y 50 22
Feinkornbaustähle nach DIN 17102	StE 255, WStE 255, StE 285, WStE 285, StE 315, WStE 315, StE 355, WStE 335, StE 380, WStE 380, StE 420, WStE 420, StE 460, WStE 460	Y 42 32
	StE 500, WStE 500	Y 50 32

Bedeutungen der Abkürzungen siehe Symbol ①, ②, ③, ④, ⑤ auf S. 7-46.

1) Diese Werkstoffe dürfen nur unter besonderen Bedingungen (z.B. Vorwärmen) geschweißt werden.

7.4 Fügen

7.4.1.4 Fugenformen an Stahl beim Gas-, Lichtbogenhand- und Schutzgasschweißen nach DIN 8551 T1 (6.76)

Kenn-zahl	Wand-dicke (s)/ Aus-führung	Naht-art	Sym-bol	Fugenform	Maße α, β in °	Maße b in mm	Maße c in mm	Schweißverfahren/ Bemerkungen
1	bis 2 mm einseitig	Bördel-naht	⋏	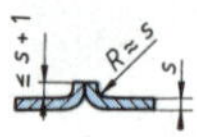	– –	– –	– –	G, E, WIG, MIG, MAG; meist ohne Zusatz-werkstoff
2	bis 4 mm einseitig	Stirn-flach-naht	‖|		–	–	–	G, E, WIG, MIG, MAG
3.1	bis 4 mm einseitig	I-Naht	‖	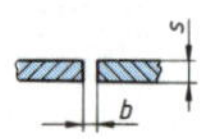	–	≈s	–	G, E, WIG
					–	0 bis s	–	MIG, MAG
3.2	bis 8 mm beidseitig				–	$s/2$	–	E, WIG
						0 bis $s/2$	–	MIG, MAG
4	3–10 mm einseitig	V-Naht	V	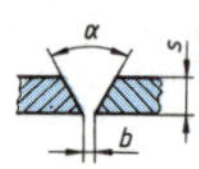	≈60	0 bis 3	–	G
	3–40 mm beidseitig				≈60			E, WIG
					40–60			MIG, MAG
5	über 16 mm einseitig	Steil-flanken-naht	⩗	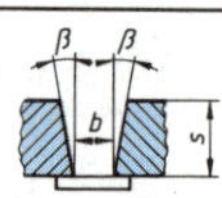	5–15	6–10	–	E, MIG, MAG
6	über 10 mm beidseitig	Y-Naht	Y	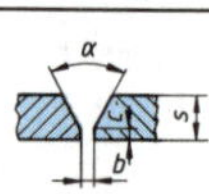	≈60	0–3	2–4	E, WIG
					40–60			MIG, MAG
7	über 10 mm beidseitig	DY-Naht	X	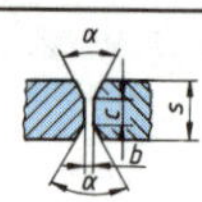	≈60	0–4	2–6	E, WIG
					40–60			
8	über 10 mm beidseitig	DV-Naht	X	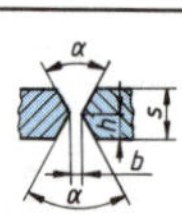	≈60	0–3	–	E, WIG; $h = s/2$
					40–60			MIG, MAG; $h = s/2$
13	3–40 mm einseitig oder beidseitig	HV-Naht	V	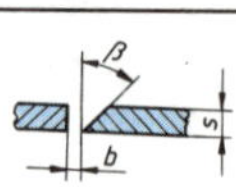	40–60	0–4	–	E, WIG, MIG, MAG

E Lichtbogenhandschweißen
G Gasschmelzschweißen
MAG Metall-Aktivgasschweißen
MIG Metall-Inertgas-Schweißen
WIG Wolfram-Inertgas-Schweißen

Bezeichnungsbeispiel: Für eine Fugenform der Kennzahl 3.1 für das Metall-Aktivgasschweißen: **Fugenform 3.1 MAG DIN 8551** (Falls erforderlich, kann die Bezeichnung der Fugenform durch Einzelangabe der Abmessungen noch ergänzt werden)

7.4.2 Fügen durch Löten

7.4.2.1 Flußmittel zum Löten

Das Flußmittel muß so gewählt werden, daß die Arbeitstemperatur des Lotes im Wirktemperaturbereich des Flußmittels liegt. Hier werden bei ausreichender Flußmittelmenge die den Benetzungsvorgang störenden Oxide von Lot und Lötfläche (Grundwerkstoff) vollständig weggelöst und deren Neubildung verhindert. Korrosiv wirkende Flußmittelrückstände müssen durch Abwaschen (bei wasserlöslichen Flußmitteln), Bürsten oder Beizen entfernt werden.

Die Flußmittel werden nach dem Verwendungszweck, Hartlöten (H) bzw. Weichlöten (W) von Schwer- (S) und Leichtmetallen (L) untergliedert. Entsprechend erfolgt die Typenkurzbezeichnung nach DIN 8511 (7.85) der einzelnen Flußmittel. **Bezeichnungsbeispiel** für ein Flußmittel (F) zum Weichlöten (W) von Schwermetallen (S) auf der Basis von Zinkchloriden ohne Ammoniumchlorid: **Flußmittel DIN 8511-F-SW 22.**

Flußmittel (F) zum Hartlöten (H) von Schwermetallen (S) und Leichtmetallen (L) nach DIN 8511 T1 (7.85)

Typ	Wirktemperatur in °C	Hauptsächliche Bestandteile des Flußmittels	Wirkung der Flußmittelrückstände	Beseitigung der Rückstände
F-SH 1	550–800	Borverbindungen, komplexe Fluoride	im allg. korrosiv	abwaschen, abbeizen
F-SH 1 a	550–800	Borverbindungen, Fluoride, Chloride	korrosiv	abwaschen, abbeizen
F-SH 2	750–1100	Borverbindungen	im allg. nicht korrosiv	–
F-SH 3	1000–1250	Borverbindungen, Phosphate, Silikate	nicht korrosiv	–
F-SH 4	600–1000	Chloride, Fluoride ohne Borverbind.	im allg. korrosiv	abwaschen, abbeizen
F-LH 1	500–600	hygroskopische Chloride und Fluoride	korrosiv	abwaschen, abbeizen
F-LH 2	500–600	nichthygroskopische Fluoride	im allg. nicht korrosiv	–

Flußmittel (F) zum Weichlöten (W) von Schwermetallen (S) und Leichtmetallen (L) nach DIN 8511 T2 und T3 (8.67, 4.86)

Typ	Wirktemperatur in °C	Hauptsächliche Bestandteile des Flußmittels	Wirkung der Rückstände	Anwendung
F-SW 11	140–450	Zink- und/oder Ammoniumchlorid und freie Salz-, Schwefel-, Salpeter- oder Flußsäure	korrosiv	für stark oxidierende Oberflächen, z.B. Dachrinnen
F-SW 12	200–450	Zink- und/oder Ammoniumchlorid	korrosiv	Kühlerbau, Klempnerarbeiten
F-SW 21	200–400	Zink- und Ammoniumchlorid in organischer Zubereitung (z.B. höhere Alkohole, Fette)	bedingt korrosiv	Kupfer- und Kupferlegierungen, Kühlerbau, Klempnerarbeiten, Metallwaren, Armaturen
F-SW 22	200–400	Zinkchlorid in organischer Zubereitung, ohne Ammoniumchlorid	bedingt korrosiv	Kupfer- und Kupferlegierungen Trinkwasserinstallation
F-SW 23	200–400	organische Säuren (z.B. Zitronen-, Öl-, Stearin-, Benzoesäure)	bedingt korrosiv	Blei- und Bleilegierungen, Metallwaren, Feinlötungen
F-SW 24	200–400	Amine, Diamine und Harnstoffe	bedingt korrosiv	Feinlötungen (besonders für rückstandsfreie Flammlötungen)
F-SW 25	200–400	organische Halogenverbindungen (z.B. Anilin-, Hydrazinhydrochlorid)	bedingt korrosiv	Elektrotechnik, Metallwaren, Feinlötungen
F-SW 26	200–400	natürliche (Kolophonium) oder modifizierte Harze mit Zusätzen organischer halogenhaltiger Aktivatoren	bedingt korrosiv (bei Fe)	Elektrotechnik, Elektrogerätebau, Metallwaren, besonders für Induktionslötungen
F-SW 31	200–400	natürliche oder modifizierte Harze ohne Zusätze	nicht korrosiv	Elektrotechnik, Elektronik
F-SW 32	200–300	natürliche oder modifizierte Harze mit org. halogenfreien Aktivatoren	nicht korrosiv	Elektrotechnik, Elektronik Miniaturtechnik
F-LW 1	200–300	Zink- und/oder Zinkchlorid	korrosiv	für Lote auf Zn- oder Cd-Basis
F-LW 2	200–300	organische Verbindungen (Amine)	korrosiv	Al-Leg. <2% Mg; L-SnPbZn, und L-CdZn 20

7.4 Fügen

7.4.2.2 Hartlotę für Schwermetalle

I. Kupferbasislote nach DIN 8513 T1 (10.79)

Kurzzeichen	Werkstoff Nr.	Chemische Zusammensetzung (Mittelwerte) in Gew.-%				Schmelzbereich in °C[1])	AT in °C	Dichte in kg/dm³	Hinweise für die Verwendung: Grundwerkstoff; Form der Lötstelle; Art der Lotzuführung
		Cu	Zn	Ag	sonstige				
L-SFCu[2])	2.0091	100	–	–	≤0,04P, ohne O_2	1083	1100	8,9	Stähle; S; e
L-CuSn6	2.0091	94	–	–	6Sn, ≤0,4P	910–1040	1040	8,7	St-, Ni-Werkstoffe; S; e
L-CuSn12	2.1055	88	–	–	12Sn, ≤0,4P	825–990	990	8,6	St-, Ni-Werkstoffe; S; e
L-CuZn40[3])	2.0367	60	40	–	≤0,3Si	890–900	900	8,4	St, GT, Cu, Cu-Leg. (Schmelzpunkt 950 °C), Ni, Ni-Leg., GG[4]), GGG[4]); S, F; a, e
L-CuZn39Sn	2.0533	60	39	–	1Sn, ≤1Mn, ≤0,2Si	870–890	900	8,4	
L-CuZn46	2.0413	54	46	–		880–890	890	8,3	St, GT, Cu, Cu-Leg.; S; e
L-ZnCu42	2.2310	42	58	–		835–845	845	8,1	Neusilber; S; e
L-CuP7	2.1463	93	–	–	7P	710–820	720	8,1	Cu, CuZn- und CuSn-Leg.; S; a, e

II. Silberhaltige Lote mit mindestens 20% Silber nach DIN 8513 T3 (7.86)

Kurzzeichen	Werkstoff Nr.	Cu	Zn	Ag	sonstige	Schmelzbereich in °C	AT in °C	Dichte in kg/dm³	Hinweise
a) Cadmiumhaltige Lote									
L-Ag67Cd	2.5141	11	12	67	10Cd	635–720	710	9,9	Edelmetalle; S; a, e
L-Ag50Cd	2.5143	15	18	50	17Cd	620–640	640	9,5	Edelmetalle, Cu-Leg., St; S; a, e
L-Ag40Cd	2.5141	19	21	40	20Cd	595–630	610	9,3	St, GT, Cu, Cu-Leg., Ni, Ni-Leg.; S; a, e
L-Ag30Cd	2.5145	28	21	30	21Cd	600–690	680	9,2	
L-Ag20Cd	2.1215	40	25	20	15Cd	605–765	750	8,8	St, GT, Cu, Cu-Leg., Ni, Ni-Leg.; S, F; a, e
b) Cadmiumfreie Lote									
L-Ag45Sn	2.5158	27	25	45	3Sn	640–680	670	9,2	St, GT, Cu, Cu-Leg., Ni, Ni-Leg.; S; a, e
L-Ag34Sn	2.5157	36	27	34	3Sn	630–730	710	9,0	
L-Ag25	2.1216	41	34	25		700–800	780	8,8	
L-Ag20	2.1213	44	36	20	0 bis 0,2Si	690–810	810	8,7	St, GT, Cu, Cu-Leg., Ni, Ni-Leg.; S, F; a, e
c) Zinkfreie Lote									
L-Ag85	2.5161	–	–	85	15Mn	960–970	960	9,4	St, Ni, Ni-Leg.; S; a, e
L-Ag72	2.5151	28	–	72		779	780	10,0	Cu, Cu- und Ni-Leg.; S; e
L-Ag56InNi	2.5162	26	–	56	14In, 4Ni	620–730	730	9,5	Cr- und CrNi-Stähle; S; a, e
d) Sonderlote									
L-Ag50CdNi	2.5160	15	16	50	16Cd, 3Ni	645–690	690	9,5	Cu-Leg., Hartmetall auf Stahl; S; a, e
L-Ag49	2.5156	16	23	49	7,5Mn, 4,5Ni	625–705	690	8,9	Hartmetall auf Stahl, W- und Mo-Werkstoffe; S; a, e
L-Ag27	2.1217	38	20	27	9,5Mn, 5,5Ni	680–830	840	8,7	
L-Ag75	2.5153	22	3	75		740–775	770	10,0	Edelmetalle; S; a, e
L-Ag64	2.5149	20	14	64		690–720	720	9,7	
L-Ag60Sn	2.5155	23	14	60	3Sn	620–685	680	9,6	

AT Arbeitstemperatur; a Lot angesetzt; e Lot eingelegt; F Lotfuge; S Lotspalt; St Stähle; GT Temperguß

1) Unterer Wert: Solidustemperatur; oberer Wert: Liquidustemperatur.
2) Für Spaltlötungen, an die hohe Anforderungen gestellt werden.
3) Für Fugenlötungen, an die hohe Festigkeitsansprüche gestellt werden.
4) Hierfür nur L-CuZn39Sn oder L-CuNi10Zn42 verwenden.

III. Silberhaltige Lote mit weniger als 20% Silber nach DIN 8513 T2 (10.79)

Kurzzeichen	Werkstoff-Nr.	Chemische Zusammensetzung (Mittelwerte) in Gew.-%				Schmelzbereich in °C [1]	AT in °C	Dichte in kg/dm^3	Hinweise für die Verwendung: Grundwerkstoffe; Form der Lötstelle; Art der Lotzuführung
		Cu	Zn	Ag	sonstige				
L-Ag12Cd	2.1208	50	31	12	7Cd	620–825	800	8,5	[2]; S, F; a
L-Ag12	2.1207	48	40	12		800–830	830	8,5	[2]; S; a, e
L-Ag5	2.1205	55	40	5		820–870	860	8,4	[2]; S, F; a, e
L-Ag15P	2.1210	80	–	15	5P	650–800	710	8,4	[3]; S; a, e
L-Ag5P	2.1466	89	–	5	6P	650–810	710	8,2	[3]; S, F; a, e
L-Ag2P	2.1467	92	–	2	6P	650–810	710	8,1	[3]; S, F; a, e

Bedeutung von [1]) und S, F, a, e siehe S. 7-50. [2]) Stähle, Temperguß, Cu, Cu-Leg., Ni und Ni-Leg. [3]) Geeignet für Cu, CuZnSn-, CuZn und CuSn-Legierungen.

IV. Nickelbasislote zum Hochtemperaturlöten nach DIN 8513 T5 (2.83)

Kurzzeichen	Werkstoff Nr.	Chemische Zusammensetzung (Mittelwerte) in Gew.-%				Schmelzbereich in °C [1]	Hinweise für die Verwendung: Grundwerkstoffe; Form der Lötstelle; Art der Lotzuführung
		Ni	Cr	Si	sonstige		
L-Ni1	2.4140	73	14	4,5	4,5Fe; 3,25B; 0,75C	980–1040	Nickel, Cobalt, Nickel- und Cobaltlegierungen sowie unlegierte, niedriglegierte und hochlegierte Stähle (bedingt Sonder-Metalle und deren Legierungen); Lötspalt; an- oder eingelegt
L-Ni2	2.4141	82	7	4,5	3Fe; 3,25B	970–1080	
L-Ni4	2.4147	93	–	3,5	1,5Fe; 2B	980–1070	
L-Ni6	2.4149	89	–	–	11P	880	
L-Ni8	2.4152	65	–	7	23Mn; 4,5Cu; 0,1C	980–1010	

7.4.2.3 Hart- und Weichlote für Leichtmetalle

I. Hartlote für Aluminiumwerkstoffe nach DIN 8513 T4 (2.81)

Kurzzeichen	Werkstoff-Nr.	Chemische Zusammensetzung (Mittelwerte) in Gew.-%	Schmelzbereich in °C [1]	Dichte in kg/dm^3	Hinweise für die Verwendung
L-AlSi12	3.2285	88Al, 12Si	575–590	2,7	Spaltlöten mit angesetztem oder eingelegtem Lot bei Al und Al-Legierungen

Bei Gußlegierungen dient das Lot auch zum Fugenlöten und Auftragen; außer dem genannten Lot gibt es noch lotplattierte Bleche mit 7,5% oder 10% Si.

II. Weichlote für Aluminiumwerkstoffe nach DIN 1707 (2.81)

L-SnZn10	2.3820	85–92Sn, Rest Zinn	200–250	7,3	Löten von Al und Al-Legierungen; infolge von Potentialunterschieden zwischen Lötstelle und Grundwerkstoff kann elektrochemische Korrosion auftreten (Schutz der Lötstelle)
L-SnZn40	2.3830	55–70Sn, Rest Zinn	200–340	7,1	
L-CdZn20	2.2481	75–83Cd, Rest Zinn	265–280	8,1	
L-ZnAl5	2.2320	95Zn, 5Al	380–390	6,9	

[1]) Unterer Wert: Solidustemperatur; oberer Wert: Liquidustemperatur.

7

7.4.2.4 Weichlote für Schwermetalle nach DIN 1707 (2.81)

Kurzzeichen	Werkstoff-Nr.	Chemische Zusammensetzung (Mittelwerte) in Gew.-%			Schmelzbereich in °C [1]	Dichte in kg/dm³	Hinweise für die Verwendung; bevorzugte Lötverfahren
		Sn	Pb	sonstige			
I. Blei-Zinn- und Zinn-Blei-Weichlote							
a) antimonhaltig							
L-PbSn12Sb	2.3412	12	Rest	0,2–0,7 Sb	250–295	10,4	Kühlerbau; FL, LO
L-PbSn30Sb	2.3432	30		0,5–1,8 Sb	186–250	9,6	Schmierlot, Bleilötungen; FL, LO, KO
L-PbSn40Sb	2.3442	40		0,5–2,4 Sb	186–225	9,1	Kühlerbau; FL, LO, KO
b) antimonarm							
L-PbSn8(Sn)	2.3408	8	Rest	0,12 bis 0,5 Sb	280–305	10,6	Kühlerbau, Thermostate; FL, LO, IL
L-PbSn30(Sn)	2.3430	30			183–255	9,7	Feinblechpackungen; FL, LO
L-PbSn40(Sn)	2.3440	40			183–235	9,3	Verzinnung, Feinblechpackungen, Feinzink und legiertes Zink, Klempnerarbeiten; FL, LO, KO
L-Sn60Pb(Sb)	2.3665	60			183–190	8,5	Verzinnung, Feinlötungen, Elektroindustrie, verzinkte Feinbleche; FL, LO, KO, IL
c) antimonfrei							
L-PbSn2	2.3402	2	98	–	320–325	11,1	Feinblechpackungen; FL, LO
L-Sn50Pb	2.3650	50	50	–	183–215	8,9	Elektroindustrie, Verzinnung; FL, LO, KO
L-Sn60Pb	2.3660	60	40	–	183–190	8,5	Elektroindustrie, Edelstähle; FL, LO, KO, IL
L-Sn63Pb	2.3663	63	37	–	183	8,4	Elektronik, Miniaturtechnik; FL, LO, KO, IL
L-Sn90Pb	2.3680	90	10	–	183–215	7,7	Zinnwaren; FL
II. Zinn-Blei-Weichlote mit Kupfer- oder Silberzusatz							
L-Sn60PbCu	2.3661	60	Rest	0,1–0,2 Cu	183–190	8,5	Elektronik, Miniaturtechnik; LO
L-Sn60PbAg	2.3667	60		3,5 Ag	178–180	8,5	Elektronik, Miniaturtechnik; LO, KO, IL
L-Sn63PbAg	2.3666	63		1,4 Ag	178	8,4	Elektronik, Miniaturtechnik; LO, KO, IL
III. Sonderweichlote							
L-SnIn50	2.3610	50	–	50 In	117–125	7,2	Glas-Metall-Lötungen; FL, KO
L-SnPbCd18	2.3618	50,5	31,5	18 Cd	145	8,5	Zinnwaren, Feinlötungen, Einbrennlötungen für Keramik, Kondensatoren; FL, LO, KO, IL
L-SnAg5	2.3690	Rest	–	3–5 Ag	221–240	7,3	Kupferrohrinstallation, Elektroindustrie, Kältetechnik, Edelstähle; FL, LI, KO, IL
L-SnSb5	2.3695	95	–	5 Sb	230–240	7,3	Kälteindustrie; FL, LO, KO
L-SnCu3	2.3691	97	–	3 Cu	230–250	7,3	Kupferrohrinstallation, Metallwaren; FL, LO, KO, IL
L-CdZnAg5	2.2485	–	–	5 Ag, 22 Zn Rest Cd	270–310	8,3	Elektromotoren Isolierklasse F; FL, KO
L-PbAg5	2.3405	–	Rest	4,5–6 Ag	304–365	11,2	für hohe Betriebstemperaturen; FL, KO
L-ZnSn20	2.2400	20	–	Rest Zn	195–385	7,1	Stufenlötungen (Erstlot); FL, KO
L-CdAg5	2.2480	–	–	5 Ag, Rest Cd	340–395	8,3	für hohe Betriebstemperaturen; FL

FL Flammlöten, LO Lotbadlöten, KO Kolbenlöten, IL Induktionslöten

[1] Unterer Wert: Solidustemperatur; oberer Wert: Liquidustemperatur

7.4.3 Fügen durch Kleben

Klebstoffe für Metall-Metall- und Metall-Nichtmetallverbindungen

Klebstoff: Klebstoffart; Chemische Basis; Anzahl der Komponenten	Abbindebedingungen			Zugscherfestigkeit in N/mm² bei 20 °C	Anwendung: vorzugsweise zu klebende Werkstoffe; max. Anwendungstemperatur in °C
	Temperatur in °C	Zeit [1]) in s/min/h bzw. d	Druck in bar [2])		
I; Epoxidharz; 1	100–200	20 min–4 h	K	18–39	Metalle, Keramik; 100–150
I; Epoxidharz; 2	20–100	45 min–7 d	K	18–39	Metalle, Keramik, Duroplaste; 100
I; Epoxid-Polyamid; 1	175	60 min	1–3	37–48	Aluminium, Titan, Stahl; 120
I; Epoxid-Polyaminoamid; 2	20	10 h–7 d	K	17–28	Metalle, Duroplaste; 100–150
I; Epoxid-Silikon; 2	20–80	2 h–24 h	K	9–31	Metalle, Nichtmetalle; 150
I; Polyurethan; 2	20–80	20 min–7 d	K	7–15	Metalle, Holz, Schaumstoff; 80
II; Ethyl-Cyanacrylat; 1	20	10 h	K	17–25	Metalle, Kunststoffe; 100
II; Cyanacrylat; 1	20	3 s–24 h	K	18–28	Metalle, Kunststoffe; 100–150
III; PVC; 1	160–180	10 min	K	2–6	geölte Dünnbleche; 80
IV; Polyethylen; 1	110	10 min	> 1	–	Metallfolien mit Nichtmetallen
V; Polychloropren; 1	20	15 min–3 d	K – 10	5–7	Metalle; Kunststoffe; 80

Chemisch abbindend: I Polyadditionsklebstoff II Polymerisationsklebstoff
Physikalisch abbindend: III Plastisol IV Schmelzklebstoff V Kontaktklebstoff

Geringe Mengen von Modifizierungsmitteln verändern die Verarbeitungsbedingungen und die Eigenschaften des Klebstoffes. Deshalb müssen bei der Verwendung von Klebstoffen die Herstellerangaben berücksichtigt werden.

[1]) Bis zur Erreichung der Endfestigkeit [2]) K Kontaktdruck.

Verfahren zur Vorbehandlung der Klebflächen nach VDI 2229 (6.79)

Werkstoff	Verfahren und Verfahrensfolgen für verschiedene Beanspruchungsgrade		
	niedrig	mittel	hoch
Stahl, Gußeisen	1-2-3-4	1-2-3-4-5a	1-2-3-4-5c
Stahl, verzinkt		1-2-3-4	1-2-3-4
Stahl, brüniert		1-2-3-4	1-2-3-4-5c
Al, Al-Leg.		1-2-3-6-3-4-5a	1-2-3-4-5c-6-3-4
Cu, Cu-Leg.		1-2-3-4-5a	1-2-3-4-5c
Magnesium		1-2-3-4-5a	1-2-3-4-5c-6-3-4
Titan		1-2-3-4-5b	1-2-3-6-3-4

Beanspruchungsgrade:

niedrig: Zugscherfestigkeit bis 5 N/mm² bei trockener Umgebung; Feinmechanik, Elektrotechnik, einfache Reparaturen.

mittel: Zugscherfestigkeit bis 10 N/mm² bei feuchter Umgebung, Kontakt mit Öl und Treibstoffen; Maschinenbau, Fahrzeugbau, Reparaturen.

hoch: Zugscherfestigkeit über 10 N/mm² bei beliebiger Umgebung und direkter Berührung mit wäßrigen Lösungen, Ölen, Treibstoffen, Lösungsmitteln; Fahrzeug-, Flugzeug-, Schiff- und Behälterbau.

Kennziffern für die Verfahren:

1 Reinigen von Schmutz, Farbresten, Zunder usw.
2 Entfetten mit organischen Lösungsmitteln (Azeton, Methylenchlorid, Trichlorethan) oder anorganischen Mitteln (alkalische, neutrale oder saure Lösungen). Alkalische Mittel eignen sich gut bei Walzölresten.
3 Spülen mit Wasser (Chemikalienreste entfernen), Nachspülen mit vollentsalztem oder destilliertem Wasser (Salzablagerung verhindern).
4 Trocknen, z.B. mit Warmluft (bei Al-Teilen max. +65 °C).
5 Mechanisches Aufrauhen durch 5a Schleifen, Schmirgeln (Körnung 100–150), 5b Bürsten (harte Stahlbürste) oder 5c Strahlen. Die Staubreste werden anschließend sorgfältig entfernt.
6 Chemische Behandlung durch Beizen.

7

7.5 Beschichten

7.5.1 Einteilung der Beschichtungsverfahren

Die Unterteilung der Beschichtungsverfahren nach DIN 8580 erfolgt nach dem Zustand des formlosen Beschichtungsstoffes unmittelbar vor dem Aufbringen. Hiernach ergeben sich folgende **Gruppen** von Beschichtungsverfahren:

① Beschichten aus dem gas- oder dampfförmigen Zustand	② Beschichten aus dem flüssigen, breiigen oder pastenförmigen Zustand	③ Beschichten aus dem ionisierten Zustand durch elektrolytisches oder chemisches Abscheiden	④ Beschichten aus dem festen (körnigen oder pulverigen) Zustand

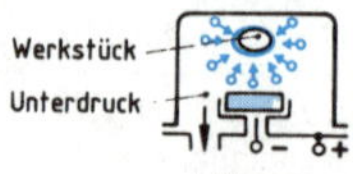

Aufdampfen

Verzinken

Galvanisieren

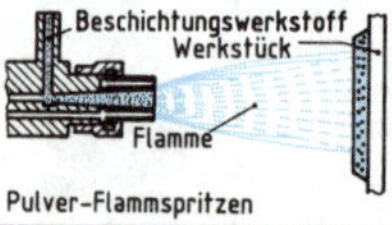

Pulver-Flammspritzen

Die Unterteilung in **Untergruppen** erfolgte bisher noch nicht in den weiterführenden Normen.
Beim Beschichten haftet der Beschichtungsstoff an der Oberfläche des Bauteiles infolge von Adhäsionskräften zwischen den Teilchen (Atome, Ionen oder Moleküle) des Bauteils und des Beschichtungsstoffes, Diffusion und/oder mechanischen Verklammerungen.

7.5.2 Schutzschichten: Anwendungsziele und Anwendungsgrenzen

Verfahren bzw. Schichtart	Beschreibung	Bauteilwerkstoff	Schutzschicht: Werkstoff	Anwendungsziel	Stärke in µm	Härte HV	max. Anwendungstemperatur in °C
① Aufdampfen: PVD-Schichten	Der Beschichtungsstoff wird im Vakuum verdampft und kondensiert auf der Bauteilfläche (Vakuumaufdampf-, Sputter- oder Ionenplattierverfahren).	Metalle, Legierungen, Gläser, Keramik, Plaste	Metalle	K, V, G	0,5 bis 100	–	100–450
			Legierungen	K, V, G		–	
			Carbide	V, G		–	400–500
			Nitride	K, V, G		–	500–1000
			Oxide	V, G		–	600–900
			PTFE	G		–	250
① CVD-Schichten	Die auf hohe Temperatur (500–1100 °C) gebrachte Bauteiloberfläche reagiert chemisch mit dem gasförmigen Beschichtungsstoff.	Metalle, Nichtmetalle	Metalle	K, V, G	0,1 bis 20	–	300–500
			Boride	K, V		–	
			Carbide	V		–	400–700
			Nitride	K, V		–	500
			Oxide	V		–	[1])
② Schmelztauchen	Die Schichten werden durch Eintauchen des Bauteils in flüssiges Metallbad gebildet.	St, GG, Cu	Al, Al-Leg.	K, O	20–400	20–80	850
		St[2]), Cu, GG	Zn, Zn-Leg.	K	10–60	50–150	200
		St[2]), Ni, Al, GG, Cu-Leg., u.a.	Sn, Sn-Pb-Leg.	K, G, L	2–20	–	100
		St[2]), Al, Cu, Zn	Pb, Pb-Leg.	K, G, S	5–300	–	200
② Lackieren	Organische Niedertemperaturschichten, 20–190 °C Einbrenntemp.	Mg, Al, St	Polyurethan, Epoxy, Phenol-Epoxy, u.a.	K	10–100	–	150–200
	Hochtemperaturschichten mit Metallpigmenten (Al, Zn), 80–300 °C Einbrenntemp.	St	Epoxy-Silikon + Al-Pigmente	K	10–50	–	500
	Anorganische Hochtemperaturschichten mit Al-Pigmenten, 350 °C Einbrenntemp.	St	Serme Tel W, VPW 120	O, K	30–100	–	600

Erklärung der Abkürzungen, Hinweise und Fußnoten S. 7-56.

7

7.5 Beschichten

Schutzschichten: Anwendungsziele und Anwendungsgrenzen (Fortsetzung)

Verfahren bzw. Schichtart	Beschreibung	Bauteilwerkstoff	Schutzschicht				
			Werkstoff	Anwendungsziel	Stärke in µm	Härte HV	max. Anwendungstemperatur in °C
② Emaillieren	Es wird eine anorganische Schicht auf das Bauteil aufgebracht und bei 650–1000 °C aufgeschmolzen.	St, GG, Al	meist oxid-/silikathaltig	O, K	100–1500	–	1000
② Trockenschmierschicht: Aufpinseln, Aufspritzen, Tauchen	Die Schichtwerkstoffe (Schmierstoffe) werden zusammen mit einem Binder (a) Silikat, b) Butyltitanat, c) Epoxy-, d) Epoxyphenol- oder e) Epoxy-Silikon-Harz) aufgebracht und bei 150–200 °C eingebrannt.	Al, Ti, St, Ni, Co	MoS_2 + c)	G	≤20	1,26–1,43	200
			PTFE + d)	G	≤20	< 1,26	260
		St, Ti, Ni, Co	MoS_2 + e)	G	≤20	1,26–1,43	450
			MoS_2 + b)[3]	G	≤20	1,26–1,43	500
			C + e)	G	≤20	0,89–1,26	500
		St, Ni, Co	C + a)	G	≤20	0,89–1,26	600
			BN_{hex} + a)	G	≤20	~2	800
③ Galvanisieren	I. Die Schichten werden in wässerigen Metallsalzlösungen und einer äußeren Stromquelle erzeugt, wobei das Bauteil als Kathode gepolt ist.	St[5]), Al, Mg, Ti, Ni, Co, Cu	Al	K	5–25	20–80	400
			Cr	K, V, R	25–1000	800–1100	450
			Co	K, R		250–350	450
			Ni	K, R, L	2–2000	200–400	500
			Cu	V, G, R, A	> 5	60–150	350 (1000)
			Cu-Leg.	K, G, H	–	–	200
			Zn	K	> 5	30–120	250
			Ag	G	3–100	40–150	850
			Cd	K, G	5–25	30–50	220
			Ni – Cd	K	10–15	320	500[4])
			Sn	K, G, L	> 30	10–30	100
			Pb	K, G	5–1000	5–10	200
			Pb – Sn	K, G, L	–	–	150
	II. wie I., jedoch mit Dispersanten (z.B. Hartstoffe, Gleitstoffe) in der Lösung. Dadurch erhält die Schicht besondere Eigenschaften.	St[5]), Al, Mg, Ti, Ni, Co, Cu	Ni + SiC	V, G, R	2–2000	500–700	500
			Co + Cr_2O_3	V, G, R	> 5	450	800
			Co + Cr_3C_2	V, G, R	> 5	450	800
③ Stromlos	III. wie I., jedoch mit ionisiertem Beschichtungsstoff in der Lösung und ohne äußere Stromquelle.	St[5]), Al, Mg, Ti, Ni, Co, Cu	Ag	G	12 bis 100	–	850
			Cu	V, G, R		–	350
			Ni	K, V, R, L		500–600[6])	500
			Sn	K, G, L		–	100
③ Anodische Konversionsschichten: Anodisieren	Die Schichten bilden sich in einer wässerigen Elektrolyt-Lösung unter Zuhilfenahme einer äußeren Stromquelle. Das Bauteil ist als Anode gepolt. (z.B. HAE- bei Mg und Eloxalschichten bei Al).	Mg	Oxid-Verbindungen	K, V	5–80	–	[1])
		Al		K, V	1–100	350–500	[1])
		Ti		K	0,5–10	–	[1])
③ Chemische Konversionsschichten	Die Schicht (S.) bildet sich durch chemische Reaktion der Bauteiloberfläche in einer chemischen Lösung.	Mg	Chromatier-S.	K, V	2–5	–	200
		Al	Passivier-S.	K, V	≤1	–	150
		St[2]) [8])	Brünier-S.	G[7]), K, V	< 1	–	
		leg. St, Co, Ni	Passivier-S.		–	–	
		St[2]) [5])	Phosphatier-S.	G[7]), K, V	2–15	–	300

Erklärung der Abkürzungen, Hinweise und Fußnoten S. 7-56.

7

7.5 Beschichten

Schutzschichten: Anwendungsziele und Anwendungsgrenzen (Fortsetzung)

Verfahren bzw. Schichtart	Beschreibung	Bauteilwerkstoff	Schutzschicht				
			Werkstoff	Anwendungsziel	Stärke in µm	Härte HV	max. Anwendungstemperatur in °C
④ Thermisches Spritzen	Die Schichtwerkstoffe werden mittels beonderer Geräte aufgeschmolzen, zerstäubt und mit hoher Geschwindigkeit auf die Bauteiloberfläche aufgespritzt (z.B. Flamm-, Lichtbogen-, Detonations- oder Plasmaspritzen).	St, Al, Ti, Ni, Co	Al	K	≥200	–	400
			Pb	K, S	>20	–	200
			Mo	V, G, H	>20	600–1100	320
			Ni	H	>20	–	500
			Zn	K	>250	–	250
			Al – Mg-Leg.	K	>20	–	200
			Co + Al_2O_3	O, V	>20	–	~1000
			leg. St	K, V, R	>20	250–500	~500
			CoMoSi-Leg.	V, G	>20	550–670	~1000
			NiAl, NiCr	H, R	>20	–	950
			Ni + C	G	>20	–	500
			Cu-leg.	G	>20	–	<200
			Hartlegierung	V	>20	600	900
			Borid-Verbind.	V	>20	–	[1])
			Carbid-Verb.	V	>20	540–2000	500–800
			Oxid-Verbind.	V, W	20–700	520–1700	[1])
④ Aufhämmern	Zunächst werden auf der Oberfläche dünne Cu- und Zn- oder Cd-Schichten chemisch aufgebracht. Anschließend wird Zn oder Cd in rotierenden Behältern mittels Glaskugeln aufgehämmert.	nied. leg. St Cr-Stähle	Cd	K, G	–	–	220
			Zn	K	–	–	250
⑤ Diffusion:	Die Schichten bilden sich durch Eindiffundieren von …						
Aufkohlen	C-Atomen bei 900–950 °C und Abschrecken in Öl	un- bzw. nied. leg. St	Martensit	V	500–2000	660–740	~150
Alitieren	Al-Atomen bei 750–1150 °C	St, Ni, Co	Al-Verbind.	K, O	20–100	400–1000	1000
Borieren	B-Atomen bei 800–1050 °C	St, Ni, Co	B-Verbind.	V	50–500	1500–2000	[1])
Inchromieren	Cr-Atomen bei 1000–1060 °C	St, Ni, Co	Cr-Verbind.	O, K	10–100	1400–2000	800
Sheradisieren	Zn-Atomen bei 400–420 °C	St[2]), GG	Zn-Verbind.	K	≤25	340–400	<600
Silikieren	Si-Atomen bei 950–1000 °C	St[2]), Mo, W, Ti	Si-Verbind.	V, K	100–250	–	[1])
Nitrieren	N-Atomen bei 470–590 °C	St, Ti	N-Verbind.	V, K	25–100	1100	~500

Verwendete Abkürzungen für die Anwendungsziele:

A Abdeckung beim Aufkohlen
G Gleitschicht
H Haftgrund
K Korrosionsschutz
L Lotgrund
O Oxidationsschutz
R Reparaturschicht
S Strahlenschutz
V Verschleißschutz
W Wärmedämmung

Sonstige Abkürzungen und Hinweise:

①, ②, ③, ④ Zuordnung zu den einzelnen Gruppen der Beschichtungsverfahren nach DIN 8580, S. 7-53.
⑤ Diese Gruppe ist den stoffeigenschaftsändernden Verfahren zuzuordnen S. 7-57.

St Stähle allgemein (unlegierte, niedrig legierte, Cr- und CrNi-Stähle)
PVD Physical Vapour Deposition
CVD Chemical Vapour Deposition
BN_{hex} Bornitrid, hexagonal

[1]) Ist abhängig vom Bauteilwerkstoff. [2]) Nur un- bzw. niedrig legierte Stähle. [3]) Wird nicht eingebrannt. [4]) Nach Wärmebehandlung (330 °C/0,5 h). [5]) Bei hochfesten Stählen (≥1000 N/mm²) besteht die Gefahr der Wasserstoffversprödung (außer bei Al-Schichten, da die Abscheidung in wasserfreien Lösungen erfolgt). Abhilfe: Wärmebehandlung vorher (200 °C/1 h) und nachher 200 °C/1–12 h je nach Schichtstärke und Werkstoff. [6]) Kann durch Wärmebehandlung (400 °C/1 h) bis auf 1000 HV gesteigert werden. [7]) Mit Öl. [8]) Es besteht die Gefahr der Entstehung von Spannungsrißkorrosion. Abhilfe: vorher die zu brünierenden Bauteiloberflächen mit Glasperlen verdichtungsstrahlen.

7.6 Stoffeigenschaftsändern

Die stoffeigenschaftsändernden Verfahren werden nach DIN 8580 in drei **Gruppen** untergliedert:

Stoffeigenschaftsändern durch Umlagern von Stoffteilchen	Stoffeigenschaftsändern durch Aussondern von Stoffteilchen	Stoffeigenschaftsändern durch Einbringen von Stoffteilchen[1])
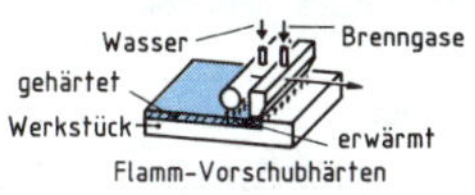	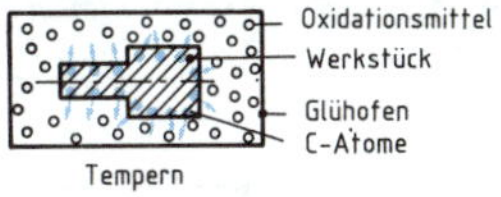	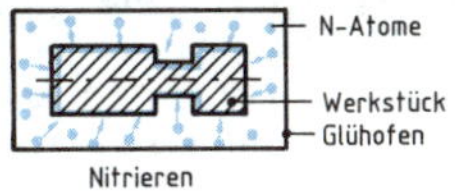

Eine Unterteilung in **Untergruppen** erfolgte bisher noch nicht in den weiterführenden Normen. Die Veränderungen der Werkstoffeigenschaften im Innern und/oder der Randschicht des Bauteils bei diesen Verfahren erfolgen durch gezielte Manipulationen im Metallgitteraufbau.

So wird z.B. beim **Härten** (Gruppe „Umlagern von Stoffteilchen") die Diffusion von C-Atomen durch schnelles Abkühlen ganz oder teilweise verhindert, was zur Folge hat, daß es beim Umgittern im Bauteil zu Gitterverspannungen kommt. Beim **Nitrieren** (Gruppe: „Einbringen von Stoffteilchen") wird die Diffusion von N-Atomen in das Metallgitter ermöglicht und damit können sich u.a. Fe-N-Verbindungen mit ihren besonderen Eigenschaften in der Randschicht des Bauteils bilden.

7.6.1 Grundlagen für die stoffeigenschaftsändernden Verfahren von Stahl

Informationen aus dem Eisen (Fe)-Kohlenstoff (C)-Diagramm (Ausschnitt):

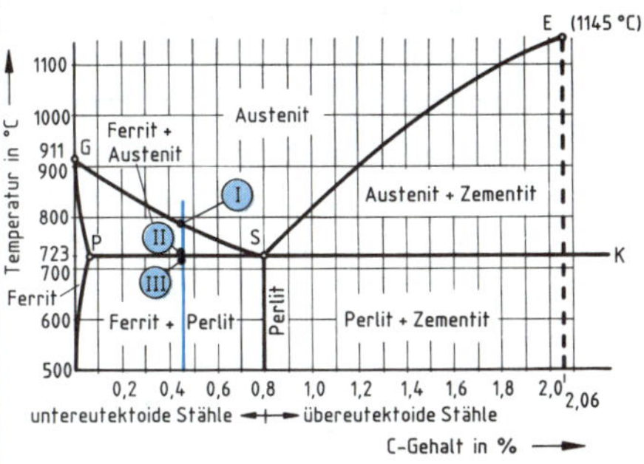

Folgende Gefügeumwandlungen finden statt, wenn die C- und Fe-Atome genügend Zeit haben zu diffundieren.

Bei langsamer Erwärmung

PSK-Linie: Umwandlung von Perlit in Austenit
PS- bis GS-Linie: Umwandlung von Ferrit in Austenit
SK- bis SE-Linie: Umwandlung von Zementit in Austenit

Bei langsamer Abkühlung

GS- bis PS-Linie: Umwandlung von Austenit in Ferrit
SE- bis SK-Linie: Umwandlung von Austenit in Zementit
PSK-Linie: Umwandlung von Austenit in Perlit

Beispiel: Veränderungen im Gefügeaufbau für C 45

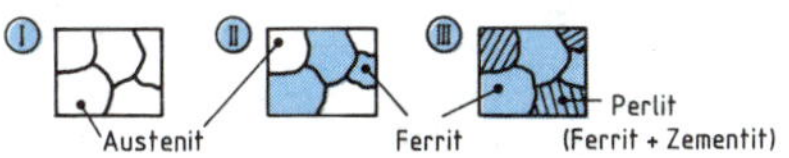

Informationen aus dem ZTU[2])-Schaubild für C 45:

Bei schnellerer Abkühlung kommt es zur Unterkühlung und damit zur Verschiebung der Umwandlungstemperaturen zu niedrigeren Temperaturen. Die dadurch bewirkten Veränderungen im Gefügeaufbau können im einzelnen nur über das ZTU-Schaubild des jeweiligen Werkstoffes ermittelt werden.

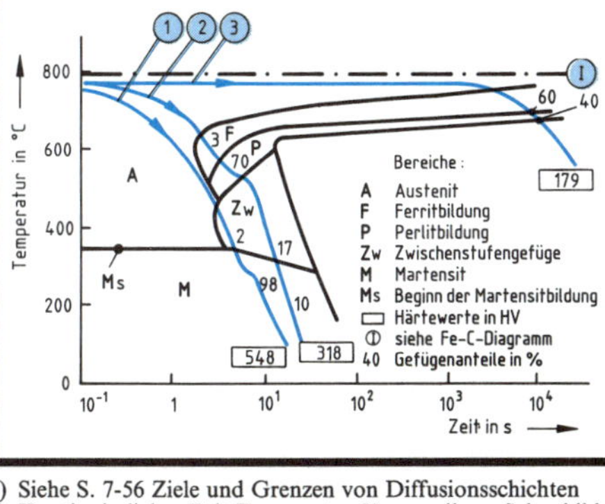

Beispiel: Veränderungen im Gefügeaufbau für C 45 bei unterschiedlicher Abkühlung:

Kurve ①: (Luftabkühlung) Die Umwandlung von Austenit in Ferrit beginnt nach $4 \cdot 10^3$ s bei 740 °C und ist nach ca. 10^4 s bei 690 °C (60% Ferrit) abgeschlossen. Das restliche Austenit ist nach $1{,}25 \cdot 10^4$ s bei 680 °C in Perlit (40%) umgewandelt. Das Gefüge hat eine Härte von 179 HV.

Kurve ②: (Abkühlg. in Öl) Bei der Umwandlung von Austenit entstehen 3% Ferrit, 70% Perlit, 17% Zwischenstufengefüge und 10% Martensit. Die Härte beträgt 318 HV.

Kurve ③: (Abkühlg. in Wasser) Bei der Umwandlung von Austenit entstehen 2% Zwischenstufengefüge und 98% Martensit. Das Gefüge hat eine Härte von 548 HV.

[1]) Siehe S. 7-56 Ziele und Grenzen von Diffusionsschichten
[2]) Kontinuierliches Zeit-Temperatur-Umwandlung-Schaubild

7.6 Stoffeigenschaftsändern

Gefügebestandteile von Stählen

Gefüge	Beschreibung	Gefüge	Beschreibung
Austenit (γ-Eisen) 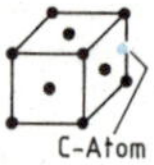 kfz-Gitter	Körner mit kubisch-flächenzentrierem (kfz) Gitter (Anordnung der Eisenatome) und guter Löslichkeit für Kohlenstoff (C) (auf Zwischengitterplätzen); max. 2,06% C bei 1147 °C.	Zementit (Fe_3C)	Körner mit einem komplizierten rhomboedrischen Gitter; 6,67% C; 1100 HV.
		Perlit	Feines Gemenge von Ferrit- und Zementitkörnern; 0,8% C; ~180 HV.
		Zwischenstufengefüge	Sehr feines bis feinstes Gemenge von Ferrit- und Zementitkörnern (entsteht durch schnelle und dadurch diffusionsbegrenzte Umwandlung des Austenits); 250–400 HV.
Ferrit (α-Eisen)  krz-Gitter	Körner mit kubisch-raumzentriertem (krz) Gitter (Anordnung der Eisenatome) und sehr geringer Löslichkeit für Kohlenstoff (C); max. 0,02% C bei 723 °C; 105 HV.	Martensit 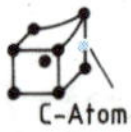	Gefüge (metastabil) mit annähernd fester Lösung von Kohlenstoff in Ferrit (verspanntes krz-Gitter, das durch die sehr schnelle diffusionslose Umwandlung des Austenits entsteht); >550 HV.

7.6.2 Wärmebehandlungsverfahren für Stähle

Verfahren DIN 17014 (3.75)	Beschreibung und Anwendungsziel	Darstellung im Fe-C-Diagramm
Diffusionsglühen	Erwärmung auf 1100 °C bis 1300 °C, langzeitiges Halten (bis 40 h) und langsames Abkühlen. **Ziel:** Ausgleichen von Kristallseigerungen und ungleicher Verteilung von Legierungsbestandteilen.	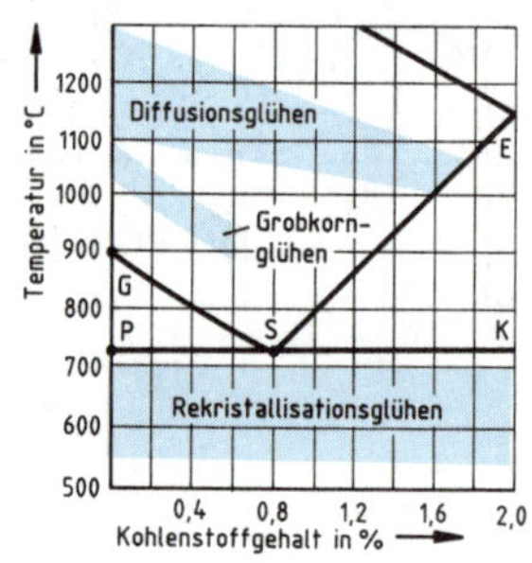
Grobkornglühen	Erwärmung auf ca. 150 °C oberhalb der GS-Linie, mehrstündiges Halten und langsames Abkühlen. **Ziel:** Bei normal- und weichgeglühten kohlenstoffarmen Stählen wird dadurch eine bessere Zerspanbarkeit erreicht. Diese Werkstoffe neigen sonst zum „Schmieren", es bildet sich leicht eine Aufbauschneide, die zu einer unsauberen Oberfläche des Werkstücks führt.	
Rekristallisationsglühen	Erwärmung auf 400–600 °C (je nach Verformungsgrad) und langsames Abkühlen. **Ziel:** Beseitigung des stark verformten Gefüges infolge von Kaltumformungen.	
Normalglühen	Erwärmung über die GSK-Linie (ca. 30 °C) und langsames Abkühlen. **Ziel:** Beseitigung eines grobkörnigen Gefüges, das entstanden ist durch Urform-Umform- oder Fügevorgänge.	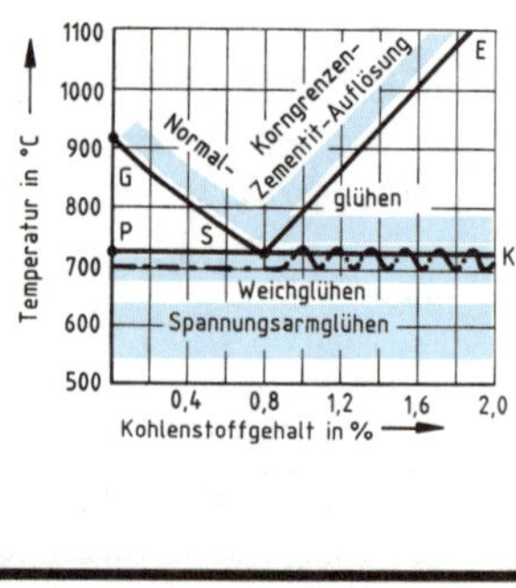
Spannungsarmglühen	Erwärmung auf 550 °C bis 650 °C (ca. 4 h halten) und langsames Abkühlen. **Ziel:** Beseitigung von mechanischen (durch Spanen) und thermischen (durch Schweißen, Gießen) Spannungen.	
Weichglühen	Erwärmung bis dicht unterhalb der PS-Linie oder bei legierten und überperlitischen Stählen bis dicht unter- und oberhalb der PSK-Linie (Pendelglühen). Anschließend erfolgt langsames Abkühlen. **Ziel:** Umwandlung der Zementitlamellen im Perlit in kugelige Zementitkörner. Dieser Werkstoff ist weicher, zäher und läßt sich besser zerspanen (dadurch geringerer Werkzeugverschleiß).	

7.6 Stoffeigenschaftsändern

Wärmebehandlungsverfahren für Stähle (Fortsetzung)

Verfahren DIN 17014	Beschreibung und Anwendungsziel	Darstellung im Fe-C-Diagramm; weitere Hinweise
Härten	Langsame Erwärmung (ggf. mit Vorwärmen, um die Wärmespannungen und den Verzug gering zu halten) auf ca. 50 °C oberhalb der GSK-Linie, Halten (bei niedrig legierten Stählen rechnet man mit 0,5 min Haltezeit je mm Durchmesser) und dann in Wasser, Öl, Warmbad oder Preßluft abschrecken. Durch das Abschrecken entstehen im Werkstück **Härtespannungen** (Wärme- und Umwandlungsspannungen), die bei größeren und höhergekohlten Werkstücken zu Härtespannungsrissen führen können. Die **Wärmespannungen** werden verursacht durch die unterschiedliche Abkühlung der Rand- und Kernzone. Deshalb soll die Abkühlgeschwindigkeit nicht größer sein, als es nach dem ZTU-Schaubild für die gewünschte Härte erforderlich ist. Die **Umwandlungsspannungen** entstehen durch das größere Volumen des Martensits gegenüber dem Ausgangsgefüge. Insbesondere größere Werkstücke werden deshalb nur bis 80 °C abgekühlt und dann im Ausgleichsofen bei 100–150 °C gehalten, bis auch im Werkstückkern eine vollständige Martensitumwandlung erfolgt. **Ziel:** Es wird dadurch ein Martensit- und gegebenenfalls Zwischenstufengefüge mit hoher Verschleißfestigkeit erreicht.	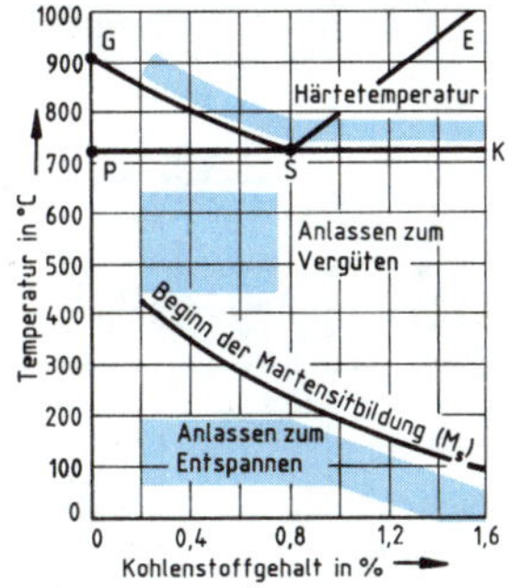 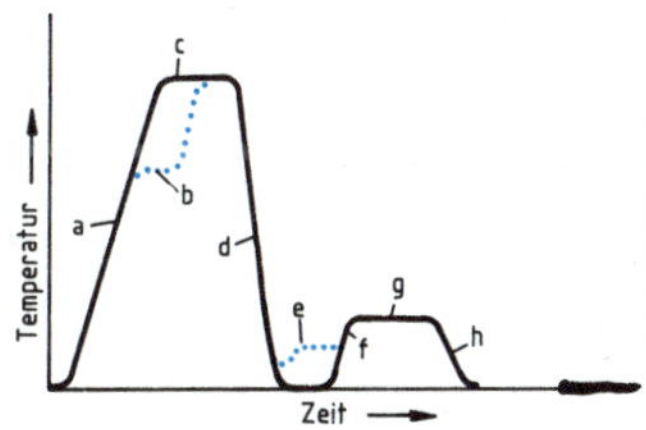 Schematische Darstellung einer Zeit-Temperatur-Folge für das Härten und Anlassen von C 45. a Erwärmen; b Vorwärmen auf ≈650 °C; c Halten auf Härtetemperatur; d Abschrecken in Wasser; e wie (d), jedoch nur bis ≈80 °C und dann Ausgleichen bei 100–150 °C; f Erwärmen; g Halten auf Anlaßtemperatur; h Abkühlen an der Luft.
Anlassen	Erwärmung eines gehärteten Stahles auf eine vorgegebene Temperatur (max. bis unterhalb der PSK-Linie), Halten und anschließende zweckentsprechende Abkühlung (meist an der Luft). Beim Erwärmen über die M_s-Linie zerfällt der Martensit und die Härte wird merklich geringer. **Ziel:** Abbau der Härtespannungen und dadurch Mindern der Sprödigkeit. Werkstücke, die schlagartigen Belastungen ausgesetzt sind (z.B. Meißel), werden höher angelassen als jene, auf die nur gleichmäßige Belastungen (z.B. Reißnadel) einwirken. Bei kurzen Anlaßzeiten kann die Anlaßtemperatur über die Farben der verschieden starken durchsichtigen Oxidschichten bestimmt werden; gelb (dünn): 220 °C und grau (dick): 400 °C.	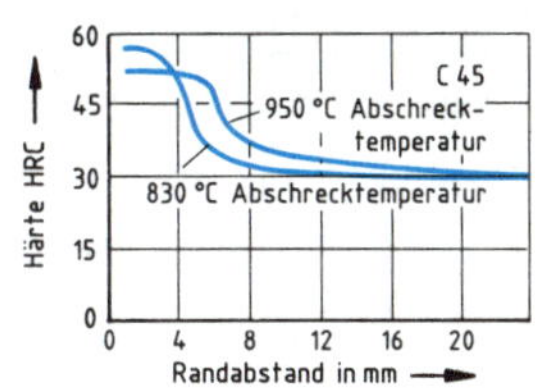 Einfluß der Abschrecktemperatur auf die Einhärttiefe am Beispiel von C 45
Vergüten	Anlassen im oberen möglichen Temperaturbereich nach dem Härten. **Ziel:** Erzielung hoher Zähigkeiten bei hochbeanspruchten Teilen, wie z.B. Wellen und Blattfedern.	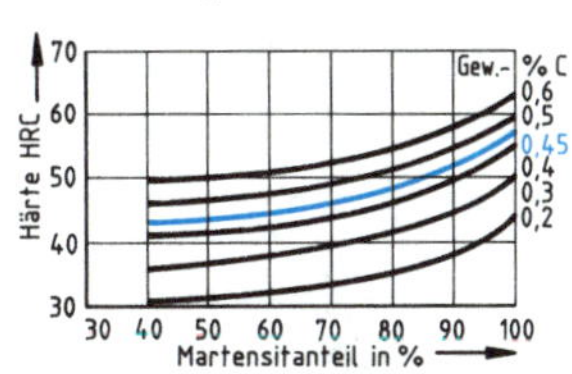 Einfluß des Kohlenstoffgehaltes und Martensitanteiles auf die Härte nach dem Abschrecken (Richtwerte)
Einsatzhärten	Aufkohlen (eindiffundieren von C-Atomen) oder Carbonitrieren (eindiffundieren von C- und N-Atomen) der Randschicht des Werkstückes mit anschließendem Härten (siehe S. 7-56). **Ziel:** Erreichung harter, verschleißfester Werkstückoberflächen, wobei der Werkstückkern zäh bleibt.	

7

7.6 Stoffeigenschaftsändern

7.6.3 Richtwerte für die Wärmebehandlung der Stähle

7.6.3.1 Automatenstähle nach DIN 1651 (4.70)

Werkstoff- Kurzname	Nummer	Normalglühen Temp. in °C	Einsatzhärten, Temperaturen beim Aufkohlen in °C	Kernhärten [1]) in °C	Randhärten [2]) in °C	Anlassen in °C	Vergüten, Temperaturen beim Härten in °C	Anlassen in °C
9 S 20	1.0711	890–920	–	–	–	–	–	–
9 SMn 28	1.0715	890–920	können bedingt für Einsatzhärten vorgesehen werden				–	–
9 SMnPb 28	1.0718	890–920					–	–
9 SMn 36	1.0736	890–920	–	–	–	–	–	–
9 SMnPb 36	1.0737	890–920	–	–	–	–	–	–
10 S 20	1.0721	890–920	880–950	880–920	770–810	150–200	–	–
10 SPb 20	1.0722	890–920	880–950	880–920	770–810	150–200	–	–
35 S 20	1.0726	860–890	–	–	–	–	850–890 [3])	540–680
45 S 20	1.0727	840–870	–	–	–	–	830–870 [3])	540–680
60 S 20	1.0728	820–920	–	–	–	–	800–840 [4])	540–680

Abschrecken in [1]) Wasser; [2]) Wasser, Öl oder Warmbad; [3]) Wasser oder Öl; [4]) Öl.

7.6.3.2 Einsatzstähle nach DIN 17210 (9.86)

Werkstoff- Kurzname	Nummer	Härte HB im Behandlungszustand G	BF	BG	Aufkohlungstemperatur in °C	Kernhärtetemperatur in °C	Randhärtetemperatur in °C	Anlaßtemperatur in °C	Hinweise und Erläuterungen
C 10	1.0301	131	–	–		880–920			Nach dem Aufkohlen
Ck 10	1.1121	131	–	–		880–920			erfolgt Direkthärten
C 15	1.0401	143	–	–		880–920			(von Aufkohlungs-, Rand-
Ck 15	1.1141	143	–	–		880–920			oder Kerntemperatur),
Cm 15	1.1140	143	–	–		880–920			Doppelhärten, Einfach-
17 Cr 3	1.7016	174	–	–	850	860–900	780	150	härten (mit oder ohne
20 Cr 4	1.7027	197	149–197	145–192	bis	860–900	bis	bis	vorheriges Weichglühen)
16 MnCr 5	1.7131	207	156–207	140–187	980	860–900	820	200	oder Härten nach iso-
20 MnCr 5	1.7147	217	170–217	152–201		860–900			thermischem Umwandeln.
20 MoCr 4	1.7321	207	156–207	140–187		860–900			Als Abschreckmittel
21 NiCrMo 2	1.6523	197	152–201	145–192		860–900			werden Wasser, Öl, Warm-
15 CrNi 6	1.5919	217	170–217	152–201		830–870			bad 160–250 °C oder
17 CrNiMo 6	1.6587	229	179–229	157–207		830–870			Luft verwendet.

G weichgeglüht bei 650–700 °C; **BF** wärmebehandelt auf bestimmte Zugfestigkeit bei 850–950 °C; **BG** wärmebehandelt auf Ferrit-Perlit-Gefüge bei 900–1000 °C

7.6.3.3 Nitrierstähle nach DIN 17211 (8.70) und (4.97)

Werkstoff- Kurzname	Nummer	Weichglühen Temperatur in °C	Härte HB max.	Härten in Wasser Temp. in °C	Öl Temp. in °C	Anlassen Temperatur in °C	Kerbschlagarbeit [1]) in J, ≈	Nitrieren Temperatur in °C	Härte HV ≈	Erklärungen
31 CrMo 12	1.8515		248	–	870–910	570–700	40	500–520	800	[1]) Mit DVM-Probe.
39 CrMoV 139	1.8523		262	–	920–920 [2])	570–650	30	490–510	800	[2]) Abkühlung in Öl oder Luft.
34 CrAlMo 5	1.8507	650	248	900–930	910–940	570–650	40	500–520	950	[3]) In Öl nur bei dünnen Querschnitten.
41 CrAlMo 7	1.8509	bis	262	–	880–920	570–650	35	500–520	950	
34 CrAlS 5	1.8506	700	217	900–950	900–950 [3])	580–660	–	500–520	900	
34 CrAlNi 7	1.8550		248	–	850–900	570–660	35	500–520	950	

7.6 Stoffeigenschaftsändern

7.6.3.4 Nichtrostende Stähle nach DIN 17440 (7.85)

Werkstoff- Kurzname	Werkstoff- Nummer	Warmumformung Temperatur in °C	Glühen Temperatur in °C	Glühen Härte HB	Härten Temperatur in °C	Härten Abschreckmittel	Anlassen Temperatur in °C	Hinweise
X 6 Cr 13	1.4000	1100	750–800	185	950–1000	Öl, Luft	650–750	Ferritische
X 6 Cr 17	1.4016	bis	750–850	185	–	–	–	Stähle
X 6 CrTi 17	1.4510	800	750–850	185	–	–	–	
X 4 CrMoS 18	1.4105		750–850	200	–	–	–	
X 20 Cr 13	1.4021	1100	730–780	230	980	Öl	600–700	Martensitische
X 30 Cr 13	1.4028	bis	730–780	245	bis	oder	640–740	Stähle
X 45 CrMoV 15	1.4116	800	730–780	280	1030	Luft	100–200	
X 12 CrMoS 17	1.4106		750–850	230			550–650	
X 5 CrNi 18 10	1.4301	1150	–	–	1000–1080	Wasser	–	Austenitische
X 6 CrNiTi 18 10	1.4541	bis	–	–	1020–1100	oder	–	Stähle
X 5 CrNiMo 17 12 2	1.4401	750	–	–	1020–1100	Luft	–	
X 6 CrNiMoTi 17 12 2	1.4571		–	–	1020–1100		–	
X 6 CrNiMoNb 17 12 2	1.4580		–	–	1020–1100		–	
X 2 CrNiMo 18 14 3	1.4435		–	–	1020–1100		–	

7.6.3.5 Vergütungsstähle nach DIN 17200 (3.87)

Werkstoff- Kurzname	Werkstoff- Nummer	Weichglühen Temperatur in °C	Weichglühen Härte HB	Normalglühen Temperatur in °C	Härten in Wasser Temperatur in °C	Härten in Öl Temperatur in °C	Anlassen Temperatur in °C	min. Kerbschlagarbeit in J mit DVM-Proben bei ∅ in mm ≤16	>16–40	>40–100	>100–160
C 22[1]	1.0402	650–700	156	880–910	860–890	–		55[3]	55[3]	–	–
C 35[1]	1.0501	650–700	183	860–890	840–870	850–880		40[3]	40[3]	40[3]	–
C 45[1]	1.0503	650–700	207	840–870	820–850	830–860		30[3]	30[3]	30[3]	–
C 55[1]	1.0535	650–700	229	830–860	805–835	815–845		–	–	–	–
C 60[1]	1.0601	650–700	241	820–850	800–830	810–840		–	–	–	–
28 Mn 6	1.1170	650–700	223	850–880	820–850	830–860		40	45	45	–
32 Cr 2[2]	1.7020	650–700	197	860–890	840–870	850–880		40	40	40	–
38 Cr 2[2]	1.7003	650–700	207	850–880	830–860	840–870		40	40	40	–
46 Cr 2[2]	1.7006	650–700	223	840–870	820–850	830–860		35	40	40	–
28 Cr 4[2]	1.7030	680–720	217	860–900	840–870	850–880	540	40	45	50	–
34 Cr 4[2]	1.7033	680–720	223	850–890	830–860	840–870	bis	40	45	45	–
37 Cr 4[2]	1.7034	680–720	235	845–885	825–855	835–865	680	35	40	40	–
41 Cr 4[2]	1.7035	680–720	241	840–880	820–850	830–860		35	40	40	–
25 CrMo 4[2]	1.7218	680–720	212	860–900	840–870	850–880		50	55	55	50
34 CrMo 4[2]	1.7220	680–720	223	850–890	830–860	840–870		40	45	50	50
42 CrMo 4[2]	1.7225	680–720	241	840–880	820–850	830–860		35	40	40	40
50 CrMo 4	1.7228	680–720	248	840–880	820–850	830–860		35	35	35	35
36 CrNiMo 4	1.6511	650–700	248	850–880	820–850	830–860		40	45	50	50
34 CrNiMo 6	1.6582	650–700	248	850–880	–	830–860		40	50	50	50
30 CrNiMo 8	1.6580	650–700	248	850–880	–	830–860		35	35	40	50
50 CrV 4	1.8159	680–720	248	840–880	820–850	830–860		35	35	35	35
30 CrMoV 9	1.7707	680–720	248	860–900	840–870	850–880		25	30	35	40

[1]) Für die Stahlsorten **Ck** (mit niedrigem P- und S-Gehalt) und **Cm** (mit unterer und oberer Begrenzung des S-Gehaltes) gelten dieselben Richtwerte.

[2]) Für die Stahlsorten mit begrenztem S-Gehalt (0,020% bis 0,035%) gelten dieselben Richtwerte.

[3]) Nur gültig für Ck- und Cm-Stähle.

7.6.3.6 Werkzeugstähle nach DIN 17350 (10.80)

Werkstoff- Kurzname	Nummer	Weichglühen Temperatur in °C	Weichglühen Härte HB max.	Härtetemperaturbereich in °C	Härten Temperatur in °C	Härten Abschreckmittel	Härten Härte[1] HRC	Anlassen Temperatur in °C	Anlassen Härte HRC min.	Hinweise und Erklärungen
Unlegierte Kaltarbeitsstähle										
C 45 W	1.1730	680 bis 710	190	–	–	–	–	–	–	Die max. Anwendungsremperatur liegt im allgemeinen unter 200 °C; Durchhärtung bei ∅ 10–12 mm.
C 60 W	1.1740		231	800–830	810	Öl	58	180	52	
C 70 W2	1.1620		183	790–820	800	Wasser	64	180	57	
C 80 W1	1.1525		192	780–820	790	Wasser	64	180	59	
C 85 W	1.1830		222	800–830	810	Öl	63	180	57	
C 105 W1	1.1545		213	770–800	780	Wasser	65	180	60	
Legierte Kaltarbeitsstähle										
21 MnCr 5	1.2162	680–710	212	810–840	820	Öl	62[2]	180	58[2]	Die max. Anwendungstemperatur liegt im allgemeinen unter 200 °C. Ö Öl Wb Warmbad L Luft [2]) Härtewert der einsatzgehärteten Randschicht
40 CrMnMoS 8 6	1.2312	wird üblicherweise vergütet mit ~300 HB geliefert							–	
60 WCrV 7	1.2550	720–750	229	870–900	890	Öl	60	180	57	
90 MnCrV 8	1.2842	690–720	229	790–820	800	Öl	64	180	58	
100 Cr 6	1.2067	740–770	223	820–850	840	Öl	64	180	60	
105 WCr 6	1.2419	720–750	229	800–830	820	Öl	64	180	59	
115 CrV 3	1.2210	710–740	223	760–810	790	Wasser	64	180	60	
115 CrV 3	1.2210	710–740	223	810–840	–	Öl (∅ < 12 mm)	–	–	–	
145 V 33	1.2838	760–780	229	800–950	850	Wasser	65	180	60	
X 19 NiCrMo 4	1.2764	600–630	255	780–810	800	Öl	62[2]	180	59[2]	
X 19 NiCrMo 4	1.2764	600–630	255	800–830	–	Luft	–	–	–	
X 36 CrMo 17	1.2316	780–820	285	1000–1040	1010	Öl	49	180	46	
X 45 NiCrMo 4	1.2767	610–630	262	840–870	850	Öl	56	180	52	
X 155 CrVMo 121	1.2379	840–860	255	1020–1050	1030	Ö (Wb, L)	63	180	59	
X 210 CrW 12	1.2436	800–830	255	950–980	960	Ö (Wb, L)	64	180	60	
Warmarbeitsstähle										
55 NiCrMoV 6	1.2713	680–710	248	830–870	850	Öl	57	500	40	Die max. Anwendungstemperatur liegt im allgemeinen über 200 °C. Ö Öl Wb Warmbad L Luft
56 NiCrMoV 7	1.2714	680–710	248	830–870	850	Öl	58	500	44	
56 NiCrMoV 7	1.2714	680–710	248	860–900	–	Luft	–	–	–	
X 38 CrMoV 51	1.2343	760–780	229	1000–1040	1020	Ö (L, Wb)	53	550	50	
X 40 CrMoV 51	1.2344	750–780	229	1020–1060	1030	Ö (L, Wb)	54	550	51	
X 32 CrMoV 33	1.2365	760–780	229	1000–1050	1040	Ö (Wb)	51	550	47	
Schnellarbeitsstähle										
S6-5-2	1.3343	790–820	240 bis 300	1190–1230	1210	Ö, Wb (L)	64	560	64	Die max. Anwendungstemperatur liegt im allgemeinen bis 600 °C. Ö Öl Wb Warmbad L Luft
S6-5-3	1.3344	770–820		1200–1240	1220	Ö, Wb (L)	65	560	65	
S6-5-2-5	1.3243	790–820		1200–1240	1220	Ö, Wb (L)	64	560	64	
S7-4-2-5	1.3246	770–840		1180–1220	1200	Ö, Wb (L)	66	540	66	
S10-4-3-10	1.3207	800–830		1210–1250	1230	Ö, Wb (L)	66	560	66	
S12-1-4-5	1.3202	810–840		1210–1250	1230	Ö, Wb (L)	65	560	65	
S18-1-2-5	1.3255	820–850		1260–1300	1280	Ö, Wb (L)	64	560	64	

[1]) Die angegebenen Härtezahlen gelten für die nicht in Klammern gesetzten Abschreckmittel.

7.6.3.7 Stähle für Flamm- und Induktionshärten nach DIN 17212 (8.72)

Werkstoff- Kurzname	Werkstoff- Nummer	Warmumformung Temperatur in °C	Weichglühen Temperatur in °C	Weichglühen Härte HB max.	Normalglühen Temperatur in °C	Vergüten Härtetemperatur Wasser in °C	Vergüten Härtetemperatur in Öl in °C	Vergüten Anlassen Temperatur in °C	Oberflächenhärten in Wasser Temperatur in °C	Oberflächenhärten Anlassen Temperatur in °C	Oberflächenhärten Härte HRC
Cf 35	1.1183	1100–850		183	860–890	840–870	850–880		840–890		51
Cf 45	1.1193	1100–850	650	207	840–870	820–850	830–860	550	820–870	150	55
Cf 53	1.1213	1050–850	bis	223	830–860	805–835	815–845	bis	805–855	bis	57
Cf 70	1.1249	1000–800	700	223	820–850	790–820	–	660	790–840	180	60
45 Cr 2	1.7005	1100–850		207	840–870	820–850	830–860		820–870		55
38 Cr 4	1.7043	1050	680	217	845–885	825–855	835–865	540	825–875	150	53
42 Cr 4	1.7045	bis	bis	217	840–880	820–850	830–860	bis	820–870	bis	54
41 Cr Mo 4	1.7223	850	720	17	840–850	820–850	830–860	680	820–870	180	54
49 CrMo 4	1.7238			235	840–880	820–850	830–860		820–870		56

7.6.3.8 Warmgewalzte Stähle für vergütbare Federn nach DIN 17221 (12.72)

Werkstoff- Kurzname	Werkstoff- Nummer	Weichglühen Temperatur in °C	Weichglühen Härte HB 30 max.	Normalglühen Temperatur in °C	Härten Temperatur in °C	Härten Abschreckmittel	Härten Härte[1] HRC min.	Grenzabmessung für die Durchhärtbarkeit bei Flachstahl s in mm	Grenzabmessung für die Durchhärtbarkeit bei Rundstahl d in mm	Anlassen Temperatur in °C
38 Si 7	1.0970	640	217	830	830	Wasser	47	10	12	350
51 Si 7	1.0903	bis	245	bis	bis	Wasser	54	16	–	bis
60 SiCr 7	1.0961	680	255	860	860	Öl	54	16	25	550
55 Cr 3	1.7176	640	248	850	830	Öl	54	16	25	350
50 CrV 4	1.8159	bis	241	bis	bis	Öl	54	25	40	bis
51 CrMoV 4	1.7701	680	255	880	860	Öl	54	40	60	550

s Stärke des Flachstahles bzw. der Flacherzeugnisse; d Durchmesser.

[1] Härtewert im Kern nach dem Abschrecken.

Mechanische Eigenschaften im vergüteten (gehärtet + angelassen) Zustand und Verwendung

Werkstoff-Kurzname	Im vergüteten Zustand Zugfestigkeit R_m in N/mm²	Streckgrenze R_e in N/mm²	Bruchdehnung A_5 in %	Verwendung
38 Si 7	1180–1370	1030	6	Federringe und Federplatten für Schraubensicherungen, Spannmittel für den Oberbau
51 Si 7	1320–1570	1130	6	Blattfedern für den Schienenfahrzeugbau, Kegelfedern
60 SiCr 7	1320–1570	1130	6	Fahrzeugplatt-, Schrauben- und Tellerfedern, Federplatten
55 Cr 3	1370–1620	1180	6	Hochbeanspruchte Fahrzeugfedern, Schraubenfedern, Stabilisatoren
50 CrV 4	1370–1670	1180	6	Höchstbeanspruchte Blatt- und Schraubenfedern; Teller- und Drehstabfedern, Stabilisatoren
51 CrMoV 4	1370–1670	1180	6	Höchstbeanspruchte Blatt-, Schrauben- und Drehstabfedern mit größeren Abmessungen

7.6.3.9 Kaltgewalzte Stahlbänder für Federn nach DIN 17222 (8.79)

Werkstoff- Kurzname	Werkstoff- Nummer	Werkstoff- Kurzname	Werkstoff- Nummer	Weichglühen Temperatur in °C	Weichglühen Härte HV max.	Vergüten: Härten in Öl Temperatur in °C	Vergüten: Härten Härte HV, min.	Vergüten: Anlassen Temperatur in °C	Vergüten: Anlassen Härte HB	Vergüten: Anlassen R_m[1]) in N/mm²	Stärke[2]) s in mm
C 55	1.0533	Ck 55	1.1203		180	830–860	650		340–490	1150–1650	2,0
C 60	1.0601	Ck 60	1.1221		185	825–855	670		350–500	1180–1680	2,0
C 67	1.0603	Ck 67	1.1231		190	815–845	680		365–525	1230–1770	2,5
C 75	1.0605	Ck 75	1.1248	650	190	810–840	700	300	390–555	1320–1870	2,5
Ck 85	1.1269	–	–	bis	200	800–830	730	bis	415–580	1400–1950	2,5
Ck 101	1.1274	–	–	690	205	790–820	750	500	445–620	1500–2100	2,0
55 Si 7	1.0904	–	–		220	830–860	650		385–535	1300–1800	2,0
71 Si 7	1.5029	–	–		240	810–840	680		445–650	1500–2200	3,0
50 CrV 4	1.8159	–	–		220	845–875	680		415–590	1400–2000	3,0
67 SiCr 4	1.7103	–	–		240	845–875	680		445–650	1500–2200	3,0

[1]) Zugfestigkeit im vergüteten Zustand.
[2]) Bandstärke bis zu der die Härtewerte beim Vergüten und Zugfestigkeitswerte gelten.

7.6.4 Richtwerte für die Wärmebehandlung von Aluminiumwerkstoffen

Werkstoff- Kurzname	Werkstoff- Nummer	Warmumformen Temperatur in °C	Weichglühen Temperatur in °C	Weichglühen Glühzeit in h	Lösungsglühen[1]) Temperatur in °C	Lösungsglühen[1]) Abschreckmittel	Kaltauslagern Zeit in Tagen	Warmauslagern Temperatur in °C	Warmauslagern Zeit in h
Kalt- und warmaushärtbare Aluminium-Knetlegierungen									
AlMgSi 1	3.2315	480–520	380–420	1–2[2])	525–540	W, L	5–8	155–190	4–16
AlMgSiPb	3.0615	460–500	360–400	1–2[2])	520–530	W bis 60 °C	5–8	155–190	4–16
AlCuMg 1	3.1325	400–470	380–420	2–3[2])	495–505	W	5–8	–	–
AlZn 4,5 Mg 1	3.4335	450–520	400–420	2–3[3])	460–485	L	≥90	1. Stufe: 90–100 2. Stufe: 140–160	8–12 16–24
Nicht aushärtbare Aluminium-Knetlegierungen									
AlMn 1	3.0515	400–550	380–420	0,5–1[4])					
AlMg 1	3.3315	400–500	360–380	1–2[4])					
AlMg 3	3.3535	450–500	360–380	1–2[4])					
AlMg 5	3.3555	450–500	340–360	1–2[4])					
Reinst- und Hüttenaluminium									
Al 99,98 R	3.0385	300–420	290–310	0,5–1[4])					
Al 99,8	3.0285	330–550	320–350	0,5–2[4])					
Al 99,7	3.0275	330–550	320–350	0,5–2[4])					
Al 99	3.0205	330–500	340–360	0,5–2[4])					
E-Al	3.0257	330–500	340–360	0,5–2[4])					

L Luft; W Wasser

Schematischer Verlauf der Aushärtung

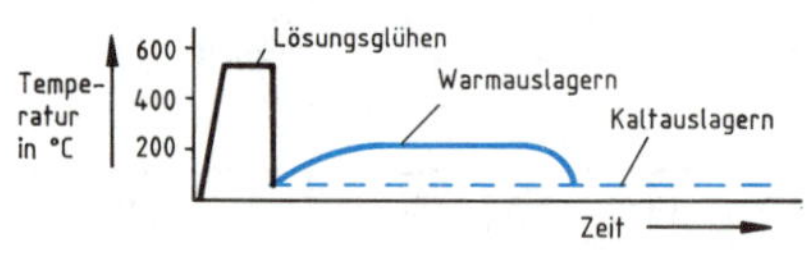

[1]) Lösungsglühdauer: bei Blechen ~10 min/mm Blechstärke und bei Stangen bzw. Rohren ~2 min/mm Durchmesser.
[2]) Abkühlungsgeschwindigkeit bis 250 °C ≤ 30 °C/h, dann beliebig schnelle Abkühlung an der Luft.
[3]) Abkühlungsgeschwindigkeit bis 230 °C ≤ 30 °C/h, 3 ··· 5 h Halten, dann beliebig schnelle Abkühlung.
[4]) Ofenabkühlung unkontrolliert bis 250 °C, dann beliebig schnelle Abkühlung an der Luft.

8 Automatisierungstechnik

8.1 Grundlagen der Steuerungs- und Regelungstechnik

8.1.1 Vergleich von Steuerungssystemen

Kriterium \ Energieform	Pneumatik	Hydraulik	Elektrik/Elektronik	Mechanik
Energieträger	Luft	Öl	elektrischer Strom	Wellen, Zahnräder, Gestänge, Ketten usw.
Energiequelle	Verdichter	Pumpe	Generator, Batterie	Elektromotor
wichtigste Kenngrößen	Druck ca. 6 bar	Druck ca. 30 bis 400 bar	Spannung 12 V, 24 V, 220 V, 380 V	Kraft, Drehmoment, Geschwindigkeit
maximale Entfernung für Energieübertragung	≈1000 m	≈100 m	unbegrenzt	≈10 m
Energieleitung	Rohre, Schläuche und Bohrungen	Rohre, Schläuche und Bohrungen	el. leitende Drähte, Bänder und Kontakte	Wellen, Gestänge, Ketten usw.
Energiespeicherung	in Flaschen und Kesseln	Hydraulikspeicher	Akkumulatoren	Federn
Umwandlung in mechan. Energie	Zylinder, Druckluftmotor	Zylinder, Hydromotor	Elektromotor, Elektromagnet	Getriebe
Wirkungsgrad	weniger gut; hohe Verluste bei Energieübertragung sowie primärer und sekundärer Energieumformung		gut	sehr gut infolge Formschluß
Erzeugung linearer Bewegungen	sehr einfach über Zylinder	sehr einfach über Zylinder	kurze Wege einfach über Elektromagnete; lange Wege aufwendig über Linearmotore	einfach über Kurbelgetriebe, Spindeln usw.
Leistung/Volumen von Motoren in W/dm^3	ca. 70 bis 1200	ca. 2000	ca. 70 bis 150	
Leistung/Masse von Motoren in W/kg	ca. 70 bis 300	ca. 600 bis 800	ca. 20 bis 100	
typ. Bewegungsgeschwindigkeit der Arbeitsgeräte	$\leq 3\ ms^{-1}$	$\leq 1\ ms^{-1}$	$\leq 5\ ms^{-1}$	$\leq 10\ ms^{-1}$
Weggenauigkeit ohne Lageregelung	weniger gut	sehr gut	weniger gut (gut bei Synchron- und Schrittmotoren)	sehr gut infolge Formschluß
Gefahren für den Menschen	gering infolge niedriger Drücke	groß infolge hoher Drücke; Umweltverschmutzung	sehr groß, daher besondere Vorschriften	groß

8

8.1 Grundlagen der Steuerungs- und Regelungstechnik

8.1.2 Die Begriffe Steuern und Regeln

In einer **Steuerung** werden Eingangsgrößen entgegengenommen und entsprechend dem Aufbau der Steuerung verknüpft. Die von den Verknüpfungselementen erzeugten Stellbefehle werden an die Stellglieder der Steuerstrecke weitergegeben.

Kennzeichen des Steuerns ist der offene Wirkungsablauf in jedem Übertragungsglied oder in der Steuerkette. Die Ausgangsgrößen werden von den Eingangsgrößen und von den Störgrößen beeinflußt.

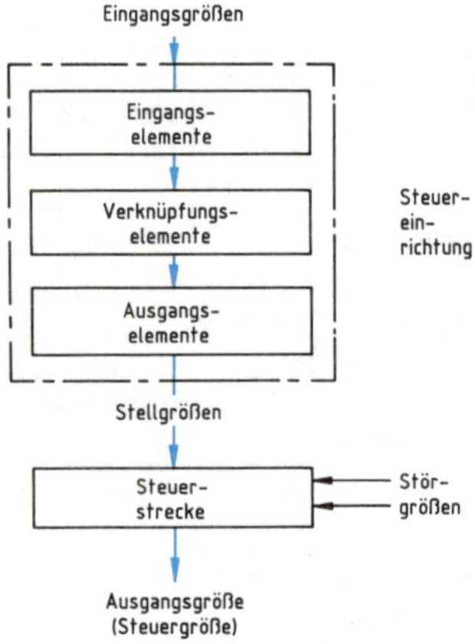

Kennzeichen des **Regelns** ist ein geschlossener Wirkungsablauf. Die zu regelnde Größe x (Regelgröße) wird fortlaufend erfaßt (Istwert), mit einer Führungsgröße w (Sollwert) verglichen und abhängig vom Ergebnis dieses Vergleichs die Stellgröße y abgeleitet.

Infolge des geschlossenen Wirkungsablaufs werden die Störgrößen z_n weitgehend ausgeregelt.

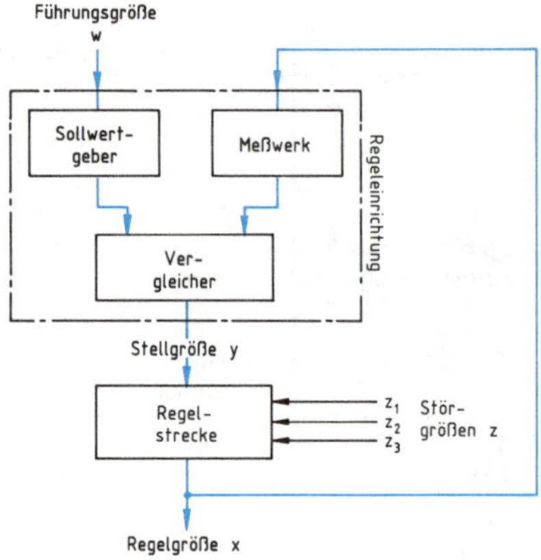

8.1.3 Die Begriffe Analog und Digital

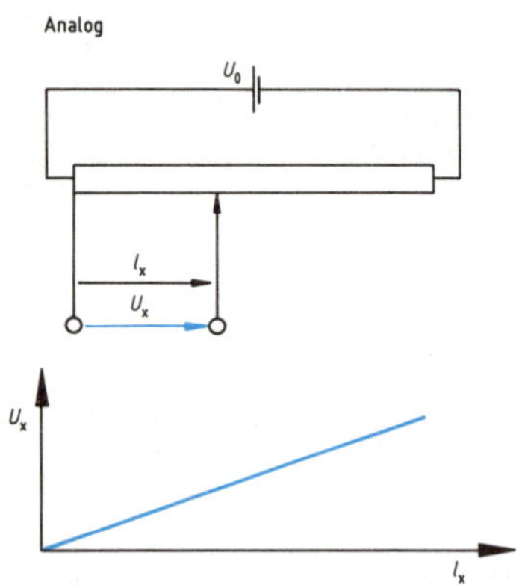

Die Abbildung des Meßwertes l erfolgt in einer anderen analogen (entsprechenden) Größe. Jedem Wert der Meßgröße l_x wird z.B. ein entsprechender Wert U_x eindeutig zugeordnet. Die Menge der Werte U_x ist nicht abzählbar; sie ist im Rahmen der technisch möglichen Abbildungsgenauigkeit unendlich.

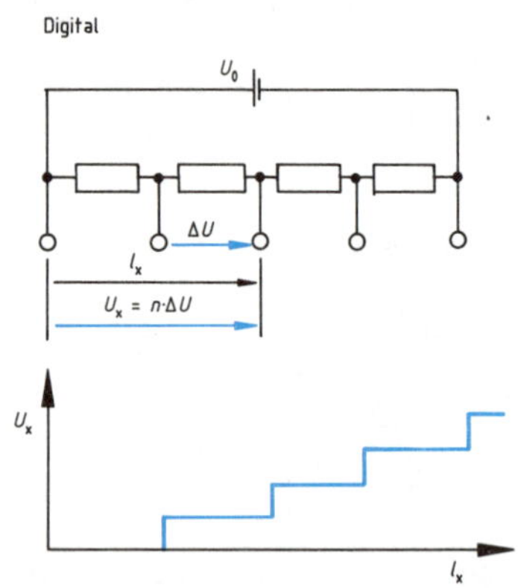

Die Abbildung des Meßwertes l erfolgt in einer begrenzten Anzahl von Signalwerten. Die Signalgröße U_x ist ein ganzzahliges Vielfaches der Grundeinheit ΔU. Für U_x ergibt sich eine begrenzte Anzahl von Werten durch Abzählung. Die Auflösung der digitalen Abbildung entspricht der Grundeinheit ΔU.

Anm.: Digital von lateinisch „digitus" = Finger bedeutet im übertragenen Sinne „An den Fingern abgezählt".

8.1 Grundlagen der Steuerungs- und Regelungstechnik

8.1.4 Begriffe der Steuerungstechnik

Eine Steuerungseinrichtung läßt sich in die Funktionsblöcke Signaleingabe, Signalverarbeitung und Signalausgabe unterteilen.

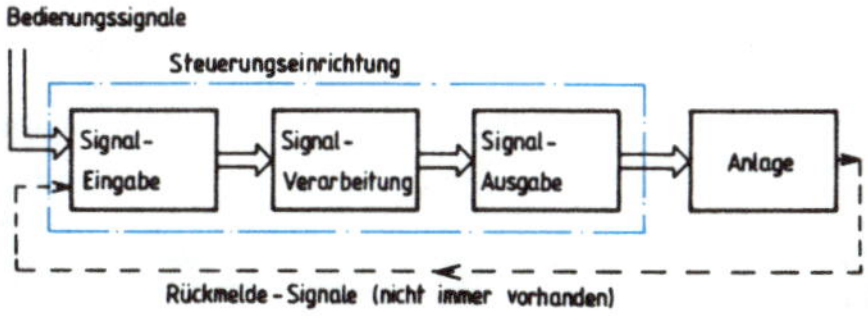

Signaleingabe

Der Signaleingabe werden Bedienungssignale (z.B. von Tastern und Schaltern) und Rückmeldesignale (z.B. von Sensoren und Grenzwertschaltern) zugeführt. **Eingabeglieder** können die Eingabesignale z.B. entstören, umformen, umsetzen, potentialtrennen und an die Signalpegel der Signalverarbeitung anpassen. Man unterscheidet **Analog-Eingabeeinheiten** für analoge Eingabesignale, **Binär-Eingabeeinheiten** für binäre (zweiwertige, nicht zahlenwertmäßig dargestellte Informationen) Eingabesignale und **Digital-Eingabeeinheiten** für digitale (vorwiegend zahlenmäßig dargestellte Informationen) Eingabesignale.

Signalverarbeitung

Die Signalverarbeitung leitet aus den Eingabesignalen im Sinne von Verknüpfungs-, Zeit- und/oder Speicherfunktionen die Ausgabesignale ab. Die Gesamtheit aller Anweisungen und Vereinbarungen für die Signalverarbeitung, durch die eine zu steuernde Anlage (Prozeß) aufgabengemäß beeinflußt wird, ergibt das **Programm** der Steuerung.

Entsprechend der Programmverwirklichung ergibt sich folgende Einteilung:

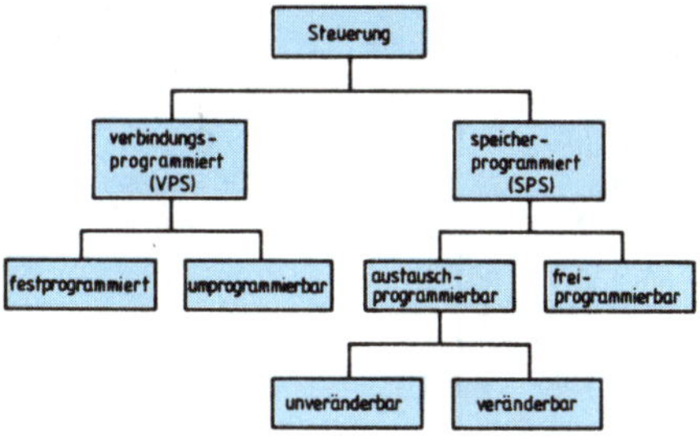

Bei einer **verbindungsprogrammierten Steuerung** (VPS) ist das Programm durch die Art der Funktionsglieder und deren Verbindung vorgegeben. VPS können elektrisch, elektronisch, pneumatisch oder hydraulisch realisiert sein. Bei **festprogrammierten Steuerungen** sind Programmänderungen nicht vorgesehen; das Programm ist z.B. durch feste Draht-, Schlauch- oder Leiterplattenverbindungen vorgegeben. **Umprogrammierbare Steuerungen** ermöglichen dagegen Programmänderungen in einfacher Weise, z.B. durch Umstecken von Leitungen, Auswechseln von Lochkarten oder Ändern von Diodenmatrizen.

Bei **speicherprogrammierten Steuerungen** (SPS) ist das Programm in digitaler Form in einem Programmspeicher gespeichert. **Freiprogrammierbare Steuerungen** enthalten als Programmspeicher einen Schreib-Lese-Speicher (RAM), dessen gesamter Inhalt ohne mechanischen Eingriff in die Steuerungseinrichtung, d.h. ohne Herausnahme des Speichers, in beliebig kleinem Umfang verändert werden kann. **Austauschprogrammierbare Steuerungen** ermöglichen Programmänderungen nur durch Austausch des Programmspeichers. Man unterscheidet **austauschprogrammierbare Steuerungen mit veränderbarem Speicher**, deren Inhalt nach der Herstellung programmiert und mehrmalig verändert werden kann (z.B. mit UV-Licht löschbare Nur-Lese-Halbleiterspeicher) sowie **austauschprogrammierbare Steuerungen mit unveränderbarem Speicher**, deren Inhalt nur einmal programmiert werden kann (z.B. mit ROM oder PROM als Speicher).

Entsprechend der Signalverarbeitung werden unterschieden:

synchrone Steuerungen, bei denen die Signalverarbeitung synchron zu einem Taktsignal erfolgt;

asynchrone Steuerungen, die ohne Taktsignal arbeiten und deren Signaländerungen nur durch Änderungen der Eingangssignale ausgelöst werden;

Verknüpfungs-Steuerungen, deren Signalzustände der Ausgangssignale den Signalzuständen der Eingangssignale im Sinne boolescher Verknüpfungen zugeordnet sind;

Ablaufsteuerungen, bei denen das Weiterschalten von einem Schritt auf den programmgemäß folgenden abhängig von Weiterschaltbedingungen erfolgt;

zeitgeführte Ablaufsteuerungen, deren Weiterschaltbedingungen nur von der Zeit abhängig sind;

prozeßabhängige Ablaufsteuerungen, deren Weiterschaltbedingungen nur von Signalen der gesteuerten Anlage (Prozeß) abhängig sind.

Signalausgabe

Der Signalverarbeitung ist die Signalausgabe nachgeschaltet. Die Ausgabeeinheit besteht aus **Ausgabegliedern**, die die Ausgabesignale bzw. Ausgabedaten aufbereiten und ausgeben. Entsprechend der Signalform werden **Analog-Ausgabeeinheiten, Binär-Ausgabeeinheiten** und **Digital-Ausgabeeinheiten** unterschieden.

Gerätetechnische Begriffe

Kontaktlose Steuerung: Steuerung, deren Signalverarbeitung ohne mechanisch wirkende Schaltglieder erfolgt.

Störfestigkeit: Grenzwert eines Störsignals (Signal, das ungewollt durch kapazitive, induktive oder galvanische Kopplung auf den Leitungen auftritt) bis zu dem die Geräte und Schaltglieder einer Steuerung in ihrer Funktion noch nicht beeinträchtigt werden.

Zerstörfestigkeit: Grenzwert eines Störsignals, bis zu dem die Geräte und Schaltglieder einer Steuerung noch nicht zerstört werden.

Verarbeitungstiefe: Die Anzahl der signalverarbeitenden Grundfunktionen n_s (Verknüpfungs-, Zeit- und Speicherfunktionen) einer Steuerungseinrichtung, bezogen auf die Summe der Eingänge n_E und Ausgänge n_A.

$$V = \frac{n_s}{n_E + n_A}$$

8

8.2 Fluidtechnik

8.2.1 Schaltzeichen nach DIN ISO 1219 (8.78)

Fluidtechnische Systeme und Geräte

Symbol	Bezeichnung	Symbol	Bezeichnung	Symbol	Bezeichnung
	Hydropumpen mit konstantem Verdrängungsvolumen:		Schwenkmotor:	 oder 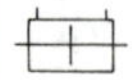	– mit zweiseitiger Kolbenstange
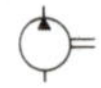	– mit einer Stromrichtung	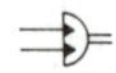	– hydraulisch	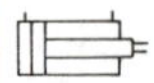 oder 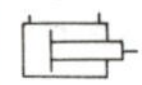	Differential-zylinder
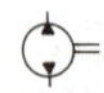	– mit zwei Stromrichtungen	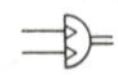	– pneumatisch		
	mit veränderbarem Verdrängungs-volumen:		**Pump/Motor-Einheit** Als Pumpe oder Motor arbeitend:		Zylinder mit Dämpfung:
	– mit einer Stromrichtung	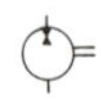	– in Abhängigkeit von der Strom-richtung	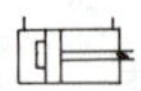	– mit einfacher, nicht einstell-barer Dämpfung
	– mit zwei Stromrichtungen		– ohne Änderung der Strom-richtung	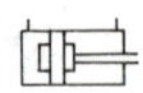	– mit doppelter, nicht einstell-barer Dämpfung
	Kompressor		– desgl. mit ver-änderbarem Ver-drängungsvolumen	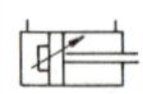	– mit einfacher, einstellbarer Dämpfung
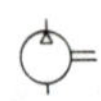	mit konstantem Ver-drängungsvolumen und einer Strom-richtung	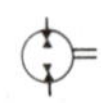	– mit jedweder Stromrichtung	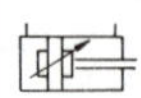	– mit doppelter, einstellbarer Dämpfung
	Motoren		**Kompaktgetriebe**		Teleskopzylinder:
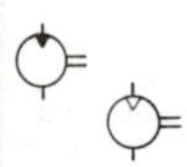	mit konstantem Ver-drängungsvolumen und einer Strom-richtung: – hydraulisch – pneumatisch		Drehmomentwandler, Pumpen und/oder Motor mit ver-änderbarem Ver-drängungsvolumen	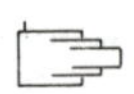	– einfach wirkend
			Zylinder Einfachwirkender Zylinder:	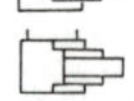	– doppelt wirkend
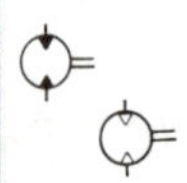	mit konstantem Ver-drängungsvolumen und zwei Strom-richtungen: – hydraulisch – pneumatisch	 oder 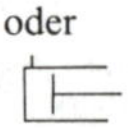	– Rückhub durch nicht näher bestimmte Kraft	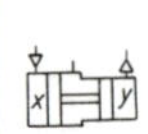 oder 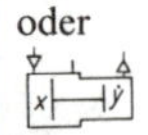	Druckübersetzer: – für Druckmittel mit gleichen Eigenschaften
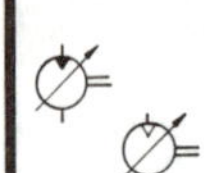	mit veränderbarem Verdrängungs-volumen und einer Stromrichtung: – hydraulisch – pneumatisch	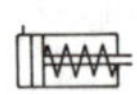 oder 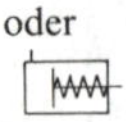	– Rückhub durch Feder	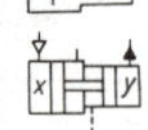 oder 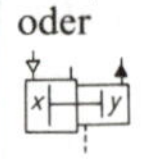	– für zwei verschiedene Druckmittel
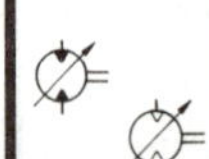	mit veränderbarem Verdrängungs-volumen und zwei Stromrichtungen: – hydraulisch – pneumatisch	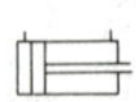 oder 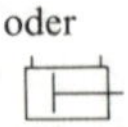	Doppeltwirkender Zylinder: – mit einfacher Kolbenstange	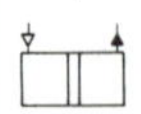	Druckmittelwandler, Umwandlung eines pneumatischen Druckes in einen gleichen hydrauli-schen Druck oder umgekehrt

8.2 Fluidtechnik

Fluidtechnische Systeme und Geräte

Symbol	Bezeichnung
	Steuerventile
	Einheit zur Steuerung von Strom oder Druck
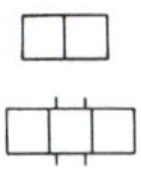	Jedes Quadrat entspricht einer Stellung eines Wegeventils
	Vereinfachtes Symbol bei mehrfacher Wiederholung
	Durchflußwege:
	– ein Durchflußweg
	– zwei gesperrte Anschlüsse
	– zwei Durchflußwege
	– zwei Durchflußwege und ein gesperrter Anschluß
	– zwei Durchflußwege mit Verbindung zueinander
	– zwei gesperrte Anschlüsse, ein Durchflußweg in Nebenschlußschaltung
	Kennzeichnung: Die erste Zahl gibt die Anzahl der Anschlüsse, die zweite Zahl die Anzahl der bestimmten Schaltstellungen an
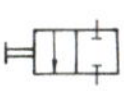	– 2/2 Wegeventil mit Handbetätigung
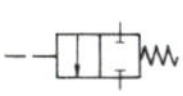	– 2/2 Wegeventil mit Druckbetätigung gegen eine Rückholfeder
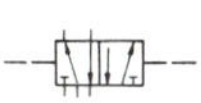	– 5/2 Wegeventil mit Druckbetätigung in beiden Richtungen
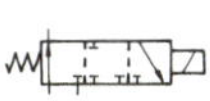	– 3/2 Wegeventil durch Elektromagnet betätigt mit Rückholfeder

Symbol	Bezeichnung
	Drosselnde Wegeventile
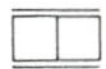	Einheit mit 2 äußeren Endstellungen und einer unendlichen Anzahl von Zwischenstellungen mit veränderbarer Drosselwirkung
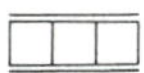	desgleichen mit neutraler Mittelstellung
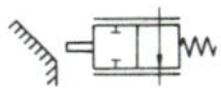	ein drosselnder Querschnitt, z.B. Fühlerventil mit Taster
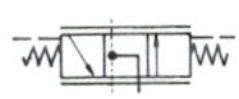	zwei drosselnde Querschnitte, druckbetätigt gegen eine Rückholfeder
	Rückschlagventil
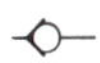	– unbelastet
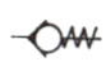	– federbelastet
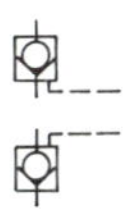	– durch Vorsteuerung kann das Schließen oder Öffnen des Ventils verhindert werden
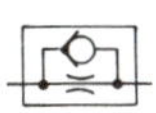	– mit Drosselung (freier Durchfluß in einer Richtung)
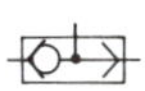	**Wechselventil**
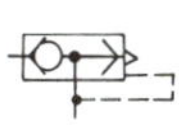	**Schnellentlüftungsventil**
	Servoventil (elektrohydraulisch oder pneumatisch)
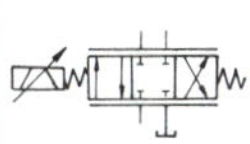	– einstufig mit direkter Wirkungsweise
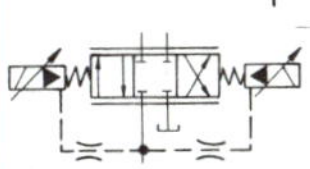	– zweistufig mit hydraulischer Rückführung und indirekt wirkender Steuerung

Symbol	Bezeichnung
	Druckventile
	Druckventil:
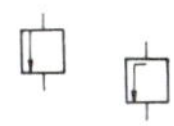	– 1 drosselnder Querschnitt normalerweise verschlossen
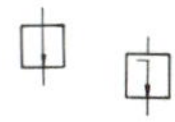	– 1 drosselnder Querschnitt normalerweise offen
	– 2 drosselnde Querschnitte normalerweise verschlossen
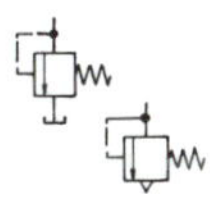	Druckbegrenzungsventil (Sicherheitsventil)
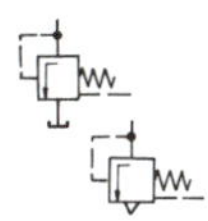	desgleichen mit Vorsteuerung
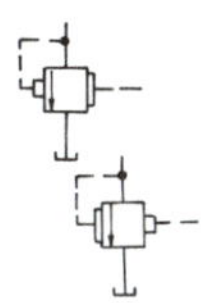	Druckverhältnisventil mit Begrenzung des Eingangsdrucks im Verhältnis zum Steuerdruck
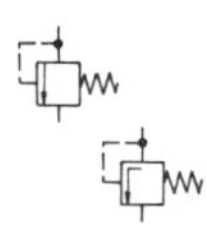	Folgeventil Ventil öffnet, wenn der Eingangsdruck > die Federgegenkraft ist
	Druckregel- oder Druckreduzierventil (Druckminderer):
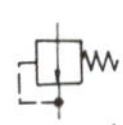	– ohne Entlastungsöffnung
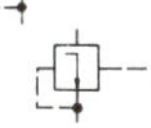	– desgleichen mit Fernbedienung
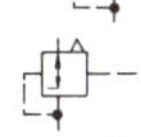	– mit Entlastungsöffnung
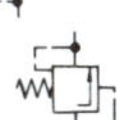	Verhältnisdruckregelventil
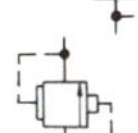	Differenzdruckregelventil

8

8.2 Fluidtechnik

Fluidtechnische Systeme und Geräte

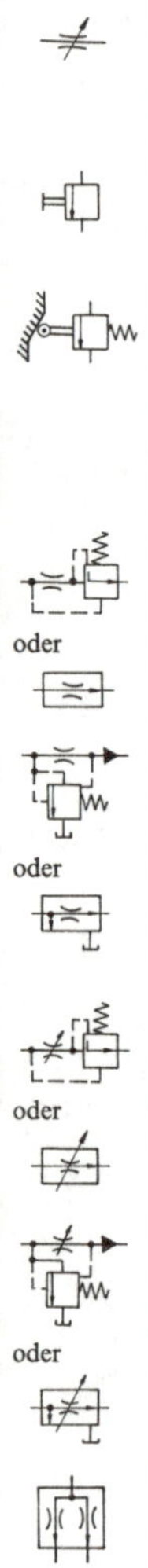

Symbol	Bezeichnung
	Stromventile
	Drosselventil:
	– vereinfachtes Symbol ohne Angabe der Betätigungsart
	– ausführliches Symbol mit Handbetätigung
	– desgl. mit mechanischer Betätigung gegen eine Rückholfeder
	Stromregelventil:
oder	– mit konstantem Ausgangsstrom
oder	– mit konstantem Ausgangsstrom und Entlastungsöffnung zum Behälter
oder	– mit veränderbarem Ausgangsstrom
oder	– mit veränderbarem Ausgangsstrom und Entlastungsöffnung zum Behälter
	Stromteilventil
	Absperrventil
	vereinfachtes Symbol

Symbol	Bezeichnung
	Betätigungsarten
	Muskelkraftbetätigung:
	– ohne Angabe der Betätigungsart
	– durch Druckknopf
	– durch Hebel
	– durch Pedal
	Mechanische Betätigung:
	– durch Stößel oder Taster
	– durch Feder
	– durch Rolle
	– durch Rolle, nur in einer Richtung arbeitend
	Betätigung durch Elektromagnet:
	– mit einer Wicklung
	– mit zwei gegeneinander wirkenden Wicklungen
	– desgl. mit stufenlos veränderbarem Verhalten
	Betätigung durch Elektromotor
	Betätigung durch Druckbeaufschlagung oder Druckentlastung:
	– durch Druckbeaufschlagung
	– desgl. vorgesteuert

Symbol	Bezeichnung
	– durch Druckentlastung
	– desgl. vorgesteuert
	– durch unterschiedliche Steuerflächen
	– mit internem Steuerkanal
	Kombinierte Betätigung durch:
	– Elektromagnet und Vorsteuer-Wegeventil
	– Elektromagnet oder Vorsteuer-Wegeventil
	Mechanische Bestandteile
	mechanische Verbindungen (z.B. Wellen, Hebel und Kolbenstangen)
	Rotierende Welle
	– in einer Richtung
	– in beiden Richtungen
	Raste
	Sperrvorrichtung (*) Symbol zum Lösen der Sperre
	Sprungwerk
	Gelenkverbindung
	– einfach
	– mit Seitenhebel
	– mit festem Drehpunkt
	Mechanische Rückführung

8.2 Fluidtechnik

Fluidtechnische Systeme und Geräte

Symbol	Bezeichnung
	Energiequellen
	Hydraulik-Druckquelle
	Pneumatik-Druckquelle
	Elektromotor
	Wärmekraftmaschine
	Durchflußleitungen und Verbindungen [1]
	Arbeits-, Zuführ- und Rücklaufleitung
	Steuerleitung
	Abfluß- oder Leckleitung
	flexible Leitungsverbindung
	elektrische Leitung
	Rohrleitungsverbindung
	gekreuzte Rohrleitungen ohne Verbindung
	Entlüftung
	Auslaßöffnung:
	– ohne Anschlußvorrichtung
	– mit Gewinde für einen Anschluß

[1]) Für die Verbindungen und gestrichelten Linien gelten die folgenden Festlegungen:

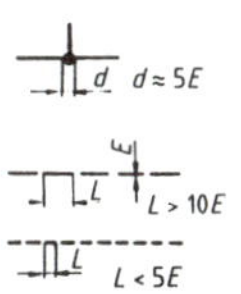

Symbol	Bezeichnung
	Energieabnahmestelle
	– mit Stopfen
	– mit Entnahmeleitung
	Schnell-Kupplungen:
	– verbunden, ohne mechanisch öffnendes Rückschlagventil
	– verbunden, mit mechanisch öffnenden Rückschlagventilen
	– entkuppelt, mit offenem Ende
	– entkuppelt, durch federloses Rückschlagventil gesperrtes Ventil
	Drehverbindung:
	– ein Weg
	– drei Wege
	Geräuschdämpfer
	Behälter
	offen, mit der Atmosphäre verbunden;
	mit Rohrende:
	– über dem Flüssigkeitsspiegel
	– unterhalb des Flüssigkeitsspiegels
	– von unten im Behälter
	Druckbehälter
	Hydrospeicher

Symbol	Bezeichnung
	Filter, Wasserabscheider
	Filter oder Siebe
	Wasserabscheider mit Handbetätigung
	desgleichen mit Filter
	Wasserabscheider automatisch entwässernd
	desgleichen mit Filter
	Lufttrockner
	Öler
	Aufbereitungseinheit in vereinfachter Darstellung
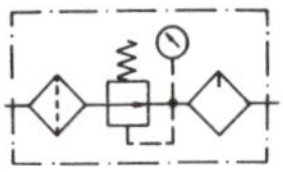	in ausführlicher Darstellung
	Wärmeaustauscher
	Temperaturregler
	Kühler ohne und mit Darstellung der Leitungen für die Kühlflüssigkeit
	Vorwärmer
	Meßinstrumente
	Manometer
	Thermometer
	Strommesser
	Volumenmesser
	Druckschalter (hydraulisch-elektrisch)

8

8.2.2 Druckluftaufbereitung

Bei der Drucklufterzeugung gelangen mit der angesaugten Luft Staub und Feuchtigkeit in das Druckluftnetz. Darüber hinaus gelangen Öl und Verschleißteilchen vom Kompressor sowie bei Rohrleitungen aus Stahl Rostpartikel in den Energieträger Druckluft. Ferner unterliegt der Netzdruck während des Betriebes Druckschwankungen, die vom Ein- und Ausschaltwert des Luftdrucks im Kessel sowie vom Druckabfall im Verteilungsnetz abhängen.

Je nach Anwendungsfall werden folgende Anforderungen an die Druckluftqualität gestellt:

- frei von dampfförmigen, flüssigen und festen Fremdstoffen
- konstanter Druck
- schmiermittelhaltig oder schmiermittelfrei.

Folglich ist an der Verbraucherstelle eine Aufbereitung der Druckluft unumgänglich.

Filter und Kondensatabscheider

Da die Luft über den Wirbeleinsatz (1) tangential in den Filterbehälter (6) einströmt und verwirbelt wird, werden die groben Schmutz- und Flüssigkeitsteilchen durch Fliehkraft ausgeschieden. Die kleineren Partikel werden durch den Filtereinsatz (3) zurückgehalten. Die Entleerung des Kondensatbehälters erfolgt ohne Luftverlust entweder durch einen Handablaß oder einen automatischen Kondensatablaß (7).

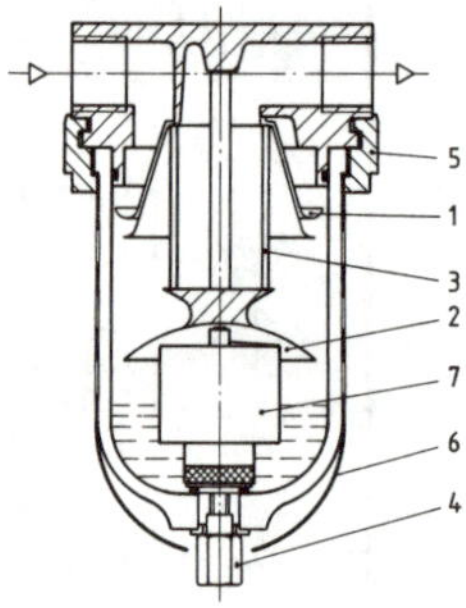

Schaltzeichen:

Die Filterung soll nur so fein wie nötig erfolgen. Nach Pneurop 6611 werden entsprechend der maximal zulässigen Teilchengröße 4 Klassen unterschieden:

Klasse	Teilchengröße µm	Teilchendichte mg/m³
1	0,1	0,1
2	1	1
3	5	5
4	40	nicht spezifiziert

Anm.: Die Reduzierung des Wasserdampfgehaltes der Druckluft ist auf mechanischem Wege nicht möglich. Hierfür sind Kälte- oder Adsorptionstrockner erforderlich.

Druckregler

Druckregler halten den Betriebsdruck konstant auf dem eingestellten Wert, unabhängig von Schwankungen des Primärdrucks und Luftbedarfs.

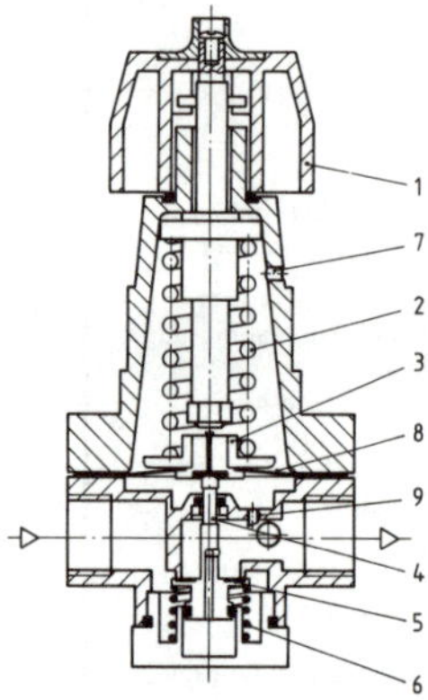

Bei entspannter Feder (2) ist der Druckregler über Ventilsitz (5) geschlossen; Ein- und Ausgangsseite sind völlig getrennt. Mit der Regulierschraube (1) wird nun die Feder (2) entgegen der Membrane (8) über Federteller (3) gespannt, wodurch die Ventilspindel (4) den Ventilsitz (5) öffnet. Die Druckluft strömt darauf von der Eingangs- zur Ausgangsseite so lange, bis sich über die Verbindung (9) zur Unterdruckseite der Membrane (8) ein Druck aufbaut, dessen Wirkung größer ist als derjenige der Feder. Der Ventilsitz (5) beginnt eine durch die Feder (6) gestützte Schließbewegung; das System Feder (2) und Membrane (8) erreicht eine Gleichgewichtslage und hält so weitgehend den Ausgangsdruck konstant.

Schaltzeichen:

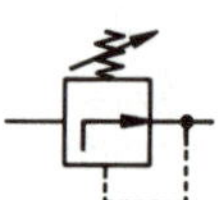

Ölvernebler

Sofern die Druckluft mit bestimmten Produkten wie z.B. mit Nahrungsmitteln oder pharmazeutischen Erzeugnissen direkt in Berührung kommt, muß der Ölgehalt absolut null sein. Zylinder mit langsamen Bewegungen oder schnellen Oszillierbewegungen, Zylinder ab ca. 125 mm und Druckluftmotore erfordern in der Regel eine Schmierung, wobei Öl über die Druckluft zugeführt wird.

Der Ölvernebler erzeugt einen dosierten ununterbrochenen Ölnebel, der vom Luftstrom ca. 10 m bis 20 m getragen werden kann.

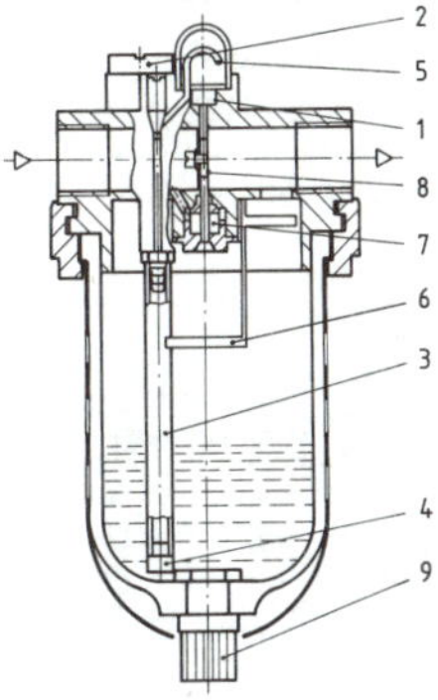

Von der über das Ansaugrohr (3) mit Ölfilter (4) transportierten und am Tropfrohr (5) sichtbaren Ölmenge gelangt ein geringer Anteil in Abhängigkeit von der Einstellung der Ölmengen-Einstellschraube (1) in den Luftstrom. Der Rest fällt am Düsen-Prallplattensystem (6) und (7) aus und fließt in den Behälter zurück. Die im Hauptstrom angeordnete, automatisch wirkende Drosselmembrane (8) hält das eingestellte Mischverhältnis Luft-Öl auch bei unterschiedlichem Luftstrom konstant. Eventuell anfallendes Kondensat kann an der Schraube (9) abgelassen werden.

Schaltzeichen:

Nach Pneurop 6611 werden entsprechend dem höchstzulässigen Ölgehalt 5 Klassen unterschieden:

Klasse	mg/m³
1	0,01
2	0,1
3	1,0
4	5
5	25

Auch bei Mindestdosierung gelangt mehr als die Hälfte des vernebelten Öles in die Atmosphäre. Zur Vermeidung der Luftverschmutzung können Ölabscheidegeräte eingesetzt werden.

Wartungseinheit

Für die Druckluftaufbereitung kommt meist die zusammengeschraubte Einheit aus Filter, Druckregler mit Manometer zur Anzeige des Sekundärdrucks und Ölvernebler, der sogenannten Wartungseinheit, zum Einsatz.

8.2.3 Druckluftverteilung

Die Hauptleitung verbindet Kessel und Hauptverbrauchszentrum.

Die Verteilungsleitung innerhalb eines Verbrauchszentrums ist als Stich- oder Ringleitung ausgeführt. Ringleitungen erlauben bei gleicher Rohrgröße, gleichem Druckabfall und gleichmäßig verteilten Verbrauchern den doppelten Volumenstrom. Damit das Kondensat abgeleitet wird, ist das Rohr mit einer Neigung von ca. 5% zu einem tiefsten Punkt mit automatischem Kondensatablaß zu verlegen; die Fließrichtung der Luft spielt dabei keine Rolle.

Die Anschlußleitung verbindet den Arbeitsplatz mit der Verteilerleitung. Um Kondenswasser weitgehend abzuscheiden, muß die Anschlußleitung mit einem 180°-Bogen an die Verteilungsleitung angeschlossen sein.

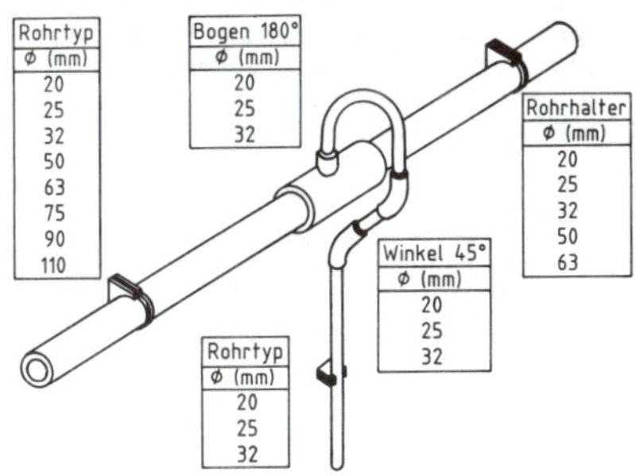

Eine wirtschaftliche Energieleitung setzt eine sorgfältige Auslegung der Druckluftverteilung voraus. Die folgenden Druckabfälle sollten in den einzelnen Rohrbereichen nicht überschritten werden:

Hauptleitung	0,03 bar
Verteilungsleitung	0,04 bar
Anschlußleitung	0,03 bar
Armaturen und Anschlußzubehör	0,03–0,90 bar
	1,0 bar

Der erforderliche Innendurchmesser der Rohre kann nach folgender Formel berechnet werden:

$$d = \frac{1{,}6 \cdot 10^3 \cdot Q^{1{,}58} \cdot L}{p \cdot p_e}$$

d Innendurchmesser des Rohres in m
p_e Anfangsdruck (Überdruck) in Pa
L Nennlänge in m
Q Volumenstrom in m³/s
p Druckverlust in Pa

8.2.4 Zylinder (Linearmotor)

Einfachwirkende Zylinder

Der einfachwirkende Zylinder findet in pneumatischen Steuerungen Anwendung z.B. zum Spannen, Ausstoßen, Fixieren und Magazinieren.

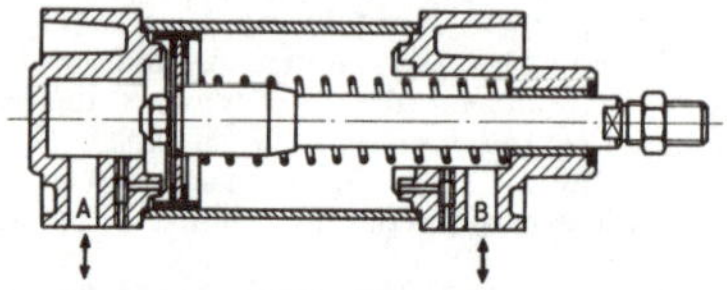

Der Rückhub erfolgt ohne Rückzuglast durch Federkraft. Die Hublänge ist infolge des für die Feder erforderlichen Einbauraums auf maximal 200 mm begrenzt.

Doppeltwirkender Zylinder

In pneumatischen Steuerungen werden überwiegend, in hydraulischen Steuerungen mit Ausnahme der folgend aufgeführten Zylinder ausschließlich doppeltwirkende Zylinder verwendet.

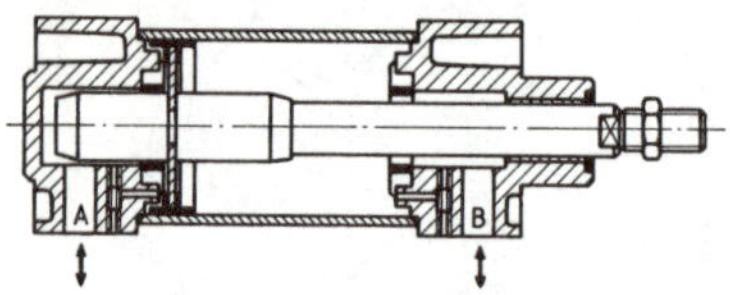

Beim Ausfahren der Kolbenstange ist die gesamte Kolbenfläche wirksam; beim Einfahren ist nur die um die Fläche der Kolbenstange kleinere Ringfläche wirksam. Deshalb ist die maximal zulässige Kraft, abhängig von der jeweils wirksamen Fläche und dem maximal zulässigen Betriebsdruck, beim Ausfahren größer als beim Einfahren der Kolbenstange. Die Bewegungsgeschwindigkeiten verhalten sich bei konstantem Förderstrom umgekehrt zu den wirksamen Flächen.

Infolge der unterschiedlichen Flächen ist für den doppeltwirkenden Zylinder auch die Bezeichnung „Differentialzylinder" gebräuchlich.

Zylinder mit beidseitiger Kolbenstange
(Gleichgangzylinder)

Die durchgehende Kolbenstange hat gleiche Ringflächen auf beiden Seiten des Kolbens zur Folge. Daraus ergeben sich für beide Bewegungsrichtungen gleiche zulässige Kräfte.

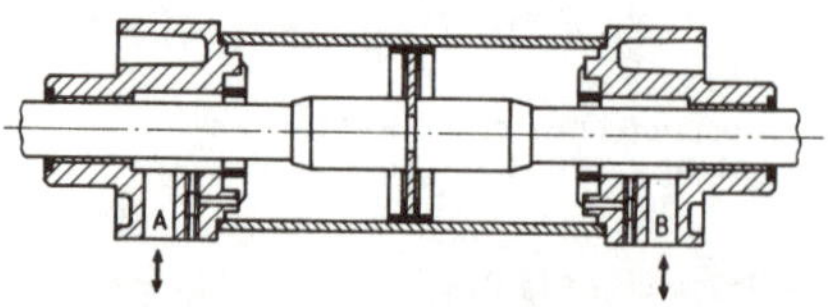

Endlagendämpfung

Ab einer bestimmten Hubgeschwindigkeit (ca. $v >$ 0,1 ms) ist eine Endlagendämpfung erforderlich, damit beim Aufschlag des Kolbens Zylinderteile nicht zerstört werden.

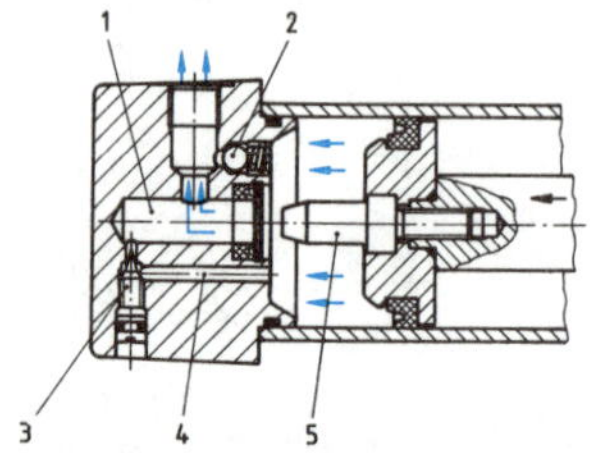

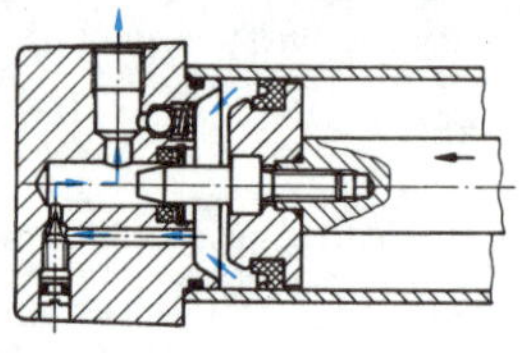

Taucht die Dämpfungsbuchse (5) in die Bohrung (1) des Zylinderbodens ein, so verringert sich der Querschnitt für das aus dem Kolbenraum entweichende Druckmedium. Ist die Bohrung schließlich ganz verschlossen, so kann das Druckmedium nur noch über die Bohrung (4) und das einstellbare Drosselventil (3) abfließen. Mittels der Drosselschraube läßt sich die Dämpfungswirkung entsprechend den Betriebsverhältnissen einstellen.

Ein Rückschlagventil (2) sorgt dafür, daß bei Umschaltung das Druckmedium sofort den gesamten Kolbenquerschnitt beaufschlagt. Damit wird eine Verzögerung beim Ausfahren des Kolbens verhindert.

Teleskop-Zylinder

Diese Zylinderbauart ermöglicht eine große Hublänge bei kleiner Einbaulänge.

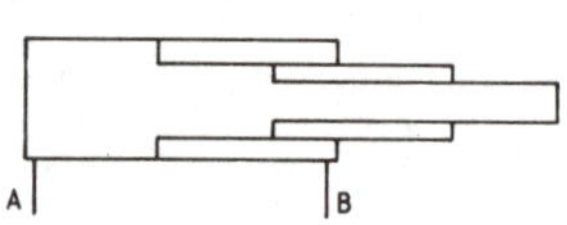

Werden die Kolben über Anschluß A beaufschlagt, so fährt zunächst der größte Kolben aus. Bei gleichbleibender Last steigt der erforderliche Druck infolge der kleiner werdenden Fläche mit jeder Stufe an. Die Ausfahrgeschwindigkeit erhöht sich bei konstantem Förderstrom von Stufe zu Stufe. Beim Einfahren kehrt sich die Reihenfolge um.

8.2.5 Druckluftmotoren

Eigenschaft	Stern-motor	Kulissen-motor	Lamellen-motor	Zahnrad-motor	Turbinen-motor
				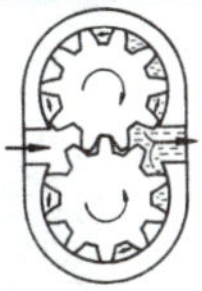	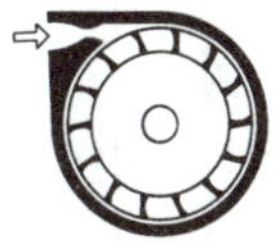
Max. Betriebsdruck p_e in bar	10	8	8	10	8
Leistung in kW	1,5 bis 30	1 bis 6	0,1 bis 18	0,5 bis 5	0,01 bis 100
Max. Drehzahl in min^{-1}	6000	5000	30000	15000	120000
Spezifischer Luftverbrauch in l/kJ	15 bis 23	20 bis 25	20 bis 50	30 bis 50	10 bis 60
Max. Expansionsverhältnis	1:2	1:1,5	1:1,6	1:1	–
Anzahl der Zylinder oder Arbeitsräume je Umdrehung	4 bis 6	4	2 bis 10	10 bis 25	einstufig
Drehmomentschwankung während einer Umdrehung in % des mittleren Wertes	30 bis 15	60 bis 40	60 bis 2	20 bis 10	–
Abdichtung	Kolbenring Ventilspiel	Kolbenring Ventilspiel	Spalt	Spalt	Spalt
Schmierung	Sumpf und/ oder über Arbeitsluft	Arbeitsluft	Arbeitsluft	Arbeitsluft	nur Lagerschmierung
Max. innere relative Geschwindigkeit in m/s	25	20	30	30	70

Druckluftmotoren müssen folgende Anforderungen erfüllen:

- wenige Bauteile, die sich einfach fertigen lassen
- großes Arbeitsvolumen (z.B. Hubvolumen) im Verhältnis zum Gesamtvolumen des Motors,
- Dichtigkeit entweder durch Abdichtelemente wie Kolbenringe oder aber durch ein möglichst geringes Spiel zwischen den einzelnen Bauteilen, deren Abmessungen in der Fertigung und bei den Reparaturen mit nur geringen Toleranzen exakt gehalten werden können,
- Möglichkeit hoher Drehzahlen durch eine geringe Anzahl reibender Elemente und durch Vermeidung großer dynamischer Kräfte, die durch oszillierende und schwingende Bauteile entstehen,
- minimale Drehmomentschwankungen während der einzelnen Umdrehungen,
- hohe Betriebszuverlässigkeit,
- Kosten, die den Motor im Verhältnis zu seiner Leistung wirtschaftlich machen.

Verdrängungsmotoren sind durch geschlossene Arbeitsräume gekennzeichnet, die durch Drehung der Antriebswelle erweitert oder verringert werden. In diesen Arbeits- bzw. Hubräumen wird dem unter Druck stehenden Antriebsmedium Luft während der Expansionsphase Energie entzogen und dadurch Arbeit verrichtet.

Druckluft-Turbinenmotoren werden wegen ihrer hohen Drehzahlen nur begrenzt eingesetzt, z.B. in Hochgeschwindigkeitsschleifern.

8.2 Fluidtechnik

8.2.6 Hydro-Flüssigkeiten

Wahl der Flüssigkeitsart
nach dem Standort der Anlage oder besonderen z.B. behördlichen Vorschriften

in üblicher industrieller Umgebung

Mineralölflüssigkeiten

Wahl der Flüssigkeitsgruppe
nach dem Betriebsdruck oder besonderen anlagenspezifischen Gegebenheiten

H	HL	HLP	HLPD	HLP hoch VI
bis 10 bar bei üblichen industriellen Einsatzbedingungen	bis 250 bar bei üblichen industriellen Einsatzbedingungen	über 250 bar bei üblichen industriellen Einsatzbedingungen	ohne Begrenzung des Druckbereichs, bei besonderen Anforderungen an das Netzvermögen und an das Emulgiervermögen	ohne Begrenzung des Druckbereichs, bei besonderen Anforderungen an eine geringe Viskosität-Temperatur-Abhängigkeit

Wahl des Viskositätsgrades
nach der Umgebungstemperatur

geschlossene Räume	erhöhte Temperaturen, über 30 °C	49
	normale Temperaturen, unter 30 °C	36
Freilufteinsatz	Mitteleuropa	25
	kältere Zonen	16

Normen: DIN 51254 und DIN 51525

in wärmeintensiver oder explosionsgefährdeter Umgebung
z.B. bei Druckgießmaschinen, Warmwalzwerken, Schweißanlagen Hochofenbetrieb, im Bergbau

Schwerentflammbare Flüssigkeiten

Wahl der Flüssigkeitsgruppe
nach den Betriebstemperaturen, dem Wartungsaufwand, besonderen Anwendungsfällen

HSA	HSb	HSC	HSD
bei keinen besonderen Anforderungen an das Schmiervermögen, bei unkontrollierbaren äußeren Leckagen, z.B. für den Strebausbau im Bergbau	bei reduzierten Anforderungen an das Schmiervermögen, wenn bei sehr großen Anlagefüllungen der gegenüber Mineralöl niedrigere Preis eine Rolle spielt	für Druckbereiche und damit für Schmierungsanforderungen wie sie auch bei Mineralölbetrieb üblich sind, bei Betriebstemperaturen unter 55 °C, wenn ein erhöhter Wartungsaufwand durch die ständig notwendigen Wassergehaltskontrollen akzeptiert wird	für Druckbereiche und damit für Schmierungsanforderungen wie sie auch bei Mineralölbetrieb üblich sind, wenn auf einen gegenüber HSC-Flüssigkeiten verminderten Wartungsaufwand Wert gelegt wird, wenn Sonderdichtungsmaterialien vorgesehen werden können

Normen: VDMA 24317 und VDMA 24320

8.2.7 Hydropumpen und Hydromotore

Außenverzahnte Zahnradpumpe

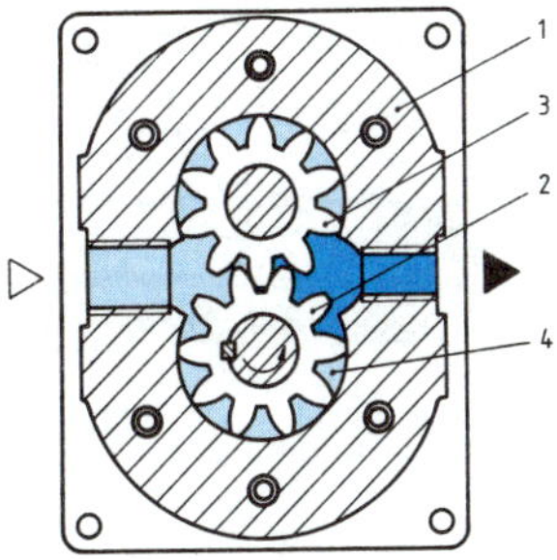

Das untere Zahnrad wird in Pfeilrichtung angetrieben und dreht das obere Zahnrad mit. Die bei der Drehbewegung auseinander laufenden Zähne lassen die Zahnkammern frei werden. Der dadurch entstehende negative Überdruck sowie der atmosphärische Druck auf dem Flüssigkeitsspiegel im Tank bewirken, daß der Pumpe aus dem Tank Flüssigkeit zuläuft. Diese Flüssigkeit füllt die Zahnkammern und wird von der Saug- zur Druckseite befördert. Dort greifen die Zähne wieder ineinander und verdrängen die Flüssigkeit aus den Zahnkammern.

Die Drehrichtung der Pumpe ist bei der Herstellung festgelegt und darf nicht geändert werden.

Innenverzahnte Zahnradpumpe

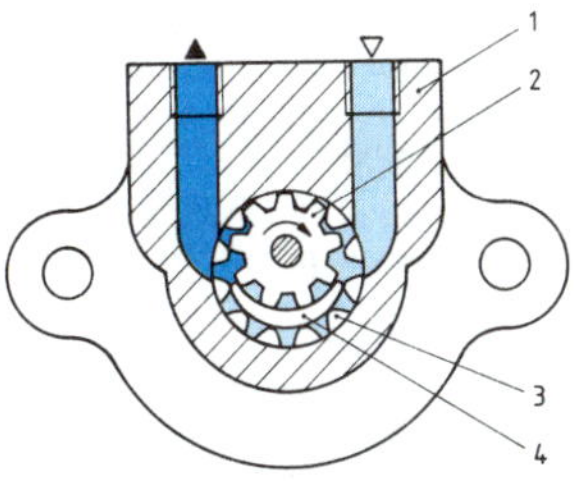

Das innere außenverzahnte Zahnrad (2) wird in Pfeilrichtung angetrieben und nimmt das äußere innenverzahnte Zahnrad (3) in der gleichen Drehrichtung mit. Saug- und Druckseite sind durch die mit dem Gehäuse (1) fest verbundene Sichel (4) getrennt. Der Pumpvorgang verläuft ähnlich wie bei der außenverzahnten Zahnradpumpe.

Die innenverzahnte Zahnradpumpe ist gegenüber der außenverzahnten Zahnradpumpe teurer, leiser und liefert einen pulsationsärmeren Förderstrom.

Schraubenpumpe

Zwei oder mehr Spindeln sind in einem Gehäuse gelagert. Infolge der guten Abdichtung der Spindeln sowohl zueinander als auch gegenüber dem Gehäuse

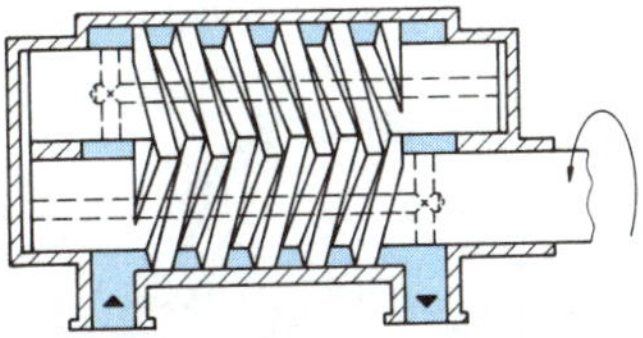

entstehen Kammern, die bei der Drehung der Spindeln von der Saugseite zur Druckseite wandern.

Neben vergleichsweise geringen Laufgeräuschen entsteht ein pulsationsfreier Förderstrom. Nachteilig sind sehr hohe Herstellungskosten und ein niedriger Wirkungsgrad.

Flügelzellenpumpe

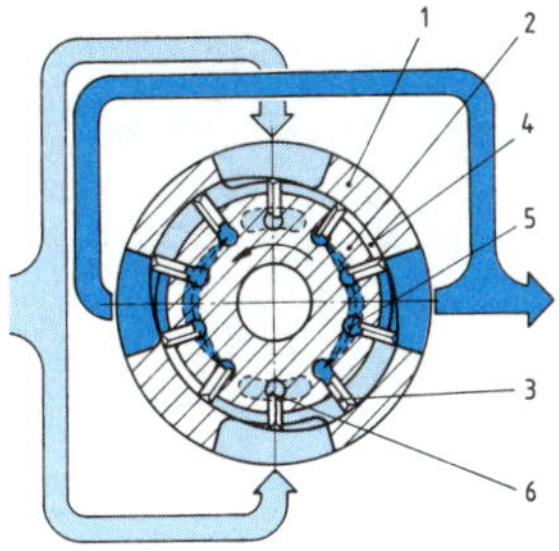

Der Stator (1) hat eine doppeltexzentrisch ausgebildete Innenlauffläche, wodurch jeweils zwei Saug- und zwei Druckräume gegenüberliegen. Die radial beweglichen Flügel (3) werden bei Drehung des Rotors (2) durch die Fliehkraft gegen die Innenlaufbahn des Stators gedrückt.

In der Nähe des Saugkanals sind die Zellen (4) zunächst noch klein. Mit weiterer Drehung wird das Zellenvolumen größer und füllt sich mit Flüssigkeit. Hat eine Zelle ihre maximale Größe erreicht, so wird sie über seitlich angeordnete Steuerscheiben von der Saugseite getrennt und mit der Druckseite verbunden. Bei weiterer Drehung werden die Flügel in die Rotorschlitze geschoben, so daß das Zellenvolumen wieder abnimmt und die Flüssigkeit zum Druckanschluß verdrängt wird.

Wird der Stator als kreisförmiger Ring ausgebildet und gegenüber dem Rotor verschiebbar angeordnet, so läßt sich mit der Einstellung der Exentrizität die Menge und Richtung des Förderstromes einstellen.

Kolbenpumpe

Die höchsten Förderleistungen lassen sich mit Kolbenpumpen erzielen. Je nach Anordnung der Kolben werden Radial- und Axialkolbenmotoren unterschieden. Beide Pumpenarten werden für konstante und verstellbare Fördermengen hergestellt.

8

Radialkolbenpumpe

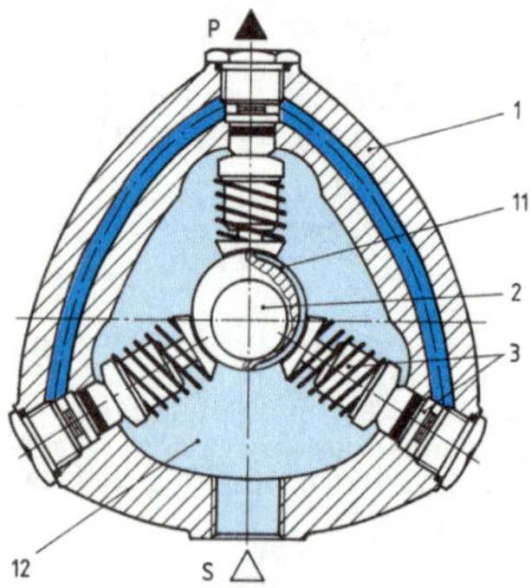

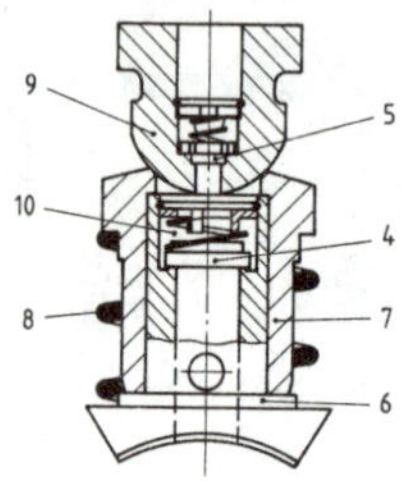

Drei, fünf oder zehn Zylinder sind radial angeordnet. Die Hubbewegung der Kolben wird durch eine rotierende Exenterwelle erzeugt. Bei Abwärtsbewegung des Kolbens (6) wird dem Arbeitsraum (10) über eine radiale Nut (11) im Exenter (2), dem hohlgebohrten Kolben (6) und dem Saugventil (4) Flüssigkeit zugeführt. Bei Aufwärtsbewegung des Kolbens (6) schließt sich das Saugventil (4) und das Druckventil (5) öffnet sich zum Druckanschluß P.

Axialkolbenpumpe

Bei Axialkolbenpumpen sind Kolben und Zylinder parallel zur Antriebswelle angeordnet. Die Kolbenbewegung wird mittels Schrägscheibe, Taumelscheibe oder Schrägtrommel hervorgerufen. Über Ventile bzw. Steuerkanäle werden die Zylinder entsprechend der Kolbenbewegung mit dem Saug- oder Druckanschluß verbunden.

Bei Verstellpumpen läßt sich je nach Bauart der Winkel der Schrägscheibe, Taumelscheibe oder Schrägtrommel von Hand, hydraulisch oder elektrohydraulich verstellen, so daß die Fördermenge einstellbar ist. Durch Schwenken über die Nullage hinaus läßt sich die Förderrichtung umkehren.

Erfolgt die Verstellung in Verbindung mit einer Regeleinrichtung, so kann der Druck, die Fördermenge oder die Leistung (Produkt aus Fördermenge und Arbeitsdruck) geregelt werden.

Axialkolbenpumpe mit Taumelscheibe

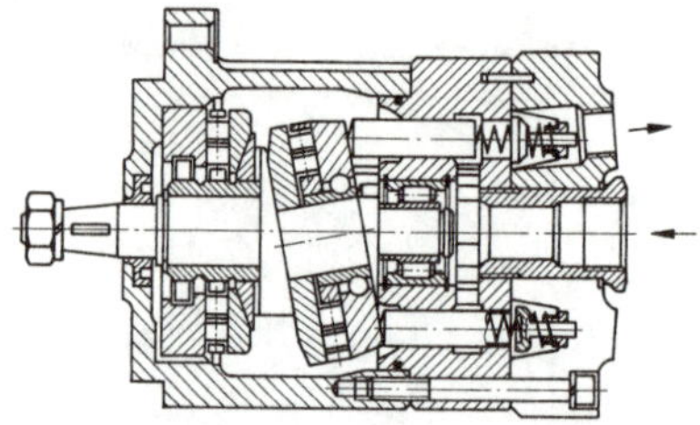

Der Kolbenhub wird von der angetriebenen Taumelscheibe verursacht; der Rückhub der Kolben erfolgt durch Federn. Die Steuerung des Flüssigkeitsstromes erfolgt über Saug- und Druckventile.

Axialkolbenpumpe mit Schrägtrommel

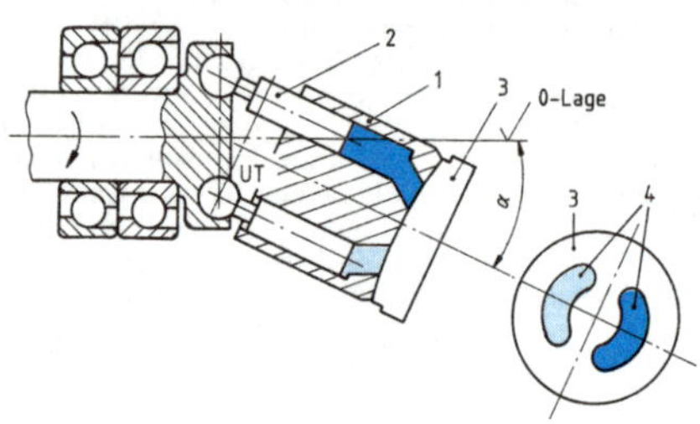

Die Kolben (2) bewegen sich in einer rotierenden Trommel (1), die gegen die feststehende Steuerscheibe (3) gepreßt wird. Saug- und Druckanschluß sind mit je einer nierenförmigen Nut (4) in der Steuerscheibe verbunden.

Axialkolbenpumpe mit Schrägscheibe

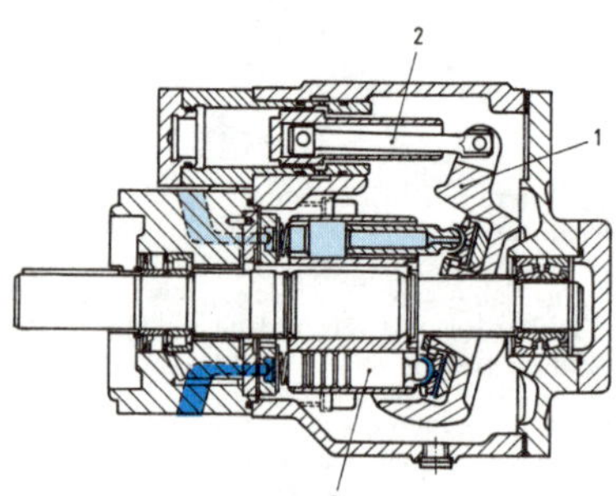

Die beweglich gelagerte Schrägscheibe (1) kann über einen Verstellmechanismus (2) um ±15° zur Mittellage geschwenkt werden. Der Hub der neun Kolben (3) und damit die Fördermenge sind abhängig vom Neigungswinkel der Schrägscheibe.

8.2 Fluidtechnik

8.2.8 Typische Kennwerte von Hydropumpen

Bauart	Druck p_{max} in bar	Drehzahl in min^{-1}	Fördermenge Q_{max} in l/min	Wirkungsgrad η_{ges}	Schalldruck in dB	Filter. feinheit in µm
Außenverzahnte Zahnradpumpe	120 ··· 250	500 ··· 3 500	300	0,5 ··· 0,9	60 ··· 80	100
Innenverzahnte Zahnradpumpe	100 ··· 300	300 ··· 3000	100	0,6 ··· 0,9	60 ··· 80	100
Schraubenpumpe	160	500 ··· 3 500	1 000	0,6 ··· 0,8	60 ··· 80	50
Flügelzellenpumpe	100 ··· 200	1 000 ··· 2 000	200	0,65 ··· 0,85	60 ··· 75	50
Radialkolbenpumpe	300 ··· 650	200 ··· 3000	200	0,8 ··· 0,9	60 ··· 80	50
Axialkolbenpumpe						
mit Taumelscheibe	250	500 ··· 2 000	100	0,8 ··· 0,9	75 ··· 80	25
mit Schrägtrommel	400	500 ··· 6 000	2 000	0,8 ··· 0,9	70 ··· 75	25
mit Schrägscheibe	400	1 000 ··· 3 000	5 000	0,8 ··· 0,9	70 ··· 75	25

8.2.9 Druckventile

Druckbegrenzungsventil

Ein Druckbegrenzungsventil, auch Sicherheitsventil genannt, begrenzt in einem Hydrauliksystem oder einem Teil des Systems den Druck. Steigt der Druck im Weg P über den eingestellten Wert, so wird der Kolben gegen die Feder verschoben, so daß ein Teil des Förderstroms oder der gesamte Förderstrom über den Anschluß T (meist in den Tank) abströmt.

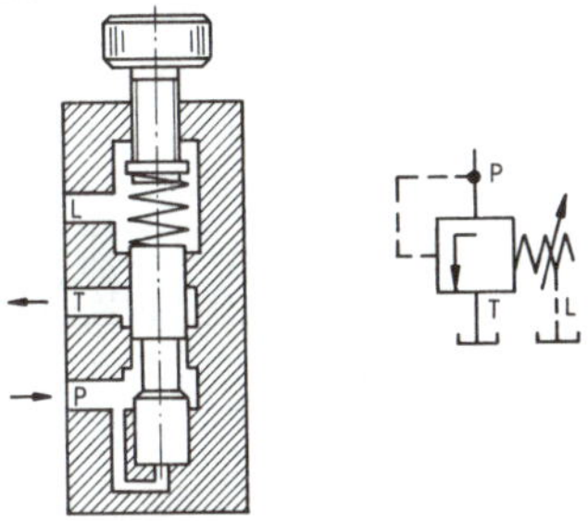

Druckregelventil

Druckregelventile, auch Druckreduzier- oder Druckminderventile genannt, liefern bei Druckänderung am Anschluß A oder bei äußerer Krafteinwirkung am Verbraucher einen konstanten Ausgangsdruck. Voraussetzung ist, daß der Eingangsdruck höher als der Ausgangsdruck ist.

Steigt z.B. der Druck am Anschluß A durch einen geringeren Verbrauch auf der Ausgangsseite, so wird der Kolben soweit gegen die Feder verschoben, daß der Druck am Anschluß B infolge größerer Drosselung wieder dem eingestellten Wert entspricht.

Gegenüber 2-Wege-Druckregelventilen haben 3-Wege-Druckregelventile als zusätzlichen Weg den Anschluß T, über den bei gesperrtem Durchfluß A–B das Öl von B nach T abströmen kann.

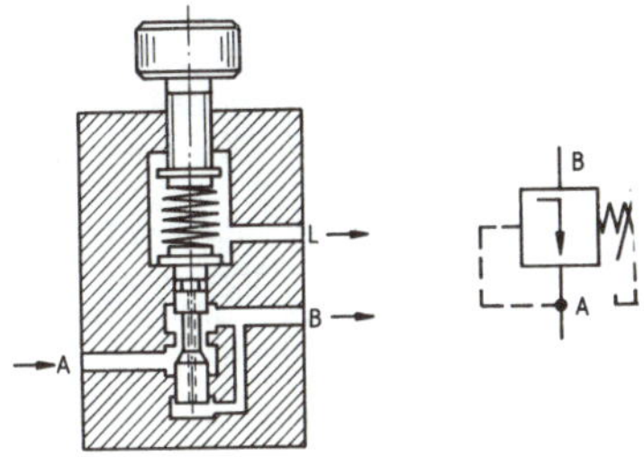

Folgeventil

Der Aufbau des Folgeventils, auch Druckzuschaltventil genannt, ist ähnlich dem Aufbau eines Druckbegrenzungsventils. Erreicht der Druck auf der Eingangsseite am Anschluß P den eingestellten Wert, so öffnet das Folgeventil und ermöglicht den Druckaufbau im nachgeschalteten System am Anschluß A.

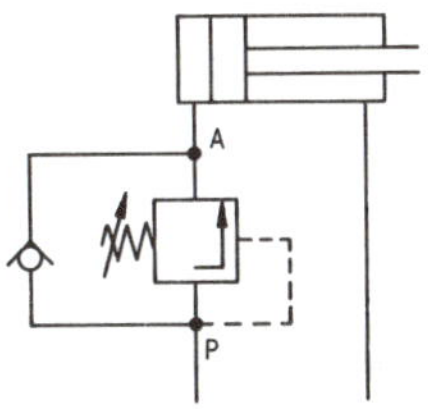

Zur freien Rückführung des Ölstroms von Kanal A nach Kanal P dient ein, vielfach bereits in das Folgeventil eingebautes, Rückschlagventil.

8.2.10 Wegeventile

Wegeventile dienen zum Steuern von Start, Stop und Durchflußrichtung eines Gas- oder Flüssigkeitsstromes.

Bauarten

Sitzventile zeichnen sich durch hohe Dichtqualität, geringes Bauvolumen und kurzen Schalthub aus. Nachteilig ist eine dem Betriebsdruck proportionale Betätigungskraft.

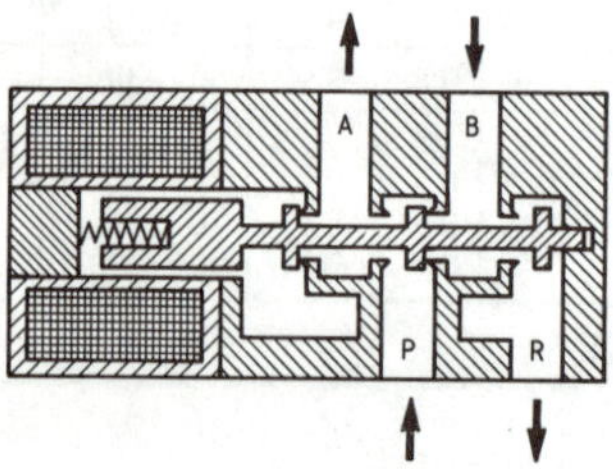

Kolbenschieber ermöglichen mit wenigen Gerätevarianten eine Vielzahl von Steuerungsverknüpfungen. Der druckausgeglichene Kolben gewährleistet eine nahezu vom Betriebsdruck unabhängige Betätigungskraft. Darüber hinaus läßt diese Bauart einen überschneidungsfreien Schaltvorgang zu. Nachteilig sind die vergleichsweise hohen Anforderungen an die Reinheit des Durchflußmediums.

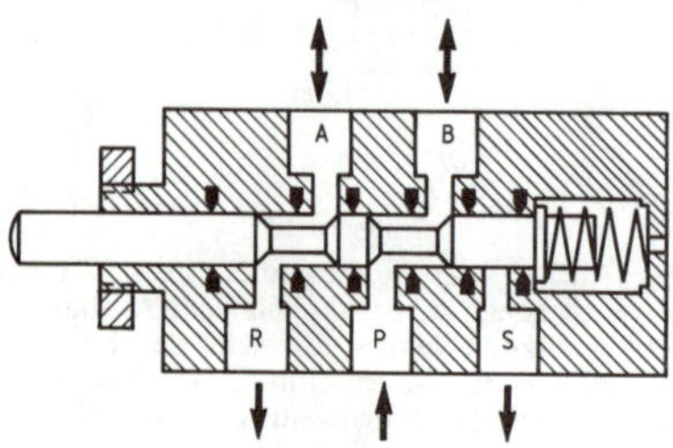

Benennung

Wegeventile werden nach der Anzahl der Anschlüsse und der Schaltstellungen bezeichnet.

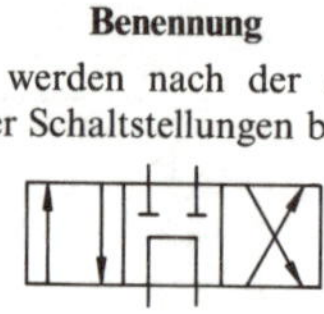

4/2-Wegeventil

Anzahl der Wege — Anzahl der Schaltstellungen

Schaltzeichen

Jeder Schaltstellung ist im Schaltzeichen ein Quadrat zugeordnet. Die Verbindungen der Anschlüsse untereinander sind durch Linien dargestellt; Pfeile geben die Strömungsrichtung an, Querstriche kennzeichnen einen gesperrten Anschluß. Die Anschlüsse sind an das Quadrat gezeichnet, das die Ruhelage des Ventils kennzeichnet.

Die Wirkung der verschiedenen Schaltstellungen wird erkennbar, wenn man das gesamte Schaltzeichen gedanklich so verschiebt, daß das Quadrat für die wirksame Schaltstellung zwischen den feststehenden Leitungsanschlüssen liegt.

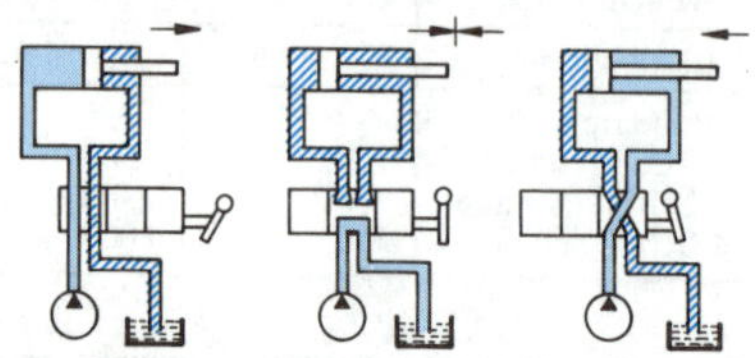

Entsprechend den technischen Anforderungen sind vielfältige Verbindungen zwischen den einzelnen Anschlüssen handelsüblich.

2-Wegeventile:

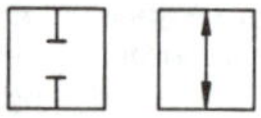

3-Wegeventile:

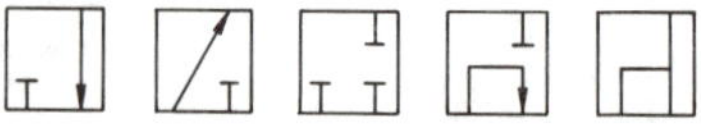

4-Wegeventile:

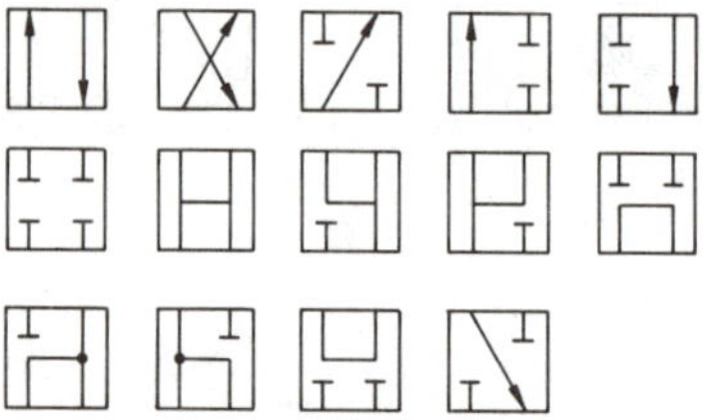

5-Wegeventile:

Wenn der Vorgang während des Umschaltens von Bedeutung ist, kann die sogenannte Schaltüberdeckung durch zusätzliche Quadrate mit gestrichelten Seitenlinien dargestellt werden.

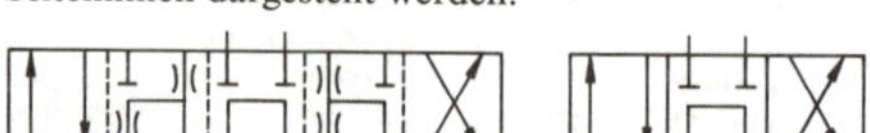

Schaltüberdeckung

Schaltüberdeckung

Je nach Anordnung der Kolben- und Gehäusesteuerkanten werden drei Arten der Schaltüberdeckung unterschieden:

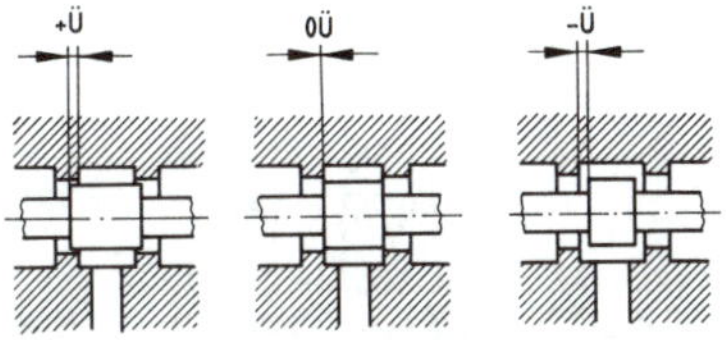

Bei der positiven Schaltüberdeckung (+Ü) sind kurzzeitig alle Anschlußkanäle gemeinsam abgesperrt. Folglich bleibt der Druck aufrechterhalten. Es kann jedoch zu Schaltschlägen und Druckspitzen kommen.

Die Null-Schaltüberdeckung (0Ü) ermöglicht ein schnelles und exaktes Steuern. Wegen der erforderlichen hohen Fertigungsgenauigkeit wird sie jedoch nur bei Wegeservoventilen angewandt.

Die negative Schaltüberdeckung (−Ü) mit einer kurzzeitigen Verbindung aller Anschlußkanäle hat ein weicheres Umschalten zur Folge. Jedoch kann z.B. die Last kurzzeitig absinken oder ein Speicher teilweise entladen werden.

Betätigung

Wegeventile werden durch äußere mechanische, elektrische oder pneumatische bzw. hydraulische Betätigung in ihre Schaltstellungen gebracht. Während die Darstellung der manuellen und mechanischen Betätigung aus der Norm zu ersehen ist, sollen hier nur häufig gebräuchliche elektromechanische Betätigungen beschrieben werden:

- Direkte Betätigung durch Elektromagnet mit Rückstellung durch Federkraft. Das rechte Schaltzeichen weist auf eine zusätzliche Handhilfsbetätigung hin.

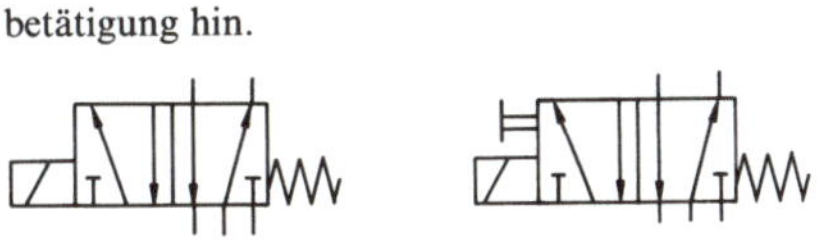

- Direkte Betätigung durch Elektromagnet mit Speicherverhalten (Impulsventil).

- Die jeweilige Schaltstellung bleibt auch im stromlosen Zustand der Spulen aufrechterhalten, bis kurzzeitig die Spule der gegenüberliegenden Schaltstellung erregt wird.
- Um auch größere Ventile mit der gleichen elektrischen Leistung bzw. entsprechend kleinen Elektromagneten wie bei Wegeventilen kleinerer Nenngröße ansteuern zu können, wird die Vorsteuerung, auch indirekte Betätigung genannt, angewendet. Hierbei wird ein auf das Hauptventil aufgesetztes Vorsteuerventil (Pilotventil) elektrisch angesteuert. Das vom Vorsteuerventil gesteuerte Druckmedium dient zur Ansteuerung des Hauptventils. Bei hydraulischen Wegeventilen wird unterschieden zwischen internem Steuerölzufluß (Eigenölsteuerung) und externem Steuerölzufluß (Fremdölsteuerung) sowie internem oder externem Steuerölabfluß.

Die folgenden Abbildungen zeigen ein vorgesteuertes 4/3-Wegeventil mit Federzentrierung sowie externem Steuerölzufluß und externem Steuerölabfluß in ausführlicher und in vereinfachter Darstellung.

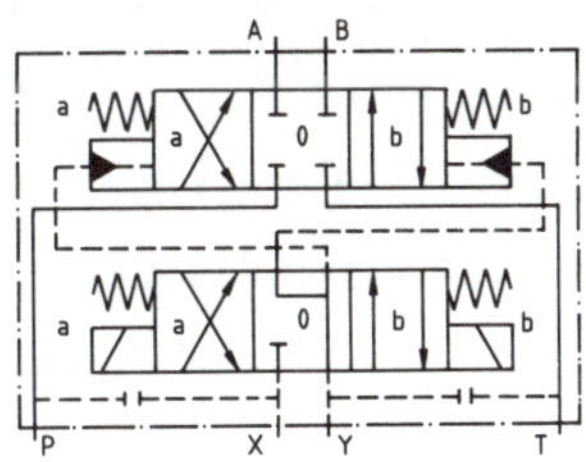

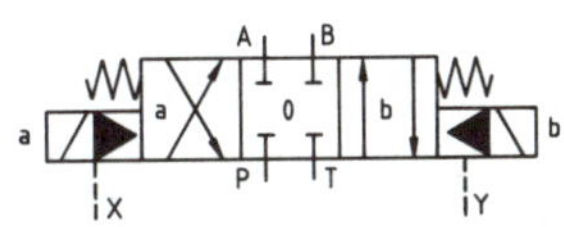

Kennzeichnung der Schaltstellungen und Anschlüsse

Die Schaltstellungen werden mit 0, a, b, ... gekennzeichnet, wobei 0 nur für die Ruhestellung von Wegeventilen mit drei Schaltstellungen verwendet wird.

Die Betätigungsorgane werden entsprechend ihrer Zuordnung zu den Schaltstellungen ebenfalls mit den Buchstaben a, b, ... gekennzeichnet.

Die Anschlüsse werden mit folgenden Buchstaben gekennzeichnet:

P Druckanschluß (Pumpe)
T Rücklaufanschluß
L Leckölanschluß
A, B } Arbeitsanschlüsse (Verbraucher)
X, Y } Steueranschlüsse

8.2.11 Richtungssteuerung mit Wegeventilen

Richtungssteuerung ohne Zwischenhalt

Mit einem 4/2-Wegeventil kann der Kolben des Zylinders nur in die Endlagen gefahren werden, wobei der Kolben weiterhin druckbeaufschlagt bleibt. Die Arbeitsrichtung wird beim Umschalten des Wegeventils sofort umgekehrt.

4/2-Wegeventil mit Federrückstellung

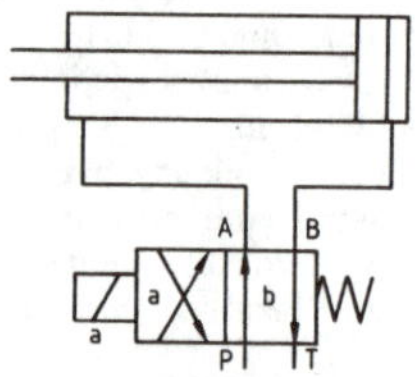

Bei erregtem Magneten (Schaltstellung a) fährt die Kolbenstange aus. Ist der Magnet nicht erregt, so fährt der Kolben in die Ausgangsstellung zurück.

4/2-Wegeventil mit Impulsbetätigung

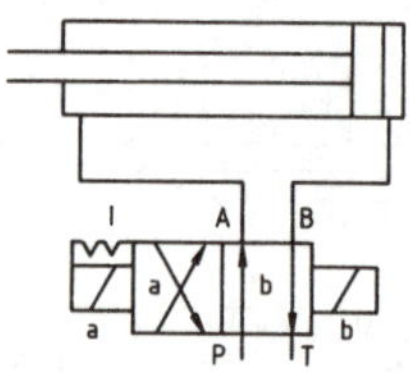

Die jeweilige Schaltstellung des Impulsventils wird durch mechanische Rastung gespeichert. Der Zylinderhub wird auch beendet, wenn der Magnet z.B. bei Ausfall der Steuerspannung stromlos wird. Anwendung findet die Schaltung vorwiegend bei Spannfunktionen.

Richtungssteuerung mit Zwischenhalt

4/3-Wegeventil mit Sperrstellung

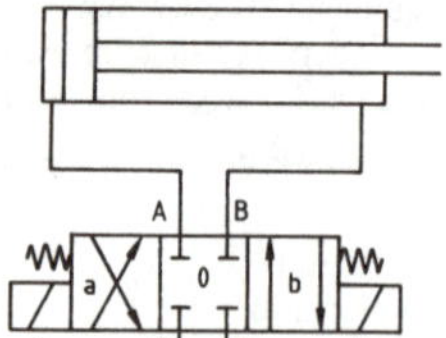

In Mittelstellung sind alle Anschlüsse gesperrt. Bei Zwischenhaltstellung bleibt der Kolben eingespannt. Die Leckage von P nach A und B führt jedoch beim Differentialzylinder zum Kriechen des Kolbens.

4/3-Wegeventil mit Umlaufstellung

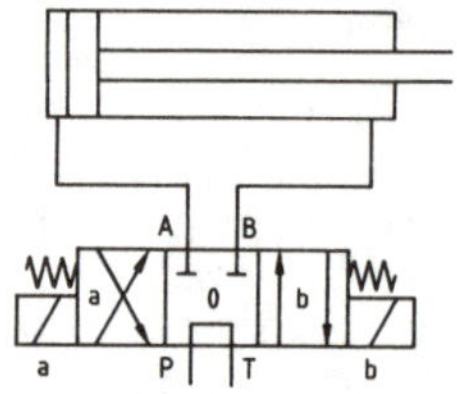

In Mittelstellung sind die Anschlüsse P und T miteinander verbunden, so daß der Ölstrom der Hydraulikpumpe nahezu drucklos zum Tank abfließen kann. Der Kolben des Zylinders wird in beliebiger Stellung sofort gestoppt, kann jedoch durch längere äußere Krafteinwirkung wegen des Lecköls im Ventil verschoben werden.

Bei längeren Stillstandzeiten des Kolbens wird neben der Energieeinsparung eine starke Erwärmung der Hydraulikflüssigkeit, verbunden mit einer beschleunigten Alterung der Hydraulikflüssigkeit und einer geringeren Lebensdauer der Bauelemente, vermieden.

4/3-Wegeventil mit Schwimmstellung

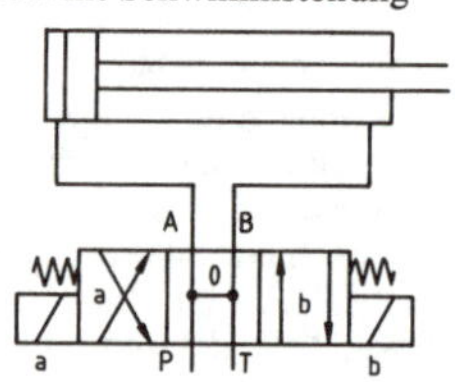

In Schaltstellung 0 ergibt sich ein nahezu druckloser Ölumlauf. Der Kolben läßt sich bei Zwischenhaltstellung durch äußere Krafteinwirkung verschieben.

4/3-Wegeventil mit Eilgangstellung

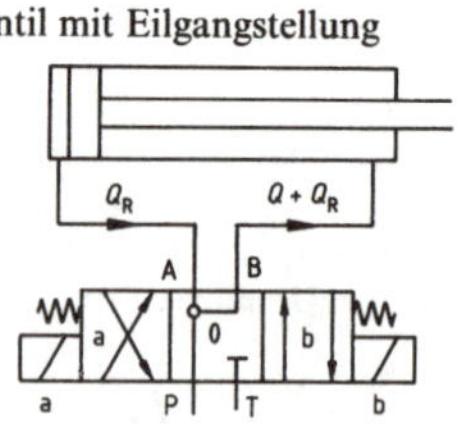

In Schaltstellung 0 wird der Kolben gegenüber der Schaltstellung a mit größerer Geschwindigkeit verschoben, weil sich zum Pumpenförderstrom Q der Rücklaufstrom Q_R addiert. Die Förderstromeinsparung ist jedoch nur sinnvoll, weil in der Eilgangstellung nur die Fläche der Kolbenstange wirksam wird. Ein Zwischenhalt ist nicht möglich.

8.2.12 Stromventile

Drosselventile

Drosselventile werden eingesetzt, wenn
- ein konstanter Arbeitswiderstand gegeben ist
- oder eine Geschwindigkeitsänderung bei wechselnder Last unbedeutend oder erwünscht ist.

Die Durchflußmenge Q ist proportional abhängig vom Drosselquerschnitt A und der Quadratwurzel aus der Druckdifferenz an der Drosselstelle $\sqrt{\Delta p}$.

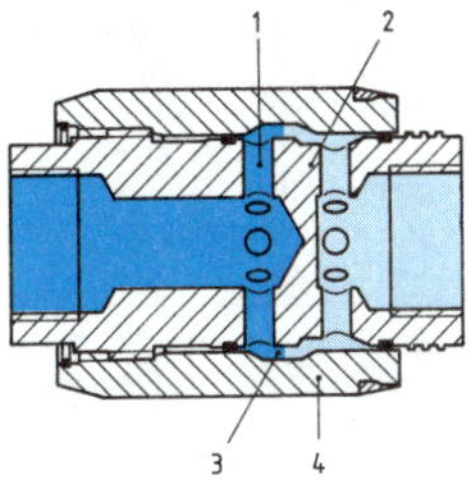

Die Flüssigkeit gelangt über seitliche Bohrungen (1) im Gehäuse (2) zur Drosselstelle (3). Diese wird zwischen dem Gehäuse und der verstellbaren Hülse (4) gebildet. Durch Drehen der Hülse kann der ringförmige Querschnitt der Drosselstelle stufenlos verändert werden. Die Drosselung erfolgt in beiden Richtungen.

Soll die Drosselung nur in einer Durchflußrichtung erfolgen, so ist zusätzlich ein Rückschlagsventil erforderlich.

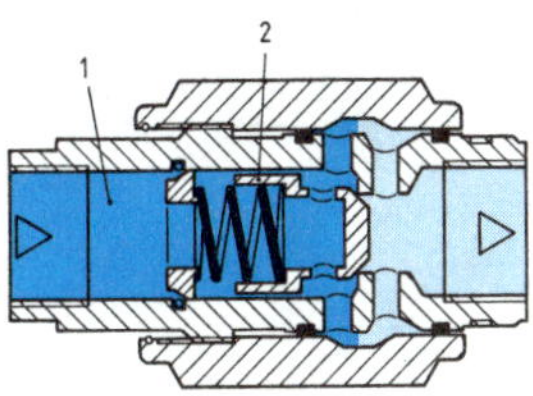

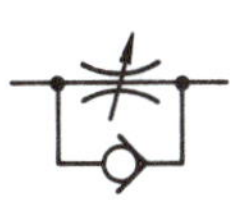

In Drosselrichtung gelangt das Druckmedium auf die Rückseite (5) des Ventilkegels (6). Der Kegel des Rückschlagventils wird auf den Sitz gedrückt.

In Gegenrichtung (von rechts nach links) wirkt das Druckmedium auf die Stirnfläche des Rückschlagventils. Der Kegel wird vom Sitz abgehoben; das Druckmedium kann ungedrosselt durch das Ventil strömen.

Stromregelventile

Stromregelventile werden eingesetzt, wenn trotz unterschiedlicher Belastungen am Verbraucher die Arbeitsgeschwindigkeit konstant bleiben soll.

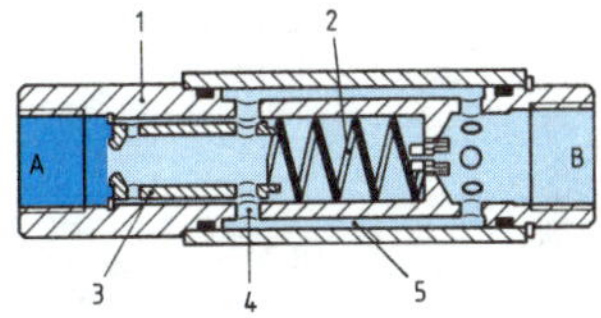

Die Flüssigkeit fließt von der Blendenseite A in das Ventil, über seitliche Bohrungen (4) und einen Ringkanal (5) weiter zum Ventilausgang.

Bei Durchströmung entsteht an der Blende ein Druckgefälle. Die Blendenbüchse (3) wird gegen die Feder verschoben. Mit zunehmendem Durchfluß und folglich größer werdendem Δp werden die Durchflußquerschnitte der seitlichen Bohrungen (4) entsprechend dem erhöhten Druckgefälle verringert. Der Durchfluß bleibt damit konstant.

Dieses Ventil gibt es auch in verstellbarer Ausführung mit einstellbarer Federvorspannung und mit Rückschlagventil entsprechend dem Drosselrückschlagventil.

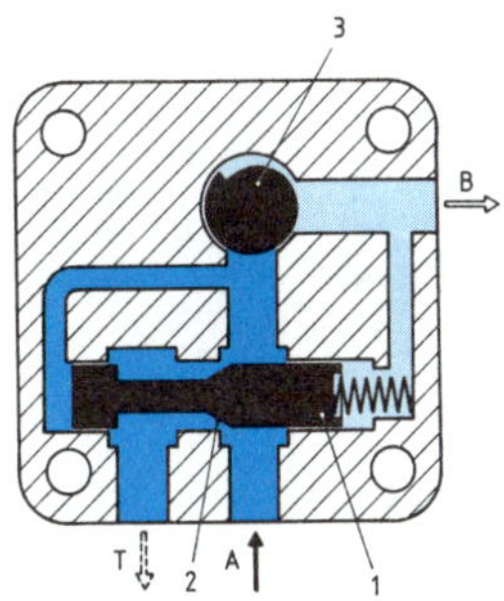

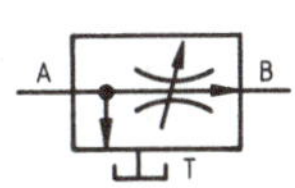

Im Vergleich zum obigen 2-Wege-Stromregelventil hat das 3-Wege-Stromventil zusätzlich einen Tankanschluß T. Der Regelkolben (1) ist so angeordnet, daß die nicht benötigte Pumpenfördermenge über die Steuerkante (2) direkt dem Tank zugeführt wird. Die Feder ist so ausgelegt, daß der Pumpendruck ca. 2 bar höher ist als der Arbeitsdruck. Die Durchflußmenge ist mit dem verstellbaren Drosselspalt (3) einstellbar.

8.2 Fluidtechnik

8.2.13 Steuerungsarten mit Stromregelventilen

Steuerungsart	Vorteile	Nachteile
Primärsteuerung mit 2-Wege-Stromregelventil 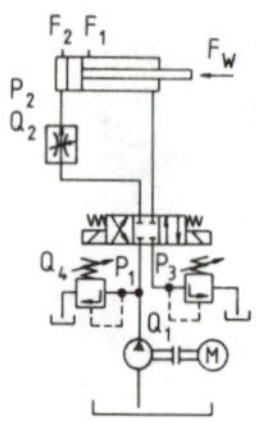	– Am Arbeitszylinder steht nur der Druck an, der aus dem Arbeitswiderstand resultiert. – Regelung des größeren Ölstromes, da die Kolbenseite mit dem geregelten Ölstrom beaufschlagt wird (wichtig bei kleinen Vorschüben). – Da sich am Zylinder nur der erforderliche Druck aufbaut, ergibt sich ein guter Wirkungsgrad in bezug auf die Reibung der Manschetten. – Die Vorschubgeschwindigkeit wird theoretisch nur durch das Stromregelventil bestimmt.	– Bei negativen Arbeitswiderständen ist ein Drosselventil im Rücklauf erforderlich. – Druckeinbrüche bei schnellen Absteuervorgängen. Bei Hydromotoren können Kolben abheben. – Die Drosselwärme wird dem Verbraucher zugeführt. – Das Druckbegrenzungsventil muß entsprechend dem größten Verbraucherdruck eingestellt werden, d.h. die Pumpe muß auch bei niedrigem Kraftbedarf am Verbraucher gegen den max. eingest. Druck fördern.
Sekundärsteuerung mit 2-Wege-Stromregelventil 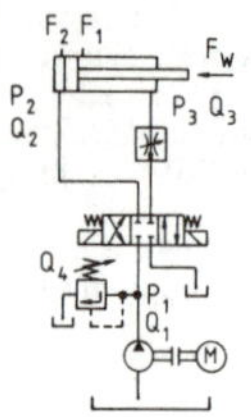	– Bei negativen Arbeitswiderständen ist kein zusätzliches Drosselventil im Rücklauf erforderlich. – Die Drosselwärme wird dem Tank zugeführt. – Schnelle Absteuervorgänge führen nicht zum Abheben der Kolben von Hydromotoren. – Die Vorschubgeschwindigkeit wird theoretisch nur durch das Stromregelventil bestimmt.	– Auch im Leerlauf sind alle Elemente des Zylinders mit dem max. Druck beaufschlagt. – Regelung des kleineren Ölstromes auf der Rücklaufseite bei kleinen Vorschubgeschwindigkeiten. – Größere Reibung am Zylinder infolge höherer Drücke. – Das Druckbegrenzungsventil muß entsprechend dem größten Verbraucherdruck eingestellt werden, d.h. die Pumpe muß auch bei niedrigem Kraftbedarf am Verbraucher gegen den max. eingest. Druck fördern.
Bypass-Steuerung mit 2-Wege-Stromregelventil 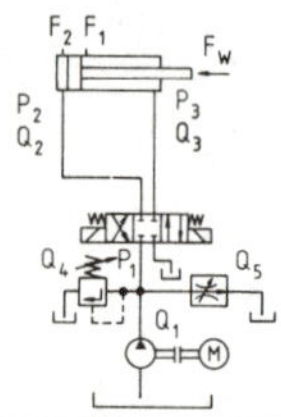	– Höherer Wirkungsgrad, da die Pumpe nur gegen den erforderlichen Lastdruck arbeitet. – Die Drosselwärme wird dem Tank zugeführt.	– Der Einbau eines Speichers ist nicht möglich, da dieser über den Bypass leerläuft. – Am Kolben dürfen keine negativen Kräfte auftreten. – Schwankungen des Pumpenförderstromes werden nicht ausgeglichen.
Primärsteuerung mit 3-Wege-Stromregelventil 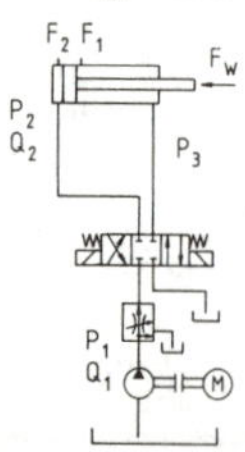	– Höherer Wirkungsgrad, da die Pumpe nur gegen den erforderlichen Lastdruck arbeitet. – Geringe Wärmeentwicklung im Stromregelventil, weil der Regelkolben (Druckwaage) nur eine geringe Druckdifferenz (ca. 2 bar) erfordert.	– Nur Primärsteuerung möglich.

8.2.14 Proportionalventile

Proportionalventile sind Stetigventile. Die hydraulische Ausgangsgröße ist proportional der elektrischen Eingangsgröße. Proportionalventile ermöglichen eine stufenlose (stetige) Steuerung und Regelung von Geschwindigkeit, Beschleunigung, Kraft und Drehmoment.

Proportional-Druckventil

Beim Proportional-Druckventil folgt einer Änderung des elektrischen Stromes proportional eine Druckänderung.

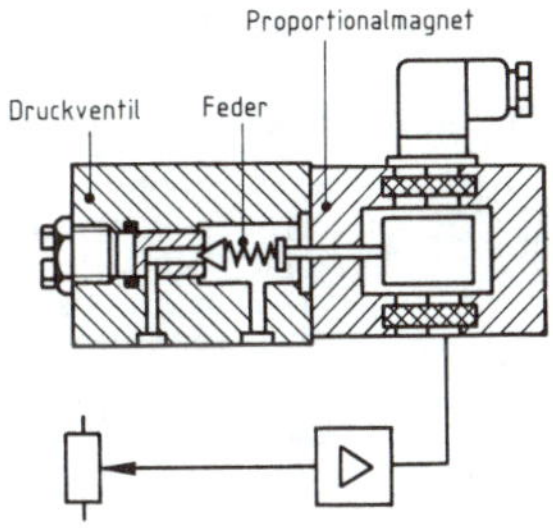

Fließt durch die Spule ein Strom, so erzeugt der Proportionalmagnet eine dem Strom proportionale Kraft. Diese verschiebt solange einen Stößel gegen eine Feder, bis sich ein Gleichgewicht zwischen Magnetkraft und Federkraft einstellt.

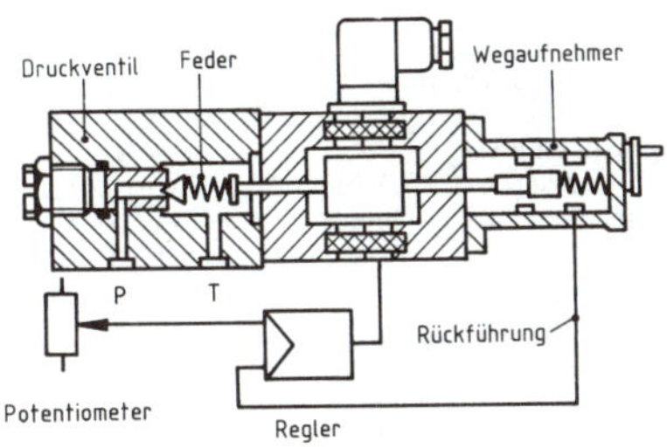

Mit einem induktiven Wegaufnehmer läßt sich die Ankerstellung des Proportionalmagneten erfassen. Die abgegebene elektrische Spannung ist proportional der Ankerstellung. Wird mit einem Regler die Spannung des Wegaufnehmers (Istwert) mit der am Sollwertgeber (Potentiometer) eingestellten Spannung verglichen, so bewirkt der Ausgangsstrom des Reglers eine Verschiebung des Ankers, bis die Spannung des Wegaufnehmers mit der Spannung des Sollwertgebers übereinstimmt. Damit wird die Reibung und Hysterese des Magnetankers ausgeregelt, nicht jedoch die Änderung der Federkraft.

Da die Hubarbeit eines Proportionalmagneten gering ist (ca. 100 Ncm), sind Proportional-Druckventile meist vorgesteuert.

Schaltzeichen eines nicht vorgsteuerten und eines vorgesteuerten Proportional-Druckbegrenzungsventils:

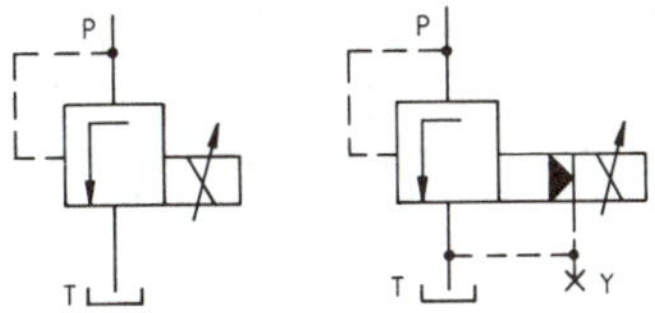

Proportional-Wegeventil

Proportional-Wegeventile dienen der Richtungs- und stufenlosen Geschwindigkeitssteuerung von Hydrozylindern und Hydromotoren.

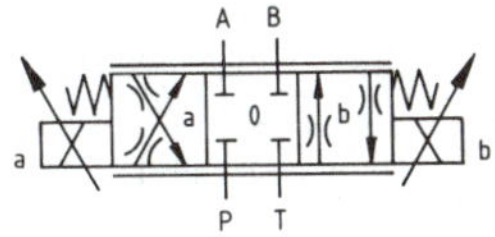

Wie das Schaltzeichen zeigt, wirkt abhängig von der gewünschten Durchflußrichtung einer von zwei Proportionalmagneten auf den Steuerkolben.

Wird die Stellung des Steuerkolbens mit einem induktiven Wegaufnehmer erfaßt und die abgegebene Spannung (Istwert) von einem Regler mit der Spannung des Sollwertgebers verglichen, so wird eine höhere Stellgenauigkeit des Steuerkolbens erreicht. Damit lassen sich die Störgrößen (Hysterese beider Magnetanker, Reibungs- und Strömungskräfte sowie die Änderung der Kräfte beider Rückstellfedern) ausregeln.

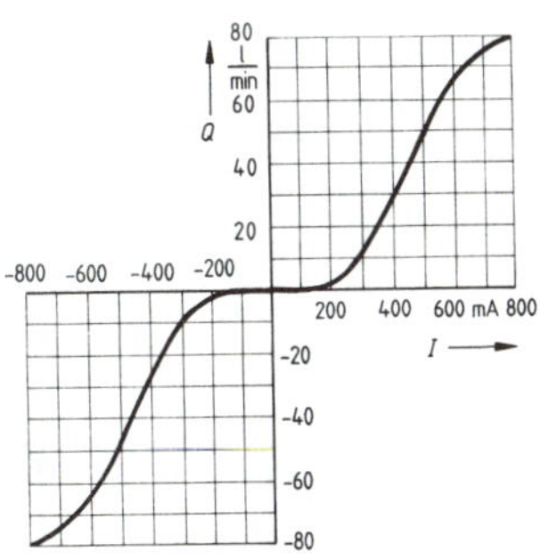

Durchflußmenge in Abhängigkeit vom Steuerstrom

8.2.15 Hydro-Speicher

Hydro-Speicher speichern hydraulische Energie, um sie bei Bedarf wieder an das System abzugeben. Hydro-Speicher werden z.B. eingesetzt

- als Energiespeicher für kurzzeitige Leistungsspitzen, damit die Pumpenleistung kleiner gewählt werden kann,
- als Energiereserve für Notbetätigungen, z.B. bei einer Betriebsstörung des Pumpenantriebs,
- zum Konstant-Halten eines Druckes bei Temperaturänderungen oder durch Ausgleich von Lecköl, z.B. bei Spannvorgängen,
- als Stoß- und Schwingungsdämpfer, z.B. bei periodischen Schwankungen des Pumpenförderstroms,
- als hydropneumatische Feder im Fahrzeugbau.

Für die Industriehydraulik werden fast ausnahmslos druckbelastete Speicher eingesetzt. Damit das Druckgas (in der Regel Stickstoff) nicht allmählich absorbiert wird, sind Druckgas und Hydroflüssigkeit durch eine Membran oder Gummi- bzw. Kunststoffblase getrennt.

Speicher für ein Nennvolumen bis zu 5 l sind vorwiegend als Schweißkonstruktion mit einer Membran ausgeführt. Das Druckverhältnis von maximalem Betriebsdruck zu minimalem Betriebsdruck beträgt etwa 10:1. Größere Speicher werden als Blasenspeicher ausgeführt; hierbei beträgt das Druckverhältnis jedoch nur maximal 4:1, in Sonderfällen bis 8:1.

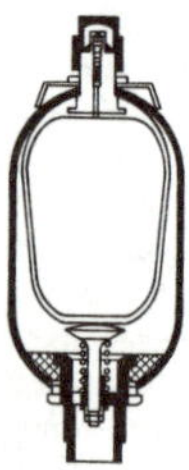

a) ohne Stickstoffüllung

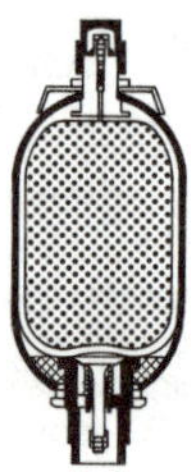

b) mit Stickstoff auf Vorspanndruck p_0 vorgespannt

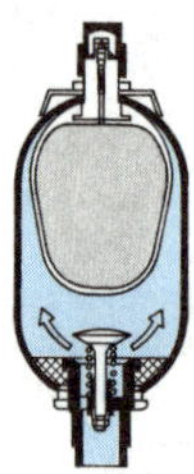

c) Speichern von Druckflüssigkeit

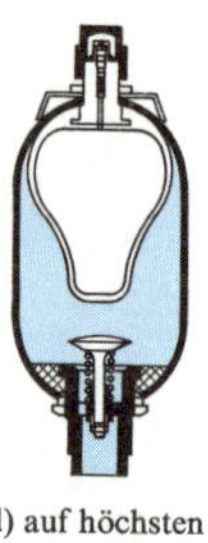

d) auf höchsten Betriebsdruck p_2 geladen

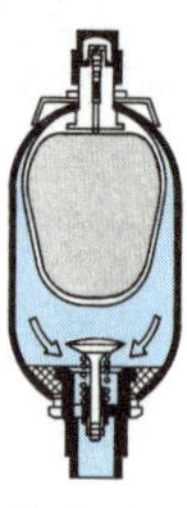

e) Abgabe von Druckflüssigkeit

f) auf kleinsten Betriebsdruck p_1 entladen

Bestimmung der Speicher-Nenngröße

Die Kompressions- und Expansionsvorgänge unterliegen den physikalischen Gesetzen nach Boyle-Mariotte:

$$p_1 \cdot V_1^n = p_2 \cdot V_2^n$$

Erfolgt die Zustandsänderung sehr langsam (ca. >5 min), so daß ein vollkommener Wärmeaustausch zwischen Gas und Druckflüssigkeit stattfindet und die Gastemperatur konstant bleibt (isotherme Zustandsänderung), so beträgt $n=1$. Bei schnellen Zustandsänderungen (ca. <20 s) findet kein Wärmeaustausch zwischen Gas und Druckflüssigkeit statt (adiabate Zustandsänderung), so daß $n=1{,}4$ beträgt.

Die Festlegung der Speichergröße erfolgt nach

$$V_0 = \frac{\Delta V}{\left(\frac{p_0}{p_1}\right)^{\frac{1}{n}} - \left(\frac{p_0}{p_2}\right)^{\frac{1}{n}}}$$

p_0 Gasvorspanndruck ($\approx 0{,}9\,p_1$)
p_1 kleinster Betriebsdruck
p_2 größter Betriebsdruck
V_0 nutzbares Gasvolumen des Speichers
$\Delta V = V_1 - V_2$ abgegebene Flüssigkeitsmenge

Die vorgenannten Formeln gelten nur für ideale Gase. Bei realen Gasen mit Betriebsdrücken über 200 bar ergeben sich erhebliche Abweichungen, so daß die in den Herstellerunterlagen angegebenen Korrekturfaktoren bzw. Diagramme sorgfältig zu berücksichtigen sind.

Sicherheitsbestimmungen

Wegen der Gefährlichkeit bei unsachgemäßer Behandlung unterliegen alle Druckspeicher den Unfallverhütungsvorschriften der Berufsgenossenschaften (UVV, 13.5 Druckbehälter). Unter anderem sind vorgeschrieben:

- Für jeden Druckbehälter muß ein geeignetes Sicherheitsventil vorhanden sein. Das Sicherheitsventil darf nicht absperrbar sein; die Einstellung muß gegen unbefugte Änderung gesichert sein (Prüfplombe).
- Jeder Druckbehälter muß mit einem geeigneten Manometer versehen sein. An ihm muß der höchstzulässige Betriebsdruck augenfällig gekennzeichnet sein.
- Nahe am Druckbehälter müssen in den Druckzuleitungen leicht zugängliche Absperreinrichtungen vorhanden sein. Jeder Druckbehälter muß einzeln absperrbar sein.

Um Explosionen zu vermeiden, dürfen Speicher für Ölhydraulik nur mit Stickstoff geladen werden. Lediglich Druckwasserspeicher dürfen mit komprimierter Luft betrieben werden. Der Speicher-Fülldruck muß regelmäßig überwacht werden.

Nachträgliche Schweißarbeiten an Speicherbehältern sind grundsätzlich untersagt. Die Befestigung der Speicher sollte möglichst mit Halterungsschellen erfolgen; vorteilhaft sind Schellen mit Gummibewehrung.

8.2 Fluidtechnik

8.2.16 Darstellungsmittel nach VDI 3260 (Auszug)

Darstellung	Bezeichnung
	Signalglieder: muskelkraftbetätigt
	EIN
	AUS
	EIN/AUS
	TIPPEN
	AUTOMATIK-EIN
	GEFAHREN-ABSCHALTUNG
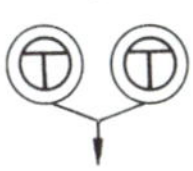	ZWEIHAND-EIN-RÜCKUNG
	Umschaltung von AUTOMATIK auf EINZELSCHALTUNG
	WAHLSCHALTER für z.B. fünf Programme
	Grenztaster:
	in Endlage oder kurzzeitig über Wegstrecke betätigt
	über längere Wegstrecke betätigt
	**Druckschalter** Einstellwert z.B. 5 bar
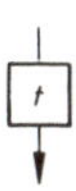	**Zeitglied** Einstellwert z.B. 1 s

Darstellung	Bezeichnung
	**Allgemeiner Signalausgang** Querstrich kennzeichnet den Zustand, der Voraussetzung für die Einleitung weiterer Funktionen ist
	Anzeigeglieder:
	Leuchte
	Blinkleuchte
	Summer
	Arbeitswege und Arbeitsbewegungen
	Geradlinige Bewegung z.B. Spannen, Schleichgang
	Schwenkbewegung falls erforderlich mit Angabe des Schwenkwinkels
	Drehbewegung EIN z.B. Motor einschalten
	Weg in zwei Koordinaten z.B. Kopieren
	Leerwege und Leerbewegungen z.B. Eilgang, Rückhub, Entspannen
	Geradlinige Bewegung
	Schwenkbewegung
	Drehbewegung EIN
	Weg in zwei Koordinaten

Darstellung	Bezeichnung
	Funktionslinien
dünn ausgezogen	Für die Ruhestellung oder Bauglieder bzw., wenn nicht vorhanden, für die Ausgangsstellung
dick ausgezogen	Für alle übrigen Zustände, z.B. Motor eingeschaltet
	Wegbegrenzungen und Bewegungsbegrenzungen am Beispiel der geradlinigen Bewegung:
	– allgemein
	– über Signalglied, wenn dies durch die dargestellte Bewegung begrenzt wird
	– durch einstellbaren mechan. Festanschlag
	– über Wegmeßsteuerung
	Signallinien
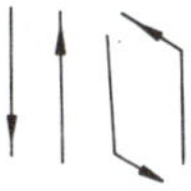	Die Signallinie beginnt am Signalausgang und endet, wo abhängig von diesem Signal eine Zustandsänderung eingeleitet wird
	Signalverzweigung (Bsp.: ein Signalausgang leitet Zustandsänderungen an mehreren Baugliedern ein)
	Signal zu anderer Maschine gehend. (Die Maschine, für die das Signal gilt, ist am Dreieck anzugeben)
	Signal von anderer Maschine kommend. (Die Maschine, von der das Signal kommt, ist am Dreieck anzugeben)

8.2 Fluidtechnik

Darstellung (Zustand / Schritt 1 2 3 4 5 6)	Schritt	Bezeichnung
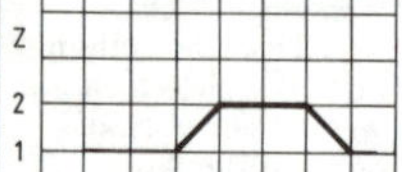	 2 3 4 5	**Zylinder oder Hubmagnet** aus der Ausgangsstellung 1 zur Lage 2 fahren in Lage 2 verharren aus Lage 2 zur Ausgangsstellung 1 zurückfahren
	 2 3 4 5	**Zylinder mit Eil- und Arbeitsbewegung** aus der Ausgangsstellung 1 im Eilgang in Richtung Lage 2 fahren umschalten von Eilbewegung auf Arbeitsbewegung; im Arbeitsgang weiterfahren zur Lage 2 in Lage 2 verharren aus Lage 2 zur Ausgangsstellung 1 zurückfahren
	 2 3 4 5	**Motor** einschalten bleibt eingeschaltet ausschalten
	 2 3 4 5	**Ventil mit zwei Schaltstellungen** umschalten aus der Ausgangsstellung a in die Stellung b bleibt in Stellung b umschalten aus der Stellung b in die Ausgangsstellung a
	 2 3 4	**Ventil mit drei Schaltstellungen** verharren in der Ausgangsstellung 0 umschalten aus der Stellung 0 in die Stellung b umschalten von Stellung b in die Stellung a

Darstellung (Zustand / Schritt 1 2 3 4 5 6)	Schritt	Bezeichnung
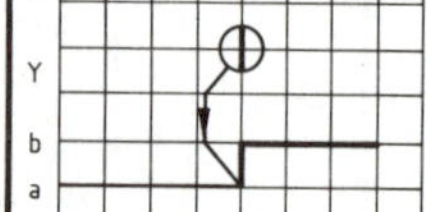	 3	**Betätigung durch Muskelkraft** einschalten – das Steuerglied wird aus der Ausgangsstellung a in die Stellung b geschaltet
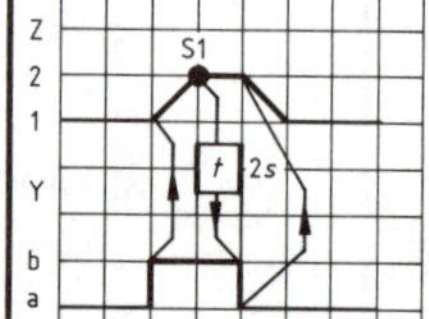	 1 2 3	**Betätigung durch Zeitglied** Stellglied umschalten von a auf b Zylinder fährt von 1 nach 2 Zylinder betätigt Signalglied S 1 steuert Zeitglied an nach 2s steuert das Zeitglied das Stellglied von b auf a zurück Zylinder geht von Lage 2 in Lage 1 zurück
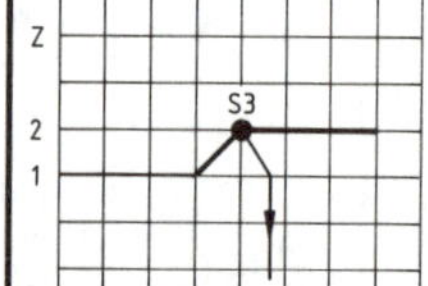	 3 4	**Signalglied in Endlage betätigt** S 3 wird betätigt und gibt Signal ab S 3 bleibt betätigt
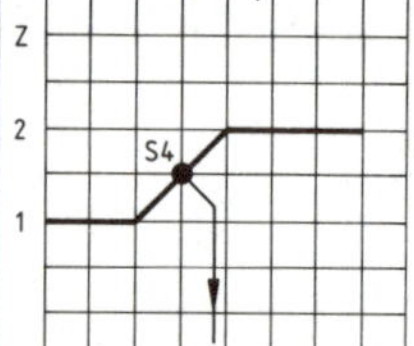	 2	**Signalglied kurzzeitig betätigt** S 4 wird kurzzeitig betätigt und gibt während der Betätigungsdauer ein Signal ab
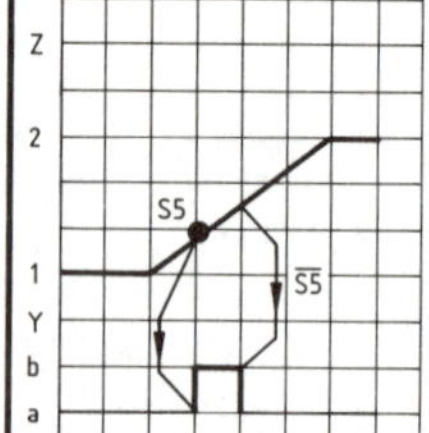	 2 3	**Signalglied über längere Wegstrecke betätigt** S 5 wird betätigt und gibt Signal ab und steuert Stellglied von a nach b S 5 geht zurück in unbetätigten Zustand (Signal S 5 negiert) und steuert Stellglied von b nach a zurück

8.2.17 Dokumentation einer hydraulischen Steuerung

Technologieschema einer Spritzgußmaschine

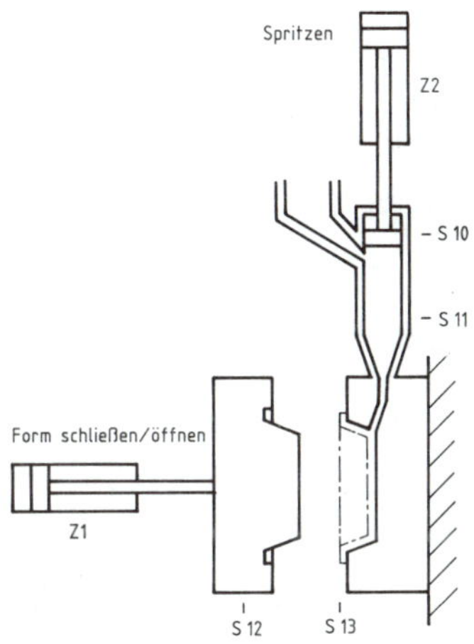

Hydraulik-Schaltplan einer Spritzgußmaschine

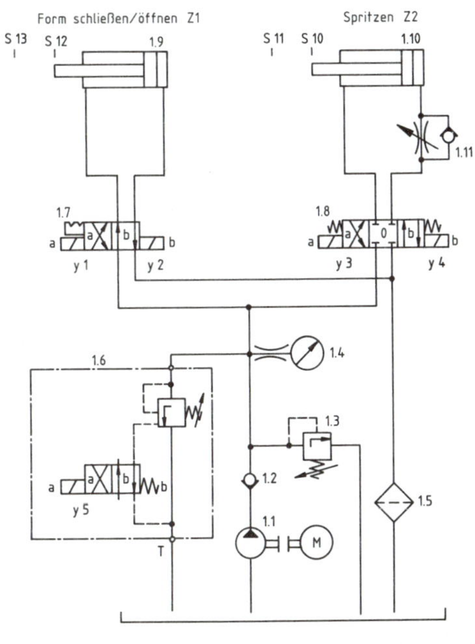

Entwurf, Inbetriebnahme, Wartung und Störungssuche setzen eine sorgfältige Dokumentation einer Steuerung als Verständigungsmittel voraus. Die Zuordnung der Schaltungsunterlagen, entsprechend den verschiedenen Normen und Richtlinien, ist im Einzelfall von der Art und Größe einer Anlage abhängig.

Technologieschema

Das Technologieschema zeigt in vereinfachter Form schematisch die zum Verständnis der Funktion wesentlichen Bestandteile einer Maschine oder Anlage sowie die Anordnung der dafür erforderlichen Eingangselemente (Sensoren, hier S10···S13 und Ausgangselemente (Aktoren, hier Z1 und Z2).

Verbale Funktionsbeschreibung

Die verbale (sprachliche) Funktionsbeschreibung ergänzt das Technologieschema:

Formzylinder und Spritzzylinder werden hydraulisch gesteuert. Das Wegeventil des Formzylinders ist als Impulsventil ausgeführt. Ein Ventil mit drei Schaltstellungen steuert den Spritzzylinder an.

1. Die Steuerung muß für folgende Betriebsarten ausgelegt sein:
   a) Einzelschaltung
      Jeder Zylinder muß einzeln über Taster von Hand gesteuert werden können.
   b) Automatischer Arbeitsablauf (ein Arbeitstakt).
2. Die Hydraulikpumpe muß durch einen separaten Taster eingeschaltet werden.
3. Ein Taster ist für ALLES-AUS bzw. NOT-AUS vorzusehen. Bei dessen Betätigung muß auch die Hydraulikpumpe stillgelegt werden.

Hydraulik-Schaltplan

Die Verbindung der hydraulischen Bauglieder, dargestellt durch Bildzeichen, zeigt der Hydraulik-Schaltplan. Den exakten zeitlichen Arbeitsablauf einer Anlage zeigt das ergänzende Funktionsdiagramm.

Funktionsdiagramm

Das Funktionsdiagramm nach VDI 3260, häufig auch Weg-Schritt-Diagramm genannt, zeigt den Verlauf der Zustandsänderung einzelner Bauglieder in Abhängigkeit vom Zustand anderer Bauglieder, Arbeitseinheiten oder Arbeitsmaschinen.

Der Arbeitsablauf einer Anlage wird in Schritte aufgeteilt. Als Schritt wird der Bereich zwischen zwei aufeinanderfolgenden Zustandsänderungen bezeichnet. Der Arbeitsablauf beginnt mit Schritt 1; die folgenden Schritte erhalten mit der jeweils einleitenden Zustandsänderung fortlaufende Ziffern. Ist der Endpunkt des letzten Schrittes gleichzeitig der Anfangspunkt des 1. Schrittes des folgenden Arbeitstaktes, so wird er mit 1 bezeichnet.

Anm.: zugehörige elektrische Steuerung s. S. 8-30f

8.2 Fluidtechnik

Geräte-Stückliste einer Spritzgußmaschine

Stück	Benennung	Lfd.Nr.	Maße	Bestellangaben
1	Hydraulik-Pumpe	1.1	Q	
1	Rückschlagventil	1.2	NG	
1	Druckbegrenzungsventil	1.3	NG	
1	Manometer	1.4	R	
1	Rücklauffilter	1.5	R	
1	Druckschaltventil	1.6	NG	
1	4/2-Wegeventil	1.7	NG	
1	4/3-Wegeventil	1.8	NG	
1	Drosselrückschlagventil	1.9	NG	
1	Hydraulik-Zylinder	1.10		
1	Hydraulik-Zylinder	1.11		

Funktionsdiagramm einer Spritzgußmaschine

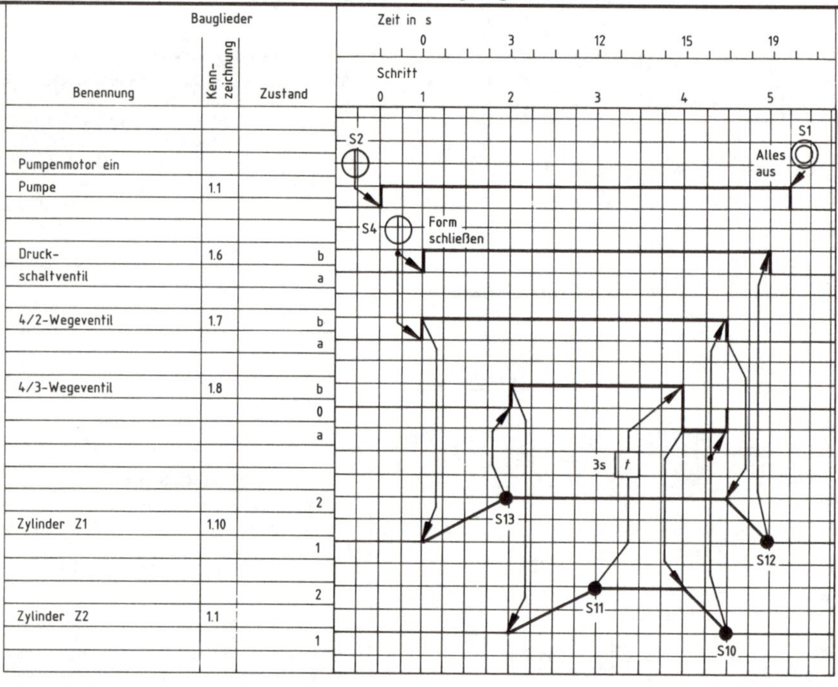

Schritt 0: Bei Betätigung von S2 wird die Hydraulikpumpe eingeschaltet.

Schritt 1: Wird S4 betätigt, so schaltet das Druckschaltventil von Stellung a nach Stellung b um. Gleichzeitig schaltet das 4/2-Wegeventil von Stellung a nach Stellung b um, so daß Zylinder Z1 in die Lage 2 ausfährt.

Schritt 2: Betätigt der ausgefahrene Zylinder Z1 den Grenztaster S13, so wird das 4/3-Wegeventil in die Stellung b umgeschaltet; Zylinder Z2 fährt in die Lage 2.

Schritt 3: Betätigt der ausgefahrene Zylinder Z2 den Grenztaster S11, so wird eine Zeitverzögerung eingeleitet.

Schritt 4: Nach Ablauf der Zeitverzögerung von 3s wird das 4/3-Wegeventil in die Stellung a umgeschaltet, so daß Zylinder Z2 zurückfährt und in der Ausgangsstellung Grenztaster S10 betätigt. Damit werden das 4/3-Wegeventil in die Stellung 0 und das 4/2-Wegeventil in die Stellung a umgeschaltet. Die Umschaltung des 4/2-Wegeventils bewirkt das Zurückfahren des Zylinders Z1.

Schritt 5: Bei Erreichen der Ausgangsstellung betätigt Zylinder Z1 den Grenztaster S12, so daß das Druckschaltventil in Stellung b umschaltet.

Zeichenerklärung s. S. 8-23

8.3 Elektrotechnische und elektronische Steuerungstechnik

8.3.1 Schaltzeichen

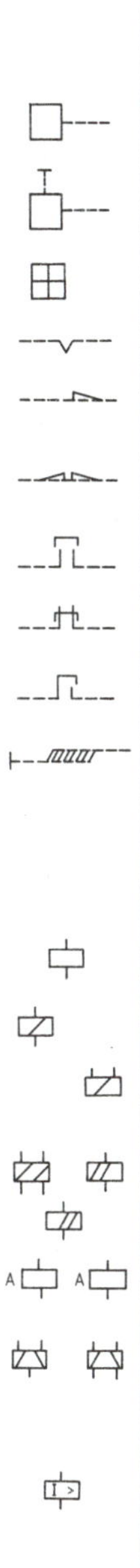

Schaltzeichen	Benennung
	Kraftantriebe, Sperren und Kupplungen (DIN 40 703)
	Kraftantrieb, allgemein
	Kraftantrieb mit Handaufzug
	Schaltschloß mit mechanischer Freigabe
	Raste
	Bewegung in einer Richtung sperrend
	Bewegung in beiden Richtungen sperrend
	Kupplung, entkuppelt
	Kupplung, gekuppelt
	Mitnehmer
	Rutschkupplung
	Elektromechanische und elektromagnetische Antriebe (DIN 40713)
	Antrieb allgemein
	Antrieb mit Angabe einer wirksamen Wicklung wahlweise Darstellung
	Antrieb mit zwei gleichsinnig wirkenden Wicklungen
	wahlweise Darstellung
	Antrieb mit zwei gegensinnig wirkenden Wicklungen wahlweise Darstellung
	Antrieb mit Angabe der elektrischen Einflußgröße, z.B. Überschreiten einer bestehenden Stromstärke

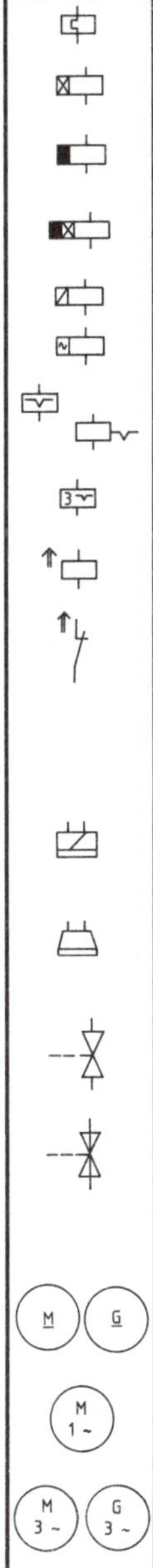

Schaltzeichen	Benennung
	Thermorelais
	Antrieb mit Anzugsverzögerung
	Antrieb mit Abfallverzögerung
	Antrieb mit Anzugs- und Abfallverzögerung
	Remanenzrelais
	Wechselstromrelais
	Antrieb mit zwei Schaltstellungen wahlweise Darstellung
	Antrieb mit drei Schaltstellungen
	Antrieb erregt
	Schließer mit selbsttätigen Rückgang, betätigt
	Elektromagnetische Geräte (DIN 40703)
	Lasthebemagnet, Spannplatte, Magnetscheider
	magnetische Bremse, z.B. Schienenbremsmagnet
	Absperrorgan, allgemein, z.B. geschlossen
	Absperrorgan offen
	Elektrische Maschinen (DIN 40715)
	Gleichstrom-Motor Gleichstrom-Generator allgemein
	Einphasen-Wechselstrom-Motor allgemein
	Drehstrom-Motor Drehstrom-Generator allgemein

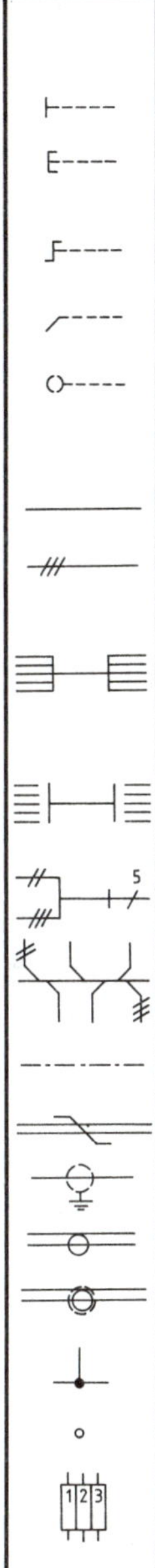

Schaltzeichen	Benennung
	Antriebe durch menschliche Kraft (DIN 40703)
	Handantrieb, allgemein
	Handantrieb, Betätigung durch Drücken
	Handantrieb, Betätigung durch Drehen
	andere Antriebe, z.B. Fußantrieb
	abnehmbarer Handantrieb
	Leitungen (DIN 40711)
	Leitung allgemein
	Leitung mit Kennzeichnung der Leiterzahl, z.B. 3 Leiter
	zusammengefaßte Leitungen (beidseitig beliebige Reihenfolge entsprechend Kennzeichnung)
	desgleichen mit gleicher Reihenfolge auf beiden Seiten
	desgleichen bei einpoliger Darstellung
	Leitungsbündel mit Kennzeichnung der Richtung der Leitungsführung
	Leitung für Schutzmaßnahme
	verdrillte Leitung, z.B. zweiadrig
	Geschirmte Leitung geerdet
	Koaxiale Leitung
	Koaxiale Leitung geschirmt
	Leitende Verbindung allgemein, insbesondere nicht lösbar
	Lösbare Verbindung z.B. Klemme
	Klemmleiste, Reihenklemmen, z.B. die ersten 3 Klemmen

8

8.3 Elektrotechnische und elektronische Steuerungstechnik

8.3.2 Kennzeichnung von elektrischen Betriebsmitteln nach DIN 40719 T2 (6.78)

Kennbuchstabe 6.78	Kennbuchstabe 9.57	Art des Betriebsmittels	Beispiele
A		Baugruppen	Gerätekombinationen und Teilbaugruppen, die eine konstruktive Einheit bilden, anderen Buchstaben aber nicht eindeutig zugeordnet werden können; z. B. Einschübe, Einsätze, Rahmen, Steckkarten
B	f	Umsetzer von nichtel. Größen auf el. Größen und umgekehrt	Meßumformer für Temperatur, Licht, Drehfrequenz u. a.; Näherungsinitiatoren, Weg- und Winkelumsetzer
C	k	Kondensatoren	
D		Binäre Elemente, Verzögerungseinrichtungen Speichereinrichtungen	Einrichtungen und integrierte Schaltkreise der digitalen Steuerungs-, Regelungs- und Rechentechnik; z. B. UND-Glieder, digitale Zähler, Plattenspeicher
E		Verschiedenes	an anderer Stelle dieser Tabelle nicht aufgeführte Einrichtungen, z. B. Heizungen, Beleuchtungen
F	e	Schutzeinrichtungen	Sicherungen, Schutzrelais, Überspannungsableiter, Druckwächter, Windfahnenrelais, Buchholzschutz
G	m	Stromversorgungen, Generatoren	Stromversorgungseinrichtungen, Generatoren, Batterien, Ladegeräte, Oszillatoren, Taktgeneratoren
H	h	Meldeeinrichtungen	Leucht- und Hörmelder, Zeitfolgemelder
K	c, d	Schütze, Relais	Leistungs- und Hilfsschütze; Hilfsrelais, Blinkrelais
L	k	Induktivitäten	Drosselspulen, Frequenzsperren
M	m	Motoren	
N	p	Verstärker, Regler	Einrichtungen der analogen Steuerungs-, Regelungs- und Rechentechnik; Operationsverstärker
P	g	Meßgeräte, Prüfeinrichtungen	analog und digital anzeigende und registrierende Meßeinrichtungen, Datensichtgeräte, Simulatoren
Q		Starkstrom-Schaltgeräte	Leistungsschalter und -trenner, Motorschutzschalter, Installationsschalter, Stern-Dreieck-Schalter
R	r	Widerstände	
S	a, b	Schalter, Wähler	Taster, Grenztaster, Befehlsgeräte, Wählscheiben
T	m	Transformatoren	Spannungs- und Stromwandler, Netz- und Trenntransform.
U		Modulatoren, Umsetzer von el. Größen in andere el. Größen	Spannungs-Frequenz-Wandler, Code-Umsetzer, Parallel-Serien-Umsetzer, Opto-Koppler, Fernwirkgeräte
V	p	Halbleiter, Röhren	Transistoren, Thyristoren, Röhren, Thyratrons
W		Übertragungswege, Leitungen, Antennen	Schaltdrähte, Sammelschienen, Kabel, Hohlleiter, Dipole, Lichtleiter
X		Klemmen, Stecker, Steckdosen	
Y		el. betätigte mechan. Einr.	Bremsen, Kupplungen, Ventile
Z		Filter, Entzerrer, Begrenzer, Abschlüsse	Hoch-, Tief- und Bandpässe; Funkentstör- und Funkenlöscheinrichtungen; Frequenzweichen

Kennzeichnung allgemeiner Funktionen

Kennbuchst.	Allgemeine Funktion	Kennbuchst.	Allgemeine Funktion	Kennbuchst.	Allgemeine Funktion
A	Hilfsfunktion, Aus	J	Integration	S	speichern, aufzeichnen
B	Bewegungsrichtung	K	Tastbetrieb	T	Zeitmessung, verzögern
C	Zählung	L	Leiterkennzeichnung	V	Geschwindigkeit (bremsen, beschleunigen)
D	Differenzierung	M	Hauptfunktion	W	addieren
E	Funktion Ein	N	Messung	X	multiplizieren
F	Schutz	P	proportional	Y	analog
G	Prüfung	Q	Zustand (Start, Stop)	Z	digital
H	Meldung	R	rückstellen, löschen		

Vorzeichen: = Anlage − Funktion
+ Ort : Anschluß

Beispiel: **−K3M** − Funktion, K Schütz, 3 Zählnummer, M Hauptfunktion

8.3 Elektrotechnische und elektronische Steuerungstechnik

8.3.3 Bildzeichen der Elektrotechnik (Auswahl) nach DIN 40 100

Betätigungsvorgänge, Schaltzustände, Funktion

Bildz.	Benennung	Bildz.	Benennung
	Ein		Öffnen
	Aus		Schließen
	Vorbereiten		Entriegeln
	Ein/Aus, stellend		Verriegeln
	Ein/Aus, tastend		Steuern
	Zuschalten		Regeln
	Abschalten		Fernbedienung
	Vorbereitendes Schalten		Messen
	Start, Ingangsetzen einer Bewegung		Prüfen
	Schnellstart		**Verändern einer Größe:** allgemein
	Stop, Anhalten einer Bewegung		mit markierter Ausgangsstellung
	Schnellstop		bis zum Maximalwert
			bis zum Minimalwert
	Handbetätigung		Nullstellung
	Automatischer Ablauf		Nullpunktverschiebung
			Mittelstellung
	Pause		Balance

Energie, Strahlung

Bildz.	Benennung
	Elektrische Energie
	Mechanische Energie
	Pneumatische Energie
	Hydraulische Energie
	Wärme-Energie
	Dampf-Energie
	Wasser-Energie
	Strahlungs-Energie
	Licht-Energie
	Wärmeabgabe allgemein
	Wärmeabgabe durch Konvektion
	Wärmeabgabe durch Strahlung
	Strahlung allgemein
	Lichtstrahlung
	Ionisierende Strahlung

Bewegung, Geschwindigkeit

Bildz.	Benennung
→	Bewegung: in Pfeilrichtung
↔	in zwei Richtungen
|↔|	in beiden Richtungen begrenzt
	Drehen, Umdrehung, Drehzahl
	Geschwindigkeit, normal
	Geschwindigkeit, erhöht
	Fließpfeil für Ein- und Ausgang wichtiger Stoffe

Allgemeine Einrichtungen

Bildz.	Benennung
	Einsteller
	Regler
	Steuergerät Steuereinrichtung
	Begrenzung oder Empfindlichkeit einstellen
	Größtwertbegrenzer
	Kleinstwertbegrenzer
	Elektrischer Hauptschalter
	Fußschalter

8.3.4 Dokumentation einer elektrischen Steuerung

Funktionsbeschreibung

Inbetriebsetzen der Anlage:

1. Hauptschalter S0 schließen.
2. Tastschalter S2 betätigen. Schütz K1 zieht an und hält sich über K1/33-34 selbst. Die Hydraulikpumpe wird eingeschaltet und mit K1/23-24 die Steuerspannung freigegeben. Die Anlage wird durch Betätigung des Tastschalters S1 (NOT-AUS) oder durch Ansprechen des Bimetallrelais F2 infolge Überlastung des Hydraulikmotors abgeschaltet.
3. Mit dem Betriebsartenwahlschalter S3 können die Betriebsarten „Hand" (H) oder „Automatik" (A) vorgewählt werden.

Betriebsart Hand:

1. Solange Tastschalter S4 betätigt wird, zieht Schütz K3 an; der Magnet Y1 des Wegeventils 1.7 (s.S. 8-25) wird erregt und die Form geschlossen.
2. Wird Tastschalter S5 betätigt und befindet sich der Spritzzylinder in der Grundstellung (Grenztaster S10 betätigt), so zieht Schütz K4 an; der Magnet Y2 des Magnetventils 1.7 (s.S. 8-25) wird erregt, so daß der Kolben des Spritzzylinders ausfährt.
3. Bei Betätigung des Tastschalters S6 und betätigtem Grenztaster S13 (Form geschlossen) zieht Schütz K5 an; Magnet Y3 des Magnetventils 1.8 (S.S. 8-25) wird erregt, so daß der Kolben des Spritzzylinders ausfährt.
4. Bei Betätigung von Tastschalter S7 zieht Schütz K6 an und hält sich über K6/23-24 selbst. Magnet Y4 wird erregt, so daß der Kolben des Spritzzylinders zurück fährt.

Betriebsart Automatik:

1. Schütz K2 ist angezogen.
2. Mit der Betätigung von Tastschalter S4 wird der automatische Ablauf eines Arbeitszyklusses eingeleitet.
3. Die Form wird geschlossen.
4. Nach Betätigung des Grenztasters S6 fährt der Spritzzylinder aus.
5. Nach Betätigung des Grenztasters S11 zieht Schütz K7 an; gleichzeitig wird das Zeitrelais K8 erregt. Nach Ablauf der eingestellten Zeit schließt Kontakt K8/15-18 in Strompfad 34 und leitet den Rücklauf des Spritzzylinders ein. Schütz K7 bleibt angezogen, bis die Maschine in Grundstellung ist.
6. Nach Betätigung des Grenztasters S10 wird die Form wieder geöffnet.
7. Damit das Öl der Anlage nicht zu warm wird, läßt ein Umlaufschieber (s.S. 8-25) das Öl während des Stillstandes der Maschine (Schütz K9 abgefallen) drucklos zirkulieren.

Stromlaufplan einer Spritzgußmaschine (Stromversorgung)

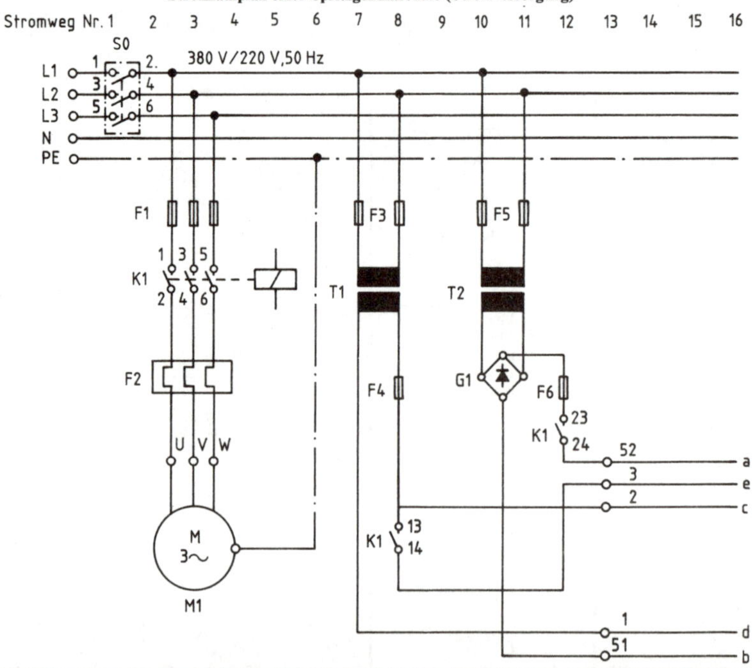

Stromlaufplan einer Spritzgußmaschine

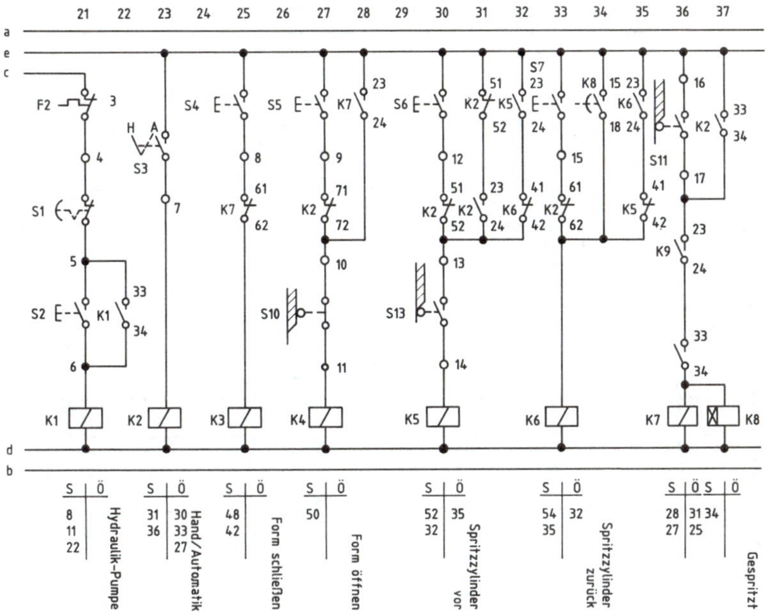

Ventilstromkreise

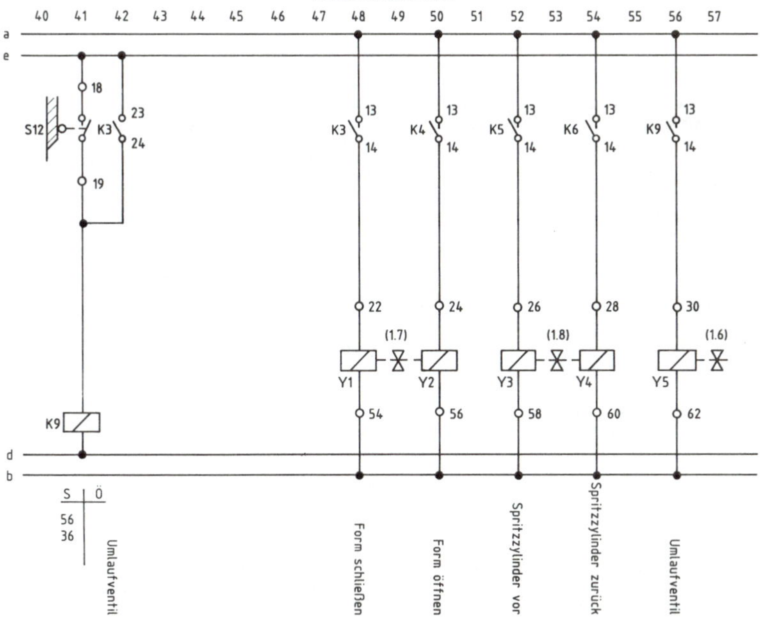

Anm.: zugehörige hydraulische Steuerung s. S. 8-25

8

8.3.5 Speicherprogrammierte Steuerungen

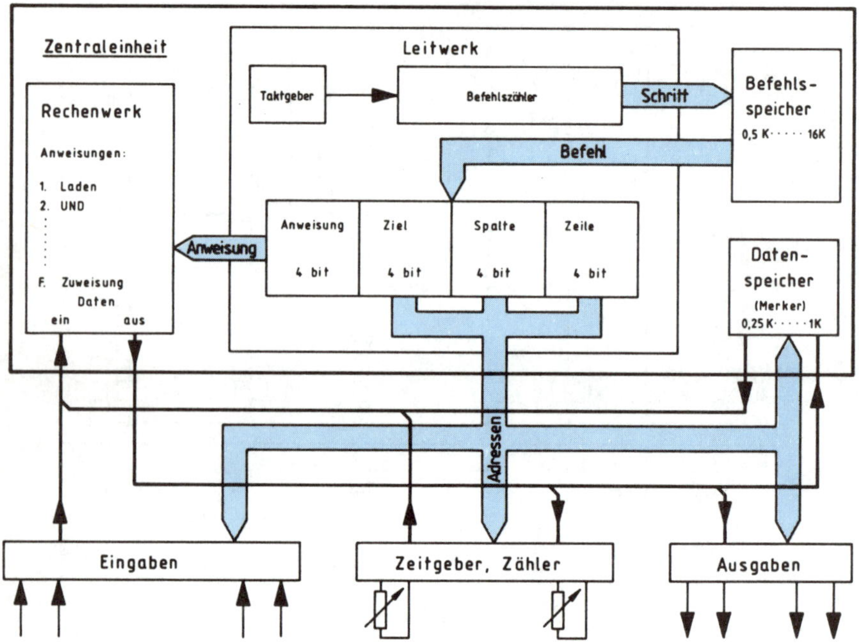

Der interne Aufbau eines speicherprogrammierten Steuerungsgerätes entspricht weitgehend dem internen Aufbau eines Computers.

Das Programm – die Gesamtheit aller Anweisungen und Vereinbarungen für die Signalverarbeitung – wird mittels einer Programmiereinheit in den Befehlsspeicher eingegeben und dort nullspannungsgesichert gespeichert.

Nach dem Einschalten der Betriebsspannung wird zunächst ein Neutralisierungszyklus durchlaufen, in dem die Ausgangsmerker und nicht nullspannungsgesicherten Merker auf Ø gesetzt werden. Anschließend wird der Befehlszähler zurückgesetzt.

Das vom Befehlszähler adressierte 16-Bit-Wort des Befehlsspeichers enthält eine vollständige Steuerungsanweisung. Die ersten 4 Bit enthalten den Operationsteil, die folgenden 12 Bit den Operandenteil. Der Operationsteil beschreibt die auszuführende Operation, z. B. eine logische Verknüpfung, während der Operandenteil die Adresse des Datenbits beschreibt, mit dem die Operation ausgeführt werden soll.

Enthält der Operationsteil einen Lade- oder Verknüpfungsbefehl, so wird der im Operationsteil adressierte Ausgangsmerker (parallel zu jedem Ausgang ist im Datenspeicher ein Merker angelegt) oder Eingang einer Eingabegruppe über den Datenbus (1 Bit) nach seinem Signalzustand abgefragt. Im Rechenwerk erfolgt die Speicherung oder Verknüpfung mit dem Inhalt des Resultatregisters, auch Akkumulator genannt; das Verknüpfungsergebnis wird anschließend im Akkumulator gespeichert. Enthält der Operationsteil dagegen z. B. einen Setzbefehl, so wird der im Operandenteil adressierte Ausgangsmerker und Ausgang eines Zeitgebers oder einer Ausgabegruppe über den Datenbus (1 Bit) eingeschaltet, wenn im Akkumulator ein 1-Signal gespeichert ist. Nach der Ausführung des Befehls wird der Inhalt des Befehlszählers um 1 erhöht und der nächste Befehl abgearbeitet.

Nach der Bearbeitung der letzten im Befehlsspeicher stehenden Anweisung oder der Anweisung PE (Programmende) wird der Befehlszähler zurückgesetzt, so daß sich die Bearbeitung der Anweisungsfolge ständig wiederholt. Die Zeit für eine einmalige Bearbeitung aller Anweisungen wird Zykluszeit genannt; sie beträgt je nach Fabrikat 1 ms bis 50 ms je 1 K (= 1 024) Anweisungen.

Vielfach wird die Zykluszeit mit einer sogenannten Watch-Dog-Schaltung überwacht. Wird ein Bearbeitungszyklus nicht innerhalb einer bestimmten Zeit beendet, weil z. B. ein Programm- oder Gerätefehler vorliegt, so werden die Programmbearbeitung gestoppt und alle Ausgänge der SPS zurückgesetzt. Die Watch-Dog-Schaltung spricht ebenfalls an, wenn bei zugeschalteter Programmiereinheit die Betriebsart „RUN“ verlassen wird.

Große SPS-Geräte verfügen neben der beschriebenen Bit-Verarbeitung zusätzlich über eine Wortverarbeitung, z. B. für Vergleiche und mathematische Operationen.

8.3 Elektrotechnische und elektronische Steuerungstechnik

Bestimmungen zur elektrischen Ausrüstung von Industriemaschinen (Auszug) nach DIN IEC 44(CO)48/VDE 0113 E (6.80)

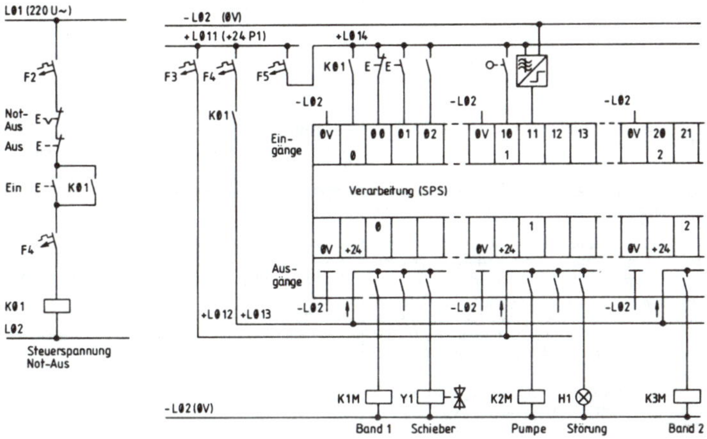

Elektronische Werkzeugmaschinensteuerung mit Sicherheitskreis (NOT-AUS) in Schütztechnik

Hauptschalter

Die elektrische Ausrüstung der Maschine muß mit Einrichtungen ausgestattet sein:

a) zum Stillsetzen der Maschine im Gefahrenfall und – falls notwendig – zur Drehrichtungsumkehr;

b) zum Abtrennen der elektrischen Ausrüstung von der Netzspannung.

Wenn für die NOT-AUS-Einrichtung die gleichen Stromkreise ausgeschaltet werden dürfen, darf für beide Funktionen ein Gerät verwendet werden.

NOT-AUS-Einrichtung

Wenn Gefahren für Personen oder Schäden an der Maschine entstehen können, müssen zu ihrer Verhinderung durch Betätigen der NOT-AUS-Einrichtung gefährliche Teile der Maschine oder die ganze Maschine so schnell wie möglich stillgesetzt werden. Hierzu ist eine der beiden folgenden Methoden anzuwenden:

a) Ein NOT-AUS-Schalter, der die Speisung der entsprechenden Stromkreise unterbricht. Ein solcher Schalter darf handbetätigt ein- oder fernbetätigt durch das Ausschalten eines entsprechenden Steuerstromkreises auszuschalten sein.

b) Eine Anordnung in den Steuerstromkreisen, die durch einen Befehl alle Stromverbraucher durch Entregen unmittelbar abschaltet, die zu einer Gefährdung führen können.

Die Betätigung der NOT-AUS-Einrichtung darf weder den Bedienenden noch die Maschine gefährden und darf nicht solche Hilfseinrichtungen abschalten, die auch im Notfall weiterarbeiten müssen, wie z. B. die Erregung von Spannplatten.

Das Rückstellen (Entriegeln) der NOT-AUS-Einrichtung darf nicht den Wiederanlauf der Maschine oder ihrer Teile bewirken.

NOT-AUS-Schalter müssen vom Standplatz des Bedienenden aus gut sichtbar und leicht erreichbar sein.

Anschluß von Signalgebern

Hinsichtlich der Drahtbruchsicherheit wird gefordert:

a) Das Starten wird durch Einschalten des entsprechenden Stromkreises oder, im Falle digitaler elektronischer Bauelemente, durch 1-Signal ausgeführt.

b) Das Stillsetzen wird durch Ausschalten des entsprechenden Stromkreises oder, im Falle digitaler elektronischer Bauelemente, durch Ø-Signal ausgeführt.

c) Der Halt-Befehl hat Vorrang vor dem zugeordneten Startbefehl.

Hinsichtlich des Schutzes gegen unbeabsichtigten Anlauf durch Erdschluß wird gefordert:

Erdschlüsse in Steuerstromkreisen dürfen weder zum unbeabsichtigten Anlauf oder zu gefährlichen Bewegungen einer Maschine führen, noch deren Stillsetzung verhindern. Um diese Forderung zu erfüllen, sollen die Steuerstromkreise einseitig mit dem Schutzleitersystem verbunden und Spulen und Hilfsschalter wie folgt angeordnet sein.

Anschluß von Spulen und Hilfsschaltgliedern

In Steuerstromkreisen muß eine Anschlußstelle von Betätigungsspulen direkt an den Schutzleiter angeschlossen sein. Alle Schaltglieder von Steuergeräten, die auf diese Spule wirken, müssen zwischen dem anderen Anschluß der Spule und dem nicht mit dem Schutzleiter verbundenen Leiter des Steuerstromkreises angeschlossen sein.

Ausnahmen, z. B. für Hilfsschalter von Überstromrelais und bei Verwendung von Schleifleitungen und Vielfachsteckern, sind nur unter bestimmten Voraussetzungen zulässig.

Steuertransformator

Für die Speisung von elektronischen Steuer- und Meldestromkreisen müssen Steuertransformatoren vorgesehen werden.

8

8.3 Elektrotechnische und elektronische Steuerungstechnik

Programmierung von SPS nach DIN 19239 (5.83)

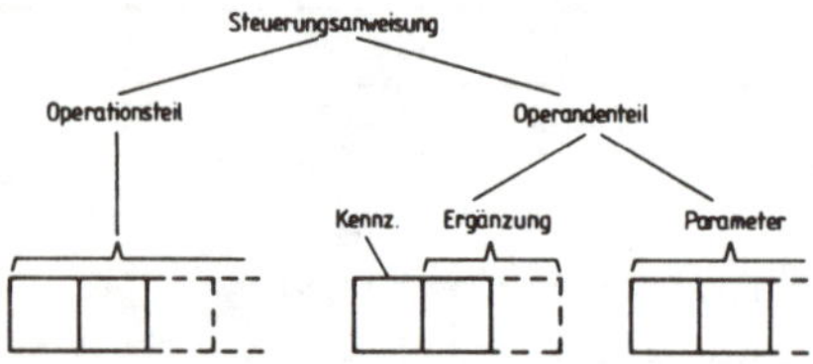

Das Programm einer speicherprogrammierten Steuerung besteht aus einer Folge von Steuerungsanweisungen. Eine Steuerungsanweisung enthält den Operationsteil und den Operandenteil. Der Operandenteil kann auch entfallen oder durch eine Adresse ersetzt werden. Operandenkennzeichen können durch Ergänzungen näher erläutert werden.

Der Operationsteil kann bis zu vier Zeichen, das Operandenkennzeichen mit Ergänzungen bis zu drei Zeichen und der Parameterteil beliebig viele Zeichen enthalten. Teile der Steuerungsanweisung können durch Leerzeichen (blanks) getrennt werden.

Die Norm legt weder den Mindest- noch den Höchstumfang aller in speicherprogrammierten Steuerungen verwendeten Operationen und Operanden fest. Eine speicherprogrammierte Steuerung kann deshalb Teilmengen der Norm beherrschen oder auch den aufgeführten Umfang überschreiten.

Operationen

L	Laden: Beginn einer Anweisungsfolge. Der Signalzustand des abgefragten Eingangs, Ausgangs oder Merkers wird in den Accu übernommen.
NOP	Nulloperation; Programmschritt, bei dem der Signalzustand des Accus nicht beeinflußt wird.
U	UND-Verküpfung des Accu-Signalzustandes mit dem Signalzustand des nachfolgenden Operanden.
O	ODER-Verknüpfung des Accu-Signalzustandes mit dem Signalzustand des nachfolgenden Operanden.
N	Der abgefragte Signalzustand wird vor dem Speichern oder Verknüpfen umgekehrt. Anwendung im Zusammenhang mit den Operationen Laden (LN), UND (UN), ODER (ON), Zuweisung (= N).
=	Zuweisung; Setzen eines Ausgangs, Merkers oder Timers mit dem Signalzustand des Accus.
S	Speicherndes Setzen eines Ausgangs oder Merkers, wenn der Signalzustand des Accus „1“ ist.
R	Speicherndes Rücksetzen eines Ausgangs oder Merkers, wenn der Signalzustand des Accus „1“ ist.
PE	Programm-Ende; anschließend läuft das Programm erneut ab der Startadresse ØØØ ab.
SP	Ein unbedingter Sprung wird zur angegebenen Adresse (Sprungziel), unabhängig vom Signalzustand des Accus, ausgeführt.
SPB	Ein bedingter Sprung wird zur angegebenen Adresse nur ausgeführt, wenn der Signalzustand des Accus „1“ ist.
BA	Baustein-Aufruf; Aufruf einer signalverarbeitenden Baugruppe oder eines „Programmbausteins“.
BE	Baustein Ende.

Kennzeichen von Operanden

E	Eingang	T	Zeitglied
A	Ausgang	Z	Zähler
M	Merker	P	Programmbaustein
K	Konstante	F	Funktionsbaustein

Ergänzungen zu Operandenkennzeichen

T	Tetrade (4 Bit)	A	Analog
B	Byte: 8 Bit	I	Impuls
W	Wort: 2 Byte	E	Einschalt-Verzögerung
D	Doppelwort	A	Ausschalt-Verzögerung

Beispiel:

Programmierung einer Stern-Dreieck-Anlasserschaltung nach Kontaktplan

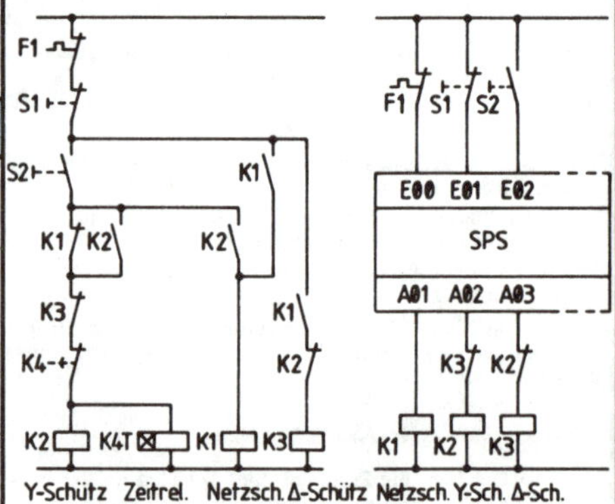

ØØØ	L	EØØ
ØØ1	U	EØ1
ØØ2	=	MØØ
ØØ3	L	AØ1
ØØ4	U	AØ2
ØØ5	O	EØ2
ØØ6	U	MØØ
ØØ7	=	MØ1
Ø1Ø	LN	AØ1
Ø11	O	AØ2
Ø12	U	MØ1
Ø13	UN	AØ3
Ø14	UN	TØØ

Ø15	=	AØ2
Ø16	=	TØØ
Ø17	L	EØ2
Ø2Ø	U	AØ2
Ø21	O	AØ1
Ø22	U	MØØ
Ø23	=	AØ1
Ø24	L	MØØ
Ø25	U	AØ1
Ø26	UN	AØ2
Ø27	=	AØ3
Ø3Ø	PE	

Anmerkung:

1) Die Realisierung einer Stern-Dreieck-Anlasserschaltung mit einer SPS ist nur im Rahmen einer größeren Anlagensteuerung sinnvoll.

2) Je nach Fabrikat erfolgt die Adressierung der Anweisungen und Parameter dezimal, sedezimal (Ziffernvorrat Ø ··· 9, A ··· F) oder oktal (Ziffernvorrat Ø ··· 7) wie im Beispiel.

8.3 Elektrotechnische und elektronische Steuerungstechnik

Benennung	Zeichen 1) d e Z2	Kontaktplan-Darstellung 2)	Nachbildung der Kontaktplan-Darstellg. 2) 3)	Funktionsplan-Darstellung 2)	Anweisungsliste 2)
UND	U A &	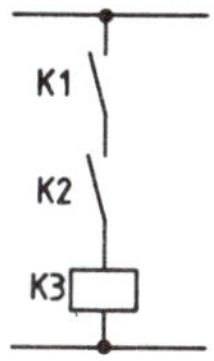	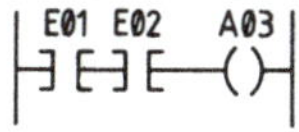	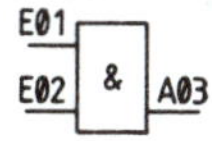	000 L E01 001 U E02 002 = A03 003 PE
ODER	O O /	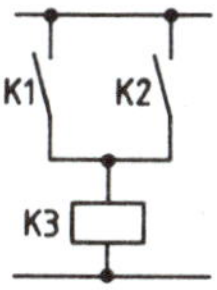	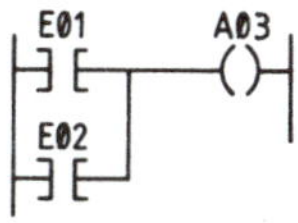	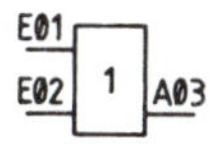	000 L E01 001 O E02 002 = A03 003 PE
Exklusiv-ODER	XO XO	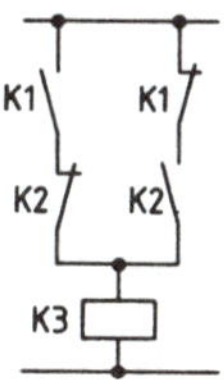	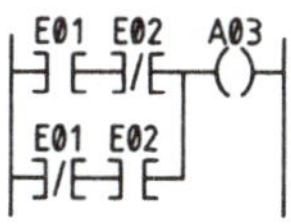	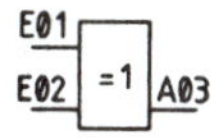	000 L E01 001 XO E02 002 = A03 003 PE
NICHT/ Negation	N N	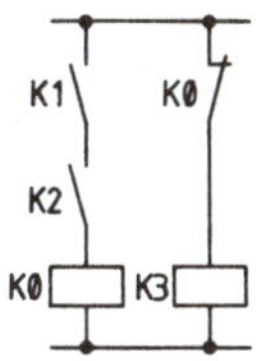	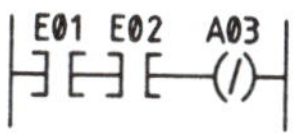	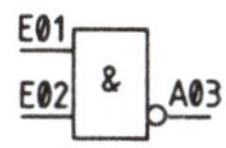	000 L E01 001 U E02 002 =N A03 003 PE
Merker	M M	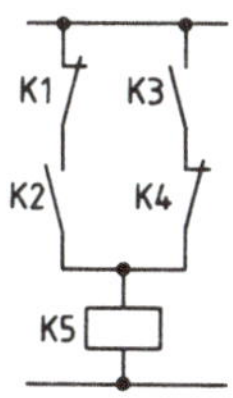	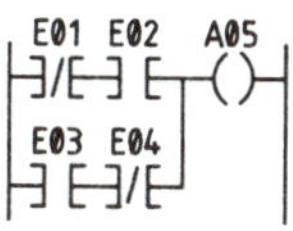	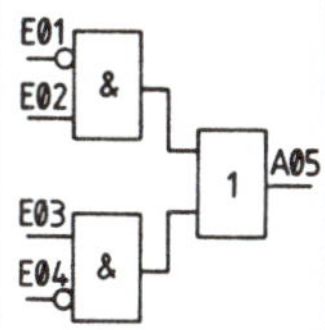	000 LN E01 001 U E02 002 = M00 003 L E03 004 UN E04 005 U M00 006 = A05 007 PE

Anmerkung:

1) Die aus der englischen Sprache (e) abgeleiteten mnemotechnischen Kurzbezeichnungen sind nur Empfehlungen. Die Zeichen unter Z2 sind an die mathematische Schreibweise angelehnt.

2) Bei den Beispielen wurde immer davon ausgegangen, daß alle Eingabeglieder Schließer sind.

3) Die Nachbildung der Kontaktplan-Darstellung wird ausschließlich zur Darstellung von Programmen, nicht jedoch als Schaltzeichen in Schaltungsunterlagen verwendet.

8.3 Elektrotechnische und elektronische Steuerungstechnik

Benennung	Kontaktplan-Darstellung [2]	Nachbildung der Kontaktplan-Darstellg. [2] [3]	Funktionsplan [2]	Anweisungsliste [2]
Speicher	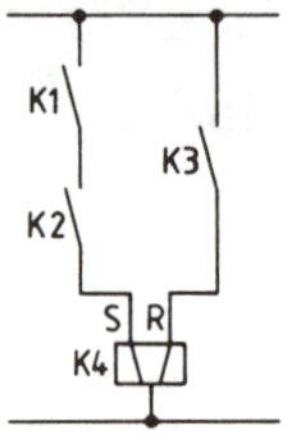	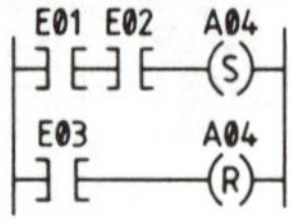 Bei gleichzeitig erfüllter Setz- und Rücksetzbedingung dominiert die im Programm zuletzt bearbeitete Bedingung.	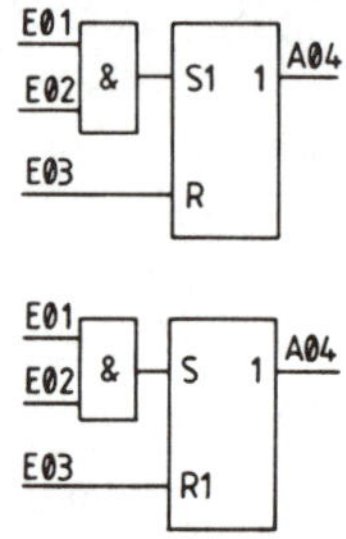	ØØØ L EØ3 ØØ1 R AØ4 ØØ2 L EØ1 ØØ3 U EØ2 ØØ4 S AØ4 ØØ1 L EØ1 ØØ2 U EØ2 ØØ3 S AØ4 ØØ4 L EØ3 ØØ5 R AØ4
Ansprechverzögerung [4] [5]	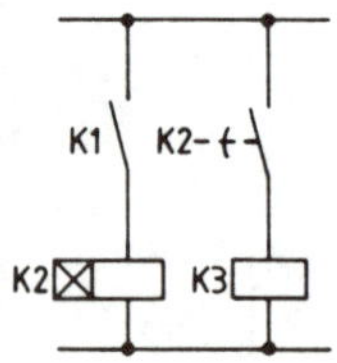	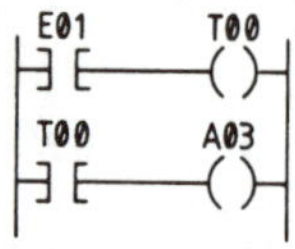	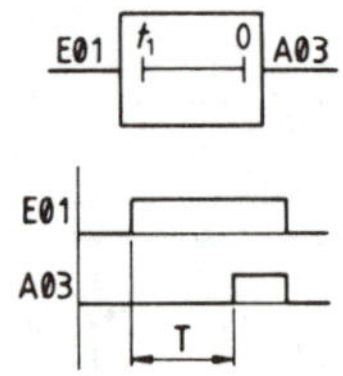	ØØØ L EØ1 ØØ1 = TØØ ØØ2 L TØØ ØØ3 = AØ3 ØØ4 PE
Rückfallverzögerung [4] [5]	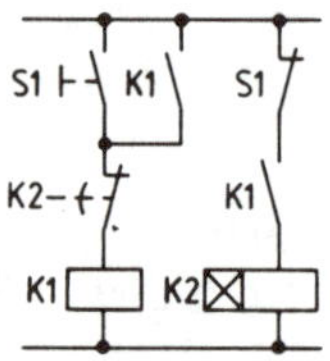	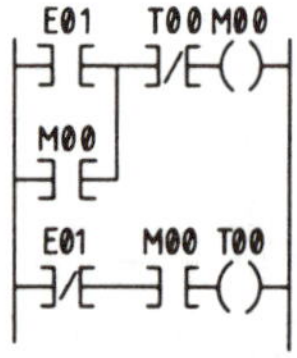	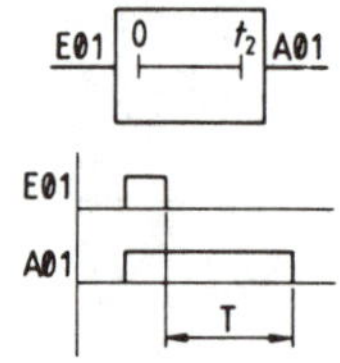	ØØØ L EØ1 ØØ1 O MØØ ØØ2 UN TØØ ØØ3 = MØØ ØØ4 LN EØ1 ØØ5 U MØØ ØØ6 = TØØ ØØ7 PE
Zähler [5]	Der als Konstante geladene Zählwert (hier 4Ø) wird übernommen, wenn vor der Setzoperation der Anweisungsliste das Verknüpfungsergebnis von „Ø“ nach „1“ wechselt. Der Zähler wird auf „Ø“ gesetzt, wenn vor der Rücksetzoperation der Anweisungsliste das Verknüpfungsergebnis „1“ ansteht. Der Zählwert wird um „1“ erhöht, wenn vor der Vorwärtszähloperation der Anweisungsliste das Verknüpfungsergebnis von „Ø“ nach „1“ wechselt. Der Zählwert wird um „1“ verringert, wenn vor der Rückwärtszähloperation der Anweisungsliste das Verküpfungsergebnis von „Ø“ nach „1“ wechselt. Der Zählerausgang kann auf den Zählwert Ø abgefragt werden. Die Abfrage liefert das Abfrageergebnis „1“, wenn das Zählergebnis > Ø ist.		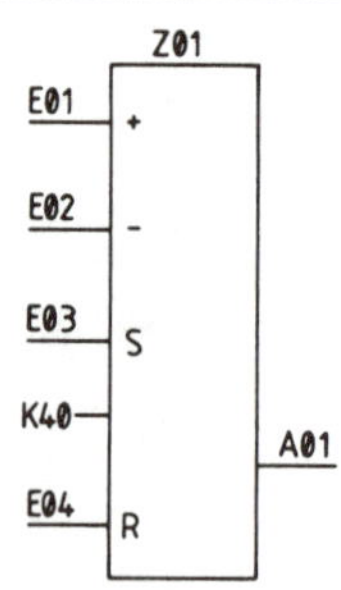	ØØØ L EØ1 ØØ1 ZV ZØ1 ØØ2 L EØ2 ØØ3 ZR ZØ1 ØØ4 L EØ3 ØØ5 S ZØ1 ØØ6 L K4Ø ØØ7 L EØ4 ØØ8 R ZØ1

[1] [2] [3] siehe S. 8-35.

[4] Hier wurde davon ausgegangen, daß die Zeitstufen mit Ausgabebefehlen gestartet und mit dem Ladebefehl „L“ sowie Verknüpfungsbefehlen abgefragt werden können. Die Verzögerungszeit sei mit einem Potentiometer einstellbar.

[5] Die Programmierung von Zeitgliedern und Zählern ist produktabhängig.

8.3 Elektrotechnische und elektronische Steuerungstechnik

8.3.6 Ein- und Mehrquadrantenantriebe

Antriebe erfordern vielfach sowohl ein treibendes als auch bremsendes Drehmoment, so daß dieselbe Maschine ohne Änderung der Schaltung zeitweise als Motor und zeitweise als Generator arbeiten muß. Häufig kommen noch beide Drehrichtungen hinzu.

Die möglichen Betriebsarten lassen sich anschaulich im kartesischen Koordinatensystem (hier am Beispiel der Gleichstrommaschine) darstellen. Die Felder zwischen den Koordinaten werden als Quadranten bezeichnet, entgegen dem Uhrzeigersinn gezählt und mit den römischen Ziffern I bis IV gekennzeichnet. Der Drehrichtung Rechtslauf und dem rechtsdrehenden Moment werden positive Vorzeichen zugeordnet.

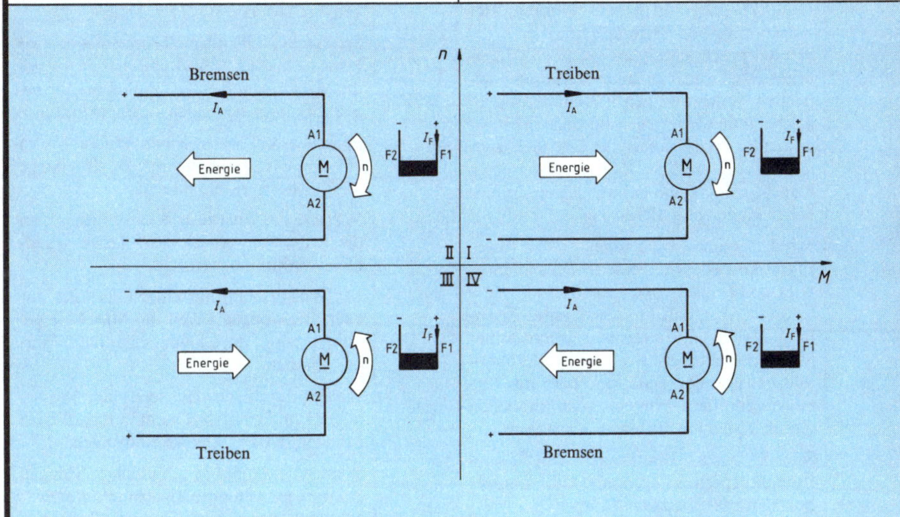

In den Quadranten I und III wirkt die elektrische Maschine als Motor; elektrische Energie wird in mechanische Energie umgewandelt. In den Quadranten II und IV wirkt die gleiche elektrische Maschine als Generator; die mechanische Energie wird in elektrische Energie umgewandelt und über Widerstände in Wärme umgesetzt oder über den als Wechselrichter arbeitenden Stromrichter in das Netz zurückgespeist.

Einquadrantbetrieb

 oder  oder 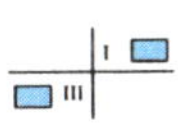

Einquadrantantriebe sind nur für den Motorbetrieb geeignet. Sie arbeiten im I. und/oder III. Quadranten. Bremsbetrieb ist nicht möglich. Werden beide Drehrichtungen benötigt, so erfolgt die Umschaltung der Drehrichtung bei stehendem Motor ($n = 0$) über Schütze.

Der Aufwand für die erforderlichen Schaltgeräte ist im Vergleich zum Zwei- und Vierquadrantenbetrieb gering.

Zweiquadrantenbetrieb

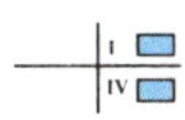 oder 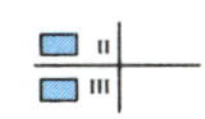

Zweiquadrantenantriebe arbeiten normalerweise in den Quadranten I und IV oder III und II. Es sind Antriebe mit zwei Drehrichtungen, aber nur einer Drehmomentrichtung. Sie finden nur begrenzte Anwendung, z.B. bei Hubwerken, deren schweres Ladegeschirr kein Kraftsenken erfordert.

Vierquadrantenbetrieb

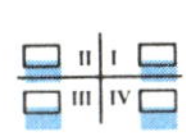

Vierquadrantenantriebe arbeiten mit zwei Drehmomentrichtungen und zwei Drehrichtungen mit der vorteilhaften Möglichkeit der geführten Bremsung und Zwischenbremsung durch Rückspeisung der umgewandelten Bremsenergie in das Netz.

8.3 Elektrotechnische und elektronische Steuerungstechnik

8.3.7 IP-Schutzarten für umlaufende elektrische Maschinen nach DIN IEC 34 Teil 5 (11.83)

Erste Kennziffer	Berührungs- und Fremdkörperschutz Schutzgrad
0	Kein besonderer Schutz
1	Schutz gegen Eindringen von festen Fremdkörpern mit einem Durchmesser >50 mm (große Fremdkörper). Schutz gegen zufälliges oder versehentliches Berühren von unter Spannung stehenden Teilen und gegen Annäherung an solche Teile sowie gegen Berühren sich bewegender Teile innerhalb des Gehäuses mit einer großen Körperfläche (z.B. Hand); jedoch kein Schutz gegen absichtlichen Zugang zu diesen Teilen.
2	Schutz gegen Eindringen von festen Fremdkörpern mit einem Durchmesser >12 mm (mittelgroße Fremdkörper). Schutz gegen Berühren von unter Spannung stehenden Teilen und gegen Annähern an solche Teile sowie gegen Berühren sich bewegender Teile innerhalb des Gehäuses mit den Fingern oder ähnlichen Gegenständen nicht länger als 80 mm.
3	Schutz gegen Eindringen von festen Fremdkörpern mit einem Durchmesser >2,5 mm (kleine Fremdkörper). Schutz gegen Berühren von unter Spannung stehenden Teilen und gegen Annähern an solche Teile sowie gegen Berühren sich bewegender Teile innerhalb des Gehäuses mit Werkzeugen oder Drähten mit einer Dicke >2,5 mm.
4	Schutz gegen Eindringen von festen Fremdkörpern mit einem Durchmesser >1 mm (kornförmige Fremdkörper). Schutz gegen Berühren von unter Spannung stehenden Teilen und gegen Annähern an solche Teile sowie gegen Berühren sich bewegender Teile innerhalb des Gehäuses mit Drähten oder Bändern mit einer Dicke > als 1 mm.
5	Schutz gegen schädliche Staubablagerungen im Innern. Vollständiger Berührungsschutz.
6[1])	Schutz gegen Eindringen von Staub. Vollständiger Berührungsschutz.

Zweite Kennziffer	Wasserschutz Schutzgrad
0	Kein besonderer Schutz
1	Senkrecht fallendes Tropfwasser darf keine schädliche Wirkung haben.
2	Senkrecht fallendes Tropfwasser darf keine schädliche Wirkung haben, wenn die Maschine um einen Winkel bis 15° gegenüber ihrer normalen Lage gekippt ist.
3	Sprühwasser, das in einem Winkel bis zu 60° von der Senkrechten fällt, darf keine schädliche Wirkung haben.
4	Wasser, das aus allen Richtungen gegen die Maschine spritzt, darf keine schädliche Wirkung haben.
5	Ein Wasserstrahl aus einer Düse, der aus allen Richtungen gegen die Maschine gerichtet wird, darf keine schädliche Wirkung haben.
6	Wasser durch schwere Seen oder Wasser in starkem Strahl darf nicht in schädlichen Mengen in das Gehäuse eindringen.
7	Wasser darf nicht in schädlichen Mengen eindringen, wenn die Maschine unter festgelegten Druck- und Zeitbedingungen in Wasser getaucht wird.
8	Die Maschine ist geeignet zum dauernden Untertauchen in Wasser bei Bedingungen, die durch den Hersteller zu beschreiben sind.

Kurzzeichen

Das Kurzzeichen für die Schutzart besteht aus den Buchstaben IP und zwei nachfolgenden Ziffern für die Schutzgrade. Beispiel: IP 21

Wird nur ein einzelner Schutzgrad angegeben, so ist anstelle der fehlenden Kennziffer der Buchstabe X zu setzen. Beispiel: IP X5 oder IP 2X

Für besondere Anwendungen kann den Kennziffern ein Buchstabe nachgestellt werden, der angibt, ob der Schutz gegen den schädlichen Wassereintritt bei stillstehender Maschine (S) oder bei laufender Maschine (M) nachgewiesen oder geprüft wurde. Beispiel: IP 55S

DIN IEC 34 enthält gegenüber DIN 40050 „IP-Schutzarten für el. Betriebsmittel" Ergänzungen zum Schutz „... bei Annäherung an unter Spannung stehende oder sich bewegende Teile".

Am häufigsten werden die Schutzarten IP 12, IP 21, IP 22, IP 44, IP 54 und IP 55 verwendet.

[1]) Die erste Kennziffer 6 ist nur Bestandteil von DIN 40050.

8.4 Digitaltechnik

8.4.1 Zahlensysteme

Während der Mensch gewohnheitsmäßig nach dem dezimalen Zahlensystem mit den zehn Ziffern 0 bis 9 rechnet, können Steuerungen und Computer nur zwei Schaltzustände mit vertretbarem technischem Aufwand unterscheiden. Deshalb lassen sich einem Schaltzustand (z.B. Spannung vorhanden oder Spannung nicht vorhanden) nur zwei Zeichen zuordnen. Als Binärzeichen (ein Zeichen aus einem Zeichenvorrat von zwei Zeichen) werden meist die Zeichen 0 und 1 verwendet. Das aus den Binärzeichen aufgebaute Zahlensystem wird als duales Zahlensystem (Zweiersystem) bezeichnet.

Dualzahlen

Entsprechend dem Aufbau des dezimalen Zahlensystems mit zehn Ziffern (0 ··· 9) und der Basis 10 z.B.

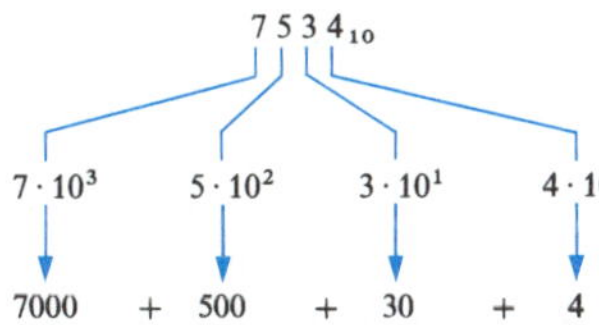

ist das duale Zahlensystem mit Binärzeichen, auch Dualziffern genannt, auf der Basis 2 aufgebaut.

Beispiel:

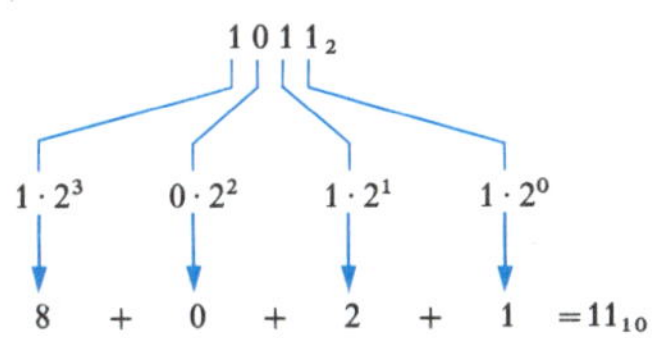

Oktalzahlen

Um die Verständigung zwischen Mensch und Maschine bei vertretbarem technischen Aufwand zu erleichtern, wurden das oktale und sedezimale Zahlensystem eingeführt. Beim oktalen Zahlensystem werden drei und beim sedezimalen Zahlensystem vier aufeinanderfolgende Dualzifferm zu einer Ziffer zusammengefaßt. Das oktale Zahlensystem ist auf der Basis 8 mit den acht Ziffern 0 ··· 7 aufgebaut.

Beispiel:

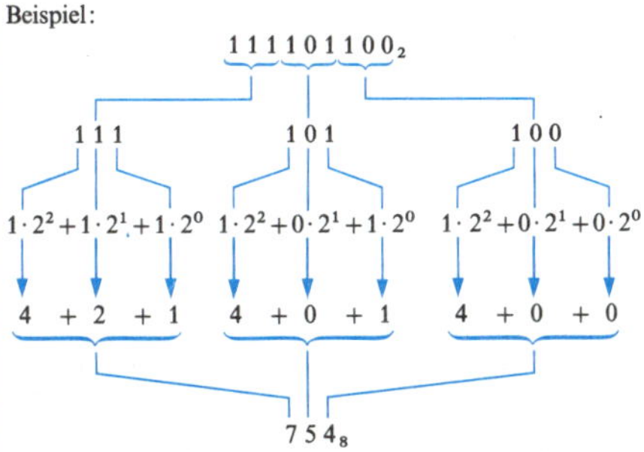

Sedezimalzahlen

Das sedezimale Zahlensystem ist auf der Basis 16 mit den sechzehn Ziffern 0 ··· 9, A, B, C, D, E und F aufgebaut. Vielfach ist auch die sprachlich nicht korrekte Bezeichnung Hexadezimalzahlen gebräuchlich.

Beispiel:

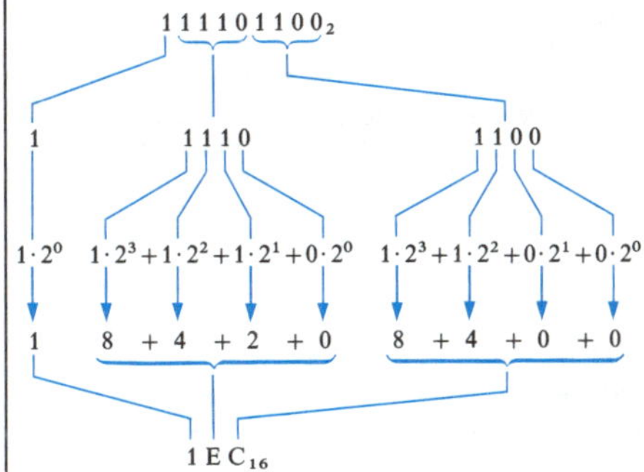

Umwandlung einer Dezimalzahl in eine Zahl eines anderen Zahlensystems

Bei der Umwandlung nach der Divisionsregel wird die Dezimalzahl solange durch 2, 8 oder 16 geteilt, bis der Rest nicht mehr teilbar ist. Die Restziffern, von unten nach oben gelesen, ergeben die gesuchte Zahl.

Beispiel 1:

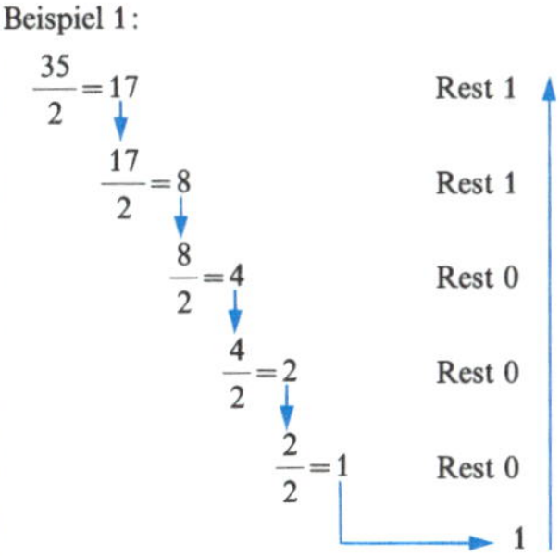

$35_{10} = 100011$

Beispiel 2:

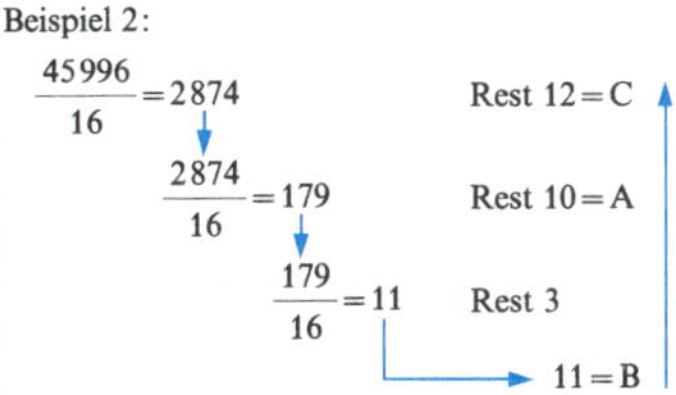

$45996_{10} = B3AC_{16}$

8

8.4 Digitaltechnik

8.4.2 Beschreibung logischer Verknüpfungen

In Steuerungsschaltungen erfolgt die Signalerzeugung und Signalverarbeitung nahezu ausschließlich durch Schaltelemente mit zwei Betriebszuständen, z.B.

Schaltelement	0	1
Ventil	gesperrt	geöffnet
Schalter	geöffnet	geschlossen
Transistor	gesperrt	leitend

Infolge der Verarbeitung binärer Signale (digitaler Signale mit zwei möglichen Wertebereichen) läßt sich die Funktion von Binärschaltungen und deren Elementen eindeutig und anschaulich beschreiben. Am Beispiel der Verknüpfung von zwei binären Signalen werden die verschiedenen Möglichkeiten der Beschreibung erläutert.

Arbeitstabelle

Die Arbeitstabelle dient zur Beschreibung des physikalischen (z.B. des elektrischen oder pneumatischen) Verhaltens von Digitalschaltungen. Die physikalische Größe der Ein- und Ausgangssignale wird direkt durch ihre Werte oder die zugeordneten Pegel L (Low = niedrig) und H (High = hoch) gekennzeichnet. Der L-Pegel bzw. L-Bereich kennzeichnet den Bereich mit dem am wenigsten positiven (bzw. am meisten negativen) Pegel, der H-Pegel bzw. H-Bereich den Bereich mit dem am meisten positiven (bzw. am wenigsten negativen) Pegel eines binären Signals.

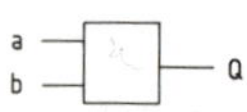

a	b	Q
L	L	L
L	H	L
H	L	L
H	H	H

- Jede Spalte enthält die Werte der binären Signale an einem Eingang oder einem Ausgang;
- jede Zeile gibt den Wert des Ausgangssignals (bei mehreren Ausgängen der Ausgangssignale) in Abhängigkeit einer Kombination von Werten der binären Signale an den Eingängen (Eingangskonfiguration) oder einem Eingang an;
- ist der Wert eines digitalen Ausgangssignals nicht vorhersehbar, so dient ein Fragezeichen der Kennzeichnung;
- hat der Wert eines digitalen Eingangssignals keinen Einfluß, so erfolgt die Kennzeichnung mit L/H oder X.

Wahrheitstabelle

Die Wahrheitstabelle gibt Aufschluß über die logischen Beziehungen zwischen dem Ausgangssignal bzw. den Ausgangssignalen (abhängige digitale Variable) von allen möglichen Kombinationen der Werte der Eingangssignale (unabhängige digitale Variable).

Das Aufstellen der Wahrheitstabelle setzt eine Logik-Vereinbarung voraus. Mit der Logik-Vereinbarung wird die Beziehung zwischen den physikalischen Werten der Arbeitstabelle zu den logischen Zuständen mit den Binärwerten 0 und 1 der Wahrheitstabelle hergestellt. Die verwendete Vereinbarung soll im Stromlaufplan oder den zugehörigen Unterlagen angegeben werden.

Die logische Funktion einer digitalen Schaltung oder eines binären Elements ist abhängig von der getroffenen Logik-Vereinbarung. Geht man z.B. von dem in der Arbeitstabelle gewählten Beispiel aus, so ergibt sich bei der Zuordnung 1 ≙ H und 0 ≙ L (positive Logik) ein UND-Element, bei der Zuordnung 1 ≙ L und 0 ≙ H (negative Logik) jedoch ein ODER-Element.

1 = H, 0 = L

a	b	Q
0	0	0
0	1	0
1	0	0
1	1	1

1 = L, 0 = H

a	b	Q
1	1	1
1	0	1
0	1	1
0	0	0

Schaltzeichen (Logiksymbol)

Das Schaltzeichen eines binären Elements kennzeichnet die tatsächlich ausgeführte logische Funktion in einem System.

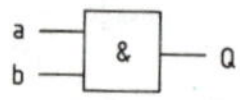

UND-Element

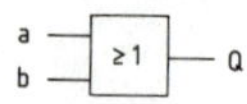

ODER-Element

Die Zusammenschaltung mehrerer logischer Elemente ergibt zeichnerisch den Stromlaufplan (Verknüpfung elektrischer Größen) oder den Schaltplan (Verknüpfung pneumatischer bzw. hydraulischer Größen).

Zeitablaufdiagramm (Impulsdiagramm)

Zeitablaufdiagramme zeigen Funktionsabläufe im zeitgerechten Maßstab.

- Jede Funktion wird waagerecht, entsprechend dem gewählten Zeitmaßstab, aufgetragen;
- die Zeitachsen für jede Teilfunktion bzw. jedes Signal werden untereinander dargestellt;
- die Bezugslinie eines Signalzuges ist die logische 0. Die logische 1 wird oberhalb der Bezugslinie aufgetragen;
- Beginn und Ende des darzustellenden Funktionsablaufes zusammengehöriger Zeitachsen sind durch Anfangszeit- und Endzeit-Bezugslinie zu begrenzen;
- Signal- und Funktionsnamen stehen am linken Rand, erläuternde Angaben am rechten Rand des Diagramms.

Das folgende Zeitablaufdiagramm entspricht der Funktion eines UND-Gliedes:

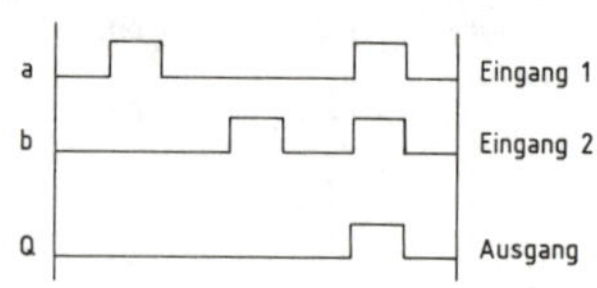

Zeitablaufdiagramme werden vorzugsweise zur Darstellung von taktgesteuerten digitalen Schaltungen verwendet.

Funktionsgleichung (Boolesche Gleichung)

Die logische Funktion eines binären Elements oder einer digitalen Schaltung läßt sich auch nach den Regeln der Schaltalgebra beschreiben.

8.4.3 Elementare Verknüpfungen

Alle Schaltungsverknüpfungen können mit den Grundfunktionen UND, ODER und NICHT realisiert werden.

UND-Verknüpfung (Konjunktion)

Damit das Ausgangssignal den 1-Zustand annimmt, muß an allen Eingängen gleichzeitig ein 1-Signal anliegen.

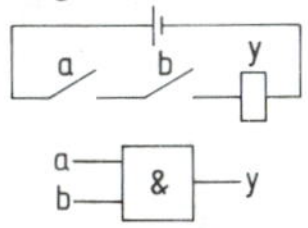

a	b	Y
0	0	0
0	1	0
1	0	0
1	1	1

$Y = a \cdot b$

Relais Y ist angezogen (1), wenn die Kontakte a und b geschlossen (1) sind.

ODER-Verknüpfung (Disjunktion)

Am Ausgang liegt ein 1-Signal, wenn an mindestens einem Eingang ein 1-Signal anliegt.

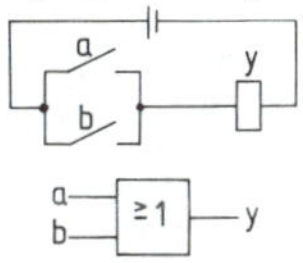

a	b	Y
0	0	0
0	1	1
1	0	1
1	1	1

$Y = a + b$

Relais Y ist angezogen (1), wenn Kontakt a angezogen (1) oder Kontakt b angezogen (1) ist.

NICHT-Verknüpfung (Negation)

Die NICHT-Verknüpfung bewirkt eine Signalumkehr.

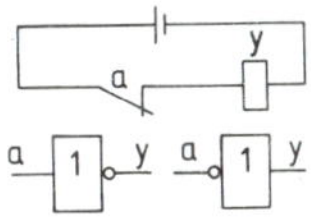

a	Y
0	1
1	0

$Y = \bar{a}$

$\bar{Y} = a$

Relais Y ist angezogen (1), wenn Kontakt a nicht betätigt (0) ist.

NAND-Verknüpfung

Die NAND-Verknüpfung besteht aus der Kombination der UND- und der NICHT-Verknüpfung.

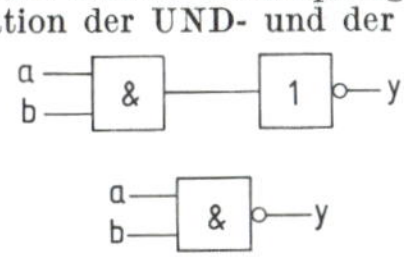

a	b	Y
0	0	1
0	1	1
1	0	1
1	1	0

$Y = \overline{a \cdot b}$

Liegt an allen Eingängen ein 1-Signal an, so ist das Ausgangssignal 0. Bei allen anderen Signalkombinationen steht am Ausgang ein 0-Signal an.

NOR-Verknüpfung

Die NOR-Verknüpfung besteht aus der Kombination der ODER- und der NICHT-Verknüpfung.

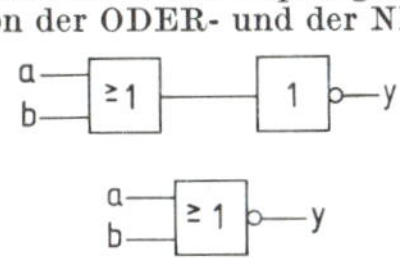

a	b	Y
0	0	1
0	1	0
1	0	0
1	1	0

$Y = \overline{a + b}$

Liegt an mindestens einem Eingang ein 1-Signal an, so steht am Ausgang ein 0-Signal an. Liegt an allen Eingängen ein 0-Signal, so ist das Ausgangssignal 1.

8.4.4 Schaltalgebra (Boolesche Algebra)

Die Variablen der allgemeinen Algebra können von unendlich vielen Werten jeden beliebigen Wert annehmen. In der Schaltalgebra kann eine Variable dagegen nur zwei Werte, die Werte 0 und 1, annehmen.

Verknüpfungszeichen

Entsprechend DIN 5474 „Zeichen der mathematischen Logik" sind in DIN 66 000 den Schaltfunktionen folgende mathematische Zeichen zugeordnet:

Operation	UND	ODER	NICHT
	∧	∨	¬
Ersatzweise	·	+	‾

Das Zeichen ¬ (der waagerechte Strich steht in halber Höhe eines Buchstabens) beziehungsweise ‾ (Überstreichung des gesamten negierten Ausdrucks) bindet stärker als die Zeichen ∧ und ∨. Da die Zeichen ∧ und ∨ unter sich gleich stark binden, sind einzelne Terme einzuklammern.

Die Schreibweise schaltalgebraischer Funktionen wird jedoch sehr viel einfacher und übersichtlicher, wenn die ersatzweise zulässigen Zeichen ·, + und ‾ verwendet werden und im Gegensatz zu DIN 66 000 in Anlehnung an die Algebra das UND-Verknüpfungszeichen stärker als das ODER-Verknüpfungszeichen bindet. Dann können auch in der Schaltalgebra die Regeln der Algebra (z. B. Punktrechnung geht vor Strichrechnung) angewendet werden. Eine Ausnahme bildet lediglich die Eingangskonfiguration mehrerer 1-Signale der ODER-Verknüpfung:

$$1 + 1 + \ldots + 1 = 1$$

Postulate

$0 \cdot 0 = 0$	$0 + 0 = 0$
$0 \cdot 1 = 0$	$0 + 1 = 1$
$1 \cdot 0 = 0$	$1 + 0 = 1$
$1 \cdot 1 = 1$	$1 + 1 = 1$

Beispiel:

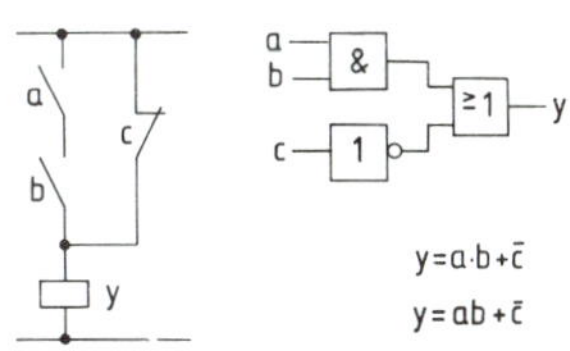

Klammernschreibweise

Für die Anwendung der Klammernschreibweise in der Schaltalgebra gelten die gleichen Regeln wie in der Algebra (s. S. 1-3).

Beispiel:

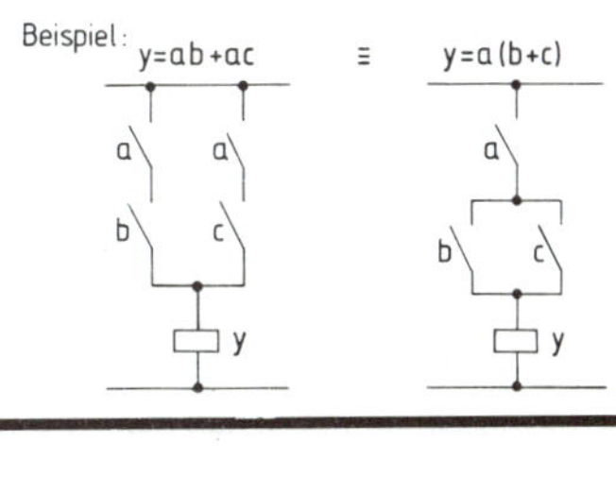

8.4 Digitaltechnik

Vereinfachungsregeln

Theoreme für eine Variable

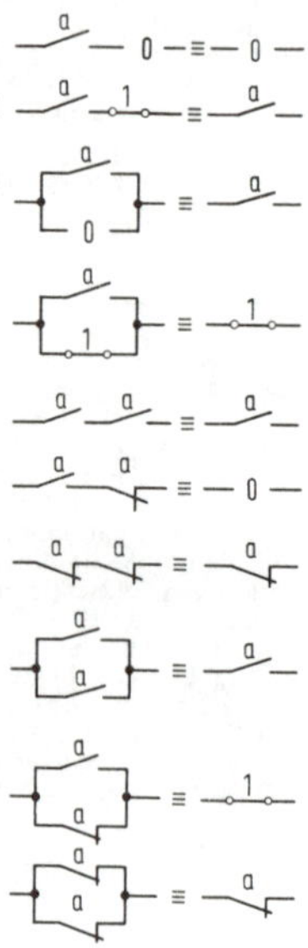

1. $a \cdot 0 = 0$
2. $a \cdot 1 = a$
3. $a + 0 = a$
4. $a + 1 = 1$
5. $a \cdot a = a$
6. $a \cdot \bar{a} = 0$
7. $\bar{a} \cdot \bar{a} = \bar{a}$
8. $a + a = a$
9. $a + \bar{a} = 1$
10. $\bar{a} + \bar{a} = \bar{a}$

Theoreme für zwei Variable

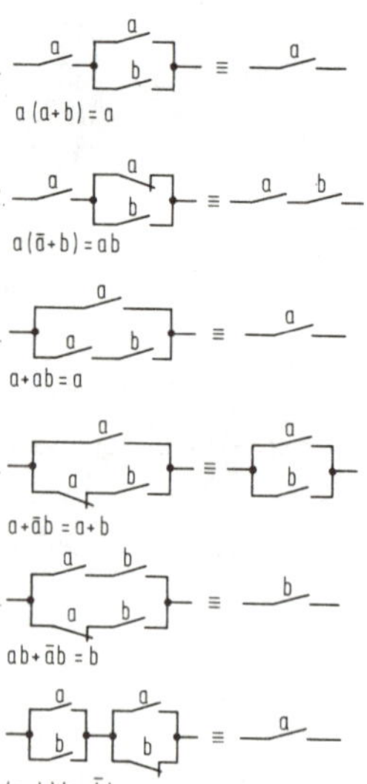

1. $a(a+b) = a$
2. $a(\bar{a}+b) = ab$
3. $a + ab = a$
4. $a + \bar{a}b = a + b$
5. $ab + \bar{a}b = b$
6. $(a+b)(a+\bar{b}) = a$

Theoreme für drei Variable

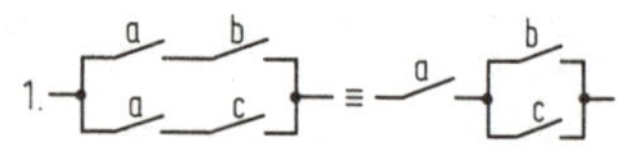

1. $a \cdot b + a \cdot c = a(b+c)$
2. $(a+b)(a+c) = a + bc$
3. $(a+b)(\bar{a}+c) = ac + \bar{a}b$

De Morgansche Theoreme

1. $\overline{a \cdot b} = \bar{a} + \bar{b}$
   $\overline{a \cdot b \cdot c \ldots n} = \bar{a} + \bar{b} + \bar{c} + \ldots + \bar{n}$
2. $\overline{a + b} = \bar{a} \cdot \bar{b}$
   $\overline{a + b + c + \ldots + n} = \bar{a} \cdot \bar{b} \cdot \bar{c} \ldots \bar{n}$

Diese beiden Theoreme sind insbesondere für die Realisierung von Schaltfunktionen mit NAND- und NOR-Gliedern wichtig.

Beispiel:

Die folgende Schaltung soll in eine gleichwertige Schaltung mit NAND- bzw. NOR-Gliedern umgewandelt werden.

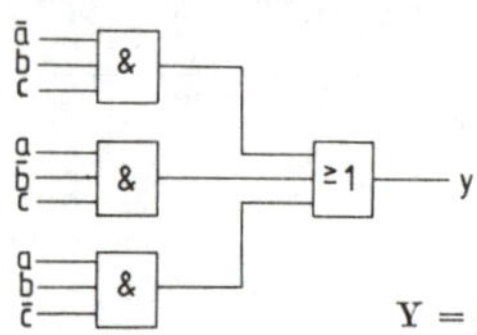

$Y = \bar{a}\,b\,c + a\,\bar{b}\,c + a\,b\,\bar{c}$

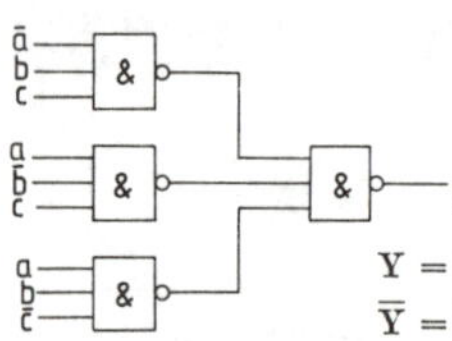

$Y = \bar{a}\,b\,c + a\,\bar{b}\,c + a\,b\,\bar{c}$

$\overline{Y} = \overline{\bar{a}\,b\,c + a\,\bar{b}\,c + a\,b\,\bar{c}}$

$\overline{Y} = \overline{\bar{a}\,b\,c} \cdot \overline{a\,\bar{b}\,c} \cdot \overline{a\,b\,\bar{c}}$

$Y = \overline{\overline{\bar{a}\,b\,c} \cdot \overline{a\,\bar{b}\,c} \cdot \overline{a\,b\,\bar{c}}}$

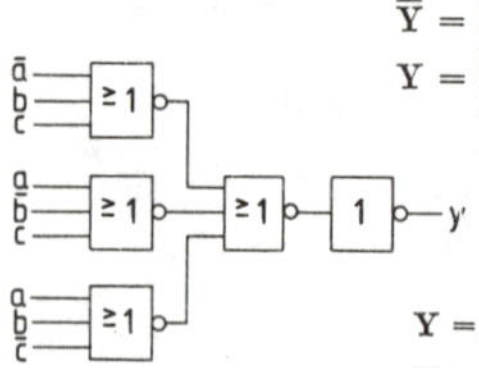

$Y = \bar{a}\,b\,c + a\,\bar{b}\,c + a\,b\,\bar{c}$

$Y = \overline{\overline{\bar{a}\,b\,c}} + \overline{\overline{a\,\bar{b}\,c}} + \overline{\overline{a\,b\,\bar{c}}}$

$Y = \overline{\bar{\bar{a}}+\bar{b}+\bar{c}} + \overline{\bar{a}+\bar{\bar{b}}+\bar{c}} + \overline{\bar{a}+\bar{b}+\bar{\bar{c}}}$

$Y = \overline{a+\bar{b}+\bar{c}} + \overline{\bar{a}+b+\bar{c}} + \overline{\bar{a}+\bar{b}+c}$

$Y = \overline{\overline{\overline{a+\bar{b}+\bar{c}} + \overline{\bar{a}+b+\bar{c}} + \overline{\bar{a}+\bar{b}+c}}}$

8

8.4 Digitaltechnik

8.4.5 Darstellung logischer Verknüpfungen

<table>
<tr><th>Benennung
Wahrheitstabelle
Funktionsgleichung</th><th>Logik-Symbol nach
DIN 40900 T12</th><th>pneumatische
Realisierung
nach ISO 1219</th><th>Stromlaufplan
nach DIN 40713</th></tr>
<tr><td>

UND (AND)

a	b	Q
0	0	0
0	1	0
1	0	0
1	1	1

$Q = a \cdot b$

</td><td>
</td><td>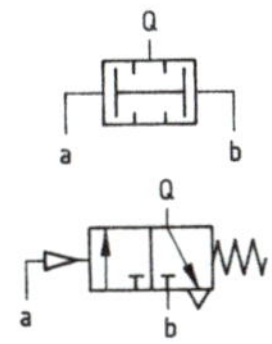
</td><td>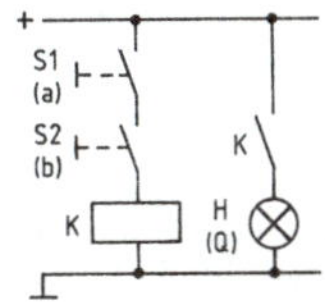
</td></tr>
<tr><td>

ODER (OR)

a	b	Q
0	0	0
0	1	1
1	0	1
1	1	1

$Q = a + b$

</td><td>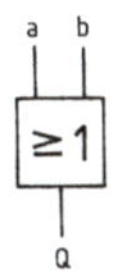
</td><td>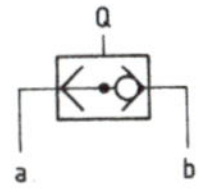
</td><td>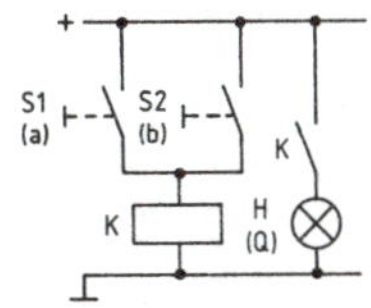
</td></tr>
<tr><td>

NICHT (NOT)

a	Q
0	1
1	0

$Q = \overline{a}$

</td><td>
</td><td>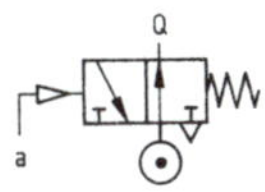
</td><td>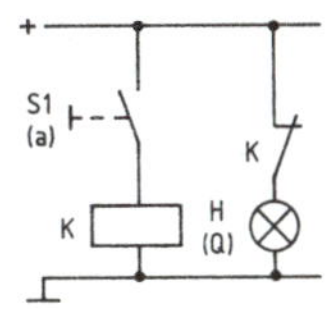
</td></tr>
<tr><td>

NAND

a	b	Q
0	0	1
0	1	1
1	0	1
1	1	0

$Q = \overline{a \cdot b}$

</td><td>
</td><td>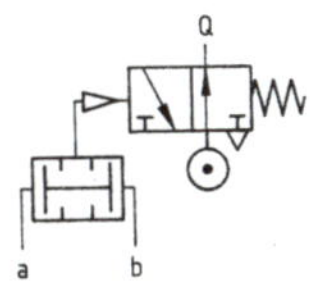
</td><td>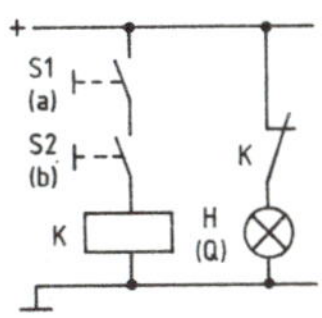
</td></tr>
<tr><td>

NOR

a	b	Q
0	0	1
0	1	0
1	0	0
1	1	0

$Q = \overline{a + b}$

</td><td>
</td><td>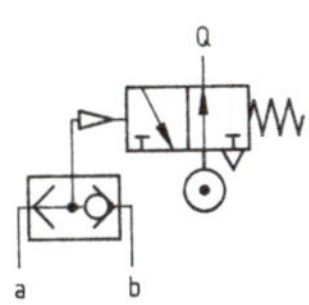
</td><td>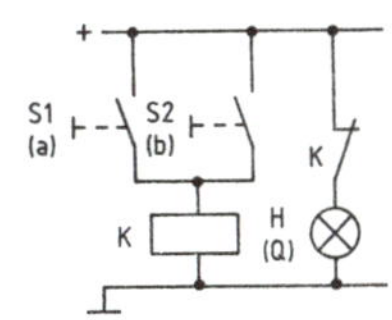
</td></tr>
<tr><td>

SPEICHER (Flip Flop)

S	R	Q	$\overline{Q}$
1	0	1	0
0	0	1	0
0	1	0	1
0	0	0	1

</td><td>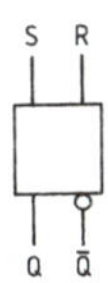
</td><td>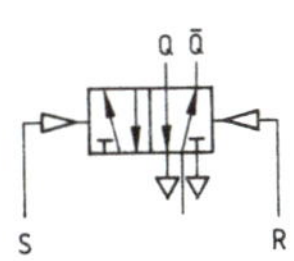
</td><td>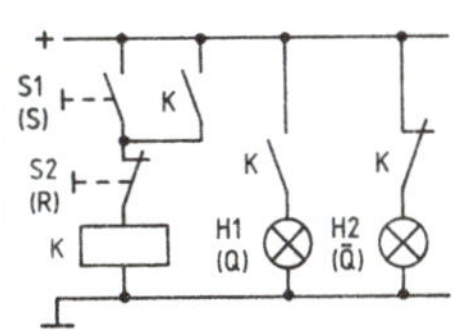
</td></tr>
</table>

8.4.6 Entwurf kombinatorischer Schaltungen

Die Ausgangswerte kombinatorischer Schaltungen sind in jedem Zeitpunkt eine Funktion der Eingangsvariablen. Der systematische Entwurf dieser Schaltungen umfaßt in der Regel die Schritte:

1. Problemerfassung in einer Wahrheitstabelle
2. Aufstellung der Funktionsgleichung(en)
3. Schaltungsvereinfachung (Minimierung)
4. Schaltungsrealisierung

In der Wahrheitstabelle wird jeder möglichen Eingangskonfiguration die zugehörige Ausgangskonfiguration so zugeordnet, daß:

a) jede Spalte die binären Werte eines Eingangs oder eines Ausgangs enthält,
b) jede Zeile eine Eingangskonfiguration mit der zugehörigen Ausgangskonfiguration enthält.

Die 2^n Eingangskonfigurationen einer Schaltung mit n Eingangsvariablen werden nach aufsteigenden Dualzahlen von 0 bis $2^n - 1$ angeordnet.

Beispiel:
Ein 1-Bit Volladdierer muß aus zwei einstelligen Dualzahlen a und b und einem evtl. vorhandenen Übertrag ü aus der vorhergehenden Stelle die Summe S und ggf. den Übertrag Ü für die nächste Stelle bilden.

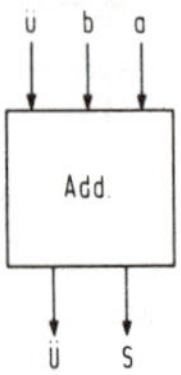

ü	b	a	S	Ü
0	0	0	0	0
0	0	1	1	0
0	1	0	1	0
0	1	1	0	1
1	0	0	1	0
1	0	1	0	1
1	1	0	0	1
1	1	1	1	1

Funktionsgleichung

Auf der Grundlage der Wahrheitstabelle lassen sich zwei Funktionsgleichungen ableiten, die die geforderte Verknüpfung der Eingangsvariablen gewährleisten: die disjunktive und die konjunktive Normalform. Hierzu wird die Wahrheitstabelle um je eine Spalte zur Bildung der Minterme und Maxterme erweitert. Minterme sind die konjunktive (UND-) Verknüpfung, Maxterme die disjunktive (ODER-) Verknüpfung aller Eingangsvariablen einer Eingangskonfiguration. Die disjunktive Normalform entsteht durch disjunktive (ODER-) Verknüpfung aller Minterme mit dem Funktionswert 1, die konjunktive Normalform durch konjunktive (UND-) Verknüpfung aller Maxterme mit dem Funktionswert 0.

Beispiel:
Es soll die Funktionsgleichung für die Übertragsbildung eines 1-Bit Volladdierers gebildet werden:

a	b	ü	Ü	Minterme	Maxterme
0	0	0	0	$\bar{a} \cdot \bar{b} \cdot \bar{\ddot{u}}$	$a + b + \ddot{u}$
0	0	1	0	$\bar{a} \cdot \bar{b} \cdot \ddot{u}$	$a + b + \bar{\ddot{u}}$
0	1	0	0	$\bar{a} \cdot b \cdot \bar{\ddot{u}}$	$a + \bar{b} + \ddot{u}$
0	1	1	1	$\bar{a} \cdot b \cdot \ddot{u}$	$a + \bar{b} + \bar{\ddot{u}}$
1	0	0	0	$a \cdot \bar{b} \cdot \bar{\ddot{u}}$	$\bar{a} + b + \ddot{u}$
1	0	1	1	$a \cdot \bar{b} \cdot \ddot{u}$	$\bar{a} + b + \bar{\ddot{u}}$
1	1	0	1	$a \cdot b \cdot \bar{\ddot{u}}$	$\bar{a} + \bar{b} + \ddot{u}$
1	1	1	1	$a \cdot b \cdot \ddot{u}$	$\bar{a} + \bar{b} + \bar{\ddot{u}}$

Disjunktive Normalform:
$$\ddot{U} = \bar{a} \cdot b \cdot \ddot{u} + a \cdot \bar{b} \cdot \ddot{u} + a \cdot b \cdot \bar{\ddot{u}} + a \cdot b \cdot \ddot{u}$$
Konjunktive Normalform:
$$\ddot{U} = (a + b + \ddot{u}) \cdot (a + b + \bar{\ddot{u}}) \cdot (a + \bar{b} + \ddot{u}) + (\bar{a} + b + \ddot{u})$$

8.4.7 Schaltungsvereinfachung (Minimierung)

Meist können die Normalformen durch Anwendung der Schaltalgebra (S. 8-42) oder tabellarischer Verfahren noch wesentlich vereinfacht und damit der Schaltungsaufwand verringert werden. Wegen der größeren Übersichtlichkeit und einfacheren Handhabung der disjunktiven Normalform gegenüber der konjunktiven Normalform wird bei der Minimierung in der Regel von der disjunktiven Normalform ausgegangen.

Algebraische Vereinfachung

Die schaltalgebraische Vereinfachung beruht im wesentlichen auf der Anwendung der Vereinfachungsregeln von S. 8-42, wie das folgende Beispiel zeigt:

Beispiel:
$$\ddot{U} = \bar{a} \cdot b \cdot \ddot{u} + a \cdot \bar{b} \cdot \ddot{u} + a \cdot b \cdot \bar{\ddot{u}} + a \cdot b \cdot \ddot{u}$$
$$\ddot{U} = \bar{a} \cdot b \cdot \ddot{u} + a \cdot \bar{b} \cdot \ddot{u} + a \cdot b \cdot \bar{\ddot{u}} + a \cdot b \cdot \ddot{u} + a \cdot b \cdot \ddot{u} + a \cdot b \cdot \ddot{u}$$
$$\ddot{U} = \bar{a} \cdot b \cdot \ddot{u} + a \cdot b \cdot \ddot{u} + a \cdot \bar{b} \cdot \ddot{u} + a \cdot b \cdot \ddot{u} + a \cdot b \cdot \bar{\ddot{u}} + a \cdot b \cdot \ddot{u}$$
$$\ddot{U} = b \cdot \ddot{u} \cdot (\bar{a} + a) + a \cdot \ddot{u} \cdot (\bar{b} + b) + a \cdot b \cdot (\bar{\ddot{u}} + \ddot{u})$$
$$\ddot{U} = b \cdot \ddot{u} \cdot (1) + a \cdot \ddot{u} \cdot (1) + a \cdot b \cdot (1)$$
$$\ddot{U} = b \cdot \ddot{u} + a \cdot \ddot{u} + a \cdot b$$

Nach dieser Vereinfachung sind nur noch drei UND-Glieder mit je zwei Eingängen und ein ODER-Glied mit drei Eingängen erforderlich. Soll die Schaltung mit Relais realisiert werden, so ist eine weitere Vereinfachung sinnvoll:
$$\ddot{U} = \ddot{u}\,(a + b) + \varepsilon \cdot b$$

Vereinfachung mittels Karnaugh-Tafel

Wie das vorhergehende Beispiel zeigt, setzt das rein mathematische Vereinfachungsverfahren intuitives Vorgehen voraus, was bei umfangreicheren Normalformen oft zu erheblichen Schwierigkeiten führt. Deshalb wurden systematische Verfahren entwickelt, von denen die Methode nach Karnaugh und Veitch am gebräuchlichsten ist. Eine Karnaugh-Veitch-Tafel, kurz K-V-Tafel genannt, enthält für jeden Minterm ein quadratisches Feld, insgesamt also 2^n Felder (n = Anzahl der Eingangsvariablen). Diese Felder werden bei einer geraden Anzahl von Eingangsvariablen schachbrettartig so angeordnet, daß zwei nebeneinanderliegende Felder einer Zeile oder einer Spalte sich immer nur im Binärwert einer Eingangsvariablen unterscheiden. Bei einer ungeraden Anzahl von Eingangsvariablen erhält der senkrechte oder waagerechte Rand eine Eingangsvariable weniger als der andere Rand.

a = 1 (Spalten 3 und 4); b = 1 (Spalten 2 und 3); c = 1 (Zeilen 3 und 4); d = 1 (Zeilen 2 und 3)

$\bar{a}\bar{b}\bar{c}\bar{d}$	$\bar{a}b\bar{c}\bar{d}$	$ab\bar{c}\bar{d}$	$a\bar{b}\bar{c}\bar{d}$
$\bar{a}\bar{b}\bar{c}d$	$\bar{a}b\bar{c}d$	$ab\bar{c}d$	$a\bar{b}\bar{c}d$
$\bar{a}\bar{b}cd$	$\bar{a}bcd$	$abcd$	$a\bar{b}cd$
$\bar{a}\bar{b}c\bar{d}$	$\bar{a}bc\bar{d}$	$abc\bar{d}$	$a\bar{b}c\bar{d}$

↓

c d \ a b	0 0	0 1	1 1	1 0
0 0				
0 1				
1 1				
1 0				

8.4 Digitaltechnik

In die einzelnen Felder wird der Binärwert der Ausgangsvariablen (Funktionswert des entsprechenden Minterms) eingetragen, wobei die Eintragung von Nullen auch entfallen kann.

a	b	ü	Ü
0	0	0	0
0	0	1	0
0	1	0	0
0	1	1	1
1	0	0	0
1	0	1	1
1	1	0	1
1	1	1	1

→

ü \ a b	0 0	0 1	1 1	1 0
0	0	0	1	0
1	0	1	1	1

Zwei Felder, die sich nur im Binärwert einer Eingangsvariablen unterscheiden, werden als **benachbart** oder **Nachbarfelder** bezeichnet. In diesem Sinne sind auch die Randfelder einer Zeile oder einer Spalte benachbart.

Steht in zwei benachbarten Feldern eine 1, so ist die Ausgangsvariable unabhängig von der Eingangsvariablen, die in dem einen Feld negiert, im anderen nicht negiert ist. Übrig bleibt ein UND-Ausdruck der beiden Feldern gemeinsamen Eingangsvariablen.

Die Übersichtlichkeit wird größer, wenn benachbarte Felder mit einer 1 durch Umrandung zu einer sogenannten Zweierschleife, auch Zweierblock genannt, zusammengefaßt werden. Dabei darf ggf. jedes Feld in mehrere Schleifen einbezogen werden.

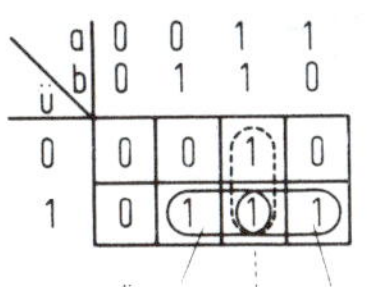

$Ü = b \cdot ü + a \cdot b + a \cdot ü$

Können vier oder acht Nachbarfelder zu einer Schleife zusammengefaßt werden, so ist die Ausgangsvariable innerhalb dieser Schleifen von zwei bzw. drei Eingangsvariablen unabhängig.

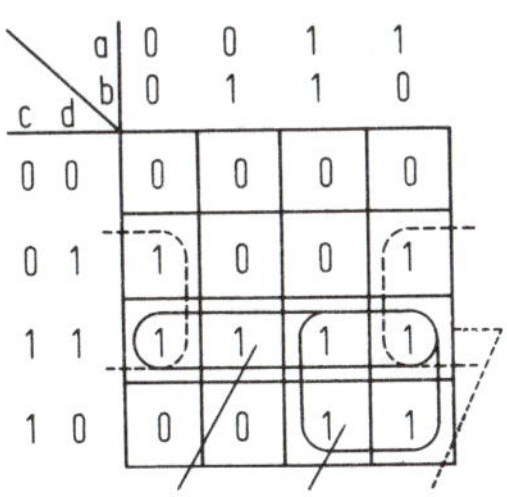

$Y = c \cdot d + a \cdot c + \bar{b} \cdot d$

Eine K-V-Tafel für fünf Eingangsvariable läßt sich durch spiegelbildliches Aneinanderlegen zweier K-V-Tafeln für vier Eingangsvariable bilden. In einer so gebildeten Tafel unterscheiden sich symmetrisch zu den Anlegekanten (im folgenden Beispiel als Doppellinie gezeichnet) liegende Felder nur im Binärwert einer Eingangsvariablen und sind folglich ebenfalls Nachbarfelder.

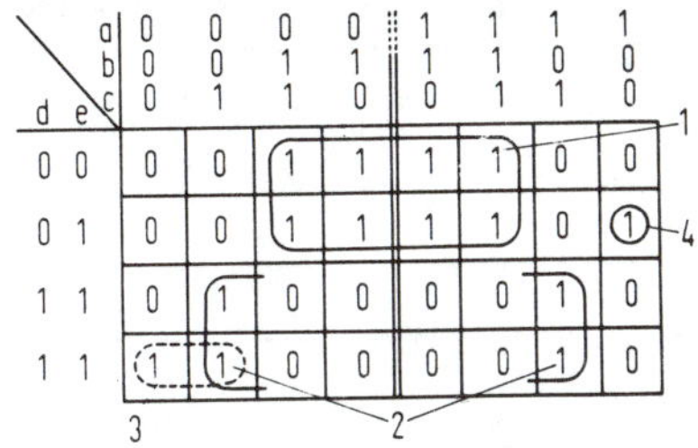

1 2 3 4

$Y = b \cdot \bar{d} + \bar{b} \cdot c \cdot d + \bar{a} \cdot \bar{b} \cdot d \cdot e + a \cdot \bar{b} \cdot \bar{c} \cdot \bar{d} \cdot e$

$Y = b \cdot \bar{d} + \bar{b} \cdot d\,(c + \bar{a} \cdot e) + a \cdot \bar{b} \cdot \bar{c} \cdot \bar{d} \cdot e$

$Y = b \cdot \bar{d} + \bar{b} \cdot d\,(c + \bar{a} \cdot e) + a \cdot \bar{c} \cdot \bar{d} \cdot e$

Eine K-V-Tafel für sechs Eingangsvariable entsteht durch senkrechtes spiegelbildliches Aneinanderlegen zweier K-V-Tafeln für fünf Eingangsvariable.

Komplexe Schaltungen mit mehr als sechs Eingangsvariablen werden zweckmäßigerweise in Teilschaltungen mit einer kleineren Anzahl von Eingangsvariablen zerlegt, weil Nachbarfelder in Tafeln mit mehr als sechs Eingangsvariablen z. T. nur noch schwer zu erkennen sind.

Entsprechend den 1-Feldern bei der Minterm-Methode lassen sich bei der **Maxterm-Methode** alle benachbarten 0-Felder zusammenfassen. Dabei werden die Eingangsvariablen einzelner Felder oder Schleifen durch ODER-Funktion und die Felder und Schleifen untereinander mittels UND-Funktion verknüpft. Zusätzlich ist eine Negation der Eingangsvariablen erforderlich, weil Maxterme erfaßt werden.

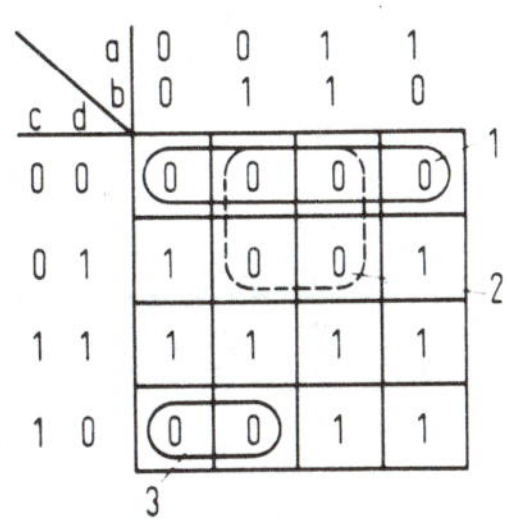

$Y = (c + d) \cdot (\bar{b} + c) \cdot (a + \bar{c} + d)$

Berücksichtigung von Redundanzen

Häufig können bestimmte Eingangskonfigurationen, z. B. gleichzeitige Betätigung mehrerer Stockwerksendschalter eines Fahrstuhls, nicht auftreten. Solche überflüssigen (redundanten) Verknüpfungen werden durch ein Kreuz im entsprechenden Feld der K-V-Tafel (don't care position) eingetragen und sind bei der Schleifenbildung zwecks Minimierung frei verfügbar, z. B.:

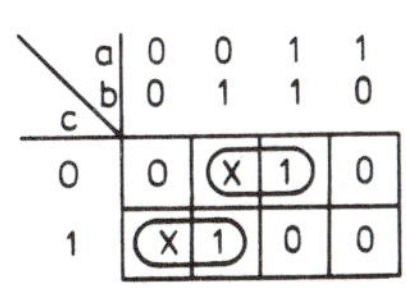

$Y = b \cdot \bar{c} + \bar{a} \cdot c$

8

8.4 Digitaltechnik

8.4.8 Kippglieder

In sequentiellen Schaltungen wird der Binärwert der Ausgangsvariablen nach (t_{n+1}) einer Änderung des Binärwertes der Eingangsvariablen zusätzlich vom inneren Zustand der Schaltung vor (t_n) der Änderung bestimmt.

Wesentlicher Bestandteil sequentieller Schaltungen sind bistabile Elemente, auch Flipflops, bistabile Kippglieder, Impulsspeicher, bistabile Kippstufen oder bistabile Multivibratoren genannt.

RS-Kippglied

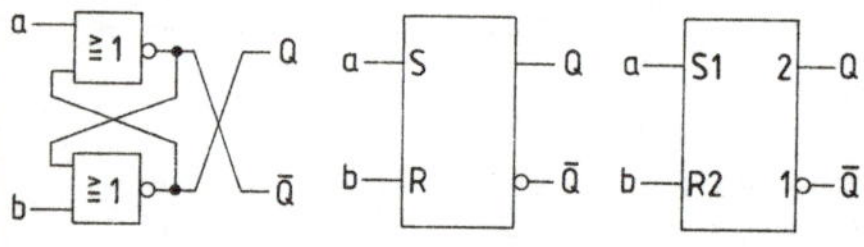

a	b	Q	Q̄
0	0	unverändert	
1	0	1	0
0	1	0	1
1	1	1	1

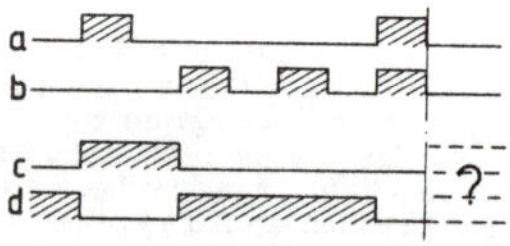

Das RS-Kippglied, auch Basiskippglied oder asynchrones Kippglied genannt, spricht unmittelbar auf Eingangssignalwechsel an. Es entsteht z. B. durch Zusammenschalten zweier NOR-Glieder.

Das RS-Kippglied wird mit einem 1-Signal am Setzeingang S gesetzt und mit einem 1-Signal am Rücksetzeingang R zurückgesetzt. Liegt an beiden Eingängen ein 0-Signal, so bleibt der Ausgangszustand erhalten.

Liegt an beiden Eingängen gleichzeitig ein 1-Signal, so entsteht ein pseudostabiler Ausgangszustand. Der gleichzeitige Rückgang der Eingangssignale a und b von 1 nach 0 erzeugt ein nicht vorhersehbares stabiles und komplementäres Ausgangsmuster. Die Beschriftung des rechten Schaltzeichens ist ein Hinweis auf diesen pseudostabilen Ausgangszustand.

Kippglied mit dominierendem Eingang

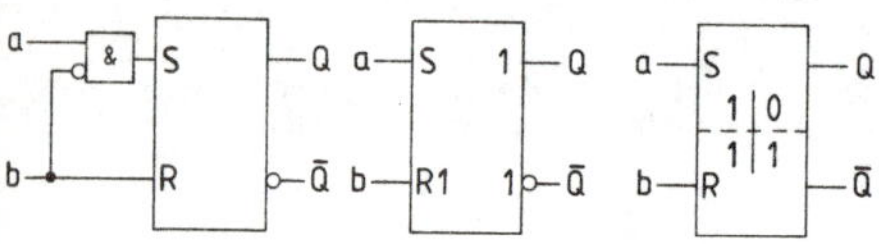

DIN 40 700
Teil 14 (7.76)

Setzen und Rücksetzen erfolgen wie bei einem RS-Kippglied. Befinden sich jedoch beide Eingänge gleichzeitig im internen 1-Zustand, so nimmt das Kippglied den internen 0-Zustand an.

Kippglied mit Grundstellung

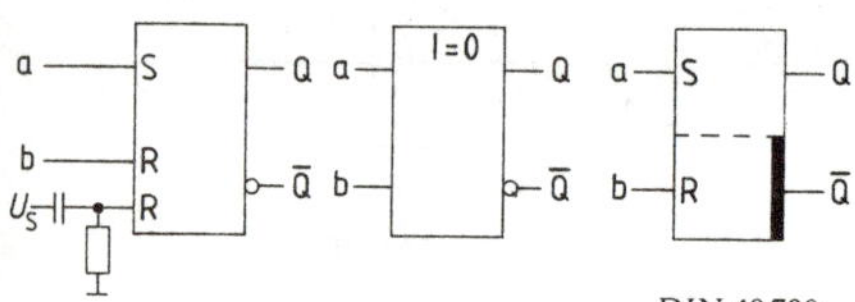

DIN 40 700
Teil 14 (7.76)

Nimmt ein Kippglied durch interne Schaltungsmaßnahmen oder durch einen Richtimpuls beim Einschalten der Versorgungsspannung einen bestimmten internen Zustand an – hier 0 –, so kann dies durch eine entsprechende Eintragung im Schaltzeichen gekennzeichnet werden.

Anmerkung: Die beiden R-Eingänge sind durch ODER verknüpft.

Einzustandsgesteuertes Kippglied
(latch)

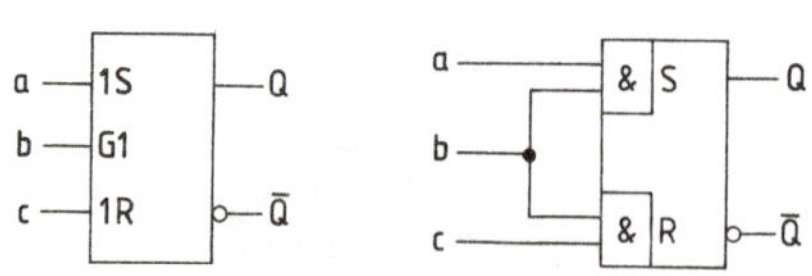

Antivalente Signale an den Eingängen 1 S und 1 R, jetzt Vorbereitungseingänge genannt, können nur wirksam werden, wenn am Eingang G 1 (Gate = Tor) gleichzeitig ein 1-Signal anliegt.

Entsprechend den Eingangsbezeichnungen und wirksamen Pegeln wird dieses Kippglied auch als $R_G S_G$(L)-Kippglied bezeichnet. Andere Varianten einzustandsgesteuerter Kippglieder sind z. B. das $R_{\bar{G}} S_{\bar{G}}$(L)-, das $\bar{R}_G \bar{S}_G$(H)- und das $\bar{R}_{\bar{G}} \bar{S}_{\bar{G}}$(H)-Kippglied.

Anmerkung: Anstelle der Bezeichnung G ist auch die Bezeichnung C (Clock = Uhr = Takt) zulässig.

8.4 Digitaltechnik

Zweizustandsgesteuertes Kippglied
(pulse-triggered bistable)

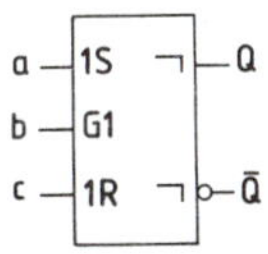

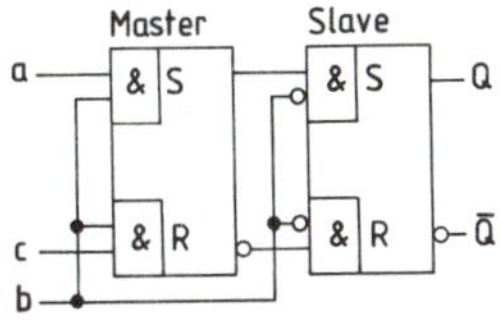

Hat die Eingangsvariable b den Wert 1, so übernimmt das Master-Kippglied die Werte der Eingangsvariablen a und c. Nimmt die Eingangsvariable b anschließend den Wert 0 an, so übernimmt das Slave-Kippglied die Information des Master-Kippgliedes.

Anmerkung: Anstelle der Bezeichnung G ist auch die Bezeichnung C (Clock = Uhr = Takt) zulässig.

Flankengesteuerte Kippglieder

In Zähler- und Registerschaltungen muß ein Kippglied häufig bereits am Eingang eine neue Information übernehmen, während am Ausgang noch die alte Information ausgelesen wird.

Dies setzt eine Zwischenspeicherung voraus, die beim einflankengesteuerten Kippglied dynamisch und beim zweiflankengesteuerten Kippglied statisch erfolgt.

Einflankengesteuertes Kippglied
(edge-triggered bistable)

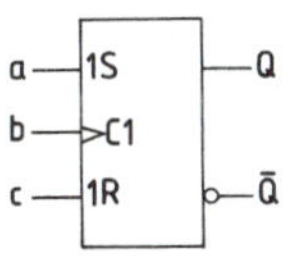

Auslösung mit dem 1-0-Übergang des Taktimpulses

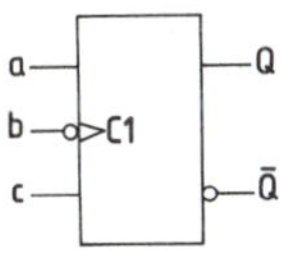

Auslösung mit dem 0-1-Übergang des Taktimpulses

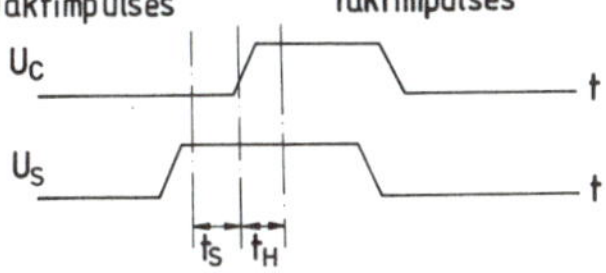

Die Vorbereitungseingänge 1 S und 1 R sind nur während der auslösenden Flanke (meist der 1-0-Übergang, auch negative Flanke genannt) des Taktimpulses am Eingang C wirksam. Damit es zu keinem Fehlverhalten des Kippgliedes kommt, darf die Information an den Vorbereitungseingängen 1 S und 1 R während der Setzzeit (set up time) t_S und der Haltezeit (hold time) t_H nicht geändert werden; außerdem muß das Taktsignal mindestens während der Haltezeit t_H den Wert 1 beibehalten.

Die Flankensteilheit des einflankengesteuerten Kippgliedes, auch $R_T S_T$-Kippglied genannt, darf einen Mindestwert nicht unterschreiten.

Zweiflankengesteuertes Kippglied
(data-lock-out bistable)

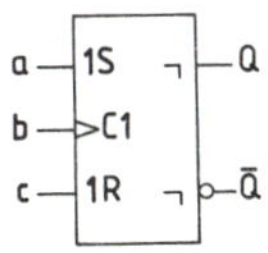

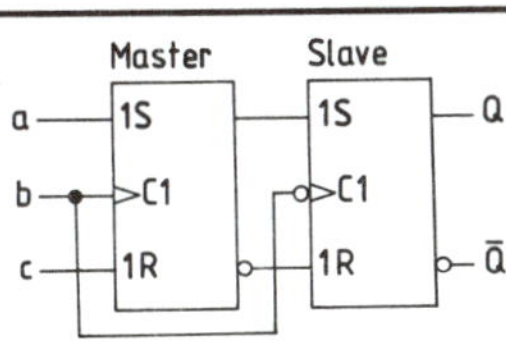

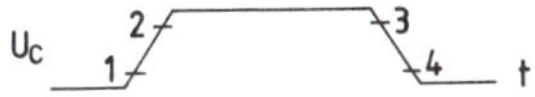

Das zweiflankengesteuerte Kippglied kann man mit beliebig langsam ansteigenden und abfallenden Taktimpulsflanken betreiben. Es benötigt keine Setzzeit t_S vor dem Eintreffen des Taktimpulses und keine Haltezeit t_H nach der Informationsübernahme in das Master-Kippglied. Es kann jedoch solange über die Vorbereitungseingänge S und R gestört werden, wie am Takteingang C ein 1-Signal anliegt.

JK-Kippglied

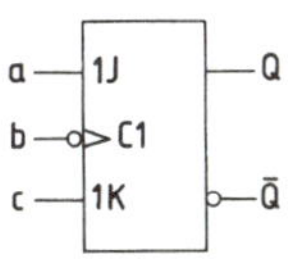

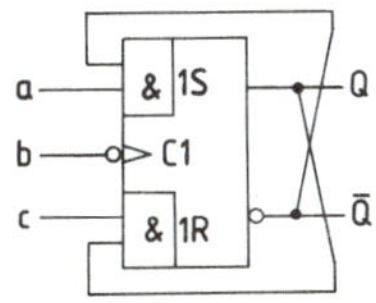

Infolge der inneren Rückführung öffnet der Taktimpuls immer nur das UND-Glied, dessen zweiter Eingang vom Ausgang her ein 1-Signal erhält. Liegt an beiden Vorbereitungseingängen J und K gleichzeitig ein 1-Signal an, so wirkt das JK-Kippglied wie ein Binärteiler, d.h., daß jede wirksame Taktflanke einen Wechsel der Ausgangssignale zur Folge hat. Bei allen anderen Eingangskonfigurationen wirkt es wie ein einflankengesteuertes RS-Kippglied.

Das JK-Kippglied ist auch zweiflankengesteuert erhältlich.

8

8.4 Digitaltechnik

8.4.9 Zähler und Register

Asynchrone Schaltungstechnik

In einer asynchronen Schaltung wird nur ein Teil der Kippglieder vom Zähltakt gesteuert, während die anderen Kippglieder seriell (nacheinander) von einem davorliegenden Kippglied angesteuert werden.

Um einen asynchronen 2^n-Teiler zu erhalten, werden n Kippglieder so hintereinander geschaltet, daß der Ausgang jeweils mit dem Eingang des folgenden Kippgliedes verbunden ist.

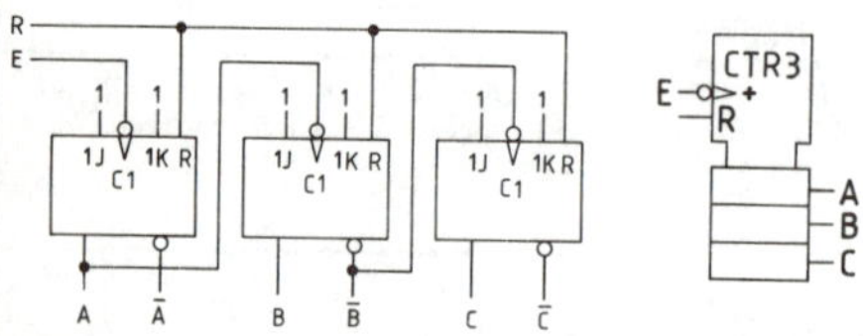

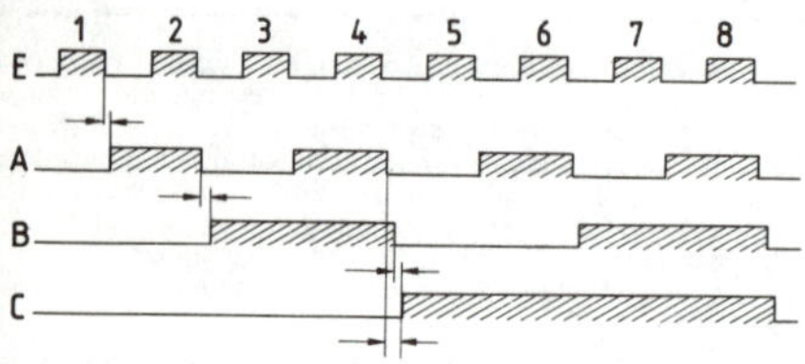

Der Schaltungsaufwand asynchroner Schaltungen ist gegenüber synchronen Schaltungen geringer.

Diesem Vorteil stehen erhebliche Nachteile gegenüber. So werden z. B. nach dem 8. Zählimpuls des asynchronen 2^3-Teilers die Ausgangskonfigurationen ABC, $\bar{A}$BC und $\bar{A}\bar{B}$C durchlaufen, bis sich der definierte Ausgangszustand $\bar{A}\bar{B}\bar{C}$ einstellt. Der Zählerstand darf erst decodiert werden, wenn alle Umschaltvorgänge abgelaufen sind; bei n Kippgliedern also zum Teil nach n Kippgliedschaltzeiten, was zu einer Herabsetzung der zulässigen Betriebsfrequenz führt.

Um den Schaltungsaufwand, insbesondere der Decodierung zu begrenzen, werden Zähler meist nach dem Dezimalsystem organisiert, wobei die einzelnen Dekaden binär codiert (BCD = **B**inär **C**odierte **D**ezimalziffer) sind.

Der Ausgang D liefert auch den Übertrag für die nächste Dekade.

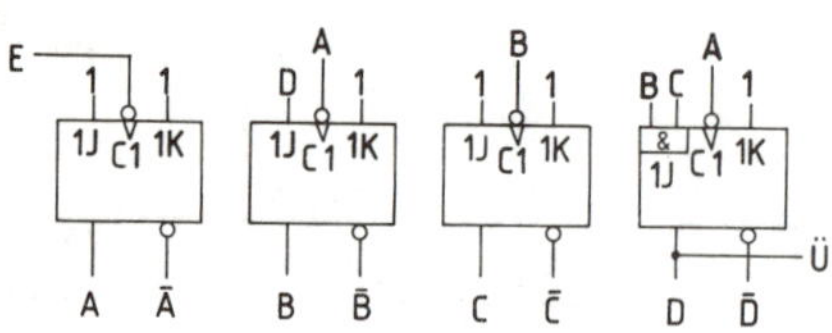

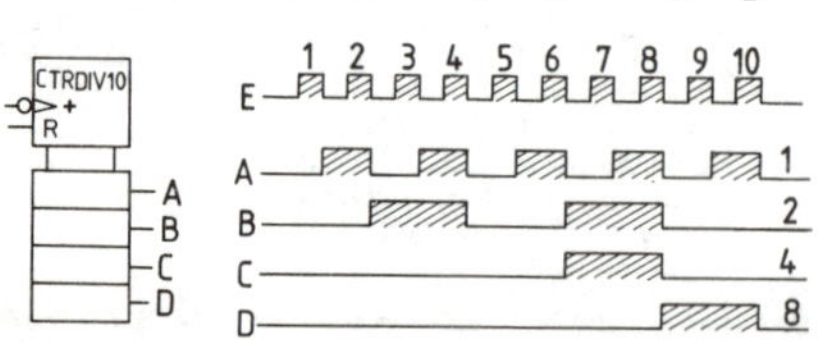

Synchrone Schaltungstechnik

In synchronen Schaltungen sind die Takteingänge aller Kippglieder verbunden, so daß die Umschaltung aller an einem Schaltvorgang beteiligten Kippglieder synchron (gleichzeitig) erfolgt. Die Kippgliedverzögerungszeit tritt nur noch einmal auf, so daß die zulässige Betriebsfrequenz höher ist. Die Störsicherheit ist größer als bei asynchronen Schaltungen, weil die Vorbereitungseingänge nur kurzzeitig von der wirksamen Taktflanke freigegeben werden.

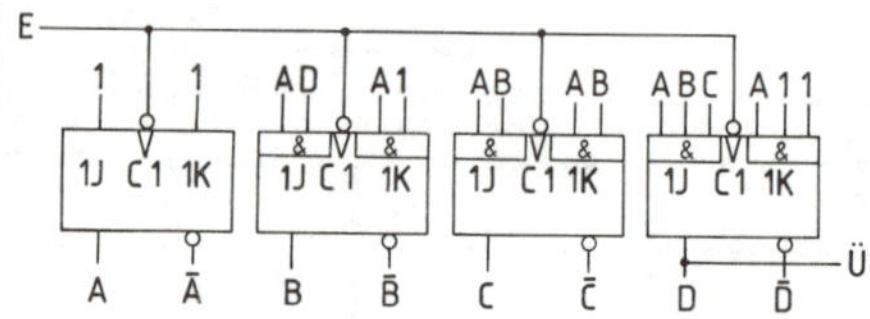

Bei Vernachlässigung der Kippgliedschaltzeiten stimmt das Impulsdiagramm des synchronen BCD-Zählers mit 8421-Code mit dem Impulsdiagramm des asynchronen BCD-Zählers mit 8421-Code überein.

Das **Schieberegister** ist eine Kettenschaltung, in der das gemeinsame Taktsignal die in den Kippgliedern gespeicherte Information je nach Zusammenschaltung um eine Stelle nach links oder rechts verschiebt.

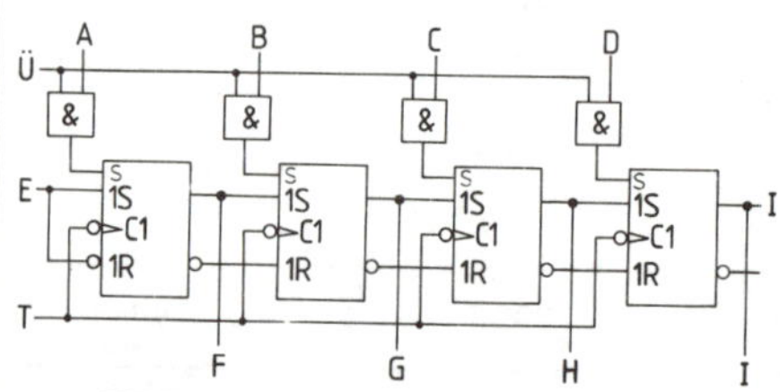

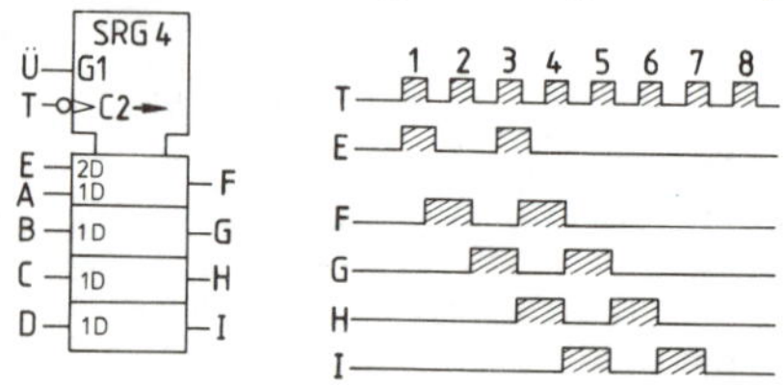

Ein 4-Bit-Wort kann mit 4 Taktimpulsen seriell (nacheinander) über den Eingang E in ein 4-Bit-Schieberegister hineingeschoben und anschließend an den Ausgängen F bis I parallel (gleichzeitig) abgefragt werden. Mit 4 weiteren Taktimpulsen wird das gespeicherte Wort zum Ausgang I seriell hinausgeschoben. Ein an die Eingänge A bis D parallel angelegtes 4-Bit-Wort kann jedoch auch mit einem Impuls am Eingang Ü parallel übernommen werden.

Wird der Ausgang I mit dem Eingang E verbunden, so erhält man ein **Ringschieberegister**. Eine einmal eingespeicherte Information kann ringförmig (endlos) weitergeschoben werden.

8.5 Regelungstechnik

8.5.1 Grundbegriffe der Regelungstechnik

Nach DIN 19226 ist „das Regeln beziehungsweise die Regelung ein Vorgang, bei dem die zu regelnde Größe (Regelgröße) fortlaufend erfaßt, mit der Führungsgröße verglichen und abhängig vom Ergebnis dieses Vergleichs im Sinne einer Angleichung an die Führungsgröße beeinflußt wird. Der sich dabei ergebende Wirkungsablauf findet in einem geschlossenen Kreis, dem Regelkreis, statt."

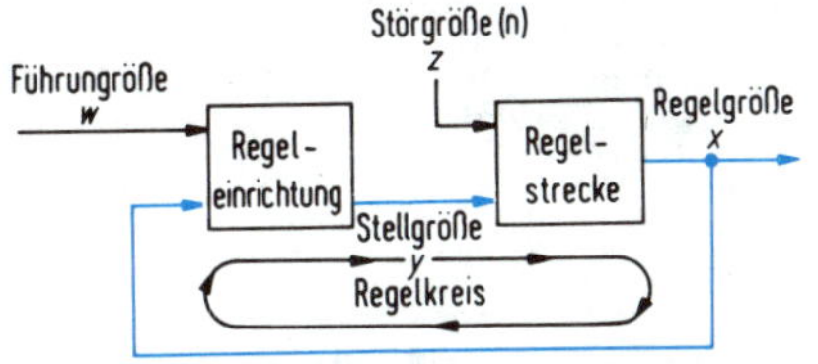

Das Beispiel zeigt eine Wasserstandsregelung. Regelstrecke ist der Wasserbehälter, Regelgröße der Wasserstand. Im Beharrungszustand des Regelkreises sind die Istwerte der Regel- und Stellgröße (Schieberstellung in der Zuleitung) sowie der Störgrößen (Änderung des Wasserdrucks in der Zuleitung und der Abflußmenge) im Gleichgewicht; die Wasserstandshöhe im Behälter ist konstant. Wird z. B. infolge eines Druckabfalls in der Zuleitung die zufließende Wassermenge kleiner als die abfließende, so sinkt der Flüssigkeitsstand; der Schwimmer (Meßglied) öffnet über einen Hebel das Eingangsventil (Stellglied) und erhöht damit die zufließende Wassermenge. Mit steigendem Wasserstand verringert die Regeleinrichtung den Zufluß so lange, bis zu- und abfließende Wassermenge wieder im Gleichgewicht sind und der ursprüngliche Wasserstand wieder nahezu erreicht ist.

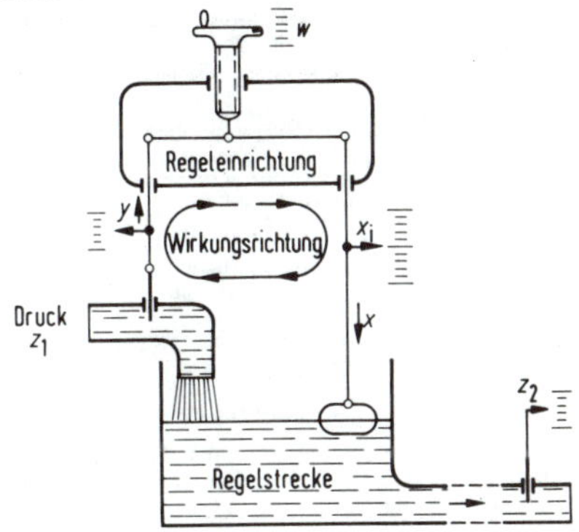

Regelungstechnische Begriffe und Bezeichnungen

Begriff und Formelzeichen		Definition nach DIN 19226 (5.68)
Führungsgröße	w	Eine der Regeleinrichtung von außen zugeführte und von der Regelung unbeeinflußte Größe, der die Regelgröße in einer vorgegebenen Abhängigkeit folgen soll.
Führungsbereich	W_h	Bereich, innerhalb dessen die Führungsgröße liegen kann.
Regeleinrichtung		(Auch Einrichtung oder Regler genannt) Die gesamte Einrichtung, die über das Stellglied aufgabengemäß (meist Konstanthaltung der Regelgröße) auf die Strecke einwirkt.
Regelkreis		Alle Glieder des geschlossenen Wirkungsablaufs der Regelung bilden den Regelkreis (Zusammenschaltung von Regelstrecke und Regeleinrichtung).
Regelstrecke		(Auch Strecke genannt) Der gesamte Teil der Anlage, in dem die Regelgröße aufgabengemäß (meist Konstanthaltung) beeinflußt wird.
Regelgröße	x	Größe, die in der Regelstrecke konstant gehalten oder nach einem vorgegebenen Programm beeinflußt werden soll.
Regelbereich	X_h	Bereich, innerhalb dessen die Regelgröße unter Berücksichtigung der zulässigen Grenzen der Störgrößen eingestellt werden kann, ohne die Funktionsfähigkeit der Regelung zu beeinträchtigen.
Istwert der Regelgröße	x_i	Der tatsächliche Wert der Regelgröße im betrachteten Zeitpunkt.
Sollwert der Regelgröße	x_s	Der angestrebte Wert der Regelgröße im betrachteten Zeitpunkt.
Regelabweichung[1])	x_w	Die Differenz zwischen Regelgröße und Führungsgröße $x_w = x - w$. Die negative Regelabweichung wird als Regeldifferenz bezeichnet $x_d = w - x = -x_w$.
Stellgröße	y	Sie überträgt die steuernde Wirkung der Regeleinrichtung auf die Regelstrecke.
Stellbereich	Y_h	Bereich, innerhalb dessen die Stellgröße einstellbar ist.
Stellglied		Am Eingang der Strecke liegendes Glied, das dort den Masse- oder Energiestrom entsprechend der Stellgröße beeinflußt.
Störgröße	z	Von außen auf den Regelkreis einwirkende Störungen, die die Regelgröße ungewollt beeinträchtigen.
Störbereich	Z_h	Bereich, innerhalb dessen die Störgröße liegen darf, ohne daß die Funktionsfähigkeit der Regelung beeinträchtigt wird.

[1]) Anmerkung: nach DIN 19221 (2.81) wird anstelle der Regelabweichung die Regeldifferenz $e = w - x$ verwendet.

8.5 Regelungstechnik

8.5.2 Zeitverhalten von Regelkreisgliedern

Um das oft komplizierte Zusammenwirken von Regelstrecke und Regeleinrichtung zu verstehen und zu optimieren, ist es sinnvoll, den Regelkreis längs des Wirkungsweges in gleichberechtigte, rückwirkungsfreie Glieder – wobei Regelstrecke und Regeleinrichtung ebenfalls aus solchen Gliedern zusammengesetzt sein können – zu unterteilen.

Ein solches Regelkreisglied kann im einfachsten Fall durch ein Rechteck, Block genannt, mit einem Eingangssignal u und einem Ausgangssignal v dargestellt werden.

Die zeitliche Abhängigkeit des Ausgangssignals v vom Eingangssignal u, auch Signalübertragungsverhalten oder kurz Übertragungsverhalten genannt, läßt sich am einfachsten mittels der Sprungantwort beschreiben.

Sprungantwort oder Übergangsfunktion

Die Sprungantwort ist der zeitliche Verlauf der Ausgangsgröße v nach einer sprungartigen Änderung der Eingangsgröße u.

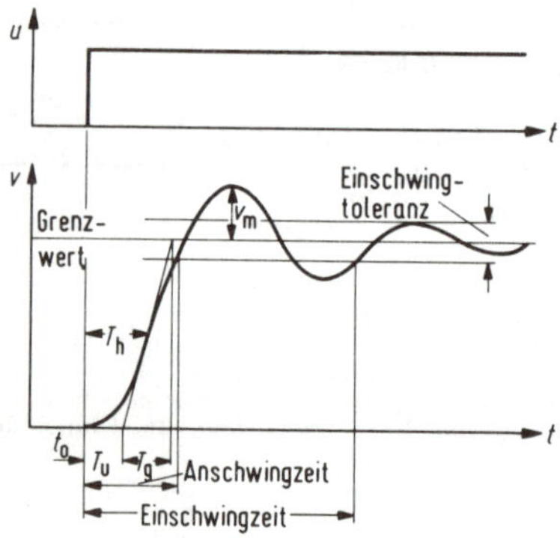

Hat die Sprungantwort für alle $t \geq t_0$ das gleiche Vorzeichen und strebt sie für $t \to \infty$ gegen einen von Null verschiedenen endlichen Grenzwert, so lassen sich folgende Kennwerte bestimmen:

Die **Verzugszeit** T_u, bestimmt durch den Punkt t_0 und den Schnittpunkt der ersten Wendetangente mit der Zeitachse;

die **Ausgleichszeit** T_g, bestimmt durch die Schnittpunkte der ersten Wendetangente mit der Zeitachse und der Abszissenparallele durch den Grenzwert;

die **Halbwertszeit** T_h; sie endet, wenn die Sprungantwort erstmalig den halben Grenzwert erreicht;
die **Anschwingzeit** vergeht vom Zeitpunkt t_0 an bis die Sprungantwort erstmalig eine der Grenzen der Einschwingtoleranz überschreitet;

die **Einschwingzeit** ist beendet, wenn die Sprungantwort letztmalig eine der Grenzen der Einschwingtoleranz überschreitet;

die **Einschwingtoleranz** ist die Differenz der zulässigen größten und kleinsten Abweichung der Sprungantwort vom Grenzwert;

die **Überschwingweite** V_m gibt die maximale Abweichung der Sprungantwort vom Grenzwert nach dem erstmaligen Überschreiten einer der Grenzen der Einschwingtoleranz an.

Wird die Sprungantwort auf die Sprunghöhe der Eingangsgröße bezogen, so entsteht die bezogene Sprungantwort, Übergangsfunktion $h(t) = v(t)/u(t)$ genannt.

Die Sprungantwort bzw. Übergangsfunktion läßt sich meist mit geringem Aufwand experimentell ermitteln.

Zusammenschaltung von Regelkreisgliedern

Verzweigt sich eine Wirkungslinie in mehrere weiterlaufende Wirkungslinien, wobei das ursprüngliche Signal nach wie vor nicht beeinflußt wird, so wird die Verzweigungsstelle durch einen Punkt mit einem Durchmesser von dreifacher Strichdicke dargestellt.

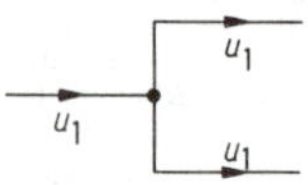

Ein Kreis mit einem Minuszeichen kennzeichnet die alleinige Vorzeichenumkehr eines Signals.

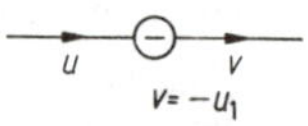

Addieren sich mehrere Signale an einer Verzweigungs- oder Verbindungsstelle, so kann die Additionsstelle anstelle eines Blocks durch einen Kreis dargestellt werden. Dabei können die Pluszeichen entfallen.

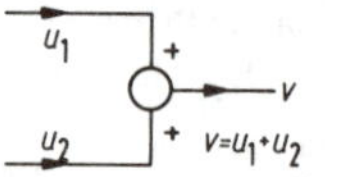

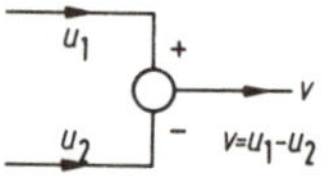

Der wirkungsmäßige Zusammenhang zwischen Ein- und Ausgangssignal kann z. B. mittels Gleichung, oder qualitativer zeichnerischer Darstellung, z. B. der Übergangsfunktion, genauer gekennzeichnet werden.

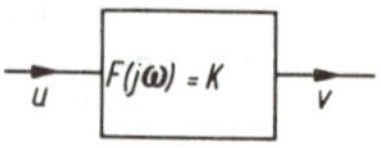

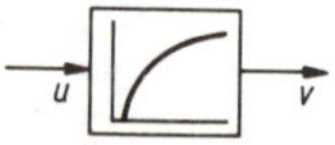

8.5.3 Regelstrecken

Die Auswahl einer geeigneten Regeleinrichtung und deren optimale Einstellung setzt genaue Angaben über das Beharrungsverhalten und dynamische Verhalten der Regelstrecke voraus. Meist sind diese Kennwerte nur experimentell zu ermitteln und wenig beeinflußbar.

Regelstrecken mit Ausgleich

Bei einer Regelstrecke mit Ausgleich strebt die Regelgröße x nach einer bestimmten Stellgrößenänderung Δy oder Störgrößenänderung Δz einem bestimmten neuen Endwert, Beharrungszustand genannt, zu.

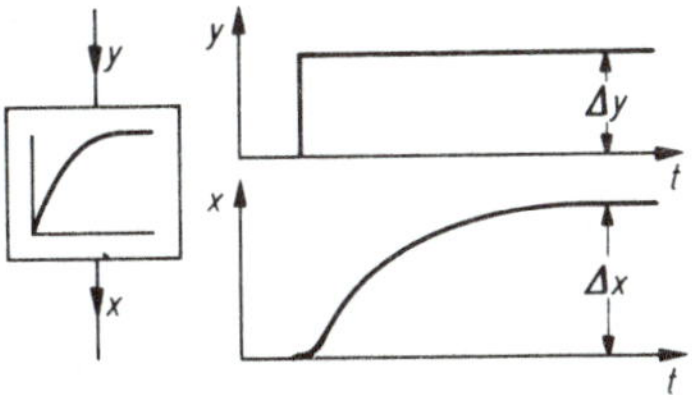

Kennzeichnende Größe ist der Übertragungsbeiwert der Regelstrecke im Beharrungszustand K_S, häufig auch Verstärkung der Regelstrecke genannt, bzw. der reziproke Wert von K_S, Ausgleichswert der Regelstrecke Q genannt, bei konstanten Werten der Störgrößen.

$$K_S = \frac{\Delta x}{\Delta y} \qquad Q = \frac{1}{K_S} = \frac{\Delta y}{\Delta x}$$

Je kleiner K_S bzw. je größer Q ist, um so besser ist die „Selbstregeleigenschaft" der Strecke und um so leichter läßt sie sich regeln.

K_S und Q lassen sich für verschiedene Arbeitspunkte und Störgrößenwerte aus dem Strecken-Kennlinienfeld ermitteln.

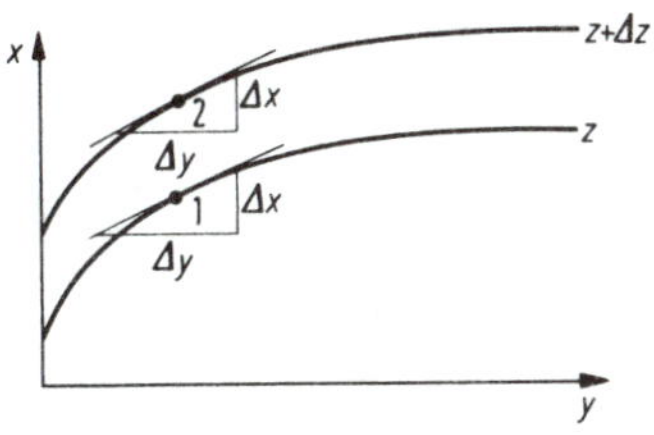

Für die Berechnung werden die meist gekrümmten Kennlinien oder Abschnitte von ihnen näherungsweise durch Geraden (Tangenten) ersetzt.

Kennzeichen einer Regelstrecke mit Ausgleich ist ein endlicher K_S-Wert bzw. $Q > 0$: sie stellt ein P- oder P-T-Glied dar, dessen P-Beiwert K_p identisch mit K_S ist.

Regelstrecken ohne Ausgleich

Regelstrecken mit einem gegen unendlich gehenden Übertragungsbeiwert K_S bzw. einem gegen Null strebenden Ausgleichswert Q, meist auf ein I-Verhalten zurückzuführen, werden als Regelstrecke ohne Ausgleich bezeichnet.

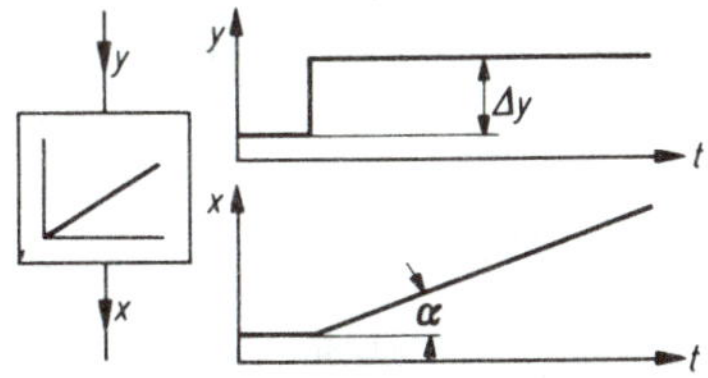

Die Regelgröße wächst nach einer Änderung der Stellgröße oder einer Störgrößenänderung stetig weiter an, ohne einem Endwert zuzustreben. Kenngröße ist der Anlaufwert A bei einer Verstellung des Stellgliedes um den ganzen Stellbereich Y_h:
Ist eine Änderung um Y_h nicht möglich, so wird die Stellgröße nur um den Betrag Δy verstellt und entsprechend umgerechnet:

$$A = \frac{1}{\tan \alpha} = \frac{\Delta t}{\Delta x} \qquad A = \frac{\Delta t}{\Delta x} \cdot \frac{\Delta y}{\Delta Y_h}$$

Der Kehrwert des Anlaufwertes gibt die maximale Änderungsgeschwindigkeit der Regelgröße an, die bei einer Verstellung des Stellgliedes um den ganzen Stellbereich Y_h auftritt.

Regelstrecken mit Verzögerung

Die meisten Regelstrecken entsprechen der Reihenschaltung aus P-Systemen (Strecken mit Ausgleich) mit einem oder mehreren T_1-Systemen (Strecken mit Trägheit). Eine Regelstrecke 1. Ordnung entsteht z. B. durch die Reihenschaltung einer Drosselstelle und einem dahinter liegenden Speicher.

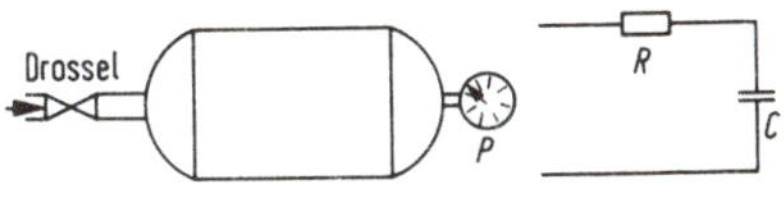

Die Reihenschaltung von n P-T_1-Gliedern führt zu einer Regelstrecke n. Ordnung. Die Sprungantwort gibt Aufschluß über die Regelbarkeit dieser Strecke.

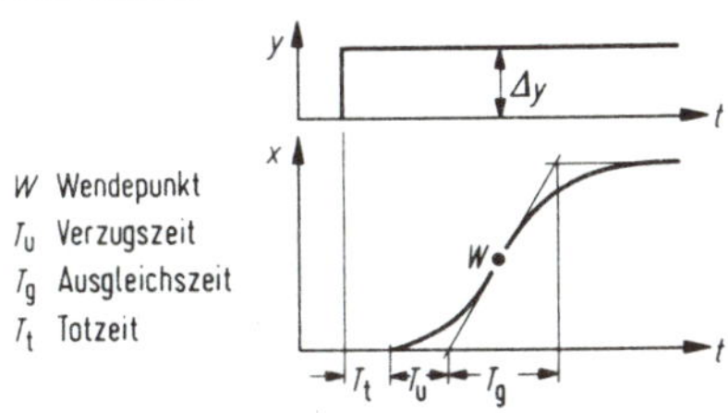

Die Regelbarkeit einer Strecke ist um so besser, je größer das Verhältnis T_g/T_u ist. Als Richtwerte gelten:

$T_g/T_u \geqq 10$	gut regelbar
$T_g/T_u \approx 6$	mäßig regelbar
$T_g/T_u \lesseqqgtr 3$	schwer regelbar

Bei Regelstrecken mit Totzeit reagiert die Regelgröße erst nach Ablauf der Totzeit T_t auf eine Änderung der Stellgröße. Anstelle der Verzugszeit T_u ist die Totzeit T_t bzw. die Summe aus $T_t + T_u$ ein Maß für die Regelbarkeit der Strecke.

8.5 Regelungstechnik

Dynamische Kennwerte von Regelstrecken

Regelgröße	T_t	T_S	A
Temperatur			
Kleiner elektrischer Laboratoriumsofen	0,5 min ··· 1 min	5 min ··· 15 min	1 s/°C
Großer elektrischer Glühofen	1 min ··· 3 min	10 min ··· 20 min	3 s/°C
Destillations-Kolonne	1 min ··· 3 min	5 min ··· 15 min	3 s/°C
Raumheizung	1 min ··· 5 min	10 min ··· 60 min	1 min/°C
Druck			
Dampfkessel (bei Mühlenfeuerung)	1 min ··· 2 min	2 min ··· 5 min	—
Gasrohrleitungen	0	0,1 s	—
Wasserstand			
in Dampfkesseln	0,5 min ··· 1 min	—	3 s/cm ··· 10 s/cm
Umdrehungsfrequenz			
Dampfturbine	0	—	20 s/1000 U/min
Kleine Elektromotorantriebe	0	0,2 s ··· 10 s	—
Große Elektromotorantriebe	0	5 s ··· 40 s	—
Spannung			
Kleine Generatoren	0	0,5 s ··· 5 s	—
Große Generatoren	0	5 s ··· 10 s	—

Zur Totzeit der Regelstrecke ist die Totzeit des Meßfühlers zu addieren. Diese kann insbesondere bei Temperaturregelvorgängen nicht vernachlässigt werden. Für Thermometer mit Schutzrohren aus Metall gelten folgende Richtwerte:

Strömender Hochdruckdampf, Wasser, Schmelzen	2 s ··· 60 s
Schwere langsame Flüssigkeiten	30 s ··· 100 s
Öl, Sattdampf	10 s ··· 200 s
Gase und Dämpfe bei Atmosphärendruck und langsamer Geschwindigkeit	100 s ··· 1000 s

Wahl einer geeigneten Regeleinrichtung bei gegebener Strecke

Strecke		Regler: P	I	PI	PD	PID
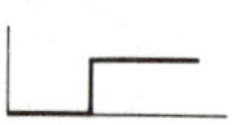	reine Totzeit	unbrauchbar	etwas schlechter als PI	Führung + Störung	unbrauchbar	unbrauchbar
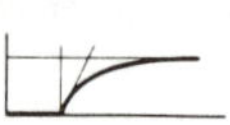	Totzeit + Verzögerung 1. Ordnung	unbrauchbar	schlechter als PI	etwas schlechter als PID	unbrauchbar	Führung + Störung
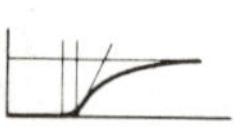	Totzeit + Verzögerung 2. Ordnung	nicht geeignet	schlecht	schlechter als PID	schlecht	Führung + Störung
	1. Ordnung + sehr kleine Totzeit (Verzugszeit)	Führung	nicht geeignet	Störung	Führung bei Verzugszeit	Störung bei Verzugszeit
	höherer Ordnung	nicht geeignet	schlechter als PID	etwas schlechter als PID	nicht geeignet	Führung + Störung
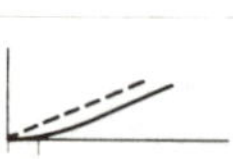	ohne Ausgleich mit Verzögerung	Führung (ohne Verzögerung)	unbrauchbar, Struktur instabil	Störung (ohne Verzögerung)	Führung	Störung

Es ist zu unterscheiden, ob der Einfluß von Störgrößen (Störung) auf die Regelgröße ausgeregelt werden soll oder der Istwert einer Folgeregelung einem laufend veränderten Sollwert nachgeführt werden soll (Führung).

8.5.4 Regler

Aufgabe des Reglers ist es:

1. die Regelgröße x zu erfassen,
2. diese mit dem Sollwert x_S bzw. der Führungsgröße w zu vergleichen und
3. entsprechend diesem Vergleich eine Stellgröße y zu bilden.

Nach der Wirkungsweise werden stetige und unstetige Regler unterschieden.

Stetige Regler

Hierbei kann die Stellgröße y innerhalb des Stellbereiches Y_h jeden Wert annehmen. Entsprechend dem Zeitverhalten unterscheidet man die folgenden Typen:

P-Regler

Bei einer Änderung der Regelgröße um die Regeldifferenz e verstellt der proportional wirkende Regler die Stellgröße unverzögert um einen verhältnisgleichen (proportionalen) Betrag. Kenngröße hierfür ist der

Proportionalbeiwert $K_P = \dfrac{y - y_o}{w - x} = \dfrac{y - y_o}{e}$,

wobei y_o der Wert der Stellgröße bei $w - x = 0$ ist.

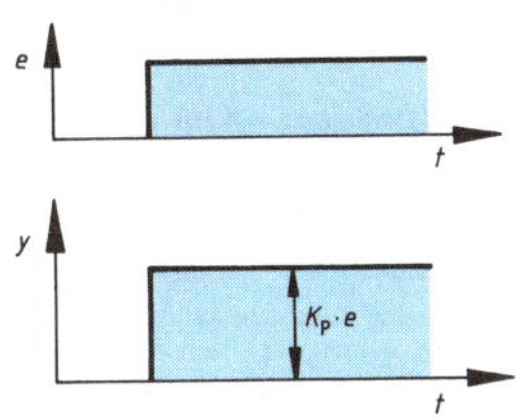

Oft wird anstelle des P-Bereiches der auf den Regelbereich X_h bezogene (normierte) P-Bereich X_P/X_h, meist in Bruchteilen oder Prozenten, angegeben.

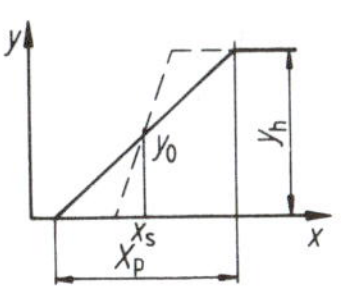

x_s Sollwert
Y_h Stellbereich
X_p P-Bereich

I-Regler

Der integral wirkende Regler ordnet einer bestimmten Regeldifferenz e eine bestimmte Stellgeschwindigkeit $\Delta y/\Delta t$ zu, so daß die Änderung der Stellgröße dem Zeitintegral der Regeldifferenz entspricht. Kenngröße ist der

Integralbeiwert $K_I = \dfrac{\Delta y}{\Delta t} \cdot \dfrac{1}{w - x} = \dfrac{\Delta y}{\Delta t} \cdot \dfrac{1}{e}$

oder $K_I = \dfrac{y - y_o}{(w - x)\,\Delta t} = \dfrac{y - y_o}{e\,\Delta t}$

y_o ist der Anfangswert der Stellgröße zum Zeitpunkt der Regelgrößenänderung $t = 0$. Häufig wird auch der Kehrwert des Integrierbeiwertes in normierter Form als Integrierzeit T_I angegeben.

$$T_I = \frac{Y_h}{K_I \cdot X_h}$$

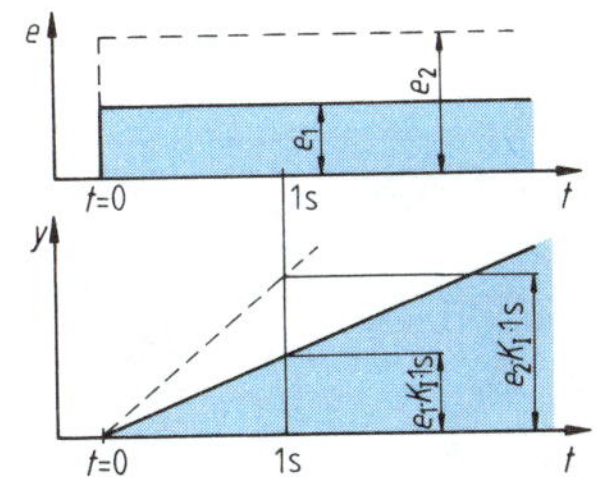

PI-Regler

Eine Änderung der Regelgröße bewirkt eine proportionale Veränderung der Stellgröße, der sich eine Verstellung der Stellgröße mit einer bestimmten Verstellgeschwindigkeit anschließt. Kenngrößen sind der Proportionalbeiwert K_P und der Integrierbeiwert K_I bzw. die Nachstellzeit T_n. Während der Nachstellzeit ruft die I-Wirkung die gleiche Stellgrößenänderung hervor wie der P-Anteil.

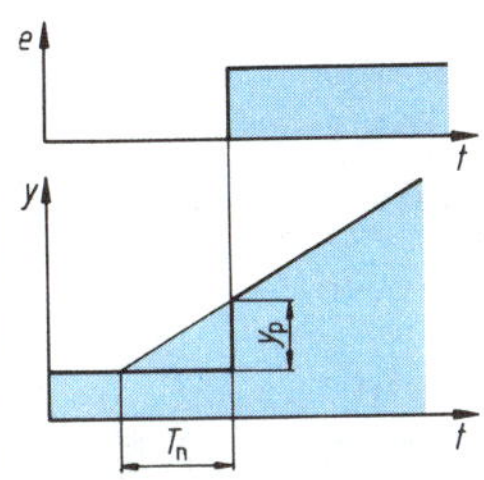

$y = e(K_{PR} + K_{IR} \cdot t)$

$K_{PR} = \dfrac{y_P}{x_d}$

$K_{IR} = \dfrac{K_{PR}}{T_n}$

PD-Regler

Zu dem P-Anteil der Stellgröße wird ein weiterer Anteil entsprechend der Änderungsgeschwindigkeit der Regeldifferenz de/dt addiert. Kenngrößen sind der Proportionalbeiwert K_P und der Differenzierbeiwert K_D bzw. die Vorhaltzeit T_V. Diese Zeit würde ein reiner P-Regler benötigen, um die gleiche Änderung der Stellgröße zu bewirken, die ein PD-Regler sofort bewirkt.

$$y - y_0 = K_P \cdot e + K_D \frac{\Delta e}{\Delta t}$$

$$K_P = \frac{y - y_0}{e} \qquad K_D = K_P \cdot T_V$$

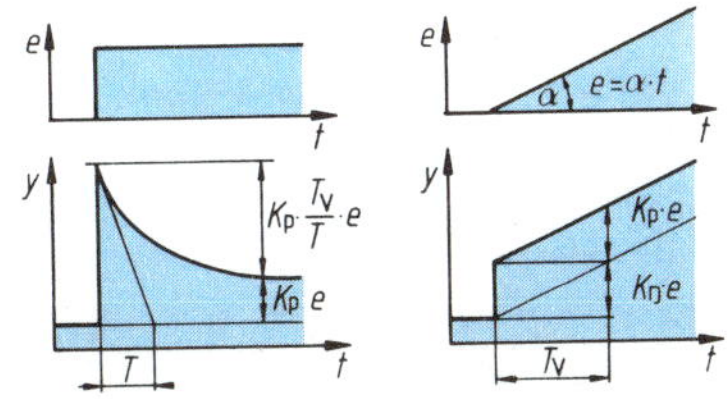

8.5 Regelungstechnik

PID-Regler

Die Änderung der Stellgröße eines PID-Reglers setzt sich aus einem proportionalen, integralen und differentialen Anteil zusammen:

$$y - y_0 = K_P \cdot e + K_I \cdot e \cdot \Delta t + K_D \frac{\Delta e}{\Delta t}$$

Kenngrößen sind K_P, K_I und K_D bzw. K_P, T_n und T_V.

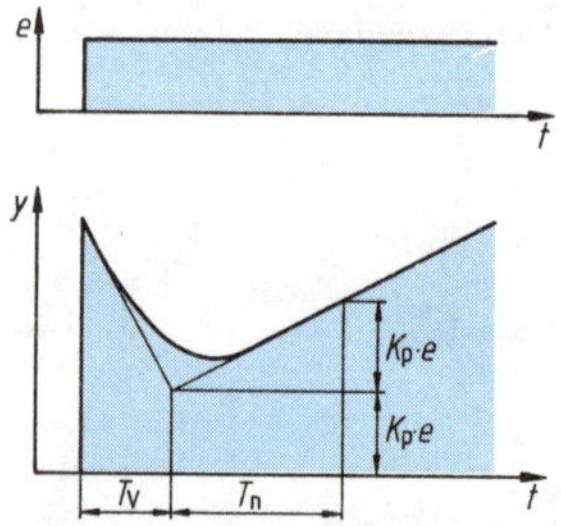

Die Stellgröße ändert sich zunächst um einen von der Änderungsgeschwindigkeit der Eingangsgröße $\Delta e/\Delta t$ abhängigen Betrag (D-Anteil). Nach Ablauf der Vorhaltzeit T_V geht die Stellgröße auf den dem Proportionalbereich entsprechenden Wert zurück und ändert sich dann entsprechend der Nachstellzeit T_n.

Unstetige Regler

Im Gegensatz zu stetigen Reglern kann die Stellgröße nur zwei oder mehrere verschiedene Werte annehmen. Die Verwendung von Relais und Schützen als Stellglied ergibt eine hohe Leistungsverstärkung bei geringem materiellen und finanziellem Aufwand.

Zweipunkt-Regler

Das folgende Beispiel zeigt die Regelung einer Strecke erster Ordnung mit Totzeit, gekennzeichnet durch die Zeitkonstante T_S und die Totzeit T_t.

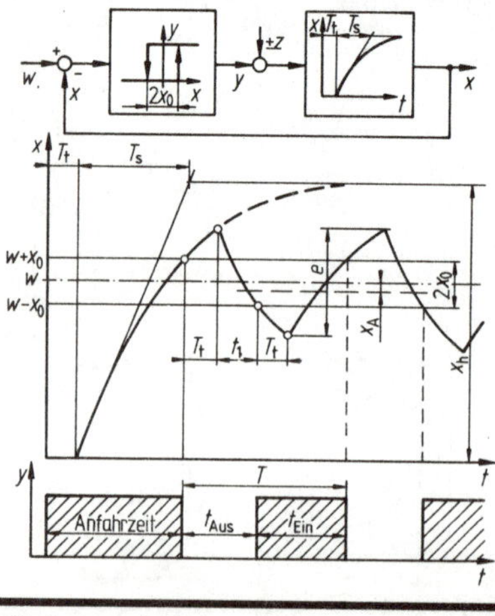

Überschreitet die Regelgröße x den Wert w, so bleibt die Stellgröße y infolge der Hysterese des Reglers ($2x_0$) noch bis zum Punkt A ($w + x_0$) eingeschaltet. Die Regelgröße steigt jedoch zunächst noch weiter an und fällt erst nach Ablauf der Totzeit T_t entsprechend der Zeitkonstanten T ab. Die Stellgröße wird beim Unterschreiten des Wertes $w - x_0$ erneut eingeschaltet, so daß die Regelgröße im eingeschwungenen Zustand dauernd mit der Periodendauer T und der Amplitude x_0 um den Sollwert w pendelt. Der Mittelwert dieser Pendelung weicht vom Sollwert w um die P-Abweichung x_{PA} ab.

Für $X_h = 2w$ (100 % Leistungsüberschuß) gilt angenähert:

$$T \approx 4\,T_t \qquad e \approx \frac{T_t}{T_S} X_h \qquad x_{PA} = \left(\frac{1}{2} - \frac{w + x_0}{X_h}\right) e$$

Dreipunkt-Regler

Dreipunkt-Regler haben zwei Ausgangssignalstufen. Der Schaltpunktabstand ist einstellbar. Sie werden vorwiegend zur Temperaturregelung eingesetzt.

Bipolare Dreipunktregler geben innerhalb eines kleinen Bereiches um die Regelabweichung 0 kein Ausgangssignal ab. Bei Überschreiten des Bereiches wird je nach Vorzeichen der Regelabweichung ein Signal auf einen der beiden Ausgänge gegeben.

Dreipunkt-Schrittregler

Während ein Zweipunktregler das Stellglied (z. B. Schütz oder Magnetventil) nur ein- oder ausschalten kann, kann bei einem Dreipunkt-Schrittregler über einen Motorsteller jede Stellung innerhalb des Stellbereichs schrittweise angefahren werden. Abhängig von der Höhe und dem Vorzeichen der Regeldifferenz e hat der dem Dreipunkt-Schrittregler nachgeschaltete Stellantrieb die Betriebszustände Rechtslauf, Stillstand und Linkslauf.

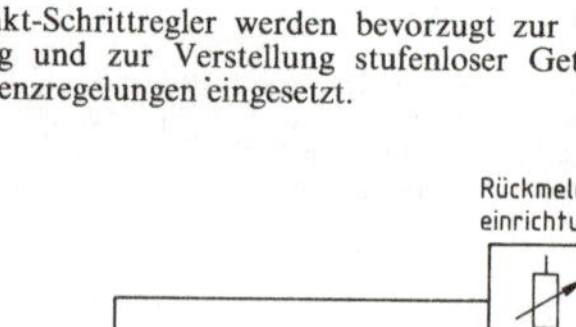

Dreipunkt-Schrittregler werden bevorzugt zur Temperaturregelung und zur Verstellung stufenloser Getriebe für Drehfrequenzregelungen eingesetzt.

Anm.: Die Kennwerte der Strecke werden häufig mit einem S im Index gekennzeichnet.

8.5.5 Einstellung der Regler-Kennwerte (Optimierung)

Unter **Optimierung** werden nach DIN 19236 (1.77) Maßnahmen zur Erzeugung einer bestimmten Wirkungsweise eines Systems verstanden, so daß unter den gegebenen Nebenbedingungen und Beschränkungen das Gütekriterium entweder einen möglichst großen oder einen möglichst kleinen Wert annimmt.

Bei einer **statischen Optimierung** werden nur die zeitlich konstanten Zustände eines Systems bewertet; die Übergangsvorgänge zwischen verschiedenen Systemzuständen finden keine Beachtung. Bei der **dynamischen Optimierung** wird der Übergang des Systems von einem Anfangszustand in einen Endzustand bewertet.

Im allgemeinen ist ein Regler um so besser eingestellt, je kürzer die Ausregelzeit, je kleiner die Überschwingweite der Regelgröße und je kleiner die bleibende Regelabweichung ist. Aufschluß gibt hierüber der Verlauf der Regelgröße als Funktion der Zeit.

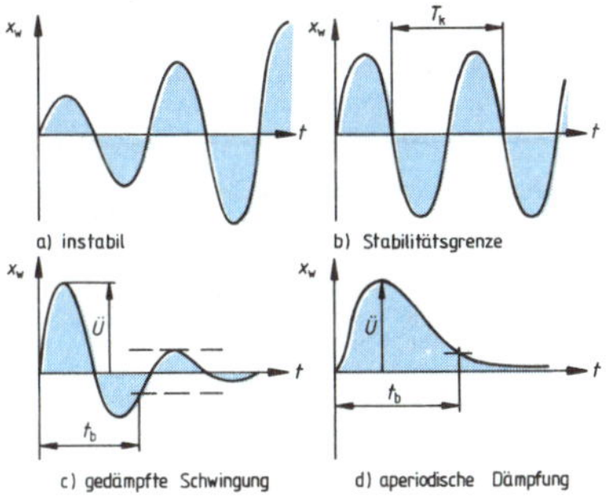

Im ungünstigsten Fall wird die Schwingung der Regelgröße um den Sollwert immer größer; der Regelkreis arbeitet instabil (*a*). Ursache hierfür ist meist eine zu große **Kreisverstärkung**

$$V_O = |K_{PR} \cdot K_{PS}|$$

bzw. ein zu kleiner **Regelfaktor**

$$R = \frac{1}{1 + |K_{PR} \cdot K_{PS}|} = \frac{1}{1 + V_O}$$

Wird der Proportionalbeiwert des Reglers K_{PR} soweit verringert, daß der Regelkreis stabil zu arbeiten beginnt (Stabilitätsgrenze), so führt die Regelgröße sinusförmige Dauerschwingungen um den Sollwert aus (*b*). Kenngrößen hierfür sind die kritische Periodendauer T_k und der kritische Proportionalbeiwert $K_{PR\,k}$ des Reglers. Eine weitere Verringerung des Proportionalbeiwertes K_{PR} führt zu dem erwünschten Verhalten des Regelkreises (*b* und *c*). Kennwerte sind die Überschwingweite *Ü* der Regelgröße und die Beruhigungszeit t_b bis zum Erreichen der zulässigen Regelabweichung nach einem Einheitssprung der Führungsgröße *w* oder einer Störgröße *z*.

Welches **Gütekriterium** einer Regelung zugrunde gelegt wird, hängt vom Anwendungsfall ab. Nach DIN 19236 (1.77) werden unterschieden:

- **Kriterium des verbrauchsoptimalen Übergangs**
  Hierbei wird die auftretende Leistung oder der Massefluß während des Zustandsübergangs des Systems bewertet.

- **Kriterium des zeitoptimalen Übergangs**
  Für den Übergang eines Systems von einem gegebenen Anfangszustand x_0 in einen gegebenen Endzustand x_E wird die kürzest mögliche Zeit angestrebt.

- **Kriterium der mittleren quadratischen Abweichung**
  Es wird die Abweichung einer zufällig schwankenden Größe $x(t)$ von einer Bezugsgröße $x_r(t)$ bewertet.

$$\frac{1}{2T} \sum_{-T}^{T} [x(t) - x_r(t)]^2 \cdot \Delta t \rightarrow \text{Minimum}$$

- **Kriterium der Betragsregelfläche (IAE-Kriterium)**
  Bewertet wird der Betrag der Regeldifferenz $e(t) = w(t) - x(t)$ minus deren Endwert $e(\infty)$ über die Zeit.

$$\sum_{t_0}^{\infty} |e(t) - e(\infty)| \cdot \Delta t \rightarrow \text{Minimum}$$

- **Kriterium der quadratischen Regelfläche (ISE-Kriterium)**
  Es wird das Quadrat der Regeldifferenz über die Zeit bewertet, so daß große Abweichungen besonders stark bewertet werden.

$$\sum_{t_0}^{\infty} [e(t) - e(\infty)]^2 \, \Delta t \rightarrow \text{Minimum}$$

- **Kriterium der zeitgewichteten Betragsregelfläche (ITAE-Kriterium)**
  Es wird das Quadrat der Regeldifferenz minus deren Endwert über die Zeit bewertet.

$$\sum_{t_0}^{\infty} |e(t) - e(\infty)| \, t \, \Delta t \rightarrow \text{Minimum}$$

Die Auswertung zahlreicher Optimierungsversuche hat zu den folgenden Faustformeln geführt. Ihre Anwendung kann im Einzelfall eine Nachoptimierung erforderlich machen.

Einstellregeln nach Ziegler und Nichols

Dieses Verfahren setzt zunächst keine Regelstreckendaten voraus. Es ist wie folgt vorzugehen:

- Der Regler wird zunächst als reiner P-Regler betrieben ($T_v = 0$, $T_n = \infty$).
- Der Proportionalbeiwert K_{PR} wird langsam so lange erhöht, bis die Regelgröße *x* gerade Dauerschwingungen mit konstanter Amplitude ausführt (Stabilitätsgrenze). Der hierfür am Regler eingestellte Proportionalbeiwert wird als $K_{PR\,k}$ bezeichnet.
- Dann wird die kritische Periodendauer T_k der Regelschwingung ermittelt.
- Die Werte für die Reglerparameter sind entsprechend der folgenden Tabelle zu berechnen.
- Der Regler ist nach den errechneten Werten einzustellen.

Regler	Proportionalbeiwert K_{PR}	Nachstellzeit T_n	Vorhaltzeit T_v
P	$0{,}5 \cdot K_{PR\,k}$	–	–
PI	$0{,}45 \cdot K_{PR\,k}$	$0{,}85 \cdot T_k$	–
PD	$0{,}8 \cdot K_{PR\,k}$	–	$0{,}12 \cdot T_k$
PID	$0{,}6 \cdot K_{PR\,k}$	$0{,}5 \cdot T_k$	$0{,}12 \cdot T_k$

Ist aus betrieblichen Gründen das Betreiben des Regelkreises an der Stabilitätsgrenze nicht zulässig, so kommt dieses Optimierungsverfahren nicht in Frage.

Anmerkung: Die Kennwerte der Regler werden oft mit einem R im Index gekennzeichnet.

8

8.5 Regelungstechnik

Einstellregeln nach Chien, Hrones und Reswik

Hierzu müssen der Übertragungsbeiwert K_S, die Ausgleichszeit T_g und die Verzugszeit T_u der Regelstrecke bekannt sein. Sie können z.B. mittels einer Sprungantwort ermittelt werden. Bei Regelstrecken mit Totzeit T_t ist anstelle der Verzugszeit T_u die Ersatztotzeit aus $T_u + T_t$ zu berücksichtigen.

Bei der Ermittlung der Reglerparameter nach der folgenden Tabelle ist zu unterscheiden, ob ein aperiodischer Regelverlauf oder ein Einschwingen der Regelgröße mit 20% Überschwingen erreicht werden soll und ob ein optimales Störverhalten oder ein optimales Führungsverhalten (Folgeregelung) angestrebt wird.

Regler	aperiodischer Regelverlauf		Regelverlauf mit 20% Überschwingen	
	Störung	Führung	Störung	Führung
P	$K_{PR} \approx 0{,}3 \dfrac{T_g}{T_u}$	$K_{PR} \approx 0{,}3 \dfrac{T_g}{T_u}$	$K_{PR} \approx 0{,}7 \dfrac{T_g}{T_u}$	$K_{PR} \approx 0{,}7 \dfrac{T_g}{T_u}$
PI	$K_{PR} \approx 0{,}6 \dfrac{T_g}{T_u}$ $T_n \approx 4 \cdot T_u$	$K_{PR} \approx 0{,}35 \dfrac{T_g}{T_u}$ $T_n \approx 1{,}2 \cdot T_g$	$K_{PR} \approx 0{,}7 \dfrac{T_g}{T_u}$ $T_n \approx 2{,}3 \cdot T_u$	$K_{PR} \approx 0{,}6 \dfrac{T_g}{T_u}$ $T_n \approx T_g$
PID	$K_{PR} \approx 0{,}95 \dfrac{T_g}{T_u}$ $T_n \approx 2{,}4 \cdot T_u$ $T_v \approx 0{,}42 \cdot T_u$	$K_{PR} \approx 0{,}6 \dfrac{T_g}{T_u}$ $T_n \approx T_g$ $T_v \approx 0{,}5 \cdot T_u$	$K_{PR} \approx 1{,}2 \dfrac{T_g}{T_u}$ $T_n \approx 2 \cdot T_u$ $T_v \approx 0{,}42 \cdot T_u$	$K_{PR} \approx 0{,}95 \dfrac{T_g}{T_u}$ $T_n \approx 1{,}35 \cdot T_g$ $T_v \approx 0{,}47 \cdot T_u$

Reglereinstellung für Strecken ohne Ausgleich

Für Strecken ohne Ausgleich können die Einstellwerte des Reglers der folgenden Tabelle entnommen werden.

Regler	K_{PR}	T_n	T_v	x_p
P	$0{,}5 \dfrac{1}{K_I \cdot T_u}$			$2 \cdot \dfrac{T_u}{T_I} \cdot 100\%$
PD	$0{,}5 \dfrac{1}{K_I \cdot T_u}$		$0{,}5 \cdot T_u$	$2 \cdot \dfrac{T_u}{T_I} \cdot 100\%$
PI	$0{,}42 \dfrac{1}{K_I \cdot T_u}$	$5{,}8 \cdot T_u$		$2{,}4 \cdot \dfrac{T_u}{T_I} \cdot 100\%$
PID	$0{,}4 \dfrac{1}{K_I \cdot T_u}$	$3{,}2 \cdot T_u$	$0{,}8 \cdot T_u$	$2{,}5 \cdot \dfrac{T_u}{T_I} \cdot 100\%$

Die Werte für die Integrierzeit T_I, die Verzugszeit T_u und den Integrierbeiwert K_I können z.B. mittels einer Sprungantwort der Strecke ermittelt werden:

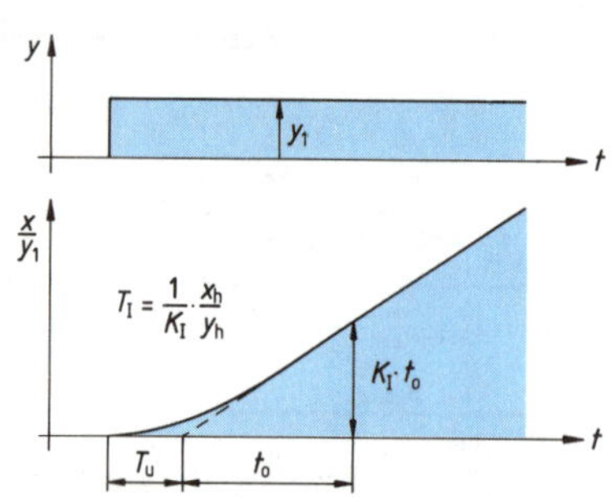

Einfluß des Reglerverhaltens auf den Regelvorgang

P-Regler

P-Regler wirken schnell. Je kleiner der K_P-Wert eingestellt ist, desto schwächer greift der Regler in den Regelvorgang ein und um so gedämpfter verläuft der Regelvorgang. Da der Regler beim Einwirken einer Störgröße eine veränderte Stellgröße aufrecht erhalten muß, tritt eine bleibende Regeldifferenz auf; diese kann maximal so groß werden wie der Proportionalbereich $X_P = 1/K_{PR} \cdot 100\%$. Da ein zu großer K_{PR}-Wert zur Instabilität des Regelvorgangs führt, muß zwischen Stabilität und bleibender Regeldifferenz ein Kompromiß getroffen werden.

PD-Regler

D-Regelglieder sind als Regler ungeeignet, weil sie bei einer statischen Eingangsgröße kein Stellsignal abgeben. Das zusätzliche D-Verhalten ermöglicht jedoch beim PD-Regler gegenüber dem P-Regler eine Vergrößerung des K_{PR}-Wertes und folglich ein schnelleres Eingreifen des Reglers sowie eine Verringerung der bleibenden Regeldifferenz.

I-Regler

Ein reiner I-Regler summiert die Regeldifferenz über die Zeit, so daß das Stellglied so lange nachgestellt wird, bis die Regeldifferenz aufgehoben ist. Das Stellglied nimmt folglich nach dem Ausregeln der Regeldifferenz die ursprüngliche Lage nicht wieder ein, so daß es zum Überschwingen kommt. Darüber hinaus erfolgt der Eingriff relativ langsam. Deshalb werden I-Glieder meist nur in Verbindung als PI- oder PID-Regler eingesetzt.

PI-Regler

Der I-Anteil regelt die bleibende Regeldifferenz des P-Anteils im stationären Zustand aus.

PID-Regler

Gegenüber dem PI-Regler ermöglicht der D-Anteil eine kleinere zulässige Nachstellzeit, so daß die bleibende Regeldifferenz des P-Anteils schneller ausgeregelt wird. Gegenüber dem PD-Regler erlaubt der zusätzliche I-Anteil eine größere zulässige Vorhaltzeit, so daß der PID-Regler während des Entstehens der Regeldifferenz wirkungsvoller eingreift als ein PD-Regler.

8.5.6 Benennung und Einteilung von Reglern nach DIN 19225 (12.81)

Regler können wie folgt benannt werden:

- allgemein als Regler, z.B. wenn der Regler nur von den übrigen Geräten des Regelkreises unterschieden werden soll oder bei theoretischen Betrachtungen;
- nach den Aufgaben der Regler:
  - nach der Art der Regelgröße, z.B. Temperaturregler, Drehzahlregler, Spannungsregler,
  - nach einer speziellen Regelaufgabe, z.B. Gleichlaufregler, Grenzwertregler oder auch Gleichlauf-Drehzahlregler und Grenzwert-Temperaturregler,
  - nach dem geregelten Objekt, z.B. Heizungsregler.
  - entsprechend der Führungsgröße, z.B. Folgeregler, Zeitplanregler, Festwertregler, Führungsregler,
- nach den Eigenschaften der Regler, z.B. PI-Regler, stetige Regler, Einzweckregler, elektronische Regler;
- nach der Signalform der Reglereingangs- und Reglerausgangsgrößen. Häufig vorkommende Signalformen zeigt die folgende Abbildung.

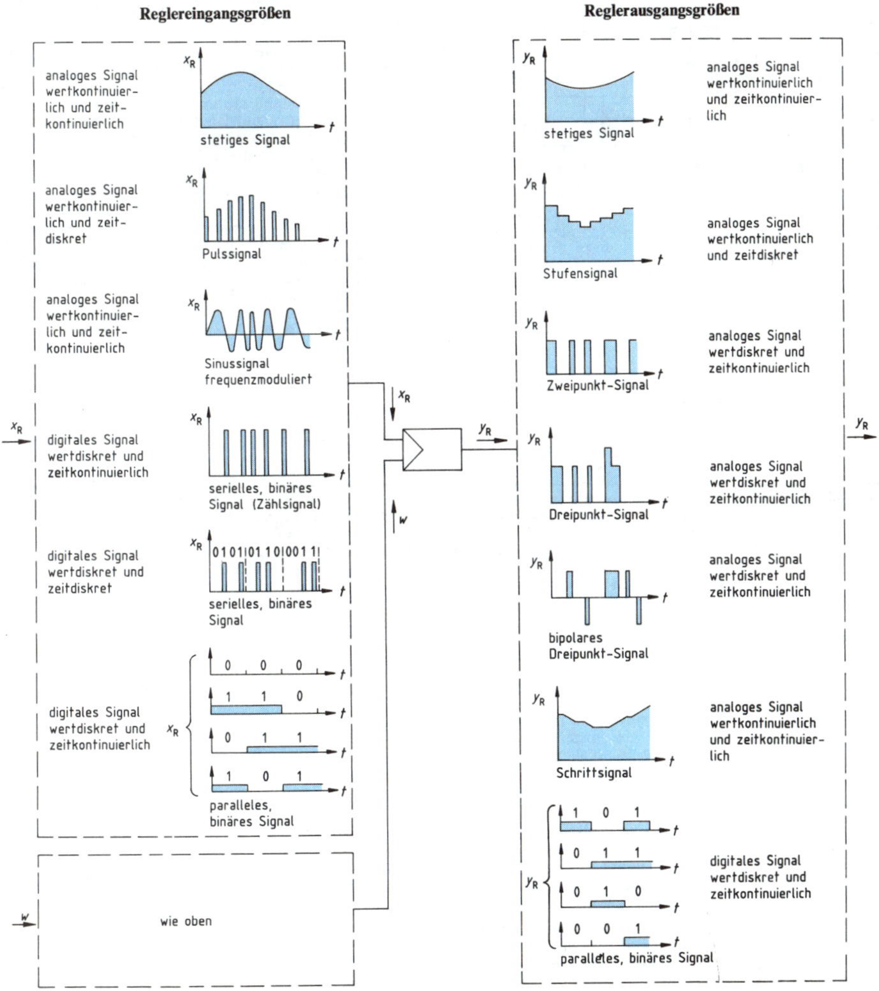

8.6 Gefahren des elektrischen Stromes

8.6.1 Gefährliche Körperströme

Grundlage des wesentlichen Teils der Normenreihe, Teil 410 (10.83), ist der Schutz gegen gefährliche Körperströme. Die Gefährdung eines Menschen ist abhängig von:

- der Stromhöhe
- der Einwirkungsdauer
- dem Stromweg durch den Körper
- der Stromform und Frequenz
- der physischen und psychischen Verfassung

Der gegenwärtige Erkenntnisstand ist in den aktuellen Arbeitspapieren gemäß IEC 64 (Secretariat) ausgewiesen:

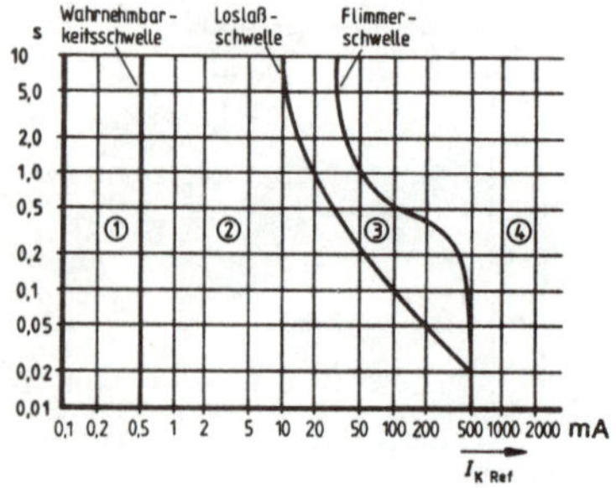

Gefährdungsbereiche von Körperwechselströmen (50 Hz) bei Erwachsenen, Stromweg von der linken Hand zu beiden Füßen.

Bereich	Körperreaktion
1	Gewöhnlich keine Reaktion
2	Gewöhnlich keine schädliche Wirkung
3	Störungen bei der Bildung und Weiterleitung der Impulse im Herzen Herzstillstand ohne Herzkammerflimmern möglich
4	Herzkammerflimmern wahrscheinlich; Herzstillstand, Atemstillstand und schwere Verbrennungen möglich

Bei Gleichstrom liegen die Schwellen bei höheren Stromwerten. Darüber hinaus hängt die Gefährdung von der Stromrichtung ab.

Die Impedanz des menschlichen Körpers zwischen Ein- und Austrittsstelle des Körperstroms hängt in erster Linie von der Haut an den Ein- und Austrittsstellen ab. Feuchtigkeit, Kontaktdruck, Berührungsfläche und Umgebungstemperatur sowie Stromweg, Stromflußdauer und Berührungsspannung haben erheblichen Einfluß. Zwischen linker oder rechter Hand zu beiden Füßen ergeben sich Impedanzwerte von 5 kΩ bis herab zu 500 Ω.

Die internationale Harmonisierung der dauernd zulässigen Berührungsspannung von $U_L = 50$ V für Wechselspannung und $U_L = 120$ V für Gleichspannung erfolgte unter Berücksichtigung der bisher bekannten physiologischen Daten über das Herzkammerflimmern und der Auswertung zahlreicher Unfälle. Dabei wurde von einem Stromweg von einer Hand zu beiden Füßen und einer Körperimpedanz an der unteren Grenze ausgegangen. Für besondere Anwendungsfälle mit erheblich ungünstigeren Unfallbedingungen gelten niedrigere Werte.

8.6.2 Der Einsatz von Arbeitskräften nach DIN VDE 0105 Teil 1 (7.83)

	Elektrofachkraft	Elektrotechn. unterwiesene Person	Laie
Arbeitskräfte	Jemand, der auf Grund seiner fachlichen Ausbildung, Kenntnisse und Erfahrungen sowie Kenntnis der einschlägigen Normen die ihm übertragenen Arbeiten beurteilen und mögliche Gefahren erkennen kann.	Jemand, der durch eine Elektrofachkraft über die ihr übertragenen Aufgaben und die möglichen Gefahren bei unsachgemäßem Verhalten unterrichtet und erforderlichenfalls angelernt sowie über die notwendigen Schutzeinrichtungen und Schutzmaßnahmen belehrt wurde.	Jemand, der weder als Elektrofachkraft noch als elektrotechnisch unterwiesene Person qualifiziert ist.
Einsatz der Arbeitskräfte	Zutritt zu verschlossen gehaltenen elektrischen Betriebsstätten. Die Öffnung darf nur von beauftragten Personen vorgenommen werden.		Zutritt nur in Begleitung von Elektrofachkr. u. elektrot. unterw. Pers.
	Betreten von Prüffeldern mit Spannungen bis 1000 V. Starkstromanlagen entsprechend den Errichtungsnormen in ordnungsgemäßem Zustand erhalten.		Nur unter Aufsichtsführung
	Starkstromanlagen, außer solchen in Wohnungen, und Betriebsmittel in angemessenen Zeiträumen auf ihren Zustand hin prüfen.	Betriebsmittel unter Leitung und Aufsicht einer Fachkraft prüfen.	–
	Auswechseln von Sicherungseinsätzen und ohne Werkzeug herausnehmbaren Leitungsschutzschaltern, wenn beim Herausnehmen oder Einsetzen kein Schutz gegen direktes Berühren besteht.		–
	Auswechseln stromführender Sicherungseinsätze des NH-Systems mit geeigneten Hilfsmitteln und nach besonderer Schulung.		–
	Auswechseln von unter Spannung stehenden Lampen über 200 W bis 1000 W mit Nennspannungen bis 250 V		–

8.7 Informationsverarbeitung

8.7.1 Begriffe nach DIN 44300 (3.72)

Adresse: Ein bestimmtes Wort zur Kennzeichnung eines Speicherplatzes, eines zusammenhängenden Speicherbereiches oder einer Funktionseinheit.

Akkumulator: Ein Speicherelement in einem Rechenwerk, das für Rechenoperationen benutzt wird. Vor der Rechenoperation enthält der Akkumulator einen Operanden, nach durchgeführter Operation das Ergebnis.

alphanumerisch: Bezeichnung für einen Zeichenvorrat, der mindestens aus den Dezimalziffern und Buchstaben besteht.

Anweisung: Eine in einer beliebigen Sprache abgefaßte Arbeitsvorschrift, die im gegebenen Zusammenhang wie auch im Sinne der benutzten Sprache abgeschlossen ist.

Assemblierer: Ein Übersetzer, der in einer maschinenorientierten Sprache abgefaßte Quellanweisungen in Zielanweisungen der zugehörigen Maschinensprache umwandelt (assembliert).

Ausgabewerk: Eine Funktionseinheit, die das Übertragen von Daten von der Zentraleinheit in Ausgabeeinheiten oder periphere Speicher steuert und dabei die Daten gegebenenfalls modifiziert.

Befehl: Eine Anweisung, die sich in der benutzten Sprache nicht mehr in Teile zerlegen läßt, die selbst Anweisungen sind.

Betriebssystem: Die Programme eines digitalen Rechensystems, die zusammen mit den Eigenschaften der Rechenanlage die Grundlage der möglichen Betriebsarten des digitalen Rechensystems bilden und insbesondere die Abwicklung von Programmen steuern und überwachen.

binär: genau zweier Werte fähig; die Eigenschaft bezeichnend, eines von zwei Binärzeichen (Ø und 1) als Wert anzunehmen.

Bit: a) Kurzform für Binärzeichen; auch für Dualziffer, wenn es auf den Unterschied nicht ankommt (das Bit, die Bits).
b) Sondereinheit für die Anzahl der Binärentscheidungen (Kurzzeichen bit).

Byte: n-Bit-Zeichen, bei dem n fest vorgegeben ist. Anm.: n ist meistens gleich 8.

Code: Eine Vorschrift für die eindeutige Zuordnung (Codierung) der Zeichen eines Zeichenvorrats zu denjenigen eines anderen Zeichenvorrats (Bildmenge).

Daten: Zeichen oder kontinuierliche Funktionen, die zum Zweck der Verarbeitung Information auf Grund bekannter oder unterstellter Abmachungen darstellen.

dual: Zahlensystem, dessen Zeichenvorrat nur aus 2 Zeichen (Ø und 1) besteht.

Eingabewerk: Funktionseinheit, die das Übertragen von Daten von Eingabeeinheiten oder peripheren Speichern in die Zentraleinheit steuert und dabei die Daten gegebenenfalls modifiziert.

Festpunktschreibweise: Stellenschreibweise, bei der die Anzahl der Stellen für den ganzen Teil des Betrages der Zahl und die Anzahl der Stellen für dessen gebrochenen Teil vereinbart oder unterstellt werden (d.h. die Stellung des Kommas ist fest vereinbart).

Gleitpunktschreibweise: Eine Schreibweise für Zahlen Z durch Zahlenpaare X und Y mit der Bedeutung $Z = X \cdot C^y$, wobei C eine natürliche Zahl > 1 ist.

Interpretierer: Eine Funktionseinheit, die eine Anweisung analysiert und deren Ausführung bewirkt, bevor sie die nächstfolgende Anweisung behandelt (interpretiert).

Kompilierer: Ein Übersetzer, der in einer problemorientierten Programmiersprache abgefaßte Quellanweisungen in Zielanweisungen einer maschinenorientierten Programmiersprache umwandelt (kompiliert).

Leitwerk: Eine Funktionseinheit, die
- die Reihenfolge steuert, in der die Befehle eines Programms ausgeführt werden,
- diese Befehle entschlüsselt und dabei gegebenenfalls modifiziert und
- die für ihre Ausführung erforderlichen digitalen Signale abgibt.

Maschinensprache: Eine maschinenorientierte Programmiersprache, die zum Abfassen von Arbeitsvorschriften nur Befehle zuläßt, die Befehlswörter einer bestimmten digitalen Rechenanlage sind.

Nachricht: Zeichen oder kontinuierliche Funktionen, die aufgrund von bekannten oder unterstellten Abmachungen und vorrangig zum Zwecke einer vom Sender zum Empfänger gerichteten Übermittlung Informationen darstellen und im Rahmen einer solchen Übermittlung als Einheit betrachtet werden.

Operandenteil: Der Teil eines Befehlswortes, der für Operanden oder für Angaben zum Auffinden von Operanden oder Befehlswörtern vorgesehen ist.

Operationscode: Ein Code zur Darstellung des Operationsteils von Befehlswörtern.

Operationsteil: Der Teil eines Befehlswortes, der die auszuführende Operation angibt.

periphere Einheit: Eine Funktionseinheit, die nicht zur Zentraleinheit gehört.

Prozessor: Eine Funktionseinheit innerhalb eines digitalen Rechensystems, die Rechenwerk und Leitwerk umfaßt.

Rechenwerk: Eine Funktionseinheit innerhalb eines digitalen Rechensystems, die Rechenoperationen ausführt.

Schaltnetz: Ein Schaltwerk, dessen Wert am Ausgang zu irgendeinem Zeitpunkt nur vom Wert am Eingang zu diesem Zeitpunkt abhängt.

Schaltwerk: Eine Funktionseinheit zum Verarbeiten von Schaltvariablen, wobei der Wert am Ausgang zu einem bestimmten Zeitpunkt abhängt von den Werten am Eingang zu diesem und endlich vielen vorangegangenen Zeitpunkten.

Signal: Die physikalische Darstellung von Nachrichten oder Daten.

Software: Programm für Rechensysteme, die zusammen mit deren Eigenschaften zusätzliche Betriebsarten oder Anwendungsarten ermöglichen.

Wort: Eine Folge von Zeichen, die in einem bestimmten Zusammenhang als eine Einheit betrachtet wird.

Zentraleinheit, Rechner: Eine Funktionseinheit innerhalb eines digitalen Rechensystems, die Prozessoren, Eingabewerke, Ausgabewerke und Zentralspeicher umfaßt.

8.7 Informationsverarbeitung

8.7.2 Sinnbilder und ihre Anwendung nach DIN 66001 (12.83)

Darstellungsarten

Ein **Datenflußplan** (DF) stellt Verarbeitungen und Daten sowie die Verbindungen zwischen beiden dar. Die Verbindungen stellen die Zugriffsmöglichkeiten von Verarbeitungen auf Daten dar.

Ein **Programmablaufplan** (PA) stellt die Verarbeitungsfolgen (ohne Daten) in einem Programm dar.

Ein **Programmnetz** (PN) ist die Vereinigung von einem oder mehreren Programmablaufplänen mit einem oder mehreren Datenflußplänen.

Ein **Datennetz** (DN) zeigt Daten mit ihren Verbindungen als mögliche Zugriffswege auf. Verarbeitungen werden nicht dargestellt.

Eine **Programmhierarchie** (PH) stellt die Über- und Unterordnung von Verarbeitungen (ohne Daten und Verarbeitungsreihenfolgen) dar.

Eine **Datenhierarchie** (DH) stellt die Zusammenfassung bzw. Unterteilung von Daten dar. Die Verbindungen zeigen in Verbindungsrichtung, welche Daten andere Daten enthalten. Die Unterteilung muß nicht vollständig sein und gibt keine Reihenfolge der Anordnung an. Verarbeitungen und Zugriffswege werden nicht dargestellt.

Ein **Konfigurationsplan** (KP) stellt Verarbeitungseinheiten und Datenträgereinheiten (ohne Verarbeitung und Daten) mit ihren Verbindungen dar. Die Verbindungen zeigen die Datenübertragungswege.

Regeln

- Bei den „Verbindungen" gilt die Vorzugsrichtung von links nach rechts und von oben nach unten. Abweichungen sind durch Pfeilspitzen (Form beliebig) zu kennzeichnen.
- Im Konfigurationsplan gelten Verbindungen als beidseitig gerichtet (Ein- und Ausgabe). Einseitig gerichtete Verbindungen (nur Eingabe oder nur Ausgabe) können durch Pfeilspitzen hervorgehoben werden.
- Wird eine Teildarstellung verfeinert, so kann diese zur Verdeutlichung mit einer durchbrochenen Linie umrahmt werden.
- Sich kreuzende Verbindungslinien sollen vermieden werden; sie stellen keine Zusammenführung dar.
- Zur Darstellung von Daten auf Benutzerstationen bzw. von Benutzerstationen können die Sinnbilder für die unterschiedlichen Formen der manuellen, optischen oder akustischen Ein- und Ausgabe durch direktes Aneinanderzeichnen der Sinnbilder ohne Verbindungslinie verknüpft werden.
- Die Innenbeschriftung soll besonders bei Sinnbildern, die auf weitere Abläufe hinweisen, bei Teilen von Sinnbildern und bei Sinnbildern, die in unmittelbarem Zusammenhang zu weiteren Sinnbildern stehen, die eindeutige Zuordnung erkennen lassen.
- Die Beschriftung eines Sinnbildes erfolgt unabhängig von der Richtung der Verbindungslinien von links nach rechts und zeilenweise von oben nach unten.
- Um eine Beziehung zu anderen Teilen einer Dokumentation herzustellen, darf oben links am Sinnbild eine Beschriftung (z.B. die Marke oder Adresse in der zugehörigen Programmliste) angebracht werden.

Datenflußplan (Bsp.: Wohnungsvermittlungssystem)

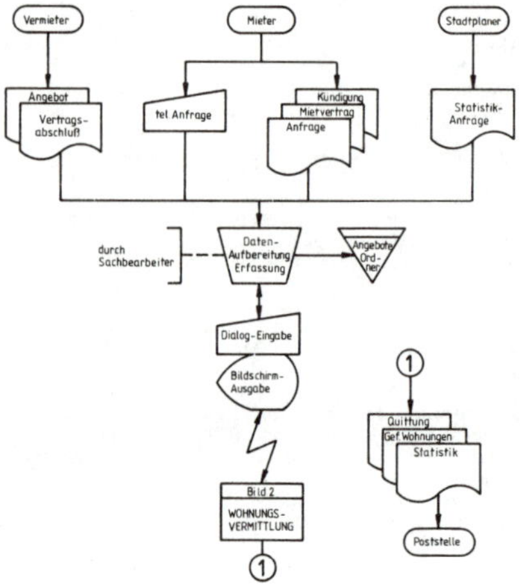

Programmablaufplan

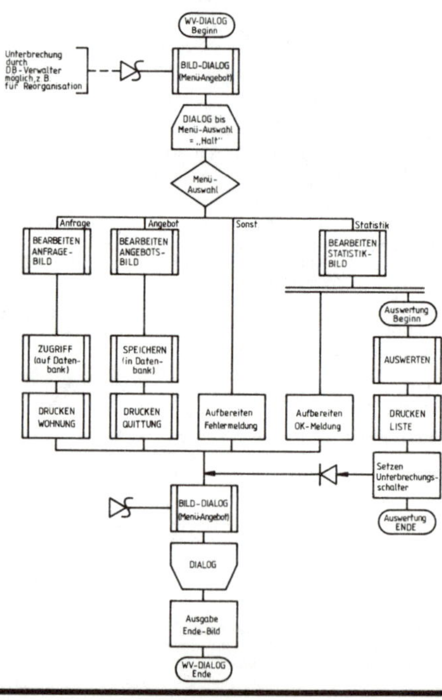

8.7 Informationsverarbeitung

Sinnbild	Benennung u. Bemerkung
	Verarbeitungen, Verarbeitungseinheiten
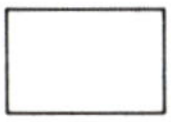	Verarbeitung, allgem. (einschließlich Ein- und Ausgabe) Verarbeitungseinheit, allgemein
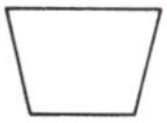	Manuelle Verarbeitung (einschließlich Ein- und Ausgabe), Manuelle Verarbeitungsstelle
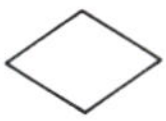	Verzweigung, Auswahleinheit (z. B. Schalter)
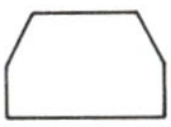	Schleifenbegrenzung Anfang
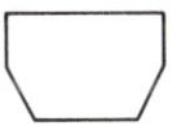	Schleifenbegrenzung Ende
	Synchronisierung paralleler Verarbeitungen, Synchronisiereinheit
	Sprung mit Rückkehr
	Sprung ohne Rückkehr
	Unterbrechung einer anderen Verarbeitung
	Steuerung der Verarbeitungsfolge von außen

Sinnbild	Benennung u. Bemerkung
	Daten
	Daten, allgemein Datenträgereinheit, allgemein
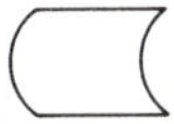	Maschinell zu verarbeitende Daten, Datenträgereinheit für maschinell verarbeitbare Daten
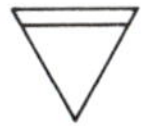	Manuell zu verarbeitende Daten, Manuelle Ablage
	Daten auf Schriftstück (z. B. auf Belegen, Mikrofilm), Ein-/Ausgabeeinheit für Schriftstücke (z. B. Drucker)
	Daten auf Karte (z. B. Lochkarte, Magnetkarte), Lochkarteneinheit
	Daten auf Lochstreifen (Lochstreifeneinheit)
	Daten auf Speicher mit nur sequentiellem Zugriff, Datenträgereinheit mit nur sequentiellem Zugriff
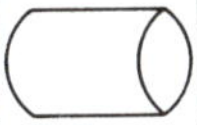	Daten auf Speicher mit auch direktem Zugriff, Datenträgereinheit mit auch direktem Zugriff
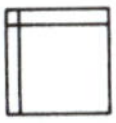	Daten im Zentralspeicher, Zentralspeicher

Sinnbild	Benennung u. Bemerkung
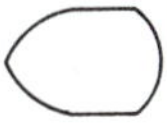	Maschinell erzeugte optische oder akustische Daten, Optische oder akustische Ausgabeeinheit
	Manuelle opt. oder akust. Eingabedaten, Eingabeeinheit
	Verbindungen
	Verbindung: Verarbeitungsfolge, Zugriffsmöglichkeit, Zugriffsweg, Über-/Unterordnung, Zusammenfassung/Untertlg.
	Verbindung zur Darstellung der Datenübertragung, Datenübertragungsweg
	Darstellungshilfen
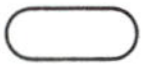	Grenzstelle (zur Umwelt) (z. B. Beginn oder Ende einer Folge)
	Verbindungsstelle (Unterbrechung und Fortsetzung einer Verbindung an anderer Stelle erhalten die gleiche Innenbeschriftung)
	Verfeinerung
	Bemerkung: Mit diesem Sinnbild kann erläuternder Text jedem anderen Sinnbild zugeordnet werden (die durchbrochene Linie darf durch eine Vollinie ersetzt werden)

Anordnung mehrerer Ausgänge

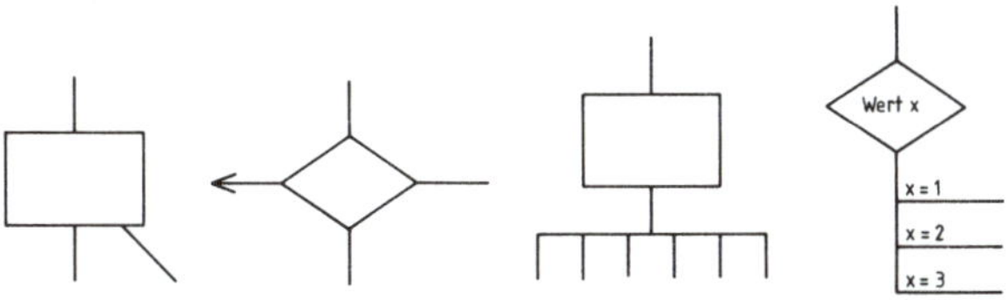

Zusammenführung von Verbindungslinien

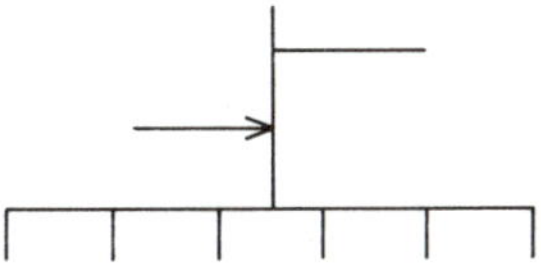

Hinweis auf Detaillierung

Mit einer eindeutigen Referenz im oberen Teil kann auf eine detailliertere Darstellung in derselben Dokumentation hingewiesen werden.

Hinweis auf Dokumentation an anderer Stelle

Mit einer eindeutigen Innenbeschriftung kann auf eine an anderer Stelle aufgeführte Dokumentation verwiesen werden.

Verknüpfung von Sinnbildern (Beispiele)

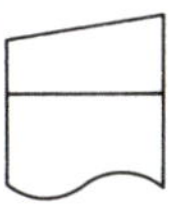

für Fernschreiber

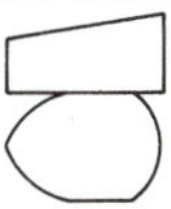

für Benutzerstation

8.7 Informationsverarbeitung

8.7.3 Sinnbilder für Struktogramme nach Nassi-Shneiderman DIN 66261 (11.85)

Struktogramm DIN 66261	Programmablaufplan DIN 66001 – PA	Struktogramm DIN 66261	Programmablaufplan DIN 66001 – PA
Verarbeitung 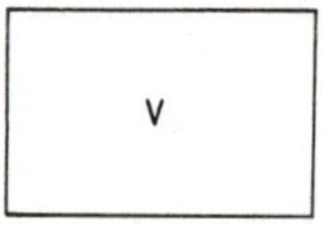	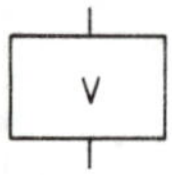	Wiederholung mit vorausgehender Bedingungsprüfung 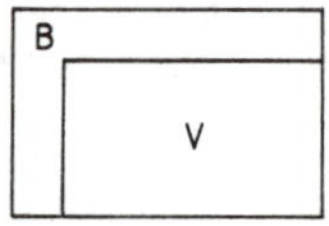	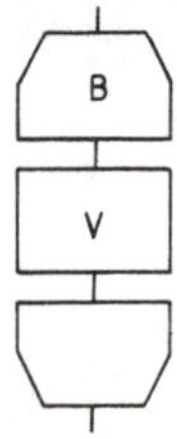
Block (ermöglicht die Zusammenfassung mehrerer Verarbeitungen unter einem Namen) 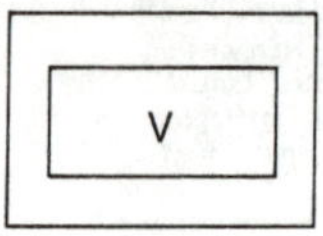	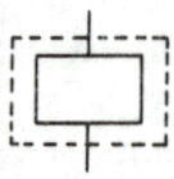	Wiederholung mit nachfolgender Bedingungsprüfung 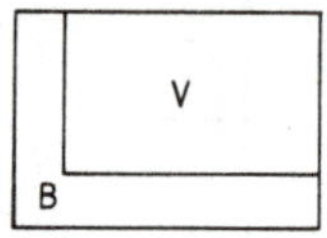	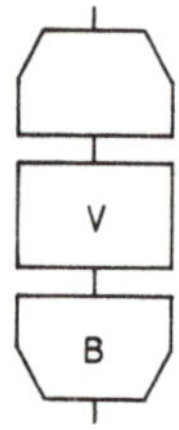
Folge 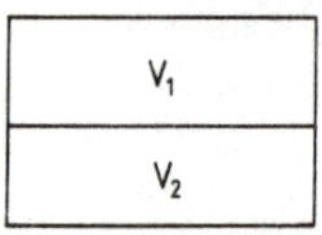	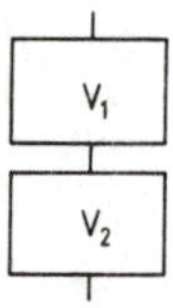	Wiederholung ohne Bedingungsprüfung 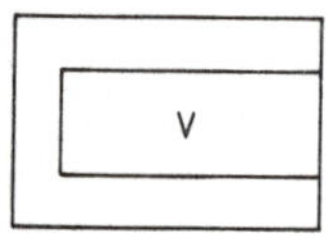	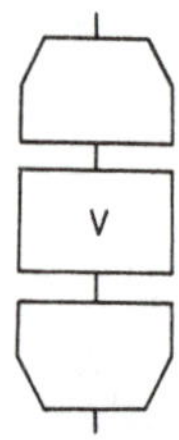

Struktogramm DIN 66261	Ersatzdarstellung	Programmablaufplan DIN 66001 – PA
bedingte Verarbeitung 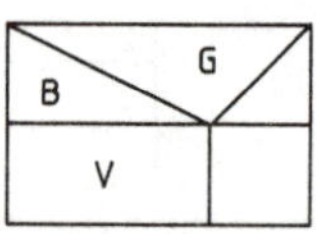	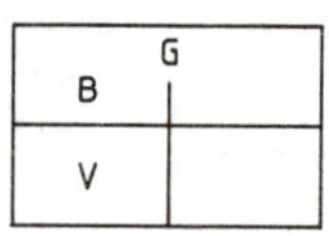	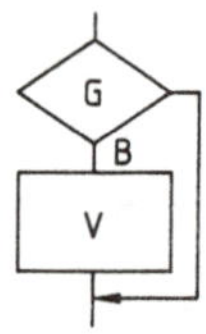
einfache Alternative 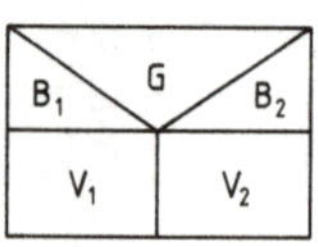	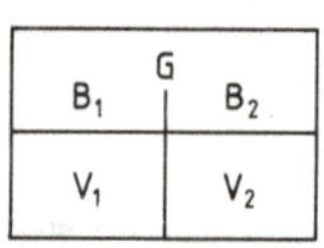	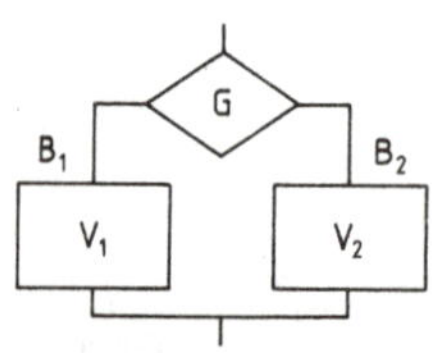

8.7 Informationsverarbeitung

Struktogramm DIN 66261	Ersatzdarstellung	Programmablaufplan DIN 66001 – PA
mehrfache Alternative 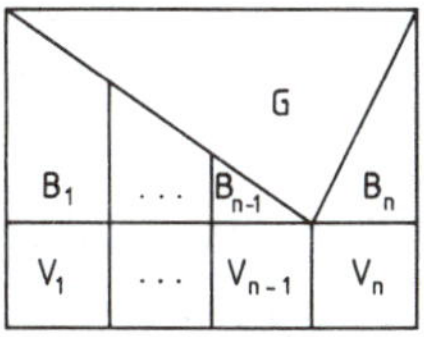	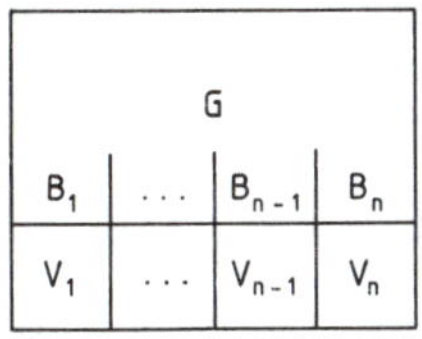	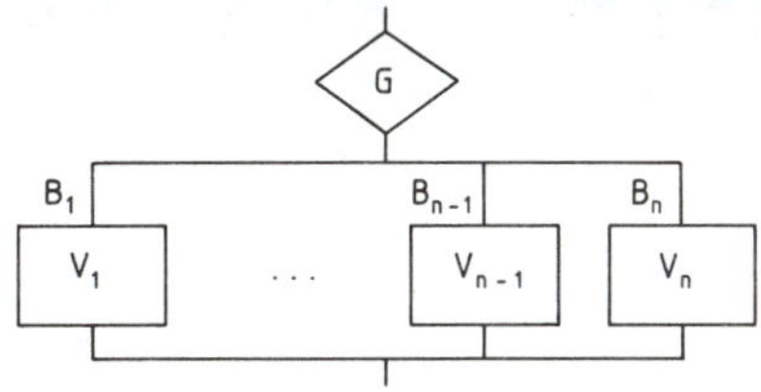
Parallelverarbeitung 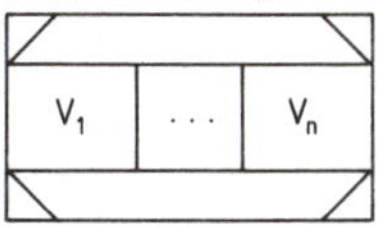	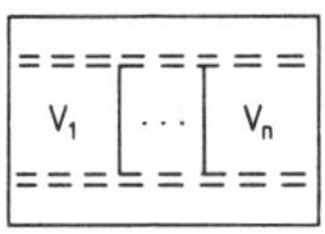	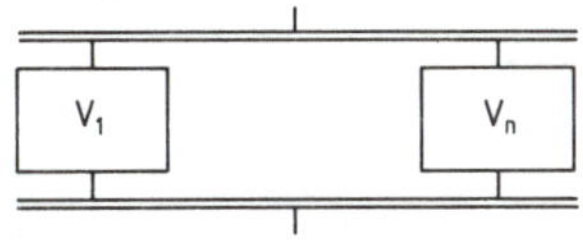
Abbruchanweisung 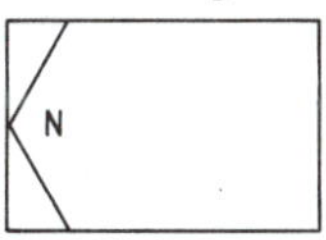	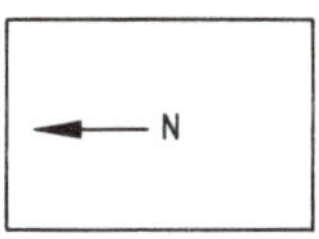	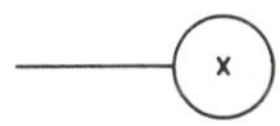 Anmerkung: x = Ende des Konstuktes N

Struktogramm: Bsp. Wohnungsvermittlungs-Dialog

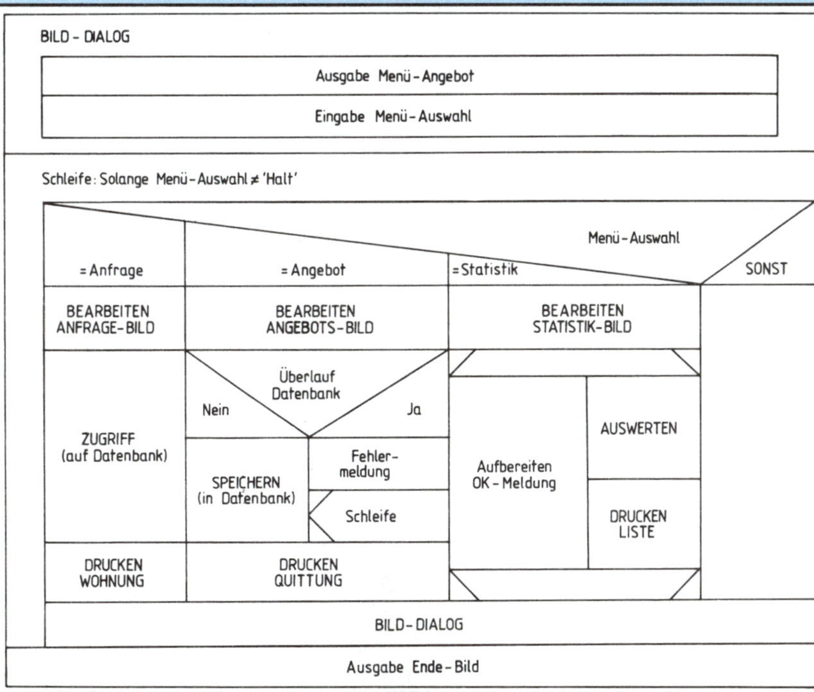

8.7 Informationsverarbeitung

8.7.4 Regeln und Symbole für Funktionspläne nach DIN 40719 Teil 6 (3.77)

Graphisches Symbol	Benennung und Bemerkung
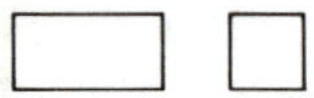	**Grundform** für Funktionssymbol (beliebiges Seitenverhältnis)
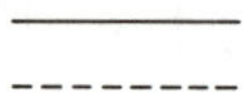	**Wirkungslinie** allgemein speziell, z. B. Wirkung über den Prozeß, Überlaufbedingung
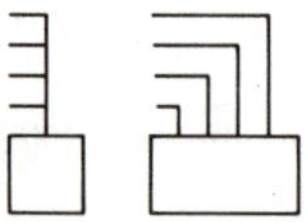	zeichnerische Zusammenfassung von Wirkungslinien, vereinfachte und ausführliche Darstellung.
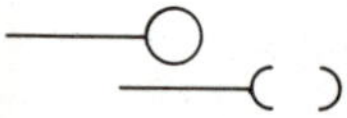	**Abbruchstelle** einer Wirkungslinie, desgleichen wahlweise (Die Zusammengehörigkeit von Abbruchstellen muß eindeutig erkennbar bzw. gekennzeichnet sein.)
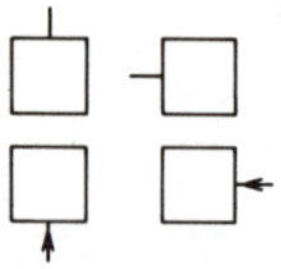	**Eingänge** sind vorzugsweise oben oder links anzuordnen, andernfalls durch Pfeile zu kennzeichnen.
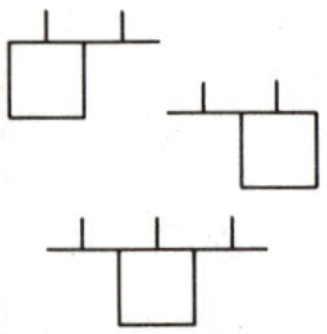	Eine Eingangsseite darf über eine oder beide Ecken hinaus verlängert werden.
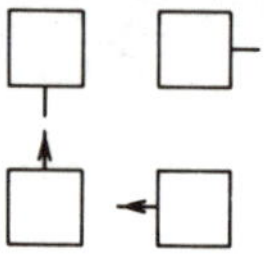	**Ausgänge** sind vorzugsweise unten oder rechts anzuordnen, andernfalls durch Pfeile zu kennzeichnen.
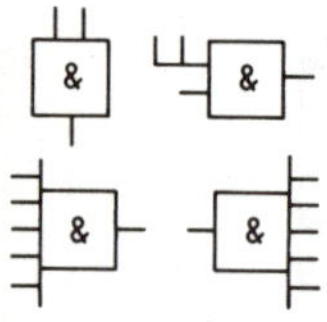	**Verknüpfungen** (Bsp.: UND-Verknüpfung) Ein- und Ausgänge liegen an gegenüberliegenden Seiten des Symbols. Pfeile zur Kennzeichnung von Ein- und Ausgängen sind nicht erforderlich.
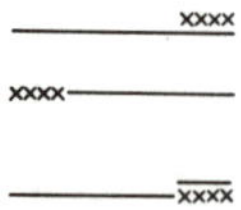	**Benennung von Variablen** An den xxxx gekennzeichneten Stellen steht die Benennung; sie bezeichnet den Zustand, bei dem die Variable den Wert 1 hat. Negierung einer Benennung

Graphisches Symbol	Benennung und Bemerkung
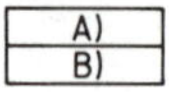	**Schritt** In Feld A) steht die frei wählbare Schritt-Nr. In Feld B) kann Text stehen. Ein Schritt wird speichernd gesetzt, wenn alle Eingangsvariablen den Wert 1 haben (UND-Verknüpfung). Er wird gelöscht durch den Setzvorgang des nachfolgenden Schrittes, außerdem durch Befehle oder in Sonderfällen auch über einen mit R gekennzeichneten Löscheingang.
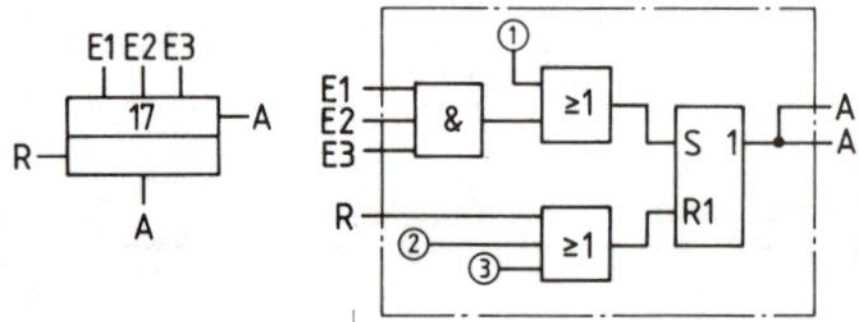	① Setzen über Befehl ② Löschen über Befehl ③ Löschen durch Setzvorgang des nächsten Schrittes
	**Verzweigung** von Wirkungslinien, allgemein
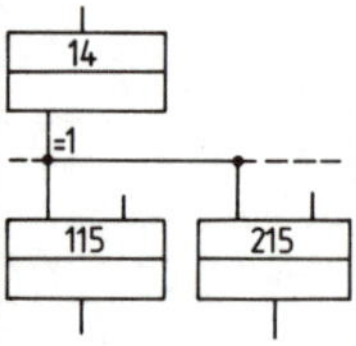	ODER-Verzweigung (1 aus n) Wirkungslinien zwischen den Schrittsymbolen zur Darstellung von Ablaufketten, bei denen nur einer der Zweige durchlaufen wird. Der vorhergehende Schritt wird gelöscht, wenn der 1. Schritt in einem folgenden Zweig gesetzt wird.
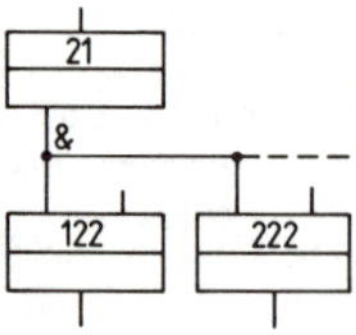	UND-Verzweigung Wirkungslinien zwischen den Schrittsymbolen zur Darstellung von Ablaufketten, bei denen alle Zweige durchlaufen werden. Der vorhergehende Schritt wird gelöscht, wenn der 1. Schritt in allen folgenden Zweigen gesetzt worden ist.

Es bedeuten:

D	verzögert	RC	Rückmeldung
NSD	nicht gespeichert und verzögert	S	gespeichert
SD	gespeichert und verzögert	SH	gespeichert, auch bei Energieausfall
F	Freigabe	T	zeitliche begrenzt
R	Löscheingang	ST	gespeichert und zeitlich begrenzt

8

8.7 Informationsverarbeitung

Befehl der Steuerung, allgemein

Ein Befehl wirkt mit Hilfe von Stellgliedern auf den Prozeß ein oder löst Funktionen innerhalb der Steuerung aus. Als Befehl wird hier die Anweisung für eine Zustandsänderung verstanden.

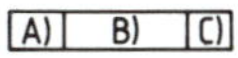

Feld A) enthält die Kennzeichnung für die Befehlsart: D, S, SD, NS, NSD, SH, T oder ST (Bedeutung s. S. 4-20 und 4-22).

Feld B) gibt die Wirkung des Befehls an. Ist die Wirkung des nicht ausgegebenen Befehls nicht eindeutig, so kann diese in Klammern angegeben werden.

Feld C) enthält die Kennzeichnung für die Abbruchstelle eines Befehlsausgangs. Ist keine Abbruchstelle vorhanden, so kann dieses Feld entfallen.

Feld B) soll mindestens doppelt so groß sein, wie das größere der Felder A) und C).

Ein Stellglied darf von einem Schritt nur einmal angesprochen werden. Beziehen sich mehrere, von verschiedenen Schritten ausgegebene Befehle auf dasselbe Stellglied, so gilt der Befehl, dessen Schritt zuletzt gesetzt wurde.

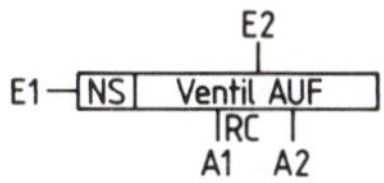

Die Unterteilung in Felder erfolgt nur zur Unterscheidung der verschiedenen Angaben. Ein- und Ausgänge dürfen deshalb an beliebigen Stellen des Symbols angeordnet werden.

Ein Befehl kann mehrere Eingänge mit z.T. unterschiedlichen Wirkungen haben. Buchstaben kennzeichnen spezielle Wirkungen der Eingänge:

F Freigabe
R Löscheingang
RC Rückmeldung

Die Kennzeichnung RC wird an die Wirkungslinie oder in das Feld C) eingetragen.

Ausgänge der Befehle werden als Wirkungslinie dargestellt oder als laufende Nummer in das Feld C) eingetragen. Die laufende Nummer wird je Schritt neu angefangen.

Die Variablen nicht zusätzlich bezeichneter Ausgänge haben den Wert 1, wenn die Steuerung den Befehl zur Betätigung des Stellgliedes ausgibt. Die Variablen an den mit RC bezeichneten Ausgängen sind dagegen Rückmeldungen vom Stellglied. Sie haben den Wert 1, solange sich das Stellglied in der Stellung befindet, die der in Feld B) beschriebenen Wirkung des Befehls entspricht.

Die Anordnung von Befehlen

ausführliche Darstellung

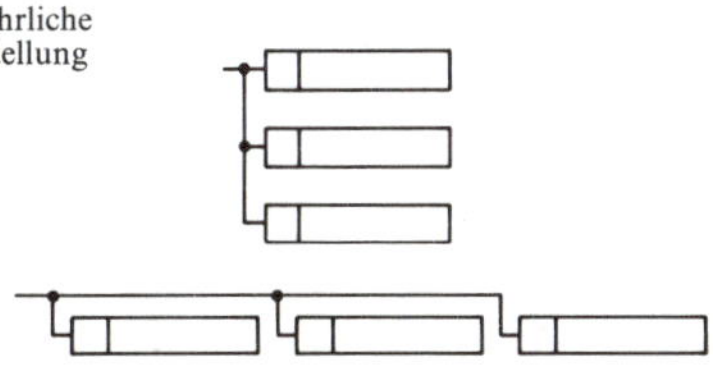

vereinfachte Darstellung

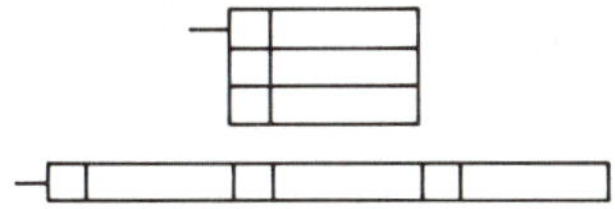

Werden den Befehlen und Bedingungen Kommentare und Hinweise zugeordnet, so ist die Anordnung untereinander vorteilhaft. Werden Freigabe- oder Löscheingänge für die Befehle benutzt, so ist die Anordnung nebeneinander zu bevorzugen.

Die lückenlose Befehlsanordnung bei vereinfachter Darstellung setzt voraus, daß diese Befehle einen gemeinsamen Eingang haben. Die übrigen Ein- und Ausgänge gelten jeweils nur für einen Befehl.

Darstellungsvereinfachung durch Abbruchstellen

Gestattet die Anordnung der Befehle nicht eine einfache Führung der Wirkungslinien, so kann ein Funktionsplan durch Abbruchstellen übersichtlicher gestaltet werden. Sind als Fortschaltbedingungen des nächsten Schrittes die Rückmeldungen von Befehlsausgängen vorangegangener Schritte darzustellen, so gelten folgende Regeln:

a) Bei Befehlsanordnung nebeneinander sind Abbruchstellen zu vermeiden.

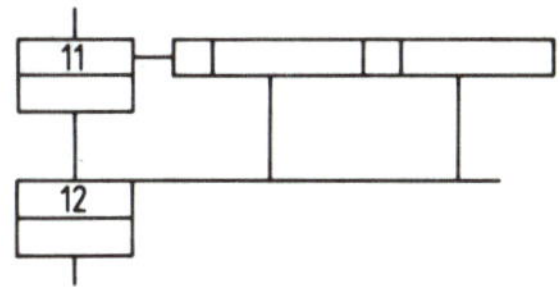

b) Bei Befehlsanordnung untereinander sind die Abbruchstellen durch die Nummer (Ziffern oder Buchstaben) der Befehle zu kennzeichnen.

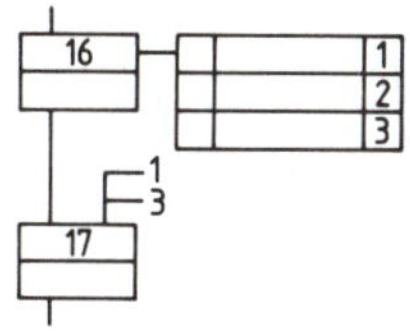

c) Überspringt die Abbruchstelle einen oder mehrere Schritte, so ist der Nummer des Befehlsausgangs die Schritt-Nr. voranzustellen.

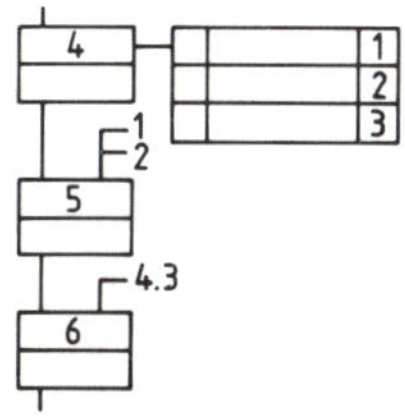

8.7 Informationsverarbeitung

Graphisches Symbol	Erläuterung

Beispiele für Befehle:
Befehl der Steuerung, nicht gespeichert

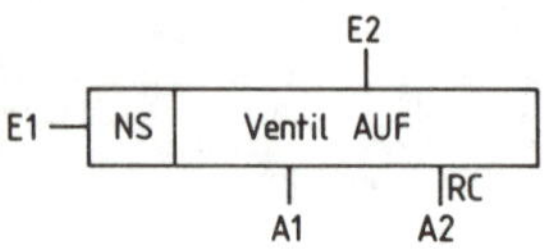

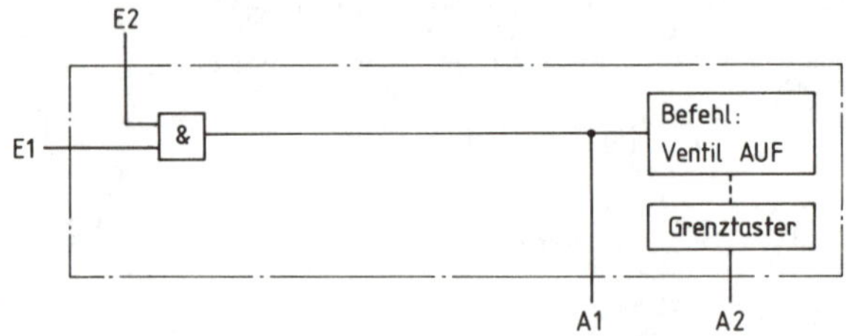

Befehl der Steuerung, nicht gespeichert und verzögert

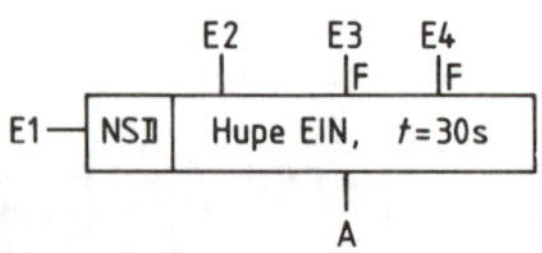

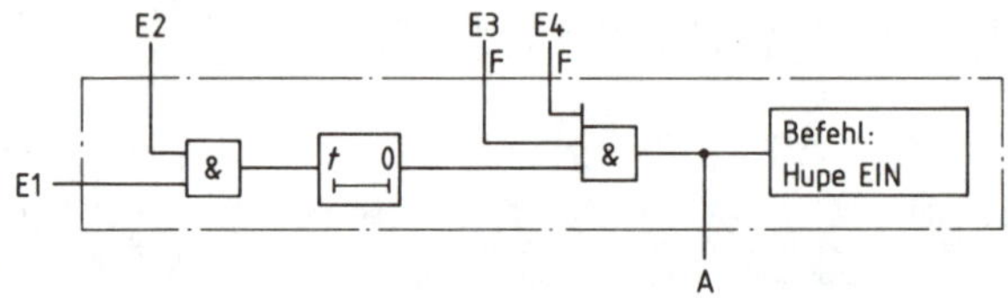

Befehl der Steuerung, gespeichert

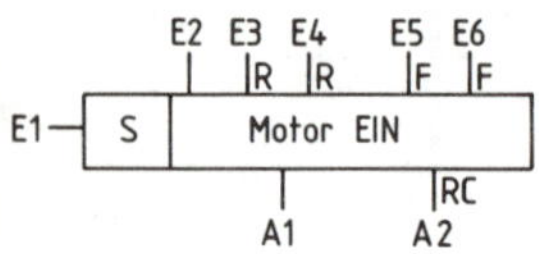

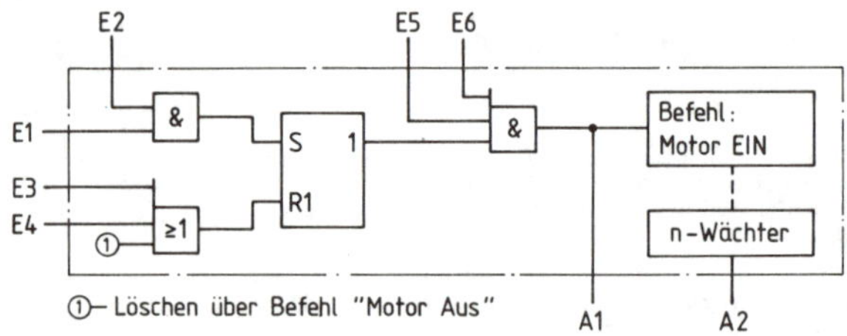

Befehl der Steuerung, gespeichert und verzögert

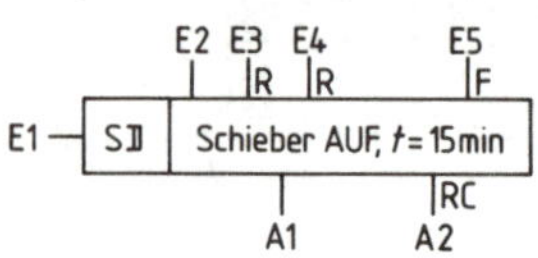

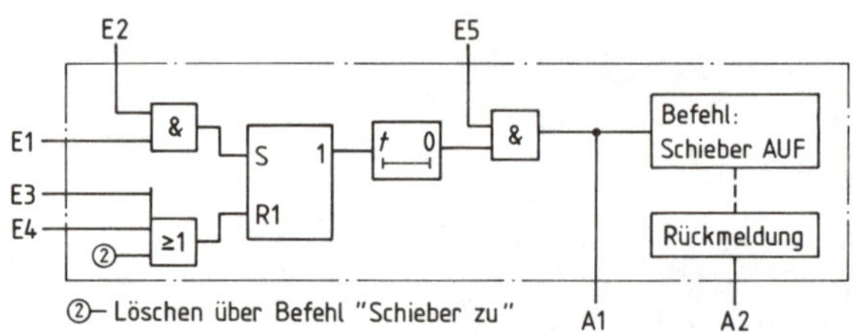

Befehl der Steuerung, gespeichert und zeitlich begrenzt

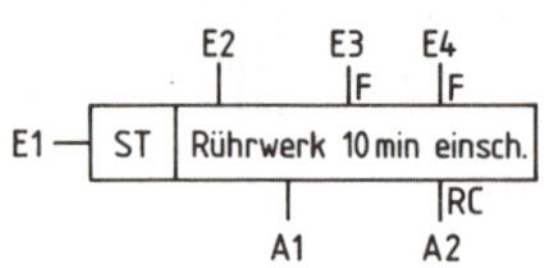

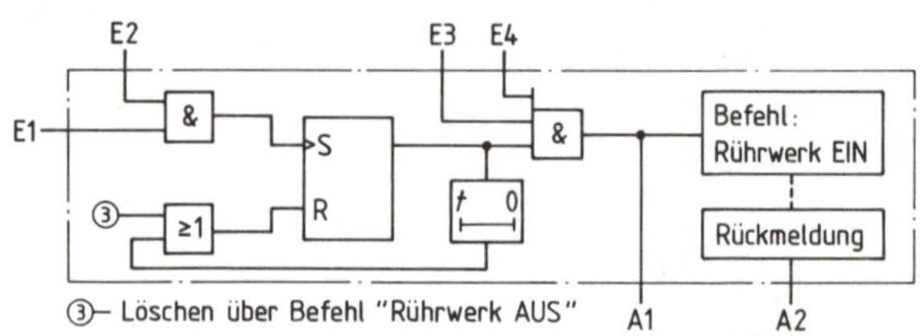

9 Fertigungsplanung

9.1 Fertigung mit numerisch gesteuerten Werkzeugmaschinen

9.1.1 Funktionseinheiten von Werkzeugmaschinen

Manuell gesteuerte Drehmaschine

<table>
<tr><th>Gestell</th><th>Werkstück-aufnahme</th><th>Werkzeug-aufnahme</th><th>Antriebe</th><th>Steuerung</th></tr>
<tr>
<td>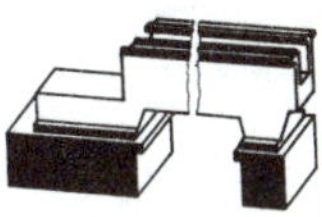
Geripptes Guß-gestell</td>
<td>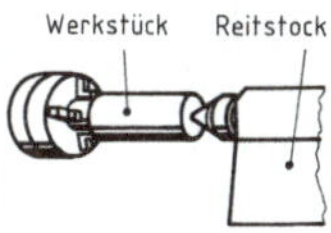

Spannzeug und Pinole</td>
<td>
Werkzeughalter mit Oberschlitten</td>
<td>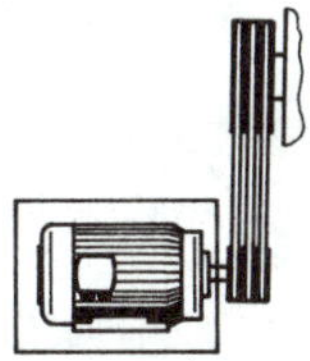
Hauptantrieb (Drehstrommotor)</td>
<td>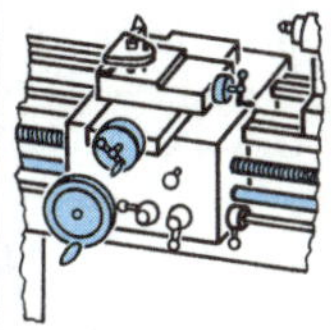
Handbetätigte Steuerung</td>
</tr>
</table>

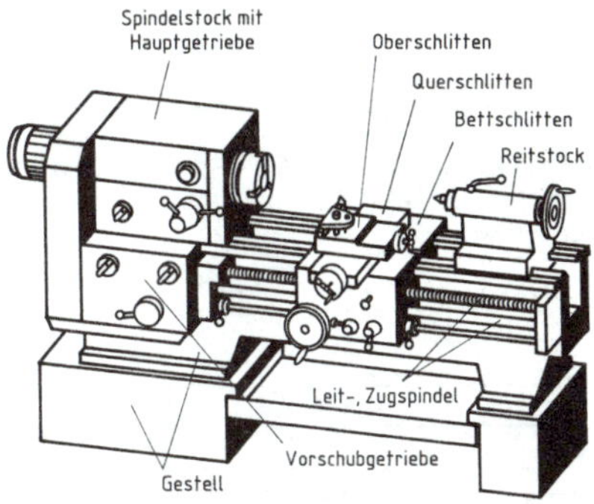

Manuell gesteuerte Drehmaschine

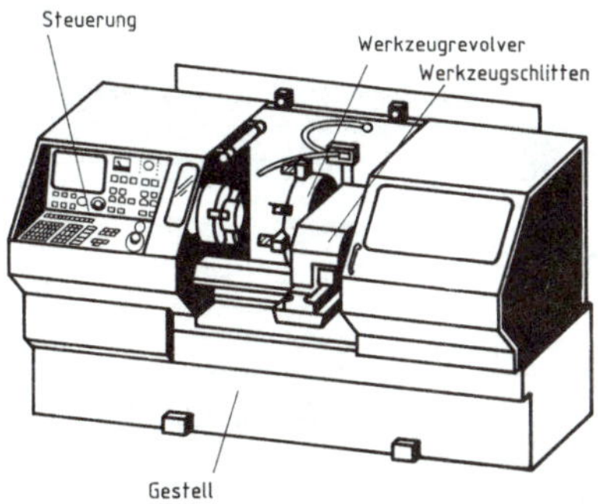

CNC-gesteuerte Drehmaschine

CNC-gesteuerte Drehmaschine

<table>
<tr><th>Gestell</th><th>Werkstück-aufnahme</th><th>Werkzeug-aufnahme</th><th>Antriebe</th><th>Steuerung</th></tr>
<tr>
<td>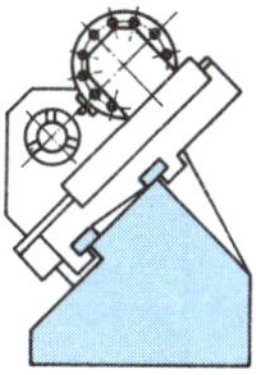
Gestell einer Schrägbettdrehma-schine (Guß/Stahl)</td>
<td>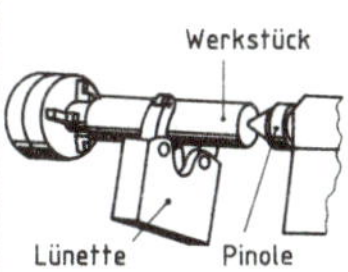

Spannzeug mit Reit-stock und Lünette</td>
<td>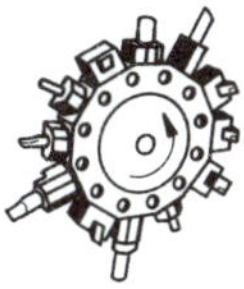
Werkzeugrevolver</td>
<td>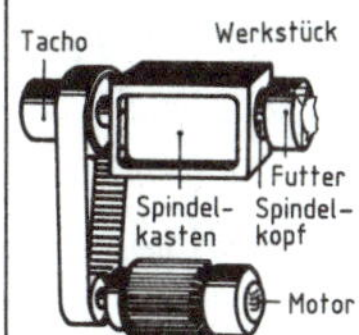

Hauptantrieb (Gleichstrom-motor)</td>
<td>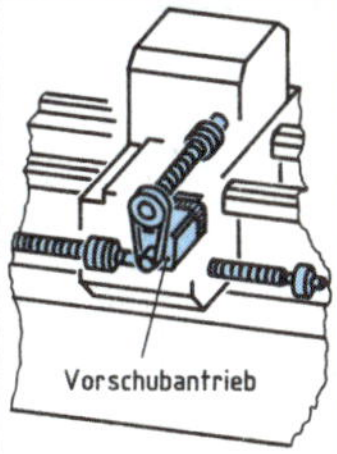

Steuerung über Einzelantriebe</td>
</tr>
</table>

9

9.1 Fertigung mit numerisch gesteuerten Werkzeugmaschinen

9.1.2 Datenfluß

Vergleich manuell-/CNC-gesteuerte Werkzeugmaschine

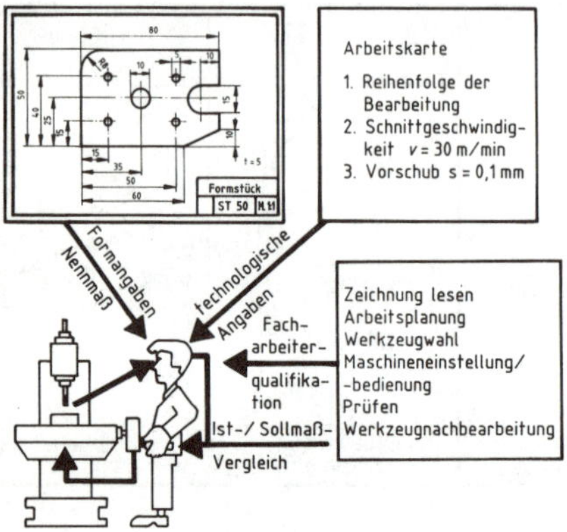

Fertigung mit einer manuell gesteuerten Fräsmaschine

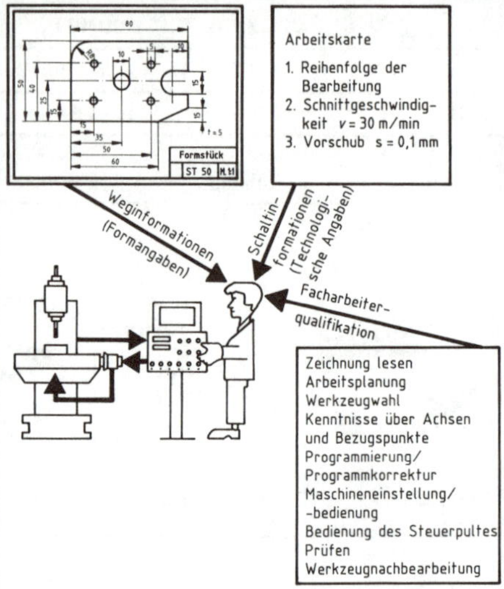

Fertigung mit einer CNC-gesteuerten Fräsmaschine

Ablaufplanung numerisch gesteuerter Fertigung

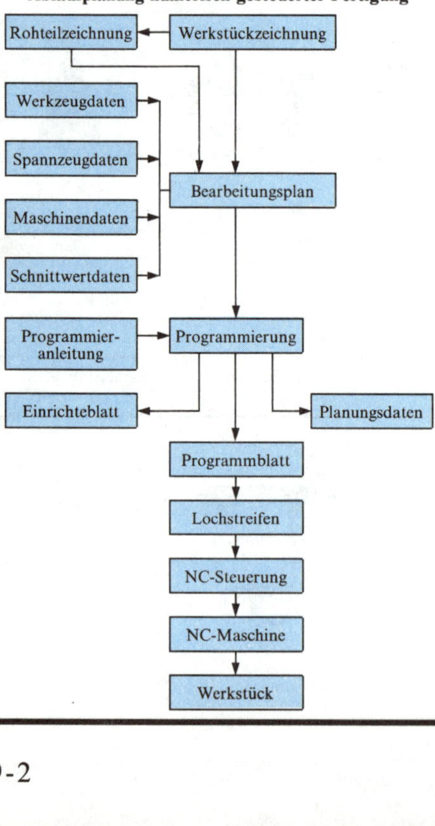

Arbeitsweise einer CNC-Steuerung

Der Maschinentisch einer CNC-gesteuerten Konsolfräsmaschine soll um 13 mm in X-Richtung verschoben werden.

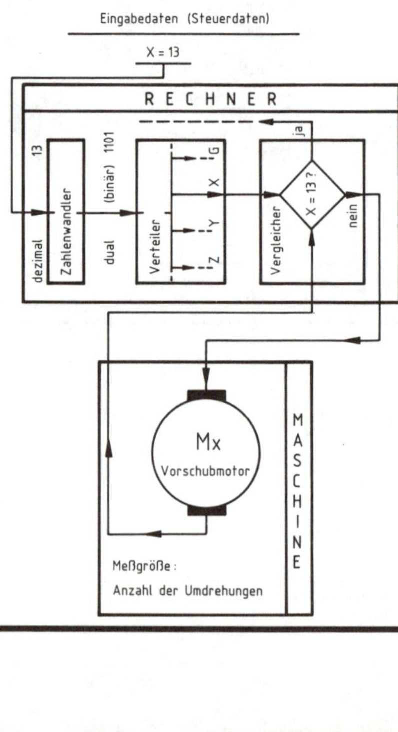

9.1 Fertigung mit numerisch gesteuerten Werkzeugmaschinen

9.1.3 Achsen und Bewegungsrichtungen nach DIN 66217 (12.75)

Die Bewegungsachsen von numerisch gesteuerten Werkzeugmaschinen sind nach DIN 66217 einem Koordinatensystem zugeodnet.
Verwendet wird ein rechtshändiges, rechtwinkliges Koordinatensystem, welches sich auf das aufgespannte Werkstück bezieht.

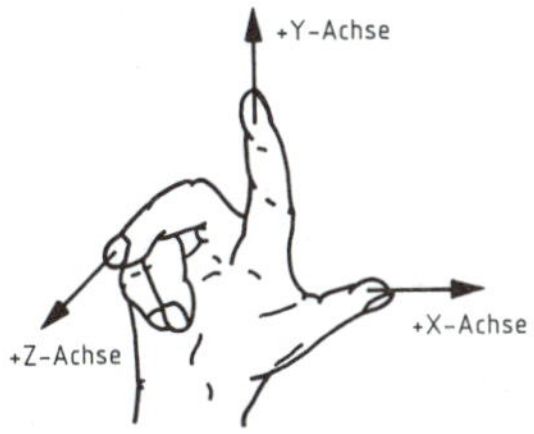

X, Y, Z kennzeichnen die Richtung von Längsbewegungen

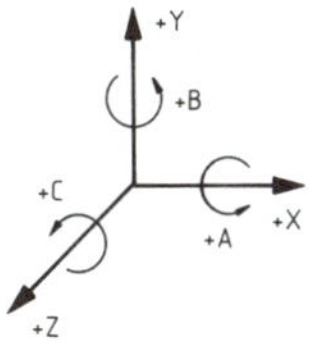

A, B, C kennzeichnen Drehbewegungen

Achsen und Bewegungsrichtungen an Werkzeugmaschinen

Zusätzlich zu den Bewegungsrichtungen der Maschine ist das für die Programmierung zu verwendende Koordinatensystem dargestellt.

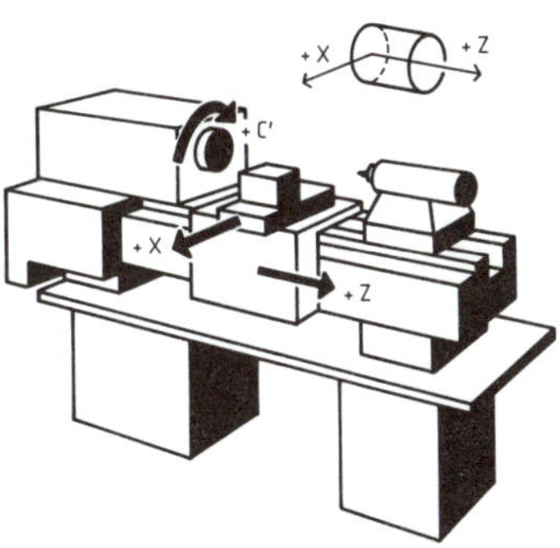

Drehmaschine

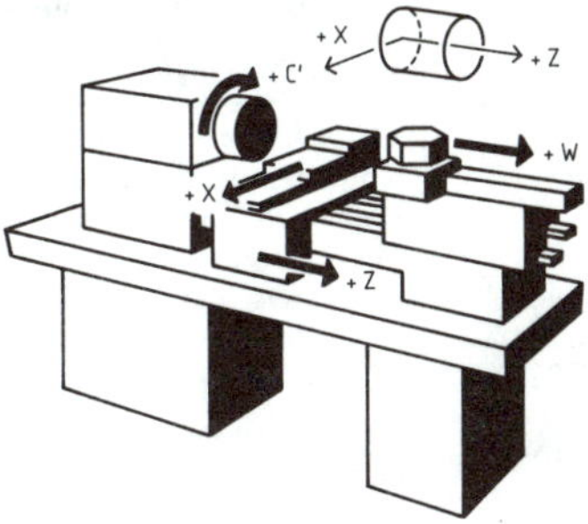

Revolver-Drehmaschine

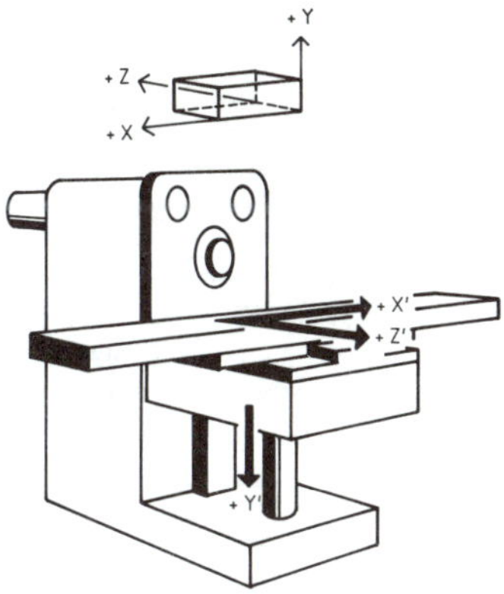

Waagerecht-Konsolfräsmaschine

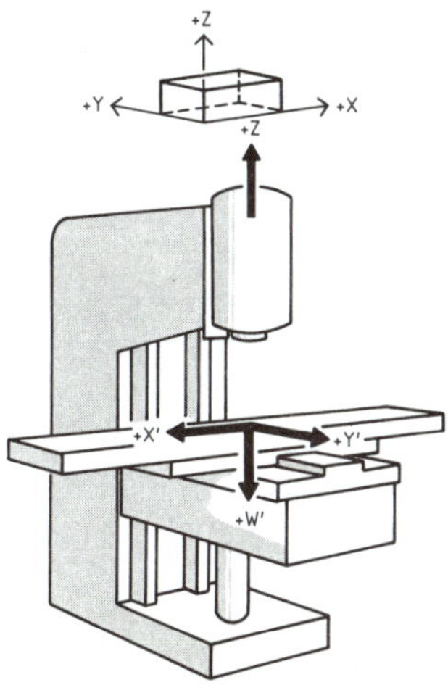

Senkrecht-Konsolfräsmaschine

9.1 Fertigung mit numerisch gesteuerten Werkzeugmaschinen

9.1.4 Bezugspunkte an CNC-Werkzeugmaschinen

Punkt	Merkmale der Lage	Verwendungszweck
M Maschinen-nullpunkt	**M** ist Ursprung des unveränderbaren Maschinenkoordinatensystems und wird vom Hersteller festgelegt. Bei Drehmaschinen ist M im allgemeinen im Zentrum der Spindelflanschanschlagfläche angeordnet.	**M** ist Ausgangspunkt für sämtliche weitere Koordinatensysteme.
R Referenz-punkt	**R** liegt im Ursprung des Wegmeßsystems. Die Lage ist konstruktiv festgelegt und damit nicht veränderbar. Er liegt meistens im Randbereich des Arbeitsraumes.	Nach dem Einschalten des Meßsystems braucht es einen Orientierungspunkt, der mit bekannten Koordinaten angefahren werden kann (**M** scheidet meist wegen der Lage aus). **R** ist Bezugspunkt für den Programmnullpunkt und dem Werkzeugwechselpunkt.
W Werkstück-nullpunkt	**W** liegt im Ursprung der Werkstückkoordinaten. Die Lage ist frei wählbar und beliebig verschiebbar. Zweckmäßigerweise wird er so festgelegt, daß sich die Maßangaben in der Werkstückzeichnung leicht in Koordinatenangaben umrechnen lassen.	**W** wird auch als Programmnullpunkt bezeichnet, da er in der Regel als Nullpunkt des zur Programmierung verwendeten Koordinatensystems herangezogen wird.
N Werkzeug-aufnahmepunkt **E** Werkzeug-einstellpunkt	**N** befindet sich auf dem Werkzeugträger und deckt sich mit dem Werkzeugeinstellpunkt **E**, wenn das Werkzeug bzw. der Werkzeughalter in den Werkzeugträger eingesetzt wird. **E** befindet sich an bestimmter Stelle auf dem Werkzeughalter.	Die Werkzeugmaße müssen vorab ermittelt und in die Steuerung eingegeben werden. Die Abmessungen der Werkzeuge werden bei der Voreinstellung auf **E** bezogen. Das Gegenstück in der Maschine ist der Werkzeugaufnahmepunkt **N**.

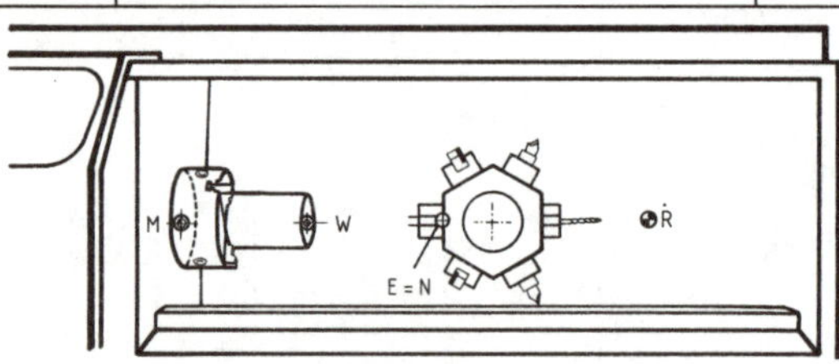

Bezugs- und Nullpunkte an der Drehmaschine

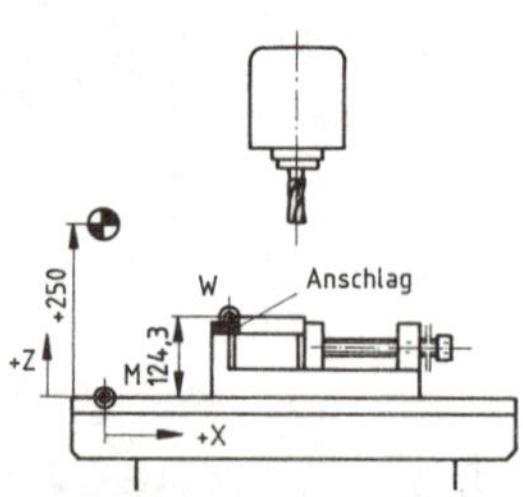

Bezugs- und Nullpunkte an der Fräsmaschine

9.1 Fertigung mit numerisch gesteuerten Werkzeugmaschinen

9.1.5 CNC-Werkzeugsteuerung

Steuerung	Beispiel	Erläuterung
Punktsteuerung	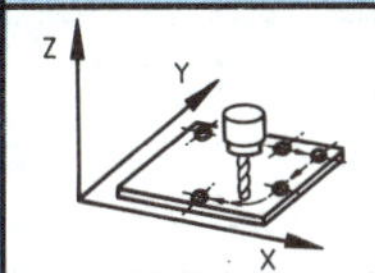	Werkzeug bearbeitet nur nach der Positionierung.
Streckensteuerung	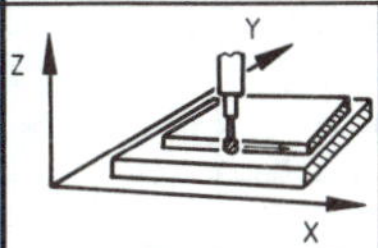	Bearbeitungsvorgänge geschehen auf der X-, Y-, Z-Achse nacheinander.
Bahnsteuerung	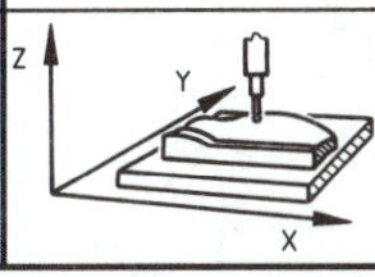	Bearbeitungsvorgang geschieht in allen Bewegungsachsen gleichzeitig.

9.1.6 Werkzeugwegmessung

	Beispiel	Erläuterung
Ort der Messung	 Direktmessung	Messung des Weges wird direkt am Maschinentisch vorgenommen.
	 Indirektmessung	Wegmessung wird mit Übertragungselementen vorgenommen (z.B. Spindel).
Art der Meßwerterfassung	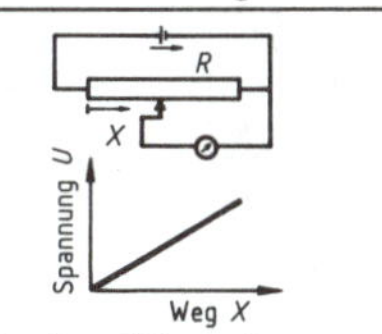 Analoge Werterfassung	Wegmessung erfolgt stufenlos.
	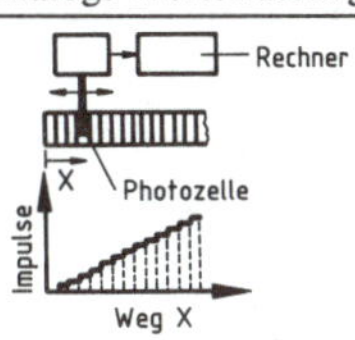 Digitale Werterfassung	Meßwerte werden schrittweise erfaßt.
Meßverfahren	 Impulsglasmaßstab	Die Meßstrecke wird in gleich große Inkremente geteilt.
	 Code-Glasmaßstab	Jeder Meßort ist durch einen Zahlenwert gekennzeichnet.

9.1.7 Interpolationsverfahren

Während des Positionierens des Werkzeugs einer CNC-Werkzeugmaschine bewegen sich alle Achsen gleichzeitig, bis sie ihre Zielposition erreicht haben. Werkzeugmaschinen mit Bahnsteuerung brauchen einen Interpolator, der die resultierende Werkzeugbewegung so koordiniert, daß sie ständig auf der programmierten Bahn liegt. Dazu gibt es unterschiedliche Interpolationsverfahren.

Art	Beispiel	Erläuterung
Linearinterpolation	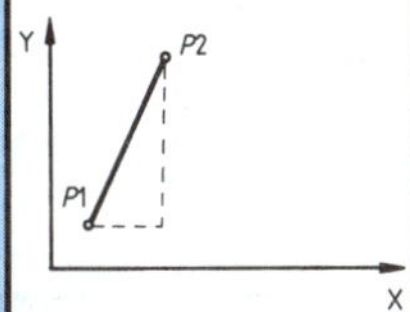 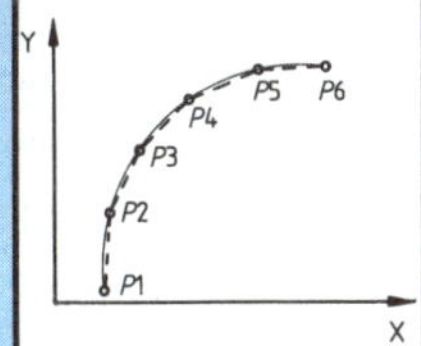 Annäherung durch Polygonzüge an das Idealprofil	Das Werkzeug wird vom Anfangs- bis zum Zielpunkt geradlinig bewegt. Für beliebig viele Achsen läßt sich eine Linearinterpolation erreichen. Alle Raum- und Profilkurven sind erzeugbar, wenn man sich dieser durch einen Polygonzug annähert. Je größer die Annäherung an das ideale Profil, desto größer ist die notwendige Datenmenge. Dies ist der Nachteil zu anderen Interpolationsverfahren.
Zirkularinterpolation	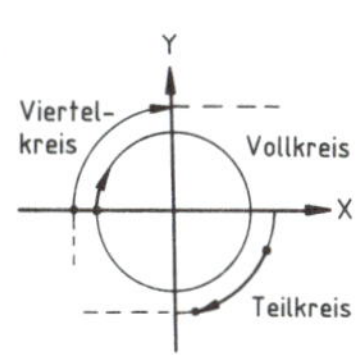	Die Zirkularinterpolation ist i.d.R. auf die Hauptachsen der Werkzeugmaschine begrenzt. Alle erforderlichen Zwischenpunkte der Werkzeugbahn werden vom Interpolator nach der Kreisgleichung errechnet.
Parabolinterpolation	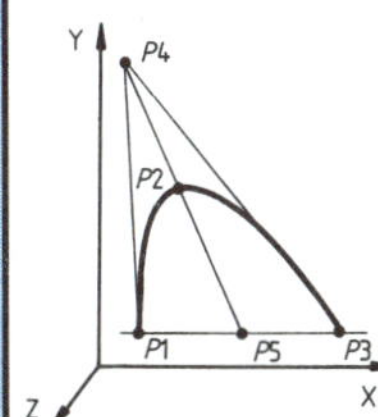	Die Parabolinterpolation wird meist nur bei vier- bis fünfachsigen Werkzeugmaschinen angewendet, da die Datenmenge bei mehrachsigen Simultanbewegungen erheblich reduziert werden kann.

9.1 Fertigung mit numerisch gesteuerten Werkzeugmaschinen

9.1.8 Bildzeichen an numerisch gesteuerten Werkzeugmaschinen nach DIN 55003 T3 (8.81)

Grundsymbole

	Richtungspfeil		Verschiebung/ Korrektur
	Funktionspfeil		
	Datenträger		Bezugspunkt
	Programm ohne Maschinenfunktion		Speicher
	Programm mit Maschinenfunktion		Wechsel (z.B. Werkzeugwechsel)
	Satz		Ändern

Verwendungssymbole

	Bandvorlauf ohne Lesen der Daten		Bandrücklauf ohne Lesen der Daten
	Programm-Einlesen ohne Maschinenfunktion		Programm-Einlesen mit Maschinenfunktion
	Satzweises Programm-Einlesen ohne Maschinenfunktion		Satzweises Programm-Einlesen mit Maschinenfunkt.
	Programmierter wahlweiser Halt		Programmierter Stop
	Suchlauf vorwärts auf bestimmte Daten ohne Maschinenfunktion, Suchlauf rückwärts		Satznummernsuche vorwärts ohne Maschinenfunktion, Satznummernsuche rückwärts
	Hauptsatzsuche vorwärts ohne Maschinenfunktion, Hauptsatzsuche rückwärts		Programmanfang
			Programmende
	Suchlauf rückwärts zum Programmanfang		Programmende mit automatischem Rücklauf
	Wahlweise Satzunterdrückung		Handeingabe
	Normalachsansteuerung		Spiegelbildliche Achsansteuerung
	Referenzpunkt		Koordinaten-Nullpunkt
	Absolute Maßangabe		Inkrementale Maßangabe

	Nullpunkt-Verschiebung		Drehendes Werkzeug Längenkorrektur
	Werkzeugkorrektur (nicht drehendes Werkzeug)		Radiuskorrektur
			Durchmesserkorrektur
	Werkzeugschneidenradiuskorrektur		Positioniergenauigkeit, fein
	Positioniergenauigkeit, mittel		Positioniergenauigkeit, grob
	Speicherdateneingabe		Speicherdatenausgabe
	Rücksetzen		Löschen
	Speicherinhalt rücksetzen		Speicherinhalt löschen
	Programmdaten fehlerhaft		Datenträger fehlerhaft
	In Position		Speicher läuft über
	Vorwarnung für Speicherüberlauf		Speicher fehlerhaft
	Batterie		Programmspeicher
	Unterprogramm		Unterprogrammspeicher
	Programm ändern		Speicherdaten ändern
	Zwischenspeicher		Wiederanfahren der Kontur
	Programmierter Positionssollwert		Positionsistwert
	Positionsfehler		Hilfsbezugsposition
	Programm von externer Einrichtung		Eingabe des Datenträgers über eine Zusatzeinrichtung

9

9.1.9 Symbole für den Maschinenbau

Symbole für Anzeigeelemente[1])

Bedeutung	Bedeutung
Ein	Maximum-Einstellung
Aus	Steuern
Ein/Aus, stellend	Regeln
Ein/Aus, tastend	Energie-/Signal-eingang
Ingangsetzen einer Bewegung	Energie-/Signal-ausgang
Schnellstart	Wirkung auf einen Bezugspunkt zu
Anhalten einer Bewegung, Stop	Wirkung von einem Bezugspunkt aus
Schnellstop	Bewegungsrichtung
Vorbereiten	Bewegungsrichtung aus Begrenzung
Vorbereitendes Schalten	Bewegung in zwei Richtungen
Abschalten	Oszillierende Bewegung
Zuschalten	Drehbewegung, rechts
Informationsaufnahme am Träger	Drehbewegung, links
Informations-wiedergabe	Drehbewegung in beide Richtungen
Informations-löschung	Geschwindigkeit
Verändern einer Größe	Begrenzte Bewegung, schnell
Minimum-Einstellung	Schnelle Bewegung aus Begrenzung

Bedeutung	Bedeutung
Bewegung, unterbrochen	Regler
Drehen, Drehzahl	Gefährliche elektrische Spannung
Einmalige Drehung	Beleuchtung
Automatischer Ablauf	Leuchtmelder
Bremsen	Klingel, Signal
Bremse lösen	Getriebe
Mittelstellung	Kupplung
Festklemmen, Spannen	Schmierung
Lösen, Abheben	Lüftung
Handschalter	Wärmeabgabe durch Strahlung
Fußschalter	Wärmeabgabe durch Konvektion
Schalten vom Schalttisch	Mechanische Energie
Handbetätigung	Hydraulische Energie
Entriegeln	Pneumatische Energie
Verriegeln	Wärmeenergie
Thermometer	Wasserenergie
Temperaturzunahme	Dampfenergie
Temperaturabnahme	Elektrische Energie
Temperatur-begrenzer	Lichtenergie

[1]) Früher in DIN 30600 (3.79), jetzt in DIN-Fachbericht 4 aufgeführt.

9.1 Fertigung mit numerisch gesteuerten Werkzeugmaschinen

9.1.10 Symbole für Werkzeugmaschinen nach DIN 24900 T10 (1.82), Auswahl

	Plandrehen		Planschleifen
	Längsdrehen		Innenrund-schleifen
	Innendrehen, Ausdrehen		Außenrund-schleifen
	Außendrehen		Einstechschleifen
	Fräsen		Innenhonen
	Gleichlauffräsen		Außenhonen
	Gegenlauffräsen		Läppen
	Hobeln	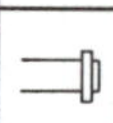	Spindel
	Senkrecht-Stoßen		Spindeldrehzahl
	Waagerecht-Stoßen	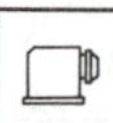	Spindelstock
	Innenräumen	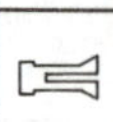	Spannzange
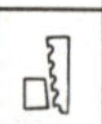	Außenräumen	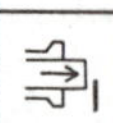	Materialvorschub bis zum Anschlag
	Bohren	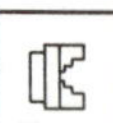	Spannfutter
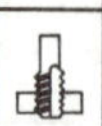	Gewindebohren	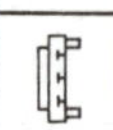	Planscheibe
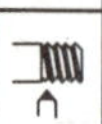	Gewinde herstellen	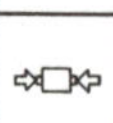	Längsspannen
	Reiben	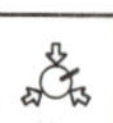	Spannen in vorbestimmter Lage
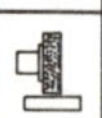	Schleifen		Werkstück zentrieren

9.2 Programmerstellung für numerisch gesteuerte Werkzeugmaschinen nach DIN 66025 (1.83)

9.2.1 Programmaufbau

Das Programm einer numerisch gesteuerten Werkzeugmaschine besteht aus beliebig vielen Sätzen, die den gesamten Arbeitsablauf der Maschine schrittweise beschreiben.

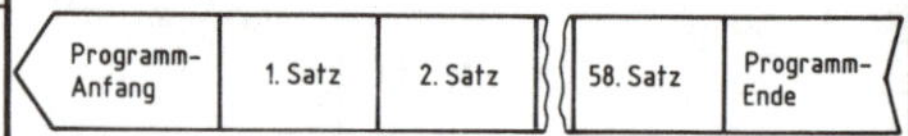

Die Wörter eines Satzes werden in fester Reihenfolge angeordnet:

1. Satznummer
2. Wegbedingung
3. Koordinatenachsen X, Y, Z, U, V, W, P, ...
4. Interpolationsparameter I, J, K
5. Vorschub; gilt das Wort für den Vorschub einer bestimmten Koordinate, so folgt es unmittelbar nach dem Wort für diese Koordinate. Gilt es für mehrere Koordinaten, so folgt es nach dem Wort für die letzte Koordinate.
6. Spindeldrehzahl
7. Werkzeug und Werkzeugkorrektur
8. Zusatzfunktion

Es werden die Wörter in einem Satz weggelassen, für die keine Information benötigt wird. Ein Wort besteht immer aus einem Adressbuchstaben und einer Zahl.

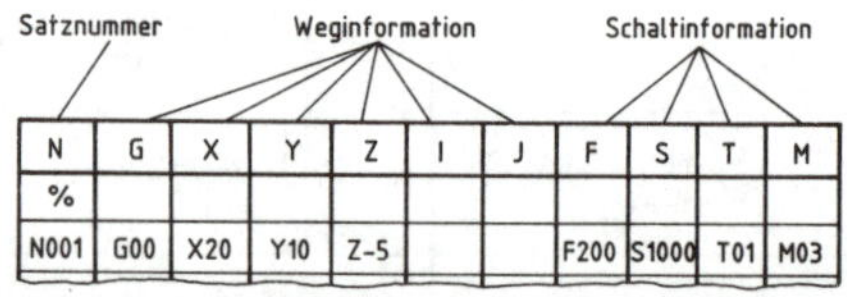

9.2.2 Adressbuchstaben und Sonderzeichen

Buchstabe	Adresse für	Buchstabe	Adresse für
A	Drehbewegung um X-Achse	L	Frei verfügbar
B	Drehbewegung um Y-Achse	M	Zusatzfunktion
C	Drehbewegung um Z-Achse	N	Satznummer
D	Werkzeugkorrekturspeicher	O	Frei verfügbar
E	Zweiter Vorschub	P, Q	Dritte Bewegung parallel zur X-, Y-Achse
F	Vorschub	R	Eilgang oder dritte Bewegung parallel zur Z-Achse
G	Wegbedingung	S	Spindeldrehzahl
H	Werkzeuglängenkorrektur	T	Werkzeug
I, J, K	Interpolationsparameter oder Gewindesteigung parallel zur X-, Y- oder Z-Achse	U, V, W	Zweite Bewegung parallel zur X-, Y- oder Z-Achse
		X, Y, Z	Bewegung in Richtung der X-, Y- oder Z-Achse

9

9.2 Programmierung numerisch gesteuerter Werkzeugmaschinen nach DIN 66025 (1.83)

Sonderzeichen für Programminformationen

Zeichen	Bedeutung	Zeichen	Bedeutung
%	Programmanfang	NUL	Zeichen ohne Bedeutung
:	Hauptsatz	HT	Tabulator
/	Satzunterdrückung	LF	Satzende
(,)	Beginn und Ende einer Anmerkung	CR	Wagenrücklauf
		SP	Zwischenraum
BS	Rückwärtsschritt	DEL	Löschzeichen

9.2.3 Schlüsselzahlen für Wegbedingungen

Wegbedingung	Bedeutung
G00	Eilgang, Punktsteuerungsverhalten
G01	Geradeninterpolation
G02	Kreisinterpolation im Uhrzeigersinn
G03	Kreisinterpolation gegen Uhrzeigersinn
G04	Verweilzeit [1])
G06	Parabelinterpolation
G08	Geschwindigkeitszunahme [1])
G09	Geschwindigkeitsabnahme [1])
G17/ G18/G19	Ebenenauswahl XY, XZ, YZ
G33	Gewindeschneiden, Steigung konstant
G34	Gewindeschneiden, zunehmende Steigung
G35	Gewindeschneiden, abnehmende Steigung
G40	Aufheben der Werkzeugkorrektur
G41/G42	Werkzeugkorrektur links/rechts
G43/G44	Werkzeugkorrektur positiv/negativ [1])
G45–G52	Verschiedene Werkzeugkorrekturen
G53	Aufheben der Verschiebung
G54–G59	Verschiebungen 1 bis 6
G60	Genauigkeit Stufung 1 (fein)
G61	Genauigkeit Stufung 2 (mittel)
G62	Schnellhalt
G63	Gewindebohren [1])
G70	Maßangabe in inch
G71	Maßangabe in mm
G74	Referenzpunkt anfahren [1])
G80	Arbeitszyklus aufheben
G81–G89	Arbeitszyklen 1 bis 9
G90	Absolute Maßangabe
G91	Relative (inkrementale) Maßangabe
G92	Speicher setzen [1])
G93	Zeitreziproke Vorschubverschlüsselung
G94	Vorschub in mm/min
G95	Vorschub in mm/Umdrehung
G96	Konstante Schnittgeschwindigkeit
G97	Drehzahl in 1/min

Nicht aufgeführte Wegbedingungen sind vorläufig oder ständig frei verfügbar.

[1]) Diese Funktionen sind nur in dem Satz wirksam, in dem sie programmiert sind.

9.2.4 Schlüsselzahlen für Zusatzfunktionen (M)

Durch die Zusatzfunktion M werden der Steuerung meistens technologische Informationen mitgeteilt, soweit sie nicht unter den Adressen F, S, T programmiert werden können.

Zusatzfunktionen werden unterteilt

– **nach dem Auswirkungszeitpunkt:** die Zusatzfunktion wird zusammen mit den übrigen Angaben des Satzes wirksam oder

– **nach der Auswirkungsdauer:** die Zusatzfunktion hat entweder nur für den programmierten Satz Gültigkeit oder über mehrere Sätze hinweg, bis sie durch eine andere Zusatzfunktion aufgehoben wird.

Zusatzfunktion	Bedeutung
M00	Programmierter Halt
M01	Wahlweiser Halt
M02	Programmende
M03	Spindeldrehung im Uhrzeigersinn
M04	Spindeldrehung entgegen Uhrzeigersinn
M05	Spindel Stop
M06	Werkzeugwechsel
M07	Kühlmittel 2 Ein
M08	Kühlmittel 1 Ein
M09	Kühlmittel Aus
M10	Klemmen
M11	Lösen
M15/M16	Bewegung in plus/minus Richtung
M19	Spindelstop in definierter Stellung
M30	Programmende mit Rücksetzen
M31	Aufheben einer Verriegelung
M32–M35	Konstante Schnittgeschwindigkeit
M40–M45	Getriebestufen-Umschaltung
M60	Werkstückwechsel
M68	Werkstück spannen
M69	Werkstück entspannen

Nicht aufgeführte Zusatzfunktionen sind nicht belegt oder frei verfügbar.

Erläuterungen:

M00: Wenn alle Satzangaben, in denen M00 programmiert ist, ausgeführt wurden, wird die Maschine gestoppt.

M04: Die Spindeldrehrichtung wird in Blickrichtung von der Spindel zum Arbeitsraum definiert.

M06: Diese Funktion ist zum manuellen Werkzeugwechsel erforderlich.

M10/M11: Diese Funktionen können sich je nach Maschine auf Maschinenschlitten, Werkzeugaufnahmen, Vorrichtungen oder Arbeitsspindel beziehen.

9.3 Spannen und Einrichten

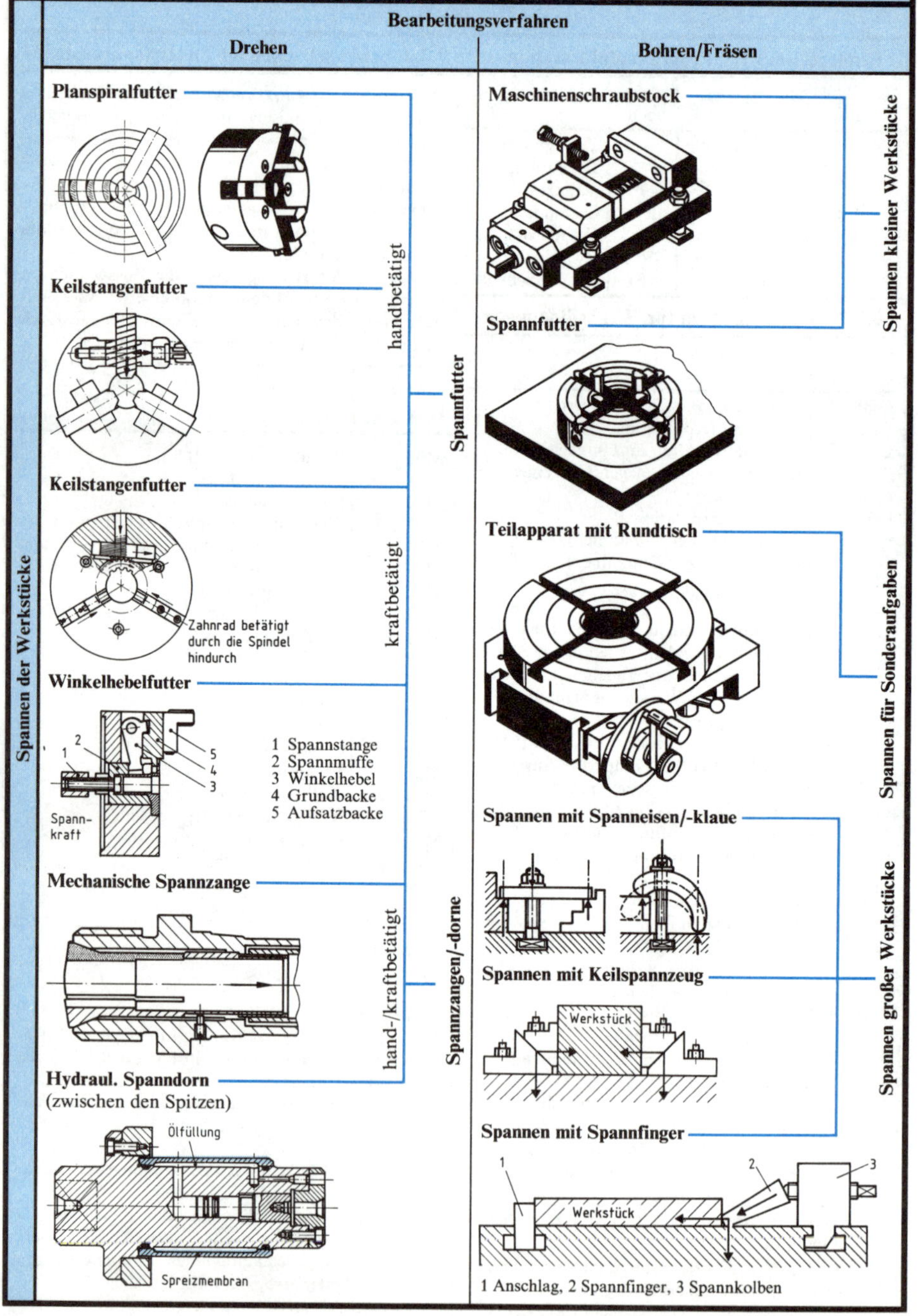

9.3 Spannen und Einrichten

Spannen der Werkzeuge

Bearbeitungsverfahren

Drehen	Bohren/Fräsen
Einzelhalterung: z.B. Schnellwechselmeißelhalter	**Einzelhalterung:** z.B. Bohrfutter mit Morsekegel

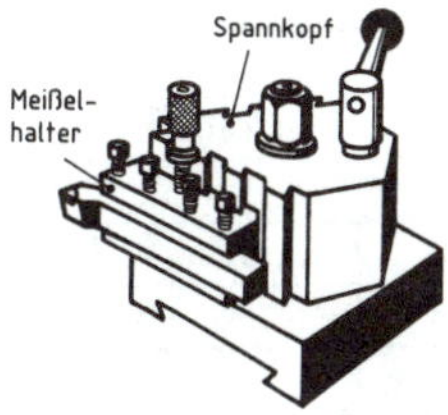

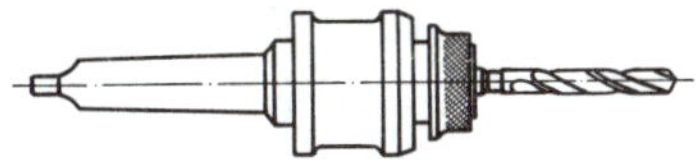

Werkzeugwechselsystem (für Revolver):

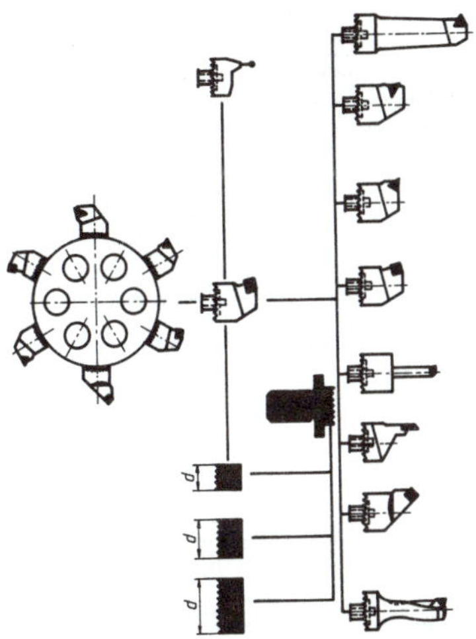

Werkzeugwechselsystem:

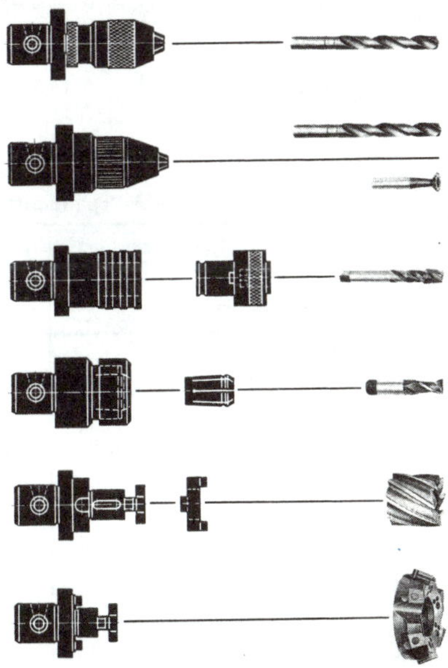

9.4 Organisation des numerisch gesteuerten Fertigungsprozesses (Beispiel)

9.4.1 Werkstattzeichnung

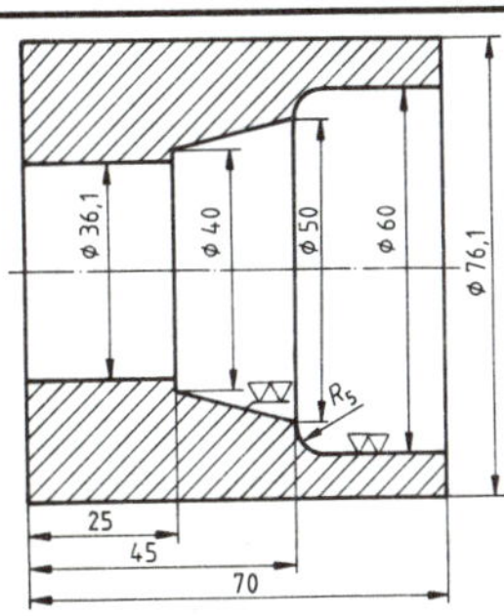

Das skizzierte Werkstück (Buchse) soll in einer (wiederkehrenden) Losgröße von $m = 50$ Stück auf einer bahngesteuerten Drehmaschine bearbeitet werden. Der Rohling ist ein beidseitig bearbeitetes Rohr DIN 2448–St35–76,1 × 20.

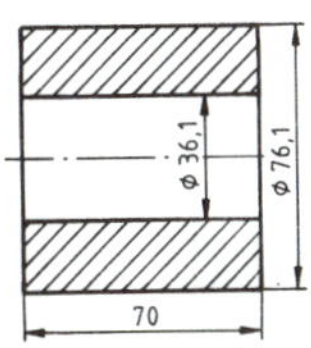

Rohteil

Der Ablaufplan des Fertigungsprozesses ist in Kapitel 9.1.2 dargestellt, vergleiche S. 9-2.

9

9.4 Organisation des numerisch gesteuerten Fertigungsprozesses (Beispiel)

9.4.2 Bearbeitungsplan

Für den Arbeitsablauf in der Fertigung auf numerisch gesteuerten Werkzeugmaschinen ist es bei größeren Teilen mit häufigem Werkzeugwechsel und komplizierten Bearbeitungsfolgen vorteilhaft, einen Bearbeitungsplan zu erstellen.

Bearbeitungsplan	Einspannung: 1	Programm-Nr. 5103
	von:	Blatt: von:
	Tag:	Name:

Maschine Nr.	MT160/CNC	Werkstück	Buchse	Zeichnung	12-86/00
Steuerung	Bahnsteuerung	Werkstoff	St35	Rohteil	Rohr 76,1 × 20 × 70

lfd. Nr.	Bearbeitungsvorgang	Werkzeug-Nr.	*v* in m/min	*n* in 1/min	*f* in mm/min	*a* in mm
1	Schruppvorgänge 1 und 2	T01		2000	0,25	4
2	Schruppvorgang 3	T01		2000	0,25	3,75
3	Schlichtvorgang	T02		2000	0,20	0,2

9.4.3 Spannmittelkartei, Werkzeugkartei

Karteiblatt für Spannzeuge	Ident.-Nr.	Firma:	Bestell.-Nr.
Bezeichnung: **Spannfutter**	Spannbacken Nr.	Backen hart/weich	
	Spindelkopf	Zwischenflansch	
	Max. Drehzahl	Max. Spannkraft N	

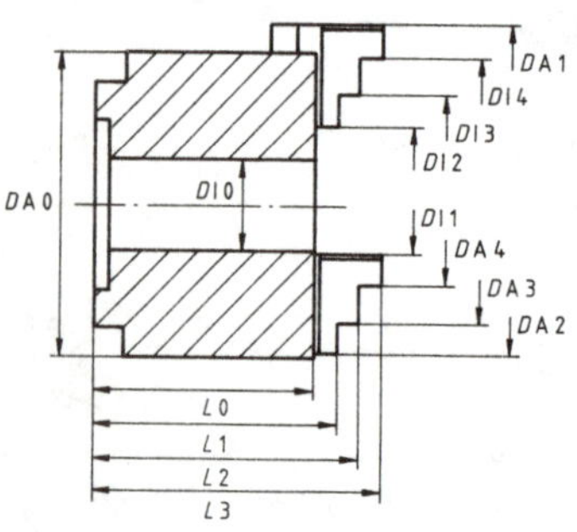

	min	max		min	max
DI			*DA*		
DI 0			*DA* 0		
DI 1			*DA* 1		
DI 2			*DA* 2		
DI 3			*DA* 3		
DI 4			*DA* 4		

		verwendet bei Programm	Bemerkungen
L 0		5103	
L 1			
L 2			
L 3			
L 4			

Karteiblatt für Drehwerkzeuge	Werkzeugsystem		Ident.-Nr.
Bezeichnung: **Innen-Eckdrehmeißel, ISO 9, links**			

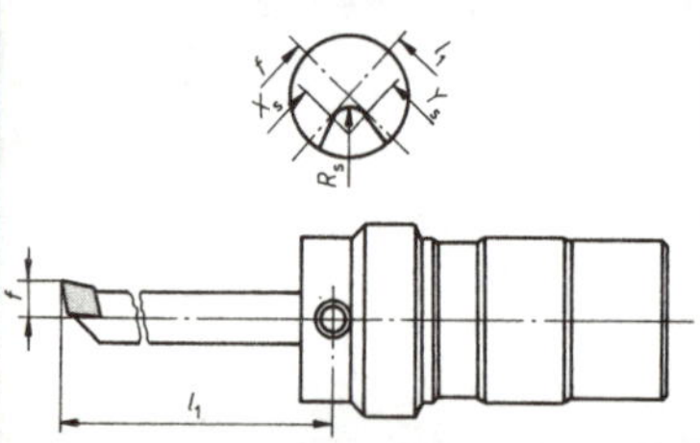

	Schneide	Schaft	Wz.-Halter
Firma Best.-Nr.			
Schneidst. Spanwinkel Spanleitstufe	P 20	Nachschleifanweisung	
Bemerkungen:			

$X_s =$	$Y_s =$	$R_s =$
Einstellmaße	$f =$	$l_1 =$

9.4 Organisation des numerisch gesteuerten Fertigungsprozesses (Beispiel)

9.4.4 Einrichteblatt, Programmblatt

Einrichteblatt für NC-Drehmaschinen				Einspannung: 1 von:	Programm-Nr. 5103
Maschine-Nr.	MT 160/CNC	Werkstück	Buchse	Zeichnung	12-86/00
Steuerungs-Typ	Bahnsteuerung	Werkstoff	St 35	Rohteil	Rohr DIN 2448 76,1 × 20 × 70

	X	Z
Nullpunktverschiebung Referenzpunkt Startpunkt		150 350 350
Drehzahlbereich Vorschubbeeinflussung Kühlschmierstoff	III 100% Bohremulsion	

Spannzeug Ident.-Nr. Spann-∅	12 HFKS200-48 80		Keilstangenfutter hydr., $p = 20$ bar weiche Stufenbacken

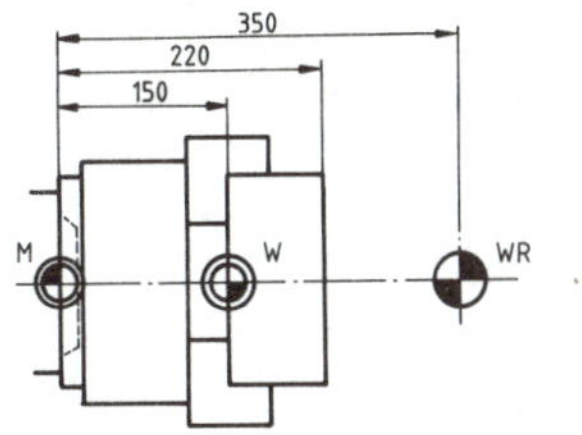

Werkzeug-Benennung	Ident.-Nr.	WZ-Befehl	Korr.-Nr.	Schneidst.	Eckenradius	Bemerkung
Innendrehmeißel ISO 8, rechts	T01		01	P20	0,5	$v_c = 300$ m/min $f = 0{,}25$ mm
Innen-Eckdrehmeißel ISO 9, links	T02		02	P20	0,3	$v_c = 300$ m/min $f = 0{,}2$ mm

Programmblatt

Aus dem Einrichteblatt gehen die Lage der Bezugspunkte, die eingesetzten Werkzeuge und die Art der Werkstückspannung hervor.

Die Arbeitsfolge kann aus der Spalte Bemerkungen des Programmblattes nachvollzogen werden.

Satz Nr.	Wegbefehle			Kreisinterpolation		Vorschub	Drehzahl	Werkzeug	Zusatzfunktion	Bemerkung
N	G	X	Z	I	K	F	S	T	M	
N5103%										Programmanfang, Nr.
N1	G90									Absolutbemaßung
N2	G54 G41							T0101	M06	Nullpunktverschiebung Werkzeugkorrektur -aufruf, -wechsel
N3	G95 G97					F0,25	S2000		M07 M04	Vorschub in mm/Umdr. Spindeldrehzahl in 1/min Kühlmittel Ein Spindeldrehung im Gegenuhrzeigersinn
N4	G00	−44,1	70,5							Eilgang (P1)
N5	G01		34,5							Schruppvorgang 1 (P2)
N6		−39,6	25,2							Schruppvorgang 1 (P3)
N7	G00	−44,1	70,5							Eilgang (P1)

(Fortsetzung S. 9-14)

9.4 Organisation des numerisch gesteuerten Fertigungsprozesses (Beispiel)

Satz Nr.	Wegbedingung	Wegbefehle		Kreisinterpolation		Vorschub	Drehzahl	Werkzeug	Zusatzfunktion	Bemerkung
N	G	X	Z	I	K	F	S	T	M	
N8		X-52,1								Zustellung zum Schruppvorgang 2 (P4)
N9	G01		Z45,5							Schruppvorgang 2 (P5)
N10	G00		Z70,5							Eilgang (P4)
N11		X-59,6								Zustellung zum Schruppvorgang 3 (P6)
N12	G01		Z50,2							Schruppvorgang 3 (P7)
N13	G03	X-49,6	Z45,2	I-5	K0					Kreisradius (P8)
N14	G01	X-44,1	Z34,5							Schruppvorgang 3 (P9)
N15	G00 G40	X0	Z350					T01	M09 M05	Eilgang zum Werkzeugwechselpunkt Aufhebung Werkzeugkorrektur Spindel und Kühlmittel Aus
N16							S2000	T0202	M06	Werkzeugwechsel
N17	G41	X-36	Z25							Werkzeugradiuskorr. Eilgang (P14)
N18	G01	X-40				F0,2			M14	Kühlmittel u. Spindel Ein Schlichtvorgang (P13)
N19		X-50	Z45							Schlichtvorgang (P12)
N20	G02	X-60	Z50	I0	K5					Kreisradius (P11)
N21	G01		Z70,5							Schlichtvorgang (P10)
N22	G00	X0	Z350						M05 M09	Eilgang (P0) Spindel u. Kühlmittel Aus
N23	G53								M30	Nullpunktverschiebung löschen Programmende mit Rücksprung zum Anfang

Programmblatt	Zeichnung Nr.: 12-86/00 Benennung: Buchse	Datum: Name:	Aufspannung: 1 Programm-Nr.: 5103

Zur Verdeutlichung der Bearbeitungsgänge ist die Schnittaufteilung mit den Hilfspunkten skizziert:

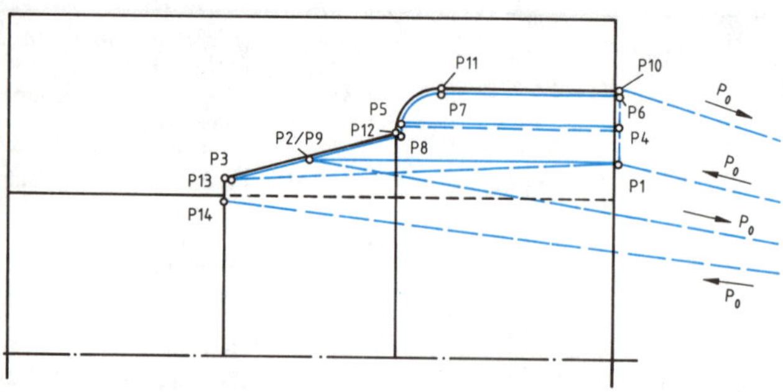

Koordinatentabelle

Punkt	X	Z
(WR) P0	0	350
P1	–44,1	70,5
P2	–44,1	34,5
P3	–39,6	25,2
P4	–52,1	70,5
P5	–52,1	45,5
P6	–59,6	70,5
P7	–59,6	50,2
P8	–49,6	45,2
P9	–44,1	34,5
P10	–60	70,5
P11	–60	50
P12	–50	45
P13	–40	25
P14	–36	25

9.5 Grundlagen der Arbeitsvorbereitung

9.5.1 Grundlagen der Kalkulation

Die Zuschlagskalkulation geht von einer Trennung der Einzel- und Gemeinkosten aus und wird überall dort angewendet, wo mehrere Produkte mit unterschiedlichen Kosten an Material und Löhnen mit unterschiedlichen Fertigungsverfahren hergestellt werden.

Kalkulationsschema

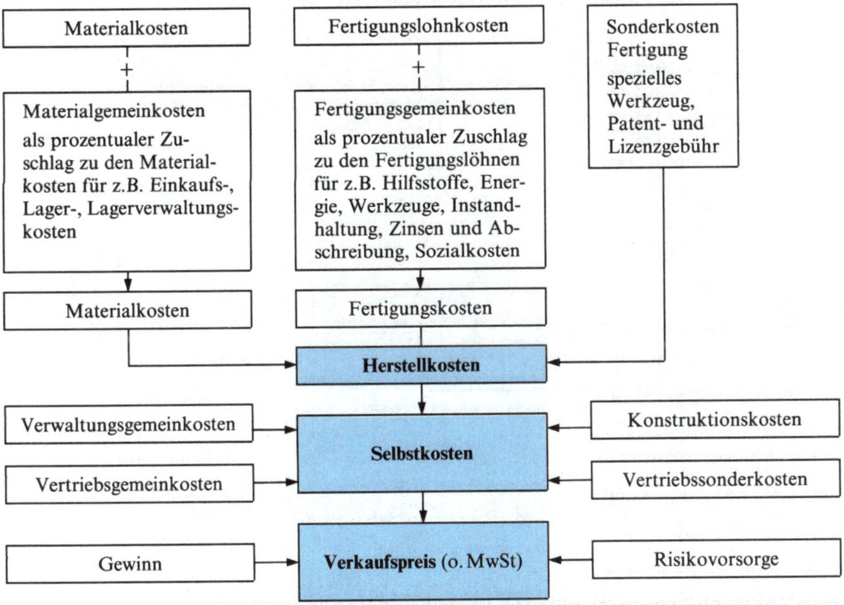

9.5.2 Arbeitsablaufplanung

Zur Erfassung komplexer betrieblicher Arbeitsprozesse werden die Arbeitsabläufe zergliedert. Die differenzierte Betrachtung des Arbeitsablaufes ist häufig eine wesentliche Grundlage der Kalkulation bzw. Kostenrechnung.

Beispiel

Gesamtablauf	CNC-Drehmaschine reparieren					
Teilablauf	Elektronik prüfen und reparieren	Antriebe prüfen und reparieren	Hydraulik prüfen und reparieren	Mechanik prüfen und reparieren		
Ablaufstufe	Fehler feststellen	Antrieb ausbauen	Antrieb reparieren	Antrieb einbauen	Funktion überprüfen	
Teilvorgang	Antriebsgehäuse öffnen	Rotor ausbauen	Antrieb reinigen	Lager wechseln	Antrieb zusammenbauen	Funktion prüfen
Vorgangsstufe	Antrieb aufnehmen und ablegen	Lüfterschutzblech lösen	Gehäuse antriebsseitig öffnen	…	…	…
Vorgangselement	Werkzeug aufnehmen	Zum Antrieb hinlangen	2 Schrauben lösen	Schrauben und -sicherungen herausnehmen	…	…

9.5 Grundlagen der Arbeitsvorbereitung

9.5.3 Vorgabezeit für Arbeitsabläufe [1])

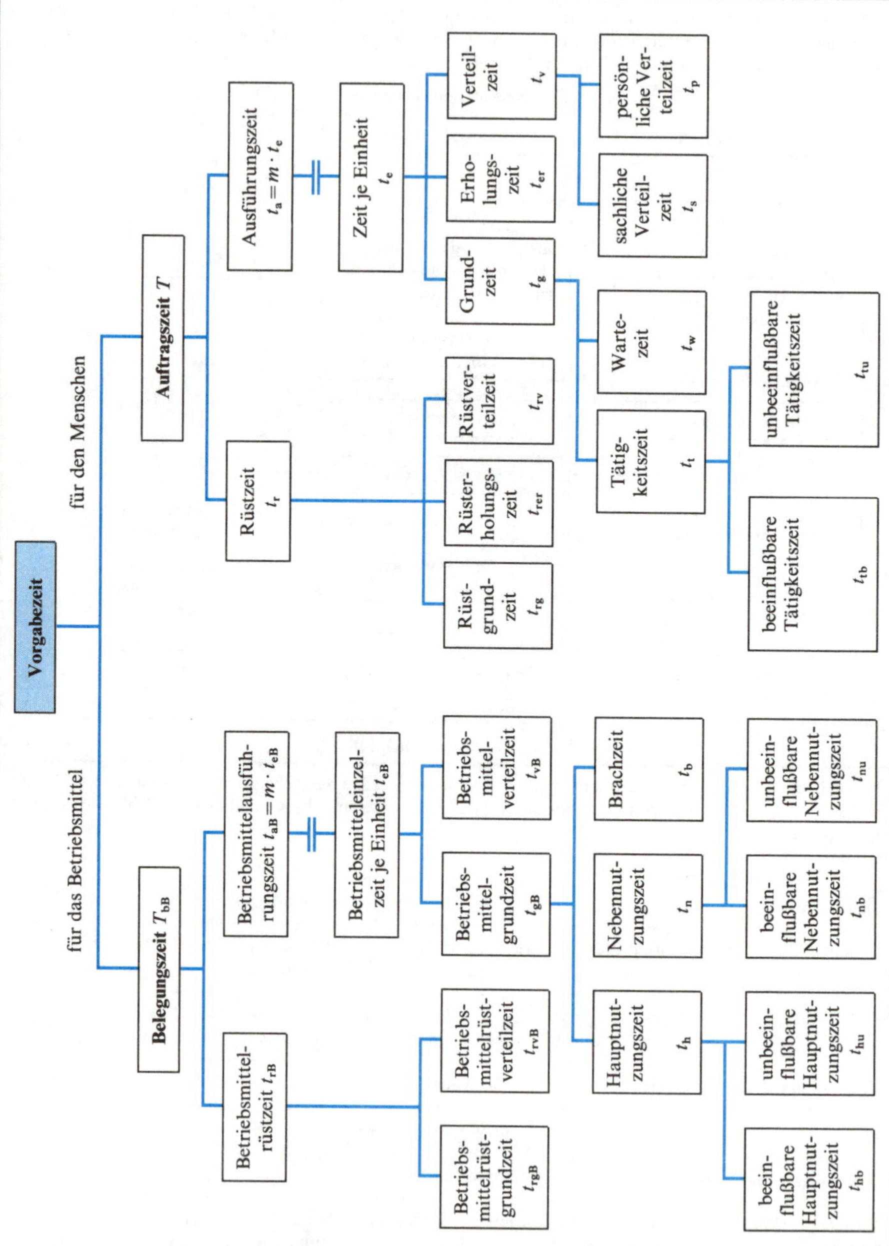

[1]) Definitionen und Begriffe nach REFA (Verband für Arbeitsstudien und Betriebsorganisation e.V.)

9.5 Grundlagen der Arbeitsvorbereitung

Beispiel:

Es sollen 50 Buchsen aus St 35 nach Programm gedreht werden (Beispiel s. S. 9-11).

Gegeben:

Aufstellung von Teilvorgängen vom Rüsten und Ausführen.

Teilvorgang	Zeit in min
Auftrag und Zeichnung lesen Rüsten der Drehmaschine Spannen der Werkzeuge	7 8,5 4
	$t_{rg} = 19{,}5$ min
Drehen der Innenform	0,8
	$t_t = 0{,}8$ min

Die Rüstverteilzeit beträgt $t_{rv} = 18\%$ von t_{rg}, eine Rüsterholungszeit t_{er} sowie eine Wartezeit t_w fällt nicht an. Die Verteilzeit t_v beträgt 12% von t_g, die Erholungszeit t_{er} 3% von t_g. Stückzahl $m = 50$.

Gesucht:

Rüstzeit t_r in min, Ausführungszeit t_a in min, Auftragszeit T in min.

Lösung:

Rüstzeit $t_r = t_{rg} + t_{rv} + t_{rer} = 19{,}5 + 19{,}5 \cdot 0{,}16 + 0$

$t_r = 22{,}62$ min

Ausführungszeit $t_a = (t_t + t_w + t_v + t_{er}) \cdot m$

$t_a = (0{,}8 + 0 + 0{,}8 \cdot 0{,}12 + 0{,}8 \cdot 0{,}03) \cdot 50$

$t_a = 46{,}0$ min

Auftragszeit $T = t_r + t_a = 22{,}6 + 46{,}0$

$T = 68{,}6$ min

Die Auftragszeit muß für denselben Auftrag mit der Belegungszeit T_{bB} der Drehmaschine übereinstimmen.

9.5.4 Hauptnutzungszeit

Möchte man Prozeßzeiten von Betriebsmitteln für die Kalkulation erfassen, so kann man diese an der Maschine messen oder auch häufig berechnen. Werden die Hauptnutzungszeiten für Werkzeugmaschinen errechnet, so ist zu beachten, daß die berechneten Zeiten erheblichen Schwankungen unterworfen sein können. Beispielsweise sind Bearbeitungsgeschwindigkeiten innerhalb eines Bearbeitungsvorganges oft nicht konstant. Die unbeeinflußbare Hauptnutzungszeit t_{hu} läßt sich allgemein berechnen nach:

$$t_{hu} = \frac{\text{Bearbeitungsmaß + An- und Überlauflängen}}{\text{Arbeitsgeschwindigkeit des Betriebsmittels}}$$

Hauptnutzungszeit beim Drehen und Bohren

Verfahren	Berechnung

Runddrehen

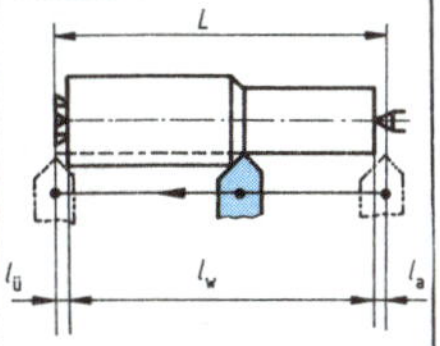

$L = l_w + l_a + l_ü$

$$t_{hu} = \frac{L \cdot i}{n \cdot f}$$

mit $n = \frac{v_c}{\pi \cdot d}$

t_{hu} Hauptnutzungszeit in min
L Vorschubweg in mm
i Anzahl gleichartiger Bearbeitungsvorgänge
n Drehzahl in 1/min
f Vorschub in mm/Umdrehung
v_c Schnittgeschwindigkeit in m/min
d Werkstückdurchmesser in mm
l_w Werkstücklänge
l_a Anlauf-/Anschnittlänge
$l_ü$ Überlauflänge

Plandrehen

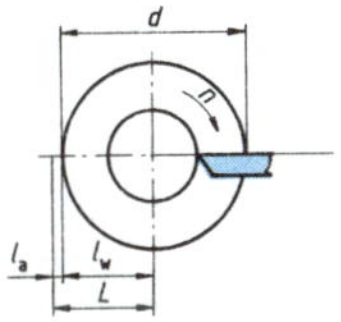

$L = l_a + l_w; \quad l_w = \frac{d}{2}$

Beispiel: Die Innenkontur des Beispiels von S. 9-11 soll nach Programm gedreht werden (Werte L wurden gerundet).

$$t_{hu} = \frac{L_1}{n \cdot f} + \frac{L_2}{n \cdot f} + \frac{L_3}{n \cdot f} + \frac{L_4}{n \cdot f}$$

$$t_{hu} = \frac{(45\text{ mm} + 35\text{ mm} + 25\text{ mm}) \cdot \text{min}}{2000 \cdot 0{,}25\text{ mm}} + \frac{50\text{ mm} \cdot \text{min}}{2000 \cdot 0{,}2\text{ mm}}$$

$t_{hu} = 0{,}335$ min/Werkstück

Gewindedrehen

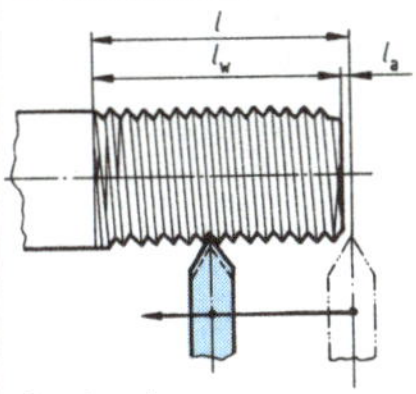

$L = l_a + l_w$

Bei einem Gewinde mit Freistich:

$L = l_a + l_w + l_ü$

$$t_{hu} = \frac{L \cdot i \cdot g}{P \cdot n}; \; i = \frac{h}{a}$$

g Gangzahl
P Gewindesteigung
h Gewindetiefe
a Schnittiefe

Bohren, Reiben, Senken

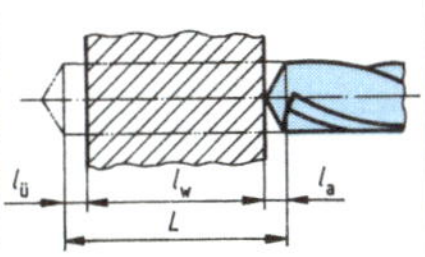

$$t_{hu} = \frac{L \cdot i}{n \cdot f}$$

Spitzenwinkel σ	Anschnittlänge l_a
80°	$0{,}6 \cdot d$
118°	$0{,}3 \cdot d$
130°	$0{,}2 \cdot d$

(d Bohrerdurchmesser)

9

9.5 Grundlagen der Arbeitsvorbereitung

Hauptnutzungszeit beim Fräsen

Verfahren	Berechnung
Stirnplanfräsen	$t_{hu} = \frac{L \cdot i}{v_f}$ $v_f = f_z \cdot z \cdot n$ $f = f_z \cdot z$

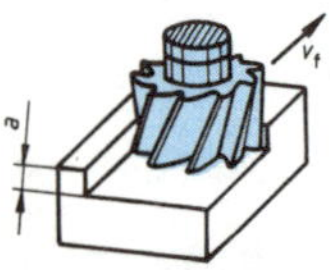

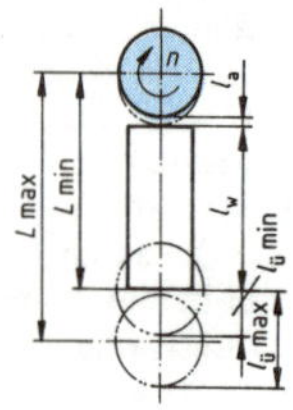

$L = l_a + l_w + l_ü$

$l_a \geq 0,$

$l_{ü\,min} = d/2$ (Schruppen)

$l_{ü\,max} = d + 1$ mm (Schlichten)

t_{hu} Hauptnutzungszeit in min
L Vorschubweg in mm
i Anzahl gleichartiger Bearbeitungsvorgänge
v_f Vorschubgeschwindigkeit in mm/min
a Schnittiefe in mm
f_z Vorschub je Fräserzahn
z Zähnezahl des Fräsers
n Fräserdrehzahl in 1/min
f Vorschub je Umdrehung des Fräsers
l_a Anlauf-/Anschnittlänge
$l_ü$ Überlauflänge
l_w Werkstücklänge

Umfangsplanfräsen

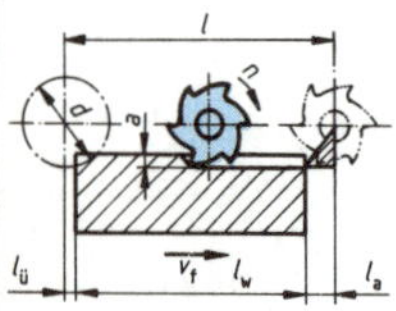

Stirn-Umfangsplanfräsen

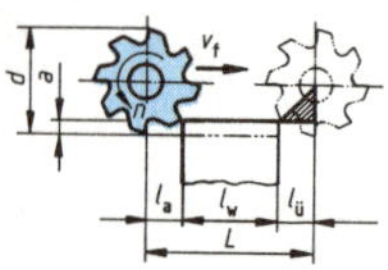

$l_a = \sqrt{a d^2 - a^2} = l_ü$

Nutenfräsen

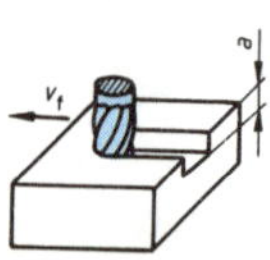

Nut	l_a	$l_ü$
geschlossen	0	0
1 Seite offen	≥ 0	0
2 Seiten offen	≥ 0	$d+1$ mm

9.5.5 Grundlagen der Ergonomie

Ergonomie ist die Lehre von der menschlichen Arbeit. Durch die Erforschung der Fähigkeiten und Eigenarten des menschlichen Organismus werden die Voraussetzungen für eine Anpassung der Arbeitsbedingungen an den Menschen möglich.

Betriebsanforderungen und Leistungsangebot

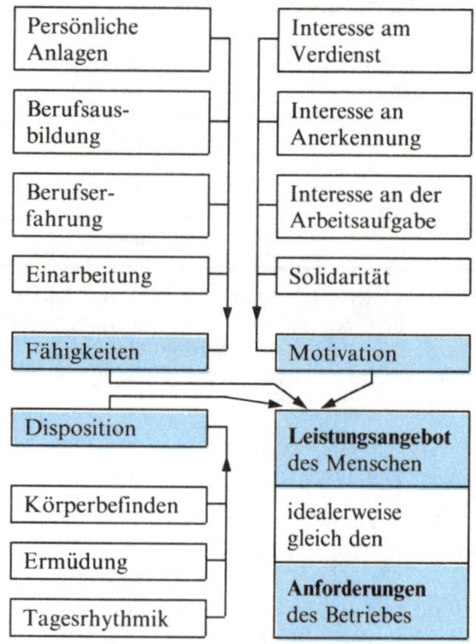

Arbeitsplatzgestaltung aus ergonomischer Sicht

a) Beleuchtung am Arbeitsplatz nach DIN 5035 T2 (10.79)

Sehaufgabe im Arbeitsprozeß	Empfohlene mittlere Beleuchtungsstärke E (in Lux)
Vorübergehender Aufenthalt	30 bis 60
Leichte Sehaufgaben mit großen Kontrasten	120 bis 250
Normale Sehaufgaben mit mittleren Details	500 bis 750
Schwierige Sehaufgaben mit kleineren Details	1000 bis 1500
Schwierige, langandauernde Sehaufgaben mit sehr kleinen Details	2000 bis 3000
Sonderfälle	bis 10000

Durch zu niedrige und zu hohe Beleuchtungswerte, insbesondere durch Blendung treten rasch Ermüdungserscheinungen des menschlichen Auges auf.

9

9.5 Grundlagen der Arbeitsvorbereitung

b) Lärmschutz am Arbeitsplatz

Der Lärm wird bekämpft an der Lärmquelle, bei der Ausbreitung oder beim Eindringen in den menschlichen Gehörgang.

Vom Menschen wahrnehmbare Frequenzen f (Hz)

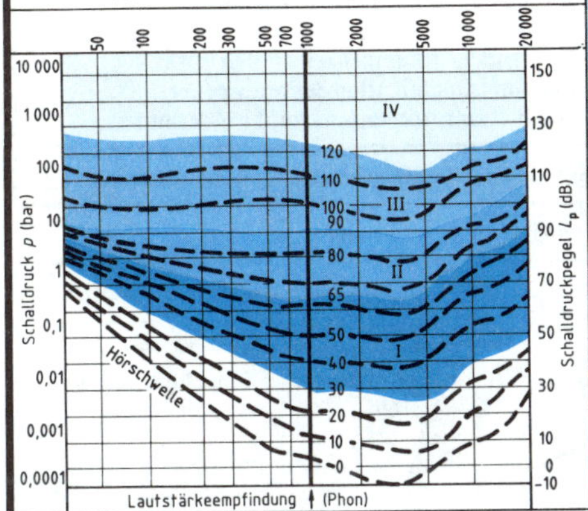

Linien gleicher Lautstärkeempfindung

Bereich	Auswirkungen des Lärms
I (30–60 dB)	Lärm kann je nach psychischer Befindlichkeit störend wirken.
II (60–95 dB)	Lärm wirkt belästigend, teilweise physische Reaktionen (Blutgefäßverengung) feststellbar.
III (90–120 dB)	Bei längerer Einwirkungsdauer können bleibende Gehörschäden auftreten.
IV (über 120 dB)	Deutlicher Hörverlust bereits nach kurzer Einwirkungszeit.

c) Arbeitsplatzmaße

Arbeitsplatz bei stehender Beschäftigung

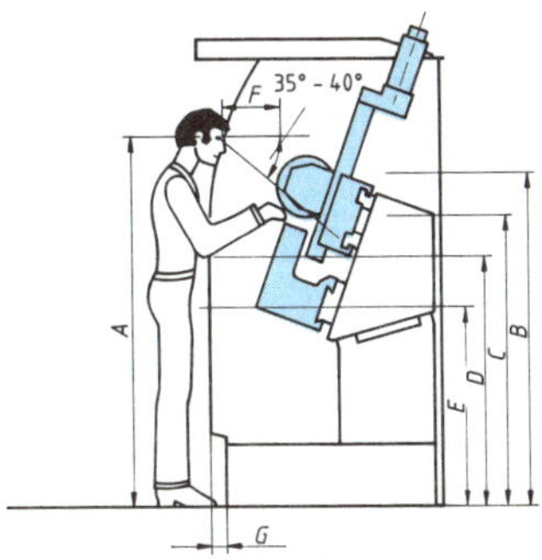

Arbeitsplatzmaße bei stehender Beschäftigung

Buchstabe	Maße in mm	Tätigkeit/Bemerkungen
A	1520 bis 1750	Mittelwert Augenhöhe
B	1350 bis 1400	Höhe des Objektes, das dauernd beobachtet werden muß
C	1180 bis 1230	Werkzeughöhe bei Maschinenarbeiten
D	1000 bis 1050	Handarbeiten mit Ellenbogenfreiheit ohne genaue Augenkontrolle
E	800	Arbeitshöhe für das Arbeiten mit schweren Gegenständen
F	450	Sehentfernung und Blickwinkel bei Feinarbeiten
G	ausreichende Fußfreiheit ist notwendig	

Arbeitsplatzmaße bei sitzender Beschäftigung

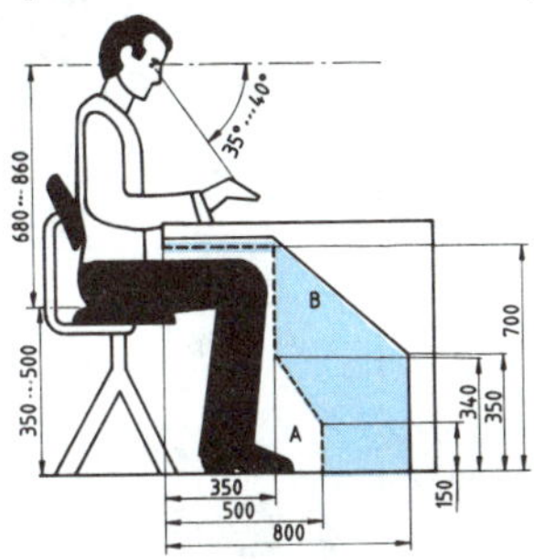

A Körperstellung mit senkrechten Unterschenkeln (Mindestbedarf)

B Körperstellung mit vorgestreckten Unterschenkeln (günstige Abmessung)

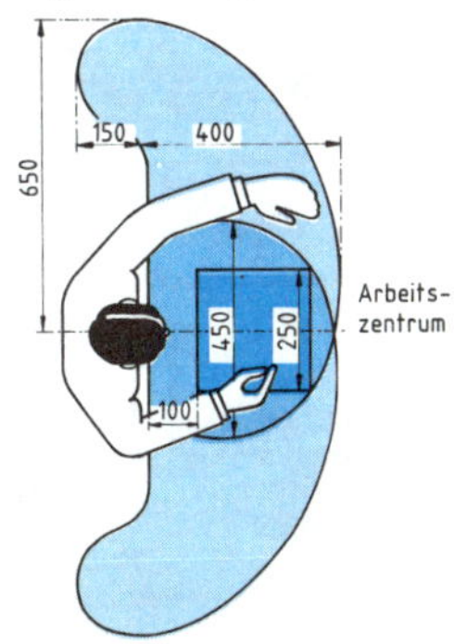

Greifraummaße bei sitzender Beschäftigung in Arbeitsplatzhöhe

9.6 Rationalisierung

9.6.1 Rationalisierung durch Arbeitsablauforganisation

Ziele einer rationellen Arbeitsablaufgestaltung	Auswahlkriterien zur Wahl eines Arbeitsablaufprinzips
Der Durchlauf der Arbeitsgegenstände soll beschleunigt werden. Die Betriebsmittel sollen optimal genutzt werden. Die Arbeitsteilung soll optimal angewendet werden.	Art des Arbeitsgegenstandes (Größe, Gewicht, ...), Losgröße und Fertigungsverfahren. Varianten im Fertigungsprogramm. Vorhandene Räumlichkeiten, Betriebsmittel. Zahl und Qualifikation der Mitarbeiter. Qualitätsanforderungen, vorh. Fördermittel.

Darstellung und Beschreibung von Arbeitsablaufprinzipien für ortsgebundene Arbeitssysteme

Ablaufprinzip		Bildliche/schematische Darstellung	Erläuterungen
Werkbankfertigung			Ortsgebundener Arbeitsplatz, an dem Erzeugnisse einzeln oder in kleiner Losgröße hergestellt werden. Werkbankfertigung ist überwiegend im Handwerk anzutreffen.
Verrichtungsprinzip	**Werkstättenfertigung**	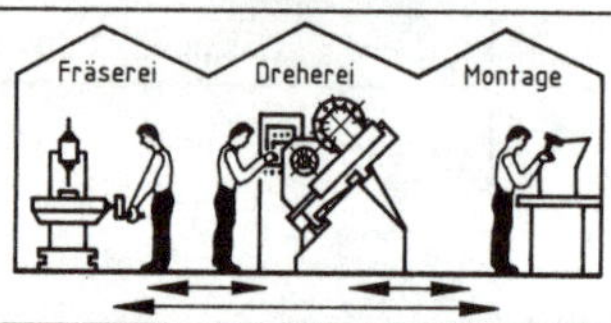	Beim Verrichtungsprinzip sind Betriebssysteme mit gleicher oder ähnlicher Arbeitsaufgabe räumlich zusammenhängend angeordnet. Die Arbeit wird sowohl beim Verrichtungs- wie auch beim Flußprinzip auf mehrere Personen aufgeteilt, so daß durch die Arbeitsteilung ein Rationalisierungseffekt erreicht wird. Das Verrichtungsprinzip wird in der Einzelfertigung und in der Vormontage angewendet. Im Flußprinzip sind die Arbeitssysteme nach dem Fertigungsprozeßablauf bestimmter Arbeitsgegenstände angeordnet. In der Reihenfertigung besteht im Gegensatz zu Fließfertigung keine direkte zeitliche Verbindung; zwischen den Arbeitsplätzen sind Puffer eingerichtet. Kennzeichen der Fließfertigung ist die zeitliche Verbindung der Arbeitsplätze durch den Fließtransport des Arbeitsgegenstandes. Reihen- und Fließfertigung ist meistens in der Serien- bzw. Massenfertigung anzutreffen (hauptsächlich Montage).
Flußprinzip	**Reihenfertigung**		
	Reihen- und Fließfertigung		
	Fließfertigung	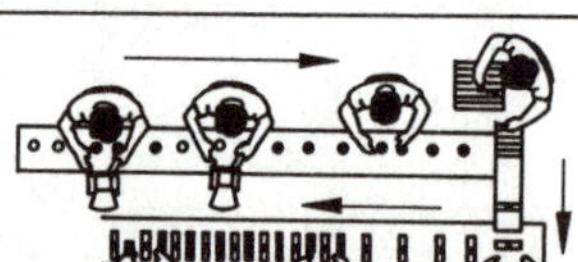	
Automatische Fertigung		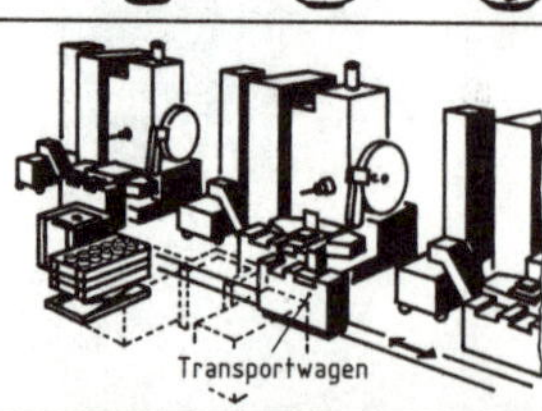	In der automatischen Fertigung ist der Einfluß des Menschen weitgehend beschränkt auf das Einrichten, Rüsten, Warten, usw. Werden mehrere Automaten miteinander verbunden und mit Kontroll- und Steuerungseinheiten versehen, so spricht man von Fertigungsstraßen.

9.6 Rationalisierung

Beispiel einer Arbeitsablaufplanung eines industriellen Fertigungsprozesses

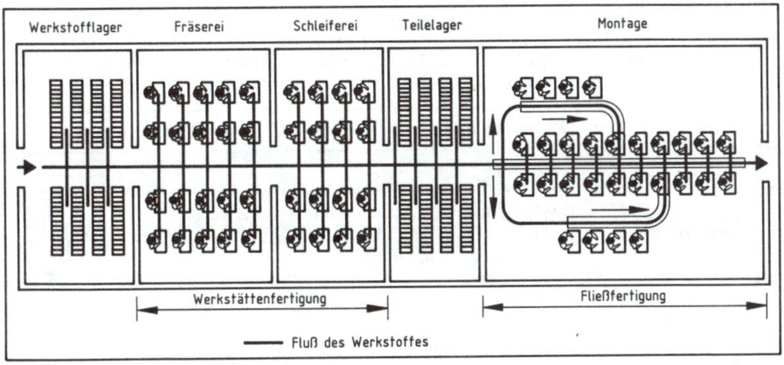

9.6.2 Rationalisierung durch Automatisierung

Automatisierung des Fertigungsablaufes

Wird eine manuelle Tätigkeit durch von Menschen bediente Maschinen übernommen, bezeichnet man diese Entwicklung als Mechanisierung. Übernimmt die Maschine auch die Steuerung oder Regelung des Arbeitsablaufes, der Mensch also nur noch den Fertigungsprozeß überwacht oder optimiert, so wird das als Automation bezeichnet.

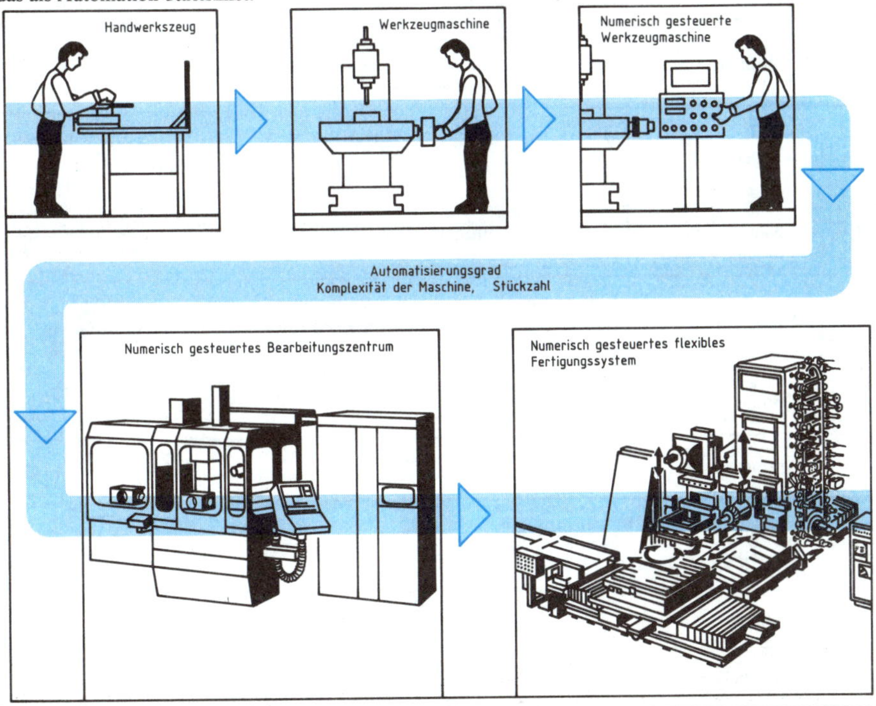

9.6 Rationalisierung

Zubringeeinrichtungen für die automatisierte Fertigung

Für die automatisierte Fertigung ist es erforderlich, den Werkstückwechsel an den Fertigungsstellen durch mechanische oder auch automatische Einrichtungen zu vollziehen. Die Werkstückhandhabung in einer Fertigungskette wird **Zubringen** genannt, die dafür erforderlichen Einrichtungen sind Zubringeeinrichtungen. Im Gegensatz dazu wird eine Ortsveränderung der Werkstücke im Werksbereich **Fördern** genannt.

Sinnbilder, Kennzeichnung und Funktionen von Zubringeeinrichtungen[1])

Symbol	Zubringefunktion	Erläuterung	Bildliches Beispiel
	Bunkern	Das ungeordnete Ablegen oder Speichern in dafür vorgesehenen Vorratsbehältern wird Bunkern genannt.	
	Magazinieren	Magazinieren ist das geordnete Ablegen von Werkstücken in Magazinen.	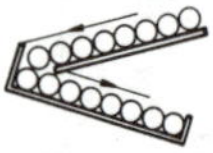
	Weitergeben	Das Werkstück wird im Fertigungsfluß weitergegeben durch Schwerkraftwirkung bzw. mechanische Antriebe.	
	Abzweigen	Aussondern von Werkstücken aus einem Fertigungsfluß.	
	Zusammenführen	Verschiedene Werkstückströme werden zusammengeführt.	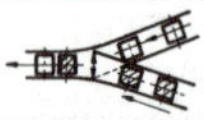
	Ordnen	Die Werkstücke werden beim Ordnen aus einer beliebigen in eine bestimmte Lage, Richtung oder Reihenfolge gebracht.	
	Lageprüfen	Erkennen der Werkstücklage als Voraussetzung des Ordnens.	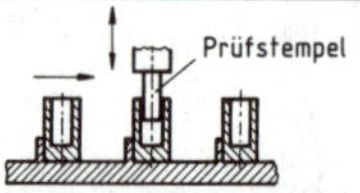
	Schwenken, Drehen	Lage- oder Richtungsänderung eines Werkstückes.	
	Zuteilen	Eine bestimmte Menge des Arbeitsgutes (Werkstücke, Rohmaterial) für einen Fertigungsgang bereitstellen.	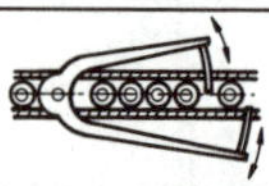
	Eingeben	Direktes und gesteuertes Bewegen des Werkstückes an der Fertigungsstelle.	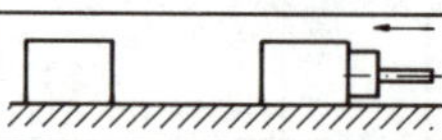
	Positionieren	Herstellen einer definierten Werkstück- oder Werkstofflage.	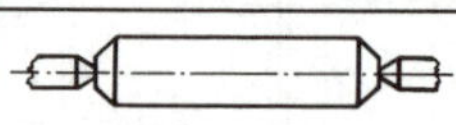
	Spannen, Entspannen	Festhalten oder Lösen eines Werkstückes.	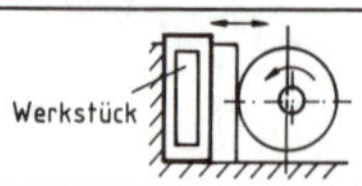
	Ausgeben	Gesteuertes Entfernen des Arbeitsgutes aus der Bearbeitungs- oder Meßstelle.	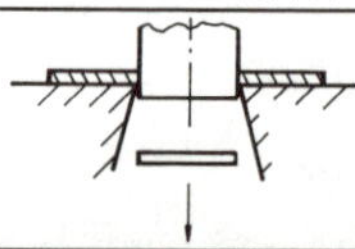
	Bearbeiten	Alle Bearbeitungsvorgänge einschließlich Prüfen	

[1]) Nach VDI 3239, 3240 Blatt 1 und 2 (10.66 und 10.71)

9.6 Rationalisierung

Beispiel eines Zubringefunktionsplans für eine automatische Materialzuführung zu einer Exenterpresse.

Bildhafte Darstellung der Maschinenanlage

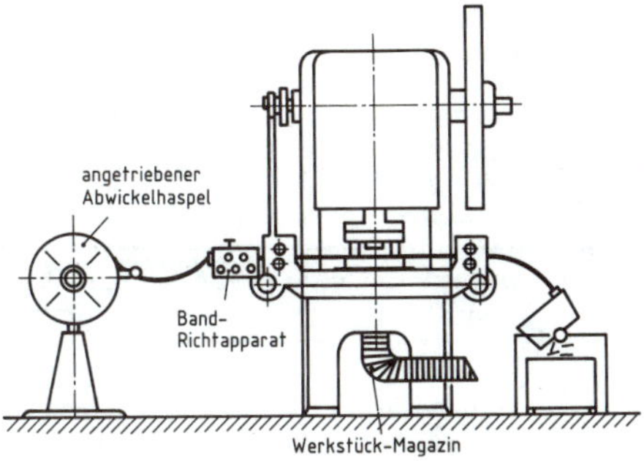

Zubringefunktionsplan

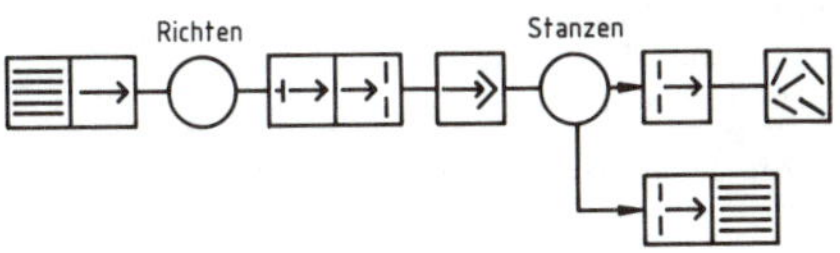

9.6.3 Frei programmierbare Manipulatoren (Industrieroboter)

Aufbau und Koordinaten eines Industrieroboters

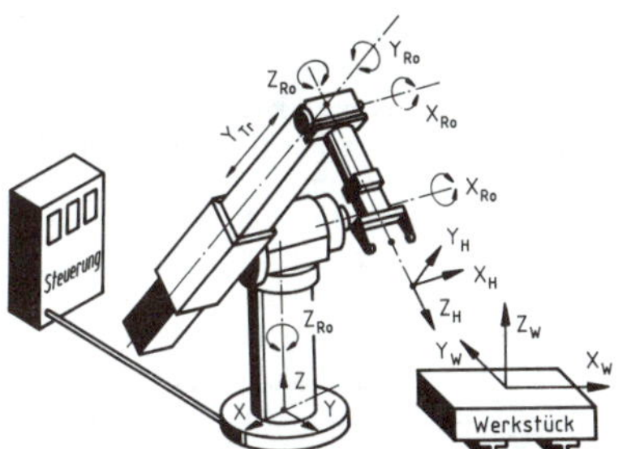

Industrieroboter mit 1 Translations- und 5 Rotationsachsen

Informationsfluß im Industrieroboter

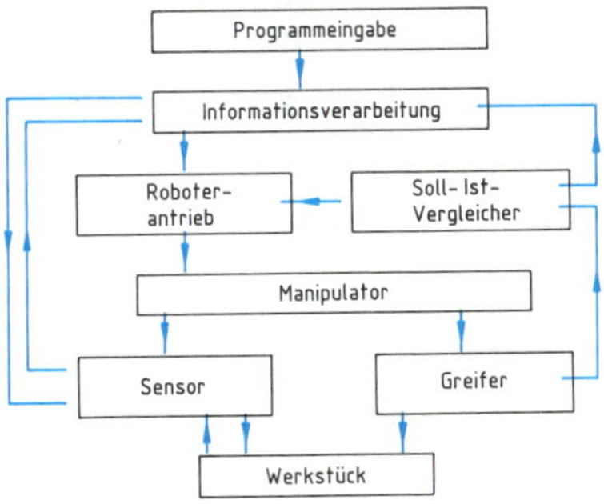

Kinematik und Arbeitsräume

Bauform	Bewegungen	Arbeitsraum
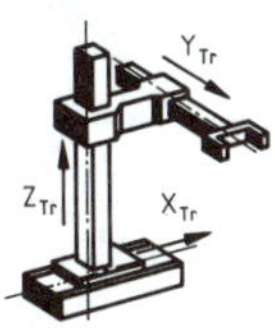	3 Translations-bewegungen TTT	 quaderförmig
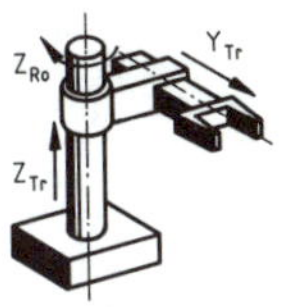	2 Translations- 1 Rotations-bewegung TTR	 zylinderförmig
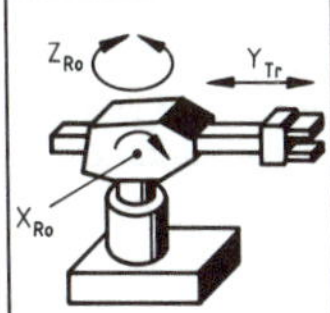	1 Translations- 2 Rotations-bewegungen TRR	 sphärisch
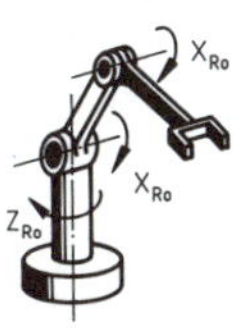	3 Rotations-bewegungen RRR	

9

9.7 Wartung

9.7.1 Schmierfette

Kennbuchstaben und Symbole für Schmierfette
nach DIN 51 502 (11.79)

Schmierfette für …	Kenn-buch-staben	Symbol (weiß)
Gleit- und Wälzlager, Gleitflächen (−20 °C ··· +140 °C)	K	Schmier-fette auf Mineral-ölbasis △
Einsatztemperaturen über +140 °C	KH	
hohe Druckbelastung (−20 °C ··· +140 °C)	KP	
tiefe Temperaturen bis −55 °C	KTC	
geschlossene Gehäuse	G	
offene Gehäuse, Verzahnungen	OG	
Dichtungen und Gleitlager	M	
Die Grundeigenschaften werden wie die der Schmierfette auf Mineralölbasis bezeichnet	St	Schmier-fette auf Synthese-ölbasis ◇

Eigenschaften und Verwendung von Schmierfetten

Dickungs-mittel	Symbol, Basis	Verwendung, Eigenschaft
Kalk-seifenfett	Mineral-öl △	Dichtet gegen Wasser, kein Korrosionsschutz, allgemeines Abschmier-fett, (−40 °C ··· +60 °C)
Natron-seifenfett	Mineral-öl △	wasserlöslich, mäßiger Korrosionsschutz, Wälz-lager- und Getriebefett, (−20 °C ··· +100 °C)
Lithium-seifenfett	Mineral-öl △	Mehrzweckfett für Wälz- und Gleitlager, mit Zusät-zen guter Korrosions-schutz, wasserbeständig, (−20 °C ··· +120 °C)
Komplex-seifenfett	Mineral-öl △	Mehrzweckfett für Ma-schinen, gute Langzeit-schmierung, wasserbestän-dig, (−60 °C ··· +160 °C)
Polypro-pylen	Synthese-öl ◇	gute Langzeitschmierung, wasserbeständig, für NC-Maschinen, Luftfahrt, Kältetechnik, (−60 °C ··· +200 °C)

Konsistenzzahlen und Zusatzbuchstaben

Walkpenetration in Zehntel-mm	Konsistenzkennzahl
445 ··· 475	000
400 ··· 430	00
355 ··· 385	0
310 ··· 340	1
265 ··· 295	2
220 ··· 250	3
175 ··· 205	4

Gebrauchstemperatur in °C	Zusatzbuchstabe für Schmierfette
−20 ··· + 50	B
−20 ··· + 60	C
−20 ··· + 80	E
−20 ··· +100	G
−20 ··· +120	K
−20 ··· +140	N
über +140	R

Beispiel der Kennzeichnung von Schmierfetten nach DIN 51 502 (11.79)

Schmierfett KP4E (Mineralölbasis),
KP = Schmierfett für hohe Druckbelastung,
4 = Konsistenzkennzahl,
E Gebrauchstemperatur −20 °C ··· +80 °C.

9.7.2 Schmieröle

Kennbuchstaben und Symbole für Schmieröle
nach DIN 51 502 (11.79)

Schmieröle	Kenn-buchstaben	Symbol (weiß)
Normalschmieröle	A	□ Schmier-öle auf Mineralöl-basis
Gleitbahnöle	CG	
Umlaufschmieröle	C	
Hydrauliköle	H	
Öle für Kältemaschinen	K	
Härteöle	L	
Dampfturbinenöle	T	
Schmieröle für Luftverdichter	V	
Öl-in-Wasser-Emulsion	HFA	⊟ schwerent-flammbare Hydraulik-flüssigkeit
Wasser-in-Öl-Emulsion	HFB	
Polymerlösung, wäßrig	HFC	
wasserfreie Flüssigkeit	HFD	

9.7 Wartung

Schmieröle	Kennbuchstaben	Symbol (weiß)
Esteröl Öle auf Fluorkohlenwasserstoffbasis Polyglykolöle Öle auf Siliconbasis	E FK PG SI	Synthese- oder Teilsynthese-flüssigkeit

Zusatzkennbuchstaben für Schmieröle

Erläuterung	Kennbuchstabe
Für Schmieröle mit Zusatzstoffen, die die Alters- und/oder Korrosionsbeständigkeit erhöhen	L
Für Schmieröle mit Zusatzstoffen zum Herabsetzen der Reibung, des Verschleißes und/oder zur Erhöhung der Belastbarkeit	P
Für Schmieröle, die mit Lösungsmitteln verdünnt sind	V

Beispiel der Kennzeichnung von Schmierölen

HFA 32

Schwer entflammbare Hydraulikflüssigkeit HFA 32,
HFA = Öl-in-Wasser-Emulsion,
32 = Viskositätskennzahl nach DIN 51519 (7.76)

Kennzeichnung von Schmierölen für Verbrennungsmotoren und Kraftfahrzeuggetrieben n. DIN 51502

Verwendung	API-Klassifikation			Symbol
Motoren	HD HD HD HD	SD SE CC CD	Angabe der SAE-Viskositätsklassen, z.B. SAE 50	(weiß)
Getriebeöl	HYP HYP	GL 4 GL 5		
Automatikgetriebeöl	ATF	A	keine Angabe der Viskositätsklassen	

API-Klassifikationen: Einteilung der Öle nach Einsatzart und Vertrieb, S (Service); A bis D (für Großverbraucher). GL (gear lubricant) der Klassen 1 bis 6, wobei die Klassen 1 bis 3 keine große Bedeutung haben.

HD (heavy duty) Hochleistungs-/Hochdrucköl
HYP Schmieröl für Hypoidgetriebe
ATF Spezialöl für Automatikgetriebe

9.7.3 Kühlschmierstoffe für die spanende Metallbearbeitung

Bearbeitungsverfahren	Nichtwassermischbarer Kühlschmierstoff mit mild | stark wirkenden EP-Zusätzen										Kühlschmieremulsion (Öl-in-Wasser)				
Drehen	■	■	■						■	■	■	■	■		
Fräsen	■	■	■						■	■	■	■			
Bohren	■	■	■							■	■	■	■		
Sägen	■	■							■	■	■	■	■	■	
Gewindeschneiden	■	■	■						■	■	■	■			
Schleifen								■	■	■	■	■	■	■	■
Honen									■	■					
Werkstoffgruppe	A	B	C	D	E	A	B	C	D	E	A	B	C	D	E
	1					2					3				

Werkstoffgruppen:

A Bunt- und Leichtmetalle außer Cu, Al, Mg und Magnesiumlegierungen

B Legierte Einsatz- und Vergütungsstähle, unlegierte Baustähle mit hohem C-Gehalt, Automatenstähle

C Unlegierte Einsatz- und Vergütungsstähle, hochlegierte rostfreie Stähle, Temper- und Grauguß, Cu und Al

D Chrom- und Molybdänlegierte Vergütungsstähle, CrNi-Einsatzstähle, CrVa-Werkzeugstähle, warmfeste CrMo-Stähle

E Nitrierstähle, säurebeständige CrNi- und CrNiMo-Stähle

1 keine Buntmetallverfärbung
2 Buntmetallverfärbung
3 unter Umständen Buntmetallverfärbung

EP Hochdruckzusätze (extreme pressure) auf der Basis von S-, P- und Cl-Verbindungen. Sie bilden bei hohen Temperaturen mit dem Metall auf der Oberfläche Metallsalze, die wegen ihrer geringen Scherfestigkeit die Reibung aufeinandergleitender Metallflächen vermindern. Weiter wird die Werkstoffverschweißung bei Spänen und an Werkzeugen (Aufbauschneide) verhindert.

Achtung: Kühlschmierstoffe, Gleitbahn- und Hydrauliköle müssen für numerisch gesteuerte Werkzeugmaschinen untereinander chemisch voll verträglich sein!

9.7.4 Wartung/Instandhaltung

Wartungsplan für NC-Werkzeugmaschinen

Zeitabstand	Nr.	Wartungstätigkeit
Wöchentlich	1.	Vorschubkorrektur anhand eines Testprogramms prüfen.
	2.	Ventilatoren der Motoren auf einwandfreien Betrieb und Luftzirkulation prüfen.
	3.	Lochstreifenleser prüfen auf: – einwandfreie Transportspurausrichtung, – schmutzfreie Leserdioden, – Abnutzung der Antriebe und Wickler.
Monatlich	1.	Überprüfung und Auswertung der Störungsbücher auf systematische Fehler, Bedienungsfehler.
	2.	Prüfen aller beweglichen Kabel und Stecker hinsichtlich Abnutzung und Beschädigungen.
	3.	Alle steckbaren Schaltgruppen auf einwandfreien Sitz prüfen.
	4.	Die direkten Meßsysteme auf Verschmutzung und Kabelzustand prüfen.
	5.	Schmierung der Ventilatoren vornehmen.
	6.	Anhand eines Testprogramms die Achsenstabilität, Positionierung und Bewegungsgleichförmigkeit prüfen.
6monatlich	1.	Messung der Abhängigkeiten von Geschwindigkeit, Tachospannung und Nachlauffehler im Verhältnis zur Sollwertspannung. Meßwertvergleich mit den Meßwerten der Maschinenabnahme.
12monatlich	1.	Einwandfreien Sitz jeder Schaltgruppe in der Steckerleiste prüfen.
	2.	Türen, Verschraubungen prüfen.
	3.	Schaltschränke innen von Staub und sonstigen Verunreinigungen säubern.
	4.	Die Lochstreifenlesermechanik auf einwandfreien Zustand prüfen.
	5.	Prüfung des Netzteils der numerischen Steuerung auf Störungen und einwandfreie Regelung.
	6.	Prüfung der Funktion und Präzision der numerischen Steuerung.
	7.	Test der Steuerung und der Maschinenfunktionen durch Verarbeitung eines standardisierten Testteilprogramms ohne und mit Werkstück. Vergleich der Ergebnisse mit Vorläufen.

Daneben ist die vom Maschinenhersteller zeitlich vorgeschriebene Durchführung von Wartung die wichtigste Aufgabe einer vorbeugenden Wartung.

Beispiel eines maschinenbezogenen Schmierplans:

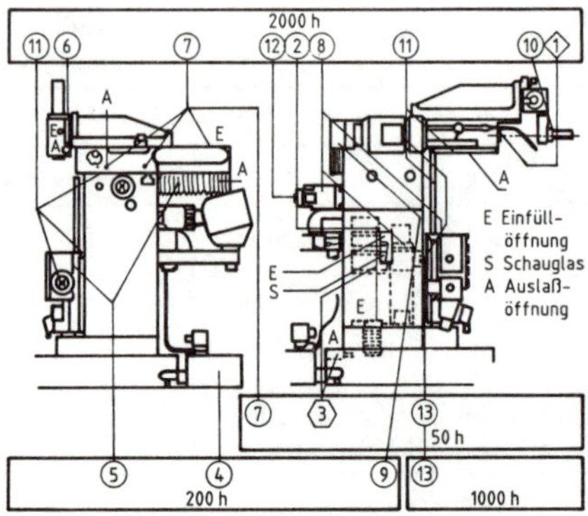

Schmierplan nach Inbetriebnahme

Wartungsstelle	Bezeichnung	Tätigkeit
①	Frässpindel	Keine Wartung erforderlich, da Dauerschmierung
②	Hydraulikaggregat	Ölstand kontrollieren und ggf. ergänzen. HFA 32
③	Zentralschmierung	Ölstand prüfen. CG ISO VG 220
④	Kühlmitteleinrichtung	Kühlmittelbehälter entleeren, reinigen und neu befüllen
⑤ ⑬	Führungen	Führungen reinigen und Schmierung prüfen
⑥	Fräskopf	Ölwechsel, Getriebe- und Hydrauliköl HFA 32
⑦	Frässpindelgetriebe	Ölwechsel, Getriebe- und Hydrauliköl HFA 32
⑧	Vorschubmotoren	Kohleabnutzung, Lager prüfen
⑨	Antriebsriemen	Riemenspannung prüfen
⑩ ⑪ ⑫	Lager	Ölen durch Schmiernippel mit Presse

9.8 Arbeitssicherheit nach DIN 4844 T1 (5.80)

9.8.1 Hinweisschilder zur Arbeitssicherheit

	Schilder (Beispiele)		Erläuterung
Verbotszeichen	V1  Rauchen verboten	V2  Offenes Feuer verboten	schwarzes Bildzeichen auf weißem Grund, Sicherheitsfarbe: rot
	V3  Für Fußgänger verboten	V5  Kein Trinkwasser	
Warnzeichen	W2  Warnung vor Explosivstoffen	W3  Warnung vor Giftstoffen	schwarzes Bildzeichen auf orangefarbenem Grund
	W7  Warnung vor Flurförderfahrzeugen	W10  Warnung vor Laserstrahlen	
Gebotszeichen	G1  Augenschutz tragen	G2  Schutzhelm tragen	weißes Bildzeichen auf blauem Grund
	G4  Atemschutz tragen	G6  Schutzhandschuhe tragen	
Rettungszeichen	R1  Richtungspfeil Rettungsweg	R2  Erste Hilfe	weißes Bildzeichen auf grünem Grund
	R3  Rettungsweg nach rechts		

9.8.2 Gefährliche Arbeitsstoffe

Gefahrensymbol	Erläuterungen
 Explosionsgefährlich	Stoffe in festem oder flüssigen Zustand, die durch Erwärmung oder einer nicht außergewöhnlichen Beanspruchung durch Schlag zur Explosion gebracht werden.
 Brandfördernd	Stoffe, die bei Berührung mit anderen, insbesondere entzündlichen Stoffen, so reagieren, daß Wärme in großer Menge frei wird, z.B. Peroxide.
 Leicht entzündlich	Stoffe, die sich bei gewöhnlicher Temperatur erhitzen und entzünden können oder in festem Zustand durch kurzzeitige Einwirkung einer Zündquelle entzündet werden.
 Giftig	Stoffe, die durch Einatmen, Verschlucken oder Aufnahme durch die Haut erhebliche Gesundheitsschäden oder den Tod verursachen können.
 Ätzend	Stoffe, die durch Berühren das Gewebe (Haut) zerstören können.
 Gesundheitsschädlich	Stoffe, die durch Einatmen, Verschlucken oder Aufnahme durch die Haut Gesundheitsschäden geringeren Ausmaßes verursachen können.
 Reizend	Stoffe, die ohne ätzend zu sein, nach ein- oder mehrmaliger Berührung mit der Haut Entzündungen verursachen können.

Kennzeichnung von gefährlichen Arbeitsstoffen:

Die Kennzeichnung muß folgende Informationen enthalten:

	Beispiel:
Name des Stoffes	Salzsäure 32%
Gefahrensymbol	
Gefahrenhinweise	Verursacht Ätzungen
Sicherheitsratschläge	Berührung vermeiden
Name des Herstellers	...

10 Fertigungskontrolle

10.1 Grundlagen der Prüftechnik

Begriffe aus der Längenprüftechnik nach DIN 2257 T1 (11.82)		
	Begriffe	**Definition, Erklärung**
Allgemeines	Längen und Längenverhältnisse	Längen und Längenverhältnisse sind z.B. Außenmaße, Innenmaße, Absatzmaße, Maße für Durchmesser, Dicken, Lochmittenabstände, Winkel, Radien. Dazu gehören auch Maße für Form und Lage sowie Oberflächenmaße. Längen- und Winkelmaße werden mit Zahlenwert und Einheit angegeben, z.B. 30,462 mm, und sind nach DIN 102 grundsätzlich auf 20 °C bezogen.
Einheiten	Längeneinheit	Die SI-Basiseinheit der Länge ist das Meter mit dem Zeichen m. Bevorzugte dezimale Teile des Meters: 1 dm (Dezimeter) = 10^{-1} m = 0,1 m 1 cm (Zentimeter) = 10^{-2} m = 0,01 m 1 mm (Millimeter) = 10^{-3} m = 0,001 m 1 µm (Mikrometer) = 10^{-6} m = 0,000001 m = 10^{-3} mm = 0,001 mm
	Winkeleinheit	Die SI-Einheit des ebenen Winkels ist derjenige Winkel, für den das Längenverhältnis Kreisbogen zu Kreisradius den Zahlenwert 1 besitzt. Diese Einheit wird Radiant (Zeichen: rad) genannt. Bevorzugte dezimale Teile des Radianten: 1 mrad (Millirad) = 10^{-3} rad = 0,001 rad 1 µrad (Mikrorad) = 10^{-6} rad = 0,000001 rad Der Grad (Zeichen: °) ist gleich dem 360. Teil des Vollwinkels. $1° = \frac{\pi}{180}$ rad
Tätigkeiten	Prüfen	Prüfen in der Längenprüftechnik ist das Feststellen, ob ein Prüfgegenstand den geforderten Maßen und der geforderten Gestalt entspricht. Das Prüfen kann subjektiv durch Sinneswahrnehmung oder objektiv durch Messen oder Lehren erfolgen. 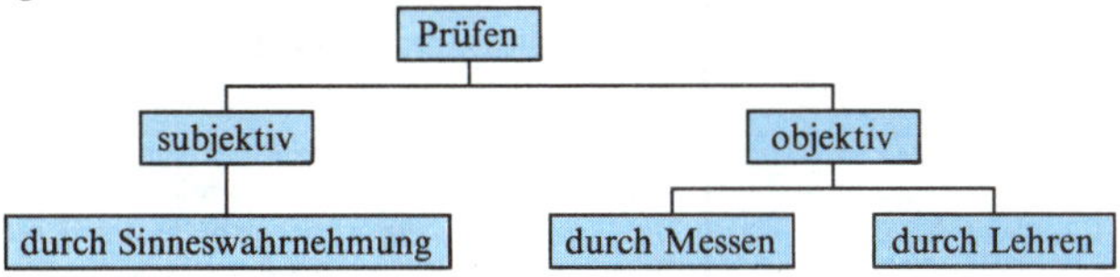
	Messen	Messen in der Längenprüftechnik ist das Ermitteln des Meßwertes einer Länge oder eines Winkels durch Vergleich mit einem Normal, z.B. Maßverkörperung.
	Lehren	Lehren ist das Feststellen, ob bestimmte Längen, Winkel oder Formen eines Prüfgegenstandes die durch Maß- oder Formverkörperungen – die Lehren – gegebenen Grenzen einhalten oder in welcher Richtung sie diese überschreiten. Der Betrag der Abweichung wird nicht festgestellt. Eine Grenzlehrung erfordert zwei Maßverkörperungen, die den beiden Grenzmaßen entsprechen.
	Kalibrieren	Kalbrieren ist das Ermitteln des Zusammenhangs zwischen Ausgangs- und Eingangsgröße, z.B. zwischen der Anzeige eines Meßgerätes oder einer Meßeinrichtung und dem Wert der Meßgröße. In der Regel wird dabei die Differenz zwischen Anzeige (Ist-Anzeige) und richtigem Wert (Soll-Anzeige) ermittelt. Das Ergebnis des Kalibrierens kann z.B. zum Justieren verwendet werden. Anmerkung: Die Benennung „Eichen" soll vermieden werden, weil sie auch im gesetzlichen Sinne benutzt wird und deshalb zu Mißverständnissen führen kann.

10.1 Grundlagen der Prüftechnik

	Begriffe	Definition, Erklärung
Tätigkeiten	Einstellen	Einstellen ist das Verstellen von Prüfmitten auf ein Maß mit Bezug auf Maßverkörperungen. Wenn hierbei eine Null-Anzeige angestrebt wird, spricht man von einer Null-Einstellung.
	Justieren	Justieren umfaßt alle erforderlichen Maßnahmen, mit denen erreicht wird, daß die Abweichung der Anzeige innerhalb der Fehlergrenzen liegt.
Prüfmittel	Prüfmittel	Prüfmittel lassen sich nach folgendem Schema gliedern: 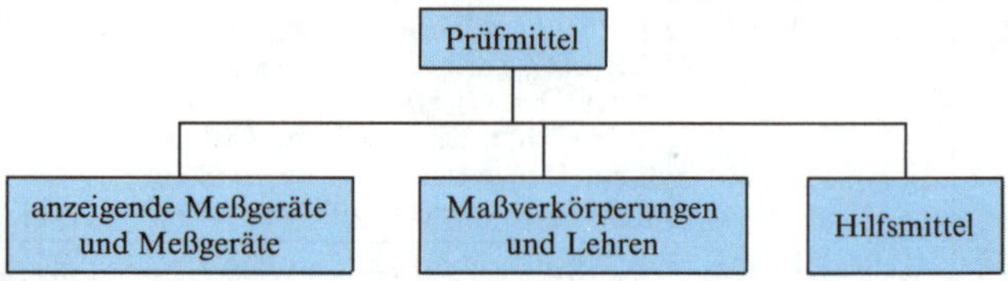 Aus einem oder mehreren anzeigenden Meßgeräten, Maßverkörperungen und Hilfsmitteln lassen sich Meßeinrichtungen zusammenstellen.
	Maßverkörperung	Eine Maßverkörperung in der Längenprüftechnik stellt Längen bzw. Winkel durch die festen Abstände bzw. Winkel zwischen Flächen oder Strichen dar.
	Lehre	Eine Lehre verkörpert Maße oder Formen, die in der Regel auf Grenzmaße bezogen sind.
	Anzeigendes Meßgerät	Ein anzeigendes Meßgerät ist ein Meßgerät mit einer Anzeigevorrichtung, z.B. Meßschieber, das zum Messen dient.
	Hilfsmittel	Hilfsmittel in der Längenprüftechnik sind insbesondere Geräte oder Teile, mit denen Prüfgegenstände, anzeigende Meßgeräte usw., in bestimmte, für die Ausführung der Messung erforderliche Positionen gebracht werden können.
Meßtechnische Begriffe	Meßgröße M Anzeige Az	Die Meßgröße ist die zu messende Länge bzw. der zu messende Winkel. Die Anzeige ist die mit den menschlichen Sinnen erfaßbare Information über den Meßwert. Sie kann optisch, akustisch oder auf andere Weise vermittelt werden. Bei Maßverkörperungen entspricht die Aufschrift der Anzeige.
	Strichskale Sks	Eine Strichskale ist die Aufeinanderfolge von Teilstrichen auf einem Skalenträger. Die Teilstriche können beziffert sein.
	Skalenteilungswert Skw	Der Skalenteilungswert ist die Änderung des Wertes einer Meßgröße, die eine Änderung der Anzeige um einen Skalenteil bewirkt. Er wird in der Einheit der Meßgröße angegeben.
	Meßbereich Meb	Der Meßbereich eines anzeigenden Meßgerätes ist derjenige Bereich von Meßwerten, in dem vorgegebene oder vereinbarte Fehlergrenzen nicht überschritten werden.
	Meßergebnis Meg	Das Meßergebnis wird aus einer oder mehreren Meßwerten nach einer vorgegebenen eindeutigen Beziehung gebildet und stellt unter Berücksichtigung der Meßunsicherheit das Istmaß dar.
	Meßanweisung	Die Meßanweisung legt die einzuhaltenden Bedingungen und den Ablauf des Meßvorgangs fest.

10.2 Prüfmittel in der Längenprüftechnik

10.2.1 Maßverkörperungen und Lehren in der Längenprüftechnik

<table>
<tr><th>Benennung</th><th>Bildliche Darstellung</th><th>Anwendungshinweise</th></tr>
<tr><td>Parallel-endmaß nach DIN 861 (1.80)</td><td>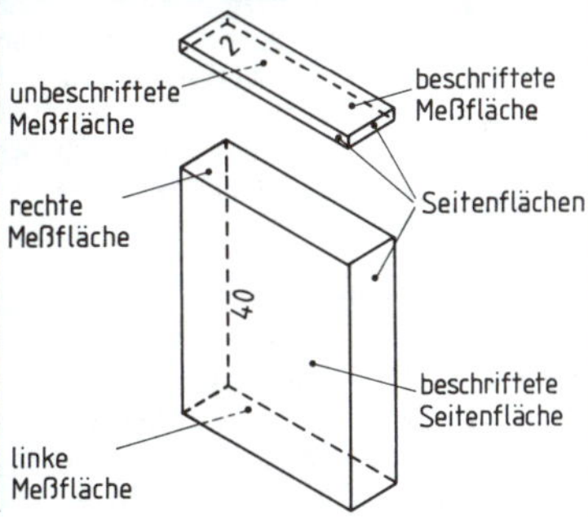</td><td>Das Parallelendmaß ist eine Maßverkörperung der Länge in der Form eines Quaders aus verschleißfestem Werkstoff mit zwei ebenen, zueinander parallelen Meßflächen. Die Meßflächen müssen frei von Oberflächenfehlern sein, so daß sie sich einwandfrei anschieben lassen. Die Endmaße haften beim Anschieben infolge Adhäsion. Ein bestimmter Meßwert kann durch Anschieben mehrerer Endmaßblöcke erreicht werden. Endmaße aus Stahl sollen nicht über längere Zeit in angeschobenen Zustand bleiben, da sie sonst kalt verschweißen.
Meßbereich: bis 1000 mm</td></tr>
<tr><td>Arbeits-maßstäbe aus Stahl nach DIN 866 (3.83)</td><td>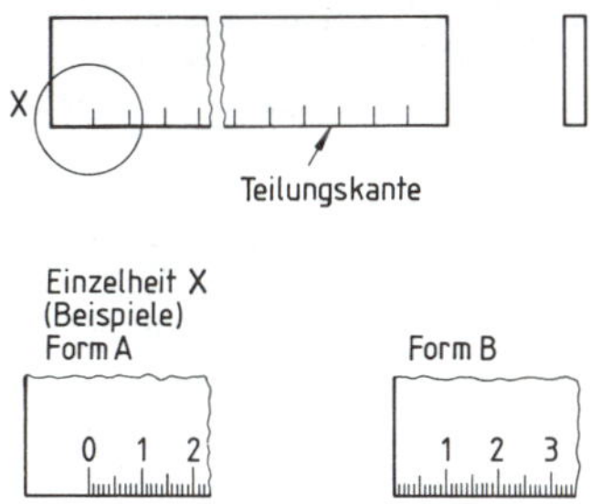</td><td>
<table>
<tr><th colspan="3">Toleranzklassen (TK)</th></tr>
<tr><th>Form</th><th colspan="2">Gesamtteilungslänge l_N</th></tr>
<tr><th></th><th>500</th><th>1000</th></tr>
<tr><td>A</td><td>TK 40/0</td><td>TK 40/0</td></tr>
<tr><td>B</td><td>TK 100/0</td><td>TK 100/0</td></tr>
</table>
Bei einem Strichmaßstab DIN 866-A-500-1 darf danach der Abstand zweier beliebiger Teilstriche um nicht mehr als ±40 μm vom Nennmaß abweichen.
Meßbereich: bis 5000 mm
Skalenteilungswert: 1,10 oder 100 mm</td></tr>
<tr><td>Lineale aus Stahl nach DIN 874 (8.73)</td><td>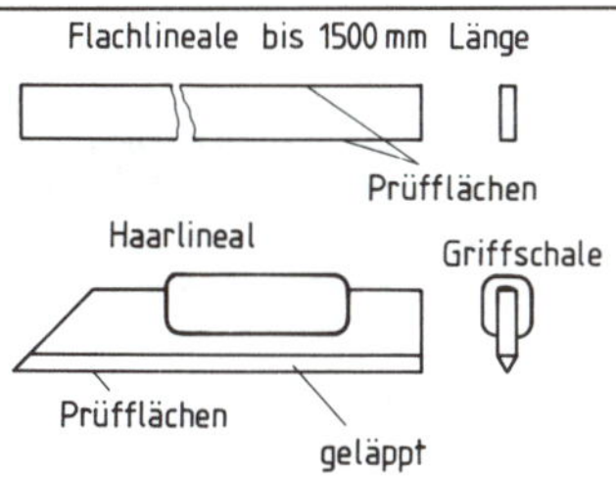</td><td>Die Prüfflächen der Flachlineale aus Stahl des Genauigkeitsgrades 2 werden i.d.R. feingeschliffen. Die Prüfflächen von solchen des Genauigkeitsgrades 00 oder 0 werden zusätzlich geschabt oder geläppt, die des Genauigkeitsgrades 1 werden zusätzlich geschabt, wenn die Toleranzen durch Feinschleifen nicht einzuhalten sind.
Längen: bis 5000 mm</td></tr>
<tr><td>Gutlehrdorn für Bohrungen (1 bis 40 mm Durchmesser) nach DIN 2246 (12.77)</td><td>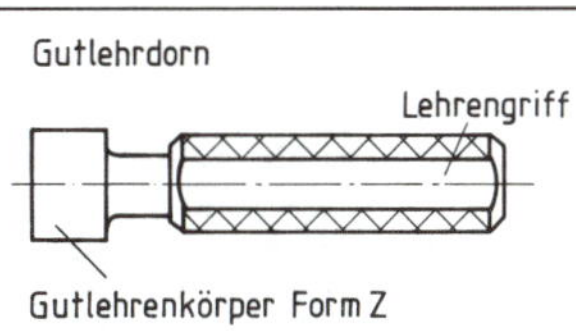</td><td>Die Gutlehrdorne, die man mit jedem als gut zu bezeichnenden Prüfgegenstand paaren kann, müssen jedem Element der zu prüfenden Werkstückfläche ein eigenes Flächenelement gegenüberstellen. Es werden also sowohl die Form als auch die Abmessungen geprüft.</td></tr>
<tr><td>Ausschußlehr-dorn für Bohrungen (1 bis 40 mm Durchmesser) nach DIN 2247 (12.77)</td><td>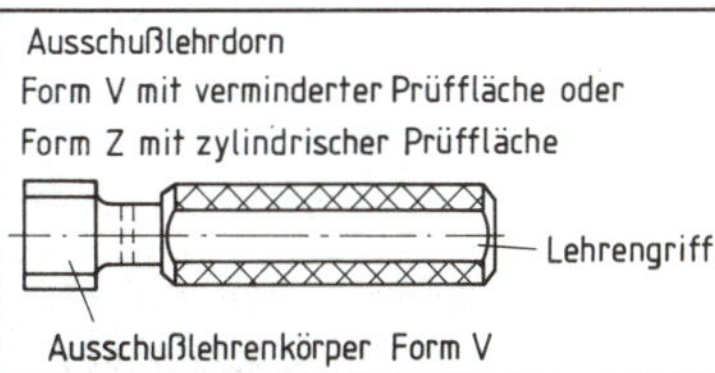</td><td>Die Ausschußlehrdorne, die man mit einem als gut zu bezeichnenden Prüfgegenstand nicht paaren kann, sollen dagegen so kleine Flächenelemente besitzen, daß sie durch Paarung mit der zu prüfenden Fläche das Nichteinhalten des geforderten Grenzmaßes anzeigen.</td></tr>
</table>

10

10.2 Prüfmittel in der Längenprüftechnik

<table>
<tr><th>Benennung</th><th>Bildliche Darstellung</th><th>Anwendungshinweise</th></tr>
<tr><td>Gutrachenlehre (für Nennmaßbereich 3 bis 100 mm) nach DIN 2232 (1.82)</td><td>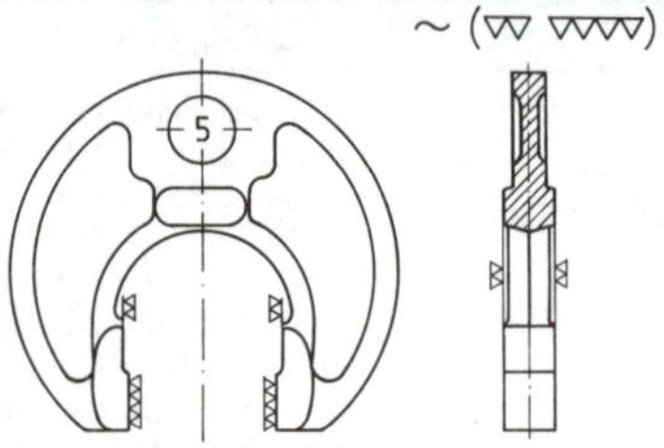
</td><td>Die Gutlehre, die man mit einem als gut zu bezeichnenden Prüfgegenstand paaren kann, muß jedem Element der zu prüfenden Werkstückfläche ein eigenes Flächenelement gegenüberstellen. Die Gutlehre muß also so ausgebildet sein, daß sie die zu prüfende Form in ihrer Gesamtwirkung prüft.</td></tr>
<tr><td>Ausschußrachenlehre (für Nennmaßbereich 3 bis 100 mm) nach DIN 2233 (1.82)</td><td>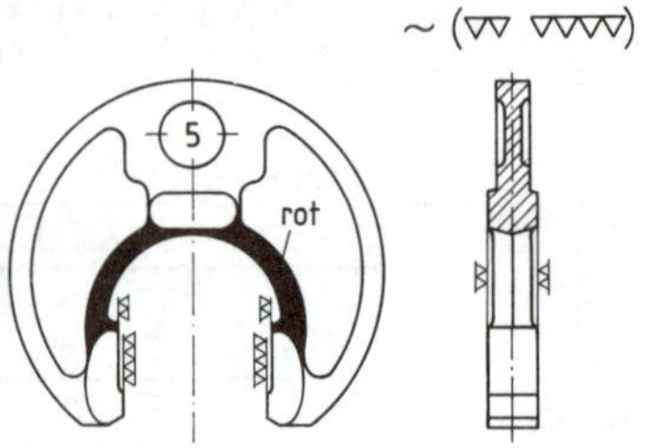
</td><td>Die Ausschußlehre, die man mit einem als gut zu bezeichnenden Prüfgegenstand nicht paaren kann, soll so kleine Fächenelemente besitzen, daß sie durch Paarung mit sehr kleinen Elementen der zu prüfenden Werkstückfläche das Nichteinhalten des geforderten Grenzmaßes anzeigt. Damit werden nur einzelne Abmessungen des Prüflings geprüft.</td></tr>
<tr><td>Stahlwinkel 90° nach DIN 875 (3.81)</td><td>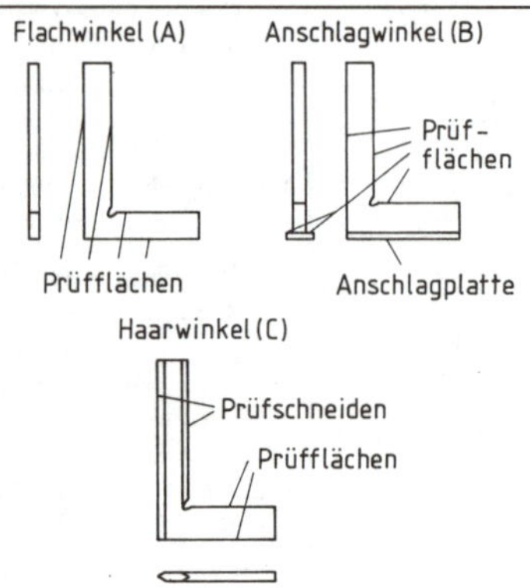
</td><td>Rechtwinkligkeitstoleranz für Innen- und Außenwinkel.

Die Rechtwinkligkeitstoleranz einer Prüfschneide bezogen auf die zugehörige Prüffläche bei Winkeln der Form C und zweier einen 90° Winkel bildenden Prüfflächen bei Winkeln der Formen A und B betragen:
<table>
<tr><th>Schenkellänge l in mm</th><th colspan="4">Rechtwinkligkeitstoleranzen t in µm bei Genauigkeitsgrad</th></tr>
<tr><th></th><th>00</th><th>0</th><th>1</th><th>2</th></tr>
<tr><td>50</td><td>3</td><td>–</td><td>–</td><td>–</td></tr>
<tr><td>100</td><td>3</td><td>7</td><td>14</td><td>28</td></tr>
<tr><td>200</td><td>4</td><td>8</td><td>15</td><td>30</td></tr>
</table></td></tr>
<tr><td>Sinuslineal nach DIN 2273 (5.79)</td><td>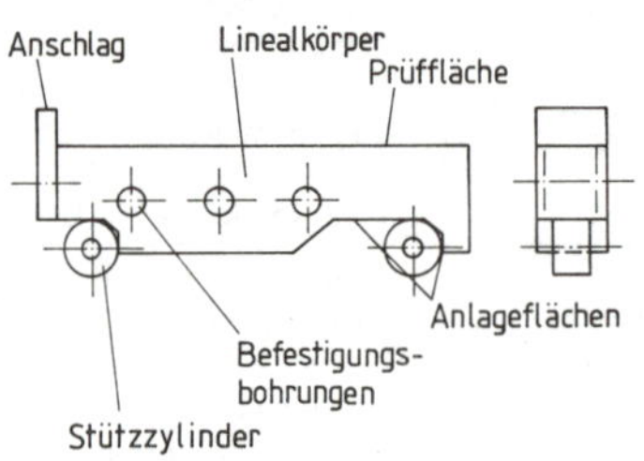
</td><td>Mit einem Sinuslineal können Winkel eingestellt bzw. geprüft werden (s.S. 10-11). Es sind bei Anwendung der günstigsten Endmaßkombination (max. 5 Endmaße) mit Genauigkeitsgrad 1 die in der Tabelle angegebenen Unsicherheiten U_a zu erwarten.
<table>
<tr><th>Achsabstand der Stützzylinder l</th><th colspan="4">U_a bei Einstellwinkel α</th></tr>
<tr><th></th><th>15°</th><th>30°</th><th>45°</th><th>60°</th></tr>
<tr><td>100</td><td>4</td><td>5</td><td>7</td><td>11</td></tr>
<tr><td>200</td><td>3</td><td>4</td><td>6</td><td>10</td></tr>
</table>
(Werte gelten für unbelastetes Lineal, Winkelunsicherheit U_a in Winkelsekunden)</td></tr>
</table>

10

10.2.2 Prüfmittel für das berührende Messen

<table>
<tr><th>Benennung</th><th>Bildliche Darstellung</th><th>Anwendungshinweise</th></tr>
<tr><td>Meßschieber nach DIN 862 (3.79)</td><td>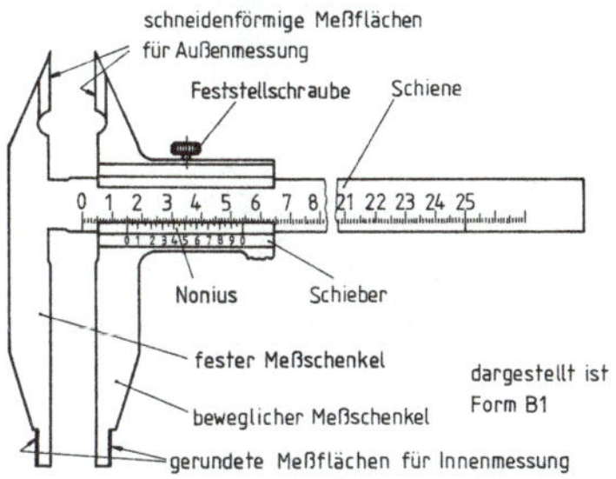
</td><td>Spiel im Lauf des Schiebers und starkes Andrücken des beweglichen Meßschenkels an den Prüfgegenstand bewirken ein Abkippen des Schiebers und elastische Verbiegung der Schiene. Dadurch entstehen Winkelfehler, die den Meßwert und die Meßsicherheit beeinflussen. Um die Fehler klein zu halten, soll der Prüfling nahe an der Schiene an den Meßflächen des Meßschiebers anliegen.
Meßbereich: bis 2000 mm
Skalenteilungswert: 0,1 oder 0,05 mm</td></tr>
<tr><td>Meßschraube nach DIN 863 (10.83)</td><td>Bügelmeßschraube
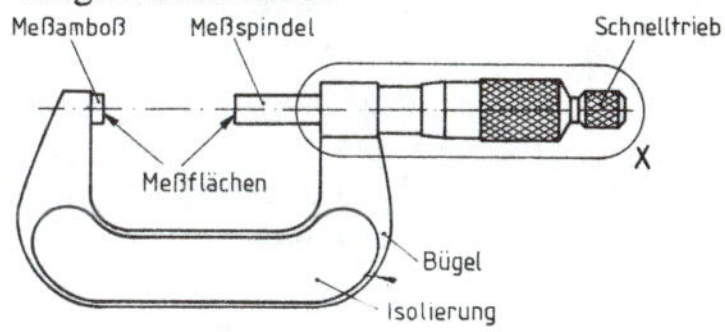

Einbaumeßschraube
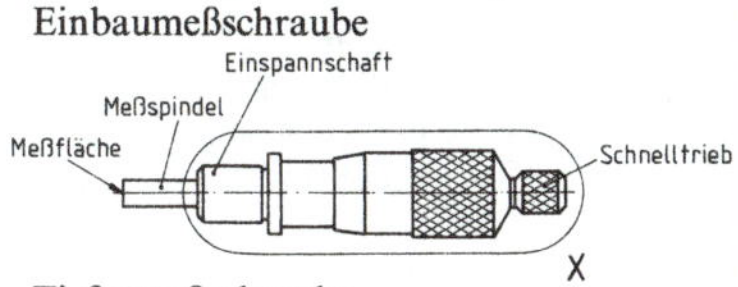

Tiefenmeßschraube
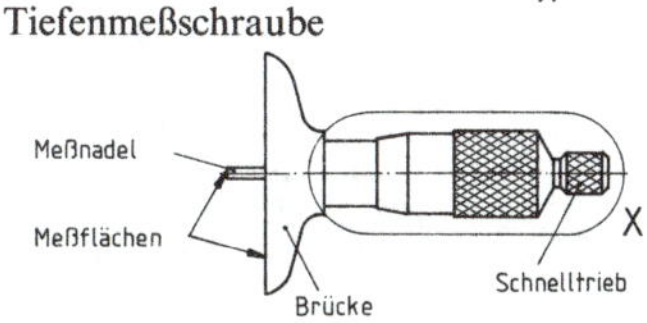

Einzelheit X (wahlweise Ausführung)
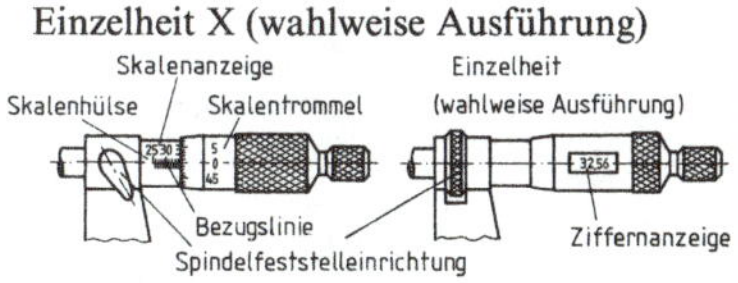
</td><td>Um möglichst zuverlässige Werte zu erhalten, soll beim Messen die Meßspindel ohne Schwung mit Hilfe der Kupplung gedreht werden. Die Kupplung begrenzt die Meßkraft zwischen Werkstück und Meßspindel auf etwa 5 bis 10 N.
Um Einflüsse durch übertragene Handwärme zu verhindern, sollte die Bügelmeßschraube an der Isolierung gehalten werden. Das Spiel der Meßspindel ist an einer Einstellmutter im Innern der Skalentrommel nachstellbar.
Skalenteilungswert: 0,01 mm
Meßbereich:
Bügelmeßschraube: bis 500 mm
Einbaumeßschraube: bis 25 mm
Tiefenmeßschraube: bis 25 mm</td></tr>
<tr><td>Meßuhr nach DIN 878 (10.83)</td><td>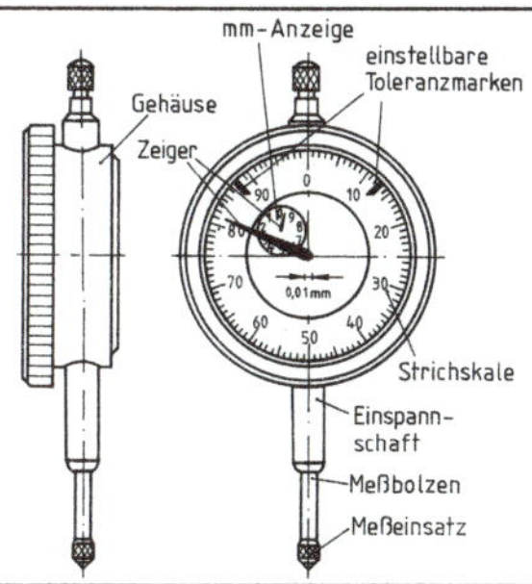
</td><td>Es ist darauf zu achten, daß der Meßbolzen beim Einspannen nicht verklemmt wird. Der Meßbolzen darf weder geölt noch gefettet werden, da sonst das Meßergebnis negativ beeinflußt wird.
Meßbereich: bis 10 mm
Skalenteilungswert: 0,01 mm</td></tr>
</table>

10

10.2 Prüfmittel in der Längenprüftechnik

Benennung	Bildliche Darstellung	Anwendungshinweise
Feinzeiger nach DIN 879 (10.83)	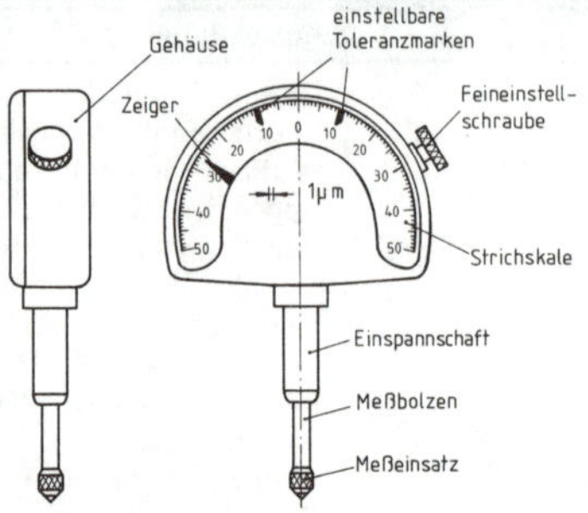	Es ist darauf zu achten, daß beim Einspannen des Einspannschaftes der Meßbolzen nicht verklemmt wird. Der Meßbolzen darf weder geölt noch gefettet werden, da anderenfalls das Meßergebnis negativ beeinflußt wird. Meßbereich: bis 3 mm Skalenteilungswert: 50, 10, 5, 2, 1 oder 0,5 µm
Fühlhebelmeßgerät nach DIN 2270 (4.85)	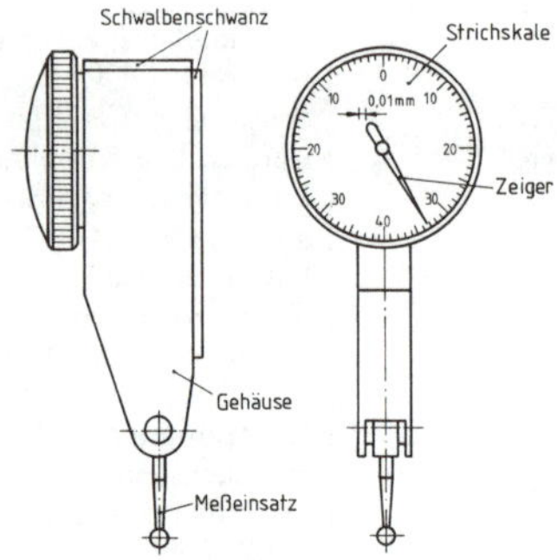	Das Fühlhebelmeßgerät ist ein anzeigendes Meßgerät mit winkelbeweglichem Meßeinsatz, bei dem die Auslenkung des Meßeinsatzes über ein mechanisches System auf einen Zeiger übertragen wird, wobei sich der Zeiger um mindestens 360° vor einer gleichmäßig geteilten Strichskale bewegt. Der Meßeinsatz kann von der Ausgangslage in zwei entgegengesetzte Richtungen bewegt werden. Dadurch kann mit dem Fühlhebelmeßgerät in beide Richtungen gemessen werden. Meßbereich: bis 1,6 mm Skalenteilungswert: 0,01 mm
Richtwaage nach DIN 877 (5.59)	Richtwaage 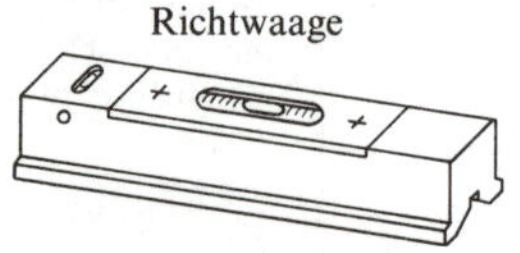 Rahmenrichtwaage 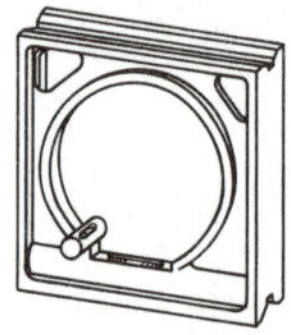	Bei der Nullage befinden sich die Meßflächen in waagerechter bzw. senkrechter Lage. Dabei soll die Blase symmetrisch zu den beiden Nullstrichen stehen. Die Anzeige der Nullage wird stets durch Umschlag geprüft, um den Einfluß einer von der Waagerechten bzw. Senkrechten abweichenden Lage der Prüffläche auszuschalten. Prüfung auf Umschlag erfolgt dadurch, daß nach der Ablesung die angelegte Richtwaage auf der Prüffläche um 180° geschwenkt und dann erneut abgelesen wird. Skalenteilungswert: 0,03 bis 1,6 mm/m
Einfacher Winkelmesser	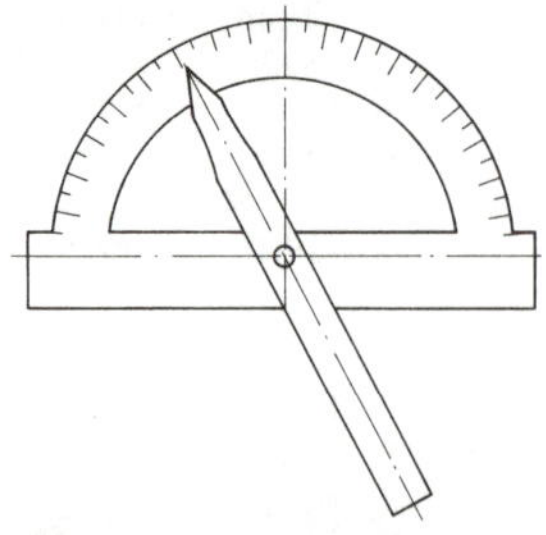	Der einfache Winkelmesser erlaubt das Messen von Winkeln nach Graden. Skalenteilungswert: in der Regel 1 Grad

10.2 Prüfmittel in der Längenprüftechnik

10.2.3 Prüfmittel für das berührungsfreie Messen

<table>
<tr><th>Benennung</th><th>Bildliche Darstellung</th><th>Anwendungshinweise</th></tr>
<tr>
<td>Pneumatische Düsenmeßdorne nach DIN 2271 (9.76)</td>
<td>
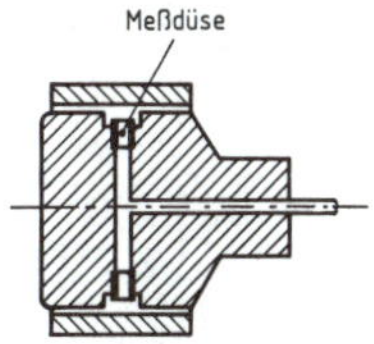

für Durchgangslöcher
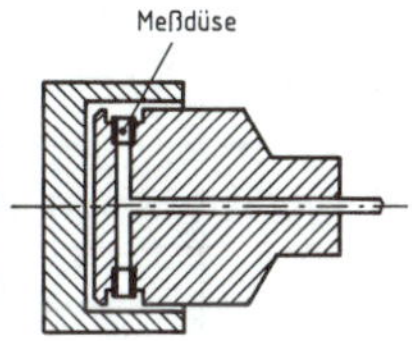

für Sacklöcher
</td>
<td rowspan="2">
Bei berührungslos arbeitenden Meßwertaufnehmern strömt die aus der Meßdüse austretende Meßluft direkt gegen die Oberfläche des Prüfgegenstandes, die die Funktion einer Prallplatte hat.

Bevorzugte Einsatzmöglichkeiten:
Der wirtschaftliche und zweckmäßige Einsatz pneumatischer Längenmeßgeräte hängt von der Meßaufgabe ab. Für folgende Meßaufgaben ist die pneumatische Längenmessung besonders gut geeignet:
1) Bohrungsmessungen; kleinster meßbarer Durchmesser etwa 1 mm; es können tiefe Bohrungen gemessen werden.
2) Es können viele Meßdüsen auf engstem Raum angeordnet werden.
3) Paarungsmessungen sind möglich.
4) Form- und Lagemessungen und kombinierte Längen-, Form- und Lagemessungen sowie Einzel- und Summenmessungen sind auf engstem Raum möglich.
Beispiel:
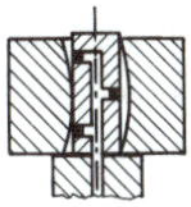
Geradheitsmessung einer Bohrung mit einem Düsenmeßdorn (Innenmessung). Für Außenmessungen wird ein Düsenmeßring benutzt.

Besondere Eigenschaften:
1) Flächig wirkende Druckluft verursacht keine plastische Verformung. Jede Beschädigung der Prüffläche wird vermieden.
2) Fehlmessungen wegen Verschmutzung der Meßflächen werden durch Selbstreinigungswirkung weitgehend verhindert.
3) Pneumatische Längenmeßeinrichtungen sind unempfindlich gegen Strahlungsfelder (z.B. Magnetismus) und explosionssicher.

Anzeigegeräte:
Im Anzeigegerät wird die vom Meßwertaufnehmer festgestellte Maßänderung vergrößert angezeigt.
</td>
</tr>
<tr>
<td>Düsenmeßring nach DIN 2271 (9.76)</td>
<td>
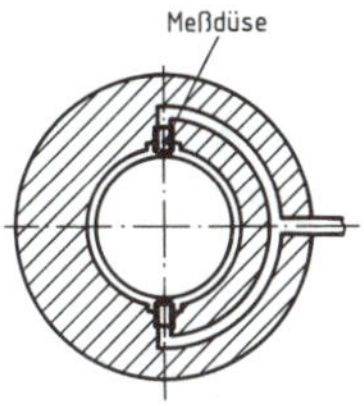

</td>
</tr>
<tr>
<td></td>
<td colspan="2">
Beispiel:
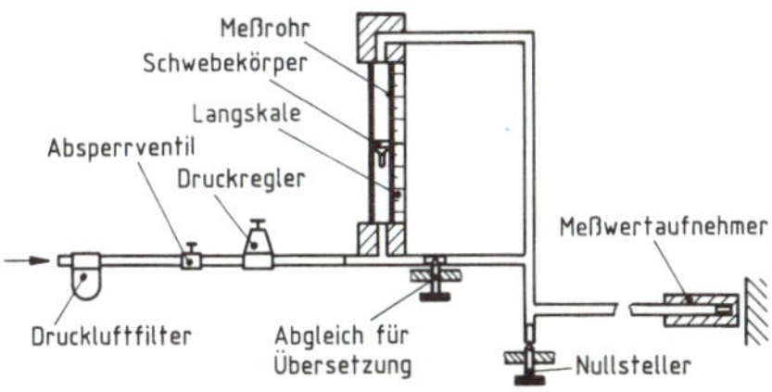

Bei Säulengeräten nach dem Durchflußmeßverfahren wird der Meßwert auf einer Langskale mittels Schwebekörper angezeigt.
Säulengerät mit Langskale nach dem Durchflußmeßverfahren
</td>
</tr>
</table>

10

10.3 Zeichnerische Darstellung von Meßanordnungen

10.3.1 Graphische Symbole in der Längenprüftechnik (vgl. auch DIN 2258)

Benennung	Symbol	Zusatzangabe
Allgemeine graphische Symbole		
Bewegungsrichtung	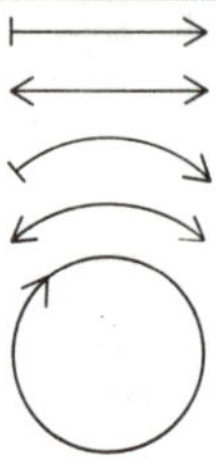	
Meßrichtung		
Meßstelle		
Kraftangriffspunkt		
Skale oder Teilung		Teilungswert
Index		
Skalenteilungswert		10 µm
Querschnitte für: Lineal, Maßstab und Winkel		
Prüfgegenstand		z.B. Kegel
Elemente		
Zylinder	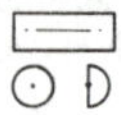	
Bügel		
Hebel	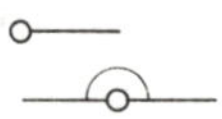	z.B. im 90°-Winkel
Drehlager		
Federgelenk		
Gleitführung		
Planfläche		Durchmesser in mm
Teller		Durchmesser in mm
Meßdüse für pneumatische Meßgeräte		

Benennung	Symbol	Zusatzangabe
Meßtisch; schwimmend		z.B. mit Kugeln
Meßständer		
optisches Strahlungsfilter		Trägerwerkstoff Glas
Planspiegel		Trägerwerkstoff Metall, Glas
Lichtquelle		
optische Ablesung		
Maßverkörperungen und Lehren		
Parallelendmaß; Parallelendmaßkombination		Genauigkeitsgrad, Maße in mm
Maßstab		Länge in mm, Teilungswert
Einstellring		Paßmaß
Meßscheibe, Meßdraht, Meßdorn		Paßmaß
Stichmaß		Paßmaß
Lineal		Genauigkeitsgrad
Flachwinkel		
Anschlagwinkel		
Haarwinkel		
Sinus-Lineal		
Spiegelpolygon		Anzahl der Spiegelflächen, zulässige Winkelabweichung
Signalwandler	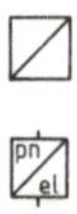	Verfahren: z.B. op-el = optisch in elektronisch; pn-el = pneumatisch in elektronisch

10

10.3 Zeichnerische Darstellung von Meßanordnungen

Benennung	Symbol	Zusatzangabe
Anzeigende Meßgeräte / Berührendes Messen		
Meßuhr (ohne Meßeinsatz)		Meßbereich, Meßkraft, ...
Feinzeiger (ohne Meßeinsatz)		Skalenteilungswert, Meßbereich, ...
Fühlhebelmeßgerät		Meßkraft, Meßbereich, ...
Meßschraube		Meßbereich, ...
Bügelmeßschraube	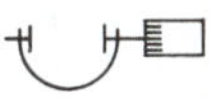	Meßbereich, Digitalisierung, ...
Innenmeßschraube	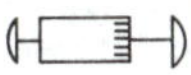	Meßeinsätze, Meßbereich, ...
Meßschieber		Meßbereich
Tiefenmeßschieber		Meßbereich
Koordinatenmeßtisch	 von der Seite  von oben	Empfindlichkeit oder Skalenteilungswert
Richtwaage	 von der Seite  von oben	Empfindlichkeit oder Skalenteilungswert
Winkelmesser, mechanisch		Noniusteilung mit zulässiger Abweichung
Winkelmesser, optisch		Skalenteilungswert mit zulässiger Abweichung
Pendelneigungsmesser		Skalenteilungswert mit zulässiger Abweichung
Berührungsfreies Messen		
Laser-Sender	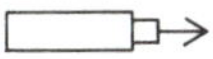	Wellenlänge
Laser-Empfänger	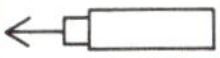	Wellenlänge
Spiegelzielmarke		Basis, zulässige Abweichung

Benennung	Symbol	Zusatzangabe
Strichzielmarke	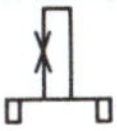	Basis, zulässige Abweichung
Feinmeßokular für Längen	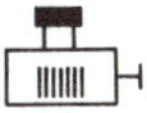	Meßbereich, Skalenteilungswert
Feinmeßokular für Winkel	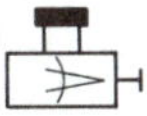	Meßbereich, Skalenteilungswert
Mikroskop		Vergrößerung Okular ...fach, Objektiv ...fach
Abtastkopf		für Impuls- bzw. Gittermaßstäbe Verfahren: el = elektrisch, optr = optoelektronisch
Meßdorn, pneumatisch	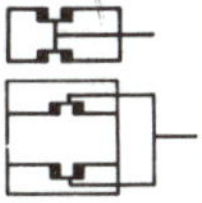 von der Seite	Nennmaß
Meßring, pneumatisch	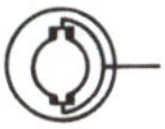 von oben	Nennmaß
Zubehör		
Temperaturmessung		Skalenteilungswert, Prinzip, z.B. für Längen
Meßwertanzeiger, analog		pneumatisch
		Verfahren, z.B. el = elektrisch, pn = pneumatisch
Meßwertanzeiger, digital		z.B. für Temperatur elektrisch
	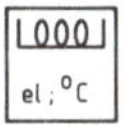	Verfahren, z.B. optr = optoelektronisch, pn = pneumatisch, el = elektrisch
Drucker		
Schreiber		

10

10.3 Zeichnerische Darstellung von Meßanordnungen

10.3.2 Meßanordnungen (Beispiele)

Prinzipskizze	Erklärungen und Beispiele für zusätzliche Angaben

Steigungsmessung eines Gewindes mit digitaler Anzeige

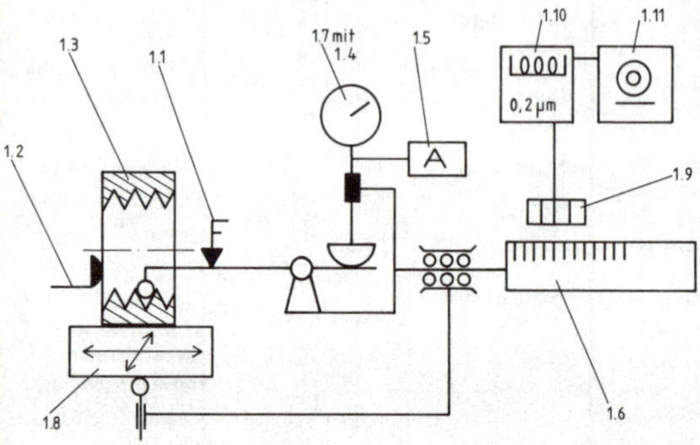

1.1 Kraftangriffspunkt
1.2 Anschlag
1.3 Prüfgegenstand: Gewindering
1.4 Meßeinsatz; Kugelabschnitt für Meßuhr, Kugel voll für Tasthebel am Gewinde; Kugelradius oder -durchmesser in mm
1.5 Abheber für Meßuhr
1.6 Impulsmaßstab; Länge in mm
1.7 Meßuhr; Skalenteilungswert und Meßbereich in mm, Meßkraft in N
1.8 Koordinatenmeßtisch; Verschiebebereich in mm
1.9 Abtastknopf; el = elektrisch
1.10 Meßwertanzeiger, digitaler Meßschritt, el = elektrisch
1.11 Drucker; el = elektrisch

Prüfen eines Strichmaßstabes mit Laserinterferometer und fotoelektrischem Mikroskop

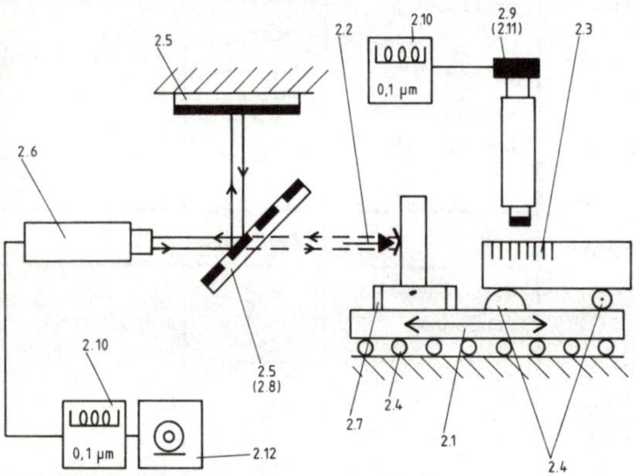

2.1 Bewegungsrichtung des Meßtisches
2.2 Meßstelle
2.3 Prüfgegenstand: Strichmaßstab
2.4 Auflagezylinder für den Prüfling; ein Zylinder voll, einer halbiert
2.4 Wälzführung; längsbeweglich
2.5 Planspiegel; teildurchlässiger Planspiegel
2.6 Laser; Sender u. Empfänger
2.7 Tripelspiegelreflektor
2.8 mit 2.6 und 2.7 = lineares Laserinterferometer
2.9 Mikroskop; Vergrößerung ...-fach
2.10 Meßwertanzeiger, digitaler Meßschritt, el = elektrisch
2.11 mit 2.10 Schema für fotoelektrisches Mikroskop mit digitaler Anzeige
2.12 Drucker; el = elektrisch

Kegelmessung

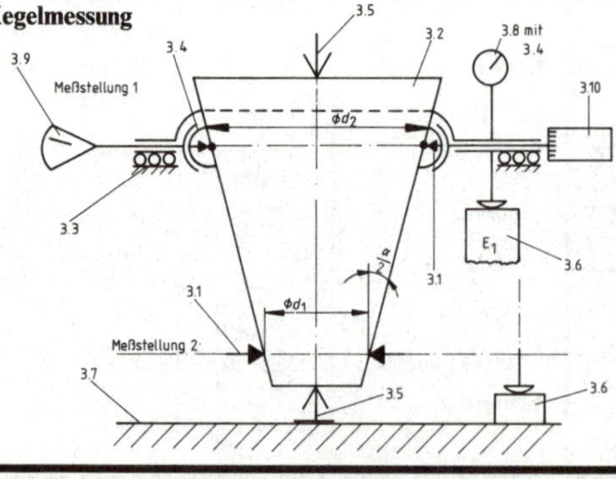

3.1 Meßstelle
3.2 Prüfgegenstand: Kegel
3.3 Wälzführung; längsbeweglich
3.4 Meßeinsatz; Halbzylinder
3.5 Spitzenbock; eine Spitze fest, eine parallel verschiebbar
3.6 Parallelendmaß; Maße in mm, Genauigkeitsgrad
3.7 Meßplatte; Größe in mm
3.8 Meßuhr mit Meßeinsatz nach 3.4
3.9 Feinzeiger
3.10 Bügelmeßschraube; Meßbereich in mm, Meßkraft in N

10

10.4 Prüfen von Winkeln

Übersicht über Prüfgenauigkeit von Winkelmeßgeräten

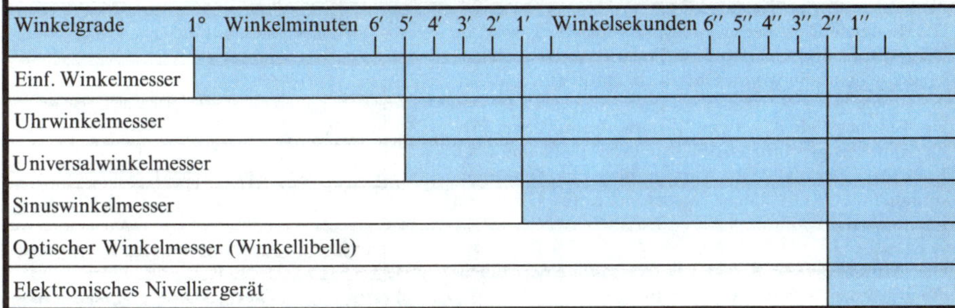

Meßanordnung zur Winkelprüfung

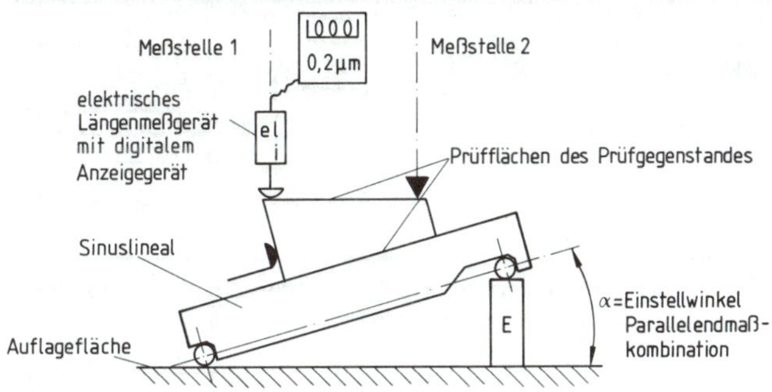

10.5 Prüfen von Oberflächen

10.5.1 Ordnungssystem für Gestaltabweichungen nach DIN 4760 (6.82)

Gestaltabweichung (als Profilschnitt überhöht dargestellt)	Beispiele für die Art	Beispiele für die Entstehungsursache
1. Ordnung: Formabweichungen 	Geradheits-, Rundheitsabweichung u.a.	Fehler in den Führungen der Werkzeugmaschine, Durchbiegung der Maschine oder des Werkstücks, Verschleiß oder Verzug
2. Ordnung: Welligkeit 	Wellen (s. DIN 4761)	außermittige Einspannung, Lauf- oder Formabweichungen eines Fräsers, Schwingungen
3. Ordnung: Rauheit 	Rillen (s. DIN 4761)	Form der Werkzeugschneide, Vorschub oder Zustellung des Werkzeugs
4. Ordnung: Rauheit 	Riefen, Schuppen (s. DIN 4761)	Vorgang der Spanbildung (Reiß-, Scher-, Fließspan), Werkstoffverformung beim Strahlen
5. und 6. Ordnung: Rauheit Nicht mehr in üblicher Weise bildlich darstellbar	Gefügestruktur, Gitteraufbau	Kristallisationsvorgänge, Veränderung der Oberfläche durch chemische Einwirkung (z.B. Beizen), Korrosionsvorgänge

10.5 Prüfen von Oberflächen

10.5.2 Rauheitsmaße R_t, R_p, R_a und R_z

Die **Rauhtiefe R_t** ist der größte Maßunterschied zwischen Bezugsprofil und Grundprofil. Sie ist das gebräuchliche Maß zur Beurteilung von Oberflächenprofilen.

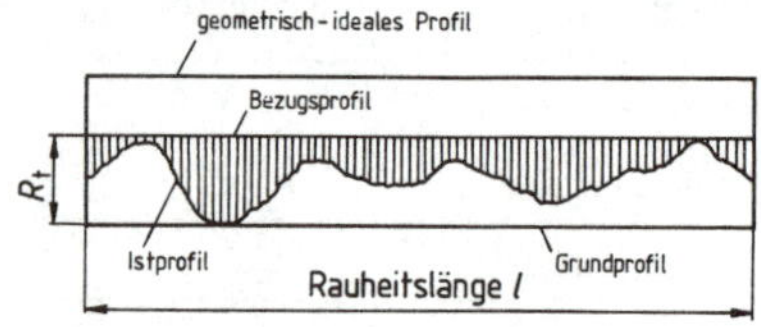

Die **Glättungstiefe R_p** ist der Abstand des mittleren Profils vom Bezugsprofil. Die Glättungstiefe gibt von allen Rauheitsmaßen die beste Aussage über das Funktionsverhalten einer Oberfläche, insbesondere für Gleit- und Preßflächen.

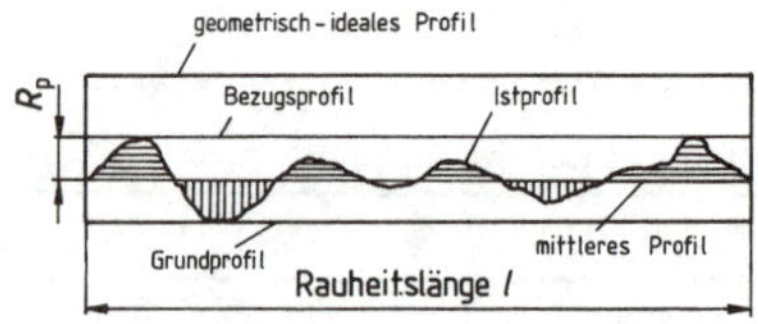

Der **Mittenrauhwert R_a** ist der Abstand einer Einebnungsgeraden vom mittleren Profil.

Die **gemittelte Rauhtiefe R_z** ist der arithmetische Mittelwert von fünf Einzelrauhtiefen ($R_{t1} \cdots R_{t5}$), die an fünf aneinandergrenzenden Teilstrecken gleicher Länge ($l_1 \cdots l_5$) der Bezugsstrecke l gemessen werden

$$R_z = \frac{R_{t1} + R_{t2} + R_{t3} + R_{t4} + R_{t5}}{5}$$

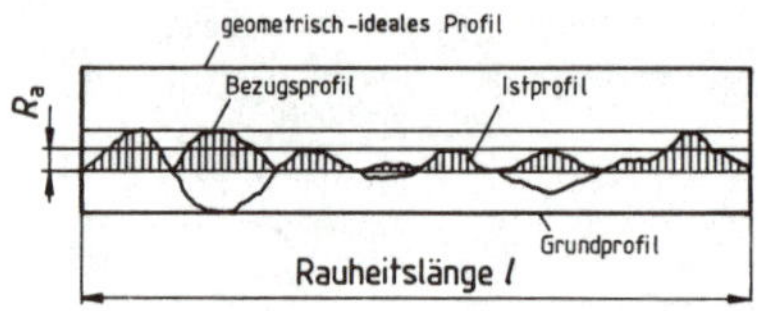

10.5.3 Umrechnung der Rauheitsmeßgrößen R_a in R_z nach DIN 4768 T1, Beiblatt 1 (10.78) für spanend hergestellte Oberflächen

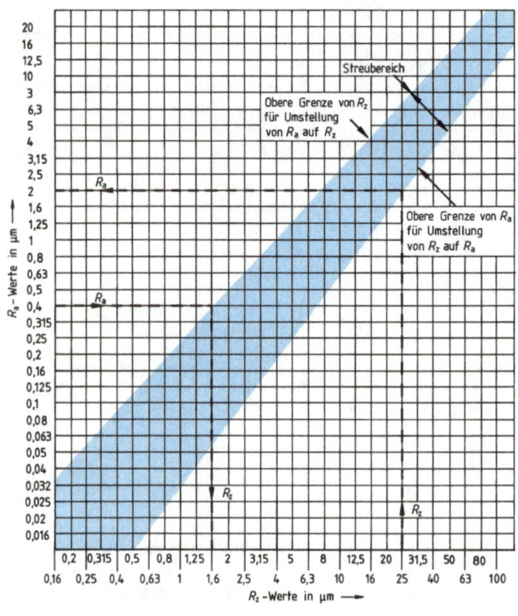

Ermittlung der gemittelten Rauhtiefe R_z bei vorgeschriebenem Mittenrauhwert R_a bzw. des Mittenrauhwertes R_a bei vorgeschriebener gemittelter Rauhtiefe R_z unter Berücksichtigung des Streubereiches und einer ausreichenden Sicherheit. Wird zur Festlegung der oberen Grenze des R_z-Wertes bei vorgeschriebenem R_a-Wert die obere Begrenzungslinie des Streubereiches gewählt, kann angenommen werden, daß der vorgeschriebene R_a-Wert nicht überschritten wird. Das Entsprechende gilt für den vorgeschriebenen R_z-Wert, wenn zur Festlegung des R_a-Grenzwertes die untere Linie benutzt wird.

Beispiel:
$R_a = 0{,}4$ µm ist einzuhalten, deshalb darf der Streubereich nicht ausgenutzt werden. Zur Umrechnung von R_a auf R_z ist eine senkrechte Linie vom Schnittpunkt der Waagerechten ($R_a = 0{,}4$ µm) zu ziehen. Der sich ergebende Wert für R_z ist 1,6 µm. Er ist nicht zu überschreiten.

10.5 Prüfen von Oberflächen

10.5.4 Oberflächenprüfverfahren

<table>
<tr><th>Verfahren</th><th>Erläuterung</th></tr>
<tr><td>Vergleich der Rauheit von Werkstückoberflächen mit Oberflächen-Vergleichsmustern nach DIN 4769 (5.72)</td><td>Ein Vergleich der Rauheit von Werkstückoberflächen mit Oberflächen-Vergleichsmustern kann durch
Sichtvergleich oder durch
Tastvergleich
durchgeführt werden. Dabei wird die Rauheit der Oberfläche nicht zahlenmäßig bestimmt, sondern nur festgestellt, ob sie die Rauheit des entsprechenden Oberflächen-Vergleichsmusters nicht überschreitet. Je größer die Unterschiede in den Fertigungsbedingungen zwischen Werkstück und Vergleichsmuster sind, desto unsicherer wird der Vergleich.</td></tr>
<tr><td>Rauheitsmessung mit elektrischen Tastschnittgeräten nach DIN 4775 (6.82)</td><td>Lassen Sicht- oder Tastvergleich keine Entscheidung über die Einhaltung von Rauheitsangaben zu, dann wird die Oberflächenrauheit (vorzugsweise R_a und R_z) mit einem elektrischen Tastschnittgerät unter festgelegten Bedingungen gemessen. Das elektrische Tastschnittgerät ist ein Meßgerät, das die zu prüfende Oberfläche mit einer Tastspitze abtastet und die Gestaltabweichungen der Oberfläche in analoge elektrische Signale umwandelt, die verstärkt und aufgezeichnet werden.
Elektrisches Tastschnittgerät nach DIN 4772 (11.79):
Übertragung der vertikalen Profilkomponente y
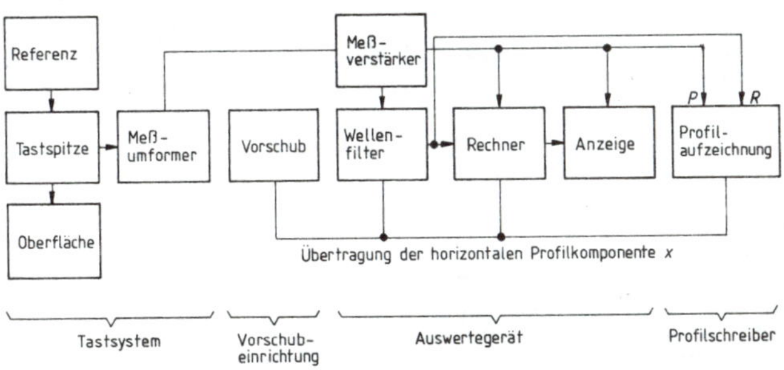

Tastsysteme:
Tastsysteme sind Aufnehmer, in denen das durch die Tastspitze zu einem Referenzprofil ertastete Oberflächenprofil in eine analoge elektrische Größe umgeformt wird. Sie enthalten die Tastspitze, den Meßumformer und je nach Ausführung auch Teile der Referenz.
Bezugsflächen-Tastsysteme
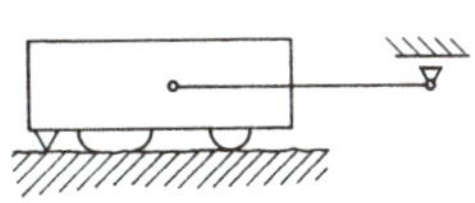
Bezugsflächen-Tastsysteme sind Tastsysteme, die auf ideal geometrischen Bezugsflächen geführt werden müssen.
Pendeltastsysteme
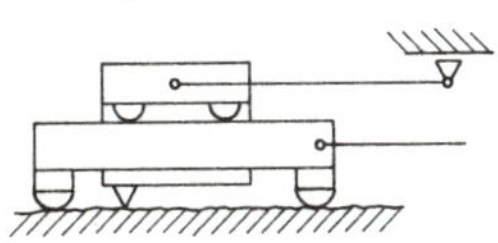
Pendeltastsysteme sind selbstausrichtende Tastsysteme mit zwei in Vorschubrichtung nacheinander angeordneten ballartigen Gleitkufen, die sich auf der Oberfläche abstützen.</td></tr>
</table>

10

10.6 Prüfen von Gewinden

10.6.1 Bestimmungsgrößen und Abweichungen am metrischen ISO-Gewinde

Bestimmungsgröße	Kurzzeichen für Mutter	Kurzzeichen für Bolzen
Außendurchmesser	D	d
Flankendurchmesser	D_2	d_2
Kerndurchmesser	D_1	d_3
Steigung	P	P
Flankenwinkel	α	α

$H = 0{,}86603\,P$ $\quad H_1 = 0{,}54127\,P$

$h_3 = 0{,}61343\,P$ $\quad R = \frac{H}{6} = 0{,}14434\,P$

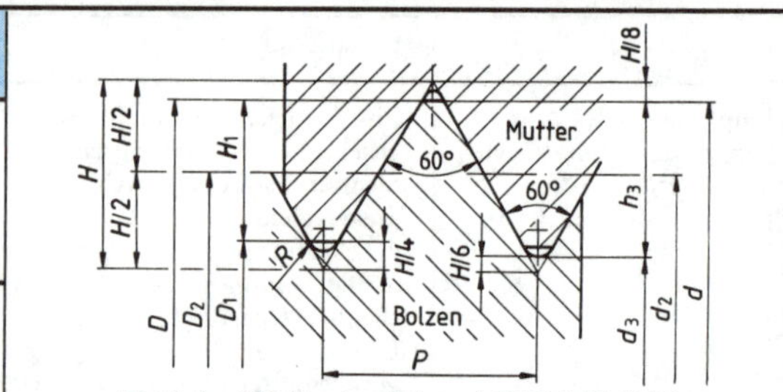

Metrisches ISO-Regelgewinde nach DIN 13 T1 (3.73)

Abweichungen am (Außen-)Gewinde	Darstellung	Folgen
Außendurchmesser zu klein	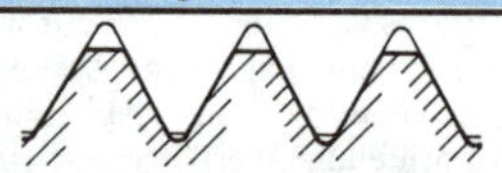	Ungenügende Festigkeit wegen zu geringer Flankenüberdeckung
Kegeliger Gewindeverlauf	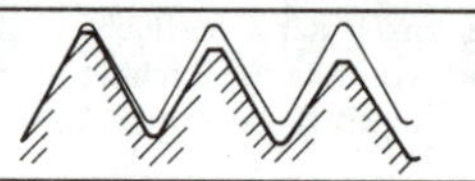	Ungenügende Flankenüberdeckung, Gewindeteile lassen sich u.U. nicht paaren
Gewindeflanken sind nicht geradlinig bearbeitet	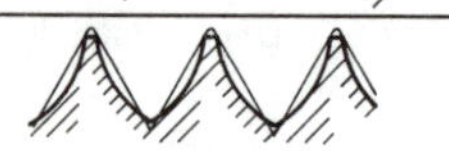	Verminderte Tragfähigkeit, schwergängiges Gewinde
Steigungsabweichungen	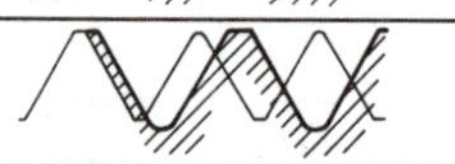	Gewinde ist schwer- oder nichtgängig
Flankenwinkel zu klein oder zu groß		Gewinde läßt sich schwer oder nicht einschrauben, trägt u.U. nur an den Gewindespitzen
Unsymmetrischer Flankenwinkel	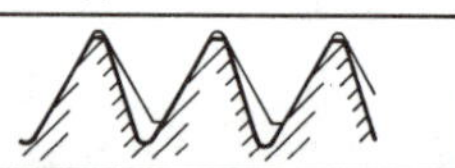	Gewinde trägt nur teilweise mit einer Flanke

10.6.2 Ausgewählte Meßverfahren am Beispiel des Außengewindes

Bestimmungsgröße	Verfahren, Meßgerät
Außendurchmesser	Mechanisches Meßverfahren über anzeigende Meßgeräte, z.B. Meßschieber
Flankendurchmesser	Meßverfahren mit mechanischer Antastung, z.B. nach der Dreidrahtmethode (nebenstehende Abb.)
Kerndurchmesser	Mechanische Antastung, z.B. Bügelmeßschraube mit Kimme und Spitze
Steigung	Mechanisches Meßverfahren über anzeigende Meßgeräte, z.B. Meßschieber

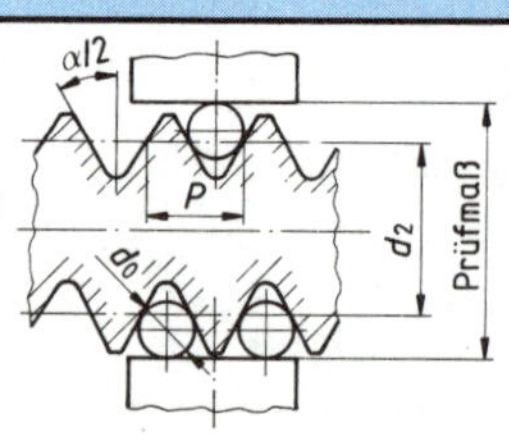

Meßverfahren mit optischer Antastung können eingesetzt werden zur gleichzeitigen Prüfung von allen Bestimmungsgrößen.

Optisches Messen mit:

Strichbildern

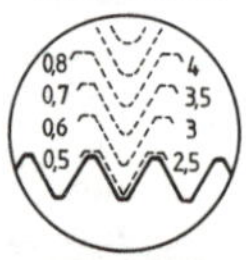

Strichplatten

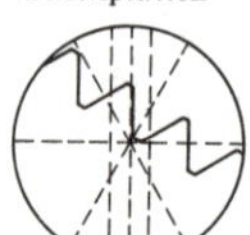

Interferenzlinien

Meßschneiden

10.7 Meßsysteme

10.7.1 Allgemeines

KOMPLEXITÄT

Handgeräte	Hierzu gehören Instrumente für einfache Meßvorgänge, die vom Personal manuell durchgeführt werden, indem das zu kontrollierende Werkstück jeweils mit dem erforderlichen Meßinstrument (Meßdorn, Meßschraube, usw.) geprüft wird.
Manuelle Meßanordnung	Solche Meßanordnungen ermöglichen die Durchführung von mehr oder weniger komplexen und in diesem Falle nicht mehr einfachen Meßvorgängen. Die verschiedenen Operationen werden vom Bedienungspersonal manuell durchgeführt (vergl. S. 10-10, Bild 1).
Automatische (Computer-gestützte) Meßwerterfassung (Meßsystem)	Anlagen dieser Art sind (in der Regel durch elektronisch ermittelte) Meßvorgänge mittlerer bis ausgesprochen hoher Komplexität gekennzeichnet; normalerweise ist eine Bedienungsperson nur für die Ausübung von überwachenden Tätigkeiten notwendig.
Computer-gestütztes Meßsystem als Bestandteil eines Regelkreises zur Korrektur des Fertigungsprozesses	Bei Fertigungsprozessen, z.B. spanabhebender Art, findet die Prüfung der Werkstückmaße hinsichtlich der jeweiligen Sollwerte entweder vor oder nach der Bearbeitung statt. In Verbindung mit CNC-gesteuerten Fertigungsmaschinen wird es möglich, auch andere Parameter des Fertigungsprozesses zu kontrollieren, bzw. zu verändern, wie etwa: Werkstückpositionierung, mechanische Nulljustierung, Zustand der Werkzeugschneide, usw.

10.7.2 Charakteristika von Meßsystemen

Meßwertaufnehmer

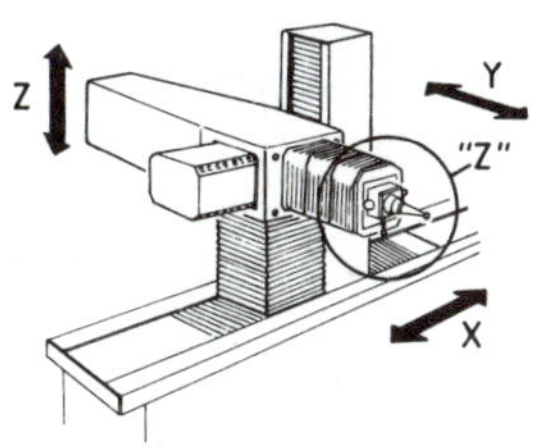

- Mehrkoordinaten-Meßgerät mit drei Freiheitsgraden, entsprechend den drei linearen Standardbewegungen (X, Y, Z);
- Achsenantriebe in der Regel durch elektronisch gesteuerte Gleichstrommotoren;
- opto-elektronische Meßwerterfassung über eine Tasteinrichtung.

Ausführung des Meßwertaufnehmers als Ständer-, Potal- oder Brückenmaschine.

Kontroll- und Steuerungseinheit

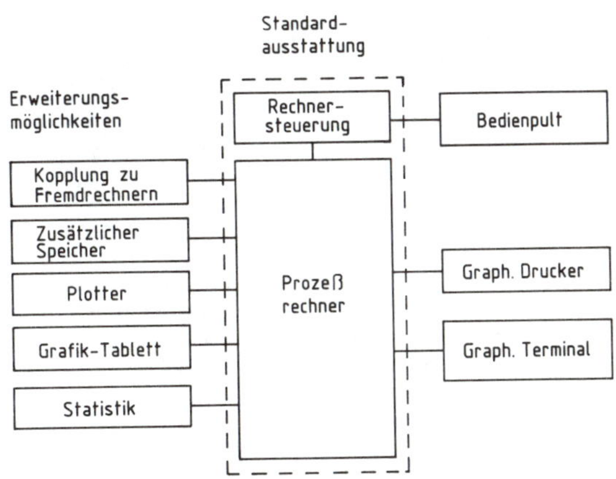

10.7 Meßsysteme

Einzelheit "Z" (S. 10-15):

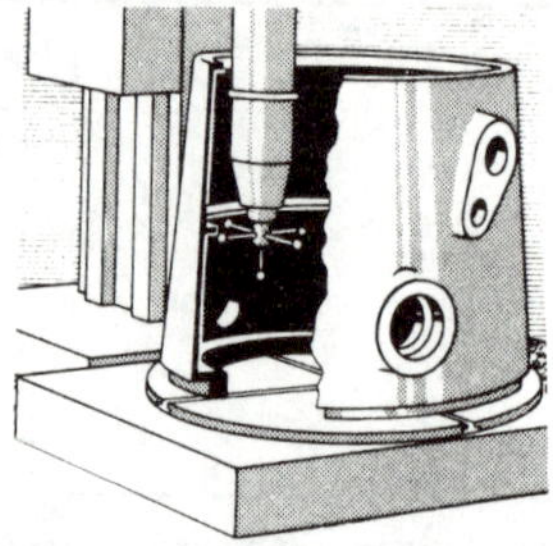

Elektronischer Scanning-Taster
Elektronische Scanning-Taster stellen Präzisionswerkzeuge für das kontinuierliche, schnelle Abtasten und Digitalisieren von Konturen und räumlich gekrümmten Flächen dar.

Elektronischer Mehrfach-Taster
Durch elektronische Universal-(Einfach- oder Mehrfach-)Taster können „Punkt-zu-Punkt"-Messungen dynamisch, d.h. ohne Unterbrechung der Maschinenbewegung beim zu messenden Punkt durchgeführt werden.

10.7.3 Meßverfahren unter Nutzung von Meßsystemen in Verkettung mit Fertigungssystemen

Pre-Process-Verfahren

Das Pre-Process-Verfahren besteht darin, den Zustand des Werkstückes (Formfehler, Aufmaß, Werkstückposition) und/oder der Bearbeitungsmaschine (Einrichten der Maschine, Werkzeugzustand) vor dem Beginn der Bearbeitung zu erfassen. In entsprechender Verkettung mit der Bearbeitungsmaschine liefern solche Meßsysteme automatische Kompensier- oder Alarmsignale, oder sie bewirken die Ansteuerung einer Anpaßlogik.

Beispiel: Elektronische Tasteinrichtung als „Nullpunktaufnehmer" zur Einrichtung des Bearbeitungswerkzeuges

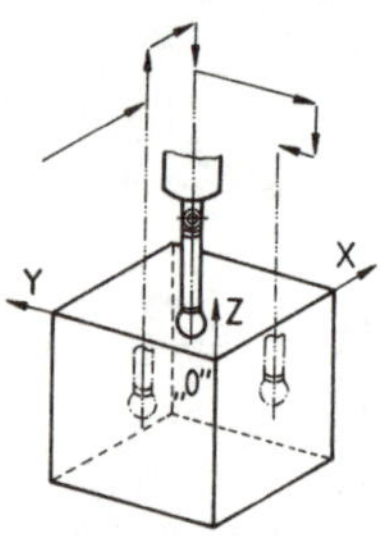

„Nullpunktaufnehmer" zur Positionsbestimmung eines kubischen Körpers. Die einzelnen Flächen werden nacheinander angefahren und damit die Ortsbestimmung vorgenommen.

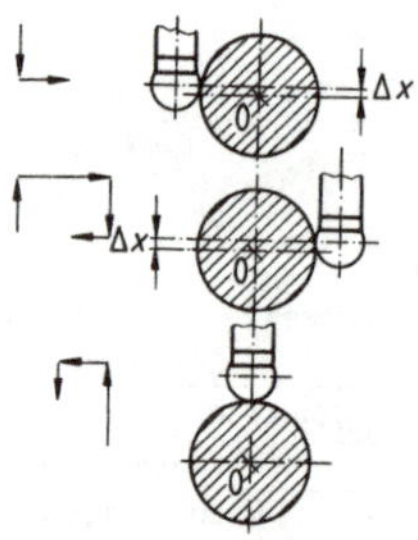

Ermittlung der Lage eines zylindrischen Körpers. Für die Bestimmung des Werkstückmittelpunktes sind drei Messungen nötig.

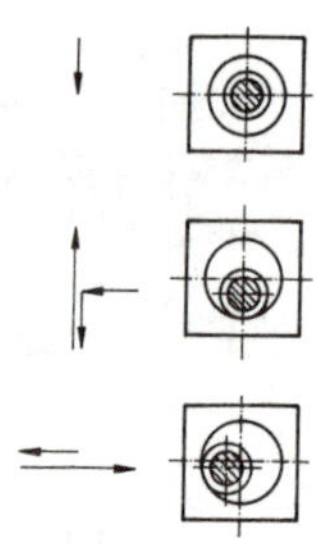

Mittenbestimmung einer Bohrung. Es ist unerheblich, wo die Bohrung angefahren wird, die Bohrungsmitte wird in jedem Fall gefunden.

In-Process-Verfahren

Während der Bearbeitung des Werkstückes wird eine Überwachung und Steuerung der Werkstückmaße vorgenommen, indem der Werkzeugmaschine entsprechende Signale zur Erreichung des gewünschten Qualitätsniveaus gegeben werden.

10.7 Meßsysteme

Beispiel: In-Process-Messung auf einer Schleifmaschine mit automatischer „Nulleinstellung“

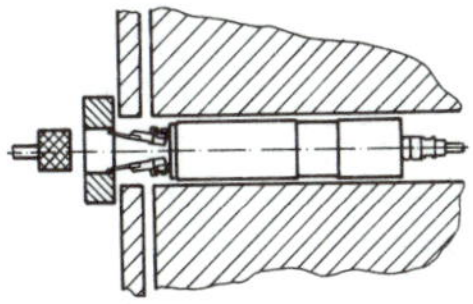

Ende des Schleifvorgangs

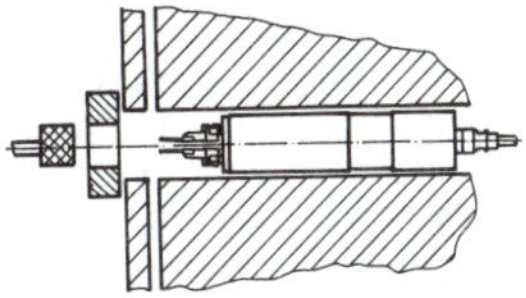

Meßeinrichtung in Ruheposition und Schließen der Meßtaster

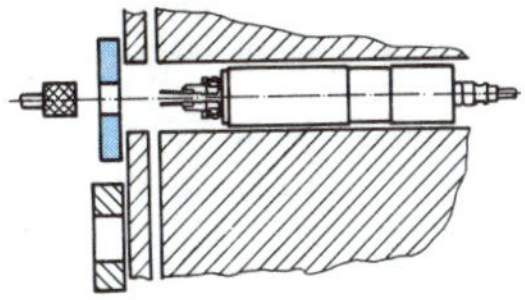

Austausch des Einstellmeisters

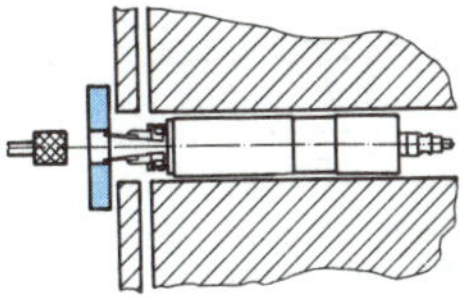

Meßeinrichtung in Meßstellung und automatischer „Null-Abgleich“

Post-Process-Verfahren

Im Post-Process-Verfahren werden nach einer bestimmten Bearbeitungsphase in einer besonderen Meßstation die erzielten Werkstückabmessungen überprüft. Die Bearbeitungsmaschine erhält eine Rückmeldung über entsprechende Korrekturnotwendigkeiten. Solche Meßsysteme eignen sich besonders für die kontinuierliche Überwachung des Fertigungsergebnisses in Transferstraßen.

Beispiel: Fertigungssystem mit integriertem Meßsystem

Schemazeichnung:

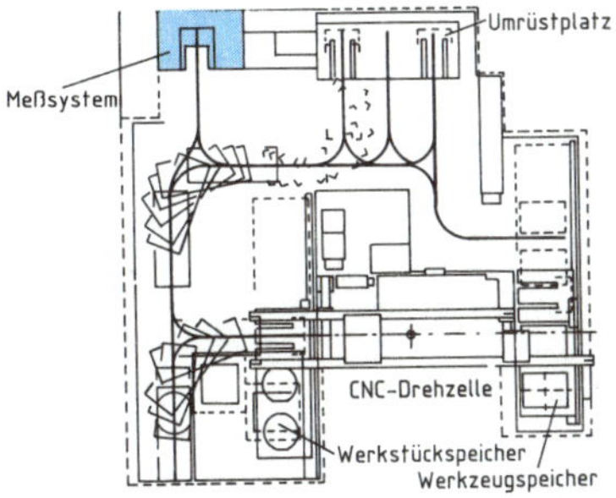

Beispielhafte bildliche Darstellung des Meßwertaufnehmers:

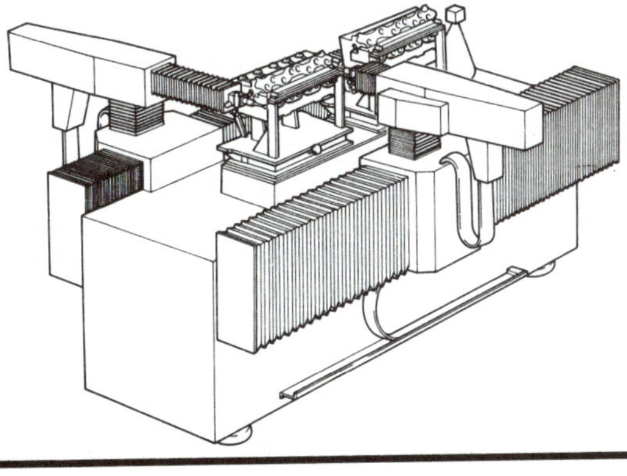

10.8 Meßfehler

10.8.1 Begriffsbestimmung

Jede Messung ist mit Fehlern behaftet; das ermittelte Maß stimmt nicht mit dem wirklichen überein. Eine Abweichung vom Sollmaß wird auch dann als Fehler bezeichnet, wenn die Abweichung innerhalb der Toleranz liegt (Meßabweichung).

$$\text{Fehler} = \text{Istwert} - \text{Sollwert}$$

$$F = I - S$$

$$\text{Relativer Fehler} = \frac{I-S}{S}$$

10.8.2 Fehlerquellen

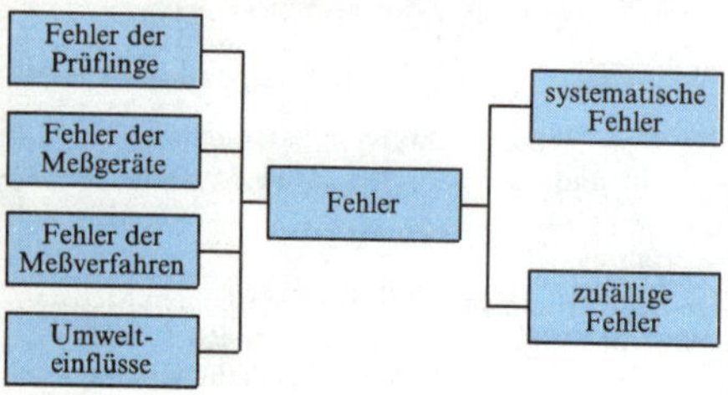

Fehler durch Kippung und Führungsungenauigkeit

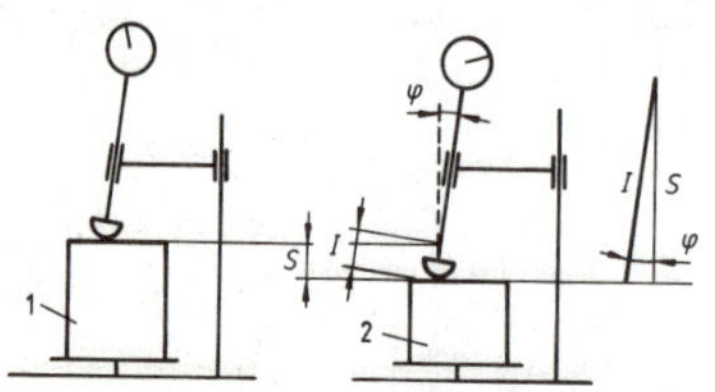

Kippungsabweichungen an einer Meßuhr.
1 Einstellnormal, 2 Meßobjekt.

Fehler F = Istwert I − Sollwert S.

Für kleine Meßabweichungen gilt:

$$F \approx S\frac{\varphi^2}{2}$$

Fehler durch Formabweichungen des Prüflings

Meßabweichung (Fehler) durch Formabweichung eines Prüflings.

Fehler bei der Antastung

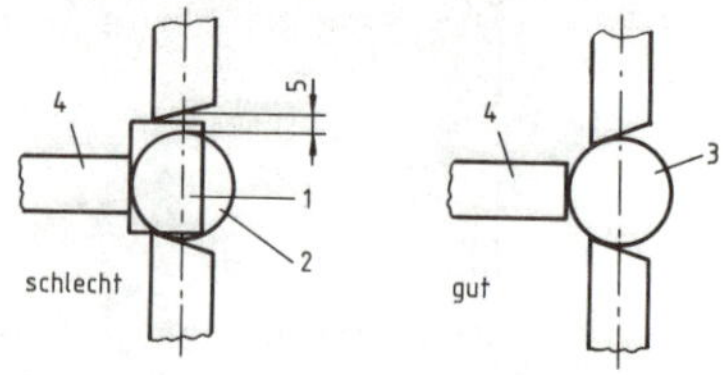

Fehler, die beim Einmessen einer Meßeinrichtung für zylindrische Prüflinge mit einem Parallelendmaß entstehen können.

1 Endmaß (Normal), 2 Prüfling, 3 Einstellehre mit Prüfling formgleich, 4 Anschlag, 5 Fehler.

Fehler durch Formänderungen

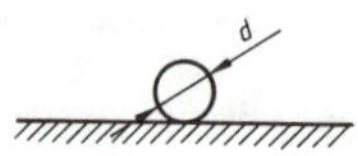

Abplattung zwischen Kugel und Ebene

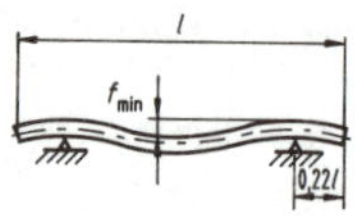

Formänderung eines langen Lineals
(f_{min} = minimale Durchbiegung)

Fehler durch Temperatureinflüsse

Temperaturschwankungen ändern das Volumen und die Längen eines Prüflings.

$$\Delta l = \alpha \cdot l \cdot \Delta T$$

$$F = l_P \cdot \alpha_P \cdot \Delta T_P - l_N \cdot \alpha_N \cdot \Delta T_N$$

F Fehler; l_P Länge des Prüflings bei 20 °C; l_N Länge des Einstellnormals bei 20 °C; α_P Längenausdehnungskoeffizient (s. S. 2-25) des Prüflings; α_N Längenausdehnungskoeffizient des Einstellnormals; ΔT_P Temperaturunterschied ($T_P - T_{20}$) des Prüflings; ΔT_N Temperaturunterschied ($T_N - T_{20}$) der Maßverkörperung.

Fehler beim Ablesen von Skalenanzeigen

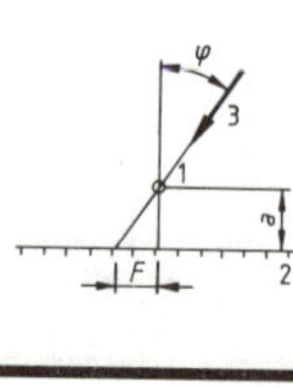

$$F = a \cdot \varphi$$

1 Zeiger; 2 Skale; 3 Blickrichtung

11.1 Verzeichnis der behandelten Normen

11

11

11.1 Verzeichnis der behandelten Normen

11.1 Verzeichnis der behandelten Normen

11.2 Stichwortverzeichnis

A

B

11

11.2 Stichwortverzeichnis

C

D

11

11.2 Stichwortverzeichnis

E

F

11

11.2 Stichwortverzeichnis

G

11

11.2 Stichwortverzeichnis

H

I

11.2 Stichwortverzeichnis

J

K

11

11.2 Stichwortverzeichnis

L

M

11

11.2 Stichwortverzeichnis

N

O

P

11

11.2 Stichwortverzeichnis

Q

R

S

11

11.2 Stichwortverzeichnis

11

11.2 Stichwortverzeichnis

11.2 Stichwortverzeichnis

T

U

V

11.2 Stichwortverzeichnis

W

Z

11

11.2 Stichwortverzeichnis

A B C D E F G H I J K L M N O P Q R S T U V W X Y Z

Kapitelübersicht. Ausführliches Inhaltsverzeichnis Seite V bis XIV